QUÍMICA GERAL
e
REACÕES QUÍMICAS

Dados Internacionais de Catalogação na Publicação (CIP)
(Câmara Brasileira do Livro, SP, Brasil)

Química geral e reações químicas, volume 1 /
John C. Kotz...[et al.]; tradução Noveritis do
Brasil; revisores técnicos Eduardo Codaro e Heloisa Acciari.
- São Paulo: Cengage Learning, 2019.
   Outros autores: Paul M. Treichel, John R.
Townsend, David A. Treichel

   3. reimpr. da 3. ed. brasileira de 2015.
   Título original: Chemistry & chemical reactivity.
"9. ed. norte-americana".
ISBN 978-85-221-1827-4

1. Química 2. Química - Estudo e ensino
3. Química - Problemas, exercícios etc. 4. Reações
químicas 5. Reações químicas - Problemas,exercícios, etc.
I. Kotz, John C.. II. Treichel, Paul M.. III. John R.
Townsend. IV. Treichel, David A..

15-05501   CDD-540

Índice para catálogo sistemático:
1. Química   540

QUÍMICA GERAL
e
REAÇÕES QUÍMICAS

Tradução da 9ª edição norte-americana

Volume 1

John C. Kotz
State University of New York
College at Oneonta

Paul M. Treichel
University of Wisconsin-Madison

John R. Townsend
West Chester University of Pennsylvania

David A. Treichel
Nebraska Wesleyan University

Tradução:
Noveritis do Brasil

Revisores técnicos:
Eduardo Codaro e Heloísa Acciari

Austrália • Brasil • México • Cingapura • Reino Unido • Estados Unidos

Química Geral e Reações Químicas – Volume 1
Tradução da 9ª edição norte-americana
John C. Kotz; Paul M. Treichel, Jr.; Gabriela C. Weaver
3ª edição brasileira

Gerente editorial: Noelma Brocanelli

Editora de desenvolvimento: Gisela Carnicelli

Supervisora de produção gráfica: Fabiana Alencar Albuquerque

Editora de aquisições: Guacira Simonelli

Título original: Chemistry & Chemical Reactivity, Ninth Edition
(ISBN-13: 978-1-133-94964-0; ISBN-10: 1-133-94964-9)

Tradução: Noveritis do Brasil

Revisão técnica: Eduardo Codaro e Heloísa Acciari

Tradução técnica da edição anterior: Flávio Maron Vichi

Tradução da edição anterior: Solange Aparecida Visconte
 (Caps. 13 e 14 e entrecapítulo 3)

Copidesque: Tatiana Tanaka

Revisão: Cristiane Mayumi Morinaga, Fábio Gonçalves

Diagramação: Triall

Indexação: Casa Editorial Maluhy

Capa: Manu Santos | MSDE

Imagem da capa: John C Kotz

Especialista em direitos autorais: Jenis Oh

© 2015, 2012 Cengage Learning

© 2016 Cengage Learning Edições Ltda.

Todos os direitos reservados. Nenhuma parte deste livro poderá ser reproduzida, sejam quais forem os meios empregados, sem a permissão por escrito da Editora. Aos infratores aplicam-se as sanções previstas nos artigos 102, 104, 106, 107 da Lei no 9.610, de 19 de fevereiro de 1998.

Esta editora empenhou-se em contatar os responsáveis pelos direitos autorais de todas as imagens e de outros materiais utilizados neste livro. Se porventura for constatada a omissão involuntária na identificação de algum deles, dispomo-nos a efetuar, futuramente, os possíveis acertos.

A Editora não se responsabiliza pelo funcionamento dos links contidos neste livro que possam estar suspensos.

> Para informações sobre nossos produtos, entre em contato pelo telefone **0800 11 19 39**
>
> Para permissão de uso de material desta obra, envie seu pedido para
> **direitosautorais@cengage.com**

© 2016 Cengage Learning. Todos os direitos reservados.

ISBN 13: 978-85-221-1827-4

ISBN 10: 85-221-1827-2

Cengage Learning
Condomínio E-Business Park
Rua Werner Siemens, 111 – Prédio 11 – Torre A – Conjunto 12
Lapa de Baixo – CEP 05069-900 – São Paulo – SP
Tel.: (11) 3665-9900 Fax: 3665-9901
SAC: 0800 11 19 39

Para suas soluções de curso e aprendizado, visite
www.cengage.com.br

Impresso no Brasil
Printed in Brazil
3. reimpr. – 2019

Resumo da Obra

VOLUME 1

▶ PARTE UM
AS FERRAMENTAS BÁSICAS DA QUÍMICA

1. Conceitos Básicos de Química

   Revisão:
   As Ferramentas da Química Quantitativa

2. Átomos, Moléculas e Íons
3. Reações Químicas
4. Estequiometria: Informação Quantitativa Sobre Reações Químicas
5. Princípios da Reatividade Química: Energia e Reações Químicas

▶ PARTE DOIS
ÁTOMOS E MOLÉCULAS

6. A Estrutura dos Átomos
7. A Estrutura dos Átomos e Tendências Periódicas
8. Ligação e Estrutura Molecular
9. Estrutura Molecular e Ligações: Hibridização de Orbitais e Orbitais Moleculares

▶ PARTE TRÊS
ESTADOS DA MATÉRIA

10. Gases e Suas Propriedades
11. Forças Intermoleculares e Líquidos
12. O Estado Sólido
13. Soluções e Seu Comportamento

VOLUME 2

▶ PARTE QUATRO
O CONTROLE DAS REAÇÕES QUÍMICAS

14. Cinética Química: As Velocidades das Reações Químicas
15. Princípios da Reatividade Química: Equilíbrios
16. Princípios da Reatividade Química: A Química dos Ácidos e Bases
17. Princípios da Reatividade Química: Outros Aspectos do Equilíbrio Aquoso
18. Princípios da Reatividade Química: Entropia e Energia Livre
19. Princípios da Reatividade Química: Reações de Transferência de Elétrons

▶ PARTE CINCO
A QUÍMICA DOS ELEMENTOS

20. Química Ambiental: Meio Ambiente, Energia e Sustentabilidade
21. A Química dos Elementos do Grupo Principal
22. A Química dos Elementos de Transição
23. Carbono: Mais Que um Elemento
24. Bioquímica
25. Química Nuclear

▶ LISTA DE APÊNDICES

A. Usando Logaritmos e Resolvendo Equações Quadráticas
B. Alguns Importantes Conceitos de Física
C. Abreviaturas e Fatores de Conversão Úteis
D. Constantes Físicas
E. Um Guia Resumido para Nomear Compostos Orgânicos
F. Valores de Energias de Ionização e Entalpias de Adição Eletrônica dos Elementos
G. Pressão de Vapor da Água a Várias Temperaturas
H. Constantes de Ionização para Ácidos Fracos a 25 °C
I. Constantes de Ionização para Bases Fracas a 25 °C
J. Constantes do Produto de Solubilidade de Alguns Compostos Inorgânicos a 25 °C
K. Constantes de Formação de Alguns Íons Complexos em Solução Aquosa a 25 °C
L. Parâmetros Termodinâmicos Selecionados
M. Potenciais Padrão de Redução em? Solução Aquosa a 25 °C
N. Respostas das Questões para Estudo, Exercícios para a Seção, Verifique seu Entendimento e Questões para Estudo de Caso

▶ ÍNDICE REMISSIVO/ GLOSSÁRIO   I-1

Sumário

Prefácio XI

PARTE UM ▶ AS FERRAMENTAS BÁSICAS DA QUÍMICA

1 Conceitos Básicos de Química 0

Ouro! 0

- 1-1 A Química e Seus Métodos 3
- 1-2 Sustentabilidade e Química Verde 5

UM OLHAR MAIS ATENTO: Princípios da Química Verde 6

- 1-3 Classificando a Matéria 6
- 1-4 Elementos 10
- 1-5 Compostos 11

UM OLHAR MAIS ATENTO: Nomes e Símbolos dos Elementos 12

- 1-6 Propriedades Físicas 13
- 1-7 Mudanças Físicas e Químicas 15
- 1-8 Energia: Alguns Princípios Básicos 17

ESTUDO DE CASO: CO_2 nos Oceanos 19

REVISÃO DOS OBJETIVOS DO CAPÍTULO 20
EQUAÇÃO-CHAVE 21
QUESTÕES PARA ESTUDO 21

Revisão: As Ferramentas da Química Quantitativa 26

Cobre 26

- 1 Unidades de Medida 27

UM OLHAR MAIS ATENTO: Energia e Alimentos 32

- 2 Fazendo Medições: Precisão, Exatidão, Erro Experimental e Desvio Padrão 33
- 3 Matemáticas da Química 36
- 4 Resoluções de Problemas pela Análise Dimensional 42
- 5 Gráficos e Elaboração de Gráficos 43

ESTUDO DE CASO: A Gasolina Acabou! 44

- 6 Resoluções de Problemas e Aritmética Química 45

QUESTÕES PARA ESTUDO 48

2 Átomos, Moléculas e Íons 54

"Observando" átomos 54

- 2-1 Estrutura Atômica – Prótons, Elétrons e Nêutrons 55
- 2-2 Número Atômico e Massa Atômica 56
- 2-3 Isótopos 58
- 2-4 Peso Atômico 60
- 2-5 A Tabela Periódica 62

ESTUDO DE CASO: Usando Isótopos: Ötzi, o Homem do Gelo dos Alpes 63

EXPERIMENTOS-CHAVE: Como Sabemos a Natureza do Átomo e de Seus Componentes? 64

UM OLHAR MAIS ATENTO: Mendeleev e a Tabela Periódica 67

- 2-6 Moléculas, Compostos e Fórmulas 73
- 2-7 Compostos Iônicos: Fórmulas, Nomes e Propriedades 75

UM OLHAR MAIS ATENTO: Compostos Iônicos Hidratados 85

- 2-8 Compostos Moleculares: Fórmulas e Nomes 86
- 2-9 Átomos, Moléculas e o Mol 87

UM OLHAR MAIS ATENTO: Amedeo Avogadro e Seu Número 88

UM OLHAR MAIS ATENTO: O Mol, uma Unidade de Medida 91

- 2-10 Análise Química: Determinando Fórmulas de Compostos 94

ESTUDO DE CASO: O Arsênio, a Medicina e a Fórmula do Composto 606 100

UM OLHAR MAIS ATENTO: Espectrometria de Massa, Massa Molar e Isótopos 101

APLICANDO PRINCÍPIOS QUÍMICOS: ARGÔNIO – UMA INCRÍVEL DESCOBERTA 102

Sumário vii

REVISÃO DOS OBJETIVOS DO CAPÍTULO 103
EQUAÇÕES-CHAVE 104
QUESTÕES PARA ESTUDO 105

3 Reações Químicas 118

Fumarolas negras e vulcões 118

3-1 Introdução às Equações Químicas 119

UM OLHAR MAIS ATENTO: Antoine Laurent Lavoisier, 1743-1794 121

3-2 Balanceando Equações Químicas 121
3-3 Introdução ao Equilíbrio Químico 124
3-4 Soluções Aquosas 127
3-5 Reações de Precipitação 132
3-6 Ácidos e Bases 136

UM OLHAR MAIS ATENTO: O Íon Hidrônio – O Íon H^+ em Água 140

UM OLHAR MAIS ATENTO: Ácido Sulfúrico 144

3-7 Reações Formadoras de Gás 145
3-8 Reações de Oxirredução 147

UM OLHAR MAIS ATENTO: Os Números de Oxidação São "Reais"? 151

3-9 Classificando Reações em Soluções Aquosas 153

ESTUDO DE CASO: Matando Bactérias com Prata 154

UM OLHAR MAIS ATENTO: Organizações Alternativas para Tipos de Reações 155

APLICANDO PRINCÍPIOS QUÍMICOS: SUPERCONDUTORES 157
REVISÃO DOS OBJETIVOS DO CAPÍTULO 158
QUESTÕES PARA ESTUDO 160

4 Estequiometria: Informação Quantitativa Sobre as Reações Químicas 168

Termita 168

4-1 Relações de Massa nas Reações Químicas: Estequiometria 169
4-2 Reações em Que um Reagente Está Presente em Quantidade Limitada 173
4-3 Rendimento Percentual 177

ESTUDO DE CASO: Química Verde e Economia Atômica 180

4-4 Equações Químicas e Análise Química 180
4-5 Medindo Concentrações de Compostos em Solução 186
4-6 pH, uma Escala de Concentração para Ácidos e Bases 191

UM OLHAR MAIS ATENTO: Diluições em Série 192

4-7 Estequiometria das Reações em Solução Aquosa 194

ESTUDO DE CASO: Quanto Sal Existe na Água do Mar? 202

4-8 Espectrofotometria 202

ESTUDO DE CASO: Química Forense: Titulações e Adulteração de Alimentos 203

APLICANDO PRINCÍPIOS QUÍMICOS: ANTIÁCIDOS 207
REVISÃO DOS OBJETIVOS DO CAPÍTULO 208
EQUAÇÕES-CHAVE 209
QUESTÕES PARA ESTUDO 210

5 Princípios da Reatividade Química: Energia e Reações Químicas 224

Energia e sua dieta 224

5-1 Energia: Alguns Princípios Básicos 226

UM OLHAR MAIS ATENTO: O que é Calor 227

5-2 Capacidade Calorífica Específica: Aquecimento e Resfriamento 228
5-3 Energia e Mudanças de Estado 233
5-4 Primeira Lei da Termodinâmica 237

UM OLHAR MAIS ATENTO: Trabalho P-V 239

5-5 Variações de Entalpia nas Reações Químicas 242
5-6 Calorimetria 245
5-7 Cálculos de Entalpia 249

UM OLHAR MAIS ATENTO: Lei de Hess e Equação 5.6 255

ESTUDO DE CASO: A Controvérsia do Combustível – Álcool e Gasolina 256

5-8 Reações Que Favorecem a Formação de Reagentes ou de Produtos e Termodinâmica 257

APLICANDO PRINCÍPIOS QUÍMICOS: PÓLVORA 258
REVISÃO DOS OBJETIVOS DO CAPÍTULO 259
EQUAÇÕES-CHAVE 260
QUESTÕES PARA ESTUDO 261

PARTE DOIS ▶ ÁTOMOS E MOLÉCULAS

6 A Estrutura dos Átomos 272

Sorria! 272

- **6-1** Radiação Eletromagnética 274
- **6-2** Quantização: Planck, Einstein, Energia e Fótons 276

  UM OLHAR MAIS ATENTO: Queimaduras, Protetores Solares e Radiação Ultravioleta 279

- **6-3** Espectros de Linhas Atômicas e Niels Bohr 280

  ESTUDO DE CASO: O Que Origina as Cores nos Fogos de Artifício? 287

- **6-4** Dualidade da Partícula-Onda: Prelúdio para Mecânica Quântica 288
- **6-5** A Visão Moderna da Estrutura Eletrônica: Onda ou Mecânica Quântica 289
- **6-6** As Formas dos Orbitais Atômicos 293

  UM OLHAR MAIS ATENTO: Mais Sobre as Formas dos Orbitais e as Funções de Onda do Átomo de H 296

- **6-7** Mais uma Propriedade do Elétron: Rotação do Elétron (Spin) 297

  APLICANDO PRINCÍPIOS QUÍMICOS: QUÍMICA DO SOL 298

  REVISÃO DOS OBJETIVOS DO CAPÍTULO 298

  EQUAÇÕES-CHAVE 300

  QUESTÕES PARA ESTUDO 301

7 A Estrutura dos Átomos e as Tendências Periódicas 308

Rubis e safiras 30

- **7-1** O Princípio de Exclusão de Pauli 310
- **7-2** Energias das Subcamadas Atômicas e Atribuição dos Elétrons 311
- **7-3** Configurações Eletrônicas dos Átomos 314

  UM OLHAR MAIS ATENTO: Energias Orbitais, Z* e Configurações Eletrônicas 322

  UM OLHAR MAIS ATENTO: Questões sobre as Configurações Eletrônicas dos Elementos de Transição 323

- **7-4** Configurações Eletrônicas dos Íons 323

  UM OLHAR MAIS ATENTO: Paramagnetismo e Ferromagnetismo 326

- **7-5** Propriedades Atômicas e Tendências Periódicas 327

  UM OLHAR MAIS ATENTO: Espectroscopia de Fotoelétrons 332

- **7-6** Tendências Periódicas e Propriedades Químicas 336

  ESTUDO DE CASO: Metais em Bioquímica e Medicina 338

  APLICANDO PRINCÍPIOS QUÍMICOS: AS TERRAS NÃO TÃO RARAS 339

  REVISÃO DOS OBJETIVOS DO CAPÍTULO 340

  QUESTÕES PARA ESTUDO 341

8 Ligações e Estrutura Molecular 348

Ligações químicas no DNA 348

- **8-1** Formação da Ligações Químicas 349

  UM OLHAR MAIS ATENTO: Uma Visão Triangular da Ligações Químicas 350

- **8-2** Ligações Covalentes e Estruturas de Lewis 351
- **8-3** Cargas Formais dos Átomos em Moléculas e Íons 362

  UM OLHAR MAIS ATENTO: Comparando o Número de Oxidação e a Carga Formal 363

- **8-4** Ressonância 364

  UM OLHAR MAIS ATENTO: Ressonância 364

  UM OLHAR MAIS ATENTO: Uma Controvérsia Científica – Ressonância, Cargas Formais e a Questão das Ligações Duplas nos Íons Sulfato e Fosfato 366

- **8-5** Exceções à Regra do Octeto 368

  UM OLHAR MAIS ATENTO: Ligações Químicas Utilizando Orbitais d 371

  ESTUDO DE CASO: Radicais Livres, Química Atmosférica e Tinturas de Cabelo 372

- **8-6** Formas das Moléculas 373
- **8-7** Polaridade da Ligação e Eletronegatividade 380
- **8-8** Ligação e Polaridade Molecular 386

  UM OLHAR MAIS ATENTO: Moléculas Polares em um Campo Elétrico 386

Sumário   ix

UM OLHAR MAIS ATENTO: Visualizando Distribuições de Carga e a Polaridade Molecular – Superfícies de Potencial Eletrostático e Carga Parcial 390

8-9 Propriedades das Ligações: Ordem, Comprimento e Energia 392

ESTUDO DE CASO: Ibuprofeno, um Estudo de Caso em Química Verde 397

8-10 DNA Revisitado 398

UM OLHAR MAIS ATENTO: DNA – Watson, Crick e Franklin 399

APLICANDO PRINCÍPIOS QUÍMICOS: LINUS PAULING E A ELETRONEGATIVIDADE 400

REVISÃO DOS OBJETIVOS DO CAPÍTULO 401

EQUAÇÕES-CHAVE 402

QUESTÕES PARA ESTUDO 403

9 Estrutura Molecular e Ligações: Hibridização de Orbitais e Orbitais Moleculares 412

Os gases nobres: não tão inertes 412

9-1 Orbitais e Teorias da Ligação Química 414

9-2 Teoria da Ligação de Valência 414

9-3 Teoria do Orbital Molecular 428

UM OLHAR MAIS ATENTO: Orbitais Moleculares para Moléculas Formadas a partir de Elementos do Bloco p 435

UM OLHAR MAIS ATENTO: Ligações de Três Centros em HF_2^-, B_2H_6 e SF_6 438

ESTUDO DE CASO: Química Verde, Corantes Seguros e Orbitais Moleculares 440

APLICANDO PRINCÍPIOS QUÍMICOS: PESQUISANDO MOLÉCULAS COM ESPECTROSCOPIA DE FOTOELÉTRONS 441

REVISÃO DOS OBJETIVOS DO CAPÍTULO 442

EQUAÇÃO-CHAVE 443

QUESTÕES PARA ESTUDO 443

PARTE TRÊS ▶ ESTADOS DA MATÉRIA

10 Gases e Suas Propriedades 452

A atmosfera e o mal da montanha 452

10-1 Pressão dos Gases 454

UM OLHAR MAIS ATENTO: Medindo a Pressão do Gás 455

10-2 Leis dos Gases: A Base Experimental 456

UM OLHAR MAIS ATENTO: Estudos sobre Gases – Robert Boyle e Jacques Charles 463

10-3 A Lei do Gás Ideal 463

10-4 Leis dos Gases e Reações Químicas 468

10-5 Misturas de Gases e Pressões Parciais 469

10-6 Teoria Cinético-Molecular dos Gases 472

UM OLHAR MAIS ATENTO: A Atmosfera da Terra 474

ESTUDO DE CASO: O Mistério do Metano 476

10-7 Difusão e Efusão 478

UM OLHAR MAIS ATENTO: Ciência de Superfície e a Necessidade de Sistemas de Vácuo Ultra-Altos 480

10-8 Comportamento Não Ideal dos Gases 481

APLICANDO PRINCÍPIOS QUÍMICOS: O DIRIGÍVEL DA GOODYEAR 483

REVISÃO DOS OBJETIVOS DO CAPÍTULO 484

EQUAÇÕES-CHAVE 485

QUESTÕES PARA ESTUDO 486

11 Forças Intermoleculares e Líquidos 496

Lagartixas conseguem escalar paredes 496

11-1 Estados da Matéria e Forças Intermoleculares 498

11-2 Interações Entre Íons e Moléculas com um Dipolo Permanente 499

11-3 Interações Entre Moléculas com um Dipolo Permanente 501

UM OLHAR MAIS ATENTO: Sais Hidratados: Um Resultado de Ligações Íon–Dipolo 503

UM OLHAR MAIS ATENTO: Ligação de Hidrogênio na Bioquímica 506

11-4 Forças Intermoleculares Envolvendo Moléculas Não Polares 508

11-5 Um Resumo das Forças Intermoleculares de van der Waals 512

11-6 Propriedades dos Líquidos 513

ESTUDO DE CASO: Uma Catástrofe na Ração Animal 514

UM OLHAR MAIS ATENTO: CO_2 Supercrítico e a Química Verde 522

APLICANDO PRINCÍPIOS QUÍMICOS: CROMATOGRAFIA 524

REVISÃO DOS OBJETIVOS DO CAPÍTULO 525

EQUAÇÕES-CHAVE 526

QUESTÕES PARA ESTUDO 527

12 O Estado Sólido 534

Jade, um Belo sólido 534

12-1 Retículos Cristalinos e Células Unitárias 535

UM OLHAR MAIS ATENTO: Empacotando Laranjas, Bolinhas de Gude e Átomos 540

12-2 Estruturas e Fórmulas de Sólidos Iônicos 542

ESTUDO DE CASO: Lítio e os "Carros Verdes" 543

12-3 Ligação em Compostos Iônicos: Energia Reticular 547

12-4 Ligações em Metais e Semicondutores 550

12-5 O Estado Sólido: Outros Tipos de Materiais Sólidos 554

ESTUDO DE CASO: Nanotubos e Grafeno – Os Mais Novos Sólidos Covalentes 556

12-6 Mudança de Fase Envolvendo Sólidos 558

UM OLHAR MAIS ATENTO: Nova Memória para Seu Computador Baseada em Mudanças de Fase 560

12-7 Diagramas de Fase 561

REVISÃO DOS OBJETIVOS DO CAPÍTULO 563

APLICANDO PRINCÍPIOS QUÍMICOS: DOENÇA DO ESTANHO 564

QUESTÕES PARA ESTUDO 565

13 Soluções e Seu Comportamento 572

A Narcose e Mal dos Mergulhadores 572

13-1 Unidades de Concentração 575

13-2 O Processo de Dissolução 577

UM OLHAR MAIS ATENTO: Soluções Supersaturadas 578

13-3 Fatores Que Afetam a Solubilidade: Pressão e Temperatura 583

ESTUDO DE CASO: A Lei de Henry e os Lagos Explosivos 586

UM OLHAR MAIS ATENTO: Crescimento dos Cristais 587

13-4 Propriedades Coligativas 588

UM OLHAR MAIS ATENTO: Osmose Reversa para se Obter Água Pura 596

UM OLHAR MAIS ATENTO: Osmose e Medicina 598

13-5 Coloides 602

APLICANDO PRINCÍPIOS QUÍMICOS: DESTILAÇÃO 606

REVISÃO DOS OBJETIVOS DO CAPÍTULO 607

EQUAÇÕES-CHAVE 608

QUESTÕES DE ESTUDO 609

Apêndices A-1

A Usando Logaritmos e Resolvendo Equações Quadráticas | A-2

B Alguns Importantes Conceitos de Física | A-6

C Abreviaturas e Fatores de Conversão Úteis | A-9

D Constantes Físicas | A-13

E Um Guia Resumido para Nomear Compostos Orgânicos A-15

F Valores de Energias de Ionização e Entalpias de Adição Eletrônica dos Elementos | A-18

G Pressão de Vapor da Água a Várias Temperaturas | A-19

H Constantes de Ionização para Ácidos Fracos a 25 °C | A-20

I Constantes de Ionização para Bases Fracas a 25 °C | A-22

J Constantes do Produto de Solubilidade de Alguns Compostos Inorgânicos a 25 °C | A-23

K Constantes de Formação de Alguns Íons Complexos em Solução Aquosa a 25 °C | A-25

L Parâmetros Termodinâmicos Selecionados | A-26

M Potenciais Padrão de Redução em Solução Aquosa a 25 °C | A-34

N Respostas das Questões para Estudo, Exercícios para a Seção, Verifique seu Entendimento e Questões para Estudo de Caso A-38

Índice remissivo/Glossário I-1

Prefácio

A primeira edição desse livro foi concebida há mais de trinta anos. Desde essa época foram oito edições e mais de 1 milhão de estudantes no mundo todo usando o livro para iniciar o estudo de Química. Com o passar dos anos, e de muitas edições, nossos objetivos permanecem os mesmos: fornecer uma visão ampla dos princípios da Química, da reatividade dos elementos químicos e de seus compostos e das aplicações da Química. Para atingir esses objetivos, tentamos mostrar a íntima relação entre as observações que os químicos fazem das mudanças químicas e físicas em laboratório e na natureza, e a maneira como essas mudanças são vistas nos níveis atômico e molecular.

Também tentamos trazer o sentido de que a Química não é somente uma história vívida, mas também dinâmica, com importantes desenvolvimentos novos que ocorrem a cada ano. Além do mais, fornecemos algumas percepções sobre os aspectos químicos do mundo ao nosso redor. De fato, o principal objetivo deste livro sempre foi o de fornecer as ferramentas necessárias para nossos estudantes se transformarem em cidadãos quimicamente alfabetizados. O aprendizado do mundo da química é tão importante quanto entender alguns fundamentos matemáticos e de biologia, e tão importante quanto ter uma apreciação por história, música e literatura. Por exemplo, os estudantes devem conhecer sobre muitos assuntos importantes em nossa economia e em nossa vida cotidiana. Também devem saber como a Química é importante para entender nosso meio ambiente. Nesse sentido, uma área da Química que está em crescimento, destacada na edição anterior e nesta também, é a química "verde" ou "sustentável".

Recordando as edições passadas, podemos ver como o livro mudou. Houve muita novidade e adições estimulantes no conteúdo. Também houve significativos avanços na tecnologia da informação literária e tiramos vantagem desses novos desenvolvimentos. O desejo de tornar este livro melhor para nossos estudantes tem sido o ímpeto dedicado na preparação de cada nova edição. Nas últimas duas edições, introduzimos novas abordagens para soluções de problemas, novas maneiras de descrever usos contemporâneos da química, novas tecnologias e melhor integração com as tecnologias existentes.

Enxofre queima em oxigênio puro, produzindo uma chama azul brilhante.

O Público para *Química Geral e Reações Químicas*

Este livro é destinado a alunos interessados em estudos adicionais de ciência, independentemente de essa ciência ser a Química, a Biologia, a Engenharia, a Geologia, a Física ou assuntos correlacionados. Presumimos que os estudantes em um curso que utiliza este livro tenham certo conhecimento de Álgebra e ciência em geral. Apesar de ser inegável sua contribuição, um maior conhecimento em Química não é esperado nem exigido.

Filosofia e Abordagem em *Química Geral e Reações Químicas*

Temos diversos objetivos importantes, mas não independentes, desde a primeira edição deste livro. O primeiro era escrever um livro que os alunos pudessem ter prazer em ler e que oferecesse, a um determinado nível de rigor, Química e os princípios da Química de forma e em uma organização comuns às faculdades e cursos universitários de hoje. Em segundo lugar, pretendemos trazer a utilidade e a importância da Química introduzindo as propriedades dos elementos, seus compostos e suas reações.

A American Chemical Society (Sociedade Americana de Química) tem se esforçado para convencer os educadores a colocar a "Química" de volta nos cursos de Química iniciais. Concordamos totalmente. Portanto, tentamos descrever os elementos, seus compostos e suas reações desde o princípio e com a maior frequência possível, trazendo:

xi

Novidades desta Edição

Comentários Gerais

Como temos feito em todas as edições anteriores, examinamos cada parágrafo quanto à exatidão, à clareza e à objetividade. Onde pudemos incluir melhorias, parágrafos ou seções inteiras foram reescritas. Também escrevemos ou reescrevemos muitas histórias das aberturas de capítulos, boxes de "Um Olhar mais Atento" e "Estudo de Caso".

Algumas das contribuições importantes da 8ª edição foram mantidas. Em particular, mantivemos e expandimos:

- As questões de Exercícios para a Seção.
- A organização dos problemas de Exemplo.
- Os Mapas Estratégicos.
- A ênfase na química verde.
- Os problemas de "Aplicando Princípios Químicos".

Novidades desta Edição

Diversas alterações foram feitas da 8ª para a 9ª edição. Esta página lista *brevemente* as mais importantes; uma lista mais detalhada é fornecida mais adiante.

- Muitas ilustrações foram redesenhadas, enfatizando informações na legenda da própria ilustração.
- Eliminamos a cobertura do tópico especial fornecida na 8ª edição dos capítulos interligados e integramos o material em capítulos regulares.

Cristais de fluorita (CaF$_2$).

- Os desenvolvimentos históricos foram incorporados no Capítulo 2, e em outros.
- O material sobre Química em estado sólido foi adicionado ao capítulo sobre sólidos (12).
- Os capítulos interligados sobre combustíveis e energia, além da Química Ambiental, foram incorporados em um novo capítulo, *Química Ambiental: Meio Ambiente, Energia e Sustentabilidade*.
- O tópico de bioquímica foi expandido em um capítulo integral. Os objetivos e metas de cada capítulo foram repaginados em três categorias que expressam, em suma, o que os estudantes precisam obter com esse curso. Esses objetivos são:
  ◦ **ENTENDER** os conceitos do capítulo.
  ◦ **FAZER** Ser capaz de realizar cálculos, desenhar estruturas moleculares e tomar decisões sobre produtos químicos.
  ◦ **LEMBRAR** fatos importantes e conceitos dos produtos químicos.

Os objetivos são repetidos e amplificados no final de cada capítulo, na seção "Revisão dos Objetivos do Capítulo".

- Respostas às seções – "Questões para Estudo" mais "Exercícios para a Seção", "Estudo de Caso" e "Aplicando Princípios Químicos" – estão reunidas no Apêndice N (em vez de ficarem espalhadas em diversos apêndices como nas edições anteriores). Isso permitirá que os alunos verifiquem seu trabalho de forma mais eficiente.
- Mais de 100 novas Questões para Estudo foram acrescentadas e algumas, revisadas.
- Todas as questões foram reexaminadas quanto à clareza e importância.
- As questões de "Aplicando Princípios Químicos", antes no final de capítulo (após as "Questões para Estudo"), estão agora após o último texto do capítulo

---

- Material sobre as **propriedades dos elementos e compostos** tão cedo quanto possível nos "Exemplos" e nas "Questões para Estudo" (e especialmente questões na seção "Aplicando Princípios Químicos") e introduzindo novos princípios por meio de situações realistas de química.

- Usando várias **fotografias** dos elementos e compostos comuns, de reações químicas, de operações laboratoriais comuns e processos industriais.

- Introduzindo cada capítulo com uma **discussão da Química contemporânea**, como a utilização do cobre em superfícies hospitalares, a energia em alimentos comuns e o lítio nas baterias de carros.

- Usando várias questões em **"Estudo de Caso"** e estudos em **"Aplicando Princípios Químicos"** que se aprofundam na Química prática.

Organização Geral

Com suas diversas edições, a obra *Química Geral e Reações Químicas* abordou dois temas: *Reatividade Química* e *Ligações e Estrutura Molecular*. Os capítulos sobre *Princípios da Reatividade* introduzem os fatores que levam as reações químicas a apresentarem sucesso ao converter reagentes em produtos. Sob esse tópico há uma discussão de tipos comuns de reações, a energia envolvida nas reações e os fatores que afetam a velocidade de uma reação. Um motivo que justifica as enormes vantagens em Química e Biologia molecular nas últimas décadas tem sido a compreensão da estrutura molecular. As seções do livro sobre *Princípios das Ligações e Estrutura Molecular* se detém ao fundamento para chegar à compreensão desses desenvolvimentos. Atenção especial deve ser dada ao entendimento dos aspectos estruturais das moléculas biologicamente importantes, como o DNA.

Flexibilidade de Organização do Capítulo

Um olhar sobre os textos introdutórios de Química mostra que existe uma ordem, geralmente aceitável, nos tópicos usados por muitos educadores. Com apenas mínimas variações, seguimos essa ordem. O que não significa que os capítulos em nosso livro não possam ser usados em outra ordem. Elaboramos este livro para ser o mais flexível possível. Um exemplo é a **flexibilidade da abordagem sobre o comportamento dos gases** (Capítulo 10). Ele foi colocado com os capítulos sobre líquidos, sólidos e soluções (Capítulos 10 a 13), pois, logicamente, encaixa-se com esses tópicos. Entretanto, pode ser facilmente lido e compreendido após o estudo dos primeiros quatro capítulos.

Da mesma forma, os capítulos sobre estrutura molecular e atômica (Capítulos 6 a 9) puderam ser usados em uma **abordagem dos primeiros átomos**, à frente dos capítulos sobre estequiometria e reações comuns (Capítulos 3 e 4).

Para facilitar isso, há uma introdução à energia e suas unidades no Capítulo 1.

Também, os capítulos sobre equilíbrio dos produtos químicos (Capítulos 15 a 17) puderam ser incluídos antes daqueles sobre soluções e cinética (Capítulos 13 e 14).

Química Orgânica (Capítulo 23) é um dos capítulos finais no livro. Entretanto, os tópicos desse capítulo também podem ser apresentados aos estudantes após os capítulos sobre estruturas e ligações.

A ordem dos tópicos no texto também foi alterada para introduzir logo no início os fundamentos necessários aos experimentos laboratoriais, geralmente executados nos cursos introdutórios de Química. Por esse motivo, os capítulos sobre produtos químicos e propriedades físicas, tipos de reação comum e estequiometria deram início a este livro. Além disso, como o entendimento da energia é tão importante no estudo da Química, a energia e suas unidades são introduzidas no Capítulo 1, e a termoquímica é introduzida no Capítulo 5.

Organização e Objetivos das Seções do Livro

VOLUME 1

PARTE UM: As Ferramentas Básicas da Química

As ideias básicas e os métodos da Química são introduzidos na Parte 1. O Capítulo 1 define termos importantes, bem como as unidades de revisão e os métodos matemáticos que as acompanham na seção *Revisão*. O Capítulo 2 introduz átomos, moléculas e íons e o dispositivo organizacional mais importante na Química, a Tabela Periódica. No Capítulo 3, começamos a discutir os princípios da atividade química. As equações químicas escritas são abordadas aqui, e há uma breve introdução sobre o equilíbrio. Depois, no Capítulo 4, descrevemos os métodos numéricos usados pelos químicos para extrair informações quantitativas das reações químicas. O Capítulo 5 é uma introdução à energia envolvida nos processos químicos.

Faíscas

PARTE DOIS: Átomos e Moléculas

As teorias atuais da disposição dos elétrons em átomos são apresentadas nos Capítulos 6 e 7. Essa discussão está intimamente vinculada à disposição dos elementos na Tabela Periódica e às propriedades periódicas. No Capítulo 8 discutimos os detalhes das ligações químicas e das propriedades dessas ligações. Também mostramos como derivar a estrutura tridimensional de moléculas simples. Finalmente, no Capítulo 9, consideramos as principais teorias das ligações químicas em mais detalhes.

PARTE TRÊS: Estados da Matéria

O comportamento dos três estados da matéria – gasoso, líquido e sólido – está descrito nos Capítulos 10 a 12. A discussão de líquidos e sólidos está vinculada aos gases por meio da descrição de forças intermoleculares no Capítulo 11, com especial atenção à água em estado líquido e sólido. No Capítulo 13, descrevemos as propriedades das soluções, misturas íntimas de gases, líquidos e sólidos.

VOLUME 2

PARTE QUATRO: O Controle das Reações Químicas

Esta seção está inteiramente preocupada com os *Princípios da Reatividade*. O Capítulo 14 examina as taxas dos processos químicos e os fatores que controlam essas taxas. Em seguida, passamos aos Capítulos 15 a 17, que descrevem o equilíbrio químico. Após uma introdução ao equilíbrio no Capítulo 15, destacamos as reações que envolvem ácidos e bases na água (Capítulos 16 e 17) e as reações que conduzem ligeiramente aos sais solúveis (Capítulo 17). Para vincular a discussão dos equilíbrios químicos e termodinâmicos, exploramos a entropia e a energia livre no Capítulo 18. Como um tópico final nesta seção, descrevemos no Capítulo 19 as reações químicas que envolvem a transferência de elétrons e o uso dessas reações nas células eletroquímicas.

PARTE CINCO: A Química dos Elementos

Embora a Química de diversos elementos esteja descrita no livro todo, a Parte 5 aborda esse tópico de maneira mais sistemática. O Capítulo 20 reúne muitos dos conceitos dos capítulos anteriores em uma discussão sobre a *Química ambiental: Meio Ambiente, Energia e Sustentabilidade*. O Capítulo 21 é dedicado à química dos elementos do grupo principal, ao passo que o Capítulo 22 é uma discussão dos elementos de transição e seus compostos. O Capítulo 23 é uma breve discussão da Química Orgânica com ênfase na estrutura molecular, nos tipos de reações básicas e polímeros. O Capítulo 24 é uma introdução à Bioquímica, e o Capítulo 25 é uma visão geral da Química Nuclear.

Recursos do Livro

Alguns anos atrás, um aluno de um dos autores, agora um contador, compartilhou conosco uma perspectiva interessante. Ele disse que, enquanto a Química Geral era um dos assuntos mais difíceis, era também o curso mais útil que ele havia tido, porque ensinava como resolver problemas. Ficamos agradecidos por essa perspectiva. Sempre pensamos que, para muitos estudantes, um objetivo importante na Química Geral não era somente ensinar Química, mas também ajudá-los a desenvolver o pensamento crítico e habilidades para resolver problemas. Muitos dos recursos do livro estão destinados a oferecer suporte para esses objetivos.

Abordagem de Solução de Problemas: Mapa de Organização e Estratégia

Os exemplos resolvidos representam uma parte essencial de cada capítulo. Para ajudar ainda mais os estudantes a seguirem a lógica de uma resolução, esses problemas são organizados em torno do seguinte objetivo:

Problema
Essa é a informação do problema.
O que você sabe?
A informação fornecida é destacada.
Estratégia
A informação disponível é combinada com o objetivo e começamos a indicar um caminho para uma solução.
Solução
Trabalhamos nas etapas, lógicas e matemáticas, para chegar à resposta.
Pense bem antes de responder
Perguntamos se a resposta é razoável ou o que ela significa.
Verifique seu entendimento
Esse é um problema parecido para o aluno tentar resolver. Uma solução para ele está no Apêndice N.

Mapa Estratégico para o Exemplo 5

PROBLEMA
Qual será a espessura de uma **camada de óleo** quando uma determinada massa cobrir uma **determinada área**?

↓

DADOS/INFORMAÇÕES
Massa e **densidade** do óleo e o **diâmetro** da superfície circular a ser coberta.

↓

ETAPA 1. Calcule o **volume** do óleo a partir da **massa** e **densidade**.

Volume do óleo em **cm³**

ETAPA 2. Calcule a área da **superfície** a partir do **diâmetro**.

Área a ser coberta em **cm²**

ETAPA 3. Divida o **volume** do óleo pela **área da superfície** a fim de calcular a espessura em **cm**.

Espessura da camada de óleo em **cm**

Para muitos alunos, um **mapa estratégico visual** pode ser uma ferramenta útil na resolução do problema. Por exemplo, perguntamos o quão espessa poderia ser a camada de óleo se espalhássemos uma massa deste na superfície da água em um prato. A densidade do óleo é dada na sequência. Para ajudar a ver a lógica desse problema, o Exemplo é acompanhado pelo Mapa Estratégico fornecido aqui. Há aproximadamente 60 desses Mapas Estratégicos no livro que acompanham os problemas do Exemplo.

Revisão e Verificação: Exercícios para a Seção

Na 8ª edição, adicionamos questões de "revisão e verificação", com múltiplas alternativas, no final de quase todas as seções, e isso obteve grande aprovação. Os alunos podem verificar seu conhecimento na seção e tentar resolvê-las. As respostas a essas questões estão no Apêndice N.

Objetivos do Capítulo/Revisão

Os objetivos de aprendizado estão listados na primeira página de cada capítulo. Para esta edição, organizamos esses objetivos em torno das principais tarefas voltadas para os alunos:

- O que você precisa **ENTENDER** no capítulo.
- O que você precisa para ser capaz de **FAZER**.
- O que você precisa **LEMBRAR** sobre as matérias do capítulo.

Os objetivos estão revisados ao final do capítulo. Cada objetivo é fornecido em mais detalhes, e algumas questões específicas do final do capítulo são descritas para ajudar os alunos a determinar se conseguiram atingir esses objetivos.

"Questões para Estudo" do Final do Capítulo

Há de 50 a mais de 150 Questões para Estudo para cada capítulo (e as respostas às questões de número ímpar são fornecidas no Apêndice N). Elas estão agrupadas da seguinte forma:

Praticando Habilidades: Essas questões estão agrupadas por tópicos abordados pelas questões.
Questões Gerais: Não há indicação a respeito do tipo de pergunta.

No Laboratório: Esses são problemas que podem ser encontrados em um experimento de laboratório no material do capítulo.

Resumo e Questões Conceituais: Essas questões usam conceitos do capítulo atual, bem como dos anteriores.

Finalmente, observe que algumas questões estão marcadas com um pequeno triângulo verde (▲). Isso significa que elas são mais desafiadoras que as outras.

Ensaios em Boxes

Como na 8ª edição, há ensaios em boxes intitulados "Um Olhar Mais Atento" (para um exame mais aprofundado de matéria relevante) e "Dica para Solução de Problemas". Acrescentamos e revisamos diversos "Estudos de Caso", alguns dos quais descrevem a química "verde" ou sustentável.

Mudanças na 9ª Edição

Mudanças significativas da 8ª edição para esta foram destacadas em "O Que Há de Novo". Além disso, produzimos novas fotos e novas ilustrações e procuramos continuamente melhorar a composição do livro todo. A listagem a seguir de capítulo por capítulo indica mudanças específicas da edição anterior para esta.

Capítulo 1 Conceitos Básicos de Química e Revisão: As Ferramentas da Química Quantitativa

- A história introdutória sobre o ouro foi reescrita.
- A figura sobre propriedades químicas e físicas foi refeita completamente.

Capítulo 2 Átomos, Moléculas e Íons

- Há uma nova história introdutória sobre "observando átomos" com um microscópio de varredura por tunelamento.
- Duas novas páginas de *Experimentos-chave – Como Sabemos a Natureza do Átomo e de Seus Componentes?* foram acrescentadas. Esse tópico aborda as principais ideias dos capítulos sobre a história da Química desde as 7ª e 8ª edições.
- A seção na 8ª edição sobre compostos hidratados agora é um box de "Um Olhar Mais Atento".

Capítulo 3 Reações Químicas

- Há um novo box de "Um Olhar Mais Atento" – *Organizações Alternativas para Tipos de Reações*. Nosso esquema de organização de reação é um pouco diferente daquele usado na química de Disposição Avançada (DA), portanto, esse box está relacionado ao nosso esquema para a nomenclatura DA.

Cristal corindo (Al_2O_3).

Capítulo 4 Estequiometria: Informação Quantitativa Sobre Reações Químicas

- A introdução para resolver problemas de Estequiometria está descrita de uma nova maneira para ajudar os estudantes a seguirem melhor esse tópico extremamente importante.

Capítulo 5 Princípios da Reatividade Química: Energia e Reações Químicas

- Expandimos a cobertura da primeira lei da termodinâmica com mais detalhes sobre o trabalho. Isso inclui um box revisado de "Um Olhar Mais Atento" e um novo problema no *Exemplo*, e novas Questões de Estudo.
- Atualizamos os dados sobre o uso da energia no mundo e, no box de "Um Olhar Mais Atento", atualizamos as informações sobre etanol e gasolina.

Capítulo 6 A Estrutura dos Átomos

- Uma nova história introdutória sobre dispositivos de carga acoplada foi acrescentada.
- Há um novo problema de *Exemplo* sobre como usar a lei de Planck.
- "Um Olhar Mais Atento" inédito sobre queimaduras, protetores solares e radiação ultravioleta foi acrescentado.
- Informações sobre diamagnetismo e paramagnetismo foram movidas para o Capítulo 7.

Capítulo 7 A Estrutura dos Átomos e as Tendências Periódicas

- Mais informações sobre espectroscopia de fotoelétrons foram incorporadas com o novo box de "Um Olhar Mais Atento" e quatro novas Questões para Estudo (33 a 36).

Capítulo 8 Ligação e Estrutura Molecular

- Há um novo box de "Um Olhar Mais Atento" Uma Visão Triangular das Ligações Químicas. Nessa exibição introduzimos o diagrama de van Arkel-Ketelaar que mostra a continuidade dos modelos de ligações, um conceito importante em um curso introdutório.

- A introdução das estruturas de ponto de elétron foi alterada para mostrar melhor as etapas envolvidas em sua construção, e novos exemplos foram acrescentados.
- Uma nova subseção foi acrescentada no desenho de Lewis, das estruturas das moléculas orgânicas.

Minerais contendo enxofre.

Capítulo 9 Estrutura Molecular e Ligações: Hibridização de Orbitais e Orbitais Moleculares

- Os químicos têm repensado na importância dos orbitais *d* nas ligações. Conforme afirmamos no Capítulo 9, "a pesquisa atual indica que há uma pequena evidência da participação de orbitais *d* nas ligações de moléculas hipervalentes". Essa conclusão tem sido amplamente aceita na comunidade química e foi integrada em nossa discussão sobre ligações em compostos como PF_5 e SF_6.
- A questão em "Aplicando Princípios Químicos" sobre espectroscopia de fotoelétrons foi mantida.

Capítulo 10 Gases e Suas Propriedades

- Há uma nova discussão sobre o comportamento não ideal dos gases (Seção 10.8).
- Um Novo "Estudo de Caso", *O Mistério do Metano*, foi acrescentado.
- Um novo box de "Um Olhar Mais Atento" foi acrescentado, "Ciência de Superfície e a Necessidade de Sistemas de Vácuo Ultra-Altos".

Capítulo 11 Forças Intermoleculares e Líquidos

- Em 2011, a União Internacional de Química Pura e Aplicada (International Union of Pure and Applied Chemistry – IUPAC) redefiniu o conceito de ligações de hidrogênio. A perspectiva da IUPAC foi incorporada, de modo que precisamos expandir nossa discussão sobre as ligações de hidrogênio.

- O box de "Um Olhar Mais Atento" sobre CO_2 supercrítico foi amplamente reescrito.

Capítulo 12 O Estado Sólido

- Há uma nova história introdutória sobre o jade, o tema da foto de capa.
- O "Estudo de Caso" sobre grafeno foi reescrito amplamente para refletir a pesquisa e o desenvolvimento nessa importante área nova.
- Na seção sobre mudanças de fases (12-6), há um novo box de "Um Olhar Mais Atento", "Nova Memória para Seu Computador Baseada em Mudanças de Fase".

Capítulo 13 Soluções e Seu Comportamento

- Há uma nova introdução do capítulo sobre *Narcose e o Mal dos Mergulhadores*.
- Um novo box de "Um Olhar Mais Atento" sobre "Crescimento de Cristais" foi acrescentado. É sobre o crescimento de cristais grandes; alguns estudantes podem fazer isso com alúmen comprado em supermercado.

Material complementar *on-line*

No site da Cengage (www.cengage.com), na página do livro, estão disponíveis os seguintes materiais:

- Para o **aluno**: Glossário dos termos técnicos apresentados no livro.
- Para **professor**: Além do glossário, o professor conta com slides em Power Point®, em inglês, e Manual do instrutor, também em inglês.

Acesse os materiais com seu cadastro de aluno ou professor.

Conceitos de Ancoragem em Química

O American Chemical Society Examinations Institute (Instituto de Exames da Sociedade Americana de Química) tem elaborado exames e avaliação para Química voltada a faculdades há mais de 75 anos. Em 2012, o Instituto publicou trabalhos no *Journal of Chemical Education* sobre "conceitos de ancoragem" ou "grandes ideias" em Química. O objetivo era fornecer aos professores de faculdades um conteúdo refinado da Química, de forma que a introdução pudesse ser mais bem alinhada ao conteúdo dos exames da American Chemical Society (ACS). O mapa da ACS começa com "conceitos de ancoragem", subdivididos em "entendimentos duradouros" e ainda divididos em mais áreas detalhadas.

Acreditamos que essas ideias são úteis tanto aos professores quanto aos estudantes de Química e são importantes o bastante para incluí-las nesse Prefácio.

O Conselho da faculdade, o editor dos exames Advanced Placement (AP) recentemente reformulou o currículo de química de AP juntamente com muitas dessas mesmas ideias. Esse currículo também é baseado em "grandes ideias" e depois em "entendimentos duradouros". Este último foi dividido em "conhecimento essencial" e "práticas da ciência" e, finalmente, em "objetivos do aprendizado". Temos certeza de que a atual edição de *Química Geral e Reações Químicas* incluiu material que satisfaz muitos dos critérios do currículo do Corpo Diretor do College Board, enquanto baseia-se amplamente o texto nos "conceitos de ancoragem" do Examination Institute.

Conceitos de Ancoragem do American Chemical Society Examinations Institute

1. Átomos (Capítulos 1, 2, 6, 7)

Átomos são blocos de construção da Química. Os capítulos 1 e 2 descrevem a composição básica dos átomos e os experimentos clássicos que têm definido a estrutura atômica. A estrutura eletrônica dos átomos é descrita em detalhes no Capítulo 6, no qual os números quânticos e orbitais são introduzidos. No Capítulo 7 segue-se a análise das configurações de eletrônicas, diagramas de níveis de energia dos orbitais e tendências periódicas em química e propriedades físicas dos elementos. Observamos que a lei de Coulomb é o princípio subjacente implícito e explícito em muitas dessas discussões.

2. Ligações (Capítulos 8, 9, 12, 23)

Dois capítulos sobre ligações covalentes seguem a discussão da estrutura atômica. A estrutura molecular é abordada no Capítulo 8, que começa com estruturas de Lewis e então passa para a determinação de estruturas eletrônicas e moleculares usando instruções de RPENV. Uma discussão detalhada da teoria de Ligação de Valência e uma introdução de hibridização vêm logo após o Capítulo 9, e são seguidas pela teoria do orbital molecular em um nível qualitativo. A ligação em compostos iônicos e semicondutores é abordada no capítulo sobre sólidos (Capítulo 12). A ligação em compostos orgânicos é novamente enfatizada no Capítulo 23.

3. Estrutura e Função (Capítulos 11, 12, 16, 24)

A relação mais notável da estrutura com a função está no Capítulo 24 (bioquímica), que inclui problemas interessantes como hemoglobina e anemia falciforme, e a função dos ácidos nucleicos na síntese de proteína. Entretanto, as relações de estrutura-função estão em todo o livro. Considere, por exemplo, as propriedades do gelo e da água no Capítulo 11, a energia reticular e as propriedades físicas dos compostos iônicos no Capítulo 12, e os princípios da reatividade na química de ácidos e bases (Capítulo 16).

4. Interações Intermoleculares (Capítulos 10, 11, 24)

O Capítulo 11 está especificamente dedicado a este tópico; estão aqui introduzidas as forças íon–dipolo, dipolo–dipolo e as forças de London, cada uma com base nas forças de atração coulombianas (eletrostáticas). Ligações de hidrogênio recebem atenção especial. Também observamos a importância das atrações intermoleculares em gases reais (Capítulo 10) e moléculas bioquímicas (Capítulo 24).

5. Reações (Capítulos 3, 4, 16, 17, 19-24)

Reatividade química é um tema majoritário neste livro. A química é composta por uma ampla coleção de reações químicas. Tipos de reações e princípios de equilíbrio químico são introduzidos no Capítulo 3, e os aspectos quantitativos das reações (estequiometria de produtos químicos) são abordados no Capítulo 4. Análises em profundidade das reações de ácido-base de Brønsted-Lowry e das reações de precipitação são apresentadas nos capítulos 16 e 17 e as reações redox são analisadas em profundidade no capítulo sobre eletroquímica (19). Reações importantes em nosso meio ambiente estão abordadas no Capítulo 20, e a química dos elementos do grupo principal e dos elementos de transição está descrita nos capítulos 21 e 22, respectivamente. Finalmente, os capítulos de Química Orgânica e Bioquímica (23 e 24) estão organizados em torno de estruturas e reações.

6. **Energia e Termodinâmica (Capítulos 1, 5-8, 12-13, 18, 20)**

Energia é um tema difuso da Química, portanto, algumas informações de fundamentação estão incorporadas no Capítulo 1. Termoquímica e a primeira lei da termodinâmica (calor e trabalho) estão apresentadas no Capítulo 5. Introduzidos neste capítulo estão tópicos importantes, incluindo calor específico, energia interna, entalpia e experimentos que envolvem calorimetria. A energia é revista na discussão sobre estrutura atômica no Capítulo 6, de energia de ionização e entalpia de adição eletrônica no Capítulo 7, e de energia de ligação no Capítulo 8. Mais uma vez a energia é importante na discussão de sólidos no Capítulo 12 e soluções no Capítulo 13.

A segunda e a terceira leis da termodinâmica são desenvolvidas no Capítulo 18, no qual encontramos entropia (mencionada rapidamente no capítulo anterior, no Capítulo 13 sobre soluções) e energia livre, que está vinculada ao equilíbrio.

Finalmente, os recursos de energia e o uso estão nos tópicos-chave no capítulo sobre meio ambiente (20).

7. **Cinética (Capítulo 14, 24)**

O Capítulo 14 é dedicado à química cinética. Aqui definimos o que se entende por relação e leis de velocidades, e ilustramos exemplos em que as leis de velocidades são determinadas a partir de dados experimentais. Energia de ativação também é abordada neste capítulo. Cinética de enzimas é apresentada no Capítulo 24.

8. **Equilíbrio (Capítulos 3, 15-19)**

Primeiro mencionamos o equilíbrio no Capítulo 3, destacando que todas as reações tendem espontaneamente ao equilíbrio e identificando os termos produto-favorecido e reagente-favorecido. Esse assunto é então abordado em profundidade em uma série de três capítulos. O Capítulo 15 é uma introdução aos princípios de equilíbrio. Descrevemos equilíbrios envolvendo espécies em solução e na fase gasosa em termos de constantes de equilíbrio. O princípio de Le Chatelier, que oferece um senso intuitivo de como uma perturbação afeta um sistema em equilíbrio, é introduzido aqui. Nos Capítulos 16 e 17, descrevemos os tipos específicos de equilíbrio em soluções aquosas, com equilíbrios ácido-base e solubilidade. E, finalmente, no Capítulo 18, vinculamos equilíbrio à energia livre de Gibbs da função termodinâmica. No Capítulo 19, introduzimos medidas potenciométricas como um meio de estudar o equilíbrio dos produtos químicos.

9. **Experimentos, Medições e Dados (na maioria dos capítulos deste livro)**

A química é construída em resultados experimentais, portanto é importante perceber que as informações neste tópico ocorrem por todo o livro. Para mencionar apenas alguns aqui:

- os experimentos clássicos que determinam a estrutura atômica no Capítulo 2.
- calorimetria no Capítulo 5.
- o desenvolvimento da lei dos gases no Capítulo 10.
- as medições das velocidades das reações no Capítulo 14.
- e a medição de potenciais eletroquímicos em células voltaicas no Capítulo 19.

Nas "Questões para Estudo" há o item "No Laboratório", que apresenta questões que podem ocorrer em um experimento de laboratório e que usam o material deste capítulo. E não ignorem as questões de "Aplicando Princípios Químicos", dispostas nos finais de capítulos, que são construídas em torno de experimentos interessantes e muito importantes.

10. **Visualizações (elas aparecem por todo o livro)**

Os alunos visuais acharão este livro muito estimulante. As figuras ilustram os conceitos e exemplos abundantes em cada capítulo; reformulamos muitas figuras para torná-las mais interpretativas e informativas. Exemplos representativos incluem visualizações de radiação eletromagnética, propriedades coligativas, precipitações dissolventes, mecanismos de reação, equilíbrios químicos, orbitais atômicos e muitos, muitos mesmo, modelos moleculares.

Mais Informações:

MURPHY, K. et al. *Journal of Chemical Education*, v. 89, p. 715-720, 2012.

HOLME, T.; MURPHY, K. *Ibid.*, v. 89, p. 721-723, 2012.

Agradecimentos

Preparar esta nova edição de *Química Geral e Reações Químicas* consumiu mais de dois anos de esforço contínuo. Como em nosso trabalho nas primeiras oito edições, tivemos o apoio e o encorajamento de nossos colegas na Cengage Learning e de nossos familiares e amigos maravilhosos, colegas de faculdade e estudantes.

Cengage Learning

A oitava edição deste livro foi publicada pela Cengage Learning, e continuamos com a mesma equipe de excelência que tivemos por muitos anos.

A oitava edição do livro foi muito bem-sucedida, em grande parte graças ao trabalho de Lisa Lockwood como gerente de produto. Ela conta com um excelente conhecimento de mercado e trabalhou conosco no planejamento desta nova edição. Maureen Rosener assumiu essa função quando esta edição entrou em produção.

Peter McGahey é nosso desenvolvedor de conteúdo desde que integrou nossa equipe na 5ª edição. Peter é abençoado em energia, criatividade, entusiasmo, inteligência e bom humor. É amigo e confidente, e responde com entusiasmo e alegria nossas muitas perguntas durante as chamadas telefônicas quase que diárias.

Nenhum livro pode ser bem-sucedido sem marketing apropriado. Nicole Hamm (diretora de Marketing) e Janet del Munro (gerente de desenvolvimento de mercado) foram de grande ajuda no marketing da edição anterior, e estão de volta nessa função para esta edição. São conhecedoras do mercado e trabalharam incansavelmente para trazer este livro ao conhecimento de todos.

Nossa equipe na Cengage Learning está completa com Teresa Trego, gerente de projeto de conteúdo; Lisa Weber, desenvolvedora de mídia; e Elizabeth Woods, desenvolvedora associada. Os planejamentos exigem muito na publicação de um livro-texto e Teresa nos ajudou nisso. Certamente apreciamos suas habilidades organizacionais.

Dan Fitzgerald da Graphic World Inc. orientou o livro nos meses de produção e Andy Vosburgh, dessa empresa, foi de grande valia para nos introduzir no uso do novo software.

Jill Reichenbach da QBS Learning dirigiu as pesquisas de fotos para o livro e foi bem-sucedido em atender-nos nas vezes em que trazíamos solicitações fora do comum para determinadas fotos.

Arte, Design e Fotografia

Muitas das fotografias coloridas em nosso livro foram lindamente criadas por Charles D. Winters, que produziu quase cinquenta novas imagens para esta edição. O trabalho de Charlie fica melhor a cada edição. Trabalhamos com ele há mais de trinta anos e ele tornou-se nosso amigo. Suas piadas sempre nos divertiram, tanto as novas quanto as velhas – são inesquecíveis.

Quando a 5ª edição estava sendo planejada, há alguns anos, recebemos Patrick Harman como membro da equipe. Pat projetou a primeira edição de nosso CD-ROM de *Interactive General Chemistry* (publicado nos anos 1990), e acreditamos que seu sucesso está muito vinculado à sua habilidade de projetar. Da 5ª à 8ª edições do livro, Pat debruçou-se sobre cada figura e também sobre quase toda palavra, para dar uma perspectiva renovada à maneira de transmitir a Química. Mais uma vez ele trabalhou no projeto e na produção de novas ilustrações para esta edição, e sua criatividade é evidente. Pat tornou-se também um bom amigo, e compartilhamos interesse não somente nos livros mas também na música.

Finalmente, outro fotógrafo refinado, Steven Hyatt, trouxe à produção diversas fotos novas para esta edição.

Outros Colaboradores

Fomos agraciados por termos muitos outros colegas que contribuíram muito para este projeto.

- Alton Banks (North Carolina State University) também esteve envolvido em várias edições preparando o *Manual de Soluções do Estudante*. Alton ajudou muito ao assegurar precisão nas respostas das "Questões para Estudo" do livro, bem como em seus respectivos manuais.
- John Vincent (University of Alabama-Tuscaloosa) mais uma vez escreveu o *Manual de Recursos do Instrutor* e fez uma revisão rigorosa.
- Greg Gellene (Texas Tech University) atualizou e revisou o *Guia de Estudo* para este texto. Nosso livro contou com uma história de excelentes guias de estudo, e este manual segue a tradição.

- Jay Freedman foi o editor de desenvolvimento da primeira edição do livro e seu trabalho estabeleceu o sucesso contínuo do mesmo. Por diversas edições, Jay também fez uma compilação de trabalho primorosa para o Índice/Glossário.
- Nathanael Fackler (Nebraska Wesleyan University) produziu o *Banco de Testes* para esta edição.
- Daniel Huchital (Florida Atlantic University) foi um revisor acurado para esta edição, e David Shinn da Academia da Marinha Mercante do Estados Unidos foi um revisor rigoroso do *Manual de Soluções do Aluno* e do *Manual de Recursos do Instrutor*.
- Nathan Tice (Butler University) preparou uma revisão da química verde para nós.
- Professor J. Quilez (Departamento de Física e Química, IES Benicalap, Valência, Espanha) revisou a discussão sobre energia livre, no Capítulo 18.

Participantes em Pesquisas de Desenvolvimento

O desenvolvimento de livros bem-sucedidos depende da ajuda de muitas pessoas dentro da editora, bem como de colegas educadores da área de Química. As pessoas citadas a seguir participaram das pesquisas que orientaram a produção do livro.

Dmitri Babikov, Marquette University
Yiyan Bai, Houston Community College – Central College
Dean Campbell, Bradley University
Susan Collins, California State University – Northridge
Christopher Collison, Rochester Institute of Technology
David Dearden, Brigham Young University
Emmanuel Ewane, Houston Community College – Northwest College
Mark Fritz, University of Cincinnati
Ron Garber, California State University – Long Beach
Luther Giddings, Salt Lake Community College
Brian Glute, University of Minnesota – Duluth
Donna Iannotti, Brevard Community College – Palm Bay Campus
Jason Jones, Francis Marion University
David Katz, Pima Community College – West Campus
David Katz, Pima Community College – West Campus
Kristine Miller, Anne Arundel Community College
Patricia Muisener, University of South Florida
Stacy O'Reilly, Butler University
Andrew Price, Temple University
Mark Scharf, West Virginia University

Sobre os autores

John C. Kotz, Professor da State University of New York no College of Oneonta, graduou-se em Washington, na Lee University e na Cornell University. Fez pós-doutorado no National Institutes of Health na Inglaterra e na Indiana University.

É coautor de três livros em diversas edições (*Inorganic Chemistry; Chemistry & Chemical Reactivity* e *The Chemical World* [*Química Inorgânica, Química e Reatividade dos Produtos Químicos* e o *Mundo da Química*), bem como do *General Chemistry Interactive CD-ROM CD-ROM de Interatividade de Química Geral*. Sua pesquisa em Química Organometálica e Eletroquímica foi publicada em revistas científicas.

Foi conferencista e pesquisador em Portugal, bem como professor convidado da University of Wisconsin, da Auckland University na Nova Zelândia e da Potchefstroom University na África do Sul. Também participou como convidado em apresentações sobre Química e Educação em conferências nos Estados Unidos, na Inglaterra, no Brasil, na África do Sul, Nova Zelândia e Argentina.

Recebeu o National Catalyst Award for Excellence in Teaching, o Visiting Scientist Award do Western Connecticut Section da American Chemistry Society, e o Distinguished Education Award do Binghamton (NY) Section da American Chemistry Society. Em 1998, foi Estee conferencista sobre Ensino de Química na University of South e em 2007 foi conferencista na University of North Carolina-Asheville. Finalmente, foi mentor da equipe da Olimpíada Nacional de Química nos Estados Unidos. Seu endereço de e-mail é: johnkotz@mac.com.

Paul M. Treichel recebeu grau de Bacharelado na Wisconsin University, em 1958, e o título de Ph.D. da Harvard University, em 1962. Depois de um ano de estudo de pós-doutorado em Londres, assumiu posição de professor universitário na University of Wisconsin-Madison. Trabalhou como chefe de departamento de 1986 a 1995 e foi condecorado como Helfaer Professorship em 1996. Exerceu muitos cargos de professor convidado na África do Sul (1975) e no Japão (1995).

Aposentou-se após 44 anos como docente, em 2007, e atualmente é Professor Emérito de Química. Durante sua docência lecionou em cursos de Química Geral, Química Inorgânica, Química Organometálica e Ética Científica. Professor Treichel faz pesquisa em Química Organometálica e Aglomerado de Células e em Espectometria de Massa, auxiliado por 75 alunos graduandos e graduados, resultando em mais de 170 trabalhos em revistas científicas. Pode ser contatado pelo e-mail: treichelpaul@me.com.

John R. Townsend, professor doutor de Química na West Chester University of Pennsylvania, bacharelou-se em Química, assim como teve seu Programa Aprovado para Certificação em Química na University of Delaware. Após uma carreira lecionando Ciência e Matemática, obteve seu mestrado e Ph.D. em Química Biofísica na Cornell University, onde também recebeu o DuPont Teaching Award por seu trabalho como professor assistente. Após lecionar na Bloomsburg University, passou a lecionar na West Chester University, onde coordena o programa de licenciatura em Química para a escola secundária e o programa de Química Geral para o curso de Ciências. Seu interesse em pesquisa está nas áreas de Educação em Química e Bioquímica. Pode ser contatado pelo e-mail: treichelpaul@me.com.

David A. Treichel, professor de Química na Nebraska Wesleyan University, recebeu seu bacharelado no Carleton College. Concluiu mestrado e Ph.D. em Química Analítica na Northwestern University. Após a pesquisa de pós-doutorado na University of Texas em Austin, iniciou docência na Nebraska Wesleyan University. Seu interesse em pesquisa está nas áreas de Eletroquímica e Espectroscopia de Laser de Superfície. Pode ser contatado pelo e-mail: dat@nebrwesleyan.edu.

(Da esquerda para a direita) **John Kotz, John Townsend, David Treichel, Paul Treichel**

Sobre os revisores técnicos

Heloisa Andréa Acciari

Bacharel e Licenciada em Química (1994) pela Universidade de São Paulo (FFCL-RP/USP). Mestre (1997) e Doutora (2001) em Química, pelo Instituto de Química de Araraquara, da Universidade Estadual Paulista (IQ/UNESP). Atualmente é Professora Assistente Doutora II no Departamento de Física e Química da Faculdade de Engenharia de Guaratinguetá – (FEG/UNESP).

Eduardo Norberto Codaro

Licenciado em Ciências Químicas (1998) pela Universidad Nacional de La Plata (UNLP). Doutor em Ciências Químicas (1996) pela mesma Instituição. Atualmente é Professor Adjunto II no Departamento de Física e Química da Faculdade de Engenharia de Guaratinguetá – (FEG/UNESP).

Sobre a capa

Steven Hyatt

A bela pedra verde na capa deste livro é uma peça de jade esculpida na Nova Zelândia. O jade é encontrado em muitas partes do mundo e, por sua beleza, tem sido usado por séculos em itens decorativos e religiosos. Além disso, por sua resistência e por suportar altas temperaturas, foi usado para ferramentas como lâmina de machado. Na China, no período de 200 a.C. a 200 d.C., membros da realeza eram enterrados com roupas feitas com placas de jade costuradas com fios de ouro. Na Nova Zelândia a pedra é chamada "pounamu", nome dado pelos índios daquele país, os Maori. Para os Maori o *pounamu* tem imenso valor espiritual e material; objetos feitos de jade estão entre suas posses de maior valor.

O nome "jade" é originário de *piedra de ijada*, em espanhol, que significa "pedra do lombo", pois acreditava-se que ela curava doenças renais.

Na verdade, há dois minerais diferentes chamados jade: jadeíta e nefrita. A jadeíta é muito rara e um pouco mais dura do que a nefrita. As duas são difíceis de diferenciar visualmente, mas a nefrita possui um toque mais "sedoso" do que a jadeíta, um recurso que surge das diferenças em sua estrutura subjacente de silicato.

O jade na capa do livro e mostrado aqui é a nefrita com a fórmula $Ca_2(Mg, Fe)_5(Si_4O_{11})_2(OH)_2$. A cor verde da nefrita vem dos íons ferro(II). Como a quantidade de íons ferro(II) pode variar de pedra para pedra, a cor pode mudar de branca (baixo conteúdo de ferro) a verde-escura (alto conteúdo de ferro).

A natureza do jade e a origem da cor são discutidas em mais detalhes nos Capítulos 12 e 22.

Uma balança utilizada por mineradores em uma velha cabana de mineração no Arizona, Estados Unidos.

1 Conceitos básicos de química

Sumário do capítulo

- **1-1** A Química e Seus Métodos
- **1-2** Sustentabilidade e Química Verde
- **1-3** Classificando a Matéria
- **1-4** Elementos
- **1-5** Compostos
- **1-6** Propriedades Físicas
- **1-7** Mudanças Físicas e Químicas
- **1-8** Energia: Alguns Princípios Básicos

OURO! Os alunos que estão iniciando um curso de Química geralmente nos dizem que não sabem nada sobre Química. Entretanto, há muitas coisas em nossa vida que estão relacionadas à Química, e provavelmente você sabe algo sobre pelo menos um dos elementos, o ouro.

O ouro é conhecido e cobiçado por milênios. Trata-se de um dos elementos mais raros. Guerras foram travadas por ele, e homens foram escravizados para garimpá-lo. O ouro é extraído em todo lugar na Terra, e estima-se que os oceanos contenham mais de 10 milhões de toneladas dele.

O ouro consiste em uma *commodity* de investimento comum, mas seus usos mais reconhecidos são em joalherias e na área de odontologia. As estátuas geralmente são banhadas a ouro, isto é, cobertas por uma fina camada desse material. Vemos isso na arquitetura: o domo da Catedral de St. Isaac, em São Petersburgo, na Rússia, por exemplo, é coberto com 100 quilogramas de ouro em folhas muito finas.

Eis alguns fatos sobre o ouro:

- Seu nome em alemão é o mesmo que em inglês, mas em espanhol é *oro* e em francês é *l'or*; seu símbolo químico é Au, derivado do latim, *aurum*.
- A maioria do ouro usado em joias não é puro. Na verdade, o ouro é misturado com outros metais para fortalecê-lo e mudar sua cor (e torná-lo um item menos caro). A quantidade de ouro em joias é

PARTE UM ▶ AS FERRAMENTAS BÁSICAS DA QUÍMICA

CAPÍTULO 1

Objetivos do Capítulo

Consulte a Revisão dos Objetivos do Capítulo para ver as Questões para Estudo relacionadas a estes objetivos.

ENTENDER
- Os conceitos básicos aplicados na ciência: hipóteses, leis e teorias.
- As ideias básicas da teoria cinético-molecular.
- Os pontos de vista da Química: macroscópico, microscópico e simbólico.
- Os processos que envolvem trocas de energia e como se aplicam em estudos químicos.

FAZER
- Classificar a matéria.
- Identificar propriedades e mudanças físicas e químicas.

LEMBRAR
- As características das unidades estruturais da Química: elementos, átomos, compostos e moléculas.
- Uma lista das propriedades físicas e químicas comuns.
- Os princípios da química verde.

---

identificada pelas marcas gravadas na peça. O ouro puro apresenta 24 K (24 quilates). O rótulo 18 quilates (18 K) significa que o metal usado possui 18/24 de ouro por peso; o ouro 9 K possui 9/24 de ouro.

- O ouro é maleável, significando que é possível moldá-lo por batidas. Uma folha de ouro pode chegar a 0,000127 mm, o que representa a espessura de cerca de 500 átomos.
- O ouro não é afetado pelo ar, pela água nem pela maioria dos produtos químicos. É por isso que ele não mancha. A exceção química é a *aqua regia* (do latim água de reis, água régia), uma mistura de ácidos clorídrico e nítrico capaz de dissolver o ouro.
- Ele é um dos melhores condutores de eletricidade, o "padrão ouro" para uso em circuitos eletrônicos.

Ao começar seu estudo de Química, encorajamos você a notar as coisas que já sabe sobre ela. O que você conhece a respeito de elementos como ferro, alumínio, cobre e oxigênio, ou sobre compostos como a água e o dióxido de carbono? Neste livro, teremos muito a dizer sobre eles e muitas outras substâncias químicas interessantes e úteis.

Questões para Estudo Relacionadas à Introdução do Capítulo Em quase todos os capítulos haverá pelo menos uma Questão para Estudo relacionada ao texto da introdução. Para o Capítulo 1, é a de número 1.47.

Em 1991, um alpinista nos Alpes, na fronteira entre a Áustria e a Itália, encontrou um corpo humano bem preservado no gelo. Embora a princípio se acreditasse que se tratava de uma pessoa que falecera recentemente, uma série de estudos científicos por mais de uma década concluiu que o homem havia vivido 53 séculos antes e tinha aproximadamente 46 anos de idade ao falecer. Ele ficou conhecido como Ötzi, o Homem do Gelo.

A descoberta do corpo do Homem do Gelo, a mais antiga múmia natural humana, desencadeou incontáveis estudos científicos reunindo químicos, biólogos, antropólogos, paleontólogos e outros profissionais de várias partes

(a) O Homem do Gelo antes de o corpo ser removido do local no qual ele estivera congelado por mais de 53 séculos.

(b) O corpo do Homem do Gelo agora se encontra no Museu Arqueológico de Tirol do Sul, em Bolzano, na Itália.

Ötzi, o Homem do Gelo. O nome "Ötzi" vem do vale Ötz, a região da Europa (na fronteira entre a Áustria e a Itália) onde o homem foi encontrado.

do mundo. Esses estudos nos dão uma incrível visão de como a ciência é praticada. Entre as muitas descobertas feitas sobre o Homem do Gelo, temos:

- Alguns pesquisadores procuraram resíduos de alimentos nos intestinos do Homem do Gelo. Além de encontrarem algumas partículas de grãos, eles localizaram pequenas lascas de mica, que acreditam vir de pedras usadas para moer os grãos que o homem ingeriu. Eles analisaram essas lascas e descobriram que sua composição era semelhante à da mica proveniente de uma pequena área ao sul dos Alpes, estabelecendo assim o local onde o homem viveu em seus últimos anos. E, ao analisar as fibras animais em seu estômago, eles determinaram que sua última refeição foi carne de uma cabra dos Alpes.

- Altos níveis de cobre e arsênio foram encontrados em seus cabelos. Essas observações, combinadas com a descoberta de que seu machado era quase que inteiramente de cobre puro, levaram os investigadores a concluir que ele estaria envolvido com fusão de cobre.

- Uma de suas unhas ainda estava presente em seu corpo. Com base em sua condição, os cientistas puderam concluir que ele ficou doente três vezes nos seis últimos meses antes de sua morte e sua última doença durou duas semanas. Finalmente, imagens recentes de seus dentes mostraram graves doenças periodontais e cáries.

- Cientistas australianos coletaram amostras de resíduos de sangue de sua faca com ponta de pedra, suas flechas e seu casaco. Utilizando técnicas desenvolvidas para estudar DNA antigo, eles descobriram que o sangue vinha de quatro indivíduos diferentes. O sangue em uma das pontas de flecha pertencia a dois indivíduos diferentes, sugerindo que o homem tenha matado duas pessoas. Talvez ele tenha matado uma pessoa, recuperado a flecha e usado-a para matar outra.

Os vários métodos diferentes utilizados para revelar a vida do Homem do Gelo e de seu meio ambiente são usados por cientistas em todo o mundo, incluindo os atuais forenses em seus estudos de acidentes e crimes. Conforme você estiver estudando Química e os princípios químicos deste livro, tenha em mente que muitas áreas da ciência dependem da Química e que muitas carreiras diferentes em ciências estão disponíveis.

1-1 A Química e Seus Métodos

Química trata de mudança. Outrora, significava apenas transformar uma substância natural em outra – madeira em óleo queimado, suco de frutas se transformam em vinho, e cinábrio (Figura 1.1), um mineral vermelho, converte-se em reluzente mercúrio ao ser aquecido. A ênfase era muito grande em encontrar uma receita para realizar a transformação desejada, com pouca compreensão a respeito da estrutura subjacente dos materiais ou de explicações sobre o motivo pelo qual certas alterações ocorriam. A Química ainda trata de mudança, mas agora os Químicos focam-se na alteração de uma substância pura, seja natural ou sintética, em outra, e em compreender essa alteração (Figura 1.2). Como você verá, na química moderna, agora temos um mundo incrível de átomos e moléculas submicroscópicas interagindo entre si. Também desenvolvemos formas de prever se certa reação ocorrerá ou não.

Embora a Química seja infinitamente fascinante – pelo menos para os químicos – por que você deve estudá-la? Cada pessoa provavelmente tem uma resposta diferente, mas muitos alunos fazem o curso de Química porque outra pessoa havia decidido que se tratava de uma parte importante na preparação para uma carreira específica. A Química é especialmente útil porque é central para nossa compreensão de disciplinas diversas como a Biologia, a Geologia, a Ciência de Materiais, a Medicina, a Física e alguns ramos da Engenharia. Além disso, a Química tem um papel primordial na economia das nações desenvolvidas, e a Química e os produtos químicos afetam nossas vidas cotidianas de diversas formas. Um curso de Química também pode ajudá-lo a ver como o cientista pensa sobre o mundo e como resolve problemas. O conhecimento e as habilidades desenvolvidas em tal curso irão beneficiá-lo em várias carreiras e o ajudarão a se tornar um cidadão mais informado em um mundo que se torna tecnologicamente mais complexo – e mais interessante.

Hipóteses, Leis e Teorias

Como cientistas, estudamos questões de nossa própria escolha ou aquelas que outras pessoas nos apresentam, com a esperança de encontrar uma resposta ou descobrir alguma informação útil. Quando o Homem do Gelo foi descoberto, havia uma série de questões que os cientistas poderiam tentar responder, como de onde ele era, por exemplo. Ao considerar o que era supostamente conhecido sobre humanos vivendo naquela era, parecia razoável considerar que ele era originário de uma área na fronteira do que hoje é a Áustria e a Itália. Isto é, considerando suas origens, os cientistas formaram

FIGURA 1.1 Cinábrio e mercúrio. Aquecer o cinábrio (sulfeto de mercúrio(II)) no ar faz com que mude para óxido de mercúrio(II) laranja, que, após ser novamente aquecido, decompõe-se nos elementos mercúrio e gás oxigênio.

FIGURA 1.2 Formando um composto químico. A combinação de metal sódio (Na) e gás cloro amarelo (Cl_2) resulta em cloreto de sódio.

FIGURA 1.3 Observações qualitativas e quantitativas. Pesando um composto em uma balança de laboratório.

Qualitativo: sólido granular

Quantitativo: a massa tem 28,331 gramas

uma **hipótese**, uma tentativa de explicação ou previsão de acordo com o conhecimento atual.

Após formular uma ou mais hipóteses, os cientistas realizam experimentos projetados para dar resultados que confirmem ou invalidem essas hipóteses. Na Química, isso geralmente exige que sejam coletadas informações tanto quantitativas quanto qualitativas. As informações **quantitativas** são dados numéricos, como a massa de uma substância ou a temperatura na qual ela se funde (Figura 1.3). As informações **qualitativas**, por sua vez, consistem em observações não numéricas, como a cor de uma substância ou sua aparência física.

No caso do Homem do Gelo, os cientistas coletaram grande quantidade de informações qualitativas e quantitativas em seu corpo, suas roupas e suas armas. Entre elas, a informação sobre a razão dos isótopos de oxigênio no esmalte de seus dentes e ossos. Os cientistas sabem que a razão dos isótopos de oxigênio em água e plantas difere de um lugar a outro. Essa razão de isótopos mostrou que o Homem do Gelo deve ter consumido água de um local relativamente pequeno dentro do que é hoje a Itália.

Essa análise usando isótopos de oxigênio pode ser realizada, pois é bem conhecido o fato de que os isótopos de oxigênio na água variam com a altitude de forma previsível. Isto é, a variação na composição do isótopo com a localização pode ser considerada uma lei da ciência. Após inúmeros experimentos feitos por muitos cientistas em um longo período de tempo, esses resultados foram resumidos como uma **lei** – uma declaração verbal ou matemática concisa de um comportamento ou uma relação que parece sempre ser o(a) mesmo(a) sob as mesmas condições.

Baseamo-nos muito acerca do que fazemos na ciência em leis, pois elas nos ajudam a prever o que pode ocorrer sob um novo conjunto de circunstâncias. Por exemplo, sabemos por meio de experiências que se o elemento químico sódio entra em contato com a água, uma reação violenta ocorre e novas substâncias são formadas (Figura 1.4). Sabemos também que a massa das substâncias produzidas na reação é exatamente a mesma que a do sódio e da água usados na reação. Ou seja, *a massa é sempre conservada nas reações químicas*.

Uma vez que suficientes experiências reprodutíveis tenham sido realizadas e os resultados experimentais tenham sido generalizados como uma lei ou regra geral, talvez seja possível conceber uma teoria para explicar a observação. Uma **teoria** é um princípio unificado que bem testado explica um conjunto de fatos, bem como as leis baseadas nela. É capaz de sugerir novas hipóteses que podem ser testadas de forma experimental.

Às vezes, não cientistas usam a palavra teoria para sugerir que alguém deu um palpite e que uma ideia ainda não está substanciada. Entretanto, para os cientistas, uma teoria é baseada em evidências cuidadosamente determinadas e reprodutíveis. As teorias são as pedras fundamentais de nossa compreensão do mundo natural a

FIGURA 1.4 O elemento metálico sódio reage com a água.

qualquer dado momento. No entanto, lembre-se de que teorias são invenções da mente humana. Elas podem e devem mudar à medida que novos fatos são descobertos.

Metas da Ciência

Os cientistas, incluindo os químicos, possuem várias metas. Duas delas são a *predição* e o *controle*. Fazemos experimentos e buscamos generalidades, pois queremos ser capazes de prever o que pode ocorrer em outras circunstâncias. Também queremos saber como podemos controlar o resultado de uma reação ou processo químico.

Duas outras metas são a *compreensão* e a *explicação*. Sabemos, por exemplo, que certos elementos, como o sódio, reagem vigorosamente com a água. Mas por que isso é verdadeiro? Para explicar e compreender isso, precisamos de um histórico sobre conceitos químicos, o qual será desenvolvido neste livro.

Dilemas e Integridade na Ciência

Você pode imaginar que a pesquisa na ciência é direta: fazer experimentos, coletar informações e chegar a uma conclusão. Mas a pesquisa raramente é tão fácil assim. As frustrações e os desapontamentos são comuns, e os resultados podem não ser conclusivos. Os experimentos muitas vezes contêm algum nível de incerteza, e dados falsos ou contraditórios podem ser coletados. Por exemplo, suponha que você faça um experimento esperando encontrar uma relação direta entre duas quantidades experimentais. Você coleta seis conjuntos de dados. Ao representá-los em um gráfico, quatro dos conjuntos ficam em uma linha reta, mas os outros dois estão muito longe da linha. Você deve ignorar os dois últimos conjuntos de dados? Ou deveria fazer mais experimentos mesmo sabendo que o tempo que eles tomam significa que outra pessoa poderia publicar seus resultados antes e assim obter os créditos por um novo princípio científico? Ou você deve considerar que aqueles dois pontos podem indicar que sua hipótese original está errada e que terá de abandonar uma ideia favorita em que está trabalhando há muitos meses? Os cientistas têm a responsabilidade de permanecer objetivos nessas situações, mas às vezes é difícil cumpri-la.

É importante lembrar que um cientista está sujeito às mesmas pressões morais e dilemas que qualquer outra pessoa. Para ajudar a garantir a integridade na ciência, alguns princípios simples que norteiam a prática científica surgiram com o tempo:

- Os resultados experimentais precisam ser reproduzíveis. Além disso, esses resultados devem ser relatados na literatura científica com detalhes suficientes para que possam ser usados ou reproduzidos por outros.
- Os relatórios de pesquisas devem ser revisados antes da publicação por peritos na área para certificar-se de que os experimentos foram conduzidos de forma adequada e que as conclusões obtidas são lógicas.
- As conclusões devem ser razoáveis e imparciais.
- O crédito deve ser dado àquilo que é merecido.

1-2 Sustentabilidade e Química Verde

A população mundial corresponde a aproximadamente 7,2 bilhões de pessoas, sendo que cerca de 7 milhões são acrescentadas a esse número a cada mês. Cada uma dessas novas pessoas precisa de abrigo, alimentos e cuidados médicos, e cada uma delas usa recursos cada vez mais escassos, como água potável e energia. E cada uma produz subprodutos durante a vida e trabalho que podem afetar nosso meio ambiente. Com uma população tão vasta, esses efeitos individuais podem ter graves consequências para nosso planeta. O foco dos cientistas, planejadores e políticos é voltar-se cada vez mais para o conceito de "desenvolvimento sustentável".

James Cusumano, um químico e ex-presidente de uma empresa química, disse que, por um lado, a sociedade, os governos e as indústrias buscam o crescimento econômico para criar mais valor, novos postos de trabalho e um estilo de vida mais agradável e recompensador. No entanto, por outro lado, os reguladores, os ambientalistas e os cidadãos do globo exigem que façamos isso com *desenvolvimento sustentável* – atendendo às necessidades ambientais e econômicas globais de hoje enquanto conservam as

UM OLHAR MAIS ATENTO | Os Princípios da Química Verde

Paul Anastas e John Warner anunciaram os princípios da química verde em seu livro *Green Chemistry: Theory and Practice* (Oxford, 1998). Entre eles, estão os listados abaixo. Durante a leitura deste livro, iremos lembrá-lo desses princípios e outros, e como eles podem ser aplicados.

- "É melhor evitar a geração de resíduo do que tratá-lo ou limpá-lo após o mesmo ter sido formado."
- Novos produtos de consumo, farmacêuticos ou químicos são sintetizados, isto é, feitos através de um grande número de processos químicos. Portanto, "os métodos sintéticos devem ser projetados para maximizar a incorporação de todos os materiais usados no produto final".

- Os métodos sintéticos "devem ser projetados para usar e gerar substâncias que possuem pouca ou nenhuma toxicidade à saúde humana ou ao meio ambiente".
- "Os produtos químicos devem ser projetados para funcionar de forma eficiente enquanto ainda reduzem a toxicidade."

- "Os requisitos de energia devem ser reconhecidos por seus impactos ambientais e econômicos e serem minimizados. Os métodos sintéticos devem ser realizados em temperatura e pressão ambientes."
- Matérias-primas "devem ser renováveis sempre que técnica e economicamente viáveis".
- "Os produtos químicos devem ser projetados para que, no final de sua função, não persistam no ambiente ou se decomponham em produtos perigosos."
- "As substâncias usadas em um processo químico devem ser escolhidas para minimizar o potencial de acidentes químicos, incluindo liberações, explosões e incêndios."

---

opções das gerações futuras de atender às suas necessidades. Como as nações resolvem essas metas potencialmente conflitantes? Isso é ainda mais verdadeiro hoje do que em 1995, quando o Dr. Cusumano fez essa declaração no *Journal of Chemical Education*.

Muito do aumento na expectativa e na qualidade de vida, pelo menos no mundo desenvolvido, é derivado dos avanços na ciência. Mas pagamos um preço ambiental por isso, com o aumento de gases como os óxidos de nitrogênio e de enxofre na atmosfera, a chuva ácida caindo em várias partes do mundo e os resíduos de produtos farmacêuticos entrando no fornecimento de água. Entre muitos outros, os químicos buscam respostas a esses problemas, e uma resposta tem sido praticar a *química verde*.

O conceito de química verde começou a tomar forma há mais de vinte anos, e agora está levando a novas maneiras de realizar as coisas, diminuindo os níveis de poluentes. Até chegar ao final deste livro, você terá sido apresentado à maioria dos princípios subjacentes da química verde. Como poderá ver em "Um Olhar Mais Atento: Princípios da Química Verde", elas são ideias simples. O desafio é colocá-las em prática.

1-3 Classificando a Matéria

Este capítulo inicia nossa discussão de como os químicos pensam na ciência em geral e na matéria em especial. Após analisarmos uma maneira de classificar a matéria, exploraremos algumas ideias básicas a respeito dos elementos, átomos, compostos e moléculas, e descobriremos como os químicos são capazes de caracterizar essas unidades estruturais da matéria.

Estados da Matéria e a Teoria Cinético-Molecular

Uma propriedade facilmente observada da matéria é seu estado, isto é, se uma substância é um sólido, um líquido ou um gás (Figura 1.5). Reconhece-se um sólido por ele ter uma forma rígida e um volume fixo que muda pouco com variações de temperatura e de pressão. Assim como os sólidos, os líquidos têm um volume fixo, mas um líquido é fluido – ele assume a forma de seu recipiente e não apresenta forma própria definida. Os gases também são fluidos, mas o volume de um gás é determinado pelo recipiente que o contém. O volume de um gás varia mais que o volume de um líquido com as mudanças de temperatura e pressão.

Em temperaturas muito baixas, toda a matéria virtualmente encontra-se em estado sólido. À medida que a temperatura se eleva, porém, ocorre a fusão dos sólidos para formar líquidos. Algumas vezes, se a temperatura for suficientemente elevada, os líquidos se evaporam para formar gases. Alterações de volume geralmente acompanham as alterações de estado. Para certa massa de material, geralmente há um pequeno aumento no volume na fusão – a água é uma exceção significativa – e então um grande aumento do volume ocorre em sua evaporação.

A **teoria cinético-molecular da matéria** nos ajuda a interpretar as propriedades dos sólidos, líquidos e gases. De acordo com essa teoria, toda matéria consiste em partículas extremamente pequenas (átomos, moléculas ou íons) que estão em movimento constante.

- Nos sólidos, essas partículas estão muito próximas umas das outras, geralmente em um arranjo regular. As partículas vibram para um lado e para outro com relação às suas posições médias, mas raramente uma partícula em um sólido ultrapassa suas vizinhas de modo a entrar em contato com um novo conjunto de partículas.

- As partículas em líquidos são arranjadas aleatoriamente, em vez de apresentarem o padrão regular dos sólidos. Os líquidos e os gases são fluidos porque as partículas não estão confinadas a posições específicas e podem se mover, ultrapassando outras partículas.

- Sob situações normais, as partículas em um gás encontram-se bem distantes umas das outras. As moléculas de um gás se movem com extrema rapidez porque não são confinadas por suas vizinhas. As moléculas de gás "voam" com frequência, colidindo umas com as outras e contra as paredes do recipiente. Esse movimento aleatório permite que elas preencham seu recipiente, de forma que o volume de uma amostra de gás equivale ao volume do recipiente.

- Há forças de atração entre partículas em todos os estados – geralmente menores em gases e maiores em líquidos e sólidos. Essas forças possuem um papel significativo na determinação das propriedades da matéria.

FIGURA 1.5 Estados da matéria – sólido, líquido e gasoso. O bromo elementar existe nos três estados a temperaturas relativamente próximas da ambiente.

Um aspecto importante da teoria cinético-molecular é que, quanto mais alta a temperatura, mais rapidamente as partículas se movem. A energia das partículas decorrente de seu movimento (sua **energia cinética**, Seção 1.8) atua para superar as forças de atração entre elas. Um sólido funde-se para formar um líquido quando a temperatura desse sólido é elevada ao ponto em que as partículas vibram suficientemente rápidas e distantes para afastar uma do caminho das outras e mudar de suas posições espaçadas de maneira regular. À medida que a temperatura aumenta ainda mais, as partículas se movem ainda mais rapidamente até que, por fim, são capazes de escapar das garras de suas camaradas e entrar no estado gasoso. *O aumento da temperatura corresponde a movimentos cada vez mais rápidos dos átomos e das moléculas*, uma regra geral que você vai considerar útil em muitas discussões futuras.

A Matéria nos Níveis Macroscópico e Particulado

As propriedades características dos gases, líquidos e sólidos são observadas pelos sentidos humanos sem a ajuda de equipamentos. São determinadas utilizando amostras de matéria suficientemente grandes para serem vistas, medidas e manuseadas. Você pode determinar, por exemplo, a cor de uma substância, se ela se dissolve em água ou se conduz eletricidade ou reage com oxigênio. Observações como essas

FIGURA 1.6 Níveis da matéria. Observamos os processos químicos e físicos em nível macroscópico. Para entender ou ilustrar esses processos, os cientistas muitas vezes imaginam o que ocorreu nos níveis atômicos e moleculares particulados e escrevem símbolos para representar essas observações.

ocorrem geralmente no mundo **macroscópico** da Química (Figura 1.6). Este é o mundo dos experimentos e das observações.

Vamos agora nos deslocar para o nível dos átomos, das moléculas e dos íons – um mundo da Química que não podemos enxergar. Tome uma amostra macroscópica e divida-a sucessivamente até que a quantidade dessa amostra não possa mais ser vista a olho nu, passando pelo ponto em que ela pode ser observada em um microscópio óptico. Por fim, você atingirá aquele nível das partículas que compõem toda a matéria, nível que os químicos denominam mundo **submicroscópico** ou **particulado** dos átomos e das moléculas (veja as Figuras 1.5 e 1.6).

Os químicos estão interessados na estrutura da matéria no nível particulado. Os átomos, as moléculas e os íons não podem "ser vistos" da mesma maneira que vemos o mundo macroscópico, mas não são menos reais. Os químicos têm de imaginar como os átomos são e como podem se encaixar para formar moléculas. Eles criam modelos para representar átomos e moléculas (veja as Figuras 1.5 e 1.6) – onde pequenas esferas são utilizadas para representar átomos e depois usam esses modelos para pensar sobre a química e explicar as observações que fizeram sobre o mundo macroscópico.

Já foi dito que os químicos realizam experiências em nível macroscópico, mas pensam sobre a Química no nível das partículas. Eles então escrevem suas observações na forma de "símbolos", as fórmulas (tais como H_2O para a água ou NH_3 para moléculas de amônia) e os desenhos que indicam quais são os elementos e os compostos envolvidos. Essa é uma perspectiva útil que ajudará em seu estudo de Química. Na verdade, um de nossos objetivos é ajudá-lo a fazer as conexões em sua própria mente entre os mundos simbólicos, particulados e macroscópicos da Química.

Substâncias Puras

Um químico observa um copo de água potável e vê um líquido. Esse líquido poderia ser o composto químico puro água. Entretanto, também é possível que o líquido seja uma mistura homogênea de água e substâncias dissolvidas – isto é, uma **solução**. Especificamente, classificamos uma amostra de matéria como uma substância pura ou uma mistura (Figura 1.7).

Uma substância pura apresenta um conjunto de propriedades únicas, por meio das quais ela pode ser reconhecida. A água pura, por exemplo, é incolor e inodora. Se você quer identificar uma substância de forma conclusiva como água, terá de examinar suas propriedades cuidadosamente e compará-las com as propriedades conhecidas da água pura. Os pontos de fusão e de ebulição, nesse caso, servem bem a esse propósito. Se você puder demonstrar que a substância funde a 0 °C e entra em ebulição a 100 °C à pressão atmosférica, pode ter certeza de que se trata de água. Nenhuma outra substância conhecida se funde e entra em ebulição exatamente nessas temperaturas.

Uma segunda característica de uma substância pura é que nenhuma técnica física é capaz de separá-la em duas ou mais espécies diferentes a temperaturas ordinárias. Se pudesse ser separada, nossa amostra seria classificada como uma mistura.

FIGURA 1.7 Classificando a matéria.

FIGURA 1.8 Misturas heterogênea e homogênea.

Misturas: Heterogêneas e Homogêneas

Uma mistura consiste em duas ou mais substâncias puras que podem ser separadas por técnicas físicas. Em uma mistura **heterogênea**, a textura desigual do material muitas vezes pode ser detectada a olho nu (Figura 1.8). Entretanto, lembre-se de que há misturas heterogêneas que podem parecer completamente uniformes, mas, ao serem examinadas mais de perto, não são assim. O leite, por exemplo, parece ter uma textura lisa a olho nu, mas um aumento revelaria glóbulos de gordura e proteínas no líquido. Em uma mistura heterogênea, as propriedades em uma região são diferentes daquelas em outra região.

Uma mistura **homogênea** consiste em duas ou mais substâncias na mesma fase (veja a Figura 1.8). Nenhum aumento óptico pode revelar uma mistura homogênea como tendo propriedades diferentes em regiões diferentes. As misturas homogêneas são frequentemente chamadas de **soluções**. Alguns exemplos comuns incluem o ar (em sua maior parte uma mistura dos gases nitrogênio e oxigênio), a gasolina (uma mistura que contém compostos de carbono e de hidrogênio denominados *hidrocarbonetos*) e um refrigerante antes de ser aberto.

Quando uma mistura é separada em seus componentes puros, dizemos que os componentes estão **purificados**. Entretanto, a separação frequentemente não se completa em uma única etapa, e a repetição quase sempre leva a uma substância cada vez mais pura. Por exemplo, as partículas de terra podem ser separadas da água pela filtração (Figura 1.9). Quando a mistura é passada por um filtro, muitas das partículas são removidas. Sucessivas filtrações fornecerão água com pureza cada vez maior. Esse processo de purificação faz uso de uma propriedade da mistura, sua transparência, para medir a extensão da purificação. Quando é

FIGURA 1.9 Purificando uma mistura heterogênea por filtração.

obtida uma amostra de água perfeitamente transparente, pode-se supor que todas as partículas de terra tenham sido removidas.

EXERCÍCIOS PARA A SEÇÃO 1.3

Consulte a Tabela Periódica e responda às seguintes perguntas:

1. Qual das seguintes substâncias é pura?

   (a) gelo seco (CO_2 sólido)   (b) ouro 9 K   (c) ar seco   (d) sangue

2. Qual das seguintes opções não é uma característica de uma substância pura?

   (a) Possui composição uniforme

   (b) Possui temperatura de fusão fixa

   (c) Pode ser separada em duas outras substâncias puras

Exercícios Ao final de quase todas as seções de cada capítulo haverá um conjunto de perguntas de múltipla escolha para verificar sua compreensão. As respostas a elas estão no Apêndice N.

1-4 Elementos

Oxigênio–**gás** Hidrogênio–**gás**

Água–**líquido**

A passagem de uma corrente elétrica através da água pode causar sua decomposição em hidrogênio e oxigênio gasosos. Substâncias como hidrogênio e oxigênio, que são compostas de *apenas um tipo de átomo*, são classificadas como **elementos**. Atualmente, são conhecidos 118 elementos. Destes, aproximadamente 90 – alguns dos quais são mostrados na Figura 1.10 – são encontrados na natureza. Os demais foram criados por cientistas. O carbono (C), o enxofre (S), o ferro (Fe), o cobre (Cu), a prata (Ag), o estanho (Sn), o ouro (Au), o mercúrio (Hg) e o chumbo (Pb) eram conhecidos na Antiguidade pelos gregos e romanos e pelos alquimistas da China antiga, do mundo árabe e da Europa medieval. Entretanto, muitos outros – como o alumínio (Al), o silício (Si), o iodo (I) e o hélio (He) – não eram conhecidos até os séculos XVIII e XIX. Finalmente, os cientistas dos séculos XX e XXI produziram elementos que não existem na natureza, como o tecnécio (Tc), o plutônio (Pu) e o amerício (Am).

A tabela na qual o símbolo e outras informações sobre todos os elementos estão incluídos em um quadro é chamada Tabela Periódica. Descreveremos essa ferramenta importante da Química de forma mais detalhada no Capítulo 2.

Um **átomo** é a menor partícula de um elemento que conserva as propriedades químicas características daquele elemento. A química moderna é baseada em uma compreensão e exploração da natureza em nível atômico, como veremos neste livro.

FIGURA 1.10 Elementos. Os elementos químicos podem muitas vezes ser diferenciados por sua cor e estado em temperatura ambiente.

Mercúrio – **líquido**   Enxofre em pó – **sólido**   Fio de cobre – **sólido**   Limalhas de ferro – **sólido**   Alumínio – **sólido**

EXERCÍCIOS PARA A SEÇÃO 1.4

Consulte a Tabela Periódica e responda às seguintes perguntas:

1. Qual é o símbolo para o elemento sódio?

   (a) S   (b) Na   (c) So   (d) Sm

2. Qual é o nome do elemento de símbolo Si?

   (a) prata   (b) enxofre   (c) selênio   (d) silício

1-5 Compostos

Uma substância pura como o açúcar, o sal ou a água, que é composta de duas ou mais substâncias elementares diferentes unidas por uma **ligação química**, é chamada **composto químico**. Apesar de conhecermos apenas 118 elementos, parece não haver nenhum limite para o número dos compostos constituídos a partir deles. No início de 2012, 65 milhões de compostos diferentes foram identificados no *Chemical Abstracts*, um banco de dados criado pela American Chemical Society.

Quando os elementos tornam-se parte de um composto, suas propriedades originais, bem como sua cor, dureza e ponto de fusão, são substituídas pelas propriedades características do composto. Considere o sal de cozinha comum (cloreto de sódio), que é composto por dois elementos (veja a Figura 1.2):

- O sódio é um metal brilhante que interage violentamente com a água. Sua estrutura em estado sólido possui átomos de sódio arranjados de forma compacta.

- O cloro é um gás amarelo-claro que tem um odor característico sufocante e é um forte irritante dos pulmões e de outros tecidos. O elemento é composto por moléculas de Cl_2, em que dois átomos de cloro são fortemente ligados.

- O cloreto de sódio ou sal comum (NaCl) é um sólido cristalino incolor composto de íons de sódio e cloro fortemente ligados. Suas propriedades são completamente diferentes daquelas dos dois elementos dos quais é composto.

É importante distinguir entre uma mistura de elementos e um composto químico de dois ou mais elementos. O ferro metálico puro e o enxofre amarelo em pó podem ser misturados em proporções variadas. No composto químico conhecido como pirita de ferro, entretanto, não há variação na composição. A pirita de ferro não somente exibe propriedades específicas e diferentes daquelas do ferro ou do enxofre, ou de uma mistura desses dois elementos, como também apresenta uma composição percentual definida pela massa (46,55% Fe e 53,45% S). Assim, duas principais diferenças existem entre uma mistura e um composto puro: um

O material no prato é uma **mistura** de limalhas de ferro e enxofre. O ferro pode ser facilmente separado do enxofre usando um ímã.

A pirita de ferro é um **composto químico** de ferro e enxofre. É frequentemente encontrada na natureza na forma de cubos dourados perfeitos.

UM OLHAR MAIS ATENTO | Nomes e Símbolos dos Elementos

As histórias por trás de alguns dos nomes dos elementos são fascinantes. Muitos elementos têm nomes e símbolos com origens latinas ou gregas. Alguns exemplos incluem o hélio (He) da palavra grega *helios*, que significa "sol", e chumbo, cujo símbolo, Pb, vem da palavra latina para "pesado", *plumbum*. Elementos descobertos mais recentemente têm sido nomeados pelo seu local de descoberta ou lugar significativo. Amerício (Am), califórnio (Cf), escândio (Sc), európio (Eu), frâncio (Fr) e polônio (Po) são alguns exemplos.

Uma série de elementos é nomeada pelos seus descobridores ou cientistas famosos: cúrio (Cm), einstênio (Es), férmio (Fm), mendelévio (Md), nobélio (No), seabórgio (Sg) e meitnério (Mt), entre outros. Um elemento recentemente nomeado, o elemento 112, recebeu seu nome oficial, copernício (Cn), em 2010. Foi batizado em homenagem a Nicolau Copérnico (1473-1543), quem primeiro propôs que a Terra e

Nicolau Copérnico (1473-1543). O elemento 112 foi recentemente nomeado em homenagem a Copérnico.

os outros planetas orbitassem o Sol. Alguns dizem que seu trabalho foi o início da revolução científica.

Em sua opinião, qual é a origem dos nomes dos elementos urânio, netúnio e plutônio?

Ao escrever o símbolo de um elemento, perceba que a primeira letra (mas não a segunda) do símbolo de um elemento está em maiúscula. Por exemplo, cobalto é Co, não co nem CO. A notação co não possui nenhum significado químico, enquanto CO representa o composto químico monóxido de carbono. Perceba também que o nome do elemento geralmente não é escrito com a primeira letra maiúscula, a menos que esteja no início de uma frase.

Para saber mais sobre nomes, propriedades e usos dos elementos, há várias referências excelentes na Internet.
- www.ptable.com
- www.chemeddl.org
- www.periodictable.com
- www.periodicvideos.com

A Lei das Proporções Definidas
A declaração de que um composto químico sempre possui uma porcentagem definida por massa é um princípio básico da Química, muitas vezes chamada de "lei das proporções definidas" ou "lei da composição constante".

composto possui características diferentes de seus elementos individuais, e possui uma composição percentual definida (pela massa) de seus elementos constituintes.

Alguns compostos – como o sal de cozinha, NaCl – são constituídos de **íons**, que são átomos ou grupos de átomos eletricamente carregados (▶ Capítulo 2). Outros compostos – como a água e o açúcar – consistem em **moléculas**, as menores unidades discretas que conservam a composição e características químicas do composto.

A composição do composto pode ser representada por sua **fórmula química**. Na fórmula para a água, H_2O, por exemplo, o símbolo para o hidrogênio, H, é seguido pelo subscrito 2, o qual indica que dois átomos de hidrogênio ocorrem em uma única molécula de água. O símbolo do oxigênio aparece sem subscrito, indicando que há um átomo de oxigênio na molécula.

Conforme veremos durante todo este livro, as moléculas podem ser representadas por modelos que descrevem sua composição e sua estrutura. A Figura 1.11 ilustra os nomes, as fórmulas e os modelos das estruturas de alguns compostos moleculares comuns.

Nome	Água	Metano	Amônia	Dióxido de carbono
Fórmula	H_2O	CH_4	NH_3	CO_2
Modelo				

FIGURA 1.11 Nomes, fórmulas e modelos de alguns compostos moleculares comuns.

EXERCÍCIOS PARA A SEÇÃO 1.5

1. Qual(is) do(s) seguinte(s) itens NÃO é (são) um elemento?

   (a) hidrogênio (b) lítio (c) ferro (d) água (e) prata

2. Qual(is) do(s) seguinte(s) itens NÃO é (são) um composto?

   (a) sal (b) água (c) potássio (d) açúcar (e) álcool

1-6 Propriedades Físicas

Você reconhece seus amigos pela aparência física: altura e peso, e a cor dos olhos e dos cabelos. O mesmo se aplica às estruturas químicas. Pode-se diferenciar um cubo de gelo de um cubo de chumbo de mesmo tamanho não apenas quanto à aparência (um é límpido e incolor e o outro é um metal lustroso), mas também pelo fato de um deles ser muito mais pesado (chumbo) do que o outro (gelo). Propriedades como essas, que podem ser observadas e medidas sem alterar a composição de uma substância, são chamadas **propriedades físicas**. Os elementos químicos na Figura 1.10, por exemplo, são claramente diferentes com relação a sua cor, aparência e estado (sólido, líquido ou gasoso). As propriedades físicas nos permitem classificar e identificar as substâncias. Na Tabela 1.1 estão listadas algumas propriedades físicas da matéria que os químicos geralmente utilizam.

A **densidade**, razão entre a massa de um objeto e seu volume, é uma propriedade física útil para identificar as substâncias.

$$\text{Densidade} = \frac{\text{massa}}{\text{volume}} \tag{1.1}$$

Por exemplo, você pode rapidamente dizer a diferença entre um cubo de gelo e um cubo de chumbo de tamanho idêntico, pois o chumbo possui alta densidade,

Unidades de Densidade Como descrito na parte final deste capítulo intitulado "Revisão: As Ferramentas da Química Quantitativa", o sistema decimal de unidades na ciência é chamado de *Systemé International d'Unites*, muitas vezes denominado como unidades SI. A unidade SI de massa é o quilograma e a unidade SI de comprimento é o metro. Portanto, a unidade SI de densidade é kg/m³. Na Química, a unidade geralmente mais usada é g/cm³. Para converter kg/m³ para g/cm³, basta dividir por 1000.

Tabela 1.1 Algumas Propriedades Físicas

Propriedade	Usando a Propriedade para Diferenciar Substâncias
Cor	A substância é colorida ou incolor? Qual é sua cor, e qual é sua intensidade?
Estado da matéria	É sólido, líquido ou gasoso? Se for sólido, qual é o formato das partículas?
Ponto de fusão	Em qual temperatura o sólido se funde?
Ponto de ebulição	Em qual temperatura um líquido entra em ebulição (à pressão de 1 atmosfera)?
Densidade	Qual é a densidade da substância (massa por unidade de volume)?
Solubilidade	Qual massa de substância pode ser dissolvida em um dado volume de água ou outro solvente?
Condutividade elétrica	A substância conduz eletricidade?
Maleabilidade	Quão facilmente um sólido pode ser deformado?
Ductibilidade	Quão facilmente um sólido pode ser transformado em um fio?
Viscosidade	Quão facilmente um líquido flui?

Um corante foi colocado no lado esquerdo de um tanque cheio de água; no lado direito, cubos de gelo.

A água embaixo do gelo é mais fria e densa que a água ao redor, então ela afunda. A corrente de convecção criada por esse movimento da água é traçada pelo movimento do corante conforme a água mais densa e fria afunda.

FIGURA 1.12 Dependência das propriedades físicas com a temperatura. A água e outras substâncias mudam de densidade de acordo com a temperatura.

FIGURA 1.13 Dependência da densidade com a temperatura. A densidade da água e de outras substâncias varia com a temperatura, então os aparelhos de laboratório são calibrados para uma temperatura específica.

Escalas de Temperatura Os cientistas usam as escalas Celsius (°C) e Kelvin (K) para temperatura.

Tabela 1.2
Dependência da Densidade da Água com a Temperatura

Temperatura (°C)	Densidade da Água (g/cm³)
0 (gelo)	0,917
0 (água líquida)	0,99984
2	0,99994
4	0,99997
10	0,99970
25	0,99707
100	0,95836

11,35 g/cm³ (11,35 gramas por centímetro cúbico), enquanto o gelo possui uma densidade um pouco menor que 0,917 g/cm³. Um cubo de gelo com volume de 16,0 cm³ possui massa de 14,7 g, enquanto um cubo de chumbo com o mesmo volume possui massa de 182 g.

A **temperatura** de uma amostra de matéria afeta frequentemente os valores numéricos de suas propriedades. A densidade é um exemplo particularmente importante. Embora a mudança na densidade da água de acordo com a temperatura pareça pequena (Tabela 1.2), ela afeta profundamente nosso ambiente. Por exemplo, à medida que a água de um lago esfria, sua densidade aumenta e a água mais densa afunda, conforme pode ser visto na Figura 1.12. Isso continua até que a temperatura da água atinja 3,98 °C, o ponto em que sua densidade é máxima (0,999973 g/cm³). Se a temperatura da água cair ainda mais, a densidade diminuirá levemente, e a água mais fria flutuará sobre a água a 3,98 °C. Se a água for resfriada abaixo de 0 °C, forma-se gelo sólido. A água é única entre a maioria das substâncias no universo: sua forma sólida é menos densa que sua forma líquida, então o gelo flutua na água.

O volume de certa massa de líquido é alterado com a temperatura, da mesma forma que sua densidade. Essa é a razão de a vidraria de laboratório, utilizada para medir volumes precisos de soluções, sempre especificar a temperatura na qual foi calibrada (Figura 1.13).

Propriedades Extensivas e Intensivas

Propriedades extensivas dependem da quantidade de substância presente. A massa e o volume das amostras de elementos na Figura 1.10, ou a quantidade de energia transferida como o calor da queima de gasolina, são propriedades extensivas, por exemplo.

Por outro lado, as **propriedades intensivas** *não* dependem da quantidade de substância. Uma amostra de gelo derreterá a 0 °C, não importa se for um cubo ou um iceberg.

Embora massa e volume sejam propriedades extensivas, é interessante notar que a densidade (o quociente dessas duas quantidades) é uma propriedade intensiva. A densidade do ouro, por exemplo, é a mesma (19,3 g/cm³ a 20 °C), se você tiver uma pepita de ouro puro ou um anel de ouro maciço.

As propriedades intensivas são muitas vezes úteis para identificar um material. Por exemplo, a temperatura em que um material funde (o ponto de fusão) é frequentemente tão característica que pode ser usada para identificar um sólido (Figura 1.14).

EXERCÍCIOS PARA A SEÇÃO 1-6

1. Qual dos seguintes itens NÃO é uma propriedade física?
   - (a) Nitrogênio líquido entra em ebulição a –196 °C.
   - (b) Açúcar dissolve-se em água.
   - (c) Gasolina queima-se no ar.
   - (d) Ouro funde-se a 1064 °C.
   - (e) Um composto de cobre é azul.

2. Um pedaço de uma corda de polipropileno (usada para esqui aquático) flutua na água, enquanto um polímero de tereftalato de uma garrafa de refrigerante afunda na água. Qual é a ordem do aumento de densidade dessas substâncias?
   - (a) água < polipropileno < plástico da garrafa de refrigerante
   - (b) polipropileno < água < plástico da garrafa de refrigerante
   - (c) polipropileno < plástico da garrafa de refrigerante < água
   - (d) plástico da garrafa de refrigerante < polipropileno < água
   - (e) plástico da garrafa de refrigerante < água < polipropileno

3. Qual dos seguintes itens é uma propriedade extensiva do mercúrio (veja a Figura 1.10)?
   - (a) superfície brilhante
   - (c) ponto de fusão a 234,22 K
   - (c) densidade = 13,6 g/cm^3
   - (d) volume = 13,6 cm^3

1-7 Mudanças Físicas e Químicas

Alterações nas propriedades físicas são chamadas **mudanças físicas**. Em uma mudança física, a identidade de uma substância é preservada mesmo que mudem seu estado físico ou o tamanho e a forma bruta de suas partes. Ao contrário de uma mudança química, uma mudança física não resulta na produção de uma nova substância. As partículas (átomos, moléculas ou íons) presentes antes e após a mudança são as mesmas. Um exemplo de mudança física é a fusão de um sólido (veja as Figuras 1.14) ou a evaporação de um líquido (Figura 1.15). Em ambos os casos, as mesmas moléculas estão presentes tanto antes quanto após a mudança. Suas identidades químicas não mudaram.

Uma propriedade física do gás hidrogênio (H$_2$) é a baixa densidade, então um balão cheio de H$_2$ flutua no ar. Suponha, entretanto, que uma vela acesa seja aproximada do balão. Quando o calor causar a ruptura do balão, o hidrogênio combina-se com o oxigênio (O$_2$) do ar, e o calor da vela dá início a uma reação química produzindo água, H$_2$O (veja a Figura 1.15). Essa reação é um exemplo de uma **mudança química**, na qual uma ou mais substâncias (os **reagentes**) são transformadas em uma ou mais substâncias diferentes (os **produtos**).

FIGURA 1.14 Uma propriedade física usada para diferenciar compostos.

O naftaleno, um sólido branco à temperatura ambiente, funde-se a 80,2 °C e, portanto, é fundido na temperatura de ebulição da água.

A aspirina, um sólido branco à temperatura ambiente, funde-se a 135 °C. Assim, permanece sólida na temperatura de ebulição da água.

Mudança Física • As mesmas moléculas estão presentes tanto antes quanto após a mudança.

O oxigênio líquido (ponto de ebulição –183 °C) é um líquido azul-claro.

Moléculas de O₂ na fase gasosa

Moléculas de O₂ na fase líquida

Uma visão simbólica e particulada • A reação de O₂ e H₂.

2 H₂(gás) + O₂(gás) ⟶ 2 H₂O(gás)

Reagentes   Produtos

Mudança química • Uma ou mais substâncias (reagentes) são transformadas em uma ou mais substâncias diferentes (produtos).

Um balão cheio de moléculas de gás hidrogênio e rodeado de moléculas de oxigênio do ar. (O balão flutua no ar porque o hidrogênio gasoso é menos denso que o ar.)

Quando são inflamados com a chama de uma vela, o H₂ e O₂ reagem para formar água, H₂O.

O₂ (gás)   2 H₂ (gás)   2 H₂O(gás)

FIGURA 1.15 Mudanças físicas e químicas.

Uma mudança química no nível particulado é ilustrada na Figura 1.15 pela reação entre moléculas de hidrogênio e de oxigênio, formando moléculas de água. A representação da mudança por meio de fórmulas químicas é chamada de **equação química**. Ela mostra que as substâncias à esquerda (os reagentes) produzem as substâncias à direita (os produtos). Como mostra essa equação, há quatro átomos de H e dois átomos de O antes *e* depois da reação, mas as moléculas antes da reação são diferentes daquelas presentes ao final dela.

Uma **propriedade química** indica se um material passa por uma mudança química com outro material e, algumas vezes, quão prontamente ocorre esta mudança. Por exemplo, uma propriedade química do gás hidrogênio é a de reagir vigorosamente com o gás oxigênio.

EXERCÍCIO PARA A SEÇÃO 1.7

1. Ao acampar nas montanhas, você ferve água em um recipiente na fogueira para fazer chá. Qual dos seguintes itens descreve uma mudança química?

    (a) A água ferve.
    (b) A madeira da fogueira queima-se.
    (c) O chá dissolve-se na água quente.
    (d) O recipiente funde-se com o calor do fogo.

1-8 Energia: Alguns Princípios Básicos

A energia, parte crucial de muitas mudanças químicas e físicas, é definida como a capacidade de realizar um trabalho. Você realiza trabalho contra a força da gravidade ao andar e carregar equipamentos de acampamento subindo uma montanha. A energia para fazer isso é fornecida pelos alimentos que você consumiu. Os alimentos são uma fonte de energia química – armazenada em compostos químicos e liberada quando estes passam por reações químicas do metabolismo de seu corpo. As reações químicas quase sempre liberam ou absorvem energia.

A energia pode ser classificada como cinética ou potencial. A **energia cinética** é aquela associada com movimento, como:

- O movimento dos átomos, moléculas ou íons em nível submicroscópico (particulado) (*energia térmica*). Toda a matéria possui energia térmica.
- O movimento de objetos macroscópicos, tais como uma bola de tênis ou um automóvel em movimento (*energia mecânica*).
- O movimento de elétrons em um condutor (*energia elétrica*).
- A compressão e expansão dos espaços entre moléculas na transmissão do som (*energia acústica*).

A **energia potencial** resulta da posição ou do estado de um objeto, e inclui:

- A energia pertencente a uma bola mantida acima do chão e pela água no topo de uma roda d'água (*energia gravitacional*) (Figura 1.16a).
- A energia armazenada em uma mola estendida.

Unidades de Energia Energia na Química é medida em unidades de joules. Consulte "Revisão: As Ferramentas da Química Quantitativa" e o Capítulo 5 para cálculos envolvendo unidades de energia.

(a) Energia potencial é convertida em energia mecânica.

(b) Energia química potencial de um combustível e oxigênio são convertidos em energia térmica e mecânica no motor de um avião.

(c) Energia eletrostática é convertida em energia térmica e radiante.

FIGURA 1.16 Energia e sua conversão.

- A energia armazenada em combustíveis (*energia química*) (Figura 1.16b).
- A energia associada com a separação de correntes elétricas (*energia eletrostática*) (Figura 1.16c).

A energia potencial e a energia cinética podem ser interconvertidas. Por exemplo, conforme a água cai em uma cachoeira, sua energia potencial é convertida em energia cinética. De forma semelhante, a energia cinética pode ser convertida em energia potencial: a energia cinética da água em queda pode girar uma turbina para produzir eletricidade, que pode então ser usada para converter água em H_2 e O_2 por eletrólise. O gás hidrogênio contém energia química potencial armazenada, pois pode ser queimado para produzir calor e luz ou eletricidade.

Conservação da Energia

Em pé sobre um trampolim, você possui energia potencial considerável devido a sua posição acima da água. Uma vez que você salta do trampolim, parte da energia potencial é convertida em energia cinética (Figura 1.17). Durante o salto, a força da gravidade acelera seu corpo para que ele se mova cada vez mais rápido. Sua energia cinética aumenta e sua energia potencial diminui. No momento em que você atinge a água, sua velocidade é abruptamente reduzida e muito de sua energia cinética é transferida para a água conforme seu corpo a movimenta para os lados. Você acaba flutuando para a superfície, e a água novamente se torna tranquila. Se você pudesse ver esse momento, no entanto, descobriria que as moléculas de água estão se movendo um pouco mais rápidas na área onde você mergulhou, isto é, a energia cinética das moléculas de água é ligeiramente maior.

Essa série de conversões de energia ilustra a **lei de conservação da energia**, a qual afirma que a *energia não pode ser criada nem destruída*, em outras palavras, *a energia total do universo é constante*. A lei da conservação de energia resume os resultados de vários experimentos nos quais as quantidades de energia transferidas foram medidas e pelas quais se descobriu que o conteúdo de energia total permaneceu o mesmo antes e depois do evento.

Vamos examinar essa lei no caso de uma reação química, a reação do hidrogênio com oxigênio para formar água (veja a Figura 1.15). Nessa reação, os reagentes (hidrogênio e oxigênio) têm certa quantidade de energia associada a eles. Ao reagir, parte dessa energia é liberada no ambiente. Se fôssemos somar toda a energia

FIGURA 1.17 A lei da conservação de energia.

Conceitos básicos de química

ESTUDO DE CASO | CO₂ nos Oceanos

"Nos últimos duzentos anos, os oceanos absorveram aproximadamente 550 bilhões de toneladas de CO_2 da atmosfera, cerca de um terço da quantidade total de emissões antropogênicas nesse período." Isso equivale a cerca de 22 milhões de toneladas *por dia*. Essa declaração foi feita por R. A. Feely, um cientista da National Oceanographic and Atmospheric Administration, em relação a estudos sobre os efeitos do dióxido de carbono na química do oceano.

A quantidade de CO_2 dissolvida nos oceanos é muito preocupante e de interesse dos oceanógrafos, pois afeta o pH da água, isto é, seu nível de acidez. Isso, por sua vez, pode influenciar no crescimento de sistemas marinhos, como os corais e ouriços-do-mar, e de cocolitoforídeos microscópicos (fitoplâncton de célula única). Estudos recentes indicam que, na água com alto teor de CO_2, os espinhos dos ouriços-do-mar são muito prejudicados, as larvas do peixe-palhaço perdem sua capacidade de orientação e as concentrações de cálcio, cobre, manganês e ferro na água do mar são afetadas, muitas vezes de forma drástica.

Finalmente, uma investigação recente da história da acidificação dos oceanos termina com a declaração de que "a taxa atual de liberação de CO_2 (especialmente de combustíveis fósseis) se destaca como capaz de conduzir a uma combinação e a uma magnitude de alterações geoquímicas nos oceanos potencialmente incomparáveis em, no mínimo, aos últimos 300 milhões de anos da história da Terra, elevando a possibilidade de que estamos entrando em um território desconhecido de alterações do ecossistema marinho". Discutiremos isso mais detalhadamente no Capítulo 20.

Peixe-palhaço. As larvas do peixe-palhaço são afetadas pelo aumento dos níveis de CO_2 no oceano.

Questões:
1. Muito foi dito sobre o CO_2. Qual é seu nome?
2. Dê os símbolos de quatro metais mencionados nesse artigo.
3. Dentre os quatro metais mencionados aqui, qual é o mais denso? E o menos denso? (Use uma ferramenta da Internet para encontrar as informações.)
4. Os espinhos de um ouriço-do-mar, corais e cocolitoforídeos são todos construídos do composto $CaCO_3$. Que elementos estão envolvidos nesse composto? Você sabe o nome?

As respostas a essas questões estão no Apêndice N.

Referências:
PETKEWICH, R. Off-Balance Ocean: Acidification from absorbing atmospheric CO_2 is changing the ocean's chemistry. *Chemical and Engineering News*, p. 56, 23 fev. 2009.
HÖNISCH, B. et al. The Geological Record of Ocean Acidification. *Science*, 2 mar. 2012, p. 1058.

---

presente antes da reação e toda energia presente após a reação, descobriríamos que a energia foi somente redistribuída; a quantidade total de energia no universo permaneceu constante. A energia foi conservada.

EXERCÍCIOS PARA A SEÇÃO 1.8

1. Qual dos itens a seguir possui a maior energia térmica?

    (a) 1,0 g de gelo a 0 °C
    (b) 1,0 g de água líquida a 25 °C
    (c) 1,0 g de água líquida a 100 °C
    (d) 1,0 g de vapor de água a 100 °C

2. Qual das seguintes afirmações é incorreta?

    (a) Uma mistura de H_2 e O_2 possui menor energia química potencial que o H_2O.
    (b) Uma quantidade de energia é necessária para dividir uma molécula de H_2 em dois átomos de H.
    (c) Água a 30 °C possui uma energia térmica maior que a mesma quantidade de água a 20 °C.

REVISÃO DOS OBJETIVOS DO CAPÍTULO

Agora que você já estudou este capítulo, deve perguntar a si mesmo se atingiu os objetivos propostos. Especificamente, você deverá ser capaz de:

ENTENDER

- Os conceitos básicos aplicados na ciência: hipóteses, leis e teorias (Seção 1.1).
    a. Reconhecer a diferença entre uma hipótese e uma teoria e como as leis são estabelecidas.
- As ideias básicas da teoria cinético-molecular (Seção 1.3).
- Os pontos de vista da Química: macroscópico, microscópico e simbólico (Seção 1.3).
    a. Reconhecer a importância de representar a matéria em nível macroscópico e particulado (Seção 1.3). Questões para Estudo: 25, 26.
- Os processos que envolvem trocas de energia e como se aplicam em estudos químicos (Seção 1.8).
    a. Identificar os tipos de energia potencial e cinética (Seção 1.8). Questões para Estudo: 13, 14.
    b. Reconhecer e aplicar a lei de conservação de energia (Seção 1.8).

FAZER

- Classificar a matéria (Seção 1.3).
    a. Reconhecer os diferentes estados da matéria (sólidos, líquidos e gases) e fornecer suas características. Questão para Estudo: 31.
    b. Apreciar a diferença entre substâncias puras e misturas e a diferença entre misturas homogêneas e heterogêneas. Questões para Estudo: 22, 29, 30.
- Identificar propriedades e mudanças físicas e químicas (Seções 1.5 a 1.7).
    a. Listar as propriedades físicas da matéria mais comumente usadas.
    b. Identificar várias propriedades físicas e químicas de substâncias comuns. Questões para Estudo: 7-10, 17, 18, 20.
    c. Relacionar a densidade ao volume e à massa de uma substância. Questões para Estudo: 15, 16, 27, 28, 33, 35, 39, 42, 43.
    d. Explicar a diferença entre mudança física e química. Questões para Estudo: 8, 23, 24, 45.
    e. Entender a diferença entre propriedades extensivas e intensivas e dar exemplos delas. Questões para Estudo: 15, 16.

LEMBRAR

- As características das unidades estruturais da Química: elementos, átomos, compostos e moléculas (Seção 1.4).
    a. Identificar o nome ou símbolo de um elemento, dado seu símbolo ou nome, respectivamente. Questões para Estudo: 1.4.
    b. Usar corretamente os termos *átomo*, *elemento*, *molécula* e *composto*. Questões para Estudo: 5, 6.
- Uma lista das propriedades físicas e químicas comuns (Seções 1.5 e 1.6).
- Os princípios da Química verde (Seção 1.2).

EQUAÇÃO-CHAVE

Equação 1.1 Densidade: Na Química, a unidade de densidade comum é g/cm³, enquanto kg/m³ é geralmente usado em geologia e oceanografia.

$$\text{Densidade} = \frac{\text{massa}}{\text{volume}}$$

©Cengage Learning/Charles Winters

QUESTÕES PARA ESTUDO

▲ denota questões desafiadoras.

Questões numeradas em verde têm respostas no Apêndice N.

Praticando Habilidades

Matéria: Elementos e Átomos, Compostos e Moléculas

1. Dê o nome de cada um dos elementos a seguir:
   (a) C   (c) Cl   (e) Mg
   (b) K   (d) P   (f) Ni

2. Dê o nome de cada um dos elementos a seguir:
   (a) Mn   (c) Na   (e) Xe
   (b) Cu   (d) Br   (f) Fe

3. Dê o símbolo químico de cada um dos elementos a seguir:
   (a) bário   (c) cromo   (e) arsênio
   (b) titânio (d) chumbo   (f) zinco

4. Dê o símbolo químico de cada um dos elementos a seguir:
   (a) prata   (c) plutônio (e) tecnécio
   (b) alumínio (d) estanho   (f) criptônio

5. Em cada um dos pares a seguir, decida qual é um elemento e qual é um composto.
   (a) Na ou NaCl
   (b) açúcar ou carbono
   (c) ouro ou cloreto de ouro

6. Em cada um dos pares a seguir, decida qual é um elemento e qual é um composto.
   (a) Pt(NH$_3$)$_2$Cl$_2$ ou Pt
   (b) cobre ou óxido de cobre(II)
   (c) silício ou areia

Propriedades Físicas e Químicas

7. Em cada caso, decida se a propriedade sublinhada é física ou química.
   (a) A cor do elemento bromo é vermelho-alaranjada.
   (b) O ferro transforma-se em ferrugem na presença de ar e água.
   (c) O hidrogênio pode explodir ao ser inflamado no ar (Figura 1.15).
   (d) A densidade do metal titânio é de 4,5 g/cm³.
   (e) O metal estanho funde-se a 505 K.
   (f) A clorofila, um pigmento de plantas, é verde.

8. Em cada caso, decida se a mudança é física ou química.
   (a) Um copo de água sanitária doméstica muda a cor de sua camiseta roxa favorita para rosa.
   (b) O vapor de água em seu hálito quando exalado condensa-se no ar em dias frios.
   (c) As plantas usam o dióxido de carbono do ar para fazer açúcar.
   (d) A manteiga derrete ao ser colocada ao Sol.

9. Que parte da descrição de um composto ou elemento se refere às suas propriedades físicas e qual às suas propriedades químicas?
   (a) O etanol é um líquido incolor que inflama no ar.
   (b) O metal alumínio brilhante reage rapidamente com o bromo vermelho-alaranjado.

10. Que parte da descrição de um composto ou elemento se refere às suas propriedades físicas e qual às suas propriedades químicas?

(a) O carbonato de cálcio é um sólido de cor branca com densidade de 2,71 g/cm³. Reage prontamente com um ácido para produzir dióxido de carbono gasoso.
(b) Zinco metálico em pó, cinza, reage com iodo roxo para resultar em um composto de cor branca.

Energia

11. O flash na foto não usa baterias. Em vez disso, você move uma alavanca, a qual liga um mecanismo de engrenagens que finalmente resulta em luz na lâmpada. Que tipo de energia é usado para mover a alavanca? Que tipo ou tipos de energia é/são produzido(s)?

Um flash manual

12. Um painel solar é exibido na foto. Quando a luz brilha sobre o painel, ele gera uma corrente elétrica que pode ser usada para recarregar a bateria de um carro elétrico. Que tipos de energia estão envolvidos nessa configuração?

Um painel solar

13. Determine quais das energias a seguir representam energias potenciais e quais representam energias cinéticas.
    (a) energia térmica
    (b) energia gravitacional
    (c) energia química
    (d) energia eletrostática

14. Determine se a energia cinética está sendo convertida em energia potencial ou vice-versa, nos processos seguintes.
    (a) A água cai em uma cachoeira.
    (b) Um jogador chuta uma bola.
    (c) Uma corrente elétrica é gerada por uma reação química em uma bateria.
    (d) A água ferve quando aquecida em um fogão a gás.

Questões Gerais

Estas questões não estão definidas quanto ao tipo ou à localização no capítulo. Elas podem combinar vários conceitos.

15. Um pedaço de turquesa é um sólido verde-azulado, com densidade de 2,65 g/cm³ e massa de 2,5 g.
    (a) Quais dessas observações são qualitativas e quais são quantitativas?
    (b) Quais dessas propriedades são extensivas e quais são intensivas?
    (c) Qual é o volume do pedaço de turquesa?

16. A pirita de ferro (ouro dos tolos) possui uma aparência metálica dourada brilhante. Os cristais muitas vezes estão na forma de cubos perfeitos. Um cubo de 0,40 cm de lado possui massa de 0,064 g.
    (a) Quais dessas observações são qualitativas e quais são quantitativas?
    (b) Quais dessas propriedades são extensivas e quais são intensivas?
    (c) Qual é a densidade da amostra de pirita de ferro?

17. Quais observações a seguir descrevem propriedades químicas?
    (a) O açúcar é solúvel em água.
    (b) A água entra em ebulição a 100 °C.
    (c) A luz ultravioleta converte O_3 (ozônio) em O_2 (oxigênio).
    (d) O gelo é menos denso que a água.

18. Quais observações a seguir descrevem propriedades químicas?
    (a) O metal sódio reage violentamente com a água.
    (b) A combustão do octano (um composto da gasolina) resulta em CO_2 e H_2O.
    (c) O cloro é um gás verde.
    (d) É necessário calor para derreter o gelo.

19. O mineral fluorita contém os elementos cálcio e flúor e pode ter várias cores, incluindo azul, violeta, verde e amarelo.

O mineral fluorita, fluoreto de cálcio

    (a) Quais são os símbolos químicos desses elementos?
    (b) Como você descreveria o formato dos cristais de fluorita na foto? O que isso nos diz sobre o arranjo das partículas (íons) no cristal?

20. A azurita, um mineral azul cristalino, é composta de cobre, carbono e oxigênio.

Conceitos básicos de química

A azurita é um mineral cristalino azul-escuro. É rodeada de partículas de cobre e carbono em pó (no prato).

(a) Quais são os símbolos químicos dos três elementos que se combinam para formar o mineral azurita?

(b) Com base na foto, descreva algumas das propriedades físicas dos elementos e do mineral. Existe alguma semelhança? Existe alguma propriedade diferente?

21. Você tem uma solução de NaCl dissolvida em água. Descreva o método pelo qual esses dois compostos poderiam ser separados.

22. Pequenas limalhas de ferro estão misturadas com areia (veja a foto). Essa é uma mistura homogênea ou heterogênea? Sugira uma forma de separar o ferro da areia.

Limalhas de ferro misturadas com areia

23. Identifique as mudanças a seguir como físicas ou químicas.
    (a) Gelo seco (CO_2 sólido) sublima (converte-se diretamente do estado sólido para o gasoso).
    (b) A densidade do mercúrio diminui conforme a temperatura aumenta.
    (c) A energia é desprendida na forma de calor quando o gás natural (em sua maioria metano, CH_4) queima.
    (d) O NaCl dissolve-se em água.

24. Identifique as mudanças a seguir como físicas ou químicas.
    (a) A dessalinização da água do mar (separação da água pura dos sais dissolvidos).
    (b) A formação de SO_2 (um poluente do ar) quando carvão contendo enxofre é queimado.
    (c) O escurecimento da prata.
    (d) O ferro é aquecido até ficar vermelho.

25. Na Figura 1.2, você vê um pedaço de sal e uma representação de sua estrutura interna. Qual é a visão macroscópica e qual é a visão particulada? Como as visões macroscópica e particulada se relacionam?

26. Na Figura 1.5, você tem uma visão macroscópica e particularidade do elemento bromo. Quais são visões macroscópicas e quais são visões particuladas? Descreva como as visões particuladas explicam as propriedades desse elemento quanto ao estado da matéria.

27. O tetracloreto de carbono, CCl_4, um composto líquido comum, possui densidade de 1,58 g/cm³. Se você colocar um pedaço de uma garrafa plástica de refrigerante ($d = 1,37$ g/cm³) e um pedaço de alumínio ($d = 2,70$ g/cm³) em CCl_4 líquido, eles flutuarão ou afundarão?

28. A foto a seguir mostra bolas de cobre imersas em água, flutuando na superfície de mercúrio. Quais são os líquidos e sólidos nesta foto? Qual substância é a mais densa? Qual é a menos densa?

Água, cobre e mercúrio

29. Identifique cada um dos seguintes itens como elemento, composto ou mistura.
    (a) prata pura
    (b) água mineral carbonatada
    (c) tungstênio
    (d) aspirina

30. Identifique cada um dos seguintes itens como elemento, composto ou mistura.
    (a) ar   (c) bronze
    (b) fluorita   (d) ouro 18 quilates

31. ▲ Faça um desenho, baseado na teoria cinético-molecular e nas ideias sobre átomos e moléculas apresentadas neste capítulo, dos arranjos de partículas em cada um dos casos listados aqui. Para cada caso, desenhe dez partículas de cada substância. É aceitável que seu diagrama seja bidimensional. Represente cada átomo como um círculo, e diferencie cada tipo de átomo com sombreamento.
    (a) uma amostra de ferro sólido (que consiste em átomos de ferro);
    (b) uma amostra de água *líquida* (que consiste em moléculas de H_2O);
    (c) uma amostra de *vapor* de água.

32. ▲ Faça um desenho, baseado na teoria cinético-molecular e nas ideias sobre átomos e moléculas apresentadas neste capítulo, dos arranjos de partículas em cada um dos casos listados aqui. Para cada caso, desenhe dez partículas de cada substância. É aceitável que seu

diagrama seja bidimensional. Represente cada átomo como um círculo e diferencie cada tipo de átomo com sombreamento.
(a) uma mistura homogênea de vapor de água e gás hélio (que consiste em átomos de hélio);
(b) uma mistura heterogênea consistindo em água líquida e alumínio sólido; mostre a região da amostra que inclui ambas as substâncias;
(c) uma amostra de latão (que é uma mistura sólida homogênea de cobre e zinco).

33. Hexano (C_6H_{14}, densidade = 0,766 g/cm³), perfluoro-hexano (C_6F_{14}, densidade = 1,669 g/cm³) e água são líquidos imiscíveis, isto é, não se dissolvem entre si. Você coloca 10 mL de cada um em um cilindro graduado, junto com pedaços de polietileno de alta densidade (PEAD, densidade = 0,97 g/cm³), cloreto de polivinila (PVC, densidade = 1,36 g/cm³) e Teflon (densidade = 2,3 g/cm³). Nenhum desses plásticos comuns se dissolve nesses líquidos. Descreva o que espera ver.

34. ▲ Você tem uma amostra de uma substância branca cristalina em sua cozinha. Você sabe que pode ser sal ou açúcar. Embora você pudesse decidir através do paladar, sugira outra propriedade que você poderia usar para decidir. (*Dica*: você pode usar a Internet ou um livro de Química na biblioteca para mais informações.)

35. Você pode descobrir se um sólido flutua ou afunda se você souber sua densidade e a densidade do líquido. Em quais dos líquidos listados abaixo o polietileno de alta densidade (PEAD) flutuará? (O PEAD é um plástico comum, com densidade de 0,97 g/cm³. Ele não se dissolve em nenhum desses líquidos.)

Substância	Densidade (g/cm³)	Propriedades, Usos
Etilenoglicol	1,1088	Tóxico, principal componente dos anticongelantes automotivos
Água	0,9997	
Etanol	0,7893	Álcool das bebidas alcoólicas
Metanol	0,7914	Tóxico; aditivo de gasolina para evitar o congelamento nos tubos
Ácido acético	1,0492	Componente do vinagre
Glicerol	1,2613	Solvente usado em produtos de cuidados domésticos

36. Você recebeu uma amostra de um metal prateado. Que informações você poderia usar para provar se o metal é prata?

37. Uma garrafa de vidro com leite foi colocada no congelador de uma geladeira por uma noite. De manhã, uma coluna de leite congelado emergiu da garrafa. Explique essa observação.

Leite congelado em uma garrafa de vidro

38. Descreva um método experimental que pode ser usado para determinar a densidade de um pedaço de material de formato irregular.

39. O diabetes pode alterar a densidade da urina, de modo que esta pode ser utilizada como uma ferramenta de diagnóstico. Os diabéticos podem excretar açúcar ou água em demasia. O que você acha que acontecerá com a densidade da urina sob cada uma dessas condições? (*Dica*: A água contendo açúcar dissolvido é mais densa que a água pura.)

40. Sugira uma forma de determinar se um líquido incolor em uma pipeta é água. Como você poderia descobrir se há sal dissolvido na água?

41. A foto a seguir mostra o elemento potássio reagindo com água para formar gás hidrogênio e uma solução de hidróxido de potássio.

Potássio reagindo com água para produzir gás hidrogênio e hidróxido de potássio

(a) Quais estados da matéria estão envolvidos na reação?
(b) A mudança observada é química ou física?
(c) Quais são os reagentes nessa reação, e quais são os produtos?
(d) Que observações qualitativas podem ser feitas com relação a essa reação?

42. Três líquidos de densidades diferentes são misturados. Como não são miscíveis (não formam uma solução homogênea entre si), compõem camadas discretas, um sobre o outro. Esboce o resultado de misturar tetracloreto de carbono (CCl_4, $d = 1,58$ g/cm³), mercúrio ($d = 13,546$ g/cm³) e água ($d = 1,00$ g/cm³).

43. Quatro balões são preenchidos com diferentes gases, cada qual com densidade diferente:

hélio, d = 0,164 g/L   neônio, d = 0,825 g/L
argônio, d = 1,633 g/L   criptônio, d = 4,425 g/L

Se a densidade do ar seco é 1,12 g/L, quais balões flutuarão no ar?

44. Um metal com a cor do cobre conduz corrente elétrica. Você pode dizer com certeza se é cobre? Sim ou não? Por quê? Sugira informações adicionais que poderiam fornecer uma confirmação de que se trata de cobre.

45. A foto a seguir mostra o elemento iodo dissolvido em etanol para formar uma solução. Trata-se de uma mudança física ou química?

Elemento iodo dissolvido em etanol

46. ▲ Você quer determinar a densidade de um composto, mas somente possui um pequeno cristal e seria difícil medir a massa e o volume de forma precisa. Porém, há outra forma de determinar a densidade, chamada *método de flutuação*. Se você colocar o cristal em um líquido cuja densidade é precisamente a mesma da substância, ele seria suspenso no líquido, não afundando no béquer, nem flutuando na superfície. Entretanto, para tal experimento, você precisaria ter um líquido com a densidade precisa do cristal. Você pode obter isso misturando dois líquidos de densidades diferentes para criar um líquido com a densidade desejada.

(a) Considere o seguinte: você mistura 10,0 mL de $CHCl_3$ (d = 1,492 g/mL) e 5,0 mL de $CHBr_3$ (d = 2,890 g/mL), resultando em 15,0 mL de solução. Qual é a densidade dessa mistura?

(b) Suponha agora que você queira determinar a densidade de um pequeno cristal amarelo para confirmar se é enxofre. Pela literatura, você sabe que o enxofre possui densidade de 2,07 g/cm³. Como você prepararia 20,0 mL de uma mistura líquida com essa densidade a partir de amostras puras de $CHCl_3$ e $CHBr_3$? (Observação: 1 mL = 1 cm³).

47. Alguns anos atrás, um jovem cientista em Viena, na Áustria, queria ver o quão estável era o ouro de seu anel de casamento. O anel era de ouro 18 quilates. (Ouro 18 quilates consiste em 75% de ouro com o restante de cobre e prata.) Uma semana após seu casamento ele retirou o anel, limpou-o cuidadosamente e o pesou. Tinha massa de 5,58387 g. Ele o pesou semanalmente a partir de então, e após um ano, havia perdido 6,15 mg somente com o uso normal. Ele descobriu que as atividades que mais desgastavam o ouro eram sair de férias em uma praia arenosa e praticar jardinagem.

(a) Quais são os símbolos dos elementos que compõem o ouro 18 quilates?

(b) O ouro funde-se a 1064 °C. Qual é a temperatura correspondente em Kelvin?

(c) A densidade do ferro é 19,3 g/cm³. Use uma das tabelas periódicas na internet para descobrir se o ouro é o mais denso de todos os elementos conhecidos. Se não é o ouro, qual elemento é o mais denso [considerando somente os elementos do hidrogênio (H) ao urânio (U)]?

(d) Se um anel de casamento é de ouro 18 quilates e possui massa de 5,58 g, qual é a massa de ouro contida no anel?

(e) Suponha que existam 56 milhões de casais casados nos Estados Unidos, e que cada uma dessas pessoas possua um anel de 18 quilates. Qual é a massa de ouro perdida por todos os anéis de casamento nos Estados Unidos em um ano (em unidades de gramas) se cada anel perde 6,15 mg de massa por ano? Supondo que o ouro tenha o preço de $ 1.620 por onça troy (onde 1 onça troy = 31,1 g), qual é o valor do ouro perdido?

Cobre metálico nativo e minerais que contêm cobre.

Revisão: as ferramentas da química quantitativa

COBRE O cobre (Cu) é o 26º elemento mais abundante na crosta terrestre (não muito diferente do níquel e do zinco, seus vizinhos próximos na Tabela Periódica). O cobre e seus minerais estão amplamente distribuídos e obter o metal a partir dos seus minérios é relativamente fácil. Graças a isso, o cobre elementar é usado no mundo todo para muitos itens úteis, de panelas a fios elétricos.

O cobre puro (muitas vezes chamado de *cobre nativo*) é encontrado na natureza, mas é mais comum encontrá-lo em minerais combinados a outros elementos, como cuprita, azurita ou malaquita.

O cobre é relativamente flexível, mas quando combinado a estanho em uma proporção de, aproximadamente 2 para 1, ele forma o bronze. O bronze foi importante nas civilizações antigas e deu seu nome a uma época do desenvolvimento humano, a Era do Bronze, que começou por volta de 3000 a.C. e foi até cerca de 1000 a.C. (O Homem do Gelo, que você conheceu no início do capítulo, viveu pouco antes da Era do Bronze e tinha um machado feito de cobre.) O desenvolvimento do bronze foi importante porque ele é mais resistente do que o cobre e pode ser transformado em ferramentas mais afiadas. Isso melhorou os fios de corte de arados e armas, conferindo vantagens às culturas que possuíam bronze em relação àquelas que não o tinham.

O cobre é usado na fiação elétrica porque é um bom condutor de eletricidade e também em panelas porque conduz bem o calor. Ele é também um dos "metais de cunhagem" (juntamente com a prata e o ouro) e tem sido empregado em moedas por séculos.

Os compostos de cobre são comuns e o cobre é um dos oito metais essenciais em nosso organismo, o qual é necessário para que algumas enzimas possam aproveitar o oxigênio com mais eficiência.

PARTE UM ▶ AS FERRAMENTAS BÁSICAS DA QUÍMICA

REVISÃO

Felizmente, ele é encontrado em alimentos comuns (em carnes de cordeiro, pato, porco e boi e em oleaginosos como amêndoas e nozes). Uma pessoa tem em média 72 mg de cobre em seu corpo.

Você pode aprender mais sobre o cobre e suas propriedades nas Questões para Estudo 60 e 61 ao final desta seção.

No fundo, a Química é uma ciência quantitativa. Entre outras coisas, os químicos medem tamanho, massa, volume, tempo e temperatura. Em seguida, examinam essas informações para encontrar relações entre as propriedades e oferecer uma visão baseada na estrutura da matéria.

Esta seção examina as unidades usadas na Química, descreve brevemente o tratamento adequado de dados numéricos e analisa algumas características da matemática que você precisará para fazer cálculos de Química. Depois de estudar esta seção, você será capaz de:

- Usar as unidades comuns para medições em Química e converter essas unidades (como converter litros em mililitros).
- Expressar e usar números em notação exponencial ou científica.
- Incorporar informações quantitativas em uma expressão algébrica e resolver essa expressão.
- Ler informações de gráficos.
- Preparar e interpretar gráficos com informações numéricas e, caso um gráfico produza uma linha reta, determinar a inclinação e equação da reta.
- Reconhecer e expressar incertezas em medidas.

1 Unidades de Medida

A prática da Química exige a observação de reações químicas e mudanças físicas. Fazemos observações qualitativas – como mudanças na cor ou evolução do calor – e medições quantitativas de temperatura, tempo, volume, massa e comprimento ou tamanho. Para registrar e relatar as medições, a comunidade científica optou por uma versão modificada do **sistema métrico**. Esse sistema decimal, usado internacionalmente na ciência, é chamado Systeme International d'Unités (Sistema Internacional de Unidades), cuja abreviação é **SI**.

Todas as unidades do SI derivam de unidades básicas, relacionadas na Tabela 1. Quantidades maiores ou menores são expressas por meio do uso de prefixos apropriados da unidade básica (Tabela 2). O nanômetro (nm), por exemplo, é 1 bilionésimo

Estrutura da molécula da aspirina

O Quilograma, Precisamos de um Novo Padrão? Diferentemente do segundo e do metro, o que define o quilograma é um objeto físico: um bloco de uma liga de platina e irídio que está em um edifício em Paris, França. O bloco tem perdido massa misteriosamente, de modo que a comunidade científica está muito interessada em encontrar uma forma melhor de definir o quilograma. No momento, duas sugestões estão sendo consideradas: definir o quilograma com base na massa de um determinado número de átomos, ou defini-lo com base em uma constante fundamental da natureza. A questão ainda está longe de ser resolvida.

Tabela 1	As Sete Unidades Básicas do SI	
PROPRIEDADE MEDIDA	**NOME DA UNIDADE**	**ABREVIAÇÃO**
Massa	Quilograma	kg
Comprimento	Metro	m
Tempo	Segundo	s
Temperatura	Kelvin	K
Quantidade de uma substância	Mol	mol
Corrente elétrica	Ampére	A
Intensidade luminosa	Candela	cd

27

Fatores Comuns de Conversão
1000 g = 1 kg
1×10^9 nm = 1 m
10 mm = 1 cm
100 cm = 10 dm = 1 m
1000 m = 1 km
Neste livro ainda são dados os fatores de conversão para unidades do SI.

Tabela 2 Prefixos Selecionados Usados no Sistema Métrico

Prefixo	Abreviação	Significado	Exemplo
Giga-	G	10^9 (bilhão)	1 gigahertz = 1×10^9 Hz
Mega-	M	10^6 (milhão)	1 megaton = 1×10^6 toneladas
Quilo-	k	10^3 (mil)	1 quilograma (kg) = 1×10^3 g
Deci-	d	10^{-1} (décimo)	1 decímetro (dm) = 1×10^{-1} m
Centi-	c	10^{-2} (um centésimo)	1 centímetro (cm) = 1×10^{-2} m
Mili-	m	10^{-3} (um milésimo)	1 milímetro (mm) = 1×10^{-3} m
Micro-	μ	10^{-6} (um milionésimo)	1 micrômetro (μm) = 1×10^{-6} m
Nano-	n	10^{-9} (um bilionésimo)	1 nanômetro (nm) = 1×10^{-9} m
Pico-	p	10^{-12}	1 picômetro (pm) = 1×10^{-12} m
Femto-	f	10^{-15}	1 femtômetro (fm) = 1×10^{-15} m

de 1 metro, isto é, 1×10^{-9} m (metro). Dimensões em escala nanométrica são comuns na Química e na Biologia porque, por exemplo, uma molécula típica tem cerca de 1 nm de comprimento, e uma bactéria, aproximadamente, 1000 nm de comprimento. O prefixo *nano-* também é usado no nome de uma nova área da ciência, a *nanotecnologia*, que envolve a síntese e o estudo de materiais de tamanhos minúsculos.

Escalas de Temperatura

No mundo científico, em geral utilizam-se duas escalas de temperatura: Celsius e Kelvin (Figura 1). A escala Celsius é usada no mundo todo para medições em laboratório. Entretanto, quando cálculos envolvem dados de temperatura, quase sempre adota-se a escala Kelvin.

A Escala Celsius de Temperatura

O tamanho do grau Celsius é definido ao atribuir zero ao ponto de congelamento da água pura (0 °C) e 100 ao seu ponto de ebulição (100 °C). Você possivelmente reconhece que uma temperatura ambiente agradável reside em torno de 20 °C e a

FIGURA 1 Comparação das escalas Fahrenheit, Celsius e Kelvin. Observe que na escala Kelvin não se usa o símbolo de grau (°).

temperatura normal do seu corpo é 37 °C. Constatou-se que a água mais quente que podemos suportar ao mergulhar um dedo é de aproximadamente 60 °C.

A Escala Kelvin de Temperatura

William Thomson, conhecido como Lorde Kelvin (1824-1907), foi o primeiro a sugerir a escala de temperatura que agora leva seu nome. A escala kelvin usa a unidade do mesmo tamanho da escala Celsius, mas atribui zero à menor temperatura que pode ser atingida, um ponto chamado **zero absoluto**. Muitos experimentos comprovaram que essa temperatura limite é de –273,15 °C. *As unidades kelvin e os graus Celsius têm o mesmo tamanho.* Assim, a água atinge seu ponto de congelamento a 273,15 K; ou seja, 0 °C = 273,15 K. O ponto de ebulição normal da água pura é de 373,15 K. É fácil converter as temperaturas em graus Celsius para kelvin e vice-versa, usando a relação

$$T\ (K) = \frac{1\ K}{1\ °C}\ (T\ °C + 273{,}15\ °C) \qquad (1)$$

Usando essa equação, podemos mostrar que uma temperatura ambiente comum de 23,5 °C é equivalente a 296,7 K.

$$T\ (K) = \frac{1\ K}{1\ °C}\ (23{,}5\ °C + 273{,}15\ °C) = 296{,}7\ K$$

Há três aspectos a se levar em consideração aqui:

- Para fazer a conversão de graus Celsius para kelvin basta acrescentar 273,15 à temperatura em Celsius, e para converter kelvin para graus Celsius subtraímos 273,15 do valor em kelvin.
- O símbolo de grau (°) não é usado com temperaturas em kelvin.
- O nome da unidade nessa escala é *kelvin* (letra inicial minúscula), e essas temperaturas são indicadas com K maiúsculo.

> **Lorde Kelvin** William Thomson (1824-1907), conhecido como Lorde Kelvin, foi professor de Filosofia Natural na Universidade de Glasgow, Escócia, de 1846 a 1899. Ele se tornou mais conhecido por seu estudo sobre calor e trabalho, de onde veio o conceito da escala de temperatura absoluta.

Comprimento, Volume e Massa

A unidade padrão de *comprimento* é o metro, mas os objetos observados na Química quase sempre são menores do que 1 metro. Em geral, medidas são descritas em unidades de centímetros (cm), milímetros (mm) ou micrômetros (μm) (Figura 2), e

FIGURA 2 Dimensões em Química e Biologia. Essas fotos fazem parte da pesquisa da professora Joanna Aizenberg da Universidade de Harvard.

(a) Fotografia de esponja marinha de aspecto vítreo *Euplectella*. Barra de escala = 5 cm.

(b) Fragmento da estrutura mostrando a grade quadrada com apoios diagonais. Barra da escala = 1 mm.

(c) Imagem de miscroscópio eletrônico de varredura (MEV) de um único fio, mostrando sua estrutura de compósito cerâmico. Barra da escala = 20 μm.

objetos em escala atômica e molecular têm dimensões de nanômetros (nm; 1 nm = 1 × 10⁻⁹ m) ou picômetros (pm; 1 pm = 1 × 10⁻¹² m) (Figura 3).

Para ilustrar a variedade de dimensões usadas na ciência, vejamos um estudo recente sobre o esqueleto vítreo de uma esponja do mar. A esponja do mar na Figura 2 tem cerca de 20 cm de comprimento e alguns centímetros de diâmetro. Um olhar mais atento mostra mais detalhes da estrutura reticulada. Cientistas dos Laboratórios Bell constataram que cada fio da rede é um compósito de fibra cerâmica de sílica (SiO_2) e proteína com menos de 100 μm de diâmetro. Esses fios são compostos de "espículas" que, em escala nanométrica, consistem em nanopartículas de sílica de 50 a 200 nanômetros de diâmetro.

FIGURA 3 Dimensões no mundo molecular. Na escala molecular, em geral, as dimensões são indicadas em nanômetros (1 nm = 1 × 10⁻⁹ m) ou picômetros (1 pm = 1 × 10⁻¹² m). Aqui, a distância entre átomos de C no diamante é de 0,154 nm.

Unidades Ångstrom Uma unidade mais antiga que não faz parte do SI, mas é usada com frequência para distâncias atômicas e moleculares, é o Ångstrom (Å), em que 1 Å = 1,0 × 10⁻¹⁰ m. A distância C–C no diamante seria 1,54 Å.

EXEMPLO 1

Distâncias em Escala Molecular

Problema A distância entre um átomo O e um átomo H em uma molécula de água é de 95,8 pm. Qual é essa distância em nanômetros (nm)?

O que você sabe? Você conhece a distância interatômica O–H e as relações das unidades métricas.

Estratégia Você pode resolver esse problema se conhecer o fator de conversão entre as unidades que você recebeu (picômetros) e as unidades desejadas (metros ou nanômetros). (Para saber mais sobre fatores de conversão e seu uso na solução de problemas, veja a página 42). A Tabela 2 não indica nenhum fator de conversão para converter nanômetros diretamente em picômetros, mas lista as relações entre metros e picômetros e entre metros e nanômetros. Portanto, primeiro, converteremos picômetros em metros e, em seguida, metros em nanômetros.

$$\text{picômetros} \xrightarrow{x\ m/pm} \text{metros} \xrightarrow{y\ nm/m} \text{nanômetros}$$

Solução Ao usar os fatores de conversão apropriados (1 pm = 1 × 10⁻¹² m e 1 nm = 1 × 10⁻⁹ m), temos

$$95{,}8\ \text{pm} \times \frac{1 \times 10^{-12}\ m}{1\ \text{pm}} = 9{,}58 \times 10^{-11}\ m$$

$$9{,}58 \times 10^{-11}\ m \times \frac{1\ nm}{1 \times 10^{-9}\ m} = \boxed{9{,}58 \times 10^{-2}\ nm}\ \text{ou}\ 0{,}0958\ nm$$

Pense bem antes de responder O nanômetro é uma unidade maior do que o picômetro, de modo que a mesma distância expressa em nanômetros deve ter um valor numérico menor. Nossa resposta está de acordo com isso. Observe como cancelar as unidades durante o cálculo de modo que a unidade da resposta seja a mesma do numerador do fator de conversão. O processo de utilizar unidades para orientar um cálculo é chamado *análise dimensional*. Ele será explorado em maior profundidade nas páginas 42-43.

Verifique seu entendimento

A distância C–C no diamante (Figura 3) é 0,154 nm. Qual é essa distância em picômetros (pm)? E em centímetros (cm)?

Os cientistas frequentemente usam materiais de vidro, como béqueres, erlenmeyers, pipetas, provetas e buretas, que são marcadas com unidades de volume (Figura 4). Como a unidade do SI para volume [metro cúbico (m^3)] é grande demais para usar no dia a dia do laboratório, em geral, os químicos usam o litro (L) ou mililitro (mL) para medir volumes. Um litro equivale ao volume de um cubo de 10 cm de lado [$V = (0,1\ m)^3 = 0,001\ m^3$].

$$1\text{ litro (L)} = 1000\ cm^3 = 1000\text{ mL} = 0,001\ m^3$$

Como há exatamente 1000 mL (1000 cm^3) em um litro, isso significa que

$$1\text{ mL} = 0,001\text{ L} = 1\ cm^3$$

As unidades *mililitro e centímetro cúbico* (ou "cm^3") *são intercambiáveis*. Assim, um balão que contém exatamente 125 mL tem um volume de 125 cm^3.

Embora não seja muito utilizado nos Estados Unidos, o decímetro cúbico (dm^3) é uma unidade comum no restante do mundo. O comprimento de 10 cm é chamado de 1 decímetro (dm). Como um cubo de 10 cm de lado define o volume de 1 litro, *um litro equivale a um decímetro cúbico*: $1\text{ L} = 1\ dm^3$. Produtos na Europa, África e outras partes do mundo em geral são vendidos por decímetro cúbico.

O *decilitro*, *dL*, que equivale exatamente a 1/10 de litro (0,100 L) ou 100 mL, é amplamente usado na medicina. Os padrões para concentrações de contaminantes ambientais, por exemplo, muitas vezes são indicados como uma determinada massa por decilitro. Por exemplo, o Centro para Controle e Prevenção de Doenças dos Estados Unidos recomenda que crianças com mais de 5 microgramas (5×10^{-6} g) de chumbo por decilitro de sangue passem por mais testes relacionados ao envenenamento por chumbo.

Finalmente, quando os químicos preparam substâncias para reações usam massas determinadas de reagentes. A *massa* de um corpo é a medida fundamental para a quantidade de matéria, e a unidade do SI para massa é o quilograma (kg). Massas menores são expressas em gramas (g) ou miligramas (mg).

$$1\text{ kg} = 1000\text{ g}\ e\ 1\text{ g} = 1000\text{ mg}$$

FIGURA 4 Materiais de vidro comuns em laboratórios. Os volumes estão assinalados em unidades de mililitros (mL). Lembre-se de que 1 mL equivale a 1 cm^3.

Unidades de Energia

Ao expressar quantidades de energia, a maioria dos químicos (e a maior parte do mundo fora dos Estados Unidos) usa o **joule (J)**, a unidade do SI. O joule está diretamente relacionado às unidades usadas para energia mecânica: 1 J é igual a 1 kg · m^2/s^2. Como o joule é pequeno demais para a maioria dos usos em química, em geral opta-se pelo quilojoule (kJ), equivalente a 1000 joules, como unidade.

Para ter uma ideia melhor sobre joules, suponha que você deixe cair uma embalagem com seis latas cheias de refrigerante sobre o seu pé. Embora você provavelmente não queira usar seu tempo para calcular a energia cinética no momento do impacto, ela será de 4 J a 10 J.

A caloria (cal) é uma unidade mais antiga para energia. Ela é definida como a energia transferida na forma de calor que é necessária para elevar a temperatura de 1,00 g de água pura em estado líquido de 14,5 °C para 15,5 °C. Uma quilocaloria (kcal) equivale a 1000 calorias. O fator de conversão que relaciona joules a calorias é

$$1\text{ caloria (cal)} = 4{,}184\text{ joules (J)}$$

A Caloria alimentar (com C maiúsculo) é usada muitas vezes nos Estados Unidos para representar o conteúdo energético dos alimentos. A Caloria alimentar (Cal) é equivalente à quilocaloria ou 1000 calorias. Assim, um cereal matinal que fornece 100,0 Cal de energia nutricional por porção fornece 100,0 kcal ou 418,4 kJ.

James Joule O joule recebeu seu nome em homenagem a James P. Joule (1818-1889), filho de um rico cervejeiro de Manchester, Inglaterra. A fortuna da família e uma oficina na cervejaria deram a Joule a oportunidade de se dedicar aos estudos científicos. Entre os temas que Joule estudou estava a questão se o calor é um fluido sem massa. Os cientistas daquela época chamavam essa ideia de hipótese calórica. Os experimentos cuidadosos de Joule demonstraram que calor e trabalho mecânico estão relacionados, provando que o calor não é um fluido. Veja o Capítulo 5 para saber mais sobre esse importante assunto.

UM OLHAR MAIS ATENTO

Energia e Alimentos

A U.S. Food and Drug Administration (FDA) exige que praticamente todos os alimentos embalados apresentem em seus rótulos a informação nutricional, incluindo seu teor energético. A Lei de Educação e Rotulação Nutricional dos Estados Unidos de 1990 determina que se especifique a energia total fornecida por proteínas, carboidratos, gordura e álcool. Como se determina isso? Inicialmente, o método utilizado era a calorimetria. Nesse método (descrito na Seção 5.6), um produto alimentício é queimado, medindo-se a energia transferida como calor na combustão. Agora, porém, o teor energético é estimado usando o sistema Atwater. Esse sistema especifica os seguintes valores médios para as fontes de energia em alimentos:

1 g de proteína = 4 kcal (17 kJ)
1 g de carboidrato = 4 kcal (17 kJ)
1 g de gordura = 9 kcal (38 kJ)
1 g de álcool = 7 kcal (29 kJ)

Como os carboidratos podem conter algumas fibras não digeríveis, a massa delas é subtraída da massa dos carboidratos quando se calcula a energia fornecida pelos carboidratos.

Como exemplo, uma porção de castanhas-de-caju (cerca de 28 g) contém

14 g de gordura = 126 kcal
6 g de proteína = 24 kcal
7 g de carboidratos − 1 g de fibras = 24 kcal
Total = 174 kcal (728 kJ)

A embalagem indica o valor de 170 kcal.

Você pode encontrar dados sobre mais de 6000 alimentos no site do Nutrient Data Laboratory (Laboratório de Dados Nutricionais: www.ars.usda.gov/ba/bhnrc/ndl).

Fatos Nutricionais
Tamanho da Porção 16 unidades (31 g)
Porções por Pacote Aproximadamente 8

Quantidade Por Porção

Calorias 140   Calorias da Gordura 45

	% Valor Diário*
Total de Gorduras 5 g	**8%**
Gorduras Saturadas 1 g	**5%**
Gorduras Trans 0 g	
Gorduras Poli-insaturadas 3 g	
Gorduras Monoinsaturadas 1 g	
Colesterol 0 mg	**0%**
Sódio 230 mg	**10%**
Potássio 90 mg	**3%**

Energia e os rótulos dos alimentos. Todos os alimentos embalados devem ter rótulos que especifiquem os valores nutricionais, indicando a energia em Calorias (em que 1 Cal = 1 quilocaloria).

EXERCÍCIOS PARA A SEÇÃO 1

Exercícios para a Seção As respostas dos Exercícios para a Seção estão divididas por capítulo no Apêndice N.

1. O nitrogênio líquido entra em ebulição a 77 K. Qual é essa temperatura em graus Celsius?
   (a) 350 °C   (b) −196 °C   (c) 77 °C   (d) −109 °C

2. Uma placa quadrada de platina tem 2,50 cm de lado e espessura de 0,25 mm. Qual é o volume da placa de platina (em cm³)?
   (a) 16 cm³   (b) 630 cm³   (c) 0,16 cm³   (d) 160 cm³

3. Uma garrafa padrão de vinho tem um volume de 750 mL. Qual é o volume correspondente em litros?
   (a) 0,750 L   (b) 0,00750 L   (c) 7,50 L   (d) 75,0 L

4. Um galão americano equivale a 3,7865 L. Qual é o volume em litros de uma caixa de leite de 2,0 quartos? (Um galão contém 4 quartos.)
   (a) 19 L   (b) 3,8 L   (c) 1,9 L   (d) 0,95 L

5. Uma moeda de 25 centavos dos Estados Unidos tem uma massa de 5,59 g. Expresse essa massa em miligramas.
   (a) $5,59 \times 10^3$ mg   (b) 5,59 mg   (c) 55,9 mg   (d) 559 mg

6. Um estudo ambiental em um rio constatou a presença de um pesticida na proporção de 0,02 micrograma por litro de água. Expresse essa quantidade em gramas por litro.
   (a) 2 g/L   (b) 0,02 g/L   (c) 2×10^3 g/L   (d) 2×10^{-8} g/L

7. O rótulo de uma caixa de cereal indica que uma porção (com leite desnatado) fornece 251 Cal. Qual é essa energia em quilojoule (kJ)?
   (a) 251 kJ   (b) 59,8 kJ   (c) 1050 kJ   (d) 4380 kJ

2 Fazendo Medições: Precisão, Exatidão, Erro Experimental e Desvio Padrão

A precisão de uma medida indica até que ponto várias determinações da mesma grandeza coincidem. Podemos ilustrar isso pelos resultados do lançamento de dardos contra um alvo. Na Figura 5a, a pessoa que atirou os dardos aparentemente não tinha muita habilidade e a precisão dos dardos no alvo é baixa. Nas Figuras 5b e 5c, os dardos estão próximos um do outro, indicando um aprimoramento por parte do atirador – ou seja, uma ótima precisão.

A **exatidão** indica até que ponto uma medição corresponde ao valor aceito de uma grandeza. A Figura 5c mostra que nosso atirador foi preciso e exato – a média de todos os lançamentos está próxima da posição desejada, o centro do alvo.

A Figura 5b mostra que é possível ser preciso sem ser exato – o atirador errou sistematicamente o centro do alvo, embora todos os dardos estejam concentrados em um determinado ponto do alvo. Isso é análogo a uma experiência com alguma falha (seja no planejamento, seja em algum instrumento de medição) que faz com que todos os resultados sejam diferentes do valor real na mesma quantidade.

A exatidão de um resultado no laboratório é em geral expressa em termos do erro percentual relativo a um padrão ou valor aceito como verdadeiro, sendo que a precisão é expressa como desvio padrão.

Exatidão e o NIST O National Institute of Standards and Technology, NIST (Instituto Nacional de Padrões e Tecnologia), é um recurso importante para os padrões usados na ciência. A comparação com os dados do NIST é um teste de exatidão da medição (veja: www.nist.gov).

Erro Experimental

Se você medir uma grandeza no laboratório, será obrigado a relatar o erro no resultado, a diferença entre o seu resultado e o valor aceito,

$$\text{Erro na medição} = \text{valor determinado experimentalmente} - \text{valor aceito}$$

ou **erro percentual**,

$$\text{Erro percentual} = \frac{\text{erro na medição}}{\text{valor aceito}} \times 100\%$$

(a) Baixa precisão e baixa exatidão
(b) Alta precisão e baixa exatidão
(c) Alta precisão e alta axatidão

FIGURA 5 Precisão e exatidão.

Erro percentual O erro percentual pode ser positivo ou negativo, indicando se o valor experimental é alto demais ou baixo demais em comparação ao valor aceito. No Exemplo 2, o erro percentual do estudante B é −0,2%, indicando que é 0,2% menor que o valor aceito.

EXEMPLO 2

Precisão, Exatidão e Erro

Problema Suponha que uma moeda tenha um diâmetro "aceito" de 28,054 mm. Em uma experiência, dois estudantes medem esse diâmetro. O estudante A faz quatro medições do diâmetro de uma moeda utilizando um instrumento de precisão chamado micrômetro. O estudante B mede a mesma moeda usando uma régua plástica simples. Os dois estudantes relatam os seguintes resultados:

Estudante A	Estudante B
28,246 mm	27,9 mm
28,244	28,0
28,246	27,8
28,248	28,1

Qual é o diâmetro médio e o erro percentual obtido em cada caso? Qual estudante obteve os dados mais exatos?

O que você sabe? Você conhece os dados obtidos pelos dois estudantes e quer compará-los com o valor "aceito", calculando o erro percentual.

Estratégia Para cada conjunto de dados, calculamos a média aritmética dos resultados, e então, comparamos essa média com 28,054 mm.

Solução Para obter a média de cada conjunto de dados, somamos os quatro valores e dividimos a soma por 4.

Valor médio para o Estudante A = 28,246 mm

Valor médio para o Estudante B = 28,0 mm

Embora o Estudante A tenha quatro resultados muito próximos um do outro (por causa da alta precisão), seu resultado é menos exato do que o do Estudante B. O diâmetro médio do Estudante A difere do valor "aceito" em 0,192 mm e tem um erro percentual de 0,684%:

$$\text{Erro percentual} = \frac{28{,}246 \text{ mm} - 28{,}054 \text{ mm}}{28{,}054 \text{ mm}} \times 100\% = \boxed{0{,}684\%}$$

A medição do estudante B tem um erro de apenas $\boxed{-0{,}2\%}$.

Pense bem antes de responder Embora o Estudante A tenha obtido resultados menos exatos do que o Estudante B, eles foram mais precisos; o desvio padrão para o Estudante A é 2×10^{-3} (calculado conforme descrição abaixo), em contraste ao valor maior do Estudante B (desvio padrão = 0,14). Possíveis razões do erro no resultado do Estudante A são o uso incorreto do micrômetro ou uma falha desse instrumento.

Verifique seu entendimento

Dois estudantes mediram o ponto de congelamento de uma amostra de benzeno puro. O Estudante A usou um termômetro de laboratório comum dividido em unidades de 0,1 °C. O Estudante B usou um termômetro certificado pelo NIST (Instituto Nacional de Padrões e Tecnologia dos Estados Unidos) e dividido em unidades de 0,01 °C. Seus resultados foram os seguintes:

Estudante A: 5,2 °C, 5,7 °C, 5,5 °C, 5,2 °C

Estudante B: 5,48 °C, 5,52 °C, 5,50 °C, 5,54 °C

Calcule o valor médio para A e B e, sabendo que o ponto de congelamento do benzeno é 5,50 °C (e usando kelvin para a temperatura) calcule o erro percentual para cada estudante. Qual estudante cometeu menor erro?

Desvio Padrão

Medições em laboratório podem apresentar erros, devido a dois motivos básicos. Primeiro, pode haver erros "determinados", causados por instrumentos defeituosos ou falhas humanas, tais como a anotação incorreta dos dados. Segundo, os chamados erros indeterminados ou aleatórios são decorrentes de incertezas em uma medição. Uma maneira de julgar o erro indeterminado em um resultado é calcular o desvio padrão.

O **desvio padrão** de uma série de medições *é igual à raiz quadrada da soma dos quadrados dos desvios de cada medição em relação à média, dividida pelo número de medições menos um.* Isso tem uma importância estatística precisa: supondo que se use um grande número de medições para calcular a média, pouco mais de 68% dos valores obtidos devem estar dentro de um desvio padrão do valor determinado, e 95% entre dois desvios padrão.

Suponha que você tenha medido cuidadosamente a massa de água contida em uma pipeta de 10 mL. Em cinco tentativas de medição (indicadas na coluna 2 da tabela a seguir), constata-se desvio padrão. Primeiro, calcula-se a média das medições (nesse caso, 9,984). A seguir, determina-se o desvio de cada medição individual em relação a esse valor (coluna 3). Esses valores são elevados ao quadrado, o que resulta nos valores da coluna 4, e determina-se a soma desses valores. Em seguida, o desvio padrão é calculado dividindo-se esse número por 4, o número de determinações menos 1, obtendo-se a raiz quadrada desse resultado.

DETERMINAÇÃO	MASSA MEDIDA (g)	DIFERENÇA ENTRE A MEDIDA E A MÉDIA (g)	QUADRADO DA DIFFERENÇA
1	9,990	0,006	4×10^{-5}
2	9,993	0,009	8×10^{-5}
3	9,973	−0,011	12×10^{-5}
4	9,980	−0,004	2×10^{-5}
5	9,982	−0,002	$0,4 \times 10^{-5}$

Massa média = 9,984 g

Soma dos quadrados das diferenças = 26×10^{-5}

$$\text{Desvio padrão} = \sqrt{\frac{26 \times 10^{-5}}{4}} = 0,008$$

O cálculo do desvio padrão informará ao leitor que, se essa experiência fosse repetida, a maioria dos valores ficaria no intervalo entre 9,976 g e 9,992 g (± 0,008 g em relação ao valor médio).

EXERCÍCIOS PARA A SEÇÃO 2

Dois estudantes receberam a tarefa de determinar a massa de uma amostra de um líquido desconhecido. O Estudante A usou uma balança comum de laboratório capaz de determinar massas com precisão de ±0,01 g. O Estudante B usou uma balança analítica capaz de medir massas com precisão de ±0,1 mg. Cada um deles fez quatro medições, obtendo os seguintes resultados:

Estudante A: 8,19 g, 8,22 g, 8,21 g, 8,25 g

Estudante B: 8,2210 g, 8,2210 g, 8,2209 g, 8,2210 g

1. Qual é o desvio padrão para o Estudante A?

    (a) 0,2 g   (b) 0,02 g   (c) 0,03 g   (d) 0,04 g

2. Qual estudante obteve os resultados mais precisos?

    (a) A   (b) B

Torre Eiffel (Paris, França).

3 Matemáticas da Química

Notação Exponencial ou Científica

A Torre Eiffel, construída em 1889, é a construção mais alta em Paris. Ela foi projetada pelo arquiteto francês Gustave Eiffel para marcar o centenário da Revolução Francesa. A Torre, construída em ferro puro, tem a altura de um edifício de 81 andares. Ela deveria ser desmontada em 1909, mas ainda permanece lá como um símbolo de Paris. A tabela abaixo contém algumas informações quantitativas sobre a estrutura:

CARACTERÍSTICAS DA TORRE EIFFEL	INFORMAÇÕES QUANTITATIVAS
Altura	324 metros (m)
Massa do ferro	$6,6 \times 10^3$ quilogramas (kg)
Volume do ferro	7,5 metros cúbicos (m³)
Número de peças de ferro	$1,8 \times 10^4$ peças
Número aproximado de visitantes por ano	$6,6 \times 10^6$ pessoas

Alguns dados da Torre são expressos em **notação fixa** (324 metros), ao passo que outros, em **notação exponencial,** ou **científica** ($6,6 \times 10^3$ quilogramas). A notação científica é uma maneira de representar números muito grandes ou muito pequenos de uma forma compacta e uniforme que simplifica os cálculos. Por causa de sua conveniência, a notação científica é amplamente utilizada na ciência.

Na notação científica, um número é expresso como um produto de dois números: $N \times 10^n$. N é o *termo dígito* e é um número entre 1 e 9,9999... . O segundo número, 10^n, o *termo exponencial*, é uma potência inteira de 10. Por exemplo, em notação científica escrevemos 1234 como $1,234 \times 10^3$, ou 1,234 multiplicado por 10 três vezes:

$$1234 = 1,234 \times 10^1 \times 10^1 \times 10^1 = 1,234 \times 10^3$$

Inversamente, um número menor do que 1, como 0,01234, é escrito como $1,234 \times 10^{-2}$. Essa notação indica que 1,234 deve ser dividido duas vezes por 10 para obtermos 0,01234:

$$0,01234 = \frac{1,234}{10^1 \times 10^1} = 1,234 \times 10^{-1} \times 10^{-1} = 1,234 \times 10^{-2}$$

Ao converter um número para notação científica, observe que o expoente *n* será positivo se o número for maior que 1 e negativo se o número for menor que 1. O valor de *n* é o número de casas em que a vírgula se deslocou para obter o número em notação científica:

$$1\,2\,3\,4\,5, = 1,2345 \times 10^4$$

(a) Vírgula deslocada quatro casas para a esquerda. Portanto, *n* é positivo e igual a 4.

$$0,0\,0\,1,2 = 1,2 \times 10^{-3}$$

(b) Vírgula deslocada três casas para a direita. Portanto, *n* é negativo e igual a 3.

Se você deseja converter um número em notação científica para seu equivalente em notação fixa (isto é, sem usar potências de 10), o procedimento é o inverso:

$$6,2\,7,3 \times 10^2 = 627,3$$

(a) Vírgula decimal deslocada duas casas à direita porque *n* é positivo e igual a 2.

$$\underset{\curvearrowleft}{0\ 0\ 6{,}273} \times 10^{-3} = 0{,}006273$$

(b) Vírgula decimal deslocada três casas à esquerda porque *n* é negativo e igual a 3.

Na Química, você frequentemente terá que usar números em notação exponencial nas operações matemáticas. As cinco operações a seguir são importantes:

- *Adicionar e Subtrair Números Expressos em Notação Científica*
  Quando adicionar ou subtrair dois números, primeiro converta-os para a mesma potência de 10. Em seguida, adicione ou subtraia os termos dígitos conforme for apropriado:

$$(1{,}234 \times 10^{-3}) + (5{,}623 \times 10^{-2}) = (0{,}1234 \times 10^{-2}) + (5{,}623 \times 10^{-2})$$
$$= 5{,}746 \times 10^{-2}$$

- *Multiplicação de Números Expressos em Notação Científica*
  Os termos dígitos são multiplicados de maneira usual e os expoentes são somados. O resultado é expresso por um termo dígito com apenas um algarismo diferente de zero à esquerda da casa decimal:

$$(6{,}0 \times 10^{23}) \times (2{,}0 \times 10^{-2}) = (6{,}0)(2{,}0 \times 10^{23-2}) = 12 \times 10^{21} = 1{,}2 \times 10^{22}$$

- *Divisão de Números Expressos em Notação Científica*
  Os termos dígitos são divididos de maneira usual, e os expoentes são algebricamente subtraídos. Escrevemos o quociente com um algarismo diferente de zero à esquerda da casa decimal no termo dígito:

$$\frac{7{,}60 \times 10^3}{1{,}23 \times 10^2} = \frac{7{,}60}{1{,}23} \times 10^{3-2} = 6{,}18 \times 10^1$$

- *Potências de Números Expressos em Notação Científica*
  Ao elevar um número em notação científica a uma potência, trate o termo dígito da maneira usual. Em seguida, multiplique o expoente pelo número que indica a potência:

$$(5{,}28 \times 10^3)^2 = (5{,}28)^2 \times 10^{3 \times 2} = 27{,}9 \times 10^6 = 2{,}79 \times 10^7$$

- *Raízes de Números Expressos em Notação Científica*
  A menos que você utilize uma calculadora eletrônica, primeiro é preciso converter o número para uma forma na qual o expoente seja exatamente divisível pela raiz. Por exemplo, no caso de uma raiz quadrada, o expoente deve ser divisível por 2. Encontre a raiz do termo dígito da maneira usual, e divida o expoente pela raiz desejada:

$$\sqrt{3{,}6 \times 10^7} = \sqrt{36 \times 10^6} = \sqrt{36} \times \sqrt{10^6} = 6{,}0 \times 10^3$$

Algarismos Significativos

Na maioria dos experimentos é preciso fazer diversos tipos de medições, e algumas podem ser feitas de forma mais precisa do que outras. O bom senso leva a crer que um resultado calculado a partir de resultados experimentais não pode ser mais preciso do que a informação menos precisa utilizada no cálculo. É aí que entram as regras para algarismos significativos. **Algarismos significativos** são os dígitos em uma medida da grandeza que são conhecidos com exatidão, mais um dígito que é inexato.

Determinando Algarismos Significativos

Suponha que coloquemos uma moeda nova de 10 centavos de dólar sobre o prato de uma balança de laboratório, como a mostrada na Figura 6, e constatemos uma massa de 2,265 g. Esse número tem quatro algarismos ou dígitos significativos porque todos os quatro números são observados. No entanto, a experiência mostrará que o algarismo final (5) é um tanto incerto, porque as indicações da balança podem mudar ligeiramente e indicar massas de 2,264, 2,265 e 2,266, sendo que na maior parte das vezes observaremos uma massa de 2,265. Assim, dos quatro algarismos

Comparação entre a Terra e uma Célula de Planta – Potências de 10
Terra = 12760000 metros de largura
= 12,76 milhões de metros
= 1,276 × 10⁷ metros
Célula de uma planta
= 0,00001276 metros de largura
= 12,76 milionésimos de um metro
= 1,276 × 10⁻⁵ metros

FIGURA 6 Balança padrão de laboratório e algarismos significativos. Essas balanças são capazes de determinar a massa de um objeto até o miligrama ou décimo de miligrama. Assim, um objeto pode ter uma massa de 13,456 g (13456 mg, cinco algarismos significativos), 0,123 g (123 mg, três algarismos significativos), ou 0,072 g (72 mg, dois algarismos significativos).

> ### DICA PARA SOLUÇÃO DE PROBLEMAS 1
> ### Usando Sua Calculadora
>
> Você fará uma série de cálculos em Química Geral e a maioria será com uma calculadora eletrônica. Há vários tipos diferentes de calculadoras disponíveis no mercado, portanto, consulte o manual da sua calculadora a fim de conhecer as instruções específicas para notação científica e encontrar as potências e raízes dos números.
>
> **1. Notação Científica**
>
> Ao digitar um número como $1,23 \times 10^{-4}$ em sua calculadora, primeiro você digita 1,23 e então pressiona uma tecla EE ou EXP (ou semelhante). Essa tecla insere a parte "× 10" da notação para você. Em seguida, você completa o número digitando o expoente, 4. (Para mudar o expoente de +4 para -4, pressione a tecla "+/−".)
>
> Um erro comum entre estudantes é digitar 1,23, pressionar a tecla de multiplicação (×) e, então, digitar 10 antes de terminar, apertando EE ou EXP seguido de −4. Isso produz um número dez vezes maior que o desejado.
>
> É preciso fazer duas observações finais a respeito da notação científica. Primeiro, esteja ciente de que, em geral, calculadoras e computadores expressam números como $1,23 \times 10^3$ em forma de 1,23E3, ou $6,45 \times 10^{-5}$ como 6,45E-5. Em segundo lugar, algumas calculadoras eletrônicas são capazes de converter imediatamente números em notação fixa para notação científica.
>
> **2. Potências dos Números**
>
> As calculadoras eletrônicas geralmente oferecem duas maneiras de elevar um número a uma potência. Para elevar um número ao quadrado, digite o número e então aperte a tecla x^2. Para elevar um número a qualquer potência, use a tecla y^x (ou uma tecla semelhante, como ^). Por exemplo, para elevar $1,42 \times 10^2$ à quarta potência:
>
> 1. Digite $1,42 \times 10^2$.
> 2. Aperte y^x.
> 3. Digite 4 (que deve aparecer na tela).
> 4. Aperte = e $4,0659 \times 10^8$ aparecerá na tela.
>
> **3. Raízes de Números**
>
> Um procedimento geral para encontrar qualquer raiz é usar a tecla y^x. Para uma raiz quadrada, x é 0,5 (ou 1/2), sendo que x é 0,3333 (ou 1/3) no caso de uma raiz cúbica, 0,25 (ou 1/4) para uma raiz quarta, e assim por diante. Por exemplo, para encontrar a raiz quarta de $5,6 \times 10^{-10}$:
>
> 1. Digite o número.
> 2. Pressione a tecla y^x.
> 3. Digite a raiz desejada. Como queremos a raiz quarta, digite 0,25.
> 4. Pressione =. A resposta aqui será $4,9 \times 10^{-3}$.
>
> Para ter certeza de que está usando sua calculadora corretamente, tente esses cálculos como teste:
>
> 1. $(6,02 \times 10^{23})(2,26 \times 10^{-5})/367$
>   (Resposta = $3,71 \times 10^{16}$)
> 2. $(4,32 \times 10^{-3})^3$
>   (Resposta = $8,06 \times 10^{-8}$)
> 3. $(4,32 \times 10^{-3})^{1/3}$
>   (Resposta = 0,163)

significativos (2,265), o último (5) é incerto. Em geral, *um número que representa uma medição científica, o último algarismo à direita é considerado inexato*. A menos que se indique o contrário, trata-se de uma prática comum atribuir uma incerteza de ±1 ao último algarismo significativo.

Imagine que você queira calcular a densidade de uma peça de metal (Figura 7). A massa e as dimensões foram determinadas por técnicas laboratoriais padrão. A maioria desses dados tem dois algarismos à direita da vírgula, mas eles possuem uma quantidade diferente de algarismos significativos.

FIGURA 7 Dados usados para determinar a densidade de um metal.

MEDIÇÃO	DADOS OBTIDOS	ALGARISMOS SIGNIFICATIVOS
Massa do metal	13,56 g	4
Comprimento	6,45 cm	3
Largura	2,50 cm	3
Espessura	3,1 mm = 0,31 cm	2

A quantidade 0,31 cm tem dois algarismos significativos. O 3 em 0,31 é conhecido com exatidão, mas o 1 é incerto. Isto é, a espessura da peça de metal pode ser de no mínimo 0,30 cm e no máximo 0,32 cm. No caso da largura da peça, você constatou que é 2,50 cm, sendo que 2,5 é um valor conhecido com certeza, mas o final 0 é incerto. Há três algarismos significativos em 2,50.

A proveta de 10 mL está dividida em unidades de 0,1 mL; o seu conteúdo pode ser estimado em 0,01 mL. Entretanto, provetas não são materiais de vidro de precisão. Você pode esperar no máximo 2 algarismos significativos ao ler um volume.

Uma bureta de 50 mL está dividida em unidades de 0,10 mL, mas o volume pode ser lido com maior precisão (0,01 mL).

Um balão volumétrico deve ser preenchido até a marca. No caso de um balão de 250 mL, o volume é indicado com precisão de 0,01 mL, de modo que o balão conterá 250,0 ± 0,1 mL quando preenchido até a marca (quatro algarismos significativos).

Uma pipeta assemelha-se a balão volumétrico porque também deve ser preenchida até a marca. Em uma pipeta de 20 mL, o volume é indicado com precisão de 0,02 mL.

FIGURA 8 Materiais de vidro e algarismos significativos.

Ao ler um número em um problema ou coletar dados no laboratório (Figura 8), como determinar quais algarismos são significativos?

Primeiro, o número é uma quantidade exata ou um valor medido? Se for um número exato, você não precisa se preocupar com o número de algarismos significativos. Por exemplo, há exatamente 100 cm em 1 m. Podemos acrescentar quantos zeros quisermos depois da vírgula, e a expressão continuará verdadeira. Usar esse número em um cálculo não afetará quantos algarismos significativos você pode indicar em sua resposta.

Se, contudo, o número for um valor medido, você precisará levar em conta os algarismos significativos. O número de algarismos significativos em nossos dados anteriores está claro, com a possível exceção de 0,31 e 2,50. Os zeros são significativos?

1. *Zeros entre dois outros algarismos significativos são significativos*. Por exemplo, o zero em 103 é significativo.
2. *Os zeros à direita de um número diferente de zero e também à direita de uma vírgula decimal são significativos*. Por exemplo, no número 2,50 cm, o zero é significativo.
3. *Zeros que são marcadores de posição não são significativos*. Há dois tipos de números que se enquadram nessa regra.
   (a) Os primeiros são números decimais com zeros que ocorrem *antes* do primeiro algarismo diferente de zero. Por exemplo, em 0,0013, apenas o 1 e o 3 são significativos; os zeros não são. Esse número tem dois algarismos significativos.
   (b) O segundo grupo são *números com zeros à direita* que precisam estar lá para indicar a magnitude do número. Por exemplo, os zeros no número 13000 podem ou não ser significativos; depende se foram medidos ou não. Para evitar confusão em relação a esses números, *neste livro consideramos que zeros à direita são significativos quando há uma vírgula decimal à direita do último zero*.

Zeros e Erros Comuns em Laboratórios É comum vermos estudantes que estão verificando a massa de um composto químico em uma balança deixarem de anotar os zeros à direita da vírgula. Por exemplo, se você encontrou uma massa de 2,340 g, o zero final é significativo e precisa ser indicado como parte do valor medido. O número 2,34 tem apenas três algarismos significativos e implica que o 4 é incerto, quando na verdade a leitura da balança indicava que o 4 é um algarismo certo.

Usando Algarismos Significativos em Cálculos

Quando realizamos cálculos com medidas de grandezas, seguimos algumas regras básicas de modo que os resultados reflitam a precisão de todas as medições que fazem parte dos cálculos. *As regras utilizadas neste livro para os algarismos significativos são as seguintes*:

Regra 1. Na adição ou subtração, o número de casas decimais na resposta deve ser igual ao número de casas decimais do número com a menor quantidade de dígitos significativos depois da casa decimal.

0,12	2 casas decimais
+ 1,9	1 casa decimal
+10,925	3 casas decimais
12,945	3 casas decimais

A soma deve ser representada como 12,9, um número com uma casa decimal, pois 1,9 tem apenas uma casa decimal.

Regra 2. Na multiplicação ou divisão, o número de algarismos significativos na resposta será determinado pela grandeza com o menor número de dígitos significativos.

$$\frac{0{,}01208}{0{,}0236} = 0{,}512, \text{ ou em notação científica, } 5{,}12 \times 10^{-1}$$

Como 0,0236 tem apenas três algarismos significativos, enquanto 0,01208 tem quatro, a resposta deve ter três algarismos significativos.

Regra 3. Ao arredondar um número, ao último algarismo a ser mantido será somado um apenas se o algarismo seguinte for maior ou igual a 5.

Número Completo	Número Arrendondado para Três Algarismos Significativos
12,696	12,7
16,349	16,3
18,35	18,4
18,351	18,4

Agora vamos aplicar essas regras para calcular a densidade da peça de metal na Figura 7.

Comprimento × largura × espessura = volume

6,45 cm × 2,50 cm × 0,31 cm = 5,0 cm³

$$\text{Densidade} = \frac{\text{massa (g)}}{\text{volume (cm}^3)} = \frac{13{,}56 \text{ g}}{5{,}0 \text{ cm}^3} = 2{,}7 \text{ g/cm}^3$$

A densidade calculada possui dois algarismos significativos porque *um resultado calculado não pode ser mais preciso do que o dado menos preciso usado*, e nesse caso a espessura tem apenas dois algarismos significativos.

Uma última observação sobre algarismos significativos e cálculos: quando estiver resolvendo problemas, faça os cálculos utilizando todos os algarismos significativos que sua calculadora permitir e arredonde somente no final. *O arredondamento no meio do cálculo pode introduzir erros.*

EXEMPLO 3

Usando Algarismos Significativos

Problema Um exemplo de um cálculo que você fará mais tarde neste livro (▶ Capítulo 10) é

$$\text{Volume do gás (L)} = \frac{(0{,}120)(0{,}08206)(273{,}15 + 23)}{(230/760{,}0)}$$

Calcule o resultado com o número correto de algarismos significativos.

O que você sabe? Você conhece as regras para determinar o número de algarismos significativos para cada número na equação.

Estratégia Primeiro decida o número de algarismos significativos representado para cada número e então aplique as Regras 1-3.

Solução

Número	Número de Algarismos Significativos	Comentários
0,120	3	O zero à direita da vírgula é significativo.
0,08206	4	O primeiro zero logo à direita da vírgula decimal não é significativo.
273,15 + 23 = 296	3	O número 23 não tem casas decimais, de modo que a soma também não tem.
230/760,0 = 0,30	2	Há dois algarismos significativos em 230 porque o último zero não é significativo. Por outro lado, há uma vírgula decimal em 760,0 de modo que há quatro algarismos significativos. O quociente terá apenas dois algarismos significativos.

A multiplicação e a divisão fornecem 9,6363... L. No entanto, a análise mostra que uma das informações tem apenas dois algarismos significativos. Portanto, você deve indicar um volume de gás de 9,6 L, um número com dois algarismos significativos.

Pense bem antes de responder Seja especialmente cuidadoso ao adicionar ou subtrair dois números, porque é fácil cometer erros com algarismos significativos nesse momento.

Verifique seu entendimento

Qual é o resultado do seguinte cálculo?

$$x = \frac{(110{,}7 - 64)}{(0{,}056)(0{,}00216)}$$

EXERCÍCIOS PARA A SEÇÃO 3

1. Quantos algarismos significativos são indicados por 2,33 × 10³?

    (a) 1   (b) 2   (c) 3   (d) 4

2. Quantos algarismos significativos são indicados por 200?

    (a) 1   (b) 2   (c) 3

3. Qual é a soma de 10,26 g e 0,063 g?

    (a) 10,323 g   (b) 10,32 g   (c) 10,3 g   (d) 10, g

4. Qual é o produto de 10,26 cm e 0,063 cm?

   (a) 0,6464 cm²   (b) 0,646 cm²   (c) 0,65 cm²   (d) 0,6 cm²

4 Resolução de Problemas pela Análise Dimensional

A Figura 7 ilustra os dados obtidos para determinar a densidade de uma peça de metal. A espessura foi indicada em milímetros, sendo que o comprimento e a largura foram medidos em centímetros. Para encontrar o volume da amostra em centímetros cúbicos, primeiro tivemos que indicar o comprimento, a largura e a espessura nas mesmas unidades, por isso, convertemos a espessura em centímetros.

$$3{,}1 \text{ mm} \times \frac{1 \text{ cm}}{10 \text{ mm}} = 0{,}31 \text{ cm}$$

Aqui, multiplicamos o valor que desejávamos converter (3,1 mm) por um *fator de conversão* (1 cm/10 mm) para chegar ao resultado na unidade desejada (0,31 cm). Observe que as unidades foram tratadas como números. Como a unidade "mm" consta tanto no numerador quanto no denominador, dizemos que as unidades foram "anuladas". Assim obtivemos a resposta em centímetros, a unidade desejada.

Esse método para resolução de problemas, em geral, é chamado de **análise dimensional** (ou **método dos fatores de conversão**). *Esta é uma abordagem genérica para resolução de problemas que utiliza as dimensões ou unidades de cada valor para orientá-lo nos cálculos.*

Um **fator de conversão** expressa a equivalência de uma medida em duas unidades diferentes (1 cm = 10 mm; 1 g = 1000 mg; 12 ovos = 1 dúzia; 12 polegadas = 1 pé). Como o numerador e o denominador descrevem a mesma grandeza, o fator de conversão é equivalente ao número 1. Desse modo, a multiplicação por esse fator não altera a grandeza medida, apenas suas unidades. Sempre escrevemos um fator de conversão de modo que tenha a forma de "novas unidades divididas pelas unidades do número original".

Usando Fatores de Conversão e Realizando Cálculos Ao resolver os problemas deste livro e ler exemplos de problemas, observe que o procedimento adotado, a partir das informações dadas para chegar a uma resposta, muitas vezes envolve uma série de multiplicações. Isto é, nós multiplicamos os dados fornecidos por um fator de conversão, multiplicamos a resposta dessa etapa por outro fator de conversão, e assim por diante até obtermos a resposta.

Número na unidade original $\times \left[\dfrac{\text{nova unidade}}{\text{unidade original}}\right]$ = novo número na nova unidade

Grandeza a ser expressa em novas unidades   Fator de conversão   Grandeza agora expressa em novas unidades

---

EXEMPLO 4

Usando Fatores de Conversão e Análise Dimensional

Problema Os oceanógrafos frequentemente expressam a densidade da água do mar em unidades de quilogramas por metro cúbico. Se a densidade da água do mar é 1,025 g/cm³ a 15 °C, qual é sua densidade em quilogramas por metro cúbico?

O que você sabe? Você conhece a densidade em uma unidade que envolve massa em gramas e volume em centímetros cúbicos. Cada uma delas precisa ser convertida em seu equivalente em quilogramas e metros cúbicos, respectivamente.

Estratégia Para simplificar esse problema, divida-o em três etapas. Primeiro, mude a massa de gramas para quilogramas. Em seguida, converta o volume de centímetros cúbicos para metros cúbicos. Finalmente, calcule a densidade ao dividir a massa em quilogramas pelo volume em metros cúbicos.

Solução Primeiro converta a massa em gramas para uma massa em quilogramas.

$$1{,}025 \text{ g} \times \frac{1 \text{ kg}}{1000 \text{ g}} = 1{,}025 \times 10^{-3} \text{ kg}$$

Não há nenhum fator de conversão disponível em nossas tabelas para converter diretamente unidades em centímetros cúbicos para metros cúbicos. Contudo, você pode encontrar um fator de conversão ao elevar ao cubo (à terceira potência) a relação entre metro e centímetro:

$$1 \text{ cm}^3 \times \left(\frac{1 \text{ m}}{100 \text{ cm}}\right)^3 = 1 \text{ cm}^3 \times \left(\frac{1 \text{ m}^3}{1 \times 10^6 \text{ cm}^3}\right) = 1 \times 10^{-6} \text{ m}^3$$

Isso nos indica que 1 cm³ equivale a 1×10^{-6} m³. Portanto, a densidade da água do mar é

$$\text{Densidade} = \frac{1{,}025 \times 10^{-3} \text{ kg}}{1 \times 10^{-6} \text{ m}^3} = \boxed{1025 \text{ kg/m}^3}$$

Pense bem antes de responder Densidades em unidades de kg/m³ muitas vezes podem ser números grandes. Por exemplo, a densidade da platina é 21450 kg/m³ e o ar seco tem uma densidade de 1,204 kg/m³.

Verifique seu entendimento

A densidade do ouro é 19320 kg/cm³. Qual é essa densidade em g/cm³?

Quem está certo – você ou o livro?

Se a sua resposta a um problema não corresponder exatamente às respostas no Apêndice N, a discrepância pode ser resultado do fato de arredondar a resposta após cada etapa e depois usar esse resultado arredondado na etapa seguinte. Neste aspecto, este livro segue estas convenções:

(a) Respostas finais de problemas numéricos resultam de vários algarismos a mais do que número exigido pelos algarismos significativos em cada cálculo, arredondando-os apenas no final.

(b) Nos exemplos de problemas, indicamos a resposta de cada etapa com o número correto de algarismos significativos daquela etapa, mas levamos mais algarismos para a etapa seguinte. O que determina o número de algarismos significativos na resposta final é o número de algarismos significativos nos dados originais.

EXERCÍCIO PARA A SEÇÃO 4

1. A área de um lago é de $2{,}33 \times 10^7$ m². Qual é essa área em quilômetros quadrados?

   (a) 23,3 km²   (b) $2{,}33 \times 10^{10}$ km²   (c) $23{,}3 \times 10^{-3}$ km²   (d) $2{,}33 \times 10^4$ km²

---

5 | Gráficos e Elaboração de Gráficos

Em vários trechos deste livro, usamos gráficos ao analisar dados experimentais com o objetivo de obter uma equação matemática que possa nos ajudar a prever novos resultados. Em geral, o procedimento resultará em uma linha reta, cuja equação é

$$y = mx + b$$

Nesta equação, geralmente y é chamado de variável dependente; seu valor é determinado pelos valores de x, m e b (ou seja, é dependente deles). Nesta equação, x é chamado de variável independente e m é a inclinação da reta. O parâmetro b é o valor de y quando $x = 0$. Usemos um exemplo para investigar duas coisas: (1) como construir um gráfico a partir de um conjunto de dados e (2) como obter uma equação a partir da linha gerada pelos dados.

A Figura 9 apresenta um conjunto de dados a ser representado por um gráfico. Inicialmente, marcamos cada eixo com incrementos dos valores de x e y. Neste caso, nossos valores de x estão no intervalo de –2 a 4, portanto dividimos o eixo x em incrementos de 1 unidade. Os *dados y estão no intervalo de 0 a 2,5, portanto dividimos o eixo y* em incrementos de 0,5. Assinalamos cada par (x,y) dado com um ponto no gráfico.

Depois de assinalar os pontos no gráfico (círculos), desenhamos uma linha reta que represente da melhor maneira possível a tendência observada nos dados. (Não conecte simplesmente os pontos!) Como há sempre certo grau de incerteza em dados experimentais, é improvável que a linha reta que desenhamos passe exatamente por todos os pontos.

ESTUDO DE CASO

A Gasolina Acabou!

Em 23 de julho de 1983, um Boeing 767 novo voava a 26000 pés de altitude (7925 m) de Montreal para Edmonton, o vôo 143 da Air Canada. O alarme sonoro disparou na cabine do avião. Naquele momento, um dos maiores aviões do mundo passou a ser um planador – o combustível havia acabado!

Como esse avião moderno, com a mais recente tecnologia, havia ficado sem combustível? Ao calcular a quantidade de combustível necessária para aquele vôo, ocorreu um erro elementar!

Como todos os Boeings 767, essa aeronave também tinha um sofisticado indicador de combustível, mas ele não estava funcionando adequadamente. Ainda assim, o avião teve permissão para voar, porque existe um método alternativo para determinar a quantidade de combustível nos tanques. Os mecânicos podem usar uma vareta, como aquela usada para medir o óleo no motor de um automóvel, para verificar o nível de combustível em cada um dos três tanques. Os mecânicos de Montreal leram os dados das varetas, que estavam divididas em centímetros, e converteram esses dados para um volume em litros. Segundo esses cálculos, o avião continha um total de 7682 L de combustível.

Pilotos sempre calculam a quantidade de combustível em unidades de massa, porque precisam saber a massa total do avião antes da decolagem. Os pilotos da Air Canada sempre haviam calculado a quantidade do combustível em libras, mas o consumo do combustível do novo 767 estava indicado em quilogramas. Os pilotos sabiam que precisavam de 22300 kg de combustível para a viagem. Se ainda havia 7682 L de combustível nos tanques, quanto deveria ser acrescentado? Isso implicava usar a densidade do combustível para converter 7682 L em uma massa em quilogramas. Em seguida, seria possível calcular a massa do combustível a ser acrescentada e converter essa massa no volume de combustível a ser acrescentado.

O primeiro oficial do avião perguntou a um mecânico qual era o fator de conversão para converter o volume em massa, e o mecânico respondeu: "1,77". Usando esse número, o primeiro oficial e os mecânicos calcularam que seria preciso acrescentar 4917 L de combustível. Entretanto, cálculos posteriores indicaram que isso é somente cerca de um quarto da quantidade de combustível necessária! Por quê? Porque ninguém pensou nas unidades do número 1,77. Mais tarde eles perceberam que esse valor de 1,77 é de libras por litro e não de quilogramas por litro.

Sem combustível, o avião não conseguiria chegar até Winnipeg, de modo que os controladores dirigiram-no para a cidade de Gimli, em um pequeno aeroporto abandonado pela Royal Canadian Air Force. Depois de planar por quase 30 minutos, o avião aproximou-se da pista de Gimli. A pista, porém, havia sido convertida numa pista de corrida para carros, e uma corrida acontecia naquele momento. Além disso, uma barreira

O planador Gimli. Após acabar o combustível, o vôo 143 da Air Canada planou por 29 minutos antes de pousar em uma pista abandonada em Gimli, Manitoba, próxima de Winnipeg.

de aço atravessava a pista. Ainda assim, o piloto conseguiu tocar o chão muito perto do final da pista. O avião desacelerou na faixa de concreto; a roda dianteira arrebentou; vários pneus estouraram – e o avião conseguiu parar em segurança exatamente antes da barreira. O planador de Gimli havia conseguido! E em algum lugar um mecânico de aviões está prestando mais atenção nas unidades de seus números.

Questões:

1. Qual é a densidade do combustível em unidades de kg/L?
2. Quais deveriam ser a massa e o volume do combustível acrescentado? (1 lb = 453,6 g) (Veja a Questão para Estudo 62.)

As respostas a essas questões estão no Apêndice N.

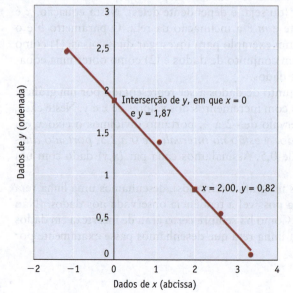

FIGURA 9 Registro de dados em um gráfico. Usando o Microsoft Excel e uma análise de regressão linear com esses dados, encontramos $y = -0,525x + 1,87$.

Dados experimentais

x	y
3,35	0,0565
2,59	0,520
1,08	1,38
−1,19	2,45

Usando os pontos assinalados com um quadrado, a inclinação reta é:

$$\text{Inclinação} = \frac{\Delta y}{\Delta x} = \frac{0,82 - 1,87}{2,00 - 0,00} = -0,525$$

Para identificar a equação específica correspondente a nossos dados, precisamos determinar a intersecção em y (b) e a inclinação (m) da equação $y = mx + b$. A intersecção em y é o ponto no qual $x = 0$ e, portanto, é o ponto no qual a linha cruza o eixo y. Para determinar a inclinação, selecionam-se dois pontos *na linha* (assinalados por quadrados na Figura 9) e calcula-se a diferença entre os valores de y ($\Delta y = y_2 - y_1$) e x ($\Delta x = x_2 - x_1$). A inclinação da linha será a razão entre essas diferenças, $m = \Delta y/\Delta x$. Conhecendo a inclinação e a intersecção, agora podemos escrever a equação para a reta

$$y = -0{,}525x + 1{,}87$$

e usar essa equação para calcular os valores de y dos pontos que não fazem parte de nosso conjunto original de dados x-y. Por exemplo, quando $x = 1{,}50$, verificamos que $y = 1{,}08$.

Determinar a Inclinação com um Programa de Computador – Análise por Mínimos Quadrados Em geral, a maneira mais fácil de determinar a inclinação e intersecção de uma linha reta (e, consequentemente, a equação da reta) é usar um programa como o Microsoft Excel ou o Apple's Numbers. Esses programas realizam uma análise por "mínimos quadrados" ou "regressão linear" e oferecem a melhor linha reta com base nesses dados.

EXERCÍCIOS PARA A SEÇÃO 5

Para encontrar a massa de 32 jujubas pesamos várias amostras delas.

Número de jujubas	Massa (g)
5	12,82
11	27,14
16	39,30
24	59,04

Faça um gráfico utilizando esses dados com o número de jujubas no eixo horizontal, ou x, e a massa das jujubas no eixo vertical, ou y.

1. Qual é a inclinação aproximada dessa linha?

    (a) 2,4   (b) 0,42   (c) 3,2   (d) 4,8

2. Use seu gráfico ou a equação da reta para calcular a massa de 32 jujubas.

    (a) 150 g   (b) 100 g   (c) 13 g   (d) 78 g

6 Resolução de Problemas e Aritmética Química

Muitos aspectos da Química envolvem a análise quantitativa de informações, de modo que a resolução de problemas será importante para o seu sucesso. Em cada capítulo mostraremos passo a passo como resolver esses problemas. Contudo, como em qualquer empreendimento, o planejamento cuidadoso é essencial e, em geral, nossos alunos consideram importante seguir um plano definido, como ilustram todos os exemplos deste livro.

ETAPA 1 *Entenda o problema*. Leia o enunciado com atenção – e depois leia-o mais uma vez.

ETAPA 2 *O que você sabe?* Determine especificamente o que você está tentando calcular ou concluir e quais informações você tem. Quais princípios básicos estão envolvidos? Quais informações são conhecidas ou desconhecidas? Quais informações podem estar ali apenas para colocar o problema no contexto da Química? Organize as informações para verificar o que é necessário e descobrir as relações entre os dados fornecidos. Tente escrever as informações em forma de tabela. Se as informações forem numéricas, certifique-se de incluir as unidades.

ETAPA 3 *Estratégia*. Uma das maiores dificuldades para um estudante de Química Geral é visualizar o que está sendo perguntado. Tente fazer um desenho da situação envolvida. Por exemplo, nós fizemos um desenho da peça de metal cuja densidade queríamos calcular e colocamos as dimensões no desenho (veja Figura 7).

Desenvolva um plano. Você já resolveu um problema desse tipo antes? Em caso negativo, talvez o problema seja na verdade apenas uma combinação de diversos problemas

Mapas Estratégicos Muitos exemplos de problemas neste livro são acompanhados por um Mapa Estratégico que descreve um caminho até a solução.

Mapa Estratégico Geral

Especifique o Problema: *Leia o problema com atenção.*

↓

Dados/informações: *O que você sabe?*

↓

Estratégia: *Desenvolva um plano.*

↓

Solução: *Execute o plano.*

ETAPAS 1, 2, 3... Sequência de operações necessárias para solucionar esse problema.

Resposta: *Sua resposta é razoável e está com as unidades corretas?*

mais simples que você já tenha visto. Divida-o nesses componentes mais simples. Tente raciocinar a partir das unidades da resposta. De que dados você necessita para chegar a uma resposta naquelas unidades? Desenhar um mapa estratégico como o ilustrado na página ao lado pode ajudá-lo a planejar como proceder para resolver o problema.

ETAPA 4 *Solução*. Execute o plano. Anote cuidadosamente cada etapa do problema, certificando-se de que as unidades de cada número estão corretas. É possível cancelar unidades para obter a resposta nas unidades desejadas? Não pule etapas. Não faça nada além dos passos mais simples que estão em sua cabeça. Muitas vezes, os alunos dizem que resolveram o problema de forma incorreta porque "cometeram um erro bobo". Os seus professores – e autores de livros – também cometem esses erros, e geralmente porque não dedicaram tempo para anotar claramente as etapas do problema.

ETAPA 5 *Pense bem antes de responder*. Pergunte a si mesmo se a resposta é razoável e se você obteve uma resposta nas unidades corretas.

ETAPA 6 *Verifique seu entendimento*. Neste texto, cada exemplo é seguido por outro problema para que você tente também resolvê-lo. (As soluções a essas perguntas estão indicadas por capítulo no Apêndice N). Quando responder às Questões para Estudo como lição de casa, tente resolver uma das questões da seção "Praticando Habilidades" para confirmar se entendeu as ideias básicas.

As etapas que descrevemos para resolver problemas são aquelas que muitos alunos consideraram eficazes, portanto, tente conscientemente seguir esse esquema. Mas também seja flexível. As etapas "O Que Você Sabe?" e "Estratégia" geralmente se sobrepõem em um único conjunto de ideias.

Mapa Estratégico para o Exemplo 5

PROBLEMA
Qual será a espessura de uma camada de óleo quando uma **determinada massa** cobrir uma **determinada área**?

↓

DADOS/INFORMAÇÕES
Massa e **densidade** do óleo e **diâmetro** da superfície circular a ser coberta.

↓

ETAPA 1. Calcule o **volume** do óleo a partir da **massa** e **densidade**.

↓

Volume do óleo em **cm³**

↓

ETAPA 2. Calcule a **área da superfície** a partir do **diâmetro**.

↓

Área a ser coberta em **cm²**

↓

ETAPA 3. Divida o **volume** do óleo pela **área da superfície** a fim de calcular a espessura em **cm**.

↓

Espessura da camada do óleo em **cm**

EXEMPLO 5

Resolução do Problema

Problema A densidade de um óleo mineral é de 0,875 g/cm³. Suponha que você espalhou 0,75 g desse óleo sobre a superfície da água em um prato grande com diâmetro interno de 21,6 cm. Qual é a espessura da camada de óleo? Expresse a espessura em centímetros.

O que você sabe? Você conhece a massa e a densidade do óleo e o diâmetro da superfície a ser coberta.

Estratégia Em geral, é vantajoso começar a resolver problemas desse tipo com um esboço da situação.

Isso o ajudará a entender que a solução para o problema é encontrar o volume do óleo sobre a água. Se você conhecer o volume, então poderá encontrar a espessura porque

Volume da camada de óleo = (espessura de camada) × (área da camada de óleo)

Portanto, você precisará de duas coisas: (1) o volume da camada de óleo e (2) a área da camada. Podemos encontrar o volume usando a massa e a densidade do óleo. A área pode ser encontrada porque o óleo formará um círculo com área igual a $\pi \times r^2$ (em que r é o raio do prato).

Solução Primeiro, calcule o volume do óleo. A massa da camada do óleo é conhecida, de modo que, ao combinar a massa do óleo com sua densidade, obtemos o volume do óleo usado:

$$0,75 \text{ g} \times \frac{1 \text{ cm}^3}{0,875 \text{ g}} = 0,86 \text{ cm}^3$$

Em seguida, calcule a área da camada de óleo. O óleo é espalhado por uma superfície circular, cuja área é indicada por

$$\text{Área} = \pi \times (\text{raio})^2$$

O raio da camada de óleo é a metade de seu diâmetro (21,6 cm) ou 10,8 cm, portanto

$$\text{Área da camada de óleo} = (3,142)(10,8 \text{ cm})^2 = 366 \text{ cm}^2$$

Conhecendo o volume e a área da camada de óleo, podemos calcular a espessura.

$$\text{Espessura} = \frac{\text{volume}}{\text{área}} = \frac{0,86 \text{ cm}^3}{366 \text{ cm}^2} = \boxed{0,0023 \text{ cm}}$$

Pense bem antes de responder Ao calcular o volume, a calculadora indica 0,857143... O quociente deveria ter dois algarismos significativos porque 0,75 apresenta dois algarismos significativos, de maneira que o resultado dessa etapa é 0,86 cm³. Ao calcular a área, a calculadora indica 366,435... A resposta dessa etapa deve ter três algarismos significativos porque 10,8 tem três. Entretanto, quando combinarmos esses resultados provisórios para calcular a espessura, o resultado final só poderá ter dois algarismos significativos. Lembre-se de que o arredondamento prematuro pode levar a erros.

Verifique seu entendimento

Uma determinada tinta tem uma densidade de 0,914 g/cm³. Você pretende cobrir uma parede com 7,6 m de comprimento e 2,74 m de altura com uma camada de tinta de 0,13 mm de espessura. Que volume de tinta (em litros) é necessário? Qual é a massa (em gramas) da camada de tinta?

EXERCÍCIO PARA A SEÇÃO 6

1. Uma bobina de fio de cobre tem uma massa de 4,26 kg. Qual é o comprimento do fio na bobina se o fio tem um diâmetro de 2,2 mm? (A densidade do cobre é 8,96 g/cm³.)

   (a) 280 m   (b) 220 m   (c) 130 m   (d) 14 m

QUESTÕES PARA ESTUDO

▲ denota questões desafiadoras.

Questões numeradas em verde têm respostas no Apêndice N.

Praticando Habilidades

Escalas de temperatura

1. Muitos laboratórios usam 25 °C como temperatura padrão. Qual é essa temperatura em kelvin?

2. A temperatura na superfície do Sol é $5,5 \times 10^3$ °C. Qual é essa temperatura em kelvin?

3. Faça as seguintes conversões de temperatura:

	°C	K
(a)	16	___
(b)	___	370
(c)	40	___

4. Faça as seguintes conversões de temperatura:

	°C	K
(a)	___	77
(b)	63	___
(c)	___	1450

Comprimento, Volume, Massa e Densidade
(*Veja o exemplo 1.*)

5. Um maratonista percorre uma distância de 42,195 km. Qual é essa distância em metros? E em milhas?

6. Em média, um lápis de grafite novo e sem uso tem 19 cm de comprimento. Qual é seu comprimento em milímetros? E em metros?

7. Um selo postal padrão dos Estados Unidos tem 2,5 cm de comprimento e 2,1 cm de largura. Qual é a área do selo em centímetros quadrados? E em metros quadrados?

8. Um CD tem um diâmetro de 11,8 cm. Qual é a área da superfície do CD em centímetros quadrados? E em metros quadrados? Área de um círculo = $(\pi)(\text{raio})^2$.

9. O volume de um béquer comum de laboratório é 250, mL. Qual é seu volume em centímetros cúbicos? E em litros? E em metros cúbicos? E em decímetros cúbicos?

10. Alguns refrigerantes são vendidos em garrafas de 1,5 L. Qual é esse volume em mililitros? E em centímetros cúbicos? E em decímetros cúbicos?

11. Um livro tem uma massa de 2,52 kg. Qual é a sua massa em gramas?

12. Uma moeda de dez centavos de dólar tem uma massa de 2,265 g. Qual é sua massa em quilogramas? E em miligramas?

13. O etilenoglicol, $C_2H_6O_2$, é um aditivo do anticongelante de automóveis. Sua densidade é de 1,11 g/cm³ a 20 °C. Se você precisa de 500, mL desse líquido, qual é a massa necessária do composto em gramas?

14. A massa de uma peça de prata é de 2,365 g. Se a densidade da prata é de 10,5 g/cm³, qual é o volume da prata?

15. Você pode identificar um metal ao determinar cuidadosamente sua densidade (*d*). Um pedaço de metal desconhecido, com massa de 2,361 g, tem 2,35 cm de comprimento, 1,34 cm de largura e 1,05 mm de espessura. Qual dos seguintes elementos é esse metal?
    (a) níquel, *d* = 8,91 g/cm³
    (b) titânio, *d* = 4,50 g/cm³
    (c) zinco, *d* = 7,14 g/cm³
    (d) estanho, *d* = 7,23 g/cm³

16. Qual dos dois ocupa um volume maior: 600 g de água (com densidade de 0,995 g/cm³) ou 600 g de chumbo (com densidade de 11,35 g/cm³)?

Unidades de Energia

17. Você está em uma dieta que o proíbe de comer mais de 1200 Cal/dia. Qual é essa energia em joule?

18. Um pedaço de bolo de chocolate de 5 cm com cobertura fornece 1670 kJ de energia. O quanto isso representa em calorias nutricionais (Cal)?

19. Um produto alimentício tem um teor energético de 170 kcal por porção, e outro produto tem 280 kJ por porção. Qual alimento fornece mais energia por porção?

20. Uma lata de refrigerante (330 mL) fornece 130 calorias. Uma garrafa de suco misto de frutas (295 mL) fornece 630 kJ. Qual delas oferece a maior energia total? Qual delas oferece maior energia por mililitro?

Exatidão, Precisão, Erro e Desvio Padrão
(*Veja o Exemplo 2.*)

21. Você e seu colega de laboratório devem determinar a densidade de uma barra de alumínio. A massa é conhecida com exatidão (com quatro algarismos significativos). Você usa uma régua simples para obter suas dimensões e obter os resultados pelo Método A. Seu colega usa um micrômetro de precisão e obtém os resultados pelo Método B.

Método A (g/cm³)	Método B (g/cm³)
2,2	2,703
2,3	2,701
2,7	2,705
2,4	5,811

A densidade aceita para o alumínio é de 2,702 g/cm³.

(a) Calcule a densidade média para cada método. Os seus cálculos devem incluir todos os resultados experimentais? Em caso negativo, justifique suas eventuais omissões.
(b) Calcule o valor médio e o erro percentual para cada método.
(c) Calcule o desvio padrão para cada conjunto de dados.
(d) Qual é o método com o valor médio mais preciso? Qual método é mais exato?

22. O valor aceito como ponto de fusão da aspirina pura é 135 °C. Ao tentar verificar esse valor, você obtém 134 °C, 136 °C, 133 °C e 138 °C em quatro testes separados. O seu colega obtém 138 °C, 137 °C, 138 °C e 138 °C.

(a) Calcule o valor médio e o erro percentual para os seus dados e os do seu colega.
(b) Qual dos dois é mais preciso? E mais exato?

Notação Exponencial e Algarismos Significativos
(*Veja o Exemplo 3.*)

23. Expresse os números abaixo em notação exponencial ou científica, e indique o número de algarismos significativos de cada um.

(a) 0,054 g (c) 0,000792 g
(b) 5462 g (d) 1600 mL

24. Expresse os números seguintes em notação fixa (p. ex., $1,23 \times 10^2 = 123$), e indique o número de algarismos significativos em cada um.

(a) $1,623 \times 10^3$ (c) $6,32 \times 10^{-2}$
(b) $2,57 \times 10^{-4}$ (d) $3,404 \times 10^3$

25. Realize as seguintes operações. Dê a resposta com o número correto de algarismos significativos.

(a) $(1,52)(6,21 \times 10^{-3})$
(b) $(6,217 \times 10^3) - (5,23 \times 10^2)$
(c) $(6,217 \times 10^3) \div (5,23 \times 10^2)$
(d) $(0,0546)(16,0000)\left[\dfrac{7,779}{55,85}\right]$

26. Realize as seguintes operações. Dê a resposta com o número correto de algarismos significativos.

(a) $(6,25 \times 10^2)^3$
(b) $\sqrt{2,35 \times 10^{-3}}$
(c) $(2,35 \times 10^{-3})^{1/3}$
(d) $(1,68)\left[\dfrac{23,56 - 2,3}{1,248 \times 10^3}\right]$

Elaboração de Gráficos

27. Para determinar a massa média de um grão de pipoca, você reúne os seguintes dados:

Número de grãos	Massa (g)
5	0,836
12	2,162
35	5,801

Registre os dados em forma de gráfico com o número de grãos no eixo x e a massa no eixo y. Trace a melhor reta usando os pontos no gráfico (ou faça uma análise pelo método dos mínimos quadrados ou regressão linear usando um programa de computador), e então escreva a equação para a reta resultante. Qual é a inclinação da reta? O que a inclinação da reta significa para a massa de um grão de pipoca? Qual é a massa de 20 grãos de pipoca? Quantos grãos há em um punhado de pipoca com uma massa de 20,88 g?

28. Use o gráfico abaixo para responder às perguntas a seguir:

(a) Qual é o valor de x quando $y = 4,0$?
(b) Qual é o valor de y quando $x = 0,30$?
(c) Quais são a inclinação e a intersecção y da reta?
(d) Qual é o valor de y quando $x = 1,0$?

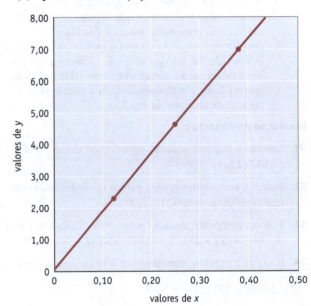

29. Use o gráfico abaixo para responder às perguntas a seguir.

(a) Determine a equação para a reta, $y = mx + b$.
(b) Qual é o valor de y quando $x = 6,0$?

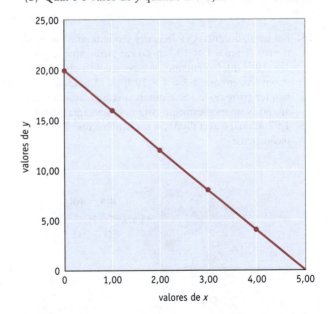

30. Os dados seguintes foram obtidos em uma experiência para determinar como uma enzima atua em uma reação bioquímica.

Quantidade de H_2O_2	Velocidade de Reação (quantidade/segundo)
1,96	$4,75 \times 10^{-5}$
1,31	$4,03 \times 10^{-5}$
0,98	$3,51 \times 10^{-5}$
0,65	$2,52 \times 10^{-5}$
0,33	$1,44 \times 10^{-5}$
0,16	$0,585 \times 10^{-5}$

(a) Registre esses dados em um gráfico como 1/quantidade no eixo y e 1/velocidade no eixo x. Trace a melhor reta para esses pontos de dados.
(b) Determine a equação da reta e indique os valores da intersecção em y e da inclinação. (*Observação*: em Bioquímica, isso é conhecido como gráfico de Lineweaver-Burk, e a intersecção y está relacionada à velocidade máxima da reação.)

Resolução de Equações

31. Resolva a seguinte equação para o valor desconhecido, C.
$(0,502)(123) = (750,) C$

32. Resolva a seguinte equação para o valor desconhecido, n.
$(2,34)(15,6) = n(0,0821)(273)$

33. Resolva a seguinte equação para o valor desconhecido, T.
$(4,184)(244)(T - 292,0) + (0,449)(88,5)(T - 369,0) = 0$

34. Resolva a seguinte equação para o valor desconhecido, n.
$$-246,0 = 1312\left[\frac{1}{2^2} - \frac{1}{n^2}\right]$$

Questões Gerais

Estas questões não estão definidas quanto ao tipo ou à localização no capítulo. Elas podem combinar vários conceitos.

35. Em geral, distâncias moleculares são indicadas em nanômetros (1 nm = 1×10^{-9} m) ou em picômetros (1 pm = 1×10^{-12} m). No entanto, às vezes usa-se a unidade angstrom (Å), em que 1 Å = 1×10^{-10} m. (A unidade angstrom não faz parte do SI.) Se a distância entre o átomo Pt e o átomo N no medicamento para quimioterapia cisplatina é 1,97 Å, qual é essa distância em nanômetros? E em picômetros?

Cisplatina

36. A distância entre os átomos de carbono no diamante é de 0,154 nm. Qual é sua distância em metros? E em picômetros (pm)? E em angstroms (Å)?

Uma parte da estrutura do diamante

37. O diâmetro de um glóbulo vermelho é de 7,5 μm (micrômetros). Qual é essa dimensão em (a) metros, (b) nanômetros e (c) picômetros?

38. O composto cisplatina que combate o câncer contém platina (Questão para Estudo 35), que representa 65% de sua massa. Se você tiver 1,53 g do composto, qual é a massa de platina (em gramas) contida nessa amostra?

39. O anestésico cloridrato de procaína é usado, muitas vezes, para suprimir a dor durante cirurgias odontológicas. O composto vem em embalagens como solução aquosa 10,% em massa ($d = 1,0$ g/mL). Se o seu dentista injetar 0,50 mL da solução, qual será a massa de cloridrato de procaína (em miligramas) injetada?

40. Você precisa de um cubo de alumínio de 7,6 g. Qual deve ser o comprimento do lado do cubo (em cm)? (A densidade do alumínio é de 2,698 g/cm³.)

41. Você tem uma proveta de 250,0 mL com um pouco de água. Você coloca três bolinhas de gude com uma massa total de 95,2 g na água. Qual é a densidade média de uma bola de gude?

(a) (b)

Determinando densidade. (a) Uma proveta com 61 mL de água. (b) Colocam-se três bolas de gude na proveta.

42. Suponha que você tenha um sólido cristalino branco, e sabe que é um dos compostos de potássio relacionados abaixo. Para determinar qual é, é preciso medir sua densidade. Meça 18,82 g e transfira essa quantidade para uma proveta com querosene (na qual esses compostos não se dissolverão). O nível do querosene líquido sobe de 8,5 mL para 15,3 mL. Calcule a densidade do sólido e identifique o composto a partir da lista abaixo.

   (a) KF, d = 2,48 g/cm^3
   (b) KCl, d = 1,98 g/cm^3
   (c) KBr, d = 2,75 g/cm^3
   (d) KI, d = 3,13 g/cm^3

43. ▲ A menor unidade que se repete em um cristal de sal de cozinha é um cubo (chamado de célula unitária) com 0,563 nm de lado.

Cloreto de sódio, NaCl

   (a) Qual é o volume desse cubo em nanômetros cúbicos? E em centímetros cúbicos?
   (b) A densidade do NaCl é de 2,17 g/cm^3. Qual é a massa de sua menor unidade de repetição ("célula unitária")?
   (c) Cada unidade de repetição compõe-se de quatro unidades de NaCl. Qual é a massa da fórmula unitária de NaCl?

44. O diamante tem uma densidade de 3,513 g/cm^3. Em geral, a massa do diamante é medida em "quilates", sendo que 1 quilate equivale a 0,200 g. Qual é o volume (em centímetros cúbicos) de um diamante de 1,50 quilates?

45. O ponto de fusão do elemento gálio é 29,8 °C. Se você segurar uma amostra de gálio em sua mão, ela irá fundir? Explique sucintamente.

Gálio metálico

46. ▲ Indicamos abaixo a densidade da água pura em diversas temperaturas.

T(°C)	d (g/cm^3)
4	0,99997
15	0,99913
25	0,99707
35	0,99406

Suponha que seu colega de laboratório diga-lhe que a densidade da água a 20 °C é de 0,99910 g/cm^3. Esse é um número razoável? Sim ou não? Por quê?

47. Ao aquecermos um grão de milho de pipoca, ele estoura porque perde água explosivamente. Imagine um grão de milho com massa de 0,125 g, a qual é reduzida para apenas 0,106 g depois de estourar.

   (a) Qual foi a porcentagem de massa perdida pelo grão ao estourar?
   (b) A pipoca é vendida por libra nos Estados Unidos. Supondo que 0,125 g é a massa média de um grão de pipoca, quantos grãos há em uma libra de pipoca? (1 lb = 453,6 g)

48. ▲ O alumínio contido em um pacote de folha de alumínio de 75 ft^2 (6,97 m^2) para cozinha pesa aproximadamente 12 onças (340 g). A densidade do alumínio é de 2,70 g/cm^3. Qual é a espessura aproximada da folha de alumínio em milímetros? (1 onça = 28,4 g.)

49. ▲ As cidades dos Estados Unidos recebem água fluoretada há várias décadas. À medida que sai de um reservatório, a água recebe continuamente o acréscimo de fluoreto de sódio. Suponha que você more em uma cidade de tamanho médio com 150000 habitantes e que cada habitante use 660 L (170 gal) de água por dia. Que massa de fluoreto de sódio (em quilogramas) deve ser acrescentada à água por ano (365 dias) para ter a concentração exigida de 1 ppm (parte por milhão) de fluoreto de sódio, isto é, 1 quilograma de fluoreto por 1 milhão de quilogramas de água? (O fluoreto de sódio contém 45,0% de fluoreto, e a densidade da água é de 1,00 g/cm^3.)

50. ▲ Cerca de dois séculos atrás, Benjamin Franklin demonstrou que 1 colher de chá de óleo poderia cobrir aproximadamente 0,5 acre de água parada. Sabendo que 1,0 × 10^4 m^2 = 2,47 acres e que há aproximadamente 5 cm^3 em uma colher de chá, qual será a espessura da camada de óleo de 0,5 acre? Como essa espessura poderia estar relacionada ao tamanho das moléculas?

51. ▲ Baterias de automóveis contêm uma solução aquosa de ácido sulfúrico. Qual é a massa de ácido (em gramas) em 500, mL da solução ácida da bateria se a densidade da solução é de 1,285 g/cm^3 e 38,08% da massa da solução é de ácido sulfúrico?

52. Uma estátua de Buda no Tibete com 26 metros de altura está coberta com 279 kg de ouro. Se o ouro foi aplicado com uma espessura de 0,0015 mm, qual é a área da superfície coberta (em metros quadrados)? (Densidade do ouro = 19,3 g/m^3.)

52   Química geral e reações químicas

53. A 25 °C, a densidade da água é de 0,997 g/cm³, sendo que a densidade do gelo a −10 °C é de 0,917 g/cm³.

Se enchermos uma lata de refrigerante (volume = 250, mL) completamente com água pura a 25 °C e então a congelarmos a −10 °C, que volume o gelo ocupará?

(a) A lata será capaz de conter o gelo?

54. Suponha que o seu dormitório tenha 18 pés de comprimento e 15 pés de largura, e a distância do piso ao teto seja de 8 pés e 6 polegadas. Você precisa saber o volume do quarto em unidades métricas para realizar alguns cálculos científicos.

(a) Qual é o volume do quarto em metros cúbicos? E em litros?

(b) Qual é a massa do ar no dormitório em quilogramas? E em libras? (Suponha que a densidade do ar é de 1,2 g/L e que não há móveis no quarto.)

55. Uma esfera de aço tem massa igual a 3,475 g e diâmetro de 9,40 mm. Qual é a densidade do aço? O volume de uma esfera = $(4/3)\pi r^3$, em que r = raio.

56. ▲ Imagine que você tenha que identificar um líquido desconhecido, mas sabe que é um dos líquidos relacionados abaixo. Com uma pipeta, você coloca uma amostra de 3,50 mL em um béquer. A massa do béquer vazio é de 12,20 g, e o béquer mais o líquido pesam 16,08 g.

Substância	Densidade a 25 °C (g/cm³)
Etilenoglicol	1,1088 (principal componente do anticongelante para automóveis)
Água	0,9971
Etanol	0,7893 (álcool em bebidas alcoólicas)
Ácido acético	1,0492 (componente ativo do vinagre)
Glicerol	1,2613 (solvente usado em produtos de limpeza domésticos)

(a) Calcule a densidade e identifique o líquido desconhecido.

(b) Se você pudesse medir o volume com apenas dois algarismos significativos (isto é, 3,5 mL, e não 3,50 mL), os resultados seriam suficientemente exatos para identificar o desconhecido? Explique.

57. ▲ Imagine um pedaço de metal desconhecido com formato irregular. Para identificá-lo, é preciso determinar sua densidade e comparar esse valor com valores conhecidos que você pode consultar na biblioteca de Química. A massa do metal é de 74,122 g. Por causa do formato irregular, é preciso medir o volume submergindo o metal na água contida em uma proveta. Ao fazê-lo, o nível de água na proveta vai de 28,2 mL para 36,7 mL.

(a) Qual é a densidade do metal? (Use o número correto de algarismos significativos na resposta.)

(b) O metal desconhecido é um dos sete metais relacionados abaixo. É possível identificar o metal com base na densidade que você calculou? Explique.

Metal	Densidade (g/cm³)	Metal	Densidade (g/cm³)
Zinco	7,13	Níquel	8,90
Ferro	7,87	Cobre	8,96
Cádmio	8,65	Prata	10,50
Cobalto	8,90		

58. ▲ Existem cinco hidrocarbonetos (compostos de C e H) cuja fórmula é C_6H_{14}. (Esses são isômeros; o que os diferencia é o modo como os átomos de C e H estão ligados. ▶ Capítulo 23.) Todos são líquidos à temperatura ambiente, mas têm densidades ligeiramente diferentes.

Hidrocarboneto	Densidade (g/mL)
Hexano	0,6600
2,3-dimetilbutano	0,6616
3-metilpentano	0,6645
2,2-dimetilbutano	0,6485
2-metilpentano	0,6532

(a) Você tem uma amostra pura de um desses hidrocarbonetos e, para identificá-lo, você decide medir sua densidade. Então constata que uma amostra de 5,0 mL (medida em uma proveta) tem uma massa de 3,2745 g (medida em uma balança analítica). Suponha que a incerteza dos valores para massa e volume seja mais ou menos um (±1) no último algarismo significativo. Qual é a densidade do líquido?

(b) Você é capaz de identificar o hidrocarboneto desconhecido com base em seu experimento?

(c) Você pode eliminar qualquer uma das cinco possibilidades com base nos dados? Em caso afirmativo, qual (quais)?

(d) Você necessita de uma medição mais precisa do volume para resolver esse problema, e ao recalcular o volume, verifica que é de 4,93 mL. Com base nesses novos dados, qual é o composto desconhecido?

59. ▲ Suponha que você tenha um tubo de vidro cilíndrico com uma pequena abertura (tubo capilar), e deseja determinar o diâmetro da abertura. Você pode fazer isso experimentalmente ao pesar um pedaço do tubo antes e depois de preencher uma parte do capilar com mercúrio. Usando as informações a seguir, calcule o diâmetro da abertura.

Massa do tubo antes de acrescentar mercúrio = 3,263 g

Massa do tubo depois de acrescentar mercúrio = 3,416 g

Comprimento do capilar preenchido com mercúrio = 16,75 mm

Densidade do mercúrio = 13,546 g/cm³

Volume do capilar cilíndrico preenchido com mercúrio = $(\pi)(raio)^2(comprimento)$

60. COBRE: O cobre tem uma densidade de 8,96 g/cm³. Um lingote de cobre com massa de 57 kg (126 lb) é transformado em um fio com diâmetro de 9,50 mm. Quantos metros de fio podem ser produzidos? [Volume do fio = $(\pi)(raio)^2(comprimento)$]

61. ▲ COBRE:

(a) Imagine um cubo de cobre com 0,236 cm de lado com massa de 0,1206 g. Sabendo que cada átomo de cobre (raio = 128 pm) tem uma massa de $1,055 \times 10^{-22}$ g (no Capítulo 2 você aprenderá como calcular a massa de um átomo), quantos átomos há nesse cubo? Que fração do cubo é preenchida por átomos? (Ou, inversamente, quanto do retículo é espaço vazio?) Por que há um espaço "vazio" no retículo?

(b) Agora examine a menor unidade de repetição no retículo cristalino de cobre.

Cubo de átomos de cobre   Menor unidade de repetição

Sabendo que o lado desse cubo mede 361,47 pm e a densidade do cobre é de 8,960 g/cm³, calcule o número de átomos de cobre nessa menor unidade de repetição.

62. ▲ **ESTUDO DE CASO:** Em julho de 1983, um Boeing 767 da Air Canada ficou sem combustível sobre a região central do Canadá durante um vôo de Montreal para Edmonton. (O avião conseguiu planar em segurança até pousar em uma pista abandonada.) Os pilotos sabiam que precisavam de 22300 kg de combustível para a viagem, e sabiam que o tanque já continha 7682 L de combustível. A equipe de solo acrescentou 4916 L de combustível, cerca de um quarto do que era necessário. A equipe usou um fator de 1,77 para a densidade do combustível – o problema é que 1,77 representa unidades de libras por litro e não quilogramas por litro! Qual é a densidade do combustível em unidades de kg/L? Quais deveriam ser a massa e o volume do combustível acrescentado? (1 lb = 453,6 g)

No laboratório

63. Uma amostra de metal desconhecido é introduzida em uma proveta que contém água. A massa da amostra é de 37,5 g, e os níveis da água antes e depois de introduzir a amostra na proveta são os indicados na figura. Qual metal da lista seguinte é o mais provável na amostra? (d é a densidade do metal.)

(a) Mg, d = 1,74 g/cm³   (d) Al, d = 2,70 g/cm³
(b) Fe, d = 7,87 g/cm³   (e) Cu, d = 8,96 g/cm³
(c) Ag, d = 10,5 g/cm³   (f) Pb, d = 11,3 g/cm³

Provetas – a da direita com metal desconhecido

64. A pirita de ferro é chamada, muitas vezes, de "ouro de tolos" porque se parece com ouro. Suponha que você tenha um sólido que parece ouro, mas acredita que é ouro dos tolos. A massa da amostra é de 23,5 g. Ao introduzir a amostra na água dentro de uma proveta (veja a Questão para Estudo 63), o nível da água eleva-se de 47,5 mL para 52,2 mL. A amostra é ouro dos tolos (d = 5,00 g/cm³) ou ouro "de verdade" (d = 19,3 g/cm³)?

65. Podemos analisar um composto de cobre na água usando um instrumento chamado espectrofotômetro. Um espectrofotômetro é um instrumento científico que mede a quantidade de luz (de um determinado comprimento de onda) absorvida pela solução. A quantidade de luz absorvida em um determinado comprimento de onda (A) depende diretamente da massa do composto por litro de solução. Para calibrar o espectrofotômetro, precisamos dos seguintes dados:

Absorbância (A)	Massa do Composto de cobre (g/L)
0,000	0,000
0,257	1,029 × 10⁻³
0,518	2,058 × 10⁻³
0,771	3,087 × 10⁻³
1,021	4,116 × 10⁻³

Faça o gráfico da absorbância (A) em função da massa do composto de cobre por litro (g/L), e encontre a inclinação (m) e a intersecção (b) (pressupondo que A é y e que a quantidade de composto na solução é x na equação da reta, $y = mx + b$). Qual é a massa do composto de cobre na solução em g/L e mg/mL se a absorbância é de 0,635?

66. Para calibrar um cromatógrafo gasoso para a análise de isoctano (um dos principais componentes da gasolina), usam-se os seguintes dados:

Porcentagem de isoctano (dados x)	Resposta do instrumento (dados y)
0,352	1,09
0,803	1,78
1,08	2,60
1,38	3,03
1,75	4,01

Se a resposta do instrumento é 2,75, qual é a porcentagem de isoctano existente na gasolina? (Dados retirados de *Analytical Chemistry, An Introduction*, por D. A. Skoog; D. M. West; F. J. Holler; S. R. Crouch, Cengage Learning, Brooks/Cole, Belmont, CA, 7. ed., 2000).

67. Uma classe de Química Geral realizou uma experiência para determinar a porcentagem (em massa) de ácido acético no vinagre. Dez alunos relataram os seguintes valores: 5,22%, 5,28%, 5,22%, 5,30%, 5,19%, 5,23%, 5,33%, 5,26%, 5,15%, 5,22%. Determine o valor médio e o desvio padrão a partir desses dados. Quantos desses resultados estão dentro de um desvio padrão para esse valor médio?

A representação gráfica da imagem de STM obtida a partir de microscopia de varredura por tunelamento (STM) de uma superfície de silício.

Ponta da sonda STM

1 Uma sonda, cuja ponta tem o tamanho de um átomo, desloca-se através de uma superfície nas direções x e y.

2 Há uma tensão aplicada que faz com que os elétrons se desloquem entre a ponta da sonda e a amostra conforme a sonda se move. O sistema eletrônico detecta variações na corrente com base na distância entre a ponta e a amostra.

3 O movimento ao longo da superfície é analisado por computador, fornecendo uma imagem que é interpretada como um mapa tridimensional da superfície.

Amostra de átomos de silício sobre uma superfície.

2 Átomos, moléculas e íons

Sumário do capítulo

- **2-1** Estrutura Atômica – Prótons, Elétrons e Nêutrons
- **2-2** Número Atômico e Massa Atômica
- **2-3** Isótopos
- **2-4** Peso Atômico
- **2-5** A Tabela Periódica
- **2-6** Moléculas, Compostos e Fórmulas
- **2-7** Compostos Iônicos: Fórmulas, Nomes e Propriedades
- **2-8** Compostos Moleculares: Fórmulas e Nomes
- **2-9** Átomos, Moléculas e o Mol
- **2-10** Análise Química: Determinando Fórmulas de Compostos

"OBSERVANDO" ÁTOMOS No Capítulo 1 descrevemos um experimento imaginário: "Tome uma amostra macroscópica e divida-a sucessivamente até que a mesma não possa mais ser vista a olho nu, nem por um microscópio óptico. Por fim, você atingirá aquele nível de partículas que compõem toda a matéria...." Mas você consegue "ver" essas partículas finais? Este tem sido um objetivo para os cientistas durante muitos anos.

No sentido tradicional, "ver" átomos refere-se aos processos visuais: luz refletida ou emitida por um objeto que chega aos nossos olhos. Isso não é possível para partículas tão pequenas como os átomos. Haveria outra maneira de se observá-los? A resposta é sim, usando-se um instrumento chamado *microscópio de tunelamento*, ou STM.

Um STM utiliza uma sonda tipo agulha orientada acima da superfície de um sólido condutor. Quando a sonda está muito próxima da superfície, uma corrente elétrica pode fluir a partir da sonda para a superfície. A corrente depende da distância entre a ponta da sonda e os átomos sobre a superfície. As variações de corrente são medidas conforme a sonda se move através da superfície. Esses dados são então representados graficamente, fornecendo um mapa dos átomos na superfície do sólido.

Este é um experimento extremamente sofisticado. Para que ele funcione, a ponta da agulha deve ser muito pequena (de preferência do tamanho de um átomo), e a

PARTE UM ▶ AS FERRAMENTAS BÁSICAS DA QUÍMICA

CAPÍTULO 2

Objetivos do Capítulo

Consulte a Revisão dos Objetivos do Capítulo para ver as Questões para Estudo relacionadas a estes objetivos.

ENTENDER

- A composição e a estrutura dos átomos (prótons, nêutrons, elétrons) e os termos número atômico e número de massa.
- As várias representações de massas dos átomos: massa atômica, peso atômico (massa atômica relativa), e suas inter-relações.
- A composição dos isótopos.
- A importância da lei de Coulomb na Química.
- O conceito de mol e massa molar e sua aplicação.
- Como a espectrometria de massa é usada (para determinar abundâncias isotópicas, massas isotópicas e fórmulas moleculares).

FAZER

- Realizar cálculos relativos a pesos atômicos, massas isotópicas e abundâncias isotópicas.
- Realizar cálculos envolvendo massas, mols e número de partículas.
- Interpretar, prever e escrever fórmulas de compostos iônicos e moleculares.
- Determinar fórmulas empíricas e moleculares e a composição percentual de compostos a partir de dados experimentais.

LEMBRAR

- A terminologia da Tabela Periódica (períodos, grupos) e como usar a informação dada nessa tabela.
- Alguns elementos comuns e identificar algumas de suas propriedades.
- Fórmulas e nomes de íons e compostos iônicos e de compostos moleculares comuns.
- As propriedades comuns de compostos iônicos.

---

sonda deve estar apenas a uma distância de um átomo em relação à superfície. Realizado com sucesso, o experimento oferece uma imagem da superfície do sólido, que poderá exibir átomos individuais.

Os elementos químicos são formados nas estrelas e, a partir desses elementos, moléculas, tais como água e amônia, são feitas no espaço sideral. Essas moléculas simples e outras muito mais complexas, tais como o DNA e a hemoglobina, são encontradas na Terra. Para compreender o campo emergente da biologia molecular, bem como toda a química moderna, temos que entender a natureza dos elementos químicos e as estruturas e propriedades das moléculas. Este capítulo dá início à exploração da química dos elementos, as unidades estruturais da Química e os compostos que elas formam.

2-1 Estrutura Atômica – Prótons, Elétrons e Nêutrons

Por volta de 1900, na Inglaterra, uma série de experimentos feitos por cientistas, como *Sir* Joseph John Thomson (1856-1940) e Ernest Rutherford (1871-1937), estabeleceu um modelo do átomo que ainda é a base da teoria atômica moderna. Os próprios átomos são feitos de partículas subatômicas, três das quais são importantes na Química: prótons carregados positivamente, elétrons carregados negativamente e, em todos, exceto em um tipo de átomo de hidrogênio, nêutrons eletricamente neutros. O modelo coloca os prótons e os nêutrons mais pesados em um núcleo muito pequeno (Figura 2.1), que contém toda carga positiva e quase toda a massa de um átomo. Os elétrons, com massa muito menor que prótons ou nêutrons, cercam o núcleo e ocupam a maior parte do volume. Em um átomo eletricamente neutro, o número de elétrons iguala-se ao de prótons.

FIGURA 2.1 A estrutura do átomo. Esta figura não está desenhada em escala. Se o núcleo fosse realmente do tamanho descrito aqui, a nuvem de elétrons se estenderia por mais de 200 m. O átomo é em sua maior parte um espaço vazio! Nesta ilustração, os elétrons são descritos como uma "nuvem" em torno do núcleo. Esta é uma visão mais precisa do átomo (Capítulo 6) que a visão tradicional de elétrons como partículas minúsculas que orbitam o núcleo.

Núcleo com prótons (carga elétrica positiva) e nêutrons (sem carga elétrica).

Elétrons (carga elétrica negativa). O número de elétrons é igual ao número de prótons em um átomo eletricamente neutro.

As propriedades químicas dos elementos e moléculas dependem em grande parte dos elétrons nos átomos. Devemos observar mais atentamente a posição deles e como influenciam as propriedades atômicas nos capítulos 6 e 7. Neste capítulo, no entanto, queremos primeiro descrever como a composição do átomo relaciona-se com a sua massa e, em seguida, com a massa dos compostos. Esta é uma informação crucial ao considerarmos os aspectos quantitativos das reações químicas em capítulos posteriores.

2-2 Número Atômico e Massa Atômica

Número Atômico

Todos os átomos de um dado elemento têm o mesmo número de prótons no núcleo. O hidrogênio é o elemento mais simples, com apenas um próton no núcleo. Todos os átomos de hélio têm dois prótons, enquanto todos os átomos de lítio têm três prótons e todos os átomos de berílio têm quatro prótons. O número de prótons no núcleo de um elemento é dado por seu **número atômico**, que geralmente é indicado pelo símbolo **Z**.

Elementos atualmente conhecidos estão listados na Tabela Periódica. O número inteiro na parte superior da caixa de cada elemento da Tabela Periódica é o seu número atômico. Um átomo de cobre (Cu), por exemplo, tem número atômico 29, então, seu núcleo contém 29 prótons. Um átomo de urânio (U) tem 92 prótons no núcleo e Z = 92.

Cobre
29 ······· Número Atômico
Cu ······· Símbolo

Perspectiva Histórica Sobre o Desenvolvimento da Nossa Compreensão da Estrutura Atômica Uma breve história de experimentos importantes e os cientistas envolvidos na formação da visão moderna do átomo encontra-se nas páginas 64-55.

Massa Atômica Relativa e a Unidade de Massa Atômica

Graças ao trabalho quantitativo do grande químico francês Antoine Laurent Lavoisier (1743-1794), a Química começou a se transformar de alquimia medieval a um moderno campo de estudo (Seção 3.1). À medida que os cientistas dos séculos XVIII e XIX tentavam entender como os elementos combinavam-se, eles realizavam estudos quantitativos cada vez mais voltados para a aprendizagem, por exemplo, o quanto de um elemento combinaria com o outro. Com base nesse trabalho, eles aprenderam que as substâncias que produziam possuíam uma composição constante, então puderam definir as massas relativas dos elementos que se combinariam para produzir uma nova substância. No início do século XIX, John Dalton (1766-1844) sugeriu que as combinações de elementos envolvessem átomos, e propôs uma escala relativa de massas atômicas. Aparentemente, para simplificar, Dalton escolheu uma massa de 1 para o hidrogênio, na qual iria basear sua escala.

A escala de massa atômica mudou desde 1800. Assim como os químicos do século XIX, nós ainda usamos massas *relativas*, mas o padrão hoje é o carbono. Um átomo de carbono com seis prótons e seis nêutrons no núcleo é atribuído um valor de massa de exatamente 12. Através de experimentos químicos e medidas físicas, sabemos que um átomo de oxigênio com oito prótons e oito nêutrons tem uma massa correspondente a 1,33291 vezes a massa do carbono; portanto, tem uma massa relativa de 15,9949. As massas de átomos de outros elementos são afetadas de forma semelhante.

As massas de partículas atômicas fundamentais são muitas vezes expressas em **unidades de massa atômica (u).** *Uma unidade de massa atômica, 1 u, corresponde a 1/12 da massa de um átomo de carbono com seis prótons e seis nêutrons.* Assim,

Tabela 2.1 Propriedades de Partículas Subatômicas*

	MASSA			
Partícula	Gramas	Unidade de Massa Atômica	Carga	Símbolo
Elétron	9,109383 × 10⁻²⁸	0,0005485799	1−	$_{-1}^{0}e$ ou e^-
Próton	1,672622 × 10⁻²⁴	1,007276	1+	$_{1}^{1}p$ ou p^+
Nêutron	1,674927 × 10⁻²⁴	1,008665	0	$_{0}^{1}n$ ou n

* Estes valores e outros deste livro são obtidos a partir do National Institute of Standards and Technology. Disponível em: http://physics.nist.gov/cuu/Constants/index.html.

um átomo de carbono tem massa exata de 12 u. A unidade de massa atômica pode estar relacionada a outras unidades de massa usando o fator de conversão: 1 unidade de **massa atômica (u)** = 1,661 × 10⁻²⁴ g.

Número de Massa

Devido ao fato de as massas de prótons e nêutrons serem próximas de 1 u e a massa de um elétron ser cerca de 1/2000 deste valor (Tabela 2.1), a massa aproximada de um átomo pode ser estimada quando o número de prótons e de nêutrons for conhecido. A soma do número de prótons e de nêutrons em um átomo é chamada **número de massa** e é dada pelo símbolo A.

A = número de massa = número de prótons + número de nêutrons

Por exemplo, um átomo de sódio com 11 prótons e 12 nêutrons em seu núcleo tem número de massa 23 (A = 11 p + 12 n). O átomo de urânio mais comum tem 92 prótons e 146 nêutrons, e número de massa A = 238. Usando essa informação, frequentemente simbolizamos os átomos com a notação:

Número de Massa → $_{Z}^{A}X$ ← Símbolo do Elemento
Número Atômico →

O Z subscrito é opcional porque o símbolo do elemento na Tabela Periódica nos diz qual é o número atômico. Por exemplo, os átomos descritos previamente têm os seguintes símbolos: $_{11}^{23}Na$ e $_{92}^{238}U$, ou simplesmente ^{23}Na e ^{238}U. Em outras palavras, dizemos "sódio-23" ou "urânio-238."

> **Quão Pequeno É um Átomo?** O raio de um átomo típico situa-se entre 30 e 300 pm (3 × 10⁻¹¹ m a 3 × 10⁻¹⁰ m). Para obter uma ideia do quão pequeno é um átomo, considere que 1 cm³ de água contém aproximadamente três vezes o número de átomos que o Oceano Atlântico contém de colheres de chá de água.

EXEMPLO 2.1

Composição do Átomo

Problema Qual é a composição de um átomo de fósforo com 16 nêutrons? Qual é seu número de massa? Qual é o símbolo desse átomo? Se o átomo tem uma massa real de 30,9738 u, qual é a sua massa em gramas? Finalmente, qual é a massa desse átomo de fósforo em relação à massa de um átomo de carbono com um número de massa de 12?

O que você sabe? Você sabe o nome do elemento e o número de nêutrons. Você também conhece a massa real, então é possível determinar a sua massa relativa ao carbono-12.

Estratégia O símbolo para o fósforo é P, e, a partir da Tabela Periódica, você sabe que o seu número atômico é 15. O número de massa é a soma do número de prótons e nêutrons. A massa do átomo em gramas pode ser obtida a partir da massa em unidades de massa atômica utilizando o fator de conversão 1 u = 1,661 × 10⁻²⁴ g. A massa relativa de um átomo P comparado a ^{12}C pode ser determinada dividindo a massa do átomo de P em unidades de massa atômica pela massa de um átomo de ^{12}C, 12,0000 u.

Solução Um átomo de fósforo tem 15 prótons e, por ser eletricamente neutro, tem também 15 elétrons. Um átomo de fósforo com 16 nêutrons tem um número de massa de 31.

Número de massa = número de prótons + número de nêutrons = 15 + 16 = 31

Símbolo completo do átomo é $^{31}_{15}$P.

Massa de um átomo ^{31}P = (30,9738 u) × (1,661 × 10^{-24} g/u) = 5,145 × 10^{-23} g

Massa de ^{31}P relativa à massa de um átomo de ^{12}C: 30,9738/12,0000 = 2,58115

Pense bem antes de responder Uma vez que o fósforo tem um número atômico maior do que o carbono, você espera que a sua massa seja maior que 12.

Verifique seu entendimento

1. Qual é o número de massa de um átomo de ferro com 30 nêutrons?
2. Um átomo de níquel com 32 nêutrons tem uma massa de 59,930788 u. Qual é a sua massa em gramas?
3. Quantos prótons, nêutrons e elétrons há em um átomo ^{64}Zn?

EXERCÍCIOS PARA A SEÇÃO 2.2

1. A massa de um átomo de manganês é 54,9380 u. Quantos nêutrons estão contidos em um átomo desse elemento?

   (a) 25 (b) 30 (c) 29 (d) 55

2. Um átomo contém 12 nêutrons e possui um número de massa 23. Identifique o elemento.

   (a) C (b) Mg (c) Na (d) Cl

2-3 Isótopos

Todos os átomos de uma amostra de ocorrência natural de um determinado elemento têm a mesma massa somente em alguns casos (por exemplo, alumínio, flúor e fósforo). A maioria dos elementos consiste em átomos que têm diversos números de massa diferentes. Por exemplo, há dois tipos de átomos de boro, um com uma massa de aproximadamente 10 (^{10}B) e o segundo com uma massa de aproximadamente 11 (^{11}B). Os átomos de estanho podem ter qualquer uma entre dez massas variando de 112 a 124. Os átomos com o mesmo número atômico e números de massa diferentes são chamados **isótopos**.

Todos os átomos de um elemento têm o mesmo número dos prótons – cinco no caso do boro. Isso significa que, para terem massas diferentes, os isótopos devem possuir um número diferente de nêutrons. O núcleo de um átomo ^{10}B (Z = 5) contém cinco prótons e cinco nêutrons, enquanto o núcleo de um átomo ^{11}B tem cinco prótons e seis nêutrons.

Os cientistas muitas vezes referem-se a um isótopo particular mediante seu número de massa (por exemplo, o urânio-238, ^{238}U), mas os isótopos de hidrogênio são tão importantes que eles têm nomes e símbolos especiais. Todos os átomos de hidrogênio possuem apenas um próton. Quando essa for a única partícula, o isótopo é chamado de *prótio*, ou simplesmente "hidrogênio". O isótopo de hidrogênio com um nêutron, $^{2}_{1}$H, é chamado de *deutério*, ou "hidrogênio pesado" (símbolo = D). O núcleo do hidrogênio-3 radioativo, $^{3}_{1}$H ou *trítio* (símbolo = T), contém um próton e dois nêutrons.

Sólido H$_2$O
d = 0,917 g/cm³
Líquido H$_2$O
d = 0,9998 g/cm³
Sólido D$_2$O
d = 1,11 g/cm³

FIGURA 2.2 O gelo feito a partir de "água pesada" afunda em "água comum". Água contendo hidrogênio comum ($^{1}_{1}$H, prótio) forma um sólido que é menos denso que H$_2$O líquida, então ele flutua na água líquida. (A água é diferente a esse respeito. A fase sólida de quase todas as outras substâncias afunda dentro da fase líquida da referida substância.) Do mesmo modo, o "gelo pesado" (D$_2$O, óxido de deutério) flutua em "água pesada". Porém, o gelo D$_2$O é mais denso que a H$_2$O líquida, então o sólido D$_2$O afunda na H$_2$O líquida.

A substituição de um isótopo por outro isótopo do mesmo elemento em um composto às vezes tem efeito sobre as propriedades químicas e físicas (Figura 2.2). Isto é especialmente verdadeiro quando o deutério é substituído pelo hidrogênio, porque a massa do deutério é o dobro daquela do hidrogênio.

Abundância Isotópica

Uma amostra de água de um lago consistirá quase que inteiramente de H_2O, na qual os átomos de H consistem no isótopo ^1H. Algumas moléculas, entretanto, terão deutério (^2H) substituindo o ^1H. Podemos prever esse resultado, pois sabemos que 99,985% de todos os átomos de hidrogênio na Terra são átomos ^1H. Isto é, a abundância de átomos de ^1H é 99,985%.

$$\text{Abundância percentual} = \frac{\text{número de átomos de um dado isótopo}}{\text{número total de átomos de todos os isótopos desse elemento}} \times 100\% \quad (2.1)$$

O remanescente natural do hidrogênio é o deutério, cuja abundância é apenas 0,015% do total dos átomos de hidrogênio. O trítio, isótopo radioativo ^3H, não ocorre naturalmente.

Considere novamente os dois isótopos de boro. O isótopo de boro-10 tem uma abundância de 19,91%; a abundância do boro-11 é 80,09%. Assim, se você pudesse contar 10000 átomos de boro a partir de uma amostra natural "média", 1991 deles seriam átomos de boro-10 e 8009 deles seriam átomos de boro-11.

Massas Isotópicas e Variação de Massa Massas reais dos átomos são sempre menores que a soma das massas das partículas subatômicas que compõem esse átomo. Isso é chamado de *Variação de massa*, e a razão para isso é discutida no Capítulo 25.

Determinando a Massa Atômica Exata e a Abundância Isotópica

As massas dos isótopos e sua abundância percentual são determinadas experimentalmente com um espectrômetro de massa (Figura 2.3). Uma amostra gasosa de um elemento é introduzida na câmara previamente evacuada do espectrômetro, e os átomos são convertidos em partículas carregadas (chamadas *íons*). A nuvem de íons forma um feixe de luz, já que eles são atraídos para as placas carregadas negativamente posicionadas no interior do instrumento. Quando os íons fluem em direção ao detector carregado negativamente, passam através de um campo magnético, que os desvia de suas trajetórias. O grau de deflexão depende da massa da partícula: íons mais leves são mais defletidos que os mais pesados. Os íons, agora separados por massa, são detectados no final da câmara. Espectrômetros modernos podem medir massas isotópicas de até nove algarismos significativos.

FIGURA 2.3 Espectrômetro de massa. Um espectrômetro de massa separará os íons de massa e carga diferentes em uma amostra gasosa de íons. O instrumento permite ao pesquisador determinar a massa exata de cada íon, sejam estes compostos de átomos individuais, moléculas ou fragmentos moleculares.

À exceção do carbono-12, cuja massa é definida como sendo exatamente 12 u, as massas isotópicas não apresentam valores inteiros. Contudo, as massas isotópicas estão sempre muito próximas dos números de massa do isótopo. Por exemplo, a massa de um átomo de boro-11 (^{11}B, 5 prótons e 6 nêutrons) é 11,0093 u, e a massa de um átomo de ferro-58 (^{58}Fe, 26 prótons e 32 nêutrons) é 57,9333 u.

EXERCÍCIOS PARA A SEÇÃO 2.3

1. A prata tem dois isótopos, um com 60 nêutrons (abundância percentual = 51,839%) e o outro com 62 nêutrons. Qual é o símbolo do isótopo com 62 nêutrons, e qual é a sua abundância percentual?

    (a) $^{107}_{47}$Ag, 51,839%   (b) $^{107}_{47}$Ag, 48,161%   (c) $^{109}_{47}$Ag, 51,839%   (d) $^{109}_{47}$Ag, 48,161%

2. Uma amostra de ocorrência natural de argônio contém 2696 átomos de ^{36}Ar, 504 átomos de ^{38}Ar e 7,968 × 10^5 átomos de ^{40}Ar. Qual é a abundância percentual do isótopo mais abundante?

    (a) 99,60%   (b) 95,08%   (c) 71,35%   (d) 99,92%

2-4 Peso Atômico

Toda amostra de boro tem alguns átomos com massa de 10,0129 u, e outros com massa de 11,0093 u. O **peso atômico** do elemento, a massa média de uma amostra representativa de átomos de boro, está em algum lugar entre esses valores. Para o boro, por exemplo, o peso atômico é 10,811. Se massas isotópicas e abundâncias forem conhecidas, o peso atômico de um elemento poderá ser calculado usando-se a Equação 2.2.

$$\text{Peso atômico} = \left(\frac{\% \text{ de abundância do isótopo 1}}{100}\right)(\text{massa do isótopo 1})$$
$$+ \left(\frac{\% \text{ de abundância do isótopo 2}}{100}\right)(\text{massa do isótopo 2}) + \ldots \quad (2.2)$$

Para o boro com dois isótopos (^{10}B, abundância = 19,91%; ^{11}B, abundância = 80,09%), encontramos

$$\text{Peso atômico} = \left(\frac{19,91}{100}\right) \times 10,0129 + \left(\frac{80,09}{100}\right) \times 11,0093 = 10,811$$

A Equação 2.2 nos fornece uma média ponderada em termos da abundância de cada isótopo para o elemento. Conforme ilustrado nos dados da Tabela 2.2, *o peso atômico de um elemento sempre tem um valor mais próximo à massa do isótopo ou dos isótopos mais abundantes.*

O peso atômico de cada elemento estável é dado na Tabela Periódica. A caixa de cada elemento contém o número atômico, o símbolo do elemento e a massa atômica. Para elementos instáveis (radioativos), o peso ou número de massa do isótopo mais estável é dado entre parênteses.

Peso Atômico Continuaremos a usar o termo peso atômico, mas perceba que ele está sendo eliminado lentamente. O termo preferido é *massa atômica relativa* (símbolo A$_r$), a qual é definida como a razão entre a massa média de cada átomo de um elemento por 1/12 da massa de um átomo de ^{12}C. A massa atômica relativa não tem unidade porque se trata de uma razão.

EXEMPLO 2.2

Calculando o Peso Atômico a partir da Abundância Isotópica

Problema O bromo tem dois isótopos de ocorrências naturais. Um deles tem massa de 78,918338 u e abundância de 50,69%. O outro isótopo tem massa de 80,916291 u e abundância de 49,31%. Calcule o peso atômico do bromo.

O que você sabe? Você conhece a massa e a abundância de cada um dos dois isótopos.

Tabela 2.2 Abundância Isotópica e Peso Atômico

Elemento	Símbolo	Peso Atômico	Número de Massa	Massa Isotópica	Abundância Natural (%)
Hidrogênio	H	1,00794	1	1,0078	99,985
	D*		2	2,0141	0,015
	T†		3	3,0161	0
Boro	B	10,811	10	10,0129	19,91
			11	11,0093	80,09
Neônio	Ne	20,1797	20	19,9924	90,48
			21	20,9938	0,27
			22	21,9914	9,25
Magnésio	Mg	24,3050	24	23,9850	78,99
			25	24,9858	10,00
			26	25,9826	11,01

*D = deutério; †T = trítio, radioativo

Estratégia O peso atômico de todo elemento é a média ponderada das massas dos isótopos em uma amostra representativa. Para calcularmos o peso atômico, multiplicamos a massa de cada isótopo por sua abundância percentual dividida por 100 (Equação 2.2).

Solução

Peso atômico do bromo = (50,69/100)(78,918338) + (49,31/100)(80,916291) = 79,90

Pense bem antes de responder Você também pode estimar o peso atômico através dos dados fornecidos. Há dois isótopos, números de massa de 79 e 81, em abundância aproximadamente igual. A partir daí, podemos supor que a massa média é próxima de 80, no meio do caminho entre os dois números de massa. O cálculo confirma isso.

Verifique seu entendimento

Verifique que o peso atômico do cloro é 35,45, dadas as seguintes informações:

massa ^{35}Cl = 34,96885 u; abundância percentual= 75,77%

massa ^{37}Cl = 36,96590 u; abundância percentual= 24,23%

Bromo simples. O bromo é um líquido laranja bem escuro, volátil à temperatura ambiente. É constituído por moléculas de Br$_2$ em que dois átomos de bromo estão ligados quimicamente. Há dois isótopos, de ocorrência natural e estáveis: o ^{79}Br (50,69% de abundância) e o ^{81}Br (49,31% de abundância).

EXEMPLO 2.3

Calculando Abundâncias Isotópicas

Problema O antimônio, Sb, tem dois isótopos estáveis: ^{121}Sb, 120,904 u, e ^{123}Sb, 122,904 u. Quais são as abundâncias relativas desses isótopos?

O que você sabe? Você conhece as massas dos dois isótopos do elemento e sabe que sua média ponderada, o peso atômico, é 121,760 u (consulte a Tabela Periódica).

Estratégia Para calcular as abundâncias, você deve saber que existem duas incógnitas com quantidades relacionadas, e você pode escrever a seguinte expressão (na qual a abundância fracional de um isótopo é a abundância percentual do isótopo dividida por 100)

Peso Atômico = 121,760 = (abundância fracional de ^{121}Sb) (120,904) + (abundância fracional de ^{123}Sb)(122,904)

Uma amostra do metaloide antimônio. O elemento tem dois isótopos estáveis, ^{121}Sb e ^{123}Sb.

ou

$$121{,}760 = x(120{,}904) + y(122{,}904)$$

onde x = abundância fracional de ^{121}Sb e y = abundância fracional de ^{123}Sb. Uma vez que você sabe que a soma das abundâncias fracionais de isótopos deve ser igual a 1 ($x+y=1$), você poderá resolver as duas equações simultaneamente para x e y.

Solução Uma vez que y = abundância fracional de ^{123}Sb = $1-x$, você poderá substituí-lo por y.

$$121{,}760 = x(120{,}904) + (1-x)(122{,}904)$$

Expandindo essa equação, você tem

$$121{,}760 = 120{,}904x + 122{,}904 - 122{,}904x$$

Finalmente, com a solução para x, você encontra

$$121{,}760 - 122{,}904 = (120{,}904 - 122{,}904)x$$
$$x = 0{,}5720$$

A abundância fracional de ^{121}Sb é 0,5720 e sua abundância percentual é 57,20%. Isto significa que a abundância percentual ^{123}Sb deve ser 42,80%.

Pense bem antes de responder Você pode ter previsto que o isótopo mais leve (^{121}Sb) deve ser o mais abundante, porque o peso atômico está mais próximo de 121 do que de 123.

Verifique seu entendimento

O neônio tem três isótopos estáveis, um com uma pequena abundância. Quais são as abundâncias dos outros dois isótopos?

^{20}Ne, massa = 19,992435 u; abundância percentual = ?

^{21}Ne, massa = 20,993843 u; abundância percentual = 0,27%

^{22}Ne, massa = 21,991383 u; abundância percentual = ?

EXERCÍCIOS PARA A SEÇÃO 2.4

1. Qual é o isótopo mais abundante do cobre, ^{63}Cu ou ^{65}Cu?

   (a) ^{63}Cu   (b) ^{65}Cu

2. Qual das seguintes alternativas é a mais próxima da abundância observada de ^{71}Ga, um dos dois isótopos estáveis do gálio (^{69}Ga e ^{71}Ga)?

   (a) 20%   (b) 40%   (c) 60%   (d) 70%

3. Um elemento X tem quatro isótopos estáveis: ^{204}X (massa 203,97 u, 1,4%), ^{206}X (massa 205,97 u, 24,1%), ^{207}X (massa 206,98 u, 22,1%) e ^{208}X (massa 207,98 u, 52,4%). Identifique o elemento por meio do cálculo do peso atômico a partir desses dados.

   (a) Tl   (b) Pb   (c) Bi   (d) Po

2-5 A Tabela Periódica

A Tabela Periódica dos elementos é uma das ferramentas mais úteis da Química. Além da riqueza de informações, ela pode ser usada para organizar muitas das ideias da Química. É importante que você se familiarize com suas características principais e sua terminologia.

Átomos, moléculas e íons   **63**

ESTUDO DE CASO

Em 1991, um alpinista que se encontrava nos Alpes, na fronteira entre a Áustria e a Itália, deparou-se com restos bem preservados de um homem de aproximadamente 46 anos de idade, agora apelidado de "Homem do Gelo", que havia vivido há cerca de 5200 anos (Capítulo 1). Estudos usando isótopos de oxigênio, estrôncio, chumbo e argônio, entre outros, ajudaram os cientistas a elaborar um quadro detalhado do homem e de sua vida.

A abundância do isótopo ^{18}O do oxigênio está relacionada com a latitude e altitude em que a pessoa nasceu e foi criada. O oxigênio nos biominerais, tais como dentes e ossos, vem principalmente da água ingerida. Os lagos e rios, no lado Norte dos Alpes, são conhecidos por terem conteúdo inferior de ^{18}O do que aqueles que se encontram no lado Sul das montanhas. O teor de ^{18}O dos dentes e ossos do Homem do Gelo pareceu estar relativamente elevado, o que era característico da Bacia Sul dos Alpes. Ele havia nitidamente nascido e crescido naquela área.

A abundância relativa de isótopos de elementos mais pesados também varia ligeiramente de um lugar para outro, assim como na sua incorporação em diferentes minerais. O estrôncio, um membro do mesmo grupo periódico do cálcio, é incorporado nos dentes e ossos. A proporção de isótopos de estrôncio, $^{87}Sr/^{86}Sr$, e de isótopos de chumbo, $^{206}Pb/^{204}Pb$, nos dentes e ossos do Homem do Gelo era característica dos solos de uma estreita região da Itália ao Sul dos Alpes, o que determinou mais evidentemente onde ele nasceu e viveu a maior parte de sua vida.

Os pesquisadores também procuraram resíduos de alimentos no intestino do Homem do Gelo. Apesar de terem sido encontrados alguns grãos de cereais, eles localizaram pequenas lascas de mica, que acreditam vir de pedras usadas para moer grãos e que foram, portanto, ingeridas quando o homem comeu tal alimento. Eles analisaram essas lascas usando isótopos de argônio, ^{40}Ar e ^{39}Ar, e verificaram que estas correspondiam à mica de uma área ao Sul dos Alpes, estabelecendo, assim, o local onde viveu nos seus últimos anos.

O resultado geral dos muitos estudos de isótopos mostrou que o Homem do Gelo viveu há milhares de anos em uma pequena área de cerca de 10-20 km a Oeste de Merano, no Norte da Itália.

Para mais detalhes sobre os estudos de isótopos, veja Müller, W. et al., *Science*, vol. 302, 31 out 2003, p. 862-866.

Usando Isótopos: Ötzi, o Homem do Gelo dos Alpes

Ötzi, o Homem do Gelo. A múmia bem preservada de um homem que viveu no Norte da Itália cerca de 5000 anos atrás.

Questões:

1. Quantos nêutrons estão presentes no átomo de ^{18}O? E em cada um dos dois isótopos de chumbo?
2. Existem três isótopos estáveis de oxigênio (^{16}O, massa 15,9949 u, 99,763%, ^{17}O, massa 16,9991 u, 0,0375%, e ^{18}O, 17,9991 u, 0,1995%). Use esses dados para calcular o peso atômico do oxigênio.

As respostas a estas questões estão disponíveis no Apêndice N.

Características da Tabela Periódica

As características organizacionais principais da Tabela Periódica são as seguintes (Figura 2.4):

- Os elementos com propriedades químicas e físicas similares encontram-se nas colunas verticais chamadas **grupos** ou **famílias**. A Tabela Periódica utilizada nos Estados Unidos tem grupos numerados de 1 a 8, com cada número seguido pela letra A ou B. Os grupos A são muitas vezes chamados os **elementos do grupo principal** e os grupos B são os **elementos de transição**. Em outras partes do mundo, os grupos são numerados de 1 a 18.

- As fileiras horizontais da tabela são chamadas de **períodos** e são numeradas começando com 1 para o período que contém somente H e He. Por exemplo, o sódio, Na, está no Grupo 1A e é o primeiro elemento no terceiro período. O mercúrio, Hg, no Grupo 2B, está no sexto período (ou na sexta fileira).

FIGURA 2.4 Períodos e Grupos na Tabela Periódica. Nos Estados Unidos, o sistema predominantemente usado para designar grupos rotula elementos do grupo principal como Grupos 1A-8A e elementos de transição como Grupos 1B-8B. Alternativamente, eles são numerados de 1 a 18 da esquerda para a direita. A última notação é geralmente utilizada fora dos Estados Unidos.

A Tabela Periódica pode ser dividida em diversas regiões de acordo com as propriedades dos 118 elementos. Alguns deles são mostrados na Figura 2.5.

Você provavelmente está familiarizado com muitas propriedades dos **metais** a partir de sua própria experiência. Sob temperatura ambiente e pressão atmosférica normal, os metais são sólidos (com exceção do mercúrio), podem conduzir eletricidade, são geralmente dúcteis (podem ser transformados em fios) e maleáveis (podem

EXPERIMENTOS-CHAVE

Como sabemos a natureza do átomo e de seus componentes?

A ideia de que os átomos são as unidades estruturais da matéria foi definida de maneira correta pelo químico inglês John Dalton no início dos anos 1800, mas pouco era conhecido sobre os átomos naquela época e por muito tempo depois. Dalton propôs que um átomo era uma "partícula móvel sólida, maciça, dura e impenetrável", longe da descrição que temos hoje. Para chegar ao modelo atual, o qual envolve um átomo nuclear com prótons, nêutrons e elétrons, foram necessários experimentos engenhosos, realizados no final dos anos 1800 e no início dos anos 1900. Esta seção descreve as principais ideias para algumas dessas experiências.

FIGURA 1 Raios catódicos. O experimento de Thomson para medir a relação carga-massa do elétron. A segunda metade do século XIX assistiu a uma série de experimentos envolvendo tubos de raios catódicos. Descrito pela primeira vez em 1869 por William Crookes (1832-1919), um tubo de raios catódicos é um recipiente evacuado que contém dois eletrodos. Quando uma alta tensão é aplicada, partículas (raios catódicos) fluem do eletrodo negativo (cátodo) ao eletrodo positivo (ânodo). Essas partículas foram defletidas por campos elétricos e magnéticos, e ao equilibrar esses efeitos, foi possível determinar a relação carga-massa (e/m). Em 1897, J. J. Thomson (1856-1940) na Universidade de Cambridge, na Inglaterra, relatou que essas partículas eram cerca de 1/2000 da massa de um átomo de hidrogênio. Elas ficaram conhecidas como elétrons, um termo já inventado para descrever a menor partícula de energia elétrica. Thomson concluiu que os elétrons se originam dos átomos do cátodo, e especulou também que um átomo era uma esfera uniforme de matéria carregada positivamente na qual elétrons negativos estavam incluídos, um modelo que agora sabemos que é incorreto.

FIGURA 2 Radioatividade. A prova de que os átomos eram compostos de partículas menores também foi inferida pela descoberta da radioatividade. Em 1896, Henri Becquerel (1852-1908) descobriu que o urânio emitia raios invisíveis que faziam com que uma chapa fotográfica escurecesse. Estudos posteriores mostraram que a pechblenda (um minério comum do urânio) continha substâncias que emitiam mais dessa radiação invisível do que poderia ser explicado pelo urânio que contina. Isso levou Pierre Curie (1859-1906) e Marie Curie (1867-1934), que trabalhavam em um velho barracão em Paris, a extraírem e isolarem os até então desconhecidos elementos polônio e rádio a partir do minério de urânio. A radioatividade foi a palavra que o casal Curie inventou para descrever o novo fenômeno dos raios invisíveis, e concluíram que a radiação era o resultado da desintegração de átomos.

A identificação da radiação que emana dessas substâncias radioativas logo aconteceu. Foram observados três tipos de radiação e definidos os nomes: alfa, beta e gama. Estudos de carga e massa revelaram que os raios alfa são núcleos de hélio (He^{2+}) e os raios beta são elétrons. Os raios gama não têm massa nem carga; eles agora são conhecidos por serem uma forma altamente energética de radiação eletromagnética.

Marie Curie é uma das poucas pessoas e a única mulher a ter recebido dois prêmios Nobel. Ela nasceu na Polônia, mas estudou e realizou sua pesquisa em Paris. Em 1903, ela dividiu o Prêmio Nobel de Física com H. Becquerel e seu marido Pierre, pela descoberta da radioatividade. Em 1911, ela recebeu o Prêmio Nobel de Química pela descoberta de dois novos elementos químicos, o rádio e o polônio (o último recebeu este nome devido à sua terra natal, Polônia). A unidade de radioatividade (Curie, Ci) e um elemento (cúrio, Cm) receberam os nomes em sua homenagem. Pierre, que morreu em um acidente em 1906, também era conhecido por suas pesquisas sobre magnetismo. Uma de suas filhas, Irene, casou-se com Frédéric Joliot, e eles dividiram o Prêmio Nobel de Química de 1935 pela descoberta da radioatividade artificial.

Átomos, moléculas e íons

Um pequeno borrifador de gotas de óleo é introduzido em uma câmara. As gotículas caem uma a uma dentro da câmara inferior sob a força da gravidade.	As moléculas de gás na câmara inferior são ionizadas (divididas em elétrons e em um fragmento positivo) por um feixe de raios X. Os elétrons aderem às gotas de óleo; algumas gotas possuem um elétron, outras dois, e assim por diante.	Essas gotículas carregadas negativamente continuam a cair devido à gravidade. Ao ajustar cuidadosamente a tensão nas placas, a força da gravidade sobre a gota é exatamente contrabalanceada	Placa carregada negativamente pela atração da gota negativa à placa superior, com carga positiva. A análise dessas forças conduz a um valor para a carga do elétron.

FIGURA 3 O experimento de Millikan para determinar a carga do elétron. Os experimentos de raios catódicos permitiram a medição da relação carga-massa de uma partícula carregada, mas não da carga ou massa individualmente. Em 1908, o físico americano Robert Millikan (1868-1953), no California Institute of Technology, realizou um experimento para medir a carga do elétron. Na sua experiência, pequenas gotas de óleo foram vaporizadas em uma câmara e, em seguida, submetidas aos raios X, fazendo-as adquirir uma carga negativa. As gotas poderiam ser suspensas no ar se a força de gravidade estivesse equilibrada com um campo elétrico, e a partir de uma análise dessas forças sobre a gotícula a carga poderia ser calculada. Millikan determinou que a carga elétrica era de $1,592 \times 10^{-19}$ coulombs (C), não muito longe do valor hoje aceito de $1,602 \times 10^{-19}$ C. Millikan assumiu corretamente que esta tinha sido a unidade fundamental de carga. Conhecendo este valor e a relação carga-massa determinada por Thomson, a massa de um elétron poderia ser calculada.

FIGURA 4 Experimento de Rutherford para determinar a estrutura do átomo. Apesar de ter sido reconhecido o fato de que os átomos eram constituídos por partículas menores, não estava claro como essas partículas se encaixavam. Os experimentos de Ernest Rutherford (1871-1937) estabeleceram o modelo que aceitamos hoje. Por volta de 1910, Rutherford e seus alunos Hans Geiger (1882-1945) e Ernest Marsden (1889-1970) bombardearam uma folha fina de ouro com partículas α. Quase todas as partículas passaram direto pela folha de ouro como se nada houvesse lá. No entanto, algumas partículas α eram desviadas para os lados e outras eram até mesmo refletidas. Esse experimento mostrou que um átomo de ouro é em sua maior parte um espaço vazio com um pequeno núcleo no seu centro. Os elétrons rodeiam o núcleo e são responsáveis pela maior parte do volume do átomo. Rutherford calculou que o núcleo central de um átomo ocupava apenas 1/10000 do seu volume. Ele também estimou que um núcleo de ouro tinha uma carga positiva de cerca de 100 unidades e raio de cerca de 10^{-12} cm. (Os valores são agora conhecidos por serem +79 para cargas atômicas e 10^{-13} cm para o raio.)

A parte final da representação da estrutura atômica não foi estabelecida por mais uma década. Já se sabia há algum tempo que algo a mais deveria existir no núcleo, e que deveria ser uma partícula pesada para dar conta da massa de um elemento. Em 1932, o físico britânico James Chadwick (1891-1974) descobriu a partícula que faltava. Essas partículas, agora conhecidas como nêutrons, não tinham carga elétrica e possuíam uma massa de $1,675 \times 10^{-24}$ g, ligeiramente maior que a massa de um próton.

66 Química geral e reações químicas

FIGURA 2.5 Alguns dos 118 elementos conhecidos.

Mendeleev e a Tabela Periódica

UM OLHAR MAIS ATENTO

Embora a disposição dos elementos da Tabela Periódica seja agora compreendida com base na estrutura atômica, a tabela foi originalmente desenvolvida a partir de muitas observações experimentais das propriedades químicas e físicas dos elementos, e é o resultado das ideias de vários químicos dos séculos XVIII e XIX.

Em 1869, na Universidade de São Petersburgo, na Rússia, Dmitri Ivanovitch Mendeleev (1834-1907) escreveu um livro sobre Química. Ao estudar as propriedades químicas e físicas dos elementos, ele percebeu que, se os elementos fossem dispostos em ordem crescente de massa atômica, os elementos com propriedades semelhantes apareceriam em um padrão regular. Isto é, ele observou uma **periodicidade**, ou repetição periódica, das propriedades dos elementos. Mendeleev organizou os elementos conhecidos em uma tabela, alinhando-os em uma fileira horizontal em ordem crescente de massa atômica. Cada vez que chegava a um elemento com propriedades similares a um que já estivesse na fileira, ele iniciava uma fileira nova. Por exemplo, os elementos Li, Be, B, C, N, O e F estavam em uma fileira. O sódio era o próximo elemento então conhecido; como suas propriedades eram muito parecidas com as do Li, ele iniciou uma nova fileira. À medida que mais e mais elementos foram adicionados à tabela, foram iniciadas novas linhas, e os elementos com propriedades semelhan-

tes (tais como Li, Na e K) foram colocados na mesma coluna vertical.

Uma característica importante da tabela de Mendeleev – e uma marca de sua geniosidade – foi que ele deixou um espaço vazio em uma coluna quando ele acreditava que um elemento não era conhecido, mas que deveria existir e ter propriedades semelhantes às dos elementos acima e abaixo dele na sua tabela. Ele deduziu que esses espaços seriam preenchidos por elementos desconhecidos. Por exemplo, ele deixou um espaço entre o Si (silício) e Sn (estanho) no Grupo 4A para um elemento que chamou de *eka-silício*. Com base na evolução das propriedades desse grupo, Mendeleev foi capaz de prever as propriedades do elemento ausente. Com a descoberta do germânio (Ge), em 1886, a previsão de Mendeleev foi confirmada.

Na tabela de Mendeleev, os elementos estavam arranjados em ordem crescente de massa. Um olhar sobre uma tabela moderna, no entanto, mostra que, se listados em ordem crescente de massa e não com base em suas propriedades, três pares de elementos (Ni e Co, Ar e K, e Te e I) estariam fora de ordem. Mendeleev reconheceu essas discrepâncias e simplesmente assumiu que as massas atômicas conhecidas naquela época eram imprecisas – o que não tinha sido uma suposição ruim com base nos métodos analíticos até

então em uso. Na verdade, a sua ordem estava correta, e o que estava errada era a sua suposição de que as propriedades de um elemento eram uma função da sua massa.

Em 1913, H. G. J. Moseley (1887-1915), um jovem cientista inglês que trabalhava com Ernest Rutherford (1871-1937), bombardeou muitos metais diferentes com elétrons em um tubo de raios catódicos (veja "Experimentos-chave") e examinou os raios X emitidos no processo. Moseley percebeu que o comprimento de onda dos raios X emitidos por certo elemento estava relacionado de forma precisa à carga positiva no núcleo desse elemento e que isso proporcionava uma maneira de se determinar experimentalmente o seu número atômico. De fato, uma vez que os números atômicos poderiam ser determinados, os químicos reconheceram que, ao organizarem os elementos em uma tabela crescente de número atômico, corrigiriam as inconsistências na tabela de Mendeleev. A **lei de periodicidade química** está agora estabelecida assim: *as propriedades dos elementos são funções periódicas do número atômico.*

Para saber mais sobre a Tabela Periódica, veja:
- EMSLEY, J. *Nature's Building Blocks An A–Z Guide to the Elements*. Nova York: Oxford University Press, 2001.
- SCERRI, E. *The Periodic Table*. Nova York: Oxford University Press, 2007.

A tabela original de Mendeleev, mostrando os espaços que ele deixou para os elementos ainda não descobertos.

Estátua de Dmitri Mendeleev e uma Tabela Periódica. Esta estátua e o mural estão no Instituto de Metrologia, em São Petersburgo, Rússia.

ser laminados), e podem formar ligas (misturas de um ou mais metais com um outro metal). O ferro (Fe) e o alumínio (Al) são usados nas peças de automóveis em função de sua ductibilidade, maleabilidade e baixo custo em relação a outros metais. O cobre (Cu) é usado na fiação elétrica porque conduz eletricidade melhor do que a maioria dos metais.

Os **não metais**, que se encontram à direita de uma linha diagonal que vai do B ao Te na tabela periódica, têm uma grande variedade de propriedades. Alguns são sólidos (carbono, enxofre, fósforo e iodo). Dez elementos são gases à temperatura ambiente (hidrogênio, oxigênio, nitrogênio, flúor, cloro, hélio, neônio, argônio, criptônio e xenônio). Um não metal, o bromo, é um líquido à temperatura ambiente. Com exceção do carbono na forma de grafite, os não metais não conduzem eletricidade, que é uma das características principais que os distinguem dos metais.

Os elementos adjacentes à linha diagonal do boro (B) ao telúrio (Te) apresentam propriedades que tornam difícil classificá-los como um metal ou um não metal. Os químicos os chamam de **metaloides** ou, às vezes, de **semimetais** (Figura 2.5). Você deve saber, no entanto, que os químicos muitas vezes discordam sobre quais elementos se encaixam nessa categoria. Vamos definir um metaloide como um elemento que tem algumas das características físicas de um metal, mas algumas das características químicas de um não metal; apenas B, Si, Ge, As, Sb e Te estão nessa categoria. Essa definição reflete a ambiguidade no comportamento desses elementos. O antimônio (Sb), por exemplo, conduz eletricidade, assim como muitos elementos que são metais verdadeiros. Sua química, entretanto, assemelha-se àquela de um não metal, como o fósforo, um elemento também do Grupo 5A.

Silício, um metaloide. Apenas seis elementos são geralmente classificados como metaloides ou semimetais. Esta fotografia mostra silício sólido em várias formas, incluindo uma placa que contém circuitos eletrônicos impressos.

Uma Breve Descrição da Tabela Periódica e dos Elementos Químicos

Os elementos na coluna mais à esquerda, **Grupo 1A**, são conhecidos como **metais alcalinos** (exceto H). A palavra *alcalino* vem da língua árabe. Químicos árabes antigos descobriram que as cinzas de certas plantas, que eles chamaram al-qali, originavam soluções aquosas que pareciam escorregadias e queimavam a pele. Essas cinzas contêm compostos de elementos do Grupo 1A que produzem soluções alcalinas (básicas).

Todos os metais alcalinos são sólidos à temperatura ambiente e todos são reativos. Por exemplo, eles reagem com a água para produzir hidrogênio e soluções alcalinas (Figura 2.6). Em razão de sua reatividade, esses metais somente são encontrados na natureza combinados em compostos (como NaCl) (◄Figura 1.2), nunca como substâncias simples.

O segundo grupo na Tabela Periódica, o **Grupo 2A**, é também constituído inteiramente de metais que ocorrem naturalmente apenas em compostos. Com exceção do berílio (Be), esses elementos também reagem com água para produzir soluções alcalinas, e a maioria de seus óxidos (como a cal, CaO) forma soluções alcalinas; por isso são chamados de **metais alcalinoterrosos**. O magnésio (Mg) e o cálcio (Ca)

(a) Sódio sendo cortado.

(b) Potássio reagindo com a água.

FIGURA 2.6 Propriedades dos metais alcalinos.

são o sétimo e o quinto elementos mais abundantes na crosta terrestre, respectivamente (Tabela 2.3). O cálcio, um dos elementos importantes nos dentes e nos ossos, ocorre naturalmente em vastos depósitos de calcário. O carbonato de cálcio ($CaCO_3$) é o constituinte principal da pedra calcária e dos corais, das conchas marinhas, do mármore e do giz. O rádio (Ra), o elemento alcalinoterroso mais pesado, é radioativo e é usado no tratamento de alguns tipos de câncer por radiação.

Alumínio, um elemento de grande importância comercial, está no **Grupo 3A** (veja a Figura 2.5). Esse elemento e três outros do Grupo 3A (gálio, índio e tálio) são metais, enquanto o boro (B) é um metaloide. O alumínio (Al) é o metal mais abundante na crosta terrestre, com 8,2% em massa. Ele é superado em abundância apenas pelo não metal oxigênio e pelo metaloide silício e é geralmente encontrado em minerais e argilas. O boro ocorre no bórax mineral, um composto usado como agente de limpeza, antisséptico e como agente fluidificante para trabalho em metal.

Como metaloide, o boro tem uma química diferente da dos outros elementos do Grupo 3A, que são todos metais. No entanto, todos formam compostos com fórmulas análogas, tais como BCl_3 e $AlCl_3$, e essa semelhança assinala-os como membros do mesmo grupo periódico.

Assim, todos os elementos que descrevemos até aqui, exceto o boro, são metais. Começando com o **Grupo 4A**, entretanto, os grupos contêm cada vez mais não metais. No Grupo 4A existe um não metal, o carbono (C), dois metaloides, silício (Si) e germânio (Ge), e dois metais, estanho (Sn) e chumbo (Pb) (veja a Figura 2.5). Por causa da mudança de comportamento não metálico para metálico, existe mais variação nas propriedades dos elementos desse grupo do que na maioria dos outros. No entanto, há semelhanças. Por exemplo, esses elementos formam compostos com fórmulas análogas, tais como CO_2, SiO_2, GeO_2 e PbO_2.

Um dos aspectos mais interessantes da química dos não metais é que um determinado elemento pode frequentemente existir sob formas distintas, chamadas **alótropos**, cada um com suas propriedades individuais. O carbono tem pelo menos três alótropos, sendo o grafite e o diamante os mais conhecidos. O grafite é composto de folhas lisas em que cada átomo de carbono está ligado a outros três (Figura 2.7, *à esquerda*). Uma vez que as folhas de átomos de carbono somente atraem-se umas às outras de maneira fraca, uma camada pode deslizar facilmente sobre a outra. Isso explica porque o grafite é macio, é um bom lubrificante, e é utilizado no lápis.

No diamante, cada átomo de carbono é ligado a quatro outros nas extremidades de um tetraedro, e esse padrão estende-se por todo o sólido (Figura 2.7, *do meio*). Essa estrutura faz com que os diamantes sejam extremamente duros, mais densos do que o grafite (d = 3,51 g/cm³ para o diamante *versus* d = 2,22 g/cm³ para o grafite), e quimicamente menos reativos. Uma vez que os diamantes não são somente duros mas também excelentes condutores de calor, eles são usados nas pontas de ferramentas de corte de metais e de rochas.

No final da década de 1980, outra forma de carbono foi identificada como um componente da fuligem preta, a substância que se forma quando materiais contendo carbono são queimados na falta de oxigênio. Essa substância é composta por moléculas com 60 átomos de carbono arranjados como uma "gaiola" esférica (Figura 2.7, *à direita*). É possível notar que a superfície é composta de anéis de cinco e seis membros e se parece com uma bola de futebol oca. A forma também remetia, para seus descobridores, a uma cúpula arquitetônica concebida há cinquenta anos pelo filósofo e engenheiro norte-americano R. Buckminster Fuller. Isto levou ao nome oficial do alótropo, buckminsterfulereno (fulereno), embora muitas vezes os químicos chamem simplesmente essas moléculas de "buckyballs".

Gálio líquido. O bromo e o mercúrio são os únicos elementos que são líquidos sob condições ambientes. O gálio e o césio fundem levemente acima da temperatura ambiente.

O gálio funde (ponto de fusão = 29,8 °C), quando segurado na mão.

Colocando o H na Tabela Periódica Onde colocar o H? As tabelas mostram muitas vezes no Grupo 1A, embora não seja claramente um metal alcalino. No entanto, nas suas reações ele forma um íon 1+ assim como os metais alcalinos. Por essa razão, o H está colocado no Grupo 1A.

Tabela 2.3 Os 10 Elementos Mais Abundantes na Crosta Terrestre

Posição	Elemento	Abundância (ppm)*
1	Oxigênio	474000
2	Silício	277000
3	Alumínio	82000
4	Ferro	41000
5	Cálcio	41000
6	Sódio	23000
7	Magnésio	23000
8	Potássio	21000
9	Titânio	5600
10	Hidrogênio	1520

*ppm = partes por milhão = g por 1000 kg.

Cada átomo de carbono é ligado a outros três para formar uma folha de anéis hexagonais.

Cada átomo de C está ligado tetraedricamente a outros quatro átomos de carbono.

Cada anel de seis membros compartilha uma aresta com outros três anéis de seis membros e três anéis de cinco membros.

(a) Grafite. O grafite consiste em camadas de átomos de carbono.

(b) Diamante. No diamante, os átomos de carbono também estão dispostos em anéis de seis membros, mas os anéis não são planos.

(c) Buckyballs (fulereno). Um membro dessa família chamado buckminsterfulereno, C_{60}, é um alótropo de carbono. Sessenta átomos de carbono estão dispostos em uma gaiola de forma esférica que se assemelha a uma bola de futebol oca. Os químicos chamam essa molécula de *buckyball*. C_{60} é um pó preto; ele é mostrado aqui na extremidade de um tubo de vidro pontiagudo.

FIGURA 2.7 Os alótropos do carbono.

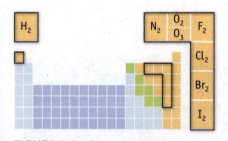

FIGURA 2.8 Elementos que existem como moléculas diatômicas ou triatômicas. Sete dos elementos conhecidos existem como moléculas diatômicas ou de dois átomos. O oxigênio tem um alótropo adicional, ozônio, com três átomos de O em cada molécula.

Os óxidos de silício são a base de muitos minerais como argila, quartzo e belas pedras preciosas, como a ametista. O estanho e o chumbo são conhecidos há séculos, pois são facilmente separados de seus minérios por fundição. Ligas de cobre com estanho produzem o bronze, que foi utilizado no passado em utensílios e armas. O chumbo foi utilizado em encanamentos e tintas, embora o elemento seja tóxico para humanos.

O nitrogênio, do **Grupo 5A**, ocorre naturalmente na forma de molécula diatômica N_2 (Figuras 2.8) e compõe cerca de três quartos da atmosfera terrestre. Também é encontrado em substâncias bioquimicamente importantes, tais como a clorofila, proteínas e o DNA. Os cientistas têm procurado há muito tempo formas de obter compostos a partir do nitrogênio atmosférico – um processo chamado de "fixação de nitrogênio". A natureza realiza isso facilmente em alguns organismos procariotas, mas condições severas (altas temperaturas, por exemplo) devem ser usadas no laboratório e na indústria para fazer com que o N_2 reaja com outros elementos (tais como H_2 para formar a amônia, NH_3, que é bastante utilizada como fertilizante).

O fósforo também é essencial à vida. É um componente importante nos ossos, dentes e no DNA. O elemento brilha no escuro se ele estiver no ar (devido à sua reação com O_2), e seu nome, baseado nas palavras gregas que significam "portador de luz", reflete isso. Esse elemento também tem vários alótropos, dos quais os mais importantes são o branco e o vermelho (veja a Figura 2.5). O fósforo branco (que é composto por moléculas de P_4) inflama-se de forma espontânea no ar, de modo que é normalmente armazenado sob água. Quando ele reage com o ar, forma P_4O_{10}, que pode reagir com a água para formar o ácido fosfórico (H_3PO_4), um composto utilizado nos produtos alimentares, tais como refrigerantes. O fósforo vermelho é usado nas faixas laterais das caixas de fósforo. Quando um palito é riscado, o clorato de potássio na cabeça do fósforo mistura-se com o fósforo vermelho na tira de riscagem da caixa, e o atrito é suficiente para inflamar a mistura.

Tal como acontece com o Grupo 4A, vemos novamente não metais (N e P), metaloides (As e Sb) e um metal (Bi) no Grupo 5A. Apesar dessas variações, eles também formam compostos análogos, como os óxidos N_2O_5, P_4O_{10} e As_2O_5.

O oxigênio, que constitui cerca de 20% da atmosfera terrestre e que se combina facilmente com a maioria dos outros elementos, está no topo do **Grupo 6A**. A maior parte da energia que impulsiona a vida na Terra é derivada das reações em que o oxigênio se combina com outras substâncias.

O enxofre é conhecido na forma elementar desde a antiguidade como enxofre ou "pedra ardente" (Figura 2.9). O enxofre, o selênio e o telúrio são muitas vezes chamados coletivamente de *calcogênios* (da palavra grega *khalkos,* para o cobre), porque a maioria dos minérios de cobre contêm esses elementos. Seus compostos podem apresentar odor fétido e serem venenosos; no entanto, enxofre e selênio são componentes essenciais da dieta humana. De longe, o mais importante composto de enxofre é o ácido sulfúrico (H_2SO_4), que é fabricado em grandes quantidades, maiores que de qualquer outro composto.

Assim como no Grupo 5A, os elementos do segundo e do terceiro períodos do Grupo 6A têm estruturas diferentes. Como o nitrogênio, o oxigênio também é uma molécula diatômica (veja a Figura 2.8). Ao contrário do nitrogênio, no entanto, o oxigênio tem um alótropo, a molécula triatômica ozônio, O_3. O enxofre, que pode ser encontrado na natureza como um sólido amarelo, tem muitos alótropos, dos quais o mais comum é composto por anéis em forma de coroa com oito membros de átomos de enxofre (veja a Figura 2.9).

O polônio, o elemento radioativo no Grupo 6A, foi isolado em 1898 por Marie e Pierre Curie, que separaram uma pequena quantidade de toneladas de minério contendo urânio e nomearam-no em homenagem ao país natal de Madame Curie, a Polônia.

No Grupo 6A, mais uma vez observamos uma variação de propriedades. O oxigênio, o enxofre e o selênio são não metais, o telúrio é um metaloide e o polônio é um metal. No entanto, há uma semelhança de família em suas químicas. Todos os membros do grupo do oxigênio formam compostos contendo oxigênio (SO_2, SeO_2 e TeO_2), e todos formam compostos contendo sódio (Na_2O, Na_2S, Na_2Se e Na_2Te).

Na extrema direita da tabela periódica estão dois grupos compostos inteiramente de não metais. Os elementos do **Grupo 7A** – flúor, cloro, bromo, iodo e astato radioativo – são não metais e todos existem como moléculas diatômicas. Sob temperatura ambiente, o flúor (F_2) e o cloro (Cl_2) são gases. O bromo (Br_2) é líquido e o iodo (I_2) é sólido, mas vapores de bromo e iodo são facilmente vistos sobre o líquido ou o sólido (Figura 2.10).

Os elementos do Grupo 7A estão entre os mais reativos de todos os elementos, e se combinam violentamente com metais alcalinos para formarem sais, como o sal de mesa, NaCl (◄ Figura 1.2). O nome para esse grupo, os **halogênios**, vem das palavras gregas *hals*, que significa "sal", e *genes*, ou seja, "que formam".

Os elementos do **Grupo 8A** – hélio, neônio, argônio, criptônio, xenônio e radônio radioativo – são os elementos menos reativos. Todos são gases, e nenhum é abundante na Terra ou na atmosfera terrestre (apesar de o argônio ser o terceiro gás mais abundante no ar seco, 0,9%). Por causa disso, não foram descobertos até o fim do século XIX. Um nome comum para esse grupo, os **gases nobres**, denota a sua falta geral de reatividade.

FIGURA 2.9 Enxofre. O alótropo mais comum de enxofre consiste em átomos de S dispostos em anéis de oito membros em forma de coroa.

Nomes de Grupos Especiais Alguns grupos têm nomes comuns e amplamente utilizados.
Grupo 1A: Metais alcalinos
Grupo 2A: Metais alcalinoterrosos
Grupo 7A: Halogênios
Grupo 8A: Gases nobres (ou raros)

FIGURA 2.10 Os halogênios, bromo e iodo.

FIGURA 2.11 Hélio, um gás nobre, e unidades MRI. Os ímãs de unidades de ressonância magnética têm que ser resfriados a 4 K com hélio líquido, para que possam gerar o alto campo magnético necessário. Trata-se do emprego mais comum desse gás nobre.

O hélio, o segundo elemento mais abundante no universo após o hidrogênio, foi detectado no Sol em 1868 através da análise do espectro solar, mas não foi encontrado na Terra até 1895. É hoje amplamente utilizado, com uma demanda mundial de cerca de 170 bilhões de litros por ano. O maior uso do hélio é para o resfriamento dos ímãs encontrados em unidades de ressonância magnética em hospitais, e espectrômetros de ressonância magnética nuclear em laboratórios de pesquisa (Figura 2.11). Esses ímãs devem ser resfriados com hélio líquido a 4 K, porque, nessa temperatura extremamente baixa, os ímãs tornam-se supercondutores de eletricidade. Eles podem então gerar os campos magnéticos necessários para produzir uma imagem de seu corpo, por exemplo. Além disso, o gás hélio é usado para encher balões meteorológicos (e balões de festa) e na indústria de semicondutores. Os Estados Unidos fornecem a maior parte do hélio, mas a escassez periódica atrapalha gravemente o comércio e a pesquisa.

Estendendo-se entre os Grupos 2A e 3A da Tabela Periódica, está uma série de elementos chamados **elementos de transição**. Eles preenchem os Grupos B (do 1B ao 8B) entre o quarto e o sétimo períodos no centro da Tabela Periódica. Todos são metais (Figura 2.5), e treze deles estão entre os trinta elementos mais abundantes da crosta terrestre. A maioria ocorre naturalmente em combinação com outros elementos, mas alguns como cobre (Cu), prata (Ag), ouro (Au) e platina (Pt) podem ser encontrados na natureza como elementos puros.

Praticamente todos os elementos de transição têm utilizações comerciais. Eles são usados como materiais estruturais (ferro, titânio, cromo, cobre); em pinturas (titânio, cromo); nos conversores catalíticos em sistemas de exaustão de automóveis (platina e ródio); em moedas (cobre, níquel, zinco); e em baterias (manganês, níquel, cádmio, mercúrio).

Duas fileiras na parte inferior da tabela acomodam os **lantanídeos** (a série de elementos entre os elementos lantânio [Z = 57] e háfnio [Z = 72]) e os **actinídeos** (a série de elementos entre o actínio [Z = 89] e o ruterfórdio [Z = 104]).

Muitas vezes nos referimos aos lantanídeos como **elementos terras raras** (Figura 2.12). Na verdade, eles não são tão raros, mas são geologicamente muito dispersos. Apesar da dificuldade na extração de minerais terrestres, eles tornaram-se muito importantes comercialmente. São usados em ímãs (neodímio), em telas de LCD, em baterias de carros híbridos e no polimento de vidros. Os minerais que contêm elementos terras raras são atualmente extraídos em grande parte na China, e há preocupação de que ocorra uma escassez mundial.

FIGURA 2.12 Uma amostra do elemento terra rara európio. Ele está entre os mais raros dos lantanídeos, mas a sua abundância na Terra é praticamente a mesma do estanho e do urânio, e é mais abundante que o arsênio.

EXERCÍCIOS PARA A SEÇÃO 2.5

1. 1. Qual dos seguintes elementos é um metaloide?

   (a) Ge (b) S (c) Be (d) Al

2. Qual é o símbolo do elemento do terceiro período e do quarto grupo?

   (a) Si (b) Sc (c) V (d) Sn

3. Qual é o elemento mais abundante na crosta da Terra?

   (a) Fe (b) C (c) O (d) N

4. Qual é o nome dado aos elementos que existem em diferentes formas, tais como grafite, diamante e *buckyballs*?

   (a) isótopos (b) isômeros (c) alótropos (d) não metais

2-6 Moléculas, Compostos e Fórmulas

As moléculas constituem as menores unidades identificáveis, nas quais algumas substâncias puras, como o açúcar e a água, podem ser divididas e ainda manter as composições e propriedades químicas das substâncias. Tais substâncias são compostas de moléculas idênticas que consistem em dois ou mais átomos fortemente ligados. Na reação a seguir, e na Figura 2.13, as moléculas de enxofre, S_8, combinam-se com moléculas de oxigênio, O_2, para produzir moléculas do composto de dióxido de enxofre, o SO_2.

$$S_8(s) + 8\ O_2(g) \rightarrow 8\ SO_2(g)$$

enxofre + oxigênio → dióxido de enxofre

Para descrever essa mudança química (ou reação química) no papel, a composição de cada elemento e composto é representada por um símbolo ou fórmula. Aqui, uma molécula de SO_2 é composta por um átomo de S e dois átomos de O.

Fórmulas

Muitas vezes há mais de uma maneira de se escrever a fórmula de um composto. Por exemplo, a fórmula do etanol (também chamado álcool etílico) pode ser representada como C_2H_6O (Figura 2.14). Essa **fórmula molecular** descreve a composição das moléculas de etanol – dois átomos de carbono, seis átomos de hidrogênio e um átomo de oxigênio por molécula – mas não nos dá nenhuma informação estrutural. A informação estrutural sobre como os átomos estão ligados e como a molécula preenche o espaço é importante porque nos ajuda a compreender como a molécula pode interagir com outras, o que é a essência da química.

FIGURA 2.13 Reação entre os elementos enxofre e oxigênio para gerar o composto dióxido de enxofre.

Cores padrão para átomos em modelos moleculares As cores listadas neste livro são usadas para os modelos moleculares e são geralmente utilizadas pelos químicos.

átomos de carbono

átomos de hidrogênio

átomos de oxigênio

átomos de nitrogênio

átomos de cloro

NOME	FÓRMULA MOLECULAR	FÓRMULA CONDENSADA	FÓRMULA ESTRUTURAL	MODELO MOLECULAR
Etanol	C_2H_6O	CH_3CH_2OH	H–C(H)(H)–C(H)(H)–O–H	
Dimetil éter	C_2H_6O	CH_3OCH_3	H–C(H)(H)–O–C(H)(H)–H	

FIGURA 2.14 Quatro formas para exibir fórmulas moleculares. Aqui, as duas moléculas têm a mesma fórmula molecular. Fórmulas condensadas ou estruturais, ou um modelo molecular, mostram claramente que essas moléculas são diferentes.

Escrevendo Fórmulas Ao escrever fórmulas moleculares dos compostos orgânicos (compostos com C, H e outros elementos), a convenção é escrever C em primeiro lugar, em seguida, H, e, finalmente, outros elementos em ordem alfabética. Por exemplo, a acrilonitrila, um composto utilizado na fabricação de plásticos de consumo, tem a fórmula condensada CH_2CHCN. Sua fórmula molecular seria C_3H_3N.

Para fornecer algumas informações estruturais, é útil escrever uma **fórmula condensada**, a qual indica como certos átomos são agrupados. Por exemplo, a fórmula condensada do etanol, CH_3CH_2OH (veja a Figura 2.14), diz-nos que a molécula consiste de três "grupos": um grupo CH_3, um grupo CH_2 e um grupo OH. Escrever a fórmula como CH_3CH_2OH também nos diz que o composto não é o dimetil éter, CH_3OCH_3, um composto com a mesma fórmula molecular, mas cujas propriedades e estrutura são diferentes.

O fato de que o etanol e o dimetil éter são moléculas diferentes é ainda mais evidente a partir de suas **fórmulas estruturais** (veja a Figura 2.14). Esse tipo de fórmula nos dá um nível ainda mais elevado de detalhe estrutural, que mostra como todos os átomos estão ligados dentro de uma molécula. As linhas entre os átomos representam as ligações químicas que mantêm os átomos unidos nessa molécula [▶ Capítulo 8].

Modelos Moleculares

As propriedades físicas e químicas de um composto molecular estão muitas vezes intimamente relacionadas com a sua estrutura. Por exemplo, duas características bem conhecidas do gelo estão relacionadas com a sua estrutura molecular de base (Figura 2.15). A primeira é a forma de cristais de gelo: a simetria sêxtupla de cristais de gelo macroscópicos também aparece no nível de partículas em forma de anéis de seis lados de átomos de hidrogênio e oxigênio. A segunda é a propriedade incomum da água de ser menos densa quando é sólida do que quando está líquida. A menor

O gelo consiste em anéis de seis lados, formados por moléculas de água, em que cada um dos lados compõe-se de um anel de dois átomos de O e de um átomo de H.

A estrutura de seis lados de um floco de neve é um reflexo da estrutura molecular de base do gelo.

FIGURA 2.15 Gelo. Flocos de neve refletem a estrutura básica do gelo.

Átomos, moléculas e íons 75

FIGURA 2.16 Formas de se descrever uma molécula, aqui a molécula do metano (CH₄).

densidade do gelo, que tem enormes consequências para o clima da Terra, resulta do fato de que as moléculas de água não estão totalmente acondicionadas no gelo.

Como as moléculas são tridimensionais, muitas vezes é difícil representar suas estruturas no papel. Certas convenções foram desenvolvidas para ajudar a representar estruturas tridimensionais em superfícies bidimensionais. Simples desenhos em perspectiva são frequentemente utilizados (Figura 2.16).

Os modelos moleculares são muito úteis para a visualização de estruturas. Esses modelos facilitam a visualização de como os átomos estão ligados uns aos outros, além de mostrarem a estrutura tridimensional global da molécula. No **modelo de bolas e varetas**, esferas de diferentes cores representam os átomos, e varetas, as ligações que os conectam. As moléculas também podem ser representadas por meio de **modelos de preenchimento de espaço**. Esses modelos são a melhor representação de tamanhos relativos dos átomos e de sua proximidade um com o outro. A desvantagem das imagens de modelos de preenchimento de espaço é que os átomos muitas vezes podem ficar escondidos da visualização.

EXERCÍCIO PARA A SEÇÃO 2.6

1. A cisteína, cujo modelo e cuja fórmula estrutural molecular são ilustrados aqui, é um aminoácido importante e faz parte de muitos organismos vivos. Qual é sua fórmula química?

(a) $C_3H_6O_2S$ (b) $C_3H_7NO_2S$ (c) $C_3H_7N_2OS$ (d) $C_3H_7NO_2$

2-7 Compostos Iônicos: Fórmulas, Nomes e Propriedades

Os compostos que você encontrou até agora neste capítulo são **compostos moleculares**, ou seja, aqueles que consistem em moléculas separadas no nível de partículas. **Compostos iônicos** constituem outra grande classe de compostos, e muitos deles são, provavelmente, familiares a você (Figura 2.17). O sal de cozinha, ou cloreto de

Nome Comum	Nome	Fórmula	Íons Envolvidos
Calcita	Carbonato de cálcio	$CaCO_3$	Ca^{2+}, CO_3^{2-}
Fluorita	Fluoreto de cálcio	CaF_2	Ca^{2+}, F^-
Gipsita	Sulfato de cálcio diihidratado	$CaSO_4 \cdot 2\,H_2O$	Ca^{2+}, SO_4^{2-}
Hematita	Óxido de ferro (III)	Fe_2O_3	Fe^{3+}, O^{2-}
Ouro-pigmento	Sulfeto de arsênio	As_2S_3	As^{3+}, S^{2-}

FIGURA 2.17 Alguns compostos iônicos comuns.

sódio (NaCl), e a cal (CaO) são apenas dois exemplos. É importante que você seja capaz de reconhecer compostos iônicos, nomeá-los e escrever suas fórmulas.

Íons

Compostos iônicos são formados de íons, átomos ou grupos de átomos que têm uma carga elétrica positiva ou negativa. Os átomos de muitos elementos podem perder ou ganhar elétrons para formar íons monoatômicos, e os íons comumente encontrados estão listados na Figura 2.18. Como você sabe se um átomo tem probabilidade de ganhar ou perder elétrons? Isso depende se o elemento é um metal ou não metal. Em reações,

- Metais geralmente perdem um ou mais elétrons.
- Não metais frequentemente ganham um ou mais elétrons.

Cátions Monoatômicos

Se um átomo perde um elétron (que é transferido para um átomo de um outro elemento, no decorrer de uma reação), o átomo agora tem uma carga negativa a menos do que prótons no núcleo. O resultado é um íon carregado positivamente chamado **cátion** (veja a Figura 2.18). Por exemplo, a perda de um elétron do elemento lítio do Grupo 1A resulta na formação do íon Li^+.

$$\text{átomo de Li} \rightarrow e^- + \text{cátion } Li^+$$
(3 prótons e 3 elétrons) (3 prótons e 2 elétrons)

Elementos do grupo 2A perderão dois elétrons em reações,

$$\text{Átomo de Ca} \rightarrow 2\,e^- + \text{cátion } Ca^{2+}$$
(20 prótons e 20 elétrons) (20 prótons e 18 elétrons)

e elementos do Grupo 3A perderão três elétrons.

FIGURA 2.18 Cargas em alguns cátions e ânions monoatômicos comuns. Metais geralmente formam cátions e não metais geralmente formam ânions. (As áreas em destaque que contêm as caixas mostram íons de cargas idênticas.) **OBSERVAÇÃO**: É importante salientar que os metais de transição (e alguns dos metais do grupo principal) formam cátions de várias cargas. Os exemplos incluem Cr^{2+} e Cr^{3+}, Fe^{2+} e Fe^{3+}, e Cu^+ e Cu^{2+}. Conforme explicado, seus nomes devem refletir isso.

Átomo de Al → 3 e⁻ + Cátion Al³⁺
(13 prótons e 13 elétrons) (13 prótons e 10 elétrons)

Como você pode prever o número de elétrons ganhos ou perdidos nas reações dos elementos dos grupos 1A ao 3A?

- Metais dos Grupos 1A-3A perdem um ou mais elétrons para formar íons positivos, tendo a carga igual ao número do grupo do metal.
- O número de elétrons que permanecem no cátion é o mesmo que o de elétrons em um átomo de gás nobre que o precede na Tabela Periódica.

Os metais de transição (elementos dos grupos B) também formam cátions, mas ao contrário dos metais do grupo A, não existe qualquer padrão de comportamento facilmente previsível. Além disso, os metais de transição formam frequentemente vários íons diferentes. O ferro, por exemplo, pode formar tanto os íons Fe^{2+} quanto Fe^{3+} em suas reações. De fato, a formação de íons 2+ e 3+ é típica de muitos metais de transição (veja a Figura 2.18).

Átomo de Fe → 3 e⁻ + cátion Fe³⁺
(26 prótons e 26 elétrons) (26 prótons e 23 elétrons)

Escrevendo Fórmulas Ao escrever a fórmula de um íon, a carga do íon **deve** ser incluída.

Ânions Monoatômicos

Não metais podem ganhar elétrons para formar íons carregados negativamente. Se um átomo ganha um ou mais elétrons, haverá agora um ou mais elétrons do que prótons (Figura 2.18). Um íon de carga negativa é chamado **ânion**. Um átomo de oxigênio, por exemplo, pode obter dois elétrons em uma reação para formar um íon com a fórmula O^{2-}:

Átomo de O + 2 e⁻ → ânion O²⁻
(8 prótons e 8 elétrons) (8 prótons e 10 elétrons)

Um átomo de cloro pode receber um único elétron para formar Cl⁻.

Átomo de Cl + e⁻ → ânion Cl⁻
(17 prótons e 17 elétrons) (17 prótons e 18 elétrons)

FIGURA 2.19 Íons.

Podemos fazer pelo menos duas observações gerais sobre a formação de ânions de não metais.

- Não metais dos Grupos 5A-7A formam íons negativos tendo uma carga igual ao número do grupo menos 8.
- O número de elétrons no ânion é o mesmo que o de elétrons em um átomo do gás nobre que o segue na Tabela Periódica.

Observe que o hidrogênio aparece em dois locais na Figura 2.18. O átomo de H pode tanto perder como ganhar elétrons, dependendo dos outros átomos com que ele se combina.

Elétron perdido: H (1 próton, 1 elétron) → H^+ (1 próton, 0 elétron) + e–
Elétron ganho: H (1 próton, 1 elétron) + e^- → H^- (1 próton, 2 elétrons)

Finalmente, os gases nobres, muito raramente, formam cátions monoatômicos e nunca ânions monoatômicos em reações químicas.

Íons Poliatômicos

Íons poliatômicos são compostos de dois ou mais átomos, e o conjunto tem uma carga elétrica (Figura 2.20 e Tabela 2.4). Por exemplo, íons carbonato, CO_3^{2-}, um ânion comum poliatômico, consistem em um átomo de C e três átomos de O. O íon tem duas unidades de carga negativa, porque há mais elétrons (um total de 32) no íon do que prótons (um total de 30) nos núcleos de um átomo de C e três átomos de O.

O íon amônio, NH_4^+, é um cátion poliatômico comum. Nesse caso, quatro átomos de H rodeiam um átomo de N, e o íon tem carga elétrica 1+. Esse íon tem 10 elétrons, mas existem 11 prótons carregados positivamente nos núcleos dos átomos de N e H (sete e um de cada, respectivamente).

Fórmulas de Compostos Iônicos

Os compostos são eletricamente neutros; ou seja, eles não têm carga elétrica líquida. Assim, em um composto iônico, os números de íons positivos e negativos devem ser tais que exista um balanço entre as cargas positiva e negativa. No cloreto de sódio, o íon de sódio tem carga 1+ (Na^+), e o íon cloreto tem carga 1– (Cl^-). Esses íons devem estar presentes em uma proporção de 1:1, então a fórmula deverá ser NaCl.

A pedra preciosa rubi é em grande parte um composto formado a partir de íons de alumínio (Al^{3+}) e íons óxido (O^{2-}). Aqui, os íons têm cargas positivas e negativas, que são diferentes em valor absoluto. Para se ter um composto com o mesmo número de cargas positivas e negativas, dois íons Al^{3+} [carga total = 2 × (3+) = 6+]

Calcita, $CaCO_3$
Carbonato de cálcio

Apatita, $Ca_5F(PO_4)_3$
Fluorofosfato de cálcio

Celestita, $SrSO_4$
Sulfato de estrôncio

FIGURA 2.20 Compostos iônicos comuns contendo íons poliatômicos.

Tabela 2.4 Fórmulas e Nomes de Íons Poliatômicos Comuns

FÓRMULA	NOME	FÓRMULA	NOME
CÁTION: ÍON POSITIVO			
NH_4^+	Íon amônio		
ÂNIONS: ÍONS NEGATIVOS			
BASEADOS EM UM ELEMENTO DO GRUPO 4A		**BASEADOS EM UM ELEMENTO DO GRUPO 7A**	
CN^-	Íon cianeto	ClO^-	Íon hipoclorito
$CH_3CO_2^-$	íon acetato	ClO_2^-	íon clorito
CO_3^{2-}	Íon carbonato	ClO_3^-	Íon clorato
HCO_3^-	Íon hidrogenocarbonato (ou íon bicarbonato)	ClO_4^-	Íon perclorato
$C_2O_4^{2-}$	Íon oxalato		
BASEADOS EM UM ELEMENTO DO GRUPO 5A		**BASEADOS EM UM METAL DE TRANSIÇÃO**	
NO_2^-	Íon nitrito	CrO_4^{2-}	Íon cromato
NO_3^-	Íon nitrato	$Cr_2O_7^{2-}$	Íon dicromato
PO_4^{3-}	Íon fosfato	MnO_4^-	Íon permanganato
HPO_4^{2-}	Íon hidrogenofosfato		
$H_2PO_4^-$	Íon diidrogenofosfato		
BASEADOS EM UM ELEMENTO DO GRUPO 6A			
OH^-	Íon hidroxila (ou íon hidróxido)		
SO_3^{2-}	Íon sulfito		
SO_4^{2-}	Íon sulfato		
HSO_4^-	Íon hidrogenossulfato (íon bissulfato)		

devem combinar com 3 íons O^{2-} íons [carga total = 3 × (2−) = 6−] para dar a fórmula Al_2O_3.

O cálcio, um metal do Grupo 2A, forma um cátion que possui carga 2+. Ele pode combinar-se com uma variedade de ânions para formar compostos iônicos, tais como os da tabela seguinte:

COMPOSTO	COMBINAÇÃO DE ÍONS	CARGA TOTAL NO COMPOSTO
$CaCl_2$	Ca^{2+} + 2 Cl^-	(2+) + 2 × (1−) = 0
$CaCO_3$	Ca^{2+} + CO_3^{2-}	(2+) + (2−) = 0
$Ca_3(PO_4)_2$	3 Ca^{2+} + 2 PO_4^{3-}	3 × (2+) + 2 × (3−) = 0

Ao escrever fórmulas de compostos iônicos, a convenção é a de que *o símbolo do cátion seja escrito em primeiro lugar, seguido pelo símbolo do ânion*. Além disso,

A Cor dos Rubis A bela cor vermelha de um rubi vem de um traço de íons Cr^{3+} que tomam o lugar de alguns dos íons Al^{3+} no sólido.

observe o uso de parênteses, quando mais de um íon poliatômico de um determinado tipo estiver presente [como em Ca$_3$(PO$_4$)$_2$]. (Nenhum deles, no entanto, é usado quando apenas um íon poliatômico estiver presente, como em CaCO$_3$.)

> ### EXEMPLO 2.4
>
> ### Fórmulas de Compostos Iônicos
>
> **Problema** Para cada um dos seguintes compostos iônicos, escreva os símbolos para os íons presentes e dê o número de carga relativo de cada um: (a) Li$_2$CO$_3$ e (b) Fe$_2$(SO$_4$)$_3$.
>
> **O que você sabe?** Você sabe as fórmulas dos compostos iônicos, as cargas previstas para os íons monoatômicos (ver Figura 2.18) e as fórmulas e as cargas dos íons poliatômicos (ver Tabela 2.4).
>
> **Estratégia** Divida a fórmula do composto em cátions e ânions. Para conseguir isso, você terá que reconhecer, e lembrar, a composição e as cargas de íons comuns.
>
> **Solução**
>
> (a) Li$_2$CO$_3$ é composto de dois íons lítio, Li$^+$, para cada íon carbonato, CO$_3^{2-}$. Li é um elemento do Grupo 1A e tem sempre uma carga 1+ nos seus compostos. Uma vez que as duas cargas 1+ equilibram a carga negativa do íon carbonato, o último deverá ser 2−.
>
> (b) Fe$_2$(SO$_4$)$_3$ contém dois íons Ferro (III), Fe^{3+}, para cada três íons de sulfato, SO$_4^{2-}$. A forma de reconhecer isso é lembrar-se de que o sulfato tem carga 2−. Uma vez que três íons sulfato estão presentes (com uma carga total de 6−), os dois cátions de ferro devem ter carga total de 6+. Isso só é possível se cada cátion de ferro tiver uma carga 3+.
>
> **Pense bem antes de responder** Lembre-se de que a fórmula de um íon deve incluir a sua composição e sua carga. As fórmulas dos compostos iônicos são sempre escritas primeiro com o cátion e depois com o ânion, mas as cargas dos íons **não** estão incluídas.
>
> **Verifique seu entendimento**
>
> Dê o número de carga relativo e identifique os íons que constituem cada um dos seguintes compostos iônicos: NaF, Cu(NO$_3$)$_2$ e NaCH$_3$CO$_2$.

> ### EXEMPLO 2.5
>
> ### Fórmulas de Compostos Iônicos
>
> **Problema** Faça fórmulas dos compostos iônicos constituídos por um cátion de alumínio e cada um dos seguintes ânions: (a) íon fluoreto, (b) íon sulfeto e (c) íon nitrato.
>
> **O que você sabe?** Você sabe os nomes dos íons envolvidos, as cargas previstas dos íons monoatômicos (ver Figura 2.18) e os nomes dos íons poliatômicos (veja a Tabela 2.4).
>
> **Estratégia** Primeiro decida a fórmula do cátion Al e a de cada ânion. Combine o cátion Al com cada tipo de ânion para formar compostos eletricamente neutros.
>
> **Solução** Prevê-se que um cátion de alumínio tenha uma carga 3+ porque Al é um metal do Grupo 3A.
>
> (a) O flúor é um elemento do Grupo 7A. Prevê-se que a carga do íon fluoreto seja de 1− (de 7 − 8 = 1−). Portanto, precisamos de três íons F$^-$ para combinar com um Al^{3+}. A fórmula do composto é AlF$_3$.

(b) O enxofre é um não metal do Grupo 6A, de modo que forma um ânion 2–. Assim, precisamos combinar dois íons Al^{3+} [carga total é 6+ = 2 × (3+)] com três íons S^{2-} [carga total é 6– = 3 × (2–)]. O composto tem a fórmula Al$_2$S$_3$.

(c) O íon nitrato tem a fórmula NO$_3^-$ (veja a Tabela 2.4). A resposta é, portanto, semelhante ao caso AlF$_3$, e o composto tem a fórmula Al(NO$_3$)$_3$. Aqui colocaremos parênteses em torno de NO$_3$ para mostrar que três íons NO$_3^-$ poliatômicos estão envolvidos.

Pense bem antes de responder O erro mais comum cometido pelos alunos é não saber a carga correta de um íon.

Verifique seu entendimento

(a) Escreva as fórmulas de todos os compostos iônicos neutros que podem ser formados através da combinação dos cátions Na$^+$ e Ba^{2+} com os ânions S^{2-} e PO$_4^{3-}$.

(a) O ferro, um metal de transição, forma íons com cargas 2+ e 3+. Escreva as fórmulas dos compostos formados entre os íons cloreto e esses dois cátions de ferro diferentes.

Nomes dos Íons

Nomeando Íons Positivos (Cátions)

Com algumas exceções (tais como NH$_4^+$), os íons positivos descritos neste texto são íons metálicos. Os íons positivos são nomeados de acordo com as seguintes regras:

1. Para um íon positivo monoatômico (isto é, um cátion de metal), o nome é o do metal mais a palavra "cátion". Por exemplo, já nos referimos ao Al^{3+} como o cátion alumínio.
2. Nas séries de transição, um metal pode formar mais de um tipo de íon positivo. Assim que o nome especifica qual íon está envolvido, a carga de cátions de metais de transição é indicada por um algarismo romano entre parênteses imediatamente após o nome do íon. Por exemplo, Co^{2+} é o cátion cobalto(II), e Co^{3+} é o cátion cobalto(III).

Finalmente, você encontrará o cátion amônio, NH$_4^+$, muitas vezes neste livro e no laboratório. Não confunda o cátion amônio com a molécula de amônia, NH$_3$, que não tem carga elétrica e possui um átomo de H a menos.

Nomeando Íons Negativos (Ânions)

Existem dois tipos de íons negativos: aqueles que têm apenas um átomo (*monoatômicos*) e aqueles que têm vários átomos (*poliatômicos*).

1. Um íon negativo monoatômico é nomeado adicionando-se -*eto* ao nome do elemento não metálico a partir do qual é derivado o íon (Figura 2.21). Os ânions dos elementos do Grupo 7A, os halogênios, são conhecidos como íons fluoreto, cloreto, brometo e iodeto e como grupo são denominados **íons haletos**.
2. Íons negativos poliatômicos são comuns, especialmente aqueles que contêm oxigênio (chamados **oxiânions**). Os nomes de alguns dos oxiânions mais comuns são apresentados na Tabela 2.4. Embora a maioria desses nomes deva simplesmente ser aprendida, algumas orientações podem ajudar. Por exemplo, considere os seguintes pares de ânions:

NO$_3^-$ representa o íon nitrato, enquanto NO$_2^-$ é o íon nitrito.

SO$_4^{2-}$ é o íon sulfato, enquanto SO$_3^{2-}$ é o íon sulfito.

Ao oxiânion que tem o maior número de átomos de oxigênio é dado o sufixo -*ato*, e ao oxiânion que tem o menor número de átomos de oxigênio, o sufixo -*ito*. Para uma série de oxiânions que possuem mais do que dois membros, o íon com o maior número de átomos de oxigênio tem o prefixo *per-* e o sufixo -*ato*. O íon que

Elementos com Múltiplas Cargas Este é especialmente o caso dos metais de transição. No entanto, isso também acontece com alguns metais do grupo principal, tais como o estanho (Sn^{2+} e Sn^{4+}) e o chumbo (Pb^{2+} e Pb^{4+}). É nossa prática indicar sempre a carga do íon com um numeral romano nos elementos de metais de transição e em outros casos, quando múltiplas cargas são possíveis.

FIGURA 2.21 Nomes e cargas de alguns íons monoatômicos.

tem o menor número de átomos de oxigênio possui o prefixo *hipo-* e o sufixo *-ito*. Os oxiânions de cloro são o exemplo mais comumente encontrado.

Oxiânions que contêm hidrogênio são designados através da adição da palavra "hidrogeno" antes do nome do oxiânion. Se dois hidrogênios estão no ânion, dizemos "diidrogeno". Muitos oxiânions que contêm hidrogênio têm nomes comuns que são usados também. Por exemplo, o íon hidrogenocarbonato, HCO_3^-, é chamado íon bicarbonato.

Íon	Nome Sistemático	Nome Comum
HPO_4^{2-}	íon hidrogenofosfato	
$H_2PO_4^-$	íon diidrogenofosfato	
HCO_3^-	íon hidrogenocarbonato	íon bicarbonato
HSO_4^-	íon hidrogenossulfato	íon bissulfato
HSO_3^-	íon hidrogenossulfito	íon bissulfito

Nomes de Compostos Iônicos

O nome de um composto iônico é construído a partir dos nomes dos íons positivo e negativo no composto. O nome do ânion é fornecido em primeiro lugar, seguido do nome do cátion, ligados pela preposição "de". Os exemplos de nomes de compostos iônicos são dados abaixo.

Nomes de Compostos que Contêm Cátions de Metais de Transição Certifique-se de que a carga de um cátion de metal de transição está indicada no nome por um algarismo romano.

Composto Iônico	Íons Envolvidos	Nome
$CaBr_2$	Ca^{2+} e 2 Br^-	Brometo de cálcio
$NaHSO_4$	Na^+ e HSO_4^-	Hidrogenossulfato de sódio
$(NH_4)_2CO_3$	2 NH_4^+ e CO_3^{2-}	Carbonato de amônio
$Mg(OH)_2$	Mg^{2+} e 2 OH^-	Hidróxido de magnésio
$TiCl_2$	Ti^{2+} e 2 Cl^-	Cloreto de titânio(II)
Co_2O_3	2 Co^{3+} e 3 O^{2-}	Óxido de cobalto(III)

DICA PARA SOLUÇÃO DE PROBLEMAS 2.1
Fórmulas de compostos iônicos e íons

Escrever fórmulas para compostos iônicos requer prática, e isso requer que você saiba as fórmulas e as cargas dos íons mais comuns. As cargas de íons monoatômicos estão muitas vezes evidentes a partir da posição do elemento na Tabela Periódica, mas você simplesmente tem que lembrar **as fórmulas e as cargas** dos íons poliatômicos, especialmente os mais comuns, tais como nitrato, sulfato, carbonato, fosfato e acetato.

Se você não consegue lembrar a fórmula de um íon poliatômico, ou se encontrar um íon que não tenha visto antes, poderá ser capaz de descobrir sua fórmula. Por exemplo, suponha que foi dito a você que $NaCHO_2$ é o formiato de sódio. Você sabe que o íon sódio é o Na^+, então o ânion deve ser a porção remanescente do composto; ele deve ter uma carga de 1- para equilibrar a carga 1+ do íon sódio. Assim, o íon formiato íon deve ser CHO_2^-.

Por fim, ao escrever as fórmulas de íons, você *deve* incluir a carga do íon (exceto na fórmula de um composto iônico). Escrever Na quando você quer dizer íon sódio está incorreto. Existe uma grande diferença nas propriedades do elemento sódio (Na) e dos seus íons (Na^+).

Íons como Li⁺ e F⁻ são mantidos juntos por uma força de atração coulombiana. Aqui, um íon-lítio é atraído por um íon fluoreto, e a distância entre os núcleos dos dois íons é *d*.

(a)

Com o aumento da **carga iônica**, a força de atração aumenta

Conforme a **distância** aumenta, a **força de atração** diminui

(b)

FIGURA 2.22 A Lei de Coulomb e as forças eletrostáticas.

Propriedades dos Compostos Iônicos

Quando uma partícula que tem uma carga elétrica negativa aproxima-se de outra partícula que possui uma carga elétrica positiva, existe uma força de atração entre elas (Figura 2.22). Em contraste, existe uma força de repulsão quando duas partículas com a mesma carga – ambas positivas ou ambas negativas – são colocadas juntas. Essas forças são chamadas de forças **eletrostáticas**, e a força de atração (ou repulsão) entre os íons é dada pela **lei de Coulomb** (Equação 2.3):

$$\text{Força} = -k \frac{(n^+ e)(n^- e)}{d^2} \quad (2.3)$$

onde carga +e — nos íons, carga do elétron, constante de proporcionalidade, distância entre íons.

> **A Importância da Lei de Coulomb**
> Ela é a base para a compreensão de diversos conceitos fundamentais da Química. Entre os capítulos em que ela é importante estão:
> Capítulo 3: dissolução dos compostos em água.
> Capítulos 6 e 7: a interação de elétrons e o núcleo atômico.
> Capítulos 8 e 9: a interação de átomos para a formação de moléculas.
> Capítulo 11: as interações entre as moléculas (forças intermoleculares).
> Capítulo 12: a formação de sólidos iônicos.
> Capítulo 13: o processo de dissolução.

onde, por exemplo, n⁺ é +3 para Al^{3+} e n⁻ é –2 for O^{2-}. Com base na lei de Coulomb, a força de atração entre íons de cargas opostas aumenta:

- quando as cargas do íon (n⁺ e n⁻) aumentam. Assim, a atração entre íons com cargas de 2+ e 2– é maior que entre os íons com cargas 1+ e 1– (veja a Figura 2.22).

- quando a distância entre os íons torna-se menor (veja a Figura 2.22).

Os compostos iônicos não consistem em pares simples ou pequenos grupos de íons positivos e negativos. A razão mais simples de cátions e ânions em um composto iônico é representada pela sua fórmula, mas um sólido iônico consiste em muitos milhões de íons dispostos em uma rede tridimensional estendida chamada **retículo cristalino**. Uma parte do retículo de NaCl, ilustrado na Figura 2.23, representa um modo comum de se arranjar os íons para os compostos que têm uma proporção de 1:1 de cátions para ânions.

Os compostos iônicos têm propriedades características que podem ser entendidas em termos de cargas dos íons e de seu arranjo no retículo. Como cada íon é cercado por vizinhos mais próximos com cargas opostas, ele é mantido firmemente em sua posição. Sob temperatura ambiente, cada íon pode mover-se um pouco em torno de sua posição média, mas deve ser adicionada uma energia considerável para que um íon possa escapar da atração de seus íons vizinhos. Somente se energia suficiente for adicionada, a estrutura do retículo entrará em colapso e a substância fundirá. Maiores forças atrativas significam que ainda mais energia – e temperaturas mais e mais elevadas – é necessária para provocar a fusão. Assim, Al_2O_3, um sólido composto dos íons Al^{3+} e O^{2-}, funde em uma temperatura muito mais alta (2072 °C) do que NaCl (801 °C), um sólido composto de íons Na⁺ e Cl⁻.

FIGURA 2.23 Cloreto de sódio. Um cristal de NaCl consiste em um extenso retículo de íons sódio e íons cloreto em uma proporção de 1:1. Quando fundido, o retículo cristalino entra em colapso e os íons movem-se livremente e podem conduzir uma corrente elétrica.

> ### DICA PARA SOLUÇÃO DE PROBLEMAS 2.2
> #### É um composto iônico?
>
> Os alunos muitas vezes perguntam como saber se um composto é iônico. Aqui estão algumas orientações úteis.
>
> 1. A maior parte dos compostos que contêm metal é iônica. Assim, se um átomo de metal aparece na fórmula de um composto e, especialmente, quando o elemento é listado em primeiro lugar, uma boa estimativa inicial é a de que o composto seja iônico. (Há exceções interessantes, mas poucas aparecem na química introdutória.) É útil a esse respeito recordar as tendências no comportamento metálico: todos os elementos para a esquerda de uma linha diagonal do boro (B) ao telúrio (Te) na Tabela Periódica são metálicos.
>
> 2. Se não houver nenhum metal na fórmula, é provável que o composto não seja iônico. As exceções aqui são compostos constituídos de cátions poliatômicos com base em não metais (p. ex., NH_4Cl ou NH_4NO_3).
>
> 3. Aprenda a reconhecer as fórmulas dos íons poliatômicos (veja a Tabela 2.4). Os químicos escrevem a fórmula do nitrato de amônio como NH_4NO_3 (não como $N_2H_4O_3$) para alertar os outros sobre o fato de que se trata de um composto iônico formado pelos íons poliatômicos comuns NH_4^+ e NO_3^-.
>
> Como exemplo dessas diretrizes, você pode ter certeza de que $MgBr_2$ (Mg^{2+} com Br^-) e K_2S (K^+ com S^{2-}) são compostos iônicos. Por outro lado, o composto CCl_4, formado a partir de dois não metais, C e Cl, não é iônico.

A maioria dos compostos iônicos são sólidos "duros". Isto é, os sólidos não são flexíveis ou macios. A razão para essa característica está mais uma vez relacionada com o retículo dos íons. Os vizinhos mais próximos de um cátion em uma estrutura são os ânions, e a força de atração faz com que o retículo seja rígido. No entanto, uma pancada com um martelo pode fazer com que o retículo sofra uma clivagem perfeita ao longo de uma borda bem definida. O golpe de martelo desloca camadas de íons apenas o suficiente para fazer com que os íons de carga igual se tornem vizinhos mais próximos, e a repulsão entre esses íons de cargas iguais força a ruptura do retículo (Figura 2.24).

Um sólido iônico é normalmente rígido devido às forças de atração entre íons de cargas opostas. Quando atingido bruscamente, no entanto, o cristal pode dividir-se de forma perfeita.

Quando um cristal é atingido, as camadas de íons movem-se ligeiramente, e os íons de carga igual tornam-se vizinhos mais próximos.

Repulsões entre íons de carga semelhante fazem o cristal se quebrar.

FIGURE 2.24 Sólidos iônicos.

EXERCÍCIOS PARA A SEÇÃO 2.7

1. Qual é a carga mais provável de um íon bário?
   (a) 2− (b) 2+ (c) 3+ (d) 1−

2. Quando um átomo de gálio forma um íon, ele
   (a) perde 3 elétrons
   (b) ganha 3 elétrons
   (c) perde 2 elétrons
   (d) ganha 2 elétrons

3. O nome do composto $(NH_4)_2S$ é
   (a) sulfeto de hidrogênio
   (b) sulfeto de amônio
   (c) sulfato de amônio
   (d) sulfeto de amônia

4. A fórmula do acetato de bário é
   (a) $Ba(CH_3CO_2)_2$
   (b) $BaCH_3CO_2$
   (c) $BaMnO_4$
   (d) $BaCO_3$

5. O nome do composto de fórmula V_2O_3 é
   (a) óxido de vanádio(III)
   (b) óxido de vanádio
   (c) trióxido de divanádio
   (d) trióxido de vanádio

6. Qual deve ter maior ponto de fusão, MgO ou NaCl?
   (a) MgO
   (b) NaCl

UM OLHAR MAIS ATENTO

Compostos Iônicos Hidratados

Se os compostos iônicos são preparados em solução aquosa e, em seguida, separados na forma de sólidos, os cristais frequentemente retêm moléculas de água. Esses compostos são chamados de **compostos hidratados**. Por exemplo, os cristais do composto de cobalto(II) vermelho na figura têm seis moléculas de água por $CoCl_2$. Por convenção, a fórmula desse composto é escrita como $CoCl_2 \cdot 6\ H_2O$. O ponto entre $CoCl_2$ e $6\ H_2O$ indica que 6 moléculas de água estão associadas com cada $CoCl_2$. O nome desse composto é cloreto de cobalto(II) hexaidratado.

O cloreto de cobalto(II) hidratado, um sólido vermelho, fica roxo e depois azul profundo, conforme é aquecido e perde água para formar o $CoCl_2$ anidro; "anidro" significa substância sem água. Na exposição ao ar úmido, o $CoCl_2$ anidro pega a água e é convertido de volta ao composto hidratado vermelho. É esta propriedade que permite que os cristais do composto azul sejam utilizados como um indicador de umidade.

Os compostos hidratados são comuns. As paredes de sua casa, provavelmente, são cobertas com gesso, ou "placas de gesso" que contêm sulfato de cálcio hidratado (gesso, $CaSO_4 \cdot 2\ H_2O$), bem como anidro $CaSO_4$, imprensado entre papel. Se o gesso é aquecido entre 120 e 180 °C, a água é parcialmente liberada, ficando $CaSO_4 \cdot 1/2\ H_2O$, um composto comumente chamado "gesso de Paris". Se você já quebrou um braço ou uma perna e teve que colocar gesso, este foi feito desse composto. É um material de moldagem eficaz porque, quando adicionado à água, forma-se uma pasta espessa que pode ser vertida para um molde ou espalhar-se ao longo de uma parte do corpo. Como ele absorve mais água, o material aumenta de volume e forma um sólido rígido, inflexível. O gesso de Paris é também um material útil para artistas, uma vez que o composto, ao se expandir, preenche um molde completamente e se torna uma reprodução de alta qualidade.

O cloreto de cobalto(II) hexaidratado [$CoCl_2 \cdot 6\ H_2O$] é vermelho intenso.

Quando é aquecido, o composto perde certa quantidade de água de hidratação.

O aquecimento leva aos compostos azuis escuros $CoCl_2 \cdot 2\ H_2O$ e $CoCl_2$. (Experimentos mostram que algo também se decompõem em CoO preto e HCl.)

Fotos: © Cengage Learning/Charles D. Winters

FIGURA 2.25 Compostos moleculares. Compostos iônicos são geralmente sólidos à temperatura ambiente. Em contraste, os compostos moleculares podem ser gases, líquidos ou sólidos.

Cafeína, $C_8H_{10}N_4O_2$

Água, H_2O

Ácido cítrico, $C_6H_8O_7$

Fórmulas de Compostos Binários de não Metais que Contêm Hidrogênio Hidrocarbonetos simples (compostos de C e H), tais como o metano (CH_4) e etano (C_2H_6), têm fórmulas escritas com H após o C, e as fórmulas de amônia e hidrazina têm o H após o N. A água e os haletos de hidrogênio, contudo, têm o átomo de H anterior ao O ou ao átomo de halogênio. A tradição é a única explicação para essas irregularidades na escrita das fórmulas.

2-8 Compostos Moleculares: Fórmulas e Nomes

Muitos compostos conhecidos não são iônicos, são moleculares: a água que você bebe, o açúcar em seu café ou chá, ou a aspirina que você toma para aliviar a dor de cabeça.

Os compostos iônicos são geralmente sólidos, ao passo que os compostos moleculares podem variar de gases a líquidos e a sólidos sob temperaturas comuns (Figura 2.25). À medida que o tamanho e a complexidade da molécula aumentam, os compostos geralmente passam a existir como sólidos. Exploraremos algumas das causas fundamentais dessas observações gerais no Capítulo 11.

Alguns compostos moleculares apresentam fórmulas complicadas que você não consegue, a esta altura, prever ou mesmo decidir se estão corretas. No entanto, há muitos compostos simples com os quais você irá deparar-se, e será preciso saber como nomeá-los e, em muitos casos, conhecer suas fórmulas.

Veremos primeiro as moléculas formadas por combinações de dois não metais. Esses compostos de "dois elementos" ou **compostos binários** de não metais podem ser nomeados de maneira sistemática.

O hidrogênio forma compostos binários com todos os não metais, com exceção dos gases nobres. Para os compostos de oxigênio, de enxofre e de halogênios, o átomo de H é geralmente escrito em primeiro lugar na fórmula, mas é nomeado depois. O outro não metal é denominado como se fosse um íon negativo.

Composto	Nome
HF	fluoreto de hidrogênio
HCl	cloreto de hidrogênio
H_2S	sulfeto de hidrogênio

Embora haja exceções, *a maioria dos compostos moleculares binários é uma combinação de elementos não metálicos dos Grupos 4A–7A com um outro ou com hidrogênio*. A fórmula é geralmente escrita colocando-se os elementos em ordem crescente de número do grupo. Ao nomear o composto, o número de átomos de um dado tipo no composto é designado com prefixo, tais como "di-", "tri-" "tetra-", "penta-", e assim por diante.

Composto	Nome Sistemático
NF₃	Trifluoreto de nitrogênio
NO	Monóxido de nitrogênio
NO₂	Dióxido de nitrogênio
N₂O	Monóxido de dinitrogênio
N₂O₄	Tetróxido de dinitrogênio
PCl₃	Tricloreto de fósforo
PCl₅	Pentacloreto de fósforo
SF₆	Hexafluoreto de enxofre
S₂F₁₀	Decafluoreto de dienxofre

Hidrocarbonetos Compostos como o metano, o etano, o propano e o butano pertencem a uma classe de hidrocarbonetos chamada *alcanos*.

Metano, CH₄   Propano, C₃H₈

Etano, C₂H₆   Butano, C₄H₁₀

Por fim, muitos dos compostos binários de não metais foram descobertos anos atrás e têm nomes comuns.

Composto	Nome Comum	Composto	Nome Comum
CH₄	Metano	N₂H₄	Hidrazina
C₂H₆	Etano	PH₃	Fosfina
C₃H₈	Propano	NO	Óxido nítrico
C₄H₁₀	Butano	N₂O	Óxido nitroso ("gás hilariante")
NH₃	Amônia	H₂O	Água

EXERCÍCIOS PARA A SEÇÃO 2.8

1. Qual é a fórmula do difluoreto de dioxigênio?

    (a) O₂F₂   (b) OF   (c) O₂F   (d) OF₂

2. Os nomes dos compostos e das fórmulas estão listados abaixo. Qual nome está incorreto?

    (a) dissulfeto de carbono, CS₂   (c) trifluoreto de boro, BF₃
    (b) pentóxido de nitrogênio, N₂O₅   (d) tetrafluoreto de enxofre, SF₄

3. O nome do composto de fórmula N₂F₄ é:

    (a) fluoreto de nitrogênio   (c) tetrafluoreto de dinitrogênio
    (b) fluoreto de dinitrogênio   (d) tetrafluoreto de nitrogênio

4. O nome do composto de fórmula P₄O₁₀ é:

    (a) óxido de fósforo   (c) óxido de tetrafósforo
    (b) decaóxido de tetrafósforo   (d) decaóxido de fósforo

2-9 Átomos, Moléculas e o Mol

Um dos aspectos mais excitantes da pesquisa em Química é a descoberta de alguma nova substância, e uma parte desse processo envolve experimentos quantitativos. Quando dois reagentes químicos reagem entre si, queremos saber quantos átomos ou moléculas de cada um são usados, de modo que seja possível estabelecer fórmulas para os produtos da reação. Para tanto, necessitamos de um método para contar átomos e moléculas. Isto é, devemos descobrir uma maneira de conectar o mundo macroscópico, aquele que podemos ver, ao mundo particulado dos átomos, das

UM OLHAR MAIS ATENTO | Amedeo Avogadro e Seu Número

Amedeo Avogadro, Conde de Quaregna (1776-1856), foi um nobre italiano e advogado. Nos anos de 1800, voltou-se para a ciência e foi o primeiro professor de física matemática na Itália.

Avogadro não propôs a ideia de um número fixo de partículas como uma unidade química. Ao invés disso, o número foi dado em sua homenagem, porque ele havia realizado experimentos no século XIX que lançaram as bases para o conceito.

Qual é o tamanho do número de Avogadro? Um mol de grãos de pipoca não estourada cobriria a parte continental dos Estados Unidos a uma profundidade de cerca de 9 milhas (ou 14,5 quilômetros). Um mol de 1 centavo de dólar dividido igualmente entre cada homem, mulher e criança nos Estados Unidos permitiria que cada pessoa saldasse a dívida nacional (15,5 trilhões ou $15,5 \times 10^{12}$ dólares em 2012), e ainda haveria cerca de 3 trilhões de dólares remanescentes por pessoa!

É o número um único valor, como π? Não. Ele é fixado pela definição do mol como exatamente 12 g de carbono-12. Se um mol de carbono fosse definido para ter alguma outra massa, então o número de Avogadro teria um valor diferente. Além disso, ele é determinado experimentalmente, e, como técnicas experimentais evoluem, o valor é determinado cada vez com maior precisão. A partir da oitava edição deste livro até esta edição o valor alterou-se ligeiramente no oitavo dígito.

Amedeo Avogadro

O "Mol" O termo *mol* foi introduzido aproximadamente em 1895 por Wilhelm Ostwald (1853-1932), que derivou o termo da palavra latina *moles*, ou seja, um "amontoado", ou uma "pilha".

moléculas e dos íons. A solução para esse problema é definir uma unidade de matéria que contenha um número conhecido de partículas. Essa unidade química é o mol.

O **mol** é a base da unidade SI para medir uma *quantidade de uma substância* (◄ Tabela 1) e é definida como segue:

> Um **mol** é a quantidade de uma substância que possui um número de unidades fundamentais (átomos, moléculas ou outras partículas) igual ao número de átomos presentes em exatamente 12 g do isótopo do carbono-12.

A chave para compreender o conceito de mol é que *um mol contém sempre o mesmo número de partículas, não importa qual a substância*. Um mol de sódio contém o mesmo número de átomos que um mol de ferro e o mesmo número de moléculas em um mol de água. Quantas partículas? Muitas, muitas experiências ao longo dos anos estabeleceram esse número como

$$1 \text{ mol} = 6,02214129 \times 10^{23} \text{ partículas}$$

Esse valor é conhecido como **número de Avogadro**, em homenagem a Amedeo Avogadro, advogado e físico italiano (1776-1856) que concebeu a ideia básica (mas nunca determinou o número).

Átomos e Massa Molar

A massa em gramas de um mol de átomos de qualquer elemento ($6,02214129 \times 10^{23}$ átomos do elemento) é a **massa molar** desse elemento. A massa molar é abreviada convencionalmente com um *M* maiúsculo em itálico e é expressa em unidades de gramas por mol (g/mol). *A massa molar de um elemento é a quantidade em gramas numericamente igual ao peso atômico*. Usando o sódio e o chumbo como exemplos,

Massa molar de sódio (Na) = massa de 1,000 mol de átomos de Na

= 22,99 g/mol

= Massa de $6,022 \times 10^{23}$ átomos de Na

Massa molar de chumbo (Pb) = Massa de 1,000 mol de átomos de Pb

= 207,2 g/mol

= Massa de $6,022 \times 10^{23}$ átomos de Pb

A Figura 2.26 apresenta um mol de alguns elementos comuns. Embora cada uma dessas "pilhas de átomos" tenha volume e massa diferentes, cada uma delas contém $6,022 \times 10^{23}$ átomos.

Átomos, moléculas e íons   **89**

FIGURA 2.26 Um mol de elementos comuns. *Da esquerda para a direita:* enxofre em pó, lascas de magnésio, estanho e silício. *Acima:* esferas de cobre.

O conceito de mol é a pedra fundamental da química quantitativa. É essencial para que possamos converter mols para massa e massa para mols. A análise dimensional mostra que isso pode ser feito da seguinte maneira:

CONVERSÃO MASSA	⟷	MOLS
Mols para Massa		*Massa para Mols*
Mols × $\dfrac{\text{gramas}}{1 \text{ mol}}$ = gramas ×		Gramas × $\dfrac{1 \text{ mol}}{\text{gramas}}$ = mols
↑		↑
Massa molar		1/massa molar

Por exemplo, que massa, em gramas, é representada por 0,35 mol de alumínio? Usando a massa molar de alumínio (27,0 g/mol), você pode determinar que 0,35 mol de Al tem uma massa de 9,5 g.

$$0{,}35 \text{ mol Al} \times \frac{27{,}0 \text{ g Al}}{1 \text{ mol Al}} = 9{,}5 \text{ g Al}$$

As massas molares dos elementos são geralmente conhecidas com pelo menos quatro algarismos significativos. A convenção seguida em cálculos neste livro é usar um valor da massa molar com pelo menos um algarismo significativo a mais que em qualquer outro número no problema. Por exemplo, se você pesar 16,5 g de carbono, são usados 12,01 g/mol para a massa molar de C a fim de encontrar a quantidade de carbono presente.

$$16{,}5 \text{ g C} \times \frac{1 \text{ mol C}}{12{,}01 \text{ g C}} = 1{,}37 \text{ mol C}$$

Note que quatro números significativos são utilizados na massa molar, mas há apenas três na massa da amostra.

O uso de um algarismo significativo a mais significa que a exatidão da massa molar é maior que os outros números e não afetará a exatidão do resultado.

Chumbo. Um béquer de 150 mL contendo 2,50 mols ou 518 g de chumbo.

Estanho. Uma amostra de estanho que tem uma massa de 36,6 g (ou 1,86 × 10^{23} átomos).

Peso Molecular e Massa Molar O termo antigo *peso molecular* é algumas vezes encontrado. Trata-se da soma das massas atômicas dos elementos constituintes.

EXEMPLO 2.6
Massa, Mols e Átomos

Problema Considere dois elementos da mesma coluna vertical da Tabela Periódica: chumbo e estanho.

(a) Qual massa do chumbo, em gramas, é equivalente a 2,50 mols de chumbo (Pb, número atômico = 82)?

(b) Que quantidade de matéria de estanho, em mols, é representada por 36,6 g de estanho (Sn)? Quantos átomos de estanho há na amostra?

O que você sabe? Você sabe a quantidade de chumbo e a massa do estanho. Você também conhece, a partir da Tabela Periódica, as massas molares do chumbo (207,2 g/mol) e do estanho (118,7 g/mol). Para a parte (b) o número de Avogadro é necessário.

Estratégia

Parte (a) Multiplique a quantidade de Pb pela massa molar.

Parte (b) Multiplique a massa de estanho por (1/massa molar). Para determinar o número de átomos, multiplique a quantidade de estanho pelo número de Avogadro.

Solução

(a) Converta a quantidade de chumbo em mols para massa em gramas.

$$2{,}50 \text{ mol Pb} \times \frac{207{,}2 \text{ g}}{1 \text{ mol Pb}} = \boxed{518 \text{ g Pb}}$$

(b) Converta a massa de estanho para mols,

$$36{,}6 \text{ g Sn} \times \frac{1 \text{ mol Sn}}{118{,}7 \text{ g Sn}} = \boxed{0{,}308 \text{ mol Sn}}$$

e, por fim, use o número de Avogadro para encontrar o número de átomos na amostra.

$$0{,}308 \text{ mol Sn} \times \frac{6{,}022 \times 10^{23} \text{ átomos de Sn}}{1 \text{ mol Sn}} = \boxed{1{,}86 \times 10^{23} \text{ átomos de Sn}}$$

Pense bem antes de responder Esses problemas foram resolvidos usando-se *g/mol* ou *mol/g* como fatores de conversão. Para ter certeza de tê-los usado corretamente, você deve manter o controle das unidades de cada termo. Além disso, você deve pensar sobre suas respostas. Por exemplo, no item (b), se tivesse invertido o fator de conversão (*mol/átomos* em vez de *átomos/mol*), você teria calculado que havia menos de um átomo em 0,308 mol de Sn, claramente uma resposta nada razoável.

Verifique seu entendimento

A densidade do ouro, Au, é 19,32 g/cm³. Qual é o volume (em centímetros cúbicos) de um pedaço de ouro que contém 2,6 × 10^{24} átomos?

As Moléculas, os Compostos e a Massa Molar

A fórmula de um composto indica o tipo de átomos ou íons no composto e o número relativo de cada um deles. Por exemplo, uma molécula de metano, CH_4, é composta de um átomo de C e quatro átomos de H. Mas suponha que você tenha o número de Avogadro de átomos de C (6,022 × 10^{23}) combinado com o número adequado de átomos de H. (No caso do CH_4 isso significa que existem 4 × 6,022 × 10^{23} átomos de H por mol de átomos de C.) Que massas de átomos estão combinadas, e qual é a massa das moléculas de CH_4?

Átomos, moléculas e íons | 91

UM OLHAR MAIS ATENTO

O Mol, uma Unidade de Medida

Alunos que estudam Química pela primeira vez ficam muitas vezes perplexos com a ideia do mol. Mas você deve reconhecer que é apenas um nome estranho para uma unidade de medida. Pares e dezenas são duas outras unidades de medida comuns. Por exemplo, um par de objetos tem duas das mesmas coisas (dois sapatos ou duas luvas), e há sempre doze ovos ou maçãs em uma dúzia. Da mesma forma, um mol de átomos ou um mol de jujubas possui $6,022 \times 10^{23}$ objetos.

A grande vantagem da contagem de unidades é que, se souber o número de unidades, você também sabe o número de objetos. Se sabe que há 3,5 dúzias de maçãs em uma caixa, você sabe que há 42 maçãs. E, se você tiver 0,308 mol de estanho (36,6 g), você sabe que tem $1,86 \times 10^{23}$ átomos de estanho.

No laboratório de Química, quando fazemos uma reação, precisamos saber quantas "unidades químicas" de um elemento estão envolvidas. Átomos, obviamente, não podem ser contados um a um. Em vez disso, nós pesamos uma dada massa do elemento e, a partir da massa molar, sabemos o número de "unidades químicas" ou mols. E, se realmente quisermos obter a informação, podemos calcular o número de átomos envolvidos.

Unidades de medida. A unidade "dúzia", que se refere a doze objetos, é uma unidade de medida comum. Da mesma forma, o mol é uma unidade de medida da Química. Assim como uma dúzia sempre tem doze objetos, um mol possui sempre $6,022 \times 10^{23}$ objetos.

$$C \quad + \quad 4\,H \quad \rightarrow \quad CH_4$$

$6,022 \times 10^{23}$ átomos de C	$4 \times 6,022 \times 10^{23}$ átomos de H	$6,022 \times 10^{23}$ moléculas de CH_4
= 1,000 mols de C	= 4,000 mols de átomos de H	= 1,000 mol de moléculas de CH_4
= 12,01 g de átomos de C	= 4,032 g de átomos de H	= 16,04 g de moléculas de CH_4

Uma vez que você sabe o número de mols de átomos de C e H em 1 mol de CH_4, é possível calcular as massas de carbono e hidrogênio que devem ser combinadas. Logo, a massa de CH_4 é a soma dessas massas. Isto é, 1 mol de CH_4 tem uma massa igual à massa de 1 mol de átomos de C (12,01 g), mais 4 mols de átomos de H (4,032 g). Assim, a *massa molar*, M, de CH_4 é 16,04 g/mol.

Uma vez que você sabe a massa de um mol de metano, 16,04 g, e que há $6,022 \times 10^{23}$ moléculas presentes em um mol, também é possível calcular a massa média de uma molécula de CH_4. (Esta é uma massa média, porque há vários isótopos de carbono e hidrogênio, e a massa de uma dada molécula será determinada pelos isótopos que compõem essa molécula.)

$$\text{Massa molecular média} = \frac{16,04 \text{ g}}{\text{mol}} \times \frac{1 \text{ mol}}{6,022 \times 10^{23} \text{ moléculas}} = 2,664 \times 10^{-23} \text{ g/molécula}$$

Compostos iônicos, tais como NaCl, não existem como moléculas individuais. Assim, para compostos iônicos nós escrevemos a fórmula mais simples que mostra o número relativo de cada tipo de átomo em uma "fórmula unitária" do composto, e a massa molar é calculada a partir dessa fórmula (M para NaCl = 58,44 g/mol). Para diferenciar substâncias como o NaCl, que não contêm moléculas, os químicos, eventualmente, referem-se a sua *massa fórmula*, ao invés de sua massa molar.

A Figura 2.27 ilustra quantidades de 1 mol de vários compostos comuns. Para encontrar a massa molar de qualquer composto, você só precisa adicionar as massas atômicas de cada elemento no composto, levando em consideração quaisquer subscritos nos elementos. Como exemplo, encontraremos a massa molar da aspirina, $C_9H_8O_4$. Em 1 mol de aspirina há 9 mols de átomos de carbono, 8 mols de átomos de hidrogênio e 4 mols de átomos de oxigênio, que somam 180,2 g/mol de aspirina.

FIGURA 2.27 Quantidades de 1 mol de alguns compostos. O segundo composto, CuCl$_2 \cdot$ 2 H$_2$O, é chamado de *composto hidratado*, porque a água está associada ao CuCl$_2$. Assim, uma "fórmula unitária" consiste em um íon de Cu^{2+}, dois íons de Cl$^-$ e duas moléculas de água. A massa molar é a soma das massas de 1 mol de Cu, 2 mols de Cl e 2 mols de H$_2$O.

Aspirina, C$_9$H$_8$O$_4$ 180,2 g/mol
Cloreto de cobre(II) diidratado, CuCl$_2 \cdot$ 2 H$_2$O 170,5 g/mol
Óxido de ferro(III), Fe$_2$O$_3$ 159,7 g/mol
H$_2$O 18,02 g/mol

Fórmula da Aspirina A fórmula molecular da aspirina é C$_9$H$_8$O$_4$ e sua massa molar é 180,2 g/mol. A aspirina é o nome comum do composto ácido acetilsalicílico.

$$\text{Massa de C em 1 mol C}_9\text{H}_8\text{O}_4 = 9 \text{ mols C} \times \frac{12{,}01 \text{ g C}}{1 \text{ mol de C}} = 108{,}09 \text{ g}$$

$$\text{Massa de H em 1 mol C}_9\text{H}_8\text{O}_4 = 8 \text{ mols H} \times \frac{1{,}008 \text{ g H}}{1 \text{ mol de H}} = 8{,}064 \text{ g H}$$

$$\text{Massa de O em 1 mol C}_9\text{H}_8\text{O}_4 = 4 \text{ mols O} \times \frac{16{,}00 \text{ g O}}{1 \text{ mol de O}} = 64{,}00 \text{ g}$$

$$\text{Massa total de 1 mol de C}_9\text{H}_8\text{O}_4 = \text{massa molar de C}_9\text{H}_8\text{O}_4 = 180{,}2 \text{ g}$$

Assim como foi o caso com os elementos, é importante ser capaz de realizar a conversão entre quantidades (mols) e massa (gramas). Por exemplo, se você tomar 325 mg (0,325 g) de aspirina em um comprimido, qual é a quantidade de matéria em mol do composto que você ingeriu? Com base em uma massa molar de 180,2 g/mol, há 0,00180 mol de aspirina por comprimido.

$$0{,}325 \text{ g de aspirina} \times \frac{1 \text{ mol de aspirina}}{180{,}2 \text{ g de aspirina}} = 0{,}00180 \text{ mol de aspirina}$$

Utilizando a massa molar de um composto, é possível determinar o número de moléculas de qualquer amostra a partir da massa de amostra e também a massa de uma molécula. Por exemplo, o número de moléculas do ácido acetilsalicílico em um comprimido é

$$0{,}00180 \text{ mol de aspirina} \times \frac{6{,}022 \times 10^{23} \text{ moléculas}}{1 \text{ mol de aspirina}} = 1{,}09 \times 10^{21} \text{ moléculas}$$

e a massa de uma molécula é

$$\frac{180{,}2 \text{ g de aspirina}}{1 \text{ mol de aspirina}} \times \frac{1 \text{ mol de aspirina}}{6{,}022 \times 10^{23} \text{ moléculas}} = 2{,}99 \times 10^{-22} \text{ g/molécula}$$

EXEMPLO 2.7

Massa Molar e Mols

Problema Você tem 16,5 g de ácido oxálico, H$_2$C$_2$O$_4$.

(a) Qual quantidade de matéria em mol é representada por 16,5 g de ácido oxálico?

(b) Quantas moléculas de ácido oxálico estão em 16,5 g de ácido?

(c) Quantos átomos de carbono estão em 16,5 g de ácido oxálico?

O que você sabe? Você sabe a massa e a fórmula do ácido oxálico. A massa molar do composto pode ser calculada com base na fórmula.

Estratégia A estratégia está esboçada no Mapa Estratégico.

- A massa molar de um composto é a soma das massas dos átomos constituintes.
- Parte (a) Use a massa molar para converter massa para quantidade de matéria em mol.
- Parte (b) Utilize o número de Avogadro para calcular o número de moléculas dessa quantidade.
- Parte (c) A partir da fórmula você sabe que há dois átomos de carbono em cada molécula.

Solução

Mols representados por 16,5 g. Calculemos primeiro a massa molar do ácido oxálico:

$$2 \text{ mols de C por mol de } H_2C_2O_4 \times \frac{12,01 \text{ g C}}{1 \text{ mol de C}} = 24,02 \text{ g C por mol de } H_2C_2O_4$$

$$2 \text{ mols de H por mol de } H_2C_2O_4 \times \frac{1,008 \text{ g H}}{1 \text{ mol de H}} = 24,02 \text{ g H por mol de } H_2C_2O_4$$

$$4 \text{ mols de O por mol de } H_2C_2O_4 \times \frac{16,00 \text{ g O}}{1 \text{ mol de O}} = 64,00 \text{ g O por mol de } H_2C_2O_4$$

Massa molar de $H_2C_2O_4$ = 90,04 g por mol de $H_2C_2O_4$

Agora calculemos a quantidade de matéria em mols. A massa molar (aqui expressa como 1 mol/90,04 g) é utilizada em todas as conversões de massa para mols.

$$16,5 \text{ g } H_2C_2O_4 \times \frac{1 \text{ mol}}{90,4 \text{ g } H_2C_2O_4} = 0,183 \text{ mol de } H_2C_2O_4$$

(b) *Número de moléculas.* Utilize o número de Avogadro para encontrar o número de moléculas do ácido oxálico em 0,183 mol de $H_2C_2O_4$.

$$0,183 \text{ mol} \times \frac{6,022 \times 10^{23} \text{ moléculas}}{1 \text{ mol}} = 1,10 \times 10^{23} \text{ moléculas}$$

(c) *Número de átomos de carbono.* Uma vez que cada molécula contém dois átomos de carbono, o número de átomos de carbono em 16,5 g do ácido é

$$1,10 \times 10^{23} \text{ moléculas} \times \frac{2 \text{ átomos de C}}{1 \text{ molécula}} = 2,21 \times 10^{23} \text{ átomos de C}$$

Pense bem antes de responder A massa do ácido oxálico é de 16,5 g, muito menos que a massa de um mol, por isso certifique-se de que sua resposta reflete isso. O número de moléculas do ácido deve ser muito menor que em um mol de moléculas.

Verifique seu entendimento

Se você tiver 454 g de ácido cítrico ($H_3C_6H_5O_7$), qual é a quantidade de matéria (mols) que isso representa? Quantas moléculas? Quantos átomos de carbono?

Mapa Estratégico 2.7

Problema
Encontre **a quantidade de matéria em mol de ácido oxálico** em uma **massa dada**. Então encontre **o número de moléculas** e **o número de átomos de C** na amostra.

DADOS/ INFORMAÇÕES CONHECIDOS
- **Massa** da amostra
- **Fórmula** do composto
- **Número de Avogadro**

ETAPA 1. Calcule a **massa molar** do ácido oxálico.

Massa Molar do ácido oxálico (g/mol)

ETAPA 2. Use a massa molar para calcular **a quantidade de matéria em mol** (multiplique a massa por 1/massa molar).

Quantidade de matéria em mol de ácido oxálico

ETAPA 3. Multiplique pelo **número de Avogadro.**

Número de moléculas

ETAPA 4. Multiplique pelo número de **átomos de C** por molécula.

Número de **átomos de C** em uma amostra

EXERCÍCIOS PARA A SEÇÃO 2.9

1. Qual é a massa molar do carbonato de cálcio?

    (a) 150,08 g/mol (c) 164,09 g/mol

    (b) 102,08 g/mol (d) 68,09 g/mol

2. Qual dos seguintes itens contém o maior número de moléculas?

    (a) 24 g de O_2 (b) 4,0 g de H_2 (c) 19 g de F_2 (d) 28 g de N_2

3. Qual das seguintes opções possui a maior massa?

   (a) 0,50 mol de Na (b) 0,20 mol de K (c) 0,40 mol de Ca (d) 0,60 mol de Mg

4. Que quantidade representa a maior quantidade de matéria (mols) da substância indicada?

   (a) $6,02 \times 10^{23}$ moléculas de H_2O (c) $3,01 \times 10^{23}$ moléculas de Br_2
   (b) 22 g de CO_2 (d) 30 g de HF

5. Quantos átomos de oxigênio estão presentes em 16 g de O_2?

   (a) $6,0 \times 10^{23}$ átomos de O (c) $1,5 \times 10^{23}$ átomos de O
   (b) $3,0 \times 10^{23}$ átomos de O (d) $1,2 \times 10^{24}$ átomos de O

2-10 Análise Química: Determinando Fórmulas de Compostos

Dada uma amostra de um composto desconhecido, como é possível determinar sua fórmula? A resposta está na *análise química*, um importante ramo da Química que lida com a determinação de fórmulas e estruturas.

Composição Percentual

Um princípio central da Química é o de que qualquer amostra de um composto puro consiste sempre nos mesmos elementos combinados na mesma proporção de massa. Isso significa que a composição molecular pode ser expressa de, pelo menos, três formas:

- em termos do número de cada tipo de átomos por molécula ou por fórmula unitária, isto é, mediante a fórmula do composto
- em termos da massa de cada elemento para cada mol de composto
- em termos da massa de cada elemento no composto relativo à massa total do composto – ou seja, como um percentual da massa

Suponhamos que você tenha 1,0000 mol de NH_3 ou 17,031 g. Essa massa de NH_3 é composta de 14,007 g de N (1,0000 mol) e 3,0237 g de H (3,0000 mols). Se compararmos a massa de N à massa total do composto, 82,244% da massa total é N e 17,755% é H.

Composição Percentual A composição percentual pode ser expressa como uma porcentagem (a massa de um elemento em uma amostra de 100 g). Por exemplo, NH_3 é 82,244% N. Ou seja, possui 82,244 g de N em 100,000 g de composto.

82,244% da massa de NH_3 é de **nitrogênio**

17,755% de massa de NH_3 é de **hidrogênio**.

$$\text{Massa percentual de N no } NH_3 = \frac{\text{massa de N em 1 mol } NH_3}{\text{massa de 1 mol } NH_3} \times 100\%$$

$$= \frac{14,007 \text{ g N}}{17,031 \text{ gNH}_3} \times 100\%$$

$$= 82,244\% \text{ (ou 82,244 g N em 100,00 g } NH_3)$$

$$\text{Massa percentual de N em } NH_3 = \frac{\text{massa de N em 1 mol } NH_3}{\text{massa de 1 mol } NH_3} \times 100\%$$

$$= \frac{3,0237 \text{ g H}}{17,031 \text{ g } NH_3} \times 100\%$$

$$= 17,755\% \text{ (ou 17,755 g H em 100,000 g } NH_3)$$

Esses valores dizem a você que em uma amostra de 100,00 g existem 82,244 g de N e 17,755 g de H.

EXEMPLO 2.8

Usando a Composição Percentual

Problema Qual é a porcentagem em massa de cada elemento no propano, C_3H_8? Que massa de carbono está contida em 454 g de propano?

O que você sabe? Você sabe a fórmula do propano. Você precisará dos pesos atômicos de C e H para calcular a massa percentual de cada elemento.

Estratégia

- Calcule a massa molar de propano.
- A partir da fórmula, você sabe que existem 3 mols de C e 8 mols de H por mol de C_3H_8. Determine a massa de C e a de H representadas por esses valores. A porcentagem de cada um dos elementos é a massa do elemento dividida pela massa molar multiplicada por 100.
- A massa de C em 454 g de C_3H_8 é obtida através da multiplicação desta massa pela % de C/100 (ou seja, pela fração decimal de C no composto).

Solução

(a) A massa molar de C_3H_8 é de 44,09 g/mol.

(b) A massa percentual de C e H em C_3H_8:

$$\frac{3 \text{ mols C}}{1 \text{ mol } C_3H_8} \times \frac{12,01 \text{ g C}}{1 \text{ mol C}} = 36,03 \text{ g C/1 mol } C_3H_8$$

$$\text{Massa percentual de C em } C_3H_8 = \frac{36,03 \text{ g C}}{44,097 \text{ g } C_3H_8} \times 100\% = \boxed{81,72\% \text{ C}}$$

$$\frac{8 \text{ mols H}}{1 \text{ mol } C_3H_8} \times \frac{1,008 \text{ g H}}{1 \text{ mol H}} = 8,064 \text{ g H/1 mol } C_3H_8$$

$$\text{Massa percentual em H em } C_3H_8 = \frac{8,064 \text{ g H}}{44,097 \text{ g } C_3H_8} \times 100\% = \boxed{18,29\% \text{ H}}$$

(c) Massa de C em 454 g de C_3H_8:

$$454 \text{ g } C_3H_8 \times \frac{81,72 \text{ g C}}{100,0 \text{ g } C_3H_8} = \boxed{371 \text{ g C}}$$

Pense bem antes de responder Uma vez que você sabe o percentual de C na amostra, é possível calcular o percentual de H a partir dele usando a fórmula %H = 100% – % C.

Verifique seu entendimento

1. Expresse a composição do carbonato de amônio, $(NH_4)_2CO_3$, em termos da massa de cada elemento em 1,00 mol de composto e a porcentagem na massa de cada elemento.
2. Qual é a massa do carbono em 454 g de octano, C_8H_{18}?

Fórmulas Empíricas e Moleculares a partir da Composição Percentual

Considere agora o inverso do procedimento que acaba de ser descrito. Ou seja, vamos usar os dados de massa ou dados da composição percentual para encontrar uma fórmula molecular. Suponhamos que você conheça a identidade dos elementos de uma amostra e tenha determinado a massa de cada elemento em uma dada massa do composto por análise química (▶ Seção 4.4). Você pode, em seguida, calcular a quantidade de matéria relativa (mols) de cada elemento, que também é o número relativo de átomos de cada elemento na fórmula do composto. Por exemplo, para um composto constituído por átomos de A e B, as etapas de composição percentual para uma fórmula apresentam-se como se segue:

Como exemplo, deduziremos a fórmula da hidrazina, um composto usado para remover o oxigênio da água em sistemas de aquecimento e de refrigeração; trata-se de um parente próximo de amônia. A hidrazina é composta de 87,42% de N e 12,58% de H.

PASSO 1 *Converta a massa percentual para massa.* As massas percentuais de N e H na hidrazina nos diz que há 87,42 g de N e 12,58 g de H em uma amostra de 100,00 g.

PASSO 2 *Converter a massa de cada elemento para mols.* A quantidade de cada elemento na amostra de 100,00 g é

$$87{,}42 \text{ g N} \times \frac{1 \text{ mol N}}{14{,}007 \text{ g N}} = 6{,}241 \text{ mols de N}$$

$$12{,}58 \text{ g H} \times \frac{1 \text{ mol H}}{1{,}0079 \text{ g H}} = 12{,}48 \text{ mols de H}$$

PASSO 3 *Calcule a proporção de mols dos elementos.* Utilize a quantidade de matéria (mols) de cada elemento em 100,00 g de amostra para determinar o valor de um elemento em relação a outro. (Para fazer isso, geralmente é melhor dividir a quantidade maior pela menor.) Para a hidrazina, essa proporção é de 2 mols de H a 1 mol de N,

$$\frac{12{,}48 \text{ mols H}}{6{,}241 \text{ mols H}} = \frac{2{,}000 \text{ mols H}}{1{,}000 \text{ mol N}} \longrightarrow NH_2$$

mostrando que há 2 mols de átomos de H para cada mol de átomos de N na hidrazina. Assim, em uma única molécula, existem dois átomos de H para cada átomo de N; isto é, a fórmula representa um grupo NH_2. Essa expressão que representa a proporção mais simples dos átomos em uma fórmula é chamada **fórmula empírica**.

Dados da composição percentual nos permitem calcular a relação atômica de um composto. Uma *fórmula molecular*, no entanto, deve transmitir dois tipos de informação: (1) os números relativos de átomos de cada elemento em uma molécula (as proporções atômicas) e (2) o número total de átomos na molécula. Para a hidrazina existem duas vezes mais átomos de H do que de N, então a fórmula molecular

> **Deduzindo uma Fórmula** A composição percentual dá a massa de um elemento em 100 g de uma amostra. No entanto, na dedução de uma fórmula, qualquer quantidade de amostra é apropriada se você sabe a massa de cada elemento na massa da amostra.

DICA PARA SOLUÇÃO DE PROBLEMAS 2.3
Encontrando Fórmulas Empíricas e Moleculares

- Os dados experimentais disponíveis para encontrar uma fórmula podem estar na forma de composição percentual ou massas de elementos combinados em alguns compostos. Não importa qual é o ponto de partida, o primeiro passo é sempre converter as massas dos elementos para mols.

- Certifique-se de utilizar *pelo menos* três algarismos significativos no cálculo das fórmulas empíricas. Utilizar menos algarismos significativos pode conduzir a um resultado incorreto.

- Ao encontrar razões atômicas, sempre divida o maior número de mols pelo menor.

- Fórmulas empíricas e moleculares podem ser diferentes para compostos moleculares. No entanto, não existe uma fórmula "molecular" para um composto iônico; tudo o que pode ser obtido é a fórmula empírica.

- Para determinar a fórmula molecular de um composto após o cálculo da fórmula empírica, é necessário conhecer a massa molar.

- Quando *tanto* a composição percentual *como* a massa molar são conhecidas em um composto, o método alternativo mencionado em "Pense bem antes de responder" no Exemplo 2.9 poderia ser utilizado.

poderia ser NH₂. Reconheça, no entanto, que NH₂ é apenas a relação possível mais simples de átomos em uma molécula. A fórmula empírica da hidrazina é NH₂, mas a verdadeira fórmula molecular poderia ser NH₂, N₂H₄, N₃H₆, N₄H₈, ou qualquer outra que tenha a proporção 1:2 de N para H.

Para *determinar a fórmula molecular a partir da fórmula empírica, a massa molar tem que ser obtida a partir de algum experimento*. Por exemplo, as experiências mostram que a massa molar da hidrazina é 32,0 g/mol, o dobro da massa da fórmula NH₂, que é de 16,0 g/mol. Assim, a fórmula molecular da hidrazina corresponde a duas vezes a fórmula empírica de NH₂, ou seja, N₂H₄.

EXEMPLO 2.9

Calculando as Fórmulas Empíricas a partir da Composição Percentual

Problema Muitos refrigerantes contêm benzoato de sódio como conservante. Quando você consome o benzoato de sódio, ele reage com o aminoácido glicina no seu corpo de modo a formar o ácido hipúrico, que é então excretado pela urina. O ácido hipúrico tem uma massa molar de 179,17 g/mol e tem 60,33% C, 5,06% H, 7,82% e N; o restante é oxigênio. Determine as fórmulas empírica e molecular do ácido hipúrico.

O que você sabe? Você sabe a massa percentual de C, H e N. A massa percentual do oxigênio não é conhecida, mas é obtida pela diferença. Você sabe a massa molar, mas precisará dos pesos atômicos de C, H, N e O para o cálculo.

Estratégia Suponha que a massa percentual de cada elemento seja equivalente à sua massa, em gramas, e converta cada massa para mols. A proporção de mols fornecerá a fórmula empírica. A massa de um mol de composto com a fórmula empírica calculada é comparada com a massa molar real e experimental para encontrarmos a verdadeira fórmula molecular.

Solução A massa de oxigênio em uma amostra de 100,0 g de ácido hipúrico é

$$100{,}00 \text{ g} = 60{,}33 \text{ g C} + 5{,}06 \text{ g H} + 7{,}82 \text{ g N} + \text{massa de O}$$

$$\text{Massa de O} = 26{,}79 \text{ g O}$$

A quantidade de matéria de cada elemento em 100,0 g é

$$60{,}33 \text{ g C} \times \frac{1 \text{ mol C}}{12{,}011 \text{ g C}} = 5{,}023 \text{ mols C}$$

$$5{,}06 \text{ g H} \times \frac{1 \text{ mol H}}{1{,}008 \text{ g H}} = 5{,}02 \text{ mols H}$$

$$7{,}82 \text{ g N} \times \frac{1 \text{ mol N}}{14{,}01 \text{ g N}} = 0{,}558 \text{ mol N}$$

$$26{,}79 \text{ g O} \times \frac{1 \text{ mol O}}{15{,}999 \text{ g O}} = 1{,}674 \text{ mols O}$$

Para encontrar a razão molar, a melhor abordagem é basear as relações sobre o menor número de mols presentes – neste caso, o nitrogênio.

$$\frac{\text{mol C}}{\text{mol N}} = \frac{5{,}023 \text{ mols C}}{0{,}558 \text{ mol N}} = \frac{9{,}00 \text{ mols C}}{1{,}00 \text{ mol N}} = 9 \text{ mols C}/1 \text{ mol N}$$

$$\frac{\text{mol H}}{\text{mol N}} = \frac{5{,}02 \text{ mols H}}{0{,}558 \text{ mol N}} = \frac{9{,}00 \text{ mols H}}{1{,}00 \text{ mol N}} = 9 \text{ mols H}/1 \text{ mol N}$$

$$\frac{\text{mol O}}{\text{mol N}} = \frac{1{,}674 \text{ mols O}}{0{,}558 \text{ mol N}} = \frac{3{,}00 \text{ mols O}}{1{,}00 \text{ mol N}} = 3 \text{ mols O}/1 \text{ mol N}$$

Mapa Estratégico 2.9

PROBLEMA
Determine as **fórmulas empíricas** e **moleculares** baseadas na **composição conhecida** e na **massa molar conhecida**.

DADOS/INFORMAÇÕES CONHECIDOS
- Massa molar
- Composição percentual

ETAPA 1. Suponha que cada **% de átomo** é equivalente à **massa em gramas** em **100 g** de amostra

A **massa** de cada elemento em uma amostra de **100 g** do composto

ETAPA 2. Utilize o **peso atômico** de cada elemento para calcular a **quantidade de matéria** em mol de cada elemento em 100 g de amostra (multiplicar **massa** por **mol/g**).

Quantidade de matéria (mol) de cada elemento em **100 g** de amostra

ETAPA 3. Divida a *quantidade de matéria em mol* de cada elemento pela *quantidade de matéria em mol* do elemento presente **na menor quantidade**.

A **razão molar** é obtida pela razão entre a *quantidade de matéria de cada elemento* pela *quantidade de matéria do elemento presente em menor quantidade* = **fórmula empírica**.

ETAPA 4. Divida **a massa molar** conhecida pela **massa da fórmula empírica**.

Fórmula molecular

Ácido hipúrico, C₉H₉NO₃ Esta substância, que pode ser isolada na forma de cristais brancos, é encontrada na urina de seres humanos e de animais herbívoros.

Agora sabemos que há 9 mols de C, 9 mols de H e 3 mols de O para cada mol de N. Assim, a fórmula empírica é C₉H₉NO₃. A massa molar desse composto é 179,17 g/mol. Ela é a mesma que o peso molecular da fórmula empírica, de modo que a fórmula molecular é C₉H₉NO₃.

Pense bem antes de responder Há uma outra abordagem para encontrar a fórmula molecular aqui. Sabendo a composição percentual de ácido hipúrico e sua massa molar, você poderia calcular que em 179,17 g de ácido hipúrico existem 108,06 g de C (8,997 mols de C), 9,06 g de H (8,99 mols de H), 14,01 g N (1,000 mol de N) e 48,00 g de O (3 mols de O). Isso nos dá a seguinte fórmula molecular: C₉H₉NO₃. No entanto, você deve reconhecer que *essa abordagem só pode ser utilizada quando você conhece* **tanto** *a composição percentual* **quanto** *a massa molar*.

Verifique seu entendimento

1. Qual é a fórmula empírica do naftaleno, C₁₀H₈?
2. A fórmula empírica do ácido acético é CH₂O. Se a sua massa molar é de 60,05 g/mol, qual é a fórmula molecular do ácido acético?
3. O isopreno é um composto líquido que pode ser polimerizado para formar a borracha natural. Ele é composto de 88,17% de carbono e 11,83% de hidrogênio. Sua massa molar é 68,11 g/mol. Quais são suas fórmulas empírica e molecular?
4. A cânfora é encontrada na madeira de cânfora, muito valorizada pelo seu maravilhoso aroma. Ela é composta de 78,90% de carbono e 10,59% de hidrogênio. O restante é oxigênio. Qual é sua fórmula empírica?

Determinando uma Fórmula através dos Dados da Massa

A composição de um composto, em termos de porcentagem em massa, nos fornece a massa de cada elemento em uma amostra de 100,0 g. No laboratório, muitas vezes coletamos informações sobre a composição dos compostos de forma ligeiramente diferente. Nós podemos

1. Combinar massas conhecidas de elementos para fornecer uma amostra do composto de massa conhecida. As massas dos elementos podem ser convertidas em quantidades de matéria (mols), e a proporção dessas quantidades fornece a relação entre as quantidades de matéria dos átomos combinados, ou seja, a fórmula empírica. Esse procedimento está ilustrado no Exemplo 2.10.
2. Decomponha uma massa conhecida de um composto desconhecido em "pedaços" de composição conhecida. Se as massas dos "pedaços" podem ser determinadas, a razão dos mols dos "pedaços" nos dá a fórmula. Um exemplo é uma decomposição, tal como

$$Ni(CO)_4(\ell) \rightarrow Ni(s) + 4\ CO(g)$$

As massas de Ni e de CO podem ser convertidas em mols, cuja razão 1:4 revelaria a fórmula do composto. Descreveremos este procedimento no Exemplo 2.11.

Mapa Estratégico 2.10

PROBLEMA
Determine a **fórmula empírica** com base nas **massas dos elementos combinados**.

DADOS / INFORMAÇÕES CONHECIDOS
- Massa de um elemento no composto binário
- Massa do produto

ETAPA 1. Determine a *massa do segundo elemento* pela **diferença**.

Massa de cada elemento numa amostra do composto

ETAPA 2. Utilize o **peso atômico** de cada elemento para calcular a **quantidade de matéria** de cada elemento na amostra (multiplique a massa por mol/g)

Quantidade de matéria (mol) de cada elemento na amostra

ETAPA 3. Dividir o valor da *quantidade de matéria de cada elemento pela quantidade de matéria do elemento presente em* **menor quantidade**

Razão molar entre a *quantidade de matéria de cada elemento* e a *quantidade de matéria do elemento presente em menor quantidade* = **fórmula empírica**

EXEMPLO 2.10

A Fórmula de um Composto a partir de Massas Que se Combinam

Problema Os óxidos de praticamente todos os elementos são conhecidos. O bromo, por exemplo, forma vários óxidos quando tratado com ozônio. Suponha que você permita que 1,250 g de bromo, Br₂, reaja com o ozônio para obter 1,876 g de Br_xO_y. Qual é a fórmula empírica do produto?

O que você sabe? Você sabe que começa com uma determinada massa de bromo e que todo o bromo se torna parte do óxido de bromo de fórmula desconhecida. Você também conhece a massa do produto, e por conhecer a massa de Br nesse produto, é possível determinar a massa de O nele.

Estratégia
- A massa de oxigênio é determinada como a diferença entre a massa do produto e a massa de bromo utilizada.
- Calcule as quantidades de matéria de Br e O das massas de cada elemento.
- Encontre a razão molar entre os mols de Br e os mols de O. Isso define a fórmula empírica.

Solução Você já conhece a massa do bromo no composto, então consegue calcular a massa de oxigênio no composto subtraindo a massa de bromo a partir da massa do produto.

$$1{,}876 \text{ g produto} - 1{,}250 \text{ g Br}_2 = 0{,}626 \text{ g O}$$

Em seguida, calcule a quantidade de cada reagente. Observe que, apesar de Br_2 ter sido o reagente, precisamos saber a quantidade de Br no produto.

$$1{,}250 \text{ g Br}_2 \times \frac{1 \text{ mols Br}_2}{159{,}81 \text{ g Br}_2} = 0{,}007822 \text{ mol Br}_2$$

$$0{,}007822 \text{ mol Br}_2 \times \frac{2 \text{ mols Br}}{1 \text{ mol Br}_2} = 0{,}01564 \text{ mol Br}$$

$$0{,}626 \text{ g O} \times \frac{1 \text{ mol O}}{16{,}00 \text{ g de O}} = 0{,}0391 \text{ mol O}$$

Encontre a relação entre o mol de O e mol de Br:

$$\text{Razão molar} = \frac{0{,}0391 \text{ mol O}}{0{,}01564 \text{ mol Br}} = \frac{2{,}50 \text{ mols O}}{1{,}00 \text{ mol O}}$$

A relação atômica é de 2,5 mols de O/1,0 mol de Br. No entanto, os átomos combinam numa relação de números inteiros pequenos, então nós os dobramos para dar uma proporção de 5 mols de O por 2 mols de Br. Assim, o produto é Br_2O_5 (pentóxido dibromo).

Pense bem antes de responder A razão molar de 5:2 foi encontrada ao perceber que 2,5 = 2 1/2 = 5/2. O cálculo forneceu uma fórmula empírica para esse composto. Para determinar se esta é também a fórmula molecular, a massa molar do composto teria que ser determinada.

Verifique seu entendimento

Óxido de gálio, Ga_xO_y, forma-se quando o gálio é combinado com o oxigênio. Suponha que você permite que 1,25 g de gálio (Ga) reaja com o oxigênio e obtenha 1,68 g de Ga_xO_y. Qual é a fórmula do composto?

EXEMPLO 2.11

Determinando a Fórmula de um Composto Hidratado

Problema Você quer saber o valor de x no sulfato de cobre(II) hidratado azul, $CuSO_4 \cdot x\,H_2O$, isto é, o número de moléculas de água para cada unidade de $CuSO_4$. No laboratório você pesa 1,023 g do sólido. Após o aquecimento completo do sólido em um cadinho de porcelana (Figura), permanece 0,654 g de sulfato de cobre(II) anidro quase branco, $CuSO_4$.

$$1{,}023 \text{ g CuSO}_4 \cdot x\,H_2O + \text{calor} \rightarrow$$
$$0{,}654 \text{ g CuSO}_4 + ? \text{ g H}_2O$$

O que você sabe? Você sabe a massa da amostra do sulfato de cobre(II), incluindo a água (antes do aquecimento) e sem água (após aquecimento). Portanto, você sabe a massa de água na amostra e a massa de $CuSO_4$.

Mapa estratégico 2.11

PROBLEMA
Determine **a fórmula do sal hidratado** com base nas **massas de água e do sal desidratado**.

DADOS/INFORMAÇÕES CONHECIDOS
- Massa da amostra antes e depois do aquecimento para desidratar

ETAPA 1. Determine a *massa do sal e da água* pela **diferença**.

Massa de sal e água na amostra do composto hidratado

ETAPA 2. Utilize a **massa molar** do sal e da água para calcular a **quantidade de matéria** de cada um na amostra (multiplique a **massa** por **mol/g**).

Quantidade de matéria (mol) do sal e da água na amostra

ETAPA 3: Divida a **quantidade** de *matéria (mol)* de água pela *quantidade de matéria (mol)* de *sal desidratado*.

Fórmula = razão entre a *quantidade de matéria (mol)* de água e a *quantidade de matéria (mol)* de sal na amostra desidratada

Estratégia Para encontrar *x* você precisa saber a quantidade de H₂O por mol de CuSO₄.
- Determine a massa de água liberada no aquecimento do composto hidratado.
- Calcule a quantidade de matéria (mols) de CuSO₄ e H₂O a partir de suas massas e massas molares.
- Determine a razão molar (quantidade de matéria de H₂O/ quantidade de matéria de CuSO₄).

Solução Encontre a massa da água.

Massa do composto hidratado	1,023 g
− Massa do composto anidro, CuSO₄	−0,654
Massa da água	0,369 g

Em seguida, converta as massas de CuSO₄ e H₂O para mols.

$$0,369 \text{ g H}_2\text{O} \times \frac{1 \text{ mol H}_2\text{O}}{18,02 \text{ g H}_2\text{O}} = 0,0205 \text{ mol H}_2\text{O}$$

$$0,654 \text{ g CuSO}_4 \times \frac{1 \text{ mol CuSO}_4}{159,6 \text{ g CuSO}_4} = 0,00410 \text{ mol CuSO}_4$$

O valor de *x* é determinado a partir da razão molar.

$$\frac{0,0205 \text{ mol H}_2\text{O}}{0,00410 \text{ mol CuSO}_4} = \frac{5,00 \text{ mols H}_2\text{O}}{1,00 \text{ mol CuSO}_4}$$

A razão entre H₂O e CuSO₄ é 5:1, então a fórmula do composto hidratado é CuSO₄ · 5 H₂O. Seu nome é sulfato de cobre(II) pentaidratado.

Pense bem antes de responder A razão da quantidade de matéria de água na quantidade de matéria de CuSO₄ é um número inteiro. Isto é quase sempre o que ocorre com os compostos hidratados.

Verifique seu entendimento

O cloreto de níquel(II) hidratado é um belo composto cristalino verde. Quando bastante aquecido, o composto é desidratado. Se 0,235 g de NiCl₂ · *x* H₂O fornece 0,128 g de NiCl₂ depois do aquecimento, qual é o valor de *x*?

O Arsênio, a Medicina e a Fórmula do Composto 606

ESTUDO DE CASO

Por alguns séculos, a prática na medicina tem sido a de encontrar compostos que são tóxicos para certos organismos, mas não tão tóxico a ponto de prejudicar o paciente. No início do século XX, Paul Ehrlich buscou encontrar simplesmente um composto que poderia curar a sífilis, uma doença sexualmente transmissível que era epidemia na época. Ele analisou centenas de compostos, e descobriu que seu 606º composto era eficaz: uma droga contendo arsênio chamada salvarsan, ou arsefenamina. Ela vinha sendo utilizada há alguns anos para o tratamento de sífilis até a descoberta da penicilina na década de 1930.

Salvarsan foi uma precursora da indústria farmacêutica moderna. Curiosamente, o que os químicos achavam se tratar de um único composto era na verdade uma mistura de compostos. A Questão 2 a seguir levará você à fórmula molecular de cada um deles.

Questões:

1. O arsênio é bastante encontrado no meio ambiente e é um grande problema no abastecimento de água que vem do solo em Bangladesh. O ouro-pigmento e a enargita são minerais de arsênio. Este último tem 19,024% As, 48,407% Cu e 32,569% S. Qual é a fórmula empírica do mineral?
2. Durante muito tempo pensava-se que a salvarsan era uma única substância. Recentemente, no entanto, um estudo de espectrometria de massa do composto mostrou que ela é uma mistura de duas moléculas com a mesma fórmula empírica. Cada uma tem a seguinte composição: 39,37% C, 3,304% H, 8,741% O, 7,652% N e 40,932% As. Uma tem uma massa molar de 549 g/mol e a outra tem uma massa molar de 915 g/mol. Quais são as fórmulas moleculares dos compostos?

Uma amostra de ouro-pigmento, um mineral comum que contém arsênio (As₂S₃). Supõe-se que o nome do elemento venha da palavra grega para este mineral, que por muito tempo foi usado como pigmento por pintores holandeses do século XVII.

As respostas para estas questões estão disponíveis no Apêndice N.

Átomos, moléculas e íons

FIGURA 2.28 Espectro da massa de etanol, CH₃CH₂OH. Um pico ou uma linha importante no espectro é o íon "molecular" (CH₃CH₂OH⁺) de massa 46. (O íon molecular é o íon mais pesado observado.) A massa designada pelo pico do íon molecular confirma a fórmula da molécula. Outros picos correspondem a íons mais leves (fragmentos iônicos). Esse padrão de linhas pode fornecer mais provas inequívocas sobre a fórmula do composto. (O eixo horizontal é a razão massa/carga de um dado íon. Uma vez que quase todos os íons observados possuem uma carga $Z = +1$, o valor observado é a massa do íon.) (Veja "Um Olhar Mais Atento: Espectrometria de Massa, Massa Molar e Isótopos".)

Determinando a fórmula pela Espectrometria de Massa

Descrevemos métodos químicos para determinar uma fórmula molecular, mas existem também muitos métodos instrumentais. Um deles é a *espectrometria de massa* (Veja a Figura 2.28). Nós introduzimos esta técnica anteriormente, quando discutimos a existência de isótopos e sua abundância relativa (veja Figura 2.3). Se um composto pode ser vaporizado, o vapor pode ser passado através de um feixe de elétrons de um espectrômetro de massa, onde elétrons de alta energia colidem com as moléculas em fase gasosa. Essas colisões de alta energia fazem com que as moléculas percam elétrons e se tornem íons positivos. Esses íons geralmente se

UM OLHAR MAIS ATENTO | Espectrometria de Massa, Massa Molar e Isótopos

O bromobenzeno, C₆H₅Br, tem uma massa molar de 157,010 g/mol. Por que, então, há duas linhas proeminentes na relação massa/carga (m/Z) de 156 e 158 no espectro de massa do composto (quando Z = +1)? A resposta nos mostra a influência de isótopos na massa molar.

O bromo tem dois isótopos naturais, ⁷⁹Br e ⁸¹Br. Eles são 50,7% e 49,3% abundantes, respectivamente. Qual é a massa de C₆H₅Br baseada em cada isótopo? Se usarmos os isótopos mais abundantes de C e H (¹²C e ¹H), a massa da molécula com o isótopo ⁷⁹Br, C₆H₅⁷⁹Br, é de 156. A massa da molécula que contém o isótopo ⁸¹Br, C₆H₅⁸¹Br, é 158. O tamanho relativo dos dois picos no espectro reflete as abundâncias relativas dos dois isótopos de bromo.

A massa molar calculada do bromobenzeno (157,010 g/mol) reflete a abundância de todos os isótopos. Por outro lado, o espectro de massa tem uma linha para cada combinação possível de isótopos. Isso também explica porque existem também pequenas linhas nas relações massa/carga de 157 e 159. Eles surgem a partir de diversas combinações de ¹H, ¹²C, ¹³C, ⁷⁹Br e átomos de ⁸¹Br. Na verdade, uma análise cuidadosa desses padrões pode identificar uma molécula de forma inequívoca.

decompõem ou se fragmentam em pedaços menores. Tal como ilustrado na Figura 2.28, o cátion originado a partir dos fragmentos de etanol ($CH_3CH_2OH^+$) (que perdem um átomo de H) gera um outro cátion ($CH_3CH_2O^+$), que se fragmenta ainda mais. Um espectrômetro de massa detecta e registra as massas das partículas diferentes. A análise do espectro poderá ajudar a identificar um composto e fornecer uma massa molecular precisa.

APLICANDO PRINCÍPIOS QUÍMICOS
Argônio – Uma Incrível Descoberta

O gás nobre argônio foi descoberto por *Sir* William Ramsay e John William Strutt (o terceiro Lord Rayleigh) na Inglaterra e relatado em revistas científicas em 1895. Diante dessa descoberta, Ramsay e Lord Rayleigh fizeram medidas altamente precisas da densidade do gás. Eles descobriram que o nitrogênio gasoso (N_2) formado pela decomposição térmica da amônia tinha uma densidade ligeiramente mais baixa que a do gás que permanecia após O_2, CO_2 e H_2O serem removidos do ar. A razão para essa diferença é que a amostra extraída do ar continha uma pequena quantidade de outros gases. Após remover o N_2 da amostra promovendo sua reação com magnésio incandescente (para formar Mg_3N_2), permanecia uma pequena quantidade de gás, que era mais densa que o ar. Este foi identificado como argônio.

As densidades experimentalmente determinadas por Lord Rayleigh para o oxigênio, nitrogênio e ar atmoaférico são:

Sir **William Ramsay (1852-1916).** Ramsay foi um químico escocês que descobriu vários dos gases nobres (pelo qual recebeu o Prêmio Nobel de Química em 1904). Lorde Rayleigh recebeu o Prêmio Nobel em Física, também em 1904, pela descoberta do argônio.

Gás	Densidade (g/L)
Oxigênio	1,42952
Nitrogênio, derivado do ar	1,25718
Nitrogênio, derivado de amônia	1,25092
Ar atmosférico, com água e CO_2 removido	1,29327

QUESTÕES:

1. Para determinar a densidade do nitrogênio atmosférico, Lord Rayleigh removeu o oxigênio, a água e o dióxido de carbono do ar, e então preencheu um globo de vidro vazio com o gás remanescente. Ele determinou que uma massa de 0,20389 g de nitrogênio possui uma densidade de 1,25718 g/L em condições normais de temperatura e pressão. Qual é o volume do globo (em cm^3)?
2. A densidade de uma mistura de gases pode ser calculada pela soma dos produtos da densidade de cada um dos gases e o volume parcial do espaço ocupado por esse gás. (Observe a semelhança com o cálculo da massa molar de um elemento a partir das massas e das abundâncias isotópicas fracionadas.) Suponha que o ar seco com CO_2 removido seja 20,96% (em volume) de oxigênio, 78,11% de nitrogênio e 0,930% de argônio. Determine a densidade do argônio.
3. O argônio atmosférico é uma mistura de três isótopos estáveis: ^{36}Ar, ^{38}Ar e ^{40}Ar. Utilize as informações da tabela a seguir para determinar a massa atômica e abundância natural do ^{40}Ar.

Isótopo	Massa atômica (u)	Abundância (%)
^{36}Ar	35,967545	0,337
^{38}Ar	37,96732	0,063
^{40}Ar	?	?

4. Uma vez que a densidade do argônio é 1,78 g/L, em condições normais de temperatura e pressão, quantos átomos de argônio estão presentes em uma sala com as dimensões de 4,0 m x 5,0 m x 2,4 m que está preenchida com argônio puro sob essas condições de temperatura e pressão?

REFERÊNCIAS:

1. *Proceedings of the Royal Society of London*, v. 57, p. 265-287, (1894–1895);
2. RAMSAY, W. *The Gases of the Atmosphere and Their History*, 4. ed. Londres: MacMillan and Co., Limited, 1915.

EXERCÍCIOS PARA A SEÇÃO 2.10

1. Qual dos seguintes hidrocarbonetos tem a maior porcentagem em carbono?

   (a) metano, CH_4 (b) etano, C_2H_6 (c) propano, C_3H_8 (d) butano, C_4H_{10}

2. Um composto orgânico tem uma fórmula empírica CH_2O e uma massa molar de 180 g/mol. Qual é sua fórmula molecular?

   (a) CH_2O (b) $C_6H_{12}O_6$ (c) $C_2H_4O_2$ (d) $C_5H_{10}O_5$

3. Eugenol é o principal componente do óleo de cravo. Ele tem uma massa molar de 164,2 g/mol e é 73,14% C e 7,37% H; o restante é oxigênio. Quais são as fórmulas, empírica e molecular, do eugenol?

   (a) C_5H_6O, C_5H_6O (b) $C_5H_6O, C_{10}H_{12}O_2$ (c) $C_6H_5O, C_{12}H_{10}O_2$ (d) $C_3H_6O, C_6H_{12}O_2$

4. O sal de Epsom é $MgSO_4 \cdot 7H_2O$. Quando aquecido de 70 a 80 °C, perde água de sua hidratação, mas não totalmente. Suponha que você aqueça 2,465 g de sal Epsom a 75 °C e descubra que a massa agora é apenas 1,744 g. Qual é a fórmula do sal parcialmente desidratado?

   (a) $MgSO_4 \cdot 6H_2O$ (b) $MgSO_4 \cdot 5H_2O$ (c) $MgSO_4 \cdot 4H_2O$ (d) $MgSO_4 \cdot 3H_2O$

REVISÃO DOS OBJETIVOS DO CAPÍTULO

Agora que você já estudou este capítulo, deve perguntar a si mesmo se atingiu os objetivos propostos. Especificamente, você deverá ser capaz de:

ENTENDER

- A composição e a estrutura dos átomos (prótons, nêutrons, elétrons) e os termos número atômico e número de massa (Seções 2.1 e 2.2). **Questões para Estudo: 1, 6, 7.**

- As várias representações de massas dos átomos: massa atômica, peso atômico (massa atômica relativa), e suas inter-relações (Seções 2.2 e 2.3).

- A composição dos isótopos (Seção 2.3). **Questões para Estudo: 5, 7, 97.**

- A importância da lei de Coulomb em Química (Equação 2.3). (Esta lei descreve as forças eletrostáticas de atração e repulsão de íons. A lei de Coulomb afirma que a força de atração entre as espécies de carga oposta aumenta com a carga elétrica e com a diminuição da distância entre as espécies.) **Questão para Estudo: 55.**

- O conceito de mol e massa molar e sua aplicação (Seções 2.9 e 2.10). **Questões para Estudo: 61, 62, 65, 105.**

- Como a espectrometria de massa é usada (para determinar abundâncias isotópicas, massas isotópicas e fórmulas moleculares) (Seção 2.10). **Questão para Estudo: 155.**

FAZER

- Realizar cálculos relativos a pesos atômicos, massas isotópicas e abundâncias isotópicas.
  a. Fornecer o número de massa e número de nêutrons de um isótopo específico (Seções 2-2 e 2-3). **Questões de Estudo: 5, 6, 8, 16, 97.**
  b. Fazer os cálculos relativos ao peso atômico (massa atômica) de um elemento e abundâncias isotópicas e massas (Seção 2.4). **Questões para Estudo: 19-24, 98, 154.**

- Realizar cálculos envolvendo massas, mols e número de partículas.
  a. Utilizar a massa molar de um elemento e o número de Avogadro em cálculos (Seção 2.9). **Questões para Estudo: 63, 67, 106, 107.**
  b. Calcular a massa molar de um composto a partir de sua fórmula e uma tabela de pesos atômicos (Seção 2.9). **Questões para Estudo: 69, 71.**

c. Calcular o número de mols de um composto que é representado por uma determinada massa, e vice-versa (Seção 2.9). **Questões para Estudo: 73–75, 117.**

- Interpretar, prever e escrever fórmulas de compostos iônicos e moleculares.

    a. Reconhecer e interpretar fórmulas moleculares, fórmulas condensadas e fórmulas estruturais (Seção 2.6). **Questões para Estudo: 33, 74.**

    b. Reconhecer que os átomos do metal perdem comumente um ou mais elétrons para formar íons positivos, chamados de cátions, e os átomos não metálicos muitas vezes ganham elétrons para formar íons negativos, chamados de ânions (Figura 2.18).

    c. Prever a carga de um cátion de metal: para os íons dos grupos 1A, 2A, 3A, a carga é igual ao número do grupo, em que o elemento é encontrado na Tabela Periódica (M^{n+}, n = número do grupo) (Seção 2.7); para cátions de metais de transição, as cargas são muitas vezes 2+ ou 3+, mas outras cargas são observadas. **Questões para Estudo: 35, 37, 39.**

    d. Reconhecer que a carga negativa de um único átomo ou ânion monoatômico, X^{n-} é dado por n = número do Grupo – 8 (Seção 2.7). **Questões para Estudo: 36, 40.**

    e. Escrever fórmulas de compostos iônicos através da combinação de íons em uma relação apropriada para não gerar nenhuma carga líquida (Seção 2.7). **Questões para Estudo: 41, 43, 45, 47.**

- Determinar fórmulas empíricas e moleculares e a composição percentual de compostos a partir de dados experimentais.

    a. Expressar a composição de um composto em termos de composição percentual (Seção 2.10). **Questões para Estudo: 79, 81, 113.**

    b. Utilizar a composição percentual ou outros dados experimentais para determinar a fórmula empírica de um composto (Seção 2.10). **Questões para Estudo: 87, 88, 89, 91.**

    c. Usar os dados experimentais para encontrar o número de moléculas de água em um composto hidratado (Seção 2.11). **Questões para Estudo: 157, 158.**

LEMBRAR

- A terminologia da Tabela Periódica (períodos, grupos) e saber como usar a informação dada nessa tabela (Seção 2.5). **Questões para Estudo: 25, 28–30, 103.**

- Alguns elementos comuns e identificar algumas de suas propriedades.

- Fórmulas e nomes de íons e compostos iônicos e de compostos moleculares comuns.

    a. Íons poliatômicos (Tabela 2.4 e Seção 2.7). **Questões para Estudo: 37, 38.**

    b. Os compostos iônicos e compostos binários simples dos não metais (Seções 2-7 e 2-8). **Questões para Estudo: 49, 57-60, 128.**

- As propriedades comuns de compostos iônicos (Seção 2.7).

EQUAÇÕES-CHAVE

Equação 2.1 Abundância percentual de um isótopo.

$$\text{Abundância Percentual} = \frac{\text{número de átomos de um isótopo dado}}{\text{número total de átomos de todos os isótopos desse elemento}} \times 100\%$$

Equação 2.2 Calcular o peso atômico a partir das abundâncias dos isótopos e a massa atômica exata de cada isótopo de um elemento.

$$\text{Peso Atômico} = \left(\frac{\% \text{ abundância do isótopo 1}}{100}\right)(\text{massa do isótopo 1}) + \left(\frac{\% \text{ abundância do isótopo 2}}{100}\right)(\text{massa do isótopo 2}) + \ldots$$

Equação 2.3 Lei de Coulomb, a força de atração entre íons de cargas opostas.

$$\text{Força} = -k\frac{(n^+e)(n^-e)}{d^2}$$

onde n^+e e n^-e são a carga de íons e carga do elétron, k é a constante de proporcionalidade e d é a distância entre íons.

QUESTÕES PARA ESTUDO

▲ denota questões desafiadoras.

Questões numeradas em verde têm respostas no Apêndice N.

Praticando Habilidades

Átomos: Sua Composição e Estrutura

1. Quais são as três partículas fundamentais a partir das quais os átomos são construídos? Quais são suas cargas elétricas? Quais dessas partículas constituem o núcleo de um átomo? Qual das três é a partícula de menor massa?

2. Defina o número de massa. Qual é a diferença entre o número de massa e a massa atômica?

3. Um átomo tem um pequeno núcleo rodeado por uma "nuvem" de elétrons. A Figura 2.1 representa o núcleo com um diâmetro de cerca de 2 mm, e descreve a nuvem de elétrons como estendendo-se ao longo de 200 m. Se o diâmetro de um átomo é 1×10^{-8} cm, qual é o diâmetro aproximado de seu núcleo?

4. Um átomo de ouro tem um raio de 145 pm. Se você pudesse unir átomos de ouro como pérolas em um coler, quantos átomos você precisaria para ter um colar com 36 centímetros de comprimento?

5. Dê o símbolo completo ($^A_Z X$), incluindo o número atômico e número de massa, para cada um dos seguintes átomos: (a) magnésio com 15 nêutrons, (b) titânio com 26 nêutrons, e (c) zinco com 32 nêutrons.

6. Dê o símbolo completo ($^A_Z X$), incluindo o número atômico e número de massa, de (a) um átomo de níquel com 31 nêutrons, (b) um átomo de plutônio com 150 nêutrons, e (c) um átomo de tungstênio com 110 nêutrons.

7. Quantos prótons, elétrons e nêutrons existem em cada um dos seguintes átomos a seguir?

   (a) magnésio-24, ^{24}Mg (d) carbono-13, ^{13}C
   (b) estanho-119, ^{119}Sn (e) cobre-63, ^{63}Cu
   (c) tório-232, ^{232}Th (f) bismuto-205, ^{205}Bi

8. Estrutura atômica.

   (a) O elemento radioativo sintético tecnécio é utilizado em vários estudos médicos. Dê o número de elétrons, prótons e nêutrons em um átomo de tecnécio-99.
   (b) o amerício radioativo-241 é usado em detectores domésticos de fumaça e na análise mineral óssea. Dê o número de elétrons, prótons e nêutrons de um átomo de amerício-241.

Experimentos-chave no Desenvolvimento da Estrutura Atômica
(Veja as páginas 64-65.)

9. A partir de experiências de raios catódicos, J. J. Thomson estimou que a massa de um elétron era "cerca de um milésimo" da massa de um próton. Qual é a precisão dessa estimativa? Calcule a relação da massa de um elétron pela massa de um próton.

10. Em 1886, Eugene Goldstein observou partículas positivamente carregadas movendo-se na direção oposta aos elétrons em um tubo de raios catódicos (ilustrado abaixo). A partir da massa deles, ele concluiu que essas partículas eram formadas a partir do gás residual no tubo. Por exemplo, se o tubo de raios catódicos continha o hélio, os raios canais consistiam em íons He⁺. Descreva um processo que poderia levar a esses íons.

Raios Canais. Em 1886, Eugene Goldstein detectou uma corrente de partículas que se movem na direção oposta à dos raios catódicos carregados negativamente (elétrons). Ele chamou a essa corrente de partículas positivas "raios canais."

11. Marie Curie nasceu na Polônia, mas estudou e realizou sua pesquisa em Paris. Em 1903, ela dividiu o Prêmio Nobel de Física com H. Becquerel e seu marido Pierre, pela descoberta da radioatividade. (Em 1911, ela recebeu o Prêmio Nobel de Química pela descoberta de dois novos elementos químicos, o rádio e o polônio, este último nomeado em homenagem a sua terra natal, a Polônia.) Eles e outros observaram que uma substância radioativa poderia emitir três tipos de radiação: alfa (α), beta (β) e gama (γ). Se a radiação de uma fonte radioativa passar entre placas eletricamente carregadas, algumas partículas são atraídas à placa positiva, algumas à placa negativa, e outras não sentem atração. Quais partículas estão positivamente carregadas, quais estão carregadas negativamente, e quais não têm carga? Entre as duas partículas carregadas, qual tem a maior massa?

Radioatividade. Os raios alfa (α), beta (β) e gama (γ) de um elemento radioativo são separados ao passarem entre as placas carregadas eletricamente.

12. No início dos 1800, John Dalton propôs que um átomo era uma partícula "sólida, maciça, dura e impenetrável". Critique a concepção de Dalton. Como essa descrição deturpa a estrutura atômica?

Isótopos

13. A massa média do átomo ^{16}O é 15,995 u. Qual é a massa relativa à massa de um átomo de ^{12}C?

14. Qual é a massa do átomo ^{16}O, em gramas?

15. O cobalto tem três isótopos radioativos utilizados em estudos médicos. Os átomos desses isótopos têm 30, 31 e 33 nêutrons, respectivamente. Escreva o símbolo completo para cada um desses isótopos.

16. A prata natural existe como dois isótopos que têm os números de massa 107 e 109. Quantos prótons, nêutrons e elétrons estão presentes em cada um desses isótopos?

17. Nomeie e descreva a composição dos três isótopos de hidrogênio.

18. Qual das seguintes opções são isótopos do elemento X para o qual o número atômico é 9: $^{19}_{9}X$, $^{20}_{9}X$, $^{9}_{18}X$ e $^{21}_{9}X$?

Abundância Isotópica e Peso Atômico
(Consulte os Exemplos 2.2 e 2.3.)

19. O tálio tem dois isótopos estáveis, ^{203}Tl e ^{205}Tl. Sabendo que o peso atômico do tálio é 204,4, qual é o isótopo mais abundante dos dois?

20. O estrôncio tem quatro isótopos estáveis. O estrôncio-84 tem uma abundância natural muito baixa, mas ^{86}Sr, ^{87}Sr e ^{88}Sr são todos razoavelmente abundantes. Sabendo que o peso atômico do estrôncio é 87,62, quais isótopos mais abundantes predominam?

21. Verifique se o peso atômico do lítio é 6,94, dada a seguinte informação:
^{6}Li, massa = 6,015121 u; abundância percentual = 7,50%
^{7}Li, massa = 7,016003 u; abundância percentual = 92,50%

22. Verifique se o peso atômico do magnésio é 24,31, dadas as seguintes informações:

^{24}Mg, massa = 23,985042 u; abundância percentual = 78,99%
^{25}Mg, massa = 24,985837 u; abundância percentual = 10,00%
^{26}Mg, massa = 25,982593 u; abundância percentual = 11,01%

23. O gálio tem dois isótopos naturais, ^{69}Ga e ^{71}Ga, com massas de 68,9257 u e 70,9249 u, respectivamente. Calcule as abundâncias percentuais desses isótopos de gálio.

24. O európio tem dois isótopos estáveis, ^{151}Eu e ^{153}Eu, com massas de 150,9197 u e 152,9212 u, respectivamente. Calcule as abundâncias percentuais desses isótopos de európio.

Tabela Periódica
(Veja a Seção 2.5.)

25. O titânio e tálio têm símbolos que são facilmente confundidos um com o outro. Dê o símbolo, número atômico, peso atômico, número do grupo e do período de cada elemento. São eles metais, não metais ou metaloides?

26. Nos Grupos 4A–6A, existem vários elementos cujos símbolos começam com S. Nomeie esses elementos e dê para cada um o seu símbolo, número atômico, número de grupo e período. Descreva cada um como metal, metaloide ou não metal.

27. Quantos períodos da Tabela Periódica têm 8 elementos, quantos têm 18 elementos e quantos têm 32 elementos?

28. Quantos elementos há no sétimo período? Qual é o nome dado para a maioria desses elementos, e que bem conhecida propriedade os caracteriza?

29. Selecione as respostas para as perguntas abaixo a partir da seguinte lista de elementos cujos símbolos começam com a letra C: C, Ca, Cr, Co, Cd, Cl, Cs, Ce, Cm, Cu e Cf. (Você poderá usar alguns símbolos mais de uma vez.)
    (a) Quais são não metais?
    (b) Quais são elementos do grupo principal?
    (c) Quais são lantanídeos?
    (d) Quais são elementos de transição?
    (e) Quais são actinídeos?
    (f) Quais são gases?

30. Dê o símbolo e nome químico relativos aos seguintes itens:
    (a) um não metal no segundo período
    (b) um metal alcalino no quinto período
    (c) o halogênio do terceiro período
    (d) um elemento gasoso à 20 °C e pressão de 1 atmosfera

31. Classifique os seguintes elementos como metais, metaloides ou não metais: N, Na, Ni, Ne e Np.

32. Aqui estão os símbolos para cinco dos sete elementos cujos nomes começam com a letra B: B, Ba, Bk, Bi e Br. Associe cada símbolo com uma das descrições abaixo.
    (a) um elemento radioativo
    (b) um líquido à temperatura ambiente
    (c) um metaloide
    (d) um elemento alcalinoterroso
    (e) um elemento do grupo 5A

Fórmulas Moleculares e Modelos

33. Uma estrutura molecular para o ácido nítrico é ilustrada aqui. Escreva a fórmula molecular do ácido nítrico e desenhe a fórmula estrutural. Descreva a sua estrutura molecular. É plana? Isto é, estão todos os átomos no plano do papel? (Código de cor: átomos de nitrogênio são azuis; átomos de oxigênio são vermelhos, e os átomos de hidrogênio são brancos.)

Ácido nítrico

34. Uma estrutura do aminoácido asparagina está ilustrada aqui. Escreva a fórmula molecular do composto e desenhe sua fórmula estrutural.

Asparagina, um aminoácido

Íons e Cargas Iônicas
(Veja a Figura 2.18 e a Tabela 2.4.)

35. Qual é a carga dos íons monoatômicos comuns dos seguintes elementos?
    (a) magnésio   (c) níquel
    (b) zinco   (d) gálio

36. Qual é a carga dos íons monoatômicos comuns dos seguintes elementos?
    (a) selênio   (c) ferro
    (b) flúor   (d) nitrogênio

37. Dê o símbolo, incluindo a carga correta, para cada um dos seguintes íons:
    (a) íon bário   (e) íon sulfeto
    (b) íon titânio(IV)   (f) íon perclorato
    (c) íon fosfato   (g) íon cobalto(II)
    (d) íon hidrogeno   (h) íon sulfato
        carbonato

38. Dê o símbolo, incluindo a carga correta, para cada um dos seguintes íons:
    (a) íon permanganato   (d) íon amônio
    (b) íon nitrito   (e) íon fostato
    (c) íon diidrogenofosfato   (f) íon sulfito

39. Quando um átomo de potássio torna-se um íon monoatômico, quantos elétrons ele perde ou ganha? Qual átomo de gás nobre tem o mesmo número de elétrons que um íon potássio?

40. Quando os átomos de oxigênio e enxofre tornam-se íons monoatômicos, quantos elétrons cada um perde ou ganha? Qual átomo de gás nobre tem o mesmo número de elétrons que um íon óxido? Qual átomo de gás nobre tem o mesmo número de elétrons que um íon sulfeto?

Compostos Iônicos
(Consulte os Exemplos 2.4 e 2.5.)

41. Quais são as cargas dos íons em um composto iônico que contém bário e bromo? Escreva a fórmula de cada composto.

42. Quais são as cargas dos íons em um composto iônico que contém cobalto(III) e íons fluoreto? Escreva a fórmula de cada composto.

43. Dê a fórmula e o número de cada íon que compõe cada um dos compostos a seguir:
(a) K_2S
(b) $CoSO_4$
(c) $KMnO_4$
(d) $(NH_4)_3PO_4$
(e) $Ca(ClO)_2$
(f) $NaCH_3CO_2$

44. Escreva a fórmula e o número de cada íon que compõe cada um dos seguintes compostos:
(a) $Mg(CH_3CO_2)_2$
(b) $Al(OH)_3$
(c) $CuCO_3$
(d) $Ti(SO_4)_2$
(e) KH_2PO_4
(f) $CaHPO_4$

45. O cobalto forma íons Co^{2+} e Co^{3+}. Escreva as fórmulas para os dois óxidos de cobalto formados por esses íons metálicos de transição.

46. A platina é um elemento de transição e forma íons Pt^{2+} e Pt^{4+}. Escreva as fórmulas para os compostos de cada um desses íons (a) com íons cloreto e (b) íons sulfeto.

47. Qual das seguintes fórmulas estão corretas para compostos iônicos? Para aquelas que não estão, dê sua fórmula correta.
(a) $AlCl_2$
(b) KF_2
(c) Ga_2O_3
(d) MgS

48. Qual das seguintes fórmulas estão corretas para compostos iônicos? Para aquelas que não estão, dê sua fórmula correta.
(a) Ca_2O
(b) $SrBr_2$
(c) Fe_2O_5
(d) Li_2O

Nomeando Compostos Iônicos

49. Nomeie cada um dos compostos iônicos a seguir:
(a) K_2S
(b) $CoSO_4$
(c) $(NH_4)_3PO_4$
(d) $Ca(ClO)_2$

50. Nomeie cada um dos compostos iônicos a seguir:
(a) $Ca(CH_3CO_2)_2$
(b) $Ni_3(PO_4)_2$
(c) $Al(OH)_3$
(d) KH_2PO_4

51. Dê a fórmula para cada um dos compostos iônicos a seguir:
(a) carbonato de amônio
(b) iodeto de cálcio
(c) brometo de cobre(II)
(d) fosfato de alumínio
(e) acetato de prata(I)

52. Dê a fórmula para cada um dos compostos iônicos a seguir:
(a) hidrogenocarbonato de cálcio
(b) permanganato de potássio
(c) perclorato de magnésio
(d) hidrogenofosfato de potássio
(e) sulfito de sódio

53. Escreva as fórmulas para os quatro compostos iônicos que podem ser obtidos através da combinação de cada um dos cátions Na^+ e Ba^{2+} com os ânions CO_3^{2-} e I^-. Nomeie cada um dos compostos.

54. Escreva as fórmulas para os quatro compostos iônicos que podem ser obtidos através da combinação dos cátions Mg^{2+} e Fe^{3+} com os ânions PO_4^{3-} e NO_3^-. Nomeie cada composto formado.

Lei de Coulomb
(Veja a Equação 2.3 e a Figura 2.22.)

55. Íons sódio, Na^+, formam compostos iônicos com íons fluoreto, F^-, e íons iodeto, I^-. Os raios desses íons são os seguintes: Na^+ = 116 pm; F^- = 119 pm; e I^- = 206 pm. Em qual composto iônico, NaF ou NaI, as forças de atração entre cátions e ânions são mais fortes? Explique sua resposta.

56. Considere os dois compostos iônicos NaCl e CaO. Em qual composto as forças atrativas cátion-ânion são mais fortes? Explique sua resposta.

Nomeando Compostos Binários, Compostos Moleculares

57. Nomeie cada um dos compostos binários a seguir:
(a) NF_3
(b) HI
(c) BI_3
(d) PF_5

58. Nomeie cada um dos compostos binários a seguir:
(a) N_2O_5
(b) P_4S_3
(c) OF_2
(d) XeF_4

59. Dê a fórmula para cada um dos seguintes compostos:
(a) dicloreto de enxofre
(b) pentóxido de dinitrogênio
(c) tetracloreto de silício
(d) trióxido de diboro (comumente chamado óxido bórico)

60. Dê a fórmula para cada um dos seguintes compostos:
(a) trifluoreto de dibromo
(b) difluoreto de xenônio
(c) hidrazina
(d) tetrafluoreto difósforo
(e) butano

Os Átomos e o Mol
(Veja o Exemplo 2.6.)

61. Calcule a massa em gramas de cada uma das amostras a seguir:
(a) 2,5 mols de alumínio
(b) $1,25 \times 10^{-3}$ mol de ferro
(c) 0,015 mol de cálcio
(d) 653 mols de neônio

62. Calcule a massa em gramas de cada uma das amostras a seguir:
(a) 4,24 mols de ouro
(b) 15,6 mols de He
(c) 0,063 mol de platina
(d) $3,63 \times 10^{-4}$ mol de Pu

63. Calcule a quantidade de matéria (mols) que representa cada um dos seguintes:
(a) 127,08 g de Cu
(b) 0,012 g de lítio
(c) 5,0 mg de amerício
(d) 6,75 g de Al

64. Calcule a quantidade de matéria (mols) que representa cada um dos seguintes:
(a) 16,0 g de Na
(b) 0,876 g de estanho
(c) 0,0034 g de platina
(d) 0,983 g de Xe

65. A você foram dadas amostras de 1,0 g de He, Fe, Li, Si e C. Qual amostra contém o maior número de átomos? Qual contém o menor?

66. Foram-lhe dadas amostras de 0,10 g de K, Mo, Cr e Al. Liste as amostras em ordem crescente de quantidade de matéria (mols), do menor para o maior.

67. A análise de uma amostra de 10,0 g de apatita (um importante componente do esmalte dentário) mostrou ser composta de 3,99 g de Ca, 1,85 g de P, 4,14 g O e 0,020 g de H. Liste esses elementos com base nos valores relativos (mols), do menor para o maior.

68. Um material semicondutor é composto por 52 g de Ga, 9,5 g de Al e 112 g de As. Qual elemento tem o maior número de átomos nesse material?

Moléculas, Compostos e o Mol
(Veja o Exemplo 2.7.)

69. Calcule a massa molar de cada uma das substâncias a seguir:
    (a) Fe_2O_3, óxido de ferro(III)
    (b) BCl_3, tricloreto de boro
    (c) $C_6H_8O_6$, ácido ascórbico (vitamina C)

70. Calcule a massa molar de cada uma das substâncias a seguir:
    (a) $Fe(C_6H_{11}O_7)_2$, gluconato de ferro(II), um suplemento alimentar
    (b) $CH_3CH_2CH_2CH_2SH$, butanotiol, tem cheiro similar ao de gambá
    (c) $C_{20}H_{24}N_2O_2$, quinina, usada como uma droga antimalária

71. Calcule a massa molar de cada composto hidratado. Note que a água de hidratação está incluída na massa molar.
    (a) $Ni(NO_3)_2 \cdot 6\ H_2O$
    (b) $CuSO_4 \cdot 5\ H_2O$

72. Calcule a massa molar de cada composto hidratado. Note que a água de hidratação esta incluída na massa molar.
    (a) $H_2C_2O_4 \cdot 2\ H_2O$
    (b) $MgSO_4 \cdot 7\ H_2O$, sal de Epsom

73. Qual massa é representada por 0,0255 mol de cada um dos seguintes compostos?
    (a) C_3H_7OH, 2-propanol
    (b) $C_{11}H_{16}O_2$, antioxidante em comidas, também conhecido como BHA (butilato de hidroxianisol)
    (c) $C_9H_8O_4$, aspirina
    (d) $(CH_3)_2CO$, acetona, um importante solvente industrial

74. Suponha que você tenha 0,123 mol de cada um dos compostos a seguir. Qual massa de cada um está presente?
    (a) $C_{14}H_{10}O_4$, peróxido de benzoíla, usado em medicamentos contra acne
    (b) Dimetilglioxima, utilizado no laboratório para testar os íons de níquel(II)

(c) O composto abaixo, responsável pelo sabor "fétido" em cervejas malfeitas.

(d) DEET, um repelente de mosquito

75. O trióxido de enxofre, SO_3, é produzido industrialmente em grandes quantidades através da combinação de oxigênio e dióxido de enxofre, SO_2. Qual quantidade de matéria (mols) de SO_3 representa 1,00 kg de trióxido de enxofre? Quantas moléculas? Quantos átomos de enxofre? Quantos átomos de oxigênio?

76. Quantos íons amônio e quantos íons sulfato estão presentes em uma amostra de 0,20 mol de $(NH_4)_2SO_4$? Quantos átomos de N, H, S e O estão contidos nessa amostra?

77. O acetoaminofenol ou paracetamol, cuja estrutura está desenhada abaixo, é o ingrediente ativo em alguns analgésicos. A dose recomendada para um adulto é de duas cápsulas de 500 mg. Quantas moléculas formam uma dose desse medicamento?

Acetoaminofenol

78. Um comprimido de Alka-Seltzer contém 324 mg de aspirina ($C_9H_8O_4$), 1904 mg de $NaHCO_3$, e 1000 mg de ácido cítrico ($H_3C_6H_5O_7$). (Os dois últimos compostos reagem um com o outro para proporcionarem as bolhas "efervescentes" de CO_2 quando o comprimido é colocado em água.)

(a) Calcule a quantidade de matéria (mols) de cada substância no comprimido.
(b) Se você tomar um comprimido, quantas moléculas de aspirina você está consumindo?

Composição percentual
(Veja o Exemplo 2.8.)

79. Calcule a massa percentual de cada elemento nos seguintes compostos:
    (a) PbS, sulfeto de chumbo(II), (galena)
    (b) C_3H_8, propano
    (c) $C_{10}H_{14}O$, carvona, encontrada no óleo de semente de cominho

80. Calcule a massa percentual de cada elemento nos seguintes compostos:
    (a) $C_8H_{10}N_2O_2$, cafeína
    (b) $C_{10}H_{20}O_2$, mentol
    (c) $CoCl_2 \cdot 6\ H_2O$

81. Calcule a massa percentual do cobre em CuS, sulfeto de cobre(II). Se você deseja obter 10,0 g de cobre metálico através do sulfeto de cobre(II), que massa de CuS (em gramas) você deve usar?

82. Calcule a massa percentual de titânio na ilmenita mineral, $FeTiO_3$. Qual massa da ilmenita (em gramas) é necessária se você deseja obter 750 g de titânio?

Fórmulas Empíricas e Moleculares
(Veja o Exemplo 2.9.)

83. Ácido succínico ocorre em fungos e liquens. Sua fórmula empírica é $C_2H_3O_2$, e sua massa molar é 118,1 g/mol. Qual é sua fórmula molecular?

84. Um composto orgânico tem a fórmula empírica C_2H_4NO. Se a sua massa molar é 116,1 g/mol, qual é a fórmula molecular do composto?

85. Complete a tabela a seguir:

Fórmula empírica	Massa molar (g/mol)	Fórmula molecular
(a) CH	26,0	_____
(b) CHO	116,1	_____
(c) _____	_____	C_8H_{16}

86. Complete a tabela a seguir:

Fórmula empírica	Massa molar (g/mol)	Fórmula molecular
(a) $C_2H_3O_3$	150,0	_____
(b) C_3H_8	44,1	_____
(c) _____	_____	B_4H_{10}

87. O acetileno é um gás incolor usado como combustível em soldas, entre outras coisas. Ele tem 92,26% C e 7,74% H. Sua massa molar é 26,02 g/mol. Quais são as fórmulas empírica e molecular do acetileno?

88. Uma grande família de compostos de boro hidrogênio tem a fórmula geral B_xH_y. Um membro dessa família contém 88,5% de B; o restante é hidrogênio. Qual é sua fórmula empírica?

89. O cumeno, um hidrocarboneto, é um composto formado apenas por C e H. Tem 89,94% de carbono, e sua massa molar é 120,2 g/mol. Quais são as fórmulas empírica e molecular do cumeno?

90. Em 2006, uma equipe russa descobriu uma molécula interessante, a qual passaram a chamar de "sulflower", por causa de sua forma e também porque ela era baseada em enxofre. Ela é composta por 57,17% de S e 42,83% de C e tem uma massa molar de 448,70 g/mol. Determine as fórmulas empírica e molecular do composto do "sulflower".

91. O ácido mandélico é um ácido orgânico composto de carbono (63,15%), hidrogênio (5,30%) e oxigênio (31,55%). Sua massa molar é 152,14 g/mol. Determine as fórmulas empírica e molecular do composto.

92. A nicotina, um composto tóxico encontrado em folhas de tabaco, é 74,0% de C, 8,65% de H e 17,35% de N. Sua massa molar é 162 g/mol. Quais são as fórmulas empírica e molecular da nicotina?

Determinando Fórmulas através da Massa
(Consulte os Exemplos 2.10 e 2.11.)

93. Um composto contendo xenônio e flúor foi preparado incidindo-se luz solar sobre uma mistura de Xe (0,526 g) e gás F_2 em excesso. Se você isolar 0,678 g do novo composto, qual será a sua fórmula empírica?

    O enxofre elementar (1,256 g) é combinado com flúor, F_2, para se obter um composto com a fórmula SF_x, um gás incolor muito estável. Se você isolasse 5,722 g de SF_x, qual seria o valor de x?

95. O sal Epsom é usado no curtimento de couro e em remédios. Ele é o sulfato de magnésio hidratado, $MgSO_4 \cdot 7\ H_2O$. A água de hidratação é perdida por aquecimento. O número perdido depende da temperatura. Suponhamos que seja aquecida uma amostra de 1,394 g a 100 °C e se obtenha 0,885 g de uma amostra parcialmente hidratada, $MgSO_4 \cdot x\ H_2O$. Qual é o valor de x?

96. Você combina 1,25 g de germânio, Ge, com o excesso de cloro, Cl_2. A massa do produto, Ge_xCl_y, é 3,69 g. Qual é a fórmula do produto, Ge_xCl_y?

Questões Gerais

Estas questões não estão definidas quanto ao tipo ou à localização no capítulo. Elas podem combinar vários conceitos.

97. Preencha os espaços em branco na tabela (uma coluna por elemento).

Símbolo	^{58}Ni	^{33}S	_____	_____
Número de prótons	_____	_____	10	_____
Número de nêutrons	_____	_____	10	30
Número de elétrons no átomo natural	_____	_____	_____	25
Nome do elemento	_____	_____	_____	_____

98. O potássio tem três isótopos naturais (^{39}K, ^{40}K e ^{41}K), mas ^{40}K tem uma abundância natural muito baixa. Qual dos outros dois isótopos é mais abundante? Explique sua resposta resumidamente.

99. Palavra cruzada: No quadro 2 × 2 exibido aqui, cada resposta deve estar correta de quatro formas: horizontal, vertical, diagonal e por si mesma. Em vez de palavras, utilize símbolos de elementos. Quando o quebra-cabeça estiver completo, os quatro espaços conterão os símbolos que quando combinados totalizam dez elementos. Há apenas uma resposta correta.

1	2
3	4

Horizontal
1–2: símbolo de duas letras para um metal usado nos tempos antigos
3–4: símbolo de duas letras para um metal que queima no ar e é encontrado no Grupo 5A

Vertical
1–3: símbolo de duas letras para um metaloide
2–4: símbolo de duas letras para um metal usado em moedas dos Estados Unidos

Quadrados únicos: símbolos de uma letra
1: um não metal colorido
2: não metal gasoso incolor
3: um elemento que faz fogos de artifício verdes
4: um elemento que apresenta usos medicinais

Diagonal
1–4: símbolo de duas letras para um elemento usado em eletrônica

2–3: símbolo de duas letras para um metal usado com Zr para fazer fios de ímãs supercondutores

Este quebra-cabeça apareceu em *Chemical & Engineering News*, p. 86, 14 dez. de 1987 (enviado por S. J. Cyvin) e em *Chem Matters*, outubro de 1988.

100. O gráfico a seguir mostra um declínio geral na abundância com o aumento da massa entre os primeiros trinta elementos. O declínio continua além do zinco. (Note que a escala no eixo vertical é logarítmica – isto é, ela aumenta em potências de dez. A abundância do nitrogênio, por exemplo, é de 1/10000 (1/10^4) da abundância do hidrogênio. Todas as abundâncias são representadas como o número de átomos por 10^{12} átomos de H. (O fato de que as abundâncias de Li, Be e B, bem como as dos elementos próximos de Fe, não seguem o declínio geral é uma consequência da forma com que os elementos são sintetizados nas estrelas.)

A abundância dos elementos no sistema solar do H ao Zn
(a) Qual é o metal do grupo principal mais abundante?
(b) Qual é o não metal mais abundante?
(c) Qual é o metaloide mais abundante?
(d) Qual dos elementos de transição é o mais abundante?
(e) Quais halogênios estão incluídos neste gráfico, e qual é o mais abundante?

101. Átomos de cobre.
(a) Qual é a massa média de um átomo de cobre?
Os alunos de uma classe da faculdade de ciências da computação processaram a instituição porque lhes pediram para calcular o custo de um átomo e não conseguiram fazê-lo. Mas você está em um curso de Química, e você pode fazer isso. (Veja FELSENTHAL, E. *Wall Street Journal*, 9 maio 1995.) Se o custo de 2,0 mm de diâmetro de fio de cobre (99,999% puro) é atualmente $ 41,70 para 7,0 g, qual é o custo de um átomo de cobre?

102. Qual das seguintes opções é impossível?
(a) folha de prata de $1,2 \times 10^{-4}$ m de espessura
(b) uma amostra de potássio que contém $1,784 \times 10^{24}$ átomos
(c) uma moeda de ouro com massa de $1,23 \times 10^{-3}$ kg
(d) $3,43 \times 10^{-27}$ mol de moléculas S_8

103. Revendo a Tabela Periódica.
(a) Nomeie o elemento do Grupo 2A e do quinto período.
(b) Nomeie o elemento do quinto período e do Grupo 4B.
(c) Qual elemento está no segundo período do Grupo 4A?
(d) Que elemento está no quarto período do Grupo 5A?
(e) Qual halogênio está no quinto período?
(f) Qual elemento alcalinoterroso está no terceiro período?
(g) Qual elemento gás nobre está no quarto período?
(h) Dê o nome do não metal do Grupo 6A e do terceiro período.
(i) Dê o nome de um metaloide do quarto período.

104. Identifique dois elementos não metálicos que têm alótropos e descreva os alótropos de cada um.

105. Em cada caso, decida qual das opções representa mais massa:
(a) 0,5 mol de Na, 0,5 mol de Si ou 0,25 mol de U
(b) 9,0 g de Na, 0,50 mol de Na ou $1,2 \times 10^{22}$ átomos de Na
(c) 10 átomos de Fe ou 10 átomos de K

106. A dose diária recomendada (DDR) de ferro para as mulheres entre 19-30 anos de idade é de 18 mg. Quantos mols isso representa? Quantos são os átomos?

107. Coloque os seguintes elementos em ordem da menor para a maior massa:
(a) $3,79 \times 10^{24}$ átomos Fe   (e) 9,221 mols Na
(b) 19,921 mols H_2 (f) $4,07 \times 10^{24}$ átomos Al
(c) 8,576 mols C   (g) 9,2 mols Cl_2
(d) 7,4 mols Si

108. ▲ Quando uma amostra de fósforo queima no ar forma o composto P_4O_{10}. Um experimento mostrou que 0,744 g de fósforo formava 1,704 g de P_4O_{10}. Use essas informações para determinar a proporção de pesos atômicos do fósforo e do oxigênio (massa P/massa O). Se supusermos que o peso atômico do oxigênio é 16,000, calcule o peso atômico do fósforo.

109. ▲ Embora o carbono-12 seja agora utilizado como padrão de pesos atômicos, este nem sempre foi o caso. As primeiras tentativas de classificação utilizavam o hidrogênio como o padrão, com o peso de hidrogênio sendo estipulado como 1,0000. Tentativas posteriores definiram pesos atômicos que utilizam oxigênio (com um peso de 16,0000). Em cada caso, as massas atômicas dos outros elementos foram definidas em relação a essas massas. (Para responder a essa pergunta, você precisa de dados mais precisos sobre pesos atômicos atuais: H, 1,00794; O, 15,9994.)
(a) Se H = 1,0000 u foi usado como um padrão para pesos atômicos, qual seria o peso atômico do oxigênio? Qual seria o valor do número de Avogadro nessas circunstâncias?
(b) Supondo que o padrão é O = 16,0000, determine o valor do peso atômico de hidrogênio e o valor do número de Avogadro.

110. Um reagente usado ocasionalmente na síntese química é a liga sódio-potássio. (As ligas são misturas de metais, e Na-K tem uma propriedade interessante por ser um líquido.) Uma formulação da liga (a que funde a temperatura mais baixa) contém 68% em átomos de K; isto é, em cada 100 átomos, 68 são K e 32 são Na. Qual é a porcentagem em massa de cada componente na liga sódio-potássio?

111. Escreva as fórmulas de todos os compostos que podem ser feitos a partir da combinação dos cátions NH_4^+ e Ni^{2+} com os ânions CO_3^{2-} e SO_4^{2-}.

112. Quantos elétrons estão em um átomo de estrôncio (Sr)? Será que um átomo de Sr ganha ou perde elétrons quando forma um íon? Quantos elétrons são ganhos ou perdidos pelo átomo? Quando o Sr forma um íon, este possui o mesmo número de elétrons de qual gás nobre?

113. Qual dos seguintes compostos tem a porcentagem em massa de cloro mais elevada?
(a) BCl_3 (d) $AlCl_3$
(b) $AsCl_3$ (e) PCl_3
(c) $GaCl_3$

114. Qual das amostras a seguir contém o maior número de íons?
(a) 1,0 g de $BeCl_2$ (d) 1,0 g de $SrCO_3$
(b) 1,0 g de $MgCl_2$ (e) 1,0 g de $BaSO_4$
(c) 1,0 g de CaS

115. A estrutura de uma das bases do DNA, a adenina, é mostrada aqui. Qual representa a maior massa: 40,0 g de adenina ou $3,0 \times 10^{23}$ moléculas desse composto?

Adenina

116. Compostos iônicos e moleculares dos halogênios.
(a) Quais os nomes de BaF_2, $SiCl_4$ e $NiBr_2$?
(b) Qual dos compostos na parte (a) são iônicos, e quais são moleculares?
(c) Qual possui a maior massa: 0,50 mol de BaF_2, 0,50 mol de $SiCl_4$ ou 1,0 mol de $NiBr_2$?

117. Uma gota de água tem um volume de cerca de 0,050 mL. Quantas moléculas de água há em uma gota de água? (Suponha que a densidade da água seja de 1,00 g/cm^3.)

118. A capsaicina, o composto que dá o sabor picante de pimenta, tem a fórmula $C_{18}H_{27}NO_3$.
(a) Calcule sua massa molar.
(b) Se você comer 55 mg de capsaicina, qual é a quantidade de matéria (mols) que você consumiu?
(c) Calcule a porcentagem em massa de cada elemento no composto.
(d) Que massa de carbono (em miligramas) há em 55 mg de capsaicina?

119. Calcule a massa molar e a massa percentual de cada elemento no composto sólido azul $Cu(NH_3)_4SO_4 \cdot H_2O$. Qual é a massa do cobre e a massa de água em 10,5 g do composto?

120. Escreva a fórmula e calcule a massa molar para cada uma das substâncias mostradas aqui. Qual tem a maior massa percentual de carbono? E de oxigênio?

(a) etilenoglicol (usado como anticongelante)

Etilenoglicol

(b) diidroxiacetona (usada em loções de bronzeamento artificial)

Diidroxiacetona

(c) ácido ascórbico, comumente conhecido como vitamina C

Ácido ascórbico, vitamina C

121. O ácido málico, um ácido orgânico encontrado em maçãs, contém C, H e O nas seguintes proporções: $C_1H_{1,50}O_{1,25}$. Qual é a fórmula empírica do ácido málico?

122. O seu médico lhe diagnosticou como anêmico, ou seja, como tendo muito pouco ferro no sangue. Na farmácia, você encontra dois suplementos alimentares que contêm ferro: um com sulfato de ferro(II), $FeSO_4$; e o outro com gluconato de ferro(II), $Fe(C_6H_{11}O_7)_2$. Se você tomar 100 mg de cada composto, qual deles vai lhe fornecer mais átomos de ferro?

123. Um composto de ferro e de monóxido de carbono, $Fe_x(CO)_y$, tem 30,70% de ferro. Qual é a fórmula empírica do composto?

124. Ma Huang, um extrato da espécie de plantas éfedra, contém efedrina. Por mais de 5 mil anos, os chineses têm usado essa erva para tratar a asma. Mais recentemente, a efedrina passou a ser utilizada em pílulas para emagrecimento que podem ser compradas em lojas fitoterápicas. No entanto, preocupações muito sérias foram levantadas em relação a esses comprimidos com base em relatórios que afirmam que seu uso teria levado a problemas cardíacos graves.
(a) Um modelo molecular da efedrina está desenhado a seguir. A partir dele, determine a fórmula molecular da efedrina e calcule a sua massa molar.
(b) Qual é a porcentagem em massa do carbono na efedrina?
(c) Calcule a quantidade de matéria (mols) de efedrina em uma amostra de 0,125 g.
(d) Quantas moléculas de efedrina existem em 0,125 g? Quantos são os átomos de C?

Efedrina

125. A sacarina, cuja estrutura molecular é mostrada abaixo, é 300 vezes mais doce do que o açúcar. Ela foi sintetizada pela primeira vez em 1897, quando era prática comum dos químicos registrar o gosto de todas as novas substâncias que sintetizavam.
(a) Escreva a fórmula molecular do composto, e desenhe a sua fórmula estrutural. (Os átomos de S estão em amarelo).
(b) Se você ingerir 125 mg de sacarina, qual é a quantidade de matéria (mols) de sacarina ingerida?
(c) Qual massa de enxofre está contida em 125 mg de sacarina?

Sacarina

126. Dê o nome de cada um dos seguintes compostos e indique os que são mais bem descritos como iônicos:
(a) ClF_3 (f) OF_2
(b) NCl_3 (g) KI
(c) $SrSO_4$ (h) Al_2S_3
(d) $Ca(NO_3)_2$ (i) PCl_3
(e) XeF_4 (j) K_3PO_4

127. Escreva a fórmula de cada um dos seguintes compostos e indique os que são mais bem descritos como iônicos:
(a) hipoclorito de sódio
(b) triiodeto de boro
(c) perclorato de alumínio
(d) acetato de cálcio
(e) permanganato de potássio
(f) sulfito de amônia
(g) diidrogenocarbonato de potássio
(h) dicloreto de dienxofre
(i) trifluoreto de cobre
(j) trifluoreto de fósforo

128. Complete a tabela inserindo símbolos, fórmulas e nomes nos espaços em branco.

Cátion	Ânion	Nome	Fórmula
_____	_____	brometo de amônio	_____
Ba^{2+}	_____	_____	BaS
_____	Cl^-	cloreto de ferro(II)	_____
_____	F^-	_____	PbF_2
Al^{3+}	CO_3^{2-}	_____	_____
_____	_____	óxido de ferro(III)	_____

129. Fórmulas empíricas e moleculares.
(a) O hipofluorito de fluorocarbonila é composto de 14,6% de C, 39,0% de S e 46,3% de F. A massa molar do composto é 82 g/mol. Determine as fórmulas empírica e molecular do composto.
(b) O azuleno, um belo hidrocarboneto azul, tem 93,71% de C e uma massa molar de 128,16 g/mol. Quais são as fórmulas empírica e molecular do azuleno?

130. Cacodilo, um composto que contém arsênio, foi relatado em 1842 pelo químico alemão Robert Wilhelm Bunsen. Ele tem um odor quase insuportável, parecido com o do alho. Sua massa molar é 210 g/mol, e tem 22,88% de C, 5,76% de H e 71,36% de As. Determine suas fórmulas empírica e molecular.

131. A ação de bactérias na carne e no peixe produz um composto chamado cadaverina. Como o próprio nome sugere, ele fede! (Também está presente no mau hálito e contribui para o odor da urina.) Ele tem 58,77% de C, 13,81% de H e 27,40% de N. Sua massa molar é 102,2 g/mol. Determine a fórmula molecular da cadaverina.

132. ▲ No laboratório você combina 0,125 g de níquel com CO e isola 0,364 g de $Ni(CO)_x$. Qual é o valor de x?

133. ▲ Um composto chamado MMT foi usado para aumentar a octanagem da gasolina. Qual é a fórmula empírica do MMT se ele tem 49,5% de C, 3,2% de H, 22,0% de O e 25,2% de Mn?

134. ▲ O fósforo elementar é obtido pelo aquecimento do fosfato de cálcio com carvão e areia, num forno elétrico. Qual é a massa percentual do fósforo no fosfato de cálcio? Utilize esse valor para calcular a massa de fosfato de cálcio (em quilogramas) que deve ser usada para produzir 15,0 kg de fósforo.

135. ▲ O cromo é obtido pelo aquecimento de óxido de cromo(III) com carvão. Calcule a massa percentual de cromo no óxido e, em seguida, utilize esse valor para calcular a quantidade de Cr_2O_3 necessária para produzir 850 kg de cromo metálico.

136. ▲ Estibinita ou antimonita, Sb_2S_3, é um mineral cinza escuro a partir do qual o metal antimônio é obtido. Qual é a massa percentual do antimônio no sulfeto? Se você tem 1,00 kg de um minério que contém 10,6% de antimônio, qual é a massa de Sb_2S_3 (em gramas) no minério?

137. ▲ A reação direta de iodo (I_2) e cloro (Cl_2) produz um sólido amarelo brilhante de cloreto de iodo, I_xCl_y. Se 0,678 g de I_2, for em uma reação com um excesso de Cl_2 e produzir 1,246 g de I_xCl_y, qual é a fórmula empírica do composto? Um experimento posterior mostrou que a massa molar de I_xCl_y é 467 g/mol. Qual é a fórmula molecular do composto?

138. ▲ Em uma reação, foram combinados 2,04 g de vanádio com 1,93 g de enxofre para se obter um composto puro. Qual é a fórmula empírica do produto?

139. ▲ A pirita de ferro, muitas vezes chamada de "ouro dos tolos", tem a fórmula FeS_2. Se você pudesse converter 15,8 kg de pirita de ferro para ferro metálico, qual massa do metal você obteria?

140. Qual(is) das seguintes afirmações sobre 57,1 g do octano, C_8H_{18}, *não* é(são) verdadeira(s)?
(a) 57,1 g é 0,500 mol de octano.
(b) O composto é 84,1% do peso em C.
(c) A fórmula empírica do composto é C_4H_9.
(d) 57,1 g de octano contém 28,0 g de átomos de hidrogênio.

141. A fórmula de molibdato de bário é $BaMoO_4$. Qual das seguintes alternativas é a fórmula do molibdato de sódio?
(a) Na_4MoO (c) Na_2MoO_3 (e) Na_4MoO_4
(b) $NaMoO$ (d) Na_2MoO_4

142. ▲ Um metal M forma um composto com a fórmula MCl_4. Se o composto é 74,75% de cloro, o que é o M?

143. Pepto-Bismol, que pode ajudar a proporcionar alívio para uma dor de estômago, contém 300 mg de subsalicilato de bismuto, $C_{21}H_{15}Bi_3O_{12}$. Se você tomar dois comprimidos para dor de estômago, qual é a quantidade de matéria (em mols) do "princípio ativo" que você está tomando? Que massa de Bi você está consumindo em dois comprimidos?

144. ▲ A porcentagem em massa de oxigênio em um óxido que tem a fórmula MO_2 é 15,2%. Qual é a massa molar desse composto? Qual elemento ou elementos é (são) possível(eis) para M?

145. A massa de 2,50 mols de um composto com a fórmula ECl_4, em que E é um elemento não metálico, é 385 g. Qual é a massa molar de ECl_4? Qual é a identidade de E?

146. ▲ Os elementos A e Z se combinam para produzir dois compostos diferentes: A_2Z_3 e AZ_2. Se 0,15 mol de A_2Z_3 tem uma massa de 15,9 g e 0,15 mol de AZ_2 tem uma massa de 9,3 g, quais são os pesos atômicos de A e Z?

147. ▲ O poliestireno pode ser preparado por aquecimento de estireno com peróxido de tribromobenzoíla na ausência de ar. Uma amostra preparada por esse método tem a fórmula empírica $Br_3C_6H_3(C_8H_8)n$, em que o valor de n pode variar de amostra para amostra. Se uma amostra tiver 0,105% de Br, qual é o valor de n?

148. Uma amostra de hemoglobina possui 0,335% de ferro. Qual é a massa molar de hemoglobina se existem quatro átomos de ferro por molécula?

149. ▲ Considere um átomo de ^{64}Zn.
(a) Calcule a densidade do núcleo, em gramas por centímetro cúbico, sabendo que o raio nuclear é de $4,8 \times 10^{-6}$ nm e a massa do átomo ^{64}Zn é $1,06 \times 10^{-22}$ g. (Lembre-se de que o volume de uma esfera é $[4/3]\pi r^3$.)
(b) Calcule a densidade do espaço ocupado pelos elétrons do átomo de zinco, sabendo que o raio atômico é 0,125 nm e a massa é de elétrons $9,11 \times 10^{-28}$ g.
(c) Tendo calculado essas densidades, o que você pode dizer sobre as densidades relativas das partes do átomo?

150. ▲ Estimando o raio de um átomo de chumbo.
(a) Você recebe um cubo de chumbo que apresenta 1,000 cm de lado. A densidade do chumbo é 11,35 g/cm^3. Quantos átomos de chumbo há na amostra?
(b) Os átomos são esféricos, portanto, os átomos de chumbo dessa amostra não podem preencher todo o espaço disponível. Como aproximação, suponha que 60% do espaço de cubo seja preenchido por átomos esféricos de chumbo. Calcule o volume de um átomo de chumbo a partir dessas informações. A partir do volume calculado (V) e da fórmula $(4/3)\pi r^3$ para o volume de uma esfera, estime o raio (r) de um átomo de chumbo.

151. Um pedaço da folha de níquel com 0,550 mm de espessura e de 1,25 cm^2, é colocado para reagir com o flúor, F_2, para se obter um fluoreto de níquel.
(a) Quantos mols de níquel foram usados? (A densidade do níquel é de 8,902 g/cm^3.)
(b) Se você isolar 1,261 g de fluoreto de níquel, qual é a sua fórmula?
(c) Qual é o seu nome completo?

152. ▲ O urânio é utilizado como combustível, principalmente sob a forma de óxido de urânio(IV), em centrais nucleares. Esta questão considera um pouco da química do urânio.
(a) Uma pequena amostra de metal de urânio (0,169 g) é aquecida entre 800 e 900 °C no ar para gerar 0,199 g de um óxido verde-escuro, U_xO_y. Quantos mols de urânio metálico foram utilizados? Qual é a fórmula empírica do óxido U_xO_y? Qual é o nome do óxido? Quantos mols de U_xO_y devem ser obtidos?
(b) Os isótopos naturais do urânio são ^{234}U, ^{235}U e ^{238}U. Sabendo que o peso atômico do urânio é 238,02 g/mol, qual deve ser o isótopo mais abundante?
(c) Se o composto hidratado $UO_2(NO_3)_2 \cdot z\, H_2O$ for ligeiramente aquecido, a água de hidratação é perdida. Se você tem 0,865 g do composto hidratado e obtém 0,679 g de $UO_2(NO_3)_2$ após o aquecimento, quantas águas de hidratação estão presentes em cada fórmula unitária do composto inicial? (O óxido U_xO_y é obtido se o hidrato é aquecido a temperaturas superiores a 800 °C no ar.)

153. Em um experimento, é necessário 0,125 mol de sódio metálico. O sódio pode ser facilmente cortado com uma faca (Figura 2.6), de modo que, se você cortar um bloco de sódio, qual deverá ser o volume do bloco em centímetros cúbicos? Se você cortar um cubo perfeito, qual é o comprimento das arestas do cubo? (A densidade do sódio é 0,97 g/cm^3.)

154. A análise espectrométrica de massa mostrou que há quatro isótopos de um elemento desconhecido com as seguintes massas e abundâncias:

Isótopo	Número da massa	Massa do isótopo	Abundância (%)
1	136	135,9090	0,193
2	138	137,9057	0,250
3	140	139,9053	88,48
4	142	141,9090	11,07

Três elementos da Tabela Periódica que têm pesos atômicos próximos desses valores são lantânio (La), número atômico 57, peso atômico 138,9055; cério (Ce), número atômico 58, peso atômico 140,115; e praseodímio (Pr), número atômico 59, peso atômico 140,9076. Usando os dados acima, calcule o peso atômico e identifique o elemento, se possível.

155. O espectro de massa do CH_3Cl é ilustrado aqui. Você sabe que o carbono tem dois isótopos estáveis, ^{12}C e ^{13}C, com abundâncias relativas de 98,9% e 1,1%, respectivamente, e que o cloro tem dois isótopos, ^{35}Cl e ^{37}Cl, com abundâncias de 75,77% e 24,23%, respectivamente.
(a) Qual espécie molecular dá origem às linhas m/Z de 50 e 52? Por que a linha 52 está a cerca de um terço da altura da linha 50?
(b) Que espécie pode ser responsável pela linha $m/Z = 51$?

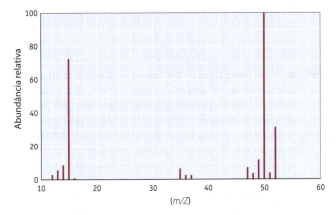

156. Os maiores picos de massa no espectro de massa do Br_2 ocorrem a m/Z 158, 160 e 162. A razão das intensidades desses picos é aproximadamente 1:2:1. O bromo tem dois isótopos estáveis, ^{79}Br (50,7% de abundância) e ^{81}Br (49,3% de abundância).
(a) Qual espécie molecular dá origem a cada um desses picos?
(b) Explique as intensidades relativas desses picos. (*Sugestão*: Considere as probabilidades de cada combinação de átomos.)

No Laboratório

157. Se o sal de Epson, $MgSO_4 \cdot x\, H_2O$, é aquecido a 250 °C, toda a água de hidratação é perdida. Aquecendo-se uma amostra de 1,687 g do hidrato, 0,824 g de $MgSO_4$ permanece. Quantas moléculas de água ocorrem por fórmula unitária de $MgSO_4$?

158. O "alúmen" utilizado na cozinha é o sulfato de alumínio e potássio hidratado, $KAl(SO_4)_2 \cdot x\, H_2O$. Para encontrar o valor de x, você pode aquecer uma amostra do composto para eliminar toda a água e deixar apenas $KAl(SO_4)_2$. Suponha que você aqueça 4,74 g do composto hidratado, e que a amostra perca 2,16 g de água. Qual é o valor de x?

159. Estanho metálico (Sn) e iodo púrpura (I_2) combinam-se para formar iodeto de estanho sólido laranja com uma fórmula desconhecida.

$$Sn\ metal + I_2\ sólido \rightarrow Sn_xI_y\ sólido$$

Quantidades pesadas de Sn e I_2 são combinadas, sendo que a quantidade de Sn é mais que a necessária para reagir com todo o iodo. Após Sn_xI_y ter sido formado, ele é separado por filtração. A massa de estanho em excesso também é determinada. Os seguintes dados foram coletados:

Massa do estanho (Sn) na mistura origina	11,056 g
Massa de iodo (I_2) na mistura inicial	1,947 g
Massa do estanho (Sn) recuperada após reação	0,601 g

Qual é a fórmula empírica do iodeto de estanho?

160. ▲ Quando um composto desconhecido foi analisado, foram gerados os seguintes resultados experimentais: C, 54,0%; H, 6,00%; e O, 40,0%. Quatro estudantes diferentes utilizaram esses valores para calcular as fórmulas empíricas mostradas aqui. Qual é a resposta correta? Por que alguns alunos não obtiveram a resposta correta?
(a) $C_4H_5O_2$ (c) $C_7H_{10}O_4$
(b) $C_5H_7O_3$ (d) $C_9H_{12}O_5$

161. ▲ Dois estudantes de Química Geral que trabalham juntos no laboratório pesam 0,832 g de $CaCl_2 \cdot 2\, H_2O$ em um cadinho. Depois de aquecerem a amostra por um curto período de tempo e permitirem que o cadinho se resfriasse, os estudantes determinaram que a amostra tem uma massa de 0,739 g. Eles, então, fazem um cálculo rápido. Com base nesse cálculo, o que deveriam fazer depois?
(a) Congratularem-se por um trabalho bem-feito.
(b) Supor que a garrafa de $CaCl_2 \cdot 2\, H_2O$ foi catalogada erroneamente; ela realmente continha algo diferente.
(c) Aquecer o cadinho novamente, e então pesá-lo mais uma vez.

162. Para encontrar a fórmula empírica do óxido de estanho, primeiro você reage estanho com ácido nítrico em um cadinho de porcelana. O metal é convertido em nitrato de estanho, mas, ao aquecer bastante o nitrato, o gás castanho dióxido de nitrogênio é desprendido e o óxido de estanho é formado. No laboratório você coleta os seguintes dados:

Massa do cadinho	13,457 g
Massa do cadinho mais o estanho	14,710 g
Massa do cadinho após aquecimento	15,048 g

Qual é a fórmula empírica do óxido de estanho?

Questões Gerais e Conceituais

As seguintes questões podem usar os conceitos deste capítulo e dos capítulos anteriores.

163. ▲ Identifique, na lista abaixo, as informações necessárias para calcular o número de átomos em 1,00 cm³ de ferro. Resuma o procedimento utilizado neste cálculo.
(a) a estrutura de ferro sólido
(b) a massa molar do ferro
(c) o número de Avogadro
(d) a densidade do ferro
(e) a temperatura
(f) o número atômico do íon
(g) o número de isótopos do ferro

164. Considere o gráfico das abundâncias dos elementos relativos na página 111. Existe uma relação entre a abundância e o número atômico? Há alguma diferença entre a abundância relativa de um elemento de mesmo número atômico e a abundância relativa de um elemento de número atômico diferente?

165. A foto aqui descreve o que acontece quando uma fita de magnésio e algumas lascas de cálcio são colocadas em água.
(a) Com base nessas observações, o que seria possível observar quando o bário, um outro elemento do grupo 2A, é colocado na água?
(b) Dê o período em que cada elemento (Mg, Ca e Ba) é encontrado; qual correlação você acha que pode encontrar entre a reatividade desses elementos e suas posições na Tabela Periódica?

O magnésio (*à esquerda*) e o cálcio (*à direita*) na água

166. Um pote contém um número de jujubas. Para saber com precisão quantas têm, você pode retirá-las do pote e contá-las. Como é posssível estimar o número delas sem contar todas? (Os químicos necessitam apenas fazer "contas simples" quando trabalham com átomos e moléculas. Os átomos e moléculas são muito pequenos para serem contados um por um, de modo que os químicos têm trabalhado em outros métodos para determinar o número de átomos de uma amostra.)

Quantas jujubas há no pote?

Sulfetos metálicos de uma fumarola negra. Uma "fumarola negra" fotografada no fundo do Oceano Pacífico ao longo do Pacífico Leste. A "fumaça" é uma nuvem de sulfetos metálicos insolúveis formados quando o material fundido é forçado a sair do interior da Terra.

3 Reações químicas

Sumário do capítulo

- **3-1** Introdução às Equações Químicas
- **3-2** Balanceando Equações Químicas
- **3-3** Introdução ao Equilíbrio Químico
- **3-4** Soluções Aquosas
- **3-5** Reações de Precipitação
- **3-6** Ácidos e Bases
- **3-7** Reações de Formação de Gás
- **3-8** Reações de Oxirredução
- **3-9** Classificando Reações em Soluções Aquosas

FUMAROLAS NEGRAS E VULCÕES

Em 1977, cientistas estavam explorando a junção de duas das placas tectônicas que formam o leito do Oceano Pacífico. Lá eles encontraram fontes termais jorrando um caldo quente e negro de minerais. A água do mar infiltra-se em rachaduras no fundo do oceano e, à medida que se afunda mais na crosta da Terra, ela é superaquecida entre 300 °C e 400 °C pelo magma quente logo abaixo da crosta. Essa água superquente dissolve minerais na crosta e é empurrada de volta para a superfície. Quando essa água, agora carregada com cátions de metais dissolvidos e rica em ânions como sulfeto e sulfato, jorra através da superfície, ela é resfriada, e os sulfatos metálicos – como sulfato de cálcio –, assim como os sulfetos metálicos – como de cobre, manganês, ferro, zinco e níquel –, são precipitados. Muitos sulfetos metálicos são negros, e a coluna do material proveniente do fundo do mar parece-se com "fumaça" negra; dessa forma, os respiros foram chamados de "fumarolas negras". Os sulfetos sólidos e outros minerais assentam em torno das fendas no fundo do mar e, eventualmente, formam uma "chaminé" de minerais precipitados. Você pode ver os mesmos depósitos de sulfetos metálicos ao redor das saídas de vapor dos vulcões e na água que jorra para longe de um vulcão ou de um respiro de vapor.

Os cientistas ficaram surpresos ao descobrir que as fendas no fundo do mar eram cercadas por animais

PRIMEIRA PARTE ▶ AS FERRAMENTAS BÁSICAS DA QUÍMICA

CAPÍTULO 3

Objetivos do Capítulo

Consulte a Revisão dos Objetivos do Capítulo para ver as Questões para Estudo relacionadas a estes objetivos.

ENTENDER

- A importância e os usos das equações químicas balanceadas.
- A natureza e as características do equilíbrio químico.
- A natureza das substâncias iônicas dissolvidas em água.
- Reações de oxirredução e os três tipos de reações de troca.
- As reações ácido-base que envolvem a transferência íons hidrogênio.
- As reações de oxirredução que envolvem a transferência de elétrons.

FAZER

- Balancear as equações químicas, escrever corretamente as fórmulas dadas para reagentes e produtos.
- Prever a solubilidade dos compostos iônicos em água e as espécies presentes em soluções aquosas de compostos iônicos e moleculares.
- Reconhecer os tipos comuns de reações químicas em solução aquosa e prever os produtos de precipitação, ácido-base e reações de troca formadoras de gás.
- Conhecer os nomes e as fórmulas de ácidos e bases comuns e compreender a sua natureza em solução aquosa.
- Escrever uma equação iônica líquida, dada a equação global balanceada para uma reação química.
- Determinar os números de oxidação para elementos em um composto e utilizá-los para identificar as reações de oxirredução.

LEMBRAR

- As regras de solubilidade dos compostos iônicos.
- Os nomes e as fórmulas de ácidos e bases comuns.
- Agentes oxidantes e redutores comuns.

---

peculiares que vivem no ambiente quente, rico em sulfeto. Como as fumarolas negras encontram-se sob centenas de metros de água e a luz solar não penetra nessas profundezas, os animais desenvolveram um modo de sobreviver sem a energia da luz solar. Em um ambiente terrestre, as plantas usam a energia do Sol para sintetizar as moléculas orgânicas através do processo de fotossíntese. No ecossistema sem luz no fundo do mar, a energia é proveniente da oxidação dos sulfetos. Com essa fonte de energia, os micróbios são capazes de fabricar as moléculas orgânicas que são a base da vida.

As reações químicas são o foco principal deste capítulo. Vamos apresentar diretrizes para a organização das informações sobre as reações químicas, para prever os produtos das reações e para representar essa informação na forma de equações químicas.

As reações químicas são o coração da Química. Começamos uma reação química com um conjunto de materiais e finalizamos com materiais diferentes. A mera leitura dessa frase envolve um número enorme de reações químicas em seu conteúdo. De fato, cada atividade dos seres vivos depende de reações químicas cuidadosamente controladas. Nosso objetivo neste capítulo é o de apresentar a você a simbologia utilizada para representar as reações químicas e para descrever vários tipos comuns de reações químicas.

3-1 Introdução às Equações Químicas

Quando um fluxo de gás cloro, Cl_2, é direcionado sobre fósforo sólido, P_4, a mistura explode em chamas, e uma reação química produz o tricloreto de fósforo líquido, PCl_3 (Figura 3.1). Podemos representar essa reação utilizando uma **equação química balanceada**.

$$\underbrace{P_4(s) + 6\ Cl_2(g)}_{\text{reagentes}} \longrightarrow \underbrace{4\ PCl_3(\ell)}_{\text{produto}}$$

FIGURA 3.1 A reação do fósforo branco sólido com gás cloro. O produto é o tricloreto de fósforo líquido.

Os Estados dos Reagentes e dos Produtos A inclusão dos estados de cada espécie (s, ℓ, g, aq), dão informações úteis para o leitor. No entanto, essa prática é opcional, e você verá equações escritas sem essas informações em outras partes deste texto.

Em uma equação química, as fórmulas dos **reagentes** (as substâncias combinadas na reação) são escritas à esquerda da seta, e as fórmulas dos **produtos** (as substâncias produzidas), à direita. Os estados físicos dos reagentes e dos produtos podem também ser indicados. O símbolo (s) indica um sólido, (g) um gás e (ℓ) um líquido. Uma substância dissolvida na água, isto é, em uma solução aquosa, é indicada por (aq).

No século XVIII, o cientista francês Antoine Lavoisier (1743-1794) introduziu a **lei da conservação da matéria,** a qual afirma que a *matéria não pode ser criada nem destruída.* Isto significa que, se a massa total dos reagentes for 10 g, e se a reação converte completamente reagentes em produtos, você obterá 10 g de produtos. Isso também significa que, se mil átomos de um elemento em particular estiverem contidos nos reagentes, então esses mesmos mil átomos devem aparecer nos produtos de alguma forma. *Os átomos e, assim, a massa são conservados nas reações químicas.*

Quando aplicada à reação entre o fósforo e o cloro, a lei da conservação da matéria nos diz que 1 molécula de fósforo P_4 (com 4 átomos de fósforo) e 6 moléculas diatômicas de Cl_2 (com 12 átomos de Cl) produzirão quatro moléculas de PCl_3. Uma vez que cada molécula de PCl_3 contém 1 átomo de P e 3 átomos de Cl, são necessárias quatro moléculas de PCl_3 para representar 4 átomos de P e 12 átomos de Cl no produto. A equação está *balanceada,* o mesmo número de átomos de P e de Cl aparece em cada lado da equação.

$$6 \times 2 = \qquad 4 \times 3 =$$
$$12 \text{ átomos Cl} \qquad 12 \text{ átomos Cl}$$
$$P_4(s) + 6\ Cl_2(g) \longrightarrow 4\ PCl_3(\ell)$$
$$4 \text{ átomos P} \qquad 4 \text{ átomos P}$$

Em uma reação química, a relação entre as quantidades de reagentes e de produtos químicos é chamada **estequiometria.** Os coeficientes em uma equação química balanceada são chamados **coeficientes estequiométricos.** (Na reação de P_4 e Cl_2 estes são 1, 6 e 4). Eles podem ser interpretados como um número de átomos ou moléculas: uma molécula de P_4 e seis moléculas de Cl_2. Eles podem referir-se às quantidades dos reagentes e dos produtos: 1 mol de P_4 combina com 6 mols de Cl_2 para produzir 4 mols de PCl_3.

Reações químicas **121**

UM OLHAR MAIS ATENTO

Antoine Laurent Lavoisier, 1743-1794

Na segunda-feira, 7 de agosto de 1774, o inglês Joseph Priestley (1733-1804) isolou o oxigênio. (O químico sueco Carl Scheele [1742-1786] também descobriu o elemento, talvez em 1773, mas não publicou seus resultados até então.) Para obter o oxigênio, Priestley aqueceu o óxido de mercúrio(II), HgO, provocando a sua decomposição em mercúrio e oxigênio.

$$2\ HgO(s) \rightarrow 2\ Hg(\ell) + O_2(g)$$

Priestley não entendeu de imediato o significado daquela descoberta, mas ele mencionou o fato para o químico francês Antoine Lavoisier, em outubro de 1774. Uma das contribuições de Lavoisier para a ciência foi o seu reconhecimento da importância das medições científicas exatas e de experimentos cuidadosamente planejados, e ele aplicou essa metodologia no estudo do oxigênio. A partir desse trabalho, Lavoisier propôs que o oxigênio era um elemento, que se tratava de um dos componentes da água e que a queima envolve uma reação com o oxigênio. Ele também se enganou ao acreditar que o gás de Priestley estava presente em todos os ácidos, por isso ele o chamou de "oxigênio", com base nas palavras gregas que significam "para formar um ácido".

Em outros experimentos, Lavoisier observou que o calor produzido por um porquinho-da-índia ao exalar uma determinada quantidade de dióxido de carbono é equivalente à quantidade de calor produzido na queima de carbono para produzir a mesma quantidade de dióxido de carbono. A partir deste e de outros experimentos ele concluiu que "a respiração é uma combustão lenta, mas completamente semelhante à combustão do carvão". Embora ele não tenha entendido os detalhes do processo, este foi um passo importante no desenvolvimento da Bioquímica.

Lavoisier foi um cientista pródigo, e os princípios da nomenclatura das substâncias químicas que ele introduziu ainda hoje estão em uso. Ademais, ele escreveu um livro no qual aplicou pela primeira vez os princípios da conservação da massa na Química e usou a ideia para escrever versões primordiais de equações químicas.

Como Lavoisier era um aristocrata, ele tornou-se suspeito durante o período do Terror da Revolução Francesa em 1794. Ele foi um acionista na Ferme Générale, a vergonhosa organização de coleta de impostos na França do século XVIII. O tabaco era um produto monopolizado pela Ferme Générale e era comum enganar um comprador adicionando-se água ao tabaco, uma prática à qual Lavoisier se opunha. Ainda assim, devido ao seu envolvimento com a Ferme, ele teve sua carreira científica interrompida pela guilhotina em 8 de maio de 1794, acusado de "adicionar água ao tabaco do povo".

Decomposição do óxido de mercúrio(II) vermelho. A reação de decomposição fornece mercúrio metálico e oxigênio gasoso. O mercúrio é observado como uma película na superfície do tubo de ensaio.

Lavoisier e sua esposa, pintado em 1788 por Jacques-Louis David. Lavoisier tinha então 45 anos e sua esposa, Marie Anne Pierrette Paulze, 30.

EXERCÍCIOS PARA A SEÇÃO 3.1

A reação entre o alumínio e o bromo é mostrada aqui. A equação para a reação é

$$2\ Al(s) + 3\ Br_2(\ell) \rightarrow Al_2Br_6(s)$$

1. Quais são os coeficientes estequiométricos nessa equação?

    (a) 1, 3, 4   (b) 2, 3, 1   (c) 1, 6, 8   (d) 1, 1, 1

2. Se você usasse 8 mil átomos de Al, quantas moléculas de Br_2 seriam necessárias para consumir completamente o Al?

    (a) 5333   (b) 8000   (c) 12000   (d) 20000

A reação do alumínio metálico [Al(s)] com o bromo [$Br_2(\ell)$].

3-2 Balanceando Equações Químicas

Uma equação balanceada é aquela em que o mesmo número de átomos de cada elemento aparece em cada lado da equação. O processo de balancear equações envolve a atribuição de coeficientes estequiométricos corretos. Muitas equações químicas podem ser balanceadas por tentativa e erro, e este é o método que será usado com frequência. Entretanto, métodos mais sistemáticos também estão disponíveis e são especialmente úteis no caso de reações complicadas.

(a) Reação entre ferro e oxigênio para obter óxido de ferro(III), Fe_2O_3.

(b) Reação entre enxofre (na colher) e oxigênio para formar dióxido de enxofre, SO_2.

(c) Reação entre fósforo e oxigênio para formar decaóxido de tetrafósforo, P_4O_{10}.

FIGURA 3.2 Reações de um metal e dois não metais com oxigênio.

Uma classe geral de reações químicas é a reação de metais ou não metais com oxigênio, para obter óxidos de fórmula geral M_xO_y. Por exemplo, ferro reage com oxigênio para formar o óxido de ferro(III) (Figura 3.2a).

$$4\ Fe(s) + 3\ O_2(g) \rightarrow 2\ Fe_2O_3(s)$$

Os não metais enxofre e oxigênio reagem para formar dióxido de enxofre (Figura 3.2b),

$$S(s) + O_2(g) \rightarrow SO_2(g)$$

e o fósforo, P_4, reage vigorosamente com o oxigênio para obter decaóxido de tetrafósforo, P_4O_{10} (Figura 3.2c).

$$P_4(s) + 5\ O_2(g) \rightarrow P_4O_{10}(s)$$

As equações escritas acima estão balanceadas. O mesmo número de átomos de ferro, enxofre ou fósforo e de átomos de oxigênio está presente em cada lado dessas equações.

Ao balancear equações químicas há duas coisas importantes que devemos lembrar:

- As fórmulas dos reagentes e dos produtos devem estar corretas, caso contrário a equação não tem sentido. Uma vez que as fórmulas corretas dos reagentes e dos produtos foram determinadas, seus subscritos não podem ser alterados para balancear uma equação. A alteração dos índices subscritos muda a identidade da substância. Por exemplo, você não pode mudar CO_2 para CO para balancear uma equação; o monóxido de carbono, CO, e o dióxido de carbono, CO_2, são compostos diferentes.

- As equações químicas são balanceadas utilizando coeficientes estequiométricos. A fórmula química completa de uma substância é multiplicada pelo coeficiente estequiométrico.

Todos os dias você encontra reações de **combustão**, ou seja, a queima de um combustível com oxigênio acompanhada pela liberação de energia na forma de calor (Figura 3.3). Uma das mais conhecidas é a combustão de octano, C_8H_{18}, um componente da gasolina, em um motor de automóvel:

$$2\ C_8H_{18}(\ell) + 25\ O_2(g) \rightarrow 16\ CO_2(g) + 18\ H_2O(g)$$

Em todas as reações de combustão, alguns ou todos os elementos nos reagentes terminam como óxidos, compostos que contêm oxigênio. Quando o reagente é um

FIGURA 3.3 Uma reação de combustão. Aqui o propano, C_3H_8, é queimado para formar CO_2 e H_2O. Esses óxidos simples são sempre os produtos da combustão completa de um hidrocarboneto.

hidrocarboneto (um composto que contém apenas C e H, como o octano, um hidrocarboneto na gasolina), os produtos da combustão completa são sempre o dióxido de carbono e a água.

Como exemplo de balanceamento de uma equação, vamos escrever a equação balanceada para a combustão completa do propano, C_3H_8, um combustível comum.

ETAPA 1 *Escreva as fórmulas corretas dos reagentes e dos produtos.* Aqui o propano e o oxigênio são os reagentes, e o dióxido de carbono e a água, os produtos.

$$C_3H_8(g) + O_2(g) \xrightarrow{\text{equação não balanceada}} CO_2(g) + H_2O(g)$$

ETAPA 2 *Balanceie os átomos de C.* Em reações de combustão como esta, é preferível balancear primeiro os átomos de carbono e deixar os átomos de oxigênio para o final (porque os átomos de oxigênio são frequentemente encontrados em mais de um produto). Nesse caso, três átomos de carbono estão nos reagentes; portanto, três devem estar nos produtos. Três moléculas de CO_2 são consequentemente necessárias no lado direito.

$$C_3H_8(g) + O_2(g) \xrightarrow{\text{equação não balanceada}} 3\ CO_2(g) + H_2O(g)$$

ETAPA 3 *Balanceie os átomos de H.* Uma molécula de propano contém oito átomos de H. Cada molécula de água tem dois átomos de hidrogênio, de modo que quatro moléculas de água respondem pelos oito átomos de hidrogênio necessários no lado direito.

$$C_3H_8(g) + O_2(g) \xrightarrow{\text{equação não balanceada}} 3\ CO_2(g) + 4\ H_2O(g)$$

ETAPA 4 *Balanceie os átomos de O.* Há dez átomos de oxigênio no lado direito (3 × 2 = 6 no CO_2 mais 4 × 1 = 4 em H_2O). Cinco moléculas de O_2 são necessárias para suprir os dez átomos de oxigênio dos produtos.

$$C_3H_8(g) + 5\ O_2(g) \xrightarrow{\text{equação não balanceada}} 3\ CO_2(g) + 4\ H_2O(g)$$

ETAPA 5 *Verifique se o número de átomos de cada elemento está balanceado.* Há três átomos de carbono, oito átomos de hidrogênio e dez átomos de oxigênio em cada lado da equação.

EXEMPLO 3.1

Balanceando uma Equação de uma Reação de Combustão

Problema Escreva a equação balanceada para a combustão (oxidação) de gás amônia (NH_3), para formar vapor de água e gás monóxido de nitrogênio (NO).

O que você sabe? Você conhece as fórmulas corretas ou nomes para os reagentes (NH_3 e oxigênio, O_2) e os produtos (H_2O e monóxido de nitrogênio, NO). Você também conhece seus estados.

Estratégia Escreva primeiro a equação não balanceada. Em seguida, balanceie os átomos de N, depois os átomos de H e, finalmente, os átomos de O.

Solução

Etapa 1. *Escreva a equação usando as fórmulas corretas dos reagentes e dos produtos.* Os reagentes são $NH_3(g)$ e $O_2(g)$, e os produtos, NO(g) e $H_2O(g)$.

$$NH_3(g) + O_2(g) \xrightarrow{\text{equação não balanceada}} NO(g) + H_2O(g)$$

Etapa 2. *Balanceie os átomos de N.* Existe um átomo de N em cada um dos lados da equação. Os átomos de N estão balanceados, pelo menos no momento.

$$NH_3(g) + O_2(g) \xrightarrow{\text{equação não balanceada}} NO(g) + H_2O(g)$$

Mapa Estratégico 3.1

PROBLEMA
Balancear a equação para a reação entre NH_3 e O_2

↓

DADOS/INFORMAÇÕES
As fórmulas dos reagentes e dos produtos são fornecidas

↓

Balanceie os átomos de **N**.

↓

Átomos de N balanceados, mas a equação global não está balanceada

↓

Balanceie os átomos de **H**.

↓

Átomos de N e H balanceados, mas a equação global não está balanceada

↓

Balanceie os átomos de **O**. Melhor deixar para a etapa final.

↓

Átomos de N, H e O balanceados.
A equação agora está balanceada.

Etapa 3. *Balanceie os átomos de H.* Há três átomos de H à esquerda e dois à direita. Para ter o mesmo número de cada lado (6), use duas moléculas de NH$_3$ à esquerda e três moléculas de H$_2$O à direita (o que nos dá 6 átomos de H em cada lado).

$$2\,NH_3(g) + O_2(g) \xrightarrow{\text{equação não balanceada}} NO(g) + 3\,H_2O(g)$$

Note que, ao balancearmos os átomos de H, os átomos de N não estão mais balanceados. Para fazê-lo, vamos usar duas moléculas de NO do lado direito.

$$2\,NH_3(g) + O_2(g) \xrightarrow{\text{equação balanceada}} 2\,NO(g) + 3\,H_2O(g)$$

Etapa 4. *Balanceie os átomos de O.* Depois da Etapa 3, há um número par de átomos de O (2) à esquerda e um número ímpar (5) à direita. Uma vez que não pode haver um número ímpar de átomos de O à esquerda (os átomos de O estão combinados em moléculas de O$_2$), multiplique cada coeficiente em ambos os lados da equação por 2 (exceto o de O$_2$), de modo que um número par de átomos de oxigênio (10) agora ocorra no lado direito:

$$4\,NH_3(g) + O_2(g) \xrightarrow{\text{equação não balanceada}} 4\,NO(g) + 6\,H_2O(g)$$

Agora, os átomos de oxigênio podem ser balanceados por ter 5 moléculas de O$_2$ no lado esquerdo da equação:

$$4\,NH_3(g) + 5\,O_2(g) \xrightarrow{\text{equação balanceada}} 4\,NO(g) + 6\,H_2O(g)$$

Etapa 5. *Verifique o resultado.* Há 4 átomos de N, 12 átomos de H e 10 átomos de O em cada lado da equação.

Pense bem antes de responder Uma forma alternativa de escrever essa equação é

$$2\,NH_3(g) + {}^5\!/_2\,O_2(g) \rightarrow 2\,NO(g) + 3\,H_2O(g)$$

em que um coeficiente fracionário foi utilizado. A equação está corretamente balanceada. Porém, em geral, balanceamos as equações com coeficientes inteiros.

Verifique seu entendimento

(a) O gás butano, C$_4$H$_{10}$, pode queimar completamente no ar [use O$_2$(g) como o outro reagente] para formar o gás dióxido de carbono e vapor de água. Escreva a equação balanceada para essa reação de combustão.

(b) Escreva a equação química balanceada para a combustão completa de C$_3$H$_7$BO$_3$, um aditivo da gasolina. Os produtos da combustão são CO$_2$(g), H$_2$O(g) e B$_2$O$_3$(s).

EXERCÍCIO PARA A SEÇÃO 3.2

1. A equação (não balanceada) que descreve a oxidação do propanol é

$$2\,C_3H_7OH(\ell) + \underline{\quad}O_2(g) \rightarrow 6\,CO_2(g) + \underline{\quad}H_2O(g)$$

Quais são os dois coeficientes estequiométricos em falta?

(a) 4,5 O$_2$, 4 H$_2$O (b) 9 O$_2$, 8 H$_2$O (c) 5 O$_2$, 4 H$_2$O (d) 5 O$_2$, 7 H$_2$O

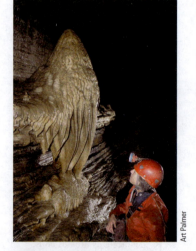

FIGURA 3.4 Química na caverna. Estalactites de carbonato de cálcio prendem-se ao teto de uma caverna, e estalagmites crescem a partir do chão nesse local. A química de produção dessas formações é um bom exemplo da reversibilidade das reações químicas.

3-3 Introdução ao Equilíbrio Químico

Até este ponto, temos tratado as reações químicas como procedentes em uma única direção, com os reagentes sendo *completamente* convertidos em produtos. A natureza, no entanto, é mais complexa que isso. Todas as reações químicas são reversíveis, em princípio, e muitas reações conduzem à conversão incompleta dos reagentes em produtos.

A formação das estalactites e estalagmites em uma caverna de calcário é um exemplo de um sistema que depende da reversibilidade de uma reação química (Figura 3.4).

Estalactites e estalagmites são feitas principalmente de carbonato de cálcio, um mineral encontrado em depósitos subterrâneos na forma de calcário, um resíduo de antigos oceanos. Se a água que escoa através do calcário contém CO_2 dissolvido, ocorre uma reação na qual o mineral é dissolvido parcialmente, resultando em uma solução aquosa de $Ca(HCO_3)_2$.

$$CaCO_3(s) + CO_2(aq) + H_2O(\ell) \rightarrow Ca(HCO_3)_2(aq)$$

Quando a água carregada com o mineral atinge uma caverna, ocorre a reação inversa, havendo a liberação de CO_2 e a deposição de $CaCO_3$ sólido.

$$Ca(HCO_3)_2(aq) \rightarrow CaCO_3(s) + CO_2(g) + H_2O(\ell)$$

Tal como ilustrado na Figura 3.5, essas reações podem ser feitas no laboratório.

Soluções de CaCl₂ (uma fonte de íons Ca²⁺) e NaHCO₃ (uma fonte de íons HCO₃⁻) são misturadas e produzem um precipitado de CaCO₃ e gás CO₂.

Se o gás CO₂ for borbulhado em uma suspensão de CaCO₃, ocorre a reação inversa. Isto é, CaCO₃ sólido e CO₂ gasoso reagem para produzir íons de Ca²⁺ e HCO₃⁻ na solução.

FIGURA 3.5 A reversibilidade das reações químicas. As experiências aqui demonstram a reversibilidade das reações químicas.

$$Ca^{2+}(aq) + 2\,HCO_3^-(aq) \rightleftharpoons CaCO_3(s) + CO_2(g) + H_2O(\ell)$$

FIGURA 3.6 Reação de N_2 e H_2 para produzir NH_3.

Outro exemplo de uma reação reversível é a do nitrogênio com o hidrogênio para formar o gás amônia, um composto produzido industrialmente em grandes quantidades e usado diretamente como fertilizante e na produção de outros produtos químicos.

$$N_2(g) + 3\,H_2(g) \rightarrow 2\,NH_3(g)$$

Nitrogênio e hidrogênio reagem para formar amônia, mas sob as condições da reação, a amônia também se decompõe em nitrogênio e hidrogênio, na reação inversa.

$$2\,NH_3(g) \rightarrow N_2(g) + 3\,H_2(g)$$

Vamos considerar o que aconteceria se misturássemos nitrogênio e hidrogênio em um recipiente fechado sob as condições adequadas para a reação ocorrer. No início, N_2 e H_2 reagem para produzir certa quantidade de amônia. À medida que a amônia é produzida, no entanto, algumas moléculas de NH_3 se decompõem para produzir o nitrogênio e o hidrogênio na reação inversa (Figura 3.6). No início do processo, a reação direta para produzir NH_3 predomina, mas, conforme os reagentes são consumidos, a taxa (ou velocidade) da reação direta diminui progressivamente. Ao mesmo tempo, a reação inversa acelera conforme a quantidade de amônia aumenta. Finalmente, a velocidade da reação direta será igual à velocidade da reação inversa. Neste ponto, nenhuma outra alteração macroscópica é observada; as quantidades de nitrogênio, hidrogênio e amônia no recipiente não variam mais com o tempo (embora as reações direta e inversa continuem). Dizemos que o sistema atingiu o **equilíbrio químico**. O recipiente de reação conterá todas as três substâncias – nitrogênio, hidrogênio e amônia. Como ambos os processos ainda estão ocorrendo, referimo-nos a esse estado como um **equilíbrio dinâmico**. Sistemas em equilíbrio dinâmico são representados pela inclusão do símbolo de seta dupla ($\rightleftharpoons$) conectando os reagentes e os produtos.

$$N_2(g) + 3\,H_2(g) \rightleftharpoons 2\,NH_3(g)$$

Um princípio importante na Química é o de que as reações químicas sempre prosseguem espontaneamente em direção ao equilíbrio. Uma reação nunca vai prosseguir espontaneamente em uma direção que leva um sistema além do equilíbrio. (Esse princípio é mais explorado nos Capítulos 15 e 18.)

Uma questão-chave é: "Quando uma reação atinge o equilíbrio, os reagentes serão convertidos em sua maioria em produtos ou boa parte dos primeiros ainda estará presente?". A resposta dependerá da natureza das substâncias envolvidas, da temperatura e de outros fatores, e este também será o tema dos capítulos posteriores (▶ Capítulos 15-18). Por enquanto, porém, é útil definir as **reações que favorecem os produtos** como *reações em que os reagentes são totalmente ou em grande parte*

Descrição Quantitativa do Equilíbrio Químico Como você verá nos Capítulos 15–18, a extensão em que uma reação é favorável à formação de produto pode ser descrita por uma expressão matemática chamada *expressão da constante de equilíbrio*. Cada reação química tem um valor numérico para a constante de equilíbrio, simbolizada por *K*. Reações que favorecem a formação de produtos têm grandes valores de *K*; enquanto pequenos valores de *K* indicam reações que favorecem a formação de reagentes. Para a ionização de ácido acético em água, $K = 1,8 \times 10^{-5}$.

convertidos em produtos, quando o equilíbrio é atingido. As reações de combustão que temos estudado são exemplos de reações que favorecem a formação de produtos no equilíbrio. Na verdade, a maioria das reações que você estudará no restante deste capítulo são reações que favorecem a formação de produto no equilíbrio. Costumamos escrever as equações para essas reações usando uma seta simples (→) conectando os reagentes e os produtos.

O oposto de uma reação de formação dos produtos é a que leva à **formação dos reagentes** no equilíbrio. Tais reações levam à conversão de apenas uma pequena quantidade dos reagentes em produtos. Um exemplo de uma reação que favorece a formação de reagentes é a ionização do ácido acético em água, na qual apenas uma pequena fração do ácido produz íons.

$$CH_3CO_2H(aq) + H_2O(\ell) \rightleftharpoons CH_3CO_2^-(aq) + H_3O^+(aq)$$

ácido acético   água   íon acetato   íon hidrônio

O ácido acético é um exemplo de um grande número de ácidos denominados "ácidos fracos", porque a reação com água favorece a formação dos reagentes no equilíbrio e apenas uma pequena porcentagem das moléculas reage com a água para formar produtos iônicos. Você aprenderá mais sobre isso na Seção 3.6 e nos Capítulos 15-18.

EXERCÍCIO PARA A SEÇÃO 3.3

1. Qual das afirmações a seguir sobre o equilíbrio químico *não* é verdadeira?

    (a) No equilíbrio as velocidades das reações direta e inversa são iguais.

    (b) Não há nenhuma mudança observável em um sistema químico no equilíbrio.

    (c) As reações químicas sempre prosseguirão em direção ao equilíbrio.

    (d) Todas as reações químicas favorecem a formação de produto no equilíbrio.

3-4 Soluções Aquosas

Muitas das reações que você estudará em seu curso de Química e quase todas as reações que ocorrem nos seres vivos são realizadas em soluções nas quais as substâncias que reagem são dissolvidas na água. No Capítulo 1, nós definimos uma **solução** como uma mistura homogênea de duas ou mais substâncias. Uma substância é geralmente considerada o **solvente**, o meio no qual uma outra substância – o **soluto** – é dissolvido. O restante deste capítulo é uma introdução para alguns dos tipos de reações que ocorrem em **soluções aquosas**, em que a água é o solvente. Primeiro, é importante entender algo sobre o comportamento dos compostos dissolvidos na água (Figura 3.7).

Íons e Moléculas em Soluções Aquosas

A dissolução de um sólido iônico requer a separação de cada um dos íons de cargas opostas que o cercam no estado sólido (veja a Figura 3.7). A água é especialmente boa para dissolver compostos iônicos, porque cada molécula de água tem uma extremidade carregada positivamente e outra carregada negativamente. Quando um composto iônico dissolve-se em água, cada íon negativo é rodeado por moléculas de água com suas extremidades positivas apontando na direção do íon, e cada íon positivo é rodeado pelas extremidades negativas de várias moléculas de água. As forças envolvidas são mais bem descritas pela Lei de Coulomb (Equação 2.3).

Os íons envolvidos em água que são produzidos pela dissolução de um composto iônico são livres para se movimentar na solução. Sob condições normais, o movimento dos íons é aleatório, e os cátions e os ânions de um composto iônico dissolvido encontram-se distribuídos uniformemente em toda a solução.

128 Química geral e reações químicas

Uma molécula de água é eletricamente positiva de um lado (os átomos de H) e eletricamente negativa do outro (o átomo de O). Essas cargas permitem que a água interaja com íons negativos e positivos em solução aquosa.

As moléculas de água são atraídas tanto para os cátions quanto para os ânions em solução aquosa.

Água em torno de um cátion

Água em torno de um ânion

Quando uma substância iônica dissolve-se em água, cada íon é rodeado por moléculas de água.

Cloreto de cobre(II) é adicionado à água. As interações entre a água e os íons Cu^{2+} e Cl^- permitem que o sólido se dissolva.

Os íons estão agora rodeados pelas moléculas de água.

FIGURA 3.7 Água como solvente para substâncias iônicas.

Eletrólito Forte

A lâmpada está acesa, mostrando que a solução conduz bem a eletricidade.

CuCl₂

Cu^{2+}

Cl^-

FIGURE 3.8A Um eletrólito forte conduz eletricidade. CuCl₂ está completamente dissociado em íons Cu^{2+} e Cl^-.

No entanto, se dois **eletrodos** (condutores de eletricidade, como o fio de cobre) são colocados na solução e ligados a uma bateria, cátions (positivos) são atraídos para o eletrodo negativo, e ânions (negativos), para o eletrodo positivo (Figura 3.8).

Compostos cujas soluções aquosas conduzem eletricidade são chamados de **eletrólitos**. *Todos os compostos iônicos que são solúveis em água são eletrólitos*. A extensão em que uma solução conduz a eletricidade, sua condutividade, depende da concentração de íons. Você pode testar a condutividade de uma solução através da inserção de uma lâmpada no circuito, como foi feito na Figura 3.8. Quanto maior a concentração de íons, maior a condutividade e mais brilhante a lâmpada ficará.

Para cada mol de NaCl que dissolve, 1 mol de íons Na⁺ e 1 mol de íons Cl⁻ entram na solução.

$$NaCl(s) \rightarrow Na^+(aq) + Cl^-(aq)$$

100% Dissociação → eletrólito forte

Uma vez que o soluto dissociou-se completamente em íons, haverá uma concentração significativa de íons na solução, e esta será boa condutora de eletricidade. As substâncias cujas soluções são boas condutoras elétricas são chamadas de **eletrólitos fortes** (veja a Figura 3.8a). Os íons nos quais um composto iônico irá se dissociar são dados pelo nome do composto, e as quantidades relativas desses íons são fornecidas por sua fórmula. Por exemplo, como já vimos, cloreto de sódio produz os íons sódio (Na⁺) e os íons cloreto (Cl⁻) na solução em uma proporção de 1:1. O composto iônico cloreto de bário, BaCl₂, é também um eletrólito forte. Nesse caso há dois íons cloreto para cada íon bário na solução.

$$BaCl_2(s) \rightarrow Ba^{2+}(aq) + 2\ Cl^-(aq)$$

Observe que os dois íons cloreto por fórmula unitária estão presentes como duas partículas separadas na solução, e não como partículas diatômicas Cl_2^{2-}. Em outro exemplo ainda, o composto iônico nitrato de bário produz íons bário e íons nitrato na solução. Para cada íon Ba^{2+} na solução, há dois íons NO_3^-.

$$Ba(NO_3)_2(s) \rightarrow Ba^{2+}(aq) + 2\ NO_3^-(aq)$$

Observe também que NO_3^-, um íon poliatômico, não se dissocia mais; o íon existe como uma unidade na solução aquosa.

Compostos cujas soluções aquosas não conduzem eletricidade são chamados de **não eletrólitos** (veja a Figura 3.8b). As partículas de soluto presentes nessas soluções aquosas são moléculas, não íons. *A maioria dos compostos moleculares que se dissolvem em água são não eletrólitos.* Por exemplo, quando o composto molecular etanol (C_2H_5OH) dissolve-se em água, cada molécula de etanol permanece como uma unidade única. Nós não obtemos íons na solução. Outros exemplos de não eletrólitos são a sacarose ($C_{12}H_{22}O_{11}$) e o etilenoglicol ($HOCH_2CH_2OH$), usado como anticongelante.

Alguns compostos moleculares (ácidos fortes, ácidos fracos e bases fracas) podem reagir com a água para produzir íons em soluções aquosas e, portanto, são eletrólitos. Um exemplo é o cloreto de hidrogênio gasoso, um composto molecular, que reage com a água para formar íons. A solução é referida como ácido clorídrico.

$$HCl(g) + H_2O(\ell) \rightarrow H_3O^+(aq) + Cl^-(aq)$$

Essa reação favorece a formação de produto. Cada molécula de HCl produz íons em solução, assim o ácido clorídrico é um eletrólito forte.

Alguns compostos moleculares são **eletrólitos fracos** (veja a Figura 3.8c). Quando esses compostos dissolvem-se na água, apenas uma pequena fração de moléculas se dissocia para formar íons, a maioria permanece intacta. Essas soluções aquosas são más condutoras de eletricidade (veja a Figura 3.8c). Conforme já descrito, a reação de ácido acético com a água favorece a formação de reagente. No vinagre, uma solução aquosa de ácido acético, aproximadamente 0,5% das moléculas de ácido acético é ionizada para formar íons acetato ($CH_3CO_2^-$) e íons hidrônio (H_3O^+). Portanto, o ácido acético aquoso é um eletrólito fraco.

$$CH_3CO_2H(aq) + H_2O(\ell) \rightleftharpoons CH_3CO_2^-(aq) + H_3O^+(aq)$$

A Figura 3.9 prevê quando um determinado tipo de soluto estará presente na solução aquosa como íons, moléculas ou como uma combinação de ambos.

Solubilidade de Compostos Iônicos em Água

Muitos compostos iônicos são solúveis em água, mas alguns se dissolvem apenas em uma pequena quantidade; outros ainda são essencialmente insolúveis. Felizmente, podemos fazer algumas afirmações gerais sobre quais compostos iônicos são solúveis em água. Neste capítulo, consideramos solubilidade como uma pergunta "ou oito ou oitenta", referindo-se àqueles materiais que são solúveis até certo ponto como "solúveis" e aos que não atingem esse limite como "insolúveis". As solubilidades variam muito e, para se ter uma ideia melhor da quantidade de soluto que se dissolve em uma determinada quantidade de água, nós precisamos fazer um experimento ou realizar um cálculo que utiliza o conceito de equilíbrio (▶ Capítulos 15-17).

A Figura 3.10 fornece orientações gerais que podem ajudar a prever se um determinado composto iônico é solúvel em água. Por exemplo, nitrato de sódio, $NaNO_3$, contém um cátion de metal alcalino, Na^+, e o ânion do nitrato, NO_3^-. A presença de *qualquer* um desses íons assegura que o composto é solúvel em água; a 20 °C, mais de 90 g de $NaNO_3$ podem ser dissolvidos em 100 mL de água. Por outro lado, o hidróxido de cálcio é pouco solúvel em água. Se uma colher cheia de $Ca(OH)_2$ sólido é adicionada a 100 mL de água, menos de 1 grama pode ser dissolvido a 20 °C. Quase todo o $Ca(OH)_2$ permanece como um sólido (Figura 3.10c).

FIGURA 3.8B Um **não eletrólito** não conduz eletricidade porque íons não estão presentes na solução.

FIGURA 3.8C Um **eletrólito fraco** conduz mal a eletricidade, porque apenas alguns íons estão presentes na solução.

FIGURA 3.9 Prevendo as espécies presentes em solução aquosa. Quando os solutos dissolvem-se formando uma solução aquosa, os íons podem resultar de compostos iônicos ou moleculares. Alguns compostos moleculares podem permanecer intactos como moléculas na solução. (Note que as bases fortes contendo hidroxilas são compostos iônicos.)

Compostos solúveis					Compostos insolúveis	
Quase todos os sais de Na^+, K^+, NH_4^+	*Quase todos os sais de* Cl^-, Br^-, I^-	*Os sais que contêm* F^-	*Sais de sulfato*, SO_4^{2-}		*A maioria dos sais de carbonato*, CO_3^{2-} fosfato, PO_4^{3-} oxalato, $C_2O_4^{2-}$ cromato, CrO_4^{2-} sulfeto, S^{2-}	*A maioria dos óxidos e hidróxidos metálicos*
Sais de nitrato, NO_3^- clorato, ClO_3^- perclorato, ClO_4^- acetato, $CH_3CO_2^-$	*Exceções (não solúveis)* Haletos de Ag^+, Hg_2^{2+}, Pb^{2+}	*Exceções (não solúveis)* Fluoretos de Mg^{2+}, Ca^{2+}, Sr^{2+}, Ba^{2+}, Pb^{2+}	*Exceções (não solúveis)* Sulfatos de Ca^{2+}, Sr^{2+}, Ba^{2+}, Pb^{2+}, Ag^+		*Exceções (solúveis)* Sais de NH_4^+ e dos cátions de metais alcalinos	*Exceções (solúveis)* Hidróxidos de metais alcalinos, $Ba(OH)_2$ e $Sr(OH)_2$

Compostos de prata

AgNO₃ AgCl AgOH

(a) Os nitratos são geralmente solúveis, assim como os cloretos (exceções incluem AgCl). Hidróxidos são geralmente não solúveis.

Sulfetos

(NH₄)₂S CdS Sb₂S₃ PbS

(b) Sulfetos são geralmente não solúveis (exceções incluem sais com NH_4^+ e Na^+).

Hidróxidos

NaOH Ca(OH)₂ Fe(OH)₃ Ni(OH)₂

(c) Hidróxidos geralmente não são solúveis, exceto quando o cátion é um metal do Grupo 1A (ou Sr^{2+} ou Ba^{2+}).

FIGURA 3.10 Regras para prever a solubilidade dos compostos iônicos. Se um composto contém um dos íons na coluna do lado esquerdo na parte superior do quadro, ele é previsto para ser, pelo menos, moderadamente solúvel em água. Exceções às diretrizes estão realçadas.

EXEMPLO 3.2

Regras de Solubilidade

Problema Preveja se os seguintes compostos iônicos são suscetíveis de serem solúveis em água. Para os compostos solúveis, liste os íons presentes na solução.

(a) KCl   (b) $MgCO_3$ (c) Fe_2O_3 (d) $Cu(NO_3)_2$

O que você sabe? Você sabe as fórmulas dos compostos, mas precisa ser capaz de identificar os íons que compõem cada uma delas, a fim de usar as diretrizes de solubilidade na Figura 3.10.

Estratégia Decida a provável solubilidade em água com base nas diretrizes de solubilidade (veja a Figura 3.10). Compostos solúveis irão se dissociar em seus respectivos íons na solução.

Solução

(a) KCl é composto de íons K^+ e Cl^-. A presença de *qualquer* um desses íons significa que o composto é suscetível de ser solúvel em água. A solução contém íons K^+ e Cl^- dissolvidos em água.

$$KCl(s) \rightarrow K^+(aq) + Cl^-(aq)$$

(A solubilidade do KCl é cerca de 35 g em 100 mL de água a 20 °C).

(b) O carbonato de magnésio é composto de íons Mg^{2+} e CO_3^{2-}. Os sais que contêm o íon carbonato geralmente são insolúveis, a menos que sejam combinados com um íon como Na^+ ou NH_4^+. Portanto, $MgCO_3$ é previsto para ser insolúvel em água. (A solubilidade de $MgCO_3$ é menor que 0,2 g/100 mL de água.)

(c) Óxido de ferro(III) é composto de íons Fe^{3+} e O^{2-}. Os óxidos são solúveis apenas quando O^{2-} é combinado com um íon de metal alcalino; Fe^{3+} é um íon de metal de transição, de modo que Fe_2O_3 é insolúvel.

(d) Nitrato de cobre(II) é composto de íons Cu^{2+} e NO_3^-. Os sais de nitrato são solúveis, de modo que esse composto dissolve-se em água, gerando íons na solução, como mostra a equação a seguir.

$$Cu(NO_3)_2(s) \rightarrow Cu^{2+}(aq) + 2\,NO_3^-(aq)$$

Pense bem antes de responder Para os químicos, um conjunto de diretrizes como aquelas da Figura 3.10 é útil. Se necessário, informações precisas de solubilidade para muitos compostos estão disponíveis em livros de Química para consulta ou em bancos de dados online.

Verifique seu entendimento

Preveja se cada um dos seguintes compostos iônicos pode ser solúvel em água. Em caso afirmativo, escreva as fórmulas dos íons presentes na solução aquosa.

(a) $LiNO_3$ (b) $CaCl_2$ (c) CuO   (d) $NaCH_3CO_2$

Regras de Solubilidade Observações tais como as que são mostradas na Figura 3.10 foram usadas para criar as regras de solubilidade. Observe, no entanto, que essas são orientações gerais. Há exceções, mas essas regras são um bom começo. Veja B. Blake, *Journal of Chemical Education*, v. 80, p. 1348-1350, 2003.

EXERCÍCIOS PARA A SEÇÃO 3.4

1. Qual dos compostos listados a seguir é solúvel em água?

    (a) $Ba(NO_3)_2$ (b) CuS   (c) $Fe_3(PO_4)_2$ (d) $Mg(OH)_2$

2. Nitrato de cálcio diidratado é dissolvido em água. Quais íons estão presentes na solução?

    (a) Ca^{2+} e $(NO_3)_2^{2-}$ (c) Ca^{2+} e NO_3^{2-}

    (b) Ca^{2+} e $2\,NO_3^-$ (d) Ca^+ e NO_3^-

3. Uma amostra de 1 g de cada um dos quatro compostos listados a seguir foi colocada em uma proveta com 100 mL de água. A mistura foi então testada para verificar se ela conduzia corrente elétrica. Qual solução foi um condutor fraco de eletricidade?

(a) etanol (b) ácido acético (c) NaCl (d) NaOH

3-5 Reações de Precipitação

Agora que você pode prever se compostos produzirão íons ou moléculas quando eles se dissolvem na água e se os compostos iônicos são solúveis ou insolúveis em água, podemos começar a discutir as reações químicas que ocorrem em soluções aquosas. Vamos apresentá-lo a quatro categorias principais de reações: precipitação, ácido-base, formadoras de gás e de oxirredução.

À medida que for aprendendo sobre essas reações, será útil procurar referências que possam ajudar a prever os produtos da reação. Você vai notar que a precipitação, as reações ácido-base e muitas formadoras de gás (mas não de oxirredução) são **reações de troca** (às vezes chamadas de reações de deslocamento duplo, dupla troca ou metátese), nas quais os *íons dos reagentes trocam de parceiros*.

$$A^+B^- + C^+D^- \longrightarrow A^+D^- + C^+B^-$$

Por exemplo, soluções aquosas de nitrato de prata e cloreto de potássio reagem para produzir cloreto de prata sólido e nitrato de potássio aquoso (Figura 3.11).

$$AgNO_3(aq) + KCl(aq) \rightarrow AgCl(s) + KNO_3(aq)$$

Reagentes	Produtos
$Ag^+(aq) + NO_3^-(aq)$	$AgCl(s)$ Insolúvel
$K^+(aq) + Cl^-(aq)$	$K^+(aq) + NO_3^-(aq)$

Essa reação particular é um exemplo de uma **reação de precipitação**, porque a reação produz um **precipitado**, um produto sólido insolúvel em água. Os reagentes em tais reações são geralmente compostos iônicos, solúveis em água. Se o cátion de um reagente pode formar um composto insolúvel com o ânion do outro reagente, a precipitação ocorre quando eles são misturados.

Predizendo o Resultado de uma Reação de Precipitação

Muitas combinações de íons positivos e negativos produzem compostos insolúveis. Por exemplo, as orientações para prever a solubilidade na Figura 3.10 indicam que

FIGURA 3.11 Precipitação de cloreto de prata.

(a) Misturando as soluções aquosas de nitrato de prata e cloreto de potássio produz-se o cloreto de prata branco, insolúvel, AgCl.

(b) Inicialmente, os íons Ag^+ (cinza) e os íons Cl^- (amarelo) estão completamente separados.

(c) Íons Ag^+ e Cl^- aproximam-se e formam pares iônicos.

(d) À medida que mais e mais íons Ag^+ e Cl^- unem-se, um precipitado de AgCl sólido se forma.

FIGURA 3.12 Reações de precipitação.

PbCrO₄ a partir de Pb(NO₃)₂ e K₂CrO₄

PbS a partir de Pb(NO₃)₂ e (NH₄)₂S

Fe(OH)₃ a partir de FeCl₃ e NaOH

Ag₂CrO₄ a partir de AgNO₃ e K₂CrO₄

a maioria dos compostos contendo o íon cromato, CrO_4^{2-}, não é solúvel (cromato de metais alcalinos e cromato de amônio são exceções). Assim, podemos prever que o cromato de chumbo(II) sólido amarelo precipitará quando o composto de chumbo(II) solúvel em água é combinado com um composto de cromato solúvel em água (Figura 3.12).

$$Pb(NO_3)_2(aq) + K_2CrO_4(aq) \rightarrow PbCrO_4(s) + 2\ KNO_3(aq)$$

Reagentes
$Pb^{2+}(aq) + 2\ NO_3^-(aq)$
$2\ K^+(aq) + CrO_4^{2-}(aq)$

Produtos
$PbCrO_4(s)$ insolúvel
$2\ K^+(aq) + 2\ NO_3^-(aq)$

Da mesma forma, sabemos das regras de solubilidade que quase todos os sulfetos metálicos são insolúveis em água (veja a Figura 3.12). Se uma solução de um composto metálico solúvel entrar em contato com uma fonte de íons sulfeto, o sulfeto metálico precipita.

$$Pb(NO_3)_2(aq) + (NH_4)_2S(aq) \rightarrow PbS(s) + 2\ NH_4NO_3(aq)$$

Reagentes
$Pb^{2+}(aq) + 2\ NO_3^-(aq)$
$2\ NH_4^+(aq) + S^{2-}(aq)$

Produtos
$PbS(s)$ insolúvel
$2\ NH_4^+(aq) + 2\ NO_3^-(aq)$

Em outro exemplo, as regras de solubilidade indicam que, com exceção dos cátions dos metais alcalinos (além de Sr^{2+}, Ba^{2+}), cátions de metais formam hidróxidos insolúveis. Assim, cloreto de ferro(III) solúvel em água e hidróxido de sódio reagem para formar o hidróxido de ferro(III) insolúvel (veja as Figuras 3.10c e 3.12).

$$FeCl_3(aq) + 3\ NaOH(aq) \rightarrow Fe(OH)_3(s) + 3\ NaCl(aq)$$

Reagentes
$Fe^{3+}(aq) + 3\ Cl^-(aq)$
$3\ Na^+(aq) + 3\ OH^-(aq)$

Produtos
$Fe(OH)_3(s)$ insolúvel
$3\ Na^+(aq) + 3\ Cl^-(aq)$

EXEMPLO 3.3

Escrevendo a Equação para uma Reação de Precipitação

Problema Um produto insolúvel é formado quando as soluções aquosas de cromato de potássio e de nitrato de prata são misturadas? Se sim, escreva a equação balanceada.

O que você sabe? Os nomes dos dois reagentes são dados. Você deve reconhecer que esta é uma reação de troca iônica e que precisará da informação sobre solubilidade na Figura 3.10.

Estratégia

- Determine as fórmulas a partir dos nomes dos reagentes e identifique os íons que constituem esses compostos.
- Escreva as fórmulas dos produtos nessa reação pela troca de cátions e ânions e determine qual produto é insolúvel usando as informações na Figura 3.10.
- Escreva a equação balanceada.

Solução Os reagentes são $AgNO_3$ e K_2CrO_4. Os possíveis produtos da reação de troca são cromato de prata (Ag_2CrO_4) e nitrato de potássio (KNO_3). Com base nas regras de solubilidade, sabemos que o cromato de prata é um composto insolúvel (cromatos são insolúveis, exceto no caso daqueles com metais do Grupo 1A), e nitrato de potássio é solúvel em água. Um precipitado de cromato de prata será formado se esses reagentes forem misturados.

$$2\ AgNO_3(aq) + K_2CrO_4(aq) \rightarrow Ag_2CrO_4(s) + 2\ KNO_3(aq)$$

Pense bem antes de responder Essa reação é ilustrada na Figura 3.12.

Verifique seu entendimento

Em cada um dos casos seguintes, ocorre uma reação de precipitação quando as soluções dos dois reagentes solúveis em água são misturadas? Dê a fórmula de qualquer precipitado que se forma e escreva uma equação química balanceada para as reações de precipitação que ocorrem.

(a) carbonato de sódio e cloreto de cobre(II)
(b) carbonato de potássio e nitrato de sódio
(c) cloreto de níquel(II) e hidróxido de potássio

Equações Iônicas Líquidas

Vimos que, quando as soluções aquosas de nitrato de prata e cloreto de potássio são misturadas, obtém-se cloreto de prata insolúvel, deixando o nitrato de potássio na solução (veja a Figura 3.11). A equação química balanceada para esse processo é

$$AgNO_3(aq) + KCl(aq) \rightarrow AgCl(s) + KNO_3(aq)$$

Podemos representar essa reação de outra maneira, escrevendo uma equação em que os compostos iônicos *solúveis* estão presentes na solução como íons dissociados. Uma solução aquosa de nitrato de prata contém íons Ag^+ e NO_3^-, e uma solução aquosa de cloreto de potássio contém íons K^+ e Cl^-. Nos produtos, nitrato de potássio está presente na solução como íons K^+ e NO_3^-. O cloreto de prata, porém, é insolúvel e, assim, não está presente na solução como íons dissociados. Ele é mostrado na equação por $AgCl(s)$.

$$\underbrace{Ag^+(aq) + NO_3^-(aq) + K^+(aq) + Cl^-(aq)}_{\text{Antes da reação}} \longrightarrow \underbrace{AgCl(s) + K^+(aq) + NO_3^-(aq)}_{\text{Após a reação}}$$

Esse tipo de equação é conhecido como **equação iônica completa**.

Os íons de K^+ e NO_3^- estão presentes na solução antes e depois da reação, de forma que aparecem em ambos os lados, o dos reagentes e o dos produtos, da equação iônica completa. Esses íons são frequentemente chamados de **íons espectadores** porque eles não participam na reação líquida; eles apenas "observam" do lado de fora. Pouca informação química se perde se a equação é escrita sem eles, por isso podemos simplificar a equação para

$$Ag^+(aq) + Cl^-(aq) \rightarrow AgCl(s)$$

A equação balanceada que resulta por deixar de fora os íons espectadores é a **equação iônica líquida** para a reação.

Equações Iônicas Líquidas
Todas as equações químicas, incluindo as equações iônicas líquidas, devem ser balanceadas. O mesmo número de átomos de cada tipo deve aparecer em ambos os lados dos produtos e dos reagentes. Além disso, *a soma de cargas positivas e negativas deve ser a mesma em ambos os lados da equação.*

DICA PARA SOLUÇÃO DE PROBLEMAS 3.1
Escrevendo Equações Iônicas Líquidas

Equações iônicas líquidas são comumente escritas para as reações químicas em solução aquosa, porque elas descrevem as espécies químicas reais envolvidas em uma reação. Para escrever equações iônicas líquidas, você deve saber quais compostos existem como íons na solução.

1. Ácidos fortes, bases fortes e sais solúveis existem como íons na solução. Exemplos incluem os ácidos HCl e HNO$_3$, uma base como NaOH e sais como NaCl e CuCl$_2$.
2. Todas as outras espécies devem ser representadas por suas fórmulas completas. Os ácidos fracos, como o ácido acético (CH$_3$CO$_2$H), existem em soluções aquosas essencialmente como moléculas. (Veja a Seção 3.6). Sais insolúveis, como CaCO$_3$(s), ou bases insolúveis, como Mg(OH)$_2$(s), não devem ser escritos na forma iônica, embora eles sejam compostos iônicos.

A melhor maneira de abordar a escrita de equações iônicas líquidas é seguir precisamente um conjunto de etapas.

1. Escreva uma equação completa e balanceada. Indique o estado de cada substância (aq, s, ℓ, g).
2. Depois reescreva a equação completa, incluindo todos os ácidos fortes, bases fortes e sais solúveis como íons. (Considere apenas as espécies marcadas "(aq)" nessa etapa.)
3. Alguns íons podem permanecer inalterados na reação (os íons que aparecem na equação tanto como reagentes quanto como produtos). Esses "íons espectadores" não são parte da química que está acontecendo e você pode cancelá-los em cada lado da equação.
4. Equações iônicas líquidas devem ser balanceadas. O mesmo número de átomos aparece em cada lado da seta e a soma das cargas dos íons nos dois lados também deve ser igual.

Deixar de fora os íons espectadores não significa que os íons K$^+$ e NO$_3^-$ não sejam importantes na reação AgNO$_3$ + KCl. Na verdade, os íons Ag$^+$ não podem existir sozinhos na solução; um íon negativo, neste caso, NO$_3^-$, deve estar presente para equilibrar a carga positiva de Ag$^+$. Qualquer ânion o fará, desde que ele forme um composto solúvel em água com Ag$^+$. Assim, poderíamos ter usado AgClO$_4$ no lugar de AgNO$_3$. Da mesma forma, deve haver um íon positivo presente para equilibrar a carga negativa de Cl$^-$. Nesse caso, o íon positivo presente é K$^+$ em KCl, mas poderíamos ter usado NaCl em vez de KCl. A equação iônica líquida teria sido a mesma.

Finalmente, observe que sempre deve haver um *balanceamento de cargas*, bem como um balanceamento de massa em uma equação química balanceada. Assim, na equação iônica líquida Ag$^+$ + Cl$^-$, as cargas dos cátions e dos ânions à esquerda somam-se para resultar uma carga total igual a zero, a mesma carga de AgCl(s) à direita.

EXEMPLO 3.4
Escrevendo e Balanceando Equações Iônicas Líquidas

Problema Escreva uma equação iônica líquida balanceada para a reação entre as soluções aquosas de BaCl$_2$ e Na$_2$SO$_4$.

O que você sabe? As fórmulas para os reagentes são dadas. Você deve reconhecer que esta é uma reação de troca iônica e que precisará da informação sobre solubilidade na Figura 3.10.

Estratégia Siga a estratégia delineada na Sugestão de Resolução de Problemas 3.1.

Solução

Etapa 1. Nessa *reação de troca*, os cátions Ba^{2+} e Na$^+$ trocam os ânions (Cl$^-$ e SO$_4^{2-}$) para produzir BaSO$_4$ e NaCl. Agora que os reagentes e os produtos são conhecidos, podemos escrever uma equação para a reação. Para balancear a equação, colocamos o número 2 na frente de NaCl.

$$BaCl_2 + Na_2SO_4 \rightarrow BaSO_4 + 2\ NaCl$$

Reação de precipitação. A reação de cloreto de bário e sulfato de sódio produz sulfato de bário insolúvel e cloreto de sódio solúvel em água. Veja o Exemplo 3.4.

Mapa Estratégico 3.4

PROBLEMA
Escreva **a equação iônica líquida balanceada** para a reação de BaCl$_2$ + Na$_2$SO$_4$.

↓

DADOS/INFORMAÇÕES
As **fórmulas** dos **reagentes** são dadas

↓

ETAPA 1. Decida sobre **produtos** e, em seguida, escreva a **equação completa.**

↓

Equação completa e balanceada com os *reagentes* e os *produtos*

↓

ETAPA 2. Decida se cada reagente e produto é **sólido, líquido, gás** ou **dissolvido em água.**

↓

Equação completa e balanceada com **indicação do estado** de cada reagente e produto

↓

ETAPA 3. Identifique íons em solução.

↓

Equação iônica completa com reagentes e produtos **dissociados em íons** se apropriado.

↓

ETAPA 4. Elimine íons espectadores.

↓

Equação iônica líquida balanceada

Etapa 2. Decida sobre a solubilidade de cada composto (veja a Figura 3.10). Os compostos que contêm íons sódio são sempre solúveis em água, como são os que contêm íons cloreto (com algumas exceções). Sais de sulfato também são geralmente solúveis, sendo BaSO$_4$ uma importante exceção. Agora podemos escrever

$$BaCl_2(aq) + Na_2SO_4(aq) \rightarrow BaSO_4(s) + 2\,NaCl(aq)$$

Etapa 3. Identifique os íons na solução. Todos os compostos iônicos solúveis dissociam-se para formar íons em solução aquosa. Escrevendo as substâncias solúveis como íons em solução, obtém-se a seguinte equação iônica completa:

$$Ba^{2+}(aq) + 2\,Cl^-(aq) + 2\,Na^+(aq) + SO_4^{2-}(aq) \rightarrow BaSO_4(s) + 2\,Na^+(aq) + 2\,Cl^-(aq)$$

Etapa 4. Identifique e elimine os íons espectadores (Na$^+$ e Cl$^-$) para obter a equação iônica líquida.

$$Ba^{2+}(aq) + SO_4^{2-}(aq) \rightarrow BaSO_4(s)$$

Pense bem antes de responder Observe que a soma das cargas dos íons é a mesma em ambos os lados da equação. No lado esquerdo, 2+ e 2− somam zero; à direita, a carga no BaSO$_4$ também é zero.

Verifique seu entendimento

Em cada um dos casos seguintes, as soluções aquosas que contêm os compostos indicados estão misturadas. Escreva as equações iônicas líquidas balanceadas para as reações que ocorrem.

(a) CaCl$_2$ + Na$_3$PO$_4$

(b) cloreto de ferro(III) e hidróxido de potássio (uma reação semelhante é mostrada na Figura 3.12)

(c) nitrato de chumbo(II) e cloreto de potássio

EXERCÍCIOS PARA A SEÇÃO 3.5

1. As soluções aquosas dos dois reagentes indicados a seguir são misturadas. Em quais soluções será formado um precipitado?

   (1) NaI(aq) + Pb(NO$_3$)$_2$(aq)   (3) H$_2$SO$_4$(aq) + BaCl$_2$(aq)

   (2) CaCl$_2$(aq) + Na$_2$CO$_3$(aq)   (4) NaOH(aq) + AgNO$_3$(aq)

   (a) 1, 2 e 3   (b) 2 e 3   (c) 1, 2 e 4   (d) 1, 2, 3 e 4

2. Qual é a equação iônica líquida para a reação de AgNO$_3$(aq) e Na$_2$CO$_3$(aq)?

   (a) Ag$^+$(aq) + CO$_3^{2-}$(aq) → AgCO$_3$(s)

   (b) Na$^+$(aq) + NO$_3^-$(aq) → NaNO$_3$(s)

   (c) 2 Ag$^+$(aq) + CO$_3^{2-}$(aq) → Ag$_2$CO$_3$(s)

   (d) AgNO$_3$(aq) + Na$_2$CO$_3$(aq) → 2 NaNO$_3$(aq) + Ag$_2$CO$_3$(s)

3-6 Ácidos e Bases

Os ácidos e as bases são duas classes importantes de compostos. Você possivelmente já está familiarizado com algumas propriedades comuns dos ácidos. Eles produzem bolhas de gás CO$_2$ quando adicionados a um carbonato metálico tal como o CaCO$_3$ (Figura 3.13a) e reagem com muitos metais para produzir gás hidrogênio (H$_2$) (Figura 3.13b). Embora a degustação de substâncias *nunca* seja feita em um laboratório de Química, você provavelmente já experimentou o gosto azedo de ácidos como o ácido acético no vinagre e o ácido cítrico (comumente encontrado em frutas e adicionado a doces e refrigerantes).

Reações químicas | **137**

(a) Um pedaço de coral (principalmente CaCO₃) dissolve-se em ácido para formar gás CO₂.

(b) Zinco reage com ácido clorídrico para produzir cloreto de zinco e gás hidrogênio.

(c) Um extrato de pétalas de rosas vermelhas torna-se vermelho escuro com a adição de ácido, mas fica verde após a adição de base.

FIGURA 3.13 Algumas propriedades de ácidos e bases.

Ácidos e bases têm algumas propriedades relacionadas. Soluções de ácidos ou de bases, por exemplo, podem alterar as cores dos pigmentos naturais (Figura 3.13c). Você pode ter visto os ácidos mudarem a cor do tornassol, um corante extraído de certos liquens, de azul para vermelho. A adição de uma base inverte o efeito, tornando o tornassol azul novamente. Assim, os ácidos e as bases parecem ser opostos. Uma base pode neutralizar o efeito de um ácido e vice-versa. A Tabela 3.1 lista ácidos e bases comuns.

Tabela 3.1 Ácidos e Bases Comuns*

ÁCIDOS FORTES (ELETRÓLITOS FORTES)		BASES FORTES SOLÚVEIS (ELETRÓLITOS FORTES)**	
HCl	Ácido clorídrico	LiOH	Hidróxido de lítio
HBr	Ácido bromídrico	NaOH	Hidróxido de sódio
HI	Ácido iodídrico	KOH	Hidróxido de potássio
HNO₃	Ácido nítrico	Ba(OH)₂	Hidróxido de bário
HClO₄	Ácido perclórico	Sr(OH)₂	Hidróxido de estrôncio
H₂SO₄	Ácido sulfúrico		
ÁCIDOS FRACOS (ELETRÓLITOS FRACOS)		**BASES FRACAS (ELETRÓLITOS FRACOS)**	
HF	Ácido fluorídrico	NH₃	Amônia aquosa
H₃PO₄	Ácido fosfórico		
H₂CO₃	Ácido carbônico		
CH₃CO₂H	Ácido acético		
H₂C₂O₄	Ácido oxálico		
H₂C₄H₄O₆	Ácido tartárico		
H₃C₆H₅O₇	Ácido cítrico		
HC₉H₇O₄	Aspirina		

*O comportamento eletrolítico refere-se às soluções aquosas desses ácidos e bases.

**Mg(OH)₂ e Ca(OH)₂ são frequentemente listados como bases fortes, apesar de serem pouco solúveis.

Ácido oxálico
H₂C₂O₄

Grupo carboxílico

Ácido acético
CH₃CO₂H

Ácidos Fracos Ácidos e bases comuns estão listados na Tabela 3.1. Existem numerosos outros ácidos e bases fracos, e muitos deles são substâncias naturais. Muitos dos ácidos naturais, tais como os ácidos oxálico e acético, contêm grupos carboxílicos, CO₂H. (O H desse grupo é perdido como H⁺).

Ao longo dos anos, os químicos examinaram as propriedades, estruturas químicas e reações de ácidos e bases e propuseram diferentes definições dos termos *ácido* e *base*. Nesta seção, examinaremos as duas definições mais comumente usadas, uma proposta por Svante Arrhenius (1859-1927) e outra por Johannes N. Brønsted (1879-1947) e Thomas M. Lowry (1874-1936).

Ácidos e Bases: A Definição de Arrhenius

No final de 1800, o químico sueco Svante Arrhenius propôs que os ácidos e as bases dissolvem-se na água e formam íons. Essa teoria antecedeu qualquer conhecimento a respeito da composição e estrutura dos átomos e não foi bem aceita inicialmente. Com o conhecimento sobre a estrutura atômica, no entanto, nós agora a tomamos como certa.

A definição de Arrhenius para ácidos e bases centraliza-se na formação de íons H^+ e OH^- em soluções aquosas.

- Um ácido é uma substância que, quando dissolvida em água, aumenta a concentração de íons hidrogênio, H^+, na solução.

$$HCl(g) \rightarrow H^+(aq) + Cl^-(aq)$$

- Uma base é uma substância que, quando dissolvida em água, aumenta a concentração de íons hidroxila, OH^-, na solução.

$$NaOH(s) \rightarrow Na^+(aq) + OH^-(aq)$$

- A reação entre um ácido e uma base produz sal e água. Uma vez que as propriedades características de um ácido são perdidas quando uma base é adicionada e vice-versa, as reações ácido-base foram logicamente descritas como o resultado da combinação de H^+ e OH^- para formar água.

$$HCl(aq) + NaOH(aq) \rightarrow NaCl(aq) + H_2O(\ell)$$

Arrhenius propôs ainda que a força do ácido estava relacionada com a extensão na qual o ácido ionizava. Alguns ácidos, como o ácido clorídrico (HCl) e o ácido nítrico (HNO_3), ionizam completamente na água; eles são eletrólitos fortes, e nós agora os chamamos de **ácidos fortes**. Outros ácidos, como o ácido acético e o ácido fluorídrico, não são completamente ionizados; eles são eletrólitos fracos e **ácidos fracos**. Ácidos fracos existem em solução fundamentalmente como moléculas, das quais apenas uma fração ioniza para produzir íons $H^+(aq)$ juntamente ao ânion do ácido.

Os compostos solúveis em água que contêm íons hidroxila, como hidróxido de sódio (NaOH) e hidróxido de potássio (KOH), são eletrólitos fortes e **bases fortes.**

Amônia em solução aquosa, $NH_3(aq)$, é um eletrólito fraco. Embora não tenha um íon OH^- como parte da sua fórmula, ela produz íons amônio e íons hidroxila da sua reação com água e, por isso, é uma base (Figura 3.14). O fato de que se trata de um eletrólito fraco indica que essa reação com a água para formar íons favorece a formação de reagentes no equilíbrio. A maior parte da amônia permanece na solução sob a forma molecular.

$$NH_3(aq) + H_2O(\ell) \rightleftharpoons NH_4^+(aq) + OH^-(aq)$$

Embora a teoria de Arrhenius ainda continue sendo utilizada em certa medida e seja interessante em um contexto histórico, os conceitos modernos da química de ácido-base, como a teoria de Brønsted-Lowry, ganharam preferência entre os químicos.

Ácidos e Bases: A Definição de Brønsted-Lowry

Em 1923, Johannes Brønsted (1879-1947) em Copenhagen, Dinamarca, e Thomas Lowry (1874-1936) em Cambridge, Inglaterra, sugeriram independentemente um novo conceito quanto ao comportamento de ácidos e bases. Eles viram ácidos e

FIGURA 3.14 Amônia, um eletrólito fraco. O nome na garrafa, hidróxido de amônio, é enganoso. A solução consiste quase inteiramente em moléculas de NH_3 dissolvidas em água. Ela é mais conhecida como "amônia aquosa".

bases em termos de transferência de um próton (H⁺) de uma espécie para outra e descreveram todas as reações ácido-base em termos de equilíbrio. A teoria de Brønsted-Lowry ampliou o âmbito da definição de ácidos e bases e ajudou os químicos a fazerem previsões sobre as reações que favorecem a formação do produto ou reagente com base na força do ácido e da base. Vamos descrever essa teoria aqui qualitativamente; uma discussão mais completa será dada no Capítulo 16. Os principais conceitos da teoria de Brønsted-Lowry são os seguintes:

- *Um ácido é um doador de prótons.* Isto é semelhante à definição de Arrhenius.
- *Uma base é um aceptor de prótons.* Essa definição inclui o íon OH⁻ mas também amplia o número e o tipo de bases incluindo ânions derivados de ácidos bem como compostos neutros, tais como amônia.
- *Uma reação ácido-base envolve a transferência de um próton de um ácido para uma base para formar um novo ácido e uma nova base.*

Do ponto de vista da teoria de Brønsted-Lowry, o comportamento de ácidos como HCl ou CH₃CO₂H em água é escrito como uma reação ácido-base. Ambas as espécies (ambos os ácidos de Brønsted) doam um próton para a água (uma base de Brønsted) formando H₃O⁺(aq), o íon hidrônio.

O ácido clorídrico HCl(aq), que sabemos ser um eletrólito forte e um ácido forte, ioniza completamente em solução aquosa; ele é classificado como um ácido forte.

Por outro lado, CH₃CO₂H, um eletrólito fraco e um ácido fraco, ioniza-se apenas em uma pequena extensão.

Ácido sulfúrico, um *ácido diprótico* (um ácido capaz de transferir dois íons H⁺), reage com água em duas etapas. O primeiro passo favorece fortemente os produtos, ao passo que a segunda etapa favorece os reagentes.

Ácido forte: H₂SO₄(aq) + H₂O(ℓ) ⇌ H₃O⁺(aq) + HSO₄⁻(aq)
              ácido sulfúrico   íon hidrônio   íon
              100% ionizado   hidrogenossulfato

Ácido fraco: HSO₄⁻(aq) + H₂O(ℓ) ⇌ H₃O⁺(aq) + SO₄²⁻(aq)
              íon hidrogenossulfato   íon hidrônio   íon sulfato
              <100% ionizado

A amônia, uma base fraca, reage com água para produzir íons OH⁻(aq). A reação no equilíbrio é favorável à formação dos reagentes.

UM OLHAR MAIS ATENTO

O Íon Hidrônio – O Íon H⁺ em Água

O termo "íon hidrogênio" e o símbolo H⁺ são por vezes adotados quando se fala a respeito de ácidos. Em solução aquosa, no entanto, uma melhor representação é H₃O⁺, chamado **íon hidrônio**. Esse íon é formado pela combinação de H⁺ e H₂O. As experiências mostram que outras formas do íon também existem na água, sendo um exemplo [H₃O(H₂O)₃]⁺.

Haverá casos em que, para simplificar, vamos usar H⁺(aq). No entanto, neste livro nós normalmente usaremos o símbolo H₃O⁺(aq) para representar o íon hidrogênio em água. Assim, o que chamamos de ácido clorídrico, HCl(aq), é mais bem representado como uma solução de H₃O⁺ e Cl⁻ com ambos os íons envolvidos por moléculas de água.

— Íon cloreto Cl⁻ (aq)
+ Íon hidrônio H₃O⁺ (aq)

Representação de uma solução de ácido forte HCl.

Amônia, uma base fraca, << 100% ionizada. O equilíbrio favorece a formação dos reagentes.

NH₃(aq) + H₂O(ℓ) ⇌ NH₄⁺(aq) + OH⁻(aq)

amônia, base   água   íon   íon hidroxila
eletrólito fraco   amônio
< 100% ionizada

De acordo com a teoria de Brønsted-Lowry, os ânions podem adicionar um próton e são assim classificados como bases. Em particular, ânions de ácidos fracos comportam-se tipicamente como bases fracas, e soluções básicas resultam da dissolução de um sal contendo o ânion de um ácido fraco na água. Por exemplo, uma solução aquosa de acetato de sódio é básica, devido à seguinte reação:

Íon acetato, base fraca; o equilíbrio favorece a formação dos reagentes.

CH₃CO₂⁻(aq)   +   H₂O(ℓ)   ⇌   CH₃CO₂H(aq)   +   OH⁻(aq)

íon acetato, uma base fraca   água   moléculas de ácido acético   íon hidroxila

Algumas espécies são descritas como **anfóteras**, isto é, elas podem atuar como ácidos ou bases, dependendo da reação. Nos exemplos anteriores, a água atua como uma base em reações com ácidos (ela aceita um próton) e como um ácido na sua reação com amônia (na qual ela doa um próton para a amônia, formando o íon amônio).

EXEMPLO 3.5

Ácidos e Bases de Brønsted

Problema Escreva uma equação iônica líquida balanceada para a reação que ocorre quando o íon cianeto, CN⁻, aceita um próton (H⁺) da água para formar HCN. CN⁻ é um ácido ou base de Brønsted?

O que você sabe? Você conhece as fórmulas dos reagentes (CN⁻ e H₂O) e de um dos produtos (HCN). Você também sabe que uma transferência de prótons ocorre da água para CN⁻.

Estratégia Como se trata de uma transferência de prótons, você deve transferir um íon H⁺ da H₂O para CN⁻ para formar os produtos.

Solução

$$H_2O(\ell) + CN^-(aq) \rightleftharpoons OH^-(aq) + HCN(aq)$$

Nesta reação, a água é o ácido de Brønsted, e o íon CN⁻ é a base de Brønsted.

Pense bem antes de responder O íon CN⁻ é uma base de Brønsted e, assim, produz o íon OH⁻ em solução aquosa. Em geral, os ânions derivados de ácidos fracos produzem soluções básicas em água. Isso é descrito em mais detalhes no Capítulo 16.

Verifique seu entendimento

(a) Escreva uma equação balanceada para a reação que ocorre quando o ácido fosfórico, H₃PO₄, doa um próton para a água para formar o íon diidrogenofosfato.

(b) Escreva uma equação iônica líquida mostrando o íon diidrogenofosfato atuando como um ácido de Brønsted, em uma reação com a água. Escreva outra equação iônica líquida que mostra o íon diidrogenofosfato como base de Brønsted, em uma reação com a água. Qual termo é usado para descrever uma espécie, tal como o íon diidrogenofosfato, que pode atuar tanto como um ácido quanto como uma base?

Reações de Ácidos e Bases

Ácidos e bases em solução aquosa geralmente reagem para produzir sal e água. Por exemplo (Figura 3.15),

$$\underset{\text{ácido clorídrico}}{HCl(aq)} + \underset{\text{hidróxido de sódio}}{NaOH(aq)} \longrightarrow \underset{\text{água}}{H_2O(\ell)} + \underset{\text{cloreto de sódio}}{NaCl(aq)}$$

A palavra "sal" entrou para a linguagem da Química para descrever qualquer composto iônico cujo cátion vem de uma base (aqui, Na⁺ de NaOH) e cujo ânion vem de um ácido (aqui, Cl⁻ do HCl). A reação de qualquer um dos ácidos indicados na Tabela 3.1 com qualquer uma das bases listadas contendo hidroxila produz sal e água.

FIGURA 3.15 Uma reação ácido-base, HCl e NaOH. Na mistura, os íons H₃O⁺ e OH⁻ combinam-se para produzir H₂O, enquanto os íons Na⁺ e Cl⁻ permanecem na solução.

O ácido clorídrico e o hidróxido de sódio são eletrólitos fortes em água (veja a Figura 3.15 e a Tabela 3.1), de modo que a equação iônica completa para a reação de HCl(aq) e NaOH(aq) é escrita como

$$\underbrace{H_3O^+(aq) + Cl^-(aq)}_{\text{do HCl (aq)}} + \underbrace{Na^+(aq) + OH^-(aq)}_{\text{do NaOH (aq)}} \longrightarrow 2\ \underbrace{H_2O(\ell)}_{\text{Água}} + \underbrace{Na^+(aq) + Cl^-(aq)}_{\text{do sal}}$$

Uma vez que íons Na$^+$ e Cl$^-$ aparecem em ambos os lados da equação, eles podem ser cancelados, e a equação iônica líquida é apenas a combinação dos íons H$_3$O$^+$ e OH$^-$ para formar a água.

$$H_3O^+(aq) + OH^-(aq) \rightarrow 2\ H_2O(\ell)$$

Esta é sempre a equação iônica líquida quando um ácido forte reage com uma base forte.

As reações entre ácidos fortes *e* bases fortes são chamadas **reações de neutralização** porque, depois de concluída a reação, a solução não é ácida nem básica se exatamente as mesmas quantidades de matéria (números de mols) do ácido e da base são misturadas. Os outros íons (o cátion da base e o ânion do ácido) permanecem inalterados. Se a água é evaporada, no entanto, o cátion e o ânion formam um sal sólido. Se você misturar NaOH e HCl, NaCl pode ser obtido. Se ácido nítrico, HNO$_3$, e NaOH forem colocados para reagir, o sal nitrato de sódio, NaNO$_3$, (e água) seria o resultado.

$$HNO_3(aq) + NaOH(aq) \rightarrow NaNO_3(aq) + H_2O(\ell)$$

Se ácido acético e hidróxido de sódio são misturados, a seguinte reação ocorrerá.

$$CH_3CO_2H(aq) + NaOH(aq) \rightarrow NaCH_3CO_2(aq) + H_2O(\ell)$$

Como o ácido acético é um ácido fraco e se ioniza em uma pequena extensão (Figura 3.8c), as espécies moleculares são a forma predominante nas soluções aquosas. Nas equações iônicas, por conseguinte, o ácido acético é mostrado como CH$_3$CO$_2$H(aq) molecular. A *equação iônica completa* para essa reação é

$$CH_3CO_2H(aq) + Na^+(aq) + OH^-(aq) \rightarrow Na^+(aq) + CH_3CO_2^-(aq) + H_2O(\ell)$$

Os únicos íons espectadores nessa equação são os íons sódio, de modo que a *equação iônica líquida* é

$$CH_3CO_2H(aq) + OH^-(aq) \rightarrow CH_3CO_2^-(aq) + H_2O(\ell)$$

EXEMPLO 3.6

Equação Iônica Líquida para uma Reação Ácido-Base

Problema A amônia, NH$_3$, é um dos produtos químicos mais importantes nos países industrializados. Não é apenas utilizada como fertilizante, mas também é usada como matéria-prima para a fabricação do ácido nítrico. Como base, ela reage com os ácidos, tal como o ácido clorídrico. Escreva uma equação iônica líquida balanceada para essa reação.

O que você sabe? Os reagentes são NH$_3$(aq) e HCl(aq). Um próton será transferido do ácido para a base.

Estratégia Siga a estratégia geral para escrever equações iônicas líquidas, conforme descrito na Sugestão de Resolução de Problemas 3.1.

Solução Um próton é transferido do HCl para NH₃, uma base fraca de Brønsted, para formar o íon amônio, NH₄⁺. Esse íon positivo deve ter um contraíon negativo do ácido, Cl⁻, de modo que o produto da reação é NH₄Cl, e a equação completa balanceada é

$$NH_3(aq) + HCl(aq) \rightarrow NH_4Cl(aq)$$
amônia — ácido clorídrico — cloreto de amônio

O ácido clorídrico é um ácido forte que produz íons H_3O^+ e Cl^- na água. NH₄Cl é muito solúvel e existe como íons NH_4^+ e Cl^- na solução. Por outro lado, a amônia é uma base fraca e, portanto, está predominantemente presente na solução como espécies moleculares, NH₃. A equação iônica completa para essa reação é

$$NH_3(aq) + H_3O^+(aq) + Cl^-(aq) \rightarrow NH_4^+(aq) + Cl^-(aq) + H_2O(\ell)$$

Eliminando o íon espectador, Cl⁻, temos

$$NH_3(aq) + H_3O^+(aq) \rightleftharpoons NH_4^+(aq) + H_2O(\ell)$$

Pense bem antes de responder A equação iônica líquida mostra que o aspecto importante da reação entre a base fraca amônia e o ácido forte HCl é a transferência de um íon H⁺ do ácido para a NH₃. Qualquer ácido forte pode ser usado aqui (HBr, HNO₃, HClO₄, H₂SO₄), e a equação iônica líquida seria a mesma. Observe também que, embora H₂O não esteja na equação global balanceada, ela está presente na equação iônica líquida, porque o H⁺ do ácido está presente na solução inicial como H_3O^+.

Verifique seu entendimento

Escreva a equação global balanceada e a equação iônica líquida para a reação do hidróxido de magnésio com o ácido clorídrico. (*Sugestão*: Pense sobre as regras de solubilidade.)

Reação de HCl e NH₃ gasosos. Pratos abertos com amônia aquosa e ácido clorídrico foram colocados lado a lado. Quando as moléculas de NH₃ e HCl escapam da solução para a atmosfera e se encontram umas com as outras, uma névoa de cloreto de amônio sólido, NH₄Cl, é observada.

Óxidos de Não Metais e de Metais

Cada ácido mostrado na Tabela 3.1 possui um ou mais átomos de H que ionizam na água para formar íons H_3O^+. Existem, no entanto, compostos menos óbvios que formam soluções ácidas. O dióxido de carbono e o trióxido de enxofre, óxidos de não metais, não possuem átomos de H, mas ambos reagem com a água para produzir íons H_3O^+. O dióxido de carbono, por exemplo, se dissolve na água em pequena extensão, e algumas das moléculas dissolvidas reagem com a água para formar o ácido fraco, ácido carbônico. Esse ácido então ioniza em pequena extensão para formar o íon hidrônio, H_3O^+, e o íon hidrogenocarbonato (bicarbonato), HCO_3^-.

$$CO_2(g) + H_2O(\ell) \rightleftharpoons H_2CO_3(aq)$$

$$H_2CO_3(aq) + H_2O(\ell) \rightleftharpoons HCO_3^-(aq) + H_3O^+(aq)$$

O íon HCO_3^- pode também atuar como um ácido, ionizando-se para produzir H_3O^+ e o íon carbonato, CO_3^{2-}.

$$HCO_3^-(aq) + H_2O(\ell) \rightleftharpoons CO_3^{2-}(aq) + H_3O^+(aq)$$

UM OLHAR MAIS ATENTO — Ácido Sulfúrico

Durante muitos anos, o ácido sulfúrico foi o produto químico produzido em maior quantidade nos Estados Unidos (bem como em muitos outros países industrializados). Cerca de 40-50 bilhões de quilogramas (40-50 milhões de toneladas) são produzidos anualmente naquele país. O ácido é tão importante para a economia das nações industrializadas que alguns economistas têm dito que a produção de ácido sulfúrico é uma medida da força industrial de uma nação.

O ácido sulfúrico é um líquido incolor, viscoso, com uma densidade de 1,84 g/mL e um ponto de ebulição de 337 °C. Ele tem várias propriedades desejáveis que o levaram à sua utilização generalizada: é comumente menos dispendioso de produzir do que os outros ácidos, trata-se de um ácido forte e pode ser manuseado em recipientes de aço. Ele reage rapidamente com muitos compostos orgânicos para a fabricação de produtos lucrativos e reage facilmente com cal (CaO), a base mais prontamente disponível e menos cara para a obtenção do sulfato de cálcio, um composto utilizado para fazer o gesso utilizado na construção civil.

O primeiro passo para a preparação industrial do ácido sulfúrico é a produção do dióxido de enxofre, gerado pela combustão de enxofre no ar

$$S(s) + O_2(g) \rightarrow SO_2(g)$$

ou usando o SO_2 produzido na fundição de cobre, níquel ou outros minérios metálicos

Enxofre. Grande parte do enxofre utilizado nos Estados Unidos costumava ser extraído das minas, mas agora é em grande parte um subproduto dos processos de refinamento do petróleo e do gás natural. Cerca de 1 tonelada de enxofre é usada para fazer 3 toneladas de ácido sulfúrico.

contendo enxofre. O SO_2 é então combinado com mais oxigênio, na presença de um catalisador (uma substância que acelera a reação), para produzir trióxido de enxofre,

$$2\ SO_2(g) + O_2(g) \rightarrow 2\ SO_3(g)$$

que em seguida resulta em ácido sulfúrico, quando dissolvido em água.

$$SO_3(g) + H_2O(\ell) \rightarrow H_2SO_4(aq)$$

Atualmente, mais de dois terços da produção são utilizados na indústria de fertilizantes. O restante é empregado na fabricação de pigmentos, explosivos, celulose e papel, detergentes e como um componente em baterias.

"The Acid Touch". *Chemical and Engineering News*, 14 abr. 2008, p. 27.

CO_2

SO_2

SO_3

NO_2

Alguns óxidos não metálicos comuns que formam ácidos na água.

Essas reações são importantes em nosso ambiente e no corpo humano. O dióxido de carbono é encontrado em pequenas quantidades na atmosfera, de modo que a água da chuva é sempre ligeiramente ácida. No corpo humano, o dióxido de carbono é dissolvido nos fluidos corporais, nos quais os íons HCO_3^- e CO_3^{2-} desempenham uma importante ação "tamponante" que mantém o nosso corpo estável (▶ Capítulo 17).

Óxidos de não metais, como o CO_2, SO_2, SO_3 e NO_2, que reagem com a água para produzir soluções ácidas, são chamados **óxidos ácidos.** Em contraste, os óxidos de metais são chamados **óxidos básicos** porque produzem soluções básicas quando se dissolvem apreciavelmente na água. Talvez o melhor exemplo de um óxido básico seja o óxido de cálcio, CaO, muitas vezes chamado de *cal* ou *cal viva*. Quase 20 bilhões de quilogramas de cal são produzidos anualmente nos Estados Unidos para uso nas indústrias metalúrgicas e na construção civil, no controle de esgotos e poluição, no tratamento de água e na agricultura. O óxido de cálcio reage com água para formar o hidróxido de cálcio, vulgarmente chamado de *cal apagada*. Embora apenas ligeiramente solúvel em água (cerca de 0,2 g/100 g de H_2O a 10 °C), $Ca(OH)_2$ é amplamente utilizado na indústria como base porque é barato.

$$\underset{\text{cal}}{CaO(s)} + H_2O(\ell) \rightarrow \underset{\text{cal apagada}}{Ca(OH)_2(s)}$$

EXERCÍCIO PARA A SEÇÃO 3.6

1. Qual das seguintes alternativas é um ácido forte em solução aquosa?

   (a) HF (b) H_2CO_3 (c) CH_3CO_2H (d) H_2SO_4

2. O íon hidrogenofosfato é anfótero. Identifique o produto formado desse íon quando ele reage com uma base.

   (a) H₃PO₄   (b) H₂PO₄⁻   (c) HPO₄²⁻   (d) PO₄³⁻

3. Qual é a equação iônica líquida para a reação entre ácido acético e hidróxido de sódio?

   (a) H₃O⁺(aq) + OH⁻(aq) → 2 H₂O(ℓ)

   (b) Na⁺(aq) + CH₃CO₂⁻(aq) → NaCH₃CO₂(aq)

   (c) CH₃CO₂H(aq) + OH⁻(aq) → H₂O(ℓ) + CH₃CO₂⁻(aq)

   (d) CH₃CO₂H(aq) + NaOH(aq) → H₂O(ℓ) + NaCH₃CO₂(aq)

4. Identifique o óxido básico entre os itens listados abaixo.

   (a) SO₂   (b) BaO   (c) P₄O₁₀   (d) CO₂

3-7 Reações de Formação de Gás

As reações que produzem um gás representam outro tipo de reação química, e existem vários exemplos comumente vistos em um laboratório químico. O odor de ovos podres será bem perceptível quando você produz sulfeto de hidrogênio, H₂S(g), a partir de um sulfeto metálico e um ácido. Provavelmente os exemplos mais comumente encontrados de reações de formação de gás são os que envolvem a formação de CO₂(g), quando tanto os carbonatos metálicos como hidrogenocarbonatos metálicos são tratados com ácido (Figura 3.16). Equações para vários tipos de reações de formação de gás são indicadas na Tabela 3.2.

Embora geralmente escrevamos uma equação simples para a formação de CO₂(g) no caso da reação entre um carbonato metálico (ou hidrogenocarbonato), a formação de CO₂(g), na verdade, ocorre em duas etapas distintas. Consideremos a reação entre CaCO₃ e ácido clorídrico. O primeiro passo é uma reação de troca, na qual íons hidrogênio são trocados pelo(s) cátion(s) no carbonato metálico.

$$CaCO_3(s) + 2\ HCl(aq) \rightarrow CaCl_2(aq) + H_2CO_3(aq)$$

O produto formado nessa reação é o ácido carbônico, H₂CO₃. Esse composto, contudo, é instável e se decompõe em CO₂ e H₂O.

$$H_2CO_3(aq) \rightarrow H_2O(\ell) + CO_2(g)$$

Bolhas de dióxido de carbono escapam da solução, porque o CO₂ não é muito solúvel em água. A equação global é obtida através da adição das duas equações.

Reação global: $CaCO_3(s) + 2\ HCl(aq) \rightarrow CaCl_2(aq) + H_2O(\ell) + CO_2(g)$

O carbonato de cálcio é um resíduo comum de água dura em sistemas de aquecimento doméstico e utensílios de cozinha. Lavar com vinagre é uma boa maneira de

FIGURA 3.16 Dissolvendo calcário (carbonato de cálcio, CaCO₃) em vinagre. Observe as bolhas de CO₂ subindo a partir da superfície do calcário. Esta reação demonstra porque o vinagre pode ser usado como um agente de limpeza doméstica. Ele pode ser utilizado, por exemplo, para limpar o depósito de carbonato de cálcio deixado pela água dura.

Tabela 3.2 Reações de Formação de Gás

Carbonato metálico ou hidrogenocarbonato + ácido → sal metálico + CO₂(g) + H₂O(ℓ)
Na₂CO₃(aq) + 2 HCl(aq) → 2 NaCl(aq) + CO₂(g) + H₂O(ℓ)
NaHCO₃(aq) + HCl(aq) → NaCl(aq) + CO₂(g) + H₂O(ℓ)
Sulfeto metálico + ácido → sal metálico + H₂S(g)
Na₂S(aq) + 2 HCl(aq) → 2 NaCl(aq) + H₂S(g)
Sulfito metálico + ácido → sal de metal + SO₂(g) + H₂O(ℓ)
Na₂SO₃(aq) + 2 HCl(aq) → 2 NaCl(aq) + SO₂(g) + H₂O(ℓ)
Sal de amônio + base forte → sal metálico + NH₃(g) + H₂O(ℓ)
NH₄Cl(aq) + NaOH(aq) → NaCl(aq) + NH₃(g) + H₂O(ℓ)

> **DICA PARA SOLUÇÃO DE PROBLEMAS 3.2**
> **Reconhecendo Reações de Formação de Gás**
>
> Como você pode reconhecer que uma reação particular irá levar à formação de gás? Depois de prever os produtos da reação de troca, esteja alerta para alguns produtos:
>
> (a) H_2CO_3: Este irá se decompor em gás dióxido de carbono e água.
>
> (b) H_2SO_3: Este irá se decompor em gás dióxido de enxofre e água.
>
> (c) H_2S: Este já é um produto gasoso.
>
> (d) Se íons NH_4^+ e OH^- são produzidos, eles formarão NH_3 e água.

limpar estes sistemas ou utensílios porque o carbonato de cálcio insolúvel é transformado em acetato de cálcio solúvel em água, segundo a reação de formação de gás (veja a Figura 3.16).

$$2\ CH_3CO_2H(aq) + CaCO_3(s) \rightarrow Ca(CH_3CO_2)_2(aq) + H_2O(\ell) + CO_2(g)$$

Qual é a equação iônica líquida para essa reação? O ácido acético é um ácido fraco, e o carbonato de cálcio é insolúvel em água. Portanto, os reagentes são simplesmente $CH_3CO_2H(aq)$ e $CaCO_3(s)$. No lado dos produtos, o acetato de cálcio é solúvel em água e, portanto, está presente na solução como íons cálcio e acetato. Água e dióxido de carbono são compostos moleculares, assim a equação iônica líquida é

$$2\ CH_3CO_2H(aq) + CaCO_3(s) \rightarrow Ca^{2+}(aq) + 2\ CH_3CO_2^-(aq) + H_2O(\ell) + CO_2(g)$$

Não há íons espectadores nessa reação.

Você já fez biscoitos ou bolos alguma vez? Conforme você cozinha a massa, ela cresce no forno porque ocorre uma reação de formação de gás entre um ácido e bicarbonato de sódio, ou seja, hidrogenocarbonato de sódio ($NaHCO_3$). Um ácido utilizado para esse fim é o ácido tartárico, um ácido fraco encontrado em muitos alimentos. A equação iônica líquida para essa reação é

$$\underset{\text{ácido tartárico}}{H_2C_4H_4O_6(aq)} + \underset{\text{íon hidrogenocarbonato}}{HCO_3^-(aq)} \longrightarrow \underset{\text{íon hidrogenotartarato}}{HC_4H_4O_6^-(aq)} + H_2O(\ell) + CO_2(g)$$

> **EXEMPLO 3.7**
> **Reações de Formação de Gás**
>
> **Problema** Escreva uma equação balanceada para a reação que ocorre quando o carbonato de níquel(II) é tratado com ácido sulfúrico.
>
> **O que você sabe?** Você sabe os nomes dos reagentes e, portanto, suas fórmulas. Você deve reconhecer que a reação entre um carbonato metálico e um ácido é uma reação de formação de gás (CO_2 é formado nesse tipo de reação).
>
> **Estratégia**
> - Escreva as fórmulas dos reagentes.
> - Determine os produtos da reação e as suas fórmulas.
> - Escreva e balanceie a equação.
>
> **Solução** Os reagentes são $NiCO_3$ e H_2SO_4, e os produtos da reação são $NiSO_4$, CO_2 e H_2O. A equação completa e balanceada é
>
> $$NiCO_3(s) + H_2SO_4(aq) \rightarrow NiSO_4(aq) + H_2O(\ell) + CO_2(g)$$
>
> **Pense bem antes de responder** Os produtos nessa reação foram determinados primeiro ao trocar os cátions (Ni^{2+} e $2\ H^+$) e os ânions (CO_3^{2-} e SO_4^{2-}). Essa reação de troca é então seguida por uma segunda reação, em que um produto (H_2CO_3) se decompõe para formar CO_2 e H_2O.

> **Verifique seu entendimento**
>
> Carbonato de bário, $BaCO_3$, é utilizado nas indústrias de tijolos, cerâmica, vidro e na fabricação de produtos químicos. Escreva uma equação balanceada que mostre o que acontece quando o carbonato de bário é tratado com ácido nítrico. Dê o nome de cada um dos produtos da reação.

EXERCÍCIO PARA A SEÇÃO 3.7

1. Qual dos seguintes compostos, quando tratado com ácido, resulta na liberação de gás?

    (a) NH_4Cl (b) Na_2CO_3 (c) Na_2SO_4 (d) Na_3PO_4

3-8 Reações de Oxirredução

Os termos *oxidação e redução* vêm de reações que são conhecidas há séculos. As civilizações antigas aprenderam a transformar óxidos e sulfetos metálicos em metal, isto é, a "reduzir" minério a metal. Um exemplo moderno é a redução do óxido de ferro(III) com monóxido de carbono para gerar o ferro metálico.

O minério de ferro, que consiste em grande parte de Fe_2O_3, é reduzido a ferro metálico com carbono (C) ou monóxido de carbono (CO) em um alto forno. O CO ou C é oxidado a CO_2.

Fe_2O_3 perde oxigênio e é reduzido.

$$Fe_2O_3(s) + 3\ CO(g) \longrightarrow 2\ Fe(s) + 3\ CO_2(g)$$

CO é o agente redutor.
Ele ganha oxigênio e é oxidado.

Nessa reação o monóxido de carbono é o agente que provoca a redução do minério de ferro a ferro metálico, de modo que o monóxido de carbono é denominado **agente redutor**.

Quando Fe_2O_3 é reduzido pelo monóxido de carbono, o oxigênio é removido do minério de ferro e adicionado ao monóxido de carbono. Este, por conseguinte, é "oxidado" pela adição de oxigênio para formar dióxido de carbono. *Qualquer processo no qual o oxigênio é adicionado a uma outra substância é uma oxidação.*

Magnésio metálico e oxigênio produzem o óxido de magnésio. Em tais oxidações, o oxigênio é chamado **agente oxidante**, porque ele é responsável pela oxidação do metal.

Queimar magnésio metálico no ar produz óxido de magnésio. O magnésio é oxidado pelo agente oxidante O_2. O oxigênio é reduzido pelo agente redutor Mg.

Mg combina com o oxigênio e é oxidado.

$$2\ Mg(s) + O_2(g) \longrightarrow 2\ MgO(s)$$

O_2 é o agente oxidante.

Fio de cobre puro

Fio de cobre em solução de AgNO₃ diluída após várias horas

A cor azul atribuída aos íons Cu²⁺ formados na reação de oxirredução

Cristais de prata formados após várias semanas

FIGURA 3.17 A oxidação do cobre metálico por íons prata. Um pedaço de fio de cobre limpo é colocado em uma solução de nitrato de prata, AgNO₃. Com o tempo, o cobre reduz os íons Ag⁺ formando cristais de prata e o cobre metálico é oxidado a íons Cu²⁺. A cor azul da solução é atribuída à presença de íons cobre(II).

Reações de Oxirredução e Transferência de Elétrons

O conceito de reações de oxirredução pode ser estendido para um vasto número de outras reações, muitas das quais não envolvem o oxigênio. Em vez de considerar se o oxigênio é ganho ou perdido, vamos observar o que está acontecendo com os elétrons durante o curso da reação. Todas as reações de oxidação e redução podem ser verificadas ao considerarmos que nelas ocorre uma transferência de elétrons entre as substâncias. Quando uma substância aceita elétrons, diz-se que ela é reduzida porque há uma redução no valor numérico da carga em um átomo da substância. Na equação iônica líquida para a reação entre sal de prata e cobre metálico, íons Ag⁺ carregados positivamente recebem elétrons do cobre metálico e são reduzidos a átomos de prata (Figura 3.17).

Íons Ag⁺ recebem elétrons do Cu e são reduzidos para Ag. Ag⁺ é o agente oxidante.
$$Ag^+(aq) + e^- \rightarrow Ag(s)$$

$$2\ Ag^+(aq) + Cu(s) \longrightarrow 2\ Ag(s) + Cu^{2+}(aq)$$

Cu doa elétrons para Ag⁺ e é oxidado para Cu²⁺. Cu é o agente redutor.
$$Cu(s) \rightarrow Cu^{2+}(aq) + 2\ e^-$$

Balanceamento de Equações para Reações Redox A noção de que uma reação redox (de oxirredução) pode ser dividida em uma semirreação de redução e uma de oxidação nos levará para um método de balanceamento de equações mais complexas para as reações redox descritas no Capítulo 19.

Uma vez que o cobre metálico fornece os elétrons que fazem com que os íons Ag⁺ sejam reduzidos, Cu é o *agente redutor*.

Quando uma substância *perde elétrons*, o valor numérico da carga em um átomo da substância aumenta. Dizemos que a substância foi **oxidada**. Em nosso exemplo, o cobre metálico perde elétrons ao passar para Cu²⁺, de modo que o metal é oxidado. Para que isso aconteça, algo deve estar disponível para aceitar os elétrons do cobre. Nesse caso, Ag⁺ é o receptor de elétrons; a carga é reduzida para zero na prata, assim dizemos que o íon metálico foi **reduzido**. Além disso, já que Ag⁺ é o "agente" que faz com que o Cu seja oxidado, dizemos que Ag⁺ é o *agente oxidante*.

Em cada reação de oxirredução, um reagente é reduzido (e, portanto, é o agente oxidante), e outro é oxidado (e, portanto, é o agente redutor). Podemos mostrar isso dividindo a reação redox geral $X + Y \rightarrow X^{n+} + Y^{n-}$ em duas partes ou *semirreações*:

SEMIRREAÇÕES	TRANSFERÊNCIA DE ELÉTRONS	RESULTADO
$X \rightarrow X^{n+} + ne^-$	X transfere elétrons para Y	X é oxidado para X^{n+}. X é o agente redutor
$Y + ne^- \rightarrow Y^{n-}$	Y aceita elétrons de X	Y é reduzido para Y^{n-}. Y é o agente oxidante.

Na reação entre magnésio e oxigênio, o agente oxidante, O_2, é reduzido porque ele ganha elétrons (quatro elétrons por molécula) ao passar para dois íons óxido.

Mg libera 2 e^- por átomo. Mg é oxidado para Mg^{2+} e é o agente redutor.

$$2\ Mg(s) + O_2(g) \longrightarrow 2\ MgO(s)$$

O_2 ganha 4 e^- por molécula para formar 2 O^{2-}.
O_2 é reduzido e é o agente oxidante.

Na mesma reação, o magnésio é o agente redutor porque libera dois elétrons por átomo ao ser oxidado ao íon Mg^{2+} (e assim dois átomos de Mg são necessários para fornecer os quatro elétrons requeridos pela molécula de O_2). Todas as reações de oxidação e redução podem ser analisadas de forma semelhante.

Um princípio importante para se lembrar das reações de oxirredução é que, em uma equação balanceada, as extensões de oxidação e de redução devem ser as mesmas. Isto é fácil de visualizar na equação Mg/O_2. Aqui, quatro elétrons são liberados quando dois átomos de magnésio são oxidados, assim quatro elétrons devem ser tomados pelo agente oxidante, neste exemplo, uma molécula de O_2.

As observações descritas até agora levam a várias conclusões importantes:

- Se uma substância é oxidada, outra substância na mesma reação deve ser reduzida. Por essa razão, essas reações são chamadas reações de oxirredução ou, para abreviar, **reações redox**.
- O agente redutor é oxidado, e o agente oxidante é reduzido.
- O ganho de elétrons é a redução e a perda de elétrons é a oxidação.
- As extensões da oxidação e da redução em uma reação devem ser as mesmas. Isso significa que o número de elétrons liberados quando uma substância é oxidada deve ser igual ao número de elétrons ganhos pela outra substância ao ser reduzida.

Números de Oxidação

Como você pode identificar uma reação de oxirredução? Como você pode dizer qual substância ganhou ou perdeu elétrons e assim decidir qual é o agente oxidante (ou redutor)? Às vezes, é óbvio. Por exemplo, se um elemento não combinado passa a fazer parte de um composto (Mg converte-se em MgO, por exemplo), a reação é definitivamente um processo redox. Caso não seja óbvio, então a resposta é *procurar por uma variação no número de oxidação de um elemento no curso da reação*. O **número de oxidação** de um átomo em uma molécula ou íon é definido como a carga que um átomo tem ou *aparenta ter*, conforme determinado pelas seguintes regras para a atribuição de números de oxidação.

Escrevendo Cargas e Números de Oxidação em Íons
Convencionalmente, as cargas nos íons são escritas como número, sinal, enquanto os números de oxidação são escritos como sinal, número. Por exemplo, o número de oxidação do íon Cu^{2+} é +2 e a carga é 2+.

1. **Cada átomo em um elemento puro apresenta número de oxidação igual a zero.** O número de oxidação de Cu no cobre metálico é 0, assim como para cada átomo em I_2 e S_8.
2. **Para íons monoatômicos, o número de oxidação é igual à carga do íon.** Você sabe que o magnésio forma íons com uma carga de 2+ (Mg^{2+}); o número de oxidação do magnésio nesse íon é, portanto, +2.
3. **Quando combinado com outro elemento, o flúor sempre tem um número de oxidação de –1.**
4. **O número de oxidação de O é –2 na maior parte dos compostos.** Exceções a essa regra ocorrem
   (a) quando o oxigênio é combinado com flúor (em que o oxigênio assume um número de oxidação positivo),

Peróxidos Nos peróxidos, o número de oxidação do oxigênio é –1. Por exemplo, no peróxido de hidrogênio (H_2O_2), cada átomo de hidrogênio tem um número de oxidação de +1. Para balancear isso, cada oxigênio deve ter um número de oxidação –1. Uma solução aquosa a 3% de H_2O_2 é por vezes usada como um antisséptico, porque é um bom agente oxidante.

(b) em compostos denominados *peróxidos* (como Na_2O_2) e *superóxidos* (como KO_2), nos quais o oxigênio tem um número de oxidação de –1 e –1/2, respectivamente.

5. **Cl, Br e I têm números de oxidação –1 em compostos, exceto quando combinados com o oxigênio e o flúor.** Isso significa que o Cl tem um número de oxidação de –1 no NaCl (em que o número de oxidação do Na é +1, como previsto pelo fato de que se trata de um elemento do Grupo 1A). No íon ClO^-, no entanto, o átomo de Cl tem um número de oxidação de +1 (e O tem um número de oxidação de –2; veja a Regra 4).

6. **O número de oxidação do H é +1 na maioria dos compostos.** A principal exceção para essa regra ocorre quando H forma um composto binário com um metal. Em tais casos, o metal forma um íon positivo e H torna-se um íon hidreto, H^-. Assim, em CaH_2 o número de oxidação de Ca é +2 (igual ao número do grupo) e o de H é –1.

7. **A soma algébrica dos números de oxidação para os átomos em um composto neutro deve ser igual a zero; em um íon poliatômico, a soma deve ser igual à carga do íon.** Por exemplo, no $HClO_4$, ao átomo H atribui-se +1 e para cada átomo de O é atribuído –2. Isso significa que o átomo de Cl deve ser +7. No ClO_4^-, a soma dos estados de oxidação de O ($-2 \times 4 = -8$) e Cl (+ 7) é a carga no íon, –1.

EXEMPLO 3.8

Determinando Números de Oxidação

Problema Determine o número de oxidação do elemento indicado em cada um dos seguintes compostos ou íons:

(a) alumínio no óxido de alumínio, Al_2O_3

(b) fósforo no ácido fosfórico, H_3PO_4

(c) enxofre no íon sulfato, SO_4^{2-}

(d) cada átomo de Cr no íon dicromato, $Cr_2O_7^{2-}$

O que você sabe? Fórmulas corretas para cada espécie.

Estratégia Siga as regras do texto, com especial atenção para as regras 4, 6 e 7.

Solução

(a) Al_2O_3 é um composto neutro. Assumindo que o oxigênio tem o seu número habitual de oxidação de –2, podemos resolver a seguinte equação algébrica para o número de oxidação do alumínio.

Carga líquida no Al_2O_3 = soma dos números de oxidação para dois átomos de Al + três átomos de O

$$0 = 2(x) + 3(-2) \text{ e assim } x = +3$$

O número de oxidação do Al deve ser 3, o que está de acordo com a sua posição na Tabela Periódica.

(b) O H_3PO_4 possui uma carga total 0. Se cada um dos átomos de oxigênio tem um número de oxidação de –2 e cada um dos átomos de H é +1, então o número de oxidação do fósforo é +5.

Carga líquida no H_3PO_4 = soma dos números de oxidação para três átomos de H + um átomo de P + quatro átomos de O

$$0 = 3(+1) + (x) + 4(-2) \text{ e assim } x = +5$$

(c) O íon sulfato, SO_4^{2-}, tem uma carga total de 2–. Ao oxigênio é atribuído o seu número de oxidação de –2 e por isso o enxofre nesse íon tem um número de oxidação de +6.

Carga líquida no SO_4^{2-} = soma do número de oxidação de um átomo S + quatro átomos O

$$-2 = (x) + 4(-2) \text{ e assim } x = +6$$

UM OLHAR MAIS ATENTO

Os Números de Oxidação São "Reais"?

Os números de oxidação refletem a carga elétrica real de um átomo em uma molécula ou íon? Com exceção dos íons monoatômicos, como Cl⁻ ou Na⁺, a resposta geralmente é não.

Assume-se que os números de oxidação de todos os átomos em uma molécula são íons positivos ou negativos, o que não é verdade. Por exemplo, na H_2O, os átomos de H não são íons H^+ e os átomos de O não são íons O^{2-}. Isso não quer dizer, no entanto, que os átomos em moléculas não têm uma carga elétrica de nenhum tipo. Cálculos avançados indicam que o átomo de O na água, na verdade, possui uma carga cerca de 0,4– (ou 40% da carga do elétron), e o átomo de H está próximo de 0,2+.

Então, por que usar números de oxidação? Os números de oxidação fornecem uma maneira conveniente de dividir os elétrons entre os átomos em uma molécula ou íon poliatômico. Por causa da distribuição das variações de elétrons em uma reação redox, usamos esse método como forma de determinar se uma reação redox ocorreu e de distinguir os agentes oxidantes e redutores.

(d) A carga líquida no íon $Cr_2O_7^{2-}$ é 2–. Ao oxigênio é atribuído o seu número de oxidação usual, –2.

Carga líquida em $Cr_2O_7^{2-}$ = soma dos números de oxidação para dois átomos de Cr + sete átomos de O

$$-2 = 2(x) + 7(-2) \text{ e assim } x = +6$$

O número de oxidação de cada cromo nesse íon poliatômico é +6.

Pense bem antes de responder Note que, em cada um desses exemplos, os números de oxidação dos elementos Al, S, P e Cr combinaram com os números dos grupos da Tabela Periódica em que cada um desses elementos é encontrado. Este é muitas vezes (mas nem sempre) o caso. Por exemplo, S, P e Cr podem ter vários números de oxidação, dependendo do composto.

Verifique seu entendimento

Atribua um número de oxidação para o átomo sublinhado em cada íon ou molécula.

(a) $\underline{Fe}_2O_3$ (b) $H_2\underline{S}O_4$ (c) $\underline{C}O_3^{2-}$ (d) $\underline{N}O_2^+$

Reconhecendo Reações de Oxirredução

Você pode dizer sempre se uma reação envolve a oxidação e a redução avaliando o número de oxidação de cada elemento e observando se qualquer desses números muda no decorrer da reação. Em muitos casos, no entanto, isto não será necessário. Por exemplo, será óbvio que uma reação redox ocorreu se um elemento não combinado é convertido em um composto ou se um agente oxidante ou redutor conhecido está envolvido.

Os halogênios e o oxigênio (veja as Figuras 3.1 e 3.2) são agentes oxidantes, e outro agente oxidante comum é o ácido nítrico, HNO_3. Na Figura 3.18, o cobre metálico é oxidado pelo ácido para formar nitrato de cobre(II), e o íon nitrato é reduzido para formar o gás castanho NO_2. A equação iônica líquida para a reação é

Gás NO_2

Cobre metálico é oxidado para o $Cu(NO_3)_2$ verde

FIGURA 3.18 Agentes oxidantes e redutores. A reação do cobre com ácido nítrico. Cobre (um agente redutor) reage vigorosamente com ácido nítrico concentrado (um agente oxidante) para formar o gás castanho NO_2 e uma solução azul esverdeada de nitrato de cobre(II).

O número de oxidação do Cu muda de 0 para +2.
Cu é oxidado para Cu^{2+} e é o agente redutor.

$$Cu(s) + 2\,NO_3^-(aq) + 4\,H_3O^+(aq) \longrightarrow Cu^{2+}(aq) + 2\,NO_2(g) + 6\,H_2O(\ell)$$

N no NO_3^- muda de +5 para +4 no NO_2. NO_3^- é reduzido para NO_2 e é o agente oxidante.

Tabela 3.3 Agentes Oxidantes e Redutores Comuns

AGENTE OXIDANTE	PRODUTO DA REAÇÃO	AGENTE REDUTOR	PRODUTO DA REAÇÃO
O_2, oxigênio	O^{2-}, íon óxido ou O combinado na H_2O ou em outra molécula	H_2, hidrogênio	$H^+(aq)$, íon hidrogênio ou H combinado na H_2O ou em outra molécula
Halogênio, F_2, Cl_2, Br_2 ou I_2	Íon haleto, F^-, Cl^-, Br^- ou I^-	M, metais tais como Na, K, Fe e Al	M^{n+}, íons metálicos como Na^+, K^+, Fe^{2+} ou Fe^{3+} e Al^{3+}
HNO_3, ácido nítrico	Óxidos de nitrogênio* tais como NO e NO_2	C, carbono (usado para reduzir os óxidos metálicos)	CO e CO_2
$Cr_2O_7^{2-}$, íon dicromato	Cr^{3+}, íon cromo(III) (em solução ácida)		
MnO_4^-, íon permanganato	Mn^{2+}, íon manganês(II) (em solução ácida)		

*NO é produzido com HNO_3 diluído, enquanto NO_2 é um produto do ácido concentrado.

O nitrogênio foi reduzido de +5 (no íon NO_3^-) para +4 (no NO_2); por conseguinte, o íon nitrato em solução ácida é o agente oxidante. O cobre metálico é o agente redutor; cada átomo de metal cedeu dois elétrons para produzir o íon Cu^{2+}.

As Tabelas 3.3 e 3.4 podem ajudá-lo a organizar o seu pensamento à medida que observa as reações de oxirredução e usa a sua terminologia.

Agentes oxidantes e redutores. A reação entre o íon ferro(II) e o íon permanganato. A reação do íon permanganato (MnO_4^-) de cor púrpura com o íon ferro(II) (Fe^{2+}) em uma solução aquosa ácida produz o íon manganês(II) (Mn^{2+}) quase incolor e o íon ferro(III) (Fe^{3+}).

KMnO$_4$(aq), agente oxidante

Fe^{2+}(aq), agente redutor

EXEMPLO 3.9

Reação de Oxirredução

Problema Para a reação do íon ferro(II) com o íon permanganato em meio aquoso ácido,

$$5\,Fe^{2+}(aq) + MnO_4^-(aq) + 8\,H_3O^+(aq) \rightarrow 5\,Fe^{3+}(aq) + Mn^{2+}(aq) + 12\,H_2O(\ell)$$

decida quais átomos estão sujeitos a uma mudança no número de oxidação e identifique os agentes oxidante e redutor.

O que você sabe? A equação dada aqui está balanceada (mas, na prática, você pode verificar isso). Com base nos reagentes e produtos, decida rapidamente se esta é uma reação de oxirredução. Conhecendo o MnO_4^- como um agente oxidante comum (veja a Tabela 3.3) note que o ferro muda de Fe^{2+} para Fe^{3+}.

Estratégia Determine o número de oxidação dos átomos em cada molécula ou íon na equação e identifique quais átomos alteram o número de oxidação.

Tabela 3.4 Reconhecendo Reações de Oxirredução

	OXIDAÇÃO	REDUÇÃO
Em termos do número de oxidação	Aumento do número de oxidação de um átomo	Diminuição do número de oxidação de um átomo
Em termos de elétrons	Perda de elétrons por um átomo	Ganho de elétrons por um átomo
Em termos do oxigênio	Ganho de um ou mais átomos de O	Perda de um ou mais átomos de O

Solução O número de oxidação do Mn no MnO$_4^-$ é +7, o qual diminui para +2 no produto, o íon Mn^{2+}. Assim, o íon MnO$_4^-$ foi reduzido e é o agente oxidante (veja a Tabela 3.3).

$$5\ Fe^{2+}(aq)\ +\ MnO_4^-(aq)\ +\ 8\ H_3O^+(aq)\ \rightarrow\ 5\ Fe^{3+}(aq)\ +\ Mn^{2+}(aq)\ +\ 12\ H_2O(\ell)$$
$$+2 \qquad\quad +7, -2 \qquad +1, -2 \qquad\qquad\quad +3 \qquad\quad +2 \qquad\quad +1, -2$$

O número de oxidação do ferro aumentou de +2 para +3, assim, cada íon Fe^{2+} perdeu um elétron ao ser oxidado para Fe^{3+} (veja a Tabela 3.4). Isso significa que o íon Fe^{2+} é o agente redutor.

Pense bem antes de responder Se um dos reagentes em uma reação redox é uma substância simples, como um elemento ou um íon monoatômico (aqui, Fe^{2+}), normalmente é evidente que o seu número de oxidação tenha aumentado ou diminuído. Tendo estabelecido uma espécie como reduzida (ou oxidada), você sabe que a outra espécie sofreu o processo oposto. Também é útil reconhecer os agentes oxidantes e redutores comuns (veja a Tabela 3.3).

Verifique seu entendimento

A reação seguinte é usada em um aparelho para testar a respiração de uma pessoa quanto à presença de etanol. Identifique os agentes oxidante e redutor, a substância oxidada e a substância reduzida.

$$3\ CH_3CH_2OH(aq)\ +\ 2\ Cr_2O_7^{2-}(aq)\ +\ 16\ H_3O^+(aq)\ \rightarrow\ 3\ CH_3CO_2H(aq)\ +\ 4\ Cr^{3+}(aq)\ +\ 27\ H_2O(\ell)$$
etanol   íon dicromato;   ácido acético   íon cromo;
           laranja-avermelhado   verde

EXERCÍCIOS PARA A SEÇÃO 3.8

1. Qual é o número de oxidação do Mn no BaMnO$_4$?

    (a) 0   (b) +3   (c) +6   (d) +12

2. Quais das seguintes opções são reações de oxirredução?

    (1) NaOH(aq) + HNO$_3$(aq) $\rightarrow$ NaNO$_3$(aq) + H$_2$O(ℓ)

    (2) Cu(s) + Cl$_2$(g) $\rightarrow$ CuCl$_2$(s)

    (3) Na$_2$CO$_3$(aq) + 2 HClO$_4$(aq) $\rightarrow$ CO$_2$(g) + H$_2$O(ℓ) + 2 NaClO$_4$(aq)

    (4) 2 S$_2$O$_3^{2-}$(aq) + I$_2$(aq) $\rightarrow$ S$_4$O$_6^{2-}$(aq) + 2 I$^-$(aq)

    (a) todas elas   (b) 2, 3 e 4   (c) 2 e 4   (d) 2 apenas

3. Em qual dos compostos de manganês abaixo Mn possui o maior número de oxidação?

    (a) MnO$_2$ (b) Mn$_2$O$_3$ (c) KMnO$_4$ (d) MnCl$_2$

3-9 Classificando Reações em Soluções Aquosas

Um dos objetivos deste capítulo tem sido explorar os tipos mais comuns de reações que podem ocorrer em solução aquosa. Isso ajuda você a decidir, por exemplo, se uma reação de formação de gás ocorre quando um comprimido de Alka-Seltzer (contendo ácido cítrico e NaHCO$_3$) é jogado na água (Figura 3.19).

$$H_3C_6H_5O_7(aq)\ +\ HCO_3^-(aq)\ \longrightarrow$$
ácido cítrico   íon hidrogenocarbonato

$$H_2C_6H_5O_7^-(aq)\ +\ H_2O(\ell)\ +\ CO_2(g)$$
íon diidrogenocitrato

FIGURA 3.19 Uma reação de formação de gás. Um comprimido de Alka-Seltzer contém um ácido (ácido cítrico) e hidrogenocarbonato de sódio (NaHCO$_3$), esses reagem para a formação de gás.

ESTUDO DE CASO

Matando Bactérias com Prata

Existe uma máquina de lavar no mercado que injeta íons prata na água de lavagem, com a finalidade de matar bactérias. O anúncio publicitário da máquina diz que "100 quatrilhões de íons prata" são injetados em um ciclo de lavagem. Como é que essa máquina funciona? O valor de 100 quatrilhões de íons de prata é muita quantidade? A prata mata as bactérias?

A máquina de lavar funciona por meio de energia elétrica para oxidar a prata metálica a fim de obter os íons prata.

$$Ag(s) \rightarrow Ag^+(aq) + e^-$$

Este é um procedimento simples de eletrólise. (Mais a respeito no Capítulo 19.) E 100 quatrilhões de íons de prata? Isto é 100×10^{15} íons.

O uso de prata para evitar infecções tem uma longa história. Os fenícios mantinham vinho, água e vinagre em vasos de prata. Os primeiros colonizadores da América colocavam moedas de prata em barris de água. E você pode ter nascido

Íons prata como bactericida no fio dental.

com uma "colher de prata na boca". Bebês em casas mais abastadas, que foram alimentados com colheres de prata e usavam chupeta de prata, eram considerados mais saudáveis.

Os usos históricos da prata transitam na sociedade moderna. É possível comprar diversos tipos de purificadores de água residenciais contendo prata, assim como fio dental revestido com nitrato de prata.

Apesar de a prata ter benefícios para a saúde, é preciso ter cuidado com alegações fraudulentas. Por exemplo, alega-se que o consumo de grandes quantidades de "prata coloidal" (partículas nanométricas de prata suspensas em água) apresenta propriedades salutares. Uma pessoa que tentou isso, Stan Jones, foi para o Congresso dos Estados Unidos em 2002 e 2006. Por consumir prata, ele adquiriu argirismo, uma condição médica irreversível em que a pele fica com uma coloração cinza-azulada.

Questões:

1. Quantos mols de prata são utilizados em um ciclo de lavagem?
2. Que massa de prata é usada?

As respostas para essas questões estão disponíveis no Apêndice N.

Examinamos quatro tipos de reações em solução aquosa: precipitação, ácido-base, formação de gás e oxirredução. Três dessas quatro reações (precipitação, ácido-base e formação de gás) enquadram-se na categoria das reações de troca.

Reações de precipitação (veja Figura 3.12): Íons combinam-se na solução para formar um produto de reação insolúvel.

Equação global

$$Pb(NO_3)_2(aq) + 2\ KI(aq) \rightarrow PbI_2(s) + 2\ KNO_3(aq)$$

Equação Iônica Líquida

$$Pb^{2+}(aq) + 2\ I^-(aq) \rightarrow PbI_2(s)$$

Reações Ácido-Base (veja as Figuras 3.13 e 3.15): A água é um produto de muitas reações de ácido-base, e o cátion da base e o ânion do ácido formam um sal.

Equação Global para a Reação de um Ácido Forte e uma Base Forte

$$HNO_3(aq) + KOH(aq) \rightarrow HOH(\ell) + KNO_3(aq)$$

Equação Iônica Líquida para a Reação de um Ácido Forte e uma Base Forte

$$H_3O^+(aq) + OH^-(aq) \rightarrow 2\ H_2O(\ell)$$

Equação Global para a Reação de um Ácido Fraco e uma Base Forte

$$CH_3CO_2H(aq) + NaOH(aq) \rightarrow NaCH_3CO_2(aq) + HOH(\ell)$$

Equação Iônica Líquida para a Reação de um Ácido Fraco e uma Base Forte

$$CH_3CO_2H(aq) + OH^-(aq) \rightarrow CH_3CO_2^-(aq) + H_2O(\ell)$$

UM OLHAR MAIS ATENTO | Organizações Alternativas para Tipos de Reações

Como dissemos no Capítulo 1, a Química é a transformação de uma ou mais substâncias em outras substâncias. Isso é feito por meio das reações químicas, e milhares e milhares de reações foram realizadas pelos químicos nos últimos cem anos. Embora os estudantes iniciantes em seus estudos de Química possam ficar perplexos com a variedade aparentemente infinita dessas reações, há alguns tipos comuns de reações. Nós as classificamos como reações de oxirredução e reações de troca. Estas últimas incluem as reações de precipitação, ácido-base e de formação de gás. Classificar as reações é útil porque ajuda a observar as suas características comuns e a prever o que pode acontecer se você enxergar um novo conjunto de reagentes.

Há dois outros termos que são comumente utilizados para descrever as reações químicas: síntese e decomposição. A **síntese** descreve a preparação de um composto a partir de outros elementos ou compostos. Você já viu reações de síntese, como a preparação do cloreto de amônio, que é amplamente utilizado em fertilizantes, medicamentos, produtos de consumo, como xampu e explosivos. A síntese do cloreto de amônio pode ser realizada utilizando uma reação ácido-base.

$$NH_3(aq) + HCl(aq) \rightarrow NH_4Cl(aq)$$

A **decomposição** descreve uma reação em que um composto é dividido em componentes menores. Um exemplo dessa reação é a decomposição do peróxido de hidrogênio em água e oxigênio, uma reação de oxirredução vista na Figura.

$$2\ H_2O_2(aq) \rightarrow 2\ H_2O(\ell) + O_2(g)$$

Os termos síntese e decomposição são amplamente utilizados na Química, porque eles são úteis para descrever os resultados de uma reação. O esquema de classificação de reação adotado neste livro também é útil, pois descreve os tipos de reagentes e produtos envolvidos em diversas reações, que podem incluir reações de síntese e de decomposição.

A decomposição do peróxido de hidrogênio, H_2O_2. Esta também pode ser classificada como uma reação de oxirredução.

Reações de Formação de Gás (veja as Figuras 3.16 e 3.19): Os exemplos mais comuns envolvem carbonatos metálicos e ácidos, mas existem outros (veja já a Tabela 3.2). A reação entre um carbonato metálico e um ácido produz o ácido carbônico, H_2CO_3, que se decompõe em H_2O e CO_2. O dióxido de carbono é o gás nas bolhas que você vê durante essas reações.

Equação Global:

$$CuCO_3(s) + 2\ HNO_3(aq) \rightarrow Cu(NO_3)_2(aq) + CO_2(g) + H_2O(\ell)$$

Equação Iônica Líquida

$$CuCO_3(s) + 2\ H_3O^+(aq) \rightarrow Cu^{2+}(aq) + CO_2(g) + 3\ H_2O(\ell)$$

Reações de Oxirredução (veja a Figura 3.17): Essas reações *não* são reações de troca iônica. Em vez disso, os elétrons são transferidos de uma substância para outra.

Equação Global

$$Cu(s) + 2\ AgNO_3(aq) \rightarrow Cu(NO_3)_2(aq) + 2\ Ag(s)$$

Equação Iônica Líquida

$$Cu(s) + 2\ Ag^+(aq) \rightarrow Cu^{2+}(aq) + 2\ Ag(s)$$

Em geral é fácil reconhecer os quatro tipos de reações, mas tenha em mente que a reação pode enquadrar-se em mais de uma categoria. Por exemplo, hidróxido de bário reage prontamente com ácido sulfúrico para formar sulfato de bário e água, uma reação que é tanto uma precipitação como uma reação ácido-base.

$$Ba(OH)_2(aq) + H_2SO_4(aq) \rightarrow BaSO_4(s) + 2\ H_2O(\ell)$$

Mapa Estratégico 3.10a

PROBLEMA
Escreva a equação para a reação de Na₂S e Cu(NO₃)₂ e decida qual é o *tipo de reação*.

DADOS/INFORMAÇÕES
As **fórmulas** dos **reagentes** são dadas.

ETAPA 1. Decida sobre os **produtos** e então escreva a **equação completa e balanceada**.

Equação completa balanceada com os *reagentes* e *produtos*.

ETAPA 2. Decida se cada reagente e produto é **sólido, líquido, gasoso** ou **dissolvido em água**.

Equação completa balanceada com a **indicação do estado** de cada reagente e produto.

ETAPA 3. Decida sobre o **tipo de reação**.

Um produto é *insolúvel em água*, portanto, esta é uma **reação de precipitação**.

EXEMPLO 3.10

Tipos de Reações

Problema Complete e balanceie cada uma das seguintes equações e classifique cada uma como reação de precipitação, ácido-base ou de formação de gás.

(a) $Na_2S(aq) + Cu(NO_3)_2(aq) \rightarrow$

(b) $Na_2SO_3(aq) + HCl(aq) \rightarrow$

(c) $HClO_4(aq) + NaOH(aq) \rightarrow$

O que você sabe? Você conhece as fórmulas dos reagentes e que todas são reações de troca.

Estratégia

- Reconheça que estas são reações de troca. Os produtos de cada reação podem ser encontrados através da troca de cátions e ânions entre dois reagentes.
- Escreva e balanceie cada equação.
- Para determinar o tipo de reação, examine os reagentes e os produtos. Procure especificamente os ácidos e as bases comuns, um produto que é insolúvel e ânions que reagem com ácido para formar um gás (CO_3^{2-}, S^{2-}, SO_3^{2-}).

Solução

(a) É previsto que os produtos da reação de troca sejam NaNO₃ e CuS. O primeiro deles é solúvel na água, mas o segundo é um sal insolúvel. Assim, esta é uma reação de precipitação. A equação química balanceada é

$$Na_2S(aq) + Cu(NO_3)_2(aq) \rightarrow 2\,NaNO_3(aq) + CuS(s)$$

(b) É previsto que os produtos da reação de troca sejam NaCl e H₂SO₃. O H₂SO₃ deve nos alertar imediatamente para o fato de que esta é uma reação de formação de gás, porque o mesmo será decomposto em SO₂(g) e H₂O(ℓ) (veja a Tabela 3.2). A equação balanceada é

$$Na_2SO_3(aq) + 2\,HCl(aq) \rightarrow 2\,NaCl(aq) + SO_2(g) + H_2O(\ell)$$

(c) É previsto que os produtos da reação de troca sejam NaClO₄ e H₂O, um sal e água; esta é uma reação ácido-base. A equação balanceada é

$$HClO_4(aq) + NaOH(aq) \rightarrow NaClO_4(aq) + H_2O(\ell)$$

Pense bem antes de responder Como treino, tente escrever as equações iônicas líquidas para cada uma das reações anteriores. As respostas são:

(a) $S^{2-}(aq) + Cu^{2+}(aq) \rightarrow CuS(s)$

(b) $SO_3^{2-}(aq) + 2\,H_3O^+(aq) \rightarrow 3\,H_2O(\ell) + SO_2(g)$

(c) $H_3O^+(aq) + OH^-(aq) \rightarrow 2\,H_2O(\ell)$

Verifique seu entendimento

Classifique cada uma das seguintes equações como reações de precipitação, ácido-base, de formação de gás ou de oxirredução. Procure predizer os produtos da reação e em seguida balanceie completamente a equação. Escreva a equação iônica líquida para cada um.

(a) $CuCO_3(s) + H_2SO_4(aq) \rightarrow$

(b) $Ga(s) + O_2(g) \rightarrow$

(c) $Ba(OH)_2(s) + HNO_3(aq) \rightarrow$

(d) $CuCl_2(aq) + (NH_4)_2S(aq) \rightarrow$

EXERCÍCIO PARA A SEÇÃO 3.9

1. Às vezes, uma reação pode enquadrar-se em mais de uma categoria. Em que categoria (ou categorias) a reação Ba(OH)$_2$(aq) + H$_3$PO$_4$(aq) encaixa-se?

   (a) ácido-base e oxirredução
   (b) oxirredução
   (c) ácido-base e precipitação
   (d) precipitação

APLICANDO PRINCÍPIOS QUÍMICOS
Supercondutores

Em 1987, o Prêmio Nobel de Física foi concedido a Georg Benorz e Karl Müller (IBM Labs, Zurique, Suíça) por seus trabalhos pioneiros na área de supercondutividade, que incluem a descoberta de uma nova classe de supercondutores baseados em compostos de lantânio, bário, cobre e oxigênio. O supercondutor foi identificado como La$_{2-x}$Ba$_x$CuO$_4$, em que o valor de x variou de 0,10 a 0,20. No mesmo ano, pesquisadores da Universidade do Alabama, em Huntsville, sintetizaram o YBa$_2$Cu$_3$O$_{7-x}$ (ou YBCO), em que x varia de 0 a 0,50. YBCO foi o primeiro material descoberto a supercondutor em temperaturas acima do ponto de ebulição do nitrogênio líquido (77 K). Uma investigação adicional determinou que a temperatura crítica para a supercondutividade do YBCO varia com as mudanças nas proporções dos seus componentes. A temperatura mais alta supercondutora, 95 K, foi obtida para o YBa$_2$Cu$_3$O$_{6,93}$.

Os supercondutores são importantes porque esses materiais não têm nenhuma resistência ao fluxo de corrente elétrica. Uma vez que a corrente (isto é, um fluxo de elétrons) é induzida em um supercondutor, ela vai continuar indefinidamente sem qualquer perda de energia. Uma aplicação potencial para os supercondutores é o armazenamento de eletricidade. Atualmente, a energia nas usinas deve ser usada à medida que ela é produzida. Se a eletricidade não utilizada pudesse ser alimentada em um anel de armazenamento supercondutor, a corrente poderia ser armazenada por tempo indeterminado. Para um anel de armazenamento ser viável, o supercondutor deve operar a uma temperatura em que a refrigeração não seja de custo proibitivo, e o supercondutor deve suportar altas correntes. O YCBO satisfaz o primeiro critério, mas não o segundo. Até hoje, não foi descoberto nenhum supercondutor capaz de transportar correntes elevadas em temperaturas maiores que 77 K.

Fórmulas de compostos contendo índices subscritos que não são números inteiros são comuns para uma variedade de compostos, incluindo os supercondutores de alta temperatura. Responda às seguintes questões sobre alguns desses supercondutores.

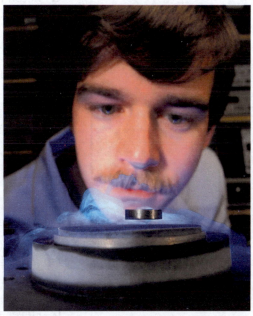

Supercondutividade. Quando um material supercondutor é resfriado a uma baixa temperatura, por exemplo, em nitrogênio líquido (ponto de ebulição de 77 K), e é colocado em um campo magnético, o campo não afeta o supercondutor, mas é repelido por ele. É possível observar o efeito aqui, no qual um ímã flutua acima de supercondutores resfriados.

QUESTÕES:

1. Use as seguintes porcentagens em massa para determinar o valor de x em uma amostra de La$_{2-x}$Ba$_x$CuO$_4$: %La = 63,43, %Ba = 5,085, %Cu = 15,69 e %O = 15,80.
2. Qual é a porcentagem em massa de cada elemento no YBCO quando x = 0,07?
3. Assumindo que as cargas sobre os íons ítrio e bário são 3+ e 2+, respectivamente, quais cargas estão presentes nos íons cobre no YBa$_2$Cu$_3$O$_7$? (Observação: embora a maioria dos compostos de cobre seja baseada em Cu^{2+}, cargas de 1+ e 3+ também são possíveis. Suponha que pelo menos um íon cobre nessa substância seja Cu^{2+}).
4. A reação de Y$_2$O$_3$, BaCO$_3$ e CuO produz YBa$_2$Cu$_3$O$_{7-x}$ com CO$_2$(g) como o único subproduto. Escreva uma equação química balanceada dessa reação e determine o valor de x.
5. A porcentagem de oxigênio no YBCO é ajustada pelo seu aquecimento na presença de oxigênio elementar. Qual massa do oxigênio é necessária para converter 1,00 g de YBa$_2$Cu$_3$O$_{6,50}$ em YBa$_2$Cu$_3$O$_{6,93}$?

REFERÊNCIAS:

1. WU, M. K. et al. *Phys. Rev. Lett.*, v. 58, p. 908, 1987.
2. COCHRANE, J. W. Cochrane; RUSSELL, G. J. Russell, *Supercond. Sci. Technol*, v. 11, p. 1105, 1998.

REVISÃO DOS OBJETIVOS DO CAPÍTULO

Agora que você já estudou este capítulo, deve perguntar a si mesmo se atingiu os objetivos propostos. Especificamente, você deverá ser capaz de:

ENTENDER

- A importância e os usos das equações químicas balanceadas (Seções 3.1 e 3.2).
- A natureza e as características do equilíbrio químico (Seção 3.3).
    a. Reconhecer que as reações químicas são reversíveis.
    b. Descrever o que se entende pelo termo *equilíbrio dinâmico*. **Questão para Estudo: 80.**
    c. Reconhecer a diferença entre as reações no equilíbrio que favorecem ou reagentes ou produtos. **Questões para Estudo: 7, 8.**
- A natureza das substâncias iônicas dissolvidas em água (Seção 3.4). **Questões para Estudo: 13, 15.**
- Reações de oxirredução e os três tipos de reações de troca (Seções 3.5, 3.6, 3.7 e 3.8).
- Reações ácido-base que envolvem a transferência de íons hidrogênio (Seção 3.6). **Questão para Estudo: 23.**
- Reações de oxirredução que envolvem a transferência de elétrons (Seção 3.8).

FAZER

- Balancear as equações químicas, escrever corretamente as fórmulas dadas para reagentes e produtos. **Questões para Estudo: 1, 3, 5, 51, 60.**
- Prever a solubilidade dos compostos iônicos em água e as espécies presentes em soluções aquosas de compostos iônicos e moleculares.
    a. Explicar a diferença entre eletrólitos e não eletrólitos e reconhecer exemplos de cada um (Seção 3.4 e Figura 3.8). **Questão para Estudo: 9.**
    b. Prever a solubilidade dos compostos iônicos em água (Seções 3.4 e Figura 3.10). **Questões para Estudo: 11, 15, 61, 63, 66, 72.**
    c. Reconhecer que íons são formados quando um composto iônico ou ácido ou base é dissolvido em água (Seções 3.4 a 3.6). **Questões para Estudo: 13, 15, 66, 69.**
- Reconhecer os tipos comuns de reações químicas em solução aquosa e prever os produtos de precipitação, ácido-base e reações de troca formadoras de gás.
    a. Reconhecer as principais características dos quatro tipos de reações em solução aquosa.

Tipo de Reação	Característica Principal
Precipitação	Formação de um composto insolúvel
Ácido-base	Formação de um sal e de água
Formação de Gás	Evolução de um gás insolúvel em água, tal como o CO_2
Oxirredução	Transferência de elétrons (com mudança nos números de oxidação)

    Questões para Estudo: 51, 52, 55, 56, 82.
    b. Prever os produtos das reações de precipitação (Seção 3-5), reações ácido-base (Seção 3-6) e reações de formação de gás (Seção 3-7). Estes são todos exemplos de reações de troca, que envolvem a troca de ânions entre os cátions envolvidos na reação. **Questões para Estudo: 19, 27, 29, 41-43, 83.**
    c. Escrever equações globais balanceadas para as reações de troca. **Questões para Estudo: 17, 19, 27, 29, 41, 43, 73.**

- Conhecer os nomes e as fórmulas de ácidos e bases comuns e compreender a sua natureza em solução aquosa.
    a. Conhecer os nomes e as fórmulas de ácidos e bases comuns (Seção 3.6 e Tabela 3.1). Questões para Estudo: 21, 27, 30.
    b. Classificar ácidos e bases como fortes ou fracos.
    c. Definir e utilizar o conceito de Arrhenius de ácidos e bases.
    d. Definir e utilizar o conceito Brønsted-Lowry de ácidos e bases.
    e. Reconhecer substâncias que são anfóteras. Questão para Estudo: 33.
    f. Identificar o ácido e a base de Brønsted em uma reação. Questões para Estudo: 21, 27, 28, 32.
    g. Compreender que a equação iônica líquida para a reação entre um ácido forte e uma base forte é $H_3O^+(aq) + OH^-(aq) \rightarrow 2\ H_2O(\ell)$ (Seção 3.6).

- Escrever uma equação iônica líquida, dada a equação global balanceada para uma reação química (Seções 3.5 a 3.7). Questões para Estudo: 17, 19, 35, 37, 39, 69, 73, 74.

- Determinar os números de oxidação para elementos em um composto e utilizá-los para identificar as reações de oxirredução.
    a. Determinar os números de oxidação dos elementos em um composto e entender que esses números representam a carga que tem um átomo, ou aparenta ter, quando os elétrons do composto são contados de acordo com um conjunto de diretrizes (Seção 3.8). Questões para Estudo: 45, 46, 81.
    b. Identificar as reações de oxirredução (muitas vezes chamadas *reações redox*) e identificar os agentes oxidante e redutor e as substâncias oxidada e reduzida na reação (Seção 3.8 e Tabelas 3.3 e 3.4). Questões para Estudo: 47-50, 67, 85.

LEMBRAR

- As regras de solubilidade dos compostos iônicos (Figura 3.10)
- Os nomes e as fórmulas de ácidos e bases comuns (Tabela 3.1)
- Agentes oxidantes e redutores comuns (Tabela 3.3)

QUESTÕES PARA ESTUDO

▲ denota questões desafiadoras.

Questões numeradas em verde têm respostas no Apêndice N.

Praticando Habilidades

Balanceamento de Equações

(Veja o Exemplo 3.1.)

1. Escreva as equações químicas balanceadas para as seguintes reações.
   (a) A reação entre o alumínio e o óxido de ferro(III) para formar ferro e óxido de alumínio (conhecida como a reação termita).

Reação termita

   (b) A reação de carbono e água em uma temperatura elevada para formar uma mistura de CO e H_2 gasosos (conhecido como gás de água e já usado como combustível).
   (c) A reação do tetracloreto de silício líquido e magnésio formando silício e cloreto de magnésio. Esta é uma etapa da preparação do silício ultrapuro utilizado na indústria dos semicondutores.

2. Escreva as equações químicas balanceadas para as seguintes reações:
   (a) produção de amônia, $NH_3(g)$, pela combinação de $N_2(g)$ e $H_2(g)$
   (b) produção de metanol, $CH_3OH(\ell)$, pela combinação de $H_2(g)$ e $CO(g)$
   (c) produção de ácido sulfúrico combinando enxofre, oxigênio e água

3. Balanceie as seguintes equações:
   (a) $Cr(s) + O_2(g) \rightarrow Cr_2O_3(s)$
   (b) $Cu_2S(s) + O_2(g) \rightarrow Cu(s) + SO_2(g)$
   (c) $C_6H_5CH_3(\ell) + O_2(g) \rightarrow H_2O(\ell) + CO_2(g)$

4. Balanceie as seguintes equações:
   (a) $Cr(s) + Cl_2(g) \rightarrow CrCl_3(s)$
   (b) $SiO_2(s) + C(s) \rightarrow Si(s) + CO(g)$
   (c) $Fe(s) + H_2O(g) \rightarrow Fe_3O_4(s) + H_2(g)$

5. Balanceie as seguintes equações e nomeie cada reagente e produto:
   (a) $Fe_2O_3(s) + Mg(s) \rightarrow MgO(s) + Fe(s)$
   (b) $AlCl_3(s) + NaOH(aq) \rightarrow Al(OH)_3(s) + NaCl(aq)$
   (c) $NaNO_3(s) + H_2SO_4(aq) \rightarrow Na_2SO_4(s) + HNO_3(aq)$
   (d) $NiCO_3(s) + HNO_3(aq) \rightarrow Ni(NO_3)_2(aq) + CO_2(g) + H_2O(\ell)$

6. Balanceie as seguintes equações e nomeie cada reagente e produto:
   (a) $SF_4(g) + H_2O(\ell) \rightarrow SO_2(g) + HF(\ell)$
   (b) $NH_3(aq) + O_2(aq) \rightarrow NO(g) + H_2O(\ell)$
   (c) $BF_3(g) + H_2O(\ell) \rightarrow HF(aq) + H_3BO_3(aq)$

Equilíbrio Químico

(Veja a Seção 3-3.)

7. Quantidades iguais de dois ácidos – HCl e HCO_2H (ácido fórmico) – foram dissolvidas em água. Quando o equilíbrio foi alcançado, a solução de HCl teve maior condutividade elétrica que a solução HCO_2H. Qual reação em equilíbrio favorece os produtos?

$$HCl(aq) + H_2O(\ell) \rightleftharpoons H_3O^+(aq) + Cl^-(aq)$$

$$HCO_2H(aq) + H_2O(\ell) \rightleftharpoons H_3O^+(aq) + HCO_2^-(aq)$$

8. Duas soluções aquosas foram preparadas, uma contendo 0,10 mol de ácido bórico (H_3BO_3) em 200 mL e a segunda contendo 0,10 mol de ácido fosfórico (H_3PO_4) em 200 mL. Ambas eram fracas condutoras de eletricidade, mas a solução de H_3PO_4 era um condutor visivelmente mais forte. Escreva as equações para descrever o equilíbrio em cada solução e explique a diferença observada na condutividade.

Íons e Moléculas em Solução Aquosa

(Veja a Seção 3.4 e o Exemplo 3.2.)

9. O que é um eletrólito? Como você pode diferenciar experimentalmente um eletrólito fraco de um eletrólito forte? Dê um exemplo de cada tipo.

10. Nomeie e forneça as fórmulas de dois ácidos que são eletrólitos fortes e um ácido que é um eletrólito fraco. Nomeie e forneça fórmulas de duas bases que são eletrólitos fortes e uma base que é um eletrólito fraco.

11. Qual composto ou compostos em cada um dos seguintes grupos é(são) solúvel(is) em água?
    (a) CuO, CuCl$_2$, FeCO$_3$
    (b) AgI, Ag$_3$PO$_4$, AgNO$_3$
    (c) K$_2$CO$_3$, KI, KMnO$_4$

12. Qual composto ou compostos em cada um dos seguintes grupos é(são) solúvel(is) em água?
    (a) BaSO$_4$, Ba(NO$_3$)$_2$, BaCO$_3$
    (b) Na$_2$SO$_4$, NaClO$_4$, NaCH$_3$CO$_2$
    (c) AgBr, KBr, Al$_2$Br$_6$

13. Os seguintes compostos são solúveis em água. Quais íons são produzidos por cada composto em solução aquosa?
    (a) KOH   (c) LiNO$_3$
    (b) K$_2$SO$_4$ (d) (NH$_4$)$_2$SO$_4$

14. Os seguintes compostos são solúveis em água. Quais íons são produzidos por cada composto em solução aquosa?
    (a) KI   (c) K$_2$HPO$_4$
    (b) Mg(CH$_3$CO$_2$)$_2$ (d) NaCN

15. Decida se o composto de cada uma das seguintes alternativas é solúvel em água. Caso seja solúvel, dizer que íons são produzidos quando o composto dissolve-se em água.
    (a) Na$_2$CO$_3$ (c) NiS
    (b) CuSO$_4$ (d) BaBr$_2$

16. Decida se o composto de cada uma das seguintes alternativas é solúvel em água. Se solúvel, dizer que íons são produzidos quando o composto dissolve-se em água.
    (a) NiCl$_2$ (c) Pb(NO$_3$)$_2$
    (b) Cr(NO$_3$)$_3$ (d) BaSO$_4$

Reações de Precipitação e Equações Iônicas
(Veja a Seção 3.5 e os Exemplos 3.3 e 3.4.)

17. Balanceie a equação para a seguinte reação de precipitação e, em seguida, escreva a equação iônica líquida. Indique o estado de cada uma das espécies (s, ℓ, aq ou g).

    CdCl$_2$ + NaOH → Cd(OH)$_2$ + NaCl

18. Balanceie a equação para a seguinte reação de precipitação e, em seguida, escreva a equação iônica líquida. Indique o estado de cada uma das espécies (s, ℓ, aq ou g)

    Ni(NO$_3$)$_2$ + Na$_2$CO$_3$ → NiCO$_3$ + NaNO$_3$

19. Preveja os produtos de cada reação de precipitação. Balanceie a equação e, em seguida, escreva a equação iônica líquida.
    (a) NiCl$_2$(aq) + (NH$_4$)$_2$S(aq) →
    (b) Mn(NO$_3$)$_2$(aq) + Na$_3$PO$_4$(aq) →

20. Preveja os produtos de cada reação de precipitação. Balanceie a equação e, em seguida, escreva a equação iônica líquida.
    (a) Pb(NO$_3$)$_2$(aq) + KBr(aq) →
    (b) Ca(NO$_3$)$_2$(aq) + KF(aq) →
    (c) Ca(NO$_3$)$_2$(aq) + Na$_2$C$_2$O$_4$(aq) →

Ácidos e Bases e Suas Reações
(Veja a Seção 3.6 e o Exemplo 3.5.)

21. Escreva uma equação balanceada para a ionização de ácido nítrico em água.

22. Escreva uma equação balanceada para a ionização de ácido perclórico em água.

23. O ácido oxálico, H$_2$C$_2$O$_4$, que se encontra em certas plantas, pode fornecer dois íons hidrônio em água. Escreva as equações balanceadas ácido oxálico pode fornecer um e, em seguida, o segundo íon H$_3$O$^+$.

24. O ácido fosfórico pode fornecer um, dois ou três íons H$_3$O$^+$ em solução aquosa. Escreva as equações balanceadas para mostrar essa perda sucessiva de íons hidrogênio.

25. Escreva uma equação balanceada para a reação do óxido básico, óxido de magnésio, com água.

26. Escreva uma equação balanceada para a reação do gás trióxido de enxofre com água.

27. Complete e balanceie as equações para as seguintes reações ácido-base. Nomeie os reagentes e os produtos.
    (a) CH$_3$CO$_2$H(aq) + Mg(OH)$_2$(s) →
    (b) HClO$_4$(aq) + NH$_3$(aq) →

28. Complete e balanceie as equações para as seguintes reações ácido-base. Nomeie os reagentes e os produtos.
    (a) H$_3$PO$_4$(aq) + KOH(aq) →
    (b) H$_2$C$_2$O$_4$(aq) + Ca(OH)$_2$(s) →
    (H$_2$C$_2$O$_4$ é o ácido oxálico, um ácido capaz de doar dois íons H$^+$. Veja a Questão para Estudo 23).

29. Escreva uma equação balanceada para a reação de hidróxido de bário com ácido nítrico.

30. Escreva uma equação balanceada para a reação de hidróxido de alumínio com ácido sulfúrico.

31. Escreva uma equação que descreva o equilíbrio que existe quando o ácido nítrico se dissolve em água. Identifique cada uma das quatro espécies em solução, como ácidos ou bases de Brønsted. O equilíbrio favorece os produtos ou os reagentes?

32. Escreva uma equação que descreva o equilíbrio que existe quando o ácido fraco, ácido benzoico (C$_6$H$_5$CO$_2$H) dissolve-se em água. Identifique cada uma das quatro espécies na solução, quer como ácidos ou bases de Brønsted. O equilíbrio favorece os produtos ou os reagentes? (Ao agir como um ácido, o grupo –CO$_2$H fornece H$^+$ para formar H$_3$O$^+$.)

33. Escreva duas equações químicas, uma que mostra a H$_2$O reagindo com HBr como uma base de Brønsted, e outra, que mostra H$_2$O reagindo com NH$_3$ como um ácido de Brønsted.

34. Escreva duas equações químicas, uma na qual H$_2$PO$_4^-$ é um ácido de Brønsted (na reação com o íon carbonato, CO$_3^{2-}$), e uma segunda, na qual HPO$_4^{2-}$ é uma base de Brønsted (na reação com ácido acético, CH$_3$CO$_2$H).

Escrevendo Equações Iônicas Líquidas
(Veja os Exemplos 3.4 e 3.6.)

35. Balanceie as seguintes equações e, em seguida, escreva a equação iônica líquida.

(a) $(NH_4)_2CO_3(aq) + Cu(NO_3)_2(aq) \rightarrow CuCO_3(s) + NH_4NO_3(aq)$
(b) $Pb(OH)_2(s) + HCl(aq) \rightarrow PbCl_2(s) + H_2O(\ell)$
(c) $BaCO_3(s) + HCl(aq) \rightarrow BaCl_2(aq) + H_2O(\ell) + CO_2(g)$
(d) $CH_3CO_2H(aq) + Ni(OH)_2(s) \rightarrow Ni(CH_3CO_2)_2(aq) + H_2O(\ell)$

36. Balanceie as seguintes equações e, em seguida, escreva a equação iônica líquida:

(a) $Zn(s) + HCl(aq) \rightarrow H_2(g) + ZnCl_2(aq)$
(b) $Mg(OH)_2(s) + HCl(aq) \rightarrow MgCl_2(aq) + H_2O(\ell)$
(c) $HNO_3(aq) + CaCO_3(s) \rightarrow Ca(NO_3)_2(aq) + H_2O(\ell) + CO_2(g)$
(d) $(NH_4)_2S(aq) + FeCl_2(aq) \rightarrow NH_4Cl(aq) + FeS(s)$

37. Balanceie as seguintes equações e, em seguida, escreva a equação iônica líquida. Mostre os estados para todos os reagentes e produtos (s, ℓ, g, aq).

(a) a reação entre nitrato de prata e iodeto de potássio para formar iodeto de prata e nitrato de potássio
(b) a reação entre hidróxido de bário e ácido nítrico para formar nitrato de bário e água
(c) a reação entre fosfato de sódio e nitrato de níquel(II) para formar fosfato de níquel(II) e nitrato de sódio

38. Balanceie cada uma das seguintes equações e, em seguida, escreva a equação iônica líquida. Mostre os estados para todos os reagentes e produtos (s, ℓ, g, aq).

(a) a reação entre hidróxido de sódio e cloreto de ferro(II) para formar hidróxido de ferro(II) e cloreto de sódio
(b) a reação entre cloreto de bário e carbonato de sódio para formar carbonato de bário e cloreto de sódio
(c) a reação entre amônia e ácido fosfórico

39. Escreva as equações iônicas líquidas balanceadas para as seguintes reações:

(a) a reação entre ácido nitroso (um ácido fraco) e hidróxido de sódio em solução aquosa
(b) a reação entre hidróxido de cálcio e ácido clorídrico

40. Escreva equações iônicas líquidas balanceadas para as seguintes reações:

(a) a reação entre as soluções aquosas de nitrato de prata e iodeto de sódio
(b) a reação entre as soluções aquosas de cloreto de bário e carbonato de potássio

Reações de Formação de Gás
(Veja a Seção 3.7 e o Exemplo 3.7.)

41. Siderita é um mineral que consiste em grande parte de carbonato de ferro(II). Escreva uma equação global balanceada para sua reação com o ácido nítrico e nomeie os produtos.

42. O mineral rodocrosita é o carbonato de manganês(II). Escreva uma equação global balanceada para a reação do mineral com ácido clorídrico e nomeie os produtos.

Rodocrosita, um mineral que consiste em grande parte de MnCO₃

43. Escreva uma equação global balanceada para a reação de $(NH_4)_2S$ com HBr e nomeie os reagentes e produtos.

44. Escreva uma equação global balanceada para a reação de Na_2SO_3 com CH_3CO_2H e nomeie os reagentes e produtos.

Números de Oxidação
(Veja a Seção 3.8 e o Exemplo 3.8.)

45. Determine o número de oxidação de cada elemento nos seguintes íons ou compostos.

(a) BrO_3^- (d) CaH_2
(b) $C_2O_4^{2-}$ (e) H_4SiO_4
(c) F^- (f) HSO_4^-

46. Determine o número de oxidação de cada elemento nos seguintes íons ou compostos.

(a) PF_6^- (d) N_2O_5
(b) $H_2AsO_4^-$ (e) $POCl_3$
(c) UO^{2+} (f) XeO_4^{2-}

Reações de Oxirredução
(Veja a Seção 3.8 e o Exemplo 3.9.)

47. Duas das seguintes reações são de oxirredução, quais são elas? Justifique a sua resposta em cada caso. Classifique a reação restante.

(a) $Zn(s) + 2\ NO_3^-(aq) + 4\ H_3O^+(aq) \rightarrow Zn^{2+}(aq) + 2\ NO_2(g) + 6\ H_2O(\ell)$
(b) $Zn(OH)_2(s) + H_2SO_4(aq) \rightarrow ZnSO_4(aq) + 2\ H_2O(\ell)$
(c) $Ca(s) + 2\ H_2O(\ell) \rightarrow Ca(OH)_2(s) + H_2(g)$

48. Duas das seguintes reações são de oxirredução, quais são elas? Explique a sua resposta brevemente. Classifique a reação restante.

(a) $CdCl_2(aq) + Na_2S(aq) \rightarrow CdS(s) + 2\ NaCl(aq)$
(b) $2\ Ca(s) + O_2(g) \rightarrow 2\ CaO(s)$
(c) $4\ Fe(OH)_2(s) + 2\ H_2O(\ell) + O_2(g) \rightarrow 4\ Fe(OH)_3(s)$

49. Nas reações a seguir, identifique qual reagente é oxidado e qual é reduzido. Designe o agente oxidante e o agente redutor.

(a) $C_2H_4(g) + 3 O_2(g) \rightarrow 2 CO_2(g) + 2 H_2O(\ell)$
(b) $Si(s) + 2 Cl_2(g) \rightarrow SiCl_4(\ell)$

50. Nas seguintes reações, decida qual reagente é oxidado e qual é reduzido. Defina o agente oxidante e o agente redutor.

(a) $Cr_2O_7^{2-}(aq) + 3 Sn^{2+}(aq) + 14 H_3O^+(aq) \rightarrow$
$\qquad 2 Cr^{3+}(aq) + 3 Sn^{4+}(aq) + 21 H_2O(\ell)$
(b) $FeS(s) + 3 NO_3^-(aq) + 4 H_3O^+(aq) \rightarrow$
$\qquad 3 NO(g) + SO_4^{2-}(aq) + Fe^{3+}(aq) + 6 H_2O(\ell)$

Tipos de Reações em Solução Aquosa
(Veja a Seção 3.9 e o Exemplo 3.10.)

51. Balanceie as seguintes equações e, em seguida, classifique cada uma como uma reação de precipitação, ácido-base ou de formação de gás.

(a) $Ba(OH)_2(aq) + HCl(aq) \rightarrow BaCl_2(aq) + H_2O(\ell)$
(b) $HNO_3(aq) + CoCO_3(s) \rightarrow$
$\qquad Co(NO_3)_2(aq) + H_2O(\ell) + CO_2(g)$
(c) $Na_3PO_4(aq) + Cu(NO_3)_2(aq) \rightarrow$
$\qquad Cu_3(PO_4)_2(s) + NaNO_3(aq)$

52. Balanceie as seguintes equações e, em seguida, classifique cada uma como uma reação de precipitação, ácido-base ou de formação de gás.

(a) $K_2CO_3(aq) + Cu(NO_3)_2(aq) \rightarrow$
$\qquad CuCO_3(s) + KNO_3(aq)$
(b) $Pb(NO_3)_2(aq) + HCl(aq) \rightarrow PbCl_2(s) + HNO_3(aq)$
(c) $MgCO_3(s) + HCl(aq) \rightarrow$
$\qquad MgCl_2(aq) + H_2O(\ell) + CO_2(g)$

53. Balanceie as seguintes equações e, em seguida, classifique cada uma como uma reação de precipitação, ácido-base ou de formação de gás. Mostre os estados para os produtos (s, ℓ, g, aq) e depois balanceie a equação completa. Escreva a equação iônica líquida.

(a) $MnCl_2(aq) + Na_2S(aq) \rightarrow MnS + NaCl$
(b) $K_2CO_3(aq) + ZnCl_2(aq) \rightarrow ZnCO_3 + KCl$

54. Balanceie as seguintes equações e, em seguida, classifique cada uma como uma reação de precipitação, ácido-base ou de formação de gás. Mostre os estados para os produtos (s, ℓ, g, aq) e depois balanceie a equação completa. Escreva a equação iônica líquida.

(a) $Fe(OH)_3(s) + HNO_3(aq) \rightarrow Fe(NO_3)_3 + H_2O$
(b) $FeCO_3(s) + HNO_3(aq) \rightarrow Fe(NO_3)_2 + CO_2 + H_2O$

55. Balanceie cada uma das seguintes equações e classifique-as como reações ácido-base, de precipitação, de formação de gás ou de oxirredução. Mostre os estados para os produtos (s, ℓ, g, aq).

(a) $CuCl_2 + H_2S \rightarrow CuS + HCl$
(b) $H_3PO_4 + KOH \rightarrow H_2O + K_3PO_4$
(c) $Ca + HBr \rightarrow H_2 + CaBr_2$
(d) $MgCl_2 + NaOH \rightarrow Mg(OH)_2 + NaCl$

56. ▲ Complete e balanceie as equações abaixo e classifique-as como reações de precipitação, ácido-base, de formação de gás ou de oxirredução. Mostre os estados para os produtos (s, ℓ, g, aq).

(a) $NiCO_3 + H_2SO_4 \rightarrow$
(b) $Co(OH)_2 + HBr \rightarrow$
(c) $AgCH_3CO_2 + NaCl \rightarrow$
(d) $NiO + CO \rightarrow$

Os produtos formados em várias reações são fornecidos a seguir. Identifique os reagentes (rotulados x e y) e escreva a equação completa e balanceada para cada reação.

(e) $x + y \rightarrow H_2O(\ell) + CaBr_2(aq)$
(f) $x + y \rightarrow Mg(NO_3)_2(aq) + CO_2(g) + H_2O(\ell)$
(g) $x + y \rightarrow BaSO_4(s) + NaCl(aq)$
(h) $x + y \rightarrow NH_4^+(aq) + OH^-(aq)$

58. Os produtos formados em várias reações são fornecidos a seguir. Identifique os reagentes (rotulados x e y) e escreva a equação completa e balanceada para cada reação.

(a) $x + y \rightarrow (NH_4)_2SO_4(aq)$
(b) $x + y \rightarrow CaCl_2(aq) + CO_2(g) + H_2O(\ell)$
(c) $x + y \rightarrow Ba(NO_3)_2(aq) + AgCl(s)$
(d) $x + y \rightarrow H_3O^+(aq) + ClO_4^-(aq)$

Questões Gerais

Estas questões não são definidas quanto ao tipo ou à localização no capítulo. Elas podem combinar vários conceitos.

59. Balanceie as seguintes equações:

(a) para a síntese da ureia, um fertilizante comum

$CO_2(g) + NH_3(g) \rightarrow NH_2CONH_2(s) + H_2O(\ell)$

(b) para as reações usadas para fabricar fluoreto de urânio(VI) para o enriquecimento de urânio natural

$UO_2(s) + HF(aq) \rightarrow UF_4(s) + H_2O(\ell)$

$UF_4(s) + F_2(g) \rightarrow UF_6(s)$

(c) para a reação de formação do cloreto de titânio(IV), que é convertido posteriormente em titânio metálico

$TiO_2(s) + Cl_2(g) + C(s) \rightarrow TiCl_4(\ell) + CO(g)$

$TiCl_4(\ell) + Mg(s) \rightarrow Ti(s) + MgCl_2(s)$

60. Balanceie as seguintes equações:

(a) para a reação de produção do adubo "superfosfato"

$Ca_3(PO_4)_2(s) + H_2SO_4(aq) \rightarrow$
$\qquad Ca(H_2PO_4)_2(aq) + CaSO_4(s)$

(b) para a reação de produção do diborano, B_2H_6

$NaBH_4(s) + H_2SO_4(aq) \rightarrow$
$\qquad B_2H_6(g) + H_2(g) + Na_2SO_4(aq)$

(c) para a reação de produção de tungstênio metálico a partir do óxido de tungstênio(VI)

$WO_3(s) + H_2(g) \rightarrow W(s) + H_2O(\ell)$

(d) para a decomposição do dicromato de amônio

$(NH_4)_2Cr_2O_7(s) \rightarrow N_2(g) + H_2O(\ell) + Cr_2O_3(s)$

61. Dê a fórmula para cada um dos compostos a seguir.
(a) um composto solúvel que contém o íon brometo
(b) um hidróxido insolúvel
(c) um carbonato insolúvel
(d) um composto solúvel contendo nitrato
(e) um ácido fraco de Brønsted

62. Forneça a fórmula para cada um dos compostos a seguir.
(a) um composto solúvel que contém o íon acetato
(b) um sulfeto insolúvel
(c) um hidróxido solúvel
(d) um cloreto insolúvel
(e) uma base forte de Brønsted

63. Indique qual dos seguintes sais de cobre(II) são solúveis em água e quais são insolúveis: $Cu(NO_3)_2$, $CuCO_3$, $Cu_3(PO_4)_2$, $CuCl_2$.

64. Nomeie dois ânions que se combinam com o íon Al^{3+} para produzir compostos solúveis em água.

65. Escreva a equação iônica líquida e identifique o íon ou íons espectadores na reação de ácido nítrico e hidróxido de magnésio. Que tipo de reação é esta?

$$2\ H_3O^+(aq) + 2\ NO_3^-(aq) + Mg(OH)_2(s) \rightarrow 4\ H_2O(\ell) + Mg^{2+}(aq) + 2\ NO_3^-(aq)$$

66. Identifique e nomeie o produto insolúvel em água em cada reação e escreva a equação iônica líquida:
(a) $CuCl_2(aq) + H_2S(aq) \rightarrow CuS + 2\ HCl$
(b) $CaCl_2(aq) + K_2CO_3(aq) \rightarrow 2\ KCl + CaCO_3$
(c) $AgNO_3(aq) + NaI(aq) \rightarrow AgI + NaNO_3$

67. O bromo é obtido da água do mar pela seguinte reação redox:

$$Cl_2(g) + 2\ NaBr(aq) \rightarrow 2\ NaCl(aq) + Br_2(\ell)$$

(a) Qual foi oxidado? Qual foi reduzido?
(b) Identifique os agentes oxidante e redutor.

68. Identifique cada uma das seguintes substâncias como provável agente redutor ou oxidante: HNO_3, Na, Cl_2, O_2, $KMnO_4$.

69. O mineral dolomita contém carbonato de magnésio. Este reage com o ácido clorídrico.

$$MgCO_3(s) + 2\ HCl(aq) \rightarrow CO_2(g) + MgCl_2(aq) + H_2O(\ell)$$

(a) Escreva a equação iônica líquida para essa reação e identifique os íons espectadores.
(b) Que tipo de reação é essa?

70. As soluções aquosas de sulfeto de amônio, $(NH_4)_2S$, e $Hg(NO_3)_2$ reagem para produzir HgS e NH_4NO_3.
(a) Escreva a equação global balanceada para a reação. Indique o estado (s, aq) para cada composto.
(b) Nomeie cada composto.
(c) Que tipo de reação é esta?

71. Identifique as espécies primárias (átomos, moléculas ou íons) presentes em uma solução aquosa de cada um dos seguintes compostos. Decida quais espécies são ácidos ou bases de Brønsted e se elas são fortes ou fracas.
(a) NH_3 (c) NaOH
(b) CH_3CO_2H (d) HBr

72. (a) Dê as fórmulas e os nomes para dois compostos solúveis em água que contêm o íon Cu^{2+}. Nomeie dois compostos insolúveis em água que contêm o íon Cu^{2+}.
(b) Dê as fórmulas e os nomes para dois compostos solúveis em água que contêm o íon Ba^{2+}. Nomeie dois compostos insolúveis em água que contêm o íon Ba^{2+}.

73. Balanceie as equações para estas reações que ocorrem na solução aquosa e, em seguida, classifique cada uma como reação de precipitação, ácido-base ou de formação de gás. Mostre os estados para os produtos (s, ℓ, g, aq), forneça seus nomes e escreva a equação iônica líquida.
(a) $K_2CO_3 + HClO_4 \rightarrow KClO_4 + CO_2 + H_2O$
(b) $FeCl_2 + (NH_4)_2S \rightarrow FeS + NH_4Cl$
(c) $Fe(NO_3)_2 + Na_2CO_3(aq) \rightarrow FeCO_3 + NaNO_3$
(d) $NaOH + FeCl_3 \rightarrow NaCl + Fe(OH)_3$

74. Para cada reação, escreva uma equação balanceada global e a equação iônica líquida.
(a) a reação entre nitrato de chumbo(II) aquoso e hidróxido de potássio aquoso
(b) a reação entre nitrato de cobre(II) aquoso e carbonato de sódio aquoso

75. Foram fornecidas a você misturas que contêm os compostos seguintes. Qual composto em cada par pode ser separado por meio de agitação da mistura sólida com água?
(a) NaOH e $Ca(OH)_2$
(b) $MgCl_2$ e MgF_2
(c) AgI e KI
(d) NH_4Cl e $PbCl_2$

76. Identifique em cada lista abaixo o(s) composto(s) que se dissolverá(ão) em água para produzir uma solução que conduz fortemente a eletricidade.
(a) $CuCO_3$, $Cu(OH)_2$, $CuCl_2$, CuO
(b) HCl, $H_2C_2O_4$, H_3PO_4, H_2SO_4

77. Identifique em cada lista abaixo o(s) composto(s) que se dissolverá(ão) em água para produzir uma solução que é apenas um condutor muito fraco de eletricidade.
(a) NH_3, NaOH, $Ba(OH)_2$, $Fe(OH)_3$
(b) CH_3CO_2H, Na_3PO_4, HF, HNO_3

78. Escreva equações iônicas líquidas para as seguintes reações:
(a) A reação de ácido acético, um ácido fraco, e $Sr(OH)_2(aq)$.
(b) A reação de zinco e ácido clorídrico para formar o cloreto de zinco(II) e hidrogênio gasoso.

79. A liberação de gás foi observada quando uma solução de Na₂S foi tratada com ácido. O gás foi borbulhado em uma solução contendo Pb(NO₃)₂, e um precipitado preto foi formado. Escreva as equações iônicas líquidas para as duas reações.

80. O aquecimento de HI(g) a 425 °C faz com que uma parte desse composto se decomponha, formando H₂(g) e I₂(g). Posteriormente, as quantidades das três espécies não se alteram mais, o sistema atingiu o equilíbrio. (Nesse momento, aproximadamente 22% de HI foi decomposto.) Descreva o que está acontecendo nesse sistema, no nível molecular.

No Laboratório

81. A seguinte reação pode ser usada para preparar iodo no laboratório.

2 NaI(s) + 2 H₂SO₄(aq) + MnO₂(s) →
    Na₂SO₄(aq) + MnSO₄(aq) + I₂(g) + 2 H₂O(ℓ)

(a) Determine o número de oxidação de cada átomo na equação.
(b) Qual é o agente oxidante e qual substância foi oxidada? Qual é o agente redutor e qual substância foi reduzida?
(c) A reação favorece a formação dos reagentes ou dos produtos?
(d) Nomeie os reagentes e os produtos.

Preparação de iodo. Uma mistura de NaI e MnO₂ foi colocada em um frasco (*esquerda*). Na adição de H₂SO₄ concentrado (*direita*), I₂ gasoso castanho é liberado.

82. ▲ Se você tem "prataria" em sua casa, sabe que ela mancha facilmente. O escurecimento é devido à oxidação da prata na presença de compostos contendo enxofre (na atmosfera ou no seu alimento) que produz Ag₂S preto. Para remover as manchas, aqueça o objeto manchado em água com uma folha de alumínio e uma pequena quantidade de bicarbonato de sódio. O sulfeto de prata reage com o alumínio para produzir prata, óxido de alumínio e sulfeto de hidrogênio.

3 Ag₂S(s) + 2 Al(s) + 3 H₂O(ℓ) →
    6 Ag(s) + Al₂O₃(s) + 3 H₂S(aq)

O sulfeto de hidrogênio tem mau cheiro, mas ele é removido pela reação com o bicarbonato de sódio.

NaHCO₃(aq) + H₂S(aq) →
    NaHS(aq) + H₂O(ℓ) + CO₂(g)

Classifique as duas reações e identifique quaisquer ácidos, bases, agentes oxidantes ou agentes redutores.

(a) (b)

Removendo mancha de prata. (a) Uma peça de prata muito manchada é colocada em um béquer com uma folha de alumínio e hidrogenocarbonato de sódio aquoso. (b) A parte da prata em contato com a solução está agora livre de manchas.

83. ▲ Suponha que você deseja preparar uma amostra de cloreto de magnésio. Uma maneira de fazer isto é utilizar uma reação ácido-base, a reação de hidróxido de magnésio com ácido clorídrico.

Mg(OH)₂(s) + 2 HCl(aq) → MgCl₂(aq) + 2 H₂O(ℓ)

Quando a reação está completa, a evaporação de água produzirá cloreto de magnésio sólido. Sugira uma outra maneira de preparar MgCl₂.

84. ▲ Sugira um método de laboratório para a preparação de fosfato de bário. (Veja a Questão para Estudo 89 como uma maneira de abordar essa questão.)

85. O teste de Tollens para a presença de açúcares redutores (por exemplo, em uma amostra de urina) envolve o tratamento da amostra com íons prata em hidróxido de amônio. O resultado é a formação de um espelho de prata dentro do recipiente de reação se um açúcar redutor estiver presente. Utilizando glicose C₆H₁₂O₆, para ilustrar esse ensaio, a reação de oxirredução que ocorre é

C₆H₁₂O₆(aq) + 2 Ag⁺(aq) + 2 OH⁻(aq) →
    C₆H₁₂O₇(aq) + 2 Ag(s) + H₂O(ℓ)

Qual espécie foi oxidada e qual foi reduzida?
Qual é o agente oxidante e qual é o agente redutor?

(a) (b)

Teste de Tollens. A reação de íons prata com um açúcar, como a glicose produz prata metálica. (a) O arranjo para a reação. (b) O tubo de ensaio prateado.

Questões Gerais e Conceituais

As seguintes questões podem usar os conceitos deste capítulo e dos capítulos anteriores.

86. Existem diversos compostos iônicos que se dissolvem em água em uma extensão muito pequena. Um exemplo é o cloreto de chumbo(II). Quando ele se dissolve, um equilíbrio é estabelecido entre o sal sólido e os seus íons componentes. Suponha que você agite um pouco de $PbCl_2$ sólido em água. Explique como é possível provar que o composto dissolve-se, mas em pequena escala. O processo de dissolução favorece a formação dos reagentes ou dos produtos?

$$PbCl_2(s) \rightleftharpoons Pb^{2+}(aq) + 2\ Cl^-(aq)$$

87. ▲ A maior parte dos ácidos de ocorrência natural são ácidos fracos. O ácido láctico é um exemplo.

$$CH_3CH(OH)CO_2H(s) + H_2O(\ell) \rightleftharpoons H_3O^+(aq) + CH_3CH(OH)CO_2^-(aq)$$

Se você colocar um pouco de ácido láctico em água, ele ionizará em uma pequena extensão, e um equilíbrio será estabelecido. Sugira alguns experimentos para provar que este é um ácido fraco e que o estabelecimento do equilíbrio é um processo reversível.

Ácido láctico

88. ▲ Você quer preparar cloreto de bário, $BaCl_2$, usando uma reação de troca de algum tipo. Para fazer isso, você tem os seguintes reagentes entre os quais irá selecionar os mais adequados: $BaSO_4$, $BaBr_2$, $BaCO_3$, $Ba(OH)_2$, HCl, $HgSO_4$, $AgNO_3$ e HNO_3. Escreva uma equação completa balanceada para a reação escolhida. (*Observação*: existem várias possibilidades.)

89. ▲ Descreva como preparar sulfato de bário, $BaSO_4$, por meio de (a) uma reação de precipitação e (b) uma reação de formação de gás. Os materiais disponíveis são $BaCl_2$, $BaCO_3$, $Ba(OH)_2$, H_2SO_4 e Na_2SO_4. Escreva equações completas e balanceadas para as reações escolhidas. (Consulte a página 135 para uma ilustração da preparação do composto.)

90. ▲ Descreva como preparar cloreto de zinco por meio de (a) uma reação ácido-base, (b) uma reação de formação de gás e (c) uma reação de oxirredução. Os materiais disponíveis são $ZnCO_3$, HCl, Cl_2, HNO_3, $Zn(OH)_2$, NaCl, $Zn(NO_3)_2$ e Zn. Escreva equações balanceadas completas para as reações escolhidas.

91. Um método comum para a análise do teor de níquel de uma amostra é o de utilizar uma reação de precipitação. A adição do composto orgânico dimetilglioxima a uma solução contendo íons Ni^{2+} provoca a precipitação de um sólido vermelho.

Determine a fórmula empírica para o sólido vermelho com base na seguinte composição: Ni, 20,315%; C, 33,258%; H, 4,884%; O, 22,151%; e N, 19,392%.

Os elementos lantanídeos reagem com oxigênio para formar, geralmente, compostos do tipo Ln_2O_3 (em que Ln representa um elemento lantanídeo). No entanto, há exceções interessantes, como um óxido térbio, comum de Tb_xO_y. Dado que o composto é 73,945% Tb, qual é a sua fórmula? Qual é o número de oxidação do térbio nesse composto? Escreva uma equação balanceada para a reação de térbio e oxigênio para obter esse óxido.

92. A presença de arsênio em uma amostra que pode também conter um outro elemento do Grupo 5A, antimônio, pode ser confirmada primeiro ao precipitar os íons As^{3+} e Sb^{3+} como o sólido amarelo As_2S_3 e o sólido laranja Sb_2S_3. Se a solução de HCl for então adicionada, apenas Sb_2S_3 dissolve, deixando para trás As_2S_3 sólido.

O As₂S₃ pode então ser dissolvido utilizando HNO₃ aquoso.

3 As₂S₃(s) + 10 HNO₃(aq) + 4 H₂O(ℓ) →
6 H₃AsO₄(aq) + 10 NO(g) + 9 S(s)

Finalmente, a presença de arsênio é confirmada pela adição de AgNO₃ na solução de H₃AsO₄ para precipitar um sólido castanho-avermelhado Ag$_x$AsO$_y$. A composição desse sólido é: As, 16,199% e Ag, 69,964%.

(a) Quais são os números de oxidação de As, S e N na reação de As₂S₃ com ácido nítrico?

(b) Qual é a fórmula do sólido castanho-avermelhado, Ag$_x$AsO$_y$?

93. Você tem um frasco de hidróxido de bário sólido e um pouco de ácido sulfúrico diluído. Você coloca um pouco de hidróxido de bário na água e adiciona lentamente ácido sulfúrico na mistura. Enquanto adiciona ácido sulfúrico, mede a condutividade da mistura.

(a) Escreva a equação completa balanceada para a reação que ocorre quando o hidróxido de bário e o ácido sulfúrico são misturados.

(b) Escreva a equação iônica líquida para a reação entre o hidróxido de bário e o ácido sulfúrico.

(c) Qual diagrama representa a mudança de condutividade conforme o ácido é adicionado na solução de hidróxido de bário? Explique sucintamente.

(a)

(b)

(c)

(d)

Reação termita.

4 Estequiometria: informação quantitativa sobre as reações químicas

Sumário do capítulo

- **4-1** Relações de Massa nas Reações Químicas: Estequiometria
- **4-2** Reações em Que um Reagente Está Presente em Quantidade Limitada
- **4-3** Rendimento Percentual
- **4-4** Equações Químicas e Análise Química
- **4-5** Medindo Concentrações de Compostos em Solução
- **4-6** pH, uma Escala de Concentração para Ácidos e Bases
- **4-7** Estequiometria das Reações em Solução Aquosa
- **4-8** Espectrofotometria

TERMITA Uma das reações químicas mais espetaculares é a reação termita, a redução do óxido de ferro(III) com alumínio metálico.

$$Fe_2O_3(s) + 2\ Al(s) \rightarrow 2\ Fe(\ell) + Al_2O_3(s)$$

Essa reação gera uma quantidade enorme de energia, suficiente para produzir ferro no estado líquido. Embora a reação termita tenha sido originalmente desenvolvida como um método de produção de metais a partir de seus óxidos (também é válida para cobre, urânio, entre outros), percebeu-se rapidamente que ela pode ser usada para a soldagem. Durante alguns anos, a reação entre o óxido de ferro(III) e o alumínio foi usada para soldar os trilhos das ferrovias.

O objetivo mais importante deste capítulo é discutir as relações quantitativas entre os reagentes e os produtos. Por exemplo, você aprenderá a prever a massa de ferro que pode ser produzida a partir de massas conhecidas de óxido de ferro(III) e alumínio.

Questões para Estudo relacionadas a esta história são: 4.1 e 4.17.

PARTE UM ▶ AS FERRAMENTAS BÁSICAS DA QUÍMICA

CAPÍTULO 4

Objetivos do Capítulo

Consulte a Revisão dos Objetivos do Capítulo para ver as Questões para Estudo relacionadas a estes objetivos.

ENTENDER
- A lei da conservação da matéria, que constitui a base da estequiometria química.
- O significado de um reagente limitante em uma reação química.

FAZER
- Realizar cálculos estequiométricos usando equações químicas balanceadas.
- Calcular os rendimentos teórico e percentual de uma reação química.
- Utilizar a estequiometria para analisar uma mistura de compostos ou para determinar a fórmula de um composto.
- Definir e utilizar a concentração em estequiometria de solução.
- Usar a relação de concentração de íons hidrônio e pH.
- Utilizar a espectrofotometria para determinar a concentração de uma espécie em solução.

LEMBRAR
- Que a concentração (como a molaridade) é a quantidade de soluto por litro de solução.
- Que o pH é uma medida da concentração do íon hidrônio.

O objetivo deste capítulo é introduzir o estudo quantitativo das reações químicas. Os estudos quantitativos são necessários para determinar, por exemplo, quanto oxigênio é necessário para a combustão completa de uma dada quantidade de gasolina e quais massas de água e dióxido de carbono podem ser obtidas. Essa parte da Química é fundamental para muito do que os químicos, engenheiros químicos, bioquímicos, biólogos moleculares, geoquímicos e muitos outros fazem.

4-1 Relações de Massa nas Reações Químicas: Estequiometria

Uma equação química balanceada mostra a relação quantitativa entre os reagentes e os produtos em uma reação química. Na escala submicroscópica, os coeficientes estequiométricos na equação referem-se a átomos, moléculas ou fórmulas unitárias. No nível macroscópico em que trabalhamos no laboratório, os coeficientes referem-se ao número de mols de cada reagente e produto. Dessa forma, os coeficientes em uma equação química balanceada nos permitem relacionar a quantidade de matéria (mols) de uma substância envolvida em uma reação química à quantidade de matéria (mols) de uma outra substância envolvida na mesma reação química.

Apliquemos esse conceito à reação do fósforo com o cloro.

$$P_4(s) + 6\ Cl_2(g) \rightarrow 4\ PCl_3(\ell)$$
$$\begin{array}{ccc} 1\ mol & 6\ mols & 4\ mols \\ 124\ g & 425\ g & 549\ g \end{array}$$

A equação química para essa reação indica que 1 mol (124 g) de fósforo sólido (P_4) pode reagir com 6 mols (425 g) de cloro gasoso (Cl_2), para formar 4 mols (549 g) de tricloreto de fósforo líquido (PCl_3).

Agora, suponha que você queira usar menos P_4 na reação, apenas 1,45 g. Qual massa de gás Cl_2 seria necessária e qual massa de PCl_3 poderia ser produzida? Este é um exemplo de uma situação comum em química e engenharia química, por isso,

Reação de P_4 e Cl_2. Quando o fósforo branco entra em contato com o cloro, a reação ocorre espontaneamente. Veja a Figura 3.1 para conhecer mais sobre essa reação.

vamos trabalhar com cuidado nas etapas que você deve seguir ao resolver um problema de estequiometria.

Parte (a): Calcule a massa de Cl_2 necessária para 1,45 g de P_4

ETAPA 1 *Escreva a equação balanceada* (usando as fórmulas corretas para os reagentes e os produtos). Esta é *sempre* a primeira etapa quando se trata de reações químicas.

$$P_4(s) + 6\ Cl_2(g) \rightarrow 4\ PCl_3(\ell)$$

ETAPA 2 *Calcule a quantidade de matéria (mols) a partir da massa (gramas).* Lembre-se de que as equações químicas refletem as quantidades relativas de reagentes e produtos, e não suas massas. Portanto, calcule a quantidade de matéria disponível (mols) de P_4.

$$1{,}45\ g\ P_4 \times \frac{1\ mol\ P_4}{123{,}9\ g\ P_4} = 0{,}0117\ mol\ P_4$$

↑ 1/massa molar de P_4

ETAPA 3a *Use um fator estequiométrico.* A próxima etapa é a utilização da equação balanceada com o objetivo de relacionar a quantidade de matéria disponível de P_4 à de Cl_2 necessária para consumir completamente o P_4. Essa relação é um **fator estequiométrico**, uma proporção molar com base nos coeficientes estequiométricos na equação balanceada. Aqui, a equação balanceada especifica que 6 mols de Cl_2 são necessários para cada mol de P_4, portanto o fator estequiométrico é (6 mols Cl_2/1 mol P_4).

$$0{,}0117\ mol\ P_4 \times \frac{6\ mol\ Cl_2\ requeridos}{1\ mol\ P_4\ disponível} = 0{,}0702\ mol\ Cl_2\ necessários$$

↑ Fator estequiométrico da equação balanceada

ETAPA 4a *Calcule a massa pela quantidade de matéria.* Converta a quantidade de matéria (mols) de Cl_2 calculada na Etapa 3 para a massa de Cl_2 necessária.

$$0{,}0702\ mol\ Cl_2 \times \frac{70{,}91\ g\ Cl_2}{1\ mol\ Cl_2} = 4{,}98\ g\ Cl_2$$

Parte (b): Calcule a massa de PCl_3 produzida a partir de 1,45 g de P_4 e 4,98 g de Cl_2

Da parte (a), sabemos que 1,45 g de P_4 e 4,98 g de Cl_2 são as quantidades corretas necessárias para a reação completa. Uma vez que a massa é conservada, a resposta pode ser obtida pela adição das massas de P_4 e Cl_2 utilizadas (o que resulta em 1,45 g + 4,98 g = 6,43 g de PCl_3 produzidos). Alternativamente, as Etapas 3 e 4 podem ser repetidas, mas com o fator estequiométrico e a massa molar apropriados.

ETAPA 3b *Use um fator estequiométrico.* Converta a quantidade de matéria de P_4 disponível para a quantidade de matéria de PCl_3 produzida. Aqui, a equação balanceada especifica que 4 mols de PCl_3 são produzidos para cada mol de P_4 utilizado, de modo que o fator estequiométrico é (4 mols PCl_3/1 mol P_4).

$$0{,}0117\ mol\ P_4 \times \frac{4\ mols\ PCl_3\ produzidos}{1\ mol\ P_4\ disponível} = 0{,}468\ mol\ PCl_3\ produzido$$

↑ Fator estequiométrico da equação balanceada

ETAPA 4b *Calcule a massa do produto a partir da sua quantidade de matéria.* Converta a quantidade de matéria de PCl_3 produzida para sua massa em gramas.

$$0{,}0468\ mol\ PCl_3 \times \frac{137{,}3\ g\ PCl_3}{1\ mol\ PCl_3} = 6{,}43\ g\ PCl_3$$

Consideramos útil resumir as relações molares de reagentes e produtos de uma reação em uma **tabela de quantidades**.

Tabela de Quantidades As relações de mols (e massa) de reagentes e produtos em uma reação podem ser resumidas em uma *tabela de quantidades*. Essas tabelas serão amplamente utilizadas quando estudarmos os equilíbrios químicos nos Capítulos 15-17.

EQUAÇÃO	$P_4(s)$	+	$6\ Cl_2(g)$	→	$4\ PCl_3(\ell)$
Quantidade de matéria inicial (mol)	0,0117 mol		0,0702 mol		0 mol
Mudança na quantidade de matéria durante a reação (mol)	−0,0117 mol		−0,0702 mol		+0,0468 mol
Quantidade de matéria após a reação completa (mol)	0 mol		0 mol		0,0468 mol

Estequiometria: informação quantitativa sobre as reações químicas   171

DICA PARA SOLUÇÃO DE PROBLEMAS 4.1

Cálculos Estequiométricos

Pede-se que você determine a massa do produto que pode ser formada a partir de certa massa de reagente. Não é possível calcular a massa do produto em uma única etapa. Em vez disso, você deve seguir um roteiro tal como o ilustrado no Mapa Estratégico da reação em que o reagente A forma o produto B, de acordo com uma equação como $x A \rightarrow y B$.

- A massa (g) do reagente A é convertida para a quantidade de matéria (mols) de A usando a massa molar de A.

- Em seguida, usando o fator estequiométrico, você encontra a quantidade de matéria (mols) de B.

- Finalmente, a massa (g) de B é obtida pela multiplicação da quantidade de matéria de B pela sua massa molar.

Ao resolver um problema de estequiometria, lembre-se de que você sempre usará um fator estequiométrico em algum ponto.

A equação química balanceada está escrita na parte superior da tabela. As próximas três linhas indicam o seguinte:

- Quantidade de matéria *inicial* (mols) de cada reagente e produto presente.
- *Variação* na quantidade de matéria que ocorre durante a reação.
- Quantidade de matéria *final* de cada reagente e produto presentes após a reação.

A tabela completa de quantidades para o exemplo desenvolvido indica que os reagentes P_4 e Cl_2 estavam inicialmente presentes na relação estequiométrica correta, mas não havia PCl_3. Durante a reação, todos os reagentes foram consumidos e formaram o produto. A massa total de reagentes consumidos (1,45 g de P_4 e 4,98 g de Cl_2) é sempre igual à massa total de produtos (6,43 g de PCl_3).

EXEMPLO 4.1

Relações de Massa em Reações Químicas

Problema A glicose, $C_6H_{12}O_6$, reage com o oxigênio para formar CO_2 e H_2O. Qual é a massa de oxigênio (em gramas) necessária para reagir completamente com 25,0 g de glicose? Quais massas de dióxido de carbono e água (em gramas) são formadas?

O que você sabe? Este é um problema de estequiometria porque, uma vez fornecida a massa de um dos reagentes (glicose), é preciso determinar as massas das outras substâncias envolvidas na reação química. Além disso, você sabe as fórmulas dos reagentes e produtos e a massa de um dos reagentes (glicose). Você precisará das massas molares dos reagentes e produtos para o cálculo.

Estratégia Escreva a equação química balanceada para essa reação. Em seguida, siga o esquema descrito na Dica para Solução de Problemas 4.1 e no Mapa Estratégico 4.1.

- Escreva a equação química balanceada para a reação de glicose e oxigênio para formar dióxido de carbono e água.

- Encontre a quantidade de matéria (mols) de glicose disponível.

Mapa Estratégico 4.1

PROBLEMA
Calcule a massa de O_2 necessária para a combustão de **25,0 g de glicose**.

↓

DADOS/INFORMAÇÕES
Fórmulas dos reagentes e produtos e a **massa** de um reagente (glicose)

↓

ETAPA 1. Escreva a **equação balanceada**.

↓

Equação balanceada para se obter o *fator estequiométrico* necessário

↓

ETAPA 2. Quantidade de matéria de glicose = massa × (1/massa molar).

↓

Quantidade de matéria de reagente (glicose)

↓

ETAPA 3. Utilizar fator estequiométrico = [6 mols O_2/1 mol de glicose].

↓

Quantidade de matéria de O_2

↓

ETAPA 4. Massa de O_2 = mol de O_2 × massa/1 mol.

↓

Massa de O_2

- Encontre a quantidade de matéria (mols) de O_2 necessária. Relacione a quantidade de matéria de glicose à quantidade de matéria de O_2 necessária, utilizando o fator estequiométrico com base nos coeficientes da equação balanceada.
- Encontre a massa (g) de O_2 necessária a partir da quantidade de matéria de O_2.
- Siga o mesmo procedimento para calcular as massas de dióxido de carbono e água.

Solução

Etapa 1. *Escreva uma equação balanceada.*

$$C_6H_{12}O_6(s) + 6\,O_2(g) \rightarrow 6\,CO_2(g) + 6\,H_2O(\ell)$$

Etapa 2. *Converta a massa da glicose em quantidade de matéria de glicose.*

$$25{,}0\text{ g glicose} \times \frac{1\text{ mol}}{180{,}2\text{ g}} = 0{,}139\text{ mol glicose}$$

Etapa 3. *Use o fator estequiométrico para calcular a quantidade de matéria de O_2 necessária.*

$$0{,}139\text{ mol glicose} \times \frac{6\text{ mols }O_2}{1\text{ mol glicose}} = 0{,}832\text{ mol }O_2$$

Etapa 4. *Calcule a massa a partir da quantidade de matéria.* Converta a quantidade de matéria de O_2 necessária para massa em gramas.

$$0{,}832\text{ mol }O_2 \times \frac{32{,}00\text{ g}}{1\text{ mol }O_2} = \boxed{26{,}6\text{ g }O_2}$$

Repita as Etapas 3 e 4 para encontrar a massa de CO_2 produzida na combustão. Primeiro, relacione a quantidade de matéria (mols) de glicose disponível com a quantidade de matéria de CO_2 produzida usando o fator estequiométrico. Converta então a quantidade de matéria de CO_2 para massa em gramas.

$$0{,}139\text{ mol glicose} \times \frac{6\text{ mols }CO_2}{1\text{ mol glicose}} \times \frac{44{,}01\text{ g }CO_2}{1\text{ mol }CO_2} = \boxed{36{,}6\text{ g }CO_2}$$

Agora, como você pode descobrir qual é a massa de H_2O produzida? Você pode aplicar as Etapas 3 e 4 novamente. No entanto, reconheça que a massa total dos reagentes

$$25{,}0\text{ g }C_6H_{12}O_6 + 26{,}6\text{ g }O_2 = 51{,}6\text{ g reagentes}$$

deve ser igual à massa total dos produtos. A massa de água que pode ser produzida é então

$$\text{Massa total de produtos} = 51{,}6\text{ g} = 36{,}6\text{ g }CO_2\text{ produzidos} + ?\text{ g }H_2O$$

$$\text{Massa de }H_2O\text{ produzida} = \boxed{15{,}0\text{ g}}$$

Pense bem antes de responder Os resultados desse cálculo podem ser resumidos em uma tabela de quantidades.

Equação	$C_6H_{12}O_6(s)$ +	6 $O_2(g)$	→ 6 $CO_2(g)$ +	6 $H_2O(\ell)$
Quantidade de matéria inicial (mol)	0,139 mol	6(0,139 mol) = 0,832 mol	0	0
Mudança na quantidade de matéria durante a reação (mol)	−0,139 mol	−0,832 mol	+0,832 mol	+0,832 mol
Quantidade de matéria após completa a reação (mol)	0	0	0,832 mol	0,832 mol

Estequiometria: informação quantitativa sobre as reações químicas | **173**

Quando você sabe a massa de todos (exceto de um dos produtos químicos) em uma reação, é possível encontrar a massa desconhecida usando o princípio da conservação da massa (a massa total dos reagentes deve ser igual à massa total dos produtos).

Verifique seu entendimento

Qual é a massa de oxigênio, O_2, necessária para promover a combustão completa de 454 g de propano, C_3H_8? Quais são as massas de CO_2 e de H_2O produzidas?

EXERCÍCIOS PARA A SEÇÃO 4.1

1. O alumínio reage com Cl_2 para formar $AlCl_3$. Se você tem 0,40 mol de Al, qual quantidade de matéria (mols) de Cl_2 é necessária para uma reação completa?

   (a) 0,40 mol de Cl_2 (b) 0,60 mol de Cl_2 (c) 1,0 mol de Cl_2 (d) 1,2 mol de Cl_2

2. A equação para a reação entre Mg e O_2 é $2\ Mg(s) + O_2(g) \rightarrow 2\ MgO(s)$. Se você quer preparar 1,0 g de MgO, qual massa de magnésio é preciso usar?

   (a) 0,60 g de Mg (b) 0,30 g de Mg (c) 0,20 g de Mg (d) 0,40 g de Mg

---

4-2 Reações em Que um Reagente Está Presente em Quantidade Limitada

As reações são geralmente realizadas com um excesso de um dos reagentes em relação ao que é considerado necessário pela estequiometria. Em geral, isso é feito para garantir que um dos reagentes na reação seja completamente consumido, mesmo que parte de outro permaneça sem reagir.

Suponhamos que você queime um "palito faiscador", um fio revestido com uma mistura de alumínio ou ferro pulverizado e clorato de potássio (Figura 4.1). O alumínio ou o ferro queima, consumindo oxigênio do ar ou do sal de potássio, e produz um óxido metálico.

$$4\ Al(s) + 3\ O_2(g) \rightarrow 2\ Al_2O_3(s)$$

O faiscador queima até que o pó do metal seja completamente consumido. E o oxigênio? Quatro mols de alumínio requerem três mols de oxigênio, mas existe muito mais O_2 disponível no ar do que o necessário para consumir o metal em um faiscador. Quanto óxido do metal é produzido? Isso dependerá da quantidade de magnésio no faiscador e não da quantidade de O_2 na atmosfera. O pó do metal, nesse exemplo, é chamado de **reagente limitante** porque sua quantidade determina, ou limita, a quantidade do produto formado.

Agora vamos ver como esses mesmos princípios aplicam-se em outro exemplo, a reação de oxigênio e do monóxido de carbono para se obter dióxido de carbono. A equação balanceada para a reação é

$$2\ CO(g) + O_2(g) \rightarrow 2\ CO_2(g)$$

Suponha que você tenha uma mistura de quatro moléculas de CO e três moléculas de O_2. As quatro moléculas de CO exigem apenas duas moléculas de O_2 (e produzem quatro moléculas de CO_2). Isso significa que uma molécula de O_2 permanece sem reagir depois que a reação estiver completa.

FIGURA 4.1 Queima de alumínio e de ferro em pó. Um "palito faiscador" contém metal pulverizado, como Al ou Fe, além de outros produtos químicos, por exemplo, $KClO_3$. Quando inflamado, o metal queima e emite uma luz branca brilhante.

Reagentes: 4 **CO** e 3 O_2 ⟶ Produtos: 4 CO_2 e 1 O_2

A queima de amônia sobre a superfície de um fio de platina produz tanta energia que o fio torna-se incandescente.

Tela de platina utilizada na oxidação industrial da amônia.

FIGURA 4.2 Oxidação da amônia. Bilhões de quilogramas de HNO_3 são fabricados anualmente a partir da oxidação da amônia sobre uma tela de platina.

Como há mais moléculas de O_2 disponíveis do que o necessário, o número de moléculas de CO_2 produzidas é determinado pelo número de moléculas de CO disponíveis. Portanto, o monóxido de carbono, CO, é o reagente limitante neste caso.

Um Cálculo Estequiométrico com um Reagente Limitante

A primeira etapa na produção do ácido nítrico é a oxidação da amônia para NO sobre uma tela de platina (Figura 4.2).

$$4\ NH_3(g) + 5\ O_2(g) \rightarrow 4\ NO(g) + 6\ H_2O(\ell)$$

Suponha que massas iguais de NH_3 e O_2 sejam misturadas (750 g de cada). Esses reagentes estão misturados na razão estequiométrica correta ou um deles está em falta? Ou seja, um deles limitará a quantidade do NO que pode ser produzida? Quanto NO pode ser formado se a reação que usa essa mistura de reagente for completada? E quanto do reagente em excesso sobra quando for formada a quantidade máxima de NO?

ETAPA 1 *Encontre a quantidade de cada reagente.*

$$750, g\ NH_3 \times \frac{1\ mol\ NH_3}{17,03\ g\ NH_3} = 44,0\ mols\ NH_3\ disponíveis$$

$$750, g\ O_2 \times \frac{1\ mol\ O_2}{32,00\ g\ O_2} = 23,4\ mols\ O_2\ disponíveis$$

ETAPA 2 *Qual é o reagente limitante?* Examine a razão entre as quantidades dos reagentes. Os reagentes estão presentes na proporção estequiométrica correta determinada pela equação balanceada?

Ao dividir os mols de O_2 disponíveis pelos mols de NH_3 disponíveis, fica evidente que a proporção de reagentes disponíveis é muito menor que a proporção de 5 mols de O_2/4 mols de NH_3 exigida pela equação balanceada. Assim, não há O_2 disponível suficiente para reagir com toda a NH_3. Nesse caso, o oxigênio, O_2, é o reagente limitante. Ou seja, 1 mol de NH_3 requer 1,25 mol de O_2, mas temos apenas 0,532 mol de O_2 disponível.

$$\text{Proporção necessária de reagentes} = \frac{5\ mols\ O_2}{4\ mols\ NH_3} = \frac{1,25\ mol\ O_2}{1\ mol\ NH_3}$$

$$\text{Proporção disponível de reagentes} = \frac{23,4\ mols\ O_2}{44,0\ mols\ NH_3} = \frac{0,532\ mol\ O_2}{1\ mol\ NH_3}$$

ETAPA 3 *Calcule a massa do produto.* Podemos agora calcular a massa esperada do produto, NO, com base na quantidade do reagente limitante, O$_2$.

$$23,4 \text{ mols O}_2 \times \frac{4 \text{ mols NO}}{5 \text{ mols O}_2} \times \frac{30,01 \text{ g NO}}{1 \text{ mol NO}} = 562 \text{ g NO}$$

ETAPA 4 *Calcule a massa do reagente em excesso.* A amônia é o "reagente em excesso" na reação da NH$_3$ com o O$_2$, porque temos NH$_3$ mais que suficiente para reagir com 23,4 mols de O$_2$. Vamos calcular a quantidade de NH$_3$ remanescente depois que todo o O$_2$ for consumido. Para fazê-lo, precisamos primeiro saber qual é a quantidade de NH$_3$ necessária para consumir todo o reagente limitante, O$_2$.
Uma vez que 44,0 mols de NH$_3$ estão disponíveis, a quantidade em excesso de NH$_3$ pode ser calculada.
Finalmente, a quantidade em excesso de NH$_3$ pode ser convertida para uma massa. Dado que 429 g de NH$_3$ sobram, isso significa que 321 g das 750,0 g iniciais de NH$_3$ foram consumidas.

$$23,4 \text{ mols O}_2 \text{ disponíveis} \times \frac{4 \text{ mols NH}_3 \text{ necessários}}{5 \text{ mols O}_2} =$$
$$18,8 \text{ mols NH}_3 \text{ necessários}$$

Excesso NH$_3$ = 44,0 mols NH$_3$ disponíveis − 18,8 mols NH$_3$ necessários
= 25,2 mols NH$_3$ remanescentes

$$25,2 \text{ mols NH}_3 \times \frac{17,03 \text{ g NH}_3}{1 \text{ mol NH}_3} = 429 \text{ g NH}_3 \text{ em excesso}$$

A informação neste exemplo pode ser organizada em uma tabela de quantidades.

EQUAÇÃO	4 NH$_3$(g)	+	5 O$_2$(g)	→	4 NO(g)	+	6 H$_2$O(g)
Quantidade inicial (mol)	44,0		23,4		0		0
Mudanças na quantidade durante a reação (mol)	−(4/5)(23,4) = −18,8		−23,4		+(4/5)(23,4) = +18,8		+(6/5)(23,4) = +28,1
Quantidade após reação completa (mol)	44,0 − 18,8 = 25,2		0		18,8		28,1

Todo o reagente limitante, O$_2$, é consumido. Dos 44,0 mols de NH$_3$ originais, 18,8 mols foram consumidos, restando 25,2 mols. A equação balanceada indica que a quantidade de NO produzida é igual à quantidade de NH$_3$ consumida, assim 18,8 mols de NO são produzidos a partir de 18,8 mols de NH$_3$. Além disso, foram produzidos 28,1 mols de H$_2$O.

EXEMPLO 4.2

Uma Reação com um Reagente Limitante

Problema O metanol, CH$_3$OH, usado como combustível em carros de corrida e em células de combustível pode ser fabricado pela reação entre o monóxido de carbono e o hidrogênio.

$$CO(g) + 2 H_2(g) \rightarrow \underset{\text{metanol}}{CH_3OH(\ell)}$$

Suponha que 356 g de CO e 65,0 g de H$_2$ sejam misturados e reajam.

(a) Qual massa de metanol pode ser produzida?

(b) Qual massa de reagente em excesso permanece depois que todo o reagente limitante for consumido?

O que você sabe? Você deve suspeitar que esse problema pode envolver um reagente limitante, pois as massas de dois reagentes são fornecidas, e deve determinar a massa do produto. A equação para a reação é dada, e você conhece as massas de CO e H$_2$

Metanol como combustível. O metanol pode ser usado como combustível para automóveis quando misturado com gasolina (em M85, que contém 85% de metanol). Pequenas células de combustível que utilizam metanol para produzir eletricidade também estão no mercado.

Mapa Estratégico 4.2

PROBLEMA
Calcular a **massa** do **produto** a partir da reação.

DADOS/INFORMAÇÕES
Massas de dois reagentes. Reconhecer como um problema de **reagente limitante**.

ETAPA 1. Escreva a **equação balanceada**.

A equação balanceada fornece a razão estequiométrica.

ETAPA 2. Calcule a **quantidade** de cada **reagente** = massa × (1 mol/massa molar).

Quantidade de cada **reagente em mols**

ETAPA 3. Decida qual reagente é **limitante**. A proporção das quantidades dos reagentes é *superior* ou *inferior* à razão estequiométrica?

Reagente limitante agora conhecido

ETAPA 4. Calcule a **quantidade** de **produto** com base na quantidade de reagente limitante. Quantidade do produto = mol de reagente × fator estequiométrico.

Quantidade do produto esperada com base na quantidade do reagente limitante

ETAPA 5. Calcule a **massa** do **produto** = mol do produto × (massa molar/1 mol).

Massa do produto

---

que estão disponíveis. Você precisará das massas molares dos dois reagentes e do produto para resolver o problema.

Estratégia

- Calcule as quantidades de cada reagente.
- Compare a proporção das quantidades dos reagentes com a razão estequiométrica definida pela equação (2 mols H_2/1 mol CO). Se mols H_2 disponível/mol CO disponível for maior que 2/1, então, CO será o reagente limitante. Se mols H_2 disponível/mol CO disponível for menor que 2/1, então H_2 será o reagente limitante.
- Use a quantidade do reagente limitante para calcular a massa do produto formado, segundo o esquema na Dica para Solução de Problemas 4.1.
- Determine a massa necessária do segundo reagente na reação com o reagente limitante por meio de um cálculo semelhante. A massa do reagente em excesso é a diferença entre a massa inicial e a que foi utilizada na reação.

Solução

Qual é o reagente limitante? A quantidade de cada reagente é

$$\text{Quantidade de CO} = 356 \text{ g CO} \times \frac{1 \text{ mol CO}}{28{,}01 \text{ g CO}} = 12{,}7 \text{ mols CO}$$

$$\text{Quantidade de } H_2 = 65{,}0 \text{ g } H_2 \times \frac{1 \text{ mol } H_2}{2{,}016 \text{ g } H_2} = 32{,}2 \text{ mols } H_2$$

Esses reagentes estão presentes em uma razão estequiométrica exata?

$$\frac{\text{Mol } H_2 \text{ disponível}}{\text{Mol CO disponível}} = \frac{32{,}2 \text{ mols } H_2}{12{,}7 \text{ mols CO}} = \frac{2{,}54 \text{ mols } H_2}{1{,}00 \text{ mols CO}}$$

A relação de mols necessária é de 2 mols de H_2 para 1 mol de CO. Aqui vemos que há mais hidrogênio que o necessário para consumir todo o CO. Portanto, uma vez que CO não está presente o suficiente para consumir todo o hidrogênio, CO é o reagente limitante.

(a) *Qual é a quantidade máxima em gramas de CH_3OH que pode ser formada?* Esse cálculo deve basear-se na quantidade do reagente limitante.

$$12{,}7 \text{ mols CO} \times \frac{1 \text{ mol } CH_3OH \text{ formado}}{1 \text{ mol CO disponível}} \times \frac{32{,}04 \text{ g } CH_3OH}{1 \text{ mol } CH_3OH} = 407 \text{ g } CH_3OH$$

(b) *Qual massa de H_2 permanece quando todo o CO foi convertido em produto?* Primeiro, você deve encontrar a massa de H_2 necessária para reagir com todo o CO.

$$12{,}7 \text{ mol CO} \times \frac{2 \text{ mol } H_2}{1 \text{ mol CO}} \times \frac{2{,}016 \text{ g } H_2}{1 \text{ mol } H_2} = 51{,}2 \text{ g } H_2 \text{ necessários}$$

Começamos com 65,0 g de H_2, mas apenas 51,2 g são exigidos pelo reagente limitante; assim, a massa que está presente em excesso é

$$65{,}0 \text{ g } H_2 \text{ presentes} - 51{,}2 \text{ g } H_2 \text{ requeridos} = 13{,}8 \text{ g } H_2 \text{ remanescentes}$$

Pense bem antes de responder A tabela de quantidades para essa reação é a seguinte.

Equação	CO(g)	+	2 H_2(g)	→	CH_3OH(ℓ)
Quantidade inicial (mol)	12,7		32,2		0
Mudança na quantidade durante a reação (mol)	−12,7		−2(12,7)		+12,7
Quantidade após a reação completa (mol)	0		6,8		12,7

A massa do produto formado, somada à massa de H₂ que resta no final da reação (407 g de CH₃OH produzidos + 14 g de H₂ restantes = 421 g) é igual à massa dos reagentes presentes antes da reação (356 g de CO + 65,0 g de H₂ = 421 g).

Verifique seu entendimento

A reação termita produz ferro metálico e óxido de alumínio a partir de uma mistura de alumínio metálico e óxido de ferro(III) pulverizados.

$$Fe_2O_3(s) + 2\,Al(s) \rightarrow 2\,Fe(\ell) + Al_2O_3(s)$$

Uma mistura de 50,0 g de cada reagente é utilizada, qual é o reagente limitante? Que massa de ferro metálico pode ser produzida?

EXERCÍCIO PARA A SEÇÃO 4.2

1. A equação para a combustão de metanol é $2\,CH_3OH(\ell) + 3\,O_2(g) \rightarrow 2\,CO_2(g) + 4\,H_2O(\ell)$. Se massas iguais dos dois reagentes são misturadas para reagir, qual é o reagente limitante?

    (a) CH₃OH

    (b) O₂

    (c) Nenhum dos dois. Os reagentes estão presentes na razão estequiométrica correta.

4-3 Rendimento Percentual

A massa máxima de produto que pode ser obtida a partir de uma reação química é chamada de **rendimento teórico**. O **rendimento real** do produto – a massa que é efetivamente obtida no laboratório ou em uma fábrica de produtos químicos – quase sempre é menor que o rendimento teórico. A perda de produto normalmente ocorre durante as etapas de isolamento e purificação. Além disso, algumas reações não geram completamente produtos, enquanto outras são, por vezes, complicadas, gerando mais de um conjunto de produtos.

Para proporcionar informação a outros químicos que possam querer executar uma reação, é habitual relatar um rendimento percentual (Figura 4.3). O **rendimento percentual**, que especifica quanto do rendimento teórico foi obtido, é definido como:

$$\text{Rendimento percentual} = \frac{\text{Quantidade real}}{\text{Quantidade teórica}} \times 100\% \tag{4.1}$$

FIGURA 4.3 Rendimento percentual. Embora não seja uma reação química, o estouro do milho é uma boa analogia para a diferença entre um rendimento teórico e um rendimento real. Aqui, começamos com 16 grãos de milho e descobrimos que apenas 12 deles estouraram. O rendimento percentual da nossa "reação" foi (12/16) × 100%, ou 75%.

DICA PARA SOLUÇÃO DE PROBLEMAS 4.2
Mols da Reação e Reagentes Limitantes

Há um outro método para a resolução de problemas de estequiometria que se aplica especialmente bem para os problemas dos reagentes limitantes. Isso envolve o conceito útil de "mols da reação".

Um "mol da reação" ocorre quando a reação aconteceu de acordo com o número de mols dado pelos coeficientes estequiométricos da equação. Por exemplo, para a reação de CO e O_2,

$$2\ CO(g) + O_2(g) \rightarrow 2\ CO_2(g)$$

1 mol de reação ocorre quando 2 mols de CO e 1 mol de O_2 produzem 2 mols de CO_2.

Agora, suponha que 9,5 g de CO e, O_2 em excesso, são combinados. Qual quantidade de CO_2 (mols) pode ser produzida?

$$9{,}5\ g\ CO \times \frac{1\ mol\ CO}{28{,}0\ g\ CO} \times \frac{1\ mol\text{-rea}}{2\ mols\ CO}$$
$$= 0{,}17\ mol\text{-rea}$$

$$0{,}17\ mol\text{-rea} \times \frac{2\ mols\ CO_2}{1\ mol\text{-rea}} = 0{,}34\ mol\ CO_2$$

A primeira equação mostra que o número de mols da reação é calculado ao multiplicar a quantidade (mols) do reagente CO pelo fator, 1 mol-rea/2 mols de CO.

Todos os reagentes e produtos envolvidos em uma reação química passam pelo mesmo número de mols da reação porque esta só pode ocorrer certo número de vezes antes que um ou mais dos reagentes sejam consumidos e então ela seja concluída.

Se um dos reagentes está em pequena quantidade, o número real de vezes que uma reação pode ser efetuada – o número de "mols da reação" – será determinado pelo reagente limitante. Para usar essa abordagem, você primeiro deve calcular a quantidade de cada reagente presente inicialmente e depois os mols da reação que podem ocorrer com cada quantidade de reagente.

[Isto é equivalente a dividir a quantidade (mols) de cada reagente pelo seu coeficiente estequiométrico.] O reagente que produz o menor número de mols da reação é o reagente limitante. Uma vez que o reagente limitante é conhecido, você continua como antes.

Como um exemplo, considere novamente a reação de NH_3/O_2 na página 174:

$$4\ NH_3(g) + 5\ O_2(g) \rightarrow$$
$$4\ NO(g) + 6\ H_2O(\ell)$$

1. *Calcule os mols da reação previstos para cada reagente e decida sobre o reagente limitante.*

No caso da reação da NH_3 com o O_2, 1 "mol da reação" usa 4 mols de NH_3 e 5 mols de O_2 e produz 4 mols de NO e 6 mols de H_2O. No exemplo na página 174, começamos com 44,0 mols de NH_3, de modo que 11,0 mols da reação podem ser obtidas

$$44{,}0\ mols\ NH_3 \times \frac{1\ mol\text{-rea}}{4\ mols\ NH_3}$$
$$= 11{,}0\ mols\text{-rea}$$

Com base na quantidade de O_2 disponível, 4,68 mols da reação podem ocorrer.

$$23{,}4\ mols\ O_2 \times \frac{1\ mol\text{-rea}}{5\ mols\ O_2} = 4{,}68\ mols\text{-rea}$$

Menos mols da reação podem ocorrer com a quantidade de O_2 disponível, de modo que O_2 é o reagente limitante.

2. *Calcule a variação na quantidade após a finalização da reação para cada reagente e produto.* O número de mols da reação previsto pelo reagente limitante corresponde ao número de mols da reação que pode *efetivamente* ocorrer. Cada reagente e produto irá se submeter a esse número de mols da reação, 4,68 mols-rea, nesse caso. Para calcular a *variação* na quantidade de um dado reagente ou produto, multiplique esse número de mols da reação pelo coeficiente estequiométrico do reagente ou do produto. Para ilustrar essa etapa, no caso da NH_3, isso corresponde ao seguinte cálculo:

$$4{,}68\ mols\text{-rea} \times \frac{4\ mols\ NH_3}{1\ mol\text{-rea}} =$$
$$18{,}8\ mols\ NH_3$$

A quantidade de cada reagente e de cada produto após a reação é calculada de forma usual.

Você pode achar essa abordagem mais fácil de usar, especialmente quando há mais de dois reagentes, cada um presente inicialmente em certa quantidade.

Observação: O conceito de "mols da reação" será aplicado neste texto na discussão sobre termoquímica nos Capítulos 5 e 18.

Tabelas de Quantidades

EQUAÇÃO	4 NH_3(g) +	5 O_2(g) →	4 NO(g) +	6 H_2O(g)
Quantidade inicial (mol)	44,0	23,4	0	0
Mols da reação baseados no reagente limitante (mol)	4,68	4,68	4,68	4,68
Mudança na quantidade (mol)*	−4,68(4) = −18,8	−4,68(5) = −23,4	+4,68(4) = +18,8	+4,68(6) = +28,1
Quantidade após reação completa (mol)	25,2	0	18,8	28,1

*Mols da reação são multiplicados pelo coeficiente estequiométrico para cada reagente e produto.

---

1. Nota da editora: Nesta edição, optou-se por adotar a tradução *mol-rea* para *mol-rxn*.

Suponha que você tenha preparado aspirina no laboratório com a seguinte reação:

C$_7$H$_6$O$_3$(s) + C$_4$H$_6$O$_3$(ℓ) $\longrightarrow$ C$_9$H$_8$O$_4$(s) + CH$_3$CO$_2$H(ℓ)
ácido salicílico   anidrido acético   aspirina   ácido acético

e que você tenha iniciado com 14,4 g de ácido salicílico (C$_7$H$_6$O$_3$) e um excesso de anidrido acético. Ou seja, o ácido salicílico é o reagente limitante. Se você obtiver 6,26 g de aspirina, qual é o rendimento percentual desse produto? O primeiro passo é encontrar a quantidade do reagente limitante, o ácido salicílico.

$$14,4 \text{ g C}_7\text{H}_6\text{O}_3 \times \frac{1 \text{ mol C}_7\text{H}_6\text{O}_3}{138,1 \text{ g C}_7\text{H}_6\text{O}_3} = 0,104 \text{ mol C}_7\text{H}_6\text{O}_3$$

Em seguida, utilize o fator estequiométrico da equação balanceada para encontrar a quantidade esperada de aspirina com base no reagente limitante, C$_7$H$_6$O$_3$.

$$0,104 \text{ mol C}_7\text{H}_6\text{O}_3 \times \frac{1 \text{ mol aspirina}}{1 \text{ mol C}_7\text{H}_6\text{O}_3} = 0,104 \text{ mol de aspirina}$$

A quantidade máxima de aspirina que pode ser produzida – o rendimento teórico – é 0,104 mol. Em seguida, expresse o rendimento teórico como massa em gramas.

$$0,104 \text{ mol aspirina} \times \frac{180,2 \text{ g aspirina}}{1 \text{ mol aspirina}} = 18,8 \text{ g de aspirina}$$

Finalmente, com o rendimento real conhecido de apenas 6,26 g, é possível calcular o rendimento percentual da aspirina.

$$\text{Rendimento percentual} = \frac{6,26 \text{ g de aspirina obtida (rendimento real)}}{18,8 \text{ g de aspirina esperada (rendimento teórico)}} \times 100\% = 33,3\% \text{ de rendimento}$$

EXERCÍCIOS PARA A SEÇÃO 4.3

Carbeto de alumínio Al$_4$C$_3$, reage com a água para produzir metano, CH$_4$.

$$Al_4C_3(s) + 12 H_2O(\ell) \rightarrow 4 Al(OH)_3(s) + 3 CH_4(g)$$

1. Se 125 g de carbeto de alumínio forem decompostos, qual será a massa teórica do metano?

    (a) 4,64 g   (b) 13,9 g   (c) 41,8 g   (d) 154 g

2. Se apenas 13,6 g de metano forem obtidos, qual será o rendimento percentual deste gás?

    (a) 34,1%   (b) 97,8%   (c) 32,5%   (d) 8,83%

180 Química geral e reações químicas

ESTUDO DE CASO

Química Verde e Economia Atômica

Os químicos e as indústrias químicas estão cada vez mais seguindo os princípios da "química verde". Um desses princípios é tentar converter todos os átomos dos reagentes em produtos; nada deve ser desperdiçado.

Uma forma de avaliar a eficiência de uma reação é calcular a "economia atômica".

% da economia atômica =
$\dfrac{\text{massa molar dos átomos utilizados}}{\text{massa molar dos reagentes}} \times 100\%$

Um exemplo simples desse conceito é a reação entre o metanol e o monóxido de carbono para produzir ácido acético. A economia de átomos é de 100%, porque todos os átomos dos reagentes aparecem no produto.

$$CH_3OH + CO \rightarrow CH_3CO_2H$$

O ibuprofeno é um medicamento anti-inflamatório não esteroide amplamente utilizado nos Estados Unidos em produtos com nomes comerciais como Motrin e Advil. Uma síntese recentemente desenvolvida de ibuprofeno utiliza os compostos descritos abaixo (que se combinam em três etapas de reação para obter ibuprofeno e, como um subproduto, ácido acético).

Qual é a economia atômica para essa reação? Os reagentes, coletivamente, têm 15 átomos de C, 22 átomos de H e 4 átomos de O. A "massa molar" desse composto é de 266 g/mol. Por outro lado, o ibuprofeno possui uma massa molar de 206 g/mol. Portanto, a economia de átomos é de 77%. Isso é muito superior a um processo comercial concorrente para a síntese de ibuprofeno que apresenta uma economia de átomos de apenas 40%.

Questão:

Metacrilato de metila é o reagente usado para preparar plásticos que você pode conhecer como Lucite ou algum outro nome comercial. A substância foi introduzida pela primeira vez em 1933, mas os químicos têm buscado maneiras melhores (e menos caras) para fabricar o composto. Em um processo recentemente desenvolvido, etileno (C_2H_4), metanol (CH_3OH), CO e formaldeído (CH_2O) combinam-se em duas etapas para obter o metacrilato de metila e água. Qual é a economia de átomos desse novo processo? (O novo processo não só apresenta uma economia de átomos muito melhor que o processo utilizado anteriormente, como também não envolve HCN, uma substância tóxica empregada em um outro método de produção desse composto.)

O ibuprofeno é um medicamento vendido sem receita e fabricado segundo os conceitos da química verde.

A resposta para esta questão está disponível no Apêndice N.

Referência:

CANN M. C.; CONNELLY, M. E. *Real-World Cases in Green Chemistry*. American Chemical Society, 2000.

4-4 Equações Químicas e Análise Química

Os químicos analíticos usam uma variedade de técnicas para identificar as substâncias, bem como para medir as quantidades dos componentes nas misturas. A Química Analítica hoje é frequentemente praticada por meio de métodos instrumentais, mas as reações químicas clássicas e a estequiometria ainda desempenham um papel central.

Análise Quantitativa de uma Mistura

A análise química quantitativa depende geralmente de uma das seguintes ideias básicas:

- Uma substância, presente em uma quantidade desconhecida, pode reagir com uma quantidade conhecida de uma outra substância. Se a razão estequiométrica dessa reação for conhecida, pode-se determinar a quantidade desconhecida.

1 Uma amostra contendo uma quantidade desconhecida do íon sulfato (aqui, Na₂SO₄) deve ser analisada por meio da adição de cloreto de bário.

2 Quando BaCl₂ é adicionado à solução contendo o íon sulfato, BaSO₄ insolúvel é precipitado. Íons Ba²⁺ suficientes são adicionados para assegurar a precipitação completa.

3 BaSO₄ sólido é coletado em um papel de filtro, previamente pesado. Para uma análise acurada, temos o cuidado de recolher todo o sólido.

4 Após a secagem do BaSO₄ no papel de filtro, o papel e o sólido são pesados, e a massa de BaSO₄ é determinada.

(a) Na₂SO₄(aq), solução límpida; BaCl₂(aq), solução límpida

(b) BaSO₄, sólido branco; NaCl(aq), solução límpida

(c) NaCl(aq), solução límpida; BaSO₄, sólido branco retido no filtro

(d) Massa seca de BaSO₄ determinada

FIGURA 4.4 Procedimento para analisar uma solução de íons sulfato por precipitação. A utilização da massa de um precipitado para determinar a composição de uma amostra desconhecida é muitas vezes chamada de "análise gravimétrica."

- Um material de composição desconhecida pode ser convertido em uma ou mais substâncias de composição conhecida. Essas substâncias podem ser identificadas, e suas quantidades determinadas e relacionadas à quantidade da substância original desconhecida.

Um exemplo do primeiro tipo de análise é a de uma amostra de vinagre que contém uma quantidade desconhecida de ácido acético, o ingrediente que torna o vinagre ácido. O ácido reage rápida e completamente com o hidróxido de sódio.

$$CH_3CO_2H(aq) + NaOH(aq) \rightarrow CH_3CO_2Na(aq) + H_2O(\ell)$$
ácido acético

Se a quantidade exata de hidróxido de sódio usada na reação pode ser determinada, a quantidade de ácido acético presente também pode ser calculada. Esse tipo de análise é o tema de uma seção mais adiante neste capítulo (▶ Seção 4.7).

Um exemplo do segundo tipo de análise é a de uma amostra de um mineral, tenardita, composto em grande parte por sulfato de sódio, Na₂SO₄. O sulfato de sódio é solúvel em água. Para determinar a quantidade de Na₂SO₄ em uma amostra impura do mineral, esta é triturada ao pó e, na sequência, lavada com água para dissolver o sulfato de sódio. Em seguida, a solução de sulfato de sódio é tratada com cloreto de bário aquoso para precipitar o composto sulfato de bário, insolúvel em água. O sulfato de bário é coletado em um filtro e pesado (Figura 4.4).

$$Na_2SO_4(aq) + BaCl_2(aq) \rightarrow BaSO_4(s) + 2\ NaCl(aq)$$

Podemos então, encontrar a quantidade de sulfato de sódio na amostra mineral, pois ela está diretamente relacionada à quantidade de BaSO₄. Para saber mais sobre essa análise, veja o Exemplo 4.3.

Tenardita. O mineral tenardita consiste em sulfato de sódio, Na₂SO₄. Seu nome é uma homenagem ao químico francês Louis Thenard (1777-1857). O sulfato de sódio é usado na fabricação de detergentes, vidro e papel.

EXEMPLO 4.3

Análise Mineral

Problema O sulfato de sódio, Na₂SO₄, ocorre naturalmente como o mineral tenardita. Para analisar a quantidade de Na₂SO₄ em uma amostra mineral impura a amostra é moída e, em seguida, dissolvida em água para formar uma solução de Na₂SO₄. Depois, a solução aquosa é tratada com cloreto de bário aquoso, BaCl₂, para se obter o sólido BaSO₄ (veja a Figura 4.4).

$$Na_2SO_4(aq) + BaCl_2(aq) \rightarrow BaSO_4(s) + 2\ NaCl(aq)$$

Suponhamos que uma amostra de 0,498 g contendo tenardita produza 0,541 g de BaSO₄ sólido. Qual é a porcentagem em massa de Na₂SO₄ na amostra?

O que você sabe? Você conhece a massa do mineral tenardita e a massa do BaSO₄ produzidas na reação. Também sabe a equação balanceada para a reação que conduz à formação de BaSO₄. Você precisará das massas molares de Na₂SO₄ e BaSO₄.

Estratégia Primeiro calcule a quantidade de BaSO₄ a partir da sua massa. Como 1 mol de Na₂SO₄ estava presente na amostra para cada mol de BaSO₄ isolado, você sabe a quantidade de Na₂SO₄ e pode então calcular a sua massa e a porcentagem em massa na amostra.

Solução A massa molar de BaSO₄ é 233,4 g/mol. A quantidade desse sólido é

$$0,541\ g\ BaSO_4 \times \frac{1\ mol\ BaSO_4}{233,4\ g\ BaSO_4} = 2,32 \times 10^{-3}\ mol\ BaSO_4$$

Como 1 mol de BaSO₄ é formado a partir de 1 mol de Na₂SO₄, a quantidade de Na₂SO₄ na amostra deve também ter sido de 2,32 × 10⁻³ mol.

Uma vez conhecida a quantidade de Na₂SO₄, a massa de Na₂SO₄ pode ser calculada.

$$2,32 \times 10^{-3}\ mol\ Na_2SO_4 \times \frac{142,0\ g\ Na_2SO_4}{1\ mol\ Na_2SO_4} = 0,329\ g\ Na_2SO_4$$

Finalmente, a porcentagem em massa de Na₂SO₄ na amostra de 0,498 g é

$$\text{Porcentagem em massa } Na_2SO_4 = \frac{0,329\ g\ Na_2SO_4}{0,498\ g\ amostra} \times 100\% = \boxed{66,1\%\ Na_2SO_4}$$

Pense bem antes de responder Para que um procedimento analítico seja utilizado, os reagentes devem ser completamente convertidos em produto, e este, uma vez medido, deve ser isolado, sem perdas na manipulação. Isso exige procedimentos experimentais muito cuidadosos.

Verifique seu entendimento

Um método para determinar a pureza de uma amostra de óxido de titânio(IV), TiO₂, um importante produto químico industrial, é combinar a amostra com trifluoreto de bromo.

$$3\ TiO_2(s) + 4\ BrF_3(\ell) \rightarrow 3\ TiF_4(s) + 2\ Br_2(\ell) + 3\ O_2(g)$$

Sabe-se que essa reação ocorre completa e quantitativamente. Isto é, todo o oxigênio do TiO₂ é liberado como O₂. Suponha que uma amostra de 2,367 g que contém TiO₂ libere 0,143 g de O₂. Qual é a porcentagem em massa de TiO₂ na amostra?

Determinando a Fórmula de um Composto por Combustão

A fórmula empírica de um composto pode ser determinada se a composição percentual deste for conhecida [◄ Seção 2.10]. Mas de onde vêm os dados da composição percentual? Um método químico que funciona bem para compostos que queimam em oxigênio é a análise por combustão. Nessa técnica, cada elemento no composto combina-se com o oxigênio para produzir o óxido correspondente.

Estequiometria: informação quantitativa sobre as reações químicas

FIGURA 4.5 Análise de combustão de um hidrocarboneto. Se um composto contendo C e H é queimado na presença de oxigênio, formam-se CO_2 e H_2O, e a massa de cada um pode ser determinada. A massa de cada absorvente antes e depois da combustão permite calcular as massas de CO_2 e H_2O. Apenas alguns miligramas de um composto combustível são necessários para a análise.

Considere uma análise do hidrocarboneto metano, CH_4. Uma equação balanceada para a combustão do metano mostra que cada átomo de carbono no composto original aparece como CO_2 e cada átomo de hidrogênio aparece na forma de água. Em outras palavras, para cada mol de CO_2 formado, deve haver 1 mol de carbono no composto desconhecido. Da mesma forma, para cada mol de H_2O formado pela combustão, deve haver *dois* mols de átomos de H no composto desconhecido.

$$CH_4(g) + 2\,O_2(g) \longrightarrow CO_2(g) + 2\,H_2O(\ell)$$

Na experiência de combustão, o dióxido de carbono gasoso e a água são separados (como ilustrado na Figura 4.5), e suas massas, determinadas. A partir dessas massas, é possível calcular as quantidades de matéria (mols) de C e H no CO_2 e na H_2O, respectivamente, e a razão entre essas quantidades na amostra do composto original pode então ser encontrada. Essa relação fornece a fórmula empírica. Se a massa molar é conhecida a partir de outra experiência, a fórmula molecular pode também ser determinada.

EXEMPLO 4.4

Utilizando a Análise de Combustão para Determinar a Fórmula de um Hidrocarboneto

Problema Quando 1,125 g de um hidrocarboneto líquido, C_xH_y, foi queimado em um aparelho como o mostrado na Figura 4.5, 3,447 g de CO_2 e 1,647 g de H_2O foram produzidos. Em um experimento separado, determinou-se que a massa molar do composto é 86,2 g/mol. Determine as fórmulas empírica e molecular para o hidrocarboneto desconhecido, C_xH_y.

O que você sabe? Você sabe a massa do hidrocarboneto, o fato de que ela contém somente C e H e a massa molar desse composto. Você também tem as massas de H_2O e CO_2 formadas quando o hidrocarboneto é queimado.

Estratégia A estratégia para resolver este problema está descrita no diagrama abaixo e no Mapa Estratégico 4.4.

Mapa Estratégico 4.4

PROBLEMA
Determinar as **fórmulas empírica** e **molecular** de um hidrocarboneto.

DADOS/INFORMAÇÕES
- Massas de CO_2 e H_2O provenientes da combustão de determinada massa de C_xH_y
- Massa molar do desconhecido

ETAPA 1. Calcule as **quantidades** de CO_2 e H_2O.

Quantidades de CO_2 e H_2O

ETAPA 2. Calcule a **quantidade** de C e H a partir das quantidades de CO_2 e H_2O, respectivamente.

Quantidades de C e H no composto desconhecido

ETAPA 3. Encontre a **relação de número inteiro** de quantidades de C e H.

C_xH_y = fórmula empírica

ETAPA 4. Determine a relação entre a **massa molar experimental** e a **massa da fórmula empírica**.

Fórmula molecular $[C_xH_y]_n$

Determinando uma Fórmula Empírica por Análise Química para Encontrar a fórmula empírica de um composto por análise química sempre se utiliza o seguinte procedimento:

1. O composto puro desconhecido é convertido em produtos conhecidos por meio de uma reação química.

2. Os produtos da reação são separados e a quantidade de cada um é determinada.

3. A quantidade de cada produto está relacionada com a quantidade de cada elemento no composto inicial.

4. A fórmula empírica é determinada a partir das quantidades relativas dos elementos no composto original.

Os passos na sequência são os seguintes:

- Calcule as quantidades de CO_2 e H_2O das massas fornecidas.
- Calcule as quantidades de C e H a partir das quantidades de CO_2 e H_2O, respectivamente.
- Determine a menor relação de número inteiro de quantidades de C e H. Isso fornece os subscritos para C e H na fórmula empírica.
- Compare a massa molar experimental do hidrocarboneto com a da fórmula empírica para determinar a fórmula molecular.

Solução As quantidades de CO_2 e H_2O isoladas a partir da combustão são

$$3{,}447 \text{ g } CO_2 \times \frac{1 \text{ mol } CO_2}{44{,}010 \text{ g } CO_2} = 0{,}07832 \text{ mol } CO_2$$

$$1{,}647 \text{ g } H_2O \times \frac{1 \text{ mol } H_2O}{18{,}015 \text{ g } H_2O} = 0{,}09142 \text{ mol } H_2O$$

Para cada mol de CO_2 isolado, 1 mol de C deve estar presente no composto desconhecido.

$$0{,}07832 \text{ mol } CO_2 \times \frac{1 \text{ mol C no desconhecido}}{1 \text{ mol } CO_2} = 0{,}07832 \text{ mol C}$$

Para cada mol de H_2O isolado, 2 mols de H devem estar presentes no composto desconhecido.

$$0{,}09142 \text{ mol } H_2O \times \frac{2 \text{ mols H no desconhecido}}{1 \text{ mol } H_2O} = 0{,}1828 \text{ mol H}$$

A amostra original de 1,125 g do composto, portanto, continha 0,07832 mol de C e 0,1828 mol de H. Para determinar a fórmula empírica do desconhecido, encontramos a razão entre os mols de H e os mols de C (◄ Seção 2.10).

$$\frac{0{,}1828 \text{ mol H}}{0{,}07832 \text{ mol C}} = \frac{2{,}335 \text{ mols H}}{1{,}000 \text{ mol C}}$$

A fórmula empírica fornece a relação de *número inteiro* mais simples. A transformação dessa razão (2,335/1) para uma relação de número inteiro pode geralmente ser feita rapidamente por tentativa e erro. A multiplicação do numerador e do denominador por 3 leva a 7/3. Portanto, sabemos que a relação é de 7 mols de H para 3 mols de C, o que significa que a fórmula empírica do hidrocarboneto é C_3H_7.

Comparando-se a massa molar experimental com a massa molar calculada para a fórmula empírica,

$$\frac{\text{Massa molar experimental}}{\text{Massa molar de } C_3H_7} = \frac{86{,}2 \text{ g/mol}}{43{,}1 \text{ g/mol}} = \frac{2}{1}$$

observamos que a fórmula molecular é o dobro da fórmula empírica. Isto é, a fórmula molecular é $(C_3H_7)_2$, ou C_6H_{14}.

Pense bem antes de responder Como observado na Dica para Solução de Problemas 2.3 (página 96), para problemas desse tipo não se esqueça de usar os dados com números significativos suficientes para fornecer as proporções precisas de átomos.

Verifique seu entendimento

Uma amostra de 0,523 g do composto desconhecido C_xH_y foi queimada no ar para formar 1,612 g de CO_2 e 0,7425 g de H_2O. Um experimento separado forneceu uma massa molar de 114 g/mol para C_xH_y. Determine as fórmulas empírica e molecular para o hidrocarboneto.

É também possível determinar a fórmula empírica de um hidrocarboneto oxigenado, como o etanol (C_2H_6O), a partir da análise de combustão. A quantidade de carbono e hidrogênio pode ser determinada a partir das massas do dióxido de carbono e da água coletadas. Ao calcular a massa de carbono e a do hidrogênio a partir das quantidades de CO e H_2O e, em seguida, subtrair essas massas da massa do composto combustível, obtém-se a massa de oxigênio e, assim, a quantidade de matéria de oxigênio.

EXEMPLO 4.5

Utilizando a Análise de Combustão para Determinar a Fórmula Empírica de um Composto que Contém C, H e O

Problema Suponha que você isole um ácido das folhas de trevo e sabe que ele contém apenas os elementos C, H e O. Aquecendo 0,513 g do ácido em oxigênio, é possível produzir 0,501 g de CO_2 e 0,103 g de H_2O. Qual é a fórmula empírica do ácido, $C_xH_yO_z$?

O que você sabe? Você conhece a massa do composto e o fato de que ele contém somente C, H e O. Você também possui as massas de H_2O e CO_2 formadas quando o composto é queimado.

Estratégia Com a finalidade de determinar a fórmula empírica, você precisa determinar as quantidades (mols) de C, H e O no composto desconhecido. Siga as etapas descritas abaixo.

- Determine as quantidades de C e H seguindo o procedimento no Exemplo 4.4.
- Determine as massas de C e H a partir das quantidades de C e H.
- A massa de O consiste na massa da amostra menos as massas de C e H.
- A partir da massa de O, determine a quantidade de matéria de O.
- Por fim, determine a relação de menor número inteiro entre as quantidades de matéria dos três elementos. Isso determina os índices para os elementos na fórmula empírica.

Solução O primeiro passo é determinar as quantidades de C e H na amostra.

$$0{,}501 \text{ g CO}_2 \times \frac{1 \text{ mol CO}_2}{44{,}01 \text{ g CO}_2} \times \frac{1 \text{ mol C}}{1 \text{ mol CO}_2} = 0{,}0114 \text{ mol C}$$

$$0{,}103 \text{ g H}_2\text{O} \times \frac{1 \text{ mol H}_2\text{O}}{18{,}02 \text{ g H}_2\text{O}} \times \frac{2 \text{ mols H}}{1 \text{ mol H}_2\text{O}} = 0{,}0114 \text{ mol H}$$

A partir desses valores, você pode determinar a massa de C e a de H na amostra.

$$0{,}0114 \text{ mol C} \times \frac{12{,}01 \text{ g C}}{1 \text{ mol C}} = 0{,}137 \text{ g C}$$

$$0{,}0114 \text{ mol H} \times \frac{1{,}008 \text{ g H}}{1 \text{ mol H}} = 0{,}0115 \text{ g H}$$

Usando a massa da amostra original e as de C e H na amostra, você pode agora determinar a massa de O na amostra. A partir daí, você pode encontrar a quantidade de matéria de O na amostra.

$$\text{Massa da amostra} = 0{,}513 \text{ g} = 0{,}137 \text{ g C} + 0{,}0115 \text{ g H} + x \text{ g O}$$

$$\text{Massa de O} = 0{,}365 \text{ g}$$

$$0{,}365 \text{ g O} \times \frac{1 \text{ mol O}}{16{,}00 \text{ g O}} = 0{,}0228 \text{ mol O}$$

Para encontrar as razões molares entre os elementos, divida o número de mols de cada elemento pela menor quantidade de matéria presente. Uma vez que que tanto C como H estão presentes na mesma quantidade de matéria na amostra, você sabe que sua relação é 1 C:1 H. E quanto ao O?

$$\frac{0,0228 \text{ mol O}}{0,0114 \text{ mol C}} = \frac{2 \text{ mols O}}{1 \text{ mol C}}$$

As proporções de mols mostram que, para cada átomo de C na molécula, há um átomo de H e dois átomos de O. A fórmula empírica do ácido é, por conseguinte, CHO_2.

Pense bem antes de responder Se a massa molar do composto desconhecido é conhecida, você, então, será capaz de deduzir a fórmula molecular do composto.

Verifique seu entendimento

Uma amostra de 0,1342 g de um composto, constituído de C, H e O, foi queimada em oxigênio, e 0,240 g de CO_2 e 0,0982 g de H_2O foram isolados. Qual é a fórmula empírica do composto? Se a massa molar determinada experimentalmente é de 74,1 g/mol, qual é a fórmula molecular do composto?

EXERCÍCIO PARA A SEÇÃO 4.4

1. Uma amostra de 0,509 g de um composto orgânico desconhecido contendo C, H e O foi queimada no ar para formar 1,316 g de CO_2 e 0,269 g de H_2O. Qual é a fórmula empírica desse composto?

    (a) CHO (b) C_2H_2O (c) C_4H_4O (d) CHO_4

4-5 Medindo Concentrações de Compostos em Solução

A maior parte dos estudos químicos requer medidas quantitativas, incluindo os experimentos que envolvem soluções aquosas. Ao realizarmos tais experimentos, usamos as equações balanceadas e os mols, mas medimos os volumes das soluções em vez da massa de sólidos, líquidos ou gases. A concentração da solução, expressa como molaridade, relaciona o volume da solução em litros com a quantidade de matéria do soluto. Um soluto é qualquer substância (sólido, líquido ou gás) dissolvida em um solvente.

Concentração da Solução: Molaridade

Uma unidade útil de concentração de soluto, c, é a **molaridade**, que é definida como a quantidade de matéria de soluto por litro de solução.

$$\text{Molaridade de } x \ (c_x) = \frac{\text{Quantidade de matéria de soluto } x \text{ (mol)}}{\text{volume da solução (L)}} \quad (4.2)$$

Por exemplo, se 58,4 g (1,00 mol) de NaCl é dissolvido em água suficiente para obter um volume total de solução de 1,00 L, a molaridade, c, é de 1,00 mol/L. Isso é muitas vezes abreviado como 1,00 M, em que o "M" maiúsculo significa "mols por litro". Outra notação comum é a de colocar a fórmula do composto entre colchetes (por exemplo, [NaCl]); essa notação indica que a concentração do soluto em mols por litro de solução está sendo especificada.

$$c_{NaCl} = [NaCl] = 1,00 \text{ mol/L} = 1,00 \text{ M}$$

É importante notar que a molaridade refere-se à quantidade de matéria de soluto *por litro de solução* e não por litro de solvente. Se 1 litro de água é adicionado a 1 mol de um composto sólido, o volume final não será exatamente 1 litro, e a

---

Mol *versus* Molaridade A quantidade de matéria de uma substância é uma propriedade extensiva. A molaridade é uma propriedade intensiva; a quantidade de matéria de substância (mol) por litro de solução é independente da quantidade da solução.

Estequiometria: informação quantitativa sobre as reações químicas **187**

FIGURA 4.6 Volume da solução *versus* volume do solvente. Esta figura enfatiza que as concentrações molares são definidas como mols de soluto por litro de solução e não por litro de água ou de outro solvente.

Para esta fotografia, medimos exatamente 1,00 L de água, o qual foi adicionado lentamente ao balão volumétrico contendo 25,0 g de $CuSO_4 \cdot 5\ H_2O$. Quando água suficiente foi adicionada de forma que o *volume da solução* fosse exatamente 1,00 L, aproximadamente 8 mL restaram do litro original de água.

1,00 L de $CuSO_4$ 0,100 M

Para fazer uma solução de 0,100 M de $CuSO_4$, 25,0 g (0,100 mol) de $CuSO_4 \cdot 5\ H_2O$ (um sólido cristalino azul) foram colocados em um balão volumétrico de 1,00 L.

concentração final não será exatamente de 1 mol/L (Figura 4.6). Quando preparamos soluções de uma determinada concentração, trata-se sempre de dissolver o soluto em um volume de solvente menor do que o volume desejado de solução, então acrescentamos o solvente até que o volume final da solução seja alcançado.

O permanganato de potássio, $KMnO_4$, que já foi utilizado como germicida no tratamento de queimaduras, é um sólido brilhante roxo escuro que se dissolve rapidamente em água para fornecer uma solução de tom violeta intenso. Suponha que 0,435 g de $KMnO_4$ foi dissolvido em água suficiente para se obter 250 mL de solução (Figura 4.7). Qual é a concentração de $KMnO_4$? A primeira etapa consiste em converter a massa de $KMnO_4$ em uma quantidade de matéria.

$$0{,}435\ \text{g}\ KMnO_4 \times \frac{1\ \text{mol}\ KMnO_4}{158{,}0\ \text{g}\ KMnO_4} = 0{,}00275\ \text{mol}\ KMnO_4$$

Água destilada
Marca de 250 mL

Balão volumétrico de 250 mL — 0,435 g de $KMnO4$

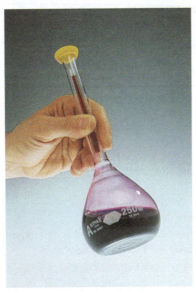

$KMnO_4$ é primeiro dissolvido em uma pequena quantidade de água.

Uma marca no gargalo de um balão volumétrico indica um volume de exatamente 250 mL a 20 °C.

Água destilada é adicionada para encher o balão com a solução até a marca indicada.

FIGURA 4.7 Preparando uma solução. Uma solução de $KMnO_4$ 0,0110 M é preparada a partir da adição de água suficiente em 0,435 g de $KMnO_4$ para produzir um volume de solução de 0,250 L.

Concentrações de íons para um composto iônico solúvel. Aqui, 1 mol de CuCl₂ dissocia-se em 1 mol de íons Cu²⁺ e 2 mols de íons Cl⁻. Portanto, a concentração de Cl⁻ é duas vezes a concentração calculada para CuCl₂.

Em seguida, a quantidade de matéria de $KMnO_4$ é combinada com o volume da solução – que deve estar em litros – para fornecer a concentração. Uma vez que 250 mL é equivalente a 0,250 L,

$$\text{Concentração de } KMnO_4 = c_{KMnO_4} = [KMnO_4] = \frac{0,00275 \text{ mol } KMnO_4}{0,250 \text{ L}} = 0,0110 \text{ M}$$

A concentração de $KMnO_4$ é de 0,0110 mol/L ou 0,0110 M. Esta é uma informação útil, também para se conhecer a concentração de cada tipo de íon em uma solução. Como todos os compostos iônicos solúveis, $KMnO_4$ dissocia-se completamente nos seus íons K^+ e MnO_4^- quando dissolvido em água.

$$KMnO_4(aq) \longrightarrow K^+(aq) + MnO_4^-(aq)$$
100% dissociação

Um mol de $KMnO_4$ produz 1 mol de íons K^+ e 1 mol de íons MnO_4^-. Dessa forma, $KMnO_4$ 0,0110 M fornece uma concentração de K^+ na solução de 0,0110 M; de modo semelhante, a concentração de íons MnO_4^- também é de 0,0110 M.

Outro exemplo de concentrações de íons é fornecido pela dissociação de $CuCl_2$.

$$CuCl_2(aq) \longrightarrow Cu^{2+}(aq) + 2\ Cl^-(aq)$$
100% dissociação

Se 0,10 mol de $CuCl_2$ é dissolvido em água suficiente para formar 1,0 L de solução, a concentração de íons cobre(II), $[Cu^{2+}]$, será de 0,10 M. Contudo, a concentração de íons cloreto, $[Cl^-]$, será de 0,20 M, porque o composto dissocia-se em água para produzir 2 mols de íons Cl^- para cada mol de $CuCl_2$.

EXEMPLO 4.6

Concentração

Problema Se 25,3 g de carbonato de sódio, Na_2CO_3, são dissolvidos em água suficiente para se obter 250 mL de solução, qual é a concentração de Na_2CO_3? Quais são as concentrações dos íons de Na^+ e CO_3^{2-}?

O que você sabe? Você conhece a massa do soluto, Na_2CO_3 e o volume da solução. Você precisa da massa molar de Na_2CO_3 para calcular a quantidade de matéria desse composto.

Estratégia A concentração (mols/L) de Na_2CO_3 é a quantidade de matéria de Na_2CO_3 (mols) dividida pelo volume (em litros). Para determinar as concentrações dos íons, reconheça que um mol desse composto iônico contém dois mols de Na^+ e um mol de íons CO_3^{2-}.

$$Na_2CO_3(s) \rightarrow 2\ Na^+(aq) + CO_3^{2-}(aq)$$

Solução Primeiro vamos encontrar a quantidade de matéria de Na_2CO_3.

$$25,3 \text{ g } Na_2CO_3 \times \frac{1 \text{ mol } Na_2CO_3}{106,0 \text{ g } Na_2CO_3} = 0,239 \text{ mol } Na_2CO_3$$

e, então, a concentração de Na_2CO_3,

$$\text{Concentração de } Na_2CO_3 = \frac{0,239 \text{ mol } Na_2CO_3}{0,250 \text{ L}} = \boxed{0,955 \text{ mol/L}}$$

As concentrações dos íons surgem do conhecimento de que cada mol de Na_2CO_3 produz 2 mols de íons Na^+ e 1 mol de íons CO_3^{2-}.

$$[Na^+] = 2 \times 0,955 \text{ M } Na^+(aq) = \boxed{1,91 \text{ M}}$$

$$[CO_3^{2-}] = \boxed{0,955 \text{ M}}$$

Pense bem antes de responder Nós nos referimos a essa solução como Na₂CO₃ 0,955 M, quando na verdade não existem partículas reais de Na₂CO₃. Esse composto iônico solúvel está presente na solução dissociado como íons sódio e íons carbonato.

Verifique seu entendimento

O bicarbonato de sódio, NaHCO₃, é utilizado nas formulações do fermento químico e na produção de plásticos e cerâmicas, entre outras coisas. Se 26,3 g do composto são dissolvidos em água suficiente para fazer 200 mL de solução, qual é a concentração de NaHCO₃? Quais são as concentrações dos íons na solução?

Preparando Soluções de Concentração Conhecida

Os químicos, muitas vezes, têm que preparar um volume determinado de solução de concentração conhecida. Há duas maneiras comuns para fazer isso.

Combinando uma massa de Soluto com o Solvente

Suponha que você precise preparar 2,00 L de uma solução aquosa de Na₂CO₃ 1,50 M. Você tem um pouco de Na₂CO₃ sólido e água destilada. Você também possui um balão volumétrico de 2,00 L. Para fazer a solução, você deve pesar a quantidade necessária de Na₂CO₃ com a maior precisão possível, considerando o número de algarismos significativos desejado para a concentração, colocar cuidadosamente todo o sólido no balão volumétrico e, então, adicionar um pouco de água para dissolvê-lo. Depois que o sólido dissolveu completamente, mais água é adicionada para levar o volume da solução para 2,00 L. A solução apresentará então a concentração desejada e o volume especificado.

Mas qual massa de Na₂CO₃ é necessária para obter 2,00 L de Na₂CO₃ 1,50 M? Primeiro, calcule a quantidade de matéria de Na₂CO₃ necessária,

$$2,00 \text{ L} \times \frac{1,50 \text{ mol de Na}_2\text{CO}_3}{1,00 \text{ L de solução}} = 3,00 \text{ mols de Na}_2\text{CO}_3 \text{ necessários}$$

e então, a massa em gramas.

$$3,00 \text{ mol Na}_2\text{CO}_3 \times \frac{106,0 \text{ g Na}_2\text{CO}_3}{1 \text{ mol Na}_2\text{CO}_3} = 318 \text{ g Na}_2\text{CO}_3$$

Assim, para preparar a solução desejada, você deve dissolver 318 g de Na₂CO₃ em água suficiente para obter 2,00 L de solução.

Diluindo uma Solução Mais Concentrada

Outro método para preparar uma solução de uma determinada concentração é começar com uma solução concentrada e adicionar mais solvente (usualmente água), até atingir a concentração mais baixa desejada (Figura 4.8). Muitas das soluções preparadas no laboratório são provavelmente feitas a partir desse método de diluição. É mais eficiente armazenar um volume pequeno de uma solução concentrada e, então, quando necessário, adicionar água para obter um volume muito maior de uma solução diluída.

Suponha que você precise de 500 mL de K₂Cr₂O₇, dicromato de potássio aquoso, 0,0010 M, para utilizar em uma análise química. Você tem um pouco da solução de K₂Cr₂O₇ 0,100 M disponível. Para preparar a solução 0,0010 M exigida, coloque um volume medido da solução mais concentrada K₂Cr₂O₇ em um frasco e, então, adicione água até que o K₂Cr₂O₇ esteja na concentração e no volume desejado (veja a Figura 4.8).

Qual é o volume de solução de K₂Cr₂O₇ 0,100 M que deve ser diluído para se obter a solução de 0,0010 M? Se o volume e a concentração de uma solução são

K₂Cr₂O₇ 0,100 M. | Use uma pipeta de 5,00 mL para retirar 5,00 mL de K₂Cr₂O₇ 0,100 M. | Adicione uma amostra de 5,00 mL de solução de K₂Cr₂O₇ 0,100 M em um balão volumétrico de 500 mL. | Preencha o balão até a marca com água destilada para se obter a solução de K₂Cr₂O₇ 0,00100 M.

FIGURA 4.8 Fazendo uma solução por diluição. Aqui, 5,00 mL de uma solução de K₂Cr₂O₇ 0,100 M é diluída para 500 mL. Isto significa que a solução é diluída por um fator de 100, de 0,100 M para 0,00100 M.

conhecidos, a quantidade de matéria de soluto também é. Portanto, a quantidade de matéria de K₂Cr₂O₇ que deve estar na solução final diluída é

$$\text{Quantidade de matéria K}_2\text{Cr}_2\text{O}_7 \text{ em solução diluída} = c_{K_2Cr_2O_7} \times V_{K_2Cr_2O_7} = \left(\frac{0,0010 \text{ mol}}{L}\right) \times (0,500 \text{ L})$$
$$= 0,00050 \text{ mol K}_2\text{Cr}_2\text{O}_7$$

A solução mais concentrada que contém essa quantidade de matéria de K₂Cr₂O₇ é transferida para um balão de 500 mL e então diluída para o volume final. O volume de K₂Cr₂O₇ 0,100 M requerido é 5,0 mL.

$$0,00050 \text{ mol K}_2\text{Cr}_2\text{O}_7 \times \frac{1,00 \text{ L}}{0,100 \text{ mol K}_2\text{Cr}_2\text{O}_7} = 0,0050 \text{ L ou } 5,0 \text{ mL}$$

Assim, para preparar 500 mL de 0,0010 M de K₂Cr₂O₇, coloque 5,0 mL de 0,100 M de K₂Cr₂O₇ em um frasco de 500 mL e adicione água até que o volume de 500 mL seja alcançado (veja a Figura 4.8).

DICA PARA SOLUÇÃO DE PROBLEMAS 4.3
Preparando uma Solução por Diluição

Há um método simples para utilizar nos problemas que envolvem diluição. A ideia central é a de que a quantidade de matéria de soluto na solução final diluída tem que ser igual à quantidade de matéria de soluto retirado da solução mais concentrada. Se c é a concentração (molaridade) e V é o volume (e os subscritos d e c identificam as soluções diluída e concentrada, respectivamente), então a quantidade de matéria de soluto em uma ou outra solução (no caso do exemplo do K₂Cr₂O₇ no texto) pode ser calculada como segue:

(a) A quantidade de matéria de K₂Cr₂O₇ na solução final diluída é

$$c_d \times V_d = 0,00050 \text{ mol}$$

(b) A quantidade de matéria de K₂Cr₂O₇ retirada da solução mais concentrada é

$$c_c \times V_c = 0,00050 \text{ mol}$$

Ambas as soluções concentrada e diluída contêm a mesma quantidade de matéria de soluto. Portanto, podemos usar a seguinte equação:

Quantidade de matéria na solução concentrada = Quantidade de matéria na solução diluída

$$c_c \times V_c = c_d \times V_d$$

Essa equação é válida para todos os casos em que uma solução mais concentrada é usada para preparar uma solução mais diluída.

EXEMPLO 4.7

Preparando uma Solução por Diluição

Problema Qual é a concentração de íons ferro(III) em uma solução preparada pela diluição de 1,00 mL de uma solução de nitrato de ferro(III) 0,236 M para um volume final de 100,0 mL?

O que você sabe? Você sabe a concentração e o volume inicial e final após a diluição.

Estratégia Primeiro calcule a quantidade de matéria de íons ferro(III) na amostra de 1,00 mL (quantidade de matéria = concentração × volume). A concentração dos íons ferro(III) na solução final diluída é igual a essa quantidade de matéria de íons ferro(III) dividida pelo novo volume.

Solução A quantidade de matéria de íons ferro(III) na amostra de 1,00 mL é

$$\text{Quantidade de matéria de Fe}^{3+} = c_{Fe^{3+}} \times V_{Fe^{3+}} = \frac{0,236 \text{ mol Fe}^{3+}}{L} \times 1,00 \times 10^{-3} \text{ L} = 2,36 \times 10^{-4} \text{ mol Fe}^{3+}$$

Essa quantidade de matéria de íons ferro(III) está contida no novo volume de 100,0 mL, de modo que a concentração final da solução diluída é

$$c_{Fe^{3+}} = [Fe^{3+}] = \frac{2,36 \times 10^{-4} \text{ mol Fe}^{3+}}{0,1000 \text{ L}} = \boxed{2,36 \times 10^{-3} \text{ M}}$$

Pense bem antes de responder A amostra foi diluída 100 vezes, então esperamos que a concentração final seja 1/100 do valor inicial. Veja também Dica para Solução de Problemas 4.3, que fornece um método rápido e fácil de usar para esse cálculo.

Verifique seu entendimento

Uma experiência pede que você utilize 250 mL de NaOH 1,00 M, mas você recebe um frasco grande de NaOH 2,00 M. Descreva como preparar o volume desejado de NaOH 1,00 M.

EXERCÍCIOS PARA A SEÇÃO 4.5

1. Uma amostra de 1,71 g de $Ba(OH)_2(s)$ foi dissolvida em água para se obter 250 mL de solução. Qual é a concentração de OH^- nessa solução?

    (a) 0,010 M   (b) 0,040 M   (c) 0,080 M   (d) 0,10 M

2. Você tem um balão volumétrico de 100 mL contendo HCl 0,050 M. Uma amostra de 2,0 mL dessa solução foi diluída para 10,0 mL. Qual é a concentração de HCl na solução diluída?

    (a) 0,10 M   (b) 0,010 M   (c) $1,0 \times 10^{-3}$ M   (d) 0,25 M

3. Qual volume de $KMnO_4(aq)$ 0,250 M contém 0,500 g de $KMnO_4$?

    (a) 0,791 mL   (b) 2,00 mL   (c) 12,7 mL   (d) 125 mL

4-6 pH, uma Escala de Concentração para Ácidos e Bases

Uma amostra de vinagre, que contém o ácido acético (um ácido fraco), possui uma concentração de íons hidrônio de $1,6 \times 10^{-3}$ M, e a água da chuva "pura" contém $[H_3O^+] = 2,5 \times 10^{-6}$ M. Esses valores pequenos podem ser expressos utilizando-se a notação científica, mas uma forma mais conveniente para expressar tais números é a escala logarítmica de pH.

O pH de uma solução é o logaritmo negativo na base 10 da concentração de íons hidrônio.

$$\boxed{pH = -\log[H_3O^+]} \quad (4.3)$$

Logaritmos Números menores que 1 têm logs negativos. Ao definir o pH como $-\log[H_3O^+]$, obtém-se um número positivo. Veja o Apêndice A para uma discussão sobre logs.

UM OLHAR MAIS ATENTO

Diluições em Série

Muitas vezes descobrimos no laboratório que uma solução é muito concentrada para a técnica analítica que queremos aplicar, por exemplo. Você pode querer analisar uma amostra de água do mar. Para obter uma solução com uma concentração de cloreto adequada para a análise segundo o método de Mohr (Estudo de Caso, página 202), por exemplo, você pode querer diluir a amostra não uma, mas várias vezes.

Suponhamos que você tenha 100,0 mL de uma amostra de água do mar que apresenta uma concentração de NaCl de 0,550 mol/L. Você transfere 10,00 mL dessa amostra para um balão volumétrico de 100,0 mL e completa até a marca com água destilada. Após misturar a amostra diluída, você então transfere 5,00 mL dessa amostra para outro balão de 100,0 mL e completa com água destilada. Qual é a concentração de NaCl na amostra final de 100,0 mL?

A solução original contém 0,550 mol/L de NaCl. Uma vez retirados 10,00 mL, você removeu

$0,01000 \text{ L} \times 0,550 \text{ mol/L}$
$= 5,50 \times 10^{-3} \text{ mol NaCl}$

e a concentração em 100,0 mL da solução diluída é

$c_{NaCl} = 5,50 \times 10^{-3} \text{ mol}/0,1000 \text{ L}$
$= 5,50 \times 10^{-2} \text{ M}$

ou 1/10 da concentração da solução original (porque diluímos a amostra por um fator de 10).

Agora pegamos 5,00 mL da solução diluída e diluímos mais uma vez para 100,0 mL. A concentração final é

$0,00500 \text{ L} \times 5,50 \times 10^{-2} \text{ mol/L}$
$= 2,75 \times 10^{-4} \text{ mol NaCl}$

$c_{NaCl} = 2,75 \times 10^{-4} \text{ mol}/0,1000 \text{ L}$
$= 2,75 \times 10^{-3} \text{ M}$

Isto representa 1/200 da concentração da solução original.

Uma pergunta válida neste momento é por que nós não pegamos apenas 1 mL da solução original e diluímos para 200 mL. A resposta é que há menos erro experimental usando pipetas de capacidades maiores, tais como as de 5,00 ou 10,00 mL, em vez de uma pipeta de 1,00 mL. Também, existe uma limitação nos materiais de vidro disponíveis. Um balão volumétrico de 200,00 mL muitas vezes não está disponível.

Ao empregarmos vinagre, água pura, sangue e amônia como exemplos

pH do vinagre	$= -\log(1,6 \times 10^{-3} \text{ M})$	$= -(-2,80)$	$= 2,80$ ácido
pH da água pura (a 25 °C)	$= -\log(1,0 \times 10^{-7} \text{ M})$	$= -(-7,00)$	$= 7,00$ neutro
pH do sangue	$= -\log(4,0 \times 10^{-8} \text{ M})$	$= -(-7,40)$	$= 7,40$ básico
pH da amônia de uso doméstico	$= -\log(4,3 \times 10^{-12} \text{ M})$	$= -(-11,37)$	$= 11,37$ básico

você observa que o que é reconhecido como ácido possui um pH relativamente baixo, ao passo que a amônia, uma base comum, tem uma concentração muito baixa de íons hidrônio e um pH elevado. *Para as soluções aquosas a 25 °C, os ácidos têm valores de pH inferiores a 7, as bases têm valores superiores a 7 e um pH de 7 representa uma solução neutra* (Figura 4.9). O sangue, que o seu bom senso diz que provavelmente não seja nem ácido nem base, possui um pH um pouco superior a 7.

Suponha que você conheça o pH de uma solução. Para encontrar a concentração de íons hidrônio, você calcula o antilogaritmo do pH. Isto é,

$$[H_3O^+] = 10^{-pH} \qquad (4.4)$$

Por exemplo, o pH de um refrigerante dietético é 3,12 e a concentração de íons hidrônio da solução é

$$[H_3O^+] = 10^{-3,12} = 7,6 \times 10^{-4} \text{ M}$$

O pH aproximado de uma solução pode ser determinado usando uma grande variedade de corantes. Papel de tornassol contém um corante extraído de um tipo de liquen, mas muitos outros corantes também estão disponíveis (Figura 4.10a). Uma medida mais precisa do pH é feita com um pHmetro, como o que é mostrado na Figura 4.10b. Aqui, um eletrodo de pH é imerso na solução a ser testada, e o pH é lido no instrumento.

Logaritmos e sua Calculadora Todas as calculadoras científicas possuem uma tecla chamada "log". Para encontrar um antilog, use a tecla marcada "10^x" ou o log inverso. Ao determinar $[H_3O^+]$ a partir do pH, quando você digita o valor de *x* para 10^x, certifique-se de que tenha um sinal negativo.

Estequiometria: informação quantitativa sobre as reações químicas 193

FIGURA 4.9 Valores de pH de algumas substâncias conhecidas. Aqui, a "barra" tem a cor vermelha de um lado e azul do outro. Estas são as cores do papel de tornassol, comumente usado no laboratório para determinar se uma solução é ácida (tornassol fica vermelho) ou básica (ele fica azul).

EXEMPLO 4.8

pH das Soluções

Problema

(a) O suco de limão tem $[H_3O^+]$ = 0,0032 M. Qual é o seu pH?

(b) A água do mar tem um pH de 8,07. Qual é a concentração de íons hidrônio dessa solução?

(c) Uma solução de ácido nítrico tem uma concentração de 0,0056 mol/L. Qual é o pH dessa solução?

O que você sabe? Na parte (a) foi fornecida uma concentração e pediu-se para calcular o pH, enquanto o oposto foi pedido em (b). Para a parte (c), no entanto, você deve primeiro reconhecer que HNO_3 é um ácido forte e é 100% ionizado em água.

Estratégia Use a Equação 4.3 para calcular o pH da concentração de H_3O^+ e a Equação 4.4 para encontrar $[H_3O^+]$ a partir do pH.

Ácidos Fracos e Fortes e a Concentração dos Íons hidrônio Uma vez que um ácido fraco (p. ex., ácido acético) não ioniza completamente em água, a concentração de íons hidrônio em uma solução aquosa de um ácido fraco é menor que a concentração do ácido. Por outro lado, a concentração dos íons hidrônio de ácidos fortes é a mesma que a do ácido.

FIGURA 4.10 Determinando o pH.

(a) Alguns produtos de uso doméstico. Cada solução contém algumas gotas de um indicador ácido-base. Uma cor amarela ou vermelha indica um valor de pH inferior a 7. Uma cor púrpura para verde indica um pH superior a 7.

(b) O pH de um refrigerante é medido com um pHmetro moderno. Os refrigerantes são frequentemente muito ácidos, devido ao CO_2 dissolvido e outros ingredientes.

Solução

(a) Suco de limão: como a concentração de íons hidrônio é conhecida, calcula-se o pH utilizando a Equação 4.3.

$$pH = -\log[H_3O^+] = -\log(3,2 \times 10^{-3}) = -(-2,49) = 2,49$$

(b) Água do mar: aqui o pH = 8,07 Portanto,

$$[H_3O^+] = 10^{-pH} = 10^{-8,07} = 8,5 \times 10^{-9} \text{ M}$$

(c) Ácido nítrico: ácido nítrico, um ácido forte (Tabela 3.1) está completamente ionizado na solução aquosa. Como a concentração de HNO_3 é de 0,0056 mol/L, a concentração dos íons também é de 0,0056 mol/L.

$$[H_3O^+] = [NO_3^-] = 0,0056 \text{ M}$$

$$pH = -\log[H_3O^+] = -\log(0,0056 \text{ M}) = 2,25$$

Pense bem antes de responder É útil um comentário sobre logaritmos e algarismos significativos (Apêndice A). O número à esquerda da casa decimal em um logaritmo é chamado de *característica*, e o número à direita é a *mantissa*. A mantissa tem tantos algarismos significativos quanto o número cujo log foi encontrado. Por exemplo, o logaritmo de $3,2 \times 10^{-3}$ (dois números significativos) é 2,49. (Os números significativos são os dois números à direita da vírgula).

Verifique seu entendimento

(a) Qual é o pH de uma solução de HCl em que $[HCl] = 2,6 \times 10^{-2}$ M?

(b) Qual é a concentração de íon hidrônio no suco de laranja cujo pH é de 3,80?

EXERCÍCIOS PARA A SEÇÃO 4.6

1. Qual das soluções listadas abaixo possui o menor pH?

   (a) 0,10 M HCl
   (c) $2,5 \times 10^{-5}$ M HNO_3
   (b) 0,10 M NaOH
   (d) H_2O pura

2. Uma amostra de 0,365 g de HCl é dissolvida em água suficiente para se obter $2,00 \times 10^2$ mL de solução. Qual é o pH?

   (a) 2,000
   (c) 1,301
   (b) 0,0500
   (d) 1,000

3. A solução apresenta um pH de 10,54. Qual é a concentração de íons hidrônio?

   (a) $2,9 \times 10^{-11}$ M
   (c) 10,54 M
   (b) $2,7 \times 10^{-5}$ M
   (d) $3,5 \times 10^{10}$ M

4-7 Estequiometria das Reações em Solução Aquosa

Estequiometria da Solução

Suponha que queiramos saber qual é a massa de $CaCO_3$ necessária para reagir completamente com 25 mL de HCl 0,750 M. O primeiro passo para encontrar a resposta é escrever a equação balanceada. Neste caso, temos uma reação de troca e de formação de gás envolvendo um carbonato metálico e um ácido aquoso (Figura 4.11).

$$CaCO_3(s) + 2\ HCl(aq) \rightarrow CaCl_2(aq) + H_2O(\ell) + CO_2(g)$$
carbonato metálico + ácido → sal + água + dióxido de carbono

FIGURA 4.11 Um remédio comercial para o excesso de acidez estomacal. O comprimido contém carbonato de cálcio, que reage com o ácido clorídrico, o ácido presente no sistema digestivo. O produto mais óbvio é o gás CO_2, mas $CaCl_2$(aq) também é produzido.

Esse problema difere dos problemas anteriores de estequiometria em que a quantidade de um reagente (HCl) é definida como um volume de uma solução de concentração conhecida, em vez de uma massa em gramas. Como a nossa equação balanceada é escrita em termos de quantidades de matéria (mols), nosso primeiro passo será determinar a quantidade de matéria de HCl presente a partir da informação dada para que depois possamos relacionar a quantidade de matéria de HCl disponível para a quantidade de matéria de $CaCO_3$.

$$\text{Quantidade de matéria de HCl} = c_{HCl} \times V_{HCl} = \frac{0{,}750 \text{ mol HCl}}{1 \text{ L HCl}} \times 0{,}025 \text{ L HCl} = 0{,}019 \text{ mol HCl}$$

Isto é então relacionado à quantidade de matéria de $CaCO_3$ necessária, utilizando o fator estequiométrico da equação balanceada.

$$0{,}019 \text{ mol HCl} \times \frac{1 \text{ mol CaCO}_3}{2 \text{ mols HCl}} = 0{,}0094 \text{ mol CaCO}_3$$

Finalmente, a quantidade de matéria de $CaCO_3$ é convertida em uma massa em gramas, utilizando a massa molar de $CaCO_3$ como o fator de conversão.

$$0{,}0094 \text{ mol CaCO}_3 \times \frac{100{,} \text{ g CaCO}_3}{1 \text{ mol CaCO}_3} = 0{,}94 \text{ g CaCO}_3$$

Se você seguir o esquema geral delineado na Dica para Solução de Problemas 4.4 e prestar atenção às unidades dos números, poderá realizar com sucesso qualquer tipo de cálculo estequiométrico envolvendo concentrações.

EXEMPLO 4.9

Estequiometria de uma Reação em Solução

Problema Zinco metálico reage com HCl aquoso (Figura 3.13).

$$Zn(s) + 2\,HCl(aq) \rightarrow ZnCl_2(aq) + H_2(g)$$

Qual volume de HCl 2,50 M, em mililitros, é necessário para converter completamente 11,8 g de Zn em produtos?

O que você sabe? A equação balanceada para a reação entre Zn e HCl(aq) é fornecida. Você sabe a massa do zinco e a concentração de HCl(aq).

Estratégia

- Calcule a quantidade de matéria de zinco.
- Use um fator estequiométrico (2 mols de HCl/1 mol de Zn) para relacionar a quantidade de matéria de HCl necessária à quantidade de matéria de Zn disponível.
- Calcule o volume de solução de HCl a partir da quantidade de matéria de HCl e de sua concentração.

Solução Comece calculando a quantidade de matéria de Zn.

$$11{,}8 \text{ g Zn} \times \frac{1 \text{ mol Zn}}{65{,}38 \text{ g Zn}} = 0{,}180 \text{ mol Zn}$$

Use o fator estequiométrico para calcular a quantidade de matéria de HCl necessária.

$$0{,}180 \text{ mol Zn} \times \frac{2 \text{ mols HCl}}{1 \text{ mol Zn}} = 0{,}360 \text{ mol HCl}$$

Use a quantidade de matéria de HCl e a concentração da solução para calcular o volume.

$$0{,}360 \text{ mol HCl} \times \frac{1{,}00 \text{ L solução}}{2{,}50 \text{ mols HCl}} = \boxed{0{,}144 \text{ L HCl}}$$

Mapa Estratégico 4.9

PROBLEMA
Calcular **o volume de solução de HCl** necessário para consumir a **massa dada** de um **reagente (Zn)**

DADOS/INFORMAÇÕES
- Massa do **Zn**
- **Concentração** de **HCl**
- Equação balanceada

ETAPA 1. Escreva a equação balanceada.

A equação balanceada é **dada**

ETAPA 2. Quantidade de matéria do reagente (mol) = massa × (1 mol/massa molar).

Quantidade de matéria de **Zn**

ETAPA 3. Use o **fator estequiométrico** para relacionar mols de Zn à quantidade de matéria (mol) de ácido necessária.

Quantidade de matéria de ácido necessária **(mol)**

ETAPA 4. Volume de ácido necessário = mol de HCl necessário × (1 L/mol de HCl).

Volume de ácido necessário **(L)**

A resposta é solicitada em unidades de mililitros, portanto, convertemos o volume para mililitros e descobrimos que 144 mL de HCl 2,50 M são necessários para converter completamente 11,8 g de Zn em produtos.

Pense bem antes de responder Você começou com 0,180 mol de zinco. Como a concentração da solução de HCl é de 2,50 mols/L, faz sentido que seja necessário muito menos que 1 L de solução de HCl. Note também que esta é uma reação redox, em que o zinco é oxidado (o número de oxidação muda de 0 para +2) e o hidrogênio, em HCl(aq), é reduzido (seu número de oxidação muda de +1 para 0).

Verifique seu entendimento
Se você combina 75,0 mL de HCl 0,350 M com Na_2CO_3 em excesso, qual massa de CO_2 em gramas é produzida?

$$Na_2CO_3(s) + 2\ HCl(aq) \rightarrow 2\ NaCl(aq) + H_2O(\ell) + CO_2(g)$$

Átomo de H perdido como H^+

Átomo de H perdido como H^+

ácido oxálico, $H_2C_2O_4$

(−)

(−)

ânion oxalato, $C_2O_4^{2-}$

Ácido oxálico. O ácido oxálico possui dois grupos carboxílicos que podem fornecer um íon H^+ por grupo para a solução. Assim, 1 mol de ácido requer 2 mols de NaOH para uma reação completa.

Titulação: Um Método de Análise Química

O ácido oxálico, $H_2C_2O_4$, é um ácido que ocorre naturalmente. Suponha que você seja convidado a determinar a massa desse ácido em uma amostra impura. Uma vez que o composto é um ácido, ele reage com uma base, tal como o hidróxido de sódio.

$$H_2C_2O_4(aq) + 2\ NaOH(aq) \rightarrow Na_2C_2O_4(aq) + 2\ H_2O(\ell)$$

Você pode usar essa reação para calcular a quantidade de ácido oxálico presente em uma determinada massa da amostra se as seguintes condições forem satisfeitas:

- Você pode determinar quando a quantidade de matéria de hidróxido de sódio adicionada é exatamente suficiente para reagir com todo o ácido oxálico presente na solução.

- Você sabe a concentração da solução de hidróxido de sódio e o volume que foi adicionado exatamente no ponto da reação completa.

Essas condições são cumpridas em uma titulação, um procedimento ilustrado na Figura 4.12.

A solução contendo o ácido oxálico é colocada em um recipiente juntamente com um indicador ácido-base, um corante que muda de cor quando o pH da solução de reação atinge certo valor. O hidróxido de sódio aquoso de concentração exatamente conhecida é colocado em uma bureta. O hidróxido de sódio na bureta é adicionado lentamente na solução de ácido no frasco. Enquanto houver algum ácido presente na solução, toda a base fornecida pela bureta é consumida, a solução permanece ácida e a cor do indicador continua inalterada. Em algum ponto, entretanto, a quantidade de matéria de OH^- adicionada iguala-se exatamente à quantidade de

---

DICA PARA SOLUÇÃO DE PROBLEMAS 4.4
Cálculos Estequiométricos Envolvendo Soluções

Na Dica para Solução de Problemas 4.1, você aprendeu uma abordagem geral para os problemas de estequiometria. Agora podemos modificar esse esquema para uma reação envolvendo soluções tais como $x\ A(aq) + y\ B(aq) \rightarrow$ produtos.

Estequiometria: informação quantitativa sobre as reações químicas | **197**

Bureta contendo uma base de concentração conhecida

Base adicionada da bureta

Frasco contendo solução aquosa da amostra a ser analisada e um indicador

1 Uma bureta, um dispositivo volumétrico calibrado em divisões de 0,1 mL e subdivisões de 0,01 mL, é preenchida com uma solução aquosa de uma base de concentração conhecida.

2 A base é adicionada lentamente da bureta para o frasco contendo a solução de ácido sendo analisada e um indicador.

3 Quando a quantidade de matéria de NaOH adicionada da bureta iguala-se à quantidade de matéria de H_3O^+ fornecida pelo ácido (o ponto de equivalência), o corante (o indicador) muda de cor. (O indicador usado aqui é a fenolftaleína.)

FIGURA 4.12 Titulação de um ácido com uma base em solução aquosa.

matéria de H_3O^+ que pode ser fornecida pelo ácido. Este é o chamado **ponto de equivalência**. Assim que o menor excesso de base é adicionado além do ponto de equivalência, a solução torna-se básica, e o indicador muda de cor (Figura 4.12). O Exemplo 4.10 mostra como usar o ponto de equivalência e as outras informações para determinar a porcentagem de ácido oxálico em uma mistura.

EXEMPLO 4.10

Titulação Ácido-base

Problema Uma amostra de 1,034 g de ácido oxálico impuro é dissolvida em água e um indicador ácido-base é adicionado. A amostra requer 34,47 mL de NaOH 0,485 M para alcançar o ponto de equivalência. Qual é a massa de ácido oxálico na amostra e qual é sua porcentagem em massa?

O que você sabe? Você conhece a massa do ácido oxálico impuro, o volume e a concentração de uma solução de NaOH utilizada na titulação.

Estratégia

- Escreva uma equação química balanceada para essa reação ácido-base.
- Calcule a quantidade de matéria de NaOH usada na titulação a partir de seu volume e concentração.
- Use o fator estequiométrico definido pela equação para determinar a quantidade de matéria de $H_2C_2O_4$.
- Calcule a massa de $H_2C_2O_4$ a partir da quantidade de matéria e de sua massa molar.
- Determine a porcentagem em massa de $H_2C_2O_4$ na amostra.

Mapa Estratégico 4.10

PROBLEMA

Calcular a **porcentagem em massa do ácido** em uma amostra impura. Determinar o **conteúdo do ácido** utilizando uma *titulação ácido-base*.

DADOS/INFORMAÇÕES

- **Massa** da amostra impura contendo o *ácido*.
- **Volume** e **concentração** da *base* utilizada na titulação.

ETAPA 1. Escreva a equação balanceada.

Equação balanceada para a reação entre o **ácido** (ácido oxálico) e a **base** (NaOH)

ETAPA 2. Quantidade de matéria de base (mol) = volume (L) × (mol/L).

Quantidade de matéria de base (mol)

ETAPA 3. Use um **fator estequiométrico** para relacionar a quantidade de matéria de base (mol) à quantidade de matéria (mol) de ácido.

Quantidade de matéria de ácido (mol) na amostra impura

ETAPA 4. Massa de ácido na amostra = mol de ácido × (g/mol).

Massa do ácido na amostra impura

ETAPA 5. **% em massa** do ácido na amostra = (g de ácido/g de amostra) 100%.

% em massa do ácido na amostra impura

Solução A equação balanceada para a reação de NaOH e $H_2C_2O_4$ é

$$H_2C_2O_4(aq) + 2\ NaOH(aq) \rightarrow Na_2C_2O_4(aq) + 2\ H_2O(\ell)$$

e a quantidade de matéria de NaOH é dada por

$$\text{Quantidade de matéria de NaOH} = c_{NaOH} \times V_{NaOH} = \frac{0{,}485\ mol\ NaOH}{L} \times 0{,}03447\ L = 0{,}0167\ mol\ NaOH$$

A equação balanceada para a reação mostra que 1 mol de ácido oxálico requer 2 mols de hidróxido de sódio. Esse é o fator estequiométrico necessário para obter a quantidade de matéria de ácido oxálico presente.

$$0{,}0167\ mol\ NaOH \times \frac{1\ mol\ H_2C_2O_4}{2\ mol\ NaOH} = 0{,}00836\ mol\ H_2C_2O_4$$

A massa de ácido oxálico é encontrada a partir da quantidade de matéria do ácido e de sua massa molar.

$$0{,}00836\ mol\ H_2C_2O_4 \times \frac{90{,}04\ g\ H_2C_2O_4}{1\ mol\ H_2C_2O_4} = \boxed{0{,}753\ g\ H_2C_2O_4}$$

Essa massa de ácido oxálico representa 72,8% da massa total da amostra.

$$\frac{0{,}753\ g\ H_2C_2O_4}{1{,}034\ g\ da\ amostra} \times 100\% = \boxed{72{,}8\%\ H_2C_2O_4}$$

Pense bem antes de responder A Dica para Solução de Problemas 4.4 descreve o procedimento usado para resolver esse problema.

Verifique seu entendimento

Uma amostra de 25,0 mL de vinagre (que contém o ácido acético, CH_3CO_2H, um ácido fraco) requer 28,33 mL de uma solução de NaOH 0,953 M para a titulação até o ponto de equivalência. Qual é massa do ácido acético em gramas presente na amostra de vinagre e qual é a concentração do ácido acético no vinagre?

$$CH_3CO_2H(aq) + NaOH(aq) \rightarrow NaCH_3CO_2(aq) + H_2O(\ell)$$

Padronizando um Ácido ou uma Base

No Exemplo 4.10, a concentração da base usada na titulação foi fornecida. Na prática, isto normalmente tem que ser encontrado por uma medida prévia. O processo pelo qual a concentração de um reagente analítico é determinada com precisão é chamado **padronização**, e existem duas abordagens gerais.

Uma abordagem consiste em pesar exatamente uma amostra de um ácido ou uma base puro(a) sólido(a) (conhecida como *padrão primário*) e então titula-se essa amostra com uma solução do ácido ou da base a ser padronizada (Exemplo 4.11). Uma abordagem alternativa para padronizar uma solução é titular a mesma com outra solução que já foi padronizada (veja "Verifique seu entendimento" no Exemplo 4.11). Isso geralmente é feito utilizando-se soluções padrão adquiridas de empresas que comercializam produtos químicos.

EXEMPLO 4.11

Padronizando um Ácido por Titulação

Problema Carbonato de sódio, Na_2CO_3, atua como uma base, e uma amostra pesada com exatidão pode ser utilizada para padronizar um ácido. Uma amostra de carbonato de sódio (0,263 g) requer 28,35 mL de HCl(aq) para a titulação até o ponto de equivalência. Qual é a concentração do HCl?

O que você sabe? A concentração da solução de HCl(aq) é desconhecida neste problema. Você sabe a massa de Na_2CO_3 e o volume da solução de HCl(aq) necessário para reagir completamente com o Na₂CO₃. Você precisa da massa molar do Na₂CO₃ e de uma equação balanceada para a reação.

Estratégia

- Escreva a equação balanceada para essa reação ácido-base.
- Calcule a quantidade de matéria de Na₂CO₃ a partir da sua massa e da massa molar.
- Use o fator estequiométrico (da equação) para encontrar a quantidade de matéria de HCl(aq).
- A quantidade de matéria de HCl dividida pelo volume da solução (em litros) fornece sua concentração (mol/L).

Solução Primeiro escrevemos a equação balanceada para a reação.

$$Na_2CO_3(aq) + 2\,HCl(aq) \rightarrow 2\,NaCl(aq) + H_2O(\ell) + CO_2(g)$$

Calcule a quantidade de matéria da base, Na₂CO₃, a partir da sua massa e da massa molar.

$$0,263 \text{ g Na}_2CO_3 \times \frac{1 \text{ mol Na}_2CO_3}{106,0 \text{ g Na}_2CO_3} = 0,00248 \text{ mol Na}_2CO_3$$

Em seguida, use o fator estequiométrico para calcular a quantidade de matéria de HCl em 28,35 mL.

$$0,00248 \text{ mol Na}_2CO_3 \times \frac{2 \text{ mols HCl necessário}}{1 \text{ mol Na}_2CO_3 \text{ disponível}} = 0,00496 \text{ mol HCl}$$

Calcule a concentração da solução de HCl dividindo a quantidade de matéria de HCl pelo volume utilizado na titulação.

$$[HCl] = \frac{0,00496 \text{ mol HCl}}{0,02835 \text{ L}} = \boxed{0,175 \text{ M HCl}}$$

Pense bem antes de responder O carbonato de sódio é normalmente utilizado como um padrão primário. Ele pode ser obtido na forma pura, pode ser pesado com precisão e reage completamente com ácidos fortes.

Verifique seu entendimento

Ácido clorídrico, HCl, com uma concentração de 0,100 M pode ser adquirido de fornecedores de produtos químicos, e essa solução pode ser utilizada para padronizar a solução de uma base. Se titular 25,00 mL de uma solução de hidróxido de sódio até o ponto de equivalência requer 29,67 mL de HCL 0,100, qual é a concentração da base?

Determinando a Massa Molar por Titulação

Neste capítulo e no Capítulo 2, utilizamos dados analíticos para determinar a fórmula empírica de um composto. A fórmula molecular pode então ser obtida se a massa molar for conhecida. Se a substância desconhecida é um ácido ou uma base, é possível determinar a massa molar por titulação.

EXEMPLO 4.12

Determinando a Massa Molar de um Ácido por Titulação

Problema Para determinar a massa molar de um ácido orgânico desconhecido, HA, uma amostra de 1,056 g de HA é titulada com NaOH padronizada (isto é, com uma solução de NaOH cuja concentração é exatamente conhecida). Calcule a massa molar de HA assumindo que o ácido reage com 33,78 mL de NaOH 0,256 M de acordo com a equação

$$HA(aq) + NaOH(aq) \rightarrow NaA(aq) + H_2O(\ell)$$

Mapa Estratégico 4.12

PROBLEMA
Calcular a **massa molar** de um ácido, **HA**, usando uma *titulação ácido-base*.

DADOS/INFORMAÇÕES
- **Massa** da amostra de *ácido*.
- **Volume** e **concentração** da *base* utilizada na titulação

ETAPA 1. Escreva a equação balanceada.

↓

Equação balanceada para a reação entre o **ácido** (HA) e a **base** (NaOH)

ETAPA 2. Quantidade de matéria de base (mol) = volume (L) × (mol/L).

↓

Quantidade de matéria de base (mol)

ETAPA 3. Use um **fator estequiométrico** para relacionar a quantidade de matéria de base (mol) à quantidade de matéria (mol) de ácido.

↓

Quantidade de matéria de ácido **HA** (mol)

ETAPA 4. Massa molar = massa de ácido na amostra/quantidade de matéria de ácido na amostra.

↓

Massa molar do ácido **HA**

O que você sabe? Você conhece a massa da amostra do ácido desconhecido e o volume e a concentração de NaOH(aq). A partir da equação dada, você sabe que o ácido e a base reagem com uma relação 1:1.

Estratégia A chave para este problema consiste em reconhecer que a massa molar de uma substância é a proporção entre a massa da amostra (g) e sua quantidade de matéria (mol). Você conhece a massa, mas precisa determinar a quantidade de matéria equivalente a ela. A equação indica que 1 mol de HA reage com 1 mol de NaOH, de modo que a quantidade de matéria de HA é igual à quantidade de matéria de NaOH utilizada na titulação. E a quantidade de matéria de NaOH pode ser calculada a partir de sua concentração e de seu volume.

Solução Vamos primeiro calcular a quantidade de matéria de NaOH usada na titulação.

$$\text{Quantidade de matéria de NaOH} = c_{NaOH} \times V_{NaOH} = \frac{0{,}256 \text{ mol}}{L} \times 0{,}03378 \text{ L} = 8{,}65 \times 10^{-3} \text{ mol NaOH}$$

A quantidade de matéria de NaOH usada na titulação é a mesma que a de ácido titulado. Ou seja,

$$8{,}65 \times 10^{-3} \text{ mol NaOH} \times \frac{1 \text{ mol HA}}{1 \text{ mol NaOH}} = 8{,}65 \times 10^{-3} \text{ mol HA}$$

Finalmente, calcule a massa molar de HA.

$$\text{Massa molar do ácido} = \frac{1{,}056 \text{ g HA}}{8{,}65 \times 10^{-3} \text{ mol HA}} = \boxed{122 \text{ g/mol}}$$

Pense bem antes de responder As massas molares de ácidos solúveis em água variam entre 20 g/mol (para HF) a algumas centenas de gramas por mol.

Verifique seu entendimento

Um ácido monoprótico desconhecido reage com NaOH de acordo com a equação iônica líquida

$$HA(aq) + OH^-(aq) \rightarrow A^-(aq) + H_2O(\ell)$$

Calcule a massa molar de HA se 0,856 g do ácido necessita de 30,08 mL de NaOH 0,323 M.

Titulações Usando Reações de Oxirredução

A análise por titulação não é limitada à química ácido-base. Muitas reações de oxirredução são rápidas e completas em solução aquosa e existem métodos para determinar seus pontos de equivalência.

EXEMPLO 4.13

Usando uma Reação de Oxirredução em uma Titulação

Problema O ferro em uma amostra de minério de ferro pode ser convertido quantitativamente em íon ferro(II), Fe^{2+}, em uma solução aquosa, e esta solução pode então ser titulada com solução de permanganato de potássio, $KMnO_4$. A equação iônica líquida balanceada para a reação que ocorre no decorrer dessa titulação é:

$$MnO_4^-(aq) + 5\,Fe^{2+}(aq) + 8\,H_3O^+(aq) \rightarrow Mn^{2+}(aq) + 5\,Fe^{3+}(aq) + 12\,H_2O(\ell)$$
$$\text{roxo} \qquad \text{incolor} \qquad\qquad\qquad \text{incolor} \quad \text{amarelo pálido}$$

Uma amostra de 1,026 g do minério que contém ferro requer 24,35 mL de KMnO₄ 0,0195 M para alcançar o ponto de equivalência. Qual é a porcentagem em massa de ferro no minério?

O que você sabe? Você conhece a concentração e o volume da solução de KMnO₄ utilizados para titular Fe²⁺(aq) até o ponto de equivalência. O fator estequiométrico relacionando as quantidades de matéria de KMnO₄ e de Fe²⁺(aq) é obtido da equação balanceada.

Estratégia

- Utilize o volume e a concentração da solução de KMnO₄ para calcular a quantidade de matéria de KMnO₄ utilizada na titulação.
- Use o fator estequiométrico para determinar a quantidade de matéria de Fe²⁺ a partir da quantidade de matéria de KMnO₄.
- Converta a quantidade de matéria de Fe²⁺ em massa de ferro usando a massa molar do ferro.
- Calcule a porcentagem em massa de ferro na amostra.

Solução Primeiro calcule a quantidade de matéria de KMnO₄.

$$\text{Quantidade de matéria de KMnO}_4 = c_{KMnO_4} \times V_{KMnO_4} = \frac{0{,}0195 \text{ mol KMnO}_4}{L} \times 0{,}02435\ L = 0{,}000475 \text{ mol}$$

Utilize o fator estequiométrico para calcular a quantidade de íons ferro(II):

$$0{,}000475 \text{ mol KMnO}_4 \times \frac{5 \text{ mols Fe}^{2+}}{1 \text{ mol KMnO}_4} = 0{,}00237 \text{ mol Fe}^{2+}$$

Em seguida, calcule a massa do ferro.

$$0{,}00237 \text{ mol Fe}^{2+} \times \frac{55{,}85 \text{ g Fe}^{2+}}{1 \text{ mol Fe}^{2+}} = 0{,}133 \text{ g Fe}^{2+}$$

Finalmente, determine a porcentagem em massa.

$$\frac{0{,}133 \text{ g Fe}^{2+}}{1{,}026 \text{ g na amostra}} \times 100\% = \boxed{12{,}9\% \text{ ferro}}$$

Pense bem antes de responder A reação dos íons ferro(II) com KMnO₄ é bem adequada para uso em uma titulação, porque é fácil detectar quando todos os íons ferro(II) reagiram. O íon MnO₄⁻ possui uma cor violeta intensa, mas quando reage com o Fe²⁺ a cor desaparece porque o produto da reação, Mn²⁺, é incolor. Por conseguinte, a solução de KMnO₄ é adicionada de uma bureta até que a solução inicialmente incolor contendo Fe²⁺ torne-se púrpura suave (devido ao excesso de KMnO₄), sinal de que o ponto de equivalência foi atingido.

Usando uma reação de oxirredução para ánalise por titulação. Solução aquosa de KMnO₄, violeta, é adicionada à solução contendo Fe²⁺. À medida que as gotas de KMnO₄ são adicionadas à solução, Mn²⁺ incolor e Fe²⁺ amarelo-pálido são formados.

Verifique seu entendimento

A vitamina C, ácido ascórbico (C₆H₈O₆), é um agente redutor. Uma maneira de determinar o conteúdo do ácido ascórbico de uma amostra é misturar o ácido com um excesso de iodo,

$$C_6H_8O_6(aq) + I_2(aq) + 2\ H_2O(\ell) \rightarrow C_6H_6O_6(aq) + 2\ H_3O^+(aq) + 2\ I^-(aq)$$

e, em seguida, titular com tiossulfato de sódio o iodo que não reagiu com o ácido ascórbico. A equação iônica líquida balanceada para a reação que ocorre nessa titulação é

$$I_2(aq) + 2\ S_2O_3^{2-}(aq) \rightarrow 2\ I^-(aq) + S_4O_6^{2-}(aq)$$

Suponha que 50,00 mL de I₂ 0,0520 M tenha sido adicionado na amostra que contém o ácido ascórbico. Depois que a reação ácido ascórbico/I₂ foi completada, o I₂ não usado na reação precisou de 20,30 mL de Na₂S₂O₃ 0,196 M na titulação até o ponto de equivalência. Calcule a massa de ácido ascórbico na amostra desconhecida.

ESTUDO DE CASO

Quanto Sal Existe na Água do Mar?

A salinidade é uma das sensações gustativas básicas e, ao provarmos água do mar, rapidamente percebemos que ela é salgada. Como os oceanos se tornaram salgados?

O CO_2 dissolvido reage com água para produzir H_2CO_3, um ácido fraco que se dissocia parcialmente para formar íons hidrônio e bicarbonato.

$$CO_2(g) + H_2O(\ell) \rightarrow H_2CO_3(aq)$$

$$H_2CO_3(aq) + H_2O(\ell) \rightleftharpoons H_3O^+(aq) + HCO_3^-(aq)$$

Na verdade, isso explica porque a chuva é normalmente ácida, o que pode então fazer com que algumas substâncias, tais como a pedra calcária ou os corais, venham a se dissolver, produzindo íons cálcio e mais íons bicarbonato.

$$CaCO_3(s) + H_3O^+(aq) \rightarrow Ca^{2+}(aq) + HCO_3^-(aq) + H_2O(\ell)$$

Os íons sódio chegam aos oceanos graças a uma reação semelhante com os minerais contendo sódio, tais como a albita, $NaAlSi_3O_6$. A chuva ácida que cai sobre a terra extrai os íons sódio, que são então carregados pelos rios para o oceano.

O teor médio de cloreto das rochas na crosta da Terra é de apenas 0,01%, portanto, apenas uma proporção ínfima do íon cloreto nos oceanos pode vir do intemperismo de rochas e minerais. Qual então é a origem dos íons cloreto na água do mar? A resposta está ligada aos vulcões. O gás cloreto de hidrogênio, HCl, é um constituinte dos gases vulcânicos. No início da história da Terra, o planeta era muito mais quente e havia um número muito maior de vulcões. O gás HCl liberado por esses vulcões é muito solúvel em água e rapidamente se dissolve, formando uma solução diluída de ácido clorídrico. Os íons cloreto provenientes do gás HCl dissolvido e os íons sódio provenientes das rochas submetidas ao intemperismo são a fonte do sal no mar.

Cortesia Jack Kotz

Suponha que você seja um oceanógrafo e queira determinar a concentração de íons cloreto em uma amostra de água do mar. Como você pode fazer isso? E que resultado você pode encontrar?

Existem várias maneiras de analisar uma solução de íons de cloreto; entre elas está o clássico "método de Mohr", em que uma solução contendo íons cloreto é titulada com nitrato de prata padronizado. A seguinte reação ocorrerá:

$$Ag^+(aq) + Cl^-(aq) \rightarrow AgCl(s)$$

A reação continuará até que os íons cloreto tenham sido precipitados completamente. Para detectar o ponto de equivalência da titulação de Cl^- com Ag^+, o método de Mohr envolve a adição de algumas gotas de uma solução de cromato de potássio. Este atua como "indicador" porque o cromato de prata é ligeiramente mais solúvel que AgCl, de modo que o Ag_2CrO_4 vermelho só precipita depois que todo o AgCl é precipitado.

$$2\ Ag^+(aq) + CrO_4^{2-}(aq) \rightarrow Ag_2CrO_4(s)$$

O aparecimento da cor vermelha da Ag_2CrO_4 (◄ Figura 3.12) sinaliza o ponto de equivalência.

Questão:

Usando a seguinte informação, calcule a concentração de íons cloreto em uma amostra de água do mar.

a. Volume da amostra de água do mar original = 100,0 mL.
b. Uma amostra de 10,00 mL de água do mar foi diluída até 100,0 mL com água destilada.
c. 10,00 mL da amostra diluída foram novamente diluídos para 100,0 mL.
d. A titulação de Mohr foi realizada em 50,00 mL da amostra diluída (da etapa c) e precisou de 26,25 mL de $AgNO_3$ 0,100 M. Qual foi a concentração de íons cloreto na amostra original de água do mar?

A resposta para esta questão está disponível no Apêndice N.

EXERCÍCIOS PARA A SEÇÃO 4.7

1. Uma amostra de 25 mL de HCl 0,40 M é adicionada a 32 mL de NaOH 0,30 M. A solução resultante é ácida, básica ou neutra?

   (a) ácida   (b) básica   (c) neutra

2. Qual volume de NaOH 0,250 M é necessário para reagir *completamente* com H_2SO_4 0,0100 mol ?

   (a) 80,0 mL   (b) 60,0 mL   (c) 40,0 mL   (d) 125 mL

4-8 Espectrofotometria

Soluções de muitos compostos são coloridas, uma consequência da absorção da luz (Figura 4.13). É possível medir quantitativamente o grau de absorção da luz e relacionar isto com a concentração do soluto dissolvido. Esse tipo de técnica, chamada **espectrofotometria**, é um método analítico importante que você usará em suas disciplinas experimentais. A espectrofotometria é um dos métodos de análise quantitativa mais utilizados. Ela é aplicável a muitos problemas industriais, clínicos e forenses que envolvem a determinação quantitativa de compostos que são coloridos ou que reagem para formar um produto colorido.

Estequiometria: informação quantitativa sobre as reações químicas

ESTUDO DE CASO

Química Forense: Titulações e Adulteração de Alimentos

A Food and Drug Administration (FDA) dos Estados Unidos descobriu casos de adulteração de produtos envolvendo a adição de água sanitária em produtos como sopa, fórmula para lactentes e refrigerantes. A água sanitária é uma solução diluída de hipoclorito de sódio (NaClO), um composto que é um agente oxidante e que se torna perigoso em caso de ingestão.

Um método para detectar a água sanitária utiliza papel de iodeto de potássio e amido. A água sanitária oxida o íon iodeto para iodo em uma solução ácida

$$2\ I^-(aq) + HClO(aq) + H_3O^+(aq) \rightarrow I_2(aq) + 2\ H_2O(\ell) + Cl^-(aq)$$

e a presença de I_2 é detectada por meio de uma cor azul intensa devido à reação com o amido.

Essa reação também é utilizada na análise quantitativa de soluções que contêm água sanitária. Excesso de íons iodeto (sob a forma de KI) é adicionado à amostra. A água sanitária na amostra (que forma HClO em solução ácida) oxida I^- em uma proporção de 1 mol de HClO para 2 mols de I^-. O iodo formado na reação é então titulado com tiossulfato de sódio, $Na_2S_2O_3$, em outra reação de oxirredução (como em "Verifique seu entendimento" no Exemplo 4.13).

$$I_2(aq) + 2\ S_2O_3^{2-}(aq) \rightarrow 2\ I^-(aq) + S_4O_6^{2-}(aq)$$

A quantidade de matéria de $Na_2S_2O_3$ utilizada na titulação pode então ser usada para determinar a quantidade de matéria de NaClO na amostra original.

Questão:

Excesso de KI é adicionado em uma amostra de 100,0 mL de um refrigerante que tinha sido contaminado com água sanitária, NaClO. O iodo (I_2) gerado na solução é então titulado com $Na_2S_2O_3$ 0,0425 M e requer 25,3 mL para atingir o ponto de equivalência. Qual massa de NaClO estava contida na amostra de 100,0 mL do refrigerante adulterado?

A resposta para esta questão está disponível no Apêndice N.

Uma cor azul característica é gerada quando o iodo reage com o amido solúvel em água.

Toda substância absorve ou transmite certos comprimentos de onda de energia radiante, mas não absorve outros (Figuras 4.13 e 4.14). Por exemplo, os íons níquel(II) (e clorofila) absorvem a luz vermelha e azul/violeta, enquanto transmitem a luz verde. Seus olhos "veem" a luz transmitida ou refletida como a cor verde. Além disso, os comprimentos de onda específicos da luz absorvida e transmitida são característicos de uma substância, de modo que um espectro serve como uma "impressão digital" que pode ajudar a identificar uma substância desconhecida.

Agora suponha que você olhe para duas soluções contendo íons cobre(II), uma de cor mais forte do que a outra. Seu senso comum diz que a solução de cor mais intensa é a mais concentrada (Figura 4.15a). Isso é verdade: a intensidade da cor é uma medida da concentração do soluto na solução.

FIGURA 4.13 Absorção de luz e cor.

FIGURA 4.14 Um espectrofotômetro de absorção. O detector no espectrofotômetro "varre" todos os comprimentos de onda de luz e determina a absorção em cada comprimento de onda. O resultado é um *espectro*, um gráfico de absorbância como uma função do comprimento de onda ou frequência da luz incidente ou recebida. Aqui, a amostra absorve a luz na faixa verde--azul do espectro e transmite-a nos demais comprimentos de onda restantes. A amostra apareceria de vermelho a laranja diante da sua visão.

Transmitância, Absorbância e a Lei de Beer-Lambert

Para entender a relação exata entre absorção de luz e concentração da solução, precisamos definir diversos termos. **Transmitância** (T) é a razão entre a quantidade de luz transmitida ou que passa através da amostra (P) em relação à quantidade de luz que incide sobre a amostra (a luz incidente, P_0).

$$\text{Transmitância}\ (T) = \frac{P}{P_0} = \frac{\text{intensidade da luz transmitida}}{\text{intensidade da luz incidente}}$$

A **absorbância** de uma amostra é definida como o logaritmo negativo da sua transmitância. Ou seja, absorbância e transmitância têm uma relação inversa. À medida que a absorbância de uma solução aumenta, diminui a transmitância

$$\text{Absorbância} = -\log T = -\log P/P_0$$

Voltando ao nosso exemplo de uma solução aquosa de íons cobre(II) na Figura 4.15a, se você possui duas soluções de sulfato de cobre(II), pode deduzir que a

FIGURA 4.15 Absorção de luz, concentração e caminho óptico.

(a) Tubos de ensaio de mesmo diâmetro contêm soluções de sulfato de cobre(II) de diferentes concentrações. Mais luz é absorvida pela solução mais concentrada, e ela parecerá mais azul.

(b) Aqui, os tubos de ensaio possuem soluções de sulfato de cobre(II) de mesma concentração. No entanto, a distância que a luz percorre é mais longa em uma do que na outra.

solução mais azul aparece dessa forma porque possui uma concentração maior de sulfato de cobre(II). Isto é, a *absorbância, A, de uma amostra aumenta à medida que a concentração aumenta*.

Em seguida, suponha que existam dois tubos de ensaio, ambos contendo a mesma solução na mesma concentração. A única diferença é que um dos tubos de ensaio possui um diâmetro menor que o outro (Figura 4.15b). Emitimos luz da mesma intensidade (P_0) em ambos os tubos de ensaio. No tubo de diâmetro estreito, a luz tem que percorrer apenas uma curta distância através da amostra antes de atingir seus olhos, enquanto no outro tubo ela deve passar através de mais amostra. No tubo de diâmetro maior, mais luz será absorvida porque o comprimento do percurso é mais longo, em outras palavras, *a absorbância aumenta à medida que aumenta o caminho óptico*.

As duas observações descritas acima constituem a **lei de Beer-Lambert**:

$$\text{Absorbância } (A) \propto \text{caminho óptico } (\ell) \times \text{concentração } (c)$$
$$A = \varepsilon \times \ell \times c \tag{4.5}$$

> **Lei de Beer-Lambert** A lei de Beer-Lambert aplica-se estritamente a soluções relativamente diluídas. Em concentrações mais elevadas de solutos, a dependência da absorbância com a concentração pode não ser linear.

em que

- A, a absorbância da amostra, é um número adimensional.
- ε, uma constante de proporcionalidade, é chamada a *absortividade molar*. Trata-se de uma constante para uma determinada substância, desde que a temperatura e o comprimento de onda sejam constantes. Ela tem unidades de L/mol · cm.
- ℓ e c apresentam as unidades de comprimento (cm) e concentração (mol/L), respectivamente.

O ponto importante é que a lei de Beer-Lambert mostra que *há uma relação linear entre a absorbância de uma amostra e a sua concentração para um determinado caminho óptico*.

FIGURA 4.16 Espectrofotômetro. Este instrumento é frequentemente encontrado em laboratórios de química básica.

Análise Espectrofotométrica

Normalmente existem quatro etapas na realização de uma análise espectrofotométrica.

1. **Registre o espectro de absorção da substância a ser analisada.** Em laboratórios de química básica, isto é muitas vezes realizado por meio do uso de instrumentos como o que é mostrado na Figura 4.16. O resultado é um espectro como aquele para os íons permanganato (MnO_4^-) na Figura 4.17. O espectro é um gráfico da absorbância da amostra em função do comprimento de onda da luz incidente. Aqui, o máximo de absorção é de cerca de 525 nm.
2. **Escolha o comprimento de onda para a medida.** A absorbância em cada comprimento de onda é proporcional à concentração. Portanto, na teoria, você poderia escolher qualquer comprimento de onda para estimativas quantitativas de concentração. No entanto, a magnitude da absorbância é importante, especialmente quando você está tentando detectar quantidades muito pequenas de soluto. Nos espectros de íons permanganato na Figura 4.17, note que a diferença na absorbância entre as curvas 1 e 2 é maior por volta de 525 nm, e neste comprimento de onda a mudança na absorbância é maior para uma determinada mudança na concentração. Isto é, a medida da absorbância como uma função da concentração é mais sensível nesse comprimento de onda. Por essa razão, *o comprimento de onda de absorbância máxima é selecionado para nossas medidas*.
3. **Prepare uma curva de calibração.** Depois de ter escolhido o comprimento de onda, a próxima etapa é a construção de uma **curva de calibração** ou **gráfico de calibração** nesse comprimento de onda. Isso consiste em um gráfico de absorbância em função da concentração para uma série de soluções padrão cujas concentrações são conhecidas com exatidão. Por causa da relação linear entre a concentração e a absorbância (em um determinado comprimento de onda e caminho óptico), esse gráfico consiste em uma linha reta com uma inclinação positiva. (Você irá preparar um gráfico de calibração no Exemplo 4.14).

FIGURA 4.17 O espectro de absorbância de soluções de permanganato de potássio ($KMnO_4$) em diferentes concentrações. A solução da curva 1 tem concentração maior que a da curva 2.

4 Determine a concentração da espécie de interesse em outras soluções. Uma vez que o gráfico de calibração foi feito e a equação da curva é conhecida, você pode encontrar a concentração de uma amostra desconhecida por meio de sua absorbância.

EXEMPLO 4.14

Usando Espectrofotometria na Análise Química

Problema Uma solução de $KMnO_4$ possui uma absorbância de 0,539 quando medida a 540 nm em uma célula de 1,0 cm. Qual é a concentração do $KMnO_4$? Antes de determinar a absorbância para a solução desconhecida, os seguintes dados de calibração foram obtidos para o espectrofotômetro.

Concentração de $KMnO_4$ (M)	Absorbância
0,0300	0,162
0,0600	0,330
0,0900	0,499
0,120	0,670
0,150	0,840

O que você sabe? A tabela refere-se à concentração e absorbância para soluções aquosas de $KMnO_4$. A absorbância da amostra desconhecida (a 540 nm em uma célula de 1,0 cm) é fornecida.

Estratégia Prepare uma curva de calibração a partir dos dados apresentados acima e então utilize-a para estimar a concentração do composto desconhecido a partir de sua absorbância. Um valor mais preciso da concentração pode ser obtido se você encontrar a equação para a linha reta no gráfico de calibração e calcular a concentração desconhecida usando essa equação.

Solução Usando o Microsoft Excel (ou programa equivalente) ou uma calculadora, prepare um gráfico de calibração a partir dos dados experimentais.

A equação para a linha reta (determinada usando o Excel) é

$$y = 5,653x - 0,009$$

$$\text{Absorbância} = 5,653\,c - 0,009$$

Se colocarmos a absorbância para a solução desconhecida,

$$0,539 = 5,653\,c - 0,009$$

Concentração desconhecida = 0,0969 M

Pense bem antes de responder A absorbância do composto desconhecido foi de 0,539. Olhando para trás em nossos dados de calibração, podemos ver que essa absorbância situa-se entre os pontos de dados para absorbâncias de 0,499 e 0,670. Nossa resposta determinada para a concentração de KMnO₄ no composto desconhecido (0,0969 M) está entre as concentrações para esses dois pontos de dados de 0,0900 M e 0,120 M, como deveria.

Verifique seu entendimento

Uma solução de íons cobre(II) possui uma absorbância de 0,418 quando medida a 645 nm em uma célula de 1,0 cm. Usando os dados a seguir, calcule a concentração de íons cobre(II) em uma solução desconhecida.

Dados de Calibração

Concentração de Cu^{2+} (M)	Absorbância
0,0562	0,720
0,0337	0,434
0,0281	0,332
0,0169	0,219

EXERCÍCIOS PARA A SEÇÃO 4.8

1. Como a absorbância (A) de uma solução é afetada se uma solução é diluída para duas vezes o volume inicial?

   (a) A é duplicada. (c) A não muda.

   (b) A é reduzida pela metade do valor original.

2. Um gráfico de absorbância em função da concentração de uma série de soluções de KMnO₄ fornece uma linha reta com a equação: $y = 2,50x + 0,02$. Qual é a concentração de KMnO₄ em uma solução que tem uma absorbância de 0,442?

   (a) 0,157 M   (b) 0,169 M   (c) 0,442 M   (d) 1,08 M

APLICANDO PRINCÍPIOS QUÍMICOS

Antiácidos

Os antiácidos são compostos químicos que aliviam a azia e a indigestão. Os antiácidos que anunciam alívio imediato da indigestão ou azia contêm íons carbonato ou hidroxila que neutralizam os ácidos do estômago. Alguns ingredientes ativos comuns incluem $NaHCO_3$, $KHCO_3$, $CaCO_3$, $Mg(OH)_2$ e $Al(OH)_3$. Embora esses compostos propiciem alívio rápido, eles não são recomendados para consumo prolongado. O carbonato de cálcio pode contribuir para o crescimento de pedras nos rins. Além disso, o carbonato de cálcio e o hidróxido de alumínio podem causar prisão de ventre. O hidróxido de magnésio, por outro lado, é um laxante suave capaz de provocar diarreia. Os antiácidos contendo magnésio, por conseguinte, são muitas vezes combinados com hidróxido de alumínio, já que ele neutraliza as propriedades laxativas do magnésio.

Antiácidos. Os antiácidos são compostos químicos como $CaCO_3$, $MgCO_3$, $Mg(OH)_2$ e $Al(OH)_3$ que podem aliviar a indigestão e a azia.

QUESTÕES:

1. Quais dos compostos listados no texto produzem reações de formação de gás quando combinados com HCl?
2. Um comprimido do antiácido Tums Regular Strength Antacid™ contém 500 mg de CaCO₃.
   a. Escreva uma equação química balanceada para a reação entre CaCO₃ e ácido estomacal (HCl).
   b. Que volume (em mL) de HCl(aq) 0,500 M reagirá completamente com um comprimido de Tums™?
3. Os ingredientes ativos em Rolaids™ são CaCO₃ e Mg(OH)₂.
   a. Escreva a equação química balanceada para a reação entre Mg(OH)₂ e HCl.
   b. Se 29,52 mL de HCl 0,500 M são necessários para titular um comprimido de Rolaids™ dissolvido em água, o qual contém 550 mg de CaCO₃, que massa de Mg(OH)₂ está presente em um comprimido?
4. Maalox™ pode ser adquirido em forma líquida ou sólida. Uma colher de chá da forma líquida de Maalox™ contém uma mistura de 200 mg de Al(OH)₃ e 200 mg de Mg(OH)₂. Qual volume de HCl(aq) 0,500 M reagirá completamente com uma colher de chá de Maalox™?
5. Qual produto neutraliza a maior quantidade de ácido quando ingerido de acordo com as quantidades anteriormente apresentadas: um comprimido de Tums™ ou Rolaids™ ou uma colher de chá de Maalox™?

REVISÃO DOS OBJETIVOS DO CAPÍTULO

Agora que você já estudou este capítulo, deve perguntar a si mesmo se atingiu os objetivos propostos. Especificamente, você deverá ser capaz de

ENTENDER

- A lei da conservação da matéria, que constitui a base da estequiometria química. **Questão para Estudo: 135.**

- O significado de um reagente limitante em uma reação química. **Questões para Estudo: 136-138.**

FAZER

- Realizar cálculos estequiométricos usando equações químicas balanceadas.
   a. Calcular a massa de um reagente ou produto a partir da massa de outro reagente ou produto usando a equação química balanceada (Seção 4.1). Questões para Estudo: 2–6, 79, 81, 83, 97, 99, 102.
   b. Usar tabelas de quantidades para organizar a informação estequiométrica. Questões para Estudo: 7-10.
   c. Determinar qual entre dois reagentes é o reagente limitante (Seção 4.2). Questões para Estudo: 11–18, 98.
   d. Determinar o rendimento de um produto com base no reagente limitante. Questões para Estudo: 11–18, 85.

- Calcular os rendimentos teórico e percentual de uma reação química.
   a. Explicar as diferenças entre rendimento real, rendimento teórico e rendimento percentual e calcular o rendimento percentual (Seção 4.3). Questões para Estudo: 21, 22.

- Utilizar a estequiometria para analisar uma mistura de compostos ou para determinar a fórmula de um composto.
   a. Utilizar os princípios da estequiometria para analisar uma mistura (Seção 4.4). Questões para Estudo: 25–30, 129, 130.
   b. Encontrar a fórmula empírica de um composto desconhecido usando a estequiometria química (Seção 4.4). Questões para Estudo: 31–38.

- Definir e utilizar concentração em estequiometria de solução.
   a. Calcular a concentração de um soluto em uma solução em unidades de mol por litro (molaridade) e usar as concentrações nos cálculos (Seção 4.5). Questões para Estudo: 39, 40, 42.
   b. Descrever como preparar uma solução de uma determinada concentração a partir do soluto e do solvente ou pela diluição de uma solução mais concentrada (Seção 4.5). Questões para Estudo: 47–54.

c. Resolver problemas de estequiometria usando concentrações de solução (Seção 4.7). **Questões para Estudo: 61–68, 106, 107.**
  d. Explicar como uma titulação é realizada, explicar o procedimento de padronização e calcular as concentrações ou quantidades de reagentes a partir dos dados da titulação (Seção 4.7). **Questões para Estudo: 69–76.**
- Usar a relação de concentração de íons hidrônio e ph.
  a. Calcular o pH de uma solução a partir da concentração de íons hidrônio na solução. Calcular a concentração de íons hidrônio de uma solução a partir do pH (Seção 4.6). **Questões para Estudo: 55–60.**
- Utilizar a espectrofotometria para determinar a concentração de uma espécie em solução.
  a. Construir um gráfico de absorbância em função da concentração e determinar a inclinação e a intercecção (Seção 4.8). **Questões para Estudo: 77, 78, 133.**
  b. Usar um gráfico de absorbância em função da concentração para determinar a concentração da solução desconhecida. **Questões para Estudo: 77, 78, 133.**

LEMBRAR

- Que a concentração (como a molaridade) é a quantidade de matéria de soluto por litro de solução.
- Que o pH é uma medida da concentração do íon hidrônio.

EQUAÇÕES-CHAVE

Equação 4.1

$$\text{Rendimento percentual} = \frac{\text{quantidade real}}{\text{quantidade teórica}} \times 100\%$$

Equação 4.2 Definição de molaridade, uma medida da concentração de um soluto em uma solução.

$$\text{Molaridade de } x \ (c_x) = \frac{\text{quantidade de matéria de soluto } x \ (\text{mol})}{\text{volume da solução (L)}}$$

Uma forma útil dessa equação é

Quantidade de matéria de soluto x (mol) = c_x (mol/L) × volume da solução (L)

Equação de Diluição Este é um atalho para encontrar, por exemplo, a concentração de uma solução (c_d) após a diluição de um volume (V_c) de uma solução mais concentrada (c_c) para um novo volume (V_d).

$$c_c \times V_c = c_d \times V_d$$

Equação 4.3 pH. O pH de uma solução é o logaritmo negativo da concentração de íons hidrônio.

$$pH = -\log[H_3O^+]$$

Equação 4.4 Calculando $[H_3O^+]$ pelo pH. A equação para calcular a concentração de íons hidrônio de uma solução a partir do pH da solução.

$$[H_3O^+] = 10^{-pH}$$

Equação 4.5 Lei de Beer-Lambert. A absorbância da luz (A) por uma substância em solução é igual ao produto da absortividade molar da substância (ε), do caminho óptico (ℓ) e da concentração do soluto (c).

$$\text{Absorbância } (A) \propto \text{caminho óptico } (\ell) \times \text{concentração } (c)$$

$$A = \varepsilon \times \ell \times c$$

QUESTÕES PARA ESTUDO

▲ denota questões desafiadoras.

Questões numeradas em verde têm respostas no Apêndice N.

Praticando Habilidades

Relações de Massa em Reações Químicas: Estequiometria Básica

(Veja o Exemplo 4.1.)

1. Em uma reação conhecida como reação termita, o óxido de ferro(III) reage com alumínio para formar o ferro fundido.

   $$Fe_2O_3(s) + 2\ Al(s) \rightarrow 2\ Fe(\ell) + Al_2O_3(s)$$

   Qual quantidade de matéria de Al, em mols, é necessária para a reação completa de 3,0 mols de Fe_2O_3? Qual massa de Fe, em gramas, pode ser produzida?

2. Que massa de HCl, em gramas, é necessária para reagir com 0,750 g de $Al(OH)_3$? Qual massa de água, em gramas, é produzida?

   $$Al(OH)_3(s) + 3\ HCl(aq) \rightarrow AlCl_3(aq) + 3\ H_2O(\ell)$$

3. Como muitos metais, o alumínio reage com um halogênio para formar um haleto metálico.

   $$2\ Al(s) + 3\ Br_2(\ell) \rightarrow Al_2Br_6(s)$$

   Que massa de Br_2, em gramas, é necessária para a reação completa de 2,56 g de Al? Qual massa de Al_2Br_6, sólido e branco, é esperada?

4. A equação balanceada para a redução de minério de ferro para o metal usando CO é

   $$Fe_2O_3(s) + 3\ CO(g) \rightarrow 2\ Fe(s) + 3\ CO_2(g)$$

   (a) Qual é a massa máxima de ferro, em gramas, que pode ser obtida a partir de 454 g (1,00 lb) de óxido de ferro(III)?
   (b) Qual massa de CO é necessária para reagir com 454 g de Fe_2O_3?

5. O metano, CH_4, queima com oxigênio.
   (a) Quais são os produtos da reação?
   (b) Escreva a equação balanceada para a reação.
   (c) Qual massa de O_2, em gramas, é necessária para a combustão completa de 25,5 g de metano?
   (d) Qual é a massa total de produtos esperada a partir da combustão de 25,5 g de metano?

6. A formação de cloreto de prata, insolúvel em água, é útil na análise de substâncias que contêm cloreto. Considere a seguinte equação *não balanceada*:

   $$BaCl_2(aq) + AgNO_3(aq) \rightarrow AgCl(s) + Ba(NO_3)_2(aq)$$

   (a) Escreva a equação balanceada.
   (b) Que massa de $AgNO_3$, em gramas, é necessária para a reação completa com 0,156 g de $BaCl_2$? Que massa de AgCl é produzida?

Tabelas de Quantidades e Estequiometria Química

Para cada questão abaixo, construa uma tabela de quantidades que contenha a quantidade inicial de reagentes, bem como as variações nas quantidades dos reagentes e produtos e as quantidades de reagentes e produtos após a reação (veja a página 170 e o Exemplo 4.1).

7. Anos atrás, a indústria metalúrgica foi a principal fonte de poluição do ar. Um processo comum envolvia a "queima" de sulfetos metálicos ao ar:

   $$2\ PbS(s) + 3\ O_2(g) \rightarrow 2\ PbO(s) + 2\ SO_2(g)$$

   Se 2,5 mols de PbS são aquecidos ao ar, que quantidade de matéria de O_2 é necessária para uma reação completa? Quais quantidades de matéria de PbO e SO_2 são esperadas?

8. O minério de ferro é convertido em ferro metálico em uma reação com carbono.

   $$2\ Fe_2O_3(s) + 3\ C(s) \rightarrow 4\ Fe(s) + 3\ CO_2(g)$$

   Se 6,2 mols de $Fe_2O_3(s)$ são utilizados, qual quantidade de matéria de C(s) é necessária e quais quantidades de matéria de Fe e CO_2 são produzidas?

9. O cromo metálico reage com o oxigênio para formar o óxido de cromo(III), Cr_2O_3.
   (a) Escreva uma equação balanceada para a reação.
   (b) Qual massa (em gramas) de Cr_2O_3 é produzida se 0,175 g de cromo metálico é completamente convertido em óxido?
   (c) Qual massa de O_2 (em gramas) é necessária para a reação?

10. O etano, C_2H_6, queima com oxigênio.
    (a) Quais são os produtos da reação?
    (b) Escreva a equação balanceada para a reação.
    (c) Qual massa do O_2, em gramas, é necessária para a combustão completa de 13,6 g de etano?
    (d) Qual é a massa total de produtos esperada a partir da combustão de 13,6 g de etano?

Reagentes Limitantes
(Veja o Exemplo 4.2.)

11. O sulfeto de sódio, Na₂S, é utilizado na indústria do couro para remover os pelos do couro. O Na₂S é preparado pela reação:

$$Na_2SO_4(s) + 4\ C(s) \rightarrow Na_2S(s) + 4\ CO(g)$$

Suponha que você misture 15 g de Na₂SO₄ e 7,5 g de C. Qual é o reagente limitante? Que massa de Na₂S é produzida?

12. O gás amônia pode ser preparado pela reação de um óxido metálico, tal como óxido de cálcio, com cloreto de amônio.

$$CaO(s) + 2\ NH_4Cl(s) \rightarrow 2\ NH_3(g) + H_2O(g) + CaCl_2(s)$$

Se 112 g de CaO e 224 g de NH₄Cl são misturados, qual é o reagente limitante e qual massa de NH₃ pode ser produzida?

13. O composto SF₆ é fabricado a partir da queima de enxofre em uma atmosfera de flúor. A equação balanceada é

$$S_8(s) + 24\ F_2(g) \rightarrow 8\ SF_6(g)$$

Se iniciamos a reação com uma mistura de 1,6 mol de enxofre, S₈, e 35 mol de F₂,
(a) Qual é o reagente limitante?
(b) Que quantidade de matéria de SF₆ é produzida?

14. O dicloreto de enxofre, S₂Cl₂, é usado para vulcanizar borracha. Ele pode ser fabricado tratando enxofre fundido com cloro gasoso:

$$S_8(\ell) + 4\ Cl_2(g) \rightarrow 4\ S_2Cl_2(\ell)$$

Começando com uma mistura de 32,0 g de enxofre e 71,0 g de Cl₂,
(a) Qual é o reagente limitante?
(b) Qual é o rendimento teórico de S₂Cl₂?
(c) Qual massa do reagente em excesso restará quando a reação estiver completa?

15. A reação entre metano e água é uma maneira de preparar hidrogênio para uso como combustível:

$$CH_4(g) + H_2O(g) \rightarrow CO(g) + 3\ H_2(g)$$

Se você começar a reação com 995 g de CH₄ e 2510 g de água,
(a) Qual é o reagente limitante?
(b) Qual massa máxima de H₂ pode ser preparada?
(c) Qual massa do reagente em excesso restará quando a reação estiver completa?

16. O cloreto de alumínio, AlCl₃, é fabricado tratando sucata de alumínio com cloro.

$$2\ Al(s) + 3\ Cl_2(g) \rightarrow 2\ AlCl_3(s)$$

Se você começar a reação com 2,70 g de Al e 4,05 g de Cl₂,
(a) Qual é o reagente limitante?
(b) Qual massa de AlCl₃ pode ser produzida?
(c) Qual massa do reagente em excesso restará quando a reação estiver completa?
(d) Construa uma tabela de quantidades de matéria para este problema.

17. Na reação termita, óxido de ferro(III) é reduzido pelo alumínio para formar ferro fundido.

$$Fe_2O_3(s) + 2\ Al(s) \rightarrow 2\ Fe(\ell) + Al_2O_3(s)$$

Se você começar a reação com 10,0 g de Fe₂O₃ e 20,0 g de Al,
(a) Qual é o reagente limitante?
(b) Qual massa de Fe pode ser produzida?
(c) Qual massa do reagente em excesso resta quando todo o reagente limitante é consumido?
(d) Construa uma tabela de quantidades de matéria para este problema.

18. A aspirina, C₆H₄(OCOCH₃)CO₂H, é produzida pela reação do ácido salicílico, C₆H₄(OH)CO₂H, com anidrido acético, (CH₃CO)₂O.

$$C_6H_4(OH)CO_2H(s) + (CH_3CO)_2O(\ell) \rightarrow C_6H_4(OCOCH_3)CO_2H(s) + CH_3CO_2H(\ell)$$

Se você misturar 100 g de cada um dos reagentes, qual é a massa máxima de aspirina que pode ser obtida?

Rendimento Percentual
(Veja a Seção 4.3.)

19. No Exemplo 4.2, você descobriu que uma mistura particular de CO e H₂ pode produzir 407 g de CH₃OH.

$$CO(g) + 2\ H_2(g) \rightarrow CH_3OH(\ell)$$

Se apenas 332 g de CH₃OH forem produzidos de fato, qual é o rendimento percentual do composto?

20. Gás amônia pode ser preparado com a seguinte reação:

$$CaO(s) + 2\ NH_4Cl(s) \rightarrow 2\ NH_3(g) + H_2O(g) + CaCl_2(s)$$

Se 112 g de CaO e 224 g de NH₄Cl são misturados, a quantidade teórica de NH₃ é 68,0 g (Questão para Estudo 12). Se apenas 16,3 g de NH₃ são realmente coletadas, qual é o rendimento percentual?

21. O composto azul-intenso Cu(NH₃)₄SO₄ é fabricado pela reação do sulfato de cobre(II) com amônia:

$$CuSO_4(aq) + 4\ NH_3(aq) \rightarrow Cu(NH_3)_4SO_4(aq)$$

(a) Se você usar 10,0 g de CuSO₄ e excesso de NH₃, qual é a massa teórica de Cu(NH₃)₄SO₄?
(b) Se você isolar 12,6 g de Cu(NH₃)₄SO₄, qual é o rendimento percentual de Cu(NH₃)₄SO₄?

22. Fumarolas negras são encontradas nas profundezas dos oceanos. Pensando que as condições nessas fumarolas podem ser propícias para a formação de compostos orgânicos, dois químicos da Alemanha descobriram que a seguinte reação pode ocorrer em condições semelhantes.

$$2\ CH_3SH + CO \rightarrow CH_3COSCH_3 + H_2S$$

Se você começar a reação com 10,0 g de CH_3SH e excesso de CO,
(a) Qual é o rendimento teórico do CH_3COSCH_3?
(b) Se 8,65 g de CH_3COSCH_3 são isolados, qual é o seu rendimento percentual?

23. A reação entre metano e água é uma maneira de preparar hidrogênio para uso como combustível:

$$CH_4(g) + H_2O(g) \rightarrow CO(g) + 3\ H_2(g)$$

Sob certas condições, qual massa de CH_4 é necessária para produzir 15 g de H_2, se essa reação possui um rendimento de 37%?

24. O metanol, CH_3OH, pode ser fabricado pela reação de monóxido de carbono e hidrogênio.

$$CO(g) + 2\ H_2(g) \rightarrow CH_3OH(\ell)$$

Qual massa do hidrogênio é necessária para produzir 1,0 L de CH_3OH (d = 0,791 g/mL) se essa reação possui um rendimento de 74% sob certas condições?

Análises de Misturas
(Veja o Exemplo 4.3.)

25. Uma mistura de $CuSO_4$ e $CuSO_4 \cdot 5\ H_2O$ possui uma massa de 1,245 g. Após o aquecimento para eliminar toda água de hidratação, a massa é de apenas 0,832 g. Qual é a porcentagem em massa de $CuSO_4 \cdot 5\ H_2O$ na mistura?

26. Uma amostra de 2,634 g contendo $CuCl_2 \cdot 2\ H_2O$ impuro foi aquecida. A massa da amostra após o aquecimento para eliminar a água de hidratação foi de 2,125 g. Qual era a porcentagem em massa de $CuCl_2 \cdot 2\ H_2O$ na amostra original?

27. Uma amostra de calcário e de outros materiais do solo é aquecida, e o calcário decompõe-se em óxido de cálcio e dióxido de carbono.

$$CaCO_3(s) \rightarrow CaO(s) + CO_2(g)$$

Uma amostra de 1,506 g de material contendo calcário produziu 0,558 g de CO_2, além do CaO, após ser aquecida em alta temperatura. Qual era a porcentagem em massa de $CaCO_3$ na amostra original?

28. Sob temperaturas elevadas, $NaHCO_3$ é convertido quantitativamente para Na_2CO_3.

$$2\ NaHCO_3(s) \rightarrow Na_2CO_3(s) + CO_2(g) + H_2O(g)$$

Aquecendo uma amostra de 1,7184 g de $NaHCO_3$ impuro obtém-se 0,196 g de CO_2. Qual era a porcentagem em massa de $NaHCO_3$ na amostra original?

29. O sulfeto de níquel(II), NiS, ocorre naturalmente como o mineral milerita, relativamente raro. Uma de suas origens são os meteoritos. Para analisar uma amostra de mineral em relação à quantidade de NiS, a amostra é dissolvida em ácido nítrico para formar uma solução de $Ni(NO_3)_2$.

$$NiS(s) + 4\ HNO_3(aq) \rightarrow Ni(NO_3)_2(aq) + 2\ NO_2(g) + 2\ H_2O(\ell) + S(s)$$

A solução aquosa $Ni(NO_3)_2$ reage, em seguida, com o composto orgânico dimetilglioxima ($C_4H_8N_2O_2$) para se obter o sólido vermelho $Ni(C_4H_7N_2O_2)_2$.

$$Ni(NO_3)_2(aq) + 2\ C_4H_8N_2O_2(aq) \rightarrow Ni(C_4H_7N_2O_2)_2(s) + 2\ HNO_3(aq)$$

Suponha que uma amostra de 0,468 g contendo milerita forme 0,206 g de sólido vermelho $Ni(C_4H_7N_2O_2)_2$. Qual é a porcentagem em massa de NiS na amostra?

Um precipitado de níquel com dimetilglioxima

30. ▲ O alumínio em uma amostra de 0,764 g de um material desconhecido foi precipitado como hidróxido de alumínio, $Al(OH)_3$, o qual foi convertido por aquecimento em Al_2O_3. Se 0,127 g de Al_2O_3 é obtido a partir da amostra de 0,764 g, qual é a porcentagem em massa de alumínio na amostra?

Usando a Estequiometria para Determinar as Fórmulas Empíricas e Moleculares
(Veja os Exemplos 4.4 e 4.5.)

31. O estireno, a unidade estrutural do poliestireno, consiste apenas em C e H. Se 0,438 g de estireno é queimado em oxigênio e produz 1,481 g de CO_2 e 0,303 g de H_2O, qual é a fórmula empírica do estireno?

32. Mesitileno é um hidrocarboneto líquido. A queima de 0,115 g do composto com oxigênio resulta na formação de 0,379 g de CO_2 e 0,1035 g de H_2O. Qual é a fórmula empírica do mesitileno?

33. O naftaleno é um hidrocarboneto que já foi usado em naftalina. Se 0,3093 g do composto é queimado em oxigênio, 1,0620 g de CO_2 e 0,1739 g de H_2O são isolados.
(a) Qual é a fórmula empírica do naftaleno?
(b) Se outra experiência gerou 128,2 g/mol como a massa molar do composto, qual é a sua fórmula molecular?

34. Azuleno é um lindo hidrocarboneto azul. Se 0,106 g do composto é queimado em oxigênio, são isolados 0,364 g de CO_2 e 0,0596 g de H_2O.
   (a) Qual é a fórmula empírica do azuleno?
   (b) Se em outra experiência determinou-se 128,2 g/mol como a massa molar do composto, qual é a sua fórmula molecular?

35. Um composto desconhecido possui a fórmula $C_xH_yO_z$. Você queima 0,0956 g do composto e isola 0,1356 g de CO_2 e 0,0833 g de H_2O. Qual é a fórmula empírica do composto? Se a massa molar é 62,1 g/mol, qual é a fórmula molecular?

36. Um composto desconhecido possui a fórmula $C_xH_yO_z$. Você queima 0,1523 g do composto e isola 0,3718 g de CO_2 e 0,1522 g de H_2O. Qual é a fórmula empírica do composto? Se a massa molar é 72,1 g/mol, qual é a fórmula molecular?

37. O níquel forma um composto com o monóxido de carbono, $Ni_x(CO)_y$. Para determinar sua fórmula, você aquece com cuidado uma amostra de 0,0973 g no ar para converter o níquel em 0,0426 g de NiO e o CO para 0,100 g de CO_2. Qual é a fórmula empírica do $Ni_x(CO)_y$?

38. Para encontrar a fórmula de um composto contendo ferro e monóxido de carbono, $Fe_x(CO)_y$, o composto é queimado em oxigênio puro para formar Fe_2O_3 e CO_2. Se você queima 1,959 g de $Fe_x(CO)_y$ e obtém 0,799 g de Fe_2O_3 e 2,200 g de CO_2, qual é a fórmula empírica do $Fe_x(CO)_y$?

Concentração da Solução
(Veja os Exemplos 4.6 e 4.7.)

39. Se 6,73 g de Na_2CO_3 são dissolvidos em água suficiente para se obter 250 mL de solução, qual será a concentração molar do carbonato do sódio? Quais são as concentrações molares dos íons Na^+ e CO_3^{2-}?

40. Um pouco de dicromato de potássio ($K_2Cr_2O_7$), 2,335 g, é dissolvido em água suficiente para fazer exatamente 500 mL de solução. Qual é a concentração molar do dicromato de potássio? Quais são as concentrações molares dos íons K^+ e $Cr_2O_7^{2-}$?

41. Qual é a massa de soluto, em gramas, em 250 mL de uma solução de $KMnO_4$ 0,0125 M?

42. Qual é a massa de soluto, em gramas, em 125 mL de uma solução de Na_3PO_4 $1,023 \times 10^{-3}$ M? Qual é a concentração molar dos íons Na^+ e PO_4^{-3}?

43. Qual volume de NaOH 0,123 M, em mililitros, contém 25,0 g de NaOH?

44. Qual volume de $KMnO_4$ 2,06 M, em litros, contém 322 g de soluto?

45. Identifique os íons que existem em cada solução aquosa e especifique a concentração de cada íon.
   (a) $(NH_4)_2SO_4$ 0,25 M
   (b) Na_2CO_3 0,123 M
   (c) HNO_3 0,056 M

46. Identifique os íons que existem em cada solução aquosa e especifique a concentração de cada íon.
   (a) $BaCl_2$ 0,12 M
   (b) $CuSO_4$ 0,0125 M
   (c) $K_2Cr_2O_7$ 0,500 M

Preparando Soluções
(Veja os Exemplos 4.6 e 4.7.)

47. Um experimento em seu laboratório requer 500 mL de uma solução de Na_2CO_3 0,0200 M. Você recebe Na_2CO_3 sólido, água destilada e um balão volumétrico de 500 mL. Descreva como preparar a solução solicitada.

48. Qual massa de ácido oxálico, $H_2C_2O_4$, é necessária para preparar 250 mL de uma solução que tenha uma concentração de $H_2C_2O_4$ 0,15 M?

49. Se você dilui 25,0 mL de ácido clorídrico 1,50 M para 500 mL, qual é a concentração molar do ácido diluído?

50. Se 4,00 mL de $CuSO_4$ 0,0250 M são diluídos para 10,0 mL com água pura, qual é a concentração molar de sulfato de cobre(II) na solução diluída?

51. Qual dos seguintes métodos você usaria para preparar 1,00 L de H_2SO_4 0,125 M?
   (a) Diluir 20,8 mL de H_2SO_4 6,00 M para um volume de 1,00 L.
   (b) Adicionar 950 mL de água em 50,0 mL de H_2SO_4 3,00 M.

52. Qual dos seguintes métodos você usaria para preparar 300, mL de $K_2Cr_2O_7$ 0,500 M?
   (a) Adicionar 30,0 mL de $K_2Cr_2O_7$ 1,50 M em 270 mL de água.
   (b) Diluir 250 mL de $K_2Cr_2O_7$ 0,600 M em um volume de 300 mL.

Diluições em Série
(Veja "Um olhar mais atento: Diluições em Série")

53. Você tem 250 mL de HCl 0,136 M. Usando uma pipeta volumétrica, você coleta 25,00 mL da solução e dilui para 100,00 mL em um balão volumétrico. Agora você coleta 10,00 mL dessa solução, utilizando uma pipeta volumétrica, e dilui para 100,00 mL em um balão volumétrico. Qual é a concentração de ácido clorídico na solução final?

54. ▲ Suponha que você tenha 100,00 mL de uma solução de um corante e transfira 2,00 mL da solução para um balão volumétrico de 100,00 mL. Após a adição de água até a marca de 100,00 mL, você pega 5,00 mL dessa solução e dilui de novo para 100,00 mL. Se você determinar que a concentração do corante na amostra diluída final é de 0,000158 M, qual era a concentração do corante na solução original?

Cálculo e Uso do pH
(Veja o Exemplo 4.8.)

55. Um vinho de mesa possui um pH de 3,40. Qual é a concentração de íons hidrônio no vinho? Ele é ácido ou básico?

56. Uma solução saturada de leite de magnésia, $Mg(OH)_2$, apresenta um pH de 10,5. Qual é a concentração de íons hidrônio dessa solução? Essa solução é ácida ou básica?

57. Qual é a concentração de íons hidrônio de uma solução de HNO_3 0,0013 M? Qual é seu pH?

58. Qual é a concentração de íons hidrônio de uma solução de $HClO_4$ $1,2 \times 10^{-4}$ M? Qual é seu pH?

59. Faça as seguintes conversões. Em cada caso, diga se a solução é ácida ou básica.

	pH	$[H_3O^+]$
(a)	1,00	_____
(b)	10,50	_____
(c)	_____	$1,3 \times 10^{-5}$ M
(d)	_____	$2,3 \times 10^{-8}$ M

60. Faça as seguintes conversões. Em cada caso, diga se a solução é ácida ou básica.

	pH	$[H_3O^+]$
(a)	_____	$6,7 \times 10^{-10}$ M
(b)	_____	$2,2 \times 10^{-6}$ M
(c)	5,25	_____
(d)	_____	$2,5 \times 10^{-2}$ M

Estequiometria das Reações em Solução
(Veja o Exemplo 4.9.)

61. Qual volume, em mililitros, de HNO_3 0,109 M, é necessário para reagir completamente com 2,50 g de $Ba(OH)_2$?

    $2\ HNO_3(aq) + Ba(OH)_2(s) \rightarrow 2\ H_2O(\ell) + Ba(NO_3)_2(aq)$

62. Qual massa do Na_2CO_3, em gramas, é necessária para a reação completa com 50,0 mL de HNO_3 0,125M?

    $Na_2CO_3(aq) + 2\ HNO_3(aq) \rightarrow$
    $2\ NaNO_3(aq) + CO_2(g) + H_2O(\ell)$

63. Quando uma corrente elétrica passa através de uma solução aquosa de NaCl são formadas os produtos químicos industriais valiosos $H_2(g)$, $Cl_2(g)$ e NaOH(aq).

    $2\ NaCl(aq) + 2\ H_2O(\ell) \rightarrow$
    $H_2(g) + Cl_2(g) + 2\ NaOH(aq)$

    Que massa de NaOH pode ser obtida a partir de 15,0 L de NaCl 0,35 M? Que massa de cloro pode ser obtida?

64. A hidrazina, N_2H_4, uma base como a amônia, pode reagir com o ácido sulfúrico.

    $2\ N_2H_4(aq) + H_2SO_4(aq) \rightarrow 2\ N_2H_5^+(aq) + SO_4^{2-}(aq)$

    Qual massa de hidrazina reage com 250 mL de H_2SO_4 0,146 M?

65. No processo de revelação fotográfica, o brometo de prata é dissolvido pela adição de tiossulfato do sódio:

    $AgBr(s) + 2\ Na_2S_2O_3(aq) \rightarrow$
    $Na_3Ag(S_2O_3)_2(aq) + NaBr(aq)$

    Se você quiser dissolver 0,225 g de AgBr, qual volume de $Na_2S_2O_3$ 0,0138 M, em mililitros, deve ser utilizado?

(a)   (b)

Química da prata. (a) Um precipitado de AgBr é formado adicionando-se $AgNO_3(aq)$ ao KBr(aq). (b) Ao acrescentar $Na_2S_2O_3(aq)$, tiossulfato de sódio, o sólido AgBr dissolve-se.

66. Você pode dissolver uma lata de alumínio de refrigerante em uma base aquosa tal como hidróxido de potássio.

    $2\ Al(s) + 2\ KOH(aq) + 6\ H_2O(\ell) \rightarrow$
    $2\ KAl(OH)_4(aq) + 3\ H_2(g)$

    Se você colocar 2,05 g de alumínio em um béquer contendo 185 mL de KOH 1,35 M, restará alumínio? Qual massa de $KAl(OH)_4$ é produzida?

67. Qual volume de $Pb(NO_3)_2$ 0,750 M, em mililitros, é necessário para reagir completamente com 1,00 L de solução de NaCl 2,25 M? A equação balanceada é

    $Pb(NO_3)_2(aq) + 2\ NaCl(aq) \rightarrow PbCl_2(s) + 2\ NaNO_3(aq)$

68. Qual volume de ácido oxálico 0,125 M, $H_2C_2O_4$, é necessário para reagir com 35,2 mL de NaOH 0,546 M?

    $H_2C_2O_4(aq) + 2\ NaOH(aq) \rightarrow$
    $Na_2C_2O_4(aq) + 2\ H_2O(\ell)$

Titulações
(Veja os Exemplos 4.10-4.13.)

69. Qual volume de HCl 0,812 M, em mL, é necessário para titular 1,45 g de NaOH até o ponto de equivalência?

    $NaOH(aq) + HCl(aq) \rightarrow H_2O(\ell) + NaCl(aq)$

70. Qual volume de HCl 0,955 M, em mL, é necessário para titular 2,152 g de Na₂CO₃ até o ponto de equivalência?

$$Na_2CO_3(aq) + 2\ HCl(aq) \rightarrow H_2O(\ell) + CO_2(g) + 2\ NaCl(aq)$$

71. Se 38,55 mL de HCl são necessários para titular 2,150 g de Na₂CO₃ de acordo com a equação a seguir, qual é a concentração (mol/L) da solução de HCl?

$$Na_2CO_3(aq) + 2\ HCl(aq) \rightarrow 2\ NaCl(aq) + CO_2(g) + H_2O(\ell)$$

72. Hidrogenoftalato de potássio, $KHC_8H_4O_4$, é usado para padronizar soluções de bases. O ânion do ácido reage com bases fortes, de acordo com a seguinte equação iônica líquida:

$$HC_8H_4O_4^-(aq) + OH^-(aq) \rightarrow C_8H_4O_4^{2-}(aq) + H_2O(\ell)$$

Se uma amostra de 0,902 g de hidrogenoftalato de potássio é dissolvida em água e titulada até o ponto de equivalência com 26,45 mL de NaOH(aq), qual é a concentração molar de NaOH?

73. Você possui 0,954 g de um ácido desconhecido, H_2A, que reage com NaOH de acordo com a equação balanceada

$$H_2A(aq) + 2\ NaOH(aq) \rightarrow Na_2A(aq) + 2\ H_2O(\ell)$$

Se 36,04 mL de 0,509 M de NaOH são necessários para titular o ácido até o segundo ponto de equivalência, qual é a massa molar do ácido?

74. Um ácido sólido desconhecido é ácido cítrico ou ácido tartárico. Para determinar qual ácido você tem, é preciso titular uma amostra do sólido com solução de NaOH e, a partir daí, determinar a massa molar do ácido desconhecido. As equações são as seguintes:

Ácido cítrico

$$H_3C_6H_5O_7(aq) + 3\ NaOH(aq) \rightarrow 3\ H_2O(\ell) + Na_3C_6H_5O_7(aq)$$

Ácido tartárico:

$$H_2C_4H_4O_6(aq) + 2\ NaOH(aq) \rightarrow 2\ H_2O(\ell) + Na_2C_4H_4O_6(aq)$$

Uma amostra de 0,956 g requer 29,1 mL de NaOH 0,513 M para consumir o ácido totalmente. Qual é o ácido desconhecido?

75. Para analisar um composto que contém ferro, você converte todo o ferro para Fe^{2+} em solução aquosa e, então, titula com solução de KMnO₄ padronizada. A equação iônica líquida balanceada é:

$$MnO_4^-(aq) + 5\ Fe^{2+}(aq) + 8\ H_3O^+(aq) \rightarrow Mn^{2+}(aq) + 5\ Fe^{3+}(aq) + 12\ H_2O(\ell)$$

Uma amostra de 0,598 g do composto que contém ferro requer 22,25 mL de KMnO₄ 0,0123 M para a titulação até o ponto de equivalência. Qual é a porcentagem em massa de ferro na amostra?

76. A vitamina C tem a fórmula $C_6H_8O_6$. Além de ser um ácido, ela é um agente redutor. Um método para determinar a quantidade de vitamina C em uma amostra é titulá-la com uma solução de bromo, Br_2, um agente oxidante.

$$C_6H_8O_6(aq) + Br_2(aq) \rightarrow 2\ HBr(aq) + C_6H_6O_6(aq)$$

Um comprimido mastigável de 1,00 g de vitamina C requer 27,85 mL de Br₂ 0,102 M para titulação até o ponto de equivalência. Qual é a massa da vitamina C no comprimido?

Espectrofotometria

(Veja a Seção 4-8 e o Exemplo 4.14. Os problemas a seguir foram adaptados do livro Fundamentals of Analytical Chemistry, *8. ed., por D. A. Skoog, D. M. West, F. J. Holler e S. R. Crouch, Belmont: Thomson/Brooks-Cole, 2004.)*

77. Uma solução de um corante foi analisada por espectrofotometria, e os seguintes dados de calibração foram registrados.

Concentração do corante	Absorbância (A) a 475 nm
$0,50 \times 10^{-6}$ M	0,24
$1,5 \times 10^{-6}$ M	0,36
$2,5 \times 10^{-6}$ M	0,44
$3,5 \times 10^{-6}$ M	0,59
$4,5 \times 10^{-6}$ M	0,70

(a) Construa um gráfico de calibração e determine a inclinação e a intersecção.

(b) Qual é a concentração do corante em solução com A = 0,52?

78. O íon nitrito está envolvido no ciclo bioquímico do nitrogênio. Você pode determinar o teor de íon nitrito de uma amostra usando a espectrofotometria, primeiramente utilizando vários compostos orgânicos para formar um composto colorido do íon. Os seguintes dados foram coletados:

Concentração de Íons NO_2^-	Absorbância da Solução a 550 nm
$2,00 \times 10^{-6}$ M	0,065
$6,00 \times 10^{-6}$ M	0,205
$10,00 \times 10^{-6}$ M	0,338
$14,00 \times 10^{-6}$ M	0,474
$18,00 \times 10^{-6}$ M	0,598
concentração desconhecida	0,402

(a) Construa um gráfico de calibração e determine a inclinação e a intersecção.

(b) Qual é a concentração de íons nitrito na solução desconhecida?

Questões Gerais

Estas questões não estão definidas quanto ao tipo ou à localização no capítulo. Elas podem combinar vários conceitos.

79. Suponha que 16,04 g de benzeno, C_6H_6, sejam queimados em oxigênio.
    (a) Quais são os produtos da reação?
    (b) Escreva uma equação balanceada para essa reação.
    (c) Qual massa de O_2, em gramas, é necessária para a combustão completa do benzeno?
    (d) Qual é a massa total de produtos esperada a partir da combustão de 16,04 g de benzeno?

80. A desordem metabólica do diabetes provoca um acúmulo de acetona, CH_3COCH_3, no sangue. A acetona, um composto volátil, é exalada, dando ao hálito dos diabéticos não tratados um odor característico. A acetona é produzida por uma quebra de gorduras em uma série de reações. A equação para a última etapa, a decomposição do ácido acetoacético para resultar em acetona e CO_2, é

$$CH_3COCH_2CO_2H \rightarrow CH_3COCH_3 + CO_2$$

Acetona, CH_3COCH_3

Qual é a massa de acetona que pode ser produzida a partir de 125 mg de ácido acetoacético?

81. Seu corpo lida com o excesso de nitrogênio excretando-o na forma de ureia, NH_2CONH_2. A reação de produção dela é a combinação de arginina ($C_6H_{14}N_4O_2$) com água para gerar a ureia e a ornitina ($C_5H_{12}N_2O_2$).

$$C_6H_{14}N_4O_2 + H_2O \rightarrow NH_2CONH_2 + C_5H_{12}N_2O_2$$
arginina ureia ornitina

Se você excretar 95 mg de ureia, qual massa de arginina deve ter sido usada? Qual massa de ornitina deve ter sido produzida?

82. A reação entre o ferro metálico e o cloro gasoso para se obter o cloreto de ferro(III) é ilustrada seguir.

A reação entre o ferro e o gás cloro

(a) Escreva a equação química balanceada para a reação.
(b) Partindo de 10,0 g de ferro, que massa de Cl_2, em gramas, é necessária para que a reação seja completa? Que massa de $FeCl_3$ pode ser produzida?
(c) Se somente 18,5 g de $FeCl_3$ são obtidos a partir de 10,0 g de ferro e excesso de Cl_2, qual é o rendimento percentual?
(d) Se 10,0 g de cada um, ferro e cloro, são combinados, qual é a massa teórica do cloreto de ferro(III) formada?

83. Alguns haletos metálicos reagem com água para produzir o óxido metálico e o haleto de hidrogênio correspondente (veja a foto). Por exemplo,

$$TiCl_4(\ell) + 2\ H_2O(\ell) \rightarrow TiO_2(s) + 4\ HCl(g)$$

A reação de $TiCl_4$ com a umidade do ar

(a) Dê o nome dos quatro compostos envolvidos nessa reação.
(b) Se você partir de 14,0 mL de $TiCl_4$ (d = 1,73 g/mL), que massa de água em gramas é necessária para a reação completa?
(c) Qual massa de cada um dos produtos é esperada?

84. A reação de 750 g de NH_3 e O_2 produz 562 g de NO.

$$4\ NH_3(g) + 5\ O_2(g) \rightarrow 4\ NO(g) + 6\ H_2O(\ell)$$

(a) Qual massa de água é produzida por esta reação?
(b) Qual massa de O_2 é necessária para consumir 750, g de NH_3?

85. A azida de sódio, um explosivo químico usado nos airbags de automóveis, é fabricada a partir da seguinte reação:

$$NaNO_3 + 3\ NaNH_2 \rightarrow NaN_3 + 3\ NaOH + NH_3$$

Se você combina 15,0 g de $NaNO_3$ com 15,0 g de $NaNH_2$, qual massa de NaN_3 é produzida?

86. O iodo é produzido segundo a reação

$$2\ NaIO_3(aq) + 5\ NaHSO_3(aq) \rightarrow$$
$$3\ NaHSO_4(aq) + 2\ Na_2SO_4(aq) + H_2O(\ell) + I_2(aq)$$

(a) Nomeie os dois reagentes.
(b) Se você quiser preparar 1,00 kg de I_2, quais massas de $NaIO_3$ e $NaHSO_3$ são necessárias?
(c) Qual é a massa teórica de I_2 se você misturou 15,0 g de $NaIO_3$ com 125 mL de $NaHSO_3$ 0,853 M?

87. A sacarina, um adoçante artificial, possui a fórmula C₇H₅NO₃S. Suponha que você tenha uma amostra de 0,2140 g de um adoçante contendo sacarina. Depois da decomposição para liberar o enxofre e convertê-lo no íon SO_4^{2-}, o íon sulfato é separado como BaSO₄ insolúvel em água (Figura 4.4). A quantidade de BaSO₄ obtida é de 0,2070 g. Qual é a porcentagem em massa de sacarina na amostra de adoçante?

88. ▲ O boro forma uma série de compostos com o hidrogênio, todos com a fórmula geral B_xH_y.

$$B_xH_y(s) + \text{excesso } O_2(g) \rightarrow \frac{x}{2} B_2O_3(s) + \frac{y}{2} H_2O(g)$$

Se 0,148 g de um desses compostos forma 0,422 g de B₂O₃ quando queimado em excesso de O₂, qual é a sua fórmula empírica?

89. ▲ Silício e hidrogênio formam uma série de compostos com a fórmula geral Si_xH_y. Para encontrar a fórmula de um deles, uma amostra de 6,22 g do composto é queimada em oxigênio. Todo o Si é convertido em 11,64 g de SiO₂, e todo o H é convertido em 6,980 g de H₂O. Qual é a fórmula empírica do composto de silício?

90. ▲ O mentol, do óleo de menta, possui um odor característico. O composto contém apenas C, H e O. Se 95,6 mg de mentol queimam completamente em O₂ e são obtidos 269 mg de CO₂ e 111 mg de H₂O, qual é a fórmula empírica do mentol?

91. ▲ Benzoquinona, um produto químico usado na indústria de corantes e na fotografia, é um composto orgânico contendo apenas C, H e O. Qual é a fórmula empírica do composto se 0,105 g dele produzem 0,257 g de CO₂ e 0,0350 g de H₂O quando queimados completamente em oxigênio?

92. ▲ As soluções aquosas de cloreto de ferro(II) e sulfeto de sódio reagem para formar sulfeto de ferro(II) e cloreto de sódio.
(a) Escreva a equação balanceada para a reação.
(b) Se você combinar 40 g de cada, Na₂S e FeCl₂, qual é o reagente limitante?
(c) Qual massa de FeS é produzida?
(d) Qual massa de Na₂S ou de FeCl₂ restarão após a reação?
(e) Qual massa de FeCl₂ é necessária para reagir completamente com 40 g de Na₂S?

93. O ácido sulfúrico pode ser preparado a partir de um minério contendo sulfeto, cuprita (Cu₂S). Se cada átomo de S no Cu₂S conduz à formação de uma molécula de H₂SO₄, qual é a massa teórica de H₂SO₄ a partir de 3,00 kg de Cu₂S?

94. ▲ Em um experimento, 1,056 g de um carbonato metálico, contendo um metal desconhecido M, é aquecido para formar o óxido metálico e 0,375 g de CO₂.

$$MCO_3(s) + \text{calor} \rightarrow MO(s) + CO_2(g)$$

Qual é a identidade do metal M?
(a) M = Ni   (c) M = Zn
(b) M = Cu   (d) M = Ba

95. ▲ Um metal desconhecido reage com o oxigênio para produzir o óxido metálico, MO₂. Identifique o metal se uma amostra de 0,356 g deste produz 0,452 g do óxido metálico.

96. ▲ O óxido de titânio(IV), TiO₂, é aquecido em gás hidrogênio para formar água e um novo óxido de titânio, Ti_xO_y. Se 1,598 g de TiO₂ produz 1,438 g de Ti_xO_y, qual é a fórmula empírica desse novo óxido?

97. ▲ O perclorato de potássio é preparado por meio da seguinte sequência de reações:

$$Cl_2(g) + 2 KOH(aq) \rightarrow KCl(aq) + KClO(aq) + H_2O(\ell)$$

$$3 KClO(aq) \rightarrow 2 KCl(aq) + KClO_3(aq)$$

$$4 KClO_3(aq) \rightarrow 3 KClO_4(aq) + KCl(aq)$$

Qual massa de Cl₂(g) é necessária para produzir 234 kg de KClO₄?

98. ▲ "Hidrosssulfito" de sódio comercial possui 90,1% de Na₂S₂O₄. A sequência de reações usadas para preparar o composto é:

$$Zn(s) + 2 SO_2(g) \rightarrow ZnS_2O_4(s)$$

$$ZnS_2O_4(s) + Na_2CO_3(aq) \rightarrow ZnCO_3(s) + Na_2S_2O_4(aq)$$

(a) Qual massa de Na₂S₂O₄ puro pode ser preparada a partir de 125 kg de Zn, 500 g de SO₂ e um excesso de Na₂CO₃?
(b) Qual massa do produto comercial conteria o Na₂S₂O₄ produzido usando as quantidades de reagentes na parte (a)?

99. Qual massa de cal, CaO, pode ser obtida pelo aquecimento de 125 kg de calcário, o qual contém 95,0% em massa de CaCO₃?

$$CaCO_3(s) \rightarrow CaO(s) + CO_2(g)$$

100. ▲ Os elementos prata, molibdênio e enxofre combinam-se para formar Ag₂MoS₄. Qual é a massa máxima de Ag₂MoS₄ que pode ser obtida se 8,63 g de prata, 3,36 g de molibdênio e 4,81 g de enxofre são misturados? (*Dica*: Qual é o reagente limitante?)

101. ▲ Uma mistura de buteno, C₄H₈, e butano, C₄H₁₀, é queimada no ar para se obter CO₂ e água. Suponha que você queime 2,86 g da mistura e obtenha 8,80 g de CO₂ e 4,14 g de H₂O. Quais são as porcentagens em massa de buteno e butano na mistura?

102. ▲ Um tecido pode ser impermeabilizado revestindo-o com uma camada de silicone. Isso é feito por meio da exposição do tecido ao vapor de (CH₃)₂SiCl₂. O composto de silício reage com os grupos OH no tecido para formar uma película à prova de água (densidade = 1,0 g/cm³) de [(CH₃)₂SiO]ₙ, em que *n* é um número inteiro e elevado.

$$n(CH_3)_2SiCl_2 + 2n\ OH^- \rightarrow 2n\ Cl^- + n\ H_2O + [(CH_3)_2SiO]_n$$

O revestimento é adicionado camada por camada, sendo que cada camada de [(CH₃)₂SiO]ₙ possui 0,60 nm de espessura. Suponha que você queira impermeabilizar um pedaço de pano de 3,00 metros quadrados e que também deseja obter 250 camadas de composto impermeabilizante sobre o tecido. De que massa do (CH₃)₂SiCl₂ você precisa?

103. ▲ Cobre metálico pode ser preparado por ustulação do minério de cobre, o qual pode conter cuprita (Cu₂S) e sulfeto de cobre(II).

$$Cu_2S(s) + O_2(g) \rightarrow 2\ Cu(s) + SO_2(g)$$

$$CuS(s) + O_2(g) \rightarrow Cu(s) + SO_2(g)$$

Suponhamos que uma amostra de minério contenha CuS, Cu₂S e 11,0% de impurezas. Ao aquecer 100,0 g da mistura são produzidos 75,4 g de cobre metálico com uma pureza de 89,5%. Qual é a porcentagem em massa de CuS no minério? E a porcentagem em massa de Cu₂S?

104. Um comprimido de Alka-Seltzer contém exatamente 100 mg de ácido cítrico, H₃C₆H₅O₇, e mais um pouco de bicarbonato de sódio. Qual massa de bicarbonato de sódio é necessária para consumir 100 mg de ácido cítrico segundo a reação?

$$H_3C_6H_5O_7(aq) + 3\ NaHCO_3(aq) \rightarrow$$
$$3\ H_2O(\ell) + 3\ CO_2(g) + Na_3C_6H_5O_7(aq)$$

105. ▲ O bicarbonato de sódio e o ácido acético reagem de acordo com a equação

$$NaHCO_3(aq) + CH_3CO_2H(aq) \rightarrow$$
$$NaCH_3CO_2(aq) + CO_2(g) + H_2O(\ell)$$

Qual massa de acetato de sódio pode ser obtida a partir da mistura de 15,0 g de NaHCO₃ com 125 mL de ácido acético 0,15 M?

106. Um refrigerante não gaseificado contém uma quantidade desconhecida de ácido cítrico, H₃C₆H₅O₇. Se 100 mL de refrigerante requerem 33,51 mL de NaOH 0,0102 M para neutralizar o ácido cítrico completamente, que massa deste ácido está contida em 100 mL de refrigerante? A reação entre o ácido cítrico e o NaOH é

$$H_3C_6H_5O_7(aq) + 3\ NaOH(aq) \rightarrow$$
$$Na_3C_6H_5O_7(aq) + 3\ H_2O(\ell)$$

107. Tiossulfato de sódio, Na₂S₂O₃, é usado como um "fixador" na fotografia preto e branco. Suponha que você tenha um frasco com tiossulfato de sódio e queira determinar sua pureza. O íon tiossulfato pode ser oxidado com I₂, de acordo com a equação iônica balanceada:

$$I_2(aq) + 2\ S_2O_3^{2-}(aq) \rightarrow 2\ I^-(aq) + S_4O_6^{2-}(aq)$$

Se você utilizar 40,21 mL de I₂ 0,246 M na titulação de uma amostra de 3,232 g de material impuro, qual é a porcentagem em massa de Na₂S₂O₃ do frasco?

108. Você tem uma mistura de ácido oxálico, H₂C₂O₄, e outro sólido que não reage com o hidróxido de sódio. Se 29,58 mL de NaOH 0,550 M são necessários para titular o ácido oxálico em uma amostra de 4,554 g até o segundo ponto de equivalência, qual é a porcentagem em massa de ácido oxálico na mistura? Ácido oxálico e NaOH reagem de acordo com a equação

$$H_2C_2O_4(aq) + 2\ NaOH(aq) \rightarrow$$
$$Na_2C_2O_4(aq) + 2\ H_2O(\ell)$$

109. (a) Qual é o pH de uma solução de HCl 0,105 M?
(b) Qual é a concentração de íons hidrônio em uma solução com um pH de 2,56? Essa solução é ácida ou básica?
(c) Uma solução possui um pH de 9,67. Qual é a concentração de íons hidrônio na solução? Essa solução é ácida ou básica?
(d) Uma amostra de 10,0 mL de HCl 2,56 M é diluída com água para 250 mL. Qual é o pH da solução diluída?

110. Um volume de 125 mL de uma solução de ácido clorídrico tem um pH de 2,56. Qual massa de NaHCO₃ deve ser adicionada para consumir completamente o HCl?

111. ▲ Meio litro (500 mL) de HCl 2,50 M é misturado com 250 mL de HCl 3,75 M. Assumindo que o volume total da solução após a mistura é de 750 mL, qual é a concentração do ácido clorídrico na solução resultante? Qual é seu pH?

112. Um volume de 250 mL de uma solução de ácido clorídrico tem um pH de 1,92. Exatamente 250 mL de NaOH 0,0105 M são adicionados. Qual é o pH da solução resultante?

113. ▲ Você coloca 2,56 g de CaCO₃ em um béquer contendo 250 mL de HCl 0,125 M. Quando a reação cessa, resta algum carbonato de cálcio? Que massa de CaCl₂ pode ser produzida?

$$CaCO_3(s) + 2\ HCl(aq) \rightarrow$$
$$CaCl_2(aq) + CO_2(g) + H_2O(\ell)$$

114. O medicamento para câncer, cisplatina, Pt(NH₃)₂Cl₂, pode ser preparado por meio da reação de (NH₄)₂PtCl₄ com amônia em solução aquosa. Além da cisplatina, o outro produto é NH₄Cl.

(a) Escreva uma equação balanceada para essa reação.
(b) Para se obter 12,50 g de cisplatina, qual massa de (NH₄)₂PtCl₄ é necessária? Qual volume de NH₃ 0,125 M é necessário?
(c) ▲ A cisplatina pode reagir com o composto orgânico piridina, C₅H₅N, para formar um novo composto.

$$Pt(NH_3)_2Cl_2(aq) + x\ C_5H_5N(aq) \rightarrow$$
$$Pt(NH_3)_2Cl_2(C_5H_5N)_x(s)$$

Suponha que você trate 0,150 g de cisplatina com o que você acredita ser um excesso de piridina líquida (1,50 mL; d = 0,979 g/mL). Quando a reação está completa, você pode determinar o quanto de piridina não foi utilizado pela titulação da solução com HCl padronizado. Se 37,0 mL de HCl 0,475 M são necessários para titular o excesso de piridina,

$$C_5H_5N(aq) + HCl(aq) \rightarrow C_5H_5NH^+(aq) + Cl^-(aq)$$

qual é a fórmula do composto desconhecido Pt(NH₃)₂Cl₂(C₅H₅N)ₓ?

115. ▲ Você precisa saber o volume de água em uma pequena piscina, mas devido à sua forma irregular, não é uma questão simples determinar suas dimensões e calcular o volume. Para resolver o problema, você mistura uma solução de um corante (1,0 g de azul de metileno $C_{16}H_{18}ClN_3S$, em 50,0 mL de água). Após o corante se misturar com a água da piscina, você pega uma amostra da água. Usando um espectrofotômetro, determina que a concentração do corante na piscina é de $4,1 \times 10^{-8}$ M. Qual é o volume de água da piscina?

116. ▲ Carbonatos de cálcio e magnésio ocorrem juntos no mineral dolomita. Suponhamos que você aqueça uma amostra do mineral para obter os óxidos, CaO e MgO e, então, trate a amostra dos óxidos com ácido clorídrico. Se 7,695 g dessa amostra requerem 125 mL de HCl 2,55 M,

$$CaO(s) + 2\ HCl(aq) \rightarrow CaCl_2(aq) + H_2O(\ell)$$
$$MgO(s) + 2\ HCl(aq) \rightarrow MgCl_2(aq) + H_2O(\ell)$$

qual é a porcentagem em massa de cada óxido (CaO e MgO) na amostra?

117. O ouro pode ser dissolvido a partir de rocha aurífera por tratamento com cianeto de sódio na presença de oxigênio.

$$4\ Au(s) + 8\ NaCN(aq) + O_2(g) + 2\ H_2O(\ell) \rightarrow$$
$$4\ NaAu(CN)_2(aq) + 4\ NaOH(aq)$$

(a) Forneça os nomes dos agentes oxidante e redutor nessa reação. O que foi oxidado e o que foi reduzido?
(b) Se você possui exatamente uma tonelada métrica (1 tonelada = 1000 kg) de rocha aurífera, qual volume de NaCN 0,075 M, em litros, você precisa para extrair o ouro se a rocha contém 0,019% de ouro?

118. ▲ Você mistura 25,0 mL de $FeCl_3$ 0,234 M com 42,5 mL de NaOH 0,453 M.

(a) Qual massa de $Fe(OH)_3$ (em gramas) precipitará dessa mistura após a reação?
(b) Um dos reagentes ($FeCl_3$ ou NaOH) está presente em excesso de acordo com a relação estequiométrica. Qual é a concentração molar do reagente em excesso que permanece na solução após o $Fe(OH)_3$ ter sido precipitado?

119. ECONOMIA ATÔMICA: Um tipo de reação utilizada na indústria química é a substituição, na qual um átomo de grupo de átomos é substituído por outro. Nesta reação, um álcool, 1-butanol, é transformado em 1-bromobutano pela substituição do grupo –OH por Br na presença de H_2SO_4.

$$CH_3CH_2CH_2CH_2OH + NaBr + H_2SO_4 \rightarrow$$
$$CH_3CH_2CH_2CH_2Br + NaHSO_4 + H_2O$$

Calcule a % de economia atômica na formação do produto desejado, $CH_3CH_2CH_2CH_2Br$.

120. ECONOMIA ATÔMICA: O óxido de etileno, C_2H_4O, é um importante produto químico industrial [pois ele é o ponto de partida para fabricar outros produtos químicos tais como o etilenoglicol (anticongelante) e vários polímeros]. Uma maneira de fabricar o composto é chamada de "via cloridrina".

$$C_2H_4 + Cl_2 + Ca(OH)_2 \rightarrow C_2H_4O + CaCl_2 + H_2O$$

Outra via é a reação catalítica moderna.

$$C_2H_4 + 1/2\ O_2 \rightarrow C_2H_4O$$

(a) Calcule a % de economia atômica na produção de C_2H_4O em cada uma destas reações. Qual é o método mais eficiente?
(b) Qual é o rendimento percentual de C_2H_4O se 867 g de C_2H_4 são utilizados para sintetizar 762 g do produto por meio da reação catalítica?

No laboratório

121. Suponha que você dilua 25,0 mL de uma solução de Na_2CO_3 0,110 M para exatamente 100,0 mL. Você então coleta exatamente 10,0 mL dessa solução diluída e a transfere a um balão volumétrico de 250 mL. Depois de encher o balão volumétrico até a marca com água destilada (que indica que o volume da solução nova é 250 mL), qual é a concentração da solução diluída de Na_2CO_3?

122. ▲ Em algumas análises laboratoriais, a técnica preferida consiste em dissolver uma amostra em um excesso de ácido ou de base e, em seguida, "voltar a titular" o excesso com uma base ou ácido padronizado. Essa técnica é utilizada para avaliar a pureza de uma amostra de $(NH_4)_2SO_4$. Suponha que você dissolva uma amostra de 0,475 g de $(NH_4)_2SO_4$ impuro em solução de KOH.

$$(NH_4)_2SO_4(aq) + 2\ KOH(aq) \rightarrow$$
$$2\ NH_3(aq) + K_2SO_4(aq) + 2\ H_2O(\ell)$$

A NH_3 produzida na reação é destilada da solução e coletada em um frasco contendo 50,0 mL de HCl 0,100 M. A amônia reage com o ácido para produzir NH_4Cl, mas nem todo HCl é usado nessa reação. A quantidade de excesso de ácido é determinada pela titulação da solução com NaOH padronizado. Essa titulação consome 11,1 mL de NaOH 0,121 M. Qual é a porcentagem em massa de $(NH_4)_2SO_4$ na amostra de 0,475 g?

123. Bancos de ostras nos oceanos necessitam dos íons cloreto para o crescimento. A concentração mínima é de 8 mg/L (8 partes por milhão). Para analisar a quantidade de íons cloreto em uma amostra de 50,0 mL de água, você adicionou algumas gotas de solução de cromato de potássio aquoso e então titulou a amostra com 25,60 mL de nitrato de prata 0,001036 M. O nitrato de prata reage com o íon cloreto e, quando os íons são completamente removidos, o nitrato de prata reage com o cromato de potássio para gerar um precipitado vermelho.

(a) Escreva uma equação iônica líquida balanceada para a reação entre o nitrato de prata e os íons cloreto.

(b) Escreva uma equação completa e balanceada e uma equação iônica líquida para a reação entre o nitrato de prata e o cromato de potássio, indicando se cada composto é ou não solúvel em água.

(c) Qual é a concentração de íons cloreto na amostra? Ela é suficiente para promover o crescimento das ostras?

124. ▲ Um composto formado pelos íons ítrio(III), bário(II), cobre(II) e cobre(III) e íons óxido é um material supercondutor a baixas temperaturas. Ele tem a fórmula $YBa_2Cu_3O_{7-x}$, em que x é uma variável entre 1 e 0. Para encontrar o valor de x, você dissolve 34,02 mg do composto em 5 mL de HCl 1,0 M. Em seguida, bolhas de gás de oxigênio (O_2) são observadas à medida que a seguinte reação ocorre:

$YBa_2Cu_3O_{7-x}(s) + 13\ H^+(aq) \rightarrow$
$\quad Y^{3+}(aq) + 2\ Ba^{2+}(aq) + 3\ Cu^{2+}(aq)$
$\quad + 1/4(1 - 2x)\ O_2(g) + 13/2\ H_2O(\ell)$

Você então ferve a solução, resfria-a e adiciona 10 mL de KI 0,70 M em atmosfera de argônio. A seguinte reação ocorre:

$2\ Cu^{2+}(aq) + 5\ I^-(aq) \rightarrow 2\ CuI(s) + I_3^-(aq)$

Quando esta reação estiver completa, uma titulação da solução resultante com tiossulfato de sódio requer $1,542 \times 10^{-4}$ mol $S_2O_3^{2-}$(aq).

$I_3^-(aq) + 2\ S_2O_3^{2-}(aq) \rightarrow 3\ I^-(aq) + S_4O_6^{2-}(aq)$

Qual é o valor de x em $YBa_2Cu_3O_{7-x}$?

125. Você deseja determinar a porcentagem em massa do cobre em uma liga contendo essa substância simples. Depois de dissolver uma amostra de 0,251 g da liga em ácido, um excesso de KI é adicionado, e os íons Cu^{2+} e I^- são submetidos à reação

$2\ Cu^{2+}(aq) + 5\ I^-(aq) \rightarrow 2\ CuI(s) + I_3^-(aq)$

O I_3^- liberado é titulado com tiossulfato de sódio de acordo com a equação

$I_3^-(aq) + 2\ S_2O_3^{2-}(aq) \rightarrow S_4O_6^{2-}(aq) + 3\ I^-(aq)$

(a) Determine os agentes oxidante e redutor nas duas reações anteriores.

(b) Se 26,32 mL de $Na_2S_2O_3$ 0,101 M são necessários para a titulação até o ponto de equivalência, qual é a porcentagem em massa de Cu na liga?

126. ▲ Um composto foi isolado, o qual pode apresentar qualquer uma de duas possíveis fórmulas: (a) $K[Fe(C_2O_4)_2(H_2O)_2]$ ou (b) $K_3[Fe(C_2O_4)_3]$. Para saber qual é a correta, você dissolve uma amostra pesada do composto em ácido para formar o ácido oxálico, $H_2C_2O_4$. Em seguida, titula esse ácido com permanganato de potássio, $KMnO_4$ (fonte do íon MnO_4^-). A equação balanceada líquida da titulação é

$5\ H_2C_2O_4(aq) + 2\ MnO_4^-(aq) + 6\ H_3O^+(aq) \rightarrow$
$\quad 2\ Mn^{2+}(aq) + 10\ CO_2(g) + 14\ H_2O(\ell)$

A titulação de 1,356 g do composto requer 34,50 mL de $KMnO_4$ 0,108 M. Qual é a fórmula correta do composto contendo ferro: (a) ou (b)?

127. ▲ O cloreto de cromo(III) forma muitos compostos com amônia. Para encontrar a fórmula de um desses compostos, você titula a NH_3 do composto com ácido padronizado.

$Cr(NH_3)_xCl_3(aq) + x\ HCl(aq) \rightarrow$
$\quad x\ NH_4^+(aq) + Cr^{3+}(aq) + (x + 3)\ Cl^-(aq)$

Suponha que 24,26 mL de HCl 1,500 M sejam utilizados para titular 1,580 g de $Cr(NH_3)_xCl_3$. Qual é o valor de x?

128. ▲ Tioridazina, $C_{21}H_{26}N_2S_2$, é um agente farmacêutico usado para regular a dopamina. (Dopamina, um neurotransmissor, afeta os processos cerebrais que controlam o movimento, a resposta emocional e a capacidade de sentir prazer e dor.) Um químico pode analisar uma amostra do produto farmacêutico para determinar o teor de tioridazina, decompondo-a para converter o enxofre do composto em íon sulfato. Este é então "precipitado" como sulfato de bário insolúvel em água (veja a Figura 4.4).

SO_4^{2-}(aq, da tioridazina) + $BaCl_2(aq) \rightarrow$
$\quad BaSO_4(s) + 2\ Cl^-(aq)$

Suponhamos que uma amostra de 12 comprimidos do medicamento tenha produzido 0,301 g de $BaSO_4$. Qual é o conteúdo de tioridazina, em miligramas, de cada comprimido?

129. ▲ Um herbicida contém 2,4-D (ácido 2,4-diclorofenóxiacético), $C_8H_6Cl_2O_3$. Uma amostra de 1,236 g do herbicida foi decomposta para separar o cloro como íon Cl^-. Este foi precipitado como AgCl, pesando 0,1840 g. Qual é a porcentagem em massa de 2,4-D na amostra?

ácido 2,4-diclorofenoxiácetico

130. ▲ O ácido sulfúrico é listado em um catálogo com uma concentração de 95-98%. Um frasco do ácido no depósito indica que 1,00 L possui uma massa de 1,84 kg. Para determinar a concentração do ácido sulfúrico na garrafa, uma estudante dilui 5,00 mL para 500 mL. Ela então pega quatro alíquotas de 10,00 mL e titula cada uma com hidróxido de sódio padronizado (c = 0,1760 M).

Alíquota	1	2	3	4
Volume de NaOH (mL)	20,15	21,30	20,40	20,35

(a) Qual é a concentração média da amostra do ácido sulfúrico diluída?

(b) Qual é a porcentagem em massa de H_2SO_4 no frasco original?

131. ▲ Cloreto de cálcio anidro é um bom agente de secagem porque ele absorve rapidamente a água. Suponha que você tenha guardado cuidadosamente um pouco de CaCl₂ seco em um dessecador. Infelizmente, alguém usou o dessecador e não fechou a sua tampa, e o CaCl₂ tornou-se parcialmente hidratado. Uma amostra de 150 g desse material parcialmente hidratado foi dissolvida em 80 g de água quente. Quando a solução foi resfriada a 20 °C, 74,9 g de CaCl₂ · 6 H₂O precipitaram. Sabendo que a solubilidade do cloreto de cálcio em água, a 20 °C, é de 74,5 g de CaCl₂/100 g de água, determine o teor de água da amostra de 150 g de cloreto de cálcio parcialmente hidratado (em mols de água por mol de CaCl₂).

132. ▲ Uma amostra de 0,5510 g que consiste em uma mistura de ferro e óxido de ferro(III) foi dissolvida completamente em ácido para se obter uma solução contendo íons ferro(II) e ferro(III). Um agente redutor foi adicionado para converter todos os íons ferro(III) para íons ferro(II), então a solução foi titulada com KMnO₄ padronizado (0,04240 M); 37,50 mL de solução de KMnO₄ foram necessários. Calcule a porcentagem em massa de Fe e Fe₂O₃ na amostra de 0,5510 g. (O Exemplo 4.13 fornece a equação da reação de íons ferro(II) e KMnO₄.)

133. ▲ O fosfato na urina pode ser determinado por espectrofotometria. Após a remoção da proteína da amostra, ela é tratada com um composto de molibdênio para se obter, em última análise, um polimolibdato azul-intenso. A absorbância do polimolibdato azul pode ser medida em 650 nm e está diretamente relacionada à concentração de fosfato na urina. Uma amostra de urina de 24 horas foi coletada de um paciente; o volume de urina foi de 1122 mL. O fosfato contido em uma alíquota de 1,00 mL da amostra de urina foi convertido em polimolibdato azul e diluído a 50,00 mL. Uma curva de calibração foi elaborada utilizando soluções contendo fosfato. (As concentrações são reportadas em gramas de fósforo (P) por litro de solução.)

Solução (massa de fósforo (P)/L	Absorbância a 650 nm em uma célula de 1,0 cm
1,00 × 10⁻⁶ g	0,230
2,00 × 10⁻⁶ g	0,436
3,00 × 10⁻⁶ g	0,638
4,00 × 10⁻⁶ g	0,848
Amostra de urina	0,518

(a) Quais são a inclinação e a intersecção da curva de calibração?
(b) Qual é a massa de fósforo por litro de urina?
(c) Qual massa de fosfato que o paciente excretou no período de um dia?

134. ▲ Uma amostra de 4,000 g contendo KCl e KClO₄ foi dissolvida em água suficiente para se obter 250,00 mL de solução. Uma alíquota de 50,00 mL de solução necessitou de 41,00 mL de AgNO₃ 0,0750 M em uma titulação de Mohr. Em seguida, uma porção de 25,00 mL da solução original foi tratada com V₂(SO₄)₃ para reduzir o íon perclorato para cloreto,

8 V³⁺(aq) + ClO₄⁻(aq) + 12 H₂O(ℓ) →
Cl⁻(aq) + 8 VO²⁺(aq) + 8 H₃O⁺(aq)

e a solução resultante foi titulada com AgNO₃. Nesta titulação foram gastos 38,12 mL de AgNO₃ 0,0750 M. Qual é a porcentagem em massa de KCl e KClO₄ na mistura?

Questões Gerais e Conceituais

As seguintes questões podem usar os conceitos deste capítulo e dos capítulos anteriores.

135. Dois béqueres estão apoiados em uma balança; a massa total é de 167,170 g. Um béquer contém uma solução de KI e o outro, uma solução de Pb(NO₃)₂. Quando a solução de um béquer é transferida totalmente para o outro, ocorre a seguinte reação:

2 KI(aq) + Pb(NO₃)₂(aq) → 2 KNO₃(aq) + PbI₂(s)

Soluções de KI e Pb(NO₃)₂ antes da reação   Soluções após reação

Qual é a massa total das soluções e dos béqueres depois da reação? Explique detalhadamente.

136. ▲ Quando uma determinada massa de amostra de ferro (Fe) é adicionada no bromo líquido (Br₂), a reação é completa. A reação produz um único produto, que pode ser isolado e pesado. A experiência foi repetida um número de vezes com diferentes massas de ferro, mas com a mesma massa de bromo (veja o gráfico abaixo).

(a) Que massa de Br₂ é utilizada quando a reação consome 2,0 g de Fe?
(b) Qual é a relação molar entre Br₂ e Fe na reação?
(c) Qual é a fórmula empírica do produto?
(d) Escreva a equação química balanceada para a reação entre bromo e ferro.
(e) Qual é o nome do produto da reação?

(f) Qual afirmação ou afirmações descreve(m) melhor as experiências resumidas no gráfico?
  (i) Quando 1,00 g de Fe é adicionado ao Br$_2$, Fe é o reagente limitante.
  (ii) Quando 3,50 g de Fe são adicionados ao Br$_2$, há um excesso de Br$_2$.
  (iii) Quando 2,50 g de Fe são adicionados ao Br$_2$, ambos os reagentes são completamente consumidos.
  (iv) Quando 2,00 g de Fe são adicionados ao Br$_2$, 10,8 g de produto são formados. O rendimento percentual deve ser portanto de 20,0%.

137. Vamos explorar a reação com um reagente limitante. Aqui, o zinco metálico é adicionado a um frasco contendo solução de HCl, e o gás H$_2$ é um dos produtos.

$$Zn(s) + 2\ HCl(aq) \rightarrow ZnCl_2(aq) + H_2(g)$$

Cada um dos três frascos contém 0,100 mol de HCl. O zinco é adicionado a cada frasco, nas seguintes quantidades.

Frasco 1: 7,00 g Zn   **Frasco 2:** 3,27 g Zn   **Frasco 3:** 1,31 g Zn

Quando os reagentes são misturados, o H$_2$ infla o balão preso ao frasco. Os resultados são os seguintes:

Frasco 1: O balão infla completamente, mas resta algo de Zn sem reagir quando a inflação cessa.

Frasco 2: O balão infla completamente. Não resta nenhum Zn.

Frasco 3: O balão não infla completamente. Não resta nenhum Zn.

Explique esses resultados. Realize cálculos que justifiquem sua explicação.

138. A reação entre o alumínio e o bromo é mostrada a seguir. O sólido branco na borda do béquer no final da reação é Al$_2$Br$_6$. Na reação ilustrada abaixo, qual foi o reagente limitante, Al ou Br$_2$?

Antes da reação   **Depois da reação**

139. ▲ Dois estudantes titularam diferentes amostras da mesma solução de HCl utilizando solução de NaOH 0,100 M e indicador de fenolftaleína (Figura 4.12). O primeiro estudante pipeta 20,0 mL da solução de HCl para um frasco, adiciona 20 mL de água destilada e algumas gotas de solução de fenolftaleína, e titula até o aparecimento de uma cor rosa permanente. O segundo estudante pipeta 20,0 mL da solução de HCl para um frasco, adiciona 60 mL de água destilada e algumas gotas de solução de fenolftaleína e titula até aparecer a primeira coloração rosa permanente. Cada estudante calcula corretamente a molaridade da solução de HCl. Qual será o resultado do segundo estudante?

(a) quatro vezes menor que o resultado do primeiro estudante
(b) quatro vezes maior que o resultado do primeiro estudante
(c) duas vezes menor que o resultado do primeiro estudante
(d) duas vezes maior que o resultado do primeiro estudante
(e) o mesmo resultado do primeiro estudante

140. Na maioria dos estados norte-americanos, uma pessoa receberá uma notificação "dirigindo embriagado" se o nível de álcool no sangue for de 80 ou mais mg de álcool por decilitro (dl) de sangue. Suponhamos que uma pessoa tenha 0,033 mol de etanol (C$_2$H$_5$OH) por litro de sangue. A pessoa receberá essa notificação?

141. **ECONOMIA ATÔMICA:** Benzeno, C_6H_6, é um composto comum e pode ser oxidado para se obter o anidrido maleico, $C_4H_2O_3$, que, por sua vez, é utilizado para fabricar outros compostos importantes.

$C_6H_6 + 9/2\ O_2 \longrightarrow C_4H_2O_3 + 2\ CO_2 + 2\ H_2O$

(a) Qual é a % de economia atômica na síntese de anidrido maleico a partir do benzeno segundo essa reação?
(b) Se 972 g de anidrido maleico são produzidos a partir de exatamente 1,00 kg de benzeno, qual é o rendimento percentual do anidrido? Qual massa do subproduto CO_2 é produzida?

142. **ECONOMIA ATÔMICA** O anidrido maleico, $C_4H_2O_3$, pode ser produzido pela oxidação de benzeno (Questão para Estudo 141). Ele também pode ser obtido a partir da oxidação do buteno.

$H_2C=CH-CH_2-CH_3 + 3\ O_2 \longrightarrow C_4H_2O_3 + 3\ H_2O$

(a) Qual é a % de economia atômica na síntese de anidrido maleico a partir do buteno segundo essa reação?
(b) Se 1,02 kg de anidrido maleico são produzidos a partir de exatamente 1,00 kg de buteno, qual é o rendimento percentual do anidrido? Qual massa do subproduto H_2O é produzida?

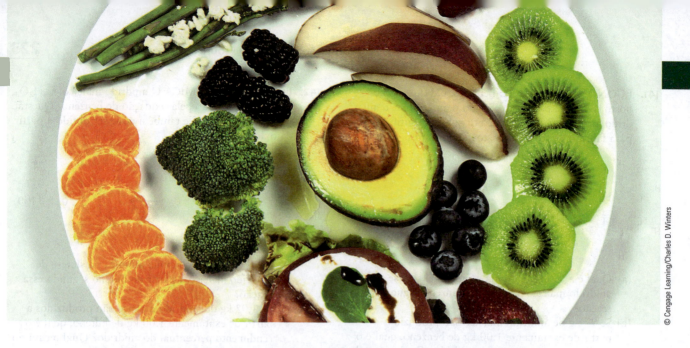

5 Princípios da reatividade química: energia e reações químicas

Sumário do capítulo

5-1 Energia: Alguns Princípios Básicos

5-2 Capacidade Calorífica Específica: Aquecimento e Resfriamento

5-3 Energia e Mudanças de Estado

5-4 Primeira Lei da Termodinâmica

5-5 Variações de Entalpia nas Reações Químicas

5-6 Calorimetria

5-7 Cálculos de Entalpia

5-8 Reações que Favorecem a Formação de Reagentes ou de Produtos e Termodinâmica

ENERGIA E SUA DIETA Em todos os lugares o tema "energia" vem à tona. Nos noticiários ouvimos sobre a necessidade de produzir mais petróleo, conservar mais ou produzir combustíveis alternativos, como o etanol. A energia que movimenta nossa sociedade industrializada vem principalmente de combustíveis fósseis (carvão, petróleo e gás natural). Infelizmente, as fontes desses combustíveis não são ilimitadas e sua produção e consumo têm consequências ambientais. Há os que defendem as turbinas eólicas, usinas nucleares ou painéis solares. Você pode estar a favor do aumento do uso dessas diferentes fontes de energia, mas provavelmente depende de combustíveis fósseis para aquecer, cozinhar ou abastecer seu automóvel.

Se você for como os autores deste texto, também pensa sobre a energia na sua alimentação. Quantas calorias eu ingeri hoje ou quanta energia "queimei" na academia? Nossos corpos obtêm energia do metabolismo dos carboidratos, das proteínas e das gorduras dos alimentos. Como você sabe, o conteúdo energético é diferente para cada um desses componentes (veja "Um Olhar mais Atento: Energia e alimentos"), p. 32. Por exemplo, 100 g de cenoura crua têm 145 kJ de energia, ao passo que 100 g de castanha-de-caju têm cerca de 2400 kJ e 100 g de biscoitos de chocolate, 2100 kJ. Para efeitos de comparação, 100 g de etanol (C_2H_6OH), que pode ser usado para abastecer seu automóvel, proporciona 2680 kJ de energia.

PARTE UM ▶ AS FERRAMENTAS BÁSICAS DA QUÍMICA

CAPÍTULO 5

Objetivos do Capítulo

Consulte a Revisão dos Objetivos do Capítulo para ver as Questões para Estudo relacionadas a estes objetivos.

ENTENDER
- Aplicar a primeira lei da termodinâmica.

FAZER
- Avaliar a transferência de energia na forma de calor associada a mudanças de temperatura e de estado.
- Calcular o trabalho *P–V* feito por um sistema e utilizar a energia na forma de calor (*q*) e trabalho (*w*) para calcular as mudanças na energia interna (*U*).
- Calcular as variações de energia e entalpia a partir dos dados obtidos por meio de experimentos de calorimetria.
- Calcular a energia liberada ou absorvida para mudanças físicas e reações químicas, utilizando dados termodinâmicos tabelados.

LEMBRAR
- Definições para os termos comumente usados: endotérmico, exotérmico, sistemas, vizinhança, entalpia, energia interna, reações que favorecem os reagentes e reações que favorecem os produtos.
- Entalpia e energia interna são funções de estado.

Se você está curioso sobre a energia fornecida pelo alimento que comeu hoje, acesse o site do Nutrient Data Laboratory (Laboratório de Dados de Nutrientes), www.ars.usda.gov/ba/bhnrc/ndl.

Questões para Estudo relacionadas são: 5.91 e 5.92.

A importância da energia é evidente em nossa vida diária – no aquecimento e resfriamento de nossas casas, no uso de nossos eletrodomésticos e veículos, entre outras coisas. A maior parte da energia que usamos para esses fins é obtida por meio de reações químicas, principalmente a partir da queima de combustíveis fósseis. Para aquecimento usamos gás natural, o qual, além do carvão, é responsável por gerar grande parte da energia elétrica; os combustíveis derivados do petróleo são destinados aos automóveis e ao aquecimento. Além disso, é necessária energia para a vida: reações químicas em nossos corpos fornecem a energia para as funções vitais e para o movimento corporal.

Para os cientistas, no entanto, a energia possui um significado que vai muito além desses usos práticos. Neste capítulo, iniciaremos uma discussão sobre a **termodinâmica**, a ciência do calor e do trabalho. Esse assunto fornecerá percepções importantes sobre as seguintes questões:

- Como podemos medir e calcular as variações de energia associadas às mudanças físicas e químicas?
- Qual é a relação entre as variações de energia, calor e trabalho?
- Como podemos determinar se uma reação química favorece a formação de reagentes ou produtos no equilíbrio?
- Como podemos determinar se uma reação química ou processo físico ocorrerá espontaneamente, isto é, sem intervenção externa?

Vamos nos concentrar nas duas primeiras questões neste capítulo e resolver as demais no Capítulo 18, no Volume 2.

5-1 Energia: Alguns Princípios Básicos

No Capítulo 1, definimos a energia como a capacidade de realizar trabalho e afirmamos que é possível dividi-la em duas categorias básicas: energia cinética (a que é associada ao movimento) e energia potencial (aquela que resulta da posição, da composição ou do estado de um objeto). Vamos expandir essas definições. Os químicos geralmente usam a **energia térmica** quando se referem à energia cinética das moléculas. Como você verá em breve, a energia térmica está associada à transferência de calor entre um objeto mais quente e outro mais frio.

Um tipo de energia potencial é a energia química, a energia associada às forças que mantêm os átomos ou moléculas juntos como sólidos ou líquidos. Quando ocorrem reações químicas, é a energia química que muda.

Também no Capítulo 1 você aprendeu que, embora a energia possa ser convertida de um tipo em outro, a quantidade total de energia é conservada. Isso é formalmente estabelecido pela **lei de conservação de energia**: *A energia não pode ser criada nem destruída*. Ou, dito de outra forma, *a energia total do universo é constante*. Para entender a importância dessa lei, temos que introduzir uma nova terminologia e considerar cuidadosamente as implicações de uma série de experimentos.

Este capítulo inicia a discussão sobre as maneiras pelas quais a energia de um sistema químico pode variar. Começaremos analisando a transferência de energia cinética (energia térmica) pelo aquecimento ou resfriamento. Também discutiremos sobre a energia envolvida em uma transição de fase, ou seja, a fusão de um sólido ou a vaporização de um líquido. Por fim, discutiremos as mudanças na energia no decorrer de uma reação química.

Sistemas e Vizinhanças

Em termodinâmica, os termos *sistema* e *vizinhança* têm um significado científico preciso e importante. Um **sistema** é definido como um objeto ou conjunto de objetos que está(ão) sendo estudado(s) (Figura 5.1). A **vizinhança** inclui tudo que esteja fora do sistema, com o qual possa trocar energia e ou matéria. Na discussão que se segue, precisaremos definir os sistemas com precisão. Se estivermos estudando o calor liberado em uma reação química, por exemplo, o sistema poderá ser definido como os reagentes, os produtos e o solvente. A vizinhança será o frasco da reação, o ar no recinto, o ambiente ou qualquer outra coisa em contato com o frasco com o qual ele poderá trocar energia ou matéria. No nível atômico, o sistema poderia ser um único átomo ou molécula, e a vizinhança seria os átomos ou moléculas próximas. Esse conceito de sistema e sua vizinhança também se aplica a situações fora da Química. Para estudarmos o balanço de energia em nosso planeta, poderíamos optar por definir a Terra como sistema e o espaço sideral como vizinhança. Em um nível cósmico, o Sistema Solar pode ser definido como o sistema a ser estudado e o restante da galáxia, como a vizinhança. Como o sistema e sua vizinhança são definidos para cada situação, estes dependem da informação que estamos tentando obter ou transmitir.

Direcionalidade e Extensão da Transferência de Calor: Equilíbrio Térmico

A energia pode ser transferida entre um sistema e sua vizinhança ou entre diferentes partes do sistema. Um meio possível de transferir energia é na forma de calor. Isso ocorre se dois objetos em diferentes temperaturas são colocados em contato. Na Figura 5.2, por exemplo, o béquer com água e o pedaço de metal que está sendo aquecido na chama do bico de Bunsen possuem temperaturas diferentes. Quando o metal quente é mergulhado em água fria, a energia é transferida como calor do metal para a água. A energia térmica (movimento molecular) das moléculas de água aumenta e a energia térmica dos átomos do metal diminui. Por fim, os dois objetos atingem a mesma temperatura e o sistema chega ao **equilíbrio térmico**. A característica peculiar do equilíbrio térmico é a de que, na escala macroscópica, nenhuma outra alteração de temperatura acontece; tanto o metal quanto a água estão na mesma temperatura.

Unidades de Energia A unidade SI para a energia (o joule) é discutida na página 31.

FIGURA 5.1 Sistema e sua vizinhança. A Terra pode ser considerada um sistema termodinâmico, e o restante do universo, sua vizinhança. Uma reação química que ocorre num laboratório é também um sistema, e o laboratório, a vizinhança.

Equilíbrio Térmico Embora nenhuma mudança seja evidente no nível macroscópico quando o equilíbrio térmico é alcançado, no nível molecular a transferência de energia entre moléculas individuais continua ocorrendo. Uma característica geral dos sistemas em equilíbrio é que não existe qualquer alteração no nível macroscópico, embora ainda ocorram processos no nível particulado. (Veja a Seção 3.3.)

Princípios da reatividade química: energia e reações químicas   227

FIGURA 5.2 Transferência de energia.

A transferência de energia na forma de calor ocorre do cilindro de metal mais quente para a água fria. Por fim, a água e o metal atingem a mesma temperatura e estão em equilíbrio térmico.

Mergulhar uma barra de metal quente em água e acompanhar a mudança de temperatura pode parecer uma experiência bastante simples, com um resultado óbvio. No entanto, a experiência ilustra dois princípios importantes em nossa discussão:

- A transferência de energia na forma de calor ocorre espontaneamente de um objeto com temperatura maior a outro com temperatura menor; o objeto cuja temperatura aumenta, ganha energia térmica e aquele cuja temperatura diminui, perde energia térmica.

- A transferência de energia na forma de calor continua até que ambos os objetos se encontrem sob a mesma temperatura e o equilíbrio térmico seja alcançado.

Para o caso específico em que a energia é transferida apenas como calor dentro de um sistema isolado (isto é, um sistema que não pode transferir energia nem matéria para sua vizinhança), também podemos dizer que a quantidade de energia perdida na forma de calor pelo objeto mais quente e a quantidade de energia na forma de calor recebida pelo objeto mais frio são numericamente iguais. Isso é requerido pela lei de conservação da energia. Quando a energia é transferida na forma de calor entre um sistema e sua vizinhança, descrevemos o direcionamento dessa transferência como **exotérmico** ou **endotérmico** (Figura 5.3).

UM OLHAR MAIS ATENTO

O Que É Calor?

Duzentos anos atrás, cientistas caracterizaram o calor como uma substância real chamada fluido calórico. A hipótese calórica supunha que, quando um combustível queimasse e uma panela de água fosse aquecida, por exemplo, o fluido calórico era transferido do combustível para a água. A queima do combustível liberaria fluido calórico e a temperatura da água aumentaria à medida que o fluido calórico fosse absorvido.

Ao longo dos cinquenta anos seguintes, no entanto, a hipótese calórica perdeu força, e agora sabemos que ela é incorreta. Experimentos feitos por James Joule (1818-1889) e Benjamin Thompson (1753-1814), que mostraram a relação entre calor e outras formas de energia, como a energia mecânica, forneceram o caminho para dissipar essa ideia. Mesmo assim, nossa linguagem cotidiana conservou a influência dessa teoria inicial. Por exemplo, muitas vezes falamos de calor "que flui" como se este fosse um fluido.

De nossa discussão até agora, sabemos o que o "calor" não consiste nisso, mas o que

Benjamin Thompson (1753-1814). Thompson, também conhecido como Conde Rumford, estabeleceu sua reputação científica graças à investigação sobre a força explosiva da pólvora. Sua experiência com explosivos despertou o interesse pelo calor. Rumford projetou um experimento clássico que mostrou a relação entre trabalho e calor.

ele é? Diz-se que o calor é uma "quantidade do processo". É o processo pelo qual a energia é transferida através do limite de um sistema devido a uma diferença de temperatura entre os dois lados da fronteira. Nesse processo, a energia do objeto com menor temperatura aumenta, e a energia do objeto com maior temperatura diminui.

O calor não é o único processo pelo qual a energia pode ser transferida. Especificamente, trabalho consiste em um outro processo capaz de transferir energia entre objetos (veja a página 238).

A ideia de transferência de energia por processos de calor e trabalho é incorporada na definição da termodinâmica: a ciência do calor e do trabalho.

Exotérmico: energia transferida do sistema para a vizinhança **Endotérmico:** energia transferida da vizinhança para o sistema

FIGURA 5.3 Processos exotérmico e endotérmico. O símbolo q representa a energia transferida na forma de calor e o subscrito sis refere-se ao sistema.

- Em um processo exotérmico, a energia de um sistema é transferida na forma de calor para sua vizinhança. A energia do sistema diminui, e a energia da vizinhança aumenta. A energia na forma de calor é designada pelo símbolo q. No caso de um processo exotérmico, $q_{sis} < 0$.
- Um **processo endotérmico** é o oposto de um processo exotérmico. A energia é transferida como calor da vizinhança para o sistema, aumentando a energia do sistema e diminuindo a energia da vizinhança. Para um processo endotérmico, $q_{sis} > 0$.

EXERCÍCIOS PARA A SEÇÃO 5.1

1. Qual dos seguintes processos é endotérmico?
   (a) fusão do gelo a 0 °C
   (b) reação entre metano e O_2
   (c) condensação do vapor de água a 100 °C
   (d) resfriamento da água líquida de 25 °C a 0 °C

2. Sua pele esfria enquanto a transpiração evapora. A troca de energia térmica de seu corpo, q, é maior, menor ou igual a zero?
   (a) $q > 0$ (b) $q < 0$ (c) $q = 0$

5-2 Capacidade Calorífica Específica: Aquecimento e Resfriamento

Quando um objeto é aquecido ou resfriado, a quantidade de energia transferida depende de três fatores:
- a quantidade de material
- a magnitude da variação de temperatura
- a identidade, incluindo a fase (g, ℓ, aq ou s), do material que ganha ou perde energia

A **capacidade calorífica específica** (C) é definida como *a energia transferida na forma de calor necessária para elevar a temperatura de 1 grama de uma substância em 1 kelvin*. Ela tem unidades de joule por grama por kelvin (J/g · K). Algumas capacidades térmicas específicas estão listadas na Figura 5.4 e uma lista mais longa é fornecida no Apêndice D (Tabela 11).

A capacidade calorífica também pode ser expressa por mol. A quantidade de energia que é transferida na forma de calor para elevar a temperatura de 1 mol de uma substância em 1 kelvin é a **capacidade calorífica molar**. Para a água, a capacidade calorífica molar é de 75,4 J/mol · K. A capacidade calorífica molar de metais à temperatura ambiente está sempre perto de 25 J/mol · K.

Princípios da reatividade química: energia e reações químicas

Capacidades caloríficas específicas de alguns elementos, compostos e materiais

Substâncias	Capacidade calorífica específica (J/g · K)	Capacidade calorífica molar (J/mol · K)
Al, alumínio	0,897	24,2
Fe, ferro	0,449	25,1
Cu, cobre	0,385	24,5
Au, ouro	0,129	25,4
Água (líquida)	4,184	75,4
Água (gelo)	2,06	37,1
Água (vapor)	1,86	33,6
HOCH$_2$CH$_2$OH(ℓ), etilenoglicol (anticongelante)	2,39	14,8
Madeira	1,8	—
Vidro	0,8	—

> Todos os metais têm capacidades caloríficas molares próximas de 25 J/mol · K

FIGURA 5.4 Capacidade calorífica específica. Metais têm diferentes valores de capacidade calorífica específica. No entanto, as suas capacidades caloríficas molares estão todas próximas de 25 J/mol · K.

A energia recebida ou perdida na forma de calor quando uma determinada massa de uma substância é aquecida ou resfriada pode ser calculada utilizando-se a Equação 5.1.

$$q = C \times m \times \Delta T \qquad (5.1)$$

Aqui, q é a energia recebida ou perdida na forma de calor por determinada massa de uma dada substância (m), C é a capacidade calorífica específica e ΔT é a variação de temperatura. A variação de temperatura, ΔT, é calculada como a temperatura final menos a temperatura inicial.

$$\Delta T = T_{final} - T_{inicial} \qquad (5.2)$$

O cálculo da variação de temperatura utilizando a Equação 5.2 fornecerá um resultado com um sinal algébrico que indica o sentido da transferência de energia. Por exemplo, podemos usar a capacidade calorífica específica do cobre, 0,385 J/g · K, para calcular a energia que deve ser transferida da vizinhança para uma amostra de 10,0 g de cobre se a temperatura do metal for aumentada de 298 K (25 °C) a 598 K (325 °C).

$$q = \left(0{,}385 \ \frac{J}{g \cdot K}\right)(10{,}0 \ g)(\underset{T_{final} \atop \text{Temp. final}}{598 \ K} - \underset{T_{inicial} \atop \text{Temp. inicial}}{298 \ K}) = +1160 \ J$$

Observe que a resposta tem um sinal positivo. Isso indica que a energia da amostra de cobre *aumentou* em 1160 J, o que está de acordo com a energia que foi transferida da vizinhança ao cobre (sistema) na forma de calor.

A relação entre energia, massa e capacidade calorífica específica tem diversas implicações. A alta capacidade calorífica específica da água líquida, 4,184 J/g · K é uma das principais razões que explicam a influência significativa de grandes massas de água sobre o clima. Na primavera, os lagos tendem a se aquecer mais lentamente do que o ar. No outono, o calor liberado por um grande lago à medida que o mesmo resfria modera a queda na temperatura do ar. A relevância da capacidade calorífica específica é também ilustrada quando o pão está envolvido em folha de alumínio (capacidade calorífica específica de 0,897 J/g · K) e aquecido em um forno. Você pode remover a folha com os dedos depois de tirar o pão do forno. O pão e a folha de alumínio estão muito quentes, mas a pequena massa da folha de alumínio utilizada e sua baixa capacidade calorífica específica resultam na transferência de apenas uma pequena quantidade de energia para os dedos (que têm uma massa maior e uma capacidade calorífica específica mais elevada) quando você toca a folha quente.

Um exemplo prático para saber mais sobre a capacidade calorífica específica. O recheio de uma torta de um restaurante *fast-food* tem maior capacidade calorífica específica e maior massa do que a parte externa da torta e a embalagem. Observe o aviso na embalagem.

Mapa estratégico 5.1

PROBLEMA
Calcular a **energia** necessária para **elevar a temperatura** do líquido.

DADOS/INFORMAÇÕES
- Capacidade calorífica específica
- Volume do líquido
- Densidade do líquido
- ΔT

ETAPA 1. Calcule a **massa da amostra** e ΔT.

Massa da amostra, ΔT e capacidade calorífica específica

ETAPA 2. Use a **Equação 5.1** para calcular q.

A energia necessária (q) para elevar a temperatura do líquido em ΔT

EXEMPLO 5.1

Capacidade calorífica específica

Problema Quanta energia deve ser transferida para elevar a temperatura de uma xícara com café (250 mL) de 20,5 °C (293,7 K) a 95,6 °C (368,8 K)? Suponha que a água e o café tenham a mesma densidade (1,00 g/mL) e a mesma capacidade calorífica específica (4,184 J/g · K).

O que você sabe? A energia necessária para aquecer uma substância está relacionada à sua capacidade calorífica específica (C), à massa da substância e à variação de temperatura (Equação 5.1). A massa do café, as temperaturas inicial e final e o valor de C são fornecidos no problema.

Estratégia Você pode calcular a massa do café a partir do volume e da densidade (massa = volume × densidade) e a mudança de temperatura a partir das temperaturas inicial e final ($\Delta T = T_{final} - T_{inicial}$). Utilize a Equação 5.1 para resolver e obter q.

Solução Massa de café = (250 mL)(1,00 g/mL) = 250 g

$$\Delta T = T_{final} - T_{inicial} = 368,8\text{ K} - 293,7\text{ K} = 75,1\text{ K}$$

$$q = C \times m \times \Delta T$$

$$q = (4,184\text{ J/g} \cdot \text{K})(250\text{ g})(75,1\text{ K})$$

$$q = 79000\text{ J (ou 79 kJ)}$$

Pense bem antes de responder O sinal positivo na resposta indica que a energia foi transferida para o café. A energia térmica do café é agora maior.

Verifique seu entendimento

Em uma experiência, determinou-se que 59,8 J foram necessários para elevar a temperatura de 25,0 g de etilenoglicol (um composto utilizado como anticongelante em motores de automóveis) em 1,00 K. Calcule a capacidade calorífica específica do etilenoglicol a partir desses dados.

Aspectos Quantitativos da Energia Transferida como Calor

Assim como o ponto de fusão, o ponto de ebulição e a densidade, a capacidade calorífica específica é uma propriedade intensiva característica de uma substância pura. A capacidade calorífica específica de uma substância pode ser determinada experimentalmente medindo-se variações de temperatura que ocorrem quando a energia é transferida na forma de calor da substância para uma quantidade conhecida de água (cuja capacidade calorífica específica é conhecida).

Suponha que um pedaço de metal de 55,0 g seja aquecido em água em ebulição a 99,8 °C e, em seguida, colocado em água fria em um béquer isolado (Figura 5.5). Suponha que o béquer contenha 225 g de água, e a sua temperatura inicial (antes de o metal ser colocado dentro do béquer) fosse de 21,0 °C. A temperatura final do metal e da água foi de 23,1 °C. Qual é o calor específico do metal? Aqui estão os aspectos mais importantes desta experiência.

- Vamos definir o metal e a água como o sistema, e o béquer e o ambiente como a vizinhança; devemos supor que a energia na forma de calor é transferida apenas dentro do sistema. (Isso significa que a energia não é transferida entre o sistema e a vizinhança. Essa suposição é boa, mas não perfeita; para um resultado mais preciso, também precisaremos contar com qualquer transferência de energia para a vizinhança.)

- A água e o pedaço de metal ficam com a mesma temperatura. (T_{final} é a mesma para ambos.)

- Nós também supomos que a energia seja transferida *apenas na forma de calor* dentro do sistema.

FIGURA 5.5 Transferência de energia na forma de calor. Quando a energia na forma de calor é transferida a partir de um metal quente para a água fria, a energia térmica do metal diminui e a da água aumenta. O valor de q_{metal} é negativo e, assim, o valor de $q_{água}$ é positivo.

- A energia transferida na forma de calor do metal para a água, q_{metal}, tem um valor negativo, porque a temperatura do metal diminui. Por outro lado, $q_{água}$ tem um valor positivo, porque sua temperatura aumenta.
- Os valores de $q_{água}$ e q_{metal} são numericamente iguais, mas de sinais opostos.

Por causa da lei da conservação de energia, *em um sistema isolado, a soma das mudanças de energia dentro do sistema deve ser igual a zero*. Se a energia é transferida apenas na forma de calor, então,

$$q_1 + q_2 + q_3 + \ldots = 0 \quad (5.3)$$

em que as quantidades q_1, q_2, e assim por diante, representam as energias transferidas na forma de calor para as partes individuais do sistema. Para esse problema específico, há trocas de energia térmicas associadas a dois componentes do sistema, água e metal, $q_{água}$ e q_{metal}; assim,

$$q_{água} + q_{metal} = 0$$

Cada uma dessas quantidades está relacionada individualmente às capacidades caloríficas específicas, massas e variações de temperatura, conforme definidas pela Equação 5.1. Assim,

$$[C_{água} \times m_{água} \times (T_{final} - T_{inicial, água})] + [C_{metal} \times m_{metal} \times (T_{final} - T_{inicial, metal})] = 0$$

A capacidade calorífica específica do metal, C_{metal}, é desconhecida neste problema. Usando a capacidade calorífica específica da água (4,184 J/g · K) e convertendo-se Celsius para kelvin, dá

$$[(4{,}184 \text{ J/g} \cdot \text{K})(225 \text{ g})(296{,}3 \text{ K} - 294{,}2 \text{ K})] + [(C_{metal})(55{,}0 \text{ g})(296{,}3 \text{ K} - 373{,}0 \text{ K})] = 0$$

$$C_{metal} = 0{,}47 \text{ J/g} \cdot \text{K}$$

DICA PARA SOLUÇÃO DE PROBLEMAS 5.1
Calculando ΔT

Virtualmente todos os cálculos em Química que envolvem temperatura são expressos em kelvin. No cálculo ΔT, no entanto, podemos usar temperaturas em graus Celsius, porque tanto kelvin como graus Celsius representam o mesmo incremento de temperaturas. Ou seja, a diferença entre as duas temperaturas é a mesma em ambas as escalas. Por exemplo, a diferença entre os pontos de ebulição e fusão da água é:

ΔT, Celsius = 100 °C − 0 °C = 100 °C

ΔT, kelvin = 373 K − 273 K = 100 K

Mapa Estratégico 5.2

PROBLEMA

Calcular *T* **final** quando um pedaço de ferro quente é adicionado a uma **determinada massa** de água fria.

↓

DADOS/INFORMAÇÕES

- **Capacidades calorífica específica**
- **Massas** de ferro e água
- *T* **inicial** para ferro e água

Use a equação $q_{Fe} + q_{água} = 0$.
Resolver para encontrar T_{final}.

T_{final} do ferro e da água

EXEMPLO 5.2

Usando a Capacidade Calorífica Específica

Problema Em uma experiência como a da Figura 5.5, uma peça de 88,5 g de ferro, cuja temperatura é de 78,8 °C (352,0 K), é colocada em um béquer contendo 244 g de água a 18,8°C (292,0 K). Quando o equilíbrio térmico é alcançado, qual é a temperatura final? (Suponha que a energia não seja perdida para aquecer o béquer e sua vizinhança.)

O que você sabe? O ferro esfria e a água aquece até que o equilíbrio térmico seja atingido. As energias associadas ao resfriamento do ferro e ao aquecimento da água são determinadas pelas capacidades caloríficas específicas, pelas massas e pelas variações de temperatura para cada substância. Se definirmos o sistema como o ferro e a água, a soma dessas duas quantidades de energia será igual a zero. A temperatura final é desconhecida neste problema. As massas e temperaturas iniciais são dadas; as capacidades caloríficas específicas do ferro e da água podem ser encontradas no Apêndice D ou na Figura 5.4.

Estratégia A soma das duas quantidades de energia, q_{Fe} e $q_{água}$, é zero ($q_{Fe} + q_{água} = 0$). Cada quantidade de energia é definida através da Equação 5.1; o valor de ΔT em cada uma é $T_{final} - T_{inicial}$. Podemos usar temperaturas em kelvin ou Celsius (Dica para Solução de Problemas 5.1). Substitua a informação dada na Equação 5.3 e resolva.

Solução

$$[C_{água} \times m_{água} \times (T_{final} - T_{inicial, água})] + [C_{Fe} \times m_{Fe} \times (T_{final} - T_{inicial, Fe})] = 0$$

$$[(4,184 \text{ J/g} \cdot \text{K})(244 \text{ g})(T_{final} - 292,0 \text{ K})] + [(0,449 \text{ J/g} \cdot \text{K})(88,5 \text{ g})(T_{final} - 352,0 \text{ K})] = 0$$

$$T_{final} = 294 \text{ K (21 °C)}$$

Pense bem antes de responder Perceba que $T_{inicial}$ do metal e $T_{inicial}$ da água neste problema têm valores diferentes. Além disso, a baixa capacidade calorífica específica do ferro e sua pequena quantidade resultam na redução da sua temperatura em aproximadamente 60 graus, ao passo que a temperatura da água aumenta apenas alguns graus. Finalmente, conforme esperado, T_{final} (294 K) está entre $T_{inicial, Fe}$ e $T_{inicial, água}$.

Verifique seu entendimento

Um pedaço de 15,5 g de cromo, aquecido a 100,0 °C, é colocado em 55,5 g de água a 16,5 °C. A temperatura final do metal e da água é de 18,9 °C. Qual é a capacidade calorífica específica do cromo? (Suponha que nenhuma energia seja perdida para o recipiente ou para o ar ambiente.)

Para resumir esta seção sobre a capacidade calorífica específica e a transferência de energia térmica entre os objetos, há várias ideias importantes para ter em mente.

- Como observado previamente neste capítulo, a transferência de energia térmica ocorre pela transferência de energia cinética do corpo mais quente para o mais frio. A quantidade de energia transferida depende de três variáveis: a massa do objeto (m), sua capacidade calorífica específica (C) e a magnitude da mudança de temperatura (ΔT).

- Se dois objetos têm a mesma massa, o objeto que tem a maior capacidade calorífica específica sofrerá a menor variação de temperatura para uma determinada quantidade de energia transferida.

- Se dois objetos têm massas diferentes, mas a mesma capacidade calorífica específica, o objeto de massa maior terá uma menor variação de temperatura para uma determinada quantidade de energia transferida.

- Se dois objetos têm massas diferentes e diferentes capacidades caloríficas específicas (como no Exemplo 5.2), a mudança de temperatura deve ser calculada a partir do princípio da conservação da energia.

EXERCÍCIOS PARA A SEÇÃO 5.2

1. Qual dos seguintes processos requer maior energia?

   (a) aquecimento de 2,0 g de cobre em 10 °C (C_{Cu} = 0,385 J/g · K)

   (b) aquecimento de 4,0 g de chumbo em 10 °C (C_{Pb} = 0,127 J/g · K)

   (c) aquecimento de 3,0 g de prata em 10 °C (C_{Ag} = 0,236 J/g · K)

2. As amostras de água listadas a seguir estão misturadas. Após o equilíbrio térmico ter sido atingido, qual mistura tem a temperatura mais baixa?

   (a) 10 g de água a 20 °C + 10 g de água a 30 °C

   (b) 10 g de água a 20 °C + 20 g de água a 30 °C

   (c) 20 g de água a 20 °C + 10 g de água a 30 °C

5-3 Energia e Mudanças de Estado

Uma *mudança de estado* consiste em uma alteração, por exemplo, entre sólido e líquido ou entre líquido e gás. Quando um sólido funde, seus átomos, moléculas ou íons movem-se vigorosamente o suficiente para se livrarem das forças atrativas que os mantêm em posições rígidas na estrutura sólida. Quando um líquido entra em ebulição, as partículas movem-se muito mais distantes umas das outras e as forças atrativas tornam-se mínimas. Em ambos os casos, a energia deve ser fornecida para superar as forças atrativas entre as partículas.

A energia transferida na forma de calor que é requerida para converter uma substância sólida em seu ponto de fusão em líquido é chamada de **calor de fusão**. A energia transferida como calor para converter um líquido em seu ponto de ebulição em vapor é chamada **calor de vaporização**. Os calores de fusão e de vaporização para muitas substâncias são fornecidos com outras propriedades físicas em diversos manuais. Os valores para algumas substâncias comuns são apresentados no Apêndice D (Tabela 12).

É importante observar que a *temperatura é constante durante uma mudança de estado* (Figura 5.6). Ao longo de uma mudança de estado, a energia adicionada é usada para superar as forças que prendem uma molécula a outra, não para aumentar a temperatura.

A transferência de 500 kJ de energia na forma de calor a 2,0 kg de gelo a 0 °C ocasionará a fusão de 1,5 kg de gelo em água a essa temperatura (e 0,5 kg de gelo permanecerá). Portanto, nenhuma mudança de temperatura ocorre.

Em contraste, a transferência de 500 kJ de energia na forma de calor para 2,0 kg de ferro, a 0 °C, fará com que a temperatura aumente para 557 °C (e o metal se dilata ligeiramente, mas não funde).

FIGURA 5.6 Diferença entre uma mudança de estado e aumento na temperatura como resultado da adição de energia.

FIGURA 5.7 Transferência de energia na forma de calor e mudança de temperatura quando 500 g de água são aquecidos de –50 °C a 200 °C (a 1 atm).

Dependência do Calor de Vaporização com a Temperatura O calor de vaporização de uma substância é dependente da temperatura. Por exemplo, o calor de vaporização da água a 25 °C é 2442 J/g. Esse valor é ligeiramente maior do que o valor a 100 °C (2256 J/g).

Para a água, o calor de fusão a 0 °C é de 333 J/g e o calor de vaporização a 100 °C é de 2256 J/g. Esses valores podem ser usados para calcular a energia requerida para fundir ou evaporar uma determinada massa de água. Por exemplo, a energia necessária para converter 500 g de água do estado líquido para o gasoso a 100 °C é

$$(2256 \text{ J/g})(500, \text{g}) = 1{,}13 \times 10^6 \text{ J} \ (= 1130 \text{ kJ})$$

Por outro lado, para fundir a mesma massa de gelo e formar água líquida a 0 °C são necessários apenas 167 kJ.

$$(333 \text{ J/g})(500, \text{g}) = 1{,}67 \times 10^5 \text{ J} \ (= 167 \text{ kJ})$$

A Figura 5.7 apresenta um perfil das mudanças de energia que ocorrem quando 500 g de gelo à temperatura de –50 °C são convertidos em vapor de água a 200 °C. Isso envolve uma série de etapas: (1) aquecimento do gelo até 0 °C, (2) conversão para água no estado líquido a 0 °C, (3) aquecimento de água líquida até 100 °C, (4) evaporação a 100 °C, e (5) aquecimento do vapor de água até 200 °C. Cada etapa requer o fornecimento de energia adicional. A energia transferida na forma de calor para elevar a temperatura do sólido, líquido e vapor pode ser calculada com a Equação 5.1, utilizando-se as capacidades caloríficas específicas do gelo, da água líquida e do vapor de água (que são diferentes), e as energias para as mudanças de estado podem ser calculadas utilizando-se calores de fusão e vaporização. Esses cálculos estão ilustrados no Exemplo 5.3.

EXEMPLO 5.3

Energia e Mudanças de Estado

Problema Calcule a energia necessária para converter 500, g de gelo a –50,0 °C em vapor a 200,0 °C (Figura 5.7). O calor de fusão da água é de 333 J/g e o calor de vaporização é de 2256 J/g. As capacidades caloríficas específicas do gelo, da água líquida e do vapor de água são apresentados no Apêndice D.

O que você sabe? O processo total de conversão do gelo a –50 °C em vapor a 200 °C envolve tanto as mudanças de temperatura quanto as de estado; todas requerem fornecimento de energia na forma de calor. Lembre-se de que a fusão ocorre a 0 °C e o ponto de ebulição a 100 °C (à pressão de 1 atm). Você conhece a massa da água e precisará das capacidades caloríficas específicas do gelo, da água líquida e do vapor que estão disponíveis no Apêndice D. O calor de fusão da água (333 J/g) e o calor de vaporização (2256 J/g) são dados.

Estratégia O problema é dividido em uma série de etapas:

Etapa 1: Aquecimento do gelo de −50 °C a 0 °C.

Etapa 2: Fusão do gelo a 0 °C.

Etapa 3: Aumento da temperatura da água líquida de 0 °C a 100 °C.

Etapa 4: Evaporação da água a 100 °C.

Etapa 5: Aumento da temperatura do vapor de 100 °C para 200 °C.

Utilize a Equação 5.1 e as capacidades caloríficas específicas da água nos estados sólido, líquido e gasoso para calcular a energia transferida na forma de calor associada com as mudanças de temperatura. Use os calores de fusão e de vaporização para calcular a energia transferida na forma de calor associada às mudanças de estado. A energia total transferida na forma de calor é a soma das energias das etapas individuais.

Solução

Etapa 1. (para aquecer o gelo de −50,0 °C a 0,0 °C)

$$q_1 = (2,06 \text{ J/g} \cdot \text{K})(500 \text{ g})(273,2 \text{ K} - 223,2 \text{ K}) = 5,15 \times 10^4 \text{ J}$$

Etapa 2. (para fundir o gelo a 0,0 °C)

$$q_2 = (500 \text{ g})(333 \text{ J/g}) = 1,67 \times 10^5 \text{ J}$$

Etapa 3. (para elevar a temperatura da água no estado líquido de 0,0 °C a 100,0 °C)

$$q_3 = (4,184 \text{ J/g} \cdot \text{K})(500 \text{ g})(373,2 \text{ K} - 273,2 \text{ K}) = 2,09 \times 10^5 \text{ J}$$

Etapa 4. (para evaporar a água a 100,0 °C)

$$q_4 = (2256 \text{ J/g})(500 \text{ g}) = 1,13 \times 10^6 \text{ J}$$

Etapa 5. (para elevar a temperatura do vapor de água de 100,0 °C a 200,0 °C)

$$q_5 = (1,86 \text{ J/g} \cdot \text{K})(500 \text{ g})(473,2 \text{ K} - 373,2 \text{ K}) = 9,30 \times 10^4 \text{ J}$$

A energia total transferida na forma de calor é a soma das energias das etapas individuais.

$$q_{total} = q_1 + q_2 + q_3 + q_4 + q_5$$

$$q_{total} = 1,65 \times 10^6 \text{ J (ou 1650 kJ)}$$

Pense bem antes de responder A conversão da água líquida em vapor requer maior quantidade de energia. (Você deve ter notado que se leva menos tempo para aquecer a água em um fogão, a uma taxa de aquecimento constante, até a ebulição, do que para fazê-la evaporar.)

Verifique seu entendimento

Calcule a quantidade de energia necessária para elevar a temperatura de 1,00 L de etanol (d = 0,7849 g/cm³) de 25,0 °C ao seu ponto de ebulição (78,3 °C) e, em seguida, para vaporizar totalmente o líquido. (C_{etanol} = 2,44 J/g · K; calor molar da vaporização a 78,3 °C = 38,56 kJ/mol.)

Mapa Estratégico 5.3

PROBLEMA
Calcule a **energia necessária** para aquecer uma massa de gelo de **−50,0 °C** até o vapor a **200,0 °C**.

DADOS/INFORMAÇÕES
- Massa da água
- ΔT
- Calores de fusão e de vaporização da água
- Capacidades caloríficas específicas

Calcule a **energia** envolvida na
ETAPA 1. Aquecimento do gelo até 0 °C (q_1)
ETAPA 2. Fusão do gelo a 0 °C (q_2)
ETAPA 3. Aquecimento da água de 0 °C a 100 °C (q_3)
ETAPA 4. Evaporação da água a 100 °C (q_4)
ETAPA 5. Aquecimento do vapor até 200 °C (q_5)

Valores de q_1, q_2, q_3, q_4, e q_5

ETAPA 6. Some os valores de q.

q_{total} para o processo

EXEMPLO 5.4

Mudança de Estado

Problema Qual é a massa mínima de gelo a 0 °C que deve ser adicionada ao conteúdo de uma lata de refrigerante dietético (340 mL) para resfriá-lo de 20,5 °C a 0,0 °C? Suponha que a capacidade calorífica específica e a densidade do refrigerante sejam as mesmas que as da água.

O que você sabe? A temperatura final é 0 °C. A fusão do gelo requer energia na forma de calor e o resfriamento do refrigerante libera energia na forma de calor. A soma das variações de energia para os dois componentes no sistema é zero, ou seja, as duas variações de energia (o derretimento do gelo e o resfriamento do refrigerante) terão as mesmas magnitudes, mas sinais contrários. (Você também precisa assumir que não há transferência de energia entre a vizinhança e o sistema.) Você precisará da densidade e da capacidade calorífica específica da água (Apêndice D).

Estratégia Supondo apenas variações de energia dentro do sistema, $q_{refrig} + q_{gelo} = 0$. A energia que é liberada enquanto o refrigerante resfria, q_{refrig}, é calculada usando a Equação 5.1. A temperatura inicial é de 20,5 °C e a temperatura final é de 0 °C. A massa do refrigerante é calculada a partir do volume e da densidade. A energia requerida na forma de calor para fundir o gelo, q_{gelo}, é determinada a partir do calor de fusão (333 J/g). A massa do gelo é desconhecida.

Solução A massa do refrigerante é 340, g [(340, mL) (1,00 g/mL) = 340, g] e a sua temperatura varia de 293,7 K a 273,2 K. O calor de fusão da água é de 333 J/g e a massa do gelo é desconhecida.

$$q_{refrig} + q_{gelo} = 0$$

$$C_{refrig} \times m_{refrig} \times (T_{final} - T_{inicial}) + (\text{calor de fusão da água}) (m_{gelo}) = 0$$

$$[(4,184 \text{ J/g} \cdot \text{K})(340, \text{g})(273,2 \text{ K} - 293,7 \text{ K})] + [(333 \text{ J/g}) (m_{gelo})] = 0$$

$$m_{gelo} = 87,6 \text{ g}$$

Pense bem antes de responder Se mais de 87,6 g de gelo forem adicionados, a temperatura final ainda será 0 °C quando o equilíbrio térmico for alcançado, mas um pouco de gelo permanecerá (veja problema a seguir). Se a massa adicionada for menor que 87,6 g de gelo, a temperatura final será maior que 0 °C. Neste caso, todo o gelo derreterá, e a água líquida formada pelo derretimento do gelo absorverá a energia adicional para se aquecer até a temperatura final (um exemplo é fornecido na Questão para Estudo 79).

Verifique seu entendimento

Para preparar um copo de chá gelado, você coloca 250 mL de chá, cuja temperatura é 18,2 °C, em um copo que contém cinco cubos de gelo. Cada cubo tem uma massa de 15 g. Qual quantidade de gelo fundirá e quanto gelo permanecerá flutuando no chá? Suponha que o chá gelado tenha uma densidade de 1,0 g/mL e uma capacidade calorífica específica de 4,2 J/g · K, que a energia na forma de calor seja transferida apenas dentro do sistema, que o gelo esteja a 0,0 °C e que nenhuma energia seja transferida entre o sistema e a vizinhança.

EXERCÍCIOS PARA A SEÇÃO 5.3

1. Qual dos seguintes processos requer maior quantidade de energia na forma de calor?

    (a) Elevação da temperatura de 100 g de água em 1,0 °C

    (b) Vaporização de 0,10 g de água a 100 °C

    (c) Fusão de 1,0 g de gelo a 0 °C

    (d) Aquecimento de 1,0 g de gelo de –50 °C a 0 °C (capacidade calorífica específica do gelo = 2,06 J/g · K)

2. Se 5,0 g de gelo a 0 °C são adicionados a 25 g de água no estado líquido a 20 °C, qual afirmação melhor descreve o sistema quando o equilíbrio térmico é atingido?

    (a) Parte do gelo fundiu; o gelo e a água restantes estão a 0 °C.

    (b) Todo o gelo funde; a água líquida está a uma temperatura entre 0 °C e 10 °C.

    (c) Todo o gelo funde; a água líquida está a uma temperatura entre 10 °C e 20 °C.

    (d) Parte do gelo funde; a mistura de gelo-água está a uma temperatura entre 0 °C e 10 °C.

Princípios da reatividade química: energia e reações químicas

(a) Pedaços de gelo-seco [CO$_2$(s), –78 °C] são colocados em um saco plástico. O gelo-seco sublima (muda diretamente de um sólido para um gás) com a absorção de calor.

(b) Energia é absorvida pelo CO$_2$(s) quando ele sublima e o sistema (o conteúdo do saco plástico) realiza trabalho sobre a vizinhança levantando o livro contra a força da gravidade.

FIGURA 5.8 Variações de energia em um processo físico (uma mudança de fase em que CO$_2$ sólido muda para CO$_2$ gasoso).

5-4 Primeira Lei da Termodinâmica

Lembre-se de que *a termodinâmica é a ciência do calor e do trabalho*. Até este ponto, consideramos apenas a energia que está sendo transferida na forma de calor, mas agora precisamos ampliar a discussão para incluir o trabalho. O trabalho realizado por um sistema ou em um sistema também afetará a energia no sistema. Se um sistema realiza trabalho em sua vizinhança, certa quantidade de energia deve ser consumida pelo sistema e sua energia diminuirá. Inversamente, se o trabalho for realizado pela vizinhança sobre o sistema, o conteúdo de energia do sistema aumentará.

Um sistema que realiza trabalho sobre sua vizinhança está ilustrado na Figura 5.8. Uma pequena quantidade de gelo-seco, CO$_2$ sólido, é selada dentro de um saco plástico e um peso (um livro) é colocado sobre o saco. Quando a energia é transferida na forma de calor da vizinhança para o gelo-seco, este muda diretamente do estado sólido para gasoso a –78 °C em um processo chamado **sublimação**:

$$CO_2(s, -78\ °C) \rightarrow CO_2(g, -78\ °C)$$

À medida que a sublimação prossegue, o CO$_2$ gasoso expande-se dentro do saco plástico, levantando o livro contra a força da gravidade. O sistema (o CO$_2$ dentro do saco) está consumindo energia para realizar esse trabalho.

Mesmo que não houvesse um livro sobre o saco plástico, o trabalho teria sido feito pela expansão do gás, porque ele deve empurrar para cima o ar atmosférico. Em vez de levantar um livro, o gás em expansão move uma parte da atmosfera.

Vamos agora reexaminar esse problema em termos termodinâmicos. Primeiro, devemos identificar o sistema e a vizinhança. O sistema é o CO$_2$, inicialmente um sólido e mais tarde um gás. A vizinhança consiste em objetos que trocam energia com o sistema. Isso inclui o saco plástico, o livro, o tampo da mesa e o ar ao redor. A sublimação requer energia, que é transferida na forma de calor para o sistema (o CO$_2$) a partir da vizinhança. Ao mesmo tempo, o sistema realiza trabalho na vizinhança ao levantar o livro. Um balanço da energia do sistema incluirá ambas as quantidades, a energia transferida na forma de calor e a energia transferida na forma de trabalho.

Esse exemplo pode ser generalizado. Para qualquer sistema, podemos identificar as transferências de energia, tanto na forma de calor como na de trabalho entre o sistema e a vizinhança. A variação da energia de um sistema é dada explicitamente pela Equação 5.4,

(5.4)

que é uma expressão matemática da **primeira lei da termodinâmica**: a variação de energia de um sistema(ΔU) é a soma da energia transferida na forma de calor entre o sistema e sua vizinhança (q) e da energia transferida na forma de trabalho entre o sistema e sua vizinhança (w).

A equação que define a primeira lei da termodinâmica é apenas uma representação do princípio geral da conservação de energia. Uma vez que a energia é conservada, devemos ser capazes de explicar qualquer variação na energia do sistema. Toda energia transferida entre um sistema e sua vizinhança ocorre por processos que envolvem calor e trabalho. A Equação 5.4 estabelece, portanto, que a variação na energia do sistema é exatamente igual à soma de todas as transferências de energia (na forma de calor e ou de trabalho) da ou para a vizinhança.

A quantidade U na Equação 5.4 tem um nome formal, **energia interna**, e um significado preciso na termodinâmica. A energia interna em um sistema químico é a soma das energias potencial e cinética no interior do sistema, isto é, as energias dos átomos, moléculas ou íons no sistema. A energia potencial aqui é a energia associada com as forças atrativas e repulsivas entre todos os núcleos e os elétrons no sistema. Ela também inclui a energia associada com as ligações nas moléculas, com as forças entre os íons e com as forças entre as moléculas. A energia cinética é a energia do movimento dos átomos, íons e moléculas no sistema. Os valores reais de energia interna raramente são determinados. Em vez disso, na maioria dos casos, estamos interessados na *variação* da energia interna, uma quantidade que pode ser medida. Na verdade, a Equação 5.4 nos diz como determinar ΔU: *Medir a energia transferida nas formas de calor e trabalho do ou para o sistema.*

As convenções de sinal para a Equação 5.4 são importantes. A tabela a seguir resume como a energia interna de um sistema é afetada pela energia transferida nas formas de calor e trabalho.

Convenções de Sinais para q e w do Sistema

ENERGIA TRANSFERIDA COMO...	CONVENÇÃO DE SINAL	EFEITO SOBRE $U_{sistema}$
Calor para o sistema (endotérmico)	$q > 0$ (+)	U aumenta
Calor do sistema (exotérmico)	$q < 0$ (−)	U diminui
Trabalho feito no sistema	$w > 0$ (+)	U aumenta
Trabalho feito pelo sistema	$w < 0$ (−)	U diminui

Calor e Trabalho Para um olhar profundo sobre calor e trabalho em termodinâmica, consulte GISLASON, E. A.; CRAIG, N. C. *Journal of Chemical Education*, v. 64, n. 8, p. 660-668, 1987.

O trabalho no exemplo que envolve a sublimação do CO_2 (veja a Figura 5.8) é de um tipo específico, chamado trabalho P–V (pressão–volume). Trata-se do trabalho (w) associado a uma variação no volume (ΔV) que ocorre contra uma pressão externa resistente (P).

UM OLHAR MAIS ATENTO

Trabalho P–V

Fonte de calor

O exemplo de um gás contido em um cilindro com um êmbolo móvel pode ser utilizado para compreender o trabalho realizado por um sistema sobre sua vizinhança (ou vice-versa), quando o volume de um sistema varia. Se o gás no cilindro for aquecido, ele se expande, empurrando o êmbolo para cima até que a pressão interna do gás se iguale à pressão externa (constante) aplicada pelo pistão para baixo e pela atmosfera (veja a figura). Idealmente, o pistão move-se sem atrito, de modo que nenhum trabalho realizado pelo gás em expansão seja perdido para o aquecimento das paredes do cilindro.

O trabalho necessário para empurrar o pistão é calculado a partir de uma lei da Física, $w = F \times d$, igualando-se ao produto da força (F) aplicada pela distância (d) ao longo da qual a força é aplicada. A pressão é definida como uma força dividida pela área sobre a qual a força é exercida: $P = F/A$, em que a força depende da massa do êmbolo, da gravidade da Terra e da pressão de ar externa. Neste exemplo, a força é aplicada a um êmbolo com uma área A. Substituindo $P \times A$ por F na equação para o trabalho, temos $w = (P \times A) \times d$. O produto de $A \times d$ é equivalente à variação do volume do gás no cilindro e, uma vez que $\Delta V = V_{final} - V_{inicial}$, essa mudança de volume é um número positivo. Finalmente, visto que o trabalho realizado por um sistema sobre a vizinhança é definido como negativo, isso significa que $w = -P\Delta V$. Expandindo o gás e movimentando o pistão para cima, significa que realizamos trabalho W na vizinhança.

Neste exemplo, todo cuidado foi necessário para expandir o gás contra uma pressão externa constante. Note que para muitos processos que resultam na expansão (ou compressão) de um gás, a pressão não é constante. Calcular o trabalho para processos em que tanto a pressão quanto o volume mudam é mais complicado, apesar de ser algo possível.

Para um sistema em que a pressão externa é constante, o valor do trabalho P–V pode ser calculado pela Equação 5.5:

$$w = -P \times \Delta V \quad (5.5)$$

Para calcular esse trabalho em joule, a pressão deve ser medida em pascal (1 Pa = 1 kg/m · s²), e a variação de volume, em metros cúbicos (m³).

Se a energia for transferida em uma transformação a volume constante, $\Delta V = 0$. Isso significa que a energia transferida na forma de trabalho também será igual a zero. Assim, a variação da energia interna do sistema em condições de volume constante é igual à energia transferida na forma de calor (q_v).

$$\Delta U = q_v + w_v$$
$$\Delta U = q_v + 0 \text{ quando } w_v = 0 \text{ porque } \Delta V = 0$$
$$\text{e então } \Delta U = q_v$$

Calculando Trabalho O trabalho é calculado usando as unidades SI de pressão e volume. A unidade SI de pressão é o pascal (1 Pa = 1 kg/m · s²), que, quando multiplicado pela variação de volume em m³, fornece a energia em joule (1 J = 1 kg · m²/s²).

Entalpia

A maioria das experiências em um laboratório de Química é realizada em béqueres ou frascos abertos à atmosfera, na qual a pressão externa é constante. De modo semelhante, os processos químicos que ocorrem nos sistemas vivos são abertos à atmosfera. Uma vez que muitos processos químicos e biológicos são realizados sob condições de pressão constante, é útil ter uma medida específica da energia transferida como calor nessas condições.

Assim, à pressão constante,

$$\Delta U = q_p + w_p$$

em que o subscrito p indica condições de pressão constante. Se o único tipo de trabalho que ocorre é o trabalho P–V, então

$$\Delta U = q_p - P\Delta V$$

Reorganizando esta expressão obtém-se

$$q_p = \Delta U + P\Delta V$$

Nós agora introduziremos uma nova função termodinâmica chamada **entalpia**, H, que é definida como

$$H = U + PV$$

A *variação* de entalpia para um sistema à pressão constante pode ser calculada a partir da seguinte equação:

$$\Delta H = \Delta U + P\Delta V$$

Dessa forma,

$$\Delta H = q_p$$

Para um sistema em que o único tipo de trabalho possível é o trabalho P–V, a variação na entalpia, ΔH, é igual à energia transferida na forma de calor sob uma pressão constante, q_p. A direcionalidade da transferência de energia (sob condições de pressão constante) é representada pelo sinal de ΔH.

- Valores negativos de ΔH: a energia é transferida do sistema para a vizinhança.
- Valores positivos de ΔH: a energia é transferida na forma de calor da vizinhança para o sistema.

Sob condições de pressão constante em que o único tipo de trabalho possível é o trabalho P–V, ΔU (= $q_p - P\Delta V$) e ΔH (= q_p) diferem por $P\Delta V$ (a energia transferida do ou para o sistema na forma de trabalho). Observamos que, em muitos processos – como a fusão do gelo –, a mudança de volume, ΔV, é pequena e, consequentemente, a quantidade de energia transferida na forma de trabalho é pequena. Sob essas circunstâncias, ΔU e ΔH têm quase o mesmo valor. A quantidade de energia transferida na forma de trabalho será significativa, desde que a variação no volume seja grande, conforme gases sejam formados ou consumidos. Por exemplo, na evaporação ou na condensação da água, a sublimação do CO_2 e as reações químicas nas quais o número de mols do gás muda, ΔU e ΔH têm valores significativamente diferentes.

> **Energia Transferida na Forma de Calor**
> Processos a V constante: $\Delta U = q_v$
> Processos a P constante: $\Delta H = q_p$

> **Diferenças Entre Entalpia e Energia Interna** A diferença entre ΔH e ΔU será muito pequena, a menos que ocorra uma mudança grande de volume. Por exemplo, a diferença entre o ΔH e ΔU para a conversão de gelo em água líquida é de 0,142 J/mol à pressão de 1 atm. Para a conversão de água líquida em vapor de água a 373 K, a diferença é de 3100 J/mol.

EXEMPLO 5.5

Energia e Trabalho

Problema O gás nitrogênio (1,50 L) está confinado em um cilindro sob pressão atmosférica constante (1,01 × 10⁵ Pa). O gás se expande até um volume de 2,18 L quando 882 J de energia são transferidos na forma de calor da vizinhança para o gás. Qual é a variação na energia interna do gás?

O que você sabe? A energia na forma de calor (882 J) é transferida à pressão constante dentro do sistema; assim, $q_p = +882$ J. O sistema realiza trabalho sobre a vizinhança quando o gás se expande de 1,50 L para 2,18 L sob pressão constante de 1,01 × 10⁵ Pa, transferindo, deste modo, um pouco de energia para a vizinhança.

Estratégia Calcule o trabalho realizado pelo sistema utilizando $w_p = -P(\Delta V)$. A unidade de trabalho é o joule, contanto que as unidades SI sejam utilizadas para pressão e volume. A pressão é dada em unidades SI (pascal, Pa, em que 1 Pa = 1 kg / (m · s²). Para calcular o trabalho, o volume tem que ser convertido de L para m³. A variação da energia interna do gás é a soma da variação de entalpia do gás e do trabalho realizado pelo gás na vizinhança ($\Delta U = q_p + w_p$).

Solução A variação no volume do gás é

$$(2{,}18 \text{ L} - 1{,}50 \text{ L N}_2 \text{ gás})(1 \text{ m}^3/1000 \text{ L}) = 6{,}8 \times 10^{-4} \text{ m}^3$$

O trabalho realizado pelo sistema é

$$w_p = -(1{,}01 \times 10^5 \text{ kg/m} \cdot \text{s}^2)(6{,}8 \times 10^{-4} \text{ m}^3) = -68{,}7 \text{ kg} \cdot \text{m}^2/\text{s}^2 = -68{,}7 \text{ J}$$

Finalmente, a variação na energia interna é calculada.

$$\Delta U = q_p + w_p = 882 \text{ J} + (-68{,}7 \text{ J}) = 813 \text{ J}$$

Pense bem antes de responder A energia interna de um gás aumenta quando o gás é aquecido. No entanto, o gás realiza trabalho na vizinhança à medida que ele se expande à pressão constante, fornecendo parte de sua energia para a vizinhança.

Verifique seu entendimento

O nitrogênio gasoso (2,75 L) é confinado em um cilindro sob pressão atmosférica constante (1,01 × 10⁵ Pa). O volume do gás diminui para 2,10 L quando 485 J de energia são transferidos na forma de calor para a vizinhança. Qual é a variação na energia interna do gás?

Funções de Estado

A energia interna e a entalpia compartilham uma característica importante, isto é, mudanças nessas quantidades dependem somente dos estados inicial e final. Elas não dependem do caminho percorrido entre os estados inicial e final. Não importa como reagentes convertem-se em produtos em uma reação, os valores de ΔH e ΔU são sempre os mesmos. Uma quantidade que tenha essa propriedade característica é chamada **função de estado**.

Muitas quantidades geralmente medidas, como a pressão de um gás, o volume de um gás ou de um líquido e a temperatura de uma substância, são funções de estado. Por exemplo, se a temperatura final de uma substância é 75 °C e sua temperatura inicial é 25 °C, a variação de temperatura, ΔT, é calculada como $T_{final} - T_{inicial}$ = 75 °C - 25 °C = 50 °C. Não importa se a substância foi aquecida diretamente de 25 °C para 75 °C ou se foi aquecida de 25 °C a 95 °C e então resfriada até 75 °C; a variação total na temperatura continuou a mesma, 50 °C.

Nem todas as grandezas são funções de estado; algumas dependem do caminho que elas levaram da condição inicial à final. Por exemplo, a distância percorrida não é uma função de estado (Figura 5.9). A distância da viagem entre Nova York e Denver depende da rota adotada. O tempo gasto para viajar entre essas duas cidades também não é uma função de estado. Em contraste, a mudança na altitude é uma função de estado; ao ir de Nova York (nível do mar) a Denver (1600 m acima do nível do mar), há uma variação de altitude de 1600 m, independente da rota escolhida.

Especificamente, na expansão de um gás, nem a energia transferida na forma de calor e nem a energia transferida na forma de trabalho realizado são funções de estado. No entanto, a soma delas, a variação da energia interna, ΔU, é uma função de estado. O valor de ΔU é fixado por $U_{inicial}$ e U_{final}. Uma transição entre os estados inicial e final pode ser realizada por vias diferentes que têm diferentes valores de q e w, mas a soma de q e w para cada caminho deverá sempre gerar o mesmo ΔU.

Para entender melhor como a soma de duas funções dependentes do caminho percorrido pode resultar em uma função de estado, considere o tamanho de sua conta bancária. Isso é uma função de estado. Suponhamos que existam duas formas dependentes do caminho para transferir dinheiro de sua conta: seja como notas (em papel) ou como pagamento eletrônico. Você poderia ter um saldo bancário de $ 25, tendo depositado os $ 25 em dinheiro, ou poderia ter depositado $ 100 em dinheiro e, em

FIGURA 5.9 Funções de estado Há muitas maneiras de se escalar uma montanha, mas a diferença de altitude entre a base e o topo da montanha é sempre a mesma. A variação de altitude é uma função de estado. A distância percorrida para alcançar o topo não é.

seguida, feito um pagamento eletrônico de $ 75, ou poderia ter depositado $ 100 em dinheiro, feito um pagamento eletrônico de $ 50 e retirado $ 25 em dinheiro. Em cada um desses casos, a mudança no seu saldo bancário é determinada pegando-se o saldo final ($ 25) e subtraindo o saldo inicial ($ 0), dando um valor de Δ$ de +$25, mas o caminho para chegar de $ 0 a $ 25 é diferente. Além disso, a quantia transferida em dinheiro e aquela por meios eletrônicos de pagamento são dependentes do caminho, com diferentes valores em cada caso, mas levando-se em conta todas as transferências em dinheiro e em pagamentos eletrônicos, chegaremos ao balanço geral, uma função de estado.

EXERCÍCIOS PARA A SEÇÃO 5.4

1. Qual dos seguintes processos conduzirá a uma diminuição da energia interna de um sistema? (1) A energia é transferida na forma de calor para o sistema; (2) a energia é transferida na forma de calor a partir do sistema; (3) a energia é transferida como trabalho realizado no sistema; ou (4) a energia é transferida como o trabalho realizado pelo sistema.

   (a) 1 e 3   (b) 2 e 4   (c) 1 e 4   (d) 2 e 3

2. Em qual das seguintes reações há uma transferência significativa de energia na forma de trabalho realizado pelo sistema para a vizinhança? Isto ocorre desde que exista uma variação no número de mols dos gases.

   (a) $C(s) + O_2(g) \rightarrow CO_2(g)$

   (b) $CH_4(g) + 2\,O_2(g) \rightarrow CO_2(g) + 2\,H_2O(g)$

   (c) $2\,C(s) + O_2(g) \rightarrow 2\,CO(g)$

   (d) $2\,Mg(s) + O_2(g) \rightarrow 2\,MgO(s)$

5-5 Variações de Entalpia nas Reações Químicas

Variações de entalpia acompanham todas as reações químicas. Por exemplo, a **entalpia padrão da reação**, $\Delta_r H°$, para a decomposição de vapor de água em hidrogênio e oxigênio a 25 °C é de 241,8 kJ/mol-rea.

$$H_2O(g) \rightarrow H_2(g) + \tfrac{1}{2}\,O_2(g) \qquad \Delta_r H° = +241,8 \text{ kJ/mol-rea}$$

O sinal positivo de $\Delta_r H°$ indica que a decomposição é um processo endotérmico.
Há várias coisas importantes para saber sobre $\Delta_r H°$.

- A designação de $\Delta_r H°$ como uma "variação de entalpia padrão" (em que o sobrescrito ° indica as condições padrão) significa que os reagentes puros, não misturados, formam produtos puros, não misturados, em seus estados padrão. O **estado padrão** de um elemento ou de um composto é definido como a forma mais estável da substância no estado físico que existe a uma pressão de 1 bar e a uma temperatura especificada. [A maioria das fontes relata entalpias padrão de reação a 25 °C (298 K).]

- A designação "por mol-rea" nas unidades de $\Delta_r H°$ significa que esta é a variação de entalpia para um "mol de reação" (em que *rea* é uma abreviatura para a reação). Diz-se que um mol de reação ocorreu quando uma reação química ocorre exatamente nos valores especificados pelos coeficientes da equação química balanceada. Por exemplo, para a reação de $H_2O(g) \rightarrow H_2(g) + 1/2\,O_2(g)$, um mol de reação ocorreu quando 1 mol de vapor de água foi completamente convertido em 1 mol de gás H_2 e 1/2 mol de gás O_2.

Considere agora a reação oposta, a combinação do hidrogênio e do oxigênio para formar 1 mol de água. A magnitude da variação de entalpia para essa reação é a mesma que a descrita para a reação de decomposição, mas com o sinal contrário

---

Notação para Parâmetros Termodinâmicos Tanto o NIST (Instituto Nacional de Padrões e Tecnologia dos Estados Unidos) como a IUPAC (União Internacional de Química Pura e Aplicada) especificam que os descritores de funções, como Δ*H*, devem ser escritos como um subscrito, entre Δ e a função termodinâmica. Entre os subscritos que você verá, há um r minúsculo para "reação", f para "formação", c para "combustão", fus para "fusão" e vap para "vaporização".

Mols de Reação, Mol-Rea Este conceito também foi descrito em um dos métodos apresentados para a solução de problemas com reagentes limitantes na página 178.

de $\Delta_rH°$. A formação exotérmica de 1 mol de vapor de água a partir de 1 mol de H_2 e 1/2 mol de O_2 transfere 241,8 kJ para a vizinhança (Figura 5.10).

$$H_2(g) + \tfrac{1}{2} O_2(g) \rightarrow H_2O(g) \qquad \Delta_rH° = -241,8 \text{ kJ/mol-rea}$$

O valor de $\Delta_rH°$ depende da equação química utilizada. Vamos escrever a equação para a formação de água novamente, mas sem um coeficiente fracionário para O_2.

$$2 H_2(g) + O_2(g) \rightarrow 2 H_2O(g) \qquad \Delta_rH° = -483,6 \text{ kJ/mol-rea}$$

O valor de $\Delta_rH°$ para 1 mol dessa reação, a formação de 2 mols de água, é o *dobro* do valor para a formação de 1 mol de água.

É importante identificar os estados dos reagentes e dos produtos em uma reação porque a magnitude de $\Delta_rH°$ depende do estado físico (sólido, líquido ou gás). Para a formação de 1 mol de *água líquida* a partir dos elementos, a variação de entalpia é de –285,8 kJ.

$$H_2(g) + \tfrac{1}{2} O_2(g) \rightarrow H_2O(\ell) \qquad \Delta_rH° = -285,8 \text{ kJ/mol-rea}$$

Observe que este valor não é o mesmo que $\Delta_rH°$ para a formação de 1 mol de *vapor de água* a partir do hidrogênio e do oxigênio. A diferença entre os dois valores é igual à variação de entalpia para a condensação de 1 mol de vapor de água em água líquida.

Esses exemplos ilustram várias características gerais da variação de entalpia para as reações químicas.

- Variações de entalpia são específicas para a reação que está acontecendo. As identidades dos reagentes e dos produtos e seus estados (s, ℓ, g) são importantes, assim como suas quantidades.

- A variação de entalpia depende do número de mols da reação, isto é, o número de vezes que a reação *como está escrita* é executada.

Coeficientes Estequiométricos Fracionários Ao escrever equações balanceadas para definir quantidades termodinâmicas, os químicos frequentemente usam coeficientes estequiométricos fracionários. Por exemplo, para definir Δ_rH para a decomposição ou a formação de 1 mol de H_2O, o coeficiente para o O_2 deve ser 1/2.

Variações na Energia Química de uma Reação Química
- Se uma reação é exotérmica, a energia potencial dos reagentes é *maior* do que a dos produtos.
  ($EP_{reagentes} > EP_{produtos}$)
- Se a reação é endotérmica, a energia potencial dos reagentes é *menor* do que a dos produtos.
  ($EP_{reagentes} < EP_{produtos}$)

FIGURA 5.10 A combustão exotérmica de hidrogênio no ar. A reação envolve a transferência de energia entre o sistema e a vizinhança sob a forma de calor, trabalho e luz.

244 Química geral e reações químicas

- $\Delta_r H°$ tem um valor negativo para uma reação exotérmica, e um valor positivo para uma reação endotérmica.
- Os valores $\Delta_r H°$ são numericamente iguais, mas de sinais opostos, para reações químicas que sejam o inverso uma da outra.

Condições padrão O sobrescrito ° indica condições padrão. Ele é aplicado a quaisquer tipos de dados termodinâmicos, como as entalpias de fusão, de vaporização ($\Delta_{fus}H°$ e $\Delta_{vap}H°$) e de reação ($\Delta_r H°$). As condições-padrão referem-se a reagentes e produtos nos seus estados padrão sob uma pressão de 1 bar. Um bar é aproximadamente uma atmosfera (1 atm = 1,013 bar; ▶ Capítulo 10 e Apêndice B).

As entalpias padrão de reação podem ser usadas para calcular a energia transferida na forma de calor sob condições de pressão constante para uma dada massa de reagente ou produto. Suponha que 454 g de propano, C_3H_8, foram queimados (sob pressão constante), dada a equação para a combustão exotérmica e a variação de entalpia para a reação.

$$C_3H_8(g) + 5\, O_2(g) \rightarrow 3\, CO_2(g) + 4\, H_2O(\ell) \qquad \Delta_r H° = -2220 \text{ kJ/mol-rea}$$

Duas etapas são necessárias. Primeiro, encontre a quantidade de propano presente na amostra:

$$454 \text{ g } C_3H_8 \left(\frac{1 \text{ mol } C_3H_8}{44,10 \text{ g } C_3H_8} \right) = 10,3 \text{ mol } C_3H_8$$

Segundo, utilize $\Delta_r H°$ para determinar $\Delta H°$ para essa quantidade de propano:

$$\Delta H° = 10,3 \text{ mol } C_3H_8 \left(\frac{1 \text{ mol-rea}}{1 \text{ mol } C_3H_8} \right) \left(\frac{-2220 \text{ kJ}}{1 \text{ mol-rea}} \right) = -22900 \text{ kJ}$$

Mapa Estratégico 5.6

PROBLEMA
Calcular $\Delta H°$ para a combustão de uma **dada massa** de sacarose.

↓

DADOS/INFORMAÇÃO
- **Massa** da sacarose
- $\Delta_r H°$ **por mol** para a combustão de sacarose

↓

ETAPA 1. Calcule a **quantidade** de sacarose.

↓

Quantidade de sacarose

↓

ETAPA 2. Converta **mol** da sacarose para **mol-rea**, então multiplique esse valor por $\Delta_r H°$.

↓

$\Delta_c H$ combustão para a **combustão** de uma **dada massa** de sacarose.

EXEMPLO 5.6

Calculando a Variação de Entalpia para uma Reação

Problema Sacarose ($C_{12}H_{22}O_{11}$) pode ser oxidada a CO_2 e H_2O e a variação de entalpia para a reação pode ser medida.

$$C_{12}H_{22}O_{11}(s) + 12\, O_2(g) \rightarrow 12\, CO_2(g) + 11\, H_2O(\ell) \qquad \Delta_r H° = -5645 \text{ kJ/mol-rea}$$

Qual é a variação de entalpia quando 5,00 g de açúcar são queimados sob condições de pressão constante?

O que você sabe? A equação balanceada para a combustão, o valor de $\Delta_r H°$ e a massa do açúcar.

Estratégia Primeiro vamos determinar a quantidade de matéria de sacarose em 5,00 g e depois usaremos esse valor junto ao valor dado para variação de entalpia na oxidação de 1 mol de sacarose.

Solução

$$5,00 \text{ g de sacarose} \times \frac{1 \text{ mol de sacarose}}{342,3 \text{ g de sacarose}} = 1,46 \times 10^{-2} \text{ mol de sacarose}$$

$$\Delta H° = 1,46 \times 10^{-2} \text{ mol de sacarose} \left(\frac{1 \text{ mol-rea}}{1 \text{ mol sacarose}} \right) \left(\frac{-5645 \text{ kJ}}{1 \text{ mol-rea}} \right)$$

$$\Delta H° = -82,5 \text{ kJ}$$

Pense bem antes de responder O valor calculado é negativo, como esperado para uma reação de combustão. Este valor de $\Delta H°$ está de acordo com o fato de a massa de sacarose utilizada, 5,00 g, ser significativamente menor que a massa de um mol de sacarose (342,3 g).

Verifique seu entendimento

A combustão do etano, C_2H_6, tem uma variação de entalpia de $-2857,3$ kJ para a reação conforme escrita a seguir. Calcule $\Delta H°$ para a combustão de 15,0 g de C_2H_6.

$$2\, C_2H_6(g) + 7\, O_2(g) \rightarrow 4\, CO_2(g) + 6\, H_2O(g) \qquad \Delta_r H° = -2857,3 \text{ kJ/mol-rea}$$

A Queima de Açúcar e de Balas de Gelatina Uma pessoa em dieta pode notar que uma colher de chá cheia de açúcar (aproximadamente 3,5 g) fornece cerca de 15 Calorias (calorias nutricionais, a conversão é 4,184 kJ = 1 Cal). No que diz respeito às dietas, uma colher de chá cheia de açúcar não tem valor calórico muito alto. Mas será que você vai usar só uma colher? Em outras palavras, mas será que você só vai comer uma bala de gelatina?

© Cengage Learning/Charles D. Winters

EXERCÍCIOS PARA A SEÇÃO 5.5

1. Para a reação 2 Hg(ℓ) + O$_2$(g) → 2 HgO(s), $\Delta_rH°$ = –181,6 kJ/mol-rea. Qual é a variação de entalpia para decompor 1,00 mol de HgO(s) em O$_2$(g) e Hg(ℓ)?

   (a) 181,6 kJ   (b) –90,8 kJ   (c) 90,8 kJ   (d) 363,3 kJ

2. Para a reação 2 CO(g) + O$_2$(g) → 2 CO$_2$(g), $\Delta_rH°$ = –566 kJ/mol-rea. Qual é a variação de entalpia para a oxidação de 42,0 g de CO(g)?

   (a) –283 kJ   (b) –425 kJ   (c) –566 kJ   (d) –393,5 kJ

5-6 Calorimetria

A energia transferida na forma de calor em um processo químico ou físico pode ser medida por **calorimetria**. O aparelho utilizado nesse tipo de experiência é o *calorímetro*.

Calorimetria à Pressão Constante, Medindo ΔH

Um calorímetro pode ser usado para medir a quantidade de energia transferida na forma de calor sob condições de pressão constante, que é a variação de entalpia de uma reação química.

O calorímetro de pressão constante utilizado em laboratórios de química geral é muitas vezes um "copo de café." Esse dispositivo de baixo custo consiste em dois copos encaixados um dentro do outro, com uma tampa ajustável e um dispositivo para medir temperatura, como um termômetro (Figura 5.11) ou termopar. O isopor, um isolante muito bom, minimiza a transferência de energia na forma de calor entre o sistema e a vizinhança. A reação é realizada na solução dentro do copo. Se a reação é exotérmica, ela libera energia na forma de calor para a solução, e a temperatura da solução aumenta. Se a reação é endotérmica, a energia é absorvida na forma de calor a partir da solução, ocasionando uma diminuição na temperatura da solução. A variação na temperatura da solução é medida. Sabendo a massa, a capacidade calorífica específica e a variação de temperatura da solução, a variação de entalpia para a reação pode ser calculada.

Nesse tipo de medida calorimétrica, é conveniente definir os reagentes e os produtos e a solução como o sistema. A vizinhança inclui o copo e tudo o que estiver fora dele. Como observado previamente, admitimos que não há transferência de energia para o copo e que a energia é transferida apenas na forma de calor dentro do sistema. Duas variações de energia ocorrem dentro do sistema à medida que a reação prossegue. Uma é a liberação da energia potencial armazenada nos reagentes, ou absorção de energia e conversão desta em energia potencial armazenada nos produtos. Nós a chamamos de q_r. A outra mudança de energia é aquela ganhada ou perdida na forma de calor pela solução ($q_{dissolução}$). Com base na lei da conservação da energia,

$$q_r + q_{dissolução} = 0$$

O valor de $q_{dissolução}$ pode ser calculado a partir da capacidade calorífica específica, da massa e da variação na temperatura da solução. A quantidade de energia liberada ou absorvida na reação (q_r) é a incógnita na equação.

A precisão de uma medida calorimétrica depende da precisão das quantidades medidas (temperatura, massa e capacidade calorífica específica). Além disso, supõe-se que não haja transferência de energia além da solução. Um calorímetro de copo é um dispositivo simples, por isso, os resultados não são muito precisos, considerando que esta suposição não é devidamente atingida. Nos laboratórios de pesquisa, os calorímetros mais utilizados são aqueles que efetivamente limitam a transferência de energia entre o sistema e a vizinhança. Além disso, também é possível corrigir a mínima transferência de energia que ocorre entre o sistema e a vizinhança.

FIGURA 5.11 Calorímetro de copo. Uma reação química produz uma variação na temperatura da solução dentro do calorímetro. O copo de isopor é razoavelmente eficaz na prevenção da transferência de energia na forma de calor entre a solução e sua vizinhança. Uma vez que o copo é aberto à atmosfera, esta é uma medida sob pressão constante.

Mapa Estratégico 5.7

PROBLEMA
Calcule $\Delta_r H$ por mol para a reação de **Mg** com **HCl**.

DADOS/INFORMAÇÕES
- Massa de Mg e solução de HCl
- ΔT
- Capacidade calorífica específica

ETAPA 1. Calcule a quantidade de matéria em mols de **Mg**.

Quantidade de **Mg**

ETAPA 2. Use a Equação 5.1 para calcular $q_{dissolução}$.

$q_{solução}$

ETAPA 3. Use $q_r + q_{dissolução} = 0$ para calcular q_r.

q_r, a energia liberada por determinada massa de Mg em HCl(aq)

ETAPA 4. Divida q_r pela quantidade de matéria de **Mg**.

$\Delta_r H$ por mol de Mg

EXEMPLO 5.7

Usando um Calorímetro de Copo do Café

Problema Suponha que você coloque 0,0500 g de raspas de magnésio em um calorímetro de copo do café e adicione então 100,0 mL de HCl 1,00 M. A reação que ocorre é:

$$Mg(s) + 2\,HCl(aq) \rightarrow H_2(g) + MgCl_2(aq)$$

A temperatura da solução aumenta de 22,21 °C (295,36 K) para 24,46 °C (297,61 K). Qual é a variação de entalpia para a reação por mol de magnésio? (Suponha que a capacidade calorífica específica da solução seja 4,20 J/g · K e a densidade da solução de HCl seja 1,00 g/mL.)

O que você sabe? Você sabe que há transferência de energia na forma de calor nesta reação, porque a temperatura da solução aumenta. Supondo que não houve nenhuma perda de energia para a vizinhança, a soma da energia liberada na forma de calor na reação, q_r, e a energia absorvida como calor pela solução, $q_{dissolução}$, será igual a zero, isto é, $q_r + q_{dissolução} = 0$. O valor de $q_{dissolução}$ pode ser calculado a partir dos dados fornecidos; q_r é a incógnita.

Estratégia A solução do problema apresenta quatro etapas.

Etapa 1: Calcule a quantidade de matéria em mols de magnésio.

Etapa 2: Calcule $q_{dissolução}$ a partir dos valores da massa, da capacidade calorífica específica e de ΔT usando a Equação 5.1.

Etapa 3: Calcule q_r, assumindo que não há transferência de energia na forma de calor que se propaga além da solução, isto é, $q_r + q_{dissolução} = 0$.

Etapa 4: Use o valor q_r e a quantidade de magnésio para calcular a variação de entalpia por mol de Mg.

Solução

Etapa 1. Calcule a quantidade de Mg.

$$0{,}0500 \text{ g de Mg} \times \frac{1 \text{ mol de Mg}}{24{,}31 \text{ g de Mg}} = 0{,}00206 \text{ mol de Mg}$$

Etapa 2. Calcule $q_{dissolução}$. A massa da solução é a massa de 100,0 mL de HCl mais a massa do magnésio.

$$q_{dissolução} = (100{,}0 \text{ g HCl solução} + 0{,}0500 \text{ g Mg})(4{,}20 \text{ J/g} \cdot \text{K})(297{,}61 \text{ K} - 295{,}36 \text{ K})$$

$$= 945 \text{ J}$$

Etapa 3. Calcule q_r.

$$q_r + q_{dissolução} = 0$$

$$q_r + 945 \text{ J} = 0$$

$$q_r = -945 \text{ J}$$

Etapa 4. Calcule o valor de $\Delta_r H$ por mol de Mg. O valor de q_r encontrado na Etapa 2 resultou da reação de 0,00206 mol de Mg. A variação de entalpia por mol de Mg é, por conseguinte,

$$\Delta_r H = (-945 \text{ J}/0{,}00206 \text{ mol Mg})$$

$$= -4{,}59 \times 10^5 \text{ J/mol Mg} \; (= -459 \text{ kJ/mol Mg})$$

Pense bem antes de responder O cálculo fornece o sinal correto de q_r e $\Delta_r H$. O sinal negativo indica que essa é uma reação exotérmica. A equação balanceada estabelece que um mol de magnésio está envolvido em um mol de reação. A variação de entalpia calculada por mol de reação é $\Delta_r H$, é –459 kJ/mol-rea.

Verifique seu entendimento

Suponha que 200 mL de HCl 0,400 M foram misturados com 200 mL de NaOH 0,400 M em um calorímetro de copo de café. A temperatura das soluções antes da mistura foi de 25,10°C. Após a mistura e a ocorrência da reação, a temperatura foi de 27,78 °C. Qual foi a variação de entalpia quando um mol de ácido foi neutralizado? (Suponha que as densidades de todas as soluções sejam 1,00 g/mL, e suas capacidades caloríficas específicas, 4,20 J/g · K.)

Calorimetria a Volume Constante, Medindo ΔU

A calorimetria a volume constante é geralmente usada para calcular a energia liberada pela combustão de combustíveis e para determinar o valor calórico dos alimentos. Uma amostra de massa conhecida de um combustível sólido ou de um líquido é colocada no interior de uma "bomba", geralmente um cilindro do tamanho de uma lata grande de tinta, com paredes espessas e tampa de aço (Figura 5.12). A bomba é colocada em um recipiente preenchido com água, com paredes bem isoladas. Após preencher a bomba com oxigênio puro, a amostra inicia sua ignição, geralmente por uma faísca elétrica. O calor gerado pela reação de combustão aquece a bomba e a água em torno dela. A bomba, seu conteúdo e a água são definidos como o sistema. A avaliação da transferência de energia na forma de calor dentro do sistema conduz a

$$q_r + q_{bomba} + q_{água} = 0$$

em que q_r é a energia liberada na forma de calor pela reação, q_{bomba} é a energia envolvida no aquecimento da bomba do calorímetro, e $q_{água}$ é a energia absorvida no aquecimento da água no calorímetro. Como o volume não se altera em um calorímetro de volume constante, a transferência de energia na forma de trabalho não acontece. Por conseguinte, a energia transferida na forma de calor a volume constante (q_v) é igual à variação da energia interna, ΔU.

Calorimetria, ΔU e ΔH Os dois tipos de calorímetro (pressão e volume constantes) destacam as diferenças entre entalpia e energia interna. A energia transferida na forma de calor sob uma pressão constante, q_p, é, por definição, ΔH, ao passo que a energia transferida na forma de calor sob volume constante, q_v, é ΔU.

FIGURA 5.12 Calorímetro a volume constante. Uma amostra de combustível é queimada com oxigênio puro em um recipiente de metal selado ou "bomba". A energia transferida na forma de calor pela reação aquece a bomba e a água que a contém. Ao medir o aumento da temperatura, é possível determinar a energia transferida da reação na forma de calor.

Mapa Estratégico 5.8

PROBLEMA

Calcule ΔU por mol para a combustão do octano.

DADOS/INFORMAÇÕES

- Massa do octano
- Massa da água no calorímetro
- $C_{água}$
- C_{bomba}
- ΔT

ETAPA 1. Use a Equação 5.1 para calcular $q_{água}$.

↓

$q_{água}$

ETAPA 2. Use C_{bomba} e ΔT para calcular q_{bomba}.

↓

q_{bomba}

ETAPA 3. Use $q_r + q_{água} + q_{bomba} = 0$ para calcular q_r.

q_r, a energia liberada na forma de calor pela massa dada de octano (kJ)

ETAPA 4. Multiplique q_r pela **massa molar** do octano.

ΔU por mol do octano

EXEMPLO 5.8

Calorimetria a Volume Constante

Problema Octano, C_8H_{18}, o constituinte principal da gasolina, queima ao ar:

$$C_8H_{18}(\ell) + 25/2\ O_2(g) \rightarrow 8\ CO_2(g) + 9\ H_2O(\ell)$$

Uma amostra de 1,00 g de octano é queimada em um calorímetro a volume constante (similar ao mostrado na Figura 5.12). O calorímetro é um recipiente isolado contendo 1,20 kg de água. A temperatura da água e da bomba aumenta de 25,00 °C (298,15 K) para 33,20 °C (306,35 K). O calor necessário para elevar a temperatura da bomba (a sua capacidade calorífica), C_{bomba}, é 837 J/K. (a) Qual é o calor de combustão por grama do octano? (b) Qual é o calor de combustão por mol de octano?

O que você sabe? Há variações de energia para os três componentes desse sistema: a energia liberada pela reação, q_r; a energia absorvida pela água, $q_{água}$ e a energia absorvida pelo calorímetro, q_{bomba}. Você sabe o seguinte: a massa molar do octano, as massas da amostra e da água do calorímetro, $T_{inicial}$, T_{final}, C_{bomba} e $C_{água}$. Você pode supor que não houve nenhuma perda de energia para a vizinhança.

Estratégia

- A soma de todas as energias transferidas como calor no sistema = $q_r + q_{bomba} + q_{água} = 0$. O primeiro termo, q_r, é desconhecido. O segundo e o terceiro termos da equação podem ser calculados a partir dos seguintes dados: q_{bomba} é calculada a partir da capacidade calorífica da bomba e de ΔT, e $q_{água}$ é determinada a partir da capacidade calorífica específica, da massa e da ΔT da água.

- O valor de q_r é a energia liberada na combustão de 1,00 g de octano. Use isso e a massa molar do octano (114,2 g/mol) para calcular a energia liberada na forma de calor por mol de octano.

Solução

(a) $q_{água} = C_{água} \times m_{água} \times \Delta T = (4,84\ \text{J/g}\cdot\text{K})(1,20 \times 10^3\ \text{g})(306,35\ \text{K} - 298,15\ \text{K}) =$

$$+41,2 \times 10^3\ \text{J}$$

$q_{bomba} = (C_{bomba})(\Delta T) = (837\ \text{J/K})(306,35\ \text{K} - 298,15\ \text{K}) = 6,86 \times 10^3\ \text{J}$

$q_r + q_{água} + q_{bomba} = 0$

$q_r + 41,2 \times 10^3\ \text{J} + 6,86 \times 10^3\ \text{J} = 0$

$q_r = -48,1 \times 10^3\ \text{J (ou} -48,1\ \text{kJ)}$

Calor de combusão por grama = $-48,1$ kJ

(b) Calor de combustão por mol de octano = $(-48,1\ \text{kJ/g})(114,2\ \text{g/mol}) =$

$$-5,49 \times 10^3\ \text{kJ/mol}$$

Pense bem antes de responder Uma vez que o volume não varia, nenhuma transferência de energia ocorre na forma de trabalho. A variação de energia interna, $\Delta_r U$, para a combustão do $C_8H_{18}(\ell)$ é $-5,49 \times 10^3$ kJ/mol. Note também que C_{bomba} não possui unidades de massa e representa a energia na forma de calor necessária para aumentar a temperatura da bomba utilizada nesse experimento em 1 kelvin.

Verifique seu entendimento

Uma amostra de 1,00 g de açúcar (sacarose, $C_{12}H_{22}O_{11}$) é queimada em um colorímetro de bomba (bomba calorimétrica). A temperatura de $1,50 \times 10^3$ g de água no calorímetro aumenta de 25,00 °C para 27,32 °C. A capacidade calorífica da bomba é de 837 J/K, e a capacidade calorífica específica da água é de 4,20 J/g · K. Calcule (a) o calor liberado por grama de sacarose e (b) o calor liberado por mol de sacarose.

EXERCÍCIOS PARA A SEÇÃO 5.6

1. Um estudante usou um calorímetro de copo para determinar a entalpia de dissolução do NH_4NO_3. Quando NH_4NO_3 foi adicionado à água, houve uma diminuição na temperatura da solução. O processo de dissolução é exotérmico ou endotérmico?

   (a) exotérmico (b) endotérmico

2. Se, na experiência descrita na pergunta anterior, parte da energia é transferida na forma de calor da vizinhança para o sistema, como isso afetará o valor de $\Delta_{dissolução}H°$?

   (a) Nenhum efeito será visto.

   (b) O valor calculado de $\Delta_{dissolução}H°$ será muito pequeno.

   (c) O valor calculado de $\Delta_{dissolução}H°$ será muito grande.

5-7 Cálculos de Entalpia

Variações de entalpia para um grande número de processos químicos e físicos estão disponíveis na internet e em diversos manuais. Esses dados foram coletados pelos cientistas ao longo de vários anos e esta seção descreve como usá-los.

Lei de Hess

A variação de entalpia de uma reação pode ser medida por calorimetria para muitos, mas não todos, processos químicos. Considere, por exemplo, a oxidação do carbono para formar o monóxido de carbono.

$$C(s) + \tfrac{1}{2} O_2(g) \rightarrow CO(g)$$

O principal produto da reação, no entanto, será CO_2, mesmo se uma quantidade limitada de oxigênio for utilizada. Assim que o CO é formado, ele reagirá com O_2 para formar CO_2. Não é possível medir a variação de entalpia para esta reação por calorimetria porque esta não pode ser efetuada de forma que o CO seja o único produto.

A variação de entalpia da reação que forma CO(g) a partir de C(s) e O_2(g) pode ser determinada indiretamente a partir das variações de entalpia para outras reações cujos valores de $\Delta_rH°$ podem ser medidos. O cálculo é baseado na **lei de Hess**, a qual expressa que, *se uma reação é a soma de duas ou mais outras reações, $\Delta_rH°$ para o processo global é a soma dos valores de $\Delta_rH°$ dessas reações.*

A oxidação de C(s) para CO(g) pode ser determinada indiretamente a partir de dados termoquímicos obtidos de duas reações que podem ser estudadas por calorimetria. Essas reações são a oxidação de CO(g) e a oxidação de C(s) ambas formam CO_2(g) como o único produto.

Equação 1:	$CO(g) + \tfrac{1}{2} O_2(g) \rightarrow CO_2(g)$	$\Delta_rH_1° = -283,0$ kJ/mol-rea
Equação 2:	$C(s) + O_2(g) \rightarrow CO_2(g)$	$\Delta_rH_2° = -393,5$ kJ/mol-rea

As equações anteriores podem ser manipuladas de modo que, quando somadas, resultem na equação líquida desejada. Para que o CO(g) apareça como um único produto de reação, a Equação 1 é invertida. O sinal da variação de entalpia padrão também é invertido quando a reação é invertida (Seção 5.5). A Equação 2 contém C(s) no lado correto da equação e na quantidade estequiométrica correta permanecendo, portanto, inalterada. A soma dessas duas reações dá a equação para a oxidação de C(s) a CO_2(g).

Equação 1':	$CO_2(g) \rightarrow CO(g) + \tfrac{1}{2} O_2(g)$	$\Delta_rH_{1'}° = +283,0$ kJ/mol-rea
Equação 2:	$C(s) + O_2(g) \rightarrow CO_2(g)$	$\Delta_rH_2° = -393,5$ kJ/mol-rea
Equação 3:	$C(s) + \tfrac{1}{2} O_2(g) \rightarrow CO(g)$	$\Delta_rH_3° = -110,5$ kJ/mol-rea

Aplicando a lei de Hess, a variação de entalpia para a reação global ($\Delta_r H°_3$) será igual à soma das variações de entalpia das reações de 1 e 2 ($\Delta_r H°_{1'} + \Delta_r H°_2$).

$$\Delta_r H°_3 = \Delta_r H°_{1'} + \Delta_r H°_2$$

$$\Delta_r H°_3 = +283{,}0 \text{ kJ/mol-rea} + (-393{,}5 \text{ kJ/mol-rea})$$

$$\Delta_r H°_3 = -110{,}5 \text{ kJ/mol-rea}$$

A lei de Hess também se aplica aos processos físicos. A variação de entalpia para a reação de $H_2(g)$ e $O_2(g)$ para formar 1 mol de vapor de H_2O é diferente da variação de entalpia para formar 1 mol de H_2O líquida. A diferença está relacionada com a variação de entalpia de vaporização da água, $\Delta_r H°_2$ ($= -\Delta_{vap}H°$), como mostra a análise seguinte

Equação 1:	$H_2(g) + \tfrac{1}{2} O_2(g) \rightarrow H_2O(g)$	$\Delta_r H°_1 = -241{,}8$ kJ/mol-rea
Equação 2:	$H_2O(g) \rightarrow H_2O(\ell)$	$\Delta_r H°_2 = -44{,}0$ kJ/mol-rea
Equação 3:	$H_2(g) + \tfrac{1}{2} O_2(g) \rightarrow H_2O(\ell)$	$\Delta_r H°_3 = -285{,}8$ kJ/mol-rea

Diagramas de Níveis de Energia

Ao usar a lei de Hess, é útil representar de maneira esquemática os dados de entalpia em um diagrama de níveis de energia. Nestes diagramas, as diversas substâncias estudadas – os reagentes e os produtos em uma reação química, por exemplo – são colocadas em uma escala arbitrária de energia. A entalpia relativa de cada uma das substâncias é dada pela sua posição no eixo vertical, e as diferenças numéricas na entalpia entre elas são mostradas pelas setas verticais. Esses diagramas fornecem uma perspectiva visual da magnitude e direção das variações de entalpia e mostram como as entalpias das substâncias estão relacionadas.

Diagramas de níveis de energia que resumem os dois exemplos da lei de Hess discutidos anteriormente são mostrados na Figura 5.13. Na Figura 5.13a, os elementos C(s) e $O_2(g)$ estão na entalpia de maior nível. A reação do carbono com o oxigênio para formar $CO_2(g)$ diminui a entalpia para 393,5 kJ. Isso pode ocorrer em uma única etapa, mostrada à esquerda na Figura 5.13a, ou em duas etapas, via formação inicial de CO(g), como mostradas à direita. Do mesmo modo, na Figura 5.13b, o $H_2(g)$ e o $O_2(g)$ estão no maior nível de entalpia. Tanto a água líquida quanto a gasosa estão nos menores níveis de entalpias com a diferença entre os dois níveis sendo a variação de entalpia de vaporização.

FIGURA 5.13 Diagramas de níveis de energia. **(a)** Relacionando as variações de entalpia na formação de $CO_2(g)$. **(b)** Relacionando as variações de entalpia na formação de $H_2O(\ell)$. As variações de entalpia associadas com as mudanças entre os níveis de energia são fornecidas ao lado das setas verticais.

(a) A formação de CO_2 pode ocorrer em uma única etapa ou em uma sucessão de etapas. $\Delta_r H°$ para o processo global é –393,5 kJ, não importa qual caminho seja seguido.

(b) A formação de $H_2O(\ell)$ pode ocorrer em uma única etapa ou numa sucessão de etapas. $\Delta_r H°$ para o processo global é –285,8 kJ, não importa qual caminho seja seguido.

A variação de entalpia de uma reação é uma função de estado, isto é, a variação de entalpia que ocorre quando os reagentes transformam-se em produtos não depende do caminho percorrido. Os diagramas de energia ilustram esse ponto. Os químicos muitas vezes querem saber a variação de entalpia para uma etapa de uma reação. Se soubermos a variação da entalpia total e as variações de entalpia para todas as etapas, exceto uma, então a variação desconhecida pode ser calculada.

EXEMPLO 5.9

Usando a Lei de Hess

Problema Suponha que você queira saber a variação de entalpia para a formação do metano, CH_4, a partir de carbono sólido (como grafite) e gás hidrogênio:

$$C(s) + 2\,H_2(g) \rightarrow CH_4(g) \qquad \Delta_r H° = ?$$

A variação de entalpia dessa reação não pode ser medida no laboratório porque a reação é muito lenta. Podemos, contudo, medir a variação de entalpia para a combustão do carbono, hidrogênio e metano.

Equação 1: $C(s) + O_2(g) \rightarrow CO_2(g)$ $\Delta_r H_1° = -393{,}5$ kJ/mol-rea

Equação 2: $H_2(g) + \tfrac{1}{2} O_2(g) \rightarrow H_2O(\ell)$ $\Delta_r H_2° = -285{,}8$ kJ/mol-rea

Equação 3: $CH_4(g) + 2\,O_2(g) \rightarrow CO_2(g) + 2\,H_2O(\ell)$ $\Delta_r H_3° = -890{,}3$ kJ/mol-rea

Use essa informação para calcular $\Delta_r H°$ para a formação do metano a partir de seus elementos.

O que você sabe? Este é um problema para aplicar a lei de Hess. Você precisa ajustar as três equações para que elas possam ser somadas para obter a equação desejada, $C(s) + 2\,H_2(g) \rightarrow CH_4(g)$. Quando uma mudança é feita em uma equação, também se torna necessário mudar a variação de entalpia.

Estratégia As três equações (1, 2 e 3), da forma como estão escritas, não podem ser somadas para se obter a equação para a formação de CH_4 a partir de seus elementos. O metano, CH_4, é um produto na reação para a qual desejamos calcular $\Delta_r H°$, mas é um reagente na Equação 3. A água aparece em duas dessas equações, embora ela não seja um componente da reação que forma o CH_4 a partir de carbono e hidrogênio. Para usar a lei de Hess a fim de resolver esse problema, primeiro você tem que manipular as equações e ajustar adequadamente os valores $\Delta_r H°$, antes de somá-las. Lembre-se, da Seção 5.5, que

Mapa Estratégico 5.9

PROBLEMA
Lei de Hess: Calcule $\Delta_r H°$ para a **reação de interesse** a partir dos valores de $\Delta_r H°$ de outras reações.

↓

DADOS/INFORMAÇÕES
Três reações com valores conhecidos de $\Delta_r H°$

ETAPA 1. Manipule as equações com **valores de $\Delta_r H°$** conhecidos de modo que elas sejam somadas para dar a **equação de interesse.**

Equação de interesse.

ETAPA 2. Some os **valores de $\Delta_r H°$** para as equações que foram somadas para dar a equação de interesse.

$\Delta_r H°$ para reação de interesse

DICA PARA SOLUÇÃO DE PROBLEMAS 5.2

Usando a Lei de Hess

Como sabíamos de que modo as três equações deveriam ser ajustadas no Exemplo 5.9? Está aqui uma estratégia geral a ser seguida nesse tipo de problema.
Etapa 1. Organize as equações dadas para obter os reagentes e os produtos no lado correto da equação cujo $\Delta_r H°$ você deseja calcular. Talvez você tenha que inverter algumas das equações dadas para fazer isso. No Exemplo 5.9, os reagentes, $C(s)$ e $H_2(g)$, são reagentes nas Equações 1 e 2, e o produto, CH_4, é um reagente na Equação 3. A Equação 3 foi invertida para obter CH_4 no lado do produto.
Etapa 2. Determine as quantidades corretas de substâncias em cada lado. No Exemplo 5.9, somente um ajuste foi necessário. Há 1 mol de H_2 à esquerda (o lado dos reagentes) na Equação 2.
Precisávamos de 2 mols de H_2 na equação global; isto exigiu que dobrássemos as quantidades na Equação 2.
Etapa 3. Certifique-se de que outras substâncias nas equações se cancelam quando as mesmas forem somadas. No Exemplo 5.9, quantidades iguais de O_2, H_2O e de CO_2 apareceram à esquerda e à direita nas três equações, de modo que se cancelaram quando as equações foram somadas.

ao escrever uma reação no sentido inverso o sinal de $\Delta_r H°$ deve ser invertido e que, ao dobrarmos as quantidades de reagentes e produtos, devemos também dobrar o valor de $\Delta_r H°$. Os ajustes nas Equações 2 e 3 produzirão novas equações que, junto com a Equação 1, podem ser combinadas para fornecer a reação global desejada.

Solução Para que CH_4 apareça como um produto da reação global, inverta a Equação 3, alterando também o sinal de seu $\Delta_r H°$.

Equação 3': $\quad CO_2(g) + 2\,H_2O(\ell) \rightarrow CH_4(g) + 2\,O_2(g)$

$$\Delta_r H°_{3'} = -\Delta_r H°_3 = +890{,}3\ \text{kJ/mol-rea}$$

Em seguida, vemos que 2 mols de $H_2(g)$ estão do lado dos reagentes em nossa equação desejada. A Equação 2 é escrita para somente 1 mol de $H_2(g)$ como reagente. Consequentemente, multiplicamos os coeficientes estequiométricos na Equação 2 por 2 e multiplicamos o valor de $\Delta_r H°$ por 2.

Equação 2': $\quad 2\,H_2(g) + O_2(g) \rightarrow 2\,H_2O(\ell)$

$$\Delta_r H°_{2'} = 2\,\Delta_r H°_2 = 2\,(-285{,}8\ \text{kJ/mol-rea}) = -571{,}6\ \text{kJ/mol-rea}$$

Agora você tem três equações que, quando somadas, darão a equação para a formação do metano a partir do carbono e do hidrogênio. Nesta soma, $O_2(g)$, $H_2O(\ell)$ e $CO_2(g)$ são cancelados.

Equação 1: $\quad C(s) + O_2(g) \rightarrow CO_2(g) \qquad \Delta_r H°_1 = -393{,}5\ \text{kJ/mol-rea}$

Equação 2': $\quad 2\,H_2(g) + O_2(g) \rightarrow 2\,H_2O(\ell) \qquad \Delta_r H°_{2'} = 2\,\Delta_r H°_2 = -571{,}6\ \text{kJ/mol-rea}$

Equação 3': $\quad CO_2(g) + 2\,H_2O(\ell) \rightarrow CH_4(g) + 2\,O_2(g)$

$$\Delta_r H°_{3'} = -\Delta_r H°_3 = +890{,}3\ \text{kJ/mol-rea}$$

Equação líquida: $\quad C(s) + 2\,H_2(g) \rightarrow CH_4(g) \qquad \Delta_r H°_{\text{líq}} = \Delta_r H°_1 + \Delta_r H°_{2'} + \Delta_r H°_{3'}$

$$\Delta_r H°_{\text{líq}} = (-393{,}5\ \text{kJ/mol-rea}) + (-571{,}6\ \text{kJ/mol-rea})$$
$$+ (+890{,}3\ \text{kJ/mol-rea})$$
$$= -74{,}8\ \text{kJ/mol-rea}$$

Assim, para a formação de 1 mol de $CH_4(g)$ a partir dos elementos, $\Delta_r H° = -74{,}8\ \text{kJ/mol-rea}$.

Pense bem antes de responder Note que a variação de entalpia para a formação do composto a partir de seus elementos é exotérmica, assim como para a grande maioria dos compostos.

Verifique seu entendimento

Aplique a lei de Hess para calcular a variação de entalpia para a formação de $CS_2(\ell)$ a partir de $C(s)$ e $S(s)$ $[C(s) + 2\,S(s) \rightarrow CS_2(\ell)]$, utilizando os seguintes valores de entalpia:

$C(s) + O_2(g) \rightarrow CO_2(g) \qquad \Delta_r H°_1 = -393{,}5\ \text{kJ/mol-rea}$

$S(s) + O_2(g) \rightarrow SO_2(g) \qquad \Delta_r H°_2 = -296{,}8\ \text{kJ/mol-rea}$

$CS_2(\ell) + 3\,O_2(g) \rightarrow CO_2(g) + 2\,SO_2(g) \qquad \Delta_r H°_3 = -1103{,}9\ \text{kJ/mol-rea}$

Entalpias Padrão de Formação

A calorimetria e a aplicação da lei de Hess disponibilizaram um grande número de valores de $\Delta_r H°$ para reações químicas. A tabela no Apêndice L, por exemplo, lista as **entalpias padrão molares de formação**, $\Delta_f H°$. *A entalpia padrão molar de formação é a variação da entalpia na formação de 1 mol de um composto diretamente a partir dos seus elementos componentes, em seus estados naturais a 25 °C e 1 bar (padrão).*

Vários exemplos de entalpias padrão molares de formação serão úteis para ilustrar essa definição.

$\Delta_f H°$ **para NaCl(s):** A 25 °C e a uma pressão de 1 bar, Na é um sólido e Cl₂ é um gás. A entalpia padrão de formação do NaCl(s) é definida como sendo a variação de entalpia quando 1 mol de NaCl(s) é formado a partir de 1 mol de Na(s) e ½ mol de Cl₂(g).

$$Na(s) + ½ Cl_2(g) \rightarrow NaCl(s) \quad \Delta_f H° = -411,12 \text{ kJ/mol}$$

Observe que nesta equação é necessário um coeficiente estequiométrico fracionário para o gás cloro porque a definição de $\Delta_f H°$ especifica a formação de *um* mol de NaCl(s).

$\Delta_f H°$ **para NaCl(aq):** A entalpia de formação de uma solução aquosa de um composto refere-se à variação de entalpia para a formação de uma solução de 1 mol/L do composto, iniciando com os elementos que o compõem. Esta é, portanto, a entalpia de formação do composto mais a variação de entalpia que ocorre quando a substância dissolve-se na água.

$$Na(s) + ½ Cl_2(g) \rightarrow NaCl(aq) \quad \Delta_f H° = -407,27 \text{ kJ/mol}$$

$\Delta_f H°$ **para C₂H₅OH(ℓ):** A 25 °C e 1 bar, os estados padrão dos elementos são C(s, grafite), H₂(g) e O₂(g). A entalpia padrão de formação de C₂H₅OH(ℓ) é definida como a variação de entalpia que ocorre quando um mol de C₂H₅OH(ℓ) é formado a partir de 2 mols de C(s), 3 mols de H₂(g) e 1/2 mol de O₂(g).

$$2 \text{ C(s)} + 3 \text{ H}_2(g) + ½ \text{ O}_2(g) \rightarrow C_2H_5OH(\ell) \quad \Delta_f H° = -277,0 \text{ kJ/mol}$$

Observe que a reação que define a entalpia de formação do etanol líquido não é uma reação que um químico pode executar no laboratório. Isso ilustra um ponto importante: *A entalpia de formação de um composto não corresponde necessariamente a uma reação que possa ser executada.*

O Apêndice L lista os valores de $\Delta_f H°$ para algumas substâncias comuns e uma revisão desses valores leva a algumas observações importantes.

- *A entalpia padrão de formação de um elemento em seu estado padrão é zero.*
- A maioria dos valores de $\Delta_f H°$ é negativa, indicando que a formação dos compostos a partir das substâncias simples é geralmente exotérmica. Poucos valores são positivos, estes representam compostos que são instáveis e tendem a se decompor em seus elementos. (Um exemplo é o NO(g) com $\Delta_f H° = +90,29$ kJ/mol.)
- Valores de $\Delta_f H°$ podem ser usados para comparar as estabilidades de compostos relacionados. Considere os valores de $\Delta_f H°$ para os haletos de hidrogênio. O fluoreto de hidrogênio é o mais estável desses compostos no que diz respeito à decomposição em seus elementos, enquanto o HI é o menos estável (como indicado pelo $\Delta_f H°$ do HF sendo o valor mais negativo e aquele do HI sendo positivo).

Variação da Entalpia para uma Reação

Ao utilizar entalpias padrão molares de formação e a Equação 5.6, é possível calcular a variação de entalpia para uma reação sob condições padrão.

$$\Delta_r H° = \Sigma n \Delta_f H°(\text{produtos}) - \Sigma n \Delta_f H°(\text{reagentes}) \quad (5.6)$$

Nessa equação, o símbolo Σ (a letra grega sigma maiúscula) significa "soma". Para encontrar a $\Delta_r H°$, é preciso adicionar as entalpias molares de formação dos produtos, cada uma multiplicada pelo seu coeficiente estequiométrico *n*, e subtrair desses valores a soma das entalpias molares de formação dos reagentes, cada um multiplicado por seu coeficiente estequiométrico. Essa equação é uma consequência lógica da definição de $\Delta_r H°$ e da lei de Hess (veja "Um Olhar Mais Atento: Lei de Hess e Equação 5.6").

Suponha que se queira saber quanta energia é necessária para decompor 1 mol de carbonato de cálcio (pedra calcária) para formar óxido de cálcio (cal) e dióxido de carbono sob condições padrão:

Valores $\Delta_f H°$ Consulte o website do National Institute for Standards and Technology (webbook.nist.gov/chemistry) para uma compilação de entalpias de formação.

Unidades de Entalpia de Formação As unidades para valores de $\Delta_f H°$ são geralmente fornecidas como kJ/mol, em vez de kJ/mol-rea. No entanto, uma vez que uma entalpia de formação é definida como a variação de entalpia para a formação de 1 mol de composto, entende-se que "por mol" também significa "por mol-rea".

Valores de $\Delta_f H°$ para Haletos de Hidrogênio

Composto	$\Delta_f H°$ (kJ/mol)
HF(g)	−273,3
HCl(g)	−92,31
HBr(g)	−35,29
HI(g)	+25,36

Coeficientes Estequiométricos Na Equação 5.6, um coeficiente estequiométrico, *n*, é representado como o número de mols da substância por mol de reação.

Δ = Final − Inicial A Equação 5.6 é outro exemplo de convenção de que uma alteração (Δ) é sempre calculada subtraindo-se o valor do estado inicial (os reagentes) do valor do estado final (os produtos).

$$CaCO_3(s) \rightarrow CaO(s) + CO_2(g) \quad \Delta_r H° = ?$$

Para fazer isso, você usaria as seguintes entalpias de formação (do Apêndice L):

Composto	$\Delta_f H°$ (kJ/mol)
$CaCO_3(s)$	−1207,6
$CaO(s)$	−635,1
$CO_2(g)$	−393,5

e depois a Equação 5.6 para encontrar a variação da entalpia padrão para a reação, $\Delta_r H°$.

$$\Delta_r H° = \left[\left(\frac{1 \text{ mol CaO}}{1 \text{ mol-rea}}\right)\left(\frac{-635,1 \text{ kJ}}{\text{mol CaO}}\right) + \left(\frac{1 \text{ mol CO}_2}{1 \text{ mol-rea}}\right)\left(\frac{-393,5 \text{ kJ}}{1 \text{ mol CO}_2}\right)\right]$$
$$- \left[\left(\frac{1 \text{ mol CaCO}_3}{1 \text{ mol-rea}}\right)\left(\frac{-1207,6 \text{ kJ}}{1 \text{ mol CaCO}_3}\right)\right]$$
$$= +179,0 \text{ kJ/mol-rea}$$

A decomposição do calcário em cal e CO_2 é endotérmica. Isto é, uma quantidade de energia (179,0 kJ) deve ser fornecida ao sistema para decompor 1 mol de $CaCO_3(s)$ em $CaO(s)$ e $CO_2(g)$.

EXEMPLO 5.10

Usando Entalpias de Formação

Problema A nitroglicerina, $C_3H_5(NO_3)_3$, é um explosivo poderoso que forma quatro gases diferentes quando detonada:

$$2\ C_3H_5(NO_3)_3(\ell) \rightarrow 3\ N_2(g) + \tfrac{1}{2}\ O_2(g) + 6\ CO_2(g) + 5\ H_2O(g)$$

Calcule a variação da entalpia que ocorre quando 10,0 g de nitroglicerina é detonada. A entalpia padrão de formação da nitroglicerina, $\Delta_f H°$, é −364 kJ/mol. Use o Apêndice L para encontrar outros valores $\Delta_f H°$ que são necessários.

O que você sabe? A partir do Apêndice L, $\Delta_f H°[CO_2(g)] = -393,5$ kJ/mol, $\Delta_f H°[H_2O(g)] = -241,8$ kJ/mol e $\Delta_f H° = 0$ para $N_2(g)$ e $O_2(g)$. Também são fornecidas a massa e $\Delta_f H°$ para a nitroglicerina.

Estratégia Substitua pelos valores da entalpia de formação dos produtos e reagentes na Equação 5.6 para determinar a variação de entalpia para 1 mol de reação. Isso representa a variação da entalpia para a detonação de 2 mols de nitroglicerina. Determine a quantidade (mol) representada por 10,0 g de nitroglicerina e, em seguida, use esse valor com $\Delta_r H°$ e a relação entre mols de nitroglicerina e mols da reação para obter a resposta.

Solução Usando a Equação 5.6, descobrimos que a variação de entalpia para a explosão de 2 mols de nitroglicerina é:

$$\Delta_r H° = \left(\frac{6 \text{ mol CO}_2}{1 \text{ mol-rea}}\right)\Delta_f H°[CO_2(g)] + \left(\frac{5 \text{ mol H}_2O}{1 \text{ mol-rea}}\right)\Delta_f H°[H_2O(g)]$$
$$- \left(\frac{2 \text{ mol C}_3H_5(NO_3)_3}{1 \text{ mol-rea}}\right)\Delta_f H°[C_3H_5(NO_3)_3(\ell)]$$

$$\Delta_r H° = \left(\frac{6 \text{ mol CO}_2}{1 \text{ mol-rea}}\right)\left(\frac{-393,5 \text{ kJ}}{1 \text{ mol CO}_2}\right) + \left(\frac{5 \text{ mol H}_2O}{1 \text{ mol-rea}}\right)\left(\frac{-241,8 \text{ kJ}}{1 \text{ mol H}_2O}\right)$$
$$- \left(\frac{2 \text{ mol C}_3H_5(NO_3)_3}{1 \text{ mol-rea}}\right)\left(\frac{-364 \text{ kJ}}{1 \text{ mol C}_3H_5(NO_3)_3}\right) = -2842 \text{ kJ/mol-rea}$$

Mapa Estratégico 5.10

PROBLEMA
Calcule $\Delta_r H°$ para a reação de uma **dada massa** de um composto.

DADOS/INFORMAÇÕES
- Massa e $\Delta_f H°$ do composto
- Valores $\Delta_f H°$ para os produtos
- Equação balanceada

ETAPA 1. Calcule $\Delta_r H°$ para a reação do composto usando os valores $\Delta_f H°$ para reagentes e produtos.

$\Delta_r H°$ para a reação do composto

ETAPA 2. Determine a **quantidade de matéria em mols** do composto.

Quantidade de matéria em mols do composto

ETAPA 3. Converta **mol** do composto para **mol-rea** e então multiplique por $\Delta_r H°$.

$\Delta_r H°$ para a reação de uma **dada massa** do composto

UM OLHAR MAIS ATENTO

Lei de Hess e Equação 5.6

A Equação 5.6 é uma aplicação da lei de Hess. Para ilustrá-la, examinemos novamente a decomposição do carbonato de cálcio.

$$CaCO_3(s) \rightarrow CaO(s) + CO_2(g) \quad \Delta_r H° = ?$$

Uma vez que a entalpia é uma função de estado, a variação da entalpia para essa reação é independente do percurso que leva à transformação dos reagentes em produtos. Podemos imaginar uma rota alternativa nesta transformação, que envolva primeiro a conversão do reagente ($CaCO_3$) nos elementos em seus estados padrão e, então, a recombinação desses elementos para formar os produtos da reação. Note que as variações de entalpia desses processos são as entalpias de formação dos reagentes e dos produtos na equação acima:

$$CaCO_3(s) \rightarrow Ca(s) + C(s) + 3/2\ O_2(g)$$
$$-\Delta_f H°[CaCO_3(s)] = \Delta_r H_1°$$

$$C(s) + O_2(g) \rightarrow CO_2(g)$$
$$\Delta_f H°[CO_2(g)] = \Delta_r H_2°$$

$$Ca(s) + \tfrac{1}{2}\ O_2(g) \rightarrow CaO(s)$$
$$\Delta_f H°[CaO(s)] = \Delta_r H_3°$$

$$\overline{CaCO_3(s) \rightarrow CaO(s) + CO_2(g) \quad \Delta_r H°_{liq}}$$

$$\Delta_r H°_{liq} = \Delta_r H_1° + \Delta_r H_2° + \Delta_r H_3°$$

$$\Delta_r H° = \Delta_f H°[CaO(s)] + \Delta_f H°[CO_2(g)] - \Delta_f H°[CaCO_3(s)]$$

Isto é, a variação na entalpia da reação é igual às entalpias de formação dos produtos (CO_2 e CaO) menos a entalpia de formação do reagente ($CaCO_3$), que é, obviamente, o que se faz quando se utiliza a Equação 5.6 para este cálculo. A relação entre essas variações de entalpia é ilustrada no diagrama de níveis de energia.

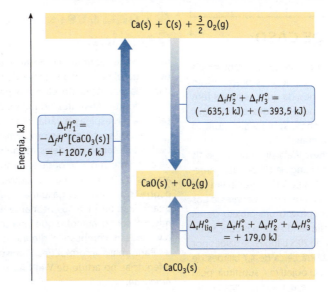

Diagrama de níveis de energia para a decomposição do $CaCO_3(s)$

O problema pede a variação de entalpia utilizando-se 10,0 g de nitroglicerina. É preciso agora determinar a quantidade de matéria de nitroglicerina em 10,0 g:

$$10{,}0\ \text{g nitroglicerina} \left(\frac{1\ \text{mol nitroglicerina}}{227{,}1\ \text{g nitroglicerina}} \right) = 0{,}0440\ \text{mol nitroglicerina}$$

A variação de entalpia para a detonação de 0,0440 mol de nitroglicerina é:

$$\Delta_r H° = 0{,}0440\ \text{mol nitroglicerina} \left(\frac{1\ \text{mol-rea}}{2\ \text{mol nitroglicerina}} \right) \left(\frac{-2842\ \text{kJ}}{1\ \text{mol-rea}} \right)$$

$$= -62{,}6\ \text{kJ}$$

Pense bem antes de responder Um valor negativo de $\Delta_r H°$ tão grande para uma quantidade pequena de nitroglicerina está de acordo com o fato de que essa reação é altamente exotérmica.

Verifique seu entendimento

Calcule a entalpia padrão de combustão do benzeno, C_6H_6.

$$C_6H_6(\ell) + 15/2\ O_2(g) \rightarrow 6\ CO_2(g) + 3\ H_2O(\ell) \quad \Delta_r H° = ?$$

A entalpia de formação do benzeno é conhecida, $[\Delta_f H°[C_6H_6(\ell)] = +49{,}0\ \text{kJ/mol}]$, e outros valores necessários podem ser encontrados no Apêndice L.

EXERCÍCIOS PARA A SEÇÃO 5.7

1. A entalpia padrão de formação do AlCl₃(s) corresponde à variação de entalpia para qual reação?

   (a) Al(s) + 3 Cl₂(g) → AlCl₃(s)

   (b) Al(s) + 3 Cl(g) → AlCl₃(s)

   (c) 3 HCl(aq) + Al(OH)₃(s) → AlCl₃(s) + 3 H₂O(ℓ)

   (d) Al(s) + 3/2 Cl₂(g) → AlCl₃(s)

ESTUDO DE CASO

A Controvérsia do Combustível – Álcool e Gasolina

É claro que o fornecimento de combustíveis fósseis está diminuindo e os preços estão aumentando, à medida que os países têm cada vez mais necessidades de energia. Analisemos o debate sobre a substituição da gasolina por etanol (C₂H₅OH).

Como Matthew Wald disse no artigo "Is Ethanol in for the Long Haul?" (*Scientific American*, jan. 2007), "Os EUA têm estado em frenesi com o etanol". Em 2007, o Congresso dos Estados Unidos aprovou um projeto de lei sobre energia afirmando que a produção de etanol deve ser de 20,5 bilhões de galões por ano até 2015, contra cerca de 4,7 bilhões de galões em 2007. O objetivo é substituir, pelo menos parcialmente, a gasolina pelo etanol.

A maioria dos combustíveis que contém etanol utilizados atualmente nos EUA consiste em uma mistura de 10% de etanol e 90% de gasolina (E10). Uma mistura de 15% (E15) pode estar disponível em breve, e espera-se que sua utilização seja segura na maioria dos veículos. Uma pequena fração de combustível é vendida como E85 – uma mistura de etanol a 85% e 15% de gasolina. Esse combustível não pode ser utilizado na maioria dos veículos atuais, porque poucos têm motores projetados para combustíveis com alto teor de etanol (os chamados "motores de combustível flex"). O número desses veículos deveria aumentar, para que o E85 tenha um efeito significativo em relação ao consumo de gasolina.

O objetivo de substituir a gasolina completamente pelo etanol é razoável? Este é um objetivo difícil, uma vez que o presente consumo de gasolina nos Estados Unidos é de cerca de 140 bilhões de galões por ano. Novamente, de acordo com Matthew Wald: "Mesmo que 100 por cento da oferta de milho dos EUA fosse transformada em etanol, ela forneceria apenas uma pequena fração do combustível consumido pelos veículos do país". A tese de Wald em seu artigo, que é sustentado por numerosos estudos científicos, é a de que, se o etanol tiver que ser utilizado como uma alternativa à gasolina, mais interesse deverá ser dado na obtenção do etanol a partir de outras fontes diferentes do milho, como a celulose das espigas e várias gramíneas.

Além disso, há outros problemas associados ao etanol. Um deles reside no fato de que o mesmo não pode ser distribuído através de um sistema de dutos, como ocorre no caso da gasolina. Qualquer quantidade de água no encanamento seria miscível com o etanol, o que faria com que o valor deste combustível diminuísse.

Para mais informações, consulte as referências no artigo de Wald na *Scientific American*.

Questões:

Para os fins desta análise, usaremos o octano (C₈H₁₈) como um substituto para a mistura complexa de hidrocarbonetos na gasolina. Os dados de que você precisará para esta questão (além daqueles no Apêndice L) são:

$\Delta_f H°$ [C₈H₁₈(ℓ)] = −250,1 kJ/mol

Densidade do etanol = 0,785 g/mL

Densidade do octano = 0,699 g/mL

1. Calcule $\Delta_r H°$ para a combustão de etanol e octano e compare os valores por mol e por grama. Qual fornece mais energia por mol? Qual fornece mais energia por grama?
2. Compare a energia produzida por litro dos dois combustíveis. Qual produz mais energia para um dado volume (algo útil de se saber quando enchemos o tanque de gasolina)?
3. Que massa de CO₂, um gás do efeito estufa, é produzida por litro de combustível (assumindo combustão completa)?
4. Agora compare os combustíveis em uma base equivalente de energia. Que volume de etanol teria que ser queimado para obter a mesma energia que 1,00 L de octano? Quando você queima etanol suficiente para ter a mesma energia que um litro de octano, que combustível produz mais CO₂?
5. Com base nessa análise, e assumindo o mesmo preço por litro, com qual combustível você percorrerá maior distância? Qual produzirá menos gases do efeito estufa?

As respostas a essas perguntas estão disponíveis no Apêndice N.

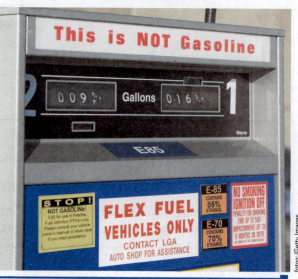

Etanol disponível em um posto de gasolina. O combustível E85 é uma mistura de 85% de etanol e 15% de gasolina. Esteja ciente de que você só pode utilizar E85 nos veículos projetados para funcionar com este combustível. Em um veículo comum, o etanol leva à deterioração nas juntas do motor e do sistema de combustível.

2. O ácido acético é produzido pela reação CH₃OH(ℓ) + CO(g) → CH₃CO₂H(ℓ). Determine a variação de entalpia para essa reação a partir das entalpias das três reações abaixo.

$$2\ CH_3OH(\ell) + 3\ O_2(g) \rightarrow 2\ CO_2(g) + 4\ H_2O(\ell) \qquad \Delta_r H_1^\circ$$

$$CH_3CO_2H(\ell) + 2\ O_2(g) \rightarrow 2\ CO_2(g) + 2\ H_2O(\ell) \qquad \Delta_r H_2^\circ$$

$$2\ CO(g) + O_2(g) \rightarrow 2\ CO_2(g) \qquad \Delta_r H_3^\circ$$

(a) $\Delta_r H_1^\circ + \Delta_r H_2^\circ + \Delta_r H_3^\circ$

(b) $\Delta_r H_1^\circ - \Delta_r H_2^\circ + \Delta_r H_3^\circ$

(c) $1/2\ \Delta_r H_1^\circ - \Delta_r H_2^\circ + 1/2\ \Delta_r H_3^\circ$

(d) $-1/2\ \Delta_r H_1^\circ + \Delta_r H_2^\circ - 1/2\ \Delta_r H_3^\circ$

5-8 Reações Que Favorecem a Formação de Reagentes ou de Produtos e Termodinâmica

No início deste capítulo, observamos que a termodinâmica forneceria as respostas a quatro perguntas:

- Como podemos medir e calcular as variações de energia associadas às transformações físicas e às reações químicas?
- Qual é a relação entre as variações de energia, calor e trabalho?
- Como podemos determinar se uma reação química em equilíbrio favorece a formação de reagente ou de produto?
- Como podemos determinar se uma reação química ou processo físico ocorrerá espontaneamente, isto é, sem intervenção externa?

As duas primeiras questões foram abordadas neste capítulo, mas as outras duas ainda permanecem sem respostas. Elas serão consideradas mais detalhadamente no Capítulo 18.

Podemos, no entanto, definir o cenário para a reflexão dessas questões. No Capítulo 3, aprendemos que as reações químicas tendem ao equilíbrio e, para que isso ocorra, mudanças espontâneas permitem que o sistema aproxime-se desse equilíbrio. Reações em que os reagentes são convertidos em sua maior parte em produtos são chamadas de *reações que favorecem a formação de produtos no equilíbrio*. Reações em que apenas pequenas quantidades de produtos estão presentes no equilíbrio são chamadas *reações que favorecem a formação de reagentes no equilíbrio* (◄ páginas 126-127).

Lembre-se das muitas reações químicas que vimos. Por exemplo, todas as reações de combustão são exotérmicas e a oxidação do ferro (Figura 5.14) é claramente exotérmica.

FIGURA 5.14 A oxidação do ferro favorece a formação do produto. O ferro pulverizado na chama de um bico de Bunsen é rapidamente oxidado. A reação é exotérmica e favorece a formação do produto.

$$4\ Fe(s) + 3\ O_2(g) \rightarrow 2\ Fe_2O_3(s)$$

$$\Delta_r H^\circ = 2\ \Delta_f H^\circ[Fe_2O_3(s)] = \left(\frac{2\ mol\ Fe_2O_3}{1\ mol\text{-rea}}\right)\left(\frac{-825{,}5\ kJ}{1\ mol\ Fe_2O_3}\right) = -1651{,}0\ kJ/mol\text{-rea}$$

A reação tem um valor negativo de $\Delta_r H^\circ$ e favorece a formação do produto no equilíbrio.

Por outro lado, a decomposição do carbonato de cálcio é endotérmica.

$$CaCO_3(s) \rightarrow CaO(s) + CO_2(g) \qquad \Delta_r H^\circ = +179{,}0\ kJ/mol\text{-rea}$$

A decomposição de $CaCO_3$ prossegue para o lado que favorece a formação dos reagentes, no equilíbrio.

Será que todas as reações exotérmicas favorecem a formação de produtos no equilíbrio e todas as reações endotérmicas favorecem a formação de reagentes no equilíbrio? A partir desses exemplos, poderíamos formular essa ideia como uma hipótese que pode ser testada por meio de experimentos e pesquisada junto com outros exemplos. Você encontrará que na maioria dos casos, *reações que favorecem a formação de produtos* têm valores negativos de $\Delta_rH°$, e reações que favorecem a formação de reagentes têm valores positivos de $\Delta_rH°$. Mas isso nem *sempre* é verdade; há exceções.

Claramente, uma discussão mais aprofundada da termodinâmica deve ser associada ao conceito de equilíbrio. Essa relação, bem como a discussão completa das Questões 3 e 4, serão apresentadas no Capítulo 18.

APLICANDO PRINCÍPIOS QUÍMICOS

Pólvora

A pólvora tem sido utilizada em fogos de artifício, explosivos e armas de fogo por mais de mil anos. Até o final de 1800, a pólvora era uma mistura de salitre (KNO_3), carvão (grande parte C) e enxofre. Hoje em dia, essa mistura é conhecida como *pólvora negra*. Uma versão simplificada da reação indica que os componentes reagem para produzir produtos sólidos e gasosos.

$$2\ KNO_3(s) + 3\ C(s) + S(s) \rightarrow K_2S(s) + N_2(g) + 3\ CO_2(g)$$

A reação real é mais complicada porque o carvão não é carbono puro; ele também contém átomos de oxigênio e hidrogênio. Embora a pólvora negra tenha sido usada por centenas de anos, ela apresenta algumas desvantagens como um propulsor: produz uma grande quantidade de fumaça branca e os resíduos da reação são corrosivos.

Armas de fogo modernas usam pólvora sem fumaça. Esses pós são compostos de nitrocelulose (também conhecido como algodão-pólvora) ou uma mistura de nitrocelulose e nitroglicerina. A nitrocelulose é o produto da reação do algodão (celulose, com uma fórmula empírica de $C_6H_{10}O_5$) com ácido nítrico. O produto totalmente nitrado tem a fórmula empírica $C_6H_7(NO_3)_3O_2$, embora o algodão-pólvora, em geral, não seja totalmente nitrado. A decomposição de nitrocelulose e nitroglicerina libera mais energia do que a mesma massa de pólvora negra. Tão importante quanto isso é o fato de ela ser um melhor propulsor, porque todos os produtos são gasosos.

QUESTÕES:

1. As entalpias padrão de formação de $KNO_3(s)$ e K_2S (s) são −494,6 kJ/mol e −376,6 kg/mol, respectivamente.
    a. Determine a variação de entalpia padrão para a reação da pólvora negra de acordo com a equação balanceada acima.
    b. Determine a variação de entalpia que ocorre quando 1,00 g de pólvora negra decompõe-se de acordo com a estequiometria da equação balanceada acima. (Apesar de a pólvora negra ser uma mistura, suponha que 1 mol de pólvora negra consista exatamente em 2 mols de KNO_3, 3 mols de C e 1 mol de S.)

Pólvora negra. A pólvora negra é conhecida há mais de mil anos. Esta foto mostra uma das desvantagens da pólvora negra: a grande quantidade de fumaça produzida

2. A entalpia de reação do algodão-pólvora depende do grau de nitração da celulose. Para uma amostra particular, quando 0,725 g de algodão-pólvora é decomposto em uma bomba calorimétrica, a temperatura do sistema aumenta em 1,32 K. Assumindo que a bomba tem capacidade calorífica de 691 J/K e o calorímetro contém 1200 kg de água, qual é a energia da reação por grama de algodão-pólvora?

3. A decomposição de nitroglicerina ($C_3H_5N_3O_9$) produz dióxido de carbono, nitrogênio, água e oxigênio gasosos.
    a. Escreva uma equação química balanceada para a decomposição da nitroglicerina.
    b. Se a decomposição de 1,00 g de nitroglicerina libera 6,23 kJ/g de energia na forma de calor, qual é a entalpia padrão molar de formação da nitroglicerina?

REFERÊNCIA:

KELLY, J. *Gunpowder, Alchemy, Bombards, and Pyrotechnics: The History of the Explosive That Changed the World.* Nova York: Basic Books, 2004.

REVISÃO DOS OBJETIVOS DO CAPÍTULO

Agora que você já estudou este capítulo, deve perguntar a si mesmo se atingiu os objetivos propostos. Especificamente, você deverá ser capaz de:

ENTENDER

- Aplicar a primeira lei da termodinâmica.
    a. Compreender a base da primeira lei da termodinâmica (Seção 5.4).
    b. Reconhecer como a energia transferida na forma de calor e trabalho realizado por ou para um sistema contribui para mudanças na energia interna desse sistema (Seção 5.4).

FAZER

- Avaliar a transferência de energia na forma de calor associada a mudanças de temperatura e de estado.
    a. Descrever a natureza das transferências de energia na forma de calor (Seção 5.1).
    b. Reconhecer e utilizar a linguagem da termodinâmica: o sistema e sua vizinhança; reações exotérmica e endotérmica (Seção 5.1). Questões para Estudo: 1, 3, 67.
    c. Usar a capacidade calorífica específica em cálculos de transferência de energia na forma de calor e de mudanças de temperatura (Seção 5.2). Questões para Estudo: 5, 7, 9, 11, 13, 15.
    d. Entender as convenções de sinais da termodinâmica.
    e. Usar a entalpia (calor) de fusão e entalpia (calor) de vaporização para calcular a energia transferida na forma de calor nas mudanças de estado (Seção 5.3). Questões para Estudo: 17, 19, 21, 23.

- Calcular o trabalho P–V feito por um sistema e utilizar a energia na forma de calor (q) e trabalho (w) para calcular as mudanças na energia interna (U).
    a. Calcular o trabalho realizado pelo ou no sistema por meio da expansão ou da compressão de um gás (Seção 5.4). Questões para Estudo: 25–28.
    b. Calcular variações na entalpia e na energia interna para reações que ocorrem sob pressão constante (Seção 5.4). Questões para Estudo: 29–32, 120.

- Calcular as variações de energia e entalpia a partir de dados obtidos por meio de experimentos de calorimetria.
    a. Descrever como medir a quantidade de energia transferida na forma de calor em uma reação por meio da calorimetria (Seção 5.6). Questões para Estudo: 37–48.

- Calcular a energia liberada ou absorvida para mudanças físicas e reações químicas, utilizando dados termodinâmicos tabelados.
    a. Aplicar a lei de Hess para encontrar a variação de entalpia, $\Delta_p H°$, de uma reação (Seção 5.7). Questões para Estudo: 49–52, 81, 87.
    b. Saber construir e interpretar diagramas de níveis de energia (Seção 5.7). Questões para Estudo: 61, 62, 81, 82, 111, 115.
    c. Usar entalpias padrão molares de formação, $\Delta_f H°$, para calcular a variação de entalpia de uma reação, $\Delta_r H°$ (Seção 5.7). Questões para Estudo: 55, 57, 59, 63, 64.

LEMBRAR

- Definições para os termos comumente usados: endotérmico, exotérmico, sistemas, vizinhança, entalpia, energia interna, reações que favorecem os reagentes e reações que favorecem os produtos.
    a. Reconhecer que, quando um processo é realizado sob condições de pressão constante, a energia transferida na forma de calor corresponde à variação de entalpia, ΔH (Seção 5.5). Questões para Estudo: 33–36.
- Entalpia e energia interna são funções de estado.
    a. Reconhecer as funções de estado cujos valores são determinados somente pelo estado do sistema e não pelo caminho através do qual o estado foi alcançado (Seção 5.4).

EQUAÇÕES-CHAVE

Equação 5.1 Energia transferida na forma de calor quando a temperatura de uma substância varia. Esta é calculada a partir da capacidade calorífica específica (C), da massa (m) e da variação de temperatura (ΔT).

$$q(J) = C(J/g \cdot K) \times m(g) \times \Delta T(K)$$

Equação 5.2 As variações de temperatura são calculadas sempre da seguinte forma: temperatura final menos temperatura inicial.

$$\Delta T = T_{final} - T_{inicial}$$

Equação 5.3 Se nenhuma energia é transferida entre um sistema e sua vizinhança e, se a energia é transferida dentro do sistema apenas na forma de calor, a soma das variações de energia térmica dentro do sistema é igual a zero.

$$q_1 + q_2 + q_3 + \ldots = 0$$

Equação 5.4 Primeira lei da termodinâmica: a variação da energia interna (ΔU) em um sistema é a soma da energia transferida na forma de calor (q) e da energia transferida na forma de trabalho (w).

$$\Delta U = q + w$$

Equação 5.5 O trabalho $P-V$ (w) sob pressão constante é o produto da pressão (P) pela variação de volume (ΔV).

$$w = -P \times \Delta V$$

Equação 5.6 Esta equação é usada para calcular a variação de entalpia padrão de uma reação ($\Delta_r H°$), quando as entalpias de formação ($\Delta_f H°$) de todos os reagentes e produtos são conhecidas. O parâmetro n é o coeficiente estequiométrico de cada produto ou reagente na equação química balanceada.

$$\Delta_r H° = \Sigma n \Delta_f H°(\text{produtos}) - \Sigma n \Delta_f H°(\text{reagentes})$$

QUESTÕES PARA ESTUDO

▲ denota questões desafiadoras.

Questões numeradas em verde têm respostas no Apêndice N.

Praticando Habilidades

Energia: Alguns Princípios Básicos
(Veja a Seção 5.1.)

1. Defina os termos *sistema* e *vizinhança*. O que significa dizer que um sistema e sua vizinhança estão em equilíbrio térmico?

2. O que determina a direção de transferência de energia na forma de calor?

3. Os processos abaixo são exotérmicos ou endotérmicos?
   (a) combustão do metano
   (b) fusão do gelo
   (c) elevação da temperatura da água de 25 °C para 100 °C
   (d) aquecimento de $CaCO_3(s)$ para formar $CaO(s)$ e $CO_2(g)$

4. Identifique se os processos seguintes são exotérmicos ou endotérmicos.
   (a) a reação entre $Na(s)$ e $Cl_2(g)$
   (b) resfriamento e condensação de N_2 gasoso para formar N_2 líquido.
   (c) resfriamento de um refrigerante de 25 °C para 0 °C
   (d) aquecimento de $HgO(s)$ para formar $Hg(\ell)$ e $O_2(g)$

Capacidade Calorífica Específica
(Veja a Seção 5.2 e os Exemplos 5.1 e 5.2.)

5. A capacidade calorífica molar do mercúrio é 28,1 J/mol · K. Qual é a capacidade calorífica específica desse metal em J/g · K?

6. A capacidade calorífica específica do benzeno (C_6H_6) é 1,74 J/g · K. Qual é a capacidade calorífica molar (em J/mol · K)?

7. A capacidade calorífica específica do cobre metálico é 0,385 J/g · K. Quanta energia é necessária para aquecer 168 g de cobre de –12,2 °C a 25,6 °C?

8. Quanta energia na forma de calor é necessária para elevar a temperatura de 50,00 mL de água de 25,52 °C a 28,75 °C? (Densidade da água a essa temperatura = 0,997 g/mL.)

9. A temperatura inicial de uma amostra de 344 g de ferro é 18,2 °C. Se a amostra absorve 2,25 kJ de energia na forma de calor, qual é sua temperatura final?

10. Após absorver 1,850 kJ de energia na forma de calor, a temperatura de um bloco de 0,500 kg de cobre é de 37 °C. Qual era sua temperatura inicial?

11. Uma amostra de 45,5 g de cobre a 99,8 °C é colocada em um béquer contendo 152 g de água a 18,5 °C. Qual é a temperatura final quando o equilíbrio térmico é atingido?

12. Um béquer contém 156 g de água a 22 °C e um segundo béquer contém 85,2 g de água a 95 °C. A água nos dois béqueres é misturada. Qual é a temperatura final da água?

13. Uma amostra de 182 g de ouro a certa temperatura foi adicionada a 22,1 g de água. A temperatura inicial da água era de 25,0 °C e a temperatura final de 27,5 °C. Se a capacidade calorífica específica do ouro é de 0,128 J/g · K, qual era a temperatura inicial da amostra de ouro?

14. Quando 108 g de água a uma temperatura de 22,5 °C são misturados a 65,1 g de água a uma temperatura desconhecida, a temperatura final da mistura resultante é de 47,9 °C. Qual era a temperatura inicial da segunda amostra de água?

15. Um pedaço de 13,8 g de zinco é aquecido a 98,8 °C em água e depois colocado em uma béquer contendo 45,0 g de água a 25,0 °C. Quando a água e o metal atingem o equilíbrio térmico, a temperatura é de 27,1 °C. Qual é a capacidade calorífica específica do zinco?

16. Um pedaço de 237 g de molibdênio, inicialmente a 100,0 °C, é colocado em 244 g de água a 10,0 °C. Quando o sistema alcança o equilíbrio térmico, a temperatura é de 15,3 °C. Qual é a capacidade calorífica específica do molibdênio?

Mudanças de Estado
(Veja a Seção 5.3 e os Exemplos 5.3 e 5.4.)

17. Qual é a energia liberada na forma de calor quando 1,0 L de água a 0 °C se solidifica? (O calor de fusão da água é de 333 J/g.)

18. A energia necessária para fundir 1,00 g de gelo a 0 °C é 333 J. Se um cubo de gelo tem uma massa de 62,0 g e uma bandeja contém 16 cubos de gelo, qual quantidade

de energia é requerida para fundir os cubos de gelo da bandeja e formar água líquida a 0 °C?

19. Qual é a energia necessária para vaporizar 125 g de benzeno, C_6H_6, no seu ponto de ebulição, 80,1 °C? (O calor de vaporização do benzeno é de 30,8 kJ/mol.)

20. O cloreto de metila, CH_3Cl, é obtido a partir da fermentação microbiana e é encontrado em todo o ambiente. Ele também é produzido industrialmente, usado na fabricação de vários produtos químicos, e tem sido utilizado como um anestésico. Qual é a energia necessária para converter 92,5 g do seu estado líquido para o de vapor em seu ponto de ebulição, −24,09 °C? (O calor de vaporização de CH_3Cl é de 21,40 kJ/mol.)

21. O ponto de congelamento do mercúrio é de −38,8 °C. Qual quantidade de energia (em joules) é liberada para a vizinhança se 1,00 mL de mercúrio for resfriado de 23,0 °C a −38,8 °C e, então, solidificado? (A densidade do mercúrio líquido é de 13,6 g/cm³. Sua capacidade calorífica específica é de 0,140 J/g·K e seu calor de fusão é de 11,4 J/g.)

22. Que quantidade de energia, em joules, é necessária para elevar a temperatura de 454 g de estanho a partir da temperatura ambiente, 25,0 °C, até seu ponto de fusão, 231,9 °C, e então fundi-lo? (A capacidade calorífica específica do estanho é de 0,227 J/g·K, e o calor de fusão do metal é de 59,2 J/g.)

23. O etanol, C_2H_5OH, entra em ebulição a 78,29 °C. Qual quantidade de energia (em joules) é necessária para elevar a temperatura de 1,00 kg de etanol de 20,0 °C até seu ponto de ebulição? (A capacidade calorífica específica do etanol líquido é de 2,44 J/g·K, e sua entalpia de vaporização é de 855 J/g.)

24. Uma amostra de 25,0 mL de benzeno a 19,9 °C foi resfriada para o seu ponto de fusão, 5,5 °C, e, em seguida, solidificada. Qual foi a energia liberada na forma de calor nesse processo? (A densidade do benzeno é de 0,80 g/mL, sua capacidade calorífica específica é de 1,74 J/g·K e o seu calor de fusão é de 127 J/g.)

Calor, Trabalho e Energia Interna
(Veja a Seção 5.4 e os Exemplo 5.5.)

25. Quando um gás é resfriado, ele é comprimido de 2,50 L a 1,25 L sob uma pressão constante de $1,01 \times 10^5$ Pa. Calcule o trabalho (em J) necessário para comprimir o gás.

26. Um balão expande-se de 0,75 L a 1,20 L quando é aquecido sob uma pressão constante de $1,01 \times 10^5$ Pa. Calcule o trabalho (em J) feito pelo balão sobre o meio ambiente.

27. Um balão realiza 324 J de trabalho sobre a vizinhança, uma vez que se expande sob pressão constante de $7,33 \times 10^4$ Pa. Qual é a variação do volume (em L) do balão?

28. À medida que o gás confinado em um cilindro com um êmbolo móvel resfria, 1,34 kJ de trabalho é realizado sobre o gás pela vizinhança. Se o gás estiver a uma pressão constante de $1,33 \times 10^5$ Pa, qual é a variação do volume do gás em L?

29. Quando 745 J de energia na forma de calor são transferidos da vizinhança para um gás, a expansão do gás realiza 312 J de trabalho na vizinhança. Qual é a variação na energia interna do gás?

30. A energia interna de um gás diminui 1,65 kJ quando o mesmo transfere 1,87 kJ de energia na forma de calor para a vizinhança.
    (a) Calcule o trabalho realizado pelo gás sobre a vizinhança.
    (b) O volume desse gás aumenta ou diminui?

31. Um volume de 1,50 L de gás argônio é confinado em um cilindro com um êmbolo móvel sob uma pressão constante de $1,22 \times 10^5$ Pa. Quando 1,25 kJ de energia na forma de calor é transferida da vizinhança para o gás, a energia interna do gás aumenta 1,11 kJ. Qual é o volume final do gás argônio no cilindro?

32. Gás nitrogênio está confinado em um cilindro com um êmbolo móvel sob uma pressão constante de $9,95 \times 10^4$ Pa. Quando 695 J de energia na forma de calor são transferidos do gás para a vizinhança, o seu volume diminui 1,88 L. Qual é a variação na energia interna do gás?

Variações de Entalpia
(Veja a Seção 5.5 e os Exemplo 5.6.)

33. O monóxido de nitrogênio, um gás que recentemente foi descoberto em muitos processos biológicos, reage com o oxigênio para dar o gás castanho NO_2.

    $2\ NO(g) + O_2(g) \rightarrow 2\ NO_2(g)$
    $\Delta_r H° = -114,1$ kJ/mol-rea

    Essa reação é endotérmica ou exotérmica? Qual é a variação de entalpia se 1,25 g de NO for completamente convertido em NO_2?

34. O carbeto de cálcio, CaC_2, é produzido por meio da reação de CaO com o carbono a uma temperatura elevada. (Carbeto de cálcio é usado para fazer o acetileno.)

    $CaO(s) + 3\ C(s) \rightarrow CaC_2(s) + CO(g)$
    $\Delta_r H° = +464,8$ kJ/mol-rea

    Essa reação é endotérmica ou exotérmica? Qual é a variação de entalpia se 10,0 g de CaO reagem com um excesso de carbono?

35. Isoctano (2,2,4-trimetilpentano), um dos diversos hidrocarbonetos que compõem a gasolina, queima no ar para originar água e dióxido de carbono.

    $2\ C_8H_{18}(\ell) + 25\ O_2(g) \rightarrow 16\ CO_2(g) + 18\ H_2O(\ell)$
    $\Delta_r H° = -10.922$ kJ/mol-rea

    Qual é a variação de entalpia se você queimar 1,00 L de isoctano (d = 0,69 g/mL)?

36. O ácido acético, CH_3CO_2H, é produzido industrialmente pela reação de monóxido de carbono e metanol.

    $CH_3OH(\ell) + CO(g) \rightarrow CH_3CO_2H(\ell)$
    $\Delta_r H° = -134,6$ kJ/mol-rea

    Qual é a variação de entalpia para a produção de 1,00 L de ácido acético (d = 1,044 g/mL) por meio dessa reação?

Calorimetria
(Veja a Seção 5.6 e os Exemplos 5.7 e 5.8.)

37. Suponha que você misture 100,0 mL de CsOH 0,200 M com 50,0 mL de HCl 0,400 M em um calorímetro de copo de café. A seguinte reação ocorre:

$$CsOH(aq) + HCl(aq) \rightarrow CsCl(aq) + H_2O(\ell)$$

A temperatura das duas soluções antes da mistura era de 22,50 °C e eleva-se a 24,28 °C após a reação de ácido-base. Qual é a variação de entalpia da reação por mol de CsOH? Assuma que as densidades das soluções são todas de 1,00 g/mL e as capacidades caloríficas específicas das soluções são de 4,2 J/g · K.

38. Você mistura 125 mL de CsOH 0,250 M com 50,0 mL de HF 0,625 M em um calorímetro de copo do café, e a temperatura de ambas as soluções sobe de 21,50 °C, antes de se misturar, para 24,40 °C após a reação.

$$CsOH(aq) + HF(aq) \rightarrow CsF(aq) + H_2O(\ell)$$

Qual é a entalpia da reação por mol de CsOH? Suponha que as densidades das soluções sejam iguais a 1,00 g/mL e suas capacidades caloríficas específicas sejam 4,2 J/g · K.

39. Um pedaço de titânio metálico com uma massa de 20,8 g é aquecido com água em ebulição a 99,5 °C e então despejado em um calorímetro de copo de café contendo 75,0 g de água a 21,7 °C. Quando o equilíbrio térmico é atingido, a temperatura final é de 24,3 °C. Calcule a capacidade calorífica específica do titânio.

40. Um pedaço de cromo metálico com uma massa de 24,26 g é aquecido em água em ebulição a 98,3 °C e, em seguida, despejado em um calorímetro de copo de café contendo 82,3 g de água a 23,3 °C. Quando é atingido o equilíbrio térmico, a temperatura final é de 25,6 °C. Calcule a capacidade calorífica específica do cromo.

41. A adição de 5,44 g de NH$_4$NO$_3$(s) a 150,0 g de água contida em um calorímetro de copo de café (com agitador para dissolver o sal) resultou em uma diminuição de temperatura de 18,6 °C para 16,2 °C. Calcule a variação de entalpia para a dissolução de NH$_4$NO$_3$(s) em água, em kJ/mol. Assuma que a solução (cuja massa é de 155,4 g) tem uma capacidade calorífica específica de 4,2 J/g · K. (Bolsas térmicas aproveitam o fato de a dissolução do nitrato de amônio em água ser um processo endotérmico.)

Uma bolsa térmica usa a reação de dissolução endotérmica do nitrato de amônio.

42. Você deve tomar cuidado ao dissolver H$_2$SO$_4$ em água, pois o processo é altamente exotérmico. Para medir a variação de entalpia, foram adicionados 5,2 g de H$_2$SO$_4$(ℓ) concentrado (com agitação) a 135 g de água em um calorímetro de copo. Isso resultou em um aumento na temperatura de 20,2 °C para 28,8 °C. Calcule a variação de entalpia para o processo de H$_2$SO$_4$(ℓ) $\rightarrow$ H$_2$SO$_4$(aq), em kJ/mol.

43. Enxofre (2,56 g) foi queimado em um calorímetro a volume constante com excesso de O$_2$(g). A temperatura aumentou de 21,25 °C para 26,72 °C. A bomba tem uma capacidade calorífica de 923 J/K e o calorímetro contém 815 g de água. Calcule ΔU por mol do SO$_2$ formado na reação:

$$S_8(s) + 8\ O_2(g) \rightarrow 8\ SO_2(g)$$

O enxofre queima em oxigênio com uma chama azul intensa para formar SO$_2$(g).

44. Suponha que você tenha queimado 0,300 g de C(s) com um excesso de O$_2$(g) em um calorímetro a volume constante para produzir CO$_2$(g).

$$C(s) + O_2(g) \rightarrow CO_2(g)$$

A temperatura do calorímetro, que tinha 775 g de água, aumentou de 25,00 °C para 27,38 °C. A capacidade calorífica da bomba é de 893 J/K. Calcule ΔU por mol de carbono.

45. Suponha que você tenha queimado 1,500 g de ácido benzoico, C$_6$H$_5$CO$_2$H, em um calorímetro a volume constante e verificou que a temperatura aumentou de 22,50 °C para 31,69 °C. O calorímetro continha 775 g de água, e a bomba tinha uma capacidade calorífica de 893 J/K. Calcule ΔU por mol de ácido benzoico.

O ácido benzoico, C$_6$H$_5$CO$_2$H, existe naturalmente em muitas frutas. Seu calor de combustão é bem conhecido, por isso, é usado como um padrão para calibrar calorímetros.

46. Uma amostra de 0,692 g de glicose, $C_6H_{12}O_6$, foi queimada em um calorímetro a volume constante. A temperatura subiu de 21,70 °C para 25,22 °C. O calorímetro continha 575 g de água, e a bomba tinha uma capacidade calorífica de 650 J/K. Calcule ΔU por mol de glicose?

47. Um "calorímetro de gelo" pode ser utilizado para determinar a capacidade calorífica específica de um metal. Um pedaço de metal quente é jogado sobre uma quantidade de gelo previamente pesada. A energia transferida do metal para o gelo pode ser determinada a partir da quantidade de gelo fundida. Suponha que você aqueceu um pedaço de 50,0 g de prata a 99,8 °C e depois deixou-a cair no gelo. Quando a temperatura do metal caiu para 0,0 °C verificou-se que 3,54 g de gelo havia fundido. Qual é a capacidade calorífica específica da prata?

48. Um pedaço de 9,36 g de platina foi aquecido a 98,6 °C em um banho de água em ebulição e depois colocado no gelo. (Veja a Questão para Estudo 47.) Quando a temperatura do metal diminuiu até para 0,0 °C verificou-se que 0,37 g de gelo havia fundido. Qual é a capacidade calorífica específica da platina?

Lei de Hess
(Veja a Seção 5.7 e os Exemplo 5.9).

49. As variações de entalpia das seguintes reações podem ser medidas:

$$CH_4(g) + 2\ O_2(g) \rightarrow CO_2(g) + 2\ H_2O(g)$$
$$\Delta_r H° = -802,4\ kJ/mol\text{-rea}$$

$$CH_3OH(g) + \tfrac{3}{2}\ O_2(g) \rightarrow CO_2(g) + 2\ H_2O(g)$$
$$\Delta_r H° = -676\ kJ/mol\text{-rea}$$

(a) Use esses valores e a lei de Hess para determinar a variação de entalpia da reação:

$$CH_4(g) + \tfrac{1}{2}\ O_2(g) \rightarrow CH_3OH(g)$$

(b) Desenhe um diagrama de níveis de energia e mostre as relações entre as quantidades de energia envolvidas neste problema.

50. As variações de entalpia das seguintes reações podem ser medidas.

$$C_2H_4(g) + 3\ O_2(g) \rightarrow 2\ CO_2(g) + 2\ H_2O(\ell)$$
$$\Delta_r H° = -1411,1\ kJ/mol\text{-rea}$$

$$C_2H_5OH(\ell) + 3\ O_2(g) \rightarrow 2\ CO_2(g) + 3\ H_2O(\ell)$$
$$\Delta_r H° = -1367,5\ kJ/mol\text{-rea}$$

(a) Use esses valores e a lei de Hess para determinar a variação de entalpia da reação:

$$C_2H_4(g) + H_2O(\ell) \rightarrow C_2H_5OH(\ell)$$

(b) Desenhe um diagrama de níveis de energia e mostre as relações entre as quantidades de energia envolvidas neste problema.

51. As variações de entalpia para as seguintes reações podem ser determinadas experimentalmente:

$$N_2(g) + 3\ H_2(g) \rightarrow 2\ NH_3(g)$$
$$\Delta_r H° = -91,8\ kJ/mol\text{-rea}$$

$$4\ NH_3(g) + 5\ O_2(g) \rightarrow 4\ NO(g) + 6\ H_2O(g)$$
$$\Delta_r H° = -906,2\ kJ/mol\text{-rea}$$

$$H_2(g) + \tfrac{1}{2}\ O_2(g) \rightarrow H_2O(g)$$
$$\Delta_r H° = -241,8\ kJ/mol\text{-rea}$$

Use esses valores para determinar a variação de entalpia para a formação de NO(g) a partir dos elementos (uma variação de entalpia que não pode ser medida diretamente, porque a reação favorece a formação dos reagentes).

$$\tfrac{1}{2}\ N_2(g) + \tfrac{1}{2}\ O_2(g) \rightarrow NO(g) \quad \Delta_r H° = ?$$

52. Você deseja saber a variação de entalpia para a formação de PCl_3 líquido a partir dos elementos.

$$P_4(s) + 6\ Cl_2(g) \rightarrow 4\ PCl_3(\ell) \quad \Delta_r H° = ?$$

A variação de entalpia para a formação de PCl_5 a partir dos elementos pode ser determinada experimentalmente, assim como a variação de entalpia para a reação de $PCl_3(\ell)$ com mais cloro para produzir $PCl_5(s)$:

$$P_4(s) + 10\ Cl_2(g) \rightarrow 4\ PCl_5(s)$$
$$\Delta_r H° = -1774,0\ kJ/mol\text{-rea}$$

$$PCl_3(\ell) + Cl_2(g) \rightarrow PCl_5(s)$$
$$\Delta_r H° = -123,8\ kJ/mol\text{-rea}$$

Utilize esses dados para calcular a variação de entalpia para a formação de 1,00 mol de $PCl_3(\ell)$ a partir do fósforo e do gás cloro.

Entalpias Padrão de Formação
(Veja a Seção 5.7 e os Exemplo 5.10.)

53. Escreva uma equação química balanceada para a formação de $CH_3OH(\ell)$ a partir dos elementos em seus estados padrão. Encontre o valor de $\Delta_f H°$ para $CH_3OH(\ell)$ no Apêndice L.

54. Escreva uma equação química balanceada para a formação de $CaCO_3(s)$ a partir dos elementos em seus estados padrão. Encontre o valor de $\Delta_f H°$ para $CaCO_3(s)$ no Apêndice L

55. (a) Escreva uma equação química balanceada para a formação de 1 mol de $Cr_2O_3(s)$ a partir de Cr e O_2 em seus estados padrão. (Encontre o valor de $\Delta_f H°$ para $Cr_2O_3(s)$ no Apêndice L.)
(b) Qual é a variação de entalpia padrão se 2,4 g de cromo são oxidados a $Cr_2O_3(s)$?

56. (a) Escreva uma equação química balanceada para a formação de 1 mol de MgO(s) a partir dos elementos em seus estados padrão. (Encontre o valor de $\Delta_f H°$ para o MgO(s) no Apêndice L.)
(b) Qual é a variação de entalpia padrão para a reação de 2,5 mols de Mg com o oxigênio?

57. Use entalpias padrão de formação no Apêndice L para calcular variações de entalpia para os seguintes casos:
(a) Queima de 1,0 g de fósforo branco para formar $P_4O_{10}(s)$
(b) 0,20 mol de NO(g) se decompõe em $N_2(g)$ e $O_2(g)$
(c) 2,40 g de NaCl(s) são formados a partir de Na(s) e de excesso de $Cl_2(g)$
(d) 250 g de ferro são oxidados com oxigênio para formar $Fe_2O_3(s)$

58. Use as entalpias padrão de formação no Apêndice L para calcular variações de entalpia para os seguintes casos:

(a) 0,054 g da queima de enxofre para formar $SO_2(g)$
(b) 0,20 mol de HgO(s) se decompõe em Hg(ℓ) e $O_2(g)$
(c) 2,40 g de $NH_3(g)$ são formados a partir de $N_2(g)$ e de excesso de $H_2(g)$
(d) $1,05 \times 10^{-2}$ mol de carbono é oxidado a $CO_2(g)$

59. A primeira etapa na produção de ácido nítrico a partir da amônia envolve a oxidação de NH_3.

$$4\ NH_3(g) + 5\ O_2(g) \rightarrow 4\ NO(g) + 6\ H_2O(g)$$

(a) Use as entalpias padrão de formação para determinar a variação da entalpia padrão para essa reação.
(b) Qual é a energia liberada ou absorvida na forma de calor na oxidação de 10,0 g de NH_3?

60. Os romanos utilizavam o óxido de cálcio, CaO, para produzir uma forte argamassa para construir estruturas de pedra. O óxido de cálcio era misturado à água para produzir $Ca(OH)_2$ que, por sua vez, reagia lentamente com o CO_2 do ar para formar $CaCO_3$.

$$Ca(OH)_2(s) + CO_2(g) \rightarrow CaCO_3(s) + H_2O(g)$$

(a) Calcule a variação de entalpia padrão para essa reação.
(b) Qual é a energia liberada ou absorvida na forma de calor se 1,00 kg de $Ca(OH)_2$ reage com uma quantidade estequiométrica de CO_2?

61. A entalpia padrão de formação de óxido de bário sólido, BaO, é –553,5 kg/mol, e a entalpia padrão de formação do peróxido de bário, BaO_2, é –634,3 kJ/mol.

(a) Calcule a variação de entalpia padrão para a reação. A reação é exotérmica ou endotérmica?

$$2\ BaO_2(s) \rightarrow 2\ BaO(s) + O_2(g)$$

(b) Desenhe um diagrama de níveis de energia que mostre a relação entre a variação de entalpia para a decomposição de BaO_2 em BaO e O_2 e as entalpias de formação de BaO(s) e BaO_2(s).

62. Uma importante etapa na produção do ácido sulfúrico é a oxidação do SO_2 a SO_3.

$$SO_2(g) + \tfrac{1}{2}\ O_2(g) \rightarrow SO_3(g)$$

A formação de SO_3 a partir do poluente do ar SO_2 constitui também uma etapa chave na formação da chuva ácida.

(a) Use as entalpias padrão de formação para determinar a variação da entalpia para a reação. A reação é exotérmica ou endotérmica?
(b) Desenhe um diagrama de níveis de energia que mostre a relação entre a variação de entalpia para a oxidação de SO_2 em SO_3 e entalpias de formação de $SO_2(g)$ e $SO_3(g)$.

63. A variação de entalpia para a oxidação do naftaleno, $C_{10}H_8$, é medida por calorimetria.

$$C_{10}H_8(s) + 12\ O_2(g) \rightarrow 10\ CO_2(g) + 4\ H_2O(\ell)$$
$$\Delta_r H° = -5156,1\ \text{kJ/mol-rea}$$

Use esse valor, junto com as entalpias padrão de formação do $CO_2(g)$ e da $H_2O(\ell)$, para calcular a entalpia de formação do naftaleno, em kJ/mol.

64. A variação de entalpia para a oxidação do estireno, C_8H_8, é medida por calorimetria.

$$C_8H_8(\ell) + 10\ O_2(g) \rightarrow 8\ CO_2(g) + 4\ H_2O(\ell)$$
$$\Delta_r H° = -4395,0\ \text{kJ/mol-rea}$$

Use esse valor, junto com as entalpias padrão de formação do $CO_2(g)$ e da $H_2O(\ell)$, para calcular a entalpia de formação do estireno em kJ/mol.

Questões Gerais

Estas questões não estão definidas quanto ao tipo ou à localização no capítulo. Elas podem combinar vários conceitos.

65. Os termos a seguir são muito utilizados na termodinâmica. Dê a definição e um exemplo de cada um.

(a) exotérmico e endotérmico
(b) sistema e vizinhança
(c) capacidade calorífica específica
(d) função de estado
(e) estado padrão
(f) variação de entalpia, ΔH
(g) entalpia padrão de formação

66. Para cada uma das seguintes alternativas, diga se o processo é exotérmico ou endotérmico. (Não são necessários cálculos.)

(a) $H_2O(\ell) \rightarrow H_2O(s)$
(b) $2\ H_2(g) + O_2(g) \rightarrow 2\ H_2O(g)$
(c) $H_2O(\ell, 25\ °C) \rightarrow H_2O(\ell, 15\ °C)$
(d) $H_2O(\ell) \rightarrow H_2O(g)$

67. Para cada uma das alternativas, defina um sistema e sua vizinhança, e dê a direção da transferência de energia entre o sistema e a vizinhança.

(a) Queima de metano em um forno a gás em sua casa.
(b) Gotas de água que evaporam da sua pele após um mergulho na piscina.
(c) Água, a 25 °C, é colocada no congelador de uma geladeira, onde ela é resfriada e acaba congelada.
(d) Alumínio e Fe_2O_3(s) são misturados em um frasco sobre a bancada do laboratório. A reação ocorre, e uma grande quantidade de energia é liberada na forma de calor.

68. O que o termo *estado padrão* significa? Quais são os estados padrão das seguintes substâncias a 298 K: H_2O, NaCl, Hg, CH_4?

69. Utilize o Apêndice L para encontrar as entalpias padrão de formação do átomos de oxigênio, das moléculas de oxigênio (O_2) e do ozônio (O_3). Qual é o estado padrão do oxigênio? A formação de átomos de oxigênio do O_2 é exotérmica? Qual é a variação de entalpia para a formação de 1 mol de O_3 a partir de O_2?

70. Você tem um grande balão contendo 1,0 mol de vapor de água/gás/ a 80 °C. Como cada etapa afeta a energia interna do sistema?

(a) A temperatura do sistema aumenta para 90 °C.
(b) O vapor é condensado a um líquido, a 40 °C.

71. Determine se a energia é liberada ou absorvida na forma de calor, e se o trabalho é realizado no sistema ou se o sistema realiza trabalho na vizinhança, nos seguintes processos sob pressão constante:
(a) A água líquida a 100 °C é convertida em vapor a 100 °C.
(b) O gelo-seco, $CO_2(s)$, sublima para gerar $CO_2(g)$.

72. Determine se a energia é liberada ou absorvida na forma de calor, e se o trabalho é realizado no sistema ou se o sistema realiza trabalho na vizinhança, nos seguintes processos sob pressão constante:
(a) Ozônio, O_3, decompõe-se para formar O_2.
(b) Queima do metano:
$$CH_4(g) + 2\ O_2(g) \rightarrow CO_2(g) + 2\ H_2O(\ell)$$

73. Use entalpias padrão de formação para calcular a variação de entalpia que ocorre quando 1,00 g de $SnCl_4(\ell)$ reage com um excesso de $H_2O(\ell)$ para formar $SnO_2(s)$ e $HCl(aq)$.

74. Qual das substâncias libera maior quantidade de energia no resfriamento de 50 °C a 10 °C: 50,0 g de água ou 100 g de etanol (C_{etanol} = 2,46 J/g · K)?

75. Você determina que 187 J de energia na forma de calor são necessários para elevar a temperatura de 93,45 g da prata de 18,5 °C a 27,0 °C. Qual é a capacidade calorífica específica da prata?

76. Calcule a quantidade de energia necessária para converter 60,1 g de $H_2O(s)$ a 0,0 °C em $H_2O(g)$ a 100,0 °C. A entalpia de fusão do gelo a 0 °C é 333 J/g; a entalpia de vaporização da água no estado líquido a 100 °C é de 2256 J/g.

77. Você adiciona 100,0 g de água a 60,0 °C a 100,0 g de gelo a 0,00 °C. Parte do gelo funde e esfria a água a 0,00 °C. Quando a mistura de gelo e de água atinge o equilíbrio térmico a 0 °C, quanto do gelo fundiu?

78. ▲ Três cubos de gelo de 45 g a 0 °C são jogados dentro de uma xícara de chá de $5,00 \times 10^2$ mL para fazer chá gelado. O chá estava inicialmente a 20,0 °C; quando o equilíbrio térmico foi atingido, sua temperatura final era de 0 °C. Quanto do gelo fundiu, e quanto permaneceu flutuando na bebida? Suponha que a capacidade calorífica específica do chá seja a mesma que a da água pura.

79. ▲ Suponha que apenas dois cubos de gelo de 45 g foram adicionados ao seu copo contendo $5,00 \times 10^2$ mL de chá (veja a Questão para Estudo 78). Quando o equilíbrio térmico for atingido, todo o gelo terá fundido, e a temperatura da mistura estará entre 20,0 °C e 0 °C. Calcule a temperatura final da bebida. (*Observação*: os 90 g de água formados quando o gelo funde devem ser aquecidos de 0 °C até a temperatura final.)

80. Você pega um refrigerante dietético da geladeira e despeja 240 mL do mesmo em um copo. A temperatura da bebida é de 10,5 °C. Em seguida, adiciona um cubo de gelo (45 g) a 0 °C. Qual dos seguintes itens descreve o sistema quando o equilíbrio térmico é atingido?
(a) A temperatura é de 0 °C e permanece um pouco de gelo.
(b) A temperatura é de 0 °C e não sobra gelo.
(c) A temperatura é superior a 0 °C e não sobra gelo.

Determine a temperatura final e a quantidade de gelo remanescente, se houver.

81. ▲ A entalpia padrão molar de formação do diborano, $B_2H_6(g)$, não pode ser determinada diretamente porque o composto não pode ser preparado pela reação do boro com o hidrogênio. Porém, ela pode ser calculada a partir de outras variações de entalpia. As seguintes variações de entalpia podem ser determinadas:

$$4\ B(s) + 3\ O_2(g) \rightarrow 2\ B_2O_3(s)$$
$$\Delta_r H° = -2543,8\ \text{kJ/mol-rea}$$

$$H_2(g) + \tfrac{1}{2}\ O_2(g) \rightarrow H_2O(g)$$
$$\Delta_r H° = -241,8\ \text{kJ/mol-rea}$$

$$B_2H_6(g) + 3\ O_2(g) \rightarrow B_2O_3(s) + 3\ H_2O(g)$$
$$\Delta_r H° = -2032,9\ \text{kJ/mol-rea}$$

(a) Mostre como essas equações podem ser somadas para dar a equação para a formação de $B_2H_6(g)$ a partir de $B(s)$ e $H_2(g)$ em seus estados padrão. Atribua variações de entalpia para cada reação.
(b) Calcule $\Delta_f H°$ para $B_2H_6(g)$.
(c) Desenhe um diagrama de níveis de energia que mostre como as várias entalpias deste problema estão relacionadas.
(d) A formação de $B_2H_6(g)$ a partir de seus elementos é exotérmica ou endotérmica?

82. O cloreto de metila, CH_3Cl, um composto encontrado no meio ambiente, é formado a partir da reação de átomos de cloro com o metano.

$$CH_4(g) + 2\ Cl(g) \rightarrow CH_3Cl(g) + HCl(g)$$

(a) Calcule a variação de entalpia da reação entre $CH_4(g)$ e átomos Cl para dar $CH_3Cl(g)$ e $HCl(g)$. A reação é exotérmica ou endotérmica?
(b) Desenhe um diagrama de níveis de energia que mostre como as várias entalpias deste problema estão relacionadas.

83. Quando aquecido a uma temperatura elevada, o coque (em sua maior parte carbono, obtido aquecendo-se o carvão na ausência do ar) e o vapor de água produzem uma mistura chamada *gás de água*, que pode ser usada como combustível ou como reagente de partida para outras reações. A equação para a produção do gás de água é:

$$C(s) + H_2O(g) \rightarrow CO(g) + H_2(g)$$

(a) Use as entalpias padrão de formação para determinar a variação de entalpia para essa reação.
(b) A reação é exotérmica ou endotérmica?
(c) Qual é a variação de entalpia se 1 tonelada métrica (1000,0 kg) de carbono é convertida em gás de água?

84. Fogões de acampamento são abastecidos com gás propano (C_3H_8), butano [$C_4H_{10}(g)$, $\Delta_f H°$ = −127,1 kJ/mol], gasolina ou etanol (C_2H_5OH). Calcule a entalpia de combustão por grama de cada um desses combustíveis. [Suponha que a gasolina seja representada pelo isoctano, $C_8H_{18}(\ell)$, com $\Delta_f H°$ = −259,3 kJ/mol.] Você percebe alguma grande diferença entre esses combustíveis? Como essas diferenças estão relacionadas com suas composições?

Um fogão de acampamento que usa butano como combustível.

85. O metanol, CH_3OH, um composto que pode ser obtido a partir do carvão de forma relativamente barata, é um substituto promissor da gasolina. O álcool tem menor poder calorífico do que a gasolina, mas devido à sua maior octanagem, ele queima mais eficientemente do que a gasolina nos motores a combustão. (Ele tem a vantagem adicional de contribuir em menor grau na emissão de certos poluentes atmosféricos.) Compare a entalpia por grama de CH_3OH e de C_8H_8 (isoctano), sendo o último representativo dos compostos da gasolina. ($\Delta_f H° = -259,3$ kJ/mol isoctano.)

86. A hidrazina e a 1,1-dimetil-hidrazina reagem espontaneamente com O_2 e podem ser utilizados como combustível de foguete.

$$N_2H_4(\ell) + O_2(g) \to N_2(g) + 2\ H_2O(g)$$
hidrazina

$$N_2H_2(CH_3)_2(\ell) + 4\ O_2(g) \to$$
1,1-dimetil-hidrazina $\quad 2\ CO_2(g) + 4\ H_2O(g) + N_2(g)$

A entalpia molar de formação de $N_2H_4(\ell)$ é +50,6 kJ/mol e a de $N_2H_2(CH_3)_2(\ell)$ é +48,9 kJ/mol. Use esses valores, com outros de $\Delta_f H°$, para decidir qual reação, se é a da hidrazina ou a da 1,1-dimetil-hidrazina com oxigênio, que proporciona mais energia por grama.

Veículos espaciais, como o *Space Shuttle* quando ainda voava, usava hidrazina como combustível em foguetes de controle.

87. (a) Calcule a variação de entalpia, $\Delta_r H°$, para a formação de 1,00 mol de carbonato de estrôncio (o material responsável pela cor vermelha em fogos de artifício) a partir de seus elementos.

$$Sr(s) + C(s) + \tfrac{3}{2}\ O_2(g) \to SrCO_3(s)$$

A informação experimental disponível é:

$$Sr(s) + \tfrac{1}{2}\ O_2(g) \to SrO(s)$$
$$\Delta_f H° = -592\ \text{kJ/mol-rea}$$

$$SrO(s) + CO_2(g) \to SrCO_3(s)$$
$$\Delta_r H° = -234\ \text{kJ/mol-rea}$$

$$C(\text{grafite}) + O_2(g) \to CO_2(g)$$
$$\Delta_f H° = -394\ \text{kJ/mol-rea}$$

(b) Desenhe um diagrama de níveis de energia que mostre as quantidades de energia envolvidas neste problema.

88. Você bebe 350 mL de um refrigerante dietético que está a uma temperatura de 5 °C.

(a) Qual a quantidade de energia que seu corpo gastará para elevar a temperatura do líquido à temperatura corporal (37 °C)? Assuma que a densidade e a capacidade calorífica específica do refrigerante são as mesmas que as da água.

(b) Compare o valor do item (a) com o conteúdo calórico da bebida. (O rótulo informa um teor calórico de 1 Caloria.) Qual é a variação líquida de energia em seu corpo resultante desta bebida? (1 Caloria = 1000 kcal = 4.184 J).

(c) Faça uma comparação semelhante àquela da parte (b) para uma bebida não dietética cujo rótulo indica um conteúdo calórico de 240 Calorias.

89. ▲ O clorofórmio, $CHCl_3$, é formado a partir de metano e cloro na seguinte reação.

$$CH_4(g) + 3\ Cl_2(g) \to 3\ HCl(g) + CHCl_3(g)$$

Calcule $\Delta_r H°$, a variação de entalpia dessa reação, usando as entalpias de formação de $CO_2(g)$, $H_2O(\ell)$ e $CHCl_3(g)$ ($\Delta_f H° = -103,1$ kJ/mol) e as mudanças de entalpia para as seguintes reações:

$$CH_4(g) + 2\ O_2(g) \to 2\ H_2O(\ell) + CO_2(g)$$
$$\Delta_r H° = -890,4\ \text{kJ/mol-rea}$$

$$2\ HCl(g) \to H_2(g) + Cl_2(g)$$
$$\Delta_r H° = +184,6\ \text{kJ/mol-rea}$$

90. Gás de água, uma mistura de monóxido de carbono e hidrogênio, é produzido pelo tratamento de carbono (sob a forma de coque ou hulha) com vapor a altas temperaturas. (Veja a Questão para Estudo 83.)

$$C(s) + H_2O(g) \to CO(g) + H_2(g)$$

Nem todo o carbono disponível é convertido em gás de água, uma vez que o mesmo é queimado para fornecer o calor necessário para a reação endotérmica entre carbono e água. Que massa de carbono deve ser queimada (transformada em gás CO_2) a fim de fornecer a energia para converter 1,00 kg de carbono em gás de água?

91. Na história de abertura deste capítulo, o conteúdo energético do etanol foi comparado ao teor energético de alguns alimentos comuns. Usando entalpias padrão de formação, verifique que 2680 kJ de energia são liberadas na combustão de 100,0 g de etanol.

$$C_2H_5OH(\ell) + 3\ O_2(g) \to 2\ CO_2(g) + 3\ H_2O(g)$$

92. De acordo com o website da Nutrient Data Laboratory (www.ars.usda.gov/ba/bhnrc/ndl), o óleo de milho contém 3766 kJ de energia por 100 g de porção.

    (a) Qual é o teor energético de 100 g de óleo de milho em unidades de Calorias nutricionais (Cal)?
    (b) Quantas colheres de sopa de óleo de milho têm um conteúdo energético equivalente a 1500 Calorias nutricionais? (1 colher de sopa = 14 g de óleo de milho)
    (c) Que massa de água pode ser aquecida de 25,0 °C até seu ponto de ebulição de 100,0 °C usando a energia liberada na combustão de 1 colher de sopa de óleo de milho?

No Laboratório

93. Um pedaço de chumbo com uma massa de 27,3 g foi aquecido a 98,90 °C e, em seguida, colocado em 15,0 g de água a 22,50 °C. A temperatura final foi de 26,32 °C. Calcule a capacidade calorífica específica do chumbo a partir desses dados.

94. Um pedaço de 192 g de cobre é aquecido a 100,0 °C em um banho de água em ebulição e depois colocado em um béquer contendo 751 g de água (densidade = 1,00 g/cm^3) a 4,0 °C. Qual foi a temperatura final do cobre e da água após o equilíbrio térmico ter sido atingido? (C_{Cu} = 0,385 J/g · K.)

95. O AgCl(s) insolúvel precipita quando soluções de AgNO$_3$(aq) e NaCl(aq) são misturadas.

    AgNO$_3$(aq) + NaCl(aq) → AgCl(s) + NaNO$_3$(aq)
    $\Delta_r H°$ = ?

    Para determinar a energia liberada nessa reação, 250 mL de AgNO$_3$(aq) 0,16 M e 125 mL de NaCl(aq) 0,32 M são misturados em um calorímetro de copo. A temperatura da mistura sobe de 21,15 °C para 22,90 °C. Calcule a variação de entalpia para a precipitação de AgCl(s), em kJ/mol. (Suponha que a densidade da solução seja 1,00 g/mL e sua capacidade calorífica específica seja 4,2 J/g · K.)

96. O PbBr$_2$(s) insolúvel precipita-se quando soluções de Pb(NO$_3$)$_2$(aq) e NaBr(aq) são misturadas.

    Pb(NO$_3$)$_2$(aq) + 2 NaBr(aq) → PbBr$_2$(s) + 2 NaNO$_3$(aq)
    $\Delta_r H°$ = ?

    Para determinar a variação de entalpia, 200 mL de Pb(NO$_3$)$_2$(aq) 0,75 M e 200 mL de NaBr(aq) 1,5 M são misturados em um calorímetro de copo. A temperatura da mistura sobe 2,44 °C. Calcule a variação de entalpia para a precipitação de PbBr$_2$(s) em kJ/mol. (Suponha que a densidade da solução seja 1,00 g/mL e sua capacidade calorífica específica seja 4,2 J/g K.)

97. O valor de ΔU para a decomposição de 7,647 g de nitrato de amônio pode ser determinado em uma bomba calorimétrica. A reação que ocorre é:

    NH$_4$NO$_3$(s) → N$_2$O(g) + 2 H$_2$O(g)

    A temperatura do calorímetro, que contém 415 g de água, aumenta de 18,90 °C a 20,72 °C. A capacidade calorífica da bomba é de 155 J/K. Qual é o valor de ΔU para essa reação, em kJ/mol?

A decomposição de nitrato de amônio é claramente exotérmica.

98. Um experimento em um calorímetro de bomba foi realizado para determinar a entalpia de combustão do etanol. A reação é

    C$_2$H$_5$OH(ℓ) + 3 O$_2$(g) → 2 CO$_2$(g) + 3 H$_2$O(ℓ)

    A bomba tinha uma capacidade calorífica de 550 J/K, e o calorímetro continha 650 g de água. A queima de 4,20 g de etanol, C$_2$H$_5$OH(ℓ), resultou em um aumento na temperatura de 18,5 °C para 22,3 °C. Calcule ΔU para a combustão do etanol, em kJ/mol.

99. As refeições prontas no serviço militar podem ser aquecidas em um aquecedor sem chama. Você pode comprar um produto similar chamado "aquecedor de refeições". Basta colocar água no aquecedor, aguardar alguns minutos, e tem uma refeição quente. A fonte de energia do aquecedor provém da reação:

    Mg(s) + 2 H$_2$O(ℓ) → Mg(OH)$_2$(s) + H$_2$(g)

O "aquecedor de refeições" utiliza a reação de magnésio com água como uma fonte de energia na forma de calor.

Calcule a variação de entalpia, sob condições padrão, em joules, para essa reação. Que quantidade de matéria em mols de magnésio é necessária para fornecer o calor requerido para aquecer 25 mL de água (d = 1,00 g/mL) de 25 °C até 85 °C? (Veja W. Jensen. *Journal of Chemical Education*, v. 77, p. 713-717, 2000.)

100. Em um dia frio, você pode aquecer as mãos com uma "almofada térmica", um dispositivo que utiliza a oxidação de ferro para produzir energia na forma de calor.

    4 Fe(s) + 3 O$_2$(g) → 2 Fe$_2$O$_3$(s)

Princípios da reatividade química: energia e reações químicas

Um aquecedor de mão utiliza a oxidação do ferro como fonte de energia térmica.

Que massa de ferro é necessária para fornecer o calor requerido para aquecer 15 mL de água ($d = 1,00$ g/mL) de 23 °C até 37 °C?

Resumo e Questões Conceituais

As seguintes questões podem usar os conceitos deste capítulo e dos capítulos anteriores.

101. Sem fazer cálculos, determine se cada um dos seguintes itens é exo ou endotérmico.

(a) a combustão do gás natural
(b) a decomposição da glicose, $C_6H_{12}O_6$, em carbono e água

102. Qual das seguintes alternativas são funções de estado?

(a) o volume do balão
(b) o tempo gasto para dirigir da sua casa para a faculdade ou universidade
(c) a temperatura da água em uma xícara de café
(d) a energia potencial de uma bola na sua mão

103. ▲ Você quer determinar o valor da entalpia de formação do $CaSO_4(s)$, mas a reação não pode ser feita diretamente.

$$Ca(s) + S(s) + 2\ O_2(g) \rightarrow CaSO_4(s)$$

Você sabe, no entanto, que (a) tanto o cálcio quanto o enxofre reagem com o oxigênio para produzir óxidos em reações que podem ser estudadas por calorimetria, e (b) o óxido básico CaO reage com o óxido ácido $SO_3(g)$ para produzir $CaSO_4(s)$ com $\Delta_r H° = -402,7$ kJ. Descreva um método para determinar $\Delta_f H°$ para o $CaSO_4(s)$ e identifique as informações que devem ser coletadas pelo experimento. Usando a informação no Apêndice L, confirme que $\Delta_f H°$ para $CaSO_4(s)$ = $-1433,5$ kJ/mol.

Prepare um gráfico de capacidades caloríficas específicas para metais em função de seus pesos atômicos. Combine os dados da Figura 5.4 e os valores na tabela a seguir. Qual é a relação entre a capacidade calorífica específica e o peso atômico? Use essa relação para prever a capacidade calorífica específica da platina. A capacidade calorífica específica da platina é dada na literatura como 0,133 J/g · K. Qual é o grau de concordância entre o valor previsto e o real?

Metal	Capacidade calorífica específica (J/g · K)
Cromo	0,450
Chumbo	0,127
Prata	0,236
Estanho	0,227
Titânio	0,522

104. Observe os valores da capacidade calorífica molar dos metais na Figura 5.4. Que observação você pode fazer sobre esses valores – especificamente, eles são muito diferentes ou bastante semelhantes? Usando essa informação, faça uma estimativa da capacidade calorífica específica da prata. Compare essa estimativa com o valor correto para a prata, 0,236 J/g · K.

105. ▲ Você está frequentando a escola de verão e vive em um dormitório muito antigo. O dia está opressivamente quente, não há ar-condicionado e você não pode abrir as janelas do seu quarto. No entanto, há um refrigerador no quarto. Em um momento de genialidade, você abre a porta da geladeira e cascatas de ar fresco saem dela. Entretanto, o alívio não dura muito tempo. Logo, o motor da geladeira e o condensador começam a funcionar e, não muito tempo depois, o quarto está mais quente do que antes. Por que o quarto aqueceu?

106. Você deseja aquecer o ar em sua casa com gás natural (CH_4). Considere que sua casa tenha 275 m² de área e que o teto esteja 2,50 m acima do chão. O ar na casa tem capacidade calorífica molar de 29,1 J/mol · K. (O número de mols do ar na casa pode ser determinado considerando-se que a massa molar média do ar é 28,9 g/mol e que a densidade do ar a essas temperaturas é de 1,22 g/L.) Qual massa de metano você tem que queimar para aquecer o ar de 15,0 °C a 22,0 °C?

107. A água pode ser decomposta em seus elementos, H_2 e O_2, usando energia elétrica ou através de uma série de reações químicas. A seguinte sequência de reações é uma possibilidade:

$$CaBr_2(s) + H_2O(g) \rightarrow CaO(s) + 2\ HBr(g)$$
$$Hg(\ell) + 2\ HBr(g) \rightarrow HgBr_2(s) + H_2(g)$$
$$HgBr_2(s) + CaO(s) \rightarrow HgO(s) + CaBr_2(s)$$
$$HgO(s) \rightarrow Hg(\ell) + \tfrac{1}{2}\ O_2(g)$$

(a) Mostre que o resultado líquido dessa série de reações é a decomposição da água em seus elementos.
(b) Se você usar 1000, kg de água, que massa de H_2 pode ser produzida?
(c) Calcule o valor de $\Delta_r H°$ para cada etapa na série. As reações são previstas como sendo exo ou endotérmicas?

$$\Delta_f H° [CaBr_2(s)] = -683,2 \text{ kJ/mol}$$
$$\Delta_f H° [HgBr_2(s)] = -169,5 \text{ kJ/mol}$$

(d) Comente sobre a viabilidade comercial do uso dessa série de reações para produzir $H_2(g)$ a partir da água.

108. Suponha que uma polegada (2,54 cm) de chuva caia sobre uma milha quadrada de solo (2,59 × 10⁶ m²). (A densidade da água é de 1,0 g/cm³). A entalpia de vaporização da água a 25 °C é 44,0 kJ/mol. Qual é a energia transferida na forma de calor para a vizinhança a partir da condensação do vapor de água para a formação dessa quantidade de água líquida? (O número imenso mostra a quantidade de energia "armazenada" no vapor de água e porque consideramos as tempestades grandes forças energéticas da natureza. É interessante comparar esse resultado com a energia liberada, 4,2 × 10⁶ kJ, quando uma tonelada de dinamite explode.)

109. ▲ Os amendoins e o óleo de amendoim são materiais orgânicos e queimam no ar. Quantos amendoins devem ser queimados para fornecer a energia para ebulir um copo com água (250 mL de água)? Para resolver este problema, assumimos que cada amendoim, com um peso médio de 0,73 g, é composto por 49% de óleo de amendoim e 21% de amido, o restante não é combustível. Assumimos ainda que o óleo de amendoim é o ácido palmítico, $C_{16}H_{32}O_2$, com uma entalpia de formação de –848,4 kJ/mol. O amido é uma cadeia longa de unidades de $C_6H_{10}O_5$, cada uma tendo entalpia de formação de –960 kJ.

Quantos amendoins devem ser queimados para fornecer a energia para ebulir 250 mL de água?

110. ▲ Os isômeros são moléculas com a mesma composição elementar, mas com estrutura atômica diferente. Três isômeros com a fórmula C_4H_8 são mostrados nos modelos abaixo. A entalpia de combustão ($\Delta_cH°$) de cada isômero, determinada utilizando um calorímetro, é dada a seguir:

Composto	$\Delta_cH°$ (kJ/mol buteno)
cis-2-buteno	–2709,8
trans-2-buteno	–2706,6
1-buteno	–2716,8

(a) Desenhe um diagrama de níveis de energia relacionando o teor de energia dos três isômeros ao teor energético dos produtos da combustão, $CO_2(g)$ e $H_2O(\ell)$.

(b) Utilize os dados de $\Delta_cH°$ na parte (a), juntamente com as entalpias de formação de $CO_2(g)$ e $H_2O(\ell)$ do Apêndice L, para calcular a entalpia de formação de cada um dos isômeros.

(c) Desenhe um diagrama de níveis de energia que relaciona as entalpias de formação dos três isômeros à energia dos elementos nos seus estados padrão.

(d) Qual é a variação de entalpia para a conversão de cis-2-buteno para trans-2-buteno?

Cis-2-buteno   *Trans*-2-buteno

1-buteno

112. Várias entalpias padrão de formação (do Apêndice L) são dadas a seguir. Use estes dados para calcular:

(a) a entalpia padrão de vaporização do bromo.

(b) a energia necessária para a reação de $Br_2(g) \rightarrow 2\ Br(g)$. (Esta é a entalpia de dissociação da ligação Br–Br.)

Espécie	$\Delta_fH°$ (kJ/mol)
Br(g)	111,9
$Br_2(\ell)$	0
$Br_2(g)$	30,9

113. Quando 0,850 g de Mg foi queimado em oxigênio em um calorímetro a volume constante, 25,4 kJ de energia foram liberados na forma de calor. O calorímetro era um recipiente isolado com 750 g de água a uma temperatura inicial de 18,6 °C. A capacidade calorífica da bomba no calorímetro era de 820 J/K.

(a) Calcule ΔU para a oxidação do Mg (em kJ/mol de Mg).

(b) Qual seria a temperatura final da água do calorímetro de bomba nesta experiência?

114. ▲ Um pedaço de ouro (10,0 g, C_{Au} = 0,129 J/g · K) é aquecido a 100,0 °C. Um pedaço de cobre (10,0 g C_{Cu} = 0,385 J/g · K) é resfriado em um banho de gelo a 0 °C. Ambos os pedaços são colocados em um béquer contendo 150 g de H_2O a 20 °C. Podemos dizer que a temperatura da água é maior ou menor que 20 °C quando é atingido o equilíbrio térmico? Calcule a temperatura final.

115. O metano, CH_4, pode ser convertido em metanol, o qual, como o etanol, pode ser utilizado como combustível. O diagrama de níveis de energia mostrado a seguir apresenta relações entre energias dos combustíveis e seus produtos de oxidação. Use a informação no diagrama para responder às perguntas a seguir. (Os termos de energia são expressos por mol-rea.)

(a) Que combustível, metanol ou metano, produz mais energia por mol quando queimado?
(b) Que combustível produz mais energia por grama quando queimado?
(c) Qual é a variação de entalpia para a conversão de metano em metanol pela reação com $O_2(g)$?
(d) Cada seta no diagrama representa uma reação química. Escreva a equação da reação que converte metano em metanol.

116. Calcule $\Delta_r H°$ da reação

$$2\ C(s) + 3\ H_2(g) + \tfrac{1}{2}\ O_2(g) \rightarrow C_2H_5OH(\ell)$$

dadas as informações abaixo.

$C(s) + O_2(g) \rightarrow CO_2(g)$ $\Delta_r H° = -393,5$ kJ/mol-rea

$2\ H_2(g) + O_2(g) \rightarrow 2\ H_2O(\ell)$
$\Delta_r H° = -571,6$ kJ/mol-rea

$C_2H_5OH(\ell) + 3\ O_2(g) \rightarrow 2\ CO_2(g) + 3\ H_2O(\ell)$
$\Delta_r H° = -1367,5$ kJ/mol-rea

117. ▲ Você tem os seis pedaços de metais listados abaixo, além de um béquer contendo $3,00 \times 10^2$ g de água. A temperatura da água é de 21,00 °C.

Metais	Calor específico (J/g K)	Massa (g)
1. Al	0,9002	100,0
2. Al	0,9002	50,0
3. Au	0,1289	100,0
4. Au	0,1289	50,0
5. Zn	0,3860	100,0
6. Zn	0,3860	50,0

(a) Em sua primeira experiência, você seleciona um pedaço de metal e o aquece a 100 °C e, em seguida, seleciona um segundo pedaço de metal e o resfria a −10 °C. Ambos os pedaços são então colocados no béquer com água e as temperaturas equilibram-se. Você deseja selecionar dois pedaços de metal para usar, de tal modo que a temperatura final da água seja a mais alta possível. Qual pedaço de metal você aquecerá? Qual pedaço de metal você resfriará? Qual é a temperatura final da água?

(b) O segundo experimento é feito da mesma maneira que o primeiro. No entanto, seu objetivo agora é fazer com que a temperatura varie o mínimo possível, isto é, a temperatura final deve ser a mais próxima de 21,00 °C. Qual pedaço de metal você aquecerá? Qual pedaço de metal você resfriará? Qual é a temperatura final da água?

118. No laboratório, você planeja realizar um experimento de calorimetria para determinar $\Delta_r H$ da reação exotérmica entre $Ca(OH)_2(s)$ e $HCl(aq)$. Preveja como cada um dos seguintes tópicos afetará o valor calculado de $\Delta_r H$. (O valor calculado para $\Delta_r H$ desta reação é negativo, então escolha a sua resposta a partir do seguinte: $\Delta_r H$ será muito baixo [isto é, um valor negativo maior], $\Delta_r H$ não será afetado, $\Delta_r H$ será muito alto [isto é, um valor negativo menor]).

(a) Você deixa cair um pouco de $Ca(OH)_2$ sobre a bancada antes de adicioná-lo ao calorímetro.
(b) Por causa de um erro de cálculo, é adicionado no calorímetro um excesso de HCl para a quantidade medida de $Ca(OH)_2$.
(c) $Ca(OH)_2$ absorve água prontamente do ar. A amostra $Ca(OH)_2$ que você pesou havia sido exposta ao ar antes da pesagem e tinha absorvido um pouco de água.
(d) Depois de pesar o $Ca(OH)_2$, a amostra foi colocada em um béquer aberto e absorveu água.
(e) Você demora muito tempo para registrar a temperatura final.
(f) O isolamento no seu calorímetro de copo era deficiente, então um pouco de energia na forma de calor foi perdida para a vizinhança durante o experimento.
(g) Você ignorou o fato de que a energia na forma de calor também elevou a temperatura do agitador e do termômetro em seu sistema.

119. A sublimação de 1,0 g de gelo seco, $CO_2(s)$, forma 0,36 L de $CO_2(g)$ (a −78 °C e $1,01 \times 10^5$ Pa). O gás em expansão pode realizar trabalho na vizinhança (Figura 5.8). Calcule a quantidade de trabalho realizado sobre a vizinhança.

120. Na reação de dois mols de hidrogênio gasoso e um mol de oxigênio gasoso para formar dois mols de vapor de água (gás), dois mols de produtos são formados a partir de 3 mols de reagentes. Se essa reação é feita a $1,01 \times 10^5$ Pa e a 0 °C, o volume é reduzido em 22,4 L.

(a) Nesta reação, quanto trabalho é realizado sobre o sistema (H_2, O_2, H_2O) pela vizinhança?
(b) A variação de entalpia dessa reação é de −483,6 kJ. Use esse valor, juntamente com a resposta (a), para calcular $\Delta_r U$, a variação da energia interna do sistema.

6 A estrutura dos átomos

Sumário do capítulo

- 6-1 Radiação Eletromagnética
- 6-2 Quantização: Planck, Einstein, Energia e Fótons
- 6-3 Espectros de Linhas Atômicas e Niels Bohr
- 6-4 Dualidade Partícula-Onda: Prelúdio para Mecânica Quântica
- 6-5 A Visão Moderna da Estrutura Eletrônica: Onda ou Mecânica Quântica
- 6-6 As Formas dos Orbitais Atômicos
- 6-7 Mais uma Propriedade do Elétron: Rotação do Elétron (Spin)

SORRIA! Desde a invenção da fotografia de imagem permanente por volta de 1800, as pessoas do mundo todo adoram tirar fotos. Uma grande mudança que ocorreu nos últimos anos é a substituição de câmeras de filme por câmeras digitais para muitos usos. As câmeras digitais estão disponíveis como dispositivos autônomos ou como partes de nossos computadores e telefones celulares. Na fotografia tradicional, a luz era focada por uma lente sobre um pedaço de filme; em muitas câmeras digitais, ela é focada em um "dispositivo de carga acoplada" (em inglês CCD). O CCD é um circuito integrado feito de milhões de pixels, cada qual constituído por um material sensível à luz em um dispositivo elétrico chamado condensador. Cada pixel define uma região na imagem resultante. Em geral, quanto mais pixels presentes por unidade de área, maior será a resolução da imagem.

Quando a luz atinge um desses pixels, os átomos do material sensível à luz transferem elétrons ao capacitor em um processo semelhante ao efeito fotoelétrico. Com base na quantidade de carga que se acumula no capacitor, um computador pode determinar o brilho a ser usado

PARTE DOIS ▶ ÁTOMOS E MOLÉCULAS

CAPÍTULO 6

Objetivos do Capítulo

Consulte a Revisão dos Objetivos do Capítulo para ver as Questões para Estudo relacionadas a estes objetivos.

ENTENDER
- As características da radiação eletromagnética (comprimento de onda, frequência, velocidade, nós e energia).
- A origem da luz emitida pelos átomos excitados e a sua relação com a estrutura atômica.
- A evidência experimental para a dualidade partícula-onda.
- Os princípios básicos da mecânica quântica, tais como quantização e funções de onda.

FAZER
- Relacionar comprimento de onda (λ), frequência (ν), velocidade (c) e energia (E) por fóton de radiação eletromagnética.
- Calcular a energia de um elétron em um átomo de hidrogênio utilizando o modelo de Bohr.
- Utilizar os quatro números quânticos (n, ℓ, m_ℓ e m_s) para descrever a estrutura eletrônica de um átomo.

LEMBRAR
- A ordem dos diferentes tipos de radiação eletromagnética conforme o comprimento de onda, a frequência e a energia.
- As regras para determinar os valores para os quatro números quânticos (n, ℓ, m_ℓ e m_s).
- As formas dos orbitais atômicos.

na imagem resultante. Para obter uma imagem colorida, algumas câmeras têm uma matriz de filtros vermelho, azul e verde sobre o CCD. Cada pixel recebe assim, informações sobre apenas uma dessas cores. Com base nas intensidades dessas três cores em cada região, o computador na câmera pode determinar a cor real para utilizar nessa região da imagem.

Com a finalidade de compreender melhor os processos que ocorrem em um CCD, você precisará entender mais sobre as propriedades da luz, bem como o arranjo dos elétrons nos átomos. Estes são os principais temas abordados neste capítulo.

A imagem que muitas pessoas têm do átomo é a de um pequeno núcleo, composto de prótons e nêutrons, com elétrons quase sem massa, orbitando o núcleo como planetas em torno de uma estrela. Esta imagem simples, no entanto, está apenas parcialmente correta. O núcleo é realmente pequeno e composto de prótons e nêutrons, e os elétrons estão localizados no espaço exterior do núcleo; mas, como veremos, um quadro mais preciso descreve os elétrons como ondas de matéria, e só podemos definir regiões do espaço em que é provável encontrar um elétron.

Este capítulo estabelece a base teórica e experimental para a nossa compreensão atual da estrutura atômica e descreve a visão moderna do átomo. Com o conhecimento sobre a configuração eletrônica, podemos prever muitas das propriedades dos átomos e melhor compreender a estrutura da Tabela Periódica.

Grande parte de nosso entendimento fundamental da estrutura atômica vem do conhecimento de como os átomos interagem com a radiação eletromagnética (luz visível é um tipo de radiação eletromagnética) e como os átomos que absorveram energia emitem a radiação eletromagnética. As três primeiras seções deste capítulo descrevem a radiação eletromagnética e a sua relação com a nossa visão moderna do átomo.

6-1 Radiação Eletromagnética

Em 1864, James Clerk Maxwell (1831-1879) desenvolveu uma teoria matemática para descrever a luz e outras formas de radiação em termos de oscilação ou tipo de onda, campos elétricos e magnéticos (Figura 6.1). Assim, luz visível, micro-ondas, sinais de televisão e rádio, raios X e outras formas de radiação são agora chamados de **radiação eletromagnética**.

A radiação eletromagnética é caracterizada pelo seu comprimento de onda e frequência.

- **Comprimento de onda**, simbolizado pela letra grega *lambda* (λ), é definido como a distância entre um determinado ponto sobre uma onda e o ponto correspondente no próximo ciclo da onda; muitas vezes é medido como a distância entre cristas sucessivas ou pontos mais altos de uma onda (ou entre sucessivas depressões ou pontos mais baixos).

- **Frequência**, simbolizada pela letra grega *nu* (ν), refere-se ao número de ondas que passam por um determinado ponto em alguma unidade de tempo, geralmente por segundo. A unidade de frequência é escrita como s^{-1} ou $1/s$ e 1 ciclo ou oscilação por segundo é chamado de **hertz**.

O comprimento de onda e a frequência estão relacionados com a velocidade (c) na qual a onda se propaga (Equação 6.1).

$$c \text{ (m/s)} = \lambda \text{ (m)} \times \nu \text{ (1/s)} \tag{6.1}$$

A velocidade da luz visível e todas as outras formas de radiação eletromagnética no vácuo é uma constante: $c = 2,99792458 \times 10^8$ m/s (aproximadamente 186000 milhas/s ou $1,079 \times 10^9$ km/h).

A radiação eletromagnética consiste em oscilações elétricas e magnéticas. Por essa razão, os elétrons nos átomos e nas moléculas podem interagir com esses campos elétricos e magnéticos, e essas interações permitem aos cientistas sondar a matéria nos níveis atômico e molecular.

Tal como ilustrado na Figura 6.2, a luz visível é apenas uma pequena porção do espectro total da radiação eletromagnética. A radiação ultravioleta (UV), que pode resultar em queimaduras solares, apresenta comprimentos de onda mais curtos que os da luz visível. Raios X e raios γ, este último emitido no processo da desintegração radioativa de alguns átomos, têm comprimentos de onda ainda mais curtos. Em comprimentos de onda mais longos que aqueles da luz visível, encontramos primeiro a radiação infravermelha (IR). Os comprimentos de onda da radiação utilizados em fornos de micro-ondas, nas transmissões de rádio e televisão, em instrumentos de ressonância magnética e nos telefones celulares são mais longos ainda.

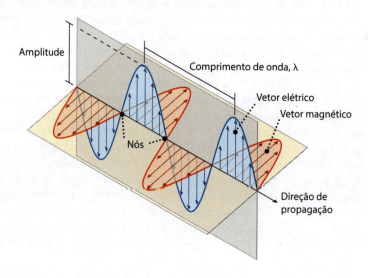

FIGURA 6.1 A radiação eletromagnética é caracterizada por seu comprimento de onda e frequência. Todas as formas de radiação eletromagnética são propagadas através do espaço como campos elétricos e magnéticos oscilantes, em ângulos retos uns com os outros. Cada campo é descrito matematicamente por uma onda senoidal. Tais campos oscilantes surgem de cargas vibratórias de fontes como lâmpadas ou do seu celular.

A estrutura dos átomos 275

FIGURA 6.2 O espectro eletromagnético.

EXEMPLO 6.1

Conversões entre Comprimento de Onda e Frequência

Problema A frequência da radiação utilizada em telefones celulares cobre uma faixa de de 800 MHz a 2 GHz aproximadamente. (MHz significa "megahertz", em que 1 MHz = 10^6 1/s; GHz significa "gigahertz", em que 1 GHz = 10^9 1/s). Qual é o comprimento de onda (em metros) de um sinal de telefone celular operando em 1,12 GHz?

O que você sabe? Foi fornecida a frequência de radiação em GHz e um fator para converter frequência de GHz para Hz (1/s). Para calcular o comprimento de onda desta radiação usando a Equação 6.1, você precisará do valor da velocidade da luz, $c = 2,998 \times 10^8$ m/s.

Estratégia Rearranje a Equação 6.1 para obter λ. Substitua os valores para a velocidade da luz e a frequência (primeiro converta ν para as unidades de 1/s) na equação e resolva.

Solução

$$\lambda = \frac{c}{\nu} = \frac{2,998 \times 10^8 \text{ m/s}}{1,12 \times 10^9 \text{ 1/s}} = \boxed{0,268 \text{ m}}$$

Pense bem antes de responder Um comprimento de onda de 0,268 m localiza-se na região de micro-ondas do espectro eletromagnético (Figura 6.2). Certifique-se de prestar atenção nas unidades quando resolver este problema. Note que, escolhendo a frequência em 1/s e a velocidade da luz em m/s, o comprimento da onda calculado será em metros (m).

Verifique seu entendimento

(a) Qual cor do espectro visível tem a frequência mais alta? Qual tem a frequência mais baixa?

(b) O comprimento de onda da radiação utilizada no forno de micro-ondas (2,45 GHz) é mais longo ou mais curto que o da sua estação de rádio FM preferida (por exemplo, 91,7 MHz)?

(c) Os comprimentos de onda dos raios X são mais longos ou mais curtos que os da luz ultravioleta?

(d) Calcule a frequência da luz verde com um comprimento de onda de 510 nm.

EXERCÍCIOS PARA A SEÇÃO 6.1

1. Qual dos seguintes tipos de radiação eletromagnética tem o maior comprimento de onda?

   (a) a luz ultravioleta (c) a luz vermelha de um apontador de laser

   (b) raios X (d) micro-ondas de um forno de micro-ondas

2. Qual é o comprimento de onda de um sinal de rádio FM que tem uma frequência de 91,7 MHz?

   (a) 306 nm (c) 3,27 m

   (b) 306 mm (d) $3,27 \times 10^6$ m

6-2 Quantização: Planck, Einstein, Energia e Fótons

Equação de Planck

Se uma peça de metal é aquecida a uma temperatura elevada, a radiação eletromagnética é emitida com comprimentos de onda que dependem da temperatura (Figura 6.3). Em temperaturas mais baixas, a cor é um vermelho escuro. À medida que a temperatura aumenta, a cor vermelha começa a brilhar e, em temperaturas ainda mais elevadas, uma luz branca brilhante é emitida. Seus olhos detectam a radiação emitida na região visível do espectro eletromagnético. Apesar de não serem vistas, ambas as radiações, ultravioleta e infravermelha, também são emitidas pelo metal quente (Figura 6.3). O comprimento de onda da radiação mais intensa está relacionado à temperatura de modo que à medida que a temperatura do metal aumenta, a intensidade máxima desloca-se para comprimentos de onda mais curtos, ou seja, em direção ao ultravioleta. Isso corresponde à mudança na cor observada quando a temperatura é elevada.

Até o final do século XIX, os cientistas não eram capazes de explicar a relação entre a intensidade e o comprimento de onda da radiação emitida por um objeto aquecido (muitas vezes chamada de *radiação de corpo negro*). Teorias vigentes na época previam que a intensidade deveria aumentar continuamente com a diminuição do comprimento de onda, em vez de chegar a um máximo e depois decrescer, como é observado atualmente. Essa situação desconcertante ficou conhecida como a *catástrofe ultravioleta*, porque as previsões falharam na região do ultravioleta.

Em 1900, um físico alemão, Max Planck (1858-1947), ofereceu uma explicação para a catástrofe ultravioleta: a radiação eletromagnética emitida era originada por átomos vibrando (chamados *osciladores*) no objeto aquecido. Ele propôs que cada oscilador tinha uma frequência fundamental (v) de oscilação e que esses osciladores só poderiam vibrar ou nessa frequência ou naquelas cujo valor seria múltiplo de número inteiro da primeira (nv). Devido a isso, a radiação emitida poderia ter somente certas energias, dadas pela equação

$$E = nhv$$

em que n deve ser um número inteiro positivo. Ou seja, Planck propôs que a energia é *quantizada*. **Quantização** significa que apenas certas energias são permitidas. A constante de proporcionalidade h na equação é conhecida como **constante de Planck**, e seu valor experimental é $6,6260693 \times 10^{-34}$ J · s. A unidade de frequência é 1/s, de modo que a energia calculada usando essa equação é em joule (J). Se um oscilador varia de uma energia maior para uma menor, a energia é emitida como radiação eletromagnética, e a diferença de energia entre os estados de maior e menor energia é dada por

$$\Delta E = E_{\text{maior } n} - E_{\text{menor } n} = \Delta nhv$$

A luz que emana dos espaços entre as pedras incandescentes aproxima-se da radiação do corpo negro.

Radiação do corpo negro. Na física, um corpo negro é algo que absorve toda a radiação que incide sobre ele. No entanto, ele emitirá energia com um comprimento de onda que depende da temperatura. A cor da luz emitida depende da temperatura.

Óculos de Visão Noturna Mesmo à temperatura ambiente, os objetos emitem radiação. Alguns óculos de visão noturna funcionam detectando as diferenças nas quantidades de radiação infravermelha emitida por diferentes objetos. Corpos humanos mais quentes, por exemplo, emitem mais radiação infravermelha que os objetos mais frios.

FIGURA 6.3 A radiação emitida por um corpo aquecido. Quando um objeto é aquecido, ele emite radiação cobrindo um espectro de comprimentos de onda. Para uma determinada temperatura, uma parte da radiação é emitida com comprimentos de ondas maiores e outra, menores. A maioria, no entanto, é emitida com comprimentos de onda intermediários, o máximo na curva.

Se o valor de Δn é 1, o que corresponde à mudança de um nível de energia para o próximo inferior para esse oscilador, então a variação de energia para o oscilador e a radiação eletromagnética emitida teria uma energia igual a

$$E = h\nu \tag{6.2}$$

Esta equação é chamada **equação de Planck**.

Agora, suponha que, como Planck fez, deve haver uma *distribuição* de osciladores em um objeto – alguns estão vibrando em uma frequência alta, outros, em uma frequência baixa, mas a maioria tem alguma frequência intermediária. Os poucos osciladores com vibrações de alta frequência são responsáveis por uma parte da luz, digamos, na região do ultravioleta, e aqueles poucos com vibrações de baixa frequência, pelas energias na região do infravermelho. No entanto, a maior parte da luz deve vir da maioria dos osciladores que têm frequências de vibração intermediárias. Isto é, um espectro de luz é emitido com uma intensidade máxima em alguns comprimentos de onda intermediários, de acordo com o experimento. A intensidade não deve tornar-se cada vez maior ao se aproximar da região do ultravioleta. Com essa percepção, a catástrofe ultravioleta foi resolvida.

Os aspectos principais da teoria de Planck para a química geral são o fato de que Planck introduziu a ideia de energias quantizadas e a equação $E = h\nu$, que teria um impacto importante no trabalho de Albert Einstein para explicar um outro fenômeno intrigante.

A relação de energia, comprimento de onda e frequência

Conforme a frequência (ν) aumenta, a energia (E) aumenta

$$E = h\nu = \frac{hc}{\lambda}$$

Conforme o comprimento de onda (λ) diminui, a energia (E) aumenta

Einstein e o Efeito Fotoelétrico

Alguns anos após o trabalho de Planck, Albert Einstein (1879-1955) incorporou as ideias de Planck para uma explicação do *efeito fotoelétrico* e, ao fazê-lo, mudou a descrição da radiação eletromagnética.

No efeito fotoelétrico, os elétrons são emitidos quando a luz incide sobre a superfície de um metal (Figura 6.4), desde que a frequência da luz seja suficientemente alta para isso. Se a luz com uma frequência mais baixa for usada, nenhum elétron é emitido, independentemente do brilho da luz. Se a frequência está acima de um mínimo, chamada frequência crítica, aumentando a intensidade da luz, mais elétrons são emitidos.

278 Química geral e reações químicas

(a) Uma célula fotoelétrica funciona devido ao efeito fotoelétrico. A principal parte da célula é um cátodo sensível à luz. Este material geralmente é um metal que emite elétrons quando atingido por fótons de luz de alta energia.

(b) Quando a luz utilizada é de maior frequência que a mínima necessária, o excesso de energia do fóton faz com que o elétron escape do átomo com maior velocidade. Tal dispositivo pode ser empregado como um interruptor em circuitos elétricos.

(c) Se maior intensidade de luz for utilizada, mais elétrons devem ser liberados da superfície. Um valor maior da corrente é observado na mesma frequência que aquela com menor intensidade de luz.

FIGURA 6.4 Uma célula fotoelétrica.

Einstein concluiu que as observações experimentais poderiam ser explicadas pela combinação da equação de Planck ($E = h\nu$) com uma nova ideia, a de que a luz apresenta propriedades semelhantes às das partículas. Einstein caracterizou essas partículas sem massa, agora chamadas **fótons**, como pacotes de energia e afirmou que a energia de cada fóton é proporcional à frequência da radiação, tal como definido pela equação de Planck. No efeito fotoelétrico, os fótons que atingem os átomos de uma superfície metálica farão com que os elétrons sejam emitidos somente se os fótons tiverem energia suficientemente alta. Quanto maior o número de fótons que atingem a superfície, com energia igual ou maior que certo limite mínimo, maior o número de elétrons emitidos. Os átomos do metal não perderão seus elétrons, se nenhum fóton individual tiver energia suficiente para desalojar um elétron de um átomo.

Mapa Estratégico 6.2

PROBLEMA
Calcule a energia dos **fótons da luz vermelha**.

DADOS/INFORMAÇÕES CONHECIDOS
- **Comprimento de onda** da luz vermelha (640 nm)

ETAPA 1. Converta o **comprimento de onda** em **frequência**. (Equação 6.1)

Frequência em *ciclos por segundo*

ETAPA 2. Calcule a **energia** usando a *equação de Planck*. (Equação 6.2)

Obtenha a energia em **J/fóton**.

ETAPA 3. Use o **número de Avogadro** para converter **J/átomo** em **J/mol**.

Obtenha a energia em **J/mol**.

EXEMPLO 6.2

Energia e Química: Usando a Equação de Planck

Problema Aparelhos de DVD utilizam lasers que emitem luz vermelha com comprimento de onda de 640 nm. Qual é a energia de um fóton dessa luz? Qual é a energia de 1,0 mol de fótons da luz vermelha?

O que você sabe? Foi fornecido um comprimento de onda de radiação eletromagnética, em nm. Você sabe a relação entre o comprimento de onda e a frequência (Equação 6.1) e também entre a energia por fóton e a frequência (Equação 6.2). Por fim, você sabe que um mol de fótons corresponde a $6,022 \times 10^{23}$ fótons.

Estratégia

- Converta o comprimento de onda de unidades de nanômetros para unidades de metros.
- Use a Equação 6.1 para determinar a frequência da luz.

- Use a Equação 6.2 para determinar a energia por fóton.
- Utilize a energia por fóton e o número de Avogadro para calcular a energia por mol de fótons.

Solução O comprimento de onda (640 nm) expresso em metros é $6,4 \times 10^{-7}$ m. A frequência é determinada utilizando-se a Equação 6.1

$$\nu = \frac{c}{\lambda} = \frac{2,998 \times 10^8 \text{ m/s}}{6,4 \times 10^{-7} \text{ m}} = 4,7 \times 10^{14} \text{ 1/s}$$

e, então, a frequência é utilizada para calcular a energia por fóton.

$$E \text{ por fóton} = h\nu = (6,626 \times 10^{-34} \text{ J} \cdot \text{s/fóton}) \times (4,7 \times 10^{14} \text{ 1/s})$$

$$= 3,1 \times 10^{-19} \text{ J/fóton}$$

Finalmente, a energia de um mol de fótons é calculada multiplicando a energia por fóton pelo número de Avogadro:

$$E \text{ por mol} = (3,1 \times 10^{-19} \text{ J/fóton}) \times (6,022 \times 10^{23} \text{ fótons/mol})$$

$$= 1,9 \times 10^5 \text{ J/mol (ou 190 kJ/mol)}$$

Pense bem antes de responder Tenha em mente que o comprimento de onda e a frequência são inversamente proporcionais, ao passo que a energia por fóton e a frequência são diretamente proporcionais. A luz vermelha compreende a faixa de maior comprimento de onda do espectro visível, de modo que a frequência e a energia por fóton são menores que aquelas das outras cores.

Verifique seu entendimento
Calcule a energia por mol de fótons para o laser usado em aparelhos de Blu-ray (λ = 405 nm).

Queimaduras, Protetores Solares e Radiação Ultravioleta

UM OLHAR MAIS ATENTO

Você já teve uma queimadura de Sol? A principal causa é a radiação ultravioleta (UV) do Sol com comprimentos de onda entre 200 e 400 nm (Figura 6.2). Além de provocar queimaduras, a exposição à radiação ultravioleta é um fator de risco para o desenvolvimento de vários tipos de câncer de pele.

Por que a exposição à luz UV é muito mais perigosa do que até mesmo longas exposições à luz visível? Tendo um comprimento de onda mais curto que o da luz visível, a luz UV possui uma frequência maior e, portanto, a energia liberada por fóton é maior. A elevada energia dos fótons ultravioleta é suficiente para causar a quebra das ligações químicas em moléculas dos nossos corpos, tais como as proteínas e o DNA. Esta é a causa fundamental das queimaduras solares e também do dano às células que podem conduzir ao câncer de pele.

A radiação UV pode ser classificada em três categorias principais com base no comprimento de onda: UV-A (315–400 nm), UV-B (280–315 nm) e UV-C (200–280 nm). Com base nas respectivas energias, você poderia pensar que precisa preocupar-se mais com a exposição à UV-C e este seria o caso de fato, se não fosse a atmosfera da Terra. O oxigênio e o ozônio na atmosfera absorvem toda a radiação UV-C que chega à Terra proveniente do Sol, de modo que essa radiação ultravioleta mais perigosa não é uma preocupação para nós. O ozônio na atmosfera também absorve a maior parte da radiação UV-B que chega à Terra. Na verdade, a queimadura solar é causada principalmente por UV-B, embora tanto a exposição à UV-A quanto à UV-B sejam fatores de risco para o câncer de pele.

O que você pode fazer para evitar os perigos da radiação UV? Claramente, a melhor solução é evitar a exposição, permanecendo dentro de casa ou vestindo roupas de proteção quando a luz solar é mais intensa. Se isso não for possível, então você pode usar um protetor solar. Os filtros solares contêm moléculas que absorvem a radiação UV. A classificação do fator de proteção solar (FPS) de um protetor indica a quantidade de UV requerida para evitar uma queimadura solar quando o protetor foi aplicado, em comparação com a quantidade de UV requerida sem filtro solar. Devido ao fato de a queimadura solar ser causada principalmente pela radiação UV-B, quanto maior o fator FPS, melhor a proteção contra a radiação UV-B. Mesmo com um FPS elevado é possível que um filtro solar não proteja contra os raios UV-A, que também podem provocar o câncer de pele. Em 2011, novas orientações do U.S. Food and Drug Administration (FDA) foram aprovadas exigindo que os fabricantes de filtros solares insiram nos rótulos se seus produtos protegem contra ambos, UV-B e UV-A. Se eles fizerem isso, o produto pode ser rotulado como de "amplo espectro". Ao escolher um protetor solar, a FDA recomenda que você escolha uma opção com FPS 15 ou superior e que seja rotulado como "amplo espectro".

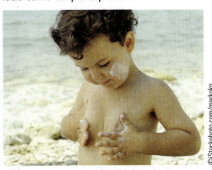

Os protetores solares e os danos da radiação. Os protetores solares contêm compostos orgânicos que absorvem a radiação UV, impedindo-a de atingir a sua pele.

Sabemos que a radiação eletromagnética tem propriedades de onda, mas também vimos que existem experiências, como a do efeito fotoelétrico, para as quais é melhor modelá-la como partículas chamadas fótons. Mas como é possível a radiação eletromagnética ser ambas, uma partícula e uma onda? Em parte, estamos diante de limitações na linguagem; as palavras *partícula* e *onda* descrevem com precisão as coisas encontradas em uma escala macroscópica, mas estamos usando-as para modelar algo – radiação eletromagnética – que transcende qualquer um desses termos. Além disso, nenhuma experiência ainda foi feita para mostrar que a radiação eletromagnética comporta-se *simultaneamente* como onda e partícula. Os cientistas aceitam essa **dualidade partícula-onda** – isto é, a ideia de que a radiação eletromagnética tem as propriedades de ambas, onda e partícula (veja a Seção 6.4).

EXERCÍCIOS PARA A SEÇÃO 6.2

Vários fabricantes desenvolveram misturas de compostos que protegem a pele das radiações UV-A (400-315 nm) e UV-B (315-280 nm). Para esses filtros solares são dados rótulos de "fator de proteção solar" (FPS) que indicam quanto tempo o usuário pode permanecer no Sol sem se queimar.

1. Calcule a energia de um mol de fótons de luz UV-B com um comprimento de onda de 310 nm.

    (a) $3{,}9 \times 10^5$ J/mol   (b) $1{,}2 \times 10^5$ J/mol   (c) 0,00039 J/mol

2. Qual tem a maior energia por fóton, a luz UV-B a 310 nm ou a radiação de micro-ondas com uma frequência de 2,45 GHz (1 GHz = 10^9 s^{-1})?

    (a) UVB   (b) micro-ondas

6-3 Espectros de Linhas Atômicas e Niels Bohr

Se uma alta voltagem é aplicada aos átomos de um elemento em fase gasosa a baixa pressão, os átomos absorvem energia e são ditos "excitados". Os átomos excitados podem então emitir luz. Um exemplo conhecido é o da luz colorida de anúncios luminosos de "néon".

A luz emitida pelos átomos excitados é composta por apenas alguns valores discretos de comprimento de onda. Podemos demonstrar isso ao passar um feixe de luz, proveniente de átomos excitados de neônio ou de hidrogênio, através de um prisma (Figura 6.5); apenas algumas linhas coloridas são vistas. O espectro obtido dessa maneira é

Luminosos de "néon". Nem todos os luminosos contêm neônio. Outros gases podem emitir luz no espectro visível quando excitados. Alternativamente, tubos de vidro contendo gases são revestidos no interior com fósforos emissores de luz (como na luz fluorescente).

Fotos: Phillip Slawinski

FIGURA 6.5 O espectro de emissão visível do hidrogênio. Com base na aparência, o nome *espectro de linhas* é utilizado para a luz emitida por um gás incandescente.

A luz é separada em seus comprimentos de onda por um prisma ou rede de difração.

Tubo de descarga de gás contendo hidrogênio

Prisma

Apenas alguns comprimentos de ondas são observados na faixa visível.

A luz emitida pelo hidrogênio excitado passa através de fendas para produzir um feixe estreito.

FIGURA 6.6 Espectro de linhas de emissão do hidrogênio, mercúrio e neônio. Elementos gasosos excitados produzem espectros característicos que podem ser usados para identificar os elementos e determinar quanto de cada um deles está presente em uma amostra.

chamado um **espectro de emissão de linhas**. Ao contrário, a luz do Sol incidente sobre a Terra ou a luz emitida por um objeto muito quente quando passa por um prisma resulta em um espectro contínuo de comprimentos de onda (Figuras 6.2 e 6.3).

Cada elemento apresenta um espectro de emissão único, tal como exemplificado pelos espectros do hidrogênio, mercúrio e neônio na Figura 6.6. De fato, as linhas características no espectro de emissão de um elemento podem ser usadas na análise química, tanto para identificar o elemento quanto para determinar o quanto dele está presente em uma mistura.

Um dos objetivos dos cientistas no final do século XIX foi o de explicar por que os átomos gasosos excitados emitem luz de apenas determinadas frequências. Uma alternativa foi procurar uma relação matemática entre os comprimentos de onda observados, considerando que um padrão regular de informação implica em uma explicação lógica. Os primeiros passos nesse sentido foram dados por Johann Balmer (1825-1898) e mais tarde por Johannes Rydberg (1854-1919). De seus estudos, uma equação – agora chamada **equação de Balmer** (Equação 6.3) – foi obtida para calcular os respectivos valores de comprimento de onda das linhas vermelha, verde e azuis, no espectro de emissão visível do hidrogênio (Figura 6.6).

$$\frac{1}{\lambda} = R\left(\frac{1}{2^2} - \frac{1}{n^2}\right) \text{ em que } n > 2 \qquad (6.3)$$

Nessa equação, n é um inteiro e R é chamada **constante de Rydberg**, que tem o valor de $1,0974 \times 10^7$ m^{-1}. Se $n = 3$, por exemplo, o comprimento de onda da linha vermelha no espectro do hidrogênio é $6,563 \times 10^{-7}$ m ou 656,3 nm. Se $n = 4$, o comprimento de onda para a linha verde também pode ser calculado. Usando $n = 5$ e $n = 6$ na equação, obtemos os comprimentos de onda das linhas azuis. As quatro linhas visíveis no espectro dos átomos de hidrogênio são conhecidas como **série de Balmer**.

O Modelo de Bohr do Átomo de Hidrogênio

No início do século XX, o físico dinamarquês Niels Bohr (1885-1962) idealizou um modelo para a estrutura eletrônica dos átomos e com ele uma explicação para o espectro de emissão dos átomos excitados. Bohr propôs um modelo planetário para o átomo de hidrogênio, no qual o elétron move-se em uma órbita circular em torno do núcleo, semelhante a um planeta girando em torno do Sol. Ao propor esse modelo, no entanto, ele teve que contradizer as leis da Física Clássica. De acordo com as teorias clássicas, o elétron carregado em movimento no campo elétrico positivo do núcleo deveria perder energia; uma consequência da perda de energia é a de que o elétron acabaria eventualmente colidindo com o núcleo. Este não é claramente o caso; se fosse, a matéria eventualmente acabaria por se autodestruir. Para resolver essa contradição, Bohr postulou que há certas órbitas correspondentes a níveis de energia específicos, onde isso não viria a ocorrer. Desde que um elétron esteja em um desses níveis de energia, o sistema é estável. Ou seja, Bohr introduziu a *quantização* na descrição da estrutura eletrônica. Ao combinar esse postulado de quantização com a lei de Coulomb e as leis do movimento da Física Clássica, Bohr deduziu a Equação 6.4 para a energia total possuída por um único elétron na enésima órbita (nível de energia) do átomo de H.

Equação 6.4 e a Lei de Coulomb A dedução da Equação 6.4 de Bohr começou com o postulado de que a estabilidade do elétron em uma órbita requer que a força coulombiana de atração entre o elétron e o núcleo deve ser equilibrada pela força centrífuga devida ao movimento circular do elétron: $e^2/r^2 = mv^2/r$ (em que e é a carga do elétron, r é a distância elétron-núcleo, m é a massa do elétron e v é a velocidade do elétron).

$$\text{Energia total do elétron no enésimo nível} = E_n = -\frac{Rhc}{n^2} \quad (6.4)$$

Aqui, E_n é a energia do elétron (em J/átomo); e R, h e c são constantes (a constante de Rydberg, a constante de Planck e a velocidade da luz, respectivamente). O símbolo n é um número inteiro positivo sem unidade, chamado **número quântico principal**. Ele pode ter valores inteiros de 1, 2, 3, e assim por diante.

A Figura 6.7 ilustra como se aplica a Equação 6.4 para o elétron no átomo de hidrogênio.

- O número quântico n define as energias das órbitas permitidas no átomo de H.

- A energia de um elétron em uma órbita tem um valor negativo, porque o elétron no átomo tem uma energia menor que quando ele está livre. O zero de energia ocorre quando $n = \infty$, isto é, quando o elétron está definitivamente separado do núcleo.

- Um átomo com seus elétrons nos níveis mais baixos de energia possíveis é dito estar em seu **estado fundamental**; para o átomo de hidrogênio, este é o nível definido pelo número quântico $n = 1$. A energia desse estado é $-Rhc/1^2$, significando que ele tem uma quantidade de energia igual a Rhc *abaixo* da energia do elétron que está definitivamente separado do núcleo.

- Estados para o átomo de H com maiores energias ($n > 1$) são chamados de **estados excitados**.

FIGURA 6.7 Os níveis de energia para o átomo de H no modelo de Bohr.

- Uma vez que a energia é dependente de $1/n^2$, os níveis de energia são progressivamente mais próximos entre si, com o aumento de n.
- Um elétron na órbita $n = 1$ está mais próximo do núcleo e tem a menor energia (mais negativa). À medida que o valor de n aumenta, a distância entre o elétron e o núcleo aumenta e a energia do elétron torna-se maior (menos negativa).

EXEMPLO 6.3

Energias dos Estados Fundamental e Excitado do Átomo de H

Problema Calcule as energias dos estados $n = 1$ e $n = 2$ do átomo de hidrogênio em joules por átomo e em quilojoules por mol. Qual é a diferença de energia desses dois estados em kJ/mol?

O que você sabe? Os níveis $n = 1$ e $n = 2$ são o primeiro e o segundo estados (o menor e o mais próximo ao estado de menor energia) na descrição de Bohr do átomo de hidrogênio. Utilize a Equação 6.4 para calcular a energia de cada estado. Para os cálculos, você precisará das seguintes constantes: R (constante de Rydberg) = $1,097 \times 10^7$ m^{-1}; h (constante de Planck) = $6,626 \times 10^{-34}$ J · s; c (velocidade da luz) = $2,998 \times 10^8$ m/s e N_A (número de Avogadro) = $6,022 \times 10^{23}$ átomos/mol.

Estratégia Para cada nível de energia, substituindo os valores apropriados na Equação 6.4 e resolvendo-a, obtém-se a energia em J/átomo. Multiplique esse valor por N_A para encontrar a energia em J/mol. Para se obter a diferença de energia subtraia a energia do nível $n = 1$ da energia do nível $n = 2$.

Solução Quando $n = 1$, a energia de um elétron em um único átomo de H é

$E_1 = -Rhc$
$E_1 = -(1,097 \times 10^7 \text{ m}^{-1})(6,626 \times 10^{-34} \text{ J} \cdot \text{s})(2,998 \times 10^8 \text{ m/s})$

$$= -2,179 \times 10^{-18} \text{ J/átomo}$$

Em unidades de kJ/mol,

$$E_1 = \frac{-2,179 \times 10^{-18} \text{ J}}{\text{átomo}} \times \frac{6,022 \times 10^{23} \text{ átomos}}{\text{mol}} \times \frac{1 \text{ kJ}}{1000 \text{ J}} = -1312 \text{ kJ/mol}$$

Quando $n = 2$, a energia é

$$E_2 = -\frac{Rhc}{2^2} = -\frac{E_1}{4} = -\frac{2,179 \times 10^{-18} \text{ J/átomo}}{4} = -5,448 \times 10^{-19} \text{ J/átomo}$$

Em unidades de kJ/mol,

$$E_1 = \frac{-5,448 \times 10^{-19} \text{ J}}{\text{átomo}} \times \frac{6,022 \times 10^{23} \text{ átomos}}{\text{mol}} \times \frac{1 \text{ kJ}}{1000 \text{ J}} = -328,1 \text{ kJ/mol}$$

A diferença de energia, ΔE, entre os dois primeiros estados de energia do átomo de H é

$$\Delta E = E_2 - E_1 = (-328,1 \text{ kJ/mol}) - (-1312 \text{ kJ/mol}) = 984 \text{ kJ/mol}$$

Pense bem antes de responder As energias calculadas são negativas, com E_1 mais negativo que E_2. O estado $n = 2$ é maior em energia que o estado $n = 1$ por 984 kJ/mol. Além disso, certifique-se de que 1312 kJ/mol é o valor de Rhc multiplicado pelo número de Avogadro N_A (isto é, $N_A Rhc$). Esse valor, 1312 kJ/mol, será útil em cálculos futuros.

Verifique seu entendimento

Calcule a energia do estado $n = 3$ do átomo de H em (a) J/átomo e (b) kJ/mol.

FIGURA 6.8 A absorção de energia pelo átomo conforme o elétron passa para um estado excitado. A energia é absorvida quando um elétron move-se do estado $n = 1$ para o estado $n = 2$ ($\Delta E > 0$). Quando o elétron retorna para o estado $n = 1$ a partir de $n = 2$, a energia é liberada ($\Delta E < 0$). A energia emitida é de 984 kJ/mol, como calculado no Exemplo 6.3.

A Teoria de Bohr e os Espectros dos Átomos Excitados

A teoria de Bohr descreve os elétrons como tendo somente órbitas e energias específicas. Se um elétron move-se de um nível de energia para outro, então a energia deve ser absorvida ou liberada. Essa ideia permitiu a Bohr relacionar as energias dos elétrons e o espectro de emissão dos átomos de hidrogênio.

Para mover um elétron do estado $n = 1$ para um estado excitado, a energia deve ser transferida para o átomo (a partir da vizinhança). Quando E_{final} tem $n = 2$ e $E_{inicial}$ tem $n = 1$, então $0{,}75Rhc = 1{,}63 \times 10^{-18}$ J/átomo (ou 984 kJ/mol) de energia deve ser transferida (Figura 6.8 e Exemplo 6.3), nem mais nem menos. Se $0{,}7Rhc$ ou $0{,}8Rhc$ for fornecida, nenhuma transição entre estados é possível. Exigir uma quantidade específica de energia é uma consequência da quantização.

O processo oposto, no qual um elétron "cai" de um nível n de maior energia para um n de menor energia, leva à emissão de energia, uma transferência de energia, normalmente na forma de radiação, do átomo para a vizinhança. Por exemplo, para uma transição do nível $n = 2$ para o nível $n = 1$,

$$\Delta E = E_{final} - E_{inicial} = -1{,}63 \times 10^{-18} \text{ J/átomo } (= -984 \text{ kJ/mol})$$

O sinal negativo indica que $1{,}63 \times 10^{-18}$ J/átomo (ou 984 kJ/mol) é *emitido*.

Agora, podemos visualizar o mecanismo pelo qual foi originado o espectro de emissão de linhas característico do hidrogênio, de acordo com o modelo de Bohr. A energia é fornecida aos átomos por uma descarga elétrica ou por aquecimento. Dependendo da quantidade de energia que é adicionada, alguns átomos têm seus elétrons excitados do estado $n = 1$ para o estado $n = 2$, 3 ou outros ainda mais elevados. Depois de absorver energia, esses elétrons podem retornar para um nível de menor energia (seja diretamente ou em uma série de etapas) liberando energia (Figura 6.9). Observamos essa energia liberada como fótons de radiação eletromagnética e, como somente certos níveis de

FIGURA 6.9 Radiações emitidas devidas às mudanças nos níveis de energia. Um elétron excitado até $n = 3$ pode retornar diretamente para $n = 1$, ou retornar para $n = 2$ primeiro e depois para $n = 1$. Essas três transições possíveis são observadas como três comprimentos de onda diferentes na radiação emitida. As energias e as frequências estão na ordem $(E_3 - E_1) > (E_2 - E_1) > (E_3 - E_2)$.

energia são possíveis, apenas fótons com determinadas energias e comprimentos de onda são emitidos.

A energia de qualquer linha de emissão (em J/átomo) para átomos de hidrogênio excitados pode ser calculada utilizando-se a Equação 6.5.

$$\Delta E = E_{final} - E_{inicial} = -Rhc \left(\frac{1}{n_{final}^2} - \frac{1}{n_{inicial}^2} \right) \quad (6.5)$$

Equação 6.5 e a Equação de Balmer / A Equação 6.5 tem a mesma forma que a equação de Balmer (Equação 6.3), em que $n^2_{final} = 2$.

O valor de ΔE em J/átomo pode ser relacionado ao comprimento de onda ou à frequência da radiação usando a equação de Planck ($\Delta E = h\nu$).

Para o hidrogênio, uma série de linhas de emissão com energias na região do ultravioleta (chamada **série de Lyman**; Figura 6.10) surge do movimento dos elétrons dos estados com $n > 1$ para o estado $n = 1$. A série de linhas que têm energias na região visível – a **série de Balmer** – surge de elétrons movendo-se de estados com $n > 2$ para o estado $n = 2$. Há também séries de linhas na região espectral do infravermelho, provenientes de transições de níveis de maior energia para os níveis $n = 3$, 4 ou 5.

O modelo de Bohr, introduzindo a quantização na descrição do átomo, ligou o invisível (a estrutura do átomo) ao visível (as linhas observáveis no espectro do hidrogênio). Isso é importante porque a concordância entre a teoria e a prática é tomada como evidência para que o modelo teórico seja válido. No entanto, esta teoria tem limitações. Esse modelo do átomo explicou apenas o espectro do hidrogênio e de outros sistemas que têm um elétron (tal como He^+), mas falhou para todos os outros sistemas. Um modelo melhor da estrutura eletrônica era necessário.

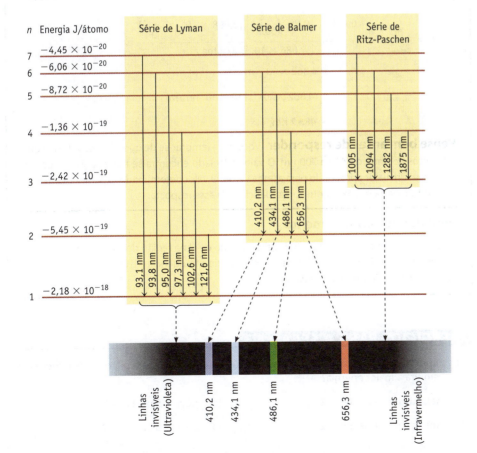

FIGURA 6.10 Algumas das transições eletrônicas que podem ocorrer em um átomo de H excitado.
- Série de **Lyman**: região do ultravioleta, transições para o nível $n = 1$.
- Série de **Balmer**: região visível, transições dos níveis com valores de $n > 2$ para $n = 2$.
- Série de **Ritz-Paschen**: região do infravermelho, transições de níveis com $n > 3$ para o nível $n = 3$.
- Transições de $n = 8$ e níveis maiores para os níveis menores também ocorrem, mas não são mostradas nesta figura.

Mapa Estratégico 6.4

PROBLEMA
Calcule a energia da *linha verde* no **espectro do H**.

DADOS/INFORMAÇÕES CONHECIDOS
- A linha verde corresponde à transição de *n* = 4 para *n* = 2

ETAPA 1. Use a Equação 6.5 para calcular Δ*E* para $n_{inicial} = 4$ e $n_{final} = 2$.

Obter Δ*E* = $E_{final} - E_{inicial}$

ETAPA 2. Determine $E_{fóton} = |\Delta E|$

Obter $E_{fóton}$

ETAPA 3. Use a equação de Planck e o valor de $E_{fóton}$ para calcular o comprimento de onda.

Obter o **comprimento de onda** do fóton

EXEMPLO 6.4

Energias Associadas às Linhas de Emissão dos Átomos Excitados

Problema Calcule o comprimento de onda da linha verde no espectro visível dos átomos de H excitados.

O que você sabe? A linha verde no espectro do hidrogênio surge da transição do elétron no estado *n* = 4 ($n_{inicial}$) para o estado *n* = 2 (n_{final}) (Figura 6.10).

Estratégia

- Calcule a diferença de energia entre os estados usando a Equação 6.5. Você pode simplificar esse cálculo usando o valor de *Rhc* do Exemplo 6.3 (2,179 × 10⁻¹⁸ J).

- Relacione a diferença de energia ao comprimento de onda da luz usando a equação $E = hc/\lambda$. (Esta equação é obtida combinando as Equações 6.1 e 6.2.)

Solução Calcule Δ*E*.

$$\Delta E = E_{final} - E_{inicial} = \left(-\frac{Rhc}{2^2}\right) - \left(-\frac{Rhc}{4^2}\right)$$

$$\Delta E = -Rhc\left(\frac{1}{4} - \frac{1}{16}\right) = -Rhc(0,1875)$$

$$\Delta E = -(2,179 \times 10^{-18} \text{ J})(0,1875) = -4,086 \times 10^{-19} \text{ J/fóton}$$

Reconheça que, enquanto a variação na energia tem um sinal indicando a "direção" da transferência de energia, a energia do fóton emitido, $E_{fóton}$ não tem um sinal, $E_{fóton} = |\Delta E| = 4,086 \times 10^{-19}$ J/fóton, isto é, o valor absoluto da energia encontrada acima. Agora aplique a equação de Planck para calcular o comprimento de onda ($E_{fóton} = h\nu = hc/\lambda$, e assim $\lambda = hc/E_{fóton}$).

$$\lambda = \frac{hc}{E_{fóton}} = \frac{\left(6,626 \times 10^{-34} \frac{\text{J} \cdot \text{s}}{\text{fóton}}\right)(2,998 \times 10^8 \text{ m} \cdot \text{s}^{-1})}{4,086 \times 10^{-19} \text{ J/fóton}}$$

$$= 4,862 \times 10^{-7} \text{ m}$$

$$= (4,862 \times 10^{-7} \text{ m})(1 \times 10^9 \text{ nm/m})$$

$$= \boxed{486,2 \text{ nm}}$$

Pense bem antes de responder Você deve lembrar-se de que a luz visível tem comprimentos de onda de 400 a 700 nm. O valor calculado encontra-se nessa região e sua resposta tem um valor apropriado para a linha verde. O valor determinado experimentalmente, de 486,1 nm, está em excelente concordância com essa resposta.

Verifique seu entendimento

A série de Lyman de linhas espectrais para o átomo de H na região do ultravioleta surge das transições de níveis mais elevados para *n* = 1. Calcule a frequência e o comprimento de onda da linha com menos energia nessa série.

EXERCÍCIOS PARA A SEÇÃO 6.3

1. Com base na teoria de Bohr, qual das seguintes transições para o átomo de hidrogênio emitirá a maior energia?

   (a) de *n* = 3 para *n* = 2
   (b) de *n* = 4 para *n* = 2
   (c) de *n* = 5 para *n* = 2
   (d) de *n* = 6 para *n* = 2

O Que Origina as Cores nos Fogos de Artifício?

ESTUDO DE CASO

Fogos de artifício envolvem muita química! Por exemplo, deve haver um oxidante e algo para oxidar. Hoje em dia, o oxidante é geralmente um perclorato, clorato ou sal de nitrato, e eles são quase sempre sais de potássio. A razão para o uso de sais de potássio e não de sódio é que os sais de sódio apresentam dois inconvenientes importantes. Eles são higroscópicos – absorvem umidade do ar – portanto, não permanecem secos quando armazenados. Além disso, quando aquecidos, os sais de sódio emitem uma intensa luz amarela, que é tão brilhante que pode mascarar as outras cores.

As partes de qualquer exibição de fogos de artifício, das quais mais nos lembramos, são as cores vivas e os clarões brilhantes. A luz branca pode ser produzida pela oxidação do magnésio ou alumínio metálico em altas temperaturas. Os clarões que você vê em concertos de rock, por exemplo, são geralmente misturas de Mg/KClO$_4$.

A luz amarela é a mais fácil de ser produzida porque os sais de sódio emitem uma luz intensa com um comprimento de onda de 589 nm. As misturas nos fogos de artifício geralmente contêm sódio na forma de compostos não higroscópicos, como a criolita, Na$_3$AlF$_6$. Sais de estrôncio são mais frequentemente utilizados para produzir uma luz vermelha e a verde é produzida por sais de bário, como o Ba(NO$_3$)$_2$.

A próxima vez que você assistir a uma exibição de fogos de artifício, observe aqueles que são azuis. O azul sempre foi a cor mais difícil de se conseguir. Recentemente, os projetistas de fogos de artifício descobriram que um azul apropriado é obtido utilizando-se cloreto de cobre(I) (CuCl) misturado com pó de cobre, KClO$_4$, e hexacloroetano, composto orgânico contendo cloro, C$_2$Cl$_6$.

FIGURA B O projeto de um foguete aéreo para a queima de fogos de artifício. Quando o pavio é aceso, ele queima rapidamente até o pavio de retardo, na parte superior da mistura da estrela vermelha, propagando-se logo até o propulsor de pólvora negra na parte inferior. O propulsor inflama, enviando o cartucho para o ar. Enquanto isso, os pavis de retardo queimam. Se o tempo estiver correto, o cartucho estoura alto no céu com a forma de uma estrela vermelha. Em seguida ocorre uma explosão azul e depois um clarão e o som.

FIGURA A emissão de luz por átomos excitados. Testes de chama são frequentemente usados para identificar os elementos de uma amostra química. Aqui estão as chamas (queima de metanol) produzidas pelo NaCl (amarelo), SrCl$_2$ (vermelho) e ácido bórico (verde).

Questões:

1. As linhas principais do espectro de emissão do sódio têm comprimentos de onda (nm) de 313,5, 589, 590, 818 e 819. Qual ou quais são os maiores responsáveis pela cor amarela característica dos átomos de sódio excitados?
2. A principal linha de emissão no SrCl$_2$ (na Figura A) tem um comprimento de onda mais longo ou mais curto que o da linha amarela de NaCl?
3. Mg é oxidado pelo KClO$_4$ para produzir clarões brancos. Um produto dessa reação é o KCl. Escreva uma equação balanceada para a reação.

As respostas a essas questões estão disponíveis no Apêndice N.

---

2. Com base na teoria de Bohr, qual das seguintes transições para o átomo de hidrogênio ocorrerá com emissão de luz visível?

   (a) de $n = 3$ para $n = 1$
   (b) de $n = 4$ para $n = 2$
   (c) de $n = 5$ para $n = 3$
   (d) de $n = 6$ para $n = 4$

6-4 Dualidade Partícula-Onda: Prelúdio para Mecânica Quântica

O efeito fotoelétrico demonstrou que a luz, geralmente considerada como uma onda, pode também ter as propriedades das partículas, ainda que sem massa. Isto é, existe uma dualidade partícula-onda associada à luz. Há mais coisas que exibem essa dualidade partícula-onda? As propriedades das partículas da matéria, por exemplo, as dos elétrons, são bem conhecidas. Tubos de raios catódicos, como os que foram usados por J. J. Thomson em seu experimento para determinar a relação carga-massa do elétron (página 64), e aqueles usados nos aparelhos de televisão antes do advento das TVs de LCD e plasma, geravam um feixe de elétrons. Quando os elétrons impactam na tela, o feixe dá origem a pequenos clarões de luz colorida. Tais fenômenos são mais bem explicados se imaginarmos os elétrons como partículas.

Mas a matéria também exibe propriedades de onda? Essa questão foi ponderada por Louis Victor de Broglie (1892-1987) que, em 1925, propôs que um elétron livre de massa m movendo-se com uma velocidade v deve ter um comprimento de onda λ associado, que pode ser calculado pela Equação 6.6.

$$\lambda = \frac{h}{mv} \tag{6.6}$$

Difração e a natureza ondulatória dos elétrons. Um feixe de elétrons atravessou uma fina película de MgO. Os átomos na estrutura cristalina do MgO difrataram o feixe de elétrons produzindo este padrão. A difração é mais bem explicada assumindo que os elétrons têm propriedades ondulatórias.

De Broglie chamou a onda correspondente ao comprimento de onda calculado a partir dessa equação de uma "onda de matéria".

A ideia revolucionária de De Broglie ligou as propriedades do elétron como partícula (massa e velocidade) a uma propriedade de onda (comprimento de onda). Comprovações experimentais foram rapidamente obtidas. Em 1927, C. J. Davisson (1881-1958) e L. H. Germer (1896-1971) descobriram que a difração, uma propriedade das ondas, foi observada quando um feixe de elétrons foi direcionado para uma folha metálica fina. Além disso, ao assumir que o feixe de elétrons seria uma onda de matéria, a relação de De Broglie foi corroborada quantitativamente. Isto foi tomado como evidência de que, em certas experiências, os elétrons podem ser descritos como tendo propriedades ondulatórias.

Para que o comprimento de onda de uma onda de matéria seja mensurável, o produto de m e v deve ser muito pequeno, porque h é muito pequeno. Por exemplo, uma bola de golfe de 46 g, percorrendo uma distância a 240 quilômetros por hora, tem um produto mv elevado (3,1 kg · m/s) e, portanto, um comprimento de onda incrivelmente pequeno, $2,1 \times 10^{-34}$ m. Esse valor tão pequeno não pode ser medido com qualquer instrumento disponível. Como consequência, as propriedades ondulatórias nunca são atribuídas a uma bola de golfe ou a qualquer outro objeto maciço. É possível observar propriedades de onda apenas para partículas de massa extremamente pequena, como prótons, elétrons e nêutrons.

Como a radiação eletromagnética, a matéria apresenta, portanto, uma dualidade partícula-onda. Em algumas experiências, os elétrons comportam-se como se fossem partículas; em outras, eles comportam-se como se fossem ondas. Essa dualidade partícula-onda é fundamental para um entendimento do modelo moderno de átomo.

Novas Experiências sobre a Dualidade Partícula-Onda. Uma Ideia Fundamental Descartada? Em novembro de 2012, a revista *Science* publicou dois relatos de experiências recentes baseadas em experimentos do passado. Os autores desses estudos afirmaram que as experiências demonstraram que "o fóton deve comportar-se simultaneamente, tanto como uma partícula quanto como uma onda" (*Science*, v. 238, p. 634-640.)

> ### EXEMPLO 6.5
> #### Usando a Equação de De Broglie
>
> **Problema** Calcule o comprimento de onda associado a um elétron de massa $m = 9,109 \times 10^{-28}$ g que percorre uma distância a 40,0% da velocidade da luz.
>
> **O que você sabe?** A equação proposta por De Broglie, $\lambda = h/mv$, relaciona o comprimento de onda com a massa e a velocidade de uma partícula em movimento. Aqui você tem a massa do elétron e sua velocidade; você precisará da constante de Planck, $h = 6,626 \times 10^{-34}$ J · s. Note também que 1 J = 1 kg · m²/s² (◄ página 31).

Estratégia

- Para que as unidades do problema sejam consistentes, em primeiro lugar expresse a massa do elétron em kg e a velocidade do elétron em m/s.
- Substitua os valores de *m* (em kg), *v* (em m/s) e *h* na equação de De Broglie e calcule λ.

Solução

Massa do elétron = $9,109 \times 10^{-31}$ kg

Velocidade do elétron (40,0% da velocidade da luz) = $(0,400)(2,998 \times 10^8 \text{ m/s}) = 1,20 \times 10^8$ m/s

Substituindo esses valores na equação de De Broglie, temos

$$\lambda = \frac{h}{mv} = \frac{6,626 \times 10^{-34} \text{ (kg} \cdot \text{m}^2/\text{s}^2)(\text{s})}{(9,109 \times 10^{-31} \text{ kg})(1,20 \times 10^8 \text{ m/s})} = 6,07 \times 10^{-12} \text{ m}$$

Em nanômetros, o comprimento de onda é

$$\lambda = (6,07 \times 10^{-12} \text{ m})(1,00 \times 10^9 \text{ nm/m}) = 6,07 \times 10^{-3} \text{ nm}$$

Pense bem antes de responder Esse comprimento de onda é mensurável e corresponde a aproximadamente 1/12 do diâmetro do átomo de H. Além disso, observe atentamente as unidades usadas neste problema.

Verifique seu entendimento

Calcule o comprimento de onda associado a um nêutron que tem uma massa de $1,675 \times 10^{-24}$ g e uma energia cinética de $6,21 \times 10^{-21}$ J. (A energia cinética de uma partícula em movimento é $E = \frac{1}{2}mv^2$.)

EXERCÍCIO PARA A SEÇÃO 6.4

1. O comprimento de onda associado a um elétron que se move a 40% da velocidade da luz é $6,07 \times 10^{-3}$ nm (veja o Exemplo 6.5). Como será alterado o comprimento de onda se a velocidade aumentar para 80% da velocidade da luz?

    (a) O comprimento de onda será mais longo.
    (b) O comprimento de onda será mais curto.
    (c) O comprimento de onda não mudará.

6-5 A Visão Moderna da Estrutura Eletrônica: Onda ou Mecânica Quântica

Como a dualidade partícula-onda afeta o nosso modelo de arranjo dos elétrons nos átomos? Após a Primeira Guerra Mundial, os cientistas alemães Erwin Schrödinger (1887-1961), Max Born (1882-1970) e Werner Heisenberg (1901-1976) forneceram a resposta.

Erwin Schrödinger recebeu o Prêmio Nobel de Física em 1933 por uma teoria abrangente sobre o comportamento dos elétrons nos átomos. Começando com a hipótese de De Broglie de que *um elétron pode ser descrito como uma onda de matéria*, Schrödinger desenvolveu um modelo para os elétrons nos átomos, que veio a ser chamado de **mecânica quântica** ou **mecânica ondulatória**. Ao contrário do modelo de Bohr, o modelo de Schrödinger pode ser difícil de ser visualizado e as equações matemáticas são mais complexas. No entanto, compreender suas implicações é essencial para entender a visão moderna do átomo.

Vamos começar por descrever o comportamento de um elétron no átomo como uma **onda estacionária**. Se você amarrar uma corda em ambas as extremidades, como se fosse a corda de um violão, e depois tocá-la, ela vibrará como uma onda estacionária (Figura 6.11), e você pode mostrar que existem apenas certas vibrações permitidas para essas ondas estacionárias. Isto é, as vibrações são quantizadas. Da mesma forma, como Schrödinger mostrou, apenas certas ondas de matéria são possíveis para um elétron em um átomo.

FIGURA 6.11 Ondas estacionárias. Somente certas vibrações são possíveis.

Funções de Onda e Energia. Na teoria de Bohr, a energia do elétron para o átomo de H é dada por $E_n = -Rhc/n^2$. O modelo de onda de elétron de Schrödinger dá o mesmo resultado.

Para descrever essas ondas de matéria, os físicos definiram uma série de equações matemáticas chamadas **funções de onda**, designadas pela letra grega ψ (psi). Quando essas equações são resolvidas para a energia, encontramos os seguintes resultados importantes:

- Somente certas funções de onda são consideradas aceitáveis e cada uma está associada a um valor de energia permitido. Isto é, *a energia do elétron no átomo é quantizada*.

- As soluções para a equação de Schrödinger, no caso de um elétron em um espaço tridimensional, dependem de três números inteiros, n, ℓ e m_ℓ, que são chamados **números quânticos**. Somente certas combinações de seus valores são possíveis, como veremos abaixo.

O próximo passo para entender o ponto de vista da mecânica quântica é explorar o significado físico da função de onda, ψ (psi). Aqui devemos muito à interpretação de Max Born. Ele disse que

- o valor da função de onda ψ em um dado ponto do espaço (x, y, z) é a amplitude (altura) da onda de matéria do elétron. Esse valor tem uma magnitude e um sinal que pode ser positivo ou negativo. (Visualize uma corda vibrando [Figura 6.11]. Pontos de amplitude positiva estão acima do eixo da onda e pontos de amplitude negativa estão abaixo do mesmo.)

- o quadrado do valor da função de onda (ψ^2) está relacionado com a *probabilidade* de encontrar um elétron em uma pequena região do espaço. Os cientistas referem-se a ψ^2 como uma **densidade de probabilidade**. Assim como podemos calcular a massa de um objeto a partir do produto de sua densidade e volume, podemos calcular a *probabilidade* de encontrar um elétron em um volume pequeno a partir do produto de ψ^2 e o volume. Na interpretação de Born a probabilidade de encontrar o elétron em um determinado volume é proporcional a ψ^2. Para um dado volume, quanto maior for ψ^2, maior será a probabilidade de encontrar o elétron.

Há um conceito mais importante que devemos mencionar para tentar entender o modelo da mecânica quântica moderna. No modelo atômico de Bohr, tanto a energia quanto a localização (a órbita) para o elétron no átomo de hidrogênio podem ser descritas com precisão. No entanto, Werner Heisenberg postulou que, para um pequeno objeto, como um elétron em um átomo, é impossível determinar com precisão *ambas*, a sua posição e a sua energia. Ou seja, qualquer tentativa de determinar com precisão quer o local, quer a energia, deixará a outra incerta. Isto é conhecido como o princípio da incerteza de Heisenberg: *Se escolhermos conhecer a energia de um elétron em um átomo com apenas uma pequena incerteza, então devemos aceitar uma incerteza correspondentemente grande em sua posição.* A importância dessa ideia é que podemos avaliar apenas a expectativa ou a probabilidade de encontrar um elétron com uma dada energia dentro de uma determinada região do espaço. Devido ao fato da energia do elétron ser a chave para entender a química de um átomo, os químicos aceitam a ideia de saber apenas a localização aproximada do elétron.

Números Quânticos e Orbitais

A função da onda para um elétron em um átomo descreve um **orbital atômico**. Conhecemos a energia desse elétron, mas apenas a região do espaço em que provavelmente esteja localizado. Quando um elétron tem uma função de onda particular, diz-se que ele "ocupa" um determinado orbital com uma dada energia.

Cada orbital é descrito por três números quânticos: n, ℓ e m_ℓ. Comecemos por descrever os números quânticos e as informações que eles fornecem para depois discutir a relação entre os números quânticos, as energias e as formas dos orbitais atômicos.

Órbitas e Orbitais No modelo de Bohr do átomo de H, o elétron está confinado em um caminho prescrito em torno do núcleo, sua *órbita*, assim devemos ser capazes de definir a sua posição e sua energia em um determinado momento no tempo. Na visão moderna, o termo usado é *orbital*. Conhecemos a energia do elétron, mas apenas a região do espaço dentro da qual ele provavelmente esteja localizado.

n, o Número Quântico Principal (n = 1, 2, 3, ...)

O número quântico principal n pode ter qualquer valor inteiro de 1 ao infinito. O valor de n é o fator fundamental na determinação da *energia* de um orbital. Ele também define o tamanho de um orbital: para um determinado átomo, quanto maior for o valor de n, maior será o tamanho do orbital.

Em átomos que têm mais de um elétron, dois ou mais elétrons podem ter o mesmo valor de n. Diz-se que esses elétrons estão na mesma **camada eletrônica**.

ℓ, o Número Quântico de Momento Angular Orbital (ℓ = 0, 1, 2, 3, ..., n – 1)

Orbitais de uma dada camada eletrônica podem ser agrupados em **subcamadas**, cada qual caracterizada por um valor diferente do número quântico ℓ. O número quântico ℓ, referido como o número quântico de "momento angular orbital", pode ter qualquer valor inteiro de 0 a um máximo de n – 1. Esse número quântico define a *forma característica de um orbital*; diferentes valores de ℓ correspondem a diferentes formas de orbitais.

O valor de n limita o número de subcamadas possíveis para cada camada. O número de possíveis subcamadas aumenta à medida que n aumenta. Para a camada com n = 1, ℓ deve ser igual a 0; assim, apenas uma subcamada é possível. Quando n = 2, ℓ pode ser 0 ou 1. Dois valores de ℓ são agora possíveis e, por conseguinte, há duas subcamadas na camada de elétrons n = 2.

As subcamadas são normalmente identificadas por letras. Por exemplo, uma subcamada ℓ = 1 é chamada uma "subcamada p", e um orbital nessa subcamada é chamado um "orbital p".

Energia do Elétron e Números Quânticos A energia do elétron no átomo de H depende apenas do valor de n. Em átomos com mais elétrons, a energia depende de ambos, n e ℓ.

Valor de ℓ	Classificação da Subcamada
0	s
1	p
2	d
3	f

m_ℓ, o Número Quântico Magnético (m_ℓ = 0, ±1, ±2, ±3, ..., ±ℓ)

O número quântico magnético, m_ℓ, está relacionado com a *orientação no espaço dos orbitais dentro de uma subcamada*. Orbitais em uma determinada subcamada diferem na sua orientação no espaço, não na sua energia.

O valor de m_ℓ pode variar de +ℓ para –ℓ, com 0 incluído. Por exemplo, quando ℓ = 2, m_ℓ pode ter cinco valores: –2, –1, 0, +1 e +2. O número de valores de m_ℓ para uma dada subcamada (= 2ℓ + 1) especifica o número de orbitais na subcamada.

Camadas, Subcamadas e Orbitais – Um Resumo Os elétrons nos átomos estão dispostos em camadas. Em cada camada pode haver uma ou mais subcamadas de elétrons, cada uma composta por um ou mais orbitais.

	Número Quântico
Camada	n
Subcamada	ℓ
Orbital	m_ℓ

Camadas e Subcamadas

Os valores permitidos dos três números quânticos estão resumidos na Tabela 6.1. Ao analisar os conjuntos dos números quânticos nesta tabela, você descobrirá o seguinte:

- n = número de subcamadas em uma camada
- $2\ell + 1$ = número de orbitais em uma subcamada = número de valores de m_ℓ
- n^2 = número de orbitais em uma camada

A Primeira Camada Eletrônica, $n = 1$

Quando $n = 1$, o valor de ℓ só pode ser 0, assim m_ℓ também deve ter um valor de 0. Isto significa que, na camada mais próxima do núcleo, existe apenas uma subcamada, a qual consiste em apenas um único orbital, o orbital 1s.

A Segunda Camada Eletrônica, $n = 2$

Quando $n = 2$, ℓ pode ter dois valores (0 e 1), assim, há duas subcamadas na segunda camada. Uma delas é a *subcamada* 2s ($n = 2$ e $\ell = 0$) e a outra é a subcamada 2p ($n = 2$ e $\ell = 1$). Os valores de m_ℓ podem ser -1, 0 e $+1$ quando $\ell = 1$; há três orbitais 2p. Todos os três orbitais têm a mesma forma. No entanto, cada um tem um valor diferente de m_ℓ, isto é, os três orbitais diferem quanto à sua orientação no espaço.

A Terceira Camada Eletrônica, $n = 3$

Quando $n = 3$, três subcamadas são possíveis para um elétron; existem três valores de ℓ: 0, 1 e 2. As duas primeiras subcamadas dentro da camada $n = 3$ são as subcamadas 3s ($\ell = 0$, um orbital) e subcamadas 3p ($\ell = 1$, três orbitais). A terceira subcamada é rotulada 3d ($n = 3$, $\ell = 2$). Uma vez que m_ℓ pode ter cinco valores (-2, -1, 0, $+1$ e $+2$) para $\ell = 2$, há cinco orbitais d nessa subcamada d.

A Quarta Camada Eletrônica, $n = 4$

Há quatro subcamadas na camada $n = 4$. Além das subcamadas 4s, 4p e 4d, existe a subcamada 4f para a qual $\ell = 3$. Existem sete orbitais porque existem sete valores de m_ℓ quando $\ell = 3$ (-3, -2, -1, 0, $+1$, $+2$ e $+3$).

Tabela 6.1 Resumo dos Números Quânticos, Suas Inter-relações e a Informação Fornecida Sobre os Orbitais

Número Quântico Principal Símbolo = n Valores = 1, 2, 3, ...	Número Quântico do Momento Angular Símbolo = ℓ Valores = 0 ... $n - 1$	Número Quântico Magnético Símbolo = m_ℓ Valores = $-\ell$ ... 0 ... $+\ell$	Número e Tipo de Orbitais na Subcamada n = número de subcamadas Número de orbitais na camada = n^2 e Número de orbitais na subcamada = $2\ell + 1$
1	0	0	um orbital 1s (um orbital de um tipo na camada $n = 1$)
2	0 1	0 $-1, 0, +1$	um orbital 2s três orbitais 2p (quatro orbitais de dois tipos na camada $n = 2$)
3	0 1 2	0 $-1, 0, +1$ $-2, -1, 0, +1, +2$	um orbital 3s três orbitais 3p cinco orbitais 3d (nove orbitais de três tipos na camada $n = 3$)
4	0 1 2 3	0 $-1, 0, +1$ $-2, -1, 0, +1, +2$ $-3, -2, -1, 0, +1, +2, +3$	um orbital 4s três orbitais 4p cinco orbitais 4d sete orbitais 4f (16 orbitais de quatro tipos na camada $n = 4$)

EXERCÍCIOS PARA A SEÇÃO 6.5

1. Qual classificação é dada para um orbital com números quânticos $n = 4$ e $\ell = 1$?

   (a) $4s$ (b) $4p$ (c) $4d$ (d) $4f$

2. Quantos orbitais estão na camada $n = 4$?

   (a) 1   (b) 4   (c) 9   (d) 16

3. Qual número quântico, ou combinação de números quânticos, é necessário(a) para especificar uma determinada subcamada em um átomo?

   (a) n (b) ℓ (c) n e ℓ

6-6 As Formas dos Orbitais Atômicos

Frequentemente dizemos que o elétron está designado para "ocupar" um orbital. Mas o que isso significa? O que é um orbital? Qual é seu aspecto? Para responder a essas perguntas, temos que olhar as funções de onda para os orbitais. (Para responder à pergunta: *por que* os números quânticos – números inteiros, pequenos – estão relacionados com a energia e a forma do orbital, consulte "Um Olhar Mais Atento: Mais Sobre as Formas dos Orbitais e as Funções de Onda do Átomo de H".)

Orbitais s

Um orbital 1s está associado aos números quânticos $n = 1$ e $\ell = 0$. Se pudéssemos fotografar um elétron 1s a intervalos de um segundo por alguns milhares de segundos, a imagem composta seria parecida com o desenho na Figura 6.12a. Isso assemelha-se a uma nuvem de pontos e os químicos geralmente referem-se a tais representações como *imagens de nuvens de elétrons*. Na Figura 6.12a, a densidade dos pontos é maior perto do núcleo, isto é, a nuvem de elétrons é mais densa perto do núcleo. Isso indica que é mais provável encontrar o elétron 1s perto do núcleo. A densidade dos pontos diminui ao nos afastarmos do núcleo e assim, por conseguinte, ocorre também com a probabilidade de encontrar o elétron.

A variação da densidade da nuvem de elétrons com o aumento da distância está representada de uma maneira diferente na Figura 6.12b. No gráfico temos o quadrado

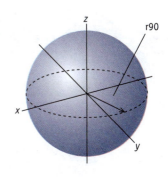

(a) Representação, na forma de pontos, de um elétron em um orbital 1s. Cada ponto representa a posição do elétron em um instante diferente. Note que os pontos se aglomeram nas proximidades do núcleo. r_{90} é o raio de uma esfera dentro da qual o elétron é encontrado 90% do tempo.

(b) Um gráfico da densidade de superfície ($4\pi r^2 \psi^2$) como uma função da distância para um orbital 1s do átomo de hidrogênio. Isso dá a probabilidade de encontrar o elétron a uma determinada distância do núcleo.

(c) A superfície da esfera dentro da qual o elétron é encontrado 90% do tempo em um orbital 1s. Essa superfície é muitas vezes chamada de "superfície de fronteira". (Uma superfície de 90% foi escolhida arbitrariamente. Se a escolha fosse a superfície dentro da qual o elétron é encontrado 50% do tempo, a esfera seria consideravelmente menor.)

FIGURA 6.12 Diferentes pontos de vista de um orbital 1s ($n = 1$, $\ell = 0$). No gráfico (b) o eixo horizontal é dividido em unidades chamadas "raios de Bohr", em que 1 raio de Bohr = 52,9 pm. Isto é de uso comum em gráficos de funções de onda.

294 Química geral e reações químicas

da função de onda para o elétron em um orbital 1s (ψ^2), vezes 4π e o quadrado da distância (r^2), como uma função da distância do elétron a partir do núcleo. Esse gráfico representa a probabilidade de encontrar o elétron em uma camada esférica muito fina a uma distância r do núcleo. Os químicos referem-se ao gráfico de $4\pi r^2 \psi^2$ vs. r como um **gráfico de densidade de superfície** ou **gráfico de distribuição radial**. Para o orbital 1s, $4\pi r^2 \psi^2$ é zero no núcleo – não há nenhuma probabilidade do elétron estar exatamente no núcleo (em que $r = 0$) –, mas a probabilidade aumenta rapidamente ao se afastar do núcleo, alcança um máximo a uma curta distância do núcleo (a 52,9 pm) e então diminui rapidamente conforme tal distância aumenta. Note que a probabilidade de encontrar o elétron se aproxima, mas nunca chega a zero, mesmo no caso de distâncias muito grandes.

A Figura 6.12a mostra que para o orbital 1s, a probabilidade de encontrar um elétron é a mesma a uma determinada distância do núcleo, não importa que direção você escolhe a partir do núcleo. Consequentemente, o *orbital 1s tem forma esférica*.

Uma vez que a probabilidade de encontrar o elétron se aproxima, mas nunca chega a zero, não existe qualquer limite nítido além do qual o elétron nunca é encontrado (embora a probabilidade seja muito pequena a grandes distâncias). No entanto, o orbital s (e outros tipos de orbitais também) é muitas vezes descrito como tendo uma **superfície limite** (Figura 6.12c), em grande parte porque é mais fácil desenhar tais imagens. Para criar a Figura 6.12c, traçamos uma esfera com centro no núcleo de tal forma que existe uma probabilidade de 90% de encontrar o elétron em algum lugar no interior da esfera. A escolha de 90% é arbitrária – poderíamos ter escolhido um valor diferente e, se assim o fizéssemos, a forma seria a mesma, mas o tamanho da esfera seria diferente.

Todos os orbitais s (1s, 2s, 3s...) são de forma esférica. No entanto, para qualquer átomo, o tamanho dos orbitais s aumenta conforme n aumenta (Figura 6.13). Para um dado átomo, o orbital 1s é mais denso que o orbital 2s, que por sua vez é mais denso que o orbital 3s.

É importante reconhecer várias características dessa descrição.

- Não há uma superfície impenetrável na qual o elétron esteja "contido".
- A probabilidade de encontrar o elétron não é a mesma em todo o volume delimitado pela superfície na Figura 6.12c. (Um elétron no orbital 1s de um átomo de H tem maior probabilidade de estar a 52,9 pm do núcleo do que estar mais perto ou mais longe.)

Gráfico de Densidade de Superfície para 1s O valor máximo do gráfico da distribuição radial para um elétron 1s em um átomo de hidrogênio ocorre em 52,9 pm. É interessante notar que este máximo corresponde exatamente à mesma distância do núcleo que Niels Bohr calculou para o raio da órbita ocupada pelo elétron em $n = 1$.

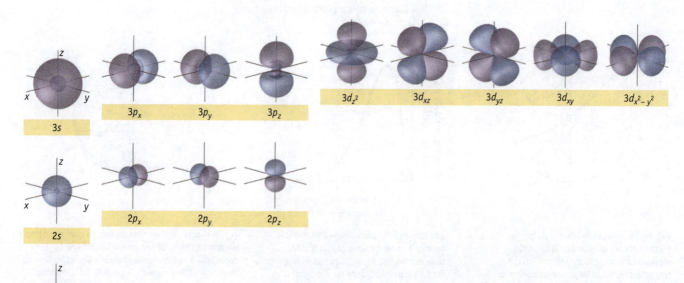

FIGURA 6.13 Orbitais atômicos. Superfícies limite para orbitais 1s, 2s, 2p, 3s, 3p e 3d para o átomo de hidrogênio. Para os orbitais p, a letra do subscrito indica o eixo cartesiano ao longo do qual o orbital se estende. Para saber mais sobre orbitais, consulte "Um Olhar Mais Atento: Mais Sobre as Formas dos Orbitais e as Funções de Onda do Átomo de H".

- Os termos "nuvem de elétrons" e "distribuição de elétrons" implicam que o elétron é uma partícula, mas a premissa básica em mecânica quântica é a de que o elétron é tratado como uma onda, não como uma partícula.

Orbitais p

Todos os orbitais atômicos para os quais $\ell = 1$ (orbitais p) têm a mesma forma básica. Se você encerrar 90% da densidade do elétron em um orbital p dentro de uma superfície, a nuvem de elétrons é muitas vezes descrita como tendo a forma de um "halter", e os químicos descrevem os orbitais p como tendo tais formas (Figuras 6.13 e 6.14). Um orbital p tem uma **superfície nodal** – uma superfície sobre a qual a probabilidade de encontrar o elétron é nula – que passa através do núcleo. (A superfície nodal é uma consequência da função de onda para os orbitais p, os quais têm um valor de zero em todos os pontos sobre esta superfície, incluindo no próprio núcleo. Veja "Um Olhar Mais Atento: Mais Sobre as Formas dos Orbitais e as Funções de Onda do Átomo de H".)

Existem três orbitais p em uma subcamada e todos têm a mesma forma básica com um plano nodal através do núcleo. Geralmente, os orbitais p são desenhados ao longo dos eixos x, y e z e rotulados de acordo com o eixo ao longo do qual eles se encontram (p_x, p_y ou p_z).

Orbitais d

Orbitais com $\ell = 0$, são os orbitais s que não têm superfícies nodais através do núcleo. Orbitais p, para os quais $\ell = 1$, têm uma superfície nodal através do núcleo. *O valor de ℓ é igual ao número de superfícies nodais que cortam o núcleo.* Consequentemente, os cinco orbitais d, para os quais $\ell = 2$, têm duas superfícies nodais através do núcleo, resultando em quatro regiões de densidade de elétrons. O orbital d_{xy}, por exemplo, situa-se no plano xy, e as duas superfícies nodais são os planos xz e yz (veja a Figura 6.14). Dois outros orbitais, d_{xz} e d_{yz}, situam-se em planos definidos pelos eixos xz e yz respectivamente; eles também têm duas superfícies nodais perpendiculares entre si (veja a Figura 6.13).

Dos dois orbitais d restantes, o orbital $d_{x^2-y^2}$ é mais fácil de visualizar. No orbital $d_{x^2-y^2}$, os planos nodais seccionam em dois os eixos x e y, assim as regiões de densidade de elétrons localizam-se ao longo dos eixos x e y. O orbital d_{z^2} tem duas regiões principais de densidade de elétrons ao longo do eixo z e uma outra região de densidade em forma de "rosquinha", que também ocorre no plano xy. Esse orbital tem duas superfícies nodais em forma de cone.

ℓ e as Superfícies Nodais O número de superfícies nodais que passam através do núcleo para um orbital $= \ell$.

Orbital	ℓ	Número de Superfícies Nodais Através do Núcleo
s	0	0
p	1	1
d	2	2
f	3	3

Superfícies Nodais Superfícies nodais que "cortam" o núcleo estão definidas para todos os orbitais p, d e f. Essas superfícies são geralmente planas, por isso, elas são muitas vezes referidas como planos nodais. Em alguns casos (por exemplo, d_{z^2}), esta superfície não é plana e, por isso, é mais bem referida como uma superfície nodal.

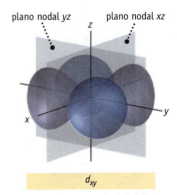

(a) Cada um dos três orbitais p têm um plano nodal ($\ell = 1$) que é perpendicular ao eixo ao longo do qual os orbitais se encontram.

(b) O orbital d_{xy}. Todos os cinco orbitais d têm duas superfícies nodais ($\ell = 2$) que passam através do núcleo. Aqui, as superfícies nodais são os planos xz e yz, assim as regiões de densidade de elétrons se situam no plano xy e entre os eixos x e y.

FIGURA 6.14 Superfícies nodais dos orbitais p e d. Uma superfície nodal é uma superfície sobre a qual a probabilidade de encontrar o elétron é nula.

UM OLHAR MAIS ATENTO

Mais Sobre as Formas dos Orbitais e as Funções de Onda do Átomo de H

Como os números quânticos, que são pequenos números inteiros, referem-se às formas dos orbitais atômicos? A resposta encontra-se nas funções de onda dos orbitais (ψ), que são equações matemáticas. Essas equações são o produto de duas funções: a *função radial* e a *função angular*. Você precisa olhar para cada tipo para obter uma imagem de um orbital.

Vamos primeiro considerar a *função radial*, que depende de n e ℓ. Isso nos diz que o valor de ψ depende da distância do núcleo. As funções radiais para os orbitais do átomo de hidrogênio 1s ($n = 1$ e $\ell = 0$), 2s ($n = 2$ e $\ell = 0$) e os orbitais 2p ($n = 2$ e $\ell = 1$) estão representadas graficamente na Figura A. (O eixo horizontal tem unidades de a_o, em que a_o é uma constante igual a 52,9 pm.)

Ondas têm cristas, vales e nós e os gráficos de funções de onda mostram isso. Para o orbital 1s do átomo de H, a função de onda radial ψ_{1s} aproxima-se de um máximo no núcleo (Figura A), mas a amplitude da onda diminui rapidamente em pontos mais distantes do núcleo. O sinal de ψ_{1s} é positivo em todos os pontos no espaço.

Para um orbital 2s, há um perfil diferente: o sinal de ψ_{2s} é positivo perto do núcleo, cai para zero (existe um nó em $r = 2a_o = 2 \times 52,9$ pm) e então se torna negativo com o aumento de r antes de se aproximar de zero a distâncias maiores.

FIGURA A Gráfico de funções de onda para orbitais 1s, 2s e 2p para um átomo de H em função da distância a partir do núcleo. Como em outros gráficos de funções de onda, o eixo horizontal é marcado em unidades chamadas "raios de Bohr", em que 1 raio de Bohr = 52,9 pm.

FIGURA B Função de onda para um orbital 2s. Um orbital 2s para o átomo de H mostrando o nó esférico (em $2a_0 = 105,8$ pm) ao redor do núcleo.

Com relação à *porção angular* da função de onda: esta reflete as mudanças que ocorrem quando o elétron afasta-se do núcleo, em diferentes direções. É uma função dos números quânticos ℓ e m_ℓ.

Como ilustrado na Figura 6.12, o valor de ψ_{1s} é o mesmo em todas as direções. Este é um reflexo do fato de que, enquanto a porção radial da função de onda para orbitais s muda com r, a porção angular para todos os orbitais s é uma constante. Como consequência, todos os orbitais s são esféricos.

Para o orbital 2s, você vê um nó na Figura A em 105,8 pm ($2a_o$) ao fazer um gráfico da parte radial da função de onda. No entanto, uma vez que a parte angular de ψ_{2s} tem o mesmo valor em todas as direções, isto significa que existe um nó – uma *superfície esférica nodal* – na mesma distância do núcleo em cada direção (como ilustrado na Figura B). Para qualquer orbital, o número de nós esféricos é $n - \ell - 1$.

Agora vamos olhar para um orbital p, primeiro a parte radial e, em seguida, a parte angular. Para um orbital p, a parte radial da função de onda é 0 quando $r = 0$. Assim, o valor de ψ_{2p} é zero no núcleo e uma superfície nodal passa através do núcleo (Figuras A e C). Isso é verdadeiro para todos os orbitais p.

O que acontece quando o elétron se afasta do núcleo em uma direção, digamos, ao longo do eixo x, no caso do orbital $2p_x$? O valor de ψ_{2p} cresce até um máximo em 105,9 pm (= $2a_o$) antes de diminuir a distâncias maiores (Figuras A e C).

Em seguida, veja a Figura C para o orbital $2p_x$. Afastando-se ao longo da direção $-x$, o valor de ψ_{2p} é o mesmo, mas de sinal oposto ao valor na direção $+x$. O elétron no orbital 2p é uma onda com um nó no núcleo. (Nos desenhos de orbitais, indicamos isto com

FIGURA C As funções de onda para um orbital 2p para um átomo de H. O sinal de ψ para um orbital 2p é positivo de um lado do núcleo e negativo do outro (mas ele tem um valor de 0 no núcleo). Um plano nodal separa os dois lóbulos desse orbital em "forma de halteres". Nesta figura, o eixo vertical é o valor de ψ, e o eixo horizontal é a distância do núcleo, em que 1 unidade = 52,9 pm.

sinais de + ou – ou com duas cores diferentes, como na Figura 6.13.)

E quanto à *parte angular* da função de onda para $2p_x$? A porção angular para os três orbitais p têm a mesma forma geral: c (x/r) para o orbital p_x, c (y/r) para o orbital p_y e c (z/r) para o orbital p_z (em que c é uma constante). Considere um orbital $2p_x$ na Figura D. Enquanto x tem um valor diferente de zero, a função de onda tem um valor diferente de zero. Mas quando $x = 0$ (no plano yz), então ψ é zero. Este é o plano nodal para o orbital x. Da mesma forma, a porção angular da função de onda para o orbital $2p_y$ significa que seu plano nodal é o plano xz.

FIGURA D O orbital $2p_x$ para um átomo de H. A função de onda é igual a zero quando $x = 0$ ou seja, o plano yz é um plano nodal.

Orbitais f

Sete orbitais f surgem com $\ell = 3$. Três superfícies nodais que atravessam o núcleo fazem a densidade de elétrons em até oito regiões do espaço. Um dos orbitais f é ilustrado na Figura 6.15.

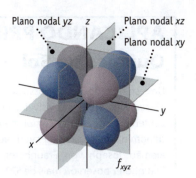

FIGURA 6.15 Um dos sete possíveis orbitais f. Observe a presença de três planos nodais como exigido por um orbital com $\ell = 3$.

EXERCÍCIOS PARA A SEÇÃO 6.6

1. Qual das seguintes opções não é uma representação correta de um orbital?

    (a) 3s   (b) 3p   (c) 3d   (d) 3f

2. Qual dos seguintes conjuntos de números quânticos representa corretamente um orbital 4p?

    (a) $n = 4, \ell = 0, m_\ell = -1$
    (b) $n = 4, \ell = 1, m_\ell = 0$
    (c) $n = 4, \ell = 2, m_\ell = 1$
    (d) $n = 4, \ell = 1, m_\ell = 2$

3. Quantos planos nodais existem para um orbital 5d?

    (a) 0   (b) 1   (c) 2   (d) 3

6-7 Mais uma Propriedade do Elétron: Rotação do Elétron (Spin)

Existe mais uma propriedade do elétron que desempenha um papel importante na distribuição destes nos átomos: a rotação do elétron spin. Em 1921, Otto Stern e Walther Gerlach realizaram uma experiência para estudar o comportamento magnético dos átomos. Para isto, um feixe de átomos de prata, em fase gasosa, foi forçado a atravessar um campo magnético. Embora os resultados fossem complexos, eles foram interpretados imaginando-se que o elétron tem uma rotação e se comporta como um pequeno ímã, que pode ser atraído ou repelido por outro. Quando átomos com um único elétron não emparelhado foram colocados em um campo magnético, o experimento de Stern-Gerlach mostrou que há duas orientações para os átomos: com a rotação do elétron alinhada com o campo ou oposta a ele. Ou seja, a rotação do elétron é quantizada. Esse fato foi considerado com a introdução de um quarto número quântico, o **número quântico de spin do elétron**, m_s. Uma orientação está associada a um valor de m_s de $+\frac{1}{2}$ e a outra a um valor de m_s de $-\frac{1}{2}$.

Quando foi reconhecido que a rotação do elétron é quantizada, os cientistas perceberam que uma descrição completa de um elétron em qualquer átomo requer quatro números quânticos, n, ℓ, m_ℓ e m_s. As consequências importantes desse fato são exploradas no Capítulo 7.

EXERCÍCIO PARA A SEÇÃO 6.7

1. Qual das seguintes alternativas é um conjunto válido de números quânticos para um elétron em um átomo de hidrogênio?

    (a) $n = 1, \ell = 0, m_\ell = 0, m_s = 1$
    (b) $n = 1, \ell = 1, m_\ell = 0, m_s = -1/2$
    (c) $n = 1, \ell = 0, m_\ell = 1, m_s = +1/2$
    (d) $n = 1, \ell = 0, m_\ell = 0, m_s = -1/2$

APLICANDO PRINCÍPIOS QUÍMICOS
Química do Sol

Um espectro óptico do nosso Sol revela uma emissão contínua de radiação na região visível, com linhas nítidas e escuras em centenas de diferentes comprimentos de onda. Essas linhas são denominadas linhas de Fraunhofer, em homenagem ao físico alemão Joseph von Fraunhofer, que as registrou em 1814. Fraunhofer observou mais de 570 dessas linhas, porém mais de mil linhas escuras podem ser observadas com a instrumentação moderna. Em 1859, Gustav Robert Kirchhoff e Robert Bunsen deduziram que as linhas escuras são o resultado da absorção da luz solar por elementos nas camadas externas do Sol.

O fato de que os átomos de um elemento particular absorvem e emitem luz de apenas alguns comprimentos de onda pode ser utilizado para identificar os elementos. A maioria das estrelas é rica em hidrogênio, então a série de Balmer é comumente observada em seus espectros. A descoberta e a nomeação do hélio é creditada a *Sir* Norman Lockyer Joseph (1836-1920), que observou sua linha espectral amarela durante um eclipse solar total em 1868. O hélio é comum nas estrelas, mas pouco abundante na Terra.

QUESTÕES:

1. O hélio absorve luz em 587,6 nm. Qual é a frequência dessa luz?
2. Os átomos de ferro absorvem luz em uma frequência de 5,688 $\times 10^{14}$ s^{-1}. Qual é o comprimento de onda dessa luz (em nm)?
3. Os átomos de sódio são responsáveis por um par de linhas pouco espaçadas na região amarela do espectro visível do Sol, uma em 589,00 nm e outra em 589,59 nm. Determine a energia (em J) de um fóton em cada um desses comprimentos de onda. Determine a diferença de energia entre os dois fótons.
4. O hidrogênio tem uma linha de absorção a 434,1 nm. Qual é a energia (em kJ/mol) de fótons com esse comprimento de onda?
5. Quais são os estados eletrônicos inicial e final (*n*) para a linha de hidrogênio (na série de Balmer) marcada com F na figura?

O espectro da luz solar com as linhas de Fraunhofer. O físico alemão Joseph von Fraunhofer (1787-1826) descobriu as linhas escuras no espectro da luz solar e cuidadosamente as mapeou e mediu. Ele designou as principais linhas com letras de A a K, e as linhas menos proeminentes com letras minúsculas.

REVISÃO DOS OBJETIVOS DO CAPÍTULO

Agora que você já estudou este capítulo, deve perguntar a si mesmo se atingiu os objetivos propostos. Especificamente, você deverá ser capaz de:

ENTENDER

- As características da radiação eletromagnética (comprimento de onda, frequência, velocidade, nós e energia).
    a. Usar os termos comprimento de onda, frequência, amplitude e nó (Seção 6.1). Questão para Estudo 3.
    b. Entender como Einstein explicou o efeito fotoelétrico, assumindo que a luz consiste em partículas sem massa, chamadas de fótons (Seção 6.2).

- A origem da luz emitida pelos átomos excitados e a sua relação com a estrutura atômica.
    a. Descrever o modelo atômico de Bohr, sua capacidade para explicar os espectros de linhas de emissão de átomos de hidrogênio excitados e as limitações do modelo (Seção 6.3). **Questão para Estudo: 74.**
    b. Entender que, no modelo atômico de Bohr para o átomo de H, o elétron pode ocupar apenas determinados níveis de energia, cada qual com uma energia proporcional a $1/n^2$ ($E_n = -Rhc/n^2$), em que n é o número quântico principal (Equação 6.4, Seção 6.3). Se um elétron transita de um estado de energia para outro, a quantidade de energia absorvida ou emitida no processo é igual à diferença de energia entre os dois estados (Equação 6.5, Seção 6.3). **Questões para Estudo: 16, 18, 19, 21, 22, 60.**

- A evidência experimental para a dualidade partícula-onda.
    a. Entender a radiação eletromagnética e que, na visão moderna do átomo, os elétrons podem ser descritos tanto como partículas como ondas (Seção 6.4). O comprimento de onda de um elétron ou de qualquer partícula subatômica é dado pela equação de De Broglie (Equação 6.6). **Questões para Estudo: 23-26, 82.**

- Os princípios básicos da mecânica quântica, tais como quantização e funções de onda.
    a. Entender que o modelo da mecânica quântica para um átomo baseia-se no pressuposto de que o elétron comporta-se como uma onda.
    b. Reconhecer a importância da mecânica quântica para descrever a estrutura atômica (Seção 6.5).
    c. Entender que um orbital para um elétron em um átomo corresponde à energia permitida desse elétron.
    d. Entender que a posição do elétron não é conhecida com certeza; apenas a probabilidade do elétron estar em um dado ponto do espaço pode ser calculada. Esta é uma consequência do princípio da incerteza de Heisenberg.

FAZER

- Relacionar comprimento de onda (λ), frequência (ν), velocidade (c) e energia (E) por fóton de radiação eletromagnética.
    a. Usar a Equação 6.1 ($c = \lambda\nu$), relacionando o comprimento de onda (λ), a frequência (ν) de radiação eletromagnética e a velocidade da luz (c). **Questão para Estudo: 3.**
    b. Entender que a energia de um fóton é proporcional à sua frequência (equação de Planck, Equação 6.2) (Seção 6.2). **Questões para Estudo: 5, 7–9, 12, 14, 56–58, 63, 64, 66, 72, 73, 83.**

- Calcular a energia de um elétron em um átomo de hidrogênio utilizando o modelo de Bohr.
    a. Calcular a energia do elétron em um nível de energia particular em um átomo de hidrogênio (Seção 6.3).
    b. Calcular a energia de um fóton absorvido ou emitido quando o elétron em um átomo de hidrogênio move-se de um nível de energia para outro (Seção 6.3).

- Utilizar os quatro números quânticos (n, ℓ, m_ℓ e m_s) para descrever a estrutura eletrônica de um átomo.

    a. Descrever os orbitais em um átomo usando os três números quânticos n, ℓ e m_ℓ (Seção 6.5). Questões para Estudo: 27–34, 36–41, 43, 44, 80, 83.
    b. Descrever as formas dos orbitais (Seção 6.6). Questões para Estudo: 46, 53, 67f, 68e.
    c. Reconhecer o número quântico da rotação (spin), m_s, que tem valores de $\pm\frac{1}{2}$ (Seção 6.7). Questão para Estudo: 68.

LEMBRAR

- A ordem dos diferentes tipos de radiação eletromagnética por comprimento de onda, a frequência e a energia (Figura 6.2).
- As regras para determinar os valores para os quatro números quânticos (n, ℓ, m_ℓ e m_s) (Seções 6.5.6.7).
- As formas dos orbitais atômicos (Seção 6.6).

EQUAÇÕES-CHAVE

Equação 6.1 O produto do comprimento de onda (λ) e da frequência (ν) da radiação eletromagnética é igual à velocidade da luz (c).

$$c = \lambda \times \nu$$

Equação 6.2 A equação de Planck: a energia de um fóton, uma partícula de radiação sem massa é proporcional à sua frequência (ν). A constante de proporcionalidade h é chamada constante de Planck ($6{,}626 \times 10^{-34}$ J·s).

$$E = h\nu$$

Equação 6.3 A equação de Rydberg pode ser utilizada para calcular os comprimentos de onda nas linhas da série de Balmer do espectro do hidrogênio. A constante de Rydberg, R, é $1{,}0974 \times 10^7$ m^{-1} e n é igual ou maior que 3.

$$\frac{1}{\lambda} = R\left(\frac{1}{2^2} - \frac{1}{n^2}\right) \text{ em que } n > 2$$

Equação 6.4 Na teoria de Bohr, a energia do elétron E_n no enésimo nível quântico do átomo de H é proporcional a $1/n^2$, em que n é um número inteiro positivo (o número quântico principal) e $Rhc = 2{,}179 \times 10^{-18}$ J/átomo ou $N_A Rhc = 1312$ kJ/mol.

$$E_n = -\frac{Rhc}{n^2}$$

Equação 6.5 A variação de energia para um elétron que se move entre dois níveis quânticos (n_{final} e $n_{inicial}$) no átomo de H.

$$\Delta E = E_{final} - E_{inicial} = -Rhc \left(\frac{1}{n_{final}^2} - \frac{1}{n_{inicial}^2} \right)$$

Equação 6.6 A equação de De Broglie: o comprimento de onda de uma partícula (λ) está relacionado com a sua massa (m), velocidade (v) e a constante (h) de Planck.

$$\lambda = \frac{h}{mv}$$

QUESTÕES PARA ESTUDO

▲ denota questões desafiadoras

Questões numeradas em verde têm respostas no Apêndice N.

Praticando Habilidades

Radiação Eletromagnética

(Veja o Exemplo 6.1 e a Figura 6.2.)

1. Responda às seguintes perguntas, baseando-se na Figura 6.2:
   (a) Que tipo de radiação envolve menos energia: raios X ou micro-ondas?
   (b) Que radiação tem a maior frequência: radar ou luz vermelha?
   (c) Que radiação tem o comprimento de onda mais longo: luz ultravioleta ou infravermelha?

2. Considere as cores do espectro visível.
   (a) Quais são as cores de luz que envolvem menos energia que a luz verde?
   (b) Qual cor da luz tem fótons de maior energia, amarelo ou azul?
   (c) Qual cor da luz tem a maior frequência, azul ou verde?

3. Os sinais de trânsito são atualmente fabricados de LEDs (diodos emissores de luz). Os sinais amarelo e verde são mostrados aqui.
   (a) A luz de um sinal amarelo tem um comprimento de onda de 595 nm e a de um sinal verde, de 500 nm. Qual tem a maior frequência?
   (b) Calcule a frequência da luz amarela.

(a) Luz verde   (b) Luz amarela

4. Suponha que você esteja a 225 m de um transmissor de rádio. Qual é a sua distância a partir do transmissor em número de comprimentos de onda se
   (a) a estação está transmitindo em 1150 kHz (na faixa de rádio AM)? (1 kHz = 1×10^3 Hz)
   (b) a estação está transmitindo em 98,1 MHz (na faixa de rádio FM)? (1 MHz $\times 10^6$ Hz)

Radiação Eletromagnética e Equação de Planck
(Veja o Exemplo 6.2.)

5. A luz verde tem um comprimento de onda de $5,0 \times 10^2$ nm. Qual é a energia, em J, de um fóton de luz verde? Qual é a energia, em J, de 1,0 mol de fótons de luz verde?

6. A luz violeta tem um comprimento de onda de cerca de 410 nm. Qual é a sua frequência? Calcule a energia de um fóton. Qual é a energia de 1,0 mol de fótons de luz violeta? Compare a energia dos fótons de luz violeta com os de luz vermelha. Qual tem mais energia?

7. A linha mais proeminente no espectro de emissão do mercúrio está em 396,15 nm. Qual é a frequência dessa linha? Qual é a energia de um fóton com esse comprimento de onda? E de 1,00 mol desses fótons?

8. A linha mais proeminente no espectro de emissão do magnésio é de 285,2 nm. Outras linhas são encontradas em 383,8 e 518,4 nm. Em que região do espectro eletromagnético são encontradas essas linhas? Qual é a linha com maior energia? Qual é a energia de 1,00 mol de fótons com comprimento de onda da linha com maior energia?

9. Coloque os seguintes tipos de radiação em ordem crescente de energia por fóton:
   (a) luz amarela de uma lâmpada de sódio
   (b) raios X de um instrumento no consultório de um dentista
   (c) micro-ondas em um forno de micro-ondas
   (d) sua estação FM favorita, em 91,7 MHz

10. Coloque os seguintes tipos de radiação em ordem de energia crescente por fóton:
    (a) radiação dentro de um forno de micro-ondas
    (b) sua estação de rádio favorita
    (c) raios gama de uma reação nuclear
    (d) luz vermelha de um sinal de néon
    (e) radiação ultravioleta de uma lâmpada de raios ultravioleta

Efeito Fotoelétrico
(Veja a página 227 e a Figura 6.4.)

11. Uma energia de $3,3 \times 10^{-19}$ J/átomo é necessária para fazer com que um átomo de césio de uma superfície metálica perca um elétron. Calcule o comprimento de onda mais longo possível da luz que possa ionizar um átomo de césio. Em que região do espectro eletromagnético essa radiação é localizada?

12. Você é um engenheiro projetando um interruptor que funciona baseado no efeito fotoelétrico. O metal que você deseja usar em seu dispositivo requer $6,7 \times 10^{-19}$ J/átomo para remover um elétron. O interruptor funcionará se a luz que incide sobre o metal tem um comprimento de onda de 540 nm ou superior? Sim ou não? Por quê?

Espectros Atômicos e o Átomo de Bohr
(Veja os Exemplos 6.3 e 6.4 e as Figuras 6.5–6.10.)

13. A linha mais proeminente no espectro do mercúrio é encontrada em 253,652 nm. Outras linhas são situadas em 365,015 nm, 404,656 nm, 435,833 nm e 1013,975 nm.
    (a) Qual dessas linhas representa a luz mais energética?
    (b) Qual é a frequência da linha mais proeminente? Qual é a energia de um fóton com esse comprimento de onda?
    (c) Quais dessas linhas são encontradas no espectro do mercúrio mostrado na Figura 6.6? Quais são as cores (ou cor) dessas linhas?

14. A linha mais proeminente no espectro do neônio é encontrada em 865,438 nm. Outras linhas estão situadas em 837,761 nm, 878,062 nm, 878,375 nm e 885,387 nm.
    (a) Em que região do espectro eletromagnético essas linhas estão localizadas?
    (b) Quaisquer dessas linhas estão presentes no espectro do neônio mostrado na Figura 6.6?
    (c) Qual dessas linhas representa a radiação com maior energia?
    (d) Qual é a frequência da linha mais proeminente? Qual é a energia de um fóton com esse comprimento de onda?

15. Uma linha de emissão na série de Balmer para átomos de H excitados tem um comprimento de onda de 410,2 nm (Figura 6.10). De que cor é a luz emitida nessa transição? Quais níveis quânticos estão envolvidos nessa linha de emissão? Isto é, quais são os valores de $n_{inicial}$ e n_{final}?

16. Quais são o comprimento de onda e a frequência da radiação envolvidos na linha de emissão com menor energia na série de Lyman? Quais são os valores de $n_{inicial}$ e n_{final}?

17. Considere apenas as transições que envolvem os níveis de energia $n = 1$ até $n = 5$ para o átomo de H (veja as Figuras 6.7 e 6.10).
    (a) Quantas linhas de emissão são possíveis, considerando-se apenas os cinco níveis quânticos?
    (b) Fótons de alta frequência são emitidos em uma transição do nível com $n =$ _____ para o nível com $n =$ _____.
    (c) A linha de emissão que tem o maior comprimento de onda corresponde a uma transição do nível com $n =$ _____ ao nível com $n =$ _____.

18. Considere apenas as transições que envolvem os níveis de energia com $n = 1$ até $n = 4$ para o átomo de hidrogênio (veja as Figuras 6.7 e 6.10).
    (a) Quantas linhas de emissão são possíveis, considerando-se apenas os quatro níveis quânticos?
    (b) Fótons de menor energia são emitidos em uma transição do nível com $n =$ _____ para um nível com $n =$ _____.
    (c) A linha de emissão que tem o menor comprimento de onda corresponde a uma transição do nível com $n =$ _____ ao nível com $n =$ _____.

19. A energia emitida quando um elétron move-se de um estado de maior energia para um estado de menor energia em qualquer átomo pode ser observada como radiação eletromagnética.
    (a) O que envolve a emissão de menor energia no átomo de H, um elétron que se move de $n = 4$ para $n = 2$ ou um elétron que se move de $n = 3$ para $n = 2$?
    (b) O que envolve a emissão de maior energia no átomo de H, um elétron que se move de $n = 4$ para $n = 1$ ou um elétron que se move de $n = 5$ para $n = 2$? Dê uma explicação completa.

20. Se energia é absorvida por um átomo de hidrogênio no seu estado fundamental, o átomo é excitado para um estado de maior energia. Por exemplo, a excitação de um elétron de $n = 1$ para $n = 3$ requer radiação com um comprimento de onda de 102,6 nm. Qual das seguintes transições exigiria radiação de *comprimento de onda maior do que isso*?

(a) $n = 2$ para $n = 4$ (c) $n = 1$ para $n = 5$
(b) $n = 1$ para $n = 4$ (d) $n = 3$ para $n = 5$

21. Calcule o comprimento de onda e a frequência da luz emitida quando um elétron muda de $n = 3$ para $n = 1$ no átomo de H. Em que região do espectro essa radiação é localizada?

22. Calcule o comprimento de onda e a frequência da luz emitida quando um elétron muda de $n = 4$ para $n = 3$ no átomo de H. Em que região do espectro essa radiação é localizada?

De Broglie e Ondas de Matéria
(Veja o Exemplo 6.5.)

23. Um elétron move-se com uma velocidade de $2,5 \times 10^8$ cm/s. Qual é seu comprimento de onda?

24. Um feixe de elétrons ($m = 9,11 \times 10^{-31}$ kg/elétron) tem uma velocidade média de $1,3 \times 10^8$ m/s. Qual é o comprimento de onda dos elétrons considerando essa velocidade média?

25. Calcule o comprimento de onda, em nm, associado com uma bola de golfe de 46 g se movendo a 30 m/s. A que velocidade deve viajar a bola para que o comprimento de onda seja $5,6 \times 10^{-3}$ nm?

26. Uma bala de fuzil (massa = 1,50 g) tem uma velocidade de $1,12.10^3$ km/h. Qual é o comprimento de onda associado a essa bala?

Mecânica Quântica
(Veja as Seções 6.5–6.7.)

27. (a) Quando $n = 4$, quais são os valores possíveis de ℓ?
(b) Quando ℓ é 2, quais são os valores possíveis de m_ℓ?
(c) Para um orbital 4s, quais são os valores possíveis de n, ℓ e m_ℓ?
(d) Para um orbital 4f, quais são os valores possíveis de n, ℓ e m_ℓ?

28. (a) Quantos $n = 4$, $\ell = 2$ e $m_\ell = -1$, a qual tipo de orbital isto se refere? (Rotule o orbital, tal como 1s.)
(b) Quantos orbitais ocorrem na camada de elétrons $n = 5$? Quantas subcamadas? Quais são as letras atribuídas a essas subcamadas?
(c) Quantos orbitais ocorrem em uma subcamada f? Quais são os valores de m_ℓ?

29. Um possível estado excitado do átomo de H tem um elétron em um orbital 4p. Relacione todos os conjuntos possíveis de números quânticos n, ℓ e m_ℓ para esse elétron.

30. Um possível estado excitado para o átomo de H tem um elétron em um orbital 5d. Relacione todos os conjuntos possíveis de números quânticos n, ℓ e m_ℓ para esse elétron.

31. Quantas subcamadas ocorrem na camada do elétron de número quântico principal $n = 4$?

32. Quantas subcamadas ocorrem na camada do elétron de número quântico principal $n = 5$?

33. Explique brevemente por que cada um dos seguintes itens *não* é um conjunto possível de números quânticos para um elétron em um átomo.

(a) $n = 2, \ell = 2, m_\ell = 0$
(b) $n = 3, \ell = 0, m_\ell = -2$
(c) $n = 6, \ell = 0, m_\ell = 1$

34. Qual dos seguintes itens representa conjuntos válidos de números quânticos? No caso de um conjunto inválido, explique brevemente por que ele não é correto.

(a) $n = 3, \ell = 3, m_\ell = 0$ (c) $n = 6, \ell = 5, m_\ell = -1$
(b) $n = 2, \ell = 1, m_\ell = 0$ (d) $n = 4, \ell = 3, m_\ell = -4$

35. Qual é o número máximo de orbitais que podem ser identificados por cada um dos seguintes conjuntos de números quânticos? Quando "nenhum" for a resposta correta, explique o seu raciocínio.

(a) $n = 3, \ell = 0, m_\ell = +1$ (c) $n = 7, \ell = 5$
(b) $n = 5, \ell = 1$ (d) $n = 4, \ell = 2, m_\ell = -2$

36. Qual é o número máximo de orbitais que podem ser identificados por cada um dos seguintes conjuntos de números quânticos? Quando "nenhum" for a resposta correta, explique o seu raciocínio.

(a) $n = 4, \ell = 3$ (c) $n = 2, \ell = 2$
(b) $n = 5$ (d) $n = 3, \ell = 1, m_\ell = -1$

37. Explique brevemente por que cada um dos seguintes conjuntos de números quânticos não é possível para um elétron em um átomo. Em cada caso, altere o valor incorreto (ou valores) para obter um conjunto válido.

(a) $n = 4, \ell = 2, m_\ell = 0, m_s = 0$
(b) $n = 3, \ell = 1, m_\ell = -3, m_s = -\frac{1}{2}$
(c) $n = 3, \ell = 3, m_\ell = -1, m_s = +\frac{1}{2}$

38. Explique brevemente por que cada um dos seguintes conjuntos de números quânticos não é possível para um elétron em um átomo. Em cada caso, altere o valor incorreto (ou valores) para tornar um conjunto válido.

(a) $n = 2, \ell = 2, m_\ell = 0, m_s = +\frac{1}{2}$
(b) $n = 2, \ell = 1, m_\ell = -1, m_s = 0$
(c) $n = 3, \ell = 1, m_\ell = -2, m_s = +\frac{1}{2}$

39. Decida qual dos seguintes orbitais não pode existir de acordo com a teoria quântica: 2s, 2d, 3p, 3f, 4f e 5s. Explique de maneira simples sua resposta.

40. Decida qual dos seguintes orbitais não pode existir de acordo com a teoria quântica: 3p, 4s, 2f e 1p. Explique de maneira simples sua resposta.

41. Escreva um conjunto completo de números quânticos (n, ℓ e m_ℓ) que a teoria quântica permite para cada um dos seguintes orbitais: (a) 2p, (b) 3d e (c) 4f.

42. Escreva um conjunto completo de números quânticos (n, ℓ e m_ℓ) para cada um dos seguintes orbitais: (a) 5f, (b) 4d e (c) 2s.

43. Um determinado orbital tem $n = 4$ e $\ell = 2$. Qual deve ser esse orbital: (a) 3p, (b) 4p, (c) 5d ou (d) 4d?

44. Um dado orbital tem um número quântico magnético $m_\ell = -1$. Este *não* pode ser um
(a) orbital f (c) orbital p
(b) orbital d (d) orbital s

45. Quantas superfícies nodais que atravessam o núcleo (nós planares) estão associadas a cada um dos seguintes orbitais?
(a) $2s$ (b) $5d$ (c) $5f$

46. Quantas superfícies nodais que atravessam o núcleo (nós planares) estão associadas a cada um dos seguintes orbitais atômicos?
(a) $4f$ (b) $2p$ (c) $6s$

Questões Gerais sobre a Estrutura Atômica

Estas questões não estão definidas quanto ao tipo ou localização no capítulo. Elas podem combinar vários conceitos.

47. Quais das seguintes alternativas são aplicáveis ao explicar o efeito fotoelétrico? Corrija quaisquer afirmações que estejam erradas.
(a) Luz é radiação eletromagnética.
(b) A intensidade de um feixe de luz está relacionada à sua frequência.
(c) Pode-se imaginar a luz como sendo constituída por partículas sem massa cuja energia é dada pela equação de Planck, $E = h\nu$.

48. Em que região do espectro eletromagnético do hidrogênio a série de Lyman de linhas é encontrada? E a série de Balmer?

49. Dê o número de superfícies nodais que atravessam o núcleo (nós planares) para cada tipo de orbital: s, p, d e f.

50. Qual é o número máximo de orbitais s encontrados em uma dada camada de elétrons? E o número máximo de orbitais p? De orbitais d? De orbitais f?

51. Combine os valores de ℓ mostrados na tabela com o tipo de orbital (s, p, d ou f).

Valor de ℓ	Tipo de Orbital
3	_____
0	_____
1	_____
2	_____

52. Esboce uma imagem da superfície limite de 90% em um orbital s e em um orbital p_x. Certifique-se de que esse desenho mostre por que o orbital p é rotulado p_x e não p_y, por exemplo.

53. Complete a tabela a seguir.

Tipo de Orbital	Número de Orbitais em uma Determinada Subcamada	Número de Superfícies Nodais que Atravessam o Núcleo
s	_____	_____
p	_____	_____
d	_____	_____
f	_____	_____

54. Átomos de H excitados fornecem muitas linhas de emissão. Uma série de linhas, chamada *série de Pfund*, ocorre na região do infravermelho. Ela acontece quando um elétron muda de níveis de maior energia para um nível com $n = 5$. Calcule o comprimento de onda e a frequência da linha de menor energia dessa série.

55. Um sinal de propaganda emite luz vermelha e luz verde.
(a) Qual luz apresenta fótons de maior energia?
(b) Uma das cores tem um comprimento de onda de 680 nm e a outra de 500 nm. A qual cor corresponde o maior comprimento de onda?
(c) Qual luz tem maior frequência?

56. A radiação na região ultravioleta do espectro eletromagnético é bastante energética. É essa radiação que faz corantes desbotarem e sua pele desenvolver uma queimadura solar. Se você é bombardeado com 1,00 mol de fótons com comprimento de onda de 375 nm, a qual quantidade de energia em kJ/mol de fótons você está sendo submetido?

57. Um telefone celular envia sinais próximos de 850 MHz (em que 1 MHz = 1×10^6 Hz ou ciclos por segundo).
(a) Qual é o comprimento de onda dessa radiação?
(b) Qual é a energia de 1,0 mol de fótons com uma frequência de 850 MHz?
(c) Compare a energia da parte (b) com a energia de um mol de fótons de luz violeta (420 nm).
(d) Comente a diferença de energia entre a radiação a 850 MHz e a luz violeta.

58. Assuma que seus olhos recebem um sinal consistindo em luz azul, $\lambda = 470$ nm. A energia do sinal é de $2{,}50 \times 10^{-14}$ J. Quantos fótons atingem seus olhos?

59. Se energia suficiente é absorvida por um átomo, um elétron pode ser perdido e um íon positivo ser formado. A quantidade de energia necessária é chamada energia de ionização. No átomo de H, a energia de ionização é a necessária para mudar o elétron de $n = 1$ para $n = $ infinito. Calcule a energia de ionização para o íon He$^+$. A energia de ionização do He$^+$ é maior ou menor que a do H? (A teoria de Bohr pode ser aplicada ao He$^+$ porque ele, assim como o átomo de H, apresenta um único elétron. A energia do elétron, no entanto, é agora dada por $E = -Z^2 Rhc/n^2$, em que Z é o número atômico do hélio.)

60. Suponha que os átomos de hidrogênio absorvam energia de modo que os elétrons são excitados para o nível de energia $n = 7$. Os elétrons então passam por essas transições, entre outras:
(a) $n = 7 \to n = 1$; (b) $n = 7 \to n = 6$; e
(c) $n = 2 \to n = 1$. Qual dessas transições produz um fóton com (i) a menor energia, (ii) a maior frequência e (iii) o menor comprimento de onda?

61. Coloque os seguintes orbitais do átomo de H em ordem crescente de energia: $3s$, $2s$, $2p$, $4s$, $3p$, $1s$ e $3d$.

62. Quantos orbitais correspondem a cada uma das seguintes designações?
(a) $3p$ (d) $6d$ (g) $n = 5$
(b) $4p$ (e) $5d$ (h) $7s$
(c) $4p_x$ (f) $5f$

O cobalto-60 é um isótopo radioativo utilizado em medicina para o tratamento de certos tipos de câncer. Ele produz partículas β e raios γ, o último com energias de 1,173 e 1,332 MeV. (1 MeV = 10^6 elétron-volts e 1 eV = $1,6022 \times 10^{-19}$ J.) Quais são o comprimento de onda e a frequência de um fóton de raio γ com energia de 1,173 MeV?

64. ▲ A exposição a doses elevadas de micro-ondas pode causar danos nos tecidos. Estime quantos fótons, com λ = 12 cm, devem ser absorvidos para aumentar a temperatura do seu olho em 3,0 °C. Assuma que a massa de um olho é de 11 g, e sua capacidade calorífica específica é de 4,0 J/g · K.

65. Quando a sonda Sojourner pousou em Marte em 1997, o planeta estava aproximadamente a $7,8 \times 10^7$ km da Terra. Quanto tempo demorou para o sinal de imagem de televisão chegar à Terra?

66. A linha mais proeminente no espectro de emissão do cromo está localizada em 425,4 nm. Outras linhas do espectro de cromo são encontradas em 357,9 nm, 359,3 nm, 360,5 nm, 427,5 nm, 429,0 nm e 520,8 nm.
    (a) Qual destas linhas representa a luz mais energética?
    (b) Qual é a cor da luz de comprimento de onda 425,4 nm?

67. Responda às seguintes questões como se fosse um questionário resumido sobre este capítulo.
    (a) O número quântico n descreve o ____ de um orbital atômico.
    (b) A forma de um orbital atômico é dada pelo número quântico ____.
    (c) Um fóton de luz verde tem ____ (mais ou menos) energia que um fóton de luz laranja.
    (d) O número máximo de orbitais que pode ser associado ao conjunto de números quânticos $n = 4$ e $\ell = 3$ é ____.
    (e) O número máximo de orbitais que pode ser associado ao conjunto de números quânticos $n = 3$, $\ell = 2$ e $m_\ell = -2$ é ____.
    (f) Atribua a cada uma das seguintes figuras um orbital com a letra apropriada.

    (g) Quando $n = 5$, os possíveis valores de ℓ são _____.
    (h) O número de orbitais na camada $n = 4$ é _____.

68. Responda às seguintes questões como se fosse um questionário resumido sobre este capítulo.
    (a) O número quântico n descreve a _____ de um orbital atômico e o número quântico ℓ descreve a sua _____.
    (b) Quando $n = 3$, os possíveis valores de ℓ são _____.
    (c) Que tipo de orbital corresponde a $\ell = 3$? _____.
    (d) Para um orbital 4d, o valor de n é _____, o valor de ℓ é _____, e um possível valor de m_ℓ é _____.

(e) Cada um dos seguintes desenhos representa um tipo de orbital atômico. Dê a designação do orbital com uma letra, forneça o seu valor de ℓ e especifique o número de nós planares.

Letra = _____   _____
Valor de ℓ = _____   _____
Nós planares = _____   _____

(f) Um orbital atômico com três nós planares que atravessam o núcleo é um orbital _____.
(g) Qual dos seguintes orbitais não pode existir de acordo com a teoria quântica moderna: 2s, 3p, 2d, 3f, 5p, 6p?
(h) Qual dos seguintes itens não corresponde a um conjunto válido de números quânticos?

n	ℓ	m_ℓ	m_s
3	2	1	$-\frac{1}{2}$
2	1	2	$+\frac{1}{2}$
4	3	0	0

(i) Qual é o número máximo de orbitais que podem ser associados com cada um dos seguintes conjuntos de números quânticos? (Uma resposta possível é "nenhum".)
  (i) $n = 2$ e $\ell = 1$
  (ii) $n = 3$
  (iii) $n = 3$ e $\ell = 3$
  (iv) $n = 2$, $\ell = 1$, e $m_\ell = 0$

69. Para um elétron em um átomo de hidrogênio, calcule a energia do fóton emitida quando um elétron diminui sua energia durante a transição do nível $n = 5$ para o estado $n = 2$. Quais são a frequência e o comprimento de onda dessa radiação eletromagnética?

No Laboratório

70. Uma solução de KMnO$_4$ absorve luz a 540 nm. Qual é a frequência da luz absorvida? Qual é a energia de um mol de fótons com λ = 540 nm?

71. Um grande picles está ligado a dois eletrodos, que são então ligados a uma fonte de alimentação de 110 V. Conforme a tensão é aumentada através do picles, ele começa a brilhar com uma cor amarela. Sabendo que os picles são feitos por imersão do vegetal em uma solução salina concentrada, descreva por que o picles pode emitir luz quando é fornecida energia elétrica.

O "picles elétrico"

72. O espectro mostrado aqui refere-se à aspirina. O eixo vertical representa a quantidade de luz absorvida e o eixo horizontal é o comprimento de onda da luz incidente (em nm). (Para mais informações sobre espectrofotometria, consulte as páginas 202-2007.)

Qual é a frequência da luz com comprimento de onda 278 nm? Qual é a energia de um mol de fótons com λ = 278 nm? Qual região do espectro eletromagnético é coberta pelo espectro acima? Sabendo que a aspirina só absorve a luz na região representada por esse espectro, qual é a cor da aspirina?

73. O espectro infravermelho para o metanol, CH_3OH, é ilustrado abaixo. Ele mostra a quantidade de luz na região do infravermelho que o metanol transmite como uma função do comprimento de onda. O eixo vertical é a quantidade de luz transmitida. Em pontos próximos do topo do gráfico, a maior parte da luz incidente está sendo transmitida pela amostra (ou inversamente, pouca luz é absorvida). Portanto, os "picos" ou "bandas" que descendem do topo indicam a luz absorvida; quanto maior a banda, mais luz está sendo absorvida. A escala horizontal está em unidades de "números de onda", abreviadas como cm^{-1}. A energia da luz é dada pela lei de Planck como $E = hc/\lambda$; isto é, E é proporcional a $1/\lambda$. Portanto, a escala horizontal é em unidades de $1/\lambda$ e reflete a energia da luz incidente sobre a amostra.

(a) Um ponto no eixo horizontal está marcado como $2000\ cm^{-1}$. Qual é o comprimento de onda da luz neste ponto?
(b) Qual é a extremidade de menor energia deste espectro (esquerda ou direita) e qual é a extremidade de maior energia?
(c) A ampla absorção em torno de 3300-$3400\ cm^{-1}$ indica que a radiação infravermelha está interagindo com o grupo OH da molécula de metanol. As absorções mais estreitas em torno de 2800-$3000\ cm^{-1}$ são para interações com ligações de C—H. Qual interação requer mais energia, com O—H ou com C—H?

Resumo e Questões Conceituais

As seguintes questões podem usar os conceitos deste capítulo e de capítulos anteriores.

74. Bohr imaginou os elétrons do átomo como sendo localizados em órbitas definidas em torno do núcleo, assim como os planetas orbitam o Sol. Critique esse modelo.

75. A luz é emitida pela lâmpada de um poste, contendo mercúrio ou sódio, quando os átomos desses elementos são excitados. A luz que você enxerga resulta de quais das seguintes razões?

(a) Os elétrons estão se movendo de um determinado nível de energia para um de maior energia.
(b) Os elétrons estão sendo removidos do átomo, criando assim um cátion do metal.
(c) Os elétrons estão se movendo de um determinado nível de energia para um de menor energia.

76. Como interpretamos o significado físico do quadrado da função de onda? O que são as unidades de $4\pi r^2 \psi^2$?

77. O que significa "dualidade partícula-onda"? Quais são suas implicações na nossa visão moderna da estrutura atômica?

78. Qual dessas alternativas são observáveis?

(a) posição de um elétron em um átomo de H
(b) frequência da radiação emitida por átomos de H
(c) trajetória de um elétron em um átomo de H
(d) movimento das ondas de elétrons
(e) padrões de difração produzidos pelos elétrons
(f) padrões de difração produzidos pela luz
(g) energia necessária para remover elétrons dos átomos de H
(h) um átomo
(i) uma molécula
(j) uma onda de água

79. Em princípio, qual dos seguintes itens pode ser determinado?

(a) a energia de um elétron no átomo de H com grande precisão e exatidão
(b) a posição de um elétron em alta velocidade com grande precisão e exatidão
(c) simultaneamente, tanto a posição quanto a energia de um elétron em alta velocidade com grande precisão e exatidão

80. ▲ Suponha que você viva em um universo diferente, em que um conjunto diferente de números quânticos é necessário para descrever os átomos daquele universo. Estes números quânticos têm as seguintes regras:

N, principal $1, 2, 3, \ldots, \infty$
L, orbital $= N$
M, magnético $-1, 0, +1$

Quantos orbitais estão ali por completo nas três primeiras camadas eletrônicas?

81. Um fóton com comprimento de onda de 93,8 nm colide com um átomo e há emissão de luz pelo átomo. Quantas linhas de emissão seriam observadas? Em quais comprimentos de onda? Explique brevemente (veja a Figura 6.10).

82. Explique por que você poderia ou não medir o comprimento de onda de uma bola de golfe em voo.

83. O elemento radioativo tecnécio não é encontrado naturalmente na Terra; ele deve ser sintetizado em laboratório. No entanto, trata-se de um elemento valioso por suas aplicações médicas. Por exemplo, o elemento na forma de pertecnetato de sódio (NaTcO$_4$) é usado em estudos de imagens do cérebro, da tireoide, das glândulas salivares e em estudos do fluxo sanguíneo dos rins, entre outras coisas.

(a) Em que grupo e período da Tabela Periódica encontra-se o elemento?

(b) Os elétrons de valência do tecnécio são encontrados nas subcamadas 5s e 4d. Qual é o conjunto de números quânticos (n, ℓ e m_ℓ) para um dos elétrons da subcamada 5s?

(c) O tecnécio emite um raio γ com energia de 0,141 MeV. (1 MeV = 10^6 elétrons-volt, em que 1 eV = 1,6022 × 10^{-19} J.) Quais são o comprimento de onda e a frequência de um fóton de raio γ com uma energia de 0,141 MeV?

(d) Para preparar NaTcO$_4$, o metal é dissolvido em ácido nítrico.

7 HNO$_3$(aq) + Tc(s) →
    HTcO$_4$(aq) + 7 NO$_2$(g) + 3 H$_2$O(ℓ)

e o produto HTcO$_4$ é tratado com NaOH para produzir NaTcO$_4$.

(i) Escreva a equação balanceada para a reação de HTcO$_4$ com NaOH.

(ii) Se você começar com 4,5 mg de Tc metálico, qual massa de NaTcO$_4$ pode ser preparada? Qual massa de NaOH, em gramas, é necessária para converter todo o HTcO$_4$ em NaTcO$_4$?

(e) Se você sintetizar 1,5 micromol de NaTcO$_4$, que massa de composto você tem? Se o composto é dissolvido em 10,0 mL de água, qual é a concentração da solução?

84. ▲ A Figura 6.12b mostra a probabilidade de encontrar um elétron 1s no átomo de hidrogênio a várias distâncias do núcleo. Para criar o gráfico nesta figura, a nuvem de elétrons é primeiro dividida em uma série de finas camadas concêntricas ao redor do núcleo e, em seguida, a probabilidade de encontrar o elétron em cada camada é avaliada. O volume de cada camada é dado pela equação $V = 4\pi r^2(d)$, em que d é a espessura da camada e r é a distância da camada ao núcleo. A probabilidade de encontrar o elétron em cada camada é

$$\text{Probabilidade} = 4\pi r^2 \psi^2 (d)$$

em que ψ é a função de onda 1s para o hidrogênio (a$_o$ nesta equação é de 52,9 pm).

$$\psi = \frac{1}{(\pi a_0^3)^{1/2}} e^{-r/a_0}$$

(a) A distância mais provável para um elétron 1s no átomo de hidrogênio é de 52,9 pm. Avalie a probabilidade de encontrar o elétron em uma camada concêntrica de espessura 1,0 pm a essa distância do núcleo.

(b) Calcule a probabilidade de encontrar o elétron em uma camada de 1,0 pm de espessura em distâncias a partir do núcleo de 0,50 a$_o$ e 4 a$_o$. Compare os resultados com as probabilidades em a$_o$. Essas probabilidades estão de acordo com o gráfico de densidade de superfície mostrado na Figura 6.12b?

Rubis Os rubis vermelhos e as safiras azul-marinho são ambos óxidos de alumínio com diferentes impurezas.

7 A estrutura dos átomos e as tendências periódicas

Sumário do capítulo

7-1 O Princípio de Exclusão de Pauli

7-2 Energias das Subcamadas Atômicas e Atribuição dos Elétrons

7-3 Configurações Eletrônicas dos Átomos

7-4 Configurações Eletrônicas dos Íons

7-5 Propriedades Atômicas e Tendências Periódicas

7-6 Tendências Periódicas e Propriedades Químicas

RUBIS E SAFIRAS As pessoas têm fascínio pelas pedras preciosas, como rubis e safiras, e as cobiçam há centenas de anos.

Para um químico, tais pedras preciosas consistem apenas em óxido de alumínio com traços de impurezas. Mas são as impurezas que transformam o simples óxido de alumínio em uma bela pedra preciosa.

Os rubis vêm em uma variedade de cores. A maioria é vermelha, mas eles podem apresentar tons de marrom, púrpura e rosa devido a diferentes quantidades e identidades dos oligoelementos presentes. A cor vermelha origina-se da substituição de alguns dos íons Al^{3+} em Al_2O_3 por íons Cr^{3+}. O preço de um rubi geralmente depende da sua cor e transparência, sendo o mais valioso o vermelho intenso, o qual dizem que se assemelha ao "sangue de pombo"; também deve ser o mais transparente possível. Os rubis muitas vezes têm inclusões de agulhas minúsculas de dióxido de titânio (rutilo), o que os tornam um pouco turvos. De fato, se um rubi não for ligeiramente turvo, pode ser uma pedra sintética com muito menos valor.

PARTE DOIS ▶ ÁTOMOS E MOLÉCULAS

CAPÍTULO 7

Objetivos do Capítulo

Consulte a Revisão dos Objetivos do Capítulo para ver as Questões para Estudo relacionadas a estes objetivos.

ENTENDER
- A relação entre os quatro números quânticos (n, ℓ, m_ℓ e m_s) e a estrutura atômica.
- A carga nuclear efetiva, Z^*, e suas implicações nas energias das subcamadas e nas propriedades dos átomos.

FAZER
- Escrever a configuração eletrônica para os átomos e íons monoatômicos.

LEMBRAR
- Os elétrons são atribuídos às subcamadas de um átomo em ordem crescente de energia.
- As tendências nos tamanhos dos átomos e íons, na energia de ionização e entalpia de adição eletrônica.

A maioria dos rubis é proveniente da região sudeste e central da Ásia e do leste da África, mas existem alguns depósitos nos Estados Unidos. Curiosamente, como as geleiras vêm recuando na Groenlândia, grandes depósitos de rubi estão sendo descobertos.

Os rubis sintéticos foram produzidos pela primeira vez no século XIX, sendo mais conhecido o processo desenvolvido por Auguste Verneuil em 1902. Nesse caso, o óxido de alumínio e o fluoreto de bário são fundidos com um composto de cromo(III). Os materiais sintéticos produzidos dessa forma são agora utilizados em lasers comerciais, como aqueles encontrados em leitores de DVD.

As safiras também possuem o óxido de alumínio como base. A cor azul habitual delas resulta de vestígios de elementos como ferro, titânio e vanádio. Quando o ferro e o titânio estão presentes como Fe^{2+} e Ti^{4+}, o resultado é a cor azul-marinho, pela qual as safiras são famosas. Assim como os rubis, as safiras também podem ser sintetizadas e utilizadas em algumas joias.

Questões para Estudo relacionadas a esta história: 7.37 e 7.38.

O modelo da Mecânica Quântica do átomo desenvolvido no Capítulo 6 descreve os elétrons como ondas de matéria e apresenta quatro números quânticos que são utilizados para descrever essas ondas. Os elétrons são atribuídos a orbitais que são arranjados em subcamadas, as quais são, por sua vez, parte de camadas eletrônicas. Um dos objetivos deste capítulo é fazer uso desse modelo para descrever a estrutura eletrônica de todos os elementos.

Outro objetivo é explorar algumas das propriedades dos elementos; dentre elas, as mudanças de energia que ocorrem quando os átomos perdem ou ganham elétrons para formar íons e os tamanhos dos átomos e dos íons. Essas propriedades estão diretamente relacionadas à estrutura eletrônica dos átomos, ou seja, à distribuição dos elétrons nos átomos.

7-1 O Princípio de Exclusão de Pauli

Para tornar a teoria quântica condizente com a experiência, o físico austríaco Wolfgang Pauli (1900-1958) definiu, em 1925, seu **princípio de exclusão**: *Não mais que dois elétrons podem ser atribuídos ao mesmo orbital e, se houver dois elétrons no mesmo orbital, eles devem ter spins opostos.* Isso leva à afirmação geral de que *dois elétrons em um átomo não podem ter o mesmo conjunto de quatro números quânticos* (n, ℓ, m_ℓ e m_s).

Um elétron atribuído ao orbital 1s do átomo de H pode ter o conjunto de números quânticos $n = 1$, $\ell = 0$, $m_\ell = 0$ e $m_s = +\frac{1}{2}$. Se representarmos um orbital como uma caixa e o spin do elétron como uma seta (↑ ou ↓), uma representação do átomo de hidrogênio será então:

Elétrons no orbital 1s: [↑] Conjunto de números quânticos
1s $n = 1$, $\ell = 0$, $m_\ell = 0$, $m_s = +\frac{1}{2}$

A escolha de m_s (ou $+\frac{1}{2}$ ou $-\frac{1}{2}$) e a direção da seta spin do elétron são arbitrárias; ou seja, podemos escolher qualquer valor e a flecha pode apontar em qualquer direção. Diagramas como esses são chamados de **diagramas de orbitais em caixas.**

Um átomo de hélio tem dois elétrons. Na configuração eletrônica de menor energia (estado fundamental), ambos os elétrons são atribuídos ao orbital 1s. O princípio de exclusão de Pauli exige que cada elétron deve ter um conjunto diferente de números quânticos, de modo que o diagrama dos orbitais em caixas é:

Dois elétrons no orbital 1s: [↑↓]
1s
← Esse elétron tem $n = 1$, $\ell = 0$, $m_\ell = 0$, $m_s = -\frac{1}{2}$
← Esse elétron tem $n = 1$, $\ell = 0$, $m_\ell = 0$, $m_s = +\frac{1}{2}$

Tendo spins opostos ou "emparelhados", os dois elétrons no orbital 1s de um átomo de He têm conjuntos diferentes dos quatro números quânticos. Nossa compreensão dos orbitais e o conhecimento de que um orbital não pode acomodar mais do que dois elétrons informam o número máximo dos elétrons que podem ocupar cada camada ou subcamada eletrônica. Por exemplo, como dois elétrons podem ser atribuídos a cada um dos três orbitais em uma subcamada p, essas subcamadas podem acomodar um máximo de seis elétrons. Segundo o mesmo raciocínio, os cinco orbitais de uma subcamada d podem acomodar um total de 10 elétrons, e os sete orbitais f, 14 elétrons. Lembre-se de que há sempre n subcamadas na enésima camada e que há n^2 orbitais nessa camada (◄ Tabela 6.1). Assim, *o número máximo de elétrons em qualquer camada é $2n^2$.* A relação entre os números quânticos e os números de elétrons é mostrada na Tabela 7.1.

> **Orbitais Não São Caixas** Os orbitais não são caixas nas quais os elétrons são colocados. Desse modo, não é conceitualmente correto falar sobre os elétrons estando em orbitais ou ocupando orbitais, embora isso normalmente seja feito por uma questão de simplicidade.

EXERCÍCIOS PARA A SEÇÃO 7.1

1. Quantos elétrons podem ser acomodados na camada $n = 7$?

   (a) 18 (b) 36 (c) 72 (d) 98

2. Se um elétron em um orbital tem números quânticos $n = 3$, $\ell = 2$, $m_\ell = -1$ e $m_s = +1/2$, quais são os números quânticos para o outro elétron nesse orbital?

   (a) $n = 3, \ell = 2, m_\ell = -1, m_s = +1/2$ (c) $n = 3, \ell = 2, m_\ell = 0, m_s = -1/2$
   (b) $n = 3, \ell = 2, m_\ell = -1, m_s = -1/2$ (d) $n = 3, \ell = 1, m_\ell = -1, m_s = +1/2$

Tabela 7.1 Números de Elétrons Acomodados em Camadas e Subcamadas Eletrônicas com n = 1 a 6

Camada Eletrônica (n)	Subcamadas Disponíveis	Orbitais Disponíveis ($2\ell +1$)	Número de Elétrons Possíveis na Subcamada [$2(2\ell + 1)$]	Número Máximo de Elétrons da Enésima Camada ($2n^2$)
1	s	1	2	2
2	s	1	2	8
	p	3	6	
3	s	1	2	18
	p	3	6	
	d	5	10	
4	s	1	2	32
	p	3	6	
	d	5	10	
	f	7	14	
5	s	1	2	50
	p	3	6	
	d	5	10	
	f	7	14	
	g*	9	18	
6	s	1	2	72
	p	3	6	
	d	5	10	
	f*	7	14	
	g*	9	18	
	h*	11	22	

*Esses orbitais não estão ocupados no estado fundamental de nenhum elemento conhecido.

7-2 Energias das Subcamadas Atômicas e Atribuição dos Elétrons

Nosso objetivo nesta seção é compreender e prever a distribuição dos elétrons em átomos polieletrônicos. O procedimento pelo qual os elétrons são atribuídos aos orbitais é conhecido como o *princípio de Aufbau* (a palavra alemã *Aufbau* significa "construção"). Os elétrons de um átomo são atribuídos a camadas (definidas pelo número quântico n) e subcamadas (definidas pelos números quânticos n e ℓ), em ordem crescente de energia. Desse modo, a energia total do átomo torna-se a menor possível.

Ordem de Energias das Subcamadas e Atribuições

A teoria quântica e o modelo atômico de Bohr indicam que a energia do átomo de H, com um único elétron, depende somente do valor de n (Equação 6.4, $E_n = -Rhc/n^2$). Para átomos com mais de um elétron, entretanto, a situação é mais complexa. A ordem de energias das subcamadas para n = 1, 2 e 3 na Figura 7.1a mostra que as energias das subcamadas em átomos polieletrônicos dependem *tanto de n como de ℓ*.

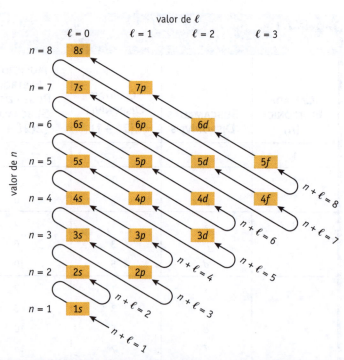

(a) Ordem de energias das subcamadas em um átomo polieletrônico. As energias das camadas eletrônicas aumentam com o aumento de *n* e, dentro de uma camada, as energias das subcamadas aumentam com o aumento de ℓ. (O eixo de energia não tem escala. Os intervalos de energia entre as subcamadas de uma determinada camada tornam-se menores à medida que *n* aumenta.)

(b) Ordem de preenchimento das subcamadas. As subcamadas nos átomos são preenchidas em ordem crescente de $n + \ell$. Quando duas subcamadas têm o mesmo valor de $n + \ell$, a subcamada de menor *n* é preenchida em primeiro lugar. Para usar o diagrama, comece em 1s e siga as setas de aumento de $n + \ell$. Desse modo, a ordem de preenchimento é 1s $\Rightarrow$ 2s $\Rightarrow$ 2p $\Rightarrow$ 3s $\Rightarrow$ 3p $\Rightarrow$ 4s $\Rightarrow$ 3d, e assim por diante.

FIGURA 7.1 Energias das subcamadas e a ordem de preenchimento em um átomo polieletrônico.

Com base em estudos teóricos e experimentais sobre a distribuição dos elétrons nos átomos, os químicos descobriram que há duas regras gerais que ajudam a prever esses arranjos:

1. Os elétrons são atribuídos às subcamadas em ordem crescente do valor de "$n + \ell$".
2. Para duas subcamadas com o mesmo valor de "$n + \ell$", os elétrons são atribuídos primeiro à subcamada com menor *n*.

A seguir, temos alguns exemplos dessas regras:

- Os elétrons são atribuídos à subcamada 2s ($n + \ell = 2 + 0 = 2$) antes da subcamada 2p ($n + \ell = 2 + 1 = 3$).
- Os elétrons são atribuídos aos orbitais 2p ($n + \ell = 2 + 1 = 3$) antes da subcamada 3s ($n + \ell = 3 + 0 = 3$) porque *n* para os elétrons 2p é menor que *n* para os elétrons 3s.
- Os elétrons são atribuídos à subcamada 4s ($n + \ell = 4 + 0 = 4$) antes da subcamada 3d ($n + \ell = 3 + 2 = 5$), porque $n + \ell$ é menor para 4s do que para 3d.

A Figura 7.1b resume a atribuição de elétrons de acordo com o aumento dos valores de $n + \ell$. A discussão a seguir explora a base para essa atribuição de configurações eletrônicas.

A Carga Nuclear Efetiva, Z*

A ordem em que os elétrons são atribuídos às subcamadas em um átomo, assim como muitas propriedades atômicas, pode ser racionalizada por meio do conceito de **carga nuclear efetiva (Z*)**. Trata-se da *carga líquida experimentada por um elétron específico em um átomo polieletrônico resultante de um balanço entre a força de atração do núcleo e as forças repulsivas de outros elétrons*.

A estrutura dos átomos e as tendências periódicas   313

(*À esquerda*) Os dois elétrons 1s do lítio têm a sua maior probabilidade na região sombreada, mas essa região é penetrada pelo elétron 2s (cujo diagrama de densidade de superfície aproximada é também mostrado aqui). No entanto, à medida que o elétron 2s penetra na região 1s, o elétron 2s sofre maior atração pela carga positiva, até um máximo de +3. Em média, o elétron 2s sofre atração por uma carga positiva, denominada de carga nuclear efetiva (Z^*), que é menor que +3, porém maior que +1.

(*À direita*) O valor de Z^* para o orbital ocupado de maior energia é determinado por ($Z - S$), em que Z é o número atômico e S é a constante de blindagem. (S reflete o quanto os elétrons internos blindam ou protegem o elétron mais externo da atração do núcleo.) Observe que S aumenta de forma significativa ao passarmos do Ne no segundo período ao Na no terceiro período.

FIGURA 7.2 Carga nuclear efetiva, Z^*.

O diagrama de densidade de superfície ($4\pi r^2 \psi^2$) de um elétron 2s para um átomo de lítio é fornecido na Figura 7.2. (O lítio tem três prótons no núcleo, dois elétrons 1s na primeira camada e um elétron 2s na segunda camada.) A probabilidade de encontrar o elétron 2s (registrada no eixo vertical) varia à medida que aumenta a distância a partir do núcleo (eixo horizontal). A região na qual os dois elétrons 1s têm maior probabilidade de serem encontrados corresponde à área sombreada na Figura 7.2. Observe que a região de maior probabilidade de encontrar o elétron 2s está parcialmente localizada dentro da região ocupada pelos elétrons 1s. Químicos dizem que o orbital 2s *penetra* na região que define o orbital 1s.

A uma grande distância do núcleo, a carga nuclear efetiva sofrida pelo terceiro elétron no lítio será +1, ou seja, o efeito líquido dos dois elétrons 1s (carga total = −2) e do núcleo (carga +3). Os elétrons 1s *atenuam* o efeito da carga nuclear sobre o elétron externo. No entanto, como a curva de probabilidade do elétron 2s passa pela região do elétron 1s, ele sofre a atração de uma carga positiva líquida cada vez maior. Quando o elétron 2s está perto do núcleo, ele é fracamente blindado pelos elétrons 1s, e o elétron 2s experimenta uma carga próxima a +3. A Figura 7.2 mostra que um elétron 2s tem alguma probabilidade de estar tanto dentro como fora da região ocupada pelos elétrons 1s. Assim, em média, um elétron 2s experimenta uma carga positiva maior que +1, porém menor que +3. A carga *média* ou *efetiva*, Z^*, experimentada pelo elétron 2s no Li, é de 1,28 (Tabela 7.2).

No átomo de hidrogênio, que tem somente um elétron, as subcamadas 2s e 2p têm a mesma energia. Entretanto, nos átomos com dois ou mais elétrons, as energias das subcamadas 2s e 2p são diferentes. Por que isso é verdade? A extensão relativa pela qual um elétron externo penetra nos orbitais mais internos ocorre na ordem $s > p > d > f$. Desse modo, a carga nuclear efetiva experimentada por elétrons

Tabela 7.2 Cargas Nucleares Efetivas, Z^*, para Elementos do Segundo Período

Átomo	$Z^*(2s)$	$Z^*(2p)$
Li	1,28	
B	2,58	2,42
C	3,22	3,14
N	3,85	3,83
O	4,49	4,45
F	5,13	5,10

em um átomo polieletrônico ocorre na ordem $ns > np > nd > nf$. Isso se reflete nos valores de Z^* para elétrons s e p nos elementos do segundo período (Tabela 7.2). Em cada caso, Z^* é maior para os elétrons s do que para os elétrons p. Em uma determinada camada, os elétrons s sempre têm menor energia que os elétrons p; os elétrons p têm menor energia do que os elétrons d, e os elétrons d têm menor energia do que os elétrons f. Uma consequência é que subcamadas dentro de uma camada eletrônica são preenchidas na ordem ns antes de np antes de nd antes de nf. (Veja "Um Olhar Mais Atento: Energias dos Orbitais, Z^* e Configurações Eletrônicas".)

Outro fato importante a se notar na Figura 7.2 é a tendência ao longo de um período. Da esquerda à direita ao longo de um período, a carga nuclear efetiva *aumenta*. Os elétrons externos no flúor, por exemplo, sentem uma maior atração pelo núcleo do que os elétrons externos no oxigênio. Essa maior carga nuclear efetiva desempenha um papel importante na determinação de várias propriedades dos elementos, tais como os tamanhos relativos dos átomos (veja a Seção 7.6).

EXERCÍCIO PARA A SEÇÃO 7.2

1. Com base no princípio de Aufbau e na regra $n + \ell$, qual das seguintes afirmações está correta?

    (a) o orbital 4s é preenchido antes dos orbitais 4p

    (b) os orbitais 5d são preenchidos antes dos orbitais 6s

    (c) os orbitais 3d são preenchidos antes dos orbitais 3p

    (d) os orbitais 4f são preenchidos antes dos orbitais 5p

7-3 Configurações Eletrônicas dos Átomos

A distribuição dos elétrons nos átomos dos elementos de 1 até 109, ou seja, suas **configurações eletrônicas**, é fornecida na Tabela 7.3. Especificamente, essas são as *configurações eletrônicas no estado fundamental*, no qual os elétrons são encontrados nas camadas, nas subcamadas e nos orbitais que resultem em menor energia para um átomo isolado do elemento no estado gasoso. Em geral, os elétrons são atribuídos aos orbitais em ordem crescente de $n + \ell$. No entanto, será enfatizada aqui a relação das configurações eletrônicas dos elementos com suas posições na Tabela Periódica (Figura 7.3).

FIGURA 7.3 Configurações eletrônicas e a Tabela Periódica. A Tabela Periódica pode servir como um guia na determinação da ordem de preenchimento dos orbitais atômicos (veja a Tabela 7.3).

Tabela 7.3 Configurações Eletrônicas no Estado Fundamental

Z	Elemento	Configuração	Z	Elemento	Configuração	Z	Elemento	Configuração
1	H	$1s^1$	37	Rb	$[Kr]5s^1$	74	W	$[Xe]4f^{14}5d^46s^2$
2	He	$1s^2$	38	Sr	$[Kr]5s^2$	75	Re	$[Xe]4f^{14}5d^56s^2$
3	Li	$[He]2s^1$	39	Y	$[Kr]4d^15s^2$	76	Os	$[Xe]4f^{14}5d^66s^2$
4	Be	$[He]2s^2$	40	Zr	$[Kr]4d^25s^2$	77	Ir	$[Xe]4f^{14}5d^76s^2$
5	B	$[He]2s^22p^1$	41	Nb	$[Kr]4d^45s^1$	78	Pt	$[Xe]4f^{14}5d^96s^1$
6	C	$[He]2s^22p^2$	42	Mo	$[Kr]4d^55s^1$	79	Au	$[Xe]4f^{14}5d^{10}6s^1$
7	N	$[He]2s^22p^3$	43	Tc	$[Kr]4d^55s^2$	80	Hg	$[Xe]4f^{14}5d^{10}6s^2$
8	O	$[He]2s^22p^4$	44	Ru	$[Kr]4d^75s^1$	81	Tl	$[Xe]4f^{14}5d^{10}6s^26p^1$
9	F	$[He]2s^22p^5$	45	Rh	$[Kr]4d^85s^1$	82	Pb	$[Xe]4f^{14}5d^{10}6s^26p^2$
10	Ne	$[He]2s^22p^6$	46	Pd	$[Kr]4d^{10}$	83	Bi	$[Xe]4f^{14}5d^{10}6s^26p^3$
11	Na	$[Ne]3s^1$	47	Ag	$[Kr]4d^{10}5s^1$	84	Po	$[Xe]4f^{14}5d^{10}6s^26p^4$
12	Mg	$[Ne]3s^2$	48	Cd	$[Kr]4d^{10}5s^2$	85	At	$[Xe]4f^{14}5d^{10}6s^26p^5$
13	Al	$[Ne]3s^23p^1$	49	In	$[Kr]4d^{10}5s^25p^1$	86	Rn	$[Xe]4f^{14}5d^{10}6s^26p^6$
14	Si	$[Ne]3s^23p^2$	50	Sn	$[Kr]4d^{10}5s^25p^2$	87	Fr	$[Rn]7s^1$
15	P	$[Ne]3s^23p^3$	51	Sb	$[Kr]4d^{10}5s^25p^3$	88	Ra	$[Rn]7s^2$
16	S	$[Ne]3s^23p^4$	52	Te	$[Kr]4d^{10}5s^25p^4$	89	Ac	$[Rn]6d^17s^2$
17	Cl	$[Ne]3s^23p^5$	53	I	$[Kr]4d^{10}5s^25p^5$	90	Th	$[Rn]6d^27s^2$
18	Ar	$[Ne]3s^23p^6$	54	Xe	$[Kr]4d^{10}5s^25p^6$	91	Pa	$[Rn]5f^26d^17s^2$
19	K	$[Ar]4s^1$	55	Cs	$[Xe]6s^1$	92	U	$[Rn]5f^36d^17s^2$
20	Ca	$[Ar]4s^2$	56	Ba	$[Xe]6s^2$	93	Np	$[Rn]5f^46d^17s^2$
21	Sc	$[Ar]3d^14s^2$	57	La	$[Xe]5d^16s^2$	94	Pu	$[Rn]5f^67s^2$
22	Ti	$[Ar]3d^24s^2$	58	Ce	$[Xe]4f^15d^16s^2$	95	Am	$[Rn]5f^77s^2$
23	V	$[Ar]3d^34s^2$	59	Pr	$[Xe]4f^36s^2$	96	Cm	$[Rn]5f^76d^17s^2$
24	Cr	$[Ar]3d^54s^1$	60	Nd	$[Xe]4f^46s^2$	97	Bk	$[Rn]5f^97s^2$
25	Mn	$[Ar]3d^54s^2$	61	Pm	$[Xe]4f^56s^2$	98	Cf	$[Rn]5f^{10}7s^2$
26	Fe	$[Ar]3d^64s^2$	62	Sm	$[Xe]4f^66s^2$	99	Es	$[Rn]5f^{11}7s^2$
27	Co	$[Ar]3d^74s^2$	63	Eu	$[Xe]4f^76s^2$	100	Fm	$[Rn]5f^{12}7s^2$
28	Ni	$[Ar]3d^84s^2$	64	Gd	$[Xe]4f^75d^16s^2$	101	Md	$[Rn]5f^{13}7s^2$
29	Cu	$[Ar]3d^{10}4s^1$	65	Tb	$[Xe]4f^96s^2$	102	No	$[Rn]5f^{14}7s^2$
30	Zn	$[Ar]3d^{10}4s^2$	66	Dy	$[Xe]4f^{10}6s^2$	103	Lr	$[Rn]5f^{14}6d^17s^2$
31	Ga	$[Ar]3d^{10}4s^24p^1$	67	Ho	$[Xe]4f^{11}6s^2$	104	Rf	$[Rn]5f^{14}6d^27s^2$
32	Ge	$[Ar]3d^{10}4s^24p^2$	68	Er	$[Xe]4f^{12}6s^2$	105	Db	$[Rn]5f^{14}6d^37s^2$
33	As	$[Ar]3d^{10}4s^24p^3$	69	Tm	$[Xe]4f^{13}6s^2$	106	Sg	$[Rn]5f^{14}6d^47s^2$
34	Se	$[Ar]3d^{10}4s^24p^4$	70	Yb	$[Xe]4f^{14}6s^2$	107	Bh	$[Rn]5f^{14}6d^57s^2$
35	Br	$[Ar]3d^{10}4s^24p^5$	71	Lu	$[Xe]4f^{14}5d^16s^2$	108	Hs	$[Rn]5f^{14}6d^67s^2$
36	Kr	$[Ar]3d^{10}4s^24p^6$	72	Hf	$[Xe]4f^{14}5d^26s^2$	109	Mt	$[Rn]5f^{14}6d^77s^2$
			73	Ta	$[Xe]4f^{14}5d^36s^2$			

*Esta tabela segue a convenção geral de notação dos orbitais em ordem crescente de *n* ao representar as configurações eletrônicas. Para um determinado valor de *n*, as subcamadas são listadas em ordem crescente de ℓ.

Configurações Eletrônicas dos Elementos do Grupo Principal

O hidrogênio, o primeiro elemento na Tabela Periódica, possui um elétron em um orbital 1s. Uma maneira de descrever sua configuração eletrônica é por meio do diagrama de orbitais em caixas utilizado anteriormente, mas uma alternativa e um método usado com mais frequência é a notação *spdf*. Usando esse último método, a configuração eletrônica do H é $1s^1$, ou "um s um". Isso indica que há um elétron (indicado pelo número sobrescrito) no orbital 1s.

Notação de Orbitais em Caixa   *Notação spdf*

O hélio, o segundo elemento na Tabela Periódica, possui dois elétrons. A configuração eletrônica é $1s^2$, com ambos os elétrons no orbital 1s, porém, tendo spins opostos, como definido pelo princípio de exclusão de Pauli. Com o hélio, o primeiro nível de energia está completo.

Lítio (Li) e Outros Elementos do Grupo 1A

O lítio, com três elétrons, é o primeiro elemento no segundo período da Tabela Periódica. Em um átomo de lítio, os primeiros dois elétrons estão na subcamada 1s, e o terceiro elétron está na subcamada s da camada n = 2. A notação *spdf* é $1s^22s^1$, e dizemos "um s dois, dois s um".

As configurações eletrônicas são geralmente representadas na forma condensada com o símbolo do gás nobre que precede o elemento em questão entre colchetes (chamada **notação do gás nobre**) seguida da notação *spdf* ou de diagramas de orbitais em caixas para os elétrons adicionais aos do gás nobre. No lítio, o arranjo que precede o elétron 2s é a configuração eletrônica do gás nobre hélio. Em vez de escrever $1s^22s^1$ para a configuração do lítio, pode ser utilizada a notação condensada, $[He]2s^1$.

Os elétrons incluídos na notação do gás nobre são frequentemente chamados de **elétrons das camadas internas** do átomo. Os elétrons das camadas internas podem geralmente ser ignorados quando se considera a química de um elemento. Os elétrons que estão além dos elétrons das camadas internas – o elétron $2s^1$ no caso do lítio – são os **elétrons de valência**, que determinam as propriedades químicas de um elemento.

Todos os elementos do Grupo 1A têm um elétron atribuído a um orbital s da enésima camada, para o qual n é o número do período em que o elemento é encontrado (Figura 7.3). Por exemplo, o potássio é o primeiro elemento na fileira com n = 4 (o quarto período), de forma que ele possui a configuração eletrônica do elemento que o precede na tabela (Ar) mais um elétron atribuído ao orbital 4s: $[Ar]4s^1$.

Berílio (Be) e Outros Elementos do Grupo 2A

Todos os elementos do Grupo 2A têm configurações eletrônicas de [elétrons do gás nobre precedente]ns^2, em que n é o período em que o elemento está localizado na Tabela Periódica. Um átomo de berílio, por exemplo, possui dois elétrons no orbital 1s mais dois elétrons adicionais.

Lítio. As baterias de íon–lítio são cada vez mais utilizadas como produtos de consumo. Todos os elementos do Grupo 1A, como o lítio, têm uma configuração eletrônica externa de ns^1.

Berílio. O berílio é um dos componentes da liga de cobre–berílio, utilizados na indústria de gás e petróleo e em eletrônicos. Todos os elementos do Grupo 2A, como o berílio, têm uma configuração eletrônica externa ns^2.

Berílio: notação *spdf* $1s^22s^2$ ou $[He]2s^2$

Notação em caixa ↑↓ ↑↓ ☐☐☐
                   1s   2s   2p

Como todos os elementos do Grupo 1A têm configuração eletrônica de valência ns^1, e aqueles no Grupo 2A têm ns^2, esses elementos são chamados de **elementos do bloco s**.

Boro (B) e Outros Elementos do Grupo 3A

O boro (Grupo 3A) é o primeiro elemento no bloco dos elementos do lado direito da Tabela Periódica. Como os orbitais 1s e 2s são preenchidos em um átomo de boro, o quinto elétron deve ser atribuído a um orbital 2p.

Boro: notação *spdf* $1s^22s^22p^1$ ou $[He]2s^22p^1$

Notação em caixa ↑↓ ↑↓ ↑☐☐
                   1s   2s   2p

Os elementos do Grupo 3A ao Grupo 8A são frequentemente chamados de **elementos do bloco p**. Todos têm a configuração da camada de valência ns^2np^x, em que x varia de 1 a 6. Os elementos do Grupo 3A, por exemplo, estão na primeira coluna do bloco p e têm dois elétrons s e um elétron p (ns^2np^1) em suas camadas externas.

Boro. O carbeto de boro, B_4C, é usado na confecção de armaduras. Todos os elementos do Grupo 3A, como o boro, têm uma configuração eletrônica externa do tipo ns^2np^1.

Carbono (C) e Outros Elementos do Grupo 4A

O carbono (Grupo 4A) encontra-se na segunda coluna do bloco p e, desse modo, um átomo de carbono tem dois elétrons atribuídos aos orbitais 2p. Você pode escrever a configuração eletrônica do carbono consultando a Tabela Periódica: partindo do H e movendo-se da esquerda para a direita ao longo dos períodos sucessivos, você escreve $1s^2$ para chegar ao final do período 1, em seguida, $2s^2$ e, finalmente, $2p^2$ para conseguir acomodar seis elétrons. Para que o carbono esteja em seu nível de menor energia ou estado fundamental, esses elétrons devem ser atribuídos a orbitais p diferentes, e ambos devem ter o mesmo spin.

Carbono: notação *spdf* $1s^22s^22p^2$ ou $[He]2s^22p^2$

Notação em caixa ↑↓ ↑↓ ↑↑☐
                     1s   2s   2p

Regra de Hund e Energia de Troca A razão pela qual uma configuração com o número máximo de elétrons desemparelhados é mais estável deve-se à *energia de troca*, um conceito originário da mecânica quântica e que vai além do nível da Química Geral. Devido à interação de troca, os elétrons com spins paralelos resultam em uma energia total menor. A primeira das configurações a seguir é mais estável do que a segunda, por ter uma quantidade de energia igual à da *energia de troca*.

Quando os elétrons são distribuídos nos orbitais p, d ou f, cada elétron é atribuído sucessivamente a um orbital diferente da subcamada, com o mesmo spin que o anterior, e esse padrão continua até que a subcamada esteja semipreenchida. Os elétrons adicionais devem então ser atribuídos aos orbitais semipreenchidos. Esse procedimento segue a **regra de Hund**, a qual afirma que *o arranjo mais estável dos elétrons em uma subcamada é aquele com o número máximo de elétrons desemparelhados, todos com o mesmo spin*.

Todos os elementos do Grupo 4A têm configurações das camadas externas semelhantes, ns^2np^2, em que n é o período no qual o elemento está localizado na Tabela Periódica.

Nitrogênio (N), Oxigênio (O) e Elementos dos Grupos 5A e 6A

Um átomo de nitrogênio (Grupo 5A) possui cinco elétrons de valência. Além dos dois elétrons 2s, ele tem três elétrons, todos com o mesmo spin, em três orbitais 2p.

Nitrogênio: notação *spdf* $1s^22s^22p^3$ ou $[He]2s^22p^3$

Notação em caixa ↑↓ ↑↓ ↑↑↑
                     1s   2s   2p

Um átomo de oxigênio (Grupo 6A) possui seis elétrons de valência. Dois dos seis elétrons são atribuídos ao orbital 2s, e os outros quatro elétrons são atribuídos aos orbitais 2p.

Oxigênio: notação *spdf* $1s^2 2s^2 2p^4$ ou $[He]2s^2 2p^4$

Notação em caixa

O quarto elétron 2p deve emparelhar-se com um que já está presente. Não faz nenhuma diferença para qual orbital esse elétron é atribuído (todos os orbitais 2p têm a mesma energia), mas ele deve ter um spin oposto ao outro elétron já atribuído àquele orbital, de modo que cada elétron tenha um conjunto diferente de números quânticos (o princípio de exclusão de Pauli).

Todos os elementos do Grupo 5A possuem uma configuração da camada de valência ns^2np^3, e todos os elementos do Grupo 6A têm uma configuração da camada de valência ns^2np^4, em que *n* é o período em que o elemento está localizado na Tabela Periódica.

Flúor (F), Neônio (Ne) e os Elementos dos Grupos 7A e 8A

Um átomo de flúor (Grupo 7A) possui sete elétrons na camada *n* = 2. Dois desses elétrons ocupam a subcamada 2s, e os cinco elétrons restantes ocupam a subcamada 2p.

Flúor: notação *spdf* $1s^2 2s^2 2p^5$ ou $[He]2s^2 2p^5$

Notação em caixa

Flúor. O flúor é encontrado como íon fluoreto no mineral fluorita (CaF$_2$), às vezes chamado de *espato-flúor*. O mineral, característico do estado de Illinois, Estados Unidos, aparece em várias cores. Todos os elementos do Grupo 7A têm uma configuração eletrônica externa de ns^2np^5.

Os átomos de todos os halogênios têm uma configuração semelhante da camada de valência, ns^2np^5, em que *n* é o período em que o elemento está localizado.

O neônio é um gás nobre, assim como todos os elementos do Grupo 8A. Os átomos dos elementos deste Grupo 8A (exceto o hélio) têm oito elétrons na camada de maior valor de *n*, de modo que todos têm a configuração da camada de valência ns^2np^6, em que *n* é o período no qual o elemento é encontrado. Isto é, todos os gases nobres possuem as subcamadas *ns* e *np* completamente preenchidas. O fato dos gases nobres serem inertes está relacionado a essa configuração eletrônica.

Neônio: notação *spdf* $1s^2 2s^2 2p^6$ ou $[He]2s^2 2p^6$

Notação em caixa

Elementos do Terceiro Período

Os elementos do terceiro período têm configurações eletrônicas de valência semelhantes às do segundo período, exceto que o gás nobre precedente é o neônio e a camada de valência é o terceiro nível de energia. Por exemplo, o silício tem a configuração eletrônica do neônio mais quatro elétrons de valência. Como é o segundo elemento no bloco *p*, ele tem dois elétrons em orbitais 3p. Assim, sua configuração eletrônica é:

Silício. Si é o quarto elemento no terceiro período. A crosta terrestre é em grande parte composta de minerais contendo silício. Esta foto mostra um pouco de silício elementar e uma fina pastilha de silício em que os circuitos eletrônicos são impressos.

Silício: notação *spdf* $1s^2 2s^2 2p^6 3s^2 3p^2$ ou $[Ne]3s^2 3p^2$

Notação em caixa

EXEMPLO 7.1

Configurações Eletrônicas

Problema Dê a configuração eletrônica do enxofre usando as notações *spdf* com gás nobre e de orbitais em caixa.

O que você sabe? De acordo com a Tabela Periódica: enxofre, número atômico 16, é o sexto elemento no terceiro período ($n = 3$) e está na quarta coluna do bloco *p*. Você precisa saber a ordem de preenchimento (Figura 7.1).

Estratégia

- Para as notações *spdf* e de orbitais em caixa: atribua os 16 elétrons do enxofre aos orbitais com base na ordem de preenchimento.

- Para a notação do gás nobre: os primeiros 10 elétrons são identificados pelo símbolo do gás nobre precedente, Ne. Os 6 elétrons restantes são atribuídos às subcamadas 3s e 3p. Certifique-se de que a regra de Hund é seguida na notação em caixa.

Solução O enxofre, número atômico 16, é o sexto elemento no terceiro período ($n = 3$) e está no bloco *p*. Os últimos seis elétrons atribuídos ao átomo, portanto, têm a configuração $3s^2 3p^4$. Esses são precedidos pelas camadas completas $n = 1$ e $n = 2$, que corresponde ao arranjo eletrônico do Ne.

Enxofre O enxofre encontra-se amplamente distribuído na Terra. Como todos os elementos do Grupo 6A, ele tem a configuração eletrônica externa de $ns^2 np^4$.

Notação *spdf* completa: $1s^2 2s^2 2p^6 3s^2 3p^4$

Notação *spdf* com gás nobre: $[Ne]3s^2 3p^4$

Notação dos orbitais em caixas: [Ne] [↑↓]   [↑↓|↑|↑]
                                                  3s   3p

Pense bem antes de responder A notação de orbitais em caixas fornece informações não encontradas na notação *spdf*, ou seja, o número de elétrons desemparelhados.

Verifique seu entendimento

(a) Qual elemento tem a configuração $1s^2 2s^2 2p^6 3s^2 3p^5$?

(b) Usando a notação *spdf* e um diagrama de orbitais em caixa, apresente a configuração eletrônica do fósforo.

EXEMPLO 7.2

Configurações Eletrônicas e Números Quânticos

Problema Escreva a configuração eletrônica do Al usando as notações *spdf* e dos orbitais em caixa com a notação do gás nobre e dê um conjunto de números quânticos para cada um dos elétrons com $n = 3$ (os elétrons de valência).

O que você sabe? A Tabela Periódica informa que Al (número atômico 13) é o terceiro elemento após o gás nobre neônio.

Estratégia Como o alumínio é o terceiro elemento no terceiro período, ele possui três elétrons com $n = 3$. Dois dos elétrons são atribuídos a 3s e o elétron restante é atribuído a 3p.

> **Solução** O elemento é precedido pelo gás nobre neônio, de modo que a configuração eletrônica é [Ne]$3s^2 3p^1$. Utilizando a notação em caixa, a configuração é:
>
> Configuração do alumínio: [Ne] [↑↓] [↑ _ _]
>   3s   3p
>
> Os conjuntos dos números quânticos possíveis para os dois elétrons 3s são
>
> | | n | ℓ | m_ℓ | m_s |
> |---|---|---|---|---|
> | Para ↑ | 3 | 0 | 0 | $+\frac{1}{2}$ |
> | Para ↓ | 3 | 0 | 0 | $-\frac{1}{2}$ |
>
> Para o único elétron 3p, um dos seis conjuntos possíveis seria $n = 3$, $\ell = 1$, $m_\ell = +1$ e $m_s = +\frac{1}{2}$.
>
> **Pense bem antes de responder** Cada conjunto de quatro números quânticos identifica um único elétron na configuração eletrônica de um átomo. Os dois conjuntos dos quatro números quânticos não podem ser iguais.
>
> **Verifique seu entendimento**
> Escreva um conjunto possível de números quânticos para os elétrons de valência do cálcio.

Elementos de transição

Lantanídeos
Actinídeos

Configurações Eletrônicas dos Elementos de Transição

Os elementos do quarto ao sétimo períodos utilizam subcamadas d e f em adição às subcamadas s e p, a fim de acomodar os elétrons (veja a Figura 7.3 e as Tabelas 7.3 e 7.4). Os elementos cujos átomos possuem subcamadas d parcial ou totalmente preenchidas são chamados **elementos de transição**. Os elementos com subcamadas f parcial ou totalmente preenchidas são chamados, algumas vezes, **elementos de transição interna** ou, mais frequentemente, **lantanídeos** (quando o preenchimento ocorre nos orbitais 4f, do Ce ao Lu) e **actinídeos** (quando o preenchimento ocorre nos orbitais 5f, do Th ao Lr).

Em um determinado período da Tabela Periódica, os elementos de transição são sempre precedidos por dois elementos do bloco s. Após o preenchimento do orbital ns no período, começamos a preencher os orbitais $(n-1)d$. O escândio, o primeiro elemento de transição, tem a configuração [Ar]$3d^1 4s^2$, e o titânio segue com [Ar]$3d^2 4s^2$ (Tabela 7.4).

O procedimento geral para a atribuição dos elétrons sugere que a configuração eletrônica do átomo de cromo seja [Ar]$3d^4 4s^2$. A configuração real, entretanto, tem um elétron atribuído a cada um dos seis orbitais 3d e 4s disponíveis: [Ar]$3d^5 4s^1$. Essa configuração possui uma energia total menor (devido ao maior número de elétrons desemparelhados) do que a configuração anterior.

Depois do cromo, os átomos de manganês, ferro, cobalto e níquel apresentam as configurações que seriam esperadas a partir da ordem de preenchimento dos orbitais na Figura 7.1. O cobre ([Ar]$3d^{10} 4s^1$) é a segunda "exceção" nessa série; ele possui um único elétron no orbital 4s, e os 10 elétrons restantes além do cerne de argônio são atribuídos aos orbitais 3d. O zinco, com a configuração [Ar]$3d^{10} 4s^2$, termina a primeira série de transição.

Os elementos de transição do quinto período seguem o padrão do quarto período, porém, têm mais exceções às regras gerais de preenchimento de orbitais.

Lantanídeos e Actinídeos

O sexto período inclui a série dos lantanídeos. Como primeiro elemento no bloco d, o lantânio tem a configuração [Xe]$5d^1 6s^2$. O elemento seguinte, cério (Ce), é colocado em uma fileira separada na parte inferior da Tabela Periódica, e é com os elementos dessa fileira (do Ce ao Lu) que os elétrons começam a preencher os orbitais f. Assim, a

Escrevendo Configurações para Metais de Transição Seguimos a convenção da escrita das configurações com as camadas listadas em ordem crescente de n e, dentro de uma determinada camada, escrevendo as subcamadas em ordem crescente de ℓ. No entanto, alguns químicos invertem a ordem dos orbitais ns e $(n-1)d$ para enfatizar a ordem de preenchimento do orbital.

Tabela 7.4 Diagramas de Orbitais em Caixas para os elementos do Ca ao Zn

		3d	4s
Ca	[Ar]4s²	☐ ☐ ☐ ☐ ☐	↑↓
Sc	[Ar]3d¹4s²	↑ ☐ ☐ ☐ ☐	↑↓
Ti	[Ar]3d²4s²	↑ ↑ ☐ ☐ ☐	↑↓
V	[Ar]3d³4s²	↑ ↑ ↑ ☐ ☐	↑↓
Cr*	[Ar]3d⁵4s¹	↑ ↑ ↑ ↑ ↑	↑
Mn	[Ar]3d⁵4s²	↑ ↑ ↑ ↑ ↑	↑↓
Fe	[Ar]3d⁶4s²	↑↓ ↑ ↑ ↑ ↑	↑↓
Co	[Ar]3d⁷4s²	↑↓ ↑↓ ↑ ↑ ↑	↑↓
Ni	[Ar]3d⁸4s²	↑↓ ↑↓ ↑↓ ↑ ↑	↑↓
Cu*	[Ar]3d¹⁰4s¹	↑↓ ↑↓ ↑↓ ↑↓ ↑↓	↑
Zn	[Ar]3d¹⁰4s²	↑↓ ↑↓ ↑↓ ↑↓ ↑↓	↑↓

*Veja "Um olhar mais atento: Questões Sobre as Configurações Eletrônicas dos Elementos de Transição".

configuração do cério é [Xe]4f¹5d¹6s². Ao se mover ao longo da série dos lantanídeos, o padrão continua (embora com variações ocasionais na ocupação de orbitais 5d e orbitais 4f). A série dos lantanídeos termina com 14 elétrons sendo atribuídos aos sete orbitais 4f no último elemento, lutécio (Lu, [Xe]4f¹⁴5d¹6s²) (veja a Tabela 7.3).

O sétimo período também inclui uma série extensa de elementos utilizando orbitais *f*, os actinídeos. O actínio tem a configuração (Ac, [Rn]6d¹7s²). O elemento seguinte é o tório (Th), que é seguido pelo protactínio (Pa) e pelo urânio (U). A configuração eletrônica do urânio é [Rn]5f³6d¹7s².

Lantanídeos. Esses elementos têm muitos usos. Na foto são mostrados óxidos de lantanídeos.

EXEMPLO 7.3

Configurações Eletrônicas dos Elementos de Transição

Problema Usando a notação *spdf* com a do gás nobre, dê as configurações eletrônicas para (a) o tecnécio, Tc, e (b) o ósmio, Os.

O que você sabe? Fundamente sua resposta nas posições dos elementos na Tabela Periódica. O tecnécio é o sétimo elemento no quinto período e o ósmio é o vigésimo segundo elemento no sexto período.

Estratégia Para cada elemento encontre o gás nobre precedente e, então, observe o número de elétrons *s*, *p*, *d* e *f* adicionais ao do gás nobre para cada elemento.

Solução

(a) Tecnécio, Tc: o gás nobre que precede o Tc é o criptônio, Kr, no final do quarto período, com *n* = 4. Após 36 elétrons correspondentes à configuração do criptônio (como [Kr]), sobram sete elétrons. Dois desses elétrons estão no orbital 5s, e os cinco restantes, nos orbitais 4d. Consequentemente, a configuração do tecnécio é [Kr]4d⁵5s².

UM OLHAR MAIS ATENTO

Energias dos Orbitais, Z* e Configurações Eletrônicas

O gráfico abaixo mostra como as energias dos diferentes orbitais atômicos variam ao passarmos de um elemento a outro na Tabela Periódica. Aqui estão algumas observações significativas extraídas do gráfico.

(1) De um modo geral, à medida que se move da esquerda para a direita, em qualquer período, as energias dos orbitais atômicos diminuem. Essa tendência está relacionada com as variações na carga nuclear efetiva, Z*, a carga efetiva experimentada por um elétron em um dado orbital (Figura 7.2). Como notado, Z* é um parâmetro relacionado com a carga nuclear e com o efeito de blindagem de todos os outros elétrons. Quando se move de um elemento ao próximo através de cada período, o efeito atrativo de um próton adicional no núcleo supera o efeito repulsivo de um elétron adicional.

(2) Os elétrons são classificados como elétrons de valência ou elétrons das camadas internas. Agora podemos ver, a partir desse gráfico, a distinção óbvia entre essas duas classes. Os elétrons de valência encontram-se em orbitais com maiores energias (menos negativas). Por outro lado, os elétrons das camadas internas estão em orbitais com menores energias, porque eles experimentam um valor de Z* muito mais elevado. Além disso, à medida que se desloca de um período ao outro (por exemplo, do Ar no terceiro período ao K no quarto período), as energias dos orbitais internos diminuem significativamente. A menor energia dos elétrons nesses orbitais exclui a possibilidade de esses elétrons serem envolvidos em reações químicas.

(3) Observe também as energias dos orbitais da primeira série de transição. Cada elemento ao longo da série de transição envolve a adição de um próton no núcleo e de um elétron 3d em uma camada interna. O nível de energia 4s diminui apenas ligeiramente nessa série de elementos, indicando que os elétrons 3d adicionais efetivamente protegem um elétron 4s da carga positiva resultante da adição de um próton. A carga nuclear adicional tem maior efeito nos orbitais 3d, e as suas energias diminuem a uma extensão cada vez maior ao longo da série de transição. Quando o final desta série é alcançado, os elétrons 3d tornam-se parte do cerne de elétrons mais internos, e suas energias diminuem significativamente.

(4) Por fim, observe o comportamento excepcional de Cr e Cu nessa sequência. Esses elementos têm configurações eletrônicas inesperadas (página 321) decorrentes de um outro fator, a energia de troca (página 317), que contribui para a energia total do átomo.

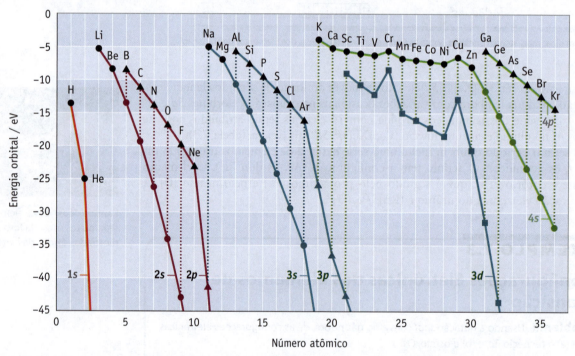

Variações nas energias dos orbitais (provenientes dos dados de espectroscopia de fotoelétrons, ▶ página 332) em função do número atômico. As energias estão em elétron-volts (eV), em que 1 eV = 1,602 × 10^{-19} J. (Figura redesenhada de KEELER, J.; WOTHERS, P. *Chemical Structure and Reactivity*. Oxford, 2008; usada com permissão.)

(b) Ósmio, Os: o ósmio é um elemento do sexto período. Dos 22 elétrons a serem adicionados além da configuração eletrônica comum à do xenônio, dois são atribuídos ao orbital 6s e 14 aos orbitais 4f. Os seis restantes são atribuídos aos orbitais 5d. Assim, a configuração do ósmio é [Xe]4f^{14}5d^{6}6s^{2}.

Pense bem antes de responder A Tabela Periódica é um guia útil para determinar configurações eletrônicas. Tenha em mente, porém, que existem algumas exceções, particularmente nos elementos de transição mais pesados e nos lantanídeos e actinídeos.

UM OLHAR MAIS ATENTO

Questões Sobre as Configurações Eletrônicas dos Elementos de Transição

Por que nem todas as subcamadas de $n = 3$ são preenchidas antes das subcamadas de $n = 4$ começarem a ser preenchidas? Por que a configuração do escândio é $[Ar]3d^14s^2$ e não $[Ar]3d^3$? Por que a configuração do cromo é $[Ar]3d^54s^1$ e não $[Ar]3d^44s^2$? À medida que procurarmos explicações, tenha em mente que a configuração mais estável será aquela com a menor energia *total*.

Do escândio ao zinco, as energias dos orbitais $3d$ são sempre menores que a energia do orbital $4s$, portanto, a configuração $[Ar]3d^3$ seria a esperada para o escândio. Uma maneira de entender porque isso não se verifica é considerar o efeito de repulsão elétron–elétron nos orbitais $3d$ e $4s$. A configuração mais estável será aquela que minimizar de forma mais efetiva as repulsões elétron–elétron.

Os gráficos dos orbitais $3d$ e $4s$ (como foi feito para $1s$ e $2s$ na Figura 7.2) indicam que a distância mais provável entre um elétron $3d$ e o núcleo é menor que aquela de um elétron $4s$.

Estando mais próximos do núcleo, os orbitais $3d$ são mais compactos que o orbital $4s$. Isso significa que os elétrons $3d$ ficam mais próximos uns dos outros e, sendo assim, dois elétrons $3d$ repelem-se mais fortemente do que dois elétrons $4s$, por exemplo. A consequência é que, colocando os elétrons no orbital $4s$ de maior energia, diminui o efeito de repulsão elétron-elétron e reduz a energia total do átomo.

Para o cromo, as energias dos orbitais $4s$ e $3d$ são mais próximas do que as dos demais elementos de transição do quarto período. Mais uma vez, pensando em termos de energia total, é o efeito da energia de troca (página 317) que faz a diferença e como consequência, a configuração $[Ar]3d^54s^1$, na qual todos os spins eletrônicos são os mesmos, é a mais estável.

Para saber mais detalhes dessas questões, consulte os seguintes artigos no *Journal of Chemical Education* e no Capítulo 9 do livro *The Periodic Table* por E. Scerri.

- SCERRI, E. *The Periodic Table*. Oxford, 2007.
- PILAR, F. L. 4s is Always Above 3d. *Journal of Chemical Education*, v. 55, p. 1-6, 1978.
- SCERRI, E. R. Transition Metal Configurations and Limitations of the Orbital Approximation. *Journal of Chemical Education*, v. 66, p. 481-483, 1989.
- VANQUICKENBORNE, L. G.; PIERLOOT, K.; DEVOGHEL, D. Transition Metals and the Aufbau Principle. *Journal of Chemical Education*, v. 71, p. 469-471, 1994.
- MELROSE, M. P.; SCERRI, E. R. Why the 4s Orbital is Occupied before the 3d. *Journal of Chemical Education*, v. 73, p. 498-503, 1996.
- SCHWARZ, W. H. E. The Full Story of the Electron Configurations of the Transition Elements. *Journal of Chemical Education*, v. 87, p. 444-448, 2010.

Verifique seu entendimento

Usando a Tabela Periódica e sem olhar a Tabela 7.3, escreva as configurações eletrônicas para os seguintes elementos:

(a) P   (c) Zr   (e) Pb
(b) Zn   (d) In   (f) U

Use a notação *spdf* e a do gás nobre. Ao terminar, verifique suas respostas na Tabela 7.3.

EXERCÍCIOS PARA A SEÇÃO 7.3

1. Qual é a configuração eletrônica do selênio além do cerne do gás nobre?

    (a) $4p^4$ (b) $4s^24p^4$ (c) $3d^{10}4s^24p^4$ (d) $[Ar]$

2. Com base nas configurações eletrônicas, qual dos seguintes átomos tem o menor número de elétrons desemparelhados?

    (a) Cr   (b) Fe   (c) Ni   (d) Mn

7-4 Configurações Eletrônicas dos Íons

A Química frequentemente envolve íons, por isso precisamos entender as configurações eletrônicas dos íons e suas relações com as propriedades das substâncias e suas reações.

Ânions e Cátions

Para formar um ânion monatômico, um ou mais elétrons é(são) adicionado(s) à camada de valência do átomo de um não metal, de modo que a configuração eletrônica do íon seja a mesma que a do gás nobre que o sucede na Tabela Periódica. Sendo assim, um átomo de flúor ganha um elétron e torna-se um íon fluoreto com a mesma configuração eletrônica que a do gás nobre neônio.

$$F\ [1s^2 2s^2 2p^5]\ +\ e^-\ \rightarrow\ F^-\ [1s^2 2s^2 2p^6]$$

De modo semelhante, um átomo de enxofre ganha dois elétrons para tornar-se um íon sulfeto com a mesma configuração eletrônica que a do gás nobre argônio.

$$S\ [1s^2 2s^2 2p^6 3s^2 3p^4]\ +\ 2\ e^-\ \rightarrow\ S^{2-}\ [1s^2 2s^2 2p^6 3s^2 3p^6]$$

Para formar um cátion a partir de um átomo neutro, um ou mais dos elétrons de valência é(são) removido(s). *Os elétrons são sempre removidos primeiro da camada eletrônica de maior valor de n. Se várias subcamadas estiverem presentes dentro da enésima camada, o elétron ou elétrons de ℓ máximo será(serão) removido(s)*. Portanto, um íon sódio é formado pela remoção do elétron $3s^1$ do átomo de Na,

$$Na\ [1s^2 2s^2 2p^6 3s^1]\ \rightarrow\ Na^+\ [1s^2 2s^2 2p^6]\ +\ e^-$$

e o Ge^{2+} é formado removendo-se dois elétrons $4p$ de um átomo de germânio,

$$Ge\ [Ar]3d^{10}4s^2 4p^2\ \rightarrow\ Ge^{2+}\ [Ar]3d^{10}4s^2\ +\ 2\ e^-$$

A mesma regra geral aplica-se aos átomos dos metais de transição. Isso significa, por exemplo, que o cátion titânio(II) possui a configuração $[Ar]3d^2$

$$Ti\ [Ar]3d^2 4s^2\ \rightarrow\ Ti^{2+}\ [Ar]3d^2\ +\ 2\ e^-$$

Os cátions ferro(II) e ferro(III) têm as configurações $[Ar]3d^6$ e $[Ar]3d^5$, respectivamente:

$$Fe\ [Ar]3d^6 4s^2\ \rightarrow\ Fe^{2+}\ [Ar]3d^6\ +\ 2\ e^-$$

$$Fe^{2+}\ [Ar]3d^6\ \rightarrow\ Fe^{3+}\ [Ar]3d^5\ +\ e^-$$

Observe que, na ionização dos metais de transição, os elétrons ns são sempre perdidos antes dos elétrons $(n-1)d$. Todos os metais de transição perdem primeiro seus elétrons ns, e todos os cátions formados têm configurações eletrônicas do tipo geral [cerne do gás nobre] $(n-1)d^x$. Como sabemos se isso é verdadeiro? Uma evidência é o estudo das propriedades magnéticas da matéria.

Diamagnetismo e Paramagnetismo

Se um átomo de hidrogênio é colocado em um campo magnético, o único elétron irá interagir com o campo externo, como a agulha de uma bússola alinha-se com as linhas de força do campo magnético terrestre. Como resultado, o átomo de hidrogênio é atraído pelo ímã.

Por outro lado, os átomos de hélio, cada qual com dois elétrons, não são atraídos pelo ímã. Na verdade, eles são ligeiramente repelidos pelo ímã. Para explicar essa observação, assumimos, em consonância com o princípio de exclusão de Pauli, que os dois elétrons do hélio têm diferentes valores de m_s, ou seja, eles têm orientações *opostas* de spin. Dizemos que seus spins estão *emparelhados*, e o resultado é que o campo magnético de um elétron é anulado pelo campo magnético do segundo elétron com spin oposto.

Os elementos e compostos que têm elétrons desemparelhados são atraídos por um ímã. Tais espécies são chamadas de **paramagnéticas**. As substâncias nas quais todos os elétrons estão emparelhados (com os dois elétrons de cada par tendo spins opostos) experimentam uma ligeira repulsão quando submetidas a um campo magnético e são chamadas de **diamagnéticas**. O magnetismo de uma substância pode ser determinado colocando-a em um campo magnético e observando o grau de atração ou repulsão (Figura 7.4).

Determinando o comportamento magnético de uma substância, podemos obter informação sobre a estrutura eletrônica. Por exemplo, o íon Fe^{3+} é paramagnético (Figura 7.4) com cinco elétrons desemparelhados. Isso é condizente depois da remoção de dois elétrons $4s$ e um elétron $3d$ de um átomo de ferro para formar um íon Fe^{3+}, deixando cinco elétrons $3d$ desemparelhados. Se, em vez disso, três elétrons $3d$ fossem removidos para formar o Fe^{3+}, o íon ainda seria paramagnético, mas com apenas três elétrons desemparelhados.

Medida experimental do paramagnetismo

Observando o paramagnetismo do óxido de ferro(III).

Para demonstrar o paramagnetismo, uma amostra de óxido de ferro(III) é embalada dentro de um tubo plástico e suspensa por um filamento de náilon.

O ímã é feito de neodímio, ferro e boro [$Nd_2Fe_{14}B$]. Esses poderosos ímãs são utilizados em alto-falantes acústicos.

FIGURA 7.4 Observando e medindo o paramagnetismo dos compostos.

EXEMPLO 7.4

Configurações dos Íons de Metais de Transição

Problema Dê as configurações eletrônicas para Cu, Cu^+ e Cu^{2+}. Alguns dos íons são paramagnéticos? Quantos elétrons desemparelhados há em cada íon?

O que você sabe? Você sabe a configuração eletrônica do cobre, que possui um elétron 4s e dez elétrons 3d. Quando se forma um íon de metal de transição, os elétrons ns mais externos são preferencialmente perdidos, seguidos pelos elétrons $(n − 1)d$.

Estratégia Inicie com a configuração eletrônica do cobre (Tabela 7.4). Observa-se sempre que o(s) elétron(s) ns é (são) perdido(s) primeiramente, seguido(s) por um ou mais elétrons $(n − 1)d$.

Solução O cobre tem somente um elétron no orbital 4s e dez elétrons nos orbitais 3d:

Cu [Ar]$3d^{10}4s^1$ ↑↓ ↑↓ ↑↓ ↑↓ ↑↓   ↑
                           3d   4s

UM OLHAR MAIS ATENTO

Paramagnetismo e Ferromagnetismo

Os materiais magnéticos são relativamente comuns e muitos são importantes em nossa economia. Por exemplo, no interior de um equipamento de imagem por ressonância magnética (IRM), usado em medicina, há um grande ímã, e encontramos minúsculos ímãs em alto-falantes e telefones. Óxidos magnéticos são empregados em fitas de gravação e em discos de computador.

Os materiais magnéticos que usamos são **ferromagnéticos**. O efeito magnético dos materiais ferromagnéticos é muito maior do que o dos paramagnéticos. O ferromagnetismo ocorre quando os spins dos elétrons desemparelhados de um conjunto de átomos no sólido (chamado *domínio*) alinham-se (na mesma direção). Somente os metais dos grupos do ferro, cobalto e níquel, bem como alguns outros metais, como o neodímio, exibem essa propriedade. São também únicos, pois, uma vez que os domínios são alinhados por um campo magnético, o metal fica permanentemente magnetizado.

Muitos materiais exibem ferromagnetismo maior que os dos próprios metais puros. Um exemplo de tal material é o Alnico, que é composto de alumínio, níquel e cobalto, bem como de cobre e ferro. O ímã permanente mais forte é uma liga de neodímio, ferro e boro ($Nd_2Fe_{14}B$).

Ímãs. Muitos produtos do cotidiano, como os alto-falantes, contêm ímãs permanentes.

(a) Paramagnetismo Sem Campo Magnético | Campo Magnético Externo

(b) Ferromagnetismo Os spins dos elétrons desemparelhados alinham-se na mesma direção

Magnetismo. (a) Paramagnetismo: na ausência de um campo magnético externo, os elétrons desemparelhados nos átomos ou íons da substância são orientados aleatoriamente. Se um campo magnético é imposto, no entanto, esses spins tenderão a ficar alinhados com o campo. **(b)** Ferromagnetismo: os spins dos elétrons desemparelhados em um agrupamento de átomos ou íons alinham-se na mesma direção, mesmo na ausência de um campo magnético.

Quando o cobre é oxidado a Cu^+, o elétron 4s é perdido.

Cu^+ $[Ar]3d^{10}$ ↑↓ ↑↓ ↑↓ ↑↓ ↑↓ ☐
                              3d   4s

O íon cobre(II) é formado a partir do cobre(I) pela remoção de um dos elétrons 3d.

Cu^{2+} $[Ar]3d^9$ ↑↓ ↑↓ ↑↓ ↑↓ ↑   ☐
                              3d   4s

Um átomo de cobre e um íon cobre(II) têm um elétron desemparelhado, por isso são paramagnéticos. Por outro lado, o Cu^+ é diamagnético.

Pense bem antes de responder Certifique-se de lembrar que a configuração eletrônica do Cu é [Ar] $3d^{10}4s^1$ e não $[Ar]3d^94s^2$. O cobre é uma das duas exceções da ordem de preenchimento na primeira série de transição (Cr é a outra).

Verifique seu entendimento

Represente as configurações eletrônicas para V^{2+}, V^{3+} e Co^{3+}. Utilize os diagramas de orbitais em caixa e a notação do gás nobre. Algum íon é paramagnético? Em caso afirmativo, dê o número de elétrons desemparelhados.

EXERCÍCIOS PARA A SEÇÃO 7.4

1. Três dos quatro íons mostrados abaixo possuem a mesma configuração eletrônica, e um não. Identifique aquele que não corresponde a essa configuração.

   (a) Fe^{3+} (b) Cr^+ (c) Mn^{2+} (d) Fe^{2+}

2. Qual dos íons a seguir contém o maior número de elétrons desemparelhados?

   (a) Cr^{3+} (b) Cu^{2+} (c) Co^{3+} (d) Ni^{2+}

3. Qual das seguintes espécies é mais paramagnética?

   (a) Cr   (b) Cr^{3+} (c) Mn   (d) Mn^{2+}

7-5 Propriedades Atômicas e Tendências Periódicas

Uma vez que as configurações eletrônicas foram compreendidas, os químicos perceberam que as *semelhanças nas propriedades dos elementos são o resultado de similaridades nas configurações eletrônicas da camada de valência*. Um dos objetivos desta seção é descrever como as configurações eletrônicas dos átomos estão relacionadas a algumas das propriedades físicas e químicas dos elementos e por que essas propriedades variam de maneira previsível ao nos movermos ao longo de um grupo ou período.

Tamanho Atômico

Os tamanhos dos átomos (Figura 7.5) influenciam muitos aspectos de suas propriedades e reatividades. O tamanho pode determinar o número de átomos que devem circundar e ligar-se a um átomo central, sendo um fator determinante na forma da molécula. Como será visto no próximo capítulo, as formas das moléculas são importantes na determinação de suas propriedades.

O tamanho do átomo também é geoquímica e tecnologicamente importante. Por exemplo, um átomo pode ocupar o lugar de outro átomo de tamanho similar

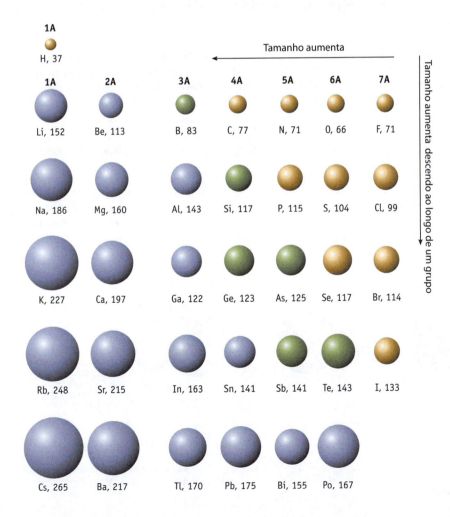

FIGURA 7.5 Os raios atômicos em picômetros para elementos do grupo principal. 1 pm = 1×10^{-12} m = 1×10^{-3} nm. (*Dados extraídos de EMSLEY, J. The Elements. 3. ed. Clarendon Press, Oxford, 1998.*)

328 Química geral e reações químicas

FIGURA 7.6 O meteorito de Willamette. Esse meteorito de 14150 kg é composto por 92,38% de Fe e 7,62% de Ni (com traços de Ga, Ge e Ir). Os átomos de ferro e de níquel têm raios quase iguais (124 pm e 125 pm, respectivamente), de modo que um pode substituir o outro no sólido. (O meteorito foi descoberto em Oregon, em 1902, e agora está em exibição no Museu Americano de História Natural.)

em uma *liga*, uma solução sólida de vários elementos em uma matriz metálica (▶ Seção 12-5). Nossa sociedade industrial de base tecnológica depende desses materiais. Substituir um elemento por outro de tamanho semelhante pode muitas vezes levar a ligas com propriedades diferentes. Mas isso não é novidade: os seres humanos fizeram ferramentas a partir de meteoritos de ferro (Figura 7.6) há mais de 5 mil anos. Os meteoritos de ferro são uma liga composta por cerca de 90% de ferro e 10% de níquel, dois elementos de tamanhos quase iguais.

Sabemos que um orbital não possui fronteira nítida (◀ Figura 6.12a), então como podemos definir o tamanho de um átomo? Na verdade, existem diversas maneiras, e cada uma delas pode levar a resultados diferentes.

Uma das maneiras mais simples e úteis para definir o tamanho atômico é relacioná-lo com a distância entre os átomos em uma amostra do elemento. Consideremos uma molécula diatômica como o Cl_2 (Figura 7.7a). Assume-se que o raio do átomo de cloro seja metade da distância determinada experimentalmente entre os centros dos dois átomos (198 pm), portanto, o raio de um átomo de Cl é 99 pm. De forma semelhante, a distância C—C no diamante é de 154 pm; portanto, podemos atribuir um raio de 77 pm para o carbono. Para testar essas estimativas, podemos adicioná-las para estimar a distância C—Cl no CCl_4. A distância prevista de 176 pm concorda com a distância medida experimentalmente, C—Cl, que é de 176 pm. (Os raios determinados dessa forma são frequentemente chamados *raios covalentes*.)

Essa abordagem para determinar raios atômicos só se aplica se existirem compostos moleculares do elemento (e, por isso, é em grande parte limitada a não metais e metaloides). Para os metais, os raios atômicos podem ser estimados a partir de medidas da distância átomo a átomo em um cristal do elemento (Figura 7.7b).

Algumas tendências periódicas interessantes são vistas imediatamente ao olhar os raios atômicos na Figura 7.5. *Para os elementos do grupo principal, os raios atômicos geralmente aumentam descendo um grupo na Tabela Periódica e diminuem ao longo de um período.* Essas tendências refletem dois efeitos importantes:

- O tamanho de um átomo é determinado pelos elétrons externos. Movendo-se de cima para baixo em um grupo na Tabela Periódica, os elétrons externos são atribuídos aos orbitais com valores cada vez maiores do número quântico principal, *n*. Como os elétrons subjacentes requerem algum espaço, esses elétrons externos estão necessariamente mais distantes do núcleo.

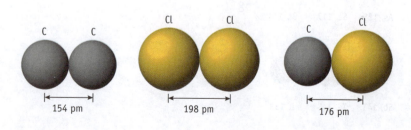

(a) A soma dos raios atômicos de C e Cl fornece uma boa estimativa da distância C—Cl em uma molécula que tem essa ligação.

(b) Aqui está representada uma pequena porção de um cristal de alumínio. Cada esfera representa um átomo de alumínio. Medir a distância indicada permite que um cientista estime o raio de um átomo de alumínio.

FIGURA 7.7 Determinando raios atômicos.

FIGURA 7.8 Tendências nos raios atômicos para os elementos de transição. Raios atômicos dos metais do Grupo 1A, 2A e dos metais de transição dos quarto, quinto e sexto períodos.

- Para elementos do grupo principal de um dado período, o número quântico principal, n, dos orbitais dos elétrons de valência é o mesmo. Movendo-se de um elemento para o outro ao longo de um período, a carga nuclear efetiva (Z^*) aumenta (veja Figura 7.2). Isso resulta em um aumento da força de atração coulombiana entre o núcleo e os elétrons de valência, e o raio atômico diminui.

A tendência periódica nos raios atômicos dos átomos de metais de transição (Figura 7.8) ao longo de um período é um tanto diferente da observada para os elementos do grupo principal. Percorrendo um dado período da esquerda para a direita, os raios inicialmente diminuem. Entretanto, os tamanhos dos elementos no meio da série de transição mudam muito pouco, até que um pequeno aumento no tamanho ocorre no final da série. O tamanho dos átomos de metais de transição é determinado principalmente pelos elétrons da camada externa – isto é, pelos elétrons da subcamada ns, porém, os elétrons são adicionados aos orbitais $(n-1)d$ ao longo da série. O aumento na carga nuclear dos átomos da esquerda para a direita no período leva a uma diminuição do raio. Esse efeito, entretanto, é contrabalanceado em grande parte pelo aumento da repulsão elétron–elétron. Ao atingirmos os elementos dos Grupos 1B e 2B no final da série, o tamanho aumenta ligeiramente porque a subcamada d está completamente preenchida, e a repulsão elétron–elétron predomina.

Raios Atômicos – Cuidado Existem numerosas tabelas de raios atômicos e covalentes, e os valores citados nelas frequentemente diferem um pouco. A variação ocorre porque diversos métodos são utilizados para determinar os raios dos átomos.

Energia de Ionização

A energia de ionização (EI) é a energia necessária para remover um elétron de um átomo na fase gasosa.

Átomo no estado fundamental (g) → Átomo $^+$(g) + e$^-$

$\Delta U \equiv$ energia de ionização, EI

Como previsto pela lei de Coulomb, uma quantidade de energia deve ser fornecida para superar a atração entre um elétron e o núcleo e para separar o elétron do átomo. Desse modo, as energias de ionização têm sempre valores positivos. Um elétron externo tem geralmente uma energia de ionização menor que a de um elétron interno ou mais próximo do núcleo.

Medindo a Energia de Ionização Os valores da energia de ionização podem ser medidos com exatidão. Por outro lado, os raios atômicos são valores aproximados.

Os átomos, exceto os de hidrogênio, têm uma série de energias de ionização à medida que elétrons são removidos sequencialmente. Por exemplo, as três primeiras energias de ionização do magnésio são:

Primeira energia de ionização, EI_1 = 738 kJ/mol

$$Mg(g) \rightarrow Mg^+(g) + e^-$$
$$1s^22s^22p^63s^2 \qquad 1s^22s^22p^63s^1$$

Segunda energia de ionização, EI_2 = 1451 kJ/mol

$$Mg^+(g) \rightarrow Mg^{2+}(g) + e^-$$
$$1s^22s^22p^63s^1 \qquad 1s^22s^22p^6$$

Terceira energia de ionização, EI_3 = 7732 kJ/mol

$$Mg^{2+}(g) \rightarrow Mg^{3+}(g) + e^-$$
$$1s^22s^22p^6 \qquad 1s^22s^22p^5$$

A remoção de cada elétron subsequente requer mais energia porque o elétron é removido de um íon cada vez mais positivo (Tabela 7.5), mas há um aumento particularmente grande na energia de ionização pela remoção do terceiro elétron para a formação de Mg^{3+}. As duas primeiras etapas de ionização são para a remoção dos elétrons da camada externa ou de valência. O terceiro elétron, no entanto, deve ser removido da subcamada $2p$, a qual tem uma energia muito menor (mais negativa) que a subcamada $3s$ (veja a Figura 7.1). Esse grande aumento é uma das evidências experimentais da estrutura de camadas eletrônicas dos átomos.

Elétrons de Valência e das Camadas Internas A remoção de elétrons das camadas internas requer muito mais energia do que a remoção de um elétron de valência. Os elétrons das camadas internas não são perdidos em reações químicas. (Veja o gráfico das energias dos orbitais na página 322.)

Para elementos do grupo principal (blocos s e p), *as primeiras energias de ionização geralmente aumentam ao longo de um período e diminuem descendo um grupo* (Figura 7.9, Tabela 7.5 e Apêndice F). A tendência ao longo de um período corresponde ao aumento na carga nuclear efetiva, Z^*, com o aumento do número atômico (veja a Figura 7.2). Como previsto pela lei de Coulomb, como Z^* aumenta ao longo de um período, a energia necessária para remover um elétron aumenta. Descendo um grupo, a energia de ionização diminui. O elétron a ser removido fica cada vez mais distante do núcleo e, portanto, é mantido com menos força.

Observe que as tendências no raio atômico e na energia de ionização para um determinado período estão ambas ligadas a Z^*, embora elas estejam

Tabela 7.5 Primeira, Segunda e Terceira Energias de Ionização para os Elementos do Grupo Principal nos Períodos de 2-4 (kJ/mol)

2º Período	Li	Be	B	C	N	O	F	Ne
Primeira	513	899	801	1086	1402	1314	1681	2080
Segunda	7298	1757	2427	2352	2856	3388	3374	3952
Terceira	11815	14848	3660	4620	4578	5300	6050	6122
3º Período	Na	Mg	Al	Si	P	S	Cl	Ar
Primeira	496	738	577	787	1012	1000	1251	1520
Segunda	4562	1451	1817	1577	1903	2251	2297	2665
Terceira	6912	7732	2745	3231	2912	3361	3826	3928
4º Período	K	Ca	Ga	Ge	As	Se	Br	Kr
Primeira	419	590	579	762	947	941	1140	1351
Segunda	3051	1145	1979	1537	1798	2044	2104	2350
Terceira	4411	4910	2963	3302	2735	2974	3500	3565

FIGURA 7.9 Primeiras energias de ionização dos elementos do grupo principal nos primeiros quatro períodos. (Para valores específicos das energias de ionização para esses elementos, consulte a Tabela 7.5 e o Apêndice F.)

inversamente relacionadas. *Devido a um aumento na carga nuclear efetiva ao longo de um período, o raio atômico geralmente diminui e a energia de ionização aumenta.*

Um olhar mais atento nas energias de ionização revela variações quanto à tendência geral em um período. Uma variação ocorre movendo-se na Tabela Periódica ao longo dos elementos dos blocos *s* e *p* do berílio ao boro, por exemplo. Os elétrons 2*p* são de maior energia que os elétrons 2*s*, de modo que a energia de ionização para o boro é ligeiramente menor que para o berílio. Outra diminuição da energia de ionização ocorre partindo-se do nitrogênio ao oxigênio. Nenhuma mudança ocorre em *n* ou ℓ, mas as repulsões elétron-elétron aumentam. É que nos Grupos 3A–5A, os elétrons são atribuídos a cada um dos três orbitais *p* (p_x, p_y e p_z). Começando com o Grupo 6A, dois elétrons são atribuídos ao mesmo orbital *p*. O quarto elétron *p* compartilha um orbital com outro elétron e sofre, assim, uma repulsão maior do que se estivesse sozinho em um orbital.

$$O \text{ (átomo de oxigênio)} \xrightarrow{+1314 \text{ kJ/mol}} O^+ \text{ (cátion oxigênio)} + e^-$$

A maior repulsão sofrida pelo quarto elétron 2*p* torna ainda mais fácil a sua remoção. A tendência usual continua ao passarmos do oxigênio ao flúor e ao neônio, refletindo o aumento em Z^*.

Entalpia de Adição Eletrônica e Afinidade Eletrônica

A **entalpia de adição eletrônica**, $\Delta_{AE}H$, é definida como a variação de entalpia que ocorre quando um átomo na fase gasosa recebe um elétron, para formar um ânion.

$$A(g) + e^- \rightarrow A^-(g) \qquad \text{Entalpia de adição eletrônica} = \Delta_{AE}H$$

Como ilustrado na Figura 7.10, o valor de $\Delta_{AE}H$ para muitos elementos é negativo, indicando que esse processo é exotérmico e que a energia é liberada. Por exemplo,

UM OLHAR MAIS ATENTO | Espectroscopia de Fotoelétrons

A espectroscopia de fotoelétrons (em inglês, PES) é uma técnica experimental que fornece informações sobre as energias dos elétrons nos átomos e nas moléculas e produz evidências do modelo atual dos orbitais. Nessa técnica, os átomos da amostra são bombardeados com radiação eletromagnética de alta frequência. Se um fóton possui energia suficiente, pode fazer com que um elétron na amostra seja removido. Para remover elétrons de valência, a energia necessária corresponde muitas vezes à radiação na região ultravioleta; no entanto, para remover elétrons das camadas internas, a radiação de alta frequência corresponde à região de raios X.

A chave para entender a PES é que todos os elétrons removidos resultam do bombardeio do átomo com fótons da mesma energia ($h\nu$). Parte dessa energia provoca a remoção do elétron do átomo, que corresponde à *energia de ionização* (*EI*), e o restante é transferido como energia cinética a esse elétron [*EC*(elétron)].

$$h\nu = EI + EC(\text{elétron})$$

Ao analisar as energias cinéticas dos elétrons emitidos e conhecer a energia dos fótons incidentes, é possível determinar a energia de ionização de cada elétron removido.

Cada pico no espectro de PES corresponde à energia de uma subcamada que contém elétrons. Além disso, a intensidade de um pico no espectro corresponde ao número de elétrons naquele nível de energia. O espectro do neônio (Figura), por exemplo, possui três picos principais, correspondendo à remoção de elétrons a partir de três diferentes subcamadas com intensidades correspondentes a dois, dois e seis elétrons, respectivamente, em conformidade com a configuração no estado fundamental prevista de $1s^2 2s^2 2p^6$. Por outro lado, o espectro do hélio ($1s^2$) tem um único pico, correspondente a dois elétrons na subcamada $1s$, enquanto o criptônio ($1s^2 2s^2 2p^6 3s^2 3p^6 3d^{10} 4s^2 4p^6$) possui oito picos correspondentes à remoção de elétrons de oito subcamadas com diferentes energias.

Os espectros dos fotoelétrons mostram claramente que os elétrons nas subcamadas mais próximas do núcleo e, portanto, aqueles que experimentam maiores valores de Z^*, requerem maior energia para serem removidos (como previsto pela lei de Coulomb).

Assim como a PES fornece evidências para as energias (e, portanto, orbitais) dos elétrons nos átomos, pode também ser utilizada para examinar as energias dos elétrons nas moléculas.

FIGURA Diagrama simplificado dos espectros de fotoelétrons do hélio, neônio e argônio. As energias estão em elétron-volts (eV), em que $1\text{ eV} = 1{,}602 \times 10^{-19}$ J.

$\Delta_{AE}H$ para o flúor é bastante exotérmica (–328 kJ/mol), enquanto que o boro tem um valor bem menos negativo de –26,7 kJ/mol. Os valores de $\Delta_{AE}H$ para uma série de elementos são apresentados no Apêndice F.

A **afinidade eletrônica**, AE, de um átomo está intimamente relacionada à $\Delta_{AE}H$. A afinidade eletrônica é igual em magnitude, mas de sinal oposto à variação de energia interna associada à adição de um elétron a um átomo na fase gasosa.

$$A(g) + e^- \rightarrow A^-(g) \qquad \text{Afinidade eletrônica, } AE = -\Delta U$$

Esperamos que AE e $\Delta_{AE}H$ tenham valores numéricos quase idênticos; contudo, a convenção atual fornece os dois valores de sinais opostos.

A estrutura dos átomos e as tendências periódicas   **333**

Como a entalpia de adição eletrônica e a energia de ionização representam a energia envolvida no ganho ou na perda de um elétron por um átomo, respectivamente, faz sentido que as tendências periódicas nessas propriedades também estejam relacionadas. O aumento na carga nuclear efetiva dos átomos ao longo de um período (veja a Figura 7.2) torna ainda mais difícil ionizá-los, aumentando também a atração do átomo por um elétron adicional. Assim, um elemento com elevada energia de ionização geralmente possui um valor mais negativo para sua entalpia de adição eletrônica.

Conforme vimos na Figura 7.10, os valores de $\Delta_{AE}H$ geralmente tornam-se mais negativos movendo-se ao longo de um período, mas a tendência não é monótona. Os elementos dos Grupos 2A e 5A aparecem como alterações na tendência geral, correspondentes aos casos em que o elétron adicionado começaria uma subcamada p ou seria emparelhado com outro elétron na subcamada p, respectivamente.

O valor de entalpia de adição eletrônica geralmente torna-se menos negativo ao descer um grupo da Tabela Periódica. Elétrons são adicionados cada vez mais distantes do núcleo, portanto, a força atrativa entre o núcleo e os elétrons diminui. No entanto, essa tendência geral não se aplica aos elementos do segundo período. Por exemplo, o valor da entalpia de adição eletrônica do flúor é menos negativo do que o valor para o cloro. O mesmo fenômeno é observado nos Grupos 3A a 6A. Uma explicação é que repulsões significativas elétron–elétron ocorrem nos pequenos ânions como o F⁻. Isto é, a adição de um elétron aos sete elétrons já presentes na camada $n = 2$ do pequeno átomo de F leva à repulsão considerável entre elétrons. O cloro posssui um volume atômico maior que o do flúor; desse modo, a adição de um elétron leva a um menor grau de repulsões elétron–elétron.

Poucos elementos, como o nitrogênio e os elementos do Grupo 2A, não têm afinidade por elétrons e são listados como tendo um valor de $\Delta_{AE}H$ igual a zero. Os gases nobres geralmente não estão listados nas tabelas de valores $\Delta_{AE}H$. Eles não possuem nenhuma afinidade por elétrons porque qualquer elétron adicional deve ser posicionado em uma camada eletrônica de energia consideravelmente maior.

Nenhum átomo apresenta um valor de $\Delta_{AE}H$ negativo para um segundo elétron. Então, o que explica a existência de íons como O²⁻ que ocorrem em muitos compostos? A resposta é que ânions duplamente carregados podem ser estabilizados em meios cristalinos por atração eletrostática dos íons positivos vizinhos (▶ Capítulos 8 e 12).

Afinidade Eletrônica, Entalpia de Adição Eletrônica e Convenções de Sinais As mudanças nas convenções de sinais para afinidades eletrônicas ao longo dos anos têm causado confusão. Para uma discussão útil sobre a afinidade eletrônica, veja WHEELER, J. C. Electron affinities of the alkaline earth metals and the sign convention for electron affinity. *Journal of Chemical Education*, v. 74, p. 123-127, 1997. Nesse artigo, a afinidade eletrônica é considerada como equivalente à energia de ionização do ânion (que na verdade é a maneira pela qual as afinidades eletrônicas podem ser medidas experimentalmente).

Entalpia de Adição Eletrônica para os Halogênios

Elemento	$\Delta_{AE}H$	Raio Atômico (pm)
F	−328,0	71
Cl	−349,0	99
Br	−324,7	114
I	−295,2	133

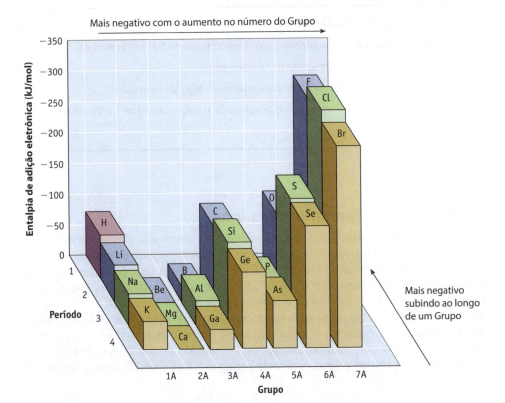

FIGURA 7.10 Entalpia de adição eletrônica. Quanto maior a afinidade de um átomo por um elétron, mais negativo é o valor de $\Delta_{AE}H$. Para valores numéricos, consulte o Apêndice F. (Os dados foram extraídos de HOTOP, H.; LINEBERGER, W. C. Binding energies of atomic negative ions. *Journal of Physical Chemistry*, Reference Data, v. 14, p. 731, 1985.)

> ### EXEMPLO 7.5
>
> ### Tendências Periódicas
>
> **Problema** Compare os três elementos C, O e Si.
>
> (a) Coloque-os em ordem crescente de raio atômico.
>
> (b) Qual deles tem a maior energia de ionização?
>
> (c) Qual deles tem a entalpia de adição eletrônica mais negativa: O ou C?
>
> **O que você sabe?** O carbono e o silício são o primeiro e o segundo elementos do Grupo 4A e o oxigênio é o primeiro elemento do Grupo 6A. Você também conhece as tendências nas propriedades periódicas ao longo dos períodos e descendo nos grupos.
>
> **Estratégia** Utilize as tendências nas propriedades atômicas na Figura 7.5, Figuras 7.8–7.10, Tabela 7.5 e o Apêndice F.
>
> #### Solução
>
> (a) *Tamanho atômico*: Os raios atômicos diminuem quando se move ao longo de um período; portanto, o oxigênio deve possuir um raio atômico menor que o carbono. Entretanto, o raio aumenta descendo ao longo de um grupo. Como o C e o Si estão no mesmo grupo (Grupo 4A), o silício deve ser maior que o carbono. A tendência é O < C < Si.
>
> (b) *Energia de ionização*: As energias de ionização geralmente aumentam ao longo de um período e diminuem descendo ao longo de um grupo. Desse modo, a tendência nas energias de ionização é Si (787 kJ/mol) < C (1086 kJ/mol) < S (1314 kJ/mol).
>
> (c) *Entalpia de adição eletrônica*: Os valores geralmente tornam-se menos negativos descendo ao longo de um grupo (exceto para os elementos do segundo período) e mais negativos ao longo de um período. Portanto, O (= –141,0 kJ/mol) possui a $\Delta_{AE}H$ mais negativa do que C (= –121,9 kJ/mol).
>
> **Pense bem antes de responder** Observe que as tendências nos tamanhos dos átomos e nas energias de ionização estão em uma ordem inversa como previsto com base nos valores de Z^*.
>
> #### Verifique seu entendimento
>
> Sem olhar as figuras das propriedades periódicas, compare os três elementos B, Al e C.
>
> (a) Coloque-os em ordem crescente de raio atômico.
>
> (b) Coloque os elementos em ordem crescente de energia de ionização.
>
> (c) Qual elemento, B ou C, espera-se que apresente o valor mais negativo da entalpia de adição eletrônica?

Tendências nos Tamanhos dos Íons

A tendência nos tamanhos dos íons descendo um grupo da Tabela Periódica é a mesma que aquela para átomos neutros: íons positivos e negativos aumentam de tamanho descendo ao longo de um grupo (Figura 7.11). Faça uma pausa, entretanto, e compare os raios iônicos com os raios atômicos, como ilustrado na Figura 7.11. Quando um elétron é removido de um átomo para formar um cátion, o tamanho diminui consideravelmente. O raio de um cátion é *sempre* menor que o do átomo que lhe deu origem. Por exemplo, o raio do Li é 152 pm, enquanto o do Li⁺ é apenas 78 pm. Isso ocorre porque, quando um elétron é removido de um átomo de Li, a força atrativa de três prótons é agora exercida somente sobre dois elétrons, portanto, os

A estrutura dos átomos e as tendências periódicas

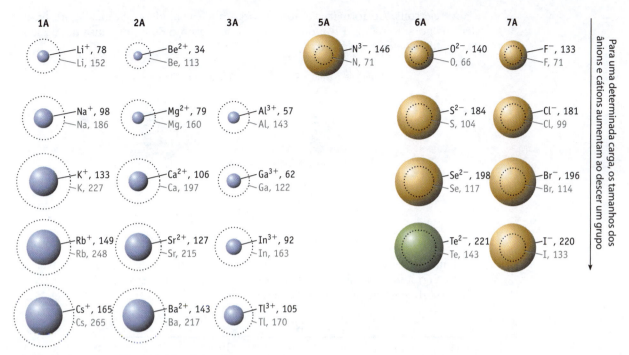

FIGURA 7.11 Tamanhos relativos de alguns íons comuns. Os raios são dados em picômetros (1 pm = 1 × 10⁻¹² m). (Dados extraídos de EMSLEY, J. *The Elements*. 3. ed. Oxford: Clarendon Press, 1998.)

elétrons restantes são levados para mais perto do núcleo. A diminuição no tamanho do íon é mais acentuada quando o último elétron de determinada camada é removido, como é o caso do Li. A perda do elétron 2s do Li deixa o Li⁺ sem elétrons na camada $n = 2$.

Uma grande diminuição no tamanho também é esperada se dois ou mais elétrons forem removidos de um átomo. Por exemplo, um íon alumínio, Al³⁺, tem um raio de 57 pm, enquanto o raio de um átomo de alumínio é de 143 pm.

Você também pode perceber, na Figura 7.11, que os ânions são *sempre* maiores que os átomos que lhes deram origem. Aqui o argumento é o oposto daquele usado para explicar raios dos íons positivos. O átomo de F, por exemplo, tem nove prótons e nove elétrons. Ao formar o ânion, a carga nuclear ainda é +9, mas agora há dez elétrons no ânion. O íon F⁻ é muito maior que o átomo de F por causa do aumento das repulsões elétron–elétron.

Finalmente, é útil comparar os tamanhos de íons isoeletrônicos com base na Tabela Periódica. Os íons **isoeletrônicos** têm o mesmo número de elétrons, mas um número diferente de prótons. Uma série destes íons é N^{3-}, O^{2-}, F^-, Na^+ e Mg^{2+}:

Íon	N^{3-}	O^{2-}	F^-	Na^+	Mg^{2+}
Número de elétrons	10	10	10	10	10
Número de prótons no núcleo	7	8	9	11	12
Raio iônico (pm)	146	140	133	98	79

Todos esses íons têm 10 elétrons, mas se diferem no número de prótons. À medida que o número de prótons aumenta em uma série de íons isoeletrônicos, o balanço entre a atração elétron–próton e a repulsão elétron–elétron desloca-se em favor da atração, e os raios diminuem.

EXERCÍCIOS PARA A SEÇÃO 7.5

1. Qual é a tendência nos tamanhos dos íons K^+, S^{2-} e Cl^-?

   (a) $K^+ > S^{2-} > Cl^-$
   (b) $K^+ < S^{2-} < Cl^-$
   (c) $S^{2-} < Cl^- < K^+$
   (d) $S^{2-} > Cl^- > K^+$

2. Localize os elementos C, N, Si e P na Tabela Periódica. Com base nas tendências gerais, identifique os elementos nesse grupo com a maior e com a menor energia de ionização.

   (a) C maior, P menor
   (b) C maior, Si menor
   (c) N maior, Si menor
   (d) C menor, N maior

7-6 Tendências Periódicas e Propriedades Químicas

Os raios atômicos e iônicos, as energias de ionização e as entalpias de adição eletrônica são propriedades associadas aos átomos e seus íons. O conhecimento dessas propriedades será útil quando explorarmos a química que envolve a formação de compostos iônicos.

A Tabela Periódica foi organizada agrupando-se os elementos com propriedades químicas semelhantes (Figura 7.12). Os metais alcalinos, por exemplo, têm a característica de formar compostos contendo um íon 1+, como Li^+, Na^+ ou K^+. Assim, a reação entre o sódio e o cloro forma o composto iônico NaCl (composto por íons Na^+ e Cl^-) (veja a Figura 1.2), e o potássio e a água reagem para formar uma solução aquosa de KOH, a qual contém os íons hidratados $K^+(aq)$ e $OH^-(aq)$.

$$2\ Na(s) + Cl_2(g) \rightarrow 2\ NaCl(s)$$

FIGURA 7.12 Exemplos de periodicidade dos elementos dos Grupos 1A e 7A. Dmitri Mendeleev desenvolveu a primeira Tabela Periódica listando elementos em ordem crescente de peso atômico. De vez em quando, apareciam um ou mais elementos com propriedades semelhantes às de um elemento mais leve, e esses eram colocados em colunas ou grupos verticais. Agora reconhecemos que os elementos devem ser listados em ordem crescente de número atômico e que a tendência periódica das propriedades semelhantes está relacionada às configurações eletrônicas dos elementos.

$$2\ K(s) + 2\ H_2O(\ell) \rightarrow 2\ K^+(aq) + 2\ OH^-(aq) + H_2(g)$$

As menores energias de ionização dos metais alcalinos são a principal razão pela qual Na^+ e K^+ são facilmente formados nas reações químicas.

Essas energias de ionização também explicam o fato de que essas reações com sódio e potássio não produzem compostos como $NaCl_2$ ou $K(OH)_2$. A formação de um íon Na^{2+} ou K^{2+} seria um processo muito desfavorável. A remoção de um segundo elétron

ESTUDO DE CASO

Metais em Bioquímica e Medicina

Muitos metais do grupo principal e de transição desempenham um papel importante na bioquímica e na medicina. Nosso corpo apresenta baixos níveis dos seguintes metais sob a forma de diferentes compostos: Ca, 1,5%; Na, 0,1%; Mg, 0,05%, assim como ferro, cobalto, zinco e cobre, todos com menos de 0,05% aproximadamente. (Os níveis são dados em porcentagens em massa.)

Boa parte dos 3 a 4 g de ferro do corpo humano é encontrada na hemoglobina, a substância responsável pelo transporte de oxigênio para as células do corpo. A deficiência de ferro é marcada pela fadiga, por infecções e pela inflamação da boca.

O ferro em nossa dieta pode ser proveniente dos ovos e da levedura de cerveja, que possuem um teor elevado desse componente. Além disso, certos alimentos, como alguns cereais matinais, são "enriquecidos" com ferro metálico. (Em um experimento interessante que pode ser feito em casa, você pode remover o ferro agitando o cereal com um ímã forte.) As cápsulas de vitaminas quase sempre contêm compostos de ferro(II) com ânions, tais como sulfato e succinato ($C_4H_4O_4^{2-}$).

Uma pessoa tem em média 75 mg de cobre, dos quais cerca de um terço é encontrado nos músculos. O cobre está envolvido em várias funções biológicas, e uma deficiência apresenta-se de muitas maneiras: anemia, degeneração do sistema nervoso e comprometimento do sistema imunológico. A doença de Wilson, uma doença genética, leva ao acúmulo excessivo de cobre no corpo e resulta em danos hepáticos e neurológicos.

Assim como os íons prata (página 154), os íons formados a partir do cobre também podem atuar como bactericidas.

Levando água potável em jarros de latão na Índia. Os íons cúpricos liberados em pequenas quantidades pelo latão matam as bactérias na água contaminada.

Recentemente, cientistas da Grã-Bretanha e da Índia investigaram uma crença de longa data entre o povo indiano de que armazenar água em jarros de latão pode afastar doenças. (O latão é uma liga de cobre e zinco.) Eles encheram os jarros de latão com água previamente esterilizada, na qual adicionaram *E. coli* (uma bactéria que vive no intestino de muitos animais de sangue quente e, consequentemente, é encontrada nas fezes). Outros jarros de latão foram preenchidos com água contaminada de um rio da Índia. Em ambos os casos, eles descobriram que a contagem de bactérias fecais diminuiu de um milhão de bactérias por mililitro para zero em dois dias. Por outro lado, os níveis de bactérias permaneceram elevados nos potes de plástico ou de barro. Aparentemente, apenas uma quantidade suficiente de íons cúpricos é liberada pelo latão para matar as bactérias, não sendo suficiente para afetar os seres humanos.

Questões:

1. Dê as configurações eletrônicas para os íons ferro(II) e ferro(III).
2. Na hemoglobina, o ferro pode estar na forma de íons ferro(II) ou ferro(III). Algum desses íons é paramagnético?
3. Por que os átomos de cobre (raio = 128 pm) são ligeiramente maiores que os átomos de ferro (raio = 124 pm)?
4. Na hemoglobina, o ferro é cercado pelo grupo porfirina (como mostrado na figura), um agrupamento plano de átomos de carbono, hidrogênio e nitrogênio. (Isto é, por sua vez, incorporado em uma proteína.) Quando o ferro se encontra na forma de íon Fe^{3+}, ele se encaixa perfeitamente dentro do espaço entre os quatro átomos de N, arranjados em um plano. Especule sobre o que ocorre na estrutura quando o ferro é reduzido a Fe^{2+}.

As respostas a essas questões estão no Apêndice N.

---

a partir desses metais requer uma grande quantidade de energia porque um elétron das camadas internas teria que ser removido. A barreira energética desse processo é a razão fundamental pela qual os *metais do grupo principal formam cátions com uma configuração eletrônica equivalente à do gás nobre precedente.*

Por que o Na_2Cl não é o outro produto possível da reação entre o sódio e o cloro? Essa fórmula implicaria que o composto contivesse íons Na^+ e Cl^{2-}. Adicionar dois elétrons ao Cl significa que o segundo elétron deve entrar na camada seguinte de maior energia, mas os ânions Cl^{2-} não são conhecidos. Esse exemplo também leva a uma afirmação geral: *os não metais geralmente adquirem elétrons suficientes para formar um ânion com a configuração eletrônica do gás nobre mais próximo.*

Podemos usar uma lógica semelhante para racionalizar outras observações. As energias de ionização aumentam quando se move ao longo de um período da esquerda para a direita. Temos visto que os elementos dos Grupos 1A e 2A formam compostos iônicos, um fato diretamente relacionado às menores energias de ionização obtidas para esses elementos. As energias de ionização para elementos voltados para o lado direito de um período, no entanto, são suficientemente elevadas e a formação de cátions é desfavorável. No lado direito do segundo período, o oxigênio e o flúor preferem ganhar elétrons ao invés de perdê-los; esses elementos apresentam maiores energias de ionização e entalpias de adição eletrônicas negativas relativamente grandes. Assim, o oxigênio e o flúor formam ânions e não cátions quando reagem.

Finalmente, vamos pensar por um momento sobre o carbono, a base de milhares de compostos químicos. Sua energia de ionização não é favorável para a formação de cátions, e também não costuma formar ânions. Sendo assim, não esperamos encontrar muitos compostos iônicos binários contendo carbono; em vez disso, encontramos o carbono compartilhando elétrons com outros elementos em compostos como o CO_2 e o CCl_4. Estudaremos esses tipos de compostos nos próximos dois capítulos.

EXERCÍCIOS PARA A SEÇÃO 7.6

1. Qual das seguintes fórmulas é incorreta?

   (a) MgCl (b) $CaCl_2$ (c) $AlCl_3$ (d) RbCl

2. Qual das seguintes alternativas não é a fórmula para um íon comum?

   (a) Cl^- (b) K^+ (c) O^{2-} (d) S^{3-}

APLICANDO PRINCÍPIOS QUÍMICOS
As Terras Não Tão Raras

O lantânio, assim como o bloco de 14 elementos que se estende do cério (elemento 58) ao lutécio (71) são referidos como os lantanídeos ou, muitas vezes, como terras raras. O nome "terra rara" talvez seja um equívoco, porque os elementos não são de fato tão raros. Com exceção do promécio, que não é encontrado naturalmente, esses elementos são mais abundantes que o ouro. O cério, por exemplo, é o 26º elemento mais abundante na crosta da Terra. Infelizmente, altas concentrações desses elementos são raramente encontradas em depósitos de minério. Além disso, esses elementos estão muitas vezes misturados nos mesmos depósitos, e sua separação torna-se difícil devido às suas propriedades químicas semelhantes.

Os elementos terras raras possuem propriedades eletrônicas e ópticas que os tornam valiosos na produção de aparelhos eletrônicos, lasers, ímãs, supercondutores, dispositivos de iluminação e até joias. O ferromagnetismo é comum entre os elementos terras raras, como neodímio e samário, usados extensivamente em ímãs fortes e permanentes (página 326). Esses ímãs são frequentemente usados em discos rígidos de computadores e motores elétricos. O neodímio é também utilizado em lasers científicos e industriais de grande potência, e o ítrio, em supercondutores de alta temperatura. O európio e o térbio são empregados na produção de fósforos fluorescentes para monitores de televisão e lâmpadas de vapor de mercúrio.

QUESTÕES:

1. O estado de oxidação mais comum de um elemento terra rara é +3.
   a. Qual é a configuração eletrônica no estado fundamental de Sm^{3+}?
   b. Escreva a equação química balanceada para a reação do Sm(s) com $O_2(g)$.

2. Este livro coloca o lantânio diretamente abaixo do ítrio na Tabela Periódica. No entanto, como existe uma pequena controvérsia sobre o assunto na comunidade científica, outras Tabelas Periódicas colocam o lantânio na frente da série dos lantanídeos e o lutécio diretamente abaixo do ítrio. A configuração eletrônica defende a inserção de La ou de Lu abaixo do Y? Explique.

(a) Misturas de lantanídeos disparam faíscas ao serem atingidas pelo ferro.

Usos dos lantanídeos.

(b) A maioria das lâmpadas fluorescentes compactas usa compostos de fósforo e európio para produzir um espectro de luz amena.

(c) Ímãs de neodímio-ferro-boro.

3. O gadolínio tem oito elétrons desemparelhados, o maior número de qualquer um dos elementos dos lantanídeos.
   a. Desenhe um diagrama de orbitais em caixa representando a configuração eletrônica no estado fundamental do Gd com base em seu número de elétrons desemparelhados.
   b. Preveja o estado de oxidação mais comum para Gd. Qual é a configuração eletrônica do estado de oxidação mais comum?

4. Use o raio atômico do escândio, ítrio, lantânio e lutécio para responder às perguntas abaixo.

Elemento	Raio (pm)
Sc	160
Y	180
La	195
Lu	175

   a. Explique por que o lutécio possui um raio atômico menor que o do lantânio, mesmo tendo maior número de elétrons.
   b. Os raios atômicos defendem a colocação de La ou de Lu abaixo do Y na Tabela Periódica? Explique.

5. O óxido de európio (Eu_2O_3) é utilizado na produção de fósforos vermelhos para monitores de televisão. Se o composto de európio emite luz com um comprimento de onda de 612 nm, qual é a frequência (s^{-1}) e qual é a energia (J/fóton) da luz?

6. O neodímio é comumente usado em ímãs, geralmente como $Nd_2Fe_{14}B$ (o neodímio é combinado com outros elementos para protegê-lo da oxidação ao ar). Determine a porcentagem em massa do neodímio em $Nd_2Fe_{14}B$.

REVISÃO DOS OBJETIVOS DO CAPÍTULO

Agora que você já estudou este capítulo, deve perguntar a si mesmo se atingiu os objetivos propostos. Especificamente, você deverá ser capaz de:

ENTENDER

- A relação entre os quatro números quânticos (n, ℓ, m_ℓ e m_s) e a estrutura atômica.
    a. Reconhecer que cada elétron em um átomo apresenta um conjunto diferente dos quatro números quânticos, n, ℓ, m_ℓ e m_s (Seções 6.5-6.7, 7.1 e 7.3). Questões para Estudo: 11, 13, 41, 43, 58.
    b. Compreender que o princípio de exclusão de Pauli leva à conclusão de que mais de dois elétrons não podem ser atribuídos a um único orbital atômico e que os dois elétrons em um orbital devem ter spins opostos (valores diferentes de m_s) (Seção 7.1).

- A carga nuclear efetiva, Z^*, e suas implicações nas energias das subcamadas e nas propriedades dos átomos.
    a. Compreender a carga nuclear efetiva, Z^*, e como ela pode ser usada para explicar porque diferentes subcamadas em uma mesma camada de átomos polieletrônicos possuem energias diferentes. Você também deve compreender o papel de Z^* na determinação das propriedades dos átomos (Seção 7.2).

FAZER

- Escrever a configuração eletrônica para os átomos e íons monoatômicos.
    a. Usando a Tabela Periódica como um guia, representar as configurações eletrônicas dos átomos neutros (Seção 7.3) e dos íons monoatômicos (Seção 7.4) com base na notação de orbitais em caixa ou na *spdf*. Em ambos os casos, as configurações podem ser condensadas com a notação do gás nobre. Questões para Estudo: 1, 3, 5–10, 13, 15, 18, 20, 21, 39–42, 45, 79.
    b. Ao atribuir os elétrons aos orbitais atômicos, aplicar o princípio de exclusão de Pauli e a regra de Hund (Seções 7.3 e 7.4). Questão para Estudo: 67.
    c. Compreender o papel que o magnetismo desempenha na revelação da estrutura atômica (Seção 7.4). Questões para Estudo: 19–21, 39, 45, 58.

LEMBRAR

- Os elétrons são atribuídos às subcamadas de um átomo em ordem crescente de energia.
    a. No átomo de H, as energias das subcamadas tornam-se maiores com o aumento de n, mas em um átomo polieletrônico, as energias dependem de n e de ℓ (veja a Figura 7.1).

A estrutura dos átomos e as tendências periódicas   **341**

- As tendências nos tamanhos dos átomos e dos íons, na energia de ionização e na entalpia de adição eletrônica.
  a. Prever como as propriedades dos átomos – tamanho, energia de ionização (*EI*) e entalpia de adição eletrônica ($\Delta_{AE}H$) – variam ao longo de um grupo ou de um período da Tabela Periódica (Seção 7.5). As tendências periódicas gerais para essas propriedades são as seguintes: Questões para Estudo: 24, 26, 28, 30, 32, 46–49, 52-55, 66, 72.
     (i) O tamanho atômico diminui ao longo de um período e aumenta descendo um grupo.
     (ii) *EI* aumenta ao longo de um período e diminui descendo um grupo.
     (iii) O valor de $\Delta_{AE}H$ torna-se mais negativo ao longo de um período e menos negativo descendo um grupo.
  b. Reconhecer o papel que a energia de ionização e a afinidade eletrônica desempenham na formação de compostos iônicos (Seção 7.6). Questões para Estudo: 51, 80.

© Cengage Learning/Charles D. Winters

QUESTÕES PARA ESTUDO

▲ denota questões desafiadoras.

Questões numeradas em verde têm respostas no Apêndice N.

Praticando Habilidades

Escrevendo as Configurações Eletrônicas dos Átomos
(Veja a Seção 7.3, os Exemplos 7.1–7.3; e as Tabelas 7.1, 7.3 e 7.4.)

1. Escreva as configurações eletrônicas para P e Cl usando a notação *spdf* e os diagramas de orbitais em caixas. Descreva a relação entre a configuração eletrônica do átomo e a sua posição na Tabela Periódica.

2. Escreva as configurações eletrônicas para Mg e Ar usando a notação *spdf* e os diagramas de orbitais em caixas. Descreva a relação entre a configuração eletrônica do átomo e a sua posição na Tabela Periódica.

3. Usando a notação *spdf*, escreva as configurações eletrônicas para os átomos de cromo e ferro, dois dos principais componentes do aço inoxidável.

4. Usando a notação *spdf*, dê a configuração eletrônica do vanádio, V, um elemento encontrado em algumas algas marrons e vermelhas e em alguns cogumelos.

5. Represente a configuração eletrônica para cada um dos seguintes átomos utilizando as notações *spdf* e do gás nobre.
   (a) Arsênio, As. A deficiência de As pode prejudicar o crescimento dos animais e, em grandes quantidades, é venenoso.
   (b) Criptônio, Kr. Ele ocupa o sétimo lugar em abundância dos gases na atmosfera da Terra.

6. Usando as notações *spdf* e do gás nobre, escreva as configurações eletrônicas dos átomos dos seguintes elementos. (Tente fazer isso olhando para a Tabela Periódica, mas não para a Tabela 7.3.)
   (a) Estrôncio, Sr. Esse elemento tem esse nome devido a uma cidade na Escócia.
   (b) Zircônio, Zr. O metal é excepcionalmente resistente à corrosão e por isso tem aplicações industriais importantes. As rochas lunares mostram um conteúdo surpreendentemente elevado de zircônio em comparação com as rochas da Terra.
   (c) Ródio, Rh. Esse metal é utilizado em joias e catalisadores na indústria.
   (d) Estanho, Sn. O metal foi usado no mundo antigo. As ligas de estanho (solda, bronze e peltre) são importantes.

7. Use as notações *spdf* e do gás nobre para descrever configurações eletrônicas para os seguintes metais da terceira série de transição.
   (a) Tântalo, Ta. O metal e suas ligas resistem à corrosão e são frequentemente usados em instrumentos cirúrgicos e odontológicos.
   (b) Platina, Pt. Esse metal foi usado em joias pelos índios pré-colombianos. Agora continua sendo empregado em joias, formulações de fármacos anticancerígenos e catalisadores (como aqueles em sistemas de exaustão automotiva).

8. Os lantanídeos, uma vez chamados de elementos terras raras, são apenas "meio raros", na realidade. Usando as notações *spdf* e do gás nobre, represente as configurações eletrônicas condizentes para os seguintes elementos.
   (a) Samário, Sm. Esse lantanídeo é usado em materiais magnéticos.

(b) Itérbio, Yb. Esse elemento foi nomeado por causa da vila de Ytterby na Suécia, onde uma jazida do elemento foi encontrada.

9. Amerício, Am, é um elemento radioativo isolado do combustível de reatores nucleares e usado em detectores de fumaça caseiros. Descreva sua configuração eletrônica usando as notações *spdf* e do gás nobre.

10. Preveja as configurações eletrônicas para os seguintes elementos da série dos actinídeos. Use as notações *spdf* e do gás nobre.
    (a) Plutônio, Pu. O elemento é mais conhecido como um subproduto das usinas nucleares.
    (b) Cúrio, Cm. Esse actinídeo foi nomeado em homenagem a Marie Curie (página 64).

Números Quânticos e Configurações Eletrônicas
(Veja a Seção 7.3 e o Exemplo 7.2.)

11. Qual é o número máximo de elétrons que pode ser identificado com cada um dos seguintes conjuntos de números quânticos? Em algumas alternativas, a resposta pode ser "nenhum". Nesses casos, explique por que "nenhum" é a resposta correta.
    (a) $n = 4, \ell = 3, m_\ell = 1$
    (b) $n = 6, \ell = 1, m_\ell = -1, m_s = -½$
    (c) $n = 3, \ell = 3, m_\ell = -3$

12. Qual é o número máximo de elétrons que pode ser identificado com cada um dos seguintes conjuntos de números quânticos? Em algumas alternativas, a resposta pode ser "nenhum". Nesses casos, explique por que "nenhum" é a resposta correta.
    (a) $n = 3$
    (b) $n = 3$ e $\ell = 2$
    (c) $n = 4, \ell = 1, m_\ell = -1,$ e $m_s = +½$
    (d) $n = 5, \ell = 0, m_\ell = -1, m_s = +½$

13. Escreva a configuração eletrônica para o magnésio usando diagramas de orbitais em caixas, bem como a notação do gás nobre. Dê o conjunto completo dos quatro números quânticos para cada um dos elétrons adicionais aos do gás nobre precedente.

14. Escreva a configuração eletrônica para o fósforo usando diagramas de orbitais em caixas, bem como a notação do gás nobre. Dê o conjunto completo dos quatro números quânticos para cada um dos elétrons adicionais aos do gás nobre precedente.

15. Usando diagramas de orbitais em caixas e a notação do gás nobre, mostre a configuração eletrônica do gálio, Ga. Dê o conjunto dos números quânticos para o elétron de maior energia.

16. Usando diagramas de orbitais em caixas e a notação do gás nobre, apresente a configuração eletrônica do titânio. Dê o conjunto completo dos quatro números quânticos para cada um dos elétrons adicionais aos do gás nobre precedente.

Configurações Eletrônicas dos Átomos e Íons e o Comportamento Magnético
(Veja a Seção 7.4 e o Exemplo 7.4.)

17. Usando diagramas de orbitais em caixas, descreva a configuração eletrônica para cada um dos seguintes íons: (a) Mg^{2+}, (b) K^+, (c) Cl^- e (d) O^{2-}.

18. Usando diagramas de orbitais em caixas, descreva a configuração eletrônica para cada um dos seguintes íons: (a) Na^+, (b) Al^{3+}, (c) Ge^{2+} e (d) F^-.

19. Usando diagramas de orbitais em caixas e a notação de gás nobre, descreva as configurações eletrônicas de (a) V, (b) V^{2+} e (c) V^{5+}. O elemento ou qualquer um dos íons é paramagnético?

20. Usando diagramas de orbitais em caixas e a notação de gás nobre, descreva as configurações eletrônicas de (a) Ti, (b) Ti^{2+} e (c) Ti^{4+}. O elemento ou qualquer um dos íons é paramagnético?

21. O manganês é encontrado como MnO_2 em depósitos no fundo do oceano.
    (a) Descreva a configuração eletrônica desse elemento usando a notação do gás nobre e dos diagramas de orbitais em caixas.
    (b) Usando os diagramas de orbitais em caixas, apresente para Mn^{4+} os elétrons adicionais aos do gás nobre precedente.
    (c) O Mn^{4+} é paramagnético?
    (d) Quantos elétrons desemparelhados há no íon Mn^{4+}?

22. Um composto encontrado em pilhas alcalinas é o NiOOH, o qual contém íons Ni^{3+}. Quando a bateria é descarregada, o Ni^{3+} é reduzido a íons Ni^{2+} [como em $Ni(OH)_2$]. Usando diagramas de orbitais em caixas e a notação do gás nobre, apresente as configurações eletrônicas desses íons. Algum desses íons são paramagnético?

Propriedades Periódicas
(Veja a Seção 7.5 e o Exemplo 7.5.)

23. Organize os seguintes elementos em ordem crescente de tamanho: Al, B, C, K e Na. (Tente fazê-lo sem olhar a Figura 7.5 e depois confira seu resultado consultando os raios atômicos necessários.)

24. Organize os seguintes elementos em ordem crescente de tamanho: Ca, Rb, P, Ge e Sr. (Tente fazê-lo sem olhar a Figura 7.5 e depois confira seu resultado consultando os raios atômicos necessários.)

25. Selecione o íon ou o átomo que possui o maior raio nos seguintes pares:
    (a) Cl ou Cl^- (b) Al ou O   (c) In ou I

26. Selecione o íon ou o átomo que possui o maior raio nos seguintes pares:
    (a) Cs ou Rb   (b) O^{2-} ou O   (c) Br ou As

27. Qual dos grupos de elementos a seguir está organizado de maneira correta em ordem crescente de energia de ionização?
    (a) C < Si < Li < Ne   (c) Li < Si < C < Ne
    (b) Ne < Si < C < Li   (d) Ne < C < Si < Li

28. Organize os seguintes átomos em ordem crescente de energia de ionização: Li, K, C e N.

29. Compare os elementos Na, Mg, O e P.
    (a) Qual tem o maior raio atômico?
    (b) Qual tem a entalpia de adição eletrônica mais negativa?
    (c) Coloque os elementos na ordem crescente de energia de ionização.

30. Compare os elementos B, Al, C e Si.
    (a) Qual tem o maior caráter metálico?
    (b) Qual tem o maior raio atômico?
    (c) Qual tem a entalpia de adição eletrônica mais negativa?
    (d) Coloque os três elementos B, Al e C na ordem crescente da primeira energia de ionização.

31. Explique cada resposta de forma simplificada.
    (a) Coloque os seguintes elementos em ordem crescente de energia de ionização: F, O e S.
    (b) Qual deles tem a maior energia de ionização: O, S ou Se?
    (c) Qual tem a entalpia de adição eletrônica mais negativa: Se, Cl ou Br?
    (d) Qual tem o maior raio: O^{2-}, F^- ou F?

32. Explique cada resposta de forma simplificada.
    (a) Coloque-os em ordem crescente de raio atômico: O, S e F.
    (b) Qual deles tem a maior energia de ionização: P, Si, S ou Se?
    (c) Coloque os elementos na ordem crescente de raio iônico: O^{2-}, N^{3-} e F^-.
    (d) Coloque os elementos na ordem crescente de energia de ionização: Cs, Sr e Ba.

33. Identifique o elemento que corresponde a cada um dos dados do espectro de fotoelétrons fornecido (dados extraídos de SHIRLEY, D. A.; Martin, S. P.; Kowalczik, F. R.; McFeely e Ley, L. Core-electron binding energies of the first thirty elements. *Physical Review B*, v. 15, p. 544-552, 1977.)
    (a) Há picos de energia de 64,8 e 5,4 eV, correspondendo a 2 e 1 elétrons, respectivamente.
    (b) Há picos de energia de 3614, 384, 301, 40,9, 24,7 e 4,34 eV, correspondendo a 2, 2, 6, 2, 6 e 1 elétrons, respectivamente.
    (c) Há picos de energia de 4494, 503, 404, 56,4, 33,6, 8,01 e 6,65 eV, correspondendo a 2, 2, 6, 2, 6, 1 e 2 elétrons, respectivamente.

    Identifique o elemento que corresponde a cada um dos dados do espectro de fotoelétrons fornecido abaixo (dados extraídos de SHIRLEY, D. A.; Martin, S. P.; Kowalczik, F. R.; McFeely e Ley, L. Core-electron binding energies of the first thirty elements. *Physical Review* B, v. 15, p. 544-552, 1977).
    (d) Há picos de energia correspondentes a 1079, 70,8, 38,0, 5,14 eV, correspondendo a 2, 2, 6 e 1 elétrons, respectivamente.
    (e) Há picos de energia correspondentes a 4043, 443, 351, 48,4, 30,1 e 6,11 eV, correspondendo a 2, 2, 6, 2, 6 e 2 elétrons, respectivamente.
    (f) Há picos de energia correspondentes a 5475, 638, 524, 77, 47, 12 e 7,3 eV, correspondendo a 2, 2, 6, 2, 6, 3 e 2 elétrons, respectivamente.

35. Explique por que os espectros de fotoelétrons do hidrogênio e do hélio têm um pico, enquanto o do lítio tem dois picos. O que seria a intensidade relativa de cada um dos picos nesses espectros?

36. Descreva as principais características (número de picos e intensidades relativas dos picos) do espectro de fotoelétrons esperado para átomos de nitrogênio.

Questões Gerais

Estas questões não estão definidas quanto ao tipo ou à localização no capítulo. Elas podem combinar vários conceitos.

37. A cor vermelha dos rubis é o resultado da substituição de alguns íons Al^{3+} por íons Cr^{3+} no Al_2O_3 sólido.
    (a) Usando a notação *spdf* com a notação de gás nobre, escreva a configuração eletrônica para o átomo de Cr e para o íon Cr^{3+}.
    (b) O Cr^{2+} é paramagnético? E o Cr^{3+}?
    (c) O raio do íon Cr^{3+} é 64 pm. Como este é comparado ao raio do íon Al^{3+}?

38. A cor azul-intenso das safiras vem da presença de Fe^{2+} e de Ti^{4+} no Al_2O_3 sólido. Usando a notação *spdf* com a notação do gás nobre, escreva a configuração eletrônica para cada um desses íons.

39. Usando diagramas de orbitais em caixas e a notação do gás nobre, apresente as configurações eletrônicas do urânio e do íon urânio(IV). Ambos são paramagnéticos?

40. Os elementos terras raras, ou lantanídeos, comumente existem como íons 3+. Usando diagramas de orbitais em caixas e a notação do gás nobre, apresente as configurações eletrônicas dos seguintes elementos e íons.
    (a) Ce e Ce^{3+} (cério)   (b) Ho e Ho^{3+} (hólmio)

41. Um átomo neutro possui dois elétrons com $n = 1$, oito elétrons com $n = 2$, oito elétrons com $n = 3$ e dois elétrons com $n = 4$. Supondo que esse átomo esteja em seu estado fundamental, dê as seguintes informações:
    (a) número atômico
    (b) número total de elétrons *s*
    (c) número total de elétrons *p*
    (d) número total de elétrons *d*
    (e) o elemento é um metal, um não metal ou um metaloide?

42. O elemento 109, agora chamado meitnério (em homenagem à física austro-sueca Lise Meitner [1878-1968]), foi produzido em agosto de 1982 por uma equipe do Instituto de Pesquisa de Íons Pesados da Alemanha. Descreva sua configuração eletrônica usando notações *spdf* e do gás nobre. Nomeie outro elemento encontrado na mesma série que o meitnério.

Lise Meitner (1878-1968) e Otto Hahn (1879-1968). O elemento 109 (Mt) foi nomeado em homenagem a Meitner. Ela recebeu seu Ph.D. em Física, orientada por Ludwig Boltzmann, na Universidade de Viena, e foi a primeira mulher a obter um Ph.D. naquela universidade.

43. Qual das seguintes alternativas *não* é um conjunto permitido de números quânticos? Explique a sua resposta brevemente. Para aqueles conjuntos que são válidos, identifique um elemento em que um elétron de valência poderia ter esse conjunto de números quânticos.

	n	ℓ	m_ℓ	m_s
(a)	2	0	0	$-\frac{1}{2}$
(b)	1	1	0	$+\frac{1}{2}$
(c)	2	1	-1	$-\frac{1}{2}$
(d)	4	2	$+2$	$-\frac{1}{2}$

44. Um possível estado excitado para o átomo de H tem um elétron em um orbital $4p$. Relacione todos os conjuntos possíveis de número quânticos (n, ℓ, m_ℓ, m_s) para esse elétron.

45. O ímã da foto é feito de neodímio, ferro e boro.

Um ímã feito de uma liga que contém os elementos Nd, Fe e B.

(a) Escreva a configuração eletrônica de cada um desses elementos usando diagramas de orbitais em caixas, bem como a notação do gás nobre.
(b) Esses elementos são paramagnéticos ou diamagnéticos?
(c) Escreva as configurações eletrônicas de Nd^{3+} e Fe^{3+} usando diagramas de orbitais em caixas, bem como a notação do gás nobre. Esses íons são paramagnéticos ou diamagnéticos?

46. Nomeie o elemento correspondente a cada uma das características abaixo.

(a) o elemento com a configuração eletrônica $1s^22s^22p^63s^23p^3$
(b) o elemento alcalinoterroso com o menor raio atômico
(c) o elemento com a maior energia de ionização no Grupo 5A
(d) o elemento cujo íon 2+ tem a configuração $[Kr]4d^5$
(e) o elemento com a entalpia de adição eletrônica mais negativa no Grupo 7A
(f) o elemento cuja configuração eletrônica é $[Ar]3d^{10}4s^2$

47. Organize os seguintes átomos em ordem crescente de energia de ionização: Si, K, P e Ca.

48. Coloque os elementos e íons em ordem crescente de energia de ionização: Cl, Ca^{2+} e Cl^-. Explique sua resposta resumidamente.

49. Responda às perguntas abaixo sobre os elementos A e B, cujas configurações eletrônicas são apresentadas.

$$A = [Kr]5s^1 \quad B = [Ar]3d^{10}4s^24p^4$$

(a) O elemento A é um metal, metaloide ou um não metal?
(b) Qual elemento tem a maior energia de ionização?
(c) Qual dos elementos possui a entalpia de adição eletrônica menos negativa?
(d) Qual tem o maior raio atômico?
(e) Qual deve ser a fórmula para um composto formado entre A e B?

50. Responda às seguintes questões sobre os elementos com as configurações eletrônicas apresentadas aqui:

$$A = [Ar]4s^2 \quad B = [Ar]3d^{10}4s^24p^5$$

(a) O elemento A é um metal, metaloide ou um não metal?
(b) O elemento B é um metal, um não metal ou um metaloide?
(c) Qual elemento espera-se ter a maior energia de ionização?
(d) Qual elemento tem o menor raio atômico?

51. Quais dos seguintes íons são menos prováveis de serem encontrados em compostos químicos: Cs^+, In^{4+}, Fe^{6+}, Te^{2-}, Sn^{5+} e I^-? Explique sucintamente.

52. Coloque os seguintes íons em ordem decrescente de tamanho: K^+, Cl^-, S^{2-} e Ca^{2+}.

53. Responda às seguintes questões:

(a) Entre os elementos S, Se e Cl, qual possui o maior raio atômico?
(b) Qual possui o maior raio, Br ou Br^-?
(c) Qual dos seguintes elementos deveria ter a maior diferença entre a primeira e a segunda energias de ionização: Si, Na, P ou Mg?
(d) Qual deles tem a maior energia de ionização: N, P ou As?
(e) Qual deles possui o maior raio iônico: O^{2-}, N^{3-} ou F^-?

54. ▲ Os seguintes íons são isoeletrônicos: Cl^-, K^+ e Ca^{2+}. Coloque-os em ordem crescente de (a) tamanho, (b) energia de ionização e (c) entalpia de adição eletrônica.

55. Compare os elementos Na, B, Al e C com relação às seguintes propriedades:

(a) Qual tem o maior raio atômico?
(b) Qual tem a entalpia de adição eletrônica mais negativa?
(c) Coloque os elementos na ordem crescente de energia de ionização.

56. ▲ Dois elementos da segunda série de transição (do Y ao Cd) têm quatro elétrons desemparelhados em seus íons 3+. Quais elementos se encaixam nessa descrição?

57. A configuração para um elemento é fornecida aqui.

(a) Qual é a identidade do elemento com essa configuração?
(b) A amostra do elemento é paramagnética ou diamagnética?
(c) Quantos elétrons desemparelhados tem um íon 3+ desse elemento?

58. A configuração de um elemento é fornecida aqui.

(a) Qual é a identidade do elemento?
(b) Em que grupo e período este elemento encontra-se?
(c) O elemento é um não metal, um elemento do grupo principal, um metal de transição, um lantanídeo ou um actinídeo?
(d) O elemento é diamagnético ou paramagnético? Se for paramagnético, quantos pares de elétrons desemparelhados ele possui?
(e) Escreva um conjunto completo de números quânticos (n, ℓ, m_ℓ, m_s) para cada um dos elétrons de valência.
(f) Qual é a configuração do íon 2+ formado a partir desse elemento? O íon é diamagnético ou paramagnético?

59. Responda às questões abaixo sobre os elementos A e B, cujas configurações eletrônicas no estado fundamental são mostradas.

$$A = [Kr]5s^2 \quad B = [Kr]4d^{10}5s^25p^5$$

(a) O elemento A é um metal, metaloide ou um não metal?
(b) Qual elemento tem a maior energia de ionização?
(c) Qual elemento tem o maior raio atômico?
(d) Qual dos elementos possui a entalpia de adição eletrônica mais negativa?
(e) Qual deles tem maior probabilidade de formar um cátion?
(f) Qual é a fórmula provável para um composto formado entre A e B?

60. Respondas às perguntas abaixo considerando as configurações eletrônicas no estado fundamental.

(a) Qual elemento tem a configuração eletrônica [Ar]$3d^64s^2$?
(b) Qual elemento tem um íon 2+ com a configuração [Ar]$3d^5$? O íon é diamagnético ou paramagnético?
(c) Quantos elétrons desemparelhados existem em um íon Ni^{2+}?
(d) A configuração de um elemento é fornecida aqui.

Qual é a identidade do elemento? Uma amostra do elemento é paramagnética ou diamagnética? Quantos elétrons desemparelhados têm um íon 3− desse elemento?

(e) Qual elemento tem a seguinte configuração eletrônica? Escreva conjuntos completos de números quânticos para os elétrons 1-3.

Elétrons	n	ℓ	m_ℓ	m_s
1	___	___	___	___
2	___	___	___	___
3	___	___	___	___

No Laboratório

61. O formiato de níquel(II) [Ni(HCO$_2$)$_2$] é amplamente usado como um precursor catalítico e na produção de níquel metálico. Pode ser preparado no laboratório pelo tratamento de acetato de níquel(II) com ácido fórmico (HCO$_2$H).

Ni(CH$_3$CO$_2$)$_2$(aq) + 2 HCO$_2$H(aq) →
  Ni(HCO$_2$)$_2$(aq) + 2 CH$_3$CO$_2$H(aq)

O precipitado de Ni(HCO$_2$)$_2$ verde cristalino é formado após a adição de etanol à solução.

(a) Qual é o rendimento teórico do formiato de níquel(II) a partir de 0,500 g de acetato de níquel(II) e de ácido fórmico em excesso?
(b) O formiato de níquel(II) é paramagnético ou diamagnético? Se for paramagnético, quantos elétrons desemparelhados você esperaria?
(c) Se o formiato de níquel(II) for aquecido a 300 °C na ausência de ar durante trinta minutos, o sal decompõe-se para formar níquel puro em pó. Que massa de níquel deverá ser produzida aquecendo-se 253 mg de formiato de níquel(II)? Os átomos de níquel são paramagnéticos.

62. ▲ Espinelas são sólidos com a fórmula geral M^{2+}(M′$^{3+}$)$_2$O$_4$ (em que M^{2+} e M′$^{3+}$ podem ser cátions do mesmo metal ou de diferentes metais). O exemplo mais conhecido é a magnetita comum, Fe$_3$O$_4$ [que você pode formular como (Fe^{2+})(Fe^{3+})$_2$O$_4$].

Um cristal de uma espinela

(a) Dado o seu nome, é evidente que a magnetita é ferromagnética. Quantos elétrons desemparelhados existem nos íons ferro(II) e ferro(III)?
(b) Duas outras espinelas são CoAl$_2$O$_4$ e SnCo$_2$O$_4$. Quais íons metálicos estão envolvidos em cada uma delas? Quais são as suas configurações eletrônicas? Os íons metálicos são paramagnéticos? Em caso afirmativo, quantos elétrons desemparelhados estão envolvidos?

Resumo e Questões Conceituais

As seguintes questões podem usar os conceitos deste capítulo e dos capítulos anteriores.

63. Por que o raio do Li$^+$ é muito menor que o do Li? Por que o raio do F$^-$ é muito maior que o do F?

64. Quais íons na seguinte lista provavelmente não são encontrados nos compostos químicos: K^{2+}, Cs$^+$, Al^{4+}, F^{2-} e Se^{2-}? Explique sucintamente.

65. Responda às seguintes questões sobre as primeiras energias de ionização.

(a) Geralmente as energias de ionização aumentam deslocando-se ao longo de um período, mas isso não é verdadeiro no caso do magnésio (738 kJ/mol) e do alumínio (578 kJ/mol). Explique essa observação.
(b) Explique por que a energia de ionização do fósforo (1012 kJ/mol) é maior do que a do enxofre (1000 kJ/mol), quando a tendência geral nas energias de ionização de um período seria o oposto.

66. ▲ A ionização do átomo de hidrogênio pode ser calculada a partir da equação de Bohr para a energia do elétron.

$$E = -(N_A Rhc)(Z^2/n^2)$$

em que $N_A Rhc$ = 1312 kJ/mol e Z representa o número atômico. Vamos usar essa aproximação para calcular a possível energia de ionização do hélio. Em primeiro lugar, assumimos que os elétrons do He experimentem a carga nuclear completa de 2+. Isso nos dá o limite máximo da energia de ionização. Em seguida, supomos que um elétron do He proteja completamente da carga nuclear o outro elétron, de modo que $Z = 1$. Isso nos dá um limite mínimo para a energia de ionização. Compare esses valores calculados (limites máximo e mínimo) com o valor experimental de 2372,3 kJ/mol. O que isso nos diz sobre a capacidade de um elétron de atenuar a carga nuclear?

67. Compare as configurações abaixo com dois elétrons localizados nos orbitais p. Qual seria a mais estável (que tem a menor energia)? Qual seria a menos estável? Explique suas respostas.

(a) [↑↑][ ][ ]

(b) [↑↓][ ][ ]

(c) [↑][↓][ ]

(d) [↑][↑][ ]

68. Os comprimentos de ligação em Cl_2, Br_2 e I_2 são 200, 228 e 266 pm, respectivamente. Sabendo que o raio do estanho é de 141 pm, estime as distâncias de ligação entre Sn—Cl, Sn—Br e Sn—I. Compare os valores estimados com os valores experimentais de 233, 250 e 270 pm, respectivamente.

69. Escreva as configurações eletrônicas após os dois primeiros processos de ionização para o potássio. Explique por que a segunda energia de ionização é muito maior que a primeira.

70. Qual é a tendência na energia de ionização quando se move ao longo de um grupo na Tabela Periódica? Racionalize essa tendência.

71. (a) Explique por que os tamanhos dos átomos mudam quando se move ao longo de um período da Tabela Periódica.
(b) Explique por que os tamanhos dos átomos dos metais de transição mudam muito pouco ao longo de um período.

72. Qual dos seguintes elementos tem a maior diferença entre sua primeira e segunda energias de ionização: C, Li, N, Be? Explique sua resposta.

73. ▲ Quais argumentos você usaria para convencer outro estudante de Química Geral de que o MgO consiste em íons Mg^{2+} e O^{2-} e não em íons Mg^+ e O^-? Que experimentos poderiam ser realizados para fornecer alguma evidência de que a formulação correta do óxido de magnésio é $Mg^{2+}O^{2-}$?

74. Explique por que a primeira energia de ionização do Ca é maior que a do K, ao passo que a segunda energia de ionização do Ca é menor que a segunda energia de ionização do K.

75. As energias dos orbitais de muitos elementos foram determinadas. Para os dois primeiros períodos, os valores são os seguintes:

Elemento	1s (kJ/mol)	2s (kJ/mol)	2p (kJ/mol)
H	−1313		
He	−2373		
Li		−520,0	
Be		−899,3	
B		−1356	−800,8
C		−1875	−1029
N		−2466	−1272
O		−3124	−1526
F		−3876	−1799
Ne		−4677	−2083

(a) ▲ Por que as energias dos orbitais geralmente tornam-se mais negativas ao percorrermos o segundo período?
(b) Como esses valores relacionam-se com a energia de ionização e a entalpia de adição eletrônica dos elementos?
(c) Use esses valores de energia para explicar por que as energias de ionização dos quatro primeiros elementos do segundo período estão na ordem Li < Be > B < C

(Dados de MANN, J. B.; MEEK, T. L.; ALLEN, L. C. *Journal of the American Chemical Society*, v. 122, p. 2780, 2000.)

76. ▲ As energias de ionização para a remoção do primeiro elétron nos elementos Si, P, S e Cl são listadas na tabela abaixo. Racionalize sucintamente essa tendência.

Elemento	Primeira energia de ionização (kJ/mol)
Si	787
P	1012
S	1000
Cl	1251

77. Usando seu conhecimento sobre as tendências dos tamanhos dos elementos ao longo da Tabela Periódica, explique sucintamente por que a densidade dos elementos aumenta do K ao V.

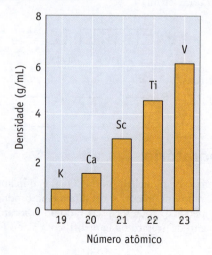

78. As densidades (em g/cm³) dos elementos dos Grupos 6B, 8B e 1B são fornecidas na tabela abaixo.

Período 4	Cr, 7,19	Co, 8,90	Cu, 8,96
Período 5	Mo, 10,22	Rh, 12,41	Ag, 10,50
Período 6	W, 19,30	Ir, 22,56	Au, 19,32

Todos os metais de transição no sexto período têm densidades muito maiores que as dos elementos dos mesmos grupos nos quarto e quinto períodos. Consulte a Figura 7.8 e explique essa observação.

79. A descoberta de dois novos elementos (números atômicos 113 e 115) foi anunciada em fevereiro de 2004.

(a) Use as notações *spdf* e do gás nobre para apresentar as configurações eletrônicas desses dois elementos.

(b) Para cada um desses elementos, nomeie outro na mesma série periódica.

(c) O elemento 113 foi preparado bombardeando-se um átomo pesado de amerício com um núcleo de um átomo leve. Os dois núcleos combinam-se para formar um núcleo com 113 prótons. Qual átomo leve foi usado como projétil?

80. Explique por que a reação entre cálcio e flúor não forma o CaF_3.

81. ▲ O cloreto de tionila, $SOCl_2$, é um importante agente oxidante e de cloração na Química Orgânica. Ele é preparado industrialmente pela transferência de átomos de oxigênio do SO_3 para o SCl_2.

$$SO_3(g) + SCl_2(g) \rightarrow SO_2(g) + SOCl_2(g)$$

(a) Dê a configuração eletrônica de um átomo de enxofre usando o diagrama de orbitais em caixas. Não utilize a notação do gás nobre.

(b) Usando a configuração obtida na parte (a), escreva o conjunto dos números quânticos para o elétron de maior energia em um átomo de enxofre.

(c) Qual dos elementos envolvidos nesta reação (O, S, Cl) deveria ter a menor energia de ionização? E o menor raio?

(d) Qual deveria ser menor: o íon sulfeto, S^{2-}, ou um átomo de enxofre, S?

(e) Se você deseja produzir 675 g de $SOCl_2$, que massa de SCl_2 será necessária?

(f) Se você utilizar 10,0 g de SO_3 e 10,0 g de SCl_2, qual será o rendimento teórico do $SOCl_2$?

(g) $\Delta_r H°$ para a reação de SO_3 e SCl_2 é –96,0 kJ/mol de $SOCl_2$. Usando dados do Apêndice L, calcule a entalpia padrão molar de formação do SCl_2.

82. O sódio metálico reage prontamente com cloro gasoso para formar o cloreto de sódio.

$$Na(s) + ½ Cl_2(g) \rightarrow NaCl(s)$$

(a) Qual é o agente redutor nessa reação? Qual propriedade do elemento contribui para a sua capacidade de atuar como um agente redutor?

(b) Qual é o agente oxidante nessa reação? Qual propriedade do elemento contribui para a sua capacidade de atuar como um agente oxidante?

(c) Por que a reação produz NaCl e não um composto como Na_2Cl ou $NaCl_2$?

83. ▲ As regras de Slater são uma maneira simples para estimar a carga nuclear efetiva sobre um elétron. Nessa abordagem, a "constante de blindagem", S, é calculada. A carga nuclear efetiva é, então, a diferença entre o número atômico, Z, e S. Observe que os resultados da Tabela 7.2 e da Figura 7.2 foram calculados de forma ligeiramente diferente.

$$Z^* = Z - S$$

A constante de blindagem, S, é calculada usando as seguintes regras:

1. Os elétrons de um átomo são agrupados conforme: (1s) (2s, 2p) (3s, 3p) (3d) (4s, 4p) (4d), e assim por diante.
2. Os elétrons em grupos maiores (à direita) não protegem aqueles dos grupos menores.
3. Para elétrons de valência *ns* e *np*
   a) Os elétrons do mesmo grupo (*ns*, *np*) contribuem com 0,35 (para 1s, 0,30 funciona melhor).
   b) Os elétrons em grupos n – 1 contribuem com 0,85.
   c) Os elétrons nos grupos n – 2 (e menores) contribuem com 1,00.
4. Para elétrons *nd* e *nf*, os elétrons do mesmo grupo *nd* ou *nf* contribuem com 0,35 e aqueles nos grupos à esquerda contribuem com 1,00.

Como exemplo, vamos calcular Z^* para o elétron mais externo do oxigênio:

$$S = (2 \times 0,85) + (5 \times 0,35) = 3,45$$
$$Z^* = 8 - 3,45 = 4,55$$

Aqui temos um cálculo para um elétron *d* no Ni:

$$Z^* = 28 - [18 \times 1,00] - [7 \times 0,35] = 7,55$$

e para um elétron *s* no Ni:

$$Z^* = 28 - [10 \times 1,00] - [16 \times 0,85] - [1 \times 0,35] = 4,05$$

(Nesse caso, os elétrons 3s, 3p e 3d estão nos grupos (n – 1).)

(a) Calcule Z^* para F e Ne. Relacione os valores de Z^* para O, F e Ne aos seus raios atômicos e energias de ionização.

(b) Calcule Z^* para um dos elétrons 3d do Mn, e compare este resultado com Z^* para um dos elétrons 4s do mesmo elemento. Os valores de Z^* nos fornecerão alguma informação sobre a ionização de Mn para formar um cátion?

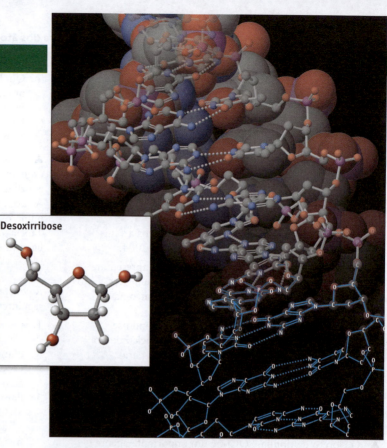

A estrutura de um segmento de DNA.

8 Ligação e estrutura molecular

Sumário do capítulo

- 8-1 Formação das Ligações Químicas
- 8-2 Ligações Covalentes e Estruturas de Lewis
- 8-3 Cargas Formais dos Átomos em Moléculas e Íons
- 8-4 Ressonância
- 8-5 Exceções à Regra do Octeto
- 8-6 Formas das Moléculas
- 8-7 Polaridade da Ligação e Eletronegatividade
- 8-8 Ligação e Polaridade Molecular
- 8-9 Propriedades das Ligações: Ordem, Comprimento e Energia
- 8-10 DNA, Revisitado

LIGAÇÕES QUÍMICAS NO DNA O tema deste capítulo e do próximo é a ligação e a estrutura molecular, o qual está bem ilustrado pela figura, que mostra uma parte de uma molécula de DNA. O DNA consiste em uma hélice de duas cadeias de grupos fosfato (PO_4^{3-}) tetraédricos e grupos desoxirribose. Bases orgânicas (como a timina e a citosina) em uma cadeia interagem com bases complementares da outra cadeia.

Ao observar cuidadosamente essa estrutura, algumas questões podem surgir. Por que existem quatro ligações nos átomos de carbono e fósforo no eixo da hélice? Por que esses átomos do eixo estão ligados a outros átomos separados por um ângulo de 109°? Por que os anéis com seis membranas bases de timina e citosina são planos? Por que certos átomos de H ligados a uma dessas bases em uma cadeia interagem com átomos de N e O nas bases da cadeia vizinha? Todas essas perguntas e muitas outras podem ser respondidas pela compreensão das ligações químicas e da estrutura molecular.

Questões de Estudo relacionadas a esta história: 8.25, 8.30, 8.79 e 8.88.

PARTE DOIS ▶ ÁTOMOS E MOLÉCULAS

CAPÍTULO 8

Objetivos do Capítulo

Consulte a Revisão dos Objetivos do Capítulo para ver as Questões para Estudo relacionadas a estes objetivos.

ENTENDER
- As premissas básicas sobre as ligações covalentes e iônicas.
- A relação entre as estruturas eletrônicas de pontos de Lewis e as estruturas moleculares.
- A relação entre a ordem de ligação, comprimento de ligação e energia de ligação.

FAZER
- Desenhar estruturas de Lewis para moléculas pequenas e íons poliatômicos.
- Usar o método de repulsão dos pares de elétrons no nível de valência (RPENV) para prever as formas des moléculas pequenas e íons simples e para compreender as estruturas de moléculas mais complexas.
- Usar a eletronegatividade e a carga formal para prever a distribuição de cargas em moléculas e íons, definir a polaridade das ligações e prever a polaridade das moléculas.
- Usar as entalpias de ligação para estimar as mudanças de entalpia nas reações químicas.

LEMBRAR
- Há distribuições eletrônicas comuns (como indicado pelas estruturas de Lewis) e estruturas moleculares compartilhadas pelas moléculas e pelos íons. Conhecer esses padrões permite prever as propriedades de moléculas e íons desconhecidos.
- Os símbolos de Lewis dos átomos.
- As geometrias comuns dos pares de elétrons e seus ângulos de ligação associados.

Os cientistas sabem, há muito tempo, que a chave para a interpretação das propriedades de uma substância química passa primeiro pelo reconhecimento e compreensão da sua estrutura e das suas ligações. A **estrutura** diz respeito à forma com que os átomos estão arranjados no espaço, e o termo **ligações** descreve as forças que mantêm unidos os átomos adjacentes.

Nossa discussão sobre estrutura e ligações inicia-se com pequenas moléculas e íons poliatômicos, progredindo então para moléculas maiores. Você verá que, de composto a composto, os átomos do mesmo elemento participam da ligação e da estrutura de maneira previsível. Essa consistência permite desenvolver um conjunto de princípios que se aplicam a muitos compostos químicos, incluindo aqueles com estruturas complexas, como o DNA.

8-1 Formação das Ligações Químicas

Quando uma reação química ocorre entre dois átomos, alguns de seus elétrons de valência reorganizam-se, o que resulta em uma força atrativa líquida – uma **ligação química** – entre os átomos. Os químicos geralmente pensam nas ligações como pertencentes a três amplas categorias: metálicas, covalentes e iônicas – mas, como ilustrado em "Um Olhar Mais Atento: Uma Visão Triangular das Ligações Químicas", a fronteira entre elas pode não ser evidente. Este capítulo é em sua maior parte voltado às ligações covalentes, considerando que as ligações iônicas e metálicas estão descritas no Capítulo 12.

Ligações covalentes envolvem um compartilhamento de elétrons da camada eletrônica externa (elétrons de valência) *de cada átomo.* Dois átomos de cloro, por exemplo, compartilham um par de elétrons, um elétron de cada átomo, para formar uma ligação covalente.

$$:\!\ddot{\underset{..}{Cl}}\!\cdot \;+\; \cdot\!\ddot{\underset{..}{Cl}}\!: \longrightarrow \;:\!\ddot{\underset{..}{Cl}}\!:\!\ddot{\underset{..}{Cl}}\!:$$

Par de elétrons da ligação

Uma ligação iônica é formada quando *um ou mais elétrons é(são) transferido(s) da camada externa de um átomo para outro*, criando íons positivos e negativos. Quando o sódio e o gás cloro (Cl_2) reagem, podemos imaginar que a reação ocorre pela transferência de um elétron de um átomo de sódio para um átomo de cloro para formar íons Na^+ e Cl^-.

$$[Na \cdot \;\; \cdot \ddot{\underset{..}{Cl}}:] \longrightarrow [Na^+ \;\; :\ddot{\underset{..}{Cl}}:^-]$$

Transferência de elétron de um agente redutor para um agente oxidante

Compostos iônicos. Íons têm configurações eletrônicas de gases nobres.

O sódio [$1s^2 2s^2 2p^6 3s^1$] possui uma baixa energia de ionização, portanto, rapidamente perde um elétron para formar Na^+ [$1s^2 2s^2 2p^6$]. O cloro [$1s^2 2s^2 2p^6 3s^2 3p^5$], por outro lado, possui uma elevada afinidade eletrônica e rapidamente ganha elétrons para formar o Cl^- [$1s^2 2s^2 2p^6 3s^2 3p^6$]. Os íons resultantes Na^+ e Cl^- são atraídos devido às suas cargas eletrostáticas, e é essa atração eletrostática entre íons de cargas opostas que constituem a **ligação iônica**. O resultado é que os íons arranjam-se entre si em uma estrutura cristalina, na qual as atrações entre os íons de cargas opostas são maximizadas e a repulsão entre os íons da mesma carga são minimizadas.

À medida que descrevemos as ligações com mais detalhes, você descobrirá que esses dois tipos de ligações entre dois átomos – compartilhamento igual ou transferência completa de elétrons – são casos extremos. *Na maioria dos compostos químicos, os elétrons são compartilhados desigualmente entre os átomos, com uma variação ampla quanto à extensão do compartilhamento: desde pouco compartilhamento (principalmente iônico) até um compartilhamento considerável (em sua maioria covalente).*

Formação de um composto iônico. A reação entre Na e Cl_2 é muito exotérmica. $\Delta_f H°$ [NaCl(s)] = −411,12 kJ/mol.

Uma Visão Triangular das Ligações Químicas

UM OLHAR MAIS ATENTO

Na Química, pensamos em termos de três formas "limitadoras" das ligações: covalente pura (compartilhamento igual de elétrons entre dois átomos), iônica pura (completa transferência de elétrons de um átomo para outro) e metálica. A figura aqui mostrada, um diagrama de van Arkel-Ketelaar, tem esses casos extremos nos vértices de um triângulo. Dependendo dos átomos envolvidos, a ligação pode ser descrita como iônica (CsF), covalente (F_2) ou metálica (Cs). Outras são uma mistura dessas formas. Por exemplo, a ligação no CO_2 é mais covalente que iônica, enquanto que no NaCl é predominantemente iônica. Um semicondutor como o AlAs tende a ir em direção à ligação metálica com algumas propriedades das ligações iônicas e covalentes. E a ligação no Si sólido é parcialmente metálica e parcialmente covalente.

Este capítulo e o seguinte abordam a ligação covalente. O Capítulo 12 tratará das ligações iônicas e metálicas. Embora tenhamos "compartimentado" esses temas, *não perca de vista o fato de que, como mostra a figura, a ligação em praticamente todos os materiais é uma mistura das três formas limitadoras.*

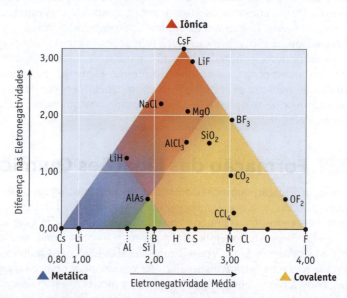

FIGURA Um diagrama de van Arkel–Ketelaar. As quatro regiões deste triângulo representam as localizações dos compostos metálicos, semicondutores, iônicos e covalentes.

O poderoso conceito de "eletronegatividade" é utilizado na Figura e é apresentado na página 380 deste capítulo.

Para mais detalhes das ligações, veja "Aplicando Princípios Químicos: Triângulos de van Arkel e Ligações", Capítulo 21.

8-2 Ligações Covalentes e Estruturas de Lewis

Há muitos exemplos de compostos que têm ligações covalentes, incluindo os gases na nossa atmosfera (O_2, N_2, H_2O e CO_2), os combustíveis comuns (CH_4) e a maior parte dos compostos do nosso corpo. As ligações covalentes também são responsáveis pelas conexões em íons poliatômicos, como CO_3^{2-}, CN^-, NH_4^+, NO_3^- e PO_4^{3-}. Vamos desenvolver os princípios básicos da ligação e da estrutura usando esses exemplos e outras pequenas moléculas e íons, mas os mesmos princípios aplicam-se a moléculas maiores, desde a aspirina às proteínas e ao DNA, com muitos milhares de átomos.

As moléculas e os íons que acabamos de mencionar são constituídos inteiramente por *não metais*. Um ponto que necessita de especial ênfase é que, *em moléculas e íons constituídos apenas de átomos de não metais, estes últimos estão unidos por ligações covalentes*. Caso contrário, a presença de um metal em uma fórmula é um sinal de que o composto é provavelmente iônico.

Elétrons de Valência e os Símbolos de Lewis para os Átomos

Os elétrons em um átomo podem ser divididos em dois grupos: **elétrons de valência** e **elétrons das camadas internas**. Reações químicas resultam na perda, no ganho ou no compartilhamento dos elétrons da camada de valência. Os elétrons mais próximos do núcleo não estão envolvidos nas ligações, nem nas reações químicas.

Para os elementos do grupo principal (elementos dos grupos A na Tabela Periódica), os elétrons de valência são os elétrons *s* e *p* da camada externa (Tabela 8.1). Todos os elétrons nas camadas internas são elétrons do cerne. Por exemplo,

Na, Grupo 1A   Elétrons internos = $1s^2 2s^2 2p^6$ = [Ne]   Elétrons de valência = $3s^1$

As, Grupo 5A   Elétrons internos = $1s^2 2s^2 2p^6 3s^2 3p^6 3d^{10}$ = [Ar]$3d^{10}$ Elétrons de valência = $4s^2 4p^3$

Para os *elementos do grupo principal, o número de elétrons de valência é igual ao número do grupo*. O fato de todos os elementos em um grupo periódico terem o mesmo número de elétrons de valência explica a semelhança das propriedades químicas entre membros do grupo.

Os elétrons de valência para elementos de transição incluem os elétrons nos orbitais *ns* e (*n* – 1)*d*. Os elétrons remanescentes são elétrons do cerne. Assim como acontece com os elementos do grupo principal, os elétrons de valência para metais de transição determinam as propriedades químicas desses elementos.

Ti, Grupo 4B   Elétrons internos = $1s^2 2s^2 2p^6 3s^2 3p^6$ = [Ar]   Elétrons de valência = $3d^2 4s^2$

O químico norte-americano Gilbert Newton Lewis (1875-1946) introduziu uma maneira útil para descrever os elétrons na camada de valência de um átomo. O símbolo do elemento representa o núcleo atômico com os elétrons do cerne. Até quatro elétrons de valência, representados por pontos, são colocados um de cada vez ao redor do símbolo; então, se houver mais elétrons de valência, eles são emparelhados com os que já estão lá. Os químicos atualmente referem-se a essas figuras como **símbolos de Lewis**. Os símbolos de Lewis para os elementos do grupo principal do segundo e do terceiro períodos são mostrados na Tabela 8.1.

O arranjo de quatro elétrons de valência de um elemento do grupo principal em torno de um átomo sugere a ideia de que a camada de valência pode acomodar quatro pares de elétrons. Por representar oito elétrons no total, isso é

Gilbert Newton Lewis (1875-1946) Lewis introduziu a teoria das ligações químicas, através de pares de elétrons compartilhados, em um artigo publicado no *Journal of the American Chemical Society* em 1916. Lewis também fez importantes contribuições à química de ácido-base, à termodinâmica e à interação da luz com substâncias.

Lewis nasceu em Massachusetts mas foi criado no estado americano de Nebraska. Depois de obter o grau de bacharel e seu doutorado em Harvard, ele iniciou sua carreira profissional como professor na Universidade da Califórnia, em Berkeley. Ele não foi apenas um pesquisador muito produtivo, mas também um influente professor. Entre suas ideias estava o uso de conjuntos de problemas no ensino, uma ideia ainda em uso nos dias de hoje.

Tabela 8.1 Símbolos de Lewis para os Átomos do Grupo Principal

1A ns^1	2A ns^2	3A ns^2np^1	4A ns^2np^2	5A ns^2np^3	6A ns^2np^4	7A ns^2np^5	8A ns^2np^6
Li·	·Be·	·B̈·	·C̈·	·N̈·	:Ö·	:F̈·	:N̈e:
Na·	·Mg·	·Äl·	·S̈i·	·P̈·	:S̈·	:C̈l·	:Är:

referido como um **octeto** de elétrons. Os gases nobres, com exceção do hélio, já possuem um octeto de elétrons de valência e demonstram uma notável falta de reatividade. (O hélio e o neônio não sofrem nenhum tipo de reação química, e os outros gases nobres têm reatividade química limitada.) Uma vez que as reações químicas envolvem mudanças na camada de elétrons de valência, a reatividade limitada dos gases nobres é tomada como evidência da estabilidade de sua configuração eletrônica de gás nobre (ns^2np^6). Muitos elementos perdem, ganham ou compartilham elétrons para atingir um octeto na camada de valência, a configuração de um gás nobre. Isso é conhecido como **regra do octeto**. O hidrogênio, que em seus compostos tem dois elétrons em sua camada de valência, obedece essa regra igualando-se à configuração eletrônica do hélio.

Estrutura Eletrônica de Pontos de Lewis e a Regra do Octeto

Em uma descrição simples da ligação covalente, uma ligação resulta quando um ou mais pares de elétrons são compartilhados entre dois átomos.

A ligação do par de elétrons entre os dois átomos de uma molécula de H_2 é representada por um par de pontos ou, alternativamente, uma linha.

A representação de uma molécula nesse modelo é chamada de **estrutura de pontos de Lewis** ou apenas **estrutura de Lewis**.

As estruturas simples de Lewis, como aquela para F_2, podem ser desenhadas começando com símbolos de Lewis para os átomos e continuando com o arranjo dos elétrons de valência para formar ligações. O flúor, um elemento do Grupo 7A, possui sete elétrons de valência. O símbolo de Lewis mostra que um átomo de F apresenta um único elétron desemparelhado ao lado de três pares de elétrons. No F_2, os elétrons individuais, um de cada átomo de F, emparelham-se na ligação covalente.

Na estrutura de Lewis do F_2, o par de elétrons da ligação F—F é o **par de ligação**. Os outros seis pares residem em átomos individuais e são chamados de **pares isolados**. Como eles não estão envolvidos na ligação, também são chamados de **elétrons não ligantes**.

O dióxido de carbono, CO_2 e o nitrogênio, N_2, são exemplos de moléculas nas quais dois átomos compartilham mais de um par de elétrons. No dióxido de carbono, o átomo de carbono compartilha dois pares de elétrons com cada oxigênio e, portanto, está ligado a cada átomo de O por uma **ligação dupla**. A camada de valência de cada átomo de oxigênio no CO_2 tem dois pares na ligação e dois pares isolados.

Na molécula diatômica de nitrogênio, os dois átomos de nitrogênio compartilham três pares de elétrons, portanto, estão ligados por uma **ligação tripla**. Além disso, cada átomo de N tem um único par isolado.

Importância dos Pares Isolados Pares isolados podem ser importantes em uma estrutura. Como eles estão na mesma camada de valência que os elétrons de ligação, eles podem influenciar a forma da molécula (veja a Seção 8.6).

Uma observação importante pode ser feita sobre as moléculas que você viu até agora: cada átomo compartilhou pares de elétrons, de modo que cada um alcançou a *configuração dos gases nobres*. *Cada átomo é cercado por um octeto de elétrons*. (A exceção é o hidrogênio, que tipicamente forma uma ligação com somente um outro átomo, tendo como resultado dois elétrons em sua camada de valência.)

A *tendência das moléculas e íons poliatômicos de possuir estruturas em que oito elétrons cercam cada átomo é conhecida como a regra do octeto*. Como exemplo, dado o número dos elétrons de valência disponíveis no nitrogênio, uma ligação tripla é necessária no N_2, de modo a ter um octeto em volta de cada átomo de nitrogênio. O átomo de carbono e ambos os átomos de oxigênio no CO_2 atingem a configuração do octeto por meio da formação de ligações duplas.

A regra do octeto é extremamente útil, mas tenha em mente que se trata mais de uma *orientação* do que uma regra. Para os elementos do segundo período C, N, O e F, uma estrutura de Lewis em que cada átomo atinge um octeto é provavelmente uma boa representação da ligação. Embora existam algumas exceções, se você encontrar uma estrutura de Lewis que não siga a regra do octeto, deve questionar a validade da estrutura. Se não for possível escrever uma estrutura que obedeça à regra do octeto, então, é possível que uma fórmula incorreta tenha sido atribuída ao composto ou os átomos tenham sido arranjados de forma equivocada.

> **Exceções à Regra do Octeto**
> Embora a regra do octeto seja amplamente aplicável, há exceções. Felizmente, muitas são óbvias, como quando há mais de quatro ligações para um elemento, ou quando há um número ímpar de elétrons (veja a Seção 8.5).

Desenhando as Estruturas de Lewis

Uma abordagem para construir a estrutura de Lewis é ilustrada no clorofórmio, $CHCl_3$, um composto utilizado antigamente como anestésico.

ETAPA 1 *Determine o arranjo dos átomos dentro de uma molécula.* O átomo central é *geralmente* aquele que tem menor afinidade por elétrons (a entalpia de adição eletrônica menos negativa, Seção 7.5).

$CHCl_3$
↑
Átomo central

ETAPA 2 *Determine o número total de elétrons de valência na molécula (ou íon).* Em uma molécula neutra, esse número será a soma dos elétrons de valência para cada átomo. O número de *pares* de elétrons de valência será metade do número total dos elétrons de valência.

$CHCl_3$ elétrons de valência
C = 4
H = 1
Cl = 3 × 7 = 21
Total = 26 elétrons ou 13 pares

ETAPA 3 *Coloque um par de elétrons entre cada par dos átomos ligados para formar uma única ligação.* Aqui quatro pares de elétrons são usados para fazer quatro ligações simples (que são representadas por quatro linhas). Nove pares de elétrons, dos treze originais, permanecem sem serem utilizados.

Ligação simples Cl
Cl—C—H
Cl

DICA PARA SOLUÇÃO DE PROBLEMAS 8.1
Escolhendo o Átomo Central para a Estrutura de Lewis

O primeiro passo para construir uma estrutura de pontos de Lewis é escolher o átomo central.

1. O átomo central é geralmente o átomo de menor eletronegatividade. A eletronegatividade é discutida na Seção 8.7.

2. Para moléculas simples e íons, o primeiro átomo na fórmula é frequentemente o átomo central (por exemplo, SO_2, NH_4^+, NO_3^-). Entretanto, isso não é uma previsão sempre confiável. Exceções dignas de nota incluem a água (H_2O) e a maioria dos ácidos comuns (HNO_3, H_2SO_4), nos quais o hidrogênio do ácido é geralmente escrito primeiro, mas outro átomo (como o N ou o S) é o átomo central.

3. Você reconhecerá que certos átomos aparecem frequentemente como o átomo central, entre eles C, N, P e S.

4. Halogênios são frequentemente átomos terminais que formam uma única ligação com outro átomo, mas eles podem ser o átomo central quando combinados com O nos oxiácidos (como $HClO_4$).

5. O oxigênio é o átomo central na água, mas combinado com o carbono, nitrogênio, fósforo e halogênios é, em geral, um átomo terminal.

6. Com raras exceções, o hidrogênio é um átomo terminal, porque tipicamente se liga somente a um outro átomo.

ETAPA 4 *Use todos os pares remanescentes como pares isolados em torno de cada átomo terminal (exceto H), de modo que cada átomo terminal esteja rodeado por oito elétrons. Se, depois de fazer isso, houver ainda átomos restantes, ligue-os ao átomo central.* Todos os treze pares estão agora atribuídos ao CHCl$_3$. O átomo de H possui um compartilhamento de dois elétrons, como ocorre normalmente, e todos os outros átomos têm um compartilhamento que permite um octeto de elétrons. A estrutura de Lewis para o CHCl$_3$ está completa.

ETAPA 5 *Se nenhum par de elétrons de valência permanecer após formar ligações simples e completar os octetos dos átomos terminais, e se o átomo central não tiver um octeto de elétrons, então ligações múltiplas podem ser criadas através do compartilhamento de um ou mais pares de elétrons entre os átomos terminais e o átomo central.* (Veja o caso do CH$_2$O na página 355.)

Esse passo não é necessário para o CHCl$_3$.

EXEMPLO 8.1

Desenhando as Estruturas de Lewis

Problema Desenhe as estruturas de pontos de Lewis para a cloramina, NH$_2$Cl (um desinfetante) e para o cloreto de tionilo, SOCl$_2$, um reagente amplamente utilizado na Química Orgânica.

O que você sabe? A fórmula de cada composto é dada, de modo que você pode determinar o número de elétrons de valência. Além disso, você pode supor que cada átomo (exceto o H) alcançará a configuração do octeto.

Estratégia Siga as cinco etapas descritas anteriormente para o CHCl$_3$.

Solução para a NH$_2$Cl

1. N é o átomo central, e os átomos de H e Cl, os átomos terminais.
2. Elétrons de valência = 14 (7 pares) = 5 (para N) + 2 × 1 (1 para cada H) + 7 (para Cl)
3. Três pares de elétrons formam ligações simples entre o N e os átomos terminais H e Cl.
4. Distribua os três pares isolados no átomo terminal Cl para completar o octeto de elétrons ao redor desse átomo.
5. Um par de elétrons ainda resta, e é colocado no átomo central N para completar seu octeto.

Os átomos N e Cl agora têm a participação de quatro pares de elétrons, e os átomos de H compartilham dois elétrons. A estrutura de Lewis está completa.

Solução para o SOCl$_2$

1. O enxofre é o átomo central. A afinidade eletrônica do enxofre é menor que a do oxigênio e a do cloro. (A entalpia de adição eletrônica do S é menos negativa que a do O e do Cl.)

2. Elétrons de valência = 26 (13 pares) = 6 (para S) + 6 (para O) + 2 × 7 (para cada Cl)
3. Três pares de elétrons formam ligações simples entre o enxofre e o oxigênio e entre o enxofre e o cloro.

$$\begin{array}{c} Cl \\ | \\ O-S-Cl \end{array}$$

4. Distribua nove pares de elétrons ao redor dos átomos terminais O e Cl.

$$\begin{array}{c} :\ddot{C}l: \\ | \\ :\ddot{O}-S-\ddot{C}l: \end{array}$$

5. Um par de elétrons resta. Como o átomo central S ainda tem três pares de elétrons ao seu redor, o último par de elétrons é ali colocado. Cada átomo agora tem a participação de quatro pares de elétrons.

$$\begin{array}{c} :\ddot{C}l: \\ | \\ :\ddot{O}-\ddot{S}-\ddot{C}l: \end{array}$$

Pense bem antes de responder Em ambas as moléculas, um par de elétrons ainda restou após a formação das ligações e de completar o octeto ao redor dos átomos terminais. Esse par de elétrons foi então colocado no átomo central.

Verifique seu entendimento

Desenhe as estruturas de Lewis para o CH₃Cl (cloreto de metila, um anestésico tópico), H₂O, H₂O₂ (peróxido de hidrogênio, com uma ligação O—O), NH₃ e NH₂OH (com uma ligação N—O).

Há muitas moléculas que possuem duas ou até três ligações entre um par de átomos, e um exemplo simples disso é a molécula de formaldeído, CH₂O. Aqui o carbono é o átomo central, e há um total de 12 elétrons de valência.

Elétrons de valência CH₂O = 12 elétrons (ou 6 pares de elétrons)
= 4 (para o C) + 2 × 1 (para dois átomos de H) + 6 (para O)

Como de costume, colocamos um par de elétrons entre cada par de átomos ligados para formar uma ligação simples.

$$\text{Ligação simples} \longrightarrow \begin{array}{c} H \\ \diagdown \\ C-O \\ \diagup \\ H \end{array}$$

e então colocamos os três pares remanescentes como pares isolados ao redor do átomo terminal O.

$$\text{Ligação simples} \longrightarrow \begin{array}{c} H \\ \diagdown \\ C-\ddot{O}: \quad \text{Par isolado}\\ \diagup \\ H \end{array}$$

Agora todos os seis pares foram atribuídos, mas note que o átomo de C tem a participação de apenas três pares. *Se o átomo central tiver menos de oito elétrons nessa etapa, desloque um ou mais pares isolados de um átomo terminal para um par de ligação (entre o átomo central e o terminal) para formar ligações múltiplas.*

$$\begin{array}{c} H \\ \diagdown \\ C-\ddot{O}: \\ \diagup \\ H \end{array} \xrightarrow[\text{do octeto para o C.}]{\text{Desloque o par isolado para criar uma ligação dupla e satisfazer a regra}} \begin{array}{c} H \\ \diagdown \\ C=\ddot{O} \quad \text{Par isolado} \\ \diagup \\ H \quad \text{Dois pares compartilhados; ligação dupla} \end{array}$$

Como regra geral, ligações duplas ou triplas são mais frequentemente encontradas quando *ambos* os átomos são C, N ou O. Ou seja, ligações do tipo C=C, C=N e C=O serão observadas com frequência.

EXEMPLO 8.2

Desenhando Estruturas de Lewis com uma Ligação Múltipla

Problema Desenhe a estrutura de Lewis para o CO_2, dióxido de carbono.

O que você sabe? A fórmula é dada de modo que seja possível determinar o número de elétrons na camada de valência. Além disso, você pode supor que cada átomo irá atingir a configuração do octeto.

Estratégia Siga as cinco etapas anteriormente descritas para o CH_2O.

Solução

1. Designe o C como o átomo central.
2. Elétrons de valência = 16 (8 pares) = 4 (para C) + 2 × 6 (para O)
3. Dois pares de elétrons formam ligações simples entre C e O.

$$O-C-O$$

4. Distribua três pares isolados nos átomos terminais de O para completar seus octetos.

$$:\ddot{O}-C-\ddot{O}:$$

5. Nenhum dos 8 pares de elétrons originais restaram sem ser utilizados, mas o átomo C não tem ainda um octeto de elétrons. Portanto, utilizamos os pares isolados de elétrons nos átomos de O para formar ligações CO adicionais, uma em cada lado da molécula.

$$\ddot{O}=C=\ddot{O}$$

Pense bem antes de responder Por que não pegamos dois pares solitários de um lado e nenhum do outro (para dar ao CO uma ligação tripla e uma ligação simples CO, respectivamente)? Discutiremos essa possibilidade depois de descrever a distribuição de cargas em moléculas e íons (Seção 8.7).

Verifique seu entendimento

Desenhe a estrutura eletrônica de Lewis para o CO.

Para completar nossos exemplos iniciais da construção das estruturas de Lewis, vamos dar uma olhada em como ficam essas estruturas em íons poliatômicos. Você encontrará muitos desses íons na Química, como cátions e ânions.

EXEMPLO 8.3

Desenhando Estruturas de Lewis para Íons Poliatômicos

Problema Desenhe as estruturas de Lewis para o íon clorato (ClO_3^-) e o íon nitrônio (NO_2^+).

O que você sabe? A fórmula de cada íon é dada, de modo que você pode determinar o número dos elétrons de valência. Além disso, você pode supor que cada átomo alcançará a configuração do octeto.

Estratégia Siga as etapas descritas nos exemplos anteriores com a etapa adicional de considerar a carga do íon.

- Para um *ânion*, *adicione* o número de elétrons igual à carga negativa.
- Para um *cátion*, *subtraia* o número de elétrons igual à carga do íon.

Solução para o íon clorato, ClO₃⁻

1. Cl é o átomo central, e os átomos de O são os átomos terminais.
2. Elétrons de valência = 26 (13 pares)
   = 7 (para Cl) + 18 (seis para cada O) + 1 (para a carga negativa)
3. Três pares de elétrons formam ligações simples entre o Cl e os átomos terminais de O.

$$\begin{array}{c} O \\ | \\ O - Cl - O \end{array}$$

4. Distribua os três pares isolados em cada um dos átomos terminais de O para completar o octeto de elétrons em volta de cada um desses átomos.

$$\left[\begin{array}{c} :\ddot{O}: \\ | \\ :\ddot{O} - Cl - \ddot{O}: \\ \ddot{}\ddot{} \end{array}\right]^-$$

5. Sobra um par de elétrons, e o mesmo é colocado no átomo central Cl para completar o octeto

$$\left[\begin{array}{c} :\ddot{O}: \\ | \\ :\ddot{O} - \ddot{Cl} - \ddot{O}: \end{array}\right]^-$$

Cada átomo agora tem a participação de quatro pares de elétrons, e a estrutura de Lewis está completa.

Solução para o íon nitrônio, NO₂⁺

1. Nitrogênio é o átomo central.
2. Elétrons de valência = 16 (8 pares)
   = 5 (para N) + 12 (seis para cada O) − 1 (para a carga positiva)
3. Dois pares de elétrons formam ligações simples entre o nitrogênio e cada oxigênio:

$$O - N - O$$

4. Distribua os seis pares de elétrons restantes nos átomos terminais O:

$$\left[:\ddot{O} - N - \ddot{O}:\right]^+$$

5. O átomo central nitrogênio tem dois pares de elétrons a menos que o necessário para o octeto. Como no caso do CO₂, um par isolado de elétrons de cada átomo de oxigênio é convertido em um par de elétrons de ligação para formar duas ligações duplas N=O. Cada átomo no íon possui agora quatro pares de elétrons. O nitrogênio tem quatro pares ligantes, e cada átomo de oxigênio tem dois pares isolados e dois pares ligantes.

Desloque os pares isolados para criar ligações duplas e satisfazer a regra do octeto para o N.

Mapa Estratégico 8.3

PROBLEMA
Desenhe a estrutura de Lewis para o ClO₃⁻.

DADOS/INFORMAÇÕES
- Fórmula do íon

ETAPA 1. Verifique qual é o **átomo central**

Cl é o átomo central, rodeado por três átomos de O.

ETAPA 2. Calcule o número de **elétrons de valência**.

ClO₃⁻ possui **26** elétrons de valência ou **13 pares**.

ETAPA 3. Forme **ligações simples** entre o *átomo central* e os *átomos terminais*.

Ligações simples
$$\begin{array}{c} O \\ | \\ O - Cl - O \end{array}$$

ETAPA 4. Coloque **pares de elétrons** nos *átomos terminais*, de modo que cada um tenha um **octeto** de elétrons.

Pares de elétrons
$$\begin{array}{c} :\ddot{O}: \\ | \\ :\ddot{O} - Cl - \ddot{O}: \end{array}$$

ETAPA 5. Coloque os **pares de elétrons remanescentes** no *átomo central* para formar o octeto.

Completo
$$\left[\begin{array}{c} :\ddot{O}: \\ | \\ :\ddot{O} - \ddot{Cl} - \ddot{O}: \end{array}\right]^-$$

> **Pense bem antes de responder** Perceba que a estrutura de pontos do ClO₃⁻ e do NO₂⁺ assemelham-se às do SOCl₂ (Exemplo 8.1) e do CO₂ (Exemplo 8.2), respectivamente. Tanto o ClO₃⁻ como o SOCl₂ possuem o mesmo número de pares de elétrons de valência, o mesmo número de ligações e de pares isolados, e ambos possuem um par isolado no átomo central. De modo semelhante, o CO₂ e o NO₂⁺ têm o mesmo número de elétrons de valência e ambos possuem duas ligações duplas. Você achará muito útil observar as características comuns das estruturas eletrônicas de pontos.
>
> **Verifique seu entendimento**
> Desenhe as estruturas de Lewis para NH₄⁺, NO⁺ e SO₄²⁻.

Prevendo as Estruturas de Lewis

As regras para desenhar estruturas de Lewis são úteis, mas os químicos podem também basear-se em padrões de ligação em moléculas relacionadas.

Compostos de Hidrogênio

O símbolo de Lewis para um elemento é um guia útil na determinação do número de ligações formadas pelo elemento. Por exemplo, o nitrogênio possui cinco elétrons de valência. Dois elétrons ocorrem como par isolado; outros três ocorrem como elétrons desemparelhados. Para alcançar um octeto, é necessário emparelhar cada um dos elétrons desemparelhados com um elétron de outro átomo. Assim, espera-se que N forme três ligações em moléculas neutras, *sem cargas*. De maneira semelhante, para compostos *sem carga*, espera-se que o carbono forme quatro ligações, o oxigênio, duas, e o flúor, uma. Veja na Tabela 8.2 os exemplos de moléculas comuns que contêm hidrogênio e íons com base em C, N, O e F.

Os elementos C, N e O são a base para íons poliatômicos comuns, como, por exemplo, os íons amônio e hidrônio. Aqui podemos pensar no NH₄⁺ como sendo baseado no N⁺, um cátion formado pela perda de um elétron do N. O íon N⁺ possui quatro elétrons

Tabela 8.2 Estruturas de Lewis para Moléculas e Íons Comuns Contendo Hidrogênio Ligado a Elementos do Segundo Período

Grupo 4A	Grupo 5A	Grupo 6A	Grupo 7A
CH₄ metano	NH₃ amônia	H₂O água	HF fluoreto de hidrogênio
C₂H₆ etano	N₂H₄ hidrazina	H₂O₂ peróxido de hidrogênio	
C₂H₄ etileno	NH₄⁺ íon amônio	H₃O⁺ íon hidrônio	
C₂H₂ acetileno	NH₂⁻ íon amida	OH⁻ íon hidroxila	

de valência desemparelhados (análogo ao C) e, portanto, é capaz de formar quatro ligações simples com átomos de hidrogênio. O ânion amida, NH$_2^-$, pode ser decomposto de forma semelhante. Neste ânion N$^-$ possui seis elétrons, dois pares de elétrons e dois elétrons desemparelhados (análogo ao O) e é capaz de formar duas ligações simples.

EXEMPLO 8.4

Prevendo as Estruturas Eletrônicas de Pontos de Lewis

Problema Desenhe as estruturas de Lewis para o CCl$_4$ e para o NF$_3$.

O que você sabe? O tetracloreto de carbono (CCl$_4$) e o NF$_3$ possuem estequiometrias similares ao CH$_4$ e à NH$_3$ (Tabela 8.2), de modo que você pode razoavelmente esperar que tenham estruturas de Lewis semelhantes.

Estratégia Lembre-se de que esperamos que o carbono forme quatro ligações e o nitrogênio, três ligações, para completarem um octeto de elétrons. Além disso, os halogênios possuem sete elétrons de valência; assim, tanto o Cl como o F podem obter seu octeto formando uma ligação covalente, da mesma forma que o hidrogênio.

Solução

tetracloreto de carbono

trifluoreto de nitrogênio

Pense bem antes de responder Para verificar, conte o número de elétrons de valência para cada molécula e certifique-se de que todos estejam presentes na estrutura de Lewis.

CCl$_4$: elétrons de valência = 4 (para C) + 4 × 7 (para Cl) = 32 elétrons (16 pares)

A estrutura de Lewis para CCl$_4$ mostra 8 elétrons em ligações simples e 24 elétrons em pares de elétrons isolados, perfazendo um total de 32 elétrons. A estrutura está correta.

NF$_3$: elétrons de valência = 5 (para N) + 3 × 7 (para F) = 26 elétrons (13 pares)

A estrutura de Lewis para o NF$_3$ mostra 6 elétrons em ligações simples e 20 elétrons em pares de elétrons isolados, perfazendo um total de 26 elétrons. A estrutura está correta.

Verifique seu entendimento

Preveja estruturas de Lewis para o metanol, CH$_3$OH, e a hidroxilamina, NH$_2$OH. (Em cada molécula, o átomo central C ou N está ligado aos átomos H e a um átomo de O.)

Oxiácidos e Seus Ânions

Oxiácidos, como o HNO$_3$, H$_2$SO$_4$, H$_3$PO$_4$ e HClO$_4$, são compostos moleculares covalentemente ligados, uma conclusão que podemos tirar porque todos os elementos da fórmula são não metais. Em soluções aquosas, os oxiácidos ionizam-se para formar um íon hidrônio e o ânion correspondente. Por exemplo, uma estrutura de Lewis para o íon nitrato pode ser criada usando-se as regras dos exemplos anteriores, e o resultado é uma estrutura com duas ligações simples N—O e uma ligação dupla N=O. Para formar o ácido nítrico a partir do íon nitrato, um íon hidrogênio é ligado utilizando-se um único par em um dos átomos de O.

Espécies Isoeletrônicas

As espécies químicas NO⁺, N₂, CO e CN⁻ são similares quanto ao fato de que cada uma delas possui dois átomos e o mesmo número total de elétrons de valência, 10, o que as leva a ter estruturas de Lewis similares para cada molécula ou íon. Os dois átomos em cada espécie são ligados por uma ligação tripla. Com três pares de ligação e um par isolado, cada átomo tem assim um octeto de elétrons.

$$[:N\equiv O:]^+ \quad :N\equiv N: \quad :C\equiv O: \quad [:C\equiv N:]^-$$

Moléculas e íons que têm o *mesmo número de elétrons de valência e as mesmas estruturas de Lewis* são chamadas **isoeletrônicas** (Tabela 8.3). Conforme visto nos Exemplos 8.1 e 8.4, é útil reconhecer moléculas e íons isoeletrônicos porque essas espécies químicas possuem estruturas de Lewis similares.

Compostos Orgânicos Baseados em Carbono

A vasta maioria das moléculas do nosso mundo e em nosso corpo são moléculas orgânicas baseadas em carbono, consistindo em C e H com O, N e, ocasionalmente, outros elementos, como S e P. Você pode desenhar rapidamente as estruturas de Lewis de moléculas orgânicas, seguindo alguns passos:

- Todas as moléculas orgânicas seguem a regra do octeto.
- O carbono forma quatro ligações. (Os arranjos possíveis incluem quatro ligações simples; duas ligações simples e uma dupla; duas ligações duplas; ou uma ligação simples e uma tripla.)
- Em espécies sem carga, o nitrogênio forma três ligações e o oxigênio forma duas ligações.
- O hidrogênio forma apenas uma ligação com outro átomo.
- Quando ligações múltiplas são formadas, ambos os átomos envolvidos são geralmente um dos seguintes: C, N e O. O oxigênio tem a habilidade de formar ligações múltiplas com uma variedade de elementos. O carbono forma muitos compostos tendo ligações múltiplas com outro carbono ou com N ou O.
- Sempre estabeleça as ligações simples e os pares isolados antes de determinar se há ligações múltiplas.

Como exemplo, vamos utilizar o hidrocarboneto, C₃H₆ (com 18 elétrons de valência). Há apenas duas formas de fazer um arranjo com três átomos de C: em um triângulo ou em linha. Se desenharmos uma ligação entre os átomos de C com essas estruturas, teremos:

> **Estruturas Isoeletrônicas** Existem tanto similaridades quanto diferenças importantes nas propriedades químicas de espécies isoeletrônicas. Por exemplo, tanto o monóxido de carbono, CO, como o íon cianeto, CN⁻, são muito tóxicos porque podem ligar-se ao ferro da hemoglobina no sangue e obstruir a absorção do oxigênio. Contudo, são diferentes, em sua química ácido-base. Em solução aquosa, o íon cianeto prontamente adiciona-se a um íon H⁺ para formar cianeto de hidrogênio, enquanto o CO não é protonado.

Tabela 8.3 Algumas Moléculas e Íons Isoeletrônicos Comuns

Fórmulas	Estruturas de Lewis Representativas	Fórmulas	Estruturas de Lewis Representativas
BH₄⁻, CH₄, NH₄⁺	[H–N(H)(H)–H]⁺	CO₃²⁻, NO₃⁻	[:Ö–N=O:]⁻ com :Ö:
NH₃, H₃O⁺	H–N̈–H com H	PO₄³⁻, SO₄²⁻, ClO₄⁻	[:Ö–P(:Ö:)(:Ö:)–Ö:]³⁻
CO₂, OCN⁻, SCN⁻, N₂O, NO₂⁺, OCS, CS₂	Ö=C=Ö		

Tabela 8.4 Estruturas de Lewis para Moléculas Orgânicas Simples Baseadas em C, H, O e N

Fórmula	Elétrons	Estrutura	Nome
CH₄O	14 elétrons de valência	H—C(H)(H)—Ö—H	álcool metílico
CH₅N	14 elétrons de valência	H—C(H)(H)—N̈(H)—H	metilamina
CH₂O₂	18 elétrons de valência	H—C(=Ö)—Ö—H	ácido fórmico (ácido metanoico)
C₂H₅NO₂	20 elétrons de valência	H—N̈(H)—C(H)(H)—C(=Ö)—Ö—H	glicina

Em seguida, ligue o átomo de H aos átomos de C. No arranjo triangular do C₃, cada átomo de C pode acomodar dois átomos de H. Cada átomo de C possui um octeto de elétrons, e a estrutura está completa.

A situação é diferente para a estrutura "linear". Cada átomo de C deve possuir quatro ligações. Se os átomos de C estão unidos por ligações simples e cada átomo de C possui ligações com átomos de H, precisaríamos de 8 átomos de H. Como a molécula possui apenas seis átomos de H, a estrutura poderá apenas ser a apresentada abaixo, com uma ligação dupla C=C.

Você já viu um outro exemplo da estrutura de Lewis de uma molécula orgânica simples (CH₂O). Veja na Tabela 8.4 vários outros exemplos de estruturas de Lewis de outras moléculas orgânicas comuns.

EXERCÍCIOS PARA A SEÇÃO 8.2

1. Qual das seguintes alternativas descreve o átomo de enxofre na estrutura de Lewis do íon sulfito, SO_3^{2-}?

    (a) O enxofre possui três ligações simples com o oxigênio e um par isolado.

    (b) O enxofre liga-se a dois átomos de oxigênio com ligações simples e a um átomo de oxigênio com uma ligação dupla.

    (c) O enxofre forma ligações duplas com três átomos de oxigênio.

    (d) O enxofre forma três ligações simples com o oxigênio e não tem pares isolados.

2. Qual das substâncias químicas da lista abaixo NÃO é isoeletrônica com N_3^-?

   (a) N_2O (b) NO_2^+ (c) O_3 (d) CO_2

3. Identifique a espécie na lista abaixo que NÃO é isoeletrônica com as outras.

   (a) O_3 (b) OCN^- (c) NO_2^- (d) SO_2

4. Qual das seguintes estruturas NÃO é possível para uma molécula com fórmula C_2H_6O?

   (a) H–C(H)(H)–C(H)(H)–Ö–H   (b) H–C(H)=C(H)(H)–Ö–H   (c) H–C(H)(H)–Ö–C(H)(H)–H

8-3 Cargas Formais dos Átomos em Moléculas e Íons

Você viu que as estruturas de Lewis mostram como pares de elétrons são colocados em espécies ligadas covalentemente, sejam moléculas neutras ou íons poliatômicos. Agora, consideramos uma das consequências dessa forma de distribuição de pares de elétrons: átomos individuais podem ser carregados negativa ou positivamente ou não terem nenhuma carga. As posições das cargas positivas ou negativas em uma molécula ou íon influenciarão, entre outras coisas, o átomo no qual uma reação ocorre. Por exemplo, um íon positivo H^+ se ligará ao O ou ao Cl do ClO^-? É razoável esperar que o H^+ ligue-se ao átomo mais negativamente carregado, e podemos prever que isso aconteça avaliando as cargas formais dos átomos nas moléculas e íons.

A **carga formal** é a carga eletrostática que residiria em um átomo de uma molécula ou íon poliatômico se todos os elétrons ligados fossem igualmente compartilhados. A carga formal para um átomo em uma molécula ou em um íon é calculada com base na estrutura de Lewis da molécula ou íon, usando a Equação 8.1,

$$\text{Carga formal de um átomo em uma molécula ou íon} = EV - [EPI + \tfrac{1}{2}(EL)] \quad (8.1)$$

em que EV = número de elétrons de valência no átomo ainda não combinado (para elementos do grupo principal é igual ao número do grupo na Tabela Periódica), EPI = número de elétrons em pares isolados no átomo, e EL = número de elétrons de ligação ao redor do átomo. O termo entre colchetes é o número de elétrons atribuídos pela estrutura de Lewis a um átomo em uma molécula ou em um íon. A diferença entre esse termo e o número de elétrons de valência no átomo não combinado é a carga formal. Uma carga formal positiva significa que um átomo em uma molécula ou íon "contribuiu" com mais elétrons na ligação do que "recebeu de volta". A carga formal do átomo será negativa se o inverso for verdadeiro.

Há duas premissas importantes na Equação 8.1. Primeiro, atribui-se os pares isolados ao átomo no qual eles residem na estrutura de Lewis. Segundo, considera-se que os pares de ligação são divididos *igualmente* entre os átomos ligados (e é esta a razão pela qual o EL é multiplicado por ½).

A soma das cargas formais dos átomos em uma molécula deve ser zero, enquanto a soma para os átomos em um íon é igual à carga do íon. Vamos considerar o íon hipoclorito, ClO^-. O oxigênio está no Grupo 6A e, portanto, tem seis elétrons de valência. Entretanto, no OCl^- sete elétrons podem ser atribuídos ao oxigênio (seis elétrons em pares isolados e um elétron da ligação), e assim o átomo tem uma carga formal de –1. O átomo de O "formalmente" ganhou um elétron ao se ligar com o cloro.

Ligação e estrutura molecular **363**

UM OLHAR MAIS ATENTO

Comparando o Número de Oxidação e a Carga Formal

Na Seção 3.8 você aprendeu a calcular o número de oxidação de um átomo como uma forma de descobrir se uma reação é uma oxidação ou redução. O número de oxidação de um átomo e sua carga formal estão relacionados? Para responder a essa pergunta, vamos analisar o íon hidroxila. As cargas formais são −1 no átomo de O e 0 no átomo de H. Lembre-se de que essas cargas formais são calculadas assumindo-se que os elétrons da ligação O—H são igualmente compartilhados na ligação covalente O—H.

Em contraste, no Capítulo 3 você aprendeu que o O tem um número de oxidação de −2 e o H, de +1. *Os números de oxidação são determinados ao assumirmos que a ligação entre um par de átomos seja iônica, não covalente.* Para o OH$^-$, isso significa que o par de elétrons entre O e H está *totalmente* localizado no O. Assim, o átomo de O possui agora oito elétrons de valência, em vez de seis, e uma carga de −2. O átomo de H não tem agora nenhum elétron de valência e possui uma carga de +1.

Número de oxidação = −2
Soma dos números de oxidação = −1
Considere uma ligação iônica
Número de oxidação = +1

As cargas formais e os números de oxidação são calculados para propósitos diferentes. Os números de oxidação permitem acompanhar as mudanças em reações redox. As cargas formais oferecem uma visão da distribuição de cargas em moléculas e íons poliatômicos.

Carga formal = −1 = 6 − [6 + ½(2)]
Soma das cargas formais = −1
Carga formal = 0 = 1 − [0 + ½(2)]

Carga formal = −1 = 6 − [6 + ½(2)]
Soma das cargas formais = −1
Carga formal = 0 = 7 − [6 + ½(2)]
Considere uma ligação covalente, de modo que os elétrons de ligação sejam divididos igualmente entre o Cl e o O.

A carga formal no átomo de Cl no ClO$^-$ é zero. Temos −1 para o oxigênio e 0 para o cloro, e a soma deles é igual à carga líquida de −1 para o íon. Uma importante conclusão que podemos tirar a partir da distribuição das cargas no ClO$^-$ é que, se um íon H$^+$ aproximar-se do íon, ele deveria unir-se ao átomo de O negativamente carregado para produzir o ácido hipocloroso, HOCl.

EXEMPLO 8.5

Calculando as Cargas Formais

Problema Calcule as cargas formais para os átomos do íon ClO$_3^-$.

O que você sabe? Você conhece a estrutura de Lewis do ClO$_3^-$, que foi desenvolvida no Exemplo 8.3.

Estratégia O primeiro passo é sempre escrever a estrutura de Lewis para a molécula ou o íon. Então, a Equação 8.1 pode ser utilizada para calcular as cargas formais.

Solução

Carga formal = −1 = 6 − [6 + ½(2)]
Carga formal = +2 = 7 − [2 + ½(6)]

A carga formal em cada átomo de O é −1, enquanto para o átomo de Cl é +2.

> **Pense bem antes de responder** Note que a soma das cargas formais em todos os átomos é igual à carga do íon.
>
> **Verifique seu entendimento**
> Calcule as cargas formais em cada átomo em (a) CN⁻ e (b) SO_3^{2-}.

EXERCÍCIO PARA A SEÇÃO 8.3

1. Qual é a carga formal do átomo de P no ânion $H_2PO_4^-$? (O íon diidrogenofosfato é o ânion derivado do H_3PO_4 pela perda do H⁺).

   (a) +3   (b) 0   (c) +1   (d) +5

8-4 Ressonância

O ozônio, O_3, um gás azul instável, diamagnético com odor pungente, que protege a Terra e seus habitantes da radiação ultravioleta intensa do Sol. Uma característica da sua estrutura é que as duas ligações oxigênio–oxigênio têm o mesmo comprimento. Essa observação experimental é importante porque sugere que as duas ligações são equivalentes. Isto é, comprimentos iguais de ligação O—O implicam em um número igual de pares de ligação em cada ligação O—O. Entretanto, usando as regras para desenhar as estruturas de Lewis, você poderia chegar a uma conclusão diferente. Há duas maneiras possíveis de escrever a estrutura de Lewis para a molécula:

Ligação dupla à esquerda: Ö=Ö—Ö:

Ligação dupla à direita: :Ö—Ö=Ö

O ozônio, O_3, é uma molécula angular com ligações oxigênio–oxigênio do mesmo comprimento.

Essas estruturas são equivalentes na medida em que cada uma delas apresenta uma ligação dupla de um lado do átomo central de oxigênio e uma ligação simples do outro lado. Se qualquer uma fosse a estrutura verdadeira do ozônio, uma das ligações (O=O) deveria ser mais curta do que a outra (O—O). A estrutura real do ozônio mostra que este não é o caso. A conclusão indiscutível é que nenhuma dessas estruturas de Lewis representa corretamente as ligações no ozônio.

Linus Pauling (1901-1994) propôs o conceito da **ressonância** para resolver o problema. *As estruturas de ressonância são usadas para representar a ligação em uma molécula ou em um íon quando uma única estrutura de Lewis não descreve precisamente a configuração eletrônica verdadeira*. As estruturas alternativas mostradas para o ozônio são chamadas **estruturas de ressonância**. Elas possuem padrões de ligação idênticos e energias iguais. A verdadeira configuração desta molécula é um *compósito*, ou **híbrido**, de estruturas de ressonância equivalentes. Nesse híbrido de ressonância, as ligações entre os oxigênios ocorrem entre uma ligação simples e

---

UM OLHAR MAIS ATENTO

Ressonância

- A ressonância é uma forma de representação das ligações em uma molécula ou íon poliatômico quando uma única estrutura de Lewis não é capaz de ilustrar precisamente a configuração eletrônica.
- Os átomos devem apresentar o mesmo arranjo espacial em cada estrutura de ressonância. Ligar os átomos de maneira diferente resulta em um composto diferente.
- As estruturas de ressonância diferem entre si apenas na atribuição das posições dos pares de elétrons, nunca das posições de seus átomos.
- Estruturas de ressonância diferem entre si no número de pares de ligação entre um determinado par de átomos.
- A ressonância não pretende indicar o movimento dos elétrons.
- A estrutura verdadeira de uma molécula é um compósito ou híbrido das estruturas de ressonância.
- Sempre haverá no mínimo uma ligação múltipla (dupla ou tripla) em cada estrutura de ressonância.

uma dupla, o que neste caso corresponde a uma ligação e meia. Essa conclusão é razoável porque vemos que as ligações O—O no ozônio têm comprimento de 127,8 pm, valor intermediário entre o comprimento médio de uma ligação dupla O=O (121 pm) e uma ligação simples O—O (132 pm). Como uma única estrutura de Lewis não pode representar frações de uma ligação, os químicos desenham as estruturas de ressonância conectando-as por setas de duas pontas (⟷) para indicar que a verdadeira estrutura é um compósito dessas estruturas extremas.

$$:\ddot{O}-\ddot{O}=\ddot{O}: \longleftrightarrow :\ddot{O}=\ddot{O}-\ddot{O}:$$

Representando Estruturas de Ressonância O uso de uma seta (⟷) como símbolo para ligar estruturas de ressonância e o termo ressonância são, de certa forma, inadequados. Uma seta parece significar a ocorrência de uma mudança, e o termo ressonância tem a conotação de vibração ou de uma alternância para frente e para trás entre as formas diferentes. Nenhuma dessas visões está correta. Os pares de elétrons, na verdade, não estão se movendo de um átomo para o outro.

O benzeno, C_6H_6, é o exemplo clássico do uso da ressonância para representar uma estrutura. A molécula de benzeno é um anel de seis membros de átomos de carbono com seis ligações carbono–carbono equivalentes (e um átomo de hidrogênio ligado a cada átomo de carbono). As ligações do carbono–carbono têm 139 pm de comprimento, valor intermediário entre o comprimento médio de uma ligação dupla C=C (134 pm) e uma ligação simples C—C (154 pm). Podem ser escritas para a molécula duas estruturas de ressonância que se diferem apenas nas posições das ligações duplas. Um híbrido dessas duas estruturas, entretanto, produzirá uma molécula com seis ligações carbono–carbono equivalentes.

estruturas de ressonância do benzeno, C_6H_6

representação abreviada das estruturas de ressonância

Vamos aplicar os conceitos de ressonância para descrever as ligações no íon carbonato, CO_3^{2-}, um ânion com 24 elétrons de valência (12 pares).

Podemos desenhar três estruturas equivalentes para esse íon, diferindo apenas na posição da ligação dupla C=O; mas nenhuma estrutura simples descreve corretamente esse íon. Em vez disso, a verdadeira estrutura é um compósito das três estruturas, o que está de acordo com os resultados experimentais. No caso do íon CO_3^{2-}, as três ligações carbono–oxigênio possuem 129 pm de comprimento, valor intermediário entre as ligações simples C—O (143 pm) e as ligações duplas C=O (122 pm).

Cargas formais podem ser calculadas para cada átomo na estrutura de ressonância para uma molécula ou íon. Por exemplo, ao usar uma das estruturas de ressonância para o íon nitrato, descobrimos que o átomo central de N possui uma carga formal de +1, e os átomos de O ligados ao N, por meio de ligações simples, têm ambos uma carga formal de −1. O átomo de O com dupla ligação não possui carga. A carga líquida para o íon é, portanto, −1.

Carga formal = 0 = 6 − [4 + ½(4)]

Soma das cargas formais = −1

Carga formal = +1 = 5 − [0 + ½(8)]

Carga formal = −1 = 6 − [6 + ½(2)]

Linus Pauling (1901-1994). Linus nasceu na cidade de Portland, Oregon, Estados Unidos. Ele tornou-se bacharel em Engenharia Química no Oregon State College em 1922, e fez o seu doutorado em Química no California Institute of Technology em 1925. Ele é bem conhecido por seu livro *The Nature of the Chemical Bond*, um trabalho seminal em Química. Nas palavras de Francis Crick, Pauling foi também "um dos fundadores da Biologia Molecular". Isso e seu estudo das ligações químicas foram citados no anúncio do Prêmio Nobel em Química, em 1954. Por fim, ele também recebeu o Prêmio Nobel da Paz em 1962, pelo papel que ele e sua esposa desempenharam no tratado que baniu os testes nucleares.

Seria essa uma razoável distribuição das cargas para o íon nitrato? A resposta é não. A verdadeira estrutura do íon nitrato é um híbrido de ressonância de três estruturas de ressonância equivalentes. Devido ao fato de os três átomos de oxigênio no NO_3^- serem equivalentes, a carga em um átomo de oxigênio não deve ser diferente em comparação aos outros dois. Isso pode ser resolvido se as cargas formais forem tratadas pela média, para dar uma carga formal de $-2/3$ nos átomos de oxigênio. Somando-se as cargas dos três átomos de oxigênio e a carga +1 do átomo de nitrogênio, a carga do íon resulta em -1.

Nas estruturas de ressonância do O_3, CO_3^{2-} e NO_3^-, todas as possíveis estruturas de ressonância são igualmente prováveis; elas são estruturas "equivalentes". Portanto, a molécula ou íon possui uma distribuição simétrica de elétrons sobre todos os átomos envolvidos – ou seja, sua estrutura eletrônica consiste em uma mistura, ou um híbrido das estruturas de ressonância. Entretanto, há também muitos exemplos nos quais estruturas de ressonância razoáveis podem ser desenhadas e

UM OLHAR MAIS ATENTO

Uma Controvérsia Científica – Ressonância, Cargas Formais e a Questão das Ligações Duplas nos Íons Sulfato e Fosfato

Agora que apresentamos as estruturas de Lewis, a ressonância e a carga formal discutiremos uma controvérsia científica: o desacordo entre os químicos sobre como desenhar as estruturas de Lewis para espécies químicas simples, como os íons sulfato e fosfato. Por exemplo, duas diferentes estruturas de Lewis têm sido propostas para o íon sulfato:

Ao desenhar as estruturas de Lewis, *o passo mais importante é primeiro satisfazer a regra do octeto para cada átomo em uma molécula ou íon*. Se uma única estrutura de Lewis não representa fielmente a espécie, a ressonância pode ser introduzida. Se duas estruturas de ressonância são diferentes (como acontece com íons como o SCN^- ou com um composto como o N_2O), a decisão pode ser feita entre as possíveis escolhas, dando preferência às estruturas que minimizam cargas formais e colocam cargas negativas nos átomos mais eletronegativos (página 383). Na grande maioria dos casos, as estruturas de Lewis criadas com base nessa abordagem podem ser utilizadas para determinar a estrutura molecular e fornecer uma imagem qualitativa da ligação.

Neste livro, escolhemos representar o íon sulfato com a estrutura de Lewis 1, na qual todos os átomos atingem um octeto de elétrons. A ordem de ligação do S—O é 1, o enxofre possui uma carga formal de +2, e cada oxigênio possui uma carga formal de -1. (Como você verá no Capítulo 9, essas ligações utilizam os orbitais 3s e 3p do S.) Alguns químicos, no entanto, escolhem representar o sulfato por uma estrutura de Lewis diferente (a estrutura 2, uma das seis estruturas equivalentes de ressonância). A estrutura 2 é formalmente uma estrutura de ressonância de 1, e a ordem média da ligação enxofre-oxigênio é de 1,5. Essa estrutura é atraente porque minimiza as cargas formais: o enxofre tem uma carga formal de 0, dois dos átomos de oxigênio têm uma carga formal de zero, e os outros dois têm carga formal de -1. Entretanto, como descrito em maiores detalhes no Capítulo 9, para o enxofre formar seis ligações, esse S precisa ter seis orbitais de valência à disposição. Isso implica que, além dos orbitais 3s e 3p, no enxofre deve estar envolvido o orbital 3d ao descrever a ligação.

Uma situação semelhante é encontrada no íon fosfato e em outras espécies químicas. Várias estruturas de ressonância podem ser desenhadas com ligações duplas.

A questão é qual é a melhor representação das ligações no SO_4^{2-}, 1 ou 2? Encontramos aqui uma controvérsia. Um artigo no *Journal of Chemical Education*[1] apresenta argumentos apoiando a estrutura 2 do íon sulfato. Entre os dados oferecidos para apoiar múltiplas ligações entre o enxofre e o oxigênio, está a observação de que o íon sulfato tem ligações SO mais curtas (149 pm) do que o comprimento conhecido da ligação S—O simples (cerca de 170 pm), mas maior que a ligação dupla do monóxido de enxofre (128 pm).

O apoio à estrutura 1 vem de um estudo teórico também apresentado no *Journal of Chemical Education*.[2] Os autores desse trabalho concluem que a estrutura 1 para o sulfato é mais razoável e que a estrutura 2 "não deve ser considerada". O argumento principal é que a energia dos orbitais 3d é muito alta para permitir qualquer envolvimento significativo desses orbitais na ligação. Mantendo essa visão, os autores determinaram que "... as ocupações calculadas do orbital d... são bem pequenas... e inconsistentes com qualquer expansão significativa na camada de valência".

Damos mais créditos ao estudo teórico referente à estrutura 2 e acreditamos que a estrutura 1 representa melhor o íon sulfato (e outras espécies químicas relacionadas) do que a 2.

Há duas conclusões importantes:
- Neste livro devemos *sempre mostrar as estruturas de Lewis que se aderem à teoria do octeto, mesmo se isso, ocasionalmente, levar a cargas formais maiores*.
- Finalmente, você deve reconhecer que *as estruturas de Lewis representam apenas uma aproximação quando representam estrutura e ligação químicas*.

Referências:

1. SEE, R. F. *J. Chem. Ed.*, v. 86, p. 1241-1247, 2009;
2. SUIDAN, L. et al. *J. Chem. Ed.*, v. 72, p. 583-586, 1995;

Você pode encontrar mais a respeito desse assunto em:
WEINHOLD, F.; LANDIS, C. R. *Science*, v. 316, p. 61, 2007;
FRENKING, G. et al. *Science*, v. 318, p. 746a, 2007.

não serem equivalentes. Por exemplo, há três possíveis estruturas de ressonância para o íon tiocianato, SCN⁻.

$$[:\ddot{S}=C=\ddot{N}:]^- \longleftrightarrow [:\ddot{\ddot{S}}-C\equiv N:]^- \longleftrightarrow [:S\equiv C-\ddot{\ddot{N}}:]^-$$

Todas obedecem à regra do octeto e a estrutura química desse íon pode ser descrita como um híbrido dessas estruturas. No entanto, como as estruturas não são equivalentes, haverá uma mistura desigual no híbrido de ressonância, e a verdadeira estrutura eletrônica se assemelhará a uma das estruturas mais do que às outras duas. Discutiremos esse aspecto mais adiante neste capítulo (Seção 8.7) e descreveremos o uso de cargas formais para decidir qual estrutura de ressonância é mais importante do que a outra.

EXEMPLO 8.6

Desenhando Estruturas de Ressonância

Problema Desenhe as estruturas de ressonância para o íon nitrito, NO₂⁻. As duas ligações N—O são simples, duplas ou apresentam um valor intermediário? Quais são as cargas formais nos átomos N e O?

O que você acha? O átomo de N é o átomo central, ligado aos dois átomos terminais de oxigênio. Você precisará determinar se duas ou mais estruturas de Lewis equivalentes podem ser escritas para este íon.

Estratégia

- Usando as regras para desenhar as estruturas de Lewis, determine se há mais de uma forma de conseguir um octeto de elétrons ao redor de cada átomo.
- Utilize uma das estruturas de Lewis para determinar as cargas formais dos átomos.
- Se as cargas nos dois átomos de oxigênio são diferentes, então as cargas formais no oxigênio serão uma média dos dois valores.

Solução O nitrogênio é o átomo central no íon nitrito, que possui um total de 18 elétrons de valência.

Elétrons de valência = 5 (para o átomo de N) + 12 (6 para cada átomo de O) + 1 (para a carga negativa)

Depois de formar as ligações simples N—O e distribuir os pares isolados nos átomos terminais O, ainda resta um par de elétrons que será colocado no átomo central N.

$$[:\ddot{\ddot{O}}-\ddot{N}-\ddot{\ddot{O}}:]^-$$

Para completar o octeto de elétrons no átomo de N, forme uma ligação dupla N=O. Como existem duas maneiras de fazer isso, pode-se desenhar duas estruturas equivalentes, e a estrutura verdadeira deverá ser um híbrido de ressonância dessas duas estruturas. As ligações nitrogênio–oxigênio não são ligações simples ou duplas; elas têm valor intermediário.

$$[:\ddot{O}=\ddot{N}-\ddot{\ddot{O}}:]^- \longleftrightarrow [:\ddot{\ddot{O}}-\ddot{N}=\ddot{O}:]^-$$

Ao considerar uma das estruturas de ressonância, você encontrará que a carga formal para o átomo de N é 0. A carga em um átomo de O é 0 e –1 para o outro átomo de O. No entanto, pelo fato de as duas estruturas de ressonância serem de igual importância, a carga líquida formal em cada átomo de O é −1/2.

$$\text{Carga formal} = 0 = 6 - [4 + \tfrac{1}{2}(4)]$$

$$\text{Carga formal} = -1 = 6 - [6 + \tfrac{1}{2}(2)]$$

$$[\ddot{\text{O}}=\text{N}-\ddot{\text{O}}\!:\,]^{-}$$

$$\text{Carga formal} = 0 = 5 - [2 + \tfrac{1}{2}(6)]$$

Pense bem antes de responder As ligações NO no NO_2^- são equivalentes, cada uma sendo de comprimento intermediário entre uma ligação simples N—O e uma ligação dupla N=O.

Verifique seu entendimento

Desenhe estruturas de ressonância para o íon bicarbonato, HCO_3^-.

(a) Teria o HCO_3^- o mesmo número de estruturas de ressonância que o íon CO_3^{2-}?

(b) Quais são as cargas formais dos átomos de O e C no HCO_3^-? Qual é a carga formal média nos átomos de O? Compare com os átomos de O no CO_3^{2-}.

(c) A protonação do HCO_3^- produz H_2CO_3. Como as cargas formais podem prever onde o íon H^+ irá se ligar?

EXERCÍCIOS PARA A SEÇÃO 8.4

1. Para qual(is) das seguintes espécies químicas, SO_3^{2-}, NO^+ ou NO_2^+, a ligação é descrita por duas ou mais estruturas de ressonância?

    (a) SO_3^{2-} e NO^+ (b) NO^+ e NO_2^+ (c) NO_2^+ (d) SO_3^{2-}

2. Quais são as cargas formais do nitrogênio e do oxigênio no NO_2^+?

    (a) As cargas formais no N e no O são 0.

    (b) A carga formal do N é +1; a carga formal do oxigênio é 0.

    (c) A carga formal do N é 0; a carga formal do oxigênio é +1.

    (d) A carga formal do N é −1, a carga formal do oxigênio é +2.

8-5 Exceções à Regra do Octeto

Embora a grande maioria dos compostos moleculares obedeça à regra do octeto, há exceções. Estas incluem as moléculas e os íons que possuem menos que quatro pares de elétrons em um átomo central, os que têm mais que quatro pares e aqueles que têm um número ímpar de elétrons.

Compostos nos Quais um Átomo Possui Menos de Oito Elétrons de Valência

O boro, um metaloide do Grupo 3A, tem três elétrons de valência e, assim, espera-se que ele forme três ligações covalentes com outros elementos não metálicos. Esse comportamento resulta em uma camada de valência com somente seis elétrons para o boro em seus compostos, dois a menos do que um octeto. Muitos compostos de boro desse tipo são conhecidos, incluindo compostos comuns do tipo ácido bórico

(B(OH)$_3$), bórax (Na$_2$B$_4$O$_5$(OH)$_4 \cdot$ 8 H$_2$O) (Figura 8.1) e os trialetos de boro (BF$_3$, BCl$_3$, BBr$_3$ e BI$_3$).

trifluoreto de boro   ácido bórico

Os compostos de boro, como o BF$_3$, nos quais faltam dois elétrons para completar um octeto, podem ser bastante reativos. O átomo de boro pode acomodar um quarto par de elétrons quando esse par é fornecido por outro átomo, e moléculas ou íons com pares isolados podem desempenhar esse papel. A amônia, por exemplo, reage com BF$_3$ para formar H$_3$N→BF$_3$.

FIGURA 8.1 O ânion no bórax. O bórax é um mineral comum, utilizado em sabões e que contém um interessante ânion, B$_4$O$_5$(OH)$_4^{2-}$. O ânion possui dois átomos de B rodeados por quatro pares de elétrons, e dois átomos de B rodeados por apenas três pares.

Se o par de elétrons de ligação provém de um dos átomos ligados, a ligação é chamada de **ligação covalente coordenada**. Em estruturas de Lewis, uma ligação covalente coordenada é geralmente designada por uma seta apontada para fora do átomo que doa o par de elétrons.

Compostos nos Quais um Átomo Possui Mais de Oito Elétrons de Valência

Os elementos no terceiro período ou em outros superiores frequentemente formam compostos e íons em que o elemento central é cercado por mais de quatro pares de elétrons de valência (alguns exemplos são ilustrados na Tabela 8.5.) Esses compostos são referidos com frequência como **hipervalentes** e, na maioria dos casos, o átomo central é ligado ao flúor, cloro ou oxigênio.

Muitas vezes é óbvio que, a partir da fórmula de um composto, o octeto em torno de um átomo tenha sido excedido. Como exemplo, considere o hexafluoreto de enxofre, SF$_6$, gás formado pela reação do enxofre com o gás flúor em excesso. O enxofre é o átomo central nesse composto, e o flúor liga-se de forma típica a apenas outro átomo com uma ligação simples de um par de elétrons (como no HF e CF$_4$). Seis ligações S—F são necessárias no SF$_6$, de modo que haverá seis pares de elétrons na camada de valência do átomo de enxofre.

Mais que quatro átomos ligados a um átomo central é um sinal confiável de que há mais de oito elétrons em torno do átomo central. Mas cuidado – o octeto do átomo central também pode ser excedido com quatro átomos ou menos, ligados ao átomo central. Considere os três exemplos da Tabela 8.5: o átomo central em SF$_4$, ClF$_3$ e XeF$_2$ possui cinco pares de elétrons na sua camada de valência.

Uma observação útil é que *somente elementos do terceiro período (ou maiores) da Tabela Periódica formam compostos e íons em que um octeto é excedido*. Os elementos do segundo período (B, C, N, O e F) são restritos a um máximo de oito elétrons em seus compostos. Por exemplo, o nitrogênio forma compostos e íons como o NH$_3$, o NH$_4^+$ e o NF$_3$, mas o NF$_5$ não é conhecido. O fósforo é o elemento do terceiro

Tabela 8.5 Estruturas de Lewis para Compostos Hipervalentes nos Quais o Átomo Central Excede o Octeto

Grupo 4A	Grupo 5A	Grupo 6A	Grupo 7A	Grupo 8A
SiF_5^-	PF_5	SF_4	ClF_3	XeF_2
SiF_6^{2-}	PF_6^-	SF_6	BrF_5	XeF_4

período imediatamente abaixo do nitrogênio na Tabela Periódica, que forma muitos compostos similares a ele (PH_3, PH_4^+, PF_3), mas também acomoda prontamente cinco ou seis pares de elétrons de valência em compostos como PF_5 ou em íons como o PF_6^-. O arsênio, o antimônio e o bismuto, elementos abaixo do fósforo no Grupo 5A, são semelhantes ao fósforo em seu comportamento.

Compostos de Xenônio – Mais de 8 Elétrons de Valência Os compostos de xenônio estão entre os mais interessantes da Tabela 8.5 porque compostos de gases nobres eram desconhecidos até o início dos anos 1960. Um dos mais intrigantes compostos é o XeF_2, em parte devido à simplicidade de sua síntese: o XeF_2 pode ser obtido colocando-se um frasco contendo gás xenônio e gás flúor na luz do Sol. Depois de várias semanas, são encontrados no frasco cristais incolores de XeF_2 (▶ veja a página 412).

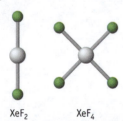

XeF_2 XeF_4

EXEMPLO 8.7

Estruturas de Lewis em Que o Átomo Central Possui Mais de Oito Elétrons

Problema Esboce a estrutura de Lewis do íon $[ClF_4]^-$.

O que você sabe? O cloro é o átomo central, ligado aos quatro átomos de flúor. Esse íon possui 36 elétrons de valência (18 pares) [7 (para Cl) + 4 × 7 (para F) + 1 (para a carga do íon) = 36].

Estratégia Use as orientações do Exemplo 8.3 para completar a estrutura.

Solução Desenhe o íon com as quatro ligações covalentes simples Cl—F.

Coloque pares isolados nos átomos terminais. Como dois pares de elétrons sobram após a colocação dos pares isolados nos quatro átomos de F e, como sabemos que o Cl pode acomodar mais de quatro pares, esses dois pares são colocados no átomo central do Cl.

Os últimos dois pares de elétrons são adicionados ao átomo central de Cl.

Ligação e estrutura molecular 371

UM OLHAR MAIS ATENTO | Ligações Químicas Utilizando os Orbitais *d*

A explicação frequente para o comportamento contrastante entre os elementos do segundo e terceiro períodos está no número de orbitais na camada de valência de um átomo. Os elementos do segundo período apresentam quatro orbitais de valência (um orbital 2s e três orbitais 2p). Dois elétrons por orbital resultam em um total de oito elétrons acomodados ao redor de um átomo. Para elementos do terceiro período e superiores, os orbitais *d* na camada externa são tradicionalmente incluídos entre os orbitais de valência. Assim, para o fósforo, os orbitais 3*d* são incluídos com os orbitais 3s e 3p como orbitais de valência. Os orbitais extras fornecem ao elemento a oportunidade de acomodar até 12 elétrons e assim formar 6 ligações. Pesquisas recentes, no entanto, têm mostrado que envolver o orbital *d* não é necessário. As ligações em espécies químicas como o SF_4, XeF_2 e SiF_6^{2-} podem ser explicadas satisfatoriamente utilizando-se apenas os orbitais *s* e *p*. Veja a página 438.

Pense bem antes de responder O átomo central, Cl, possui mais de 8 elétrons (4 pares de ligação e 2 pares isolados). Uma vez que o cloro está no terceiro período da Tabela Periódica, isso não ocorre sem uma razão.

Verifique seu entendimento

Esboce a estrutura de Lewis para $[ClF_2]^+$ e $[ClF_2]^-$. Quantos pares isolados e pares de ligação cercam o átomo de Cl em cada íon?

Moléculas com um Número Ímpar de Elétrons

Dois óxidos de nitrogênio – NO, com 11 elétrons de valência e NO_2, com 17 elétrons de valência – fazem parte de um grupo muito pequeno de moléculas estáveis com número ímpar de elétrons. Um número ímpar de elétrons torna impossível desenhar estruturas que obedeçam à regra do octeto para essas moléculas; pelo menos um elétron deve estar desemparelhado.

Mesmo que o NO_2 não obedeça à regra do octeto, uma estrutura de Lewis pode ser escrita de modo que se aproxime das ligações na molécula. Essa estrutura de Lewis coloca o elétron desemparelhado no nitrogênio, e duas estruturas de ressonância mostram que se espera que as ligações nitrogênio–oxigênio sejam equivalentes, como é observado.

A evidência experimental para o NO indica que o comprimento da ligação entre N e O é intermediária entre uma ligação dupla e uma ligação tripla. Não é possível escrever uma estrutura de Lewis para o NO que reflita as propriedades dessa substância, de modo que uma teoria diferente é necessária para compreender a ligação nessa molécula. Devemos retornar aos compostos desse tipo quando for apresentada a teoria do orbital molecular na Seção 9.3.

Os dois óxidos do nitrogênio, NO e NO_2, são membros de uma classe de substâncias químicas chamadas de radicais livres. Um **radical livre** é uma espécie química com um elétron desemparelhado, o que o torna, geralmente, bastante reativo. Os átomos livres como H e Cl, por exemplo, são radicais livres muito reativos, combinando-se prontamente com outros átomos para formar moléculas como H_2, Cl_2 e HCl.

Os radicais livres estão envolvidos em muitas reações no meio ambiente. Por exemplo, pequenas quantidades de NO são liberadas pelos escapamentos de veículos. O NO rapidamente forma o NO_2, que é até mais nocivo para a saúde humana e para as plantas. A exposição ao NO_2 em concentrações de 50–100 partes por milhão pode levar a uma significativa inflamação do tecido pulmonar. O dióxido de nitrogênio é também gerado por processos naturais. Por exemplo, quando o feno, o milho ou a silagem, que têm um alto nível de nitratos, é armazenado(a) em silos nas

A Ligação no NO_2 – Um Comentário Evidências para a estrutura do NO_2 no texto incluem o fato de o comprimento da ligação N—O ser intermediário entre uma ligação simples e uma ligação dupla, assim como a observação de que duas moléculas de NO_2 combinam-se para produzir N_2O_4 com uma ligação N—N.

FIGURA 8.2 Química do radical livre. Quando resfriado, a concentração do gás marrom NO₂ cai dramaticamente. O dióxido de nitrogênio é um radical livre, e duas moléculas de NO₂ juntam-se para formar o gás N₂O₄ incolor, uma molécula com ligações simples N—N. (N₂O₄ possui um ponto de ebulição de aproximadamente 21 °C, de modo que ele é líquido a 0 °C. Esta foto mostra que um pouco de NO₂ resta a essa temperatura.)

Frasco com gás NO₂ marrom em água morna

Quando resfriado, os radicais livres do NO₂ juntam-se para formar moléculas de N₂O₄. O gás N₂O₄ é incolor.

Frasco com gás NO₂ em água gelada

fazendas, o NO₂ pode ser gerado na fermentação do material orgânico e há relatos de trabalhadores rurais que morreram devido à exposição a esse gás no interior do silo (o NO₂ reage com água nos pulmões para produzir ácido nítrico).

Os dois óxidos de nitrogênio, NO e NO₂, são únicos no fato de que ambos podem ser isolados e nenhum deles apresenta a reatividade extrema da maioria dos radicais livres. Quando resfriado, no entanto, duas moléculas de NO₂ se juntam ou se "dimerizam" para formar o incolor N₂O₄; os elétrons desemparelhados se combinam para formar uma ligação N—N no N₂O₄ (Figura 8.2).

ESTUDO DE CASO

Radicais Livres, Química Atmosférica e Tinturas de Cabelo

Radical livre é um termo que os químicos usam para moléculas que contêm elétrons desemparelhados. Essas moléculas são muitas vezes bastante reativas e crucialmente importantes na Química Ambiental e na Bioquímica. Um exemplo é o radical hidroxila, ·OH. Um artigo da revista *Science* chamou os radicais hidroxila de "o 'detergente' da atmosfera... Os radicais hidroxila são os mais importantes oxidantes na atmosfera, porque são os agentes primariamente responsáveis por remover a maioria dos gases emitidos na atmosfera por atividades naturais ou antropogênicas".

O artigo da *Science* descreveu o que acontece quando o NO₂, um radical livre e poluente do ar muito comum, reage com a água na presença da luz do sol. Um dos produtos é o radical hidroxila, ·OH.

NO₂(g) + H₂O(g) → ·OH(g) + HONO(g)

O outro produto, HONO, decompõe-se com a luz do sol, para também produzir um radical hidroxila e outro radical livre, NO.

HONO(g) → ·OH(g) + ·NO(g)

Os radicais hidroxila então reagem na atmosfera com gases traço, como o SO₂, NH₃, CO e hidrocarbonetos.

Os radicais hidroxila também desempenham um papel quando se pinta o cabelo. A maioria das tinturas para cabelo consiste em uma mistura de corante, amônia e peróxido de hidrogênio (H₂O₂). Essas substâncias reagem para produzir o ânion peridroxila (HOO⁻) e o radical ·OH. O ânion HOO⁻ é uma base, e a solução básica faz o cabelo avolumar-se. Isso permite que o ânion peridroxila reaja com o pigmento natural do cabelo, melanina, clareando-o. O problema com esse método é que o radical ·OH danifica o cabelo, então os químicos criaram um novo produto. Esse produto é uma mistura de carbonato de amônio, (NH₄)₂CO₃ e H₂O₂ na presença de glicinato de sódio, Na[H₂NCH₂CO₂]. Essa mistura é menos básica e produz o íon peroxidomonocarbonato (HCO₄⁻) e um ânion radical carbonato (CO₃·⁻). O íon HCO₄⁻ funciona como alvejante e o íon glicinato remove os radicais carbonato que, caso contrário, poderiam danificar o cabelo.

Questões:

1. Desenhe uma estrutura de Lewis para o HONO. Há alguma estrutura de ressonância? Qual é a carga formal de cada átomo?

Desenhe uma estrutura de Lewis para o íon peroxidomonocarbonato. (Uma característica desse íon é um agrupamento C—O—O—H.) Calcule as cargas formais em cada átomo nas estruturas de ressonância.

As respostas dessas questões estão no Apêndice N.

Referências:

LI, S.; MATTHEWS, J.; SINHA, A. *Science*, 319, 1657, 2008; Veja também JARVIS, L. *Chemical & Engineering News*, p.32, 11 fev. 2008.

Linear

Planar trigonal

Tetraédrica

Bipiramidal trigonal

Octaédrica

FIGURA 8.3 Modelos de balão de geometrias devidas aos pares de elétrons, de dois a seis pares. Se dois a seis balões de tamanho e forma semelhantes forem amarrados juntos, eles assumirão naturalmente alguns dos arranjos mostrados. Essas fotos ilustram as previsões do modelo RPENV.

EXERCÍCIOS PARA A SEÇÃO 8.5

1. Em quais das seguintes espécies de enxofre, SF_2, SF_3^+, SF_4, SF_5^+ e SF_6, o S excede a configuração do octeto?

    (a) SF_5^+ e SF_6 (c) Somente SF_6

    (b) SF_4, SF_5^+ e SF_6 (d) Todas as cinco espécies

2. Quantos pares de elétrons isolados estão no átomo central Xe no XeF_2?

    (a) 0   (b) 1   (c) 2   (d) 3

8-6 Formas das Moléculas

As estruturas de Lewis mostram como os átomos estão unidos nas moléculas e nos íons poliatômicos. Entretanto, elas não mostram a geometria tridimensional, o que, com frequência, é crucial para a função da molécula. Por esse motivo, queremos dar mais um passo: usar as estruturas de Lewis para prever estruturas tridimensionais.

O método de **repulsão dos pares de elétrons no nível de valência, RPENV** (VSEPR, da sigla em inglês) fornece um procedimento confiável para prever as formas das moléculas e dos íons poliatômicos. Ele baseia-se na ideia de que *pares de elétrons isolados e de ligação no nível (ou camada) de valência de um elemento repelem-se mutuamente e buscam ficar o mais longe possível uns dos outros*. As posições assumidas pelos elétrons de valência de um átomo definem assim os ângulos das ligações com os átomos vizinhos. O método RPENV é bem aplicado na previsão de geometrias moleculares e de íons poliatômicos dos elementos do grupo principal, embora seja menos eficiente (e raramente utilizado) para prever estruturas de compostos contendo metais de transição.

Para se ter uma ideia de como os pares de elétrons da camada de valência determinam a estrutura, encha diversos balões até que atinjam mais ou menos o mesmo tamanho. Imagine que cada balão representa uma nuvem eletrônica. Quando dois, três, quatro, cinco ou seis balões forem amarrados a um ponto central (representando o núcleo e os elétrons das camadas internas – *o cerne*), os balões adotam naturalmente as formas mostradas na Figura 8.3. Esses arranjos geométricos minimizam as interações entre os balões e representam o mesmo arranjo observado nos pares de elétrons das moléculas.

Átomos Centrais Rodeados por Pares Ligados Apenas por Ligações Simples

A Figura 8.4 ilustra as geometrias previstas para estas moléculas ou íons poliatômicos baseados em um átomo central com dois a seis átomos ligados. Para moléculas com dois pares de elétrons ao redor do átomo central, espera-se uma geometria linear, com o ângulo da ligação de 180°. Três pares de elétrons ao redor de um átomo

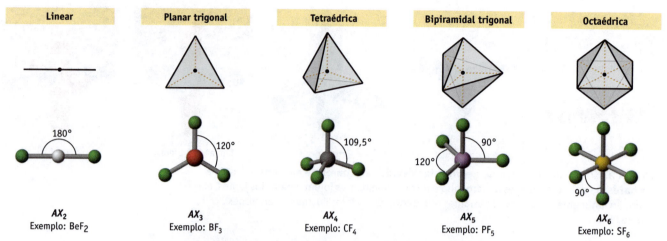

FIGURA 8.4 Geometrias previstas pelo RPENV. As geometrias previstas pelo modelo RPENV para moléculas do tipo AX_n, em que A é o átomo central e n é o número dos grupos X covalentemente ligados a ela.

central leva a uma geometria planar trigonal, com os ângulos da ligação de 120°. Moléculas com quatro pares de elétrons assumem uma geometria tetraédrica e ângulos de ligação de 109,5°. Preste atenção particularmente à tridimensionalidade do arranjo tetraédrico; a importância dessa geometria se tornará evidente quando observamos a grande variedade de compostos orgânicos. Moléculas com cinco pares de elétrons ao redor do átomo central assumem uma configuração bipiramidal trigonal, com ângulos de 120° e 90°. Adota-se uma geometria octaédrica com ângulos de ligação de 90° se houver seis pares de elétrons ao redor do átomo central.

EXEMPLO 8.8

Prevendo as Formas das Moléculas

Problema Faça uma previsão da forma do tetracloreto de silício, $SiCl_4$.

O que você sabe? Você conhece a fórmula do composto e o número de elétrons de valência. No $SiCl_4$ há 32 elétrons de valência em 16 pares, e o Si é o átomo central.

Estratégia O primeiro passo é desenhar a estrutura de Lewis. Não se preocupe em desenhá-la de alguma maneira em particular, porque sua finalidade é a de apenas descrever o número de ligações em torno de um átomo e determinar se existem pares isolados, particularmente no átomo central. A forma da molécula é ditada pelas posições das ligações e dos pares de elétrons isolados no átomo central.

Solução A estrutura de Lewis do $SiCl_4$ possui quatro pares de elétrons e todos os pares estão ligados em torno do átomo central de Si. Consequentemente, uma estrutura tetraédrica é esperada para a molécula $SiCl_4$, com ângulos da ligação Cl—Si—Cl de 109,5°. Essa estrutura está em conformidade com a verdadeira estrutura do $SiCl_4$.

Pense bem antes de responder Certifique-se de reconhecer que as quatro posições na geometria tetraédrica são equivalentes.

Verifique seu entendimento

Qual é a forma da molécula do diclorometano (CH_2Cl_2)? Estime o ângulo da ligação Cl—C—Cl.

Átomos Centrais com Pares de Ligação Simples e Pares Isolados

Para ver como os pares isolados afetam a geometria de uma molécula ou íon poliatômico, veja o "modelo" de balões na Figura 8.3. Se você assumir que os balões representam *todos* os pares de elétrons na camada de valência, o modelo prevê a "geometria devida aos pares de elétrons" da molécula ou íon. A **geometria devida aos pares de elétrons** é aquela assumida por todos os pares de elétrons de valência ao redor de um átomo central (tanto ligados como isolados). Isso é diferente da **geometria molecular**, a qual descreve apenas a geometria do átomo central e dos átomos diretamente unidos a ele. É importante reconhecer que *os pares de elétrons isolados no átomo central ocupam posições no espaço mesmo que sua localização não seja incluída na descrição verbal da forma da molécula ou do íon*.

Vamos usar o método RPENV para prever a geometria molecular e os ângulos de ligação da molécula NH_3. Ao desenhar a estrutura de Lewis, vemos que há quatro pares de elétrons ao redor do átomo central de nitrogênio: três pares de ligação e um par isolado. Assim, prevê-se que *a geometria dos pares de elétrons é tetraédrica*. A *geometria molecular*, entretanto, é *piramidal trigonal* porque descreve a localização dos átomos. O átomo de nitrogênio fica no ápice da pirâmide, e os três átomos de hidrogênio formam a base trigonal.

Estrutura de Lewis   Geometria devida aos   Geometria molecular   Ângulo real
                          pares de elétrons, tetraédrica   H–N–H = 107,5°

                                                                                  Geometria molecular,
                                                                                  piramidal trigonal

Efeito dos Pares Isolados nos Ângulos de Ligação

Como a geometria dos pares de elétrons no NH_3 é tetraédrica, esperaríamos que o ângulo da ligação H—N—H fosse 109,5°. Os ângulos de ligação experimentalmente determinados para a NH_3, entretanto, são de 107,5°, e o ângulo H—O—H na água é ainda menor (104,5°) (Figura 8.5). Os valores são próximos aos do ângulo tetraédrico, mas não são exatamente iguais. Isso torna evidente o fato de que o método RPENV não nos dá os ângulos exatos das ligações; apenas prevê a geometria aproximada. Pequenas variações na geometria são bastante comuns e ocorrem porque há uma diferença entre as necessidades espaciais dos pares isolados e dos pares de ligação. Os pares de elétrons isolados parecem ocupar um volume maior do que os pares de ligação, e o volume aumentado dos pares isolados faz com que os pares de ligação fiquem mais próximos, tornando os ângulos de ligação menos obtusos. Em geral, as forças de repulsão relativas que determinam a estrutura como um todo e os ângulos de ligação estão na ordem:

Par isolado–par isolado > par isolado–par de ligação > par de ligação–par de ligação

Isso é visto claramente na diminuição dos ângulos de ligação na série CH_4, NH_3 e H_2O, pois o número de pares isolados no átomo central aumenta (Figura 8.5).

FIGURA 8.5 As geometrias moleculares do metano, amônia e água. Todas têm quatro pares de elétrons ao redor do átomo central e possuem uma geometria tetraédrica devida aos pares de elétrons. O decréscimo nos ângulos de ligação na série pode ser explicado pelo fato de que pares isolados têm uma necessidade espacial maior do que os pares de ligação. **(a)** O metano tem quatro pares de ligação, então apresenta uma forma molecular tetraédrica. **(b)** A amônia possui três pares de ligação e um par isolado, então tem uma forma molecular piramidal trigonal. **(c)** A água tem dois pares de ligação e dois pares isolados, então possui uma forma angular.

Mapa Estratérgico 8.9

PROBLEMA
Determine a **geometria molecular** do H_3O^+.

DADOS/INFORMAÇÃO
- Fórmula do íon (H_3O^+).

ETAPA 1. Desenhe a **estrutura de Lewis**.

Estrutura de Lewis $[H-\ddot{O}-H \; ; \; H]^+$

ETAPA 2. Conte o número de **ligações** e de **pares isolados** em torno do **átomo central**.

Nesse íon há *três* pares de ligação e *um* par isolado.

ETAPA 3. Decida a respeito da **geometria devida aos pares de elétrons**.

Quatro pares = geometria **tetraédrica** dos pares de elétrons

ETAPA 4. Decida a respeito da **geometria molecular**.

A geometria molecular é **piramidal trigonal**.

EXEMPLO 8.9

Prevendo as Formas das Moléculas e dos Íons Poliatômicos

Problema Quais são as formas dos íons H_3O^+ e ClF_2^+?

O que você sabe? Conhecer as fórmulas dos íons permite que você desenhe as estruturas de Lewis.

Estratégia

- Desenhe a estrutura de Lewis para cada íon.
- Conte o número de pares isolados em torno do átomo central.
- Use a Figura 8.4 para se decidir quanto à geometria dos pares de elétrons. A posição dos átomos terminais no íon fornece a geometria molecular dele.

Solução

(a) A estrutura de Lewis do H_3O^+ mostra que o átomo de oxigênio está rodeado por quatro pares de elétrons, de modo que a geometria dos pares de elétrons é tetraédrica. Como três dos quatro pares são usados para ligar átomos terminais, o átomo central de O e os três átomos de H adotam uma forma molecular piramidal trigonal como a do NH_3.

Estrutura de Lewis → Geometria dos pares de elétrons, tetraédrica → Geometria molecular → Geometria molecular, piramidal trigonal

(b) Cloro, o átomo central no ClF₂⁺, está rodeado por quatro pares de elétrons, de modo que a geometria dos pares de elétrons em torno do cloro é tetraédrica. Como somente dois dos quatro pares são pares de ligação, o íon possui uma geometria angular.

Estrutura de Lewis → Geometria dos pares de elétrons, tetraédrica → Geometria molecular → Geometria molecular angular

Pense bem antes de responder Em cada um desses íons a ocorrência de pares isolados no átomo central influencia a geometria molecular. Em ambos os íons é provável que o ângulo (H–O–H ou F–Cl–F) seja ligeiramente menor que 109,5°.

Verifique seu entendimento

Dê a geometria dos pares de elétrons e a forma da molécula para BF₃ e BF₄⁻. Qual é o efeito na geometria molecular adicionando-se um íon F⁻ ao BF₃, para produzir BF₄⁻?

Átomos Centrais com Mais de quatro Pares de Elétrons de Valência

Quais estruturas são observadas se o átomo central tem cinco ou seis pares de elétrons, alguns dos quais sendo pares isolados? Uma estrutura bipiramidal trigonal (Figuras 8.4 e 8.6) tem dois conjuntos de posições que não são equivalentes. As posições no plano trigonal encontram-se no equador de uma esfera imaginária em torno do átomo central e são chamadas de posições *equatoriais*. Os polos norte e sul nessa representação são chamados de posições *axiais*. Cada átomo equatorial possui dois grupos vizinhos (os átomos axiais) a 90°, e cada átomo axial possui três grupos vizinhos (os átomos equatoriais) a 90°. Se pares isolados estão presentes na camada de valência, eles requerem mais espaço do que os pares de ligação, de modo que estes preferem ocupar mais posições equatoriais do que axiais.

As legendas na linha superior da Figura 8.7 indicam as espécies químicas que têm um total de cinco pares de elétrons de valência, com zero, um, dois e três pares isolados. No SF₄, com um par isolado, a molécula adota uma forma de "*gangorra*", com o par isolado em uma das posições equatoriais. A molécula de ClF₃ tem três pares de ligação e dois pares isolados. Os dois pares isolados no ClF₃ ocupam posições equatoriais; dois pares de ligação são axiais e o terceiro está no plano equatorial, de modo que a geometria molecular é em "*forma de T*". A terceira molécula mostrada é o XeF₂. Aqui, as três posições equatoriais são ocupadas por pares isolados, e a geometria molecular é *linear*.

Na linha inferior, a geometria adotada por seis pares de elétrons é *octaédrica* (Figura 8.7), e todos os ângulos em posições adjacentes são de 90°. Ao contrário da bipirâmide trigonal, todas as posições no octaedro são equivalentes. Consequentemente, se a molécula possuir um par isolado, como no BrF₅, não faz nenhuma diferença qual posição ele ocupa. O par isolado é desenhado frequentemente na posição superior ou inferior para que a visualização da geometria molecular seja facilitada; nesse caso, ela é *piramidal quadrada*. Se dois pares de elétrons em um arranjo octaédrico são pares isolados, eles procuram permanecer o mais distante possível. O resultado é uma molécula *planar quadrada*, como ilustrado no XeF₄.

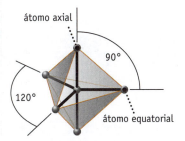

FIGURA 8.6 A bipirâmide trigonal mostrando os átomos axiais e equatoriais. Os ângulos entre os átomos no equador são de 120°. Os ângulos entre os átomos equatoriais e axiais são de 90°. Se houver pares isolados, eles são geralmente encontrados nas posições equatoriais.

CINCO PARES DE ELÉTRONS
Geometria dos pares de elétrons = bipirâmide trigonal

PF₅
5 pares de ligação
Nenhum par isolado

SF₄
4 pares de ligação
1 par isolado

ClF₃
3 pares de ligação
2 pares isolados

XeF₂
2 pares de ligação
3 pares isolados

SEIS PARES DE ELÉTRONS
Geometria dos pares de elétrons = octaédrica

SF₆
6 pares de ligação
Nenhum par isolado

BrF₅
5 pares de ligação
1 par isolado

XeF₄
4 pares de ligação
2 pares isolados

FIGURA 8.7 Geometrias devidas aos pares de elétrons e moleculares para moléculas e íons com cinco ou seis pares de elétrons ao redor do átomo central.

EXEMPLO 8.10

Prevendo as Formas das Moléculas

Problema Qual é a forma geométrica do íon ICl₄⁻?

O que você sabe? Você conhece o número de elétrons de valência, de modo que pode desenhar a estrutura de Lewis.

Estratégia Desenhe a estrutura de Lewis e decida então qual é a geometria dos pares de elétrons. A posição dos átomos dá a geometria molecular do íon (veja o Exemplo 8.7 e a Figura 8.7).

Solução Uma estrutura de Lewis para o íon ICl₄⁻ mostra que o átomo de iodo central possui seis pares de elétrons na camada de valência. Dois desses são pares isolados. A colocação dos pares isolados em lados opostos deixa os quatro átomos do cloro em uma geometria planar quadrada.

Geometria devida aos pares de elétrons, octaédrica

Geometria molecular planar quadrada

Pense bem antes de responder Geometria planar quadrada permite que os dois pares de elétrons do átomo central estejam o mais afastado possível.

Verifique seu entendimento

Desenhe a estrutura de Lewis para o ICl₂⁻ e então determine a geometria do íon.

Ligações Múltiplas e Geometria Molecular

As ligações duplas e triplas envolvem mais pares de elétrons do que ligações simples, mas essa característica pouco afeta a forma molecular global. *Todos os pares de elétrons envolvidos em qualquer ligação múltipla são compartilhados entre os mesmos dois núcleos e ocupam, consequentemente, a mesma região do espaço.* Portanto, todos os pares de elétrons em ligações múltiplas contam como um grupo de ligação e afetam a geometria molecular da mesma forma que a ligação simples. Por exemplo, o átomo de carbono no CO_2 não tem nenhum par isolado e participa de duas ligações duplas. Cada ligação dupla é uma região de densidade eletrônica e efetivamente conta como uma ligação para o propósito de se prever a geometria, que, neste caso, é *linear*.

Estrutura de Lewis, geometria dos pares de elétrons = linear

estrutura molecular, linear

Quando são possíveis estruturas de ressonância, a geometria pode ser prevista a partir de qualquer uma das estruturas de ressonância de Lewis ou da estrutura do híbrido de ressonância. Por exemplo, espera-se que a geometria do íon CO_3^{2-} seja planar *trigonal* porque o átomo de carbono possui três ligações e nenhum par isolado.

Estrutura de Lewis, uma estrutura de ressonância, geometria dos pares de elétrons = planar trigonal

estrutura molecular, planar trigonal

O íon NO_2^- tem também uma geometria de pares de elétrons planar trigonal. Como há um par isolado no átomo de nitrogênio central e duas ligações nas outras duas posições, a geometria do íon é *angular*.

Estrutura de Lewis, uma estrutura de ressonância, geometria dos pares de elétrons = planar trigonal

estrutura molecular, angular

Os métodos acima apresentados podem ser utilizados para encontrar as geometrias ao redor dos átomos em moléculas muito mais complexas. Considere, por exemplo, a cisteína, um dos aminoácidos naturais. Quatro pares de elétrons ocorrem em torno dos átomos S, N, C_2 e C_3, de modo que a geometria dos pares de elétrons em torno de cada um deles é tetraédrica. Assim, é previsto que todos os ângulos na molécula sejam de aproximadamente 109°, exceto os ângulos em volta do C_1, que são de 120° porque a geometria dos pares de elétrons ao redor do C_1 é planar trigonal.

Cisteína, $HSCH_2CH(NH_2)CO_2H$

EXEMPLO 8.11

Determinando as Formas das Moléculas e dos Íons Poliatômicos

Problema Qual é a forma do íon nitrato, NO_3^-? E da molécula $XeOF_4$?

O que você sabe? Você conhece o número de elétrons de valência em cada espécie química. Note também na discussão acima que ligações múltiplas são tratadas como um grupo de ligações ao determinar a geometria.

Estratégia Perguntas sobre a estrutura molecular podem ser respondidas usando o seguinte roteiro: Fórmula → estrutura de Lewis → geometria dos pares de elétrons → geometria molecular.

Solução

(a) Os íons NO_3^- e CO_3^{2-} são isoeletrônicos (ambos possuem 32 elétrons). Assim como o íon carbonato antes descrito, a geometria dos pares de elétrons e a forma molecular do NO_3^- são ambas planar trigonal.

(b) A molécula de $XeOF_4$ tem uma estrutura de Lewis com um total de seis pares de elétrons sobre o átomo central de Xe, um dos quais é um par isolado. Ela apresenta uma estrutura molecular piramidal quadrada.

Estrutura de Lewis · Geometria dos pares de elétrons, octaédrica · Geometria molecular, piramidal quadrada

Pense bem antes de responder Duas estruturas são possíveis para o $XeOF_4$ com base na posição ocupada pelo oxigênio, mas não há nenhuma maneira de prever qual está correta. A estrutura real é aquela que é mostrada com o oxigênio no ápice da pirâmide de base quadrada.

Verifique seu entendimento

Use as estruturas de Lewis e o método RPENV para determinar as geometrias dos pares de elétrons e da molécula para (a) íon fosfato, PO_4^{3-}; (b) íon sulfito, SO_3^{2-} e (c) IF_5.

EXERCÍCIOS PARA A SEÇÃO 8.6

1. Qual das seguintes espécies químicas tem geometria piramidal trigonal?

    (a) PCl_3 (b) BCl_3 (c) SO_3 (d) ClF_3

2. Qual é a geometria molecular do íon SbF_5^{2-}?

    (a) octaédrica   (c) piramidal quadrada
    (b) piramidal trigonal   (d) tetraédrica

3. Qual é o ângulo aproximado da ligação Cl—C—Cl no fosgênio, $COCl_2$? (O carbono é o átomo central nesse composto.)

    (a) 90°   (b) 109,5°   (c) 120°   (d) 180°

4. Qual é a geometria molecular do N_2O, no qual os átomos são unidos na ordem NNO?

    (a) linear, ângulo de 180°   (c) angular, ângulo de 90°
    (b) angular, ângulo de 109,5°   (d) angular, ângulo de 120°

8-7 Polaridade da Ligação e Eletronegatividade

Uma ligação covalente "pura", em que os átomos dividem *igualmente* um par de elétrons, ocorre *somente* quando dois átomos idênticos se unem para formar uma molécula. Quando dois átomos diferentes formam uma ligação covalente, o par de elétrons será compartilhado de forma desigual. O resultado é uma **ligação covalente polar**, na qual os dois átomos possuem cargas eletrostáticas parciais (Figura 8.8).

As ligações são polares porque nem todos os átomos seguram seus elétrons de valência com a mesma força, e átomos diferentes não aceitam elétrons adicionais com a mesma facilidade. Lembre-se de que na discussão das propriedades atômicas vimos que elementos diferentes apresentam valores diferentes de energia de ionização e de afinidade eletrônica (Seção 7.5). Essas diferenças no comportamento dos átomos livres estendem-se aos átomos nas moléculas.

Se um par ligante não for compartilhado igualmente entre dois átomos, os elétrons de ligação estarão em média mais próximos de um dos átomos. O átomo para o qual o par é deslocado tem uma parcela maior do par de elétrons e adquire assim uma carga parcial negativa. Ao mesmo tempo, o átomo do outro lado da ligação tem uma parcela menor do par de elétrons e assim adquire uma carga parcial positiva. A ligação entre os dois átomos é **polar**, ou seja, ela tem uma extremidade negativa e outra positiva.

Em compostos iônicos, o deslocamento do par ligante para um dos dois átomos é completo, e os símbolos + e − são escritos ao lado do símbolo do átomo nas representações de Lewis. Para uma ligação covalente polar, a polaridade é indicada escrevendo-se os símbolos δ^+ e δ^- ao lado dos símbolos do átomo, onde δ (a letra grega delta minúscula) significa uma carga parcial. Com tantos átomos para serem utilizados na formação de ligações covalentes, não é de surpreender que as ligações entre os átomos possam se encontrar em qualquer lugar em um contínuo que vai de completamente covalente a completamente iônica (Figura 8.9 e "Um Olhar Mais Atento: Uma Visão Triangular das Ligações Químicas").

FIGURA 8.8 Uma ligação covalente polar. O iodo tem uma parcela maior dos elétrons de ligação, e o hidrogênio, uma parcela menor. O resultado é que o I tem uma carga parcial negativa (δ^-), e o H tem uma carga parcial positiva igual (δ^+). Às vezes, a polaridade é representada por uma seta apontando do + para −.

FIGURA 8.9 Ligações de covalente a iônica. Como as diferenças de eletronegatividade aumentam entre os átomos de uma ligação, a ligação torna-se predominantemente iônica.

Na década de 1930, Linus Pauling propôs um parâmetro chamado *eletronegatividade do átomo*, o qual permite decidir se uma ligação é polar, qual átomo de ligação é parcialmente negativo e qual é parcialmente positivo, e se uma ligação é mais polar do que outra. A **eletronegatividade**, χ, é definida como uma medida da *habilidade de um átomo em uma molécula de atrair elétrons para si*.

Vendo os valores de eletronegatividade na Figura 8.10, você pode notar várias características importantes:

- O flúor possui o maior valor de eletronegatividade; a ele é atribuído um valor de $\chi = 4{,}0$. O elemento com o menor valor é o metal alcalino césio.

- As eletronegatividades geralmente aumentam da esquerda para a direita nos grupos e decrescem de cima para baixo. Isso é o oposto da tendência observada para o caráter metálico.

- Os metais têm tipicamente baixos valores de eletronegatividade, variando de pouco menos de 1 para cerca de 2.

- Os valores da eletronegatividade para os semimetais são de mais ou menos 2, enquanto os não metais possuem valores acima de 2.

Perceba que há uma grande *diferença* na eletronegatividade para os átomos do lado esquerdo e os do lado direito da Tabela Periódica. Para o fluoreto de césio, por exemplo, a diferença nos valores de eletronegatividade, $\Delta\chi$, é de 3,2 [= 4,0 (para o F) − 0,8 (para o Cs)]. A ligação é iônica, sendo o Cs o cátion (Cs$^+$) e F o ânion (F$^-$). Em contraste, a diferença de eletronegatividade entre o H e o F no HF é de apenas

FIGURA 8.10 Valores de eletronegatividade de Pauling para os elementos. (Os valores também são atribuídos aos lantanídeos e actinídeos aos gases nobres, mas não são mostrados aqui. Os valores nessa tabela foram extraídos de EMSLEY, J. *The Elements*. 3. ed. Oxford: Clarendon Press, 1998.)

1,8 [= 4,0 (para o F) − 2,2 (para H)]. Concluímos que a ligação no HF deve ser covalente, como o esperado para um composto formado por dois não metais. Além disso, devido ao fato de as eletronegatividades do hidrogênio e do flúor serem diferentes, a ligação H—F é bastante polar. Em uma ligação polar, o átomo de maior eletronegatividade atrai a carga parcial negativa e o átomo menos eletronegativo fica com a carga parcial positiva. Assim, o hidrogênio é a extremidade positiva dessa molécula, e o flúor, a extremidade negativa (H$^{\delta+}$—F$^{\delta-}$).

EXEMPLO 8.12

Estimando as Polaridades da Ligação

Problema Para cada um dos seguintes pares ligados, decida qual é o mais polar e indique os pólos negativos e positivos.

(a) B—F e B—Cl   (b) Si—O e P—P

O que você sabe? Você conhece as tendências da eletronegatividade e pode ver os valores na Figura 8.10.

Estratégia Localize os elementos na Tabela Periódica e tente responder às perguntas baseadas nas tendências gerais da eletronegatividade. Lembre-se de que a eletronegatividade geralmente aumenta ao longo de um período e para cima em um grupo.

Solução

(a) O B e o F ficam relativamente distantes na Tabela Periódica. O B é um metaloide e o F é um não metal. Aqui, χ para o B = 2,0, e χ para o F = 4,0. De maneira semelhante, B e Cl estão relativamente distantes na Tabela Periódica, mas o Cl fica abaixo do F (χ para o Cl = 3,2) e, portanto, ele é menos eletronegativo que o F. A diferença na eletronegatividade para o B–F é de 2,0 e para o B–Cl é de 1,2. Espera-se que ambas as ligações sejam polares, com o B positivo e o halogênio negativo, mas a ligação B–F será mais polar que a ligação B–Cl.

(b) A ligação P—P é não polar, porque a ligação se dá entre átomos do mesmo tipo. No caso do Si—O, o átomo de O tem maior eletronegatividade (3,5) do que o Si (1,9), e a ligação é altamente polar ($\Delta\chi = 1{,}6$), com o O sendo o átomo mais negativo.

Pense bem antes de responder Quando o F é um dos átomos ligados, normalmente, o resultado é uma ligação polar. As ligações envolvendo elementos idênticos, como no caso da ligação P—P, serão não polares.

Verifique seu entendimento

Para cada um dos seguintes pares de ligações, decida qual é a mais polar. Para cada ligação polar, indique os polos positivo e negativo. Após fazer sua análise a partir das posições relativas dos átomos na Tabela Periódica, verifique suas previsões calculando o $\Delta\chi$ a partir dos valores das eletronegatividades na Figura 8.10.

(a) H—F e H—I   (b) B—C e B—F   (c) C—Si e C—S

Distribuição de Cargas: Combinando Cargas Formais e Eletronegatividade

A maneira pela qual os elétrons são distribuídos na molécula é chamada de **distribuição de carga**. A distribuição de carga afeta as propriedades de uma molécula. Exemplos incluem propriedades físicas, como os pontos de fusão e ebulição, e propriedades químicas, como a suscetibilidade ao ataque de um ânion ou cátion, ou se a molécula é um ácido ou uma base.

A localização de uma carga em uma molécula ou íon pode muitas vezes ser obtida a partir do cálculo da carga formal (◄ página 362). Entretanto, é possível obter um resultado sem sentido a partir dessa determinação, porque os cálculos da carga formal assumem que há compartilhamento igual de elétrons em todas as ligações. O íon BF_4^- ilustra bem esse ponto. O boro tem uma carga formal de -1 nesse íon, enquanto a carga formal calculada para os átomos do flúor é 0. Baseado na diferença de eletronegatividade entre o flúor e o boro ($\Delta\chi = 2{,}0$), espera-se que as ligações B—F sejam polares, com o átomo de flúor na extremidade negativa da ligação ($B^{\delta+}$—$F^{\delta-}$). Assim, as previsões baseadas na eletronegatividade e na carga formal seguem em sentidos opostos.

Carga formal = $0 = 7 - [6 + \tfrac{1}{2}(2)]$

Carga formal = $-1 = 3 - [0 + \tfrac{1}{2}(8)]$

Segundo Linus Pauling, há duas regras básicas para serem usadas quando descrevemos as distribuições de cargas em moléculas e íons. A primeira é o **princípio da eletroneutralidade**: os elétrons em uma molécula estão distribuídos de tal forma que as cargas nos átomos fiquem o mais próximo possível de zero. Segundo, quando uma carga negativa está presente, ela deve residir no átomo mais eletronegativo. De modo semelhante, espera-se que as cargas positivas estejam nos átomos menos eletronegativos. O efeito desses princípios é claramente visto no caso do BF_4^-, no qual se verifica que a carga negativa está efetivamente distribuída ao longo dos quatro átomos de flúor, como previsto pelas eletronegatividades dos átomos, em vez de residir no boro, como seria previsto pelos cálculos da carga formal.

Considerar conjuntamente os conceitos de eletronegatividade e da carga formal também pode ajudar a decidir qual das diversas estruturas de ressonância é a mais importante. Por exemplo, ao desenhar a estrutura de Lewis para o CO_2, a estrutura A é a escolha lógica. Mas o que há de errado com a estrutura B, em que cada átomo também tem um octeto de elétrons?

Cargas formais   0 0 0   +1 0 −1

Estruturas de ressonância   O=C=O   :O≡C—O:

A   B

No caso da estrutura A, cada átomo tem uma carga formal igual a 0, uma situação favorável. Na estrutura B, entretanto, um átomo de oxigênio tem uma carga formal de +1 e o outro, −1. Isso contraria o princípio da eletroneutralidade. Além disso, a estrutura B coloca uma carga positiva em um átomo de O, o que não é satisfatório. Devido ao fato de o carbono ser menos eletronegativo que o oxigênio, qualquer mudança positiva na carga dessa molécula deve ocorrer no carbono. A melhor descrição para o CO_2 é a estrutura A. Ao mesmo tempo, porque a eletronegatividade do O é maior que no C, a ligação é polar ($C^{\delta+}$—$O^{\delta-}$).

Agora, utilize a mesma lógica e decida qual das três possíveis estruturas de ressonância para o íon OCN^- é a mais razoável. As cargas formais para cada átomo são dadas acima do símbolo do elemento.

Cargas formais   −1 0 0   0 0 −1   +1 0 −2
Estruturas de ressonância $[:\ddot{O}-C\equiv N:]^-$ ⟷ $[:\ddot{O}=C=\ddot{N}:]^-$ ⟷ $[:O\equiv C-\ddot{\ddot{N}}:]^-$
                           A   B   C

A estrutura C não contribuirá significativamente para a estrutura eletrônica total do íon. Ela apresenta uma carga formal de −2 no átomo de N e uma carga formal de +1 no átomo de O. Não só a carga sobre o átomo de N é elevada, mas o O é mais eletronegativo que o N, e seria ainda de se esperar que ele adquirisse uma carga mais negativa que o N. A estrutura A é mais significativa do que a estrutura B, porque a carga negativa em A é colocada sobre o átomo mais eletronegativo (O). Consequentemente, prevemos que o híbrido de ressonância refletirá com mais fidelidade a estrutura A e que a ligação carbono–nitrogênio se assemelhará a uma ligação tripla. O resultado para OCN^- permite também supormos que a protonação do íon levará à forma HOCN e não HNCO. Isto é, um íon H^+ se adicionará ao átomo de oxigênio mais negativo.

Quando começamos a discutir a estrutura de Lewis, dissemos que o átomo central, em geral, é o átomo com a menor eletronegatividade. Vamos ver um caso em que atribuímos um átomo errado como átomo central. Por exemplo, vamos supor que a estrutura de Lewis para o CH_2O tenha o átomo de O mais eletronegativo como átomo central.

$$\begin{array}{c} H \\ {}^{+2}O=\ddot{\ddot{C}}{}^{-2} \\ H \end{array}$$

Calculando a carga formal, você descobrirá que o átomo de O, muito eletronegativo, tem uma carga de +2 e que o átomo de C tem uma carga de −2. Então, não só o átomo mais eletronegativo possui uma carga formal positiva, mas cargas formais maiores (±2) resultam de uma necessidade de ter um octeto em volta do carbono e do oxigênio.

EXEMPLO 8.13

Calculando e Utilizando Cargas Formais

Problema Compostos que contêm boro frequentemente apresentam um átomo de boro com apenas três ligações (e nenhum par isolado). Por que não formar uma ligação dupla com um átomo terminal para completar o octeto do boro? Para responder, considere as possíveis estruturas de ressonância do BF_3 e calcule as cargas formais dos átomos de B e F. As ligações no BF_3 são polares? Caso sejam, qual é o átomo mais negativo?

O que você sabe? Os trialetos de boro são bons exemplos de compostos que não obedecem à regra do octeto. A estrutura de Lewis mais simples para o BF_3, por exemplo, mostra o átomo de boro com apenas três pares de elétrons de ligação.

Estratégia

- Desenhe a estrutura de Lewis comumente usada para o BF$_3$. Então, desenhe uma estrutura de ressonância (uma das três possíveis) na qual o boro atinge a estrutura do octeto, utilizando um dos pares de elétrons do flúor para criar uma ligação dupla entre o boro e o flúor.

- Calcule as cargas formais em cada átomo nas duas estruturas.

- Decida sobre a importância das diferentes estruturas de ressonância com base nas posições das cargas na molécula.

Solução As duas estruturas possíveis para o BF$_3$ são ilustradas aqui com as cargas formais calculadas nos átomos de B e F.

Carga formal = 0
= 7 − [6 + ½(2)]

Carga formal = 0
= 3 − [0 + ½(6)]

Carga formal = +1
= 7 − [4 + ½(4)]

Carga formal = −1
= 3 − [0 + ½(8)]

A estrutura à esquerda é a mais favorável porque todos os átomos possuem uma carga formal igual a zero, e o átomo muito eletronegativo de F não tem uma carga de +1. F (χ = 4,0) é mais eletronegativo que B (χ = 2,0), de modo que a ligação B—F é polar, com o átomo de F sendo parcialmente negativo e o átomo de B, parcialmente positivo.

Pense bem antes de responder Podemos dizer claramente que a estrutura do BF$_3$ com três ligações simples é a preferida. No entanto, há provas experimentais de que as ligações B—F no BF$_3$ possuem certo caráter de ligação dupla, apesar da distribuição desfavorável das cargas.

Verifique seu entendimento

Desenhe as estruturas de ressonância para SCN$^-$. Qual é a carga formal de cada átomo em cada estrutura de ressonância? Quais são as polaridades das ligações? Elas concordam com as cargas formais?

EXERCÍCIOS PARA A SEÇÃO 8.7

1. Qual ligação entre as opções apresentadas abaixo é a mais polar?

    (a) C—Cl   (b) Si—Cl   (c) B—Cl   (d) Al—Cl

2. Quais das seguintes opções descreve melhor a ligação no composto ICl?

    (a) A ligação I—Cl é não polar.

    (b) A ligação I—Cl é polar, com o I sendo a extremidade negativa.

    (c) A ligação I—Cl é polar, sendo o I a extremidade positiva.

3. Três formas de ressonância podem ser representadas para a molécula de N$_2$O. Qual forma de ressonância tende a se parecer mais com a estrutura dessa molécula?

    :N≡N—Ö: N̈=N=Ö   :N̈—N≡O:
       (a)   (b)   (c)

8-8 Ligação e Polaridade Molecular

O termo "polar" descreve uma ligação em que um átomo tem uma carga parcial positiva e o outro, uma carga parcial negativa. Como a maioria das moléculas apresenta ligações polares, as moléculas como um todo também podem ser polares. Em uma molécula polar, a densidade de elétrons acumula-se de um lado da molécula, dando a esse lado uma carga negativa (δ^-) e deixando o outro lado com uma carga positiva de igual valor (δ^+).

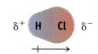

Para prever se uma molécula é polar precisamos considerar como os átomos estão posicionados uns em relação aos outros. A polaridade das ligações é uma consideração secundária.

As moléculas diatômicas compostas de dois átomos com eletronegatividades diferentes são sempre polares (Tabela 8.6); há somente uma ligação, e a molécula tem uma extremidade positiva e outra negativa.

Mas o que acontece com uma molécula composta por três ou mais átomos? Considere primeiro uma molécula triatômica linear como o dióxido de carbono, CO_2. Aqui, cada ligação C=O é polar, com o átomo de oxigênio na extremidade negativa do dipolo da ligação. Os átomos terminais O estão na mesma distância do átomo C; ambos possuem a mesma carga δ^- e estão dispostos simetricamente ao redor do átomo central C. Portanto, o CO_2 não possui dipolo molecular, mesmo que cada ligação seja polar. Isso é análogo a um cabo de guerra no qual pessoas em extremidades opostas de uma corda estão puxando com igual força.

Em contraste, a água é uma molécula triatômica angular. Devido ao O ter uma maior eletronegatividade (χ = 3,5) do que o H (χ = 2,2), cada uma das ligações O—H é

Nenhum momento dipolar resultante

Para o CO_2, as ligações CO são polares, mas a densidade eletrônica é distribuída simetricamente ao longo da molécula, e as cargas δ^- encontram-se separadas a 180°. A molécula não possui dipolo resultante.

Dipolo resultante μ = 1,85 D

Em uma molécula de água, o átomo de O é negativo e os átomos de H são positivos. No entanto, os átomos de H positivamente carregados ficam em um lado da molécula, e o átomo de O negativamente carregado fica no outro lado. A molécula é polar.

UM OLHAR MAIS ATENTO | Moléculas Polares em um Campo Elétrico

Vamos dar uma olhada em medidas experimentais de polaridade de uma molécula. Quando colocadas em um campo elétrico criado por um par de placas de cargas opostas, as moléculas polares experimentam uma força que tende a alinhá-las com a direção do campo. A extremidade positiva de cada molécula é atraída à placa negativa, e a extremidade negativa, à placa positiva. A orientação da molécula polar afeta a capacitância elétrica das placas (sua capacidade de manter uma carga), e esse efeito propicia uma forma de medir experimentalmente a magnitude do momento dipolar.

A extensão em que as moléculas alinham-se com o campo depende de seus **momentos dipolares**, μ. Em uma molécula com cargas parciais iguais a $+q$ e $-q$, separadas por uma distância, d, a magnitude do momento dipolar é dada pela equação $\mu = q \times d$. A unidade do SI para momento dipolar é o coulomb-metro, mas os momentos

Moléculas polares em um campo elétrico

dipolares têm sido tradicionalmente expressos usando-se uma unidade derivada chamada *debye* (D; 1 D = 3,34 × 10^{-30} C · m). Os valores experimentais de alguns momentos dipolares são listados na Tabela 8.6.

A unidade de momento dipolar comumente usada tem seu nome em homenagem a Peter Debye (1884-1966). Debye nasceu na Holanda e foi educado na Alemanha. Ele recebeu o Prêmio Nobel de Química em 1936 e mais tarde foi professor na Universidade de Cornell.

Ligação e estrutura molecular 387

Tabela 8.6 Momentos Dipolares (μ) de Moléculas Selecionadas (em Unidades Debye)

Molécula (AX)	Momento (μ, D)	Geometria	Molécula (AX₂)	Momento (μ, D)	Geometria
HF	1,78	Linear	H₂O	1,85	Angular
HCl	1,07	Linear	H₂S	0,95	Angular
HBr	0,79	Linear	SO₂	1,62	Angular
HI	0,38	Linear	CO₂	0	Linear
H₂	0	Linear			

Molécula (AX₃)	Momento (μ, D)	Geometria	Molécula (AX₄)	Momento (μ, D)	Geometria
NH₃	1,47	Piramidal trigonal	CH₄	0	Tetraédrica
NF₃	0,23	Piramidal trigonal	CH₃Cl	1,92	Tetraédrica
BF₃	0	Planar trigonal	CH₂Cl₂	1,60	Tetraédrica
			CHCl₃	1,04	Tetraédrica
			CCl₄	0	Tetraédrica

polar, com os átomos de H tendo a mesma carga δ⁺ e o oxigênio tendo uma carga negativa δ⁻. A densidade eletrônica acumula-se no lado do O da molécula, tornando a molécula eletricamente "desigual" e, consequentemente, polar (μ = 1,85 D).

No BF₃ planar trigonal, as ligações B—F são altamente polares porque F é muito mais eletronegativo que B (χ de B = 2,0 e χ de F = 4,0) (Figura 8.11). Entretanto,

FIGURA 8.11 Moléculas polares e não polares do tipo AX₃. As distribuições de cargas são refletidas nas superfícies de potencial eletrostático. (Veja "Um Olhar Mais Atento: Visualizando Distribuições de Carga e a Polaridade Molecular – Superfícies de Potencial Eletrostático e Carga Parcial".)

Ozônio, uma Molécula Polar Surpreendente O ozônio, O₃, possui um momento dipolar de 0,53 D. Apesar de ter ligações químicas entre elementos idênticos, a estrutura angular (veja a página 364) origina uma molécula polar. O átomo de O central tem uma carga formal positiva, ao passo que os átomos de O terminais têm cargas formais negativas.

a molécula é não polar, porque os três átomos terminais de F têm a mesma carga δ^-, estão localizados à mesma distância do átomo de boro e são arranjados simetricamente ao redor do átomo central de boro. Em contraste, o fosgênio, uma molécula planar trigonal, é polar (Cl₂CO, μ =1,17 D) (Figura 8.11). Aqui os ângulos são todos de aproximadamente 120°, de modo que os átomos de O e de Cl são arranjados simetricamente em torno do átomo de C. Porém, as eletronegatividades dos três átomos na molécula diferem: $\chi(O) > \chi(Cl) > \chi(C)$. Como consequência, há um deslocamento líquido da densidade eletrônica para longe do centro da molécula, mais em direção ao átomo de O do que para os átomos de Cl.

A amônia, como o BF₃, tem uma estequiometria AX₃ e ligações polares. No entanto, ao contrário do BF₃, o NH₃ é uma molécula piramidal trigonal. Os átomos ligeiramente positivos de H situam-se na base da pirâmide, e o átomo ligeiramente negativo de N fica no ápice da pirâmide. Consequentemente, o NH₃ é polar (Figura 8.11). De fato, as moléculas piramidais trigonais são geralmente polares.

Moléculas como tetracloreto de carbono, CCl₄, e o metano, CH₄, são apolares em virtude de suas estruturas tetraédricas simétricas. Os quatro átomos ligados ao C têm a mesma carga parcial e estão a uma mesma distância do átomo de C. Entretanto, moléculas tetraédricas com átomos tanto de Cl como de H (CHCl₃, CH₂Cl₂ e CH₃Cl) são polares (Figura 8.12). A eletronegatividade dos átomos de H (2,2) é menor que a dos átomos de Cl (3,2) e a distância carbono–hidrogênio é diferente da distância carbono–cloro. Como o Cl é mais eletronegativo que H, os átomos do Cl estão no lado mais negativo da molécula. Isso significa que a extremidade positiva do dipolo molecular está na direção do átomo de H.

Para resumir essa discussão da polaridade molecular, observe outra vez a Figura 8.4. Esses esboços mostram moléculas do tipo AX_n, em que A é o átomo central e X é um átomo terminal. Você pode prever que uma molécula AX_n não será polar, não importando se as ligações A—X são polares, se:

- todos os átomos (ou grupos) terminais, X, são idênticos, e
- todos os átomos (ou grupos) X estão arranjados simetricamente ao redor do átomo central, A.

Por outro lado, se um dos átomos X (ou grupos) é diferente nas estruturas da Figura 8.4 (como nas Figuras 8.11 e 8.12), ou se uma das posições X é ocupada por um par isolado, a molécula será polar.

FIGURA 8.12 Polaridades de moléculas tetraédricas. As eletronegatividades dos átomos envolvidos estão na ordem Cl (3,2) > C (2,5) > H (2,2). Isso significa que as ligações C—H e C—Cl são polares com um deslocamento líquido da densidade eletrônica para longe dos átomos de H e em direção aos átomos de Cl [H$^{\delta+}$—C$^{\delta-}$ e C$^{\delta+}$—Cl$^{\delta-}$]. Embora a geometria dos pares de elétrons ao redor do átomo de C em cada molécula seja tetraédrica, apenas no CH₄ e no CCl₄ as ligações polares têm arranjo totalmente simétrico. Portanto, CH₃Cl, CH₂Cl₂ e CHCl₃ são moléculas polares, com a extremidade negativa voltada para o átomo de Cl e a extremidade positiva voltada para os átomos de H.

EXEMPLO 8.14

Polaridade Molecular

Problema O tetrafluoreto de enxofre (SF$_4$) e o trifluoreto de nitrogênio (NF$_3$) são polares ou não polares? Se forem polares, indique os lados positivo e negativo da molécula.

O que você sabe? Baseado na discussão deste capítulo, você sabe como obter a geometria molecular e como decidir quais ligações são polares. Com base nessa informação, você pode verificar se a molécula é polar.

Estratégia Desenhe a estrutura de Lewis, decida a geometria dos pares de elétrons e determine a geometria molecular. Determine se a molécula é completamente simétrica. Se for, então ela é não polar; caso contrário, a molécula é polar.

Solução

(a) As ligações S—F no tetrafluoreto de enxofre, SF$_4$, são polares, tendo F como a extremidade negativa (χ para S é 2,6 e χ para F é 4,0). A molécula possui uma geometria bipiramidal trigonal devida aos pares de elétrons (Figura 8.7). Como o par isolado ocupa uma das posições, as ligações S—F não são arranjadas simetricamente. Os dipolos das ligações S—F axiais anulam-se porque apontam para sentidos opostos. Entretanto, ambas as ligações S—F equatoriais apontam para um lado da molécula, de forma que o SF$_4$ é polar.

(b) O NF$_3$ tem a mesma estrutura piramidal trigonal do NH$_3$. Como o F é mais eletronegativo do que o N, cada ligação é polar, sendo o átomo de F o extremo negativo. Como essa molécula contém ligações polares e como a sua geometria não é simétrica (três posições do tetraedro ocupadas por átomos e uma por um par isolado), espera-se que a molécula de NF$_3$, como um todo, seja polar.

Pense bem antes de responder É interessante destacar o pequeno momento dipolar (0,23 D, Tabela 8.6) do NF$_3$, muito menor que o momento dipolar do NH$_3$, porque isso ilustra *o efeito dos pares isolados na polaridade da molécula*. Para o NH$_3$, a polaridade da ligação é N$^{\delta-}$—H$^{\delta+}$, e o dipolo criado por essas ligações é reforçado pelo par isolado negativamente carregado no átomo de N. Por outro lado, a polaridade das ligações no NF$_3$ é N$^{\delta+}$—F$^{\delta-}$ e é contrabalançada pelo par isolado, e o dipolo resultante é diminuído. Esses efeitos são ilustrados pelas superfícies de potencial eletrostático dessas duas moléculas.

Amônia, μ = 1,47 D   Trifluoreto de nitrogênio, μ = 0,23 D

Verifique seu entendimento

Para cada uma das seguintes moléculas, decida se a molécula é polar e qual extremo é positivo e qual é negativo: BFCl$_2$, NH$_2$Cl e SCl$_2$.

UM OLHAR MAIS ATENTO

Visualizando Distribuições de Carga e a Polaridade Molecular – Superfícies de Potencial Eletrostático e Carga Parcial

FIGURA A Três visões da superfície de potencial eletrostático para o HF. (*esquerda*) A densidade eletrônica da superfície ao redor do HF. O átomo de F está à esquerda. A superfície é feita de todos os pontos do espaço ao redor da molécula de HF, onde a densidade eletrônica é de 0,002 $e^-/Å^3$ (onde 1 Å = 0,1 nm). (*meio*) A superfície torna-se mais transparente, de modo que você pode ver os núcleos dos átomos de H e F dentro dela. (*direita*) A frente da superfície da densidade eletrônica foi retirada para a visualização da molécula de HF no interior. **Esquema de cores:** As cores da superfície de densidade eletrônica refletem a carga nas diferentes regiões da molécula. As cores que tendem para a extremidade azul do espectro indicam uma carga positiva, enquanto as cores voltadas para a extremidade vermelha do espectro indicam carga negativa.

No Capítulo 6, você aprendeu a respeito dos orbitais atômicos. A superfície limite desses orbitais foi criada de modo que a amplitude da onda eletrônica em todos os pontos da superfície tenha o mesmo valor. Quando utilizamos um software de modelagem molecular avançado, podemos gerar o mesmo tipo de imagem de moléculas e, na Figura A, você pode ver uma superfície definindo a densidade eletrônica na molécula de HF. A superfície de densidade eletrônica, calculada usando esse software a partir da função de onda, é feita por todos os pontos do espaço em torno da molécula de HF, onde a densidade eletrônica é de 0,002 $e^-/Å^3$ (em que 1 Å = 0,1 nm). Você pode ver que a superfície se expande em direção à extremidade da molécula onde está o F, uma indicação do maior tamanho do átomo de F. Esse maior tamanho do F é aqui relacionado, principalmente, ao fato de que ele possui mais elétrons na camada de valência do que o H e, em menor proporção, ao fato de que a ligação H—F é polar e, portanto, a densidade eletrônica nessa ligação é deslocada em direção ao átomo de F.

Podemos adicionar mais informações em nossa figura. A superfície de densidade eletrônica pode ser colorida de acordo com o *potencial eletrostático*. (Por esse motivo, esta figura é chamada de *superfície de potencial eletrostático*.) O programa de computador calcula o potencial eletrostático que seria observado por um próton (H^+) em cada ponto da superfície. Essa é soma das forças de atração e repulsão naquele próton devido aos núcleos e elétrons na molécula. As regiões da molécula nas quais há potencial de atração são coloridas em vermelho. Ou seja, esta é uma região de cargas negativas na molécula. Os potenciais de repulsão ocorrem nas regiões onde a molécula é positivamente carregada; essas regiões são coloridas em azul. Como era de se esperar, o potencial eletrostático líquido mudará continuamente à medida que houver o movimento de uma porção negativa da molécula para uma porção positiva, e isso é indicado pela progressão das cores, de vermelho para azul (do negativo para o positivo).

A superfície de potencial eletrostático para o HF mostra que o átomo de H é positivo (a extremidade do átomo de H na molécula é azul), e o átomo de F é negativo (a extremidade do átomo de F é vermelha), fato que poderíamos prever com base na eletronegatividade.

O programa também calculou que o átomo de F tem uma carga de –0,3, e o H, de +0,3. Finalmente, o momento dipolar calculado para a molécula é aproximadamente de 1,7 D, em boa conformidade com o valor experimental apresentado na Tabela 8.6.

Outros exemplos de superfícies de potencial eletrostático ilustram a polaridade da água e da metilamina, CH_3NH_2.

A superfície para a água mostra que o átomo de O da molécula carrega uma carga negativa parcial e que os átomos de H são positivos. A superfície para a amina mostra que a molécula é polar e que a região ao redor do átomo de N é negativa. Sem dúvida, sabemos experimentalmente que um íon H^+ atacará o átomo de N para produzir o cátion $CH_3NH_3^+$.

água   metilamina, CH_3NH_2

Você verá muitos exemplos neste livro, nos quais diagramas de potencial eletrostático são utilizados para ilustrar importantes características de outras moléculas.

EXEMPLO 8.15

Polaridade Molecular

Problema O 1,2-dicloroetileno pode existir de duas formas. Alguma dessas moléculas planares é polar?

$$\begin{array}{cc} \text{H} \quad\quad \text{H} & \text{Cl} \quad\quad \text{H} \\ \text{C}=\text{C} & \text{C}=\text{C} \\ \text{Cl} \quad\quad \text{Cl} & \text{H} \quad\quad \text{Cl} \\ \text{A} & \text{B} \end{array}$$

O que você sabe? As estruturas das duas moléculas são fornecidas. Note que essas moléculas são planares.

Estratégia

- Utilize os valores de eletronegatividade para decidir sobre a polaridade das ligações.
- Decida se a densidade eletrônica nas ligações está distribuída simetricamente ou se está deslocada para um dos lados da molécula.

Solução Aqui, os átomos de H e Cl estão arranjados ao redor de ligações duplas C=C, sendo todos os ângulos de ligação 120° (todos os átomos ocupam espaço em um só plano). As eletronegatividades dos átomos envolvidos estão na ordem Cl (3,2) > C (2,5) > H (2,2). Isso significa que as ligações C—H e C—Cl são polares com um deslocamento líquido da densidade eletrônica para longe dos átomos de H e em direção aos átomos de Cl [$H^{\delta+}$—$C^{\delta-}$ e $C^{\delta+}$—$Cl^{\delta-}$]. Na estrutura A, os átomos de Cl estão localizados em um lado da molécula, portanto, os elétrons das ligações H—C e C—Cl deslocam-se na direção do lado da molécula com átomos de Cl afastando-se do lado dos átomos de H. A molécula A é polar. Na molécula B, o deslocamento da densidade eletrônica na direção do átomo de Cl em uma extremidade é contrabalanceado por um deslocamento oposto na outra extremidade. A molécula B não é polar.

A, polar, deslocamento dos elétrons de ligação para um lado da molécula

B, não polar, nenhum deslocamento líquido dos elétrons de ligação para algum lado da molécula

Pense bem antes de responder A superfície de potencial eletrostático reflete o fato de a molécula A ser polar, porque a densidade eletrônica é deslocada para um lado da molécula. A molécula B é não polar porque a densidade eletrônica é distribuída simetricamente.

A = *cis*-1,2-dicloretileno   B = *trans*-1,2-dicloretileno

Verifique seu entendimento

A superfície de potencial eletrostático para o $OSCl_2$ é ilustrada aqui.

(a) Desenhe a estrutura de Lewis para a molécula e dê a carga formal de cada átomo.

(b) Qual é a geometria molecular de $OSCl_2$? Ela é polar?

EXERCÍCIOS PARA A SEÇÃO 8.8

1. Qual dos haletos de hidrogênio é o mais polar?

    (a) HF   (b) HCl   (c) HBr   (d) HI

2. Qual dos compostos listados a seguir é não polar?

    (a) BCl_3 (b) PCl_3 (c) $POCl_3$ (d) SO_2Cl_2

8-9 Propriedades das Ligações: Ordem, Comprimento e Energia

Ordem de Ligação

A **ordem de uma ligação** é o número de pares de elétrons de ligação compartilhados por dois átomos em uma molécula. Você encontrará ordens de ligação de 1, 2 e 3, bem como ordens de ligação fracionárias.

Quando a ordem de ligação é 1, existe apenas uma ligação covalente simples entre um par de átomos. Os exemplos são as ligações em moléculas como H_2, NH_3 e CH_4. A ordem de ligação é 2 quando dois pares de elétrons são compartilhados entre átomos, como as ligações C=O no CO_2 e a ligação C=C no etileno, $H_2C=CH_2$. A ordem de ligação é de 3 quando dois átomos são conectados por três ligações. Os exemplos incluem a ligação carbono–oxigênio no monóxido de carbono, CO, e a ligação nitrogênio–nitrogênio no N_2.

O.L. para CH = 1   O.L. para CO = 2   O.L. para NN = 3

As ordens de ligação fracionárias ocorrem nas moléculas e nos íons que possuem estruturas de ressonância. Por exemplo, qual é a ordem de ligação para cada ligação oxigênio–oxigênio no O_3? Cada estrutura de ressonância do O_3 tem uma ligação simples O—O e uma ligação dupla O=O, dando um total de três pares de elétrons de ligação compartilhados para duas ligações oxigênio–oxigênio.

Ordem de ligação = 1
Ordem de ligação = 2
Uma estrutura de ressonância

Ordem de ligação para cada ligação oxigênio–oxigênio = $\frac{3}{2}$, ou 1,5

A ordem de ligação entre qualquer par de átomos X e Y ligados é definida como

$$\text{Ordem de ligação} = \frac{\text{Número de pares compartilhados em todas as ligações X—Y}}{\text{Número de ligações X—Y na molécula ou íon}} \quad (8.2)$$

Para o ozônio, há três pares de ligações envolvidos em duas ligações oxigênio–oxigênio, então a ordem de ligação é $\frac{3}{2}$ ou 1,5.

Comprimento de Ligação

O **comprimento de ligação**, a distância entre os núcleos de dois átomos ligados está claramente relacionada aos tamanhos dos átomos (veja a Seção 7.5). Além disso, para um determinado par de átomos, a ordem de ligação também tem seu papel.

A Tabela 8.7 lista comprimentos de ligação médios para diversas ligações químicas comuns. É importante reconhecer que estes são valores *médios*. Partes vizinhas de uma molécula podem afetar o comprimento de uma ligação específica, de modo que pode haver um intervalo de valores para um determinado tipo de ligação. Por exemplo, a Tabela 8.7 fornece a média do comprimento da ligação C—H como sendo de 110 pm. Entretanto, no metano, CH_4, o comprimento médio é de 109,4 pm, enquanto a ligação C—H é de apenas 105,9 pm no acetileno, H—C≡C—H. Variações da ordem de 10% dos valores médios apresentados na Tabela 8.7 são possíveis.

Uma vez que os tamanhos dos átomos variam de forma regular com a posição do elemento na Tabela Periódica (Figura 7.5), é possível prever as tendências nos comprimentos de ligação. Por exemplo, a distância H—X nos haletos de hidrogênio aumenta na ordem prevista pelos tamanhos relativos dos halogênios: H—F < H—Cl < H—Br < H—I. Da mesma forma, ligações entre o carbono e

Tabela 8.7 Alguns Comprimentos Médios de Ligações Simples e Múltiplas em Picômetros (pm)*

COMPRIMENTOS DE LIGAÇÕES SIMPLES

GRUPO

	1A	4A	5A	6A	7A	4A	5A	6A	7A	7A	7A
	H	C	N	O	F	Si	P	S	Cl	Br	I
H	74	110	98	94	92	145	138	132	127	142	161
C		154	147	143	141	194	187	181	176	191	210
N			140	136	134	187	180		174	169	184	203
O				132	130	183	176	170	165	180	199
F					128	181	174	168	163	178	197
Si						234	227	221	216	231	250
P							220	214	209	224	243
S								208	203	218	237
Cl									200	213	232
Br										228	247
I											266

COMPRIMENTOS DE LIGAÇÕES MÚLTIPLAS

C=C	134	C≡C	121
C=N	127	C≡N	115
C=O	122	C≡O	113
N=O	115	N≡O	108

*1 pm = 10^{-12} m.

outro elemento em um dado período decrescem da esquerda para a direita de uma maneira previsível; por exemplo, C—C > C—N > C—O. As tendências para as ligações múltiplas são semelhantes. A ligação C=O é mais curta que a ligação C=S, e a ligação C=N é mais curta que uma ligação C=C.

O efeito da ordem de ligação é evidente quando ligações entre os mesmos dois átomos são comparadas. Por exemplo, as ligações tornam-se mais curtas à medida que a ordem das ligações aumenta nas séries C—O, C=O e C≡O:

LIGAÇÃO	C—O	C=O	C≡O
Ordem de ligação	1	2	3
Comprimento médio da ligação (pm)	143	122	113

O íon carbonato, CO_3^{2-}, possui três estruturas de ressonância equivalentes. Cada ligação CO tem uma ordem de ligação de 1,33 (ou 4/3), porque quatro pares de elétrons são usados para formar três ligações carbono–oxigênio. O comprimento da ligação CO (129 pm) é intermediário entre uma ligação simples C—O (143 pm) e uma ligação dupla C=O (122 pm).

Tamanhos relativos de alguns átomos dos Grupos 4A, 5A e 6A.

O comprimento das ligações está relacionado ao tamanho dos átomos.

C—H	N—H	O—H
110	98	94 pm
Si—H	**P—H**	**S—H**
145	138	132 pm

Entalpia de Dissociação de Ligação

A **entalpia de dissociação de ligação** é a variação da entalpia associada ao rompimento de uma ligação em uma molécula quando o reagente e os produtos estão *em fase gasosa*. *O processo de rompimento de ligações em uma molécula é sempre endotérmico,* de modo que $\Delta_r H$ para rompimento da ligação é sempre positivo.

$$\text{Molécula (g)} \underset{\text{Energia liberada, } \Delta H < 0}{\overset{\text{Energia fornecida, } \Delta H > 0}{\rightleftarrows}} \text{Fragmentos moleculares (g)}$$

Suponha que você deseje romper as ligações carbono–carbono no etano (H_3C—CH_3), etileno (H_2C=CH_2), e acetileno (HC≡CH). As ordens de ligação carbono–carbono nessas moléculas são de 1, 2 e 3, respectivamente, e essas ordens das ligações estão refletidas nas entalpias de dissociação dessas ligações. Romper uma ligação simples C—C no etano requer a menor quantidade de energia nesse grupo, enquanto romper a ligação tripla do C—C no acetileno requer a maior quantidade de energia.

$$H_3C\text{—}CH_3(g) \rightarrow H_3C\cdot(g) + \cdot CH_3(g) \qquad \Delta_r H = +368 \text{ kJ/mol-rea}$$

$$H_2C\text{=}CH_2(g) \rightarrow H_2C\cdot(g) + \cdot CH_2(g) \qquad \Delta_r H = +682 \text{ kJ/mol-rea}$$

$$HC\text{≡}CH(g) \rightarrow HC\cdot(g) + \cdot CH(g) \qquad \Delta_r H = +962 \text{ kJ/mol-rea}$$

A energia fornecida para romper as ligações carbono–carbono deve ser igual à energia liberada quando as mesmas ligações são formadas. *A formação das ligações a partir de átomos ou radicais na fase gasosa é sempre exotérmica.* Isso significa, por exemplo, que $\Delta_r H$ para a formação do H_3C—CH_3 a partir de dois radicais $\cdot CH_3(g)$ é de –368 kJ/mol-rea.

$$H_3C\cdot(g) + \cdot CH_3(g) \rightarrow H_3C\text{—}CH_3(g) \qquad \Delta_r H = -368 \text{ kJ/mol-rea}$$

Em geral, a energia de ligação para determinado tipo de ligação (uma ligação C—C, por exemplo) varia dependendo do composto, da mesma forma que os comprimentos de ligação variam de uma molécula para outra. Assim, os dados fornecidos nas tabelas são as *entalpias médias de dissociação de ligação* (Tabela 8.8). Os valores nessas tabelas podem ser utilizados para estimar as entalpias das reações, conforme descrito a seguir.

Nas reações entre as moléculas, as ligações nos reagentes são rompidas, e novas ligações são formadas à medida que os produtos se formam. Se a energia total liberada quando novas ligações são formadas exceder a energia requerida para romper as ligações originais, a reação global é exotérmica. Se ocorrer o oposto, então a reação global é endotérmica.

Vamos utilizar as entalpias de dissociação da ligação para estimar a mudança de entalpia para a hidrogenação do propeno para propano:

$$\underset{\text{propeno}}{H_3C\text{—}CH\text{=}CH_2(g)} + H\text{—}H(g) \longrightarrow \underset{\text{propano}}{H_3C\text{—}CH_2\text{—}CH_3(g)}$$

O primeiro passo é identificar quais ligações são rompidas e quais são formadas. Nesse caso, a ligação C=C no propeno e a ligação H—H no hidrogênio são rompidas. Uma ligação C—C e duas ligações C—H são formadas.

Ligações rompidas: 1 mol de ligações C=C e 1 mol de ligações H—H

$$H_3C\text{—}\boxed{C\text{=}C}\text{—}H(g) + \boxed{H\text{—}H}(g)$$

Ligação e estrutura molecular 395

Tabela 8.8 Algumas Entalpias Médias de Dissociação de Ligação (kJ/mol)*

LIGAÇÕES SIMPLES

	H	C	N	O	F	Si	P	S	Cl	Br	I
H	436	413	391	463	565	328	322	347	432	366	299
C		346	305	358	485	—	—	272	339	285	213
N			163	201	283	—	—	—	192	—	—
O				146	—	452	335	—	218	201	201
F					155	565	490	284	253	249	278
Si						222	—	293	381	310	234
P							201	—	326	—	184
S								226	255	—	—
Cl									242	216	208
Br										193	175
I											151

LIGAÇÕES MÚLTIPLAS

N=N	418	C=C	610
N≡N	945	C≡C	835
C=N	615	C=O	745
C≡N	887	C=O (no CO₂)	803
O=O (no O₂)	498	C≡O	1046

*Fontes das entalpias de dissociação: KLOTZ, I.; ROSENBERG, R. M. *Chemical Thermodynamics*. 4. ed. Nova York: John Wiley, 1994, p. 55; e HUHEEY, J. E.; KEITER, E. A.; KEITER, R. L. *Inorganic Chemistry*. 4. ed. Nova York: HarperCollins, 1993. Tabela E. 1. Veja também de *Lange's, Handbook of Chemistry*, J. A. Dean (ed.) New York: McGraw-Hill Inc.

Variabilidade nas Entalpias de Dissociação de Ligação Os valores de $\Delta_r H$ para o etano, etileno e acetileno mostrados no texto são para as reações dessas moléculas em particular. As entalpias de dissociação de ligação da Tabela 8.8 são valores médios para uma série de moléculas contendo as ligações indicadas.

Energia requerida = 610 kJ para ligações C=C + 436 kJ para ligações H—H = 1046 kJ/mol-rea

Ligações formadas: 1 mol de ligações C—C e 2 mols de ligações C—H

$$\begin{array}{c} \text{H} \quad \text{H} \quad \text{H} \\ | \quad\; | \quad\; | \\ \text{H—C—C—C—H(g)} \\ | \quad\; | \quad\; | \\ \text{H} \quad \text{H} \quad \text{H} \end{array}$$

Energia liberada = 346 kJ para ligações C—C + 2 mols × 413 kJ/mol para ligações C—H = 1172 kJ/mol-rea

Ao combinar as mudanças de entalpia para quebrar e formar ligações, podemos estimar $\Delta_r H$ para a hidrogenação do propeno e prever que a reação é exotérmica.

$\Delta_r H$ = 1046 kJ/mol-rea − 1172 kJ/mol-rea = −126 kJ/mol-rea

De um modo geral, a mudança de entalpia para qualquer reação pode ser estimada usando-se a equação

$$\Delta_r H = \Sigma \Delta H(\text{ligações quebradas}) - \Sigma \Delta H(\text{ligações formadas}) \quad (8.3)$$

Cálculos de energia de ligação fornecem resultados aceitáveis em muitos casos.

$\Delta_r H$ a partir das Entalpias de Formação Usando valores de $\Delta_f H°$ para o propano e propeno, calculamos $\Delta_r H° = −125{,}1$ kJ/mol–rea O cálculo da entalpia de dissociação de uma ligação está em conformidade com o cálculo a partir das entalpias de formação, neste caso.

EXEMPLO 8.16

Utilizando Entalpias de Dissociação de Ligação

Problema A acetona, um solvente industrial bastante comum, pode ser convertido em 2-propanol através de hidrogenação. Calcule a mudança de entalpia para essa reação usando as entalpias de ligação.

acetona   2-propanol

O que você sabe? Você conhece as estruturas moleculares dos reagentes e dos produtos, bem como as entalpias de dissociação das ligações de interesse.

Estratégia Determine quais ligações são rompidas e quais são formadas. Some as variações de entalpia necessárias para romper as ligações dos reagentes e para a formação de ligações no produto. A diferença nas somas das entalpias de dissociação das ligações pode ser utilizada como uma estimativa da variação de entalpia da reação (Equação 8.3).

Solução

Ligações rompidas: 1 mol de ligações C═O e 1 mol de ligações H—H

$\Sigma \Delta H$(ligações quebradas) = 745 kJ para ligações C═O + 436 kJ para ligações H—H = 1181 kJ/mol-rea

Ligações formadas: 1 mol de ligações C—H, 1 mol de ligações C—O, e 1 mol de ligações O—H

$\Sigma \Delta H$(ligações formadas) = 413 kJ para C—H + 358 kJ para C—O + 463 kJ para O—H = 1234 kJ/mol-rea

$\Delta_r H = \Sigma \Delta H$(ligações quebradas) $- \Sigma \Delta H$(formadas)

$\Delta_r H$ = 1181 kJ − 1234 kJ = −53 kJ/mol-rea

Pense bem antes de responder A previsão é de que a reação global seja exotérmica em 53 kJ por mol de produto formado. Isso está de acordo com o valor calculado a partir dos valores de $\Delta_f H°$ (= −55,8 kJ/mol-rea).

ESTUDO DE CASO

Ibuprofeno, um Estudo de Caso em Química Verde

O ibuprofeno, $C_{13}H_{18}O_2$, é hoje uma das drogas mais vendidas sem prescrição médica do mundo. É um anti-inflamatório eficiente, sendo utilizado para tratar artrite e doenças semelhantes. Ao contrário da aspirina, ele não se decompõe em solução, de modo que o ibuprofeno pode ser aplicado na pele como um gel tópico, evitando assim problemas gastrointestinais, por vezes associado com a aspirina.

FIGURA A Ibuprofeno, $C_{13}H_{18}O_2$

O ibuprofeno foi sintetizado pela primeira vez na década de 1960 pela Boots Company, na Inglaterra, e milhões de quilos são agora vendidos no mundo todo.

Infelizmente, o método de fabricação original do ibuprofeno necessitava de seis etapas, desperdiçava produtos químicos e gerava subprodutos que precisavam ser descartados. Muitos dos átomos dos reagentes utilizados para fabricar a droga não terminavam nela mesma, ou seja, o método tinha uma economia atômica muito baixa (página 180). Reconhecendo isso, os químicos tentaram novas abordagens para a síntese do ibuprofeno. Um método que necessita apenas de três etapas foi logo desenvolvido, reduzindo significativamente os resíduos e ainda utilizando reagentes que podem ser recuperados e reutilizados. Uma fábrica no Texas fabrica mais de 3 milhões de quilogramas de ibuprofeno anualmente pelo novo método, o suficiente para produzir mais de 6 bilhões de comprimidos.

Questões:

1. A terceira e última etapa na síntese envolve a transformação de um grupo OH com CO para formar um grupo carboxílico ($-CO_2H$) (Figura B). Utilizando dados das entalpias de ligação, esta é uma etapa endotérmica ou exotérmica?
2. Algum dos átomos em uma molécula de ibuprofeno tem uma carga formal diferente de zero?
3. Qual é a ligação mais polar na molécula?

FIGURA B A etapa final na síntese do ibuprofeno.

4. A molécula é polar?
5. Qual é a ligação mais curta na molécula?
6. Qual ligação ou ligações possui(em) a maior ordem de ligação?
7. Existe algum ângulo de ligação de 120° no ibuprofeno? Algum ângulo de 180°?
8. Se você fosse titular 200, mg de ibuprofeno até o ponto de equivalência com NaOH 0,0259 mol L^{-1}, que volume de NaOH seria necessário?

As respostas a essas questões estão no Apêndice N.

Verifique seu entendimento

Utilizando as entalpias de dissociação de ligação da Tabela 8.8, estime a entalpia de combustão do metano gasoso, CH_4, para produzir vapor de água e dióxido de carbono gasoso.

EXERCÍCIOS PARA A SEÇÃO 8.9

1. Qual das seguintes substâncias possui o maior comprimento da ligação N—O?

    (a) NO_3^- (b) NO^+ (c) NO_2^- (d) H_2NOH

2. Qual das seguintes espécies possui a maior ordem de ligação C—N?

    (a) CN^- (b) OCN^- (c) CH_3NH_2 (d) $N(CH_3)_3$

3. Utilize as entalpias de dissociação de ligação para estimar a variação de entalpia para a decomposição do peróxido de hidrogênio.

$$2\ H_2O_2(g) \rightarrow 2\ H_2O(g) + O_2(g)$$

   (a) +352 kJ/mol-rea
   (b) −206 kJ/mol-rea
   (c) +1037 kJ/mol-rea
   (d) −2204 kJ/mol-rea

8-10 DNA, Revisitado

Este capítulo começou com algumas questões a respeito da estrutura do DNA, uma das moléculas-chave dos sistemas biológicos. Agora que você estudou este capítulo, vamos ver a estrutura dessa importante molécula e entender por que ela tem aquela forma peculiar.

Como mostrado na Figura 8.13, cada uma das cadeias da dupla hélice da molécula de DNA consiste na repetição de três componentes: um fosfato, uma molécula de desoxirribose (uma molécula de açúcar composta por um anel de cinco membros) e uma base contendo nitrogênio. (A base no DNA pode ser uma de quatro moléculas: adenina, guanina, citosina e timina; na Figura 8.13, a base é a adenina.) Duas unidades do esqueleto (sem a adenina no anel da desoxirribose) são também ilustradas na Figura 8.13a.

O ponto importante aqui é que a unidade que se repete no esqueleto do DNA consiste nos átomos O—P—O—C—C—C. Cada átomo possui uma geometria tetraédrica dos pares de elétrons. Consequentemente, a cadeia não pode ser linear. Na verdade, a cadeia se torce à medida que cada base se junta ao longo do esqueleto da molécula, e é isso que dá ao DNA sua forma helicoidal.

Por que há duas hélices no DNA com o esqueleto O—P—O—C—C—C na parte exterior e as bases nitrogenadas no interior? Essa estrutura deriva da polaridade das ligações nas moléculas das bases ligadas ao esqueleto. Por exemplo, as ligações N—H na

(a) Uma unidade que se repete consiste em uma porção de fosfato, uma porção de desoxirribose (um açúcar cuja molécula é constituída por um anel com cinco membros) e uma base nitrogenada (aqui, a adenina) ligada ao anel da desoxirribose.

(b) Duas das quatro bases do DNA, adenina e timina. As superfícies de potencial eletrostático ajudam a visualizar onde os átomos parcialmente carregados estão nessas moléculas e como eles podem interagir.

FIGURA 8.13 Ligações na molécula do DNA.

Ligação e estrutura molecular 399

UM OLHAR MAIS ATENTO

DNA – Watson, Crick e Franklin

O DNA é a substância presente em cada planta e animal que transporta o projeto exato daquela planta ou animal. A estrutura dessa molécula, que é a pedra fundamental da vida, foi revelada em 1953, e James D. Watson, Francis Crick e Maurice Wilkins dividiram o Prêmio Nobel de Medicina e Fisiologia de 1962 por esse trabalho. Foi uma das descobertas científicas mais importantes do século XX e sua história foi contada por Watson em seu livro *A dupla hélice*.

Quando Watson era um estudante de pós-graduação na Universidade de Indiana, ele interessava-se pelos genes e dizia esperar que seu papel biológico pudesse ser descoberto "sem que eu tenha de aprender nenhuma Química". No entanto, mais tarde, ele e Crick descobriram o quão útil a Química pode ser quando começaram a desvendar a estrutura do DNA.

Watson foi para Cambridge em 1951. Lá conheceu Crick, que, de acordo com Watson, falava mais alto e mais rápido do que qualquer outra pessoa. Crick compartilhava a crença de Watson na importância fundamental do DNA, e ambos logo souberam que Maurice Wilkins e Rosalind Franklin, no King's College de Londres, estavam utilizando uma técnica chamada *cristalografia de raios X* para aprender mais sobre a estrutura do DNA. Watson e Crick acreditavam que a compreensão dessa estrutura era crucial para o entendimento da genética. Porém, para resolver o problema estrutural, eles precisavam de dados experimentais como os que poderiam ser obtidos por meio dos experimentos que estavam sendo realizados no King's College.

Inicialmente, o grupo do King's College relutou em compartilhar seus dados e, além disso, não parecia concordar com o senso de urgência de Watson e Crick. Havia também um dilema ético: seria possível que Watson e Crick trabalhassem em um problema que outros cientistas já tinham tomado para si? "O senso inglês de jogo limpo não permitia que Francis abordasse o problema de Maurice", disse Watson.

Watson e Crick abordaram esse problema através de uma técnica química agora utilizada com frequência – a construção por modelagem. Eles construíam modelos de peças da cadeia do DNA e tentavam várias formas quimicamente razoáveis de juntá-las. Finalmente, eles descobriram que um dos arranjos era "lindo demais para não ser verdade". Por fim, as evidências experimentais de Wilkins e Franklin confirmaram que a "linda estrutura" era a verdadeira forma do DNA.

Rosalind Franklin (1920-1958). King's College, Londres. Ela morreu com 37 anos de idade. Como o Prêmio Nobel não é dado postumamente, ela não compartilhou essa honra com Watson, Crick e Wilkins. Veja *Rosalind Franklin: The Dark Lady of DNA*, de Brenda Maddox.

James D. Watson (1928 -) e Francis Crick (1918-2004). Watson (*esquerda*) e Crick (*direita*) diante do modelo da molécula de dupla hélice do DNA na Universidade de Cambridge, Inglaterra, em 1953. Junto com Maurice Wilkins, Watson e Crick receberam o Prêmio Nobel de Medicina e Fisiologia em 1962.

---

molécula de adenina são muito polares, o que leva a um tipo especial de força intermolecular – a ligação de hidrogênio – ligando a adenina à timina nas cadeias vizinhas (Figura 8.13b). Veremos mais sobre isso no Capítulo 11, quando exploraremos as forças intermoleculares, e ainda no Capítulo 24, "Bioquímica".

Os anéis das bases nitrogenadas são todos planos, com geometria planar trigonal dos pares de elétrons ao redor de cada átomo nos anéis. Por exemplo, veja as geometrias dos pares de elétrons em uma das bases, a adenina. Há duas principais estruturas de ressonância nesse sistema de anéis. Nelas, cada átomo de carbono é rodeado por uma dupla ligação e duas ligações simples, levando a uma geometria planar trigonal dos pares de elétrons. Cada átomo de nitrogênio nos anéis, exceto o que está ligado ao açúcar, é rodeado por uma ligação dupla, uma ligação simples e um par isolado, do mesmo modo levando a uma geometria planar trigonal dos pares de elétrons em torno desses átomos. O nitrogênio ligado ao açúcar, no entanto, é diferente do que seria normalmente previsto. Ele é rodeado por três ligações simples e um par isolado. Esperaríamos, normalmente, que ele tivesse uma geometria dos pares de elétrons tetraédrica (e uma geometria molecular piramidal de base triangular), mas não. Em vez disso, os grupos de ligação assumem uma geometria planar trigonal, e o par isolado está em um plano perpendicular às ligações. Após estudar o Capítulo 9, você entenderá como isso permite aos elétrons desse par isolado interagir com os elétrons nas ligações duplas dos anéis de forma mais favorável.

Adenina. Todos os átomos de C e N dos anéis de cinco e seis membros possuem uma geometria planar trigonal dos pares de elétrons. O átomo de N indicado no anel de cinco membros está ligado a um açúcar no DNA.

APLICANDO PRINCÍPIOS QUÍMICOS
Linus Pauling e a Eletronegatividade

Linus Pauling percebeu que, ao comparar as entalpias de dissociação de ligação ($\Delta_{\text{dissociação}}H$) entre átomos idênticos, digamos, entre A—A ou B—B, com as entalpias de dissociação de ligação para átomos diferentes, como A—B, a energia para o tipo de ligação A—B era sempre maior que a média das energias de A—A e B—B.

$$\Delta_{\text{dissociação}}H(A-B) > 1/2\ [\Delta_{\text{dissociação}}H(A-A) + \Delta_{\text{dissociação}}H(B-B)]$$

Por que isso deve ser verdade e que conhecimento útil pode derivar disso?

Quando uma ligação forma-se entre dois átomos idênticos, os elétrons de ligação são igualmente compartilhados entre os dois átomos. Em uma ligação entre átomos diferentes, os átomos não compartilham os elétrons igualmente. Quando esse for o caso, um átomo atrai para si uma carga levemente negativa, e o outro fica com uma carga ligeiramente positiva. Uma atração eletrostática entre átomos com cargas opostas aumenta a força da ligação. Pauling afirmou que essa diferença de energia está relacionada às eletronegatividades dos átomos envolvidos e definiu eletronegatividade (χ) como "a capacidade do átomo em uma molécula de atrair elétrons para si". Mais especificamente, ele disse que a diferença observada está matematicamente relacionada à diferença nas eletronegatividades por

$$\chi_A - \chi_B = 0{,}102 \sqrt{\Delta_{\text{dissociação}}H(AB) - \frac{\Delta_{\text{dissociação}}H(AA) + \Delta_{\text{dissociação}}H(BB)}{2}}$$

Utilizando as entalpias de dissociação de ligação, Pauling criou valores absolutos de eletronegatividades, atribuindo ao flúor um valor de 4,0. Por serem muito úteis, os valores de Pauling têm sido continuamente refinados desde a sua publicação em 1932, mas os valores das eletronegatividades calculados por ele são próximos daqueles computados hoje.

Uma grande variedade de métodos para quantificar valores de eletronegatividade tem sido desenvolvida desde o trabalho inicial de Pauling. Um método notável, desenvolvido por Robert Mulliken (1896-1986) em 1934, calcula valores de eletronegatividade para elementos individuais utilizando a energia de ionização (EI) e a entalpia de adição eletrônica ($\Delta_{AE}H$). Assim, a eletronegatividade de um elemento pode ser calculada a partir da seguinte equação,

$$\chi_A = 1{,}97 \times 10^{-3}\ (EI - \Delta_{AE}H) + 0{,}19$$

em que a energia de ionização e $\Delta_{AE}H$ estão em unidades de kJ/mol.

Linus Pauling (1901-1994)

QUESTÕES:

1. Calcule a diferença de eletronegatividade entre o hidrogênio e o cloro ($\chi_{Cl} - \chi_H$) no cloreto de hidrogênio utilizando as entalpias médias de dissociação de ligação (Tabela 8.8). Compare seus resultados com aqueles calculados utilizando os valores de eletronegatividade da Figura 8.10.

2. Preveja a entalpia de dissociação de ligação para uma ligação entre nitrogênio e iodo no NI_3 usando valores de entalpia de dissociação (Tabela 8.8) e os valores de eletronegatividade (Figura 8.10).

3. Calcule a eletronegatividade dos átomos de enxofre usando os valores de energia de ionização e de entalpia de adição eletrônica (Apêndice F). Compare o valor com o da Figura 8.10.

REFERÊNCIAS:

PAULING, L. *Journal of the American Chemical Society*, v. 54, p. 3570, 1932.

MULLIKEN, R. S. *Journal of Chemical Physics*, v. 2, p. 782, 1934.

REVISÃO DOS OBJETIVOS DO CAPÍTULO

Agora que você já estudou este capítulo, você deve perguntar a si mesmo se atingiu os objetivos propostos. Especificamente, você deverá ser capaz de:

ENTENDER

- As premissas básicas sobre as ligações covalentes e iônicas (Seção 8.1).
- A relação entre as estruturas de pontos de Lewis e as estruturas molecular (Seções 8.2 – 8.8).
- A relação entre a ordem de ligação, comprimento de ligação e energia de ligação (Seção 8.9).

FAZER

- Desenhar estruturas de Lewis para moléculas pequenas e íons poliatômicos.
    a. Desenhar estruturas de Lewis para compostos moleculares e íons (Seção 8.2). Questões para Estudo: 5-12.
    b. Compreender e aplicar a regra do octeto; reconhecer as exceções à regra do octeto (Seções 8.2 – 8.5). Questões para Estudo: 5-12, 59, 60.
    c. Escrever estruturas de ressonância, compreender o que significa ressonância e como e quando usar esse método para representar a ligação (Seção 8.4). Questões para Estudo: 9, 10, 33, 37, 64, 66.

- Usar o método de repulsão dos pares de elétrons no nível de valência (RPENV) para prever as formas de moléculas pequenas e íons simples e para compreender as estruturas de moléculas mais complexas.
    a. Determinar a forma ou a geometria das moléculas e dos íons dos elementos do grupo principal usando o método RPENV (Seção 8.6). A Tabela 8.9 resume as relações entre pares de elétrons de valência, geometria devida aos pares de elétrons de valência, geometria molecular e polaridade molecular. Questões para Estudo: 17-24, 76.

- Usar a eletronegatividade e a carga formal para prever a distribuição de cargas em moléculas e íons, definir a polaridade das ligações e prever a polaridade das moléculas.
    a. Calcular as cargas formais para átomos em uma molécula com base na estrutura de Lewis (Seção 8.3). Questões para Estudo: 13-16, 38.
    b. Definir a eletronegatividade e compreender como ela é usada para descrever o compartilhamento desigual de elétrons entre átomos em uma ligação (Seção 8.7).
    c. Combinar a carga formal e a eletronegatividade para obter uma perspectiva da distribuição de cargas em moléculas e íons (Seção 8.7). Questões para Estudo: 27–38, 78, 79.
    d. Compreender por que algumas moléculas são polares enquanto outras são não polares (Seção 8.8). (Veja a Tabela 8.6.)
    e. Prever a polaridade de uma molécula (Seção 8.8). Questões para Estudo: 39–42, 82, 83, 85, 90.

Tabela 8.9 Resumos das Formas Moleculares e da Polaridade Molecular

Pares de Elétrons de Valência	Geometria dos Pares de Elétrons	Número de Pares de Elétrons de Ligação	Número de Pares de Elétrons Isolados	Geometria Molecular	Dipolo Molecular?*	Exemplos
2	Linear	2	0	Linear	Não	$BeCl_2$
3	Planar trigonal	3	0	Planar trigonal	Não	BF_3, BCl_3
		2	1	Angular	Sim	$SnCl_2(g)$
4	Tetraédrica	4	0	Tetraédrica	Não	CH_4, BF_4^-
		3	1	Biramidal trigonal	Sim	NH_3, PF_3
		2	2	Angular	Sim	H_2O, SCl_2
5	Bipiramidal trigonal	5	0	Bipiramidal trigonal	Não	PF_5
		4	1	Gangorra	Sim	SF_4
		3	2	Forma de T	Sim	ClF_3
		2	3	Linear	Não	XeF_2, I_3^-
6	Octaédrica	6	0	Octaédrica	Não	SF_6, PF_6^-
		5	1	Piramidal de base quadrada	Sim	ClF_5
		4	2	Planar quadrada	Não	XeF_4

*Para moléculas de AX_n, em que os átomos X são idênticos.

- Usar as entalpias de ligação para estimar as mudanças de entalpia nas reações químicas.
  a. Definir e prever tendências na ordem de ligação, comprimento de ligação e entalpia de dissociação de ligação (Seção 8.9). Questões para Estudo: 43–50, 62, 85.
  b. Usar as entalpias de dissociação de ligação nos cálculos (Seção 8.9 e Exemplo 8.16). Questões para Estudo: 51–56, 73.

LEMBRAR

- Há distribuições eletrônicas comuns (como indicado pelas estruturas de Lewis) e estruturas moleculares compartilhadas pelas moléculas e pelos íons. Conhecer esses padrões permite prever as propriedades de moléculas e íons desconhecidos (Seções 8.2–8.6, Tabelas 8.2–8.5 e 8.9 e Figuras 8.4, 8.5 e 8.7).
- Os símbolos de Lewis para os átomos (Tabela 8.1).
- As geometrias comuns dos pares de elétrons e seus ângulos de ligação associados (Seção 8.6 e Figura 8.4).

EQUAÇÕES-CHAVE

Equação 8.1 Utilizada para calcular a carga formal sobre um átomo em uma molécula.

Carga formal de um átomo em uma molécula ou íon = EV − [EPI + ½(EL)]

Equação 8.2 Utilizada para calcular a ordem de ligação.

$$\text{Ordem de ligação} = \frac{\text{Número de pares compartilhados em todas as ligações X—Y}}{\text{Número de ligações X—Y na molécula ou íon}}$$

Equação 8.3 Utilizada para estimar a variação de entalpia para uma reação usando entalpias de dissociação de ligação.

$$\Delta_r H = \Sigma \Delta H(\text{ligações rompidas}) - \Sigma \Delta H(\text{ligações formadas})$$

QUESTÕES PARA ESTUDO

▲ denota questões desafiadoras.

Questões numeradas em verde têm respostas no Apêndice N.

Praticando Habilidades

Elétrons da Camada de Valência e Regra do Octeto
(Veja Seção 8.1.)

1. Dê o número do grupo periódico e o número de elétrons de valência para cada um dos seguintes átomos.
   - (a) O
   - (b) B
   - (c) Na
   - (d) Mg
   - (e) F
   - (f) S

2. Dê o número do grupo periódico e o número de elétrons de valência para cada um dos seguintes átomos.
   - (a) C
   - (b) Cl
   - (c) Ne
   - (d) Si
   - (e) Se
   - (f) Al

3. Para os elementos dos Grupos 4A–7A da Tabela Periódica, dê o número de ligações que se espera que cada elemento forme, de modo a obedecer à regra do octeto.

4. Quais dos seguintes elementos são capazes de formar compostos hipervalentes?
   - (a) C
   - (b) P
   - (c) O
   - (d) F
   - (e) Cl
   - (f) B
   - (g) Se
   - (h) Sn

Estruturas de Lewis
(Veja as Seções 8.2, 8.4, e 8.5; os Exemplos 8.1–8.4 e 8.6–8.7.)

5. Desenhe as estruturas de Lewis para cada uma das seguintes moléculas ou íons.
   - (a) NF$_3$
   - (b) ClO$_3^-$
   - (c) HOBr
   - (d) SO$_3^{2-}$

6. Desenhe as estruturas de Lewis para as seguintes moléculas ou íons:
   - (a) CS$_2$
   - (b) BF$_4^-$
   - (c) HNO$_2$ (em que o arranjo de átomos é HONO)
   - (d) OSCl$_2$ (em que S é o átomo central)

7. Desenhe a estrutura de Lewis para cada uma das moléculas a seguir:
   - (a) clorodifluorometano, CHClF$_2$
   - (b) ácido propanoico, C$_2$H$_5$CO$_2$H (estrutura ilustrada abaixo)

   ![estrutura propanoico]

   - (c) acetonitrila, CH$_3$CN (o arranjo é H$_3$C—C—N)
   - (d) aleno, H$_2$CCCH$_2$

8. Desenhe a estrutura de Lewis para cada uma das moléculas a seguir:
   - (a) metanol, CH$_3$OH
   - (b) cloreto de vinila, H$_2$C=CHCl, a molécula da qual é fabricado o plástico PVC
   - (c) acrilonitrila, H$_2$C=HCN, a molécula a partir da qual são fabricados materiais como o Orlon

9. Mostre todas as estruturas de ressonância possíveis para cada uma das moléculas a seguir:
   - (a) dióxido de enxofre, SO$_2$
   - (b) ácido nitroso, HNO$_2$
   - (c) ácido tiociânico, HSCN

10. Mostre todas as estruturas de ressonância possíveis para cada uma das moléculas a seguir:
    (a) íon nitrato, NO_3^-
    (b) ácido nítrico, HNO_3
    (c) monóxido de dinitrogênio (óxido nitroso, gás hilariante), N_2O (em que a ligação está na ordem N—N—O)

11. Desenhe as estruturas de Lewis para as seguintes moléculas ou íons:
    (a) BrF_3
    (b) I_3^-
    (c) XeO_2F_2
    (d) XeF_3^+

12. Desenhe as estruturas de Lewis para as seguintes moléculas ou íons:
    (a) BrF_5
    (b) IF_3
    (c) IBr_2^-
    (d) BrF_2^+

Cargas Formais
(Veja a Seção 8.3 e o Exemplo 8.5).

13. Determine a carga formal de cada átomo nas seguintes moléculas ou íons:
    (a) N_2H_4
    (b) PO_4^{3-}
    (c) BH_4^-
    (d) NH_2OH

14. Determine a carga formal de cada átomo nas seguintes moléculas ou íons:
    (a) SCO
    (b) HCO_2^- (íon formiato)
    (c) CO_3^{2-}
    (d) HCO_2H (ácido fórmico)

15. Determine a carga formal de cada átomo nas seguintes moléculas e íons:
    (a) NO_2^+
    (b) NO_2^-
    (c) NF_3
    (d) HNO_3

16. Determine a carga formal de cada átomo em cada uma das seguintes moléculas ou íons:
    (a) SO_2
    (b) $OSCl_2$
    (c) O_2SCl_2
    (d) FSO_3^-

Geometria Molecular
(Veja a Seção 8.6 e os Exemplos 8.8–8.11.)

17. Desenhe a estrutura de Lewis para cada uma das seguintes moléculas ou íons. Descreva a geometria dos pares de elétrons e a geometria molecular ao redor do átomo central.
    (a) NH_2Cl
    (b) Cl_2O (O é o átomo central)
    (c) SCN^-
    (d) HOF

18. Desenhe a estrutura de Lewis para as seguintes moléculas ou íons. Descreva a geometria dos pares de elétrons e a geometria molecular ao redor de cada átomo central.
    (a) ClF_2^+
    (b) $SnCl_3^-$
    (c) PO_4^{3-}
    (d) CS_2

19. As moléculas seguintes ou íons possuem dois átomos de oxigênio ligados a um átomo central. Desenhe uma estrutura de Lewis para cada um e descreva a geometria dos pares de elétrons e a geometria molecular ao redor do átomo central. Comente as similaridades e as diferenças na série.
    (a) CO_2
    (b) NO_2^-
    (c) O_3
    (d) ClO_2^-

20. As seguintes moléculas ou íons possuem todos três átomos de oxigênio ligados a um átomo central. Desenhe uma estrutura de Lewis para cada um e descreva a geometria dos pares de elétrons e a geometria molecular ao redor do átomo central. Comente as similaridades e as diferenças na série.
    (a) CO_3^{2-}
    (b) NO_3^-
    (c) SO_3^{2-}
    (d) ClO_3^-

21. Desenhe estruturas de Lewis para as seguintes moléculas ou íons. Descreva a geometria dos pares de elétrons e a geometria molecular ao redor do átomo central.
    (a) ClF_2^-
    (b) ClF_3
    (c) ClF_4^-
    (d) ClF_5

22. Desenhe as estruturas de Lewis para cada uma das seguintes moléculas ou íons. Descreva a geometria dos pares de elétrons e a geometria molecular ao redor do átomo central.
    (a) SiF_6^{2-}
    (b) PF_5
    (c) SF_4
    (d) XeF_4

23. Dê os valores aproximados para os ângulos de ligação indicados.
    (a) O—S—O no SO_2
    (b) Ângulo F—B—F no BF_3
    (c) Ângulo Cl—C—Cl no Cl_2CO
    (d) H—C—H (ângulo 1) e C–C—N (ângulo 2) na acetonitrila

Acetonitrila

24. Dê os valores aproximados para os ângulos de ligação indicados.
    (a) Cl—S—Cl no SCl_2
    (b) N—N—O no N_2O
    (c) Ângulos de ligação 1, 2 e 3 no álcool vinílico (um componente de polímeros e uma molécula encontrada no espaço)

25. A fenilalanina é um dos aminoácidos naturais e é um produto da "quebra" do aspartame, um adoçante artificial. Estime os valores dos ângulos indicados no aminoácido. Explique por que a cadeia —CH_2—$CH(NH_2)$—CO_2H não é linear.

26. A acetilacetona possui a estrutura mostrada a seguir. Estime os valores dos ângulos indicados.

Acetilacetona

Polaridade da Ligação, Eletronegatividade e Carga Formal
(Veja a Seções 8.7 e 8.8 e os Exemplos 8.12 e 8.13)

27. Para cada par de ligações, indique a ligação mais polar e use uma seta para mostrar a direção da polaridade de cada ligação.
    (a) C—O e C—N
    (b) P—Br e P—Cl
    (c) B—O e B—S
    (d) B—F e B—I

28. Para cada uma das ligações abaixo, diga qual átomo é mais carregado negativamente.
    (a) C—N
    (b) C—H
    (c) C—Br
    (d) S—O

29. A acroleína, C_3H_4O, é a matéria-prima inicial para a fabricação de certos plásticos.

Acroleína

    (a) Quais ligações na molécula são polares e quais são não polares?
    (b) Qual é a ligação mais polar na molécula? Qual é o átomo mais negativo dessa ligação?

30. A ureia, $(NH_2)_2CO$, é utilizada em plásticos e em fertilizantes. É também a principal substância que contém nitrogênio, excretada pelos humanos.
    (a) Quais ligações na molécula são polares e quais são não polares?
    (b) Qual é a ligação mais polar na molécula? Qual é o átomo da extremidade negativa do dipolo da ligação?

Ureia

31. Considerando tanto cargas formais como polaridades das ligações, preveja em que átomo ou átomos reside a carga negativa nos seguintes ânions:
    (a) OH^-
    (b) BH_4^-
    (c) $CH_3CO_2^-$

32. Considerando tanto cargas formais como polaridades das ligações, preveja em que átomo ou átomos reside a carga negativa nos seguintes cátions:
    (a) H_3O^+
    (b) NH_4^+
    (c) NO_2^+
    (d) NF_4^+

33. Três estruturas de ressonância são possíveis para o monóxido de dinitrogênio, N_2O.
    (a) Desenhe as estruturas de ressonância.
    (b) Calcule as cargas formais em cada átomo nas estruturas de ressonância.
    (c) Com base nas cargas formais e na eletronegatividade, preveja qual estrutura de ressonância é a mais razoável.

34. Três estruturas de ressonância são possíveis para o íon tiocianato, SCN^-.
    (a) Desenhe as três estruturas de ressonância.
    (b) Calcule a carga formal em cada átomo em cada estrutura de ressonância.
    (c) Com base nas cargas formais e na eletronegatividade, preveja quais estruturas de ressonância mais se aproximam da ligação nesse íon.
    (d) Quais são as semelhanças e as diferenças na ligação no SCN^-, quando comparada à ligação no OCN^- (página 384)?

35. Compare a estrutura eletrônica de pontos do íon hidrogenocarbonato e do ácido nítrico.
    (a) Essas espécies são isoeletrônicas?
    (b) Quantas estruturas de ressonância cada espécie possui?
    (c) Quais são as cargas formais de cada átomo dessas espécies?
    (d) Compare as duas espécies com relação ao seu comportamento ácido-base. Pode alguma delas, ou ambas, comportarem-se como uma base e formarem uma ligação com o H^+?

36. Compare as estruturas eletrônicas de pontos dos íons carbonato (CO_3^{2-}) e borato (BO_3^{3-}).
    (a) Esses íons são isoeletrônicos?
    (b) Quantas estruturas de ressonância cada íon possui?
    (c) Quais são as cargas formais de cada átomo nesses íons?
    (d) Se um íon H^+ liga-se ao CO_3^{2-} para formar o íon bicarbonato, HCO_3^-, ele se ligaria ao átomo de O ou de C?

37. A química do íon nitrito e do HNO_2:
    (a) Duas estruturas de ressonância são possíveis para o NO_2^-. Desenhe essas estruturas e depois encontre a carga formal em cada átomo em cada estrutura de ressonância.
    (b) Na formação do ácido HNO_2 um íon H^+ liga-se ao átomo de O e não ao átomo de N do NO_2^-. Explique como você preveria esse resultado.
    (c) Duas estruturas de ressonância são possíveis para o HNO_2. Desenhe essas estruturas e depois encontre a carga formal em cada átomo em cada estrutura de ressonância. Uma das muitas possibilidades é preferida sobre as outras?

38. Desenhe as estruturas de ressonância para o íon formiato, HCO_2^-, e encontre a carga formal em cada átomo. Se o íon H^+ está ligado ao HCO_2^- (para formar o ácido fórmico), ele liga-se ao C ou ao O?

Polaridade Molecular
(Veja a Seção 8.8 e os Exemplos 8.14 e 8.15)

39. Considere as seguintes moléculas:
    (a) H_2O (c) CO_2 (e) CCl_4
    (b) NH_3 (d) ClF
    (i) Em que composto as ligações são mais polares?
    (ii) Quais compostos da lista *não* são polares?
    (iii) Qual átomo no ClF é mais carregado negativamente?

40. Considere as seguintes moléculas:
    (a) CH_4 (c) BF_3
    (b) NH_2Cl (d) CS_2
    (i) Em qual composto as ligações são mais polares?
    (ii) Quais compostos *não* são polares?
    (iii) Os átomos de H no NH_2Cl são negativos ou positivos?

41. Qual(is) da(s) seguinte(s) molécula(s) é(são) polar(es)? Para cada molécula polar, indique o sentido da polaridade, isto é, qual é a extremidade positiva e qual é a extremidade negativa da molécula.
    (a) $BeCl_2$ (c) CH_3Cl
    (b) HBF_2 (d) SO_3

42. Qual(is) da(s) seguinte(s) molécula(s) é(são) apolar(es)? Para cada molécula polar, indique o sentido da polaridade, isto é, qual é a extremidade positiva e qual é a extremidade negativa da molécula.
    (a) CO   (d) PCl_5
    (b) BCl_3 (e) GeH_4
    (c) CF_4

Ordem da Ligação e Comprimento da Ligação
(Veja Seção 8.9.)

43. Dê a ordem de ligação para cada ligação nas seguintes moléculas ou íons:
    (a) CH_2O (c) NO_2^+
    (b) SO_3^{2-} (d) $NOCl$

44. Dê a ordem de ligação para cada ligação nas seguintes moléculas ou íons:
    (a) CN^- (c) SO_3
    (b) CH_3CN (d) $CH_3CH=CH_2$

45. Em cada par de ligações, preveja qual é a mais curta.
    (a) B—Cl ou Ga—Cl   (c) P—S ou P—O
    (b) Sn—O ou C—O   (d) C=O ou C≡N

46. Em cada par de ligações, preveja qual é a mais curta.
    (a) Si—N ou Si—O
    (b) Si—O ou C—O
    (c) C—F ou C—Br
    (d) A ligação C—N ou a ligação C≡N em $H_2NCH_2C≡N$

47. Considere os comprimentos das ligações nitrogênio-oxigênio no NO_2^+, NO_2^- e NO_3^-. Em qual íon é prevista a ligação mais comprida? Em qual íon ela será mais curta? Explique sucintamente.

48. Compare os comprimentos das ligações carbono-oxigênio no íon formiato (HCO_2^-), no metanol (CH_3OH) e no íon carbonato (CO_3^{2-}). Em qual das espécies se prevê que a ligação carbono-oxigênio seja a mais longa? Em qual íon ela será mais curta? Explique sucintamente.

Força de Ligação e Entalpia de Dissociação de Ligação
(Veja a Seção 8.9, Tabela a 8.8 e o Exemplo 8.16.)

49. Considere a ligação carbono-oxigênio no formaldeído (CH_2O) e no monóxido de carbono (CO). Em que molécula a ligação CO é mais curta? Em que molécula a ligação CO é mais forte?

50. Compare a ligação nitrogênio-nitrogênio na hidrazina, H_2NNH_2, com a do "gás hilariante", N_2O. Em que molécula a ligação nitrogênio-nitrogênio é mais curta? Em que molécula a ligação é mais forte?

51. O etanol pode ser produzido pela reação do etileno com a água:

$$H_2C=CH_2(g) + H_2O(g) \rightarrow CH_3CH_2OH(g)$$

Use as entalpias de dissociação de ligação para estimar a variação de entalpia dessa reação. Compare o valor obtido com o valor calculado a partir das entalpias padrão de formação.

52. O metanol pode ser produzido pela oxidação parcial do metano usando O_2 na presença de um catalisador:

$$2\,CH_4(g) + O_2(g) \rightarrow 2\,CH_3OH(\ell)$$

Use entalpias de dissociação de ligação para estimar a variação de entalpia para essa reação. Compare o valor obtido com o valor calculado usando as entalpias padrão de formação.

53. As reações de hidrogenação, que envolvem a adição de H_2 à molécula, são amplamente utilizadas na indústria para transformar um composto em outro. Por exemplo, o 1-buteno (C_4H_8) é convertido em butano (C_4H_{10}) pela adição de H_2.

$$H_3C-CH_2-CH=CH_2(g) + H_2(g) \longrightarrow CH_3CH_2CH_2CH_3(g)$$

Use entalpias de dissociação de ligação na Tabela 8.8 para estimar a variação de entalpia para essa reação de hidrogenação.

54. O fosgênio, Cl_2CO, é um gás altamente tóxico que foi utilizado como arma na Primeira Guerra Mundial. Utilizando as entalpias de dissociação de ligação da Tabela 8.8, estime a variação de entalpia para a reação do monóxido de carbono com o cloro para produzir o fosgênio.

$$CO(g) + Cl_2(g) \rightarrow Cl_2CO(g)$$

55. O composto difluoreto de oxigênio é muito reativo, formando oxigênio e HF quando tratado com água:

$$OF_2(g) + H_2O(g) \rightarrow O_2(g) + 2\ HF(g)$$

$$\Delta_r H° = -318\ kJ/mol\text{-rea}$$

Utilizando as entalpias de dissociação de ligação, calcule a entalpia de dissociação de ligação O—F no OF_2.

56. Átomos de oxigênio podem combinar com o ozônio para formar oxigênio:

$$O_3(g) + O(g) \rightarrow 2\ O_2(g)$$

$$\Delta_r H° = -392\ kJ/mol\text{-rea}$$

Utilizando $\Delta_r H°$ e os dados de entalpia de dissociação de ligação da Tabela 8.8, estime a entalpia de dissociação de ligação oxigênio–oxigênio no ozônio, O_3. Como a sua estimativa se compara às energias de uma ligação simples O—O e uma ligação dupla O=O? A entalpia de dissociação de ligação oxigênio–oxigênio no ozônio tem correlação com sua ordem de ligação?

Questões Gerais

Estas questões não estão definidas quanto ao tipo ou à localização no capítulo. Elas podem combinar vários conceitos.

57. Especifique o número de elétrons de valência para o Li, Ti, Zn, Si e Cl.

58. Nos compostos de boro, o átomo B, com frequência, não é circundado por quatro pares de elétrons de valência. Ilustre isso com o BCl_3. Mostre como a molécula pode alcançar uma configuração de octeto ao formar uma ligação covalente coordenada com a amônia (NH_3).

59. Qual das seguintes espécies ou íons *não* apresenta um octeto de elétrons rodeando o átomo central: BF_4^-, SiF_4, SeF_4, BrF_4^-, XeF_4?

60. Em quais das seguintes espécies o átomo central obedece à regra do octeto? NO_2, SF_4, NH_3, SO_3, ClO_2 e ClO_2^-? Algumas dessas espécies são moléculas ou íons com número ímpar de elétrons?

61. Desenhe as estruturas de ressonância para o íon formiato, HCO_2^-, e determine a ordem da ligação C—O no íon.

62. Considere uma série de moléculas nas quais o carbono está ligado por uma ligação covalente simples a átomos de elementos do segundo período: C—O, C—F, C—N, C—C e C—B. Coloque essas ligações em ordem crescente de comprimento da ligação.

63. Para estimar a variação de entalpia para a reação

$$O_2(g) + 2\ H_2(g) \rightarrow 2\ H_2O(g)$$

de quais entalpias de dissociação de ligação você necessita? Esquematize o cálculo, tendo o cuidado de mostrar os sinais algébricos corretos.

64. Qual é o princípio da eletroneutralidade? Use essa regra para excluir uma possível estrutura de ressonância do CO_2.

65. Desenhe as estruturas de Lewis (e estruturas de ressonância quando apropriado) para as seguintes moléculas e íons. Que semelhanças e diferenças há nesta série?

   (a) CO_2 (b) N_3^- (c) OCN^-

66. Desenhe as estruturas de ressonância para a molécula de SO_2 e determine a carga formal nos átomos de S e O. As ligações S—O são polares, e a molécula como um todo é polar? Se sim, qual a direção do dipolo resultante no SO_2? A sua previsão foi confirmada pela superfície de potencial eletrostático? Explique sucintamente.

Superfície de potencial eletrostático para o dióxido de enxofre

67. Quais são as ordens das ligações N—O no NO_2^- e no NO_2^+? O comprimento da ligação nitrogênio–oxigênio em um desses íons é de 110 pm e de 124 pm no outro. Qual comprimento de ligação corresponde a qual íon? Explique sucintamente.

68. Qual possui o maior ângulo da ligação O—N—O, NO_2^- ou NO_2^+? Explique sucintamente.

69. Compare os ângulos F—Cl—F em ClF_2^+ e ClF_2^-. Usando as estruturas de Lewis, determine o ângulo de ligação aproximado em cada íon. Qual íon tem o maior ângulo de ligação?

70. Desenhe a estrutura eletrônica de pontos para o íon cianeto, CN^-. Em soluções aquosas, este íon interage com H^+ para formar o ácido. A fórmula deveria ser escrita como HCN ou CNH?

71. Desenhe a estrutura eletrônica de pontos para o íon sulfito, SO_3^{2-}. Em solução aquosa, esse íon interage com o H^+. Preveja se um íon H^+ se ligará ao átomo de S ou ao átomo de O no SO_3^{2-}.

72. O monóxido de dinitrogênio, N_2O, pode decompor-se nos gases nitrogênio e oxigênio:

$$2\ N_2O(g) \rightarrow 2\ N_2(g) + O_2(g)$$

Use entalpias de dissociação de ligação para estimar a variação de entalpia para essa reação.

73. ▲ A equação para a combustão do metanol gasoso é

$$2\ CH_3OH(g) + 3\ O_2(g) \rightarrow 2\ CO_2(g) + 4\ H_2O(g)$$

(a) Usando as entalpias de dissociação de ligação da Tabela 8.8, faça uma estimativa da variação de entalpia para essa reação. Qual é a entalpia de combustão de um mol de metanol gasoso?

(b) Compare sua resposta na parte (a) com o valor de $\Delta_r H°$ calculado usando os dados das entalpias de formação.

74. ▲ A acrilonitrila, C_3H_3N, é o bloco de construção da fibra sintética Orlon.

Superfície de potencial eletrostático para a acrilonitrila

(a) Dê os valores aproximados dos ângulos 1, 2 e 3.
(b) Qual é a ligação carbono–carbono mais curta?
(c) Qual é a ligação carbono–carbono mais forte?
(d) Com base na superfície de potencial eletrostático, onde as cargas positivas e negativas estão localizadas na molécula?
(e) Qual é a ligação mais polar?
(f) A molécula é polar?

75. ▲ O íon cianato, OCN⁻, possui o átomo menos eletronegativo, C, no centro. O íon fulminato muito instável, CNO⁻, tem a mesma fórmula molecular, mas o átomo de N está no centro.
    (a) Desenhe três estruturas de ressonância possíveis para o CNO⁻.
    (b) Com base nas cargas formais, decida qual estrutura de ressonância tem a distribuição de cargas mais razoável.
    (c) O fulminato de mercúrio é tão instável que é usado em cápsulas detonadoras para dinamite. Você pode oferecer uma explicação para essa instabilidade? *Sugestão*: as cargas formais em alguma das estruturas de ressonância são razoáveis em termos das eletronegatividades relativas dos átomos?

76. A vanilina é o agente aromatizante do extrato de baunilha e do sorvete de baunilha. Sua estrutura é aqui mostrada:

    (a) Dê os valores para os três ângulos de ligação indicados.
    (b) Indique a ligação carbono–oxigênio mais curta da molécula.
    (c) Indique a ligação mais polar na molécula.

77. ▲ Explique por que
    (a) O XeF₂ tem uma estrutura molecular linear e não angular.
    (b) O ClF₃ tem uma estrutura em T e não planar trigonal Plana.

78. A fórmula do cloreto de nitrila é ClNO₂ (na qual o N é o átomo central).
    (a) Desenhe a estrutura de Lewis para a molécula, incluindo todas as estruturas de ressonância.
    (b) Qual é a ordem da ligação N—O?
    (c) Descreva as geometrias dos pares de elétrons e molecular e dê valores para todos os ângulos da ligação.
    (d) Qual é a ligação mais polar na molécula? A molécula é polar?
    (e) ▲ O programa de computador utilizado para calcular as superfícies de potencial eletrostático deu as seguintes cargas nos átomos da molécula: A = –0,03, B = –0,26 e C = +0,56. Identifique os átomos A, B e

C. Essas cargas calculadas estão de acordo com as suas previsões?

Superfície de potencial eletrostático para o ClNO₂

79. A hidroxiprolina é um aminoácido pouco comum.

    (a) Dê os valores aproximados para os ângulos de ligação indicados.
    (b) Quais são as ligações mais polares na molécula?

80. As amidas são uma importante família de moléculas orgânicas. Elas são geralmente desenhadas como a seguir, mas outras estruturas de ressonância são possíveis.

    (a) Desenhe uma segunda estrutura de ressonância da estrutura acima. Você acha que esta seria uma contribuição significativa para a ligação? Explique sua resposta.
    (b) O ângulo H—N—H está próximo de 120° nessa molécula. Esse fato influencia suas ideias a respeito da importância dessa estrutura?

81. Utilize as entalpias de dissociação de ligação na Tabela 8.8 para estimar a mudança de entalpia na decomposição da ureia (consulte Questão para Estudo 30) para formar hidrazina H₂N—NH₂ e monóxido de carbono. Considere que todos os compostos estejam na fase gasosa.

82. A molécula mostrada aqui, 2-furilmetanotiol, é a responsável pelo aroma do café:

2-furilmetanotiol

    (a) Quais são as cargas formais nos átomos de S e de O?
    (b) Dê os valores aproximados dos ângulos 1, 2 e 3.
    (c) Quais são as ligações carbono–carbono mais curtas na molécula?

(d) Qual ligação da molécula é a mais polar?
(e) A molécula é polar ou não polar?
(f) Os quatro átomos de C do anel estão todos no mesmo plano. O átomo de O está no mesmo plano (tornando o anel de cinco membros planar) ou o átomo de O está em um ângulo acima ou abaixo do plano?

83. ▲ A diidroxiacetona é um dos componentes das loções de bronzeamento rápido. Ela reage com os aminoácidos na camada superior da pele e os colore de marrom em uma reação semelhante à que ocorre quando os alimentos tornam-se escuros devido ao cozimento.

(a) Use as entalpias de dissociação de ligação para estimar a variação de entalpia na seguinte reação. A reação é exotérmica ou endotérmica?

Acetona → Diidroxiacetona

(b) A diidroxiacetona e a acetona são moléculas polares?
(c) Um próton (H⁺) pode ser removido de uma molécula de diidroxiacetona com bases fortes (que é o que acontece em parte na reação do bronzeamento). Quais átomos de H são os mais positivos na diidroxiacetona?

84. É possível desenhar três estruturas de ressonância para o HNO₃, uma das quais contribui muito menos para o híbrido de ressonância que as outras duas. Esboce as três estruturas de ressonância e designe uma carga formal para cada átomo. Qual de suas estruturas é a menos importante?

85. ▲ A acroleína é usada para fabricar plásticos. Suponha que esse composto possa ser preparado pela introdução de uma molécula de monóxido de carbono na ligação C—H do etileno.

Etileno + CO → Acroleína

(a) Qual é a ligação carbono–carbono mais forte na acroleína?
(b) Qual é a ligação carbono–carbono mais comprida na acroleína?
(c) O etileno ou a acroleína é polar?
(d) Utilize as entalpias de dissociação de ligação para prever se a reação do CO com C₂H₄ para produzir acroleína é endotérmica ou exotérmica.

86. Moléculas no espaço
(a) Além de moléculas como o CO, HCl, H₂O e NH₃, o glicolaldeído foi detectado no espaço. Essa molécula é polar?

HOCH₂CHO, glicolaldeído

(b) Onde ficam as cargas positivas e negativas na molécula?
(c) Uma das moléculas encontradas em 1995 no cometa Hale-Bopp era o HC₃N. Sugira uma estrutura para essa molécula.

87. O 1,2-dicloroetileno pode ser sintetizado através da adição de Cl₂ à ligação tripla do acetileno.

Usando as entalpias de dissociação de ligação, estime a variação de entalpia para essa reação na fase gasosa.

88. A molécula mostrada é a epinefrina, um composto usado como broncodilatador e como agente antiglaucoma.

Epinefrina

(a) Dê o valor dos ângulos de ligação indicados na figura.
(b) Quais são as ligações mais polares da molécula?

No Laboratório

89. Você está fazendo uma experiência no laboratório e quer preparar uma solução com um solvente polar. Que solvente você escolheria, metanol (CH₃OH) ou tolueno (C₆H₅CH₃)? Explique sua escolha.

Metanol   Tolueno

90. A metilacetamida, CH₃CONHCH₃, é uma molécula pequena com uma ligação amida (CO—NH), o grupo que liga um aminoácido a outro nas proteínas.
(a) Essa molécula é polar?

(b) Onde você esperaria que as cargas negativas e positivas ficassem nessa molécula? A superfície de potencial eletrostático confirma sua previsão?

Exemplo com modelo de bolas e varetas

Superfície de potencial eletrostático

91. ▲ Um artigo publicado no jornal de pesquisas científicas *Science* em 2007 (VALLINA, S.; SIMO, R. *Science*, v. 315, p. 506, 26 jan. 2007) relatou o estudo do dimetilsulfeto (DMS), um importante gás estufa liberado por fitoplânctons marinhos. Esse gás "representa a maior fonte natural de enxofre atmosférico e um importante precursor das partículas higroscópicas que agem na formação de nuvens e pairam no ar sobre os oceanos mais remotos, reduzindo, assim, a quantidade de radiação solar que atravessa a atmosfera e que é absorvida pelo oceano".

(a) Faça um esboço da estrutura de Lewis do dimetilsulfeto, CH_3SCH_3, e relacione os ângulos das ligações da molécula.
(b) Use as eletronegatividades para decidir onde ficam as cargas positivas e negativas na molécula. Essa molécula é polar?
(c) A concentração média de DMS na água do mar (na região entre os 15° de latitude norte e 15° de latitude sul) é de 2,7 nM (nanomolar). Quantas moléculas de DMS estão presentes em 1,0 m³ de água do mar?

92. A uracila é uma das bases do DNA.

Uracila, $C_4H_4N_2O_2$

Superfície de potencial eletrostático para a uracila

(a) Quais são os valores dos ângulos O—C—N e C—N—H?
(b) Há duas ligações carbono–carbono na molécula. Qual delas você prevê que seja a mais curta?
(c) Se um próton atacar a molécula decida com base na superfície de potencial eletrostático a que átomo ou átomos ele poderia ser ligado.

Resumo e Questões Conceituais

As seguintes questões podem usar os conceitos deste capítulo e dos capítulos anteriores.

93. O fósforo branco existe como moléculas de P_4 com os átomos de fósforo nos vértices de um tetraedro.

Fósforo branco, P_4

(a) O fósforo elementar reage com Cl_2 para formar PCl_3. Escreva uma equação química balanceada para essa reação.
(b) A entalpia padrão de formação ($\Delta_r H°$) do $P_4(g)$ é +58,9 kJ/mol; para $PCl_3(g)$ é –287,0 kJ/mol. Use esses números para calcular a variação de entalpia para a reação do $P_4(g)$ e do $Cl_2(g)$ para produzir $PCl_3(g)$.
(c) Baseado na equação em (a), determine quais ligações são rompidas e quais são formadas. Então utilize essa informação, junto com o valor de $\Delta_r H°$ calculado em (b) e a entalpia de dissociação de ligação para o P—P e Cl—Cl a partir da Tabela 8.8, para estimar a entalpia de dissociação de ligação para as ligações P—Cl. Como a sua estimativa é comparável ao valor da Tabela 8.8?

94. A resposta na Questão para Estudo 93 não coincide exatamente com o valor para a entalpia de dissociação da ligação P—Cl da Tabela 8.8. O motivo é que os números na tabela são médias obtidas de dados de diferentes compostos. Os valores calculados a partir de diferentes compostos variam, às vezes amplamente. Para ilustrar isso, vamos fazer outro cálculo. Em seguida, veja a seguinte reação.

$$PCl_3(g) + Cl_2(g) \rightarrow PCl_5(g)$$

A entalpia de formação do $PCl_5(g)$ é –374,9 kJ/mol. Use esse dado e $\Delta_r H°$ do $PCl_3(g)$ para determinar a variação de entalpia para essa reação. Então use aquele valor de $\Delta_r H°$, junto com a entalpia de dissociação de ligação do Cl_2, para calcular a variação de entalpia para a formação da ligação P—Cl nessa reação.

95. Espécies contendo bromo desempenham um papel especial na química ambiental. Por exemplo, elas estão envolvidas em erupções vulcânicas.

(a) As seguintes moléculas são importantes na química ambiental do bromo: HBr, BrO e HOBr. Qual delas é uma molécula com um número ímpar de elétrons?

(b) Use as entalpias de dissociação de ligação para estimar $\Delta_r H$ para três reações do bromo:

$$Br_2(g) \rightarrow 2\ Br(g)$$

$$2\ Br(g) + O_2(g) \rightarrow 2\ BrO(g)$$

$$BrO(g) + H_2O(g) \rightarrow HOBr(g) + OH(g)$$

(c) Usando as entalpias de dissociação de ligação, faça uma estimativa da entalpia padrão de formação do HOBr(g) a partir de $H_2(g)$, $O_2(g)$ e $Br_2(g)$.

(d) As reações das partes (b) e (c) são exotérmicas ou endotérmicas?

96. A acrilamida, H_2C=$CHCONH_2$, é uma neurotoxina conhecida e possivelmente carcinogênica. Isso foi um choque para todos os consumidores de batata frita, quando há alguns anos foi descoberta a sua presença nesse produto.

(a) Faça um esboço da estrutura molecular da acrilamida e identifique todos os ângulos das ligações.
(b) Indique quais das duas ligações carbono–carbono é a mais forte.
(c) A molécula é polar ou não polar?
(d) A quantidade de acrilamida encontrada nas batatas fritas foi de 1,7 mg/kg. Se uma porção de batatas fritas tem 28 g, quantos mols de acrilamida você está consumindo?

Cristais de XeF$_2$ formados a partir de Xe(g) e F$_2$(g) na luz solar.

9 Estrutura molecular e ligações: hibridização de orbitais e orbitais moleculares

Sumário do capítulo

- **9-1** Orbitais e Teorias da Ligação Química
- **9-2** Teoria da Ligação de Valência
- **9-3** Teoria do Orbital Molecular

GASES NOBRES: NÃO TÃO INERTES

Gerações de professores de Química já ensinaram que os gases nobres eram quimicamente inertes. No entanto, em 1962, os químicos aprenderam que não era bem assim. O xenônio, pelo menos, foi descoberto como formador de compostos. Primeiramente tratava-se de um composto iônico, agora conhecido como XeF$^+$Pt$_2$F$_{11}^-$. Entretanto, pouco depois, foi feita a descoberta de um grande número de compostos ligados covalentemente, incluindo XeF$_4$, XeF$_6$, XeOF$_4$ e XeO$_3$. E, desde 1962, o campo da química dos gases nobres tem se expandido graças à descoberta de tais moléculas de interesse, como a FXeOXeF.

Inicialmente, pensava-se que os compostos de xenônio fossem formados apenas sob as mais severas condições. Portanto, foi novamente uma surpresa quando se descobriu que a exposição de uma mistura dos gases xenônio e flúor à luz solar em temperatura ambiente conduz à formação de cristais de XeF$_2$ (conforme visto na foto).

Dois dos autores desse texto eram alunos de graduação na época dessa descoberta. Todos discutiam sobre isso, e entre importantes questões estavam as estruturas

CAPÍTULO 9

Objetivos do Capítulo

Consulte a "Revisão dos Objetivos do Capítulo" para ver as Questões para Estudo relacionadas a estes objetivos.

ENTENDER

- A sobreposição de orbitais é a base para a ligação covalente.
- A teoria de hibridização de orbitais.
- As diferenças entre a teoria da ligação de valência e a teoria do orbital molecular, e como cada uma delas é aplicada.

FAZER

- Identificar a hibridização de um átomo em uma molécula ou em um íon poliatômico.
- Descrever a ligação em uma molécula ou em um íon poliatômico utilizando a teoria da ligação de valência.
- Escrever as configurações dos orbitais moleculares para moléculas diatômicas simples ou íons, determinar a ordem de ligação de cada espécie e prever o seu comportamento magnético.

LEMBRAR

- A ligação química pode ser descrita usando-se diferentes teorias, cada uma com suas vantagens e desvantagens.
- Os tipos de conjuntos de orbitais híbridos e suas orientações no espaço.
- Os termos "sigma" e "pi" e seus significados em relação à sobreposição de orbitais e à forma de ligação.

---

das moléculas e a natureza de suas ligações. As estruturas foram determinadas experimentalmente, e agora, com base nos conceitos de um livro de Química Geral, um estudante pode prever as estruturas usando o modelo RPENV (ainda não desenvolvido quando essas moléculas foram descobertas). Ideias sobre ligação, no entanto, continuaram a evoluir. Por exemplo, nos últimos anos, pesquisadores têm questionado como, ou se, os orbitais d estão envolvidos na ligação de moléculas tais como XeF_4 e XeF_2.

Há uma importante observação aqui que deve ser feita: a estrutura de uma molécula é um fato. As descrições de ligações, no entanto, são teorias, construídas para racionalizar os fatos que aprendemos a partir de experimentos e que podem mudar conforme adquirimos mais informações.

Como podemos explicar as ligações nas moléculas, especialmente se levarmos em conta a variedade de possíveis formas moleculares? Por exemplo, milhões de compostos orgânicos têm como base átomos de carbono cercados tetraedricamente por outros átomos. Como um átomo de carbono pode ser ligado aos átomos nas extremidades de um tetraedro quando os orbitais atômicos do carbono não apontam para essas direções? Como uma molécula de corante pode absorver luz? Por que o oxigênio é paramagnético, e como essa propriedade está conectada à ligação na molécula? Essas são apenas algumas perguntas fundamentais e interessantes que serão levantadas neste capítulo e que exigem um olhar mais atento nas ligações.

9-1 Orbitais e Teorias da Ligação Química

Desde o Capítulo 6, você sabe que a estrutura eletrônica de um átomo é descrita por um modelo de orbitais. Portanto, parece razoável que um modelo de orbitais semelhante possa ser adotado para descrever elétrons nas moléculas.

Duas abordagens comuns quanto à racionalização da ligação química baseadas em orbitais são a **teoria da ligação de valência (TLV)** e a **teoria dos orbitais moleculares (TOM)**. A primeira foi desenvolvida principalmente por Linus Pauling (1901-1994), e a segunda, por outro cientista americano, Robert S. Mulliken (1896-1986). A abordagem da ligação de valência está intimamente relacionada à ideia de Lewis de que há pares de elétrons entre átomos ligados e pares isolados de elétrons localizados em um determinado átomo. Por outro lado, a abordagem de Mulliken foi baseada em orbitais moleculares "espalhados" ou *não localizados* na molécula. Uma maneira de se fazer isso é combinar orbitais atômicos para formar um conjunto de orbitais que são propriedade da molécula e então distribuir os elétrons da molécula dentro desses orbitais.

Tanto a teoria da ligação de valência quanto a teoria dos orbitais moleculares apresentam boas descrições da ligação nas moléculas e íons poliatômicos, mas são mais úteis em diferentes situações. A teoria da ligação de valência é geralmente o método escolhido para fornecer uma representação qualitativa e visual da estrutura molecular e das ligações. Essa teoria é particularmente útil para moléculas compostas de muitos átomos. Em contraste, a teoria dos orbitais moleculares é utilizada quando é necessário um retrato mais quantitativo da ligação. A teoria da ligação de valência fornece uma boa descrição das ligações para moléculas em seu estado de menor energia ou fundamental. A teoria do orbital molecular é essencial se quisermos descrever moléculas em estados excitados, de maior energia. Entre outras coisas, isso é importante para explicar as cores dos compostos. Por fim, para algumas moléculas, como o NO e o O_2, a teoria TOM é a única maneira de descrever precisamente a ligação.

9-2 Teoria da Ligação de Valência

O Modelo de Ligação da Sobreposição dos Orbitais

O que acontece se dois átomos a uma distância infinita forem aproximados para formar uma ligação? Completamente separados, os dois átomos não interagem. Se os átomos se aproximam, o elétron em um átomo é atraído pela carga positiva do núcleo do outro átomo. Como ilustrado na Figura 9.1, isso distorce as nuvens de elétrons dos dois átomos, projetando os elétrons em direção à região do espaço entre os átomos, onde acontece a sobreposição dos dois orbitais. Devido às forças de atração entre núcleos e elétrons, a energia potencial do sistema diminui. A uma distância de 74 pm entre os átomos de H, a energia potencial atinge um mínimo. Diminuir ainda mais a distância entre os átomos de H, entretanto, resulta em um rápido aumento da energia potencial devido às repulsões entre os núcleos dos dois átomos e entre os elétrons dos átomos.

Um sistema permanece estável quando a energia potencial é mínima. Com base na análise descrita aqui, pode-se prever que isso ocorra quando os dois átomos de hidrogênio são separados por 74 pm. Isto significa que 74 pm corresponde à distância de ligação, experimentalmente comprovado para a molécula de H_2.

Na molécula de H_2, os dois elétrons, um de cada átomo e com spins opostos, são emparelhados para formar a ligação. Há uma estabilização líquida, representando a extensão em que as energias dos dois elétrons diminuem com relação ao seu valor nos átomos livres. A estabilização líquida calculada corresponde à energia de ligação determinada experimentalmente, e esse acordo entre teoria e experimento, tanto na distância da ligação quanto na energia, evidencia que a referida abordagem teórica possui mérito.

Ligações são uma "ficção da nossa própria imaginação" C. A. Coulson, um proeminente químico teórico da Universidade de Oxford, Inglaterra, disse que "às vezes parece que uma ligação entre dois átomos torna-se tão real, tão tangível, tão favorável, que eu quase posso vê-la. E então eu entro em choque, pois uma ligação química não é uma coisa real. Ela não existe. Ninguém jamais a viu. Nem jamais verá. É uma ficção da minha própria imaginação" (*Chemical and Engineering News*, p. 37, 29 jan. 2007,). No entanto, as ligações são uma ficção muito útil, e este capítulo apresenta algumas dessas ideias.

Estrutura molecular e ligações: hibridização de orbitais e orbitais moleculares 415

FIGURA 9.1 A energia potencial varia durante a formação da ligação H—H entre os átomos de hidrogênio isolados. A cor vermelha nas representações dos orbitais reflete o aumento na densidade eletrônica entre os átomos de H conforme a distância diminui.

A ideia de que as ligações são formadas pela sobreposição dos orbitais atômicos é a base para a teoria da ligação de valência. Geralmente, isso é ilustrado como nas Figuras 9.1 e 9.2, em que as nuvens de elétrons nos dois átomos são vistas interpenetradas ou sobrepostas. Essa sobreposição dos orbitais aumenta a probabilidade de encontrar os elétrons de ligação no espaço entre os dois núcleos.

A ligação covalente em H_2 que se origina da sobreposição dos dois orbitais s, um de cada um dos dois átomos de H, é chamada **ligação sigma (σ)**. *A ligação sigma é uma ligação na qual a densidade eletrônica é maior ao longo do eixo da ligação.*

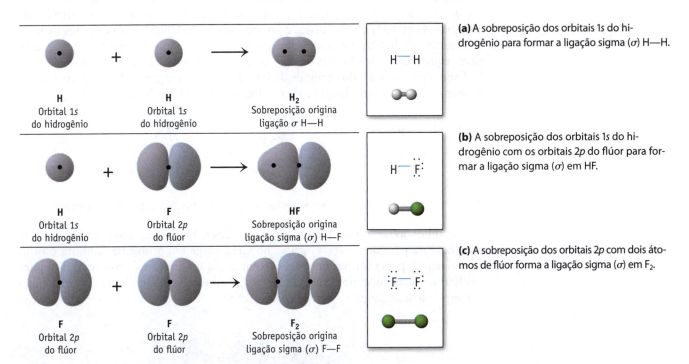

FIGURA 9.2 Formação da ligação covalente (sigma) em H_2, HF e F_2.

Em resumo, os pontos principais da teoria da ligação de valência são os seguintes:

- Os orbitais sobrepõem-se para formar uma ligação entre dois átomos.
- Dois elétrons, *de spins opostos*, podem ser acomodados nos orbitais sobrepostos. Em geral, um elétron é fornecido por cada um dos átomos ligados.
- Os elétrons da ligação têm maior probabilidade de serem encontrados dentro de uma região do espaço influenciada por ambos os núcleos. Ambos os elétrons de ligação são atraídos simultaneamente para ambos os núcleos.

Como isso se aplica aos elementos além do hidrogênio? Na estrutura de Lewis do HF, por exemplo, um par de elétrons de ligação é colocado entre H e F, e três pares de elétrons isolados são representados como localizados no átomo de F (Figura 9.2b). Para utilizar uma abordagem fundamentada nos orbitais, observe os elétrons e os orbitais na camada de valência de cada átomo que podem se sobrepor. O átomo de hidrogênio usará seu orbital 1s na formação da ligação. A configuração eletrônica do flúor é $1s^2 2s^2 2p^5$, e o elétron desemparelhado desse átomo é atribuído a um dos orbitais 2p. Uma ligação sigma resulta da sobreposição dos orbitais 1s do hidrogênio e 2p do flúor. Existe uma distância determinada (92 pm) na qual a energia é mínima, e isso corresponde à distância de ligação no HF. A estabilização líquida atingida nesse processo é a energia da ligação H—F.

Os elétrons de valência restantes no átomo de flúor no HF (um par de elétrons no orbital 2s e dois pares de elétrons nos outros dois orbitais 2p) não se envolvem na ligação. Eles são elétrons não ligantes, pares de elétrons isolados associados a esse elemento na estrutura de Lewis.

Esse modelo pode ser expandido para uma descrição da ligação no F_2. Os orbitais 2p nos dois átomos sobrepõem-se, e o elétron isolado de cada átomo é emparelhado na ligação σ resultante (Figura 9.2c). Os elétrons 2s e 2p não envolvidos na ligação são os pares isolados de cada átomo.

Hibridização Usando Orbitais Atômicos *s* e *p*

A representação simples, que usa a sobreposição dos orbitais para descrever a ligação em H_2, HF e F_2, funciona bem, mas encontramos dificuldades quando consideramos as moléculas com mais de dois átomos. Por exemplo, uma estrutura de Lewis do metano, CH_4, mostra quatro ligações covalentes C—H. O modelo RPENV prevê, e experiências confirmam, que a geometria fornecida pelos pares de elétrons do átomo de C no CH_4 é tetraédrica, com um ângulo de 109,5° entre os pares ligados. Os átomos de hidrogênio são idênticos nessa estrutura. Isso significa que quatro pares equivalentes de elétrons de ligação estão posicionados em torno do átomo de C. Uma representação dos orbitais da ligação deveria ser capaz de informar tanto a geometria como o fato de que todas as ligações C—H são iguais.

estruturas de Lewis

modelo molecular

geometria devida aos pares de elétrons

Se aplicarmos o modelo de sobreposição dos orbitais utilizado para H_2 e F_2 sem modificações para descrever a ligação no CH_4, surge um problema. Embora o orbital esférico 2s possa formar uma ligação em qualquer direção, os três orbitais *p* para os elétrons de valência do carbono ($2p_x$, $2p_y$, $2p_z$) estão em ângulos retos (90°) e não correspondem ao ângulo tetraédrico de 109,5°.

Além disso, um átomo de carbono em seu estado fundamental ($1s^2 2s^2 2p^2$) possui somente dois elétrons desemparelhados (nos orbitais $2p$), não os quatro que são necessários para a formação das quatro ligações.

Para descrever a ligação no metano e em outras moléculas, Linus Pauling propôs a teoria da **hibridização dos orbitais**. Ele sugeriu que um novo conjunto de orbitais, chamado **orbitais híbridos**, poderia ser criado mesclando os orbitais s e p em um átomo (Figura 9.3). Há três princípios que regem o resultado.

- O número de orbitais híbridos em um átomo é sempre igual ao de orbitais atômicos, que são mesclados para originar o novo conjunto de orbitais híbridos.

- Os orbitais híbridos são sempre originados a partir da combinação de um orbital s com o maior número possível de orbitais p conforme necessário para se obter orbitais híbridos suficientes a fim de acomodar a ligação sigma e pares de elétrons isolados no átomo central.

- Os orbitais híbridos são direcionados aos átomos terminais, levando assim a uma melhora na sobreposição dos orbitais e a uma ligação mais forte entre o átomo central e os terminais.

Os conjuntos dos orbitais híbridos que surgem da mistura dos orbitais atômicos s e p são ilustrados na Figura 9.3. *Os orbitais híbridos requeridos por um átomo em uma molécula ou em um íon são escolhidos para corresponder à geometria a partir*

Hibridização e Geometria
A hibridização reconcilia a geometria devida aos pares de elétrons com o conceito de sobreposição dos orbitais da ligação. Uma afirmação tal como "o átomo é tetraédrico porque apresenta hibridização sp^3" está ultrapassada. Dizer que a geometria pelos pares de elétrons em torno do átomo central é tetraédrica é um fato. A hibridização é uma maneira de descrever a ligação que pode ocorrer nessa geometria.

Orbitais Híbridos	Disposição dos Orbitais Híbridos	Geometria	Exemplo
Dois pares de elétrons sp		Linear	$BeCl_2$, 180°
Três pares de elétrons sp^2		Planar trigonal	BF_3, 120°
Quatro pares de elétrons sp^3		Tetraédrica	CH_4, 109,5°

FIGURA 9.3 Orbitais híbridos para dois a quatro pares de elétrons. A geometria dos arranjos de orbitais híbridos para dois a quatro pares de elétrons da camada de valência é fornecida na coluna da direita. Na formação de um conjunto de orbitais híbridos, o orbital s é sempre usado, além dos orbitais p que são requeridos para fornecer o número necessário de orbitais para as ligações σ e de orbitais para pares de elétrons isolados.

dos pares de elétrons do átomo uma vez que um orbital híbrido é requerido para cada par de elétrons da ligação sigma e para cada par isolado. Os seguintes tipos de hibridização são importantes:

- *sp*: Se o orbital *s* da camada de valência no átomo central em uma molécula ou em um íon for mesclado com um orbital *p* da camada de valência nesse mesmo átomo, dois orbitais híbridos *sp* serão criados. Eles estão separados por 180°.

- sp^2: Se um orbital *s* for misturado com os dois orbitais *p*, todos da mesma camada de valência, três orbitais híbridos sp^2 serão criados. Eles estão no mesmo plano e são separados por 120°.

- sp^3: Quando o orbital *s* for misturado com três orbitais *p* na mesma camada de valência, o resultado será quatro orbitais híbridos, chamados de sp^3. Os orbitais híbridos estão separados por 109,5°, o ângulo de um tetraedro.

Orbitais Híbridos para Moléculas e Íons com Geometrias Tetraédricas devidas aos Pares de Elétrons

O metano, a amônia e a água possuem geometrias tetraédricas devidas aos pares de elétrons e são exemplos de moléculas em que a teoria de ligação de valência atribui a hibridização sp^3 ao átomo central (Figuras 9.4 e 9.5).

No metano, são necessários quatro orbitais direcionados às extremidades de um tetraedro para obedecer à geometria dos pares de elétrons do átomo de carbono central. Mesclando-se os quatro orbitais da camada de valência, o 2*s* e todos os três orbitais 2*p* do carbono, é criado um novo conjunto de quatro orbitais híbridos, que possui geometria tetraédrica (Figura 9.4). Cada um dos quatro orbitais híbridos é chamado de sp^3 para indicar a combinação dos orbitais atômicos (um orbital *s* e três orbitais *p*) que foram utilizados. Os quatro orbitais sp^3 têm uma forma idêntica, e o ângulo entre eles é 109,5° – o ângulo de um tetraedro. Assim como foi feito ao atribuir elétrons aos orbitais *p*, um elétron pode ser atribuído a cada orbital híbrido de acordo com a regra de Hund (◀ Seção 7.3). Então, cada ligação C—H é formada pela sobreposição de um dos orbitais híbridos sp^3 do carbono com o orbital 1*s* de um átomo de hidrogênio; um elétron do átomo de C é emparelhado com um elétron de um átomo de H.

A estrutura de Lewis para a amônia mostra quatro pares de elétrons na camada de valência do nitrogênio: três pares ligantes e um par isolado. O modelo RPENV prevê uma geometria tetraédrica dos pares de elétrons e uma geometria molecular piramidal trigonal. A estrutura real é próxima da prevista: os ângulos de ligação H—N—H são de 107,5° nessa molécula.

FIGURA 9.4 Os orbitais híbridos sp^3 nas moléculas com geometrias tetraédricas (como metano, amônia e água). A distribuição de elétrons nesse caso é para o carbono.

Estrutura molecular e ligações: hibridização de orbitais e orbitais moleculares 419

FIGURA 9.5 Ligações em moléculas com geometria tetraédrica devida aos pares de elétrons.

Com base na geometria dos pares de elétrons da NH₃, prevemos a hibridização sp^3 para acomodar os quatro pares de elétrons no átomo de N. O par isolado é atribuído a um dos orbitais híbridos, e cada um dos outros três orbitais híbridos é ocupado por um único elétron. A sobreposição de cada um desses três orbitais híbridos, sp^3 com um orbital 1s de um átomo de hidrogênio, e o emparelhamento dos elétrons nesses orbitais geram as ligações N—H.

O átomo de oxigênio na água possui dois pares de elétrons na ligação e dois pares isolados em sua camada de valência, e o ângulo H—O—H é de 104,5°. Os quatro orbitais híbridos sp^3 são criados a partir dos orbitais atômicos 2s e 2p do oxigênio. Dois desses orbitais sp^3 são ocupados por elétrons desemparelhados e são utilizados para formar a ligação O—H. Pares isolados ocupam os outros dois orbitais híbridos.

Agora vamos examinar o uso de orbitais híbridos em moléculas mais complexas.

EXEMPLO 9.1

Descrição da Ligação de Valência para Ligação no Metanol

Problema Descreva a ligação na molécula de metanol, CH₃OH, utilizando a teoria da ligação de valência.

O que você sabe? A fórmula, CH₃OH, ajuda a definir como os átomos estão vinculados. Três átomos de hidrogênio são ligados ao carbono. A quarta ligação do carbono é ao oxigênio, e o oxigênio é unido ao hidrogênio restante.

Mapa Estratégico 9.1

PROBLEMA
Descrever a ligação no **CH₃OH**.

↓

DADOS/INFORMAÇÕES
• A **fórmula** da molécula e, portanto, o *número de elétrons de valência*

ETAPA 1. Desenhe a **estrutura de pontos de elétrons segundo Lewis**.

ETAPA 2. Decida sobre a **geometria devida aos pares eletrônicos** em cada átomo.

Átomos de C e O possuem geometria **tetraédrica**.

ETAPA 3. Decida sobre a **hibridização dos átomos**.

Orbitais híbridos sp^3 para os átomos de **C e O**

ETAPA 4. Descreva a ligação em termos de **LV**.

A ligação C—O formada pela sobreposição dos orbitais sp^3 de C e O. As ligações C—H e O—H formadas pela sobreposição dos orbitais sp^3 do átomo de C e O com o orbital 1s do átomo de H.

Estratégia Primeiro, construa a estrutura de Lewis para a molécula. A geometria devida aos pares de elétrons em torno de cada átomo determina o conjunto dos orbitais híbridos utilizado por esse átomo.

Solução A geometria dos pares de elétrons ao redor tanto do átomo de C como do átomo de O no CH₃OH é tetraédrica. Assim, podemos atribuir a hibridização sp^3 a cada átomo, e a ligação C—O será formada pela sobreposição dos orbitais sp^3 desses átomos. Cada ligação C—H será formada pela sobreposição de um orbital sp^3 do carbono com o orbital 1s do hidrogênio, e a ligação O—H será formada pela sobreposição de um orbital sp^3 do oxigênio com o orbital 1s do hidrogênio. Dois pares isolados no oxigênio ocupam os orbitais sp^3 restantes no oxigênio.

Pense bem antes de responder Observe que uma extremidade da molécula de CH₃OH (o CH₃ ou grupo metila) é exatamente igual ao grupo CH₃ na molécula de metano, e o grupo OH assemelha-se ao grupo OH da água. Esse exemplo mostra também como prever a estrutura e a ligação em uma molécula complexa observando cada átomo ou grupo de átomos.

Verifique seu entendimento

Use a teoria da ligação de valência para descrever a ligação na metilamina, CH₃NH₂.

metilamina, CH₃NH₂

Orbitais Híbridos para Moléculas e Íons com Geometrias Linear e Planar Trigonal devido aos Pares de Elétrons

Os átomos centrais em espécies como BF₃, O₃, NO₃⁻ e CO₃²⁻ possuem uma geometria planar trigonal devida aos pares de elétrons, o que requer um átomo central com três orbitais híbridos em um plano, separados por 120°. A ocorrência de três orbitais híbridos significa que três orbitais atômicos devem ser combinados, e a combinação de um orbital s com os dois orbitais p é apropriada. Se os orbitais p_x e p_y forem utilizados na formação do orbital híbrido, os três orbitais híbridos sp^2 se encontrarão no plano xy. O orbital p_z não usado para formar esses orbitais híbridos é perpendicular ao plano que contém os três orbitais sp^2.

O trifluoreto de boro apresenta a geometria molecular com os pares de elétrons posicionados de forma planar trigonal (Figura 9.6). Cada ligação boro–flúor nesse composto resulta da sobreposição de um orbital sp^2 do boro com um orbital p do flúor. Observe que o orbital p do boro, que não é usado para formar os orbitais híbridos sp^2, não está ocupado pelos elétrons.

Para as moléculas cujo átomo central possui uma geometria linear devida aos pares de elétrons, são necessários dois orbitais híbridos, separados por 180°. Um orbital s e um orbital p podem ser hibridizados para formar dois orbitais híbridos

FIGURA 9.6 Ligações do BF₃, uma molécula planar trigonal.

sp (Figura 9.7). Se o orbital p_z for usado na formação do orbital híbrido, então os orbitais *sp* serão orientados ao longo do eixo z. Os orbitais p_x e p_y são perpendiculares a esse eixo.

O cloreto de berílio, $BeCl_2$, é um sólido sob condições normais. No entanto, quando aquecido acima de 520 °C, ele se vaporiza e forma o vapor $BeCl_2$. Em fase gasosa, o $BeCl_2$ é uma molécula linear de modo que a hibridização *sp* é a mais apropriada para o átomo de berílio. Combinando os orbitais 2s e $2p_z$ do berílio, obtêm-se os dois orbitais híbridos *sp* que se encontram ao longo do eixo z. Cada ligação de Be—Cl surge da sobreposição de um orbital híbrido *sp* do berílio com um orbital 3p do cloro. Nessa molécula, há apenas dois pares de elétrons em torno do átomo de berílio, de modo que os orbitais p_x e p_z (perpendiculares ao eixo Cl—Be—Cl) não são ocupados (Figura 9.7).

FIGURA 9.7 Ligações em uma molécula linear. Como apenas um orbital *p* é incorporado ao orbital híbrido, dois orbitais *p* permanecem não hibridizados. Esses orbitais são perpendiculares um ao outro e ao eixo ao longo do qual se encontram os dois orbitais híbridos *sp*.

Orbitais Híbridos para Moléculas e Íons com Geometrias Bipiramidal Trigonal ou Octaédrica devidas aos Pares de Elétrons: Possível Participação do Orbital *d*

No Capítulo 8, aprendemos que elementos além do segundo período poderiam formar moléculas *hipervalentes*, como PF$_5$ e SF$_6$. Como isso implica que existam cinco ou seis ligações em torno do elemento central, os químicos devem presumir que o elemento deva utilizar cinco ou seis orbitais atômicos para formar um conjunto de orbitais híbridos. Na teoria original de Pauling sobre a hibridização, um ou dois orbitais *d* foram misturados com orbitais *s* e *p* na mesma camada de valência para criar os conjuntos de orbitais híbridos *sp³d* e *sp³d²*. Estes poderiam ser utilizados pelo átomo central de uma molécula ou íon com uma geometria bipiramidal trigonal ou octaédrica dos pares de elétrons, respectivamente. Essa visão, contudo, já não é mais apropriada. Embora seja uma representação conveniente da ligação nessas espécies, pesquisas recentes indicam que há uma pequena evidência de participação do orbital *d* na ligação de moléculas hipervalentes. Outras maneiras de representar a ligação nesses compostos que não envolvem os orbitais *d* têm sido desenvolvidas e agora são preferidas (página 438).

EXEMPLO 9.2

Reconhecendo a Hibridização

Problema Identifique a hibridização de cada átomo sublinhado nos seguintes compostos e íons:

(a) $\underline{S}F_3^+$ (b) $\underline{S}O_4^{2-}$ (c) $H_3\underline{C}B(\underline{O}H)_2$

O que você sabe? Para determinar a hibridização, você precisa saber a geometria devida aos pares de elétrons.

Estratégia O mapa estratégico nesse caso é o mesmo do Exemplo 9.1: Fórmula → Estrutura de Lewis → geometria devida aos pares de elétrons → hibridização.

Solução As estruturas para SF$_3^+$ e SO$_4^{2-}$ são escritas a seguir:

Quatro pares de elétrons rodeiam o átomo central em cada uma dessas estruturas, e a geometria dos pares de elétrons desses átomos é tetraédrica. Portanto, a **hibridização *sp³*** para o átomo central é utilizada para descrever as ligações.

A estrutura de Lewis para CH$_3$B(OH)$_2$ é desenhada a seguir. **Os átomos de carbono e de oxigênio têm geometria tetraédrica e são atribuídos à hibridização *sp³*. O átomo de boro possui geometria planar trigonal e é atribuído à hibridização *sp²*.**

Pense bem antes de responder Você pode descrever a ligação em moléculas como CH$_3$B(OH)$_2$ pensando em termos de pequenos pedaços da molécula. Há um grupo

CH₃— como aquele encontrado no CH₃OH. Os dois grupos —OH são como aqueles encontrados no CH₃OH ou na água, e o B central está em um plano trigonal como o átomo B no BF₃.

> **Verifique seu entendimento**
>
> Identifique a hibridização de cada átomo sublinhado nos seguintes compostos e íons:
>
> (a) $\underline{B}H_4^-$ (b) $H_2\underline{C}{=}\underline{C}H{-}\underline{C}H_3$ (c) $\underline{B}Cl_3$

Teoria da Ligação de Valência e Ligações Múltiplas

Muitas moléculas apresentam ligações duplas ou triplas, isto é, existem duas ou três ligações, respectivamente, entre os pares de átomos. De acordo com a teoria da ligação de valência, a formação da ligação requer que dois orbitais em átomos adjacentes se sobreponham, desse modo, uma ligação dupla requer *dois* conjuntos de orbitais sobrepostos e *dois* pares de elétrons. Para uma ligação tripla, *três* conjuntos de orbitais atômicos são necessários, cada conjunto acomodando um par de elétrons.

Ligações Duplas

etileno, C₂H₄

Considere o etileno, H₂C=CH₂, uma molécula comum com uma ligação dupla. A estrutura molecular do etileno dispõe todos os seis átomos em um plano, com ângulos H—C—H e H—C—C de aproximadamente 120°. Cada átomo de carbono possui a geometria planar trigonal, de modo que a hibridização sp^2 é adotada por esses átomos.

A descrição da ligação de valência no caso do etileno começa com cada átomo de carbono apresentando três orbitais híbridos sp^2 em um plano da molécula e um orbital p não hibridizado perpendicular a esse plano. Como cada átomo de carbono está envolvido em quatro ligações, um único elétron desemparelhado é colocado em cada um desses orbitais.

[↑] Orbital p não hibridizado perpendicular ao plano da molécula.
Usado para a ligação π no C₂H₄.

[↑|↑|↑] Três orbitais híbridos sp^2 no plano da molécula.
Usado para a ligação σ C—H e C—C no C₂H₄.

As ligações C—H do C₂H₄ surgem da sobreposição de orbitais sp^2 do carbono com orbitais 1s do hidrogênio. Após contabilizar essas ligações, resta um orbital sp^2 em cada átomo de carbono. Esses orbitais híbridos apontam um para o outro e se sobrepõem para formar uma das ligações que unem os átomos de carbono (Figura 9.8). Isso faz com que reste apenas mais um orbital não contabilizado em cada carbono, um orbital p não hibridizado, e esses orbitais são usados para formar a segunda ligação entre os átomos de carbono no C₂H₄. Se eles estiverem alinhados corretamente, os orbitais p não hibridizados nos dois carbonos podem se sobrepor, permitindo que os elétrons contidos nesses orbitais sejam emparelhados. Entretanto, a sobreposição não ocorre diretamente ao longo do eixo C—C. Em vez disso, o arranjo obriga esses orbitais a uma sobreposição lateral, e o par de elétrons passa a ocupar um orbital cuja densidade eletrônica situa-se acima e abaixo do plano da molécula que contém os seis átomos.

Essa descrição resulta em dois tipos de ligações no C₂H₄. As ligações σ C—H e C—C surgem da sobreposição dos orbitais atômicos que se encontram ao longo dos eixos de ligação. A outra é a ligação formada pela sobreposição lateral de orbitais atômicos p, chamada de **ligação pi (π)**. Em uma ligação π, a região de sobreposição fica acima e abaixo do eixo internuclear, e a densidade eletrônica da ligação π fica acima e abaixo do eixo da ligação.

Observe que uma ligação π pode ser formada *somente* se (a) houver orbitais p não hibridizados em átomos adjacentes e (b) os orbitais p forem perpendiculares ao plano da molécula e paralelos um ao outro. Isso ocorre somente se os orbitais sp^2 de ambos os átomos de carbono estiverem no mesmo plano.

As ligações duplas entre o carbono e o oxigênio, o enxofre ou o nitrogênio são bastante comuns. Considere o formaldeído, CH₂O, no qual acontece uma ligação

Duas perspectivas de uma representação da ligação π no etileno, C₂H₄, gerada por computador

424 Química geral e reações químicas

(a) Estrutura de Lewis e a ligação no etileno, C_2H_4.

(b) As ligações σ C—H são formadas pela sobreposição dos orbitais híbridos sp^2 do átomo de C com os orbitais 1s do átomo de H. A ligação σ entre os átomos de C surge da sobreposição de orbitais sp^2.

(c) A ligação π carbono–carbono é formada pela sobreposição de um orbital 2p não hibridizado em cada átomo. Observe a falta de densidade eletrônica ao longo do eixo da ligação C—C.

FIGURA 9.8 O modelo da ligação de valência nas ligações do etileno, C_2H_4. Assume-se que cada átomo de C tem hibridização sp^2.

carbono–oxigênio π (Figura 9.9). Uma geometria planar trigonal dos pares de elétrons indica hibridização sp^2 para o átomo de C. As ligações σ entre C e o O e o C e os dois H formam-se pela sobreposição dos orbitais híbridos sp^2 com os orbitais semipreenchidos do oxigênio e os dois hidrogênios. O orbital p não hibridizado no carbono é orientado perpendicularmente ao plano da molécula (assim como nos átomos de carbono do C_2H_4). Esse orbital p está disponível para a ligação π, dessa vez com um orbital do oxigênio.

Que orbitais do oxigênio são usados nesse modelo? A abordagem na Figura 9.9 adota a hibridização sp^2 para o oxigênio. Isso utiliza um orbital sp^2 do átomo de O na formação da ligação σ, restando dois orbitais sp^2 para acomodar pares isolados. O orbital p restante no átomo de O participa da ligação π.

(a) Estrutura de Lewis e a ligação no formaldeído, CH_2O.

(b) As ligações σ C—H são formadas pela sobreposição de orbitais híbridos sp^2 do átomo de C com os orbitais 1s do átomo de H. A ligação σ entre os átomos de C e O surge da sobreposição de orbitais sp^2.

(c) A ligação π C—O vem da sobreposição lateral de orbitais p dos dois átomos.

FIGURA 9.9 Descrições da ligação de valência nas ligações do formaldeído, CH_2O.

EXEMPLO 9.3

Ligações no Ácido Acético

Problema Usando a teoria da ligação de valência, descreva as ligações no ácido acético, CH_3CO_2H, importante constituinte do vinagre.

O que você sabe? O ácido acético é um ácido orgânico e, portanto, contém o grupo CO_2H, no qual ambos os átomos de oxigênio estão ligados ao carbono. Um grupo CH_3— também forma parte da molécula.

Estratégia Escreva a estrutura de Lewis e determine a geometria em torno de cada átomo usando o modelo RPENV. Utilize essa geometria para decidir quais são os orbitais híbridos usados em uma ligação σ. Se os orbitais p não hibridizados estão disponíveis nos átomos de C e O adjacentes ou nos átomos de C e C, então pode ocorrer a ligação π.

Solução

O carbono do grupo CH_3 tem geometria tetraédrica devida aos pares de elétrons e, desse modo, presume-se que seja com hibridização sp^3. Três orbitais sp^3 são usados para formar as ligações C—H. O quarto orbital sp^3 é usado para a ligação do átomo de carbono do grupo CO_2H.

O carbono do grupo CO_2H apresenta uma geometria planar trigonal dos pares de elétrons; deve ter hibridização sp^2. A ligação ao grupo —CH_3 é formada usando um desses orbitais híbridos, e outros dois orbitais sp^2 são utilizados para formar as ligações σ com dois átomos de oxigênio.

O oxigênio do grupo O—H tem quatro pares de elétrons, deve ser tetraédrico e com hibridização sp^3. Assim, esse átomo de O usa dois orbitais sp^3 para se ligar ao carbono e ao hidrogênio adjacentes, e dois orbitais sp^3 para acomodar os dois pares isolados.

A ligação dupla carbono–oxigênio pode ser descrita presumindo-se que os átomos de C e O têm ambos hibridização sp^2 (como a ligação π C—O no formaldeído, Figura 9.9). O orbital p não hibridizado restante em cada átomo é usado para formar a ligação π carbono–oxigênio, e os pares isolados do átomo de O são alocados nos orbitais híbridos sp^2.

estrutura de Lewis   modelo molecular

Pense bem antes de responder Observe que a hibridização para cada átomo é determinada considerando a geometria devida aos pares de elétrons.

Verifique seu entendimento

Use a teoria da ligação de valência para descrever as ligações na acetona, CH_3COCH_3.

acetona

Ligações Triplas

O acetileno, H—C≡C—H, é um exemplo de molécula com ligação tripla. O modelo RPENV prevê que os quatro átomos encontram-se em linha reta com os ângulos H—C—C de 180°. Isso implica que o átomo de carbono apresenta hibridização sp (Figura 9.10). Para cada átomo de carbono, há dois orbitais sp: um direcionado para o hidrogênio e usado para criar a ligação σ C—H, e o segundo direcionado

FIGURA 9.10 Uma descrição da ligação de valência no acetileno.

para o outro átomo de carbono e usado para criar a ligação σ entre os átomos de carbono. Restam dois orbitais *p* não hibridizados em cada carbono, e eles são orientados de modo que seja possível formar duas ligações π no HC≡CH.

[↑|↑] Dois orbitais *p* não hibridizados. Usados para a ligação π no C_2H_2.

[↑|↑] Dois orbitais híbridos *sp*. Usados para a ligação σ C—H e C—C no C_2H_2.

Essas ligações π são perpendiculares ao eixo molecular e perpendiculares entre si. Três elétrons em cada átomo de carbono são usados para formar a ligação tripla que consiste em uma ligação σ e duas ligações π (Figura 9.10).

Isomeria *cis-trans*: Uma Consequência da Ligação π

O etileno, C_2H_4, é uma molécula plana, com uma geometria que permite que os orbitais *p* não hibridizados nos dois átomos de carbono alinhem-se para formar a ligação π (Figura 9.8). Vamos refletir sobre o que aconteceria se uma extremidade da molécula do etileno fosse virada em relação à outra extremidade (Figura 9.11). Essa ação distorceria a molécula, acabando com sua planaridade, e os orbitais *p* sairiam do alinhamento. A rotação diminuiria a extensão da sobreposição desses orbitais, e se uma torção de 90° fosse possível, os dois orbitais *p* não se sobreporiam mais e a ligação π seria quebrada. No entanto, muita energia é necessária para quebrar essa ligação (aproximadamente 260 kJ/mol) e a rotação em torno da ligação C=C não é esperada à temperatura ambiente.

Uma consequência da rotação restrita é a ocorrência de isômeros para muitos compostos que contêm a ligação C=C. **Isômeros** são compostos que têm a mesma fórmula, mas estruturas diferentes. Nesse caso, os dois compostos isoméricos diferem quanto à orientação dos grupos ligados aos carbonos de ligação dupla. Dois isômeros de $C_2H_2Cl_2$ são *cis*- e *trans*-1,2-dicloroeteno. Suas estruturas assemelham-se à do etileno, exceto por dois átomos de hidrogênio que são substituídos por átomos de cloro. Como uma grande quantidade de energia é requerida para quebrar a ligação π, o composto *cis* não pode

---

DICA PARA SOLUÇÃO DE PROBLEMAS 9.1
Formação de Ligação Múltipla

Vamos resumir alguns pontos importantes em relação à formação da ligação dupla e tripla:

- Na teoria da ligação de valência, uma ligação dupla *sempre* consiste em uma ligação σ e uma ligação π.

Da mesma forma, uma ligação tripla *sempre* consiste em uma ligação σ e duas ligações π.

- Uma ligação π pode formar-se *somente* se restarem orbitais *p* não hibridizados nos átomos ligados.

- Se uma estrutura de Lewis mostrar ligações múltiplas, os átomos envolvidos devem, consequentemente, apresentar hibridização sp^2 ou *sp*. Com essas hibridizações, os orbitais *p* não hibridizados estarão disponíveis para formar uma ou duas ligações π, respectivamente.

FIGURA 9.11 Rotações em torno das ligações.

(a) No etano pode ocorrer praticamente a livre rotação em torno do eixo de uma ligação (σ) simples.

(b) A rotação é drasticamente restrita em torno da ligação dupla no etileno, pois isso quebraria a ligação π, um processo que requer uma grande quantidade de energia.

se converter no composto *trans* sob circunstâncias comuns. Cada composto pode ser obtido separadamente, e cada um possui suas propriedades físicas. [*Cis*-1,2-dicloroeteno entra em ebulição a 60,3 °C, enquanto o *trans*-1,2-dicloroeteno a 47,5 °C.]

cis-1,2-dicloroeteno   *trans*-1,2-dicloroeteno

Embora isômeros *cis* e *trans* não sofram interconversão sob temperaturas comuns, eles podem fazê-lo sob temperaturas mais altas. Se a temperatura for elevada o bastante, os movimentos moleculares podem se tornar suficientemente energéticos para que ocorra a rotação em torno da ligação C=C. A interconversão de isômeros também pode ocorrer sob outras circunstâncias especiais, por exemplo, quando a molécula absorve energia luminosa.

Benzeno: Um Caso Especial de Ligação π

O benzeno, C_6H_6, é o membro mais simples de um grupo grande de substâncias conhecidas como compostos *aromáticos*, uma referência histórica ao seu odor. O composto ocupa um lugar central na história e na prática da Química.

Para os químicos do século XIX, o benzeno era uma substância intrigante com uma estrutura desconhecida. Com base nas suas reações químicas, entretanto, August Kekulé (1829-1896) sugeriu que a molécula possuía uma estrutura plana e simétrica em forma de anel. Sabemos agora que ele estava correto. O anel é chato, e todas as ligações carbono–carbono possuem o mesmo comprimento, 139 pm, uma distância intermediária entre os comprimentos médios das ligações simples (154 pm) e das ligações duplas (134 pm). Presumindo-se que a molécula tem duas estruturas de ressonância com alternância de ligações duplas, a estrutura observada é razoável. A ordem da ligação C—C no C_6H_6 (1,5) é a média entre uma ligação simples e uma ligação dupla

estruturas de ressonância   ou   híbrido de ressonância

benzeno, C_6H_6

FIGURA 9.12 Ligações no benzeno, C_6H_6.

Ligações σ | Ligações π | Modelo de ligação no benzeno

Os átomos de C do anel são ligados um ao outro através de ligações σ usando os orbitais híbridos sp^2 do átomo de C. As ligações C—H também utilizam orbitais híbridos sp^2 do átomo de C.

A estrutura π da molécula surge da sobreposição de orbitais p do átomo de C não usados na formação de orbitais híbridos. Como esses orbitais são perpendiculares ao anel, a densidade eletrônica π está acima e abaixo do plano do anel.

Uma combinação de ligação σ e π no benzeno

Compreender as ligações no benzeno (Figura 9.12) é importante, pois ele é a base de um número enorme de compostos químicos. Começamos pelo pressuposto de que os átomos de carbono com geometria planar trigonal apresentam hibridização sp^2. Cada ligação C—H é formada pela sobreposição de um orbital sp^2 de um átomo de carbono com um orbital $1s$ do hidrogênio, e as ligações σ C—C resultam da sobreposição dos orbitais sp^2 em átomos de carbono adjacentes. Após contabilizar as ligações σ, resta um orbital p não hibridizado em cada átomo de C, e cada um é ocupado por um elétron desemparelhado. Esses seis orbitais e seis elétrons formam três ligações π. Como todos os comprimentos de ligação carbono—carbono em média são iguais, cada orbital p sobrepõe-se de forma equivalente com os orbitais p de ambos os carbonos adjacentes, e a interação π é inquebrantável ao longo do anel de seis membros.

EXERCÍCIOS PARA A SEÇÃO 9.2

1. Qual é a hibridização do átomo de S (o átomo central) no OSF_2?

    (a) sp (b) sp^2 (c) sp^3

2. Qual das seguintes afirmações está incorreta?

    (a) A hibridização do N no NH_4^+ é sp^3.
    (b) A hibridização do S no SO_4^{2-} é sp^3.
    (c) A hibridização do N no NO_2^- é sp^3.
    (d) A hibridização do O no H_3O^+ é sp^3.

3. As ligações π entre dois átomos são formadas pela sobreposição de quais orbitais?

    (a) sp^3 no átomo de A com sp^3 no átomo B
    (b) sp^2 no átomo de A com sp^2 no átomo B
    (c) sp no átomo de A com sp no átomo de B
    (d) p no átomo de A com p no átomo de B

4. Qual descrição da ligação entre os átomos de nitrogênio no N_2 está correta?

    (a) Os átomos de nitrogênio estão unidos por uma ligação σ simples.
    (b) Os átomos de nitrogênio estão unidos por uma ligação σ e duas ligações π.
    (c) Os átomos de nitrogênio apresentam hibridização sp^3.
    (d) As ligações no N_2 são formadas pela sobreposição de orbitais sp^2.

9-3 Teoria do Orbital Molecular

A teoria do orbital molecular (TOM) é uma forma alternativa de visualizar orbitais em moléculas. Segundo a teoria OM, os orbitais atômicos puros dos átomos na molécula são combinados para produzir **orbitais moleculares** que são espalhados, ou deslocados, sobre alguns ou todos os átomos da molécula.

Estrutura molecular e ligações: hibridização de orbitais e orbitais moleculares

(a) O oxigênio líquido (ponto de ebulição −183 °C) é um líquido azul claro.

(b) Como as moléculas de O_2 possuem dois elétrons desemparelhados, o oxigênio no estado líquido é paramagnético e se adere a um ímã relativamente forte à base de neodímio.

FIGURA 9.13 O paramagnetismo do oxigênio líquido.

Um motivo para aprender o conceito do OM é que ele prevê corretamente as estruturas eletrônicas de moléculas como o O_2, que não seguem as suposições de emparelhamento de elétrons da abordagem de Lewis. As regras do Capítulo 8.2 guiaram você a desenhar a estrutura de Lewis do O_2 com todos os elétrons emparelhados, o que não explica seu paramagnetismo (Figura 9.13). A abordagem do orbital molecular pode esclarecer essa propriedade, mas a teoria da ligação de valência, não. Para verificar como a teoria do OM pode ser usada para descrever a ligação no O_2 e em outras moléculas diatômicas, descreveremos primeiro os quatro princípios usados para desenvolver a teoria.

Princípios da Teoria do Orbital Molecular

Na teoria do OM, começamos com determinado arranjo dos átomos na molécula com comprimentos de ligações conhecidos e, em seguida, determinamos os *conjuntos* dos orbitais moleculares. Uma maneira de fazer isso é combinar os orbitais disponíveis de todos os átomos constituintes. Esses orbitais moleculares abrangem mais ou menos todos os átomos da molécula, e os elétrons de valência dos átomos na molécula são distribuídos nesses orbitais. Assim como nos orbitais atômicos, os elétrons são designados segundo a ordem crescente de energia dos orbitais e de acordo com o princípio de Pauli e com a regra de Hund (veja as Seções 7.1 e 7.3).

O primeiro princípio da teoria do orbital molecular é que *o número total de orbitais moleculares é sempre igual ao número total de orbitais atômicos fornecidos pelos átomos que se combinaram.* Para ilustrar esse princípio de conservação dos orbitais, consideremos a molécula de H_2.

Orbitais Moleculares para H_2

A teoria do orbital molecular especifica que, quando os orbitais 1s de dois átomos de hidrogênio se sobrepõem, resultam *dois* orbitais moleculares. Um orbital molecular é produto da *adição* das funções de onda dos orbitais atômicos 1s, levando a um aumento da probabilidade de os elétrons serem encontrados na região da ligação situada entre os dois núcleos (Figuras 9.14 e 9.15). Isso é chamado **orbital molecular ligante**. Trata-se também de um orbital σ, pois a região de probabilidade eletrônica encontra-se diretamente ao longo do eixo de ligação. Esse orbital molecular é denominado σ_{1s}, e o subscrito 1s indica que orbitais atômicos 1s foram usados para originar o orbital molecular.

O outro orbital molecular é construído *subtraindo-se* a função de onda de um orbital atômico do outro (Figuras 9.14 e 9.15). Quando isso acontece, a probabilidade de encontrar um elétron entre os núcleos no orbital molecular é reduzida, e a probabilidade de encontrar o elétron em outras regiões é bem mais elevada. Sem uma densidade eletrônica significativa entre os núcleos, estes se repelem. Esse é um **orbital molecular antiligante**. Como se trata também de um orbital σ, derivado de orbitais atômicos 1s, é classificado como σ^*_{1s} (o * indica que é um antiligante) e referido como um orbital "sigma-asterisco". *Os orbitais antiligantes não têm nenhuma correspondência na teoria da ligação de valência.*

Combinação dos Orbitais Atômicos
Os OMs são originados pela combinação de orbitais atômicos. Se os orbitais têm o mesmo sinal de função de onda, o efeito é aditivo. Se possuem sinais opostos, o efeito é subtrativo. Consultar a Figura 9.14, na qual apresentamos o fato de que as funções de onda possuem um sinal algébrico.

FIGURA 9.14 Orbitais moleculares no H₂. As funções de onda para os elétrons 1s sobrepõem-se ao longo do eixo de ligação para originar os orbitais moleculares ligantes e antiligantes. A interferência pode ser construtiva, gerando um OM ligante, ou destrutiva, gerando um OM antiligante.

O **segundo princípio da teoria do orbital molecular** é que *o orbital molecular ligante possui menor energia do que os orbitais atômicos originais, e o orbital antiligante possui maior energia* (Figura 9.15). Isso significa que a energia de um grupo de átomos ligados é menor que a dos átomos separados quando os elétrons ocupam os orbitais moleculares ligantes. Os químicos dizem que o sistema está "estabilizado" pela formação da ligação química. Inversamente, o sistema está "desestabilizado" quando elétrons ocupam os orbitais antiligantes porque a energia do sistema é maior que a dos próprios átomos.

O **terceiro princípio da teoria do orbital molecular** é que os *elétrons da molécula são atribuídos aos orbitais de energia cada vez mais elevada* de acordo com o princípio de exclusão de Pauli e com a regra de Hund. Assim, os elétrons ocupam primeiro os orbitais disponíveis de menor energia, e quando dois elétrons são atribuídos a um orbital, seus *spins* são emparelhados.

Os diagramas de níveis de energia são comumente utilizados na descrição da ligação que usa a teoria OM. Esses diagramas mostram as energias relativas dos orbitais atômicos para os átomos individuais e os orbitais moleculares derivados. No diagrama de níveis de energia para H₂ (Figura 9.15), podemos ver que a energia dos elétrons no orbital ligante é menor que a energia de qualquer um dos elétrons originais 1s. O orbital antiligante possui uma energia maior. Na molécula de H₂, os dois elétrons são atribuídos ao orbital ligante. Escrevemos a configuração eletrônica molecular de H₂ como $(\sigma_{1s})^2$.

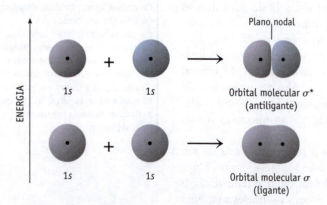

(a) Orbitais moleculares ligante e antiligante σ são formados por dois orbitais atômicos 1s dos átomos adjacentes. Observe a presença de um nó entre os núcleos no orbital antiligante. (O nó é um plano em que a probabilidade de encontrar um elétron é nula.)

(b) Um diagrama de orbitais moleculares para H₂. Os dois elétrons são encontrados no orbital σ_{1s}. Esse orbital molecular ligante apresenta menor energia do que os orbitais originais 1s.

FIGURA 9.15 Orbitais moleculares para H₂.

(a) **Molécula diatômica de hélio, He$_2$**. Este diagrama fornece uma racionalização para a inexistência da molécula. Em He$_2$, tanto os orbitais ligantes (σ_{1s}) como os antiligantes (σ^*_{1s}) estariam totalmente ocupados.

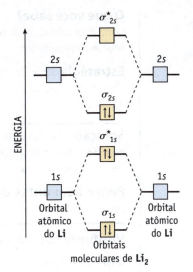

(b) **Molécula diatômica de lítio, Li$_2$**. Os orbitais moleculares são originados pela combinação de orbitais de energias similares (1s em um Li com 1s no outro Li e 2s em um Li com 2s no outro Li).

FIGURA 9.16 Diagramas dos orbitais moleculares para átomos com orbitais 1s e 2s.

O que aconteceria se tentássemos combinar dois átomos de hélio para formar a molécula diatômica de hélio, He$_2$? Ambos os átomos de He têm um orbital de valência 1s que pode produzir o mesmo tipo de orbitais moleculares que no H$_2$. Entretanto, quatro elétrons necessitam ser atribuídos a esses orbitais (Figura 9.16a). O par de elétrons no orbital σ_{1s} estabiliza He$_2$, enquanto os dois elétrons em σ^*_{1s} desestabilizam a molécula. A diminuição da energia dos elétrons no orbital molecular ligante σ_{1s} é anulada pelo aumento da energia devido aos elétrons no orbital molecular antiligante σ^*_{1s}. Assim, a teoria do orbital molecular prevê que o He$_2$ não tem nenhuma estabilidade líquida; isto é, dois átomos de He não possuem nenhuma tendência em se combinarem. Isso confirma o que já sabemos: que o hélio elementar existe na forma de átomos isolados e não como uma molécula diatômica.

Ordem de Ligação

A ordem de ligação foi definida na Seção 8.9 como o número líquido de pares de elétrons de ligação unindo um par de átomos. Esse mesmo conceito pode ser diretamente aplicado à teoria do orbital molecular, mas a ordem de ligação é agora definida como:

$$\text{Ordem de ligação} = 1/2 \,(\text{número de elétrons nos OMs ligantes} - \text{número de elétrons no OMs antiligantes}) \quad (9.1)$$

Na molécula de H$_2$, há dois elétrons em um orbital ligante e nenhum em um orbital antiligante, de modo que o H$_2$ possui uma ordem de ligação de 1 [½(2 − 0) = 1]. Em contraste, na molécula hipotética de He$_2$ o efeito estabilizador do par σ_{1s} seria anulado pelo efeito desestabilizador do par σ^*_{1s}, e, desse modo, a ordem de ligação seria 0.

Ordens de ligação fracionárias são possíveis. Considere o íon He$_2^+$. Sua configuração eletrônica molecular é $(\sigma_{1s})^2(\sigma^*_{1s})^1$. Nesse íon, dois elétrons estão em um orbital molecular ligante, mas somente um está em um orbital antiligante. A teoria do OM prevê que o He$_2^+$ deve ter uma ordem de ligação de 0,5, isto é, deve existir uma ligação fraca entre átomos de hélio em tal espécie. É interessante notar que esse íon foi identificado em fase gasosa usando técnicas experimentais especiais.

EXEMPLO 9.4

Orbitais Moleculares e Ordem de Ligação

Problema Escreva a configuração eletrônica do íon H$_2^-$ em termos de orbitais moleculares. Qual é a ordem de ligação do íon?

O que você sabe? A combinação dos orbitais 1s nos dois átomos de hidrogênio apresenta dois orbitais moleculares (Figura 9.15). Um é o orbital ligante (σ_{1s}) e o segundo é o orbital antiligante (σ^*_{1s}).

Estratégia Conte o número de elétrons de valência no íon e disponha então esses elétrons no diagrama do OM para a molécula de H_2. Encontre a ordem de ligação usando a Equação 9.1.

Solução Esse íon possui três elétrons (um para cada átomo de H, mais um para a carga negativa). Portanto, sua configuração eletrônica é $(\sigma_{1s})^2(\sigma^*_{1s})^1$, idêntica à configuração para He_2^+. Isso significa que o H_2^- também tem uma ordem de ligação líquida de 0,5.

Pense bem antes de responder Há uma ligação fraca nesse íon, desse modo, prevê-se que exista apenas em circunstâncias especiais.

Verifique seu entendimento

Qual é a configuração eletrônica do íon H_2^+? Compare a ordem de ligação desse íon com He_2^+ e H_2^-. Você espera que o H_2^+ exista?

Orbitais Moleculares de Li_2 e Be_2

O **quarto princípio da teoria do orbital molecular** é que *orbitais atômicos combinam-se para formar orbitais moleculares de forma mais eficaz quando os orbitais atômicos possuem energias semelhantes*. Esse princípio torna-se importante quando passamos do He_2 ao Li_2 e para moléculas mais pesadas, como O_2 e N_2.

Um átomo de lítio tem elétrons em dois orbitais s (1s e 2s), de modo que uma combinação $1s \pm 2s$ é teoricamente possível. Porém, como os orbitais 1s e 2s possuem energias bastante diferentes, essa interação pode ser desprezada. Assim, os orbitais moleculares vêm somente de combinações $1s \pm 1s$ e $2s \pm 2s$ (Figura 9.16b). Isso significa que a configuração eletrônica dos orbitais moleculares do Li_2 é:

Configuração OM do Li_2: $\qquad (\sigma_{1s})^2(\sigma^*_{1s})^2(\sigma_{2s})^2$

O efeito ligante dos elétrons σ_{1s} é cancelado pelo efeito antiligante dos elétrons σ^*_{1s}, de modo que esses pares não têm nenhuma contribuição líquida para a ligação em Li_2. A ligação em Li_2 deve-se ao par de elétrons atribuído ao orbital σ_{2s}, e a ordem de ligação é 1.

O fato de que os pares de elétrons σ^*_{1s} e σ^*_{1s} do Li_2 não têm nenhuma contribuição líquida para a ligação faz sentido. Na descrição da ligação de valência nessa molécula, esses elétrons são internos, mais próximos do núcleo. Na teoria do OM, assim como na teoria da ligação de valência, a ligação entre os átomos de lítio surge pela sobreposição de orbitais de valência e compartilhamento de elétrons de valência; outros elétrons podem ser ignorados.

Moléculas Diatômicas Moléculas como H_2, Li_2 e N_2, nas quais dois átomos idênticos são ligados, são exemplos de moléculas diatômicas *homonucleares*.

EXEMPLO 9.5

Orbitais Moleculares em Moléculas Diatômicas Homonucleares

Problema A molécula Be_2 ou o íon Be_2^+ deveriam existir? Descreva suas configurações eletrônicas em termos de orbitais moleculares e dê a ordem de ligação líquida de cada uma.

O que você sabe? O diagrama OM na Figura 9.16b aplica-se a essa questão, pois estamos lidando somente com orbitais 1s e 2s dos átomos originais.

Estratégia Conte o número de elétrons na molécula ou íon e disponha-os no diagrama OM da Figura 9.16b. Escreva a configuração eletrônica e calcule a ordem de ligação a partir da Equação 9.1.

Solução A molécula Be_2 tem oito elétrons, dos quais quatro são elétrons internos. (Os quatro elétrons internos são atribuídos aos orbitais moleculares σ_{1s} e σ^*_{1s}.) Os quatro elétrons restantes são atribuídos aos orbitais moleculares σ_{2s} e σ^*_{2s}; desse modo, a configuração eletrônica do OM para Be_2 é [elétrons internos] $(\sigma_{2s})^2(\sigma^*_{2s})^2$. Isso leva a uma ordem de ligação líquida de 0, de modo que a molécula Be_2 não existe.

O íon Be_2^+ tem somente sete elétrons, dos quais quatro são elétrons internos. Os três elétrons restantes são atribuídos aos orbitais moleculares σ_{2s} e σ^*_{2s}, de modo que a configuração eletrônica do OM de Be_2^+ é [elétrons mais internos] $(\sigma_{2s})^2(\sigma^*_{2s})$. Isso significa que a ordem de ligação líquida é 0,5.

Pense bem antes de responder É previsto que o Be_2^+ exista em circunstâncias especiais. Os cientistas podem procurar por tais espécies em experimentos de descarga em gases (gases sujeitos a um campo elétrico elevado) e usar a espectroscopia para confirmar a existência deles.

Verifique seu entendimento

O ânion Li_2^- existe? Qual é a ordem de ligação do íon?

Orbitais Moleculares a partir de Orbitais Atômicos *p*

Com os princípios da teoria do orbital molecular estabelecidos, estamos prontos para esclarecer a ligação em moléculas diatômicas homonucleares importantes como N_2, O_2 e F_2. Para descrever as ligações nessas moléculas, usaremos tanto os orbitais de valência *s* como os orbitais de valência *p* na formação dos orbitais moleculares.

Para elementos do bloco *p* da Tabela Periódica, orbitais moleculares sigma, ligantes e antiligantes são formados pelos orbitais *s* que interagem como na Figura 9.16b. Da mesma forma, é possível para um orbital *p* em um átomo interagir com um orbital *p* de outro átomo para formar um par de orbitais moleculares σ-ligante e σ^*-antiligante (Figura 9.17a).

Além disso, cada átomo do bloco *p* possui dois orbitais *p* nos planos perpendiculares à ligação σ que conecta os dois átomos. Esses orbitais *p* podem interagir lateralmente para formar dois orbitais moleculares π-ligante (π_{2p}) e dois orbitais moleculares π-antiligantes (π^*_{2p}) (Figura 9.17b).

Fases dos Orbitais Atômicos e Orbitais Moleculares Lembre-se de que as funções de onda dos elétrons têm fases positivas e negativas (Capítulo 6). Por esse motivo, os orbitais atômicos nas Figuras 9.15 e 9.17 são desenhados com duas cores diferentes. Olhando para os orbitais *p* na Figura 9.17, podemos ver que um OM ligante é formado quando orbitais *p* são sobrepostos com os mesmos sinais de função de onda (+ com +). Um orbital antiligante surge se eles se sobrepõem fora de fase (+ com −). (Veja a Figura 9.14.)

 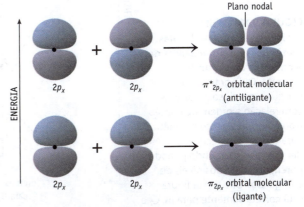

(a) Orbitais moleculares sigma (σ) a partir de orbitais atômicos *p*. Os orbitais moleculares sigma ligantes (σ_{2p}) e antiligantes (σ^*_{2p}) surgem da sobreposição de orbitais 2*p*. Cada orbital pode acomodar dois elétrons.

(b) Orbitais moleculares pi (π). A sobreposição lateral dos orbitais atômicos 2*p* que se encontram na mesma direção no espaço gera os orbitais moleculares pi ligantes (π_{2p}) e pi antiligantes (π^*_{2p}).

FIGURA 9.17 Combinações de orbitais atômicos *p* para produzir orbitais moleculares σ e π. Os orbitais *p* das camadas de elétrons de maior *n* fornecem orbitais moleculares σ e π com a mesma forma básica.

Configurações Eletrônicas para Moléculas Homonucleares do Boro ao Flúor

Interações entre os orbitais atômicos em moléculas diatômicas homonucleares do segundo período levam ao diagrama de níveis de energia mostrado na Figura 9.18. As distribuições dos elétrons podem ser feitas usando esse diagrama, e os resultados para as moléculas diatômicas de B_2 a F_2 estão listados na Tabela 9.1, que possui duas características dignas de nota.

Primeiro, observe a correlação entre as configurações eletrônicas e as ordens de ligação, os comprimentos de ligação e as energias de ligação na parte de baixo da Tabela 9.1. À medida que a ordem de ligação entre um par de átomos aumenta, a energia necessária para quebrar a ligação aumenta e a distância da ligação diminui. A molécula diatômica de nitrogênio, N_2, com uma ordem de ligação 3, apresenta a maior energia e comprimento de ligação mais curto nesse grupo de cinco moléculas diatômicas homonucleares.

Segundo, observe a configuração para a molécula diatômica de oxigênio, O_2. Esta molécula tem 12 elétrons de valência (6 de cada átomo), de modo que possui a configuração do orbital molecular:

Configuração OM O_2:   [elétrons internos]$(\sigma_{2s})^2(\sigma^*_{2s})^2(\sigma_{2p})^2(\pi_{2p})^4(\pi^*_{2p})^2$

Essa configuração leva a uma ordem de ligação 2 e também especifica dois elétrons desemparelhados (em orbitais moleculares π^*_{2p}), prevendo-se, assim, que esta molécula deve ser paramagnética, de acordo com o observado experimentalmente. Isso está em contraste com o modelo de Lewis (ligação de valência), no qual se prevê incorretamente que a molécula deveria ser diamagnética. A teoria do orbital molecular tem sucesso onde a teoria da ligação de valência falha. A teoria do OM explica tanto a ordem de ligação observada como o comportamento paramagnético do O_2 conforme ilustrado na Figura 9.11.

FIGURA 9.18 Orbitais moleculares para moléculas diatômicas homonucleares de elementos do segundo período. O diagrama em (a) conduz a conclusões corretas com relação à ordem de ligação e ao comportamento magnético para todas as moléculas diatômicas do segundo período, porém, a ordem dos níveis de energia dos OMs nesta figura está correta somente para B_2, C_2 e N_2. Para O_2 e F_2, o OM π_{2p} é menor em energia que os OMs σ_{2p}. Consultar "Um Olhar Mais Atento", na página 435.

(a) Diagrama de níveis de energia para B_2, C_2 e N_2.

(b) Orbitais moleculares para N_2 gerados por computador. Esquema de cores: OMs ocupados possuem coloração azul/verde. OMs vazios apresentam coloração vermelha/amarela. As cores diferentes em um determinado orbital refletem as diferentes fases [sinais positivos ou negativos] das funções de onda.

Tabela 9.1 Ocupações dos Orbitais Moleculares e Dados Físicos para as Moléculas Diatômicas Homonucleares de Elementos do Segundo Período*

	B₂	C₂	N₂		O₂	F₂
σ^*_{2p}	☐	☐	☐	σ^*_{2p}	☐	☐
π^*_{2p}	☐☐	☐☐	☐☐	π^*_{2p}	↑ ↑	↑↓ ↑↓
σ_{2p}	☐	☐	↑↓	π_{2p}	↑↓ ↑↓	↑↓ ↑↓
π_{2p}	↑ ↑	↑↓ ↑↓	↑↓ ↑↓	σ_{2p}	↑↓	↑↓
σ^*_{2s}	↑↓	↑↓	↑↓	σ^*_{2s}	↑↓	↑↓
σ_{2s}	↑↓	↑↓	↑↓	σ_{2s}	↑↓	↑↓
Ordem de ligação	Um	Dois	Três		Dois	Um
Energia de dissociação da ligação (kJ/mol)	290	620	945		498	155
Comprimento da ligação (pm)	159	131	110		121	143
Comportamento magnético observado (paramagnético ou diamagnético)	Para	Di	Di		Para	Di

*Os níveis de energia dos orbitais π_{2p} e σ_{2p} são invertidos para os elementos situados depois do segundo período da Tabela Periódica. Consultar "Um olhar mais atento" nesta página.

HOMO e LUMO Os químicos, muitas vezes, referem-se ao OM de maior energia que contém elétrons como HOMO (para "orbital molecular de maior energia ocupado", na sigla em inglês). Para O₂, esse é o orbital π^*_{2p}. Também usamos o termo LUMO para o "orbital molecular de mais baixa energia não ocupado". Para O₂, esse é o σ^*_{2p}.

EXEMPLO 9.6

Configuração Eletrônica para um Íon Diatômico Homonuclear

Problema O superóxido de potássio, KO₂, um dos produtos da reação entre K e O₂, contém o íon superóxido, O₂⁻. Escreva a configuração eletrônica dos orbitais moleculares para o íon e preveja sua ordem de ligação e seu comportamento magnético.

O que você sabe? Os orbitais 2s e 2p nos dois átomos de oxigênio podem ser combinados para gerar a série de orbitais moleculares mostrada na Tabela 9.1. O íon O₂⁻ tem 13 elétrons de valência.

Orbitais Moleculares para Moléculas Formadas a partir de Elementos do Bloco p

UM OLHAR MAIS ATENTO

Diversas características do diagrama de níveis de energia dos orbitais moleculares na Figura 9.18 podem ser descritas mais detalhadamente.

(a) Os orbitais σ ligantes e antiligantes das interações 2s possuem energias mais baixas que os OMs σ e π das interações 2p. O motivo é que os orbitais 2s possuem uma energia mais baixa que os orbitais 2p nos átomos separados.

(b) A separação das energias entre os orbitais ligantes e antiligantes é maior para σ_{2p} do que para π_{2p}. Isso ocorre porque os orbitais p se sobrepõem em maior extensão quando estão orientados axialmente (para formar OMs σ_{2p}) do que quando estão lateralmente (para formar OMs π_{2p}). Quanto maior for a sobreposição dos orbitais, maior será a estabilização do OM ligante e maior será a desestabilização do OM antiligante.

(c) Você deve estar surpreso que a Figura 9.18 mostra que os orbitais π_{2p} possuem energias mais baixas que o orbital σ_{2p}. Por que os orbitais π_{2p} possuem energia mais baixa? Uma abordagem mais sofisticada para a construção de OMs leva em conta a "mescla" dos orbitais atômicos s e p, que possuem energias semelhantes. Isso faz com que os orbitais moleculares σ_{2s} e σ^*_{2s} possuam energia mais baixa e os orbitais σ_{2p} e σ^*_{2p} tenham energia mais alta que o esperado.

(d) A mescla de orbitais s e p é importante para B₂, C₂ e N₂, portanto, a Figura 9.18 aplica-se somente para essas moléculas. Para a mescla em O₂ e F₂ é menos importante, assim, σ_{2p} possui energia mais baixa que π_{2p} (como mostrado na Tabela 9.1).

Estratégia Utilize o diagrama de níveis de energia para O₂ na Tabela 9.1 para formar a configuração eletrônica do íon, e use a Equação 9.1 para determinar a ordem de ligação. O magnetismo é determinado pela existência de elétrons desemparelhados.

Solução A configuração do OM para O₂⁻, um íon com 13 elétrons de valência, é

Configuração OM do O₂⁻:   [elétrons mais internos]$(\sigma_{2s})^2(\sigma^*_{2s})^2(\sigma_{2p})^2(\pi_{2p})^4(\pi^*_{2p})^3$

Espera-se que o íon seja paramagnético, com um elétron desemparelhado, previsão confirmada experimentalmente. A ordem de ligação é 1,5, porque há oito elétrons ligantes e cinco elétrons antiligantes. A ordem de ligação para O₂⁻ é mais baixa que para O₂, desse modo, prevemos que a ligação O—O em O₂⁻ deverá ser mais comprida que a ligação oxigênio–oxigênio em O₂. O íon superóxido tem, de fato, um comprimento de ligação O—O de 134 pm, enquanto no O₂ o comprimento é de 121 pm.

Pense bem antes de responder O íon superóxido contém um número ímpar de elétrons. Trata-se de outra espécie diatômica (além do NO e do O₂), para a qual não é possível escrever uma estrutura de Lewis que represente exatamente as ligações.

Verifique seu entendimento

Os cátions O₂⁺ e N₂⁺ são formados quando as moléculas de O₂ e N₂ são sujeitas à radiação solar de alta energia, na atmosfera superior da Terra. Escreva a configuração eletrônica para O₂⁺. Preveja sua ordem de ligação e seu comportamento magnético.

Configurações Eletrônicas para Moléculas Diatômicas Heteronucleares

Moléculas como CO, NO e ClF, que contêm dois elementos diferentes, são exemplos de moléculas diatômicas *heteronucleares*. As descrições de orbitais moleculares para moléculas diatômicas heteronucleares assemelham-se àquelas para moléculas diatômicas homonucleares, mas podem existir diferenças significativas.

O monóxido de carbono é uma molécula importante, por isso vale a pena dar uma olhada em sua ligação. Os orbitais 2s e 2p do O possuem uma energia relativamente menor que os orbitais 2s e 2p do C (◄ página 322). Apesar disso, esses átomos e seus orbitais podem ser combinados da mesma maneira como nas moléculas diatômicas homonucleares para formar um diagrama de orbitais moleculares semelhante ao do N₂. Os 10 elétrons de valência do CO são adicionados aos orbitais moleculares disponíveis começando com aqueles de menor energia, deste modo, a configuração eletrônica de orbitais moleculares para CO será

Configuração OM do CO: [elétrons internos]$(\sigma_{2s})^2(\sigma^*_{2s})^2(\pi_{2p})^4(\sigma_{2p})^2$

Isso mostra que o CO possui uma ordem de ligação de 3 (duas ligações π e uma ligação σ), como esperado a partir da estrutura de Lewis.

Ressonância e Teoria do OM

O ozônio, O₃, é uma molécula triatômica simples com comprimentos iguais das ligações oxigênio–oxigênio. Comprimentos iguais das ligações X—O também são observados em outras moléculas e íons, como SO₂, NO₂⁻ e HCO₂⁻. A teoria da ligação de valência introduziu a ressonância para representar as ligações equivalentes dos átomos de oxigênio nessas estruturas, mas a teoria do OM também fornece uma visão útil da ligação nessas moléculas e íons.

Estrutura molecular e ligações: hibridização de orbitais e orbitais moleculares **437**

Estrutura de Lewis do O_3. Todos os átomos de O possuem hibridização sp^2.

Modelo molecular

Representação da forma de ligação σ do O_3 usando orbitais híbridos sp^2.

(a) O ozônio, O_3, possui ligações oxigênio-oxigênio com comprimentos iguais que na teoria da ligação de valência seria deduzido a partir das estruturas de ressonância.

A ligação σ no O_3 é formada pela utilização dos orbitais híbridos sp^2 de cada átomo de O. Assim, estes átomos formam duas ligações σ e acomodam cinco pares isolados.

(b) O diagrama de orbitais moleculares π para o ozônio. Observe que, como em outros diagramas de OMs ilustrados (especialmente a Figura 9.18), a energia dos orbitais moleculares eleva-se à medida que aumenta o número de nós.

FIGURA 9.19. Um modelo de ligação para o ozônio, O_3.

Para entender a ligação no ozônio, começaremos olhando a ligação de valência. Primeiro, presume-se que todos os três átomos de O possuem hibridização sp^2. O átomo central usa seus orbitais híbridos sp^2 para formar duas ligações σ e acomodar um par isolado. Os átomos terminais usam seus orbitais híbridos sp^2 para formar uma ligação σ e acomodar dois pares isolados. Desse modo, sete dos nove pares de elétrons de valência são pares isolados e pares da ligação σ do O_3 (Figura 9.19a). A ligação π no ozônio resulta dos dois pares restantes (Figura 9.19b). Como supomos que cada átomo de oxigênio no O_3 tem hibridização sp^2, resta um orbital p não hibridizado, perpendicular ao plano que formam os três átomos de oxigênio. Assim, esses orbitais ficam na orientação correta para formar uma ligação π.

Para simplificar, vamos agora aplicar a teoria do OM somente para esses três orbitais p que estão envolvidos na ligação π do ozônio. Começaremos recordando um princípio da teoria do OM: o número de orbitais moleculares deve ser igual ao número de orbitais atômicos. Assim, os três orbitais atômicos $2p$ devem ser combinados de modo a formar três orbitais moleculares.

Um OM π_p do ozônio é um orbital ligante, porque os três orbitais p estão "em fase" ao longo da molécula (Figura 9.19b). Outro OM π_p é antiligante, porque o orbital atômico no átomo central está "fora de fase" com os orbitais p dos átomos terminais. O terceiro OM π_p é *não ligante*, porque o orbital p central não participa do OM. (Os elétrons nesse orbital molecular residiriam somente nos dois átomos terminais; eles não se sobrepõem e, desse modo, também não ajudam nem atrapalham a ligação na molécula.)

Um dos dois pares de elétrons π_p do O_3 ocupa o nível de menor energia ou o OM ligante π_p, que é deslocalizado na molécula (assim como indica a teoria da ligação de valência sobre o híbrido de ressonância). O orbital não ligante π_p é ocupado também, mas os elétrons nesse orbital estão concentrados perto dos dois oxigênios terminais. Sendo assim, existe uma cadeia de apenas um par de elétrons ligantes π_p para duas ligações O—O, formando uma ordem de ligação π para O_3 de 0,5 para cada ligação O—O. Como a ordem da ligação σ é de 1,0, e a ordem da ligação π é de 0,5, a ordem líquida da ligação oxigênio–oxigênio é 1,5, o mesmo valor dado pela teoria da ligação de valência.

A observação de que os orbitais moleculares π para o ozônio estendem-se sobre três átomos ilustra um ponto importante a respeito da teoria do orbital molecular: *Os orbitais podem se estender além de dois átomos*. Na teoria da ligação de valência, por outro lado, todas as representações para a ligação são baseadas na capacidade de localizar pares de elétrons das ligações entre dois átomos. Para ilustrar

UM OLHAR MAIS ATENTO

Ligações de Três Centros em HF$_2^-$, B$_2$H$_6$ e SF$_6$

Embora a grande maioria de compostos conhecidos possa ser descrita pela teoria de Lewis, a natureza (e a Química) tem uma surpresa aqui e agora. Você já viu uma série de exemplos (principalmente em O$_2$ e NO) em que é possível desenhar estruturas simples de pontos. Nesses casos, voltamos à teoria do OM para entender a ligação.

Vamos dar uma olhada no íon HF$_2^-$, formado a partir de F$^-$ e HF. Esse íon tem uma estrutura linear (F—H—F) com um átomo de hidrogênio no meio do caminho entre dois átomos de flúor. Dos 16 elétrons de valência no íon, existem 4 que podem ser utilizados na ligação (os outros 12 são pares isolados no F).

Mas como podemos explicar a ligação no íon? A melhor maneira é usar a teoria do OM. Começamos com três orbitais atômicos, os orbitais 2p$_z$ em cada átomo de flúor e o orbital 1s no hidrogênio.

O OM ligante do íon FHF$^-$ estende-se através do íon. Cada ligação H—F tem uma ordem de ligação de ½.

Como no modelo usado para a ligação π no ozônio (Figura 9.19), três orbitais (neste caso, os orbitais 1s para H e os orbitais 2p$_z$ para cada F) combinam-se para formar três orbitais moleculares, um ligante, um não ligante e um antiligante. Um par de elétrons de valência é disposto no OM ligante e outro no OM não ligante, para formar uma cadeia de uma ligação. Esse resultado, que explica a ligação, é referido, muitas vezes, como um modelo de *ligação de três centros/quatro elétrons*.

O diborano, B$_2$H$_6$, é outra molécula para a qual uma estrutura de pontos de Lewis aceitável não pode ser desenhada. Como mostra a estrutura abaixo, cada átomo de boro possui geometria tetraédrica distorcida.

A estrutura do diborano, B$_2$H$_6$, uma molécula que envolve ligações B—H—B de três centros, dois elétrons

A molécula apresenta dois átomos terminais de hidrogênio ligados a cada átomo de boro, e dois átomos de hidrogênio unem os dois átomos de boro. Químicos referem-se ao diborano como "deficiente de elétrons" porque dois átomos de B e seis átomos de H não contribuem o suficiente com os elétrons para completar o octeto.

Podemos novamente explicar a ligação nessa molécula usando a teoria do OM com ligações de três centros, cada uma envolvendo os dois átomos de boro e um átomo de H. Começamos presumindo que cada átomo de B possui hibridização sp^3. Os quatro átomos terminais de H ligam-se aos átomos de B com ligações de dois elétrons usando 8 dos 12 elétrons e dois dos orbitais híbridos sp^3 em cada átomo de B. Os 4 elétrons restantes explicam as duas pontes B—H—B. Três orbitais moleculares que englobam os átomos B—H—B em cada ponte podem ser construídos a partir dos dois orbitais híbridos sp^3 restantes em cada átomo de B e um orbital 1s do átomo de H. Novamente, um OM é ligante, um é não ligante e um é antiligante. Dois elétrons são atribuídos ao orbital ligante, resultando em uma ligação de *três centros/dois elétrons*. Não é uma surpresa que esse tipo de ligação é mais fraca que uma ligação típica de dois centros/dois elétrons, e o diborano dissocia-se em duas moléculas de BH$_3$ sob temperaturas relativamente baixas.

Uma sobreposição de orbitais sp^3 de cada átomo de B com um orbital 1s do átomo de H criando ligações de três centros/dois elétrons.

E, finalmente, retornamos a uma questão apresentada anteriormente: *se os orbitais d estão envolvidos na ligação em alguns dos compostos de elementos do grupo principal*. A teoria sugere que os orbitais d não estão significativamente envolvidos na ligação de íons como SO$_4^{2-}$ e PO$_4^{3-}$. Se aceitarmos a ideia de que orbitais d têm energia elevada para ser usada na ligação dos compostos de elementos do grupo principal, como podemos usar orbitais híbridos que envolvam orbitais d para descrever a ligação em PF$_5$ e SF$_6$, por exemplo? Outro modelo de ligação é necessário, e a teoria do orbital molecular fornece a alternativa sem o uso de orbitais d.

Considere SF$_6$ com uma geometria octaédrica nos pares de elétrons. A molécula tem um total de 24 pares de elétrons de valência. Desses, 18 estão envolvidos como pares isolados nos átomos de F, portanto, 6 pares de elétrons estão comprometidos nas 6 ligações S—F. Vamos analisar especificamente a ligação entre o átomo de enxofre e os dois de flúor ao longo de cada um dos três eixos.

Ligações F—S—F de três centros, quatro elétrons em SF$_6$

Ao longo do eixo z, por exemplo, os orbitais ligantes, não ligantes e antiligantes podem ser construídos a partir de combinações do orbital 3p$_z$ do enxofre com os dois orbitais 2p$_z$ do flúor. Quatro elétrons são dispostos nos orbitais ligantes e não ligantes. Essa descrição é repetida nos eixos x e y, significando que dois pares de elétrons estão envolvidos no grupo F—S—F ao longo de cada eixo. Isto é, cada um dos três "grupos" F—S—F está unido a uma ligação de três centros/quatro elétrons, o que, portanto, explica a ligação em SF$_6$ sem o uso de orbitais d.

Estrutura molecular e ligações: hibridização de orbitais e orbitais moleculares **439**

FIGURA 9.20 Diagramas de níveis de energia dos orbitais moleculares para o benzeno.
Como há seis orbitais *p* não hibridizados (um em cada átomo de C), seis orbitais moleculares π podem ser formados – três ligantes e três antiligantes. Os três orbitais moleculares ligantes acomodam seis elétrons π.

Ligações π, condutividade elétrica e grafeno. O grafeno, um novo material importante recentemente descoberto, consiste em um conjunto de anéis de seis átomos de carbono. No grafeno, os elétrons nos orbitais π estão deslocalizados, não apenas sobre um anel, mas sobre o conjunto. Como resultado, esses elétrons podem ser afetados por um campo elétrico, e o grafeno torna-se um excelente condutor elétrico. (Consultar a Questão para Estudo 9.72 e Capítulo 12.)

melhor a abordagem do OM, observe uma vez mais o benzeno (Figura 9.20). Na página 428 afirmamos que os elétrons π nessa molécula estão espalhados por todos os seis átomos de carbono. Podemos agora ver como a mesma observação pode ser feita com a teoria do OM. Seis orbitais *p* contribuem para o sistema π. Como o número de orbitais moleculares deve se igualar ao número de orbitais atômicos, deverão existir seis orbitais moleculares π no benzeno. Um diagrama de níveis de energia para o benzeno mostra que os seis elétrons π residem nos três orbitais moleculares de menor energia (ligantes).

EXERCÍCIOS PARA A SEÇÃO 9.3

1. Qual é a ordem da ligação N—O no monóxido de nitrogênio, NO?

    (a) 2 (b) 2,5 (c) 3,0 (d) 1

2. Qual é o HOMO no íon peróxido, O_2^{2-}?

    (a) π_{2p} (b) π^*_{2p} (c) σ^*_{2p} (d) σ^*_{2s}

3. Qual das seguintes espécies é diamagnética?

    (a) O_2 (b) B_2 (c) C_2 (d) N_2^+

4. Entre as espécies conhecidas de oxigênio (O_2^+, O_2, O_2^- e O_2^{2-}), qual deve ter o menor comprimento de ligação?

    (a) O_2^+ (b) O_2 (c) O_2^- (d) O_2^{2-}

Química Verde, Corantes Seguros e Orbitais Moleculares

ESTUDO DE CASO

Os químicos têm como obrigação não apenas pesquisar novos materiais úteis como também garantir que eles sejam seguros quanto ao uso e que sejam produzidos da maneira mais segura possível. Essa é a essência da "química verde", e um recente sucesso tem ocorrido na indústria de corantes.

Corantes e pigmentos têm sido usados por séculos porque os humanos desejam roupas e objetos coloridos. Os corantes sempre foram extraídos de plantas, como cascas de cebola, repolho-roxo e frutos. Alguns, entretanto, também vêm de animais, e um deles, a púrpura tíria (Figura A), foi especialmente valorizada. Esse corante, conhecido pelos gregos antigos, pode ser extraído de um gastrópode marinho, *Murex brandaris*. O problema é que são necessários 12 mil gastrópodes minúsculos para produzir corante suficiente para colorir uma pequena porção de uma peça de vestuário. Felizmente, descobriu-se mais tarde que um corante semelhante (com a mesma estrutura, exceto pelos átomos de Br) poderia ser obtido da planta índigo, e plantações dela foram estabelecidas em partes da América colonial.

O primeiro corante sintético foi produzido por acidente em 1856. William Perkin, aos 18 anos, estava à procura de um medicamento contra a malária, mas o caminho que ele escolheu para fazê-lo levou-o, em vez disso, ao corante mauveína. Como os corantes estavam altamente valorizados, sua descoberta conduziu à síntese de muitos outros corantes. Alguns dizem que a descoberta de Perkin levou à indústria química moderna.

Químicos têm desenvolvido um grande número de corantes, entre eles corantes azo, assim chamados porque contêm uma ligação dupla N=N (um grupo azo). Um exemplo é o "amarelo manteiga" (Figura B). Esse nome foi dado porque ele foi originalmente usado para dar à manteiga uma cor amarela mais atraente. O problema surgiu quando se descobriu que o composto era cancerígeno.

O fato de alguns corantes não serem seguros levou os químicos a procurar por alguns que produzissem a cor desejada, mas que não fossem tóxicos. No caso do amarelo manteiga, a solução foi adicionar um grupo —NO$_2$ à molécula para produzir um novo corante amarelo que fosse fácil de sintetizar e de uso seguro.

A estrutura do índigo é típica de muitos corantes: possui ligações duplas alternadas (C=C e C=O) que se estendem através da molécula. Os corantes azo apresentam estruturas semelhantes que alternam duplas ligações. De fato, todos possuem cadeias de ligações π estendidas por quase toda a molécula, e é isso que conduz à sua cor. Essas ligações π estendidas produzem orbitais moleculares antiligantes π de baixa energia. Quando a luz visível atinge a referida molécula, um elétron pode ser excitado de um orbital molecular ligante ou não ligante a um orbital molecular antiligante, e a luz é absorvida (Figura C). Os seus olhos enxergam os comprimentos de onda da luz não absorvida pela molécula, assim ela possui a cor dos comprimentos de onda restantes da luz. Por exemplo, na página 204 você viu um caso em que uma substância absorve comprimentos de onda da luz na região azul do espectro, de modo que você vê a luz vermelha.

FIGURA C A luz é absorvida por uma molécula de corante pela promoção de um elétron de um orbital molecular não ligante a um orbital molecular π antiligante. A absorção de luz por todas as moléculas ocorre pela promoção de um elétron de cada uma delas de um orbital molecular de menor energia para outro de maior energia.

FIGURA B A estrutura do "amarelo manteiga" e do "amarelo manteiga nitrado." O primeiro é um corante sintético originalmente usado para colorir a manteiga. Ele pertence à classe dos corantes azo, todos caracterizados por uma ligação dupla N=N. A versão nitrada é segura para o consumo humano.

FIGURA A Índigo. (Acima) Púrpura tíria ou 6,6'-dibromoíndigo (C$_{16}$H$_8$N$_2$O$_2$Br$_2$). (Abaixo) Planta índigo.

Questões:

1. Qual é a fórmula empírica da púrpura tíria?
2. O amarelo manteiga absorve luz com um comprimento de onda de 408 nm, enquanto a forma nitrada absorve a 478 nm. Qual absorve maior energia?
3. Quantas ligações duplas alternadas existem na púrpura tíria? E no amarelo manteiga nitrado?

As respostas a essas questões estão no Apêndice N.

APLICANDO PRINCÍPIOS QUÍMICOS
Pesquisando Moléculas com Espectroscopia de Fotoelétrons

A espectroscopia de fotoelétrons é uma técnica instrumental que possibilita a medida de energias dos elétrons nos átomos e moléculas. (Veja a página 332 para uma introdução à técnica.) Nessa técnica, átomos ou moléculas na fase gasosa são ionizados por radiação de alta energia. Para a molécula (M), o processo ocorre da seguinte forma:

$$M + h\nu \rightarrow M^+ + e^-$$

Um fóton com energia suficiente ($h\nu$) pode fazer com que um elétron seja removido do átomo ou da molécula. Se o fóton possui energia suficiente, acima do limite requerido para ionização, a energia em excesso é transmitida como energia cinética ao elétron removido. A energia de ionização, a energia do fóton absorvido e a energia cinética do elétron removido estão relacionadas pela equação.

$$EI = h\nu - EC(\text{elétron})$$

A espectroscopia de fotoelétrons pode ser usada para estudar a distribuição de energias dos elétrons mais internos e dos elétrons de valência. A ionização de um elétron interno requer uma radiação de raios X, enquanto a ionização dos elétrons de valência (que são responsáveis pelas ligações nas moléculas) requer radiação (UV) de menor energia.

O gás hélio é a fonte mais comum de radiação UV utilizada para a espectroscopia de fotoelétrons de moléculas. Quando são excitados, os átomos de He emitem radiação quase monocromática (comprimento de onda único) de 58,4 nm. A energia desses fótons está acima do limite requerido para remover elétrons de muitos orbitais moleculares da camada de valência.

A figura mostra o espectro de fotoelétrons da camada de valência para moléculas de N_2. O diagrama dos orbitais moleculares (Figura 9.18 e Tabela 9.1) indica que N_2 possui quatro tipos de orbitais preenchidos: σ_{2s}, σ^*_{2s}, π_{2p} e σ_{2p}. O espectro de fotoelétrons detecta três agrupamentos de elétrons removidos com energias médias de ionização de 15,6 eV, 16,7 eV e 18,6 eV (em que 1 elétron-volt = 1,60218 × 10⁻¹⁹ J). Esses elétrons são removidos dos orbitais σ^*_{2s}, π_{2p} e π_{2p}, respectivamente. Um quarto pico não é visto porque a energia requerida para remover um elétron do orbital σ_{2s} é maior que aquela dos fótons emitidos pelos átomos de hélio excitados.

Os picos extras, mais evidentes em torno de 17–18 eV, são associados com a ionização do orbital π. Eles resultam do acoplamento da energia de ionização e da energia resultante das vibrações moleculares.

QUESTÕES:

1. A espectroscopia de fotoelétrons é semelhante ao efeito fotoelétrico (Seção 6.2). Entretanto, no efeito fotoelétrico, os elétrons são removidos quando a luz atinge a superfície de um _____.
2. Qual é a energia em kJ/mol do fóton com um comprimento de onda de 58,4 nm?
3. Usando a figura que acompanha o texto, afirme qual orbital molecular (σ^*_{2s}, π_{2p}, ou σ_{2p}) tem uma energia de ionização de 15,6 eV.
4. A energia cinética de um elétron removido do orbital molecular σ^*_{2s} de N_2 usando radiação de 58,4 nm é 4,23 × 10⁻¹⁹ J. Qual é a energia de ionização, em kJ/mol e eV, de um elétron desse orbital?
5. Os íons N_2^+, que são formados quando os elétrons com energias de ionização de 15,6 eV e 16,7 eV são removidos, estão associados com comprimentos de ligação maiores que o do íon quando um elétron com uma energia de ionização de 18,6 eV é criado. Por quê?

O espectro de fotoelétrons do gás N_2. (Adaptado de MIESSLER G. L.; TARR, D. A. *Inorganic Chemistry*. 3. ed. [S.l.]: Pearson, 2004. p. 131).

REVISÃO DOS OBJETIVOS DO CAPÍTULO

Agora que você já estudou este capítulo, deve perguntar a si mesmo se atingiu os objetivos propostos. Especificamente, você deverá ser capaz de:

ENTENDER

- A sobreposição de orbitais é a base para a ligação covalente.
    a. Reconhecer que a premissa da teoria da ligação de valência é que a ligação resulta da sobreposição de orbitais atômicos. Por meio da sobreposição dos orbitais, os elétrons são concentrados (ou localizados) entre dois átomos (Seção 9.2).
    b. A teoria de ligação do orbital molecular também depende da sobreposição de orbitais, porém, todos os átomos da molécula inteira podem estar envolvidos (Seção 9.3).
    c. Distinguir como as ligações sigma (σ) e pi (π) surgem por meio da sobreposição de orbitais. Nas ligações σ, os orbitais se sobrepõem em uma direção axial, concentrando elétrons ao longo do eixo da ligação. A sobreposição lateral dos orbitais atômicos p resulta na formação de ligações π, com elétrons acima e abaixo do plano da molécula (Seção 9.2).

- A teoria de hibridização dos orbitais.
    a. Entender que a justificativa para a hibridização dos orbitais é ter um novo conjunto de orbitais do átomo central que pode formar ligações efetivas pela sobreposição de orbitais (Seção 9.2).

- As diferenças entre a teoria da ligação de valência e a teoria do orbital molecular, e como cada uma delas é aplicada.
    a. Na teoria do orbital molecular (Seção 9.3), os orbitais atômicos são combinados para formar orbitais ligantes, orbitais não ligantes ou orbitais antiligantes que são deslocalizados sobre vários átomos. Nessa descrição, os elétrons da molécula ou íons são atribuídos aos orbitais em ordem crescente de energia, de acordo com o princípio de exclusão de Pauli e com a regra de Hund. Questões para Estudo: 43, 64, 71.

FAZER

- Identificar a hibridização de um átomo em uma molécula ou em um íon poliatômico.
    a. Decidir sobre a hibridização usada pelos átomos em uma molécula e utilizar o conceito de hibridização para racionalizar a estrutura molecular (Seção 9.2). Questões para Estudo: 3, 5, 15, 16, 31–33, 37, 48, 49, 54, 55, 68.

- Descrever a ligação em uma molécula ou em um íon poliatômico utilizando a teoria da ligação de valência.
    a. Descrever ligações entre os átomos, especificando os orbitais atômicos ou híbridos que se sobrepõem para formar a ligação. Questões para Estudo: 1–6, 15, 16, 55, 58.

- Escrever as configurações dos orbitais moleculares para moléculas diatômicas simples ou íons, determinar a ordem de ligação de cada espécie e prever o seu comportamento magnético.
    a. Utilizar a teoria do orbital molecular para explicar as propriedades do O_2 e de outras moléculas diatômicas. Questões para Estudo: 21–28, 42, 45–47, 57.

LEMBRAR

- A ligação química pode ser descrita usando-se diferentes teorias, cada uma com suas vantagens e desvantagens.

Estrutura molecular e ligações: hibridização de orbitais e orbitais moleculares

- Os tipos de conjuntos de orbitais híbridos e suas orientações no espaço.

ORBITAIS HÍBRIDOS	ORBITAIS ATÔMICOS USADOS	NÚMERO DE ORBITAIS HÍBRIDOS	GEOMETRIA DOS PARES DE ELÉTRONS
sp	$s + p$	2	Linear
sp^2	$s + p + p$	3	Planar trigonal
sp^3	$s + p + p + p$	4	Tetraédrica

- Os termos "sigma" e "pi" e seus significados em relação à sobreposição de orbitais e à forma de ligação.

EQUAÇÃO-CHAVE

Equação 9.1 Usada para calcular a ordem de uma ligação da configuração eletrônica dos orbitais moleculares.

$$\text{Ordem de ligação} = 1/2 \text{ (número de elétrons nos OMs ligantes} - \text{número de elétrons nos OMs antiligantes)}$$

© Gary J. Schrobilgen

QUESTÕES PARA ESTUDO

▲ denota questões desafiadoras.

Questões numeradas em verde têm respostas no Apêndice N.

PRATICANDO HABILIDADES

Teoria da Ligação de Valência
(Veja os Exemplos 9.1–9.3.)

1. Desenhe a estrutura de Lewis para o clorofórmio, $CHCl_3$. Qual é a geometria devida aos pares de elétrons e qual é a geometria molecular? Que orbitais em C, H e Cl se sobrepõem para formar ligações entre esses elementos?

2. Desenhe a estrutura de Lewis para NF_3. Qual é a geometria devida aos pares de elétrons e qual é a geometria molecular? Qual é a hibridização do átomo de nitrogênio? Que orbitais de N e F se sobrepõem para formar ligações entre esses elementos?

3. Desenhe a estrutura de Lewis para hidroxilamina, H_2NOH. Qual é a hibridização do nitrogênio e do oxigênio nessa molécula? Quais orbitais se sobrepõem para formar a ligação entre nitrogênio e oxigênio?

4. Desenhe a estrutura de Lewis para 1,1-dimetilhidrazina [$(CH_3)_2NNH_2$, um composto usado como combustível de foguete]. Qual é a hibridização dos dois átomos de nitrogênio nessa molécula? Quais orbitais se sobrepõem para formar a ligação entre os átomos de nitrogênio?

5. Desenhe a estrutura de Lewis para o fluoreto de carbonila, COF_2. Qual é a geometria devida aos pares de elétrons e qual é a geometria molecular em torno do átomo central? Qual é a hibridização do átomo de carbono? Quais orbitais se sobrepõem para formar as ligações σ e π entre carbono e oxigênio?

6. Desenhe a estrutura de Lewis para a acetamida, CH_3CONH_2. Qual é a geometria devida aos pares de elétrons em torno dos dois átomos de C? Qual é a hibridização de cada um desses átomos de C? Que orbitais se sobrepõem para formar as ligações σ e π entre carbono e oxigênio?

7. Especifique a geometria devida aos pares de elétrons e a geometria molecular para cada átomo sublinhado na seguinte lista. Descreva o conjunto dos orbitais híbridos utilizados pelo átomo sublinhado em cada molécula ou íon.

   (a) <u>B</u>Br₃   (b) <u>C</u>O₂   (c) <u>C</u>H₂Cl₂   (d) <u>C</u>O₃²⁻

8. Especifique a geometria devida aos pares de elétrons e a geometria molecular para cada átomo sublinhado na seguinte lista. Descreva o conjunto dos orbitais híbridos utilizados pelo átomo sublinhado em cada molécula ou íon.

   (a) <u>C</u>Se₂   (b) <u>S</u>O₂   (c) <u>C</u>H₂O   (d) <u>N</u>H₄⁺

9. Descreva o conjunto dos orbitais híbridos utilizados em cada um dos átomos indicados nas seguintes moléculas:

   (a) os átomos de carbono e o átomo de oxigênio no éter dimetílico, CH₃OCH₃
   (b) cada átomo de carbono no propeno

   $$H_3C-C(H)=CH_2$$

   (c) Os dois átomos de carbono e o átomo de nitrogênio no aminoácido glicina

   (estrutura da glicina: H₂N–CH₂–C(=O)–O–H)

10. Qual é o conjunto dos orbitais híbridos utilizados em cada um dos átomos indicados nas seguintes moléculas:

    (a) H–N(H)–C(=O)–N(H)–H
    (b) H₃C–CH=CH–CH=O
    (c) H–C≡C–C≡N

11. Desenhe as estruturas de Lewis do ácido HPO₂F₂ e de seu ânion PO₂F₂⁻. Qual é a geometria molecular e a hibridização do átomo de fósforo em cada espécie? (H liga-se ao átomo de O no ácido).

12. Desenhe as estruturas de Lewis do ácido HSO₃F e de seu ânion SO₃F⁻. Qual é a geometria molecular e a hibridização do átomo de enxofre em cada espécie? (H liga-se ao átomo de O no ácido.)

13. Qual é a hibridização do átomo de carbono no fosgênio, Cl₂CO? Dê uma descrição completa das ligações σ e π nesta molécula.

14. Qual é a hibridização dos átomos de carbono no benzeno, C₆H₆? Descreva as ligações σ e π neste composto.

15. Qual é a geometria devida aos pares de elétrons e qual é a geometria molecular em torno do átomo central S no cloreto de tionila, SOCl₂? Qual é a hibridização do enxofre nesse composto?

16. Qual é a geometria devida aos pares de elétrons e qual é a geometria molecular em torno do átomo central S no cloreto de sulfurila, SO₂Cl₂? Qual é a hibridização do enxofre nesse composto?

17. O arranjo dos grupos ligados aos átomos de carbono envolvidos em uma ligação dupla C=C conduz aos isômeros *cis* e *trans*. Para cada composto a seguir, desenhe o outro isômero.

    (a) H₃C, H / C=C / H, CH₃
    (b) Cl, CH₃ / C=C / H, H

18. Para cada composto abaixo, decida se os isômeros *cis* e *trans* são possíveis. Se o isomerismo for possível, desenhe o outro isômero.

    (a) H₃C, H / C=C / H, CH₂CH₃
    (b) H, CH₃ / C=C / H, H
    (c) Cl, CH₂OH / C=C / H, H

Teoria do Orbital Molecular
(Veja os Exemplos 9.4–9.6.)

19. O íon molecular hidrogênio, H₂⁺, pode ser detectado espectroscopicamente. Escreva a configuração eletrônica do íon em termos de orbitais moleculares. Qual é a ordem de ligação do íon? A ligação hidrogênio–hidrogênio é mais forte ou mais fraca no H₂⁺, em comparação com H₂?

20. Apresente as configurações eletrônicas para os íons Li₂⁺ e Li₂⁻ em termos de orbitais moleculares. Compare a ordem de ligação Li—Li nesses íons com a ordem de ligação no Li₂.

21. O carbeto de cálcio, CaC₂, contém o íon acetileto, C₂²⁻. Desenhe o diagrama de níveis de energia dos orbitais moleculares para esse íon. Quantas ligações σ e π o íon possui? Qual é a ordem da ligação carbono–carbono? Como a ordem de ligação foi alterada ao se adicionar elétrons ao C₂ para formar o C₂²⁻? O íon C₂²⁻ é paramagnético?

22. O hexafluoreto de platina é um agente oxidante muito forte. Pode até oxidar o oxigênio formando O₂⁺PtF₆⁻. Desenhe o diagrama de níveis de energia dos orbitais moleculares para o íon O₂⁺. Quantas ligações σ e π o íon possui? Qual é a ordem da ligação oxigênio–oxigênio? Como a ordem de ligação foi alterada ao retirar um elétron do O₂ para formar O₂⁺? O íon O₂⁺ é paramagnético?

23. Quando o sódio e o oxigênio reagem, um dos produtos obtidos é o peróxido de sódio, Na₂O₂. O ânion nesse composto é o íon peróxido, O₂²⁻. Escreva a configuração eletrônica para esse íon em termos de orbitais moleculares e, então, compare-a com a configuração eletrônica da molécula de O₂ com relação aos seguintes critérios:

    (a) caráter magnético
    (b) número de ligações σ e π
    (c) ordem da ligação
    (d) comprimento da ligação oxigênio–oxigênio

24. Quando o potássio e o oxigênio reagem, um dos produtos obtidos é o superóxido de potássio, KO₂. O ânion nesse composto é o íon superóxido, O₂⁻. Escreva a configuração

eletrônica para esse íon em termos de orbitais moleculares, e, então, compare-a com a configuração eletrônica da molécula de O$_2$ com relação aos seguintes critérios:

(a) caráter magnético
(b) número de ligações σ e π
(c) ordem de ligação
(d) comprimento de ligação oxigênio–oxigênio

Um aparelho de respiração de circuito fechado que gera o seu próprio oxigênio. Uma fonte de oxigênio é o superóxido de potássio (KO$_2$). Tanto o dióxido de carbono como a umidade, exalados pelo usuário para dentro do tubo de respiração, reagem com KO$_2$ para gerar oxigênio.

25. Entre as seguintes alternativas, qual possui a ligação mais curta e qual possui a mais longa: Li$_2$, B$_2$, C$_2$, N$_2$, O$_2$?

26. Considere a seguinte lista de pequenas moléculas e íons: C$_2$, O$_2^-$, CN$^-$, O$_2$, CO, NO, NO$^+$, C$_2^{2-}$, OF$^-$. Identifique
    (a) todas as espécies que têm uma ordem de ligação igual a 3
    (b) todas as espécies que são paramagnéticas
    (c) espécies que têm uma ordem de ligação fracionada

27. Presumindo-se que o diagrama de níveis de energia mostrado na Figura 9.18 possa ser aplicado à molécula heteronuclear ClO.
    (a) Escreva a configuração eletrônica para o monóxido de cloro, ClO.
    (b) Qual é o orbital molecular ocupado de maior energia (o HOMO)?
    (c) A molécula é diamagnética ou paramagnética?
    (d) Qual é o número de ligações σ e π? Qual é a ordem de ligação no ClO?

28. O íon nitrosilo, NO$^+$, possui uma química interessante.
    (a) O NO$^+$ é diamagnético ou paramagnético? Se for paramagnético, quantos elétrons desemparelhados ele possui?
    (b) Assuma que o diagrama de orbitais moleculares mostrado na Figura 9.18 possa ser aplicado ao NO$^+$. Qual é o orbital molecular de maior energia (HOMO) ocupado por elétrons?
    (c) Qual é a ordem da ligação nitrogênio–oxigênio?
    (d) A ligação N—O no NO$^+$ é mais forte ou mais fraca que a ligação no NO?

QUESTÕES GERAIS

Estas questões não estão definidas quanto ao tipo ou à localização no capítulo. Elas podem combinar vários conceitos.

29. Escreva a estrutura de Lewis para AlF$_4^-$. Qual é a geometria devida aos pares de elétrons e qual é a geometria molecular? Quais orbitais de Al e F se sobrepõem para formar ligações entre esses elementos? Quais são as cargas formais nos átomos? É uma distribuição razoável de carga?

30. Qual é o ângulo da ligação O—S—O e o conjunto de orbitais híbridos utilizado pelo enxofre em cada uma das seguintes moléculas ou íons:

    (a) SO$_2$ (b) SO$_3$ (c) SO$_3^{2-}$ (d) SO$_4^{2-}$

    Todos têm o mesmo valor para o ângulo O—S—O? O átomo de S usa os mesmos orbitais híbridos em todas essas espécies?

31. Desenhe as estruturas de ressonância do íon nitrito, NO$_2^-$. Descreva as geometrias dos pares de elétrons e molecular do íon. A partir delas, decida qual é o ângulo da ligação O—N—O, a ordem da ligação NO e a hibridização do átomo de N.

32. Desenhe as estruturas de ressonância do íon nitrato, NO$_3^-$. A hibridização do átomo de N é a mesma ou é diferente em cada estrutura? Descreva os orbitais envolvidos na formação das ligações pelo átomo central de N.

33. Desenhe as estruturas de ressonância da molécula N$_2$O. A hibridização do átomo de N é a mesma ou é diferente em cada estrutura? Descreva os orbitais do átomo central N envolvidos nas ligações.

34. Compare a estrutura e a ligação em CO$_2$ e CO$_3^{2-}$ com relação aos ângulos da ligação O—C—O, à ordem da ligação de CO e à hibridização do átomo de C.

35. Várias moléculas são detectadas no espaço interestelar. Três delas são ilustradas aqui.

(a) Esses compostos são isômeros?
(b) Indique a hibridização de cada átomo de C em cada molécula.
(c) Qual é o valor do ângulo H—C—H em cada uma das três moléculas?

(d) Qual(is) dessas moléculas é(são) polar(es)?
(e) Qual das moléculas deve ter a ligação carbono–carbono mais forte? E a ligação carbono–oxigênio mais forte?

36. A acroleína, um componente da névoa fotoquímica, tem um odor pungente e irrita os olhos e mucosas.

(a) Quais são as hibridizações dos átomos de carbono 1 e 2?
(b) Quais são os valores aproximados dos ângulos A, B e C?
(c) O isomerismo *cis-trans* é possível neste caso?

37. O composto orgânico mostrado a seguir faz parte de uma classe de compostos conhecidos como oximas.

(a) Quais são as hibridizações dos dois átomos de C e do átomo de N?
(b) Qual é o ângulo de ligação aproximado para C—N—O?

38. O composto descrito abaixo é o ácido acetilsalicílico, comumente conhecido como aspirina.

Aspirina

(a) Quais são os valores aproximados dos ângulos marcados A, B, C e D?
(b) Quais orbitais híbridos são usados pelos átomos de carbono 1, 2 e 3?

39. A fosfoserina é um aminoácido pouco comum.

Fosfoserina

(a) Identifique as hibridizações dos átomos 1 a 5.
(b) Quais são os valores aproximados dos ângulos de ligação A, B, C e D?
(c) Quais são as ligações mais polares na molécula?

40. O ácido lático é um composto natural encontrado no leite coalhado.

Ácido lático

(a) Quantas ligações π tem o ácido lático? Quantas ligações σ?
(b) Qual é a hibridização dos átomos 1, 2 e 3?
(c) Qual ligação de CO é a mais curta na molécula? Qual ligação de CO é a mais forte?
(d) Quais são os valores aproximados dos ângulos de ligação A, B e C?

41. O cinamaldeído ocorre naturalmente no óleo de canela.

Cinamaldeído

(a) Qual é a ligação mais polar na molécula?
(b) Quantas ligações σ e quantas ligações π há na molécula?
(c) É possível a isomeria *cis-trans*? Em caso afirmativo, desenhe os isômeros da molécula.
(d) Forneça a hibridização dos átomos de C na molécula.
(e) Quais são os valores dos ângulos de ligação 1, 2 e 3?

42. A existência do íon Si_2^- foi relatada em um experimento de laboratório em 1996.

(a) Usando a teoria de orbitais moleculares, preveja a ordem de ligação para o íon.
(b) O íon é diamagnético ou paramagnético?
(c) Qual é o orbital molecular de maior energia que contém um ou mais elétrons?

43. A descrição simples da ligação de valência do O_2 não está de acordo com a visão dos orbitais moleculares. Compare essas duas teorias com relação ao íon peróxido, O_2^{2-}.

(a) Desenhe uma estrutura de pontos de elétrons para O_2^{2-}. Qual é a ordem de ligação do íon?
(b) Escreva a configuração eletrônica dos orbitais moleculares do O_2^{2-}. Qual é a ordem de ligação baseada nessa abordagem?
(c) As duas teorias levam ao mesmo caráter magnético e ordem de ligação para o O_2^{2-}?

44. O nitrogênio, N_2, pode ionizar para a forma N_2^+ ou adicionar um elétron para formar N_2^-. Usando a teoria dos orbitais moleculares, compare essas espécies com relação ao (a) seu caráter magnético, (b) número líquido de ligações π, (c) ordem de ligação, (d) comprimento de ligação e (e) força de ligação.

45. Quais das moléculas diatômicas homonucleares dos elementos do segundo período (do Li_2 ao Ne_2) são paramagnéticas? Quais têm uma ordem de ligação igual a 1? Quais têm uma ordem de ligação igual a 2? Qual molécula diatômica apresenta a maior ordem de ligação?

46. Qual das moléculas ou íons a seguir são paramagnético(a)s? Qual é o orbital molecular ocupado de maior energia (HOMO) em cada um deles? Suponha que o diagrama dos orbitais moleculares na Figura 9.18 aplique-se a todos eles.

(a) NO (c) O_2^{2-}
(b) OF^- (d) Ne_2^+

47. A molécula de CN foi detectada no espaço interestelar. Considerando-se que a estrutura eletrônica da molécula pode ser descrita usando o diagrama de níveis de energia dos orbitais moleculares da Figura 9.18, responda às seguintes questões:

(a) Qual é o orbital molecular ocupado de maior energia (HOMO) ao qual um ou mais elétrons são atribuídos?
(b) Qual é a ordem da ligação da molécula?
(c) Quantas ligações σ há na molécula? Quantas ligações π?
(d) A molécula é diamagnética ou paramagnética?

48. A estrutura da anfetamina, um estimulante, é mostrada a seguir. (Substituindo um átomo de H no NH_2, ou amino, pelo grupo CH_3 forma-se a metanfetamina, uma droga particularmente perigosa comumente conhecida como "speed".)

Anfetamina

(a) Quais são os orbitais híbridos utilizados pelos átomos de C do anel C_6, pelos átomos de C da cadeia lateral e pelo átomo de N?
(b) Dê os valores aproximados para os ângulos de ligação A, B e C.
(c) Quantas ligações σ e π há na molécula?
(d) A molécula é polar ou não polar?
(e) A anfetamina reage prontamente com um próton (H^+) em solução aquosa. Onde esse próton se une à molécula? Explique como o mapa de potencial eletrostático prevê esse local da protonação.

49. O mentol é utilizado em sabonetes, perfumes e alimentos. Ele está presente na hortelã comum, e pode ser preparado a partir da terebintina.

(a) Quais são as hibridizações usadas pelos átomos de C na molécula?
(b) Qual é o ângulo aproximado da ligação C—O—H?
(c) A molécula é polar ou não polar?
(d) O anel de carbono de seis membros é planar ou não planar? Sim ou não? Explique por quê?

Mentol

50. Os elementos do segundo período do boro ao oxigênio formam compostos do tipo X_nE-EX_n, em que X pode ser H ou um halogênio. Descreva as possíveis estruturas de Lewis para B_2F_4, C_2H_4, N_2H_4 e O_2H_2. Determine as hibridizações de E em cada molécula e especifique os ângulos aproximados da ligação X—E—E.

No Laboratório

51. Suponha que você realize a seguinte reação de amônia com trifluoreto de boro no laboratório.

$$H_3N: + BF_3 \longrightarrow H_3N \rightarrow BF_3$$

(a) Qual é a geometria ao redor do átomo de boro no BF_3? E no $H_3N \rightarrow BF_3$?
(b) Qual é a hibridização do átomo de boro nos dois compostos?
(c) Considerando as estruturas e as ligações de NH_3 e BF_3, por que esperamos que o nitrogênio em NH_3 doe um par de elétrons ao átomo B de BF_3?
(d) O BF_3 também reage prontamente com água. Com base na reação de amônia acima, especule sobre como a água pode interagir com BF_3.

52. ▲ O óxido de etileno é um intermediário na fabricação de etilenoglicol (anticongelante) e de polímeros de poliéster. Mais de 4 milhões de toneladas são produzidas anualmente nos Estados Unidos. A molécula possui um anel de três membros com dois átomos de C e um átomo de O.

Óxido de etileno

(a) Quais são os ângulos de ligação no anel? Comente sobre a relação entre os ângulos de ligação esperados com base na hibridização e os ângulos de ligação esperados para um anel de três membros.
(b) A molécula é polar? Com base no mapa de potencial eletrostático mostrado a seguir, indique onde as cargas negativas e positivas estão situadas na molécula?

Mapa de potencial eletrostático para o óxido de etileno

53. O íon sulfamato, $H_2NSO_3^-$, pode ser considerado como formado a partir do íon amida, NH_2^-, e trióxido de enxofre, SO_3.

(a) Qual é a geometria dos pares de elétrons e qual é a geometria molecular do íon amida e do SO_3? Quais são as hibridizações dos átomos de N e S, respectivamente?
(b) Desenhe uma estrutura para o íon sulfamato e estime os ângulos de ligação.
(c) Quais alterações na hibridização você espera para N e S no curso da reação

$$NH_2^- + SO_3 \rightarrow H_2N-SO_3^-?$$

(d) O SO_3 é o doador ou o receptor de um par de elétrons na reação com o íon amida? O mapa de potencial eletrostático mostrado acima confirma sua previsão?

Mapa de potencial eletrostático para o trióxido de enxofre

54. ▲ O composto cuja estrutura é mostrada a seguir é a acetilacetona. Ela existe em duas formas: a *enol* e a *ceto*.

forma *enol* ⇌ forma *ceto*

Acetilacetona

A molécula reage com OH^- para formar um ânion, $[CH_3COCHCOCH_3]^-$, íon acetilacetonato (geralmente abreviado como $acac^-$). Um dos aspectos mais interessantes desse ânion é que um ou mais de seus átomos é capaz de reagir com cátions de metais de transição, formando compostos muito estáveis, intensamente coloridos.

Complexos do acetilacetonato $(CH_3COCHCOCH_3)_3M$ em que M = Co, Cr e Fe

(a) As formas *ceto* e *enol* da acetilacetona são formas de ressonância? Explique sua resposta.
(b) Qual é a hibridização de cada átomo (exceto H) na forma *enol*? Quais mudanças ocorrem na hibridização quando ela é transformada na forma *ceto*?
(c) Qual é a geometria dos pares de elétrons e a geometria molecular ao redor de cada átomo de C nas formas *ceto* e *enol*? Quais mudanças de geometria ocorrem quando a forma *ceto* muda para a forma *enol*?
(d) Desenhe duas possíveis estruturas de ressonância para o íon acac$^-$.
(e) A isomeria *cis-trans* é possível em alguma das duas formas, *ceto* e *enol*?
(f) A forma *enol* da acetilacetona é polar? Onde as cargas positivas e negativas se encontram na molécula?

55. Desenhe as duas estruturas de ressonância que descrevem a ligação no íon acetato. Qual é a hibridização do átomo de carbono do grupo —CO$_2^-$ (carboxilato)? Selecione uma das duas estruturas de ressonância e identifique os orbitais que se sobrepõem para formar as ligações entre carbono e os três elementos ligados a ele.

56. O dióxido de carbono (CO$_2$), o monóxido de dinitrogênio (N$_2$O), o íon azida (N$_3^-$), e o íon cianato (OCN$^-$) têm a mesma geometria e o mesmo número de elétrons na camada de valência. No entanto, existem diferenças significativas nas suas estruturas eletrônicas.

(a) Qual hibridização é atribuída ao átomo central em cada espécie? Quais orbitais se sobrepõem para formar as ligações entre os átomos em cada estrutura?
(b) Avalie as estruturas de ressonância dessas quatro espécies. Qual delas descreve melhor suas ligações? Comente sobre as diferenças quanto aos comprimentos de ligação e ordens de ligação que você espera com base nas estruturas de ressonância.

57. Desenhe as duas estruturas de ressonância que descrevem a ligação no SO$_2$. Em seguida, descreva a ligação nesse composto usando a teoria OM. Como a teoria OM explica a ordem de ligação de 1,5 para as duas ligações S—O nesse composto?

58. Desenhe uma estrutura de Lewis para a diimida, H—N=N—H. Em seguida, usando a teoria da ligação de valência, descreva a ligação nesse composto. Quais orbitais se sobrepõem para formar a ligação entre os átomos de nitrogênio nesse composto?

Resumo e Questões Conceituais

As seguintes questões podem usar conceitos os deste capítulo e dos capítulos anteriores.

59. Qual é o número máximo de orbitais híbridos que um átomo de carbono é capaz de formar? Qual é o número mínimo? Explique brevemente.

60. Considere os três fluoretos BF$_4^-$, SiF$_4$ e SF$_4$.
(a) Identifique uma molécula que seja isoeletrônica com BF$_4^-$.
(b) SiF$_4$ e SF$_4$ são isoeletrônicos?
(c) Qual é a hibridização do átomo central no BF$_4^-$ e SiF$_4$?

61. ▲ Quando dois aminoácidos reagem entre si, formam uma ligação chamada de *grupo amida*, ou ligação peptídica. (Se mais ligações são adicionadas, forma-se uma proteína ou polipeptídio.)
(a) Quais são as hibridizações dos átomos de C e N na ligação peptídica?
(b) A estrutura ilustrada é a única estrutura de ressonância possível para a ligação peptídica? Se alguma outra estrutura de ressonância for possível, compare-a com a estrutura mostrada. Decida qual das estruturas é a mais importante.
(c) A estrutura gerada por computador apresentada a seguir, que contém a ligação peptídica, mostra que a ligação está em um plano. Essa é uma característica importante das proteínas. Especule sobre o porquê das ligações CO—NH estarem em um mesmo plano. Quais são os locais de carga positiva e negativa nesse dipeptídeo?

Mapa de potencial eletrostático para um peptídeo

62. Qual é a relação entre a ordem de ligação, o comprimento de ligação e a energia de ligação? Use etano (C$_2$H$_6$), etileno (C$_2$H$_4$) e acetileno (C$_2$H$_2$) como exemplos.

63. Quando é desejável usar a teoria do OM em vez da teoria da ligação de valência?

64. Mostre como a teoria da ligação de valência e a teoria do orbital molecular explicam a ordem da ligação O—O de 1,5 no ozônio.

65. Três dos quatro orbitais moleculares π para ciclobutadieno são ilustrados aqui. Coloque-os em ordem crescente de energia. (Como mostrado nas Figuras 9.15, 9.17 e 9.18, os orbitais aumentam em energia na ordem de um número crescente de nós. Se um par de orbitais tem o mesmo número de nós, ele possui a mesma energia.)

66. Vamos olhar mais de perto o processo de hibridização.
    (a) Qual é a relação entre o número de orbitais híbridos produzidos e o número de orbitais atômicos usados para originá-los?
    (b) Os orbitais atômicos híbridos formam-se com diferentes orbitais p sem envolver orbitais s?
    (c) Qual é a relação entre a energia de orbitais atômicos híbridos e os orbitais atômicos que os formaram?

67. O bórax possui a fórmula molecular $Na_2B_4O_5(OH)_4$. A estrutura do ânion nesse composto é mostrada a seguir. Qual é a geometria devida aos pares de elétrons e a geometria molecular em torno de cada um dos átomos de boro nesse ânion? Que hibridização pode ser atribuída a cada um dos átomos de boro? Qual é a carga formal de cada átomo de boro?

A estrutura do ânion bórax

68. Um modelo do composto orgânico aleno é mostrado a seguir.

Aleno, CH_2CCH_2

(a) Explique por que a molécula do aleno não é plana. Isto é, explique por que os grupos CH_2 em extremidades opostas não se encontram no mesmo plano.

(b) Qual é a hibridização de cada um dos átomos de carbono do aleno?
(c) Quais orbitais se sobrepõem para formar as ligações entre os átomos de carbono no aleno?

69. A energia necessária para romper uma das ligações H—F em HF_2^- ($HF_2^- \rightarrow HF + F^-$) deve ser maior que, menor que ou igual à energia para romper a ligação em HF (HF $\rightarrow$ H + F)? Justifique sua resposta, considerando o modelo de ligação 3 centros/4 elétrons para HF_2^- descrito em "Um Olhar Mais Atento", na página 438.

70. A melamina é um importante produto químico industrial, utilizado na produção de fertilizantes e plásticos.

Melamina

(a) Os comprimentos da ligação carbono-nitrogênio no anel são todos em média iguais (cerca de 140 pm). Explique.
(b) A melamina é feita pela decomposição da ureia, $(H_2N)_2CO$.

$$6\,(H_2N)_2CO(s) \rightarrow C_3H_6N_6(s) + 6\,NH_3(g) + 3\,CO_2(g)$$

Calcule a variação de entalpia para essa reação. Ela é endo ou exotérmica? [$\Delta_f H°$ para melamina(s) = –66,1 kJ/mol e para ureia(s) = –333,1 kJ/mol]

71. O bromo forma um número de óxidos de estabilidade variável.
    (a) Um óxido possui 90,90% de Br e 9,10% de O. Assumindo que suas fórmulas empíricas e moleculares são iguais, desenhe uma estrutura de Lewis da molécula e especifique a hibridização do átomo central (O).
    (b) Outro óxido é o instável BrO. Considerando que o diagrama dos orbitais moleculares na Figura 9.18 aplica-se ao BrO, escreva sua configuração eletrônica (em que Br usa orbitais $4s$ e $4p$). Qual é o orbital molecular ocupado de maior energia (HOMO)?

72. O seguinte problema foi extraído do Exame Teórico da 44ª Olimpíada Anual Internacional de Química em 2012, uma competição com a participação de grupos de quatro alunos do ensino médio, de cada um de cerca de 70 países. (Utilizado com permissão.)

O grafeno é como uma folha de átomos de carbono arranjados regularmente seguindo um padrão tipo favo de mel bidimensional. Pode ser considerado como um caso extremo de um hidrocarboneto poliaromático com comprimento essencialmente infinito em duas dimensões. O grafeno tem uma resistência, flexibilidade e propriedades elétricas notáveis. O Prêmio Nobel de Física foi concedido em 2010 a Andre Geim e Konstantin Novoselov pelos experimentos inovadores com o grafeno. Uma parte da folha de grafeno é apresentada a seguir.

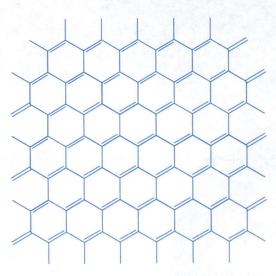

A área de uma unidade hexagonal de 6 carbonos é ~52400 pm². Calcule o número de elétrons π em uma minúscula folha de grafeno de 25 nm × 25 nm. Para esse problema, você pode ignorar os elétrons da borda (ou seja, aqueles que na imagem estão fora dos hexágonos completos).

73. A ureia reage com ácido malônico para produzir o ácido barbitúrico, um membro da classe de compostos chamados fenobarbitais, que são amplamente prescritos como sedativos.

Ureia

Ácido malônico

Ácido barbitúrico

(a) Quais ligações são rompidas e quais são formadas quando o ácido malônico e a ureia se combinam para formar o ácido barbitúrico? A reação é prevista para ser exo ou endotérmica?
(b) Escreva a equação balanceada para essa reação.
(c) Especifique os ângulos de ligação no ácido barbitúrico.
(d) Determine a hibridização dos átomos de C no ácido barbitúrico.
(e) Qual(is) é(são) a(s) ligação(ões) mais polar(es) no ácido barbitúrico?
(f) A molécula é polar?

Escalar montanhas muito altas geralmente requer o uso suplementar de oxigênio.

10 Gases e suas propriedades

Sumário do capítulo

- **10-1** Pressão dos Gases
- **10-2** Leis dos Gases: A Base Experimental
- **10-3** A Lei do Gás Ideal
- **10-4** Leis dos Gases e Reações Químicas
- **10-5** Misturas de Gases e Pressões Parciais
- **10-6** A Teoria Cinético-Molecular dos Gases
- **10-7** Difusão e Efusão
- **10-8** Comportamento Não Ideal dos Gases

A ATMOSFERA E O MAL DA MONTANHA Alguma vez você deve ter sonhado em subir até o topo das montanhas mais altas do mundo, ou você pode ser um exímio esquiador e já visitou áreas de esqui nos picos das montanhas. Em ambos os casos, a "doença aguda da montanha" (ou mal da montanha) é uma possibilidade. Essa doença é comum nas altitudes e é caracterizada por sintomas como dor de cabeça, náusea, insônia, tontura, lassidão e fadiga. É possível atenuá-la com uma subida mais lenta e seus sintomas podem ser aliviados com a ajuda de um analgésico comum.

O mal da montanha e as formas mais graves de doença de altitude geralmente ocorrem devido à privação de oxigênio, também chamada de *hipoxia*. A concentração de oxigênio na atmosfera da Terra é de 21%. À medida que você sobe cada vez mais na altitude atmosférica, a concentração permanece a 21%, mas a pressão atmosférica cai. Quando você atinge 3 mil metros (a altitude de alguns resorts de esqui), a pressão barométrica é de aproximadamente 70% daquela no nível do mar. A 5 mil metros, essa porcentagem é de somente 50%, e no topo do Monte

PARTE TRÊS ▶ ESTADOS DA MATÉRIA

CAPÍTULO 10

Objetivos do Capítulo

Consulte a Revisão dos Objetivos do Capítulo para ver as Questões para Estudo relacionadas a estes objetivos.

ENTENDER
- As bases experimentais da lei de Boyle, das lei de Charles, das hipótese de Avogadro e das lei de Dalton das pressões parciais.
- A teoria cinético-molecular na forma como é aplicada aos gases, especialmente a distribuição de velocidades moleculares (energias).
- Por que gases reais não se comportam como gases ideais sob determinadas circunstâncias.

FAZER
- Descrever como a mudança de uma propriedade de um gás (P, V, T ou n) altera as demais.
- Aplicar as leis dos gases a cálculos estequiométricos.
- Utilizar os princípios da teoria cinético-molecular para descrever o comportamento dos gases.
- Determinar as taxas relativas de efusão dos gases.
- Usar a lei do gás ideal e a equação de van der Waals.

LEMBRAR
- As diversas unidades de pressão.
- Os efeitos da temperatura e da massa molar nas velocidades de efusão e difusão.
- Como as propriedades dos gases são explicadas pela teoria cinético-molecular.

Everest (altitude = 8848 metros), chega a ser de apenas 29% da pressão do nível do mar. No nível do mar, onde a pressão parcial do oxigênio é de 160 mm Hg, seu sangue está praticamente saturado de oxigênio, mas conforme a pressão parcial de oxigênio [$P(O_2)$] cai, o percentual de saturação também cai. Quando $P(O_2)$ atinge 50 mm Hg, a hemoglobina nos glóbulos vermelhos encontra-se saturada em aproximadamente 80%. Outros níveis de saturação são fornecidos na tabela (para pH 7,4).

$P(O_2)$ (mm Hg)	PERCENTUAL APROXIMADO DE SATURAÇÃO
90	95%
80	92%
70	90%
60	85%
50	80%
40	72%

Para obter mais informações sobre a atmosfera, consulte a página 474.

Neste capítulo, avaliaremos as propriedades dos gases no nível macroscópico, e explicaremos essas propriedades observando o comportamento das moléculas na fase gasosa no nível particulado.

Questões para Estudo relacionadas a esta história: 10.57 e 10.88.

FIGURA 10.1 Air bags automotivos. Automóveis são equipados atualmente com *air bags* para proteger o motorista e os passageiros no caso de uma colisão frontal ou lateral. Essas bolsas são infladas com gás nitrogênio, que é gerado pela decomposição explosiva da azida de sódio (na presença de KNO₃ e sílica):

2 NaN₃(s) → 2 Na(s) + 3 N₂(g)

O *air bag* é totalmente inflado em aproximadamente 0,050 s. Isso é importante, pois uma colisão automobilística típica ocorre por volta de 0,125 s.

FIGURA 10.2 Um barômetro. A pressão atmosférica na superfície do mercúrio no prato é equilibrada pela pressão exercida pela coluna de mercúrio. O barômetro foi inventado em 1643 por Evangelista Torricelli (1608-1647). Uma unidade de pressão chamada *torr* em sua homenagem é equivalente a 1 mm Hg.

Balões de ar quente, tanques de mergulho e *air bags* automotivos (Figura 10.1) dependem das propriedades dos gases. Além de compreender como essas propriedades funcionam, há outras razões para se estudar os gases. Primeiro, alguns elementos e compostos comuns (como oxigênio, nitrogênio e metano) existem no estado gasoso sob condições normais de pressão e temperatura. Segundo, os gases atmosféricos fornecem um meio de transferir energia e material pela Terra e são uma fonte de produtos químicos que sustentam a vida. Além disso, a questão da "mudança climática" é um dos principais temas de discussão de nosso tempo e, os gases como dióxido de carbono e metano exercem um importante papel nesse debate (veja o Capítulo 20).

Mas existe ainda outro motivo para se estudar os gases. Entre os três estados da matéria, o comportamento dos gases é razoavelmente simples sob o ponto de vista molecular e, por isso, é mais bem compreendido. É possível descrever as propriedades dos gases qualitativamente em termos de comportamento das moléculas que os compõem. Ainda mais impressionante é a possibilidade de descrever as propriedades dos gases quantitativamente, usando modelos matemáticos simples. Um dos objetivos dos cientistas é desenvolver modelos matemáticos e conceituais precisos de fenômenos naturais e um estudo do comportamento dos gases apresentará a você essa abordagem. Como poderá ver, uma marcante e precisa descrição da maior parte dos gases requer o conhecimento de somente quatro quantidades: pressão (P), volume (V), temperatura (T, kelvin) e quantidade de matéria (n, mol) dos gases.

10-1 Pressão dos Gases

Pressão é a força exercida sobre um objeto dividida pela área na qual ela é exercida, e a pressão atmosférica pode ser medida com um barômetro. Um barômetro pode ser facilmente construído preenchendo um tubo com um líquido, geralmente mercúrio, e invertendo o tubo em um prato contendo o mesmo líquido (Figura 10.2). Se o ar tiver sido removido completamente do tubo vertical, o líquido no tubo assume um nível tal que a pressão exercida pela massa da coluna do líquido no tubo é equilibrada pela pressão da atmosfera que pressiona para baixo, na superfície do líquido no prato.

A pressão costuma ser reportada em unidades de **milímetros de mercúrio (mm Hg)**, à altura (em mm) da coluna em um barômetro de mercúrio acima da superfície do mercúrio no prato. No nível do mar, essa altura é de aproximadamente 760 mm. As pressões também são reportadas como **atmosferas padrão (atm)**, uma unidade definida como segue:

1 atmosfera padrão (1 atm) = 760 mm Hg (exatamente)

A unidade SI de pressão é o **pascal** (Pa).

1 pascal (Pa) = 1 newton/metro²

(O newton é a unidade SI de força.) Como o pascal é uma unidade muito pequena comparada às pressões ordinárias, a unidade kilopascal (kPa) é usada mais frequentemente. Outra unidade utilizada para pressões dos gases é o **bar**, em que 1 bar = 100000 Pa = 100 kPa.

UM OLHAR MAIS ATENTO | Medindo a Pressão do Gás

Pressão é a força exercida sobre um objeto dividida pela área na qual a força é exercida:

Pressão = força/área

Este livro, por exemplo, pesa mais de 4 lb e possui uma área de 96 pol², portanto, ele exerce uma pressão de aproximadamente 0,04 lb/pol² quando deitado sobre uma superfície. (Em unidades métricas, a pressão é de aproximadamente 300 Pa.)

Agora considere a pressão que a coluna de mercúrio exerce sobre o mercúrio no prato do barômetro, mostrado na Figura 10.2. Essa pressão equilibra exatamente a pressão da atmosfera. Assim, a pressão da atmosfera (ou de qualquer outro gás) é igual à altura da coluna de mercúrio (ou de qualquer outro líquido) que o gás pode suportar.

O mercúrio é o líquido escolhido para barômetros devido a sua alta densidade. Um barômetro preenchido com água teria mais de 10 m de altura. A coluna de água é, aproximadamente, 13,6 vezes a altura da coluna de mercúrio, porque a densidade do mercúrio (13,53 g/cm³) é 13,6 vezes a densidade da água (0,997 g/cm³, a 25 °C).

No laboratório, geralmente usamos um manômetro de tubo em U, que é um tubo de vidro em forma de U preenchido com mercúrio. O lado fechado do tubo é evacuado, de forma que nenhum gás permaneça para exercer pressão sobre o mercúrio nesse lado. O outro lado é aberto para o gás, cuja pressão desejamos medir. Quando o gás pressiona o mercúrio na lateral aberta, a pressão do gás é lida diretamente (em mm Hg) como a diferença no nível de mercúrio entre as laterais fechada e aberta.

Você já pode ter usado um calibrador de pneu para verificar a pressão no pneu de seu carro ou bicicleta. Nos Estados Unidos, esses medidores geralmente indicam a pressão em libras por polegada quadrada (*pounds per square inch* – psi), em que 1 atm = 14,7 psi. Alguns medidores mais novos também fornecem a pressão em kilopascal. Certifique-se de entender que a leitura na escala refere-se à pressão *em excesso com relação à pressão atmosférica*. (Um pneu furado não é um vácuo; ele contém ar em pressão atmosférica). Por exemplo, se o medidor indicar 35 psi (2,4 atm), a pressão no pneu é, na realidade, em torno de 50 psi ou 3,4 atm.

Usando um manômetro para medir pressão.

Para resumir, as unidades usadas na ciência para pressão são

1 atm = 760 mm Hg (exatamente) = 101,325 kilopascals (kPa) = 1,01325 bar

ou

1 bar = 1 × 10⁵ Pa (exatamente) = 1 × 10² kPa = 0,98692 atm

EXEMPLO 10.1

Conversões de Unidades de Pressão

Problema Converta uma pressão de 635 mm Hg para seu valor correspondente nas unidades de atmosfera (atm), bar e kilopascal (kPa).

O que você sabe? Serão necessários os seguintes fatores de conversão:

1 atm = 760 mm Hg = 1,013 bar   760 mm Hg = 101,3 kPa

Estratégia Use as relações entre milímetros de Hg, atmosferas, bars e pascals descritas no texto. (O uso da análise dimensional, página 42, é altamente recomendado.)

Solução

(a) Converta pressão em unidades de mm Hg para unidades de atm.

$$635 \text{ mm Hg} \times \frac{1 \text{ atm}}{760 \text{ mm Hg}} = \boxed{0,836 \text{ atm}}$$

(b) Converta pressão em unidades de mm Hg para unidades de bar.

$$635 \text{ mm Hg} \times \frac{1,013 \text{ bar}}{760 \text{ mm Hg}} = \boxed{0,846 \text{ bar}}$$

(c) Converta pressão em unidades de mm Hg para unidades de kilopascal.

$$635 \text{ mm Hg} \times \frac{101,3 \text{ kPa}}{760 \text{ mm Hg}} = \boxed{84,6 \text{ kPa}}$$

Pense bem antes de responder A pressão original, 635 mm Hg, é menor que 1 atm, portanto a pressão também é menor que 1 bar e menor que 100 kPa.

Verifique seu entendimento

No pico do Monte Everest (altitude = 8848 m), a pressão atmosférica é de 0,29 atm (ou 29% da pressão no nível do mar). Converta a pressão em seu valor correspondente nas unidades de mm Hg, bars e kilopascals.

EXERCÍCIOS PARA A SEÇÃO 10.1

1. Em um experimento de laboratório, você mede uma pressão de um gás de 120 mm Hg. Essa pressão em unidades de kPa é de aproximadamente

   (a) 12 kPa   (b) 16 kPa   (c) 900 kPa

2. Suponha que você construa um barômetro preenchendo com um óleo ($d = 1,25$ g/cm^3) em vez de mercúrio ($d = 13,5$ g/cm^3) o tubo vertical. Se a atmosfera tiver uma pressão de 0,95 atm, qual será a altura aproximada do óleo no tubo?

   (a) 7,2 m   (b) 7,8 m   (c) 8,3 m

10-2 Leis dos Gases: A Base Experimental

Lei de Boyle: A Compressibilidade dos Gases

Quando você adiciona ar aos pneus de sua bicicleta, usa uma bomba para forçar a entrada de ar no pneu. A bomba comprime um volume de ar no menor volume do pneu. Foi o inglês Robert Boyle (1627-1691), página 463, o primeiro a estudar a compressibilidade de gases e a observar que o volume de uma quantidade fixa de gás em uma determinada temperatura é inversamente proporcional à pressão exercida pelo gás. Todos os gases comportam-se dessa maneira e, hoje, nos referimos a essa relação como **lei de Boyle**.

A lei de Boyle pode ser demonstrada de diversas maneiras. Na Figura 10.3, uma seringa hipodérmica foi preenchida com ar (n mols) e vedada. Quando uma pressão foi aplicada ao êmbolo móvel da seringa, o ar interno foi comprimido. À medida que a pressão (P) aumentou na seringa, o volume de gás na seringa (V) diminuiu. Quando 1/V de gás na seringa é registrado em um gráfico como uma função de P (conforme medido pela massa de chumbo), isso resulta em uma linha reta. Esse tipo de gráfico demonstra que a pressão e o volume de gás são inversamente proporcionais, ou seja, mudam em direções opostas.

Matematicamente, podemos escrever a lei de Boyle como:

$$P \propto \frac{1}{V} \quad \text{em que } n \text{ (quantidade de gás) e } T \text{ (temperatura) são constantes}$$

em que o símbolo $\propto$ significa "proporcional a".

Quando duas quantidades são proporcionais entre si, elas podem ser equacionadas se for introduzida uma *constante de proporcionalidade*, aqui chamada C_B.

$$P = C_B \times \frac{1}{V} \quad \text{ou} \quad PV = C_B \text{ com } n \text{ e } T \text{ constantes}$$

Gases e suas propriedades 457

FIGURA 10.3 Um experimento para demonstrar a lei de Boyle. Uma seringa preenchida com ar foi selada. A pressão foi aplicada pela adição de bolinhas de chumbo ao béquer na parte superior da seringa. Conforme a massa de chumbo aumenta, a pressão no ar preso na seringa também aumenta e o gás é comprimido.

Essa forma da lei de Boyle expressa o fato de que o *produto da pressão pelo volume de uma amostra de gás é uma constante a uma determinada temperatura*, sendo que a constante C_B é determinada pela quantidade de matéria de gás (em mols) e sua temperatura (em kelvin). Como o produto PV é sempre igual a C_B [presumindo que não haja nenhuma mudança no número de mols do gás (n) e na temperatura (T)], conclui-se que, se PV for conhecido em uma amostra de gás sob determinadas condições (P_1 e V_1), então, será conhecido para outro conjunto de condições (P_2 e V_2).

$$P_1V_1 = P_2V_2 \text{ com } n \text{ e } T \text{ constantes} \qquad (10.1)$$

Essa forma da **lei de Boyle** é útil quando desejamos saber, por exemplo, o que acontece com o volume de uma determinada quantidade de gás quando a pressão muda a uma temperatura constante.

EXEMPLO 10.2

Lei de Boyle

Problema Uma bomba de bicicleta possui um volume de 1400 cm³. Se uma amostra de ar na bomba tiver uma pressão de 730 mm Hg, qual será a pressão quando o volume for reduzido a 170 cm³?

O que você sabe? Esse é um problema da lei de Boyle porque você está lidando com mudanças na pressão ou no volume de uma determinada quantidade de gás a uma temperatura constante. Aqui a pressão original e o volume de gás (P_1 e V_1) e o novo volume (V_2) são conhecidos, mas a pressão final (P_2) não é conhecida. Os dois volumes estão na mesma unidade, portanto, nenhuma mudança de unidade é necessária.

Condições Iniciais	Condições Finais
P_1 = 730 mm Hg	P_2 = ?
V_1 = 1400 cm³	V_2 = 170 cm³

Estratégia Usar a lei de Boyle, Equação 10.1.

Mapa Estratégico 10.2

PROBLEMA
Calcular a **pressão** quando o *volume de um gás* é **reduzido**.

↓

DADOS/INFORMAÇÕES
- Pressão *inicial*
- Volume *inicial*
- Volume *final*

Utilize a **lei de Boyle** (Equação 10.1) para calcular a **pressão final** (P_2).

↓

Pressão (P_2) após reduzir o volume

Solução Você pode resolver esse problema ao substituir os dados em uma versão rearranjada da lei de Boyle.

$$P_2 = P_1 (V_1/V_2)$$

$$P_2 = (730 \text{ mm Hg}) \times \frac{1400 \text{ cm}^3}{170 \text{ cm}^3} = 6,0 \times 10^3 \text{ mm Hg}$$

Pense bem antes de responder Você sabe que P e V variam em direções opostas. Neste caso, o volume diminuiu, então a nova pressão (P_2) deve ser maior que a pressão original (P_1). A resposta de aproximadamente 6000 mm Hg é razoável, como o volume é reduzido por um fator maior que 8 e a pressão deve aumentar seguindo esse mesmo fator.

Verifique seu entendimento

Um balão grande contém 65,0 L de gás hélio a 25 °C e uma pressão de 745 mm Hg. O balão ascende a 3000 m, onde a pressão externa diminui em 30%. Qual será o volume do balão, presumindo que ele expanda de forma que as pressões interna e externa fiquem iguais? (Presuma que a temperatura seja ainda de 25 °C.)

O Efeito da Temperatura sobre o Volume de um Gás: Lei de Charles

Em 1787, o cientista francês Jacques Charles (1746-1823) descobriu que o volume de uma quantidade fixa de gás sob pressão constante diminui com a diminuição da temperatura. A demonstração na Figura 10.4 mostra uma diminuição drástica no volume com a temperaturas, e o gráfico mostrado na Figura 10.5 ilustra de forma quantitativa como os volumes de duas amostras de gás mudam com a temperatura (sob uma pressão constante). Quando os gráficos de volume em função da temperatura são extrapolados para temperaturas muito baixas, todos eles atingem volume zero na mesma temperatura, −273,15 °C. (Logicamente, os gases não atingem volume zero; eles se liquefazem ou se solidificam acima dessa temperatura.) Entretanto, essa temperatura é significativa. William Thomson (1824-1907), também conhecido como Lorde Kelvin, propôs uma escala de temperatura – agora conhecida como escala Kelvin – na qual o ponto zero é −273,15 °C (◄ página 28). É importante reconhecer que a escala Kelvin coloca um limite absoluto (0 K) como a menor temperatura que pode ser obtida.

(a) Balões preenchidos de ar são colocados em nitrogênio líquido (77 K). O volume do gás nos balões é drasticamente reduzido nessa temperatura.

(b) Aqui todos os balões foram colocados no frasco de nitrogênio líquido.

(c) Quando os balões são removidos, eles aquecem à temperatura ambiente e inflam novamente até seu volume original.

FIGURA 10.4 Um exemplo drástico da lei de Charles.

FIGURA 10.5 Lei de Charles. As linhas sólidas representam os volumes de amostras de hidrogênio (0,00100 mol) e oxigênio (0,000450 mol) a uma pressão de 1,00 atm, mas em temperaturas diferentes. Os volumes diminuem à medida que a temperatura diminui (sob pressão constante). Essas linhas, se extrapoladas, interceptam o eixo da temperatura em aproximadamente −273 °C.

Quando temperaturas Kelvin são usadas com medidas de volume, a relação volume–temperatura é

$$V = C_c \times T$$

em que C_c é uma constante de proporcionalidade (que depende da quantidade de gás e de sua pressão). Essa é a **lei de Charles**, a qual afirma que, *se uma determinada quantidade de gás for mantida a uma pressão constante, seu volume é diretamente proporcional à temperatura Kelvin.*

Escrevendo a lei de Charles de outra maneira, temos $V/T = C_c$, ou seja, o volume de um gás dividido pela temperatura do gás (em kelvin) é constante para uma determinada pressão. Portanto, se conhecemos o volume e a temperatura de uma determinada quantidade de gás (V_1 e T_1), podemos encontrar o volume, V_2, em alguma outra temperatura, T_2, usando a equação

$$\frac{V_1}{T_1} = \frac{V_2}{T_2} \quad \text{com } n \text{ e } P \text{ constantes} \qquad (10.2)$$

Um cálculo usando a lei de Charles é ilustrado pelo exemplo a seguir. Observe que a temperatura T *sempre deve ser expressa em kelvin.*

EXEMPLO 10.3

Lei de Charles

Problema Uma amostra de CO_2 contida em uma seringa (como na Figura 10.3) tem um volume de 25,0 mL sob temperatura ambiente (20,0 °C). Qual é o volume final do gás se você mantiver a seringa nas mãos para elevar a temperatura a 37 °C (mantendo a pressão constante)?

O que você sabe? Este é um problema da lei de Charles: há uma alteração no volume de uma amostra de gás com a temperatura à pressão constante. Você conhece o volume original e a temperatura, e deseja conhecer o volume em uma nova temperatura. Lembre-se de que, para utilizarmos a lei de Charles, a temperatura deve ser expressa em kelvin.

Condições Iniciais
V_1 = 25,0 mL
T_1 = 20,0 + 273,2 = 293,2 K

Condições Finais
V_2 = ?
T_2 = 37 + 273 = 310. K

Estratégia Use a lei de Charles, Equação 10.2.

Solução Rearranje a Equação 10.2 para obter V_2:

$$V_2 = V_1 \times \frac{T_2}{T_1} = 25,0 \text{ mL} \times \frac{310,\text{K}}{293,2 \text{ K}} = 26,4 \text{ mL}$$

Pense bem antes de responder Enquanto o aumento de temperatura pode parecer grande, o aumento do volume é pequeno. Matematicamente, isso acontece porque a mudança depende da *relação* entre temperaturas Kelvin, que é ligeiramente maior que 1.

Verifique seu entendimento

Um balão é inflado com hélio até um volume de 45 L à temperatura ambiente (25 °C). Se o balão for refrigerado a −10 °C, qual será o novo volume do balão? Considere que a pressão não varia.

Combinando as Leis de Boyle e de Charles: A Lei Geral dos Gases

Você agora sabe que o volume de uma determinada quantidade de gás é inversamente proporcional à sua pressão sob temperatura constante (lei de Boyle) e diretamente proporcional à temperatura em Kelvin sob pressão constante (lei de Charles). Mas, e se você precisar saber o que acontece com o gás quando dois dos três parâmetros (*P*, *V* e *T*) variam? Por exemplo, o que aconteceria com a pressão de uma amostra de nitrogênio em um *air bag* automotivo se a mesma quantidade de gás fosse colocada em uma bolsa menor e aquecida até uma alta temperatura? Você pode lidar com essa situação combinando as duas equações que expressam as leis de Boyle e de Charles.

$$\frac{P_1 V_1}{T_1} = \frac{P_2 V_2}{T_2} \quad \text{para uma determinada quantidade de gás, } n \quad (10.3)$$

Essa equação é chamada às vezes de **lei geral dos gases** ou **lei combinada dos gases**. Ela aplica-se especificamente a situações em que a *quantidade de gás não varia*.

Um balão meteorológico é preenchido com hélio. Conforme ele ascende à troposfera, o volume aumenta ou diminui?

EXEMPLO 10.4

Lei Geral dos Gases

Problema Balões preenchidos com hélio são usados para transportar instrumentos científicos para a alta atmosfera. Suponha que um balão seja lançado quando a temperatura for de 22,5 °C, e a pressão barométrica, 754 mm Hg. Se o volume do balão for de 4,19 × 10³ L, e nenhuma quantidade de gás escapa do balão, qual será o volume em uma altura de 20 milhas (32 km), onde a pressão é de 76,0 mm Hg e a temperatura é de −33,0 °C?

O que você sabe? Aqui você conhece o volume, a temperatura e a pressão iniciais do gás e deseja saber o volume da mesma quantidade de gás em uma nova pressão e temperatura.

Condições Iniciais	Condições Finais
$V_1 = 4{,}19 \times 10^3$ L	$V_2 = ?$ L
$P_1 = 754$ mm Hg	$P_2 = 76{,}0$ mm Hg
$T_1 = 22{,}5$ °C (295,7 K)	$T_2 = -33{,}0$ °C (240,2 K)

Estratégia É mais conveniente usar a Equação 10.3, a lei geral dos gases.

Solução Você pode rearranjar a equação da lei geral dos gases para calcular o novo volume V_2:

$$V_2 = \left(\frac{T_2}{P_2}\right) \times \left(\frac{P_1 V_1}{T_1}\right) = V_1 \times \frac{P_1}{P_2} \times \frac{T_2}{T_1}$$

$$= 4{,}19 \times 10^3 \text{ L} \times \left(\frac{754 \text{ mm Hg}}{76{,}0 \text{ mm Hg}}\right) \times \left(\frac{240{,}2 \text{ K}}{295{,}7 \text{ K}}\right) = 3{,}38 \times 10^4 \text{ L}$$

Pense bem antes de responder A pressão diminuiu em quase um fator de 10, que deve levar a um aumento no volume em aproximadamente dez vezes. Esse aumento é parcialmente compensado por uma queda na temperatura que leva a uma redução no volume. No geral, o volume aumenta porque a pressão caiu substancialmente.

Verifique seu entendimento

Você tem um cilindro de 22 L de hélio a uma pressão de 150 atm (acima da pressão atmosférica) e a 31 °C. Quantos balões você pode preencher, cada um contendo um volume de 5,0 L, em um dia quando a pressão atmosférica é de 755 mm Hg e a temperatura é de 22° C?

Mapa Estratégico 10.4

PROBLEMA
Calcule o **volume** de uma amostra de gás após uma alteração em **T** e **P**.

DADOS/INFORMAÇÕES
- Pressão, volume e temperatura *iniciais*
- Pressão e temperatura *finais*

Rearranje a equação da **lei geral dos gases** (Equação 10.3) para calcular o **volume final** (V_2).

Volume (V_2) após alteração em *T* e *P*

A lei geral dos gases leva a outras previsões úteis sobre o comportamento dos gases. Por exemplo, se uma determinada quantidade de gás é mantida em um compartimento fechado, ou seja, n e V constantes, a pressão do gás aumentará com o aumento de temperatura.

$$\frac{P_1}{T_1} = \frac{P_2}{T_2} \text{ quando } V_1 = V_2, \text{ portanto } P_2 = P_1 \times \frac{T_2}{T_1}$$

Ou seja, quando T_2 for maior que T_1, P_2 será maior que P_1. De fato, esse é o motivo pelo qual os fabricantes de pneus recomendam verificar as pressões quando os pneus estão frios. Após dirigir por uma certa distância, a fricção aquece os pneus e aumenta a pressão interna. O enchimento de um pneu aquecido até a pressão recomendada pode fazer com que permaneçam com baixa pressão.

Hipótese de Avogadro

Air bags frontais e laterais agora são comuns nos automóveis. No caso de um acidente, um *air bag* é inflado rapidamente com gás nitrogênio gerado por uma reação química. Cada *air bag* possui um sensor, que é automaticamente acionado com a desaceleração brusca, para iniciar uma reação (figuras 10.1 e 10.6). Em muitos tipos de *air bags*, a explosão da azida de sódio gera gás nitrogênio.

$$2 \text{ NaN}_3(s) \rightarrow 2 \text{ Na}(s) + 3 \text{ N}_2(g)$$

Quando um carro desacelera em uma colisão, um contato elétrico é feito na unidade do sensor. O propulsor (sólido verde) é detonado, liberando gás nitrogênio, e o saco de náilon dobrado se expande para fora do compartimento plástico.

Os *air bags* do lado do motorista inflam com 35–70 L de gás de N_2, ao passo que os do passageiro, com 60–160 L.

O *air bag* esvazia em 0,2 segundo, com o gás escapando por meio de orifícios em sua parte inferior.

Fotos: Autoliv/ASP

FIGURA 10.6 *Air bags* automotivos.

(O sódio produzido na reação é convertido em sais inofensivos pela adição de KNO_3 e sílica à mistura.) Os *air bags* do lado do motorista inflam a um volume de 35–70 L e, os do lado do passageiro, a 60–160 L. O volume final da bolsa dependerá da quantidade de nitrogênio gerada.

A relação entre o volume e a quantidade de gás foi registrada primeiramente por Amedeo Avogadro (1776-1856). Em 1811, ele usou trabalhos com gases (e experimentos anteriores com balões de ar aquecidos) do químico Joseph Gay-Lussac (1778-1850) para propor que *volumes iguais de gases sob as mesmas condições de temperatura e pressão apresentam número igual de partículas* (tanto moléculas quanto átomos, dependendo da composição do gás). Essa ideia agora é chamada de **hipótese de Avogadro**. Visto por outro lado, o volume de um gás sob uma determinada temperatura e pressão é diretamente proporcional à quantidade de gás em mols:

$$V \propto n \quad \text{a } T \text{ e } P \text{ constantes}$$

EXEMPLO 10.5

Hipótese de Avogadro

Problema O monóxido de dinitrogênio, geralmente conhecido como gás hilariante, é usado em procedimentos dentários como anestésico. Sob temperaturas elevadas e com o catalisador apropriado, o monóxido de dinitrogênio pode ser formado a partir da reação entre amônia e oxigênio:

$$2\,NH_3(g) + 2\,O_2(g) \rightarrow N_2O(g) + 3\,H_2O(g)$$

Se você começar com 15,0 L de $NH_3(g)$, qual volume de $O_2(g)$ é necessário para completar a reação (ambos os gases nas mesmas *T* e *P*)? Qual é o volume teórico do N_2O obtido, em litros, sob as mesmas condições?

O que você sabe? A partir da hipótese de Avogadro, você sabe que o volume do gás é proporcional à quantidade de matéria do gás. Você conhece o volume de amônia e, da equação balanceada, conhece os coeficientes estequiométricos que relacionam a quantidade conhecida de NH_3 com as quantidades desconhecidas de O_2 e N_2O.

Estratégia Esse é um problema de estequiometria em que você pode substituir os volumes dos gases por mols. Ou seja, pode calcular o volume de O_2 requerido e de N_2O formado (aqui em litros), multiplicando o volume de NH_3 disponível por um coeficiente estequiométrico obtido pela equação química balanceada.

Solução

$$V\,(O_2 \text{ necessário}) = (15{,}0 \text{ L } NH_3 \text{ disponível}) \left(\frac{2 \text{ L } O_2 \text{ necessário}}{2 \text{ L } NH_3 \text{ disponível}} \right) = 15{,}0 \text{ L } O_2 \text{ necessário}$$

$$V\,(N_2O \text{ produzido}) = (15{,}0 \text{ L } NH_3 \text{ disponível}) \left(\frac{1 \text{ L } N_2O \text{ produzido}}{2 \text{ L } NH_3 \text{ disponível}} \right) = 7{,}50 \text{ L } N_2O \text{ produzido}$$

Pense bem antes de responder A equação balanceada informa que a quantidade de O_2 necessária é igual à quantidade de NH_3 presente e a quantidade de N_2O produzida é 1/2 da quantidade de NH_3.

Verifique seu entendimento

O metano queima em oxigênio para formar CO_2 e H_2O, de acordo com a equação balanceada

$$CH_4(g) + 2\,O_2(g) \rightarrow CO_2(g) + 2\,H_2O(g)$$

Se 22,4 L de gás CH_4 forem queimados, que volume de O_2 é necessário para a combustão completa? Quais volumes de CO_2 e H_2O são produzidos? Considere que todos os gases tenham a mesma temperatura e pressão.

Gases e suas propriedades   **463**

UM OLHAR MAIS ATENTO
Estudos Sobre Gases – Robert Boyle e Jacques Charles

Robert Boyle (1627-1691) nasceu na Irlanda. Foi o 14º e último filho do primeiro Conde de Cork. Em seu livro *Tio Tungstênio*, Oliver Sacks conta que "A Química como verdadeira ciência teve seu primeiro reconhecimento com o trabalho de Robert Boyle em meados do século XVII. Quase vinte anos mais velho que Isaac Newton, Boyle nasceu em uma época em que a prática da alquimia ainda predominava, e ele mantinha uma variedade de crenças e práticas da alquimia, lado a lado com suas práticas científicas. Ele acreditava que o ouro podia ser criado, e que havia sido bem-sucedido ao fazê-lo (Newton, também um alquimista, aconselhou-o a manter sigilo sobre isso).

Boyle examinava cristais, explorava cores, idealizava um indicador ácido-base a partir de xarope de violetas e forneceu a primeira definição moderna de um elemento. Também era fisiologista, e foi o primeiro a mostrar que o corpo humano saudável apresenta uma temperatura constante. Hoje, Boyle é mais conhecido por seus estudos sobre os gases, os quais foram descritos em seu livro *The Sceptical Chymist* (em português, *O Químico Cético*), publicado em 1680.

O químico francês e inventor Jacques Alexandre César Charles iniciou sua carreira como escrevente no Ministério das Finanças francês, mas seu verdadeiro interesse era a ciência. Desenvolveu diversas invenções e ficou mais conhecido pela invenção do balão de hidrogênio. Em agosto de 1783, Charles explorou os estudos sobre gás hidrogênio inflando um balão com esse gás. Como o hidrogênio poderia escapar facilmente de um saco de papel, ele fez um balão de seda revestido com borracha. Para inflar o balão, ele levou vários dias e precisou de aproximadamente 225 kg de ácido sulfúrico e 450 kg de ferro para produzir o gás H$_2$. O balão permaneceu no alto por quase 45 minutos e viajou aproximadamente 15 milhas (24 km). Ao pousar em uma vila, entretanto, as pessoas ficaram tão apavoradas que o dilaceraram. Vários meses depois, Charles e um passageiro voaram em um novo balão de hidrogênio ao longo de certa distância nos campos da França e subiram a uma altitude até então inacreditável de 2 milhas (3 km).

Consulte WILLIAMS, K. R. Robert Boyle: Founder of Modern Chemistry. *Journal of Chemical Education*, v. 86, p. 148, 2009.

Jacques Charles e Nicolas-Louis Robert voaram sobre Paris em 1º de dezembro de 1783, em um balão cheio de hidrogênio.

Robert Boyle (1627-1691).

Jacques Alexandre César Charles (1746-1823).

EXERCÍCIOS PARA A SEÇÃO 10.2

1. Uma amostra de um gás apresenta um volume de 222 mL a 695 mm Hg e 0 °C. Qual é o volume dessa mesma amostra de gás se ele for medido a 333 mm Hg e 0 °C?

   (a) 894 mL   (b) 463 mL   (c) 657 mL   (d) 359 mL

2. O volume de uma amostra de gás é de 235 mL a uma temperatura de 25 °C. Em que temperatura essa mesma amostra de gás teria um volume de 310 mL, se a pressão da amostra de gás for mantida constante?

   (a) −47,0 °C   (b) 69,4 °C   (c) 33,1 °C   (d) 120, °C

3. Um gás contido em um tanque de 10,0 L a 25 °C tem uma pressão de 1,00 atm. O gás é transferido para um tanque de 20,0 L a 0 °C. Qual afirmação é verdadeira?

   (a) A pressão do gás é reduzida à metade.   (c) A pressão do gás é de 1,00 atm.
   (b) A pressão no tanque é duplicada.   (d) Nenhuma das anteriores.

10-3 A Lei do Gás Ideal

Quatro quantidades inter-relacionadas podem ser usadas para descrever um gás: pressão, volume, temperatura e quantidade de matéria (mols). Sabemos a partir de experimentos que as seguintes leis dos gases podem ser usadas para descrever a relação entre essas propriedades (veja a Seção 10.2).

Lei de Boyle	Lei de Charles	Hipótese de Avogadro
$V \propto (1/P)$	$V \propto T$	$V \propto n$
(T, n constantes)	(P, n constantes)	(T, P constantes)

Se todas as três leis forem combinadas, o resultado é

$$V \propto \frac{nT}{P}$$

Isso pode ser feito em uma equação matemática introduzindo uma constante de proporcionalidade, **R**. Essa constante, chamada de **constante dos gases**, é uma *constante universal*, um número que você pode usar para correlacionar as propriedades de qualquer gás:

$$V = R\left(\frac{nT}{P}\right)$$

ou

$$PV = nRT \tag{10.4}$$

A equação $PV = nRT$ é chamada de **lei do gás ideal** (ou **dos gases ideais**). Ela descreve o comportamento de um gás então chamado ideal. Infelizmente, não existe esse tal gás ideal, mas gases reais sob pressões em torno de uma atmosfera e temperatura ambiente geralmente comportam-se de forma bem parecida com a ideal, assim, $PV = nRT$ descreve adequadamente seu comportamento (veja a Seção 10.8).

Para usar a equação $PV = nRT$, precisamos de um valor para R. Isso pode ser determinado experimentalmente. Ao medir cuidadosamente P, V, n e T para uma amostra de gás, podemos calcular o valor de R a partir desses valores usando a equação da lei do gás ideal. Por exemplo, sob **condições normais de temperatura e pressão (CNTP)** (a temperatura de um gás de 0 °C ou 273,15 K e pressão de 1 atm), 1 mol de um gás ideal ocupa 22,414 L, uma quantidade denominada **volume molar normal**. Substituindo esses valores na lei do gás ideal obtém-se um valor para R:

$$R = \frac{PV}{nT} = \frac{(1,0000 \text{ atm})(22,414 \text{ L})}{(1,0000 \text{ mol})(273,15 \text{ K})} = 0,082057 \frac{\text{L} \cdot \text{atm}}{\text{K} \cdot \text{mol}}$$

Com um valor para R, podemos agora usar a lei do gás ideal nos cálculos.

Propriedades de um Gás Ideal No caso de gases ideais, consideramos que não existem forças de atração entre as moléculas e que as próprias moléculas não ocupem nenhum volume.

CNTP – O que É Isso? A sigla significa "condições normais de temperatura e pressão", definidas como 0 °C (ou 273,15 K) e 1 atm. Sob essas condições, 1 mol de um gás ideal ocupa exatamente 22,414 L.

Mapa Estratégico 10.6

PROBLEMA
Calcule a quantidade de matéria de um gás usando a **lei do gás ideal**.

DADOS/INFORMAÇÕES
- **Pressão** do gás
- **Volume** do gás
- **Temperatura** do gás

Rearranje a Equação 10.4 (a **lei do gás ideal**) para calcular a **quantidade de matéria** (*n*).

Quantidade de matéria de gás, *n*

EXEMPLO 10.6

Lei dos Gases Ideais

Problema O gás nitrogênio em um *air bag* automotivo, com um volume de 65 L, exerce uma pressão de 829 mm Hg a 25 °C. Qual é a quantidade de gás N_2 (em mols) no *air bag*?

O que você sabe? Você tem o valor de *P*, *V* e *T* para uma amostra de gás e deseja calcular a quantidade de matéria de gás (*n*). *P* = 829 mm Hg, *V* = 65 L, *T* = 25 °C, *n* = ? Também sabe o valor de $R = 0,082057$ L · atm/K · mol.

Estratégia Use a lei do gás ideal, Equação 10.4.

Solução Para usar a lei do gás ideal com R tendo as unidades de L · atm/K · mol, a pressão deve ser expressa em atmosferas e a temperatura em kelvin. Portanto, deve-se primeiro converter a pressão e a temperatura para valores com essas unidades.

$$P = 829 \text{ mm Hg} \left(\frac{1 \text{ atm}}{760 \text{ mm Hg}}\right) = 1,09 \text{ atm}$$

$$T = 25 + 273 = 298 \text{ K}$$

Agora substitua os valores de P, V, T e R na lei do gás ideal, e resolva a equação para encontrar a quantidade do gás, n:

$$n = \frac{PV}{RT} = \frac{(1{,}09 \text{ atm})(65 \text{ L})}{(0{,}082057 \text{ L} \cdot \text{atm/K} \cdot \text{mol})(298 \text{ K})} = \boxed{2{,}9 \text{ mol}}$$

Observe que as unidades de atmosferas, litros e kelvins são canceladas para deixar a resposta em mols.

Pense bem antes de responder Você sabe que 1 mol de um gás ideal nas CNTP ocupa aproximadamente 22,4 L, portanto, é razoável supor que 65 L de gás (sob condições ligeiramente diferentes) correspondem a aproximadamente três vezes essa quantidade, ou 3 mols.

Verifique seu entendimento

O balão usado por Jacques Charles em seu histórico voo de balão em 1783 foi preenchido com aproximadamente 1300 mols de H_2. Se a temperatura do gás era de 23 °C, e a pressão do gás 750 mm Hg, qual era o volume do balão?

A Densidade dos Gases

A densidade de um gás sob determinada temperatura e pressão é uma quantidade útil (Figura 10.7). Como a quantidade de matéria (n, mol) de qualquer composto é dada pela sua massa (m) dividida pela sua massa molar (M), podemos substituir m/M por n na equação do gás ideal.

$$PV = \left(\frac{m}{M}\right) RT$$

Densidade (d) é definida como a massa dividida pelo volume (m/V). Podemos rearranjar a expressão da lei do gás acima para fornecer a seguinte equação, que possui o termo (m/V) à esquerda. Essa é a densidade do gás expressa em unidades de g/L.

$$d = \frac{m}{V} = \frac{PM}{RT} \qquad (10.5)$$

FIGURA 10.7 Densidade do gás.

Os balões são preenchidos com quantidades quase iguais de gás à mesma temperatura e pressão. Um dos balões contém hélio, um gás de baixa densidade. Os outros balões contêm ar.

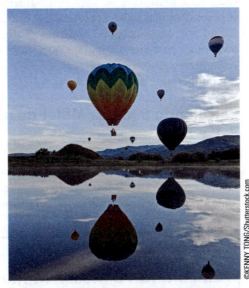

O ar aquecido em um "balão de ar quente" apresenta uma densidade menor que o ar circundante e isso permite que o balão se eleve.

A densidade do gás é diretamente proporcional à pressão e à massa molar e inversamente proporcional à temperatura. A Equação 10.5 é útil porque a densidade do gás pode ser calculada a partir da massa molar, ou a massa molar pode ser obtida a partir de uma medida de densidade do gás sob uma dada pressão e temperatura.

EXEMPLO 10.7

Densidade e Massa Molar

Problema Calcule a densidade do CO_2 nas CNTP. O CO_2 é mais ou é menos denso que o ar (cuja densidade é 1,29 g/L nas CNTP)?

O que você sabe? As quantidades conhecidas são a massa molar do CO_2 (M = 44,0 g/mol), a pressão do gás (P) = 1,00 atm, a temperatura (T) = 273,15 K e a constante do gás (R). A densidade do gás CO_2 (d) é desconhecida.

Estratégia Use a Equação 10.5 que relaciona a densidade do gás com a massa molar.

Solução Os valores conhecidos são substituídos na Equação 10.5, que é então resolvida para densidade (d):

$$d = \frac{PM}{RT} = \frac{(1,00 \text{ atm})(44,0 \text{ g/mol})}{(0,082057 \text{ L} \cdot \text{atm/K} \cdot \text{mol})(273 \text{ K})} = 1,96 \text{ g/L}$$

Pense bem antes de responder A densidade do CO_2 é consideravelmente maior que a do ar seco nas CNTP (1,29 g/L). (Veja a Figura 10.8.)

Verifique seu entendimento

A 1,00 atm e a 25 °C, a densidade do ar seco é 1,18 g/L. Se o ar for aquecido a 55 °C sob pressão constante, qual será sua densidade?

FIGURA 10.8 Densidade do gás. Como o dióxido de carbono dos extintores de incêndio é mais denso que o ar, ele se acumula por cima do fogo e o abafa. (Quando o gás CO_2 sai do tanque, ele expande-se e resfria bastante. A nuvem branca é a condensação da umidade do ar.)

A densidade do gás tem implicações práticas. Da equação $d = PM/RT$, você reconhece que a densidade de um gás é diretamente proporcional à sua massa molar. O ar seco, que tem uma massa molar média de aproximadamente 29 g/mol, apresenta uma densidade de aproximadamente 1,18 g/L sob 1 atm e 25 °C. Gases ou vapores com massas molares maiores que 29 g/mol possuem densidades maiores que 1,2 g/L sob essas mesmas condições (1 atm e 25 °C). Portanto, gases como CO_2, SO_2 e vapor de gasolina acumulam no solo se liberados na atmosfera (Figura 10.8). Inversamente, gases como H_2, He, CO, CH_4 (metano) e NH_3 sobem e se dissipam se forem liberados na atmosfera.

Calculando a Massa Molar de um Gás a partir de Dados de P, V e T

Quando um novo composto é isolado no laboratório, uma das primeiras coisas que costumamos fazer é determinar sua massa molar. Se o composto volatiliza facilmente, um método clássico de determinar a massa molar é medir a pressão e o volume exercidos por uma determinada massa de gás a uma dada temperatura.

EXEMPLO 10.8

Calculando a Massa Molar de um Gás a partir dos Dados P, V e T

Problema Você está tentando determinar experimentalmente a fórmula de um composto gasoso que preparou para substituir clorofluorcarbonos em aparelhos de ar-condicionado. Você determinou que a fórmula empírica é CHF_2, mas para determinar a fórmula molecular será necessário conhecer a massa molar. Você descobre que uma amostra de 0,100 g do composto exerce uma pressão de 70,5 mm Hg em um recipiente de 256 mL a 22,3 °C. Qual é a massa molar do composto? Qual é sua fórmula molecular?

O que você sabe? Você conhece a massa de um gás, em um determinado volume, sob pressão e temperatura conhecidas. A massa molar do gás, M, é desconhecida.

m = massa do gás = 0,100 g P = 70,5 mm Hg, ou 0,0928 atm

V = 256 mL, ou 0,256 L T = 22,3 °C ou 295,5 K

Estratégia Dividindo a massa do gás pelo seu volume obtém-se sua densidade, que está relacionada à massa molar através da Equação 10.5. Alternativamente, os dados de P, V e T podem ser usados para calcular a quantidade de matéria de gás (mols). A massa molar é então o quociente da massa do gás e de sua quantidade de matéria (mols).

Solução A densidade do gás é a massa do gás dividida pelo volume.

$$d = \frac{0,100 \text{ g}}{0,256 \text{ L}} = 0,391 \text{ g/L}$$

Use esse valor de densidade com os valores de pressão e temperatura na Equação 10.5 ($d = PM/RT$) e resolva para oter a massa molar (M).

$$M = \frac{dRT}{P} = \frac{(0,391 \text{ g/L})(0,082057 \text{ L} \cdot \text{atm/K} \cdot \text{mol})(295,5 \text{ K})}{0,0928 \text{ atm}} = \boxed{102 \text{ g/mol}}$$

Com esse resultado, você pode comparar a massa molar determinada experimentalmente com a massa de um mol de gás que possui a fórmula empírica CHF_2.

$$\frac{\text{Massa molar experimental}}{\text{Massa de 1 mol de } CHF_2} = \frac{102 \text{ g/mol}}{51,0 \text{ g/fórmula unitária}} = 2 \text{ fórmulas unitárias de } CHF_2 \text{ por mol}$$

Portanto, a fórmula do composto é $\boxed{C_2H_2F_4}$.

Em uma abordagem alternativa, você usa a lei do gás ideal para calcular a quantidade de matéria de gás, n.

$$n = \frac{PV}{RT} = \frac{(0,0928 \text{ atm})(0,256 \text{ L})}{(0,082057 \text{ L} \cdot \text{atm/K} \cdot \text{mol})(295,5 \text{ K})} = 9,80 \times 10^{-4} \text{ mol}$$

Agora você sabe que 0,100 g de gás é equivalente a $9,80 \times 10^{-4}$ mol. Portanto,

$$\text{Massa molar} = \frac{0,100 \text{ g}}{9,80 \times 10^{-4} \text{ mol}} = 102 \text{ g/mol}$$

Pense bem antes de responder Se a massa molar calculada não for a mesma que aquela para a fórmula empírica ou um múltiplo inteiro daquele valor, então você pode presumir que há um erro em alguma etapa.

Verifique seu entendimento

Uma amostra de 0,105 g de um composto gasoso em um recipiente de 125 mL apresenta uma pressão de 561 mm Hg a 23,0 °C. Qual é sua massa molar?

Mapa Estratégico 10.8

PROBLEMA
Calcule a massa molar de um gás usando a **lei do gás ideal**.

DADOS/INFORMAÇÕES
- **Pressão** do gás
- **Volume** do gás
- **Temperatura** do gás

ETAPA 1. Rearranje a Equação 10.4 (**lei do gás ideal**) para calcular **a quantidade de matéria** (n).

Quantidade de matéria de gás, n

ETAPA 2. Divida a **massa** do gás pela sua **quantidade de matéria** (n).

Massa molar do gás

EXERCÍCIOS PARA A SEÇÃO 10.3

1. Qual gás possui a maior densidade a 25 °C e pressão de 1,00 atm?

    (a) O_2 (b) N_2 (c) H_2 (d) CO_2 (e) Xe

2. O gás A está em um frasco de 2 L com uma pressão de 1 atm a 298 K. O gás B está em um frasco de 4 L com uma pressão de 0,5 atm a 273 K. Que gás está presente em maior quantidade?

    (a) A   (b) B   (c) Nenhum. As quantidades são as mesmas.

3. Quando medido a uma pressão de 1,0 atm e 298 K, o gás C tem uma densidade de 2,0 g/L. A densidade do gás D, medida a uma pressão de 0,5 atm e 298 K, é 1,3 g/L. Qual gás possui a maior massa molar?

(a) C (b) D (c) Nenhum. As massas molares são as mesmas.

10-4 Leis dos Gases e Reações Químicas

Muitas reações industrialmente importantes envolvem gases. Dois exemplos são a combinação de nitrogênio e hidrogênio para produzir amônia,

$$N_2(g) + 3\ H_2(g) \rightarrow 2\ NH_3(g)$$

e a eletrólise de NaCl aquoso para produzir hidrogênio e cloro,

$$2\ NaCl(aq) + 2\ H_2O(\ell) \rightarrow 2\ NaOH(aq) + H_2(g) + Cl_2(g)$$

Se pretendemos entender os aspectos quantitativos de tais reações, precisamos realizar cálculos estequiométricos. O esquema na Figura 10.9 conecta esses cálculos para reações gasosas com cálculos estequiométricos do Capítulo 4.

O calor da reação converte água em vapor.

Lítio e água produzem gás H_2 e LiOH.

EXEMPLO 10.9

Leis dos Gases e Estequiometria

Problema Gás hidrogênio é produzido a partir da reação de lítio e água. Que massa de lítio é necessária para produzir 23,5 L de H_2(g) a 17,0 °C e uma pressão de 743 mm Hg? A reação de produção do gás é

$$2\ Li(s) + 2\ H_2O(aq) \rightarrow 2\ LiOH(aq) + H_2(g)$$

O que você sabe? Você conhece a pressão, o volume e a temperatura do gás H_2 a ser produzido e conhece a equação balanceada que relaciona as quantidades do reagente, Li, com as do produto, H_2.

P = 743 mm Hg (1 atm/760 mm Hg) = 0,978 atm

V = 23,5 L

T = 17,0 °C, ou 290,2 K

Você deseja saber a massa de Li necessária para produzir uma determinada quantidade de matéria de H_2. Isso exigirá conhecer a massa molar do Li.

FIGURA 10.9 Um esquema para cálculos estequiométricos. Aqui, A e B podem ser reagentes ou produtos. A quantidade de matéria de A (mol) pode ser calculada a partir da sua massa em gramas e de sua massa molar, da concentração e volume de uma solução, ou dos dados de P, V e T usando a lei do gás ideal. Depois que o valor de B é determinado, esse valor pode ser convertido em uma massa ou concentração de solução ou volume, ou em uma propriedade do gás.

Estratégia A lógica geral para ser usada aqui segue um caminho na Figura 10.9 e no Mapa Estratégico 10.9. Primeiro, use $PV = nRT$ com dados do gás para calcular a quantidade de matéria de H$_2$ produzida. Então, relacione essa quantidade com um coeficiente estequiométrico e com a massa molar de Li para calcular a massa de Li necessária.

Solução

Etapa 1: Encontre a quantidade de matéria (mol) de gás produzida.

$$n = \text{H}_2 \text{ produzido (mol)} = \frac{PV}{RT}$$

$$n = \frac{(0{,}978 \text{ atm})(23{,}5 \text{ L})}{(0{,}082057 \text{ L} \cdot \text{atm/K} \cdot \text{mol})(290{,}2 \text{ K})} = 0{,}965 \text{ mol H}_2$$

Etapa 2: Calcule a quantidade de lítio que produzirá 0,965 mol de gás H$_2$.

$$\text{Massa de Li} = 0{,}965 \text{ mol H}_2 \left(\frac{2 \text{ mol Li}}{1 \text{ mol H}_2}\right)\left(\frac{6{,}941 \text{ g}}{1 \text{ mol Li}}\right) = \boxed{13{,}4 \text{ g Li}}$$

Pense bem antes de responder Você sabe que, nas CNTP, 1 mol de um gás ideal ocupa um volume de 22,4 L. Embora não sejam CNTP exatamente, as condições aqui são próximas a isso, portanto, um volume de 23,5 L deve corresponder a aproximadamente 1 mol de H$_2$. De acordo com a estequiometria da reação, serão necessárias duas vezes essa quantidade de Li ou cerca de 2 mols. De acordo com a massa molar de Li (6,941 g/mol), isso representa em torno de 14 g.

Verifique seu entendimento

Se 15,0 g de sódio reagem com água, que volume de gás hidrogênio é produzido a 25,0 °C e uma pressão de 1,10 atm?

Mapa Estratégico 10.9

PROBLEMA
Calcule a **massa do reagente** necessária para produzir um gás a *P*, *V* e *T* conhecidos.

DADOS/INFORMAÇÕES
- **Pressão** do gás
- **Volume** do gás
- **Temperatura** do gás
- **Equação balanceada**

ETAPA 1. Calcule a quantidade de matéria de um gás (*n*) usando a **lei do gás ideal.**

Quantidade de gás, *n*

ETAPA 2. Use o **coeficiente estequiométrico** para relacionar a *quantidade de gás* (*n*) à *quantidade de reagente* necessário.

Quantidade de reagente

ETAPA 3. Calcule a **massa do reagente** a partir de sua quantidade de matéria.

Massa do reagente

EXERCÍCIOS PARA A SEÇÃO 10.4

O diborano reage com O$_2$ para produzir óxido bórico e vapor de água.

$$\text{B}_2\text{H}_6(g) + 3\,\text{O}_2(g) \rightarrow \text{B}_2\text{O}_3(s) + 3\,\text{H}_2\text{O}(g)$$

1. Que massa de O$_2$ é necessária para reagir completamente com 1,5 L de B$_2$H$_6$ a 25 °C e 0,15 atm?

    (a) 0,29 g   (b) 0,59 g   (c) 0,44 g   (d) 0,88 g

2. Se você misturar 1,5 L de B$_2$H$_6$ com 4,0 L de O$_2$, cada um a 0 °C e uma pressão de 1,0 atm, que quantidade de matéria de água será produzida?

    (a) 0,18 mol   (b) 0,067 ml   (c) 0,060 mol   (d) 0,25 mol

10-5 Misturas de Gases e Pressões Parciais

O ar que você respira é uma mistura de nitrogênio, oxigênio, argônio, dióxido de carbono, vapor de água e pequenas quantidades de outros gases (Tabela 10.1). Cada um desses gases exerce sua própria pressão, e a pressão atmosférica é a soma das pressões exercidas pelos gases. A pressão de cada gás na mistura é chamada de **pressão parcial**.

John Dalton (1766-1844) foi o primeiro a observar que a pressão de uma mistura de gases ideais é a soma das pressões parciais dos diferentes gases na mistura. Essa observação agora é conhecida como **lei de Dalton das pressões parciais** (Figura 10.10). Matematicamente, podemos escrever a lei de Dalton das pressões parciais como

$$P_{\text{total}} = P_1 + P_2 + P_3 \ldots \quad (10.6)$$

Tabela 10.1 Principais Componentes do Ar Atmosférico Seco

Constituinte	Massa Molar*	Porcentagem em Mol	Pressão Parcial nas CNTP (atm)
N_2	28,01	78,08	0,7808
O_2	32,00	20,95	0,2095
Ar	39,95	0,934	0,00934
CO_2	44,01	0,0393	0,000393

*A massa molar média do ar seco é de 28,960 g/mol.

em que P_1, P_2 e P_3 são as pressões de diferentes gases em uma mistura, e P_{total} é a pressão total.

Em uma mistura de gases, cada gás comporta-se de maneira independente dos demais. Portanto, podemos considerar o comportamento de cada gás em uma mistura separadamente. Como exemplo, temos uma mistura de três gases ideais, rotulados como A, B e C. Há n_A mols de A, n_B mols de B e n_C mols de C. Suponha que a mistura ($n_{total} = n_A + n_B + n_C$) esteja contida em um determinado volume (V) a uma determinada temperatura (T). Podemos calcular a pressão exercida pelo gás a partir da equação da lei do gás ideal:

$$P_A V = n_A RT \qquad P_B V = n_B RT \qquad P_C V = n_C RT$$

De acordo com a lei de Dalton, a pressão total exercida pela mistura é a soma das pressões exercidas por cada componente:

$$P_{total} = P_A + P_B + P_C = n_A \left(\frac{RT}{V}\right) + n_B \left(\frac{RT}{V}\right) + n_C \left(\frac{RT}{V}\right)$$

$$P_{total} = (n_A + n_B + n_C) \left(\frac{RT}{V}\right)$$

$$P_{total} = (n_{total}) \frac{RT}{V} \qquad (10.7)$$

Para a mistura de gases, é conveniente introduzir uma quantidade chamada **fração molar**, X, que é definida como o número de mols de certa substância em uma mistura

Em um frasco de 1,0 L, 0,010 mol de N_2 exerce uma pressão de 186 mm Hg a 25 °C, e 0,0050 mol de O_2 em outro frasco de 1,0 L exerce uma pressão de 93 mm Hg à mesma temperatura.

As amostras de N_2 e O_2 são ambas colocadas em um frasco de 1,0 L a 25 °C. A pressão total, 279 mm Hg, é a soma das pressões que cada gás isoladamente exerce no frasco.

FIGURA 10.10 Lei de Dalton.

dividido pelo número total de mols de todas as substâncias presentes. Matematicamente, a fração molar de uma substância A em uma mistura com B e C é expressa como

$$X_A = \frac{n_A}{n_A + n_B + n_C} = \frac{n_A}{n_{total}}$$

Agora podemos combinar essa equação, escrita como $n_{total} = n_A/X_A$, com as equações de P_A e P_{total}

$$P_A = X_A P_{total} \qquad (10.8)$$

Essa equação estabelece que a *pressão de um gás em uma mistura de gases é o produto da sua fração molar e a pressão total da mistura*. Em outras palavras, a pressão parcial de um gás está diretamente relacionada à fração de partículas desse gás na mistura. Por exemplo, a fração molar de N_2 no ar é 0,78, portanto, nas CNTP, sua pressão parcial é de 0,78 atm ou 590 mm Hg.

EXEMPLO 10.10

Pressões Parciais dos Gases

Problema Halotano, $C_2HBrClF_3$, é um gás não inflamável, não explosivo e não irritante que foi amplamente usado como um anestésico de inalação. A pressão total de uma mistura de 15,0 g de vapor de halotano e 23,5 g de gás oxigênio é de 855 mm Hg. Qual é a pressão parcial de cada gás?

O que você sabe? Você sabe a identidade e a massa de cada gás, portanto, pode calcular a quantidade de cada um. Você também conhece a pressão total da mistura de gás.

Estratégia Como você pode calcular a quantidade de cada gás, pode determinar a quantidade total (mols) da mistura gasosa e, assim, a fração molar de cada um. A pressão parcial de um gás é determinada pela pressão total da mistura multiplicada pela fração molar do gás (Equação 10.8).

Solução

Etapa 1. Calcule as frações molares.

$$\text{Quantidade de matéria de } C_2HBrClF_3 = 15,0 \text{ g} \left(\frac{1 \text{ mol}}{197,4 \text{ g}}\right) = 0,0760 \text{ mol}$$

$$\text{Quantidade de matéria de } O_2 = 23,5 \text{ g} \left(\frac{1 \text{ mol}}{32,00 \text{ g}}\right) = 0,734 \text{ mol}$$

Quantidade total do gás = 0,0760 mol de $C_2HBrClF_3$ + 0,734 mol de O_2 = 0,810 mol

$$\text{Fração molar de } C_2HBrClF_3 = \frac{0,0760 \text{ mol } C_2HBrClF_3}{0,810 \text{ total de mols}} = 0,0938$$

Como a soma da fração molar de halotano e do O_2 deve ser igual a 1,0000, isso significa que a fração molar do oxigênio é 0,906.

$$X_{halotano} + X_{oxigênio} = 1,0000$$

$$0,0938 + X_{oxigênio} = 1,0000$$

$$X_{oxigênio} = 0,906$$

Mapa Estratégico 10.10

PROBLEMA
Calcule a **pressão parcial** de dois gases em uma mistura.

DADOS/INFORMAÇÕES
- **Massa** de cada gás
- **Pressão total**

ETAPA 1. Calcule *a quantidade de matéria* (n) de cada gás a partir da sua **massa**.

Quantidade de matéria de cada gás, n

ETAPA 2. Calcule **a fração molar** de cada gás, X.

Fração molar de cada gás, X

ETAPA 3. Calcule as **pressões parciais** dos gases usando a Equação 10.8.

Pressão parcial de cada gás

1,1,1-trifluorobromocloroetano, halotano

Etapa 2. Calcule as pressões parciais.

$$\text{Pressão parcial do halotano} = P_{halotano} = X_{halotano} \times P_{total}$$

$$P_{halotano} = 0{,}0938 \times P_{total} = 0{,}0938 \,(855 \text{ mm Hg})$$

$$P_{halotano} = \boxed{80{,}2 \text{ mm Hg}}$$

A pressão total da mistura é a soma das pressões parciais dos gases na mistura.

$$P_{halotano} + P_{oxigênio} = 855 \text{ mm Hg}$$

e, portanto,

$$P_{oxigênio} = 855 \text{ mm Hg} - P_{halotano}$$

$$P_{oxigênio} = 855 \text{ mm Hg} - 80{,}2 \text{ mm Hg} = \boxed{775 \text{ mm Hg}}$$

Pense bem antes de responder A quantidade de halotano é aproximadamente 1/10 da quantidade de oxigênio, assim, podemos esperar que a relação de pressões parciais dos dois gases seja semelhante.

Verifique seu entendimento

A mistura de halotano e oxigênio descrita neste exemplo é colocada em um tanque de 5,00 L a 25,0 °C. Qual é a pressão total (em mm Hg) da mistura de gases no tanque? Quais são as pressões parciais (em mm Hg) dos gases?

EXERCÍCIOS PARA A SEÇÃO 10.5

1. O acetileno reage com O_2 para produzir dióxido de carbono e vapor de água.

$$2\ C_2H_2(g) + 5\ O_2(g) \rightarrow 4\ CO_2(g) + 2\ H_2O(g)$$

Se você misturar C_2H_2 e O_2 na razão estequiométrica correta e se a pressão total da mistura for de 140, mm Hg, quais são as pressões parciais dos gases antes de ocorrer a reação?

(a) 100, mm Hg de C_2H_2 e 40, mm de Hg de O_2 (c) 40, mm Hg de C_2H_2 e 100, mm Hg de O_2

(b) 140, mm Hg de C_2H_2 e 700, mm Hg de O_2 (d) 140, mm Hg de C_2H_2 e 56,0 mm Hg de O_2

10-6 A Teoria Cinético-Molecular dos Gases

Até aqui discutimos as propriedades macroscópicas dos gases, como pressão e volume que resultam do comportamento de um sistema com um grande número de partículas. Agora podemos passar para uma descrição do comportamento da matéria no nível molecular ou atômico, usando a teoria cinético-molecular (◄ página 16). Centenas de observações experimentais levaram aos seguintes postulados a respeito do comportamento dos gases.

- Gases consistem em partículas (moléculas ou átomos) cuja separação é muito maior que o tamanho das próprias partículas (Figura 10.11).

- As partículas de um gás estão em movimento contínuo, rápido e aleatório. À medida que se movem, colidem umas com as outras e com as paredes do recipiente que as contém, mas fazem isso de um modo que a energia total permanece inalterada.

- A energia cinética média das partículas de um gás é proporcional à temperatura do gás. *Todos os gases, independentemente de sua massa molecular, possuem a mesma energia cinética a uma mesma temperatura.*

Vamos discutir o comportamento dos gases usando esse ponto de vista.

FIGURA 10.11 Uma visão molecular de gases e líquidos. O fato de que um grande volume de gás N_2 pode ser condensado a um pequeno volume de líquido indica que as distâncias entre moléculas na fase gasosa é muito grande comparada com as distâncias entre moléculas na fase líquida.

Velocidade Molecular e Energia Cinética

Suponha que seu amigo entre em sua sala carregando uma grande caixa achatada. Como você pode saber que há uma pizza dentro dela? Seria possível descobrir pelos odores vindos da caixa, pois sabemos que as moléculas responsáveis pelo aroma da comida entram na fase gasosa e se espalham no espaço até alcançarem as células em seu nariz que reagem aos odores. A mesma coisa acontece no laboratório, quando os pratos com amônia aquosa (NH_3) e ácido clorídrico (HCl) ficam lado a lado (Figura 10.12). Moléculas dos dois componentes entram na fase gasosa e se espalham até que se combinam; nesse momento elas reagem e formam uma nuvem de partículas minúsculas de cloreto de amônio sólido (NH_4Cl).

Se você baixar a temperatura dos recipientes na Figura 10.12 e medir o tempo necessário para a formação da nuvem de cloreto de amônio, perceberá que a formação será mais demorada. O motivo disso é que a velocidade com que as moléculas se movimentam depende da temperatura.

Vamos expandir nossas observações experimentais. Primeiro, é importante entender que as moléculas em uma amostra de gás não se movimentam todas a uma mesma velocidade. Em vez disso, conforme ilustrado na Figura 10.13 para as moléculas de O_2, há uma distribuição de velocidades, a qual depende da temperatura. Há diversas observações importantes que podemos fazer.

- Em uma determinada temperatura, algumas moléculas em uma amostra possuem velocidades altas, e outras, velocidades baixas.

- A maioria das moléculas na amostra apresenta velocidade intermediária, e sua velocidade mais provável corresponde ao máximo da curva. Para o gás oxigênio a 25 °C, por exemplo, a maioria das moléculas possui velocidades entre 200 m/s e 700 m/s, e a velocidade mais provável é de aproximadamente 400 m/s. De fato, essas são velocidades muito altas. Uma velocidade de 400 m/s corresponde a aproximadamente 1440 km por hora!

- Ao comparar as curvas de distribuição para moléculas de O_2 a 25 °C e 1000 °C é possível observar que, à medida que a temperatura aumenta, a velocidade mais provável torna-se maior e, o número de moléculas que se movimentam sob alta velocidade aumenta consideravelmente.

A energia cinética de uma única molécula de massa m (em kg) em uma amostra de gás é dada pela equação

$$EC = \frac{1}{2}\,(massa)(velocidade)^2 = \frac{1}{2}\,mu^2$$

FIGURA 10.12 O movimento das moléculas dos gases. Pratos abertos de amônia aquosa e ácido clorídrico são colocados lado a lado. Quando as moléculas de NH_3 e HCl escapam da solução para a atmosfera e encontram umas às outras, uma nuvem de cloreto de amônio sólido, NH_4Cl, é observada.

Curvas de Maxwell-Boltzmann Gráficos como aqueles nas Figuras 10.13 e 10.14 geralmente são referidos como curvas de Maxwell-Boltzmann. Elas levam esse nome devido a dois cientistas que estudaram as propriedades físicas dos gases: James Clerk Maxwell (1831-1879) e Ludwig Boltzmann (1844-1906).

FIGURA 10.13 A distribuição das velocidades moleculares. A figura ilustra como a distribuição das velocidades moleculares em uma amostra de gás muda com a temperatura. As áreas sob as curvas são as mesmas porque o número de moléculas na amostra é fixo.

em que u é a velocidade dessa molécula (em m/s). Podemos calcular a energia cinética de uma única molécula de gás a partir dessa equação, mas não a de um conjunto de moléculas porque, como é possível observar na Figura 10.13, nem todas as moléculas em uma amostra de gás estão se movimentando a uma mesma velocidade. Entretanto, podemos calcular a energia cinética *média* de um conjunto de moléculas relacionando-a a outras quantidades médias do sistema. Especificamente, a energia cinética média de um mol de moléculas em uma amostra de gás está relacionada à velocidade média:

$$\overline{EC} = \frac{1}{2} N_A m \overline{u^2}$$

UM OLHAR MAIS ATENTO | A Atmosfera da Terra

A atmosfera da Terra é uma mistura fascinante de gases em camadas mais ou menos distintas com ampla variação de temperaturas.

Até a troposfera, há uma diminuição gradual de temperatura e pressão com a altitude. A temperatura sobe novamente na estratosfera devido à absorção da energia do Sol pelo ozônio estratosférico, O_3.

Acima da estratosfera, a pressão diminui porque há menos moléculas presentes. A altitudes ainda maiores, observamos um aumento acentuado na temperatura na termosfera. Esta é uma ilustração que mostra a diferença entre *temperatura* e *energia térmica*. A temperatura de um gás reflete a energia cinética média das moléculas do gás, ao passo que a energia térmica presente em um objeto é a energia cinética *total* das moléculas. Na termosfera, as moléculas apresentam uma temperatura muito alta, mas a energia térmica é extremamente pequena, pois há pouquíssimas moléculas.

Gases dentro da troposfera estão muito bem misturados por convecção. Poluentes que são liberados na superfície da Terra podem elevar-se para a estratosfera, mas esta age como uma "tampa térmica" da troposfera e impede que ocorra uma mistura significativa dos gases poluentes na estratosfera e além dela. Entretanto, pequenas quantidades de poluentes como clorofluorocarbonos entram na estratosfera e contribuem para destruição do ozônio (veja a Seção 20.1).

A pressão da atmosfera diminui com a altitude e assim, a pressão parcial de O_2 diminui. A figura mostra por que os alpinistas têm dificuldade para respirar no Monte Everest, onde a altitude é de 29028 pés (8848 m) e a pressão parcial de O_2 é somente 29% da pressão parcial no nível do mar. Com treinamento apropriado, um alpinista pode atingir o pico sem o uso suplementar de oxigênio. No entanto, essa mesma proeza não seria possível se o Everest estivesse mais para o norte. A atmosfera da Terra afina em direção aos polos, portanto, a pressão parcial de O_2 seria ainda menor se o pico do Everest fosse na parte setentrional da América do Norte, por exemplo.

Consulte EBY, G. N. *Environmental Geochemistry*. Cengage Learning/Brooks/Cole, 2004.

FIGURA 10.14 O efeito da massa molecular na distribuição das velocidades. Sob uma determinada temperatura, moléculas com massas maiores apresentam velocidades menores.

em que N_A é o número de Avogadro. A barra horizontal sobre os símbolos $\overline{EC}$ e $\overline{u}$ indica um valor médio. O produto entre a massa molecular e a constante de Avogadro é a massa molar (em unidades de kg/mol), portanto, podemos escrever

$$\overline{EC} = \frac{1}{2} M \overline{u^2}$$

Essa equação estabelece que a energia cinética média das moléculas em uma amostra de gás, $\overline{EC}$, está relacionada a $\overline{u^2}$, a média dos quadrados de suas velocidades (chamada "velocidade quadrática média").

Experimentos também mostram que a energia cinética média, $\overline{EC}$, de um mol de moléculas de gás é diretamente proporcional à temperatura com uma constante de proporcionalidade de ³⁄₂R,

$$\overline{EC} = \frac{3}{2} RT$$

em que R é a constante do gás ideal expressa em unidades SI (8,314472 J/K · mol).

As duas equações de energia cinética podem ser combinadas para resultar em uma equação que relaciona massa, velocidade média e temperatura (Equação 10.9).

$$\sqrt{\overline{u^2}} = \sqrt{\frac{3RT}{M}} \tag{10.9}$$

Aqui, a raiz quadrada da velocidade quadrática média ($\sqrt{\overline{u^2}}$, chamada **raiz da velocidade média quadrática**, ou **velocidade rmq** [em inglês rms, *root-mean-square*]), a temperatura (T, em kelvin) e a massa molar (M) estão relacionadas. Essa equação mostra que as velocidades das moléculas de gás estão de fato relacionadas com a temperatura (Figura 10.13). A velocidade rmq é uma quantidade útil devido à sua relação com a energia cinética média e por estar muito próxima da velocidade média verdadeira de uma amostra. (A velocidade média corresponde a 92% da velocidade rmq.)

Todos os gases possuem a mesma energia cinética média na mesma temperatura. Entretanto, se você comparar uma amostra de um gás com outra, digamos, comparar O_2 e N_2, isso não significa que as moléculas apresentem a mesma velocidade rmq (Figura 10.14). Em vez disso, a Equação 10.9 mostra que, quanto menor a massa molar do gás, maior a velocidade rmq.

ESTUDO DE CASO

O Mistério do Metano

Dióxido de carbono, metano, óxido nitroso e até a água são "gases do efeito estufa". Uma função que eles exercem na atmosfera é regular a temperatura do planeta. Entretanto, há uma preocupação de que o aumento na concentração atmosférica desses gases esteja levando ao aquecimento da Terra e à mudança do clima. (Esse problema é descrito no Capítulo 20.)

Cortesia de John Kotz

Dentre os gases do efeito estufa, o metano é o segundo em concentração atmosférica, só perdendo para o dióxido de carbono. O valor atual no caso do CO_2 é em torno de 390 ppm (partes por milhão) e do metano é de 177,4 ppb (partes por bilhão). A concentração de CO_2 tem aumentado com o passar dos anos e continua em elevação. O nível de metano na atmosfera também está aumentando. De fato, de acordo com o quarto relatório do Painel Intergovernamental sobre Mudanças Climáticas (IPCC na sigla em inglês), o nível atual do metano na atmosfera é o mais alto dos últimos 650 mil anos.

De onde vem o metano? Novamente de acordo com o relatório do IPCC, "o metano tem aumentado como resultado das atividades humanas relacionadas à agricultura, distribuição de gás natural e aterros sanitários. O metano também é liberado em processos naturais que ocorrem, por exemplo, em pântanos". Uma fonte natural que foi recentemente estudada é o metano dos oceanos, e os resultados foram surpreendentes. Os oceanos contribuem em aproximadamente 4% do suprimento global de metano na atmosfera. A questão que os químicos estudavam era como esse metano poderia ser formado.

A resposta a essa pergunta está no fato de que o fósforo, um elemento essencial para a vida, encontra-se em escassez nos oceanos. Portanto, os organismos marinhos precisarão de muito esforço para obtê-lo. Em 2008, os químicos descobriram que esses organismos, na presença de oxigênio e de uma enzima (um catalisador biológico), podem usar íon metilfosfonato ($CH_3PO_3H^-$) como fonte de fósforo, sendo o metano um subproduto.

$$H_3C-\overset{O^-}{\underset{OH}{P^+}}-O^- \xrightarrow{\text{Enzima, } H_2O} CH_4 + H_2PO_4^-$$

Sabia-se que os fosfonatos eram uma fonte significativa de fósforo para alguns microrganismos marinhos, de modo que o caminho de metilfosfonato para metano parecia interessante. Infelizmente, o metilfosfonato nunca foi detectado nos ambientes marinhos nem foi reconhecido como um produto natural.

A questão então era como, ou se, o íon metilfosfonato pode ser produzido no oceano. Uma pesquisa ainda mais recente (2012) encontrou a resposta: uma enzima dependente de ferro converte um derivado do fosfonato presente no oceano, íon 2-hidroxietilfosfonato, em íon metilfosfonato

$$HOCH_2CH_2-\overset{O^-}{\underset{OH}{P^+}}-O^- \xrightarrow{\text{Enzima, } Fe^{2+}, O_2} H_3C-\overset{O^-}{\underset{OH}{P^+}}-O^- + CO_2 \text{ ou } HCO_3^-$$

Essa nova pesquisa nos oferece uma resposta plausível para a questão da origem do metano.

Questões:

1. Quão mais abundante é o CO_2 na atmosfera do que o metano? Ou seja, qual é a relação de concentração?
2. Qual é a geometria em torno dos átomos de C e P no íon metilfosfonato? Qual é a hibridização de cada átomo?
3. Qual é o número de oxidação do átomo de fósforo no íon metilfosfonato?
4. Suponha que você analise o metano em 1,00 quilômetro cúbico de atmosfera no nível do mar. (Suponha que a atmosfera esteja seca, apresente uma massa molar de 28,96 g/mol e a pressão seja de 1,00 atm a 25,0 °C.)
   (a) Quantas moléculas de metano estão presentes em 1,00 km^3 sob essas condições?
   (b) Que massa de íon metilfosfonato é necessária para produzir o metano em 1,00 km^3 de atmosfera?

Referências:

1. METCALF, W. W. et al. *Science*, v. 337, p. 1104, 31 ago. 2012.
2. *Chemical & Engineering News*, p. 11, 3 set. 2012.

EXEMPLO 10.11

Velocidade Molecular

Problema Calcule a velocidade rmq das moléculas de oxigênio a 25 °C.

O que você sabe? Você sabe a massa molar de O_2 e a temperatura, os principais determinantes da velocidade.

Estratégia Use a Equação 10.9 com M em unidades de kg/mol. O motivo disso é que R está em unidades de J/K · mol e 1 J = 1 kg · m^2/s^2.

Solução A massa molar de O₂ é 32,0 × 10⁻³ kg/mol.

$$\sqrt{\overline{u^2}} = \sqrt{\frac{3(8,3145 \text{ J/K} \cdot \text{mol})(298 \text{ K})}{32,0 \times 10^{-3} \text{ kg/mol}}} = \sqrt{2,32 \times 10^5 \text{ J/kg}}$$

Para obter a resposta em metros por segundo use a relação 1 J = 1 kg · m²/s², o que significa que você tem

$$\sqrt{\overline{u^2}} = \sqrt{2,32 \times 10^5 \text{ kg} \cdot \text{m}^2/(\text{kg} \cdot \text{s}^2)} = \sqrt{2,32 \times 10^5 \text{ m}^2/\text{s}^2} = \boxed{482 \text{ m/s}}$$

Pense bem antes de responder A velocidade rmq calculada é equivalente a aproximadamente 1100 milhas (1700 km/h). Essa velocidade é maior que a velocidade do som no ar, 343 m/s.

Verifique seu entendimento

Calcule as velocidades rmq dos átomos de hélio e das moléculas de N₂ a 25 °C.

Teoria Cinético-Molecular e as Leis dos Gases

As leis dos gases, que surgiram a partir de experimentos, podem ser explicadas pela teoria cinético-molecular. O ponto de partida é descrever como a pressão aumenta a partir de colisões das moléculas de gás com as paredes do recipiente que contém o gás (Figura 10.15). Lembre-se de que a pressão está relacionada à força das colisões (veja a Seção 10.1).

$$\text{Pressão do gás} = \frac{\text{força de colisões}}{\text{área}}$$

A força exercida pelas colisões depende do número de colisões e da força média por colisão. Quando a temperatura de um gás aumenta, sabemos que a energia cinética média das moléculas aumenta. Isso faz com que a força média das colisões com as paredes também aumente. Além disso, uma vez que a velocidade do gás aumenta com a temperatura, mais colisões ocorrem por segundo. Assim, a força coletiva por centímetro quadrado é maior e a pressão aumenta. Matematicamente, isso está relacionado à proporcionalidade direta entre *P* e *T* quando *n* e *V* são constantes, ou seja, *P = (nR/V)T*.

Aumentar o número de moléculas de um gás sob temperatura e volume fixos não altera a força média de colisão, mas eleva o número de colisões que ocorrem por segundo. Assim, a pressão aumenta, e dizemos que *P* é proporcional a *n* quando *V* e *T* são constantes, ou seja, *P = n(RT/V)*.

Se a pressão for mantida constante quando o número de moléculas de gás ou a temperatura aumenta, então, o volume do recipiente (bem como a área na qual as colisões ocorrem) deve aumentar. Isso é estabelecido quando se afirma que *V* é proporcional a *nT* quando *P* é constante [*V = nT(R/P)*], uma relação que é uma *combinação da hipótese de Avogadro com a lei de Charles*.

Finalmente, se a temperatura for constante, a força média de impacto das moléculas de uma determinada massa com as paredes do recipiente deve ser constante. Se *n* for mantido constante enquanto o volume do recipiente torna-se menor, o número de colisões com as paredes por segundo deve aumentar. Isso significa que a pressão aumenta, e assim *P* é proporcional a 1/*V* quando *n* e *T* são constantes, conforme afirmado pela *lei de Boyle*, ou seja, *P = (1/V)(nRT)*.

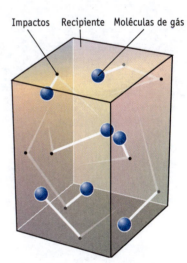

FIGURA 10.15 Pressão do gás. De acordo com a teoria cinético-molecular, a pressão do gás é causada pelas moléculas de gás que bombardeiam as paredes do recipiente.

EXERCÍCIOS PARA A SEÇÃO 10.6

1. Qual é a velocidade rmq das moléculas de cloro a 35,0 °C?

    (a) 10,4 m/s   (b) 32,7 m/s   (c) 111 m/s   (d) 329 m/s

2. As espécies identificadas com cada curva no gráfico de Maxwell-Boltzmann abaixo são: (Suponha que todos os gases estejam sob a mesma temperatura.)

(a) A = Xe, B = O_2, C = Ne e D = He
(b) A = Xe, B = He, C = Ne e D = O_2
(c) A = He, B = Ne, C = O_2 e D = Xe
(d) A = He, B = O_2, C = Ne e D = Xe

10-7 Difusão e Efusão

Quando uma pizza quente é trazida para uma sala, as moléculas voláteis, responsáveis pelo aroma, passam para a atmosfera, onde se misturam ao oxigênio, nitrogênio, dióxido de carbono, vapor de água e outros gases presentes. Mesmo se não houvesse movimento do ar na sala, causado por ventiladores ou por pessoas em circulação, o odor eventualmente atingiria toda a sala. Essa mistura de moléculas de dois ou mais gases devido a seus movimentos moleculares aleatórios é o resultado da **difusão**. Em um determinado tempo, as moléculas de um componente em uma mistura gasosa irão se misturar completamente com todos os outros componentes da mistura (Figura 10.16).

A difusão também é ilustrada pelo experimento na Figura 10.17. Aqui, colocamos algodão umedecido com ácido clorídrico na extremidade de um tubo em forma de U e outro algodão umedecido com amônia aquosa na outra extremidade. As moléculas de HCl e NH_3 difundem-se no interior do tubo e, quando se encontram, produzem NH_4Cl sólido, branco.

$$HCl(g) + NH_3(g) \rightarrow NH_4Cl(s)$$

FIGURA 10.16 Difusão gasosa. Aqui o bromo difunde-se do frasco e mistura-se ao ar na garrafa com o tempo.

Remova a tampa do frasco com Br_2 e aguarde alguns minutos.

Um frasco tampado contém Br_2 na forma de líquido e de vapor.

Com o tempo, as moléculas de Br_2 difundem-se por todo o recipiente.

(a) (b)

Gases e suas propriedades **479**

FIGURA 10.17 Difusão gasosa. Aqui, o gás HCl (do ácido clorídrico) e o gás amônia (da amônia aquosa) difundem-se das extremidades opostas de um tubo de vidro em forma de U.

Descobrimos que os gases não se encontram no meio. Em vez disso, como as moléculas mais pesadas de HCl difundem-se mais lentamente que as moléculas mais leves de NH_3, elas encontram-se mais próximas da extremidade do tubo em U que contém o algodão com HCl.

Intimamente relacionada à difusão está a **efusão**, que é o movimento do gás através de uma abertura muito pequena de um recipiente para outro, onde a pressão é muito menor (Figura 10.18). Thomas Graham (1805-1869), um químico escocês, estudou a efusão dos gases e descobriu que a velocidade de efusão de um gás – a quantidade de gás que se move de um lugar para outro em uma determinada fração de tempo – é inversamente proporcional à raiz quadrada de sua massa molar. De acordo com esses resultados experimentais, as velocidades de efusão de dois gases podem ser comparadas:

$$\frac{\text{Velocidade de efusão do gás 1}}{\text{Velocidade de efusão do gás 2}} = \sqrt{\frac{\text{massa molar do gás 2}}{\text{massa molar do gás 1}}} \quad (10.10)$$

A relação na Equação 10.10 – agora conhecida como **lei de Graham** – é deduzida da Equação 10.9, reconhecendo que a velocidade de efusão depende da velocidade das moléculas. A razão entre as velocidades rmq é a mesma que a razão das taxas de efusão:

$$\frac{\text{Velocidade de efusão do gás 1}}{\text{Velocidade de efusão do gás 2}} = \frac{\sqrt{\overline{u^2}\text{ do gás 1}}}{\sqrt{\overline{u^2}\text{ do gás 2}}} = \frac{\sqrt{3RT/(M\text{ do gás 1})}}{\sqrt{3RT/(M\text{ do gás 2})}}$$

Anulando os termos comuns, temos a expressão na Equação 10.10.

FIGURA 10.18 Efusões gasosas. Moléculas de gás H_2 e N_2 efundem pelos poros de uma barreira porosa. De acordo com a lei de Graham, as moléculas de H_2 efundem 3,72 vezes mais rapidamente do que as moléculas de N_2 sob a mesma temperatura.

UM OLHAR MAIS ATENTO | Ciência de Superfície e a Necessidade de Sistemas de Vácuo Ultra-Altos

Ciência de superfície é o estudo dos processos que ocorrem nas interfaces entre as fases. A interface entre um sólido e um gás é particularmente importante em áreas como catálise e microeletrônica. Um conversor catalítico facilita a decomposição de moléculas perigosas no escapamento do automóvel. Na indústria de eletrônicos, como o tamanho dos dispositivos semicondutores vem diminuindo, átomos na superfície exercem uma função cada vez mais importante nessa área. É importante entender e controlar os processos químicos e físicos que ocorrem nessas superfícies.

Para estudar o fenômeno de superfície, os cientistas, muitas vezes, precisam de uma superfície limpa, mas consegui-la é um grande desafio. Quando gases reais colidem com uma superfície limpa, eles geralmente aderem à superfície, formando rapidamente uma monocamada – aproximadamente 10^{15} moléculas/cm^2 – de moléculas adsorvidas na superfície. Para evitar essa contaminação, cientistas de superfícies conduzem estudos em câmaras de vácuo, onde pode ser minimizado o contato entre as moléculas da fase gasosa e a superfície. Mas que vácuo é necessário para manter a superfície limpa de moléculas adsorvidas?

Uma câmara de alto vácuo é feita de aço ou alumínio polidos. A câmara geralmente possui muitas entradas pelas quais é possível conectar bombas de vácuo, instrumentos ou janelas.

O termo "alto vácuo" descreve um sistema fechado em que a pressão do gás é inferior a 10^{-6} mm Hg. A lei do gás ideal pode ser usada para mostrar que sob 10^{-6} mm Hg e temperatura ambiente, acima de 3×10^{13} partículas de gás ocupam cada litro de espaço. Mesmo nessa pressão, mais de 10^{14} colisões/cm^2 por segundo ocorrem entre as moléculas de gás e uma superfície. Em apenas alguns segundos, uma superfície limpa será completamente coberta com moléculas adsorvidas.

Para manter uma superfície limpa, são necessárias condições de vácuo ultra-alto (10^{-9} mm Hg ou menos). A diminuição do número de moléculas na fase gasosa por um fator de um milhar também reduz a taxa de colisões do gás pelo mesmo fator. Sob condições de vácuo ultra-alto, uma superfície permanecerá limpa por mais de uma hora, o que costuma ser tempo suficiente para análise da superfície.

É possível remover todas as partículas de gás em uma câmara de vácuo? Não, pois uma variedade de fatores limita a obtenção do vácuo. Esses fatores incluem a eficiência das bombas de vácuo, a capacidade de evitar qualquer vazamento no sistema e, talvez o mais importante, a taxa de "desgaseificação" do sistema. Desgaseificação é um processo em que as moléculas são dessorvidas das superfícies dentro do sistema. Antes do bombeamento de uma câmara de vácuo, as superfícies internas estão saturadas com moléculas adsorvidas. À medida que essas moléculas são dessorvidas, elas aumentam a pressão no sistema de vácuo. Sob condições ideais, as pressões podem ser reduzidas abaixo de 10^{-10} mm Hg; nesse ponto, a taxa em que o gás é bombeado para fora do sistema iguala-se à taxa de desgaseificação.

EXEMPLO 10.12

Usando a Lei de Graham da Efusão para Calcular uma Massa Molar

Problema Tetrafluoroetileno, C_2F_4, efunde-se através de uma barreira a uma taxa de $4,6 \times 10^{-6}$ mol/h. Um gás desconhecido, que consiste somente em boro e hidrogênio, efunde-se com uma taxa de $5,8 \times 10^{-6}$ mol/h sob as mesmas condições. Qual é a massa molar do gás desconhecido?

O que você sabe? Você possui dois gases, um com uma massa molar conhecida (C_2F_4, 100,0 g/mol) e outro desconhecido. A taxa de efusão para os dois gases é conhecida.

Estratégia Substitua os dados experimentais na equação da lei de Graham (Equação 10.10).

Solução

$$\frac{5,8 \times 10^{-6} \text{ mol/h}}{4,6 \times 10^{-6} \text{ mol/h}} = 1,3 = \sqrt{\frac{100,0 \text{ g/mol}}{M \text{ do desconhecido}}}$$

Para resolver a massa molar desconhecida, eleve ao quadrado os dois lados da equação e rearranje-a para obter M do gás desconhecido.

$$1,6 = \frac{100,0 \text{ g/mol}}{M \text{ do desconhecido}}$$

$$M = \boxed{63 \text{ g/mol}}$$

Pense bem antes de responder Da lei de Graham, sabemos que uma molécula leve efundirá mais rapidamente do que uma pesada. Como o gás desconhecido efunde mais rapidamente que C_2F_4 (M = 100,0 g/mol), o gás desconhecido deve ter uma massa molar menor que 100 g/mol. Um composto de boro–hidrogênio que corresponde a essa massa molar é B_5H_9, chamado *pentaborano*.

Verifique seu entendimento

Uma amostra de metano, CH_4, efunde-se por uma barreira porosa em 1,50 minutos. Sob as mesmas condições, um número igual de moléculas de um gás desconhecido efunde-se por meio da barreira em 4,73 minutos. Qual é a massa molar do gás desconhecido?

EXERCÍCIO PARA A SEÇÃO 10.7

1. Na Figura 10.17, os gases amônia e cloreto de hidrogênio são introduzidos nas extremidades opostas de um tubo de vidro em forma de U. Os gases reagem para produzir NH_4Cl sólido, branco. Qual é a relação entre as raízes das velocidades quadráticas médias para HCl e NH_3?

   (a) rmq para HCl/rmq para NH_3 = 2,2
   (b) rmq para HCl/rmq para NH_3 = 1,5
   (c) rmq para HCl/rmq para NH_3 = 0,68
   (d) rmq para HCl/rmq para NH_3 = 0,46

10-8 Comportamento Não Ideal dos Gases

Se você estiver trabalhando com um gás à temperatura ambiente e pressão de 1 atm ou menor, a lei do gás ideal é extraordinariamente bem-sucedida em relacionar a quantidade de gás, sua pressão, volume e temperatura. Sob pressões mais altas ou temperaturas mais baixas, entretanto, ocorrem desvios da lei do gás ideal. A origem desses desvios é explicada pelo fracasso das suposições usadas ao descrever gases ideais, especificamente as de que as partículas não possuem tamanho e de que não interagem entre elas.

Sob condições normais de temperatura e pressão (CNTP), o volume ocupado por uma única molécula é *muito* pequeno com relação ao volume total de gás. Como comparação, um átomo de hélio com um raio de 31 pm tem, aproximadamente, o mesmo espaço para mover-se que uma ervilha dentro de uma bola de basquete. Agora suponha que a pressão seja aumentada de maneira significativa, para 1000 atm. O volume disponível para cada molécula é uma esfera com um raio em torno de 200 pm, o que significa que agora a situação é semelhante a uma ervilha dentro de uma esfera um pouco maior que uma bola de pingue-pongue.

A teoria cinético-molecular e a lei do gás ideal estão preocupadas com o volume disponível para as moléculas se moverem, não com o volume livre do recipiente. Por exemplo, suponha que você tenha um frasco marcado com um volume de 500 mL. O volume disponível para moléculas é inferior a 500 mL porque as próprias moléculas ocupam parte do volume. Em baixas pressões, o volume ocupado pelas moléculas do gás no recipiente é tão pequeno, em comparação com o espaço disponível, que deixar de subtraí-lo do volume total não induz a um erro significativo. Em altas pressões, entretanto, o volume ocupado pelas moléculas de gás não é negligenciável.

Outra suposição da teoria cinético-molecular é de que os átomos ou moléculas do gás nunca se aderem uns aos outros. Está claro que isso não é verdade. Todos os gases podem ser liquefeitos – embora alguns gases precisem de temperaturas muito baixas – e a única maneira de isso acontecer é se houver forças de atração entre as moléculas. As forças atrativas diminuem a velocidade das moléculas, fazendo com que elas colidam com as paredes do recipiente de forma menos intensa do que na ausência dessas forças. Assim, uma vez que as colisões entre as moléculas de um gás real e a parede são mais fracas, a pressão do gás observada é menor que aquela prevista pela lei do gás ideal. Além disso, como as forças atrativas aproximam as moléculas de gás umas das outras, o volume ocupado por um gás real muitas vezes é menor que o volume calculado usando a lei do gás ideal. Esses efeitos sobre pressão e volume são particularmente evidentes quando a temperatura é próxima daquela da condensação do gás.

Quanto Espaço Ocupa uma Molécula? O volume de uma molécula de metano (CH_4) é $3,31 \times 10^{-23}$ cm³. Suponha que você tenha 1,00 mol de gás CH_4 em um frasco de 1,00 L a 273 K. A pressão seria alta, 22,4 atm, e 19,9 cm³ do espaço no frasco seriam ocupados pelas moléculas de CH_4. Isso está em torno de 2% do volume do frasco.

FIGURA 10.19 Desvios do gás real do comportamento ideal. Aqui, *PV/RT* para 1 mol dos gases N₂, He e CO₂ são representados em função de *P*. Para 1 mol de um gás ideal *PV/RT* = 1 para todas as pressões.

Gases com forças intermoleculares fracas, como o hélio, geralmente são observados com volumes superiores aos previstos pela lei do gás ideal (Figura 10.19). As forças intermoleculares que reduzem o volume de um gás são fracas para o hélio e apresentam pouco efeito sobre seu volume ou pressão (exceto a temperaturas muito baixas). O desvio ocorre porque os átomos de hélio ocupam uma fração do espaço dentro de um recipiente. Gases como o dióxido de carbono geralmente apresentam volumes menores que os previstos pela lei do gás ideal em altas pressões. Aqui, forças intermoleculares de atração agem no sentido de reduzir o volume de um gás. Entretanto, mesmo o dióxido de carbono, eventualmente, desvia-se para volumes maiores do que o volume ideal, conforme a pressão aumenta e as moléculas ocupam uma fração crescente de espaço dentro de um recipiente.

O físico alemão Johannes van der Waals (1837-1923) estudou a limitação da equação da lei do gás ideal e desenvolveu uma equação para corrigir alguns dos erros que surgem do desvio da idealidade. Essa equação é conhecida como a **equação de van der Waals**:

$$\left(P + a\left[\frac{n}{V}\right]^2\right)(V - bn) = nRT \qquad (10.11)$$

Pressão observada ↑   ↑ *V* recipiente
Correção para as forças intermoleculares   Correção para o volume molecular

Tabela 10.2 Constantes de van der Waals

GÁS	VALORES DE *a* (ATM·L²/MOL²)	VALORES DE *b* (L/MOL)
He	0,034	0,0237
Ar	1,34	0,0322
H₂	0,244	0,0266
N₂	1,39	0,0391
O₂	1,36	0,0318
CO₂	3,59	0,0427
Cl₂	6,49	0,0562
H₂O	5,46	0,0305

em que *a* e *b* são constantes determinadas experimentalmente (Tabela 10.2). Embora a Equação 10.11 possa parecer complicada a princípio, os termos entre parênteses são aqueles da lei do gás ideal, cada um deles corrigido de acordo com os efeitos discutidos anteriormente. O termo de correção da pressão, $a(n/V)^2$, refere-se a forças intermoleculares. Devido às forças intermoleculares, a pressão do gás observada é inferior à pressão ideal ($P_{observado} < P_{ideal}$, em que P_{ideal} é calculada usando-se a equação $PV = nRT$). Portanto, o termo $a(n/V)^2$ é *acrescentado* à pressão observada. A constante *a* tipicamente tem valores que variam de 0,01 a 10 atm · L²/mol².

O volume real disponível para as moléculas é menor que o volume do recipiente, porque as próprias moléculas ocupam espaço. Portanto, um valor (= *bn*) é *subtraído* do volume do recipiente. Aqui, *n* é o número de mols de gás e *b* é uma quantidade experimental que corrige o volume molecular. Valores típicos de b variam de 0,01 a 0,1 L/mol e aumentam mais ou menos de acordo com o aumento do tamanho molecular.

Pressão e volume não são os únicos fatores que influenciam o comportamento não ideal dos gases. Conforme a temperatura de um gás diminui, as forças intermoleculares atrativas diminuem a velocidade das moléculas do gás e atenuam suas colisões com as paredes do recipiente. A comparação do comportamento do dióxido de carbono em duas temperaturas, 325 K e 500 K, mostra um desvio negativo da idealidade substancialmente maior do ideal em temperaturas menores (Figura 10.19).

Como um exemplo da importância dessas correções, considere uma amostra de 4,00 mols de gás de cloro, Cl_2, em um frasco de 4,00 L a 100,0 °C. A lei do gás ideal levaria você a esperar uma pressão de 30,6 atm. Uma melhor estimativa da pressão, obtida da equação de van der Waals, é de 26,0 atm, aproximadamente 4,6 atm menor do que a pressão ideal!

EXERCÍCIOS PARA A SEÇÃO 10.8

1. Você pode comprar cilindros de hélio para encher bexigas em uma loja de artigos para festa. Um cilindro pode conter 343 mols de He em um volume de 473 L. Use a equação de van der Waals para calcular a pressão no cilindro a 25 °C.

   (a) 18,0 atm   (b) 17,7 atm   (c) 17,3 atm

Um cilindro de gás hélio para encher bexigas de festa. O cilindro contém aproximadamente 15 pés cúbicos (cerca de 425 L) de hélio. (*Observação*: esses cilindros não são projetados para reutilização! Descarte-os corretamente. Também utilize o hélio racionalmente. O fornecimento de gás no planeta não é ilimitado.)

APLICANDO PRINCÍPIOS QUÍMICOS
O Dirigível da Goodyear

Os dirigíveis da Goodyear são um espetáculo familiar em eventos esportivos. Eles passam em altitudes entre 1000-3000 pés, proporcionando uma plataforma estável para as câmeras de televisão. A superfície externa, ou envoltório, de um dirigível da Goodyear é constituída de tecido poliéster revestido com borracha neoprene. O envoltório contém gás hélio, mais leve que o ar. Dentro das seções frontal e traseira do envoltório estão duas estruturas preenchidas com ar, chamadas balonetes, que servem para dois propósitos. Conforme o dirigível muda de altitude, os balonetes são inflados ou esvaziados com ar para manter a pressão do hélio dentro do envoltório, que é similar à pressão externa do ar. Os balonetes também são usados para manter o nível da aeronave. O piloto e os passageiros ficam na gôndola, que está fixada à base do envoltório.

Um dos dirigíveis da Goodyear tem o peso bruto de 12840 lbs (5820 kg) e, o volume do envoltório interno é de 202700 pés^3 (5740 m^3). Os balonetes quando ficam inflados com ar ocupam um total de 18000 pés^3 (510 m^3) do envoltório. O hélio não é nem acrescentado nem retirado do envoltório durante a operação. A perda de hélio através do tecido de poliéster impregnado de borracha é mínima, aproximadamente 10000 pés^3 (280 m^3) por mês.

QUESTÕES:

1. No nível do mar, a pressão atmosférica é de 1,00 atm. Calcule a densidade (em g/L) do hélio a essa pressão e a 25 °C.
2. Use os dados fornecidos na Tabela 10.1 para calcular a densidade do ar seco a 1,00 atm e 25 °C.

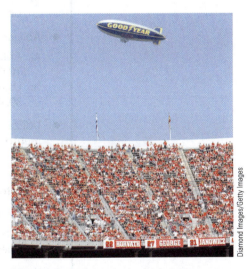

Dirigível da Goodyear. Aqui o dirigível sobrevoa um estádio lotado na Universidade Estadual de Ohio.

3. Para permanecer no alto, um dirigível deve obter flutuabilidade neutra, ou seja, sua densidade deve ser igual a do ar circundante. A densidade do dirigível é seu peso total (dirigível, hélio e ar, passageiros e lastro) dividido por seu volume. Suponha que o peso bruto do dirigível inclua a estrutura do dirigível e o hélio, mas não o ar nos balonetes ou os pesos dos passageiros e do lastro. Se os balonetes forem preenchidos com 12000 pés^3 (340 m^3) de ar a 1,00 atm e 25 °C, que peso adicional (de passageiros e lastro) será necessário para obter uma flutuabilidade neutra?

REVISÃO DOS OBJETIVOS DO CAPÍTULO

Agora que você já estudou este capítulo, deve perguntar a si mesmo se atingiu os objetivos propostos. Especificamente, você deve ser capaz de:

ENTENDER

- As bases experimentais da lei de Boyle, da lei de Charles, da hipótese de Avogadro e da lei de Dalton das pressões parciais.
    a. Descrever como as medidas de pressão são obtidas e expressar suas unidades, especialmente atmosferas (atm) e milímetros de mercúrio (mm Hg) (Seção 10.1). Questões para Estudo: 1, 3.
    b. Entender a base das leis dos gases e como aplicá-las (Seção 10.2). Questões para Estudo: 6, 8, 10, 12, 14–16.

- Teoria cinético-molecular na forma como é aplicada aos gases, especialmente a distribuição de velocidades moleculares (energias).
    a. Aplicar a teoria cinético-molecular do comportamento dos gases no nível molecular (Seção 10.6). Questões para Estudo: 41–46, 107.

- Por que gases reais não se comportam como gases ideais sob determinadas circunstâncias.
    a. Entender o fato de que os gases reais podem desviar-se do comportamento ideal, especialmente sob alta pressão e baixa temperatura (Seção 10.8). Questões para Estudo: 51, 52.

FAZER

- Descrever como a mudança de uma propriedade de um gase (*P*, *V*, *T* ou *n*) altera as demais.
    a. Aplicar a lei de Boyle, a lei de Charles e a hipótese de Avogadro no estudo dos gases (Seção 10.2). Questões para Estudo: 5-10, 15.

- Aplicar as leis dos gases a cálculos estequiométricos.
    a. Aplicar as leis dos gases para o estudo da estequiometria de reações (Seção 10.4). Questões para Estudo: 31-36, 65.
    b. Usar a lei de Dalton das pressões parciais (Seção 10.5). Questões para Estudo: 39, 40.

- Utilizar os princípios da teoria cinético-molecular para descrever o comportamento dos gases.
    a. Relacionar as energias cinéticas médias e as velocidades médias quadráticas das moléculas do gás com a temperatura (Seção 10.5). Questões para Estudo: 41, 43, 44, 107.

- Determinar as taxas relativas de efusão dos gases.
    a. Entender o fenômeno de difusão e efusão e o uso da lei de Graham (Seção 10.7). Questões para Estudo: 47-50.

- Usar a lei do gás ideal e a equação de van der Waals.
    a. Entender a origem da lei do gás ideal e como usar a equação do gás ideal (Seção 10.3). Questões para Estudo: 17–24, 63, 85, 102.
    b. Calcular a massa molar de um composto a partir do conhecimento da pressão de uma quantidade conhecida de gás em um determinado volume e a uma temperatura conhecida (Seção 10.3). Questões para Estudo: 25-30.

LEMBRAR

- As diversas unidades de pressão.
- Os efeitos da temperatura e da massa molar nas velocidades de efusão e difusão.
- Como as propriedades dos gases são explicadas pela teoria cinético-molecular.

EQUAÇÕES-CHAVE

Equação 10.1 Lei de Boyle (em que P é a pressão e V é o volume).

$$P_1V_1 = P_2V_2 \text{ a } n \text{ e } T \text{ constantes}$$

Equação 10.2 Lei de Charles (em que T é a temperatura em Kelvin).

$$\frac{V_1}{T_1} = \frac{V_2}{T_2} \quad \text{a } n \text{ e } P \text{ constantes}$$

Equação 10.3 Lei geral dos gases (lei dos gases combinada).

$$\frac{P_1V_1}{T_1} = \frac{P_2V_2}{T_2} \quad \text{para uma determinada quantidade de gás, } n$$

Equação 10.4 Lei dos gases ideais (em que n é a quantidade de gás em mols e R é a constante universal dos gases, 0,082057 L · atm/K · mol).

$$PV = nRT$$

Equação 10.5 Densidade dos gases (em que d é a densidade do gás em g/L e M é a massa molar do gás).

$$d = \frac{m}{V} = \frac{PM}{RT}$$

Equação 10.6 Lei de Dalton das pressões parciais. A pressão total da mistura dos gases é a soma das pressões parciais dos gases componentes (P_n).

$$P_{total} = P_1 + P_2 + P_3 + \ldots$$

Equação 10.7 A pressão total de uma mistura gasosa é igual ao número total de mols de gases multiplicado por (RT/V).

$$P_{total} = (n_{total})\left(\frac{RT}{V}\right)$$

Equação 10.8 A pressão de um gás (A) em uma mistura é o produto de sua fração molar (X_A) pela pressão total da mistura.

$$P_A = X_A P_{total}$$

Equação 10.9 A velocidade rmq ($\sqrt{\overline{u^2}}$) depende da massa molar de um gás (M) e de sua temperatura (T).

$$\sqrt{\overline{u^2}} = \sqrt{\frac{3RT}{M}}$$

Equação 10.10 Lei de Graham. A velocidade de efusão de um gás é inversamente proporcional à raiz quadrada de sua massa molar.

$$\frac{\text{Velocidade de efusão do gás 1}}{\text{Velocidade de efusão do gás 2}} = \sqrt{\frac{\text{massa molar do gás 2}}{\text{massa molar do gás 1}}}$$

Equação 10.11 A equação de van der Waals, que relaciona pressão, volume, temperatura e quantidade de gás para um gás não ideal.

$$\left(P + a\left[\frac{n}{V}\right]^2\right)(V - bn) = nRT$$

- P: Pressão observada
- V: recipiente
- $a\left[\frac{n}{V}\right]^2$: Correção para as forças intermoleculares
- bn: Correção para o volume molecular

Cortesia: Ciprian Popoviciu

QUESTÕES PARA ESTUDO

▲ denota questões desafiadoras.

Questões numeradas em verde têm respostas no Apêndice N.

Praticando Habilidades

Pressão

(Veja a seção 10.1 e o Exemplo 10.1.)

1. A pressão de um gás é 440 mm Hg. Expresse essa pressão em unidades de (a) atmosferas, (b) bars e (c) quilopascals.

2. A pressão barométrica média a uma altitude de 10 km é 210 mm Hg. Expresse essa pressão em atmosferas, bars e quilopascals.

3. Indique qual representa a pressão mais alta em cada um dos seguintes pares:
   (a) 534 mm Hg ou 0,754 bar
   (b) 534 mm Hg ou 650 kPa
   (c) 1,34 bar ou 934 kPa

4. Coloque a sequência abaixo em ordem crescente de pressão: 363 mm Hg, 363 kPa, 0,256 atm e 0,523 bar.

Lei de Boyle e Lei de Charles

(Veja a Seção 10.2 e os Exemplos 10.2 e 10.3.)

5. Uma amostra de gás nitrogênio tem uma pressão de 67,5 mm Hg em um frasco de 500, mL. Qual é a pressão dessa amostra de gás quando ela é transferida para um frasco de 125 mL sob a mesma temperatura?

6. Uma amostra de gás CO_2 tem uma pressão de 56,5 mm Hg em um frasco de 125 mL. A amostra é transferida para um novo frasco, no qual ela terá uma pressão de 62,3 mm Hg sob a mesma temperatura. Qual é o volume do novo frasco?

7. Você tem 3,5 L de NO a uma temperatura de 22,0 °C. Qual volume o NO ocuparia a 37 °C? (Suponha que a pressão seja constante.)

8. Uma amostra de 5,0 mL de gás CO_2 é colocada em uma seringa de gás (Figura 10.3) a 22 °C. Se a seringa for imersa em um banho de gelo (0 °C), qual é o novo volume do gás, presumindo que a pressão seja mantida constante?

Lei Geral dos Gases

(Veja a Seção 10.2 e o Exemplo 10.4.)

9. Você tem 3,6 L de gás H_2 a 380 mm Hg e 25 °C. Qual é a pressão desse gás se ele for transferido para um frasco de 5,0 L a 0,0 °C?

10. Você tem uma amostra de CO_2 em um frasco A com um volume de 25,0 mL. A 20,5 °C, a pressão do gás é de 436,5 mm Hg. Para encontrar o volume de outro frasco, B, você transfere o CO_2 para esse frasco e descobre que sua pressão é agora de 94,3 mm Hg a 24,5 °C. Qual é o volume do frasco B?

11. Você tem uma amostra de gás em um frasco A com um volume de 250 mL. A 25,5 °C, a pressão do gás é de 360 mm Hg. Se você diminuir a temperatura para −5,0 °C, qual é a pressão do gás a esta última temperatura?

12. Uma amostra de gás ocupa 135 mL a 22,5 °C e uma pressão de 165 mm Hg. Qual é a pressão do gás quando ele é transferido para um frasco de 252 mL a uma temperatura de 0,0 °C?

13. Um dos cilindros de um motor de automóvel tem um volume de 400, cm³. O motor recebe o ar a uma pressão de 1,00 atm e uma temperatura de 15 °C e o comprime até um volume de 50,0 cm³ a 77 °C. Qual é a pressão final do gás no cilindro? (A razão dos volumes antes e depois – nesse caso, 400:50 ou 8:1 – é chamada de *taxa de compressão*.)

14. Um balão cheio de hélio do tipo utilizado em voos de longa distância contém 420000 pés³ ($1,2 \times 10^7$ L) de hélio. Suponha que você encha o balão com hélio no chão, onde a pressão é de 737 mm Hg e a temperatura é de 16,0 °C. Quando o balão sobe a uma altura de 2 milhas, em que a pressão é de apenas 600, mm Hg e a temperatura é de −33 °C, que volume é ocupado pelo gás hélio? Suponha que a pressão dentro do balão corresponda à pressão externa.

Hipótese de Avogadro
(Veja a Seção 10.2 e o Exemplo 10.5.)

15. O monóxido de nitrogênio reage com oxigênio para formar dióxido de nitrogênio.

    $$2\ NO(g) + O_2(g) \rightarrow 2\ NO_2(g)$$

    (a) Você deseja obter a reação de NO e O_2 na razão estequiométrica correta. A amostra de NO tem um volume de 150 mL. Qual volume de O_2 é necessário (sob a mesma pressão e temperatura)?
    (b) Qual volume de NO_2 (sob a mesma pressão e temperatura) é formado nessa reação?

16. Etano queima no ar para formar H_2O e CO_2.

    $$2\ C_2H_6(g) + 7\ O_2(g) \rightarrow 4\ CO_2(g) + 6\ H_2O(g)$$

    Qual volume de O_2 (L) é necessário para completar a reação com 5,2 L de C_2H_6? Qual volume de vapor H_2O (L) é produzido? Presuma que todos os gases tenham a mesma temperatura e pressão.

Lei do Gás Ideal
(Veja Seção 10.3 e Exemplo 10.6.)

17. Uma amostra de 1,25 g de CO_2 está contida em um frasco de 750, mL a 22,5 °C. Qual é a pressão do gás?

18. Um balão contém 30,0 kg de hélio. Qual é o volume do balão se sua pressão for de 1,20 atm e a temperatura for de 22 °C?

19. Um frasco é previamente evacuado, portanto, não contém nenhum gás. Em seguida, 2,2 g de CO_2 são introduzidos no frasco. Mediante aquecimento a 22 °C, o gás exerce uma pressão de 318 mm Hg. Qual é o volume do frasco?

20. Um cilindro de aço contém 1,50 g de etanol, C_2H_5OH. Qual é a pressão do vapor de etanol se o cilindro tiver um volume de 251 cm^3 e a temperatura for de 250 °C? (Admita que todo o etanol esteja na fase de vapor nessa temperatura.)

21. Um balão para voos de longa distância contém $1,2 \times 10^7$ L de hélio. Se a pressão do hélio for de 737 mm Hg a 25 °C, qual massa de hélio (em gramas) o balão conterá?

22. Qual massa de hélio, em gramas, é necessária para encher um balão de 5,0 L a uma pressão de 1,1 atm a 25 °C?

Densidade dos Gases e Massa Molar
(Veja a Seção 10.3 e os Exemplos 10.7 e 10.8.)

23. A 40 milhas acima da superfície da Terra, a temperatura é de 250 K e a pressão é somente de 0,20 mm Hg. Qual é a densidade do ar (em gramas por litro) nessa altitude? (Suponha que a massa molar do ar seja de 28,96 g/mol.)

24. Éter etílico, $(C_2H_5)_2O$, vaporiza facilmente em temperatura ambiente. Se o vapor exerce uma pressão de 233 mm Hg em um frasco a 25 °C, qual é a densidade do vapor?

25. Um composto organofluorado gasoso apresenta uma densidade de 0,355 g/L a 17 °C e 189 mm Hg. Qual é a massa molar do composto?

26. Clorofórmio é um líquido comum usado em laboratório. Ele vaporiza rapidamente. Se a pressão do vapor de clorofórmio em um frasco é de 195 mm Hg a 25,0 °C e a densidade do vapor é de 1,25 g/L, qual é a massa molar do clorofórmio?

27. Uma amostra de 1,007 g de um gás desconhecido exerce uma pressão de 715 mm Hg em um recipiente de 452 mL a 23 °C. Qual é a massa molar do gás?

28. Uma amostra de 0,0130 g de um gás com fórmula empírica de C_4H_5 é colocada em um frasco de 165 mL. Esta exerce uma pressão de 13,7 mm Hg a 22,5 °C. Qual é a fórmula molecular do composto?

29. Um novo hidreto de boro, B_xH_y, foi isolado. Para encontrar sua massa molar, você mede a pressão do gás em um volume conhecido a uma temperatura conhecida. Os seguintes dados experimentais foram coletados:

    Massa do gás = 12,5 mg   Pressão do gás = 24,8 mm Hg
    Temperatura = 25 °C   Volume do frasco = 125 mL

    Qual fórmula corresponde à massa molar calculada?

    (a) B_2H_6 (d) B_6H_{10}
    (b) B_4H_{10} (e) $B_{10}H_{14}$
    (c) B_5H_9

30. Acetaldeído é um composto líquido comum que evapora facilmente. Determine a massa molar do acetaldeído a partir dos seguintes dados:

    Massa da amostra = 0,107 g   Volume do gás = 125 mL
    Temperatura = 0,0 °C   Pressão = 331 mm Hg

Leis dos Gases e Reações Químicas
(Veja a Seção 10.4 e o Exemplo 10.9.)

31. O ferro reage com ácido clorídrico para produzir cloreto de ferro(II) e gás hidrogênio:

    $$Fe(s) + 2\ HCl(aq) \rightarrow FeCl_2(aq) + H_2(g)$$

    O gás H_2 proveniente da reação de 2,2 g de ferro com ácido em excesso é coletado em um frasco de 10,0 L a 25 °C. Qual é a pressão do gás H_2 nesse frasco?

32. Silano, SiH₄, reage com O₂ para produzir dióxido de silício e água:

$$SiH_4(g) + 2\ O_2(g) \rightarrow SiO_2(s) + 2\ H_2O(\ell)$$

Uma amostra de 5,20 L de gás SiH₄ a 356 mm Hg e a 25 °C pode reagir com gás O₂. Qual volume de gás O₂, em litros, é necessário para completar a reação se o oxigênio tiver uma pressão de 425 mm Hg a 25 °C?

33. Azida de sódio, o composto explosivo nos *air bags* automotivos, decompõe-se de acordo com a seguinte equação

$$2\ NaN_3(s) \rightarrow 2\ Na(s) + 3\ N_2(g)$$

Qual massa de azida de sódio é necessária para fornecer o nitrogênio suficiente para inflar um *air bag* de 75,0 L a uma pressão de 1,3 atm a 25 °C?

34. O hidrocarboneto octano (C₈H₁₈) queima para formar CO₂ e vapor de água:

$$2\ C_8H_{18}(g) + 25\ O_2(g) \rightarrow 16\ CO_2(g) + 18\ H_2O(g)$$

Se uma amostra de 0,048 g de octano queima completamente em O₂, qual será a pressão do vapor de água em um frasco de 4,75 L a 30,0 °C? Se o gás O₂ necessário para completar a combustão estiver contido em um frasco de 4,75 L a 22 °C, qual será sua pressão?

35. Hidrazina reage com O₂ de acordo com a seguinte equação:

$$N_2H_4(g) + O_2(g) \rightarrow N_2(g) + 2\ H_2O(\ell)$$

Presuma que o O₂ necessário para a reação esteja em um tanque de 450 L a 23 °C. Qual deve ser a pressão do oxigênio no tanque de modo que haja oxigênio suficiente para consumir completamente 1,00 kg de hidrazina?

36. Um aparelho de respiração subaquática (em inglês, SCUBA) usa recipientes contendo superóxido de potássio. O superóxido consome o CO₂ exalado pela pessoa e o substitui por oxigênio.

$$4\ KO_2(s) + 2\ CO_2(g) \rightarrow 2\ K_2CO_3(s) + 3\ O_2(g)$$

Que massa de KO₂, em gramas, é necessária para reagir com 8,90 L de CO₂ a 22,0 °C e a 767 mm Hg?

Misturas de Gases e Lei de Dalton
(Veja a Seção 10.5 e o Exemplo 10.10.)

37. Qual é a pressão total em atmosferas de uma mistura de gases que contém 1,0 g de H₂ e 8,0 g de Ar em um recipiente de 3,0 L a 27 °C? Quais são as pressões parciais dos dois gases?

38. Um cilindro de gás comprimido tem no rótulo "Composição (% em mol): 4,5% H₂S, 3,0% CO₂, balanço N₂." O medidor de pressão conectado ao cilindro lê 46 atm. Calcule a pressão parcial de cada gás, em atmosferas, no cilindro.

39. Uma mistura de halotano e oxigênio (C₂HBrClF₃ + O₂) pode ser usada como um anestésico. Um tanque contendo essa mistura tem as seguintes pressões parciais: P (halotano) = 170 mm Hg e P (O₂) = 570 mm Hg.

   (a) Qual é a proporção do número de mols de halotano para o número de mols de O₂?
   (b) Se o tanque contém 160 g de O₂, qual é massa de C₂HBrClF₃ presente?

40. Um balão murcho é preenchido com He até alcançar um volume de 12,5 L a uma pressão de 1,00 atm. Oxigênio, O₂, é então acrescentado de forma que o volume final do balão seja 26 L com uma pressão total de 1,00 atm. A temperatura, que permanece constante, é 21,5 °C.

   (a) Qual é a massa do He contida no balão?
   (b) Qual é a pressão parcial final do He no balão?
   (c) Qual é a pressão parcial de O₂ no balão?
   (d) Qual é a fração molar de cada gás?

Teoria Cinético-Molecular
(Veja a Seção 10.6 e o Exemplo 10.11.)

41. Você possui dois frascos de volumes iguais. O frasco A contém H₂ a 0 °C e 1 atm de pressão. O frasco B contém CO₂ a 25 °C e 2 atm. Compare esses dois gases com relação a cada um dos seguintes itens:

   (a) Energia cinética média por molécula
   (b) Velocidade rmq
   (c) Número de moléculas
   (d) Massa do gás

42. Massas iguais de N₂ e Ar gasosos são colocadas em frascos separados de volumes iguais em uma mesma temperatura. Indique cada uma das afirmações a seguir como verdadeira ou falsa. Explique brevemente sua resposta em cada caso.

   (a) Há mais moléculas de N₂ presentes do que átomos de Ar.
   (b) A pressão é maior no frasco de Ar.
   (c) Os átomos de Ar apresentam uma velocidade rmq maior que as moléculas de N₂.
   (d) As moléculas de N₂ colidem mais frequentemente com as paredes do frasco do que os átomos de Ar.

43. Se a velocidade rmq de uma molécula de oxigênio for $4,28 \times 10^4$ cm/s a uma determinada temperatura, qual será a velocidade rmq de uma molécula de CO₂ na mesma temperatura?

44. Calcule a velocidade rmq para moléculas de CO a 25 °C. Qual é a proporção dessa velocidade para que átomos de Ar tenham a mesma temperatura?

45. Coloque os seguintes gases na ordem crescente de velocidade rmq a 25 °C: Ar, CH_4, N_2, CH_2F_2.

46. A reação de SO_2 com Cl_2 resulta em óxido de dicloro, que é usado para branqueamento da polpa da madeira e para tratamento de águas residuais:

$$SO_2(g) + 2\ Cl_2(g) \rightarrow SOCl_2(g) + Cl_2O(g)$$

Suponha que todos os compostos envolvidos na reação sejam gases. Liste-os na ordem de velocidade rmq crescente.

Difusão e Efusão
(Veja a Seção 10.7 e o Exemplo 10.12.)

47. Em cada par de gases abaixo, informe qual apresenta efusão mais rápida:
    (a) CO_2 ou F_2
    (b) O_2 ou N_2
    (c) C_2H_4 ou C_2H_6
    (d) dois clorofluorocarbonos: $CFCl_3$ ou $C_2Cl_2F_4$

48. Gás argônio é 10 vezes mais denso que gás hélio à mesma temperatura e pressão. Que gás efunde mais rapidamente? Quão mais rápido?

49. Um gás, cuja massa molar você deseja saber, efunde por uma abertura a uma velocidade de um terço da velocidade do gás hélio. Qual é o volume molar do gás desconhecido?

50. ▲ Uma amostra de fluoreto de urânio possui uma velocidade de efusão de 17,7 mg/h. Sob condições comparáveis, I_2 gasoso efunde a uma velocidade de 15,0 mg/h. Qual é a massa molar do fluoreto de urânio? (*Dica*: As velocidades devem ser convertidas em unidades de mols por hora.)

Gases Não Ideais
(Veja a Seção 10.8.)

51. Sob qual conjunto de condições o CO_2 desvia-se mais do comportamento do gás ideal?
    (a) 1 atm, 0 °C   (c) 10 atm, 0 °C
    (b) 0,1 atm, 100 °C   (d) 1 atm, 100 °C

52. Sob qual conjunto de condições o Cl_2 desvia-se menos do comportamento do gás ideal?
    (a) 1 atm, 0 °C   (c) 10 atm, 0 °C
    (b) 0,1 atm, 100 °C   (d) 1 atm, 100 °C

53. Neste capítulo, afirmou-se que a pressão de 4,00 mols de Cl_2 em um tanque de 4,00 L a 100,0 °C deve ser de 26,0 atm se o cálculo for feito usando a equação de van der Waals. Verifique esse resultado e compare-o com a pressão prevista pela lei do gás ideal.

54. Você deseja armazenar 165 g de gás CO_2 em um tanque de 12,5 L a temperatura ambiente (25 °C). Calcule a pressão do gás se você usasse (a) a lei do gás ideal e (b) a equação de van der Waals. (Para CO_2, $a = 3,59$ atm · L^2/mol^2 e $b = 0,0427$ L/mol.)

55. Considere um tanque de 5,00 L contendo 325 g de H_2O a uma temperatura de 275 °C.
    (a) Calcule a pressão no tanque usando a lei do gás ideal e a equação de van der Waals.
    (b) Que termo de correção, $a(n/V)^2$ ou bn, tem maior influência sobre a pressão desse sistema?

56. Considere um frasco de 5,00 L contendo 375 g de Ar a uma temperatura de 25 °C.
    (a) Calcule a pressão no tanque usando a lei do gás ideal e a equação de van der Waals.
    (b) Que termo de correção, $a(n/V)^2$ ou bn, apresenta maior influência sobre a pressão desse sistema?

Questões Gerais

Estas questões não estão definidas quanto ao tipo ou à localização no capítulo. Elas podem combinar vários conceitos.

57. Complete a tabela a seguir:

	atm	mm Hg	kPa	bar
Atmosfera padrão	___	___	___	___
Pressão parcial de N_2 na atmosfera	___	593	___	___
Tanque de H_2 comprimido	___	___	___	133
Pressão atmosférica no topo do Monte Everest	___	___	33,7	___

58. A combustão de 1,0 L de um composto gasoso de hidrogênio, carbono e nitrogênio resulta em 2,0 L de CO_2, 3,5 L de vapor de H_2O e 0,50 L de N_2 nas CNTP. Qual é a fórmula empírica do composto?

59. ▲ Você tem uma amostra de gás hélio a −33 °C e deseja aumentar a velocidade rmq dos átomos de hélio em 10,0%. A que temperatura o gás deve ser aquecido para obter isso?

60. Se 12,0 g de O_2 são necessários para inflar um balão de um determinado tamanho a 27 °C, que massa de O_2 é necessária para inflá-lo no mesmo tamanho (e pressão) a 5,0 °C?

61. Butilmercaptana, C_4H_9SH, apresenta um odor muito desagradável e está entre os compostos acrescentados ao gás natural para ajudar a detectar vazamentos, pois o gás natural é inodoro. Em um experimento, você queima 95,0 mg de C_4H_9SH e coleta os gases do produto (SO_2, CO_2 e H_2O) em um frasco de 5,25 L a 25 °C. Qual é a pressão total do gás no frasco e qual é a pressão parcial de cada um dos gases do produto?

62. Um pneu de bicicleta apresenta um volume interno de 1,52 L e contém 0,406 mol de ar. O pneu estourará se sua pressão interna atingir 7,25 atm. A que temperatura, em graus Celsius, o ar no pneu precisa ser aquecido para causar uma explosão?

63. A temperatura da atmosfera em Marte pode chegar a 27 °C no equador ao meio-dia, e a pressão atmosférica é de aproximadamente 8 mm Hg. Se uma espaçonave coletasse 10, m³ dessa atmosfera, comprimisse-a a um volume menor e a enviasse de volta à Terra, quantos mols teria essa amostra?

64. Se você colocar 2,25 g de silício sólido em um frasco de 6,56 L que contém CH_3Cl a uma pressão de 585 mm Hg e a 25 °C, que massa de dimetildiclorossilano, $(CH_3)_2SiCl_2$, pode ser formada?

$$Si(s) + 2\ CH_3Cl(g) \rightarrow (CH_3)_2SiCl_2(g)$$

Que pressão de $(CH_3)_2SiCl_2(g)$ seria esperada nesse mesmo frasco a 95 °C uma vez concluída a reação? (Dimetildiclorossilano é um material de partida para produzir silicones, substâncias poliméricas usadas como lubrificantes, agentes antiaderentes e impermeabilizantes.)

65. Que volume (em litros) de O_2, medido nas CNTP, é necessário para oxidar 0,400 mol de fósforo (P_4)?

$$P_4(s) + 5\ O_2(g) \rightarrow P_4O_{10}(s)$$

66. Nitroglicerina decompõe-se em quatro gases diferentes quando detonada:

$$4\ C_3H_5(NO_3)_3(\ell) \rightarrow 6\ N_2(g) + O_2(g) + 12\ CO_2(g) + 10\ H_2O(g)$$

A detonação de uma pequena quantidade de nitroglicerina produz uma pressão total de 4,2 atm a uma temperatura de 450 °C.
(a) Qual é a pressão parcial do N_2?
(b) Se os gases ocupam um volume de 1,5 L, que massa de nitroglicerina foi detonada?

67. $Ni(CO)_4$ pode ser produzido pela reação de níquel finamente dividido com CO gasoso. Se você tiver CO em um frasco de 1,50 L a uma pressão de 418 mm Hg a 25,0 °C, juntamente com 0,450 g de Ni em pó, qual será a massa teórica de $Ni(CO)_4$ obtida?

68. Etano queima no ar para formar H_2O e CO_2.

$$2\ C_2H_6(g) + 7\ O_2(g) \rightarrow 4\ CO_2(g) + 6\ H_2O(g)$$

(a) Quatro gases estão envolvidos nessa reação. Liste-os na ordem de velocidade rmq crescente. (Suponha que todos os gases estejam na mesma temperatura.)

(b) Um frasco de 3,26 L contém C_2H_6 a uma pressão de 256 mm Hg e uma temperatura de 25 °C. Suponha que gás O_2 seja acrescentado ao frasco até C_2H_6 e O_2 estarem na relação estequiométrica correta para reação de combustão. Nesse ponto, qual é a pressão parcial de O_2 e qual é a pressão total no frasco?

69. Você tem quatro amostras de gás:
1. 1,0 L de H_2 nas CNTP
2. 1,0 L de Ar nas CNTP
3. 1,0 L de H_2 a 27 °C e 760 mm Hg
4. 1,0 L de He a 0 °C e 900 mm Hg

(a) Qual amostra possui o maior número de partículas de gás (átomos ou moléculas)?
(b) Qual amostra contém o menor número de partículas?
(c) Qual amostra apresenta a maior massa?

70. Propano reage com oxigênio para produzir dióxido de carbono e vapor de água.

$$C_3H_8(g) + 5\ O_2(g) \rightarrow 3\ CO_2(g) + 4\ H_2O(g)$$

Se você misturar C_3H_8 e O_2 na razão estequiométrica e se a pressão total da mistura for de 288 mm Hg, quais são as pressões parciais dos gases C_3H_8 e O_2? Se a temperatura e o volume não mudarem, qual será a pressão do vapor de água após a reação?

71. Ferrocarbonila pode ser produzido por reação direta entre metal e monóxido de carbono.

$$Fe(s) + 5\ CO(g) \rightarrow Fe(CO)_5(\ell)$$

Qual é a massa teórica de $Fe(CO)_5$ obtida se 3,52 g de ferro forem tratados com gás CO tendo uma pressão de 732 mm Hg em um frasco de 5,50 L a 23 °C?

72. A análise de um clorofluorocarbono gasoso, CCl_xF_y, mostra que ele contém 11,79% de C e 69,57% de Cl. Em outro experimento, você descobre que 0,107 g do composto preenche um frasco de 458 mL a 25 °C com uma pressão de 21,3 mm Hg. Qual é a fórmula molecular do composto?

73. Há cinco membros na família dos compostos de enxofre e flúor com a fórmula geral S_xF_y. Um desses compostos tem 25,23% de S. Se você colocar 0,0955 g do composto em um frasco de 89 mL a 45 °C, a pressão do gás será de 83,8 mm Hg. Qual é a fórmula molecular do S_xF_y?

74. Um vulcão em miniatura pode ser produzido no laboratório com dicromato de amônio. Quando em ignição, ele decompõe-se de forma ardente.

$$(NH_4)_2Cr_2O_7(s) \rightarrow N_2(g) + 4\,H_2O(g) + Cr_2O_3(s)$$

Se 0,95 g de dicromato de amônio for usado e os gases dessa reação forem obtidos em um frasco de 15,0 L a 23 °C, qual será a pressão total do gás no frasco? Quais são as pressões parciais de N_2 e H_2O?

Decomposição térmica do $(NH_4)_2Cr_2O_7$

75. A densidade do ar a 20 km acima da superfície da Terra é de 92 g/m³. A pressão da atmosfera é de 42 mm Hg e a temperatura é de −63 °C.
(a) Qual é a massa molar média da atmosfera nessa altitude?
(b) Se a atmosfera nessa altitude consiste somente de O_2 e N_2, qual é a fração molar de cada gás?

76. Um bulbo de 3,0 L contendo He a 145 mm Hg é conectado por meio de uma válvula a outro bulbo de 2,0 L contendo Ar a 355 mm Hg (veja a figura abaixo). Calcule a pressão parcial de cada gás e a pressão total após a válvula entre os frascos ser aberta.

77. Dióxido de cloro, ClO_2, reage com flúor para formar um novo gás que contém Cl, O e F. Em um experimento, você descobre que 0,150 g desse gás recém-formado apresenta uma pressão de 17,2 mm Hg em um frasco de 1850 mL a 21 °C. Qual é a identidade do gás desconhecido?

78. Um fluoreto de xenônio pode ser preparado aquecendo uma mistura dos gases Xe e F_2 a alta temperatura em um recipiente capaz de suportar altas pressões. Presuma que o gás xenônio foi adicionado a um recipiente de 0,25 L até que sua pressão atinja 0,12 atm a 0,0 °C. O gás flúor foi então acrescentado até atingir uma pressão total de 0,72 atm a 0,0 °C. Após concluir a reação, o xenônio foi consumido completamente, e a pressão do F_2 contido no recipiente ficou em 0,36 atm a 0,0 °C. Qual é a fórmula empírica do fluoreto de xenônio?

79. Diversas moléculas pequenas (além da água) são importantes nos sistemas bioquímicos: O_2, CO, CO_2 e NO. Você pode isolar uma destas mas, para identificá-la, é preciso determinar sua massa molar. Se liberar 0,37 g de um desses gases em um frasco com um volume de 732 mL a 21 °C, a pressão do gás no frasco será de 209 mm Hg. Qual é o gás desconhecido?

80. Considere os seguintes gases: He, SO_2, CO_2 e Cl_2.
(a) Qual possui a maior densidade (presumindo que todos os gases estejam nas mesmas T e P)?
(b) Que gás efundirá mais rapidamente através de uma placa porosa?

81. Qual(is) da(s) seguinte(s) afirmações *não* está(ão) correta(s)?
(a) A difusão de gases ocorre mais rapidamente em temperaturas mais elevadas.
(b) A efusão de H_2 é mais rápida que a efusão de He (supondo condições similares e uma velocidade expressa em unidades de mol/h).
(c) A difusão ocorrerá mais rapidamente em baixa pressão do que em alta pressão.
(d) A velocidade de efusão de um gás (mol/h) é diretamente proporcional à massa molar.

82. A lei do gás ideal é menos precisa sob condições de pressão alta e temperatura baixa. Nessas situações, o uso da equação de van der Waals é aconselhável.
(a) Calcule a pressão exercida por 12,0 g de CO_2 em um recipiente de 500 mL a 298 K, usando a equação do gás ideal. Em seguida, recalcule a pressão usando a equação de van der Waals. Presumindo que a pressão calculada a partir da equação de van der Waals esteja correta, qual é o erro percentual na resposta quando se usa a equação do gás ideal?
(b) Em seguida, resfrie essa amostra a −70 °C. Realize, então, o mesmo cálculo para a pressão exercida pelo CO_2 nessa nova temperatura, usando tanto a lei do gás ideal como a equação de van der Waals. Novamente, qual é o erro percentual quando se usa a equação do gás ideal?

83. Dióxido de carbono, CO_2, efunde por uma placa porosa a uma taxa de 0,033 mol/min. A mesma quantidade de um gás desconhecido, 0,033 mol, efunde pela mesma barreira porosa em 104 segundos. Calcule a massa molar do gás desconhecido.

84. Em um experimento, você determinou que 0,66 mol de CF_4 efunde através de uma barreira porosa em um período de 4,8 minutos. Quanto tempo levará para 0,66 mol de CH_4 efundir pela mesma barreira?

85. Um balão é preenchido com gás hélio a uma sobrepressão de 22 mm Hg a 25 °C. O volume do gás é de 305 mL e a pressão barométrica é de 755 mm Hg. Qual é a quantidade de hélio no balão? (Lembre-se de que sobrepressão = pressão total − pressão barométrica. Veja a página 455.)

86. Se você tiver uma amostra de água em um recipiente fechado, um pouco de água evaporará até a pressão do vapor de água, a 25 °C, ser de 23,8 mm Hg. Quantas moléculas de água por centímetro cúbico existem na fase de vapor?

87. Você tem 1,56 g de uma mistura de $KClO_3$ e KCl. Quando aquecido, o $KClO_3$ decompõe-se em KCl e O_2,

$$2\ KClO_3(s) \rightarrow 2\ KCl(s) + 3\ O_2(g)$$

e 327 mL de O_2 com uma pressão de 735 mm Hg são coletados a 19 °C. Qual é a porcentagem em massa do $KClO_3$ na amostra?

88. Um estudo com alpinistas que atingiram o pico do Monte Everest, sem oxigênio suplementar, demonstrou que as pressões parciais de O_2 e CO_2 em seus pulmões eram de 35 mm Hg e 7,5 mm Hg, respectivamente. A pressão barométrica no pico era de 253 mm Hg. Presuma que os gases do pulmão sejam saturados com umidade a uma temperatura corpórea de 37 °C [o que significa que a pressão parcial do vapor de água nos pulmões é de $P(H_2O) = 47{,}1$ mm Hg]. Se você supuser que os gases no pulmão consistem apenas em O_2, N_2, CO_2 e H_2O, qual será a pressão parcial do N_2?

89. O monóxido de nitrogênio reage com oxigênio para formar dióxido de nitrogênio:

$$2\ NO(g) + O_2(g) \rightarrow 2\ NO_2(g)$$

(a) Coloque os três gases na ordem crescente de velocidade rmq a 298 K.
(b) Se você misturar NO e O_2 na relação estequiométrica correta e NO tem uma pressão parcial de 150 mm Hg, qual será a pressão parcial de O_2?
(c) Após completar a reação entre NO e O_2, qual será a pressão de NO_2 se o NO originalmente tivesse uma pressão de 150 mm Hg e o O_2 fosse acrescentado na relação estequiométrica correta?

90. ▲ Gás amônia é sintetizado pela combinação de hidrogênio e nitrogênio:

$$3\ H_2(g) + N_2(g) \rightarrow 2\ NH_3(g)$$

(a) Se você deseja produzir 562 g de NH_3, que volume de gás H_2, a 56 °C e 745 mm Hg, será necessário?
(b) O nitrogênio para essa reação será obtido do ar. Qual volume de ar, medido a 29 °C e pressão de 745 mm Hg, será preciso para fornecer o nitrogênio necessário para produzir 562 g de NH_3? Suponha que a amostra de ar contenha 78,1 % mol de N_2.

91. Trifluoreto de nitrogênio é preparado pela reação de amônia e flúor.

$$4\ NH_3(g) + 3\ F_2(g) \rightarrow 3\ NH_4F(s) + NF_3(g)$$

Se você misturar NH_3 e F_2 na relação estequiométrica correta e, se a pressão total da mistura for de 120 mm Hg, quais são as pressões parciais de NH_3 e F_2? Quando os reagentes são completamente consumidos, qual é a pressão total no recipiente? (Suponha que T seja constante.)

92. Trifluoreto de cloro, ClF_3, é um reagente importante porque pode ser usado para converter óxidos metálicos em fluoretos metálicos:

$$6\ NiO(s) + 4\ ClF_3(g) \rightarrow$$
$$6\ NiF_2(s) + 2\ Cl_2(g) + 3\ O_2(g)$$

(a) Qual massa de NiO reagirá com gás ClF_3 se este gás tiver uma pressão de 250 mm Hg a 20 °C em um frasco de 2,5 L?
(b) Se o ClF_3 descrito na parte (a) fosse completamente consumido, quais seriam as pressões parciais de Cl_2 e de O_2 no frasco de 2,5 L a 20 °C (em mm Hg)? Qual é a pressão total no frasco?

93. ▲ A umidade relativa é a relação entre a pressão parcial da água no ar em uma determinada temperatura com relação à pressão do vapor de água nessa temperatura. Calcule a massa de água por litro de ar sob as seguintes condições:

(a) a 20 °C e 45% de umidade relativa
(b) a 0 °C e 95% de umidade relativa

Sob quais circunstâncias a massa de H_2O por litro é maior? (Veja o Apêndice G para pressão de vapor de água.)

94. Qual massa de vapor de água está presente em um quarto quando a umidade relativa é de 55% e a temperatura é de 23 °C? As dimensões do quarto são 4,5 m² de área de piso e 3,5 m de altura do teto. (Veja a Questão para Estudo 93 para uma definição de umidade relativa e o Apêndice G para pressão de vapor de água.)

No Laboratório

95. ▲ Você tem um tanque de 550, mL de gás com uma pressão de 1,56 atm a 24 °C. Você achava que o gás era monóxido de carbono puro, CO, mas depois descobriu que ele estava contaminado com pequenas quantidades de CO_2 e O_2 gasosos. A análise mostra que a pressão do tanque é de 1,34 atm (a 24 °C) se o CO_2 for removido. Outro experimento mostra que 0,0870 g de O_2 pode ser removido quimicamente. Quais são as massas de CO e CO_2 no tanque e qual é a pressão parcial de cada um dos três gases a 25 °C?

96. ▲ Metano é queimado em laboratório em um bico de Bunsen para produzir CO_2 e vapor de água. O gás metano é queimado a uma velocidade de 5,0 L/min (a uma temperatura de 28 °C e uma pressão de 773 mm Hg). A que taxa o oxigênio deve alimentar o bico de Bunsen (a uma pressão de 742 mm Hg e uma temperatura de 26 °C)?

97. ▲ O ferro forma uma série de compostos do tipo $Fe_x(CO)_y$. No ar, esses compostos são oxidados para Fe_2O_3 e gás CO_2. Após aquecer uma amostra de 0,142 g de $Fe_x(CO)_y$ no ar, você isola o CO_2 em um frasco de 1,50 L a 25 °C. A pressão desse gás é de 44,9 mm Hg. Qual é a fórmula empírica do $Fe_x(CO)_y$?

98. ▲ Carbonatos metálicos do Grupo 2A são decompostos em óxido metálico e CO_2 mediante aquecimento:

$$MCO_3(s) \rightarrow MO(s) + CO_2(g)$$

Você aquece 0,158 g de um carbonato metálico sólido e branco do Grupo 2A (M) e descobre que o CO_2 resultante tem uma pressão de 69,8 mm Hg em um frasco de 285 mL a 25 °C. Identifique M.

99. Uma maneira de sintetizar diborano, B_2H_6, é a reação

$$2\ NaBH_4(s) + 2\ H_3PO_4(\ell) \rightarrow B_2H_6(g) + 2\ NaH_2PO_4(s) + 2\ H_2(g)$$

(a) Se você tiver 0,136 g de $NaBH_4$ e excesso de H_3PO_4 e coletar o produto B_2H_6 resultante em um frasco de 2,75 L a 25 °C, qual será a pressão do B_2H_6 no frasco?
(b) Um subproduto dessa reação é o gás H_2. Se ambos os gases, B_2H_6 e H_2, resultarem dessa reação, qual será a pressão *total* no frasco de 2,75 L (após a reação de 0,136 g de $NaBH_4$ com excesso de H_3PO_4) a 25 °C?

100. Você tem uma mistura sólida de $NaNO_2$ e NaCl e deve analisá-la quanto à quantidade de $NaNO_2$ presente. Para isso, deve permitir que a mistura reaja com solução aquosa de ácido sulfâmico, HSO_3NH_2, em água, de acordo com a equação

$$NaNO_2(aq) + HSO_3NH_2(aq) \rightarrow NaHSO_4(aq) + H_2O(\ell) + N_2(g)$$

Qual será a porcentagem em massa de $NaNO_2$ em 1,232 g da mistura sólida se a reação com ácido sulfâmico produzir 295 mL de gás N_2 seco a uma pressão de 713 mm Hg a 21,0 °C?

101. ▲ Você tem 1,249 g de uma mistura de $NaHCO_3$ e Na_2CO_3. Você descobre que 12,0 mL de HCl 1,50 M são necessários para converter a amostra completamente em NaCl, H_2O e CO_2.

$$NaHCO_3(aq) + HCl(aq) \rightarrow NaCl(aq) + H_2O(\ell) + CO_2(g)$$

$$Na_2CO_3(aq) + 2\ HCl(aq) \rightarrow 2\ NaCl(aq) + H_2O(\ell) + CO_2(g)$$

Que volume de CO_2 é liberado a 745 mm Hg e a 25 °C?

102. ▲ Uma mistura de $NaHCO_3$ e Na_2CO_3 possui uma massa de 2,50 g. Quando tratada com HCl(aq), 665 mL de gás CO_2 são liberados a uma pressão de 735 mm Hg a 25 °C. Qual é a porcentagem em massa de $NaHCO_3$ e Na_2CO_3 na mistura? (Veja a Questão para Estudo 101 para obter as reações que ocorrem.)

103. ▲ Muitos nitratos podem ser decompostos por aquecimento. Por exemplo, nitrato de cobre(II) anidro, azul, produz os gases dióxido de nitrogênio e oxigênio quando aquecido. No laboratório, você descobre que uma amostra desse sal produziu uma mistura de 0,195 g de NO_2 e O_2 gasosos com uma pressão total de 725 mm Hg a 35 °C em um frasco de 125 mL (e CuO sólido, preto, foi deixado como resíduo). Qual é a massa molar média da mistura dos gases? Quais são as frações molares de NO_2 e O_2 na mistura? Qual é a quantidade de cada gás nessa mistura? Essas quantidades refletem os valores relativos de NO_2 e O_2 esperados de acordo com a equação balanceada? É possível que o fato de que algumas moléculas de NO_2 se combinam para formar N_2O_4 exerça alguma função?

O aquecimento de nitrato de cobre(II) produz dióxido de nitrogênio e oxigênio gasosos e deixa um resíduo de óxido de cobre(II).

104. ▲ Um composto contendo C, H, N e O é queimado em excesso de oxigênio. Os gases produzidos pela queima de 0,1152 g são primeiramente tratados para converter o produto gasoso contendo nitrogênio em N_2, depois a mistura resultante de CO_2, H_2O, N_2 com um excesso de O_2 é passada por uma camada de $CaCl_2$ para absorver a água. O $CaCl_2$ aumenta em massa em 0,09912 g. Os gases restantes são borbulhados na água para formar H_2CO_3, e essa solução é titulada com NaOH 0,3283 M; 28,81 mL são necessários para obter o segundo ponto de equivalência. O excesso do gás O_2 é removido pela reação com cobre metálico (para formar CuO). Finalmente, o gás N_2 é coletado em um frasco de 225,0 mL, onde ele apresenta uma pressão de 65,12 mm Hg a 25 °C. Em um experimento separado, descobre-se que o composto desconhecido possui uma massa molar de 150 g/mol. Quais são as fórmulas empírica e molecular do composto desconhecido?

105. Você tem um gás, um dos três compostos conhecidos de flúor e fósforo (PF_3, PF_5 e P_2F_4). Para descobrir qual, você decidiu medir sua massa molar.

(a) Primeiro você determina que a densidade do gás é 5,60 g/L a uma pressão de 0,971 atm e uma temperatura de 18,2 °C. Calcule a massa molar e identifique o composto.

(b) Para verificar os resultados da parte (a), você decide medir a massa molar com base nas velocidades relativas de efusão do gás desconhecido e do CO_2. Então descobre que o CO_2 efunde-se a uma velocidade de 0,050 mol/min, enquanto a efusão do fluoreto de fósforo desconhecido ocorre a 0,028 mol/min. Calcule a massa molar do gás desconhecido com base nesses resultados.

106. Um calorímetro de volume constante de 1,50 L (Figura 5.12) contém $C_3H_8(g)$ e $O_2(g)$. A pressão parcial de C_3H_8 é 0,10 atm e a pressão parcial de O_2 é 5,0 atm. A temperatura é de 20,0 °C. Ocorre uma reação entre os dois compostos, formando $CO_2(g)$ e $H_2O(\ell)$. O calor da reação faz a temperatura subir para 23,2 °C.

(a) Escreva a equação química balanceada para a reação.
(b) Quantos mols de $C_3H_8(g)$ estavam inicialmente presentes na bomba?
(c) Qual é a fração molar do $C_3H_8(g)$ na bomba antes da reação?
(d) Após a reação, a bomba contém excesso de oxigênio e os produtos da reação, $CO_2(g)$ e $H_2O(\ell)$. Qual é a quantidade de $O_2(g)$ que permanece sem reagir?
(e) Depois da reação, qual é a pressão parcial exercida pelo $CO_2(g)$ nesse sistema?
(f) Qual é a pressão parcial exercida pelo excesso de oxigênio que permanece após a reação?

Resumo e Questões Conceituais

As seguintes questões podem usar os conceitos deste capítulo e dos capítulos anteriores.

107. Um frasco de 1,0 L contém 10,0 g de cada gás, O_2 e CO_2 a 25 °C.

(a) Qual gás apresenta a pressão parcial maior, O_2 ou CO_2, ou ambos têm a mesma pressão parcial?
(b) Quais moléculas possuem a velocidade rmq maior, ou ambas têm a mesma velocidade rmq?
(c) Quais moléculas possuem a energia cinética média maior, ou ambas têm a mesma energia cinética média?

108. Se massas iguais de O_2 e N_2 forem colocadas em recipientes separados de volumes iguais, sob a mesma temperatura, qual das seguintes afirmações é verdadeira? Se for falsa, explique por quê.

(a) A pressão no frasco contendo N_2 é maior que naquele que contém O_2.
(b) Há mais moléculas no frasco que contém O_2 que naquele que contém N_2.

109. Você possui dois cilindros de aço de volumes iguais, resistentes a altas pressões, um contendo 1,0 kg de CO e o outro contendo 1,0 kg de acetileno, C_2H_2.

(a) Em qual cilindro a pressão é maior a 25 °C?
(b) Qual cilindro contém o maior número de moléculas?

110. Dois frascos, cada um com um volume de 1,00 L, contêm gás O_2 com uma pressão de 380 mm Hg. O frasco A está a 25 °C e o frasco B está a 0 °C. Qual frasco possui o número maior de moléculas de O_2?

111. ▲ Estabeleça se cada uma das seguintes amostras de matéria é um gás. Se não houver informações suficientes para você decidir, escreva "informações insuficientes".

(a) Um material está em um tanque de aço a uma pressão de 100 atm. Quando o tanque é exposto à atmosfera, o material se expande repentinamente, aumentando seu volume em 1%.
(b) Uma amostra de 1,0 mL de material pesa 8,2 g.
(c) O material é verde-claro e transparente.
(d) Um metro cúbico do material contém tantas moléculas como 1,0 m^3 de moléculas de ar sob a mesma temperatura e pressão.

112. Quatro frascos são preenchidos, cada um com um gás diferente. Cada frasco possui o mesmo volume e cada um deles é preenchido sob a mesma pressão, 3,0 atm, a 25 °C. O frasco A contém 116 g de ar, o frasco B, 80,7 g de neônio, o frasco C, 16,0 g de hélio, e o frasco D, 160 g de um gás desconhecido.

(a) Os quatro frascos contêm o mesmo número de moléculas? Em caso negativo, qual deles possui o maior número de moléculas?
(b) Quantas vezes mais pesada é a molécula do gás desconhecido em comparação ao átomo de hélio?
(c) Em que frasco estão as moléculas que possuem a maior energia cinética? E a maior velocidade rmq?

113. Você tem dois balões preenchidos com gás, um contendo He e o outro, H_2. O volume do balão de H_2 é duas vezes maior que o de He. A pressão do gás no balão de H_2 é de 1 atm, e no balão de He, 2 atm. O balão de H_2 está a −5 °C, e o balão de He está a 23 °C.

(a) Qual balão contém o maior número de moléculas?
(b) Qual balão contém a maior massa de gás?

114. A azida de sódio necessária para *air bag*s automotivos é produzida a partir da reação entre o sódio metálico e o monóxido de dinitrogênio em amônia líquida:

$$3\ N_2O(g) + 4\ Na(s) + NH_3(\ell) \rightarrow NaN_3(s) + 3\ NaOH(s) + 2\ N_2(g)$$

(a) Você tem 65,0 g de sódio, um frasco de 35,0 L contendo gás N_2O a uma pressão de 2,12 atm a 23 °C e excesso de amônia. Qual é a quantidade teórica (em gramas) de NaN_3?
(b) Desenhe a estrutura de Lewis para o íon azida. Inclua todas as estruturas de ressonância possíveis. Qual estrutura de ressonância é a mais provável?
(c) Qual é a forma do íon azida?

115. Se a temperatura absoluta de um gás dobra, em quanto aumenta a velocidade rmq das moléculas do gás?

116. ▲ Gás cloro (Cl_2) é usado como desinfetante no sistema de abastecimento de água municipal, embora dióxido de cloro (ClO_2) e ozônio estejam sendo utilizados com maior frequência. ClO_2 consiste em uma melhor opção do que Cl_2 nessa aplicação porque resulta em subprodutos com menos cloro, os quais são, eles próprios, poluentes.

(a) Quantos elétrons de valência estão no ClO_2?
(b) O íon clorito, ClO_2^-, é obtido pela redução de ClO_2. Desenhe uma estrutura de pontos de elétrons possível para ClO_2^- (Cl é o átomo central).
(c) Qual é a hibridização do átomo de Cl central no ClO_2^-? Qual é a forma do íon?
(d) Qual espécie possui o maior ângulo, O_3 ou ClO_2^-? Explique sucintamente.
(e) Dióxido de cloro, ClO_2, um gás verde amarelado, pode ser obtido pela reação de cloro com clorito de sódio:

$$2\ NaClO_2(s) + Cl_2(g) \rightarrow 2\ NaCl(s) + 2\ ClO_2(g)$$

Suponha que você reaja 15,6 g de $NaClO_2$ com gás cloro, que apresenta uma pressão de 1050 mm Hg em um frasco de 1,45 L a 22 °C. Que massa de ClO_2 pode ser produzida?

Forças de van der Waals permitem que uma osga escale paredes.

11 Forças intermoleculares e líquidos

Sumário do capítulo

- **11-1** Estados da Matéria e Forças Intermoleculares
- **11-2** Interações Entre Íons e Moléculas com um Dipolo Permanente
- **11-3** Interações Entre Moléculas com um Dipolo Permanente
- **11-4** Forças Intermoleculares Envolvendo Moléculas Não Polares
- **11-5** Um Resumo das Forças Intermoleculares de van der Waals
- **11-6** Propriedades dos Líquidos

LAGARTIXAS CONSEGUEM ESCALAR PAREDES Exatamente como o herói das histórias em quadrinhos, o Homem-Aranha, um pequeno lagarto e a lagartixa são capazes de escalar paredes e andar pelo teto.

Esse fato intrigou Kellar Autumn, professor de Biologia da Lewis and Clark College em Portland, Oregon. Uma equipe interdisciplinar de Autumn e seus alunos, juntamente com cientistas e engenheiros da Universidade de Stanford e das universidades de Berkeley e Santa Bárbara, na Califórnia, perceberam que os dedos da lagartixa são cobertos por pelos rígidos como *cerdas*. Cada um desses pelos tem um comprimento equivalente à espessura de um fio de cabelo humano, ou seja, aproximadamente 0,1 mm. Mas cada cerda divide-se novamente em cerca de mil fibras ainda menores, chamadas *espátulas*. E essas fibras têm apenas 200 nm de largura, uma distância menor do que o comprimento de onda da luz visível!

A estrutura dos pés da lagartixa é o segredo de suas habilidades para escalar paredes. Autumn disse: "Descobrimos que as cerdas são dez vezes mais adesivas do que se

PARTE TRÊS ▶ ESTADOS DA MATÉRIA

CAPÍTULO 11

Objetivos do Capítulo

Consulte a Revisão dos Objetivos do Capítulo para ver as Questões para Estudo relacionadas a estes objetivos.

ENTENDER
- A natureza dos diversos tipos de forças intermoleculares.
- A origem e a importância da ligação de hidrogênio.
- A relação entre as propriedades dos líquidos e as forças intermoleculares.
- A natureza da temperatura e da pressão críticas e dos fluidos supercríticos.

FAZER
- Identificar as forças intermoleculares entre moléculas simples.
- Calcular as variações de entalpia para as mudanças de estado.
- Representar graficamente a relação entre a pressão de vapor e a temperatura.
- Utilizar a equação de Clausius-Clapeyron para relacionar a pressão de vapor e a entalpia de vaporização.

LEMBRAR
- As diversas forças intermoleculares e como elas surgem.

---

previa com base em medidas anteriores com animais em geral. Na verdade, a aderência é tão forte que uma única cerda é capaz de levantar o peso de uma formiga. Um milhão de cerdas, que caberiam facilmente em uma das faces de uma moeda de dez centavos de dólar, poderiam levantar uma criança de 22 kg. Nossa descoberta explica por que a lagartixa é capaz de suportar o peso de todo o seu corpo em apenas um dedo."

"Quando a lagartixa prende-se a uma superfície, ela desenrola seus dedos como uma língua de sogra usada em festas, que se desenrola quando assopramos dentro dela", diz Autumn. Mas, ele acrescenta, "conseguir ficar preso realmente não é tão difícil. Soltar-se da superfície é que é o maior problema. Quando uma lagartixa corre, ela precisa prender e soltar seus pés quinze vezes por segundo".

Mas o que é o "efeito adesivo" que permite a uma lagartixa subir uma parede? Trata-se de uma força intermolecular, chamada *força de van der Waals*. Em geral essa é uma força de baixa intensidade, que se torna preponderante somente a uma distância muito pequena. Entretanto, cada uma das milhões de *espátulas* em cada dedo experimenta uma força de adesão de van der Waals com a superfície da parede.

As forças de van der Waals são um dos assuntos importantes deste capítulo. Ao aprender sobre isso, pense nas possibilidades de utilizar a estrutura dos dedos das lagartixas para fazer adesivos ainda mais úteis.

Referências:
1. http://kellarautumn.com
2. http://geckolab.lclark.edu/Welcome.html

Questões para Estudo relacionadas a esta história são: 11.1, 11.29 e 11.43.

498 Química geral e reações químicas

No capítulo anterior, estudamos os gases, um dos estados da matéria. Na maior parte do tempo conseguimos ignorar as forças de atração entre as moléculas. Contudo, no final do capítulo destacamos que em pressões elevadas ou a baixas temperaturas temos que considerar as forças intermoleculares quando explicamos o comportamento não ideal dos gases. Nos outros dois estados da matéria, o líquido e o sólido, as forças intermoleculares exercem um papel importante. Para descrever esses estados da matéria, primeiro teremos que explorar os diferentes tipos de forças intermoleculares.

Os objetivos principais deste capítulo são (1) examinar as forças responsáveis pela atração das moléculas entre si – *forças intermoleculares* – e (2) examinar os líquidos, um estado da matéria resultante dessas interações. Esse capítulo será útil, pois, entre outras coisas, ele explica por que seu corpo esfria quando você sua e por que o gelo flutua sobre a água líquida, uma propriedade compartilhada por poucas substâncias.

11-1 Estados da Matéria e Forças Intermoleculares

A teoria cinético-molecular dos gases (◄ Seção 10.6) pressupõe que átomos ou moléculas de gases estão bem separados e podem ser considerados independentes entre si. Consequentemente, podemos relacionar as propriedades dos gases na maioria das condições segundo a equação da lei do gás ideal, $PV = nRT$ (◄ Equação 10.4). Nos gases reais, porém, há forças entre as moléculas, isto é, forças *inter*moleculares. Se essas forças forem suficientemente intensas, o gás pode condensar-se em líquido e eventualmente formar um sólido.

Quão diferentes são os estados da matéria no nível particulado? Podemos ter uma noção disso ao comparar os volumes ocupados por um número igual de moléculas de um mesmo material em diferentes estados. A Figura 11.1 (*à esquerda*) mostra um frasco com cerca de 300 mL de nitrogênio líquido. Se permitíssemos que todo o líquido evaporasse, a 1 atm e temperatura ambiente, o nitrogênio gasoso encheria um balão de 200 L, um aumento de volume de mais de 600 vezes. Existe um enorme espaço entre as moléculas em um gás, ao passo que nos líquidos as moléculas estão muito mais próximas umas das outras.

Quando convertemos líquidos em gases, o aumento no volume é surpreendentemente grande. Por outro lado, quando um sólido é convertido em líquido, não há nenhuma mudança drástica no volume. A Figura 11.1 (*à direita*) mostra a mesma quantidade de benzeno líquido e sólido, C_6H_6, lado a lado. A diferença de volume não é muito grande. Para explicar essa observação, imaginamos que as moléculas estejam agrupadas tão proximamente na fase líquida quanto na fase sólida e acondicionadas de forma relativamente comprimida em ambas. Nós também presumimos que existam forças intermoleculares de alguma espécie que lhes permitem agarrarem-se umas às outras. Essas forças são o foco deste capítulo.

Primeiro queremos focar na natureza das forças intermoleculares. Como descrevemos no Capítulo 2 (e retomaremos no Capítulo 12), a ligação em compostos

Nitrogênio gasoso

Quando uma amostra de 300 mL de nitrogênio líquido evapora, ela produzirá mais de 200 L de gás a 25 °C e 1,0 atm. Na fase líquida, as moléculas de N_2 estão próximas entre si; na fase gasosa, estão mais distantes.

Benzeno líquido   Benzeno sólido

O mesmo volume de benzeno líquido, C_6H_6, é colocado em dois tubos de ensaio, e um tubo (*à direita*) é resfriado, congelando o líquido. A substância em estado sólido ou líquido ocupa quase o mesmo volume, indicando que as moléculas estão quase tão comprimidas no estado líquido quanto no sólido.

FIGURA 11.1 Contrastando gases, líquidos e sólidos.

iônicos depende das forças eletrostáticas de atração entre íons com cargas opostas. As forças intermoleculares são semelhantes às eletrostáticas.

Em conjunto, forças intermoleculares são chamadas de **forças de van der Waals**, e incluem as forças de atração e repulsão entre

- moléculas com dipolos permanentes (*forças dipolo–dipolo*, Seção 11.3)
- moléculas polares e apolares (*forças dipolo–dipolo induzido*, às vezes chamadas de forças de *Debye*, Seção 11.4)
- moléculas apolares (*forças dipolo induzido–dipolo induzido*, Seção 11.4)

Nosso segundo tópico mais importante é a influência das forças intermoleculares nas propriedades das substâncias. Mesmo que, em geral, essas forças representem menos que 15% aproximadamente das energias de ligação covalentes, as forças intermoleculares podem ter um grande efeito sobre as propriedades das moléculas. Entre outras coisas, forças intermoleculares

- estão diretamente relacionadas ao ponto de fusão, ponto de ebulição e à energia necessária para converter um sólido em um líquido ou um líquido em um vapor.
- são importantes para determinar a solubilidade de gases, líquidos e sólidos em vários solventes.
- são cruciais para determinar as estruturas de moléculas biologicamente importantes, como o DNA e as proteínas.

11-2 Interações Entre Íons e Moléculas com um Dipolo Permanente

Muitas moléculas são polares como resultado da polaridade de suas ligações individuais e de suas geometrias (veja a Seção 8.7). Conceitualmente, podemos visualizar moléculas polares com extremidades positivas e negativas. Quando uma molécula polar, como a água, encontra um composto iônico, a extremidade negativa do dipolo é atraída para o cátion, e a extremidade positiva do dipolo é atraída para o ânion. As forças de atração entre um íon positivo ou negativo e moléculas polares – forças íon–dipolo – são menos intensas que as relacionadas às atrações íon–íon, mas são mais intensas que outros tipos de forças entre moléculas.

água em torno de um cátion

água em torno de um ânion

Podemos avaliar as atrações íon–dipolo com base na lei de Coulomb, a qual estabelece que a força de atração entre dois objetos carregados depende do produto de suas cargas dividido pelo quadrado da distância entre elas (veja a Seção 2.7). Portanto, quando uma molécula polar encontra um íon, as forças de atração dependem de três fatores:

- A distância entre o íon e o dipolo. Quanto mais próximos eles estiverem, mais forte será a atração.
- A carga do íon. Quanto maior a carga do íon, mais forte será a atração.
- A magnitude do dipolo. Quanto maior a magnitude do dipolo, mais forte será a atração.

A formação de íons hidratados em soluções aquosas é um dos exemplos mais importantes da interação entre um íon (como Na$^+$ ou Cl$^-$) e uma molécula polar

Lei de Coulomb A força de atração entre partículas com cargas opostas depende diretamente do produto de suas cargas e, inversamente, do quadrado da distância (*d*) entre os íons (1/d^2) (◄ Equação 2.3). A energia da atração também é proporcional ao produto da carga, mas é inversamente proporcional à distância entre elas (1/*d*).

Tabela 11.1 Raios e Entalpias de Hidratação de Íons de Metais Alcalinos

Cátion	Raio do Íon (pm)	Entalpia de Hidratação (kJ/mol)
Li⁺	78	−515
Na⁺	98	−405
K⁺	133	−321
Rb⁺	149	−296
Cs⁺	165	−263

(água, por exemplo). A variação de entalpia associada à hidratação de íons – que, em geral, é chamada de *entalpia de solvatação* ou, no caso de íons na água, de *entalpia de hidratação* – é substancial. Não é possível medir diretamente a entalpia de solvatação para um íon individual, mas podemos estimar os valores. Por exemplo, a hidratação de íons sódio é descrita pela seguinte reação:

$$Na^+(g) + \text{água} \rightarrow Na^+(aq) \qquad \Delta_{hidratação}H° = -405 \text{ kJ/mol}$$

A entalpia de hidratação depende da carga do íon e de $1/d$, em que d é a distância entre o centro do íon e o "polo" com carga oposta do dipolo da água.

O efeito do raio do íon resulta evidente quando se comparam as entalpias de hidratação dos cátions de metais alcalinos na Tabela 11.1 e os efeitos do raio *e* da carga, quando se comparam as $\Delta_{hidratação}H°$ para Mg^{2+}, Li^+ e K^+.

Entalpia de Hidratação A energia liberada quando um íon é hidratado depende do momento dipolar da água, da carga do íon e da distância *d* entre os centros do íon e a molécula polar de água. A distância *d* aumenta à medida que o tamanho do íon aumenta.

Aumento da força de atração; entalpia de hidratação mais exotérmica (mais negativa)

É interessante comparar esses valores com a entalpia de hidratação do íon H⁺, estimada em −1090 kJ/mol. Esse valor extraordinariamente elevado para um íon 1+ deve-se ao tamanho ínfimo do íon H⁺.

EXEMPLO 11.1

Energia de Hidratação

Problema Explique por que a entalpia de hidratação do Na^+ (−405 kJ/mol) é mais negativa que a do Cs^+ (−263 kJ/mol), sendo que a do Mg^{2+} é muito mais negativa (−1922 kJ/mol) que a do Na^+ ou do Cs^+.

O que você sabe? Você conhece as cargas dos íons e a ordem dos seus tamanhos. Da Figura 7.11, temos: Na^+ = 98 pm, Cs^+ = 165 pm e Mg^{2+} = 79 pm.

Estratégia A energia associada às atrações íon–dipolo depende diretamente da carga do íon e da magnitude do dipolo e, inversamente, da distância entre eles. Aqui o dipolo da água é um fator constante, portanto, a resposta depende apenas do tamanho e da carga do íon.

Solução A partir dos tamanhos dos íons, podemos prever que as distâncias entre o centro da carga positiva no íon e o dipolo da água irão variar na seguinte ordem: $Mg^{2+} < Na^+ < Cs^+$. A energia de hidratação varia na ordem inversa (com a energia de hidratação do Mg_{2+} sendo o valor mais negativo). Observe também que Mg^{2+} tem uma carga 2+, enquanto os outros íons têm carga 1+. A carga maior no Mg^{2+} conduz a uma força de atração íon–dipolo muito maior do que para os outros dois íons, que têm apenas uma carga 1+. Como resultado, a energia de hidratação para Mg^{2+} é muito mais negativa do que para os outros dois íons.

Pense bem antes de responder A diferença de carga entre Mg^{2+} e os outros íons tem um efeito muito maior do que a diferença de tamanho.

Verifique seu entendimento
Qual dos dois tem a energia de hidratação mais negativa, F^- ou Cl^-? Explique sucintamente.

EXERCÍCIO PARA A SEÇÃO 11.2

1. Qual dos dois tem a entalpia de hidratação mais negativa?

    (a) $MgCl_2$ (b) $AlCl_3$

11-3 Interações Entre Moléculas com um Dipolo Permanente

Forças Dipolo–Dipolo

Quando uma molécula polar encontra outra molécula polar do mesmo tipo ou diferente, a extremidade positiva de uma molécula é atraída pela extremidade negativa da outra molécula polar. Isso é chamado de **interação dipolo–dipolo**.

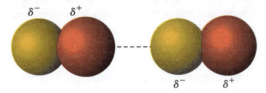

Para moléculas polares, as atrações dipolo–dipolo afetam, entre outras coisas, a evaporação de um líquido e a condensação de um vapor (Figura 11.2). Nos dois processos há uma mudança de energia. A evaporação exige o acréscimo de energia, especificamente a entalpia de vaporização ($\Delta_{vap}H°$) (veja as Seções 5-3 e 11-6). O valor para a entalpia de vaporização tem um sinal positivo, indicando que a evaporação é um processo endotérmico. A variação de entalpia no processo de condensação – o inverso da evaporação – tem um valor negativo.

Quanto maiores as forças de atração entre as moléculas de um líquido, maior será a energia que deve ser fornecida para separá-las. Assim, esperamos que compostos polares apresentem valores de entalpia de vaporização maiores que compostos não polares (ou apolares) com massas molares semelhantes. Por exemplo, observe na Tabela 11.2 que $\Delta_{vap}H°$ para moléculas polares é maior que para moléculas não polares com aproximadamente o mesmo tamanho e massa.

O ponto de ebulição de um líquido também depende das forças de atração intermoleculares. À medida que a temperatura de uma substância aumenta, suas moléculas

FIGURA 11.2 Evaporação no nível molecular. Energia deve ser fornecida para separar moléculas no estado líquido, vencendo as forças de atração intermoleculares.

aumentam a energia cinética. Finalmente, quando o ponto de ebulição é atingido, as moléculas têm energia cinética suficiente para escapar das forças de atração com as moléculas vizinhas. Para moléculas com massas molares semelhantes, quanto maior a polaridade, mais alta será a temperatura necessária para levar o líquido à ebulição. Na Tabela 11.2 você vê, por exemplo, que o ponto de ebulição para ICl (polar) é mais alto que para Br_2 (não polar), uma molécula com massa quase idêntica.

As forças intermoleculares também influenciam a solubilidade. Uma observação qualitativa que você talvez já tenha feito é que *semelhante dissolve semelhante*, ou seja, é provável que moléculas polares dissolvam-se em um solvente polar, assim como é provável que moléculas não polares dissolvam-se em um solvente não polar (Figura 11.3). O inverso também é verdadeiro, ou seja, é improvável que moléculas polares dissolvam-se em solventes não polares ou que moléculas não polares dissolvam-se em solventes polares.

Por exemplo, a água e o etanol polar (C_2H_5OH) podem ser misturados em qualquer proporção para produzir uma mistura homogênea. Por outro lado, a água não se dissolve na gasolina de maneira relevante. A diferença nessas duas situações é que o etanol e a água são moléculas polares, ao passo que as moléculas dos hidrocarbonetos na gasolina (como octano, C_8H_{18}) são não polares. As interações entre a água e o etanol são suficientemente fortes para que a energia empregada para separar as moléculas de água, a fim de abrir espaço para as moléculas de etanol, seja compensada pela energia de atração entre os dois tipos de moléculas polares. Por outro lado, as atrações entre água e o hidrocarboneto são fracas. As moléculas de hidrocarboneto não são capazes de romper as atrações água–água, que são mais fortes.

Tabela 11.2 Massas Molares, Pontos de Ebulição e $\Delta_{vap}H°$ de Substâncias Polares e Não Polares

NÃO POLAR	M (g/mol)	PE (°C)	$\Delta_{vap}H°$ (kJ/mol)	POLAR	M (g/mol)	PE (°C)	$\Delta_{vap}H°$ (kJ/mol)
N_2	28	−196	5,57	CO	28	−192	6,04
SiH_4	32	−112	12,10	PH_3	34	−88	14,06
GeH_4	77	−90	14,06	AsH_3	78	−62	16,69
Br_2	160	59	29,96	ICl	162	97	—

Forças intermoleculares e líquidos **503**

(a) O etilenoglicol (HOCH$_2$CH$_2$OH), um composto polar usado como anticongelante em automóveis, dissolve-se na água.

(b) Óleo para motor não polar (um hidrocarboneto) dissolve-se em solventes não polares, como gasolina ou CCl$_4$. No entanto, ele não se dissolverá em um solvente polar, como a água. Tira-manchas comerciais usam solventes não polares para dissolver óleo e graxa de tecidos.

FIGURA 11.3 "Semelhante dissolve semelhante."

Ligação de Hidrogênio

Fluoreto de hidrogênio, água, amônia e muitos outros compostos com ligações F—H, O—H e N—H possuem propriedades excepcionais. Alguns exemplos notáveis são os pontos de ebulição dos compostos com hidrogênio dos elementos dos Grupos 4A até 7A (Figura 11.4). Em geral os pontos de ebulição de compostos relacionados aumentam com a massa molar e observamos essa tendência nos pontos de ebulição dos compostos de elementos do Grupo 4A com hidrogênio. O mesmo efeito também é

Sais Hidratados: Um Resultado de Ligações Íon–Dipolo

UM OLHAR MAIS ATENTO

Sais sólidos com águas de hidratação são comuns. As fórmulas desses compostos são obtidas quando se acrescenta um número específico de moléculas de água ao final da fórmula, como no BaCl$_2$ · 2 H$_2$O. Às vezes, as moléculas de água simplesmente ocupam os espaços vazios em um retículo cristalino, mas frequentemente o cátion nesses sais está diretamente ligado às moléculas de água. Por exemplo, a melhor maneira de descrever o composto CrCl$_3$ · 6 H$_2$O é [Cr(H$_2$O)$_4$Cl$_2$]Cl · 2 H$_2$O. Quatro das seis moléculas de água estão ligadas ao íon Cr^{3+} por forças de atração íon–dipolo; as duas outras moléculas de água estão no retículo. A tabela relaciona alguns exemplos comuns de sais hidratados.

Composto	Nome Comum	Usos
Na$_2$CO$_3$ · 10 H$_2$O	Soda para lavagem	Amaciante
Na$_2$S$_2$O$_3$ · 5 H$_2$O	Hipo	Fotografia
MgSO$_4$ · 7 H$_2$O	Sal de Epsom	Laxante, tingimento e curtimento
CaSO$_4$ · 2 H$_2$O	Gipsita	Gesso
CuSO$_4$ · 5 H$_2$O	Vitríolo azul	Biocida

Cloreto de cobalto(II) hidratado, CoCl$_2$ · 6 H$_2$O. No estado sólido, o composto é mais bem descrito pela fórmula [Co(H$_2$O)$_4$Cl$_2$] · 2 H$_2$O. O íon cobalto(II) é cercado por quatro moléculas de água e dois íons cloreto em um arranjo octaédrico. Na água, o íon é completamente hidratado, agora cercado por seis moléculas de água. Os íons cobalto(II) e as moléculas de água interagem pelas forças de atração íon–dipolo. Este é um exemplo de um composto de coordenação, uma classe de compostos que será discutida em detalhes no Capítulo 22.

FIGURA 11.4 Os pontos de ebulição de alguns compostos simples de hidrogênio. O efeito da ligação de hidrogênio é evidente nos pontos de ebulição extremamente elevados de H₂O, HF e NH₃. Observe também que o ponto de ebulição do HCl é um pouco mais alto do que o esperado com base nos dados para HBr e HI. É evidente que algum grau de ligação de hidrogênio também ocorre em HCl líquido.

observado nas moléculas mais pesadas dos compostos de elementos dos grupos 5A, 6A e 7A com hidrogênio. Por outro lado, os pontos de ebulição de NH₃, H₂O e HF, porém, diferem daquilo que poderíamos esperar somente com base na massa molar. Se extrapolarmos a curva para os pontos de ebulição de H₂Te, H₂Se e H₂S, a estimativa será um ponto de ebulição da água em torno de −90 °C. No entanto, o ponto de ebulição da água é quase 200 °C mais alto do que esse valor! De modo semelhante, os pontos de ebulição de NH₃ e HF são muito mais altos do que se esperaria com base na massa molar. Como a temperatura na qual uma substância entra em ebulição depende das forças de atração entre as moléculas, os pontos de ebulição de H₂O, HF e NH₃ indicam fortes atrações intermoleculares.

Por que H₂O, NH₃ e HF têm forças intermoleculares tão grandes? A explicação clássica baseia-se nas interações dipolo–dipolo. As eletronegatividades de N (3,0), O (3,5) e F (4,0) estão entre as mais elevadas de todos os elementos, enquanto a eletronegatividade do hidrogênio é muito mais baixa (2,2). Essa grande diferença de eletronegatividade significa que as ligações N—H, O—H e F—H são muito polares. Em ligações entre H e N, O ou F, o elemento mais eletronegativo assume uma carga negativa significativa (◄ Figura 8.10) e o átomo de hidrogênio adquire uma carga positiva equivalente. Como o átomo de H ligado a N, O ou F (designado como X) está tão positivamente carregado, ele pode interagir eletrostaticamente com um átomo eletronegativo (Y) de outra molécula igual ou diferente para formar uma **ligação de hidrogênio**, X—H - - - Y—.

Ligação de hidrogênio entre moléculas de HF. O átomo F parcialmente negativo de uma molécula HF interage através da ligação de hidrogênio com uma molécula de HF adjacente. As regiões à esquerda da molécula estão carregadas negativamente, ao passo que as regiões à direita estão carregadas positivamente. Para mais informações sobre superfícies de potencial eletrostático, ◄ página 390.

Redefinição da Ligação de Hidrogênio Em 2011, a União Internacional de Química Pura e Aplicada (IUPAC, na sigla em inglês) redefiniu a ligação de hidrogênio: "A ligação de hidrogênio é uma interação atrativa entre um átomo de hidrogênio de uma molécula ou fragmento molecular X—H (em que X é mais eletronegativo que H) e um átomo ou grupo de átomos na mesma molécula ou molécula diferente, na qual haja evidência de formação de ligação."
ARUNAN, E. *et al. Pure and Applied Chemistry*, v. 83, p. 1637, 2011.

O átomo de hidrogênio torna-se uma ponte entre os dois átomos eletronegativos X e Y, e a linha tracejada na figura representa a ligação de hidrogênio. Os efeitos mais evidentes da ligação de hidrogênio ocorrem quando tanto X como Y são N, O ou F. As energias associadas à maioria das ligações de hidrogênio envolvendo esses elementos variam de 5 a 30 kJ/mol.

Pauling sugeriu um modelo alternativo de ligação de hidrogênio que envolve estruturas de ressonância e ligação covalente parcial, em vez de apenas interações eletrostáticas intermoleculares. Trabalhos teóricos recentes renovaram o interesse por essa abordagem. Mais especificamente, um trabalho recente sugere que se veja uma ligação de hidrogênio usando duas estruturas de ressonância:

$$X—H \cdots :Y \longleftrightarrow X:^- \cdots H—Y^+$$

Se X e Y forem idênticos (como em HF_2^-), então as duas estruturas de ressonância têm pesos iguais e a ordem de ligação é 0,5. Se X e Y forem diferentes, então uma forma de ressonância é mais importante que a outra.

A ligação de hidrogênio tem implicações importantes para qualquer propriedade de um composto que seja influenciada pelas forças de atração intermoleculares. Ela é responsável pelas propriedades únicas da água (descritas a seguir) e tem um papel central na bioquímica (veja "Um Olhar mais Atento: Ligação de Hidrogênio na Bioquímica").

A Importância da Densidade de Carga do Átomo de H em Ligações de Hidrogênio O átomo de H tem um raio extraordinariamente pequeno. Isso significa que a carga parcial no átomo de H em uma ligação de hidrogênio está concentrada em um pequeno volume; isto é, ele tem uma alta densidade de carga (densidade de carga = carga/volume). O resultado é que ele é altamente atrativo para a carga negativa de alguma molécula vizinha.

EXEMPLO 11.2

O Efeito da Ligação de Hidrogênio

Problema O etanol, CH_3CH_2OH, e o éter dimetílico, CH_3OCH_3, têm a mesma fórmula molecular, mas uma disposição diferente dos átomos. Qual desses compostos tem o ponto de ebulição mais alto?

etanol, CH_3CH_2OH

éter dimetílico, CH_3OCH_3

O que você sabe? Você sabe que esses compostos têm a mesma massa molar e que, ao comparar compostos com a mesma massa, o composto com as forças intermoleculares maiores terá o ponto de ebulição mais alto.

Estratégia Analise a estrutura de cada molécula para decidir se é polar e, em caso positivo, se a ligação de hidrogênio é possível.

Solução O etanol tem um grupo polar O—H e, portanto, pode participar da ligação de hidrogênio. O éter dimetílico é polar e o átomo de O tem uma carga parcial negativa. Contudo, não há nenhum átomo de H ligado ao átomo de O. Assim, não há possibilidade para uma ligação de hidrogênio no éter dimetílico. Podemos prever, portanto, que as forças intermoleculares serão maiores no etanol do que no éter dimetílico, e que o etanol terá o ponto de ebulição mais alto.

ligação polar O–H

$$CH_3CH_2—\ddot{O}: \cdots H—\ddot{O}:$$
$$\quad\quad\quad\quad H \quad\quad\quad CH_2CH_3$$

ligação de hidrogênio no etanol, CH_3CH_2OH

Pense bem antes de responder O etanol entra em ebulição a 78,3 °C, enquanto o éter dimetílico tem um ponto de ebulição de −24,8 °C, mais de 100 °C de diferença. Sob temperatura ambiente e pressão de 1 atm, o éter dimetílico é um gás, ao passo que o etanol é um líquido.

Verifique seu entendimento

Ligação de hidrogênio no ácido acético, CH_3CO_2H. Duas moléculas de ácido acético podem interagir através de ligações de hidrogênio. Esta foto mostra o ácido acético glacial parcialmente sólido. Observe que o sólido é mais denso que o líquido, uma propriedade compartilhada a princípio por todas as substâncias, sendo a água uma exceção notável.

Ligação de Hidrogênio na Bioquímica

UM OLHAR MAIS ATENTO

Pode-se dizer que a vida na Terra, como a conhecemos, é o que é por causa das ligações de hidrogênio na água e nos sistemas bioquímicos. Talvez a ocorrência mais importante seja no DNA e no RNA, onde as bases orgânicas adenina, citosina, guanina e timina (no DNA) ou uracila (no RNA) estão unidas a cadeias de açúcar-fosfato (Figura A). As cadeias no DNA estão unidas pelo pareamento de bases, adenina com timina e guanina com citosina.

A Figura B ilustra a ligação de hidrogênio entre adenina e timina. Esses modelos mostram que as moléculas ligam-se naturalmente para formar um anel de seis lados, dos quais dois envolvem ligações de hidrogênio. Um lado consiste em um agrupamento N · · · H—N, e o outro lado, N—H · · · O. Aqui, as superfícies de potencial eletrostático indicam que os átomos de N da adenina e os átomos de O da timina contêm cargas parciais negativas e que os átomos de H dos grupos N—H contêm cargas parciais positivas. Essas cargas e a geometria das bases levaram a essas interações muito específicas.

O fato de que o pareamento de bases através de ligações de hidrogênio permite juntar as cadeias de açúcar-fosfato no DNA, bem como formar a dupla hélice do DNA, foi reconhecido pela primeira vez por James Watson e Francis Crick com base no trabalho experimental de Rosalind Franklin e Maurice Wilkins na década de 1950. A determinação da estrutura do DNA foi um passo fundamental para a revolução da biologia molecular na última parte do século XX. Veja a página 399 para mais informações sobre esses cientistas.

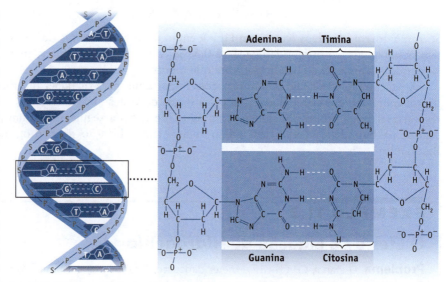

FIGURA A Ligação de hidrogênio no DNA. Entre as quatro bases no DNA, os pares usuais são adenina com timina e guanina com citosina. Esse pareamento é possível graças às ligações de hidrogênio.

FIGURA B Ligação de hidrogênio entre adenina e timina. Superfícies de potencial eletrostático ilustram as interações da ligação de hidrogênio entre a adenina e a timina. A ligação polar N—H em uma molécula pode ligar o hidrogênio com um átomo mais eletronegativo, N ou O, de uma molécula adjacente.

Usando fórmulas estruturais, descreva a ligação de hidrogênio entre moléculas de metanol (CH₃OH). Quais propriedades físicas do metanol são afetadas pelas ligações de hidrogênio?

Ligação de Hidrogênio e as Propriedades Incomuns da Água

Uma das diferenças mais notáveis entre o nosso planeta e os demais do nosso sistema solar é a presença de grandes quantidades de água na Terra. Três quartos do globo são cobertos por oceanos; as regiões polares são vastos campos de gelo e mesmo o solo e as rochas contêm grandes quantidades de água. Embora não prestemos muita atenção à água, praticamente nenhuma outra substância comporta-se de maneira semelhante. As características únicas da água são consequência da habilidade das moléculas de H$_2$O de aderir tenazmente a outras pela ligação de hidrogênio.

As forças de atração intermoleculares extraordinariamente grandes entre as moléculas de água são resultado do fato de que cada molécula de água pode participar de *quatro* ligações de hidrogênio. Uma molécula individual de água possui duas ligações O—H polares e dois pares isolados. Os dois átomos de hidrogênio estão disponíveis para estabelecer ligações de hidrogênio com átomos de oxigênio das moléculas de água adjacentes. Além disso, os pares isolados de oxigênio podem participar de ligações de hidrogênio com os átomos de hidrogênio de mais duas

Forças intermoleculares e líquidos **507**

(a) Superfícies de potencial eletrostático para duas moléculas de água.

(b) O átomo de oxigênio de uma molécula de água une-se a duas outras moléculas de água por ligações de hidrogênio. Cada átomo de O tem duas ligações covalentes com dois átomos de H e duas ligações de hidrogênio com átomos de H de duas outras moléculas. As ligações de hidrogênio são mais longas do que as ligações covalentes.

(c) No gelo, a unidade estrutural ilustrada na parte (b) repete-se no retículo cristalino. Essa estrutura gerada por computador mostra uma pequena parte do extenso retículo. Observe os anéis hexagonais com seis membros. Os vértices de cada hexágono são átomos de O e cada lado compõe-se de dois átomos de oxigênio com um átomo de hidrogênio entre eles. Um dos átomos de oxigênio tem uma ligação covalente com o átomo de hidrogênio, e o outro é atraído por ele por uma ligação de hidrogênio.

FIGURA 11.5 Ligações de hidrogênio na água e na estrutura do gelo.

moléculas de água (Figura 11.5). O resultado, que podemos observar especialmente no gelo, é uma disposição tetraédrica para os átomos de hidrogênio em torno de cada oxigênio, envolvendo dois átomos de hidrogênio com ligação covalente e dois átomos de hidrogênio com ligação de hidrogênio.

Como consequência do arranjo regular de moléculas de água unidas por ligações de hidrogênio, o gelo tem uma estrutura de gaiola com muitos espaços vazios (veja a Figura 11.5c). O resultado é que o gelo tem uma densidade cerca de 10% menor que a da água líquida, o que explica por que o gelo flutua (por outro lado, praticamente todos os outros sólidos afundam em sua fase líquida). Podemos observar também nessa estrutura que os átomos de oxigênio estão arranjados nas extremidades dos anéis hexagonais pregados. Flocos de neve sempre têm uma estrutura de seis lados (◀ página 74), um reflexo dessa estrutura molecular interna.

Quando o gelo funde a 0 °C, a estrutura regular imposta no estado sólido pelas ligações de hidrogênio rompe-se, e um aumento relativamente grande na densidade ocorre (Figura 11.6). Outra coisa surpreendente acontece quando a temperatura da água líquida sobe de 0 °C para 4 °C: a densidade da água aumenta. Em quase todas as outras substâncias que conhecemos, a densidade diminui à medida que a temperatura aumenta. Mais uma vez, as ligações de hidrogênio são a causa do comportamento aparentemente estranho da água. A uma temperatura ligeiramente acima do ponto de fusão, parte das moléculas de água continua agregando-se em arranjos semelhantes ao do gelo, que exigem mais espaço vazio. À medida que a temperatura aumenta de 0° até 4 °C, os vestígios finais da estrutura do gelo desaparecem e o volume se contrai ainda mais, levando ao aumento da densidade. A densidade da água atinge seu ponto máximo a aproximadamente 4 °C. A partir desse ponto, a densidade diminui com o aumento da temperatura, tal como se observa na maioria das substâncias.

Em virtude da maneira como a densidade da água varia quando a temperatura aproxima-se do ponto de congelamento, os lagos não congelam do fundo para a superfície. Quando a água do lago esfria com o início do inverno, sua densidade aumenta, a água mais fria desce para o fundo e a água mais quente sobe. Esse processo de "rotatividade" continua até que a temperatura de toda a água atinja 4 °C, a densidade máxima. Esse processo leva a água rica em oxigênio ao fundo do lago, recuperando o oxigênio consumido durante o verão, e traz nutrientes às camadas superiores do lago. À medida que a temperatura diminui ainda mais, a água fria permanece no topo do lago, porque água mais fria que 4 °C é menos densa que água a 4 °C. Com a perda de calor, o gelo começa a se formar na superfície, flutuando e protegendo a água mais abaixo e a vida aquática contra uma perda de calor ainda maior.

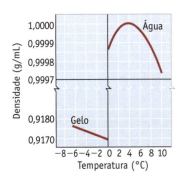

FIGURA 11.6 A dependência da densidade do gelo e da água com a temperatura.

A extensa formação de ligações de hidrogênio é também a causa da extraordinariamente alta capacidade calorífica da água. Embora a água líquida não possua a estrutura regular do gelo, ligações de hidroxigênio continuam ocorrendo. Quando a temperatura aumenta, ainda que apenas um pouco, é preciso um acréscimo significativo de energia para romper as forças intermoleculares.

A elevada capacidade calorífica da água é, em grande parte, a razão pela qual os oceanos e lagos têm um efeito tão grande sobre o clima. No outono, quando a temperatura do ar é mais baixa que a do oceano ou dos lagos, a água transfere energia na forma de calor para a atmosfera, moderando a queda de temperatura do ar. Além disso, há tanta energia disponível para ser transferida a cada grau a menos na temperatura que a queda de temperatura na água é gradual. Por esse motivo, a temperatura do lago ou do oceano é geralmente mais alta do que a temperatura média do ar até o final do outono.

EXERCÍCIOS PARA A SEÇÃO 11.3

1. Em quais das seguintes substâncias ocorrem ligações de hidrogênio?

   (a) CH_4 (b) CH_3OH (c) H_3COCH_3 (d) $H_2C\!=\!CH_2$

2. Qual composto possui as maiores forças intermoleculares?

   (a) H_2O (b) H_2S (c) H_2Se (d) H_2Te

11-4 Forças Intermoleculares Envolvendo Moléculas Não Polares

Muitas moléculas importantes como O_2, N_2 e os halogênios não são polares. Por que então o O_2 dissolve-se na água polar? Por que o N_2 da atmosfera pode ser liquefeito? Algumas forças intermoleculares devem atuar entre o O_2 e a água e entre as moléculas de N_2, mas qual é a natureza dessas forças?

Forças Dipolo–Dipolo Induzido

Moléculas polares como a água podem induzir, ou criar, um dipolo em moléculas que não têm um dipolo permanente. Para entender como isso pode ocorrer, imagine uma molécula de água polar aproximando-se de uma molécula não polar como o O_2.

A nuvem eletrônica de uma molécula isolada (gasosa) de O_2 é distribuída simetricamente entre os dois átomos de oxigênio. Entretanto, conforme a extremidade negativa da molécula polar de H_2O se aproxima, a nuvem eletrônica de O_2 se deforma. Nesse processo, a própria molécula de O_2 torna-se polar, isto é, um dipolo é *induzido* na molécula de O_2, inicialmente apolar. O resultado é que as moléculas de H_2O e O_2 são agora atraídas uma pela outra, embora apenas fracamente. O oxigênio pode dissolver-se na água porque há uma força de atração entre o dipolo permanente da água e o dipolo induzido no O_2. Os químicos chamam essas interações de **interações dipolo–dipolo induzido**.

O processo de indução de um dipolo é denominado **polarização**, e a extensão com que a nuvem eletrônica de um átomo ou de uma molécula pode ser distorcida para induzir um dipolo depende da **polarizabilidade** do átomo ou da molécula. Em átomos ou moléculas com nuvens eletrônicas grandes e amplas, como no I_2, essas nuvens podem ser polarizadas mais facilmente do que a de um átomo ou molécula muito menor, como He ou H_2, no qual os elétrons de valência estão

Tabela 11.3 A Solubilidade de Alguns Gases em Água*		
	Massa Molar (g/mol)	**Solubilidade a 20 °C (g gás/100 g água)†**
H₂	2,01	0,000160
N₂	28,0	0,00190
O₂	32,0	0,00434

*Dados obtidos de DEAN, J. *Lange's Handbook of Chemistry*. 14. ed. Nova York: McGrawHill, 1992. p. 5.3-5.8.
†Medido sob condições nas quais a pressão do gás + pressão de vapor de água = 760 mm Hg.

Tabela 11.4 Entalpias de Vaporização e Pontos de Ebulição de Algumas Substâncias Não Polares		
	Δ_vap H° (kJ/mol)	**PE do Elemento/Composto (°C)**
N₂	5,57	−196
O₂	6,82	−183
CH₄ (metano)	8,2	−161,5
Br₂	29,96	+58,8
C₆H₆ (benzeno)	30,7	+80,1
I₂	41,95	+185

próximos ao núcleo e são atraídos por ele mais fortemente. Aqui você pode ver que o etanol polar (C₂H₅OH) pode interagir com I₂, e que o iodo dissolve-se facilmente no etanol.

Em geral, para uma série de substâncias análogas, por exemplo, os halogênios ou alcanos (como CH₄, C₂H₆, C₃H₈ e assim por diante), quanto maior a massa molar, maior a polarizabilidade da molécula. De fato, as solubilidades dos gases comuns em água ilustram o efeito das interações entre um dipolo e um dipolo induzido. À medida que a massa molar do gás aumenta, aumenta também a polarizabilidade da nuvem eletrônica, a força da interação dipolo–dipolo induzido e a solubilidade em um solvente polar (Tabela 11.3).

Forças de Dispersão de London: Forças Dipolo Induzido–Dipolo Induzido

Compostos não polares podem ser líquidos ou sólidos se as forças intermoleculares forem suficientemente intensas para unir as moléculas. Por essa razão, o iodo, I₂, é um sólido, e não um gás à temperatura ambiente e pressão normal.

A entalpia de vaporização de uma substância em seu ponto de ebulição é um bom indicador da magnitude das forças intermoleculares. Os dados na Tabela 11.4 sugerem que as forças entre moléculas não polares podem variar desde muito fracas (N₂, O₂ e CH₄, com baixas entalpias de vaporização e pontos de ebulição muito baixos) até moderadas (I₂ e benzeno).

Para entender como duas moléculas não polares podem atrair-se mutuamente, lembre-se de que a nuvem eletrônica em torno dos átomos ou moléculas pode ser distorcida. Assim, quando dois átomos ou moléculas não polares se aproximam, as atrações ou repulsões entre seus elétrons e núcleos podem levar a distorções em suas nuvens eletrônicas (Figura 11.7). Isto é, dipolos podem ser induzidos momentaneamente em átomos ou moléculas adjacentes, e esses dipolos *induzidos* levam a

Dois átomos ou moléculas não polares (ilustrados como tendo uma nuvem eletrônica de forma esférica a maior parte do tempo).

As atrações e repulsões momentâneas entre núcleos e elétrons em moléculas adjacentes conduzem a dipolos induzidos.

A correlação dos movimentos dos elétrons entre os dois átomos ou moléculas (que agora são polares) conduz a uma menor energia e estabiliza o sistema.

FIGURA 11.7 Interações dipolo induzido–dipolo induzido ou forças de dispersão de London.
As atrações e repulsões momentâneas entre núcleos e elétrons criam dipolos induzidos e conduzem a uma estabilização líquida devido às forças de atração resultantes. Tanto Br_2 quanto I_2, não polares, exemplificam essas forças. Eles são um líquido e um sólido, respectivamente, indicando que há forças entre as moléculas suficientemente intensas para mantê-los em uma fase condensada.

atrações intermoleculares. A força de atração intermolecular em gases, líquidos e sólidos constituídos por moléculas não polares é uma **força dipolo induzido–dipolo induzido**. Muitas vezes os químicos as chamam de **forças de dispersão de London**, e precisamos esclarecer três pontos importantes sobre essas forças.

| **O Balanço das Forças Intermoleculares** No caso da água, por exemplo, estima-se que a força intermolecular líquida consista em 85% de dipolo–dipolo (incluindo ligação de H), 5% de dipolo–dipolo induzido e 10% de força de dispersão.

- As forças de dispersão de London ocorrem entre todas as moléculas, tanto polares como não polares, mas as forças de dispersão são as únicas forças intermoleculares entre moléculas não polares (Figura 11.8).
- As forças de dispersão de London podem ser as maiores contribuintes na força intermolecular resultante, mesmo para moléculas polares (Figura 11.8).
- As forças de dispersão de London aumentam com a massa molar em uma série de compostos relacionados (como as séries CH_4 ... SnH_4 na Figura 11.4).

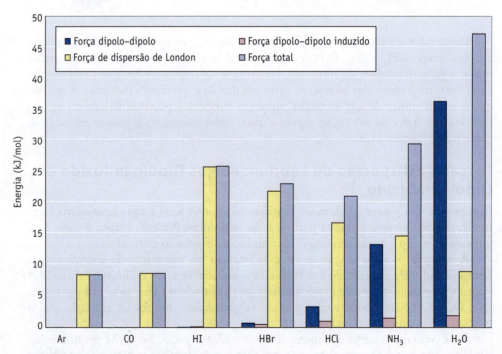

FIGURA 11.8 Energias associadas com as forças intermoleculares em diversas moléculas comuns.

EXEMPLO 11.3

Forças Intermoleculares

Problema Suponha que você tenha uma mistura de iodo sólido, I_2, e os líquidos, água e tetracloreto de carbono (CCl_4). Que forças intermoleculares existem entre cada par possível de compostos?

O que você sabe? O iodo, I_2, é uma molécula não polar composta de átomos grandes. Ele tem uma nuvem eletrônica extensa e é polarizável. O CCl_4 é uma molécula tetraédrica simétrica e não polar (◄ Figura 8.12). A molécula de H_2O polar pode estar envolvida na ligação de hidrogênio com outras moléculas de água ou outras moléculas com grupos altamente polares.

Estratégia Você sabe se cada substância é polar ou não polar, de modo que só precisa definir os tipos de forças intermoleculares que podem existir entre os diferentes pares.

Solução A molécula não polar de iodo, I_2, é facilmente polarizada e o iodo pode interagir com moléculas polares de água por forças dipolo–dipolo induzido e forças de dispersão. O tetracloreto de carbono não polar só pode interagir com o iodo não polar por forças de dispersão. A água e o CCl_4 podem interagir por forças dipolo–dipolo induzido e forças de dispersão.

Pense bem antes de responder As fotografias aqui mostram o resultado da mistura desses três compostos. Uma pequena quantidade de iodo dissolve-se em água para formar uma solução marrom. Quando se acrescenta essa solução marrom a um tubo de ensaio contendo CCl_4, as camadas de líquido não se misturam, ou seja, são imiscíveis (a água polar não se dissolve em CCl_4 não polar). Observe que a camada mais densa de CCl_4 [d = 1,58 g/mL] está abaixo da camada de água, menos densa. Quando agitamos o tubo de ensaio, o I_2 não polar é extraído pelo CCl_4 não polar, conforme indica o desaparecimento da cor de I_2 na camada de água (no topo) e o aparecimento da cor roxa do I_2 na camada de CCl_4 (fundo).

Verifique seu entendimento

Misture água, CCl_4 e hexano ($CH_3CH_2CH_2CH_2CH_2CH_3$). Que tipo de forças intermoleculares pode existir entre cada par desses compostos?

EXERCÍCIOS PARA A SEÇÃO 11.4

1. Em quais dos seguintes sólidos as partículas dos componentes são atraídas entre si apenas por forças dipolo induzido–dipolo induzido (dispersão)?

    (a) gelo
    (b) NH_3 sólida a baixa temperatura
    (c) NaCl
    (d) I_2

2. Quais dos compostos a seguir têm as maiores forças intermoleculares?

   (a) pentano, C_5H_{11}
   (c) heptano, C_7H_{16}
   (b) hexano, C_6H_{14}
   (d) octano, C_8H_{18}

11-5 Um Resumo das Forças Intermoleculares de van der Waals

As forças intermoleculares de van der Waals envolvem moléculas que são polares ou aquelas cuja polaridade pode ser induzida (Tabela 11.5). É importante reconhecer que

- vários tipos de forças intermoleculares podem contribuir para a habilidade total de uma molécula para interagir com outra do mesmo tipo ou diferente (Figura 11.8).
- as forças dipolo induzido–dipolo induzido (dispersão de London) podem ser significativas, mesmo em uma molécula polar como HCl (Figura 11.8).
- dentre os vários tipos de forças de van der Waals, a ligação de hidrogênio é um fator particularmente importante que afeta as propriedades moleculares.

EXEMPLO 11.4

Forças Intermoleculares

Problema Decida quais são as forças intermoleculares mais importantes entre cada um dos seguintes grupos: (a) entre moléculas do metano líquido, CH_4; (b) entre moléculas de água e metanol (CH_3OH); e (c) entre moléculas de bromo e água.

O que você sabe? O metano, CH_4, é uma molécula tetraédrica simétrica e, portanto, é não polar. Tanto a água quanto o metanol são polares, e ambos têm grupos —OH que podem estar envolvidos em ligações de hidrogênio. O bromo, Br_2, é não polar, mas é uma molécula grande e tem uma extensa nuvem eletrônica polarizável.

Estratégia Determine o tipo de interação possível entre pares de moléculas, com base na estrutura e nas características de cada espécie.

Solução

(a) O metano é não polar. Portanto, a única maneira das moléculas interagirem umas com as outras é por meio de forças dipolo induzido–dipolo induzido (forças de dispersão).

Tabela 11.5 Resumo das Forças Intermoleculares

Tipo de Interação	Fatores Responsáveis pela Interação	Exemplo
Ligação de hidrogênio, X—H ···:Y	Ligação X—H muito polar e átomo Y com par de elétrons isolado (em que X e Y geralmente são F, N, O).	$H_2O \cdots H_2O$
Dipolo–dipolo	Momento dipolar (depende das eletronegatividades e da geometria molecular).	$(CH_3)_2O \cdots (CH_3)_2O$
Dipolo–dipolo induzido	Momento dipolar da molécula polar e polarizabilidade da molécula não polar.	$H_2O \cdots I_2$
Dipolo induzido–dipolo induzido (forças de dispersão de London)	Polarizabilidade (depende da massa molar)	$I_2 \cdots I_2$

(b) Tanto a água quanto o metanol são polares e ambos têm uma ligação O—H. Portanto, elas interagem por meio de um tipo especial de força dipolo–dipolo chamada ligação de hidrogênio, e pelas forças de dispersão.

$$\overset{\delta^+}{H}\underset{\overset{|}{\underset{\delta^+}{H}}}{\overset{\delta^-}{O}}\cdots\overset{\delta^+}{H}-\overset{\delta^-}{\underset{\overset{|}{CH_3}}{O}} \quad \text{e} \quad \overset{\delta^+}{H}\underset{\overset{|}{H_3C}}{\overset{\delta^-}{O}}\cdots\overset{\delta^+}{H}-\overset{\delta^-}{\underset{H^{\delta^+}}{O}}$$

(c) Moléculas não polares de bromo, Br₂, e moléculas polares de água interagem por forças dipolo–dipolo induzido e forças de dispersão. (Isso é semelhante à interação I₂–etanol na página 509.)

Pense bem antes de responder O fato de CH₄ ser um líquido somente a temperaturas muito baixas sugere que ele possui forças de atração fracas. Podemos esperar que forças de atração significativas sejam aquelas que envolvem ligação de hidrogênio e por isso observamos que a água é facilmente solúvel no metanol. Finalmente, o bromo é muito pouco solúvel em água, de modo que as forças intermoleculares são relativamente fracas.

Ligação de hidrogênio envolvendo metanol (CH₃OH) e água.

Verifique seu entendimento

Decida qual tipo de força intermolecular está envolvida em (a) O₂ líquido; (b) CH₃OH líquido e (c) N₂ dissolvido em H₂O.

EXERCÍCIOS PARA A SEÇÃO 11.5

1. Quais tipos de forças intermoleculares são provavelmente as mais importantes entre moléculas de CH₃CH₂OH e CCl₄?

    (a) apenas dispersão   (c) dipolo–dipolo
    (b) ligação de hidrogênio   (d) dipolo–dipolo induzido

11-6 Propriedades dos Líquidos

Dos três estados da matéria, o líquido é o mais difícil de ser descrito com precisão. As moléculas de um gás, sob condições normais, encontram-se muito distantes entre si e podem ser consideradas mais ou menos independentes umas das outras. Podemos descrever prontamente as estruturas dos sólidos porque, em geral, as partículas que compõem os sólidos estão dispostas de maneira ordenada. As partículas de um líquido interagem com seus vizinhos, como as partículas em um sólido mas, ao contrário dos sólidos, sua disposição não é muito organizada.

Embora os líquidos não tenham uma estrutura simples ou regular, ainda podemos explicar muitas de suas propriedades qualitativamente, examinando-os no nível particulado. Aqui queremos examinar melhor o processo de vaporização, a pressão de vapor dos líquidos, seus pontos de ebulição e suas propriedades críticas, além da tensão superficial, ação capilar e viscosidade.

Vaporização e Condensação

Vaporização ou evaporação é o processo no qual uma substância no estado líquido transforma-se em um gás. Nesse processo, moléculas escapam da superfície do líquido e entram no estado gasoso.

Para compreender a evaporação, temos de observar as energias moleculares. As moléculas em um líquido contêm uma variedade de energias (Figura 11.9) que lembra a distribuição de energias nas moléculas de um gás (◄ Figura 10.14). Assim como nos gases, a energia média para as moléculas de um líquido depende somente da temperatura: quanto mais alta a temperatura, maior a energia média e maior o número relativo

ESTUDO DE CASO

Uma Catástrofe na Ração Animal

No início de 2007, os donos de animais de estimação de todo o território dos Estados Unidos relataram que seus animais estavam adoecendo gravemente ou até mesmo morrendo. Cães e gatos desenvolveram sintomas de falência renal, que incluíam perda de apetite, vômito, sede extrema e letargia. Constatou-se também que pedras arredondadas de cor marrom esverdeado estavam entupindo os rins dos animais afetados. Inicialmente tratou-se de um mistério, mas em dois meses químicos e toxicologistas atribuíram as doenças a dois componentes na ração animal: melamina e ácido cianúrico.

A melamina é usada para fabricar plásticos e fertilizantes. Ela não é aprovada para uso alimentar. O ácido cianúrico é usado para estabilizar o cloro de piscinas e higienizar equipamentos para processar alimentos. O ácido às vezes forma-se como subproduto na fabricação da melamina, de modo que amostras de melamina podem estar contaminadas com ácido cianúrico.

Mas por que havia melamina na ração? Um fabricante norte-americano de rações, que também fornecia para outras empresas, as quais distribuíam o alimento com o nome de suas marcas, havia comprado glúten de trigo de um fornecedor da China. O glúten de trigo é uma proteína vegetal concentrada usada como espessante e para dar liga em rações. A suspeita é a de que o fornecedor chinês havia acrescentado melamina ao glúten a fim de aumentar o conteúdo aparente de nitrogênio. Quando se analisa o conteúdo de proteína dos produtos, supõe-se que todo o nitrogênio encontrado venha da proteína. Acrescentar melamina é uma forma econômica de levar o comprador a pensar que o produto contém uma porcentagem maior de proteína.

A melamina e o ácido cianúrico em si não são tóxicos, mas quando estão juntos, passam a ser. O motivo é a ligação de hidrogênio! A mistura de melamina e ácido cianúrico na água produz cristais insolúveis de cianurato de melamina.

A estrutura mostra apenas a ligação de hidrogênio entre duas moléculas. Entretanto, ligações de hidrogênio adicionais com outras moléculas são também possíveis, e o resultado é uma agregação ainda maior de ácido cianúrico e melamina, formando um material insolúvel.

O funcionamento da ligação de hidrogênio é complexo e depende do pH. No estômago, um meio extremamente ácido com pH baixo, a ligação de hidrogênio não ocorre entre esses compostos, e eles são solúveis. O corpo, porém, tenta livrar-se desses produtos químicos pelos rins, e ali os componentes encontram um pH quase neutro. Assim, as ligações de hidrogênio podem ocorrer, e as moléculas agregam-se para formar cianurato de melamina sólido.

Em 2008 também foi encontrada melamina em produtos lácteos na China, inclusive em leite em pó para bebês. Vários milhares de bebês ficaram doentes, pois sofreram falência renal aguda depois de terem sido alimentados com um produto contaminado com melamina.

Questões:

1. Calcule o percentual em massa de nitrogênio na melamina e no ácido cianúrico e compare esse valor com o percentual médio de nitrogênio nas proteínas (14%).
2. Constatou-se que um leite em pó infantil continha 0,14 ppm de melamina (a abreviação ppm significa partes por milhão. Isso significa, por exemplo, que há 1 g de uma substância por milhão de gramas do produto). Qual é a massa de melamina em um pacote desse leite com massa de 454 g (uma libra)?

As respostas a essas questões estão no Apêndice N.

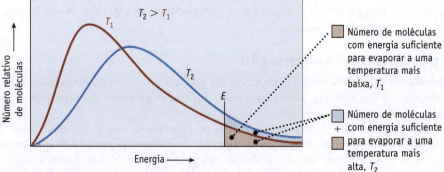

FIGURA 11.9 Distribuição de energia entre as moléculas de uma amostra de líquido. T_2 é uma temperatura mais alta do que T_1 e sob temperatura mais elevada, há mais moléculas com energia superior a E.

de moléculas com alta energia cinética. Em uma amostra de líquido, ao menos algumas moléculas possuem energia cinética mais elevada do que a energia potencial oriunda das forças de atração intermoleculares que mantêm unidas as moléculas do líquido. Se essas moléculas com energia elevada estiverem na superfície do líquido e se moverem na direção certa, elas poderão separar-se das suas vizinhas e passar para a fase de vapor.

A vaporização é um processo endotérmico, porque há necessidade de energia para romper as forças de atração intermoleculares que mantêm unidas as moléculas. A energia necessária para vaporizar uma amostra em geral é indicada como a **entalpia molar de vaporização**, $\Delta_{vap}H°$ (em unidades de quilojoules por mol; veja as Tabelas 11.4 e 11.6).

$$\text{líquido} \xrightarrow[\text{energia absorvida pelo líquido}]{\text{vaporização}} \text{vapor} \qquad \Delta_{vap}H° = \text{entalpia molar de vaporização}$$

Uma molécula na fase de vapor pode transferir parte de sua energia cinética ao colidir com moléculas gasosas mais lentas e objetos sólidos. Se essa molécula perder suficiente energia e entrar em contato com a superfície do líquido, ela pode voltar para a fase líquida em um processo chamado **condensação**.

$$\text{vapor} \xrightarrow[\text{energia liberada pelo vapor}]{\text{condensação}} \text{líquido} \qquad -\Delta_{vap}H° = \text{entalpia molar de condensação}$$

A condensação é o inverso da vaporização e, portanto, é um processo exotérmico. A energia é transferida para a vizinhança. *A variação de entalpia na condensação é igual àquela na vaporização, porém, com sinal oposto.*

Conforme ilustram os dados na Tabela 11.6, há uma relação entre os valores de $\Delta_{vap}H°$ para diversas substâncias e as temperaturas sob as quais elas entram em ebulição. Ambas as propriedades refletem as forças atrativas entre as partículas no líquido. Os pontos de ebulição dos líquidos não polares (como hidrocarbonetos, gases atmosféricos e halogênios) elevam-se com o aumento da massa atômica ou molecular, um reflexo do aumento das forças intermoleculares de dispersão. Os alcanos relacionados na Tabela 11.6 (metano, etano, propano e butano) mostram claramente essa tendência. De modo semelhante, os pontos de ebulição e as entalpias de vaporização dos haletos de hidrogênio mais pesados (HCl, HBr, HI) aumentam à medida que a massa molecular aumenta. No caso dessas moléculas, as forças de dispersão e as forças dipolo–dipolo comuns são responsáveis por suas atrações intermoleculares (veja a Figura 11.8). Como as forças de dispersão tornam-se cada vez mais importantes com o aumento da massa, as entalpias de vaporização e os pontos de ebulição seguem a ordem HCl < HBr < HI. Entre os haletos de hidrogênio, HF é a exceção; a entalpia de vaporização e o ponto de ebulição elevados são um resultado direto da extensão das ligações de hidrogênio.

Tabela 11.6 Entalpias Molares de Vaporização e Pontos de Ebulição de Substâncias Comuns*

Composto	Massa Molar (g/mol)	$\Delta_{vap}H°$ (kJ/mol)†	Ponto de Ebulição (°C) (Pressão de Vapor = 760 mm Hg)
Compostos Polares			
HF	20,0	25,2	19,7
HCl	36,5	16,2	−84,8
HBr	80,9	19,3	−66,4
HI	127,9	19,8	−35,6
NH_3	17,0	23,3	−33,3
H_2O	18,0	40,7	100,0
SO_2	64,1	24,9	−10,0
Compostos Não Polares			
CH_4 (metano)	16,0	8,2	−161,5
C_2H_6 (etano)	30,1	14,7	−88,6
C_3H_8 (propano)	44,1	19,0	−42,1
C_4H_{10} (butano)	58,1	22,4	−0,5
Substâncias Simples Monoatômicas			
He	4,0	0,08	−268,9
Ne	20,2	1,7	−246,1
Ar	39,9	6,4	−185,9
Xe	131,3	12,6	−108,0
Substâncias Simples Diatômicas			
H_2	2,0	0,90	−252,9
N_2	28,0	5,6	−195,8
O_2	32,0	6,8	−183,0
F_2	38,0	6,6	−188,1
Cl_2	70,9	20,4	−34,0
Br_2	159,8	30,0	58,8

*Dados obtidos de Lide, D. R. *Basic Laboratory and Industrial Chemicals*. Boca Raton, FL: CRC Press, 1993.
†$\Delta_{vap}H°$ é medida no ponto de ebulição normal do líquido.

EXEMPLO 11.5

Entalpia de Vaporização

Problema Você coloca 925 mL de água (aproximadamente 4 xícaras) em uma panela a 100 °C e a água evapora lentamente. Qual é a energia transferida na forma de calor para evaporar toda a água? Densidade da água a 100 °C = 0,958 g/cm³.

O que você sabe? Você conhece o volume de água e quer saber a energia necessária para a evaporação. Você precisa de duas informações adicionais para resolver esse problema:

1. $\Delta_{vap}H°$ para água = +40,7 kJ/mol a 100 °C (com base na Tabela 11.6).

2. Massa molar da água = 18,02 g/mol.

Estratégia $\Delta_{vap}H°$ tem as unidades de quilojoules por mol, de modo que primeiro você precisa encontrar a massa de água e depois a quantidade em mols de água. Finalmente, use a entalpia de vaporização (em kJ/mol) para calcular a energia necessária na forma de calor.

Solução Se usarmos a densidade da água a essa temperatura, verificaremos que 925 mL de água são equivalentes a 886 g e que essa massa, por sua vez, equivale a 49,2 mols de água.

$$925 \text{ mL} \left(\frac{0{,}958 \text{ g}}{1 \text{ mL}}\right)\left(\frac{1 \text{ mol}}{18{,}02 \text{ g}}\right) = 49{,}2 \text{ mol H}_2\text{O}$$

Portanto, a quantidade de energia necessária é:

$$49{,}2 \text{ mol H}_2\text{O} \left(\frac{40{,}7 \text{ kJ}}{\text{mol}}\right) = 2{,}00 \times 10^3 \text{ kJ}$$

Pense bem antes de responder O resultado de 2000 kJ é equivalente à energia obtida ao queimar cerca de 60 g de carbono.

Verifique seu entendimento

A entalpia molar de vaporização do metanol, CH_3OH, é 35,2 kJ/mol a 64,6 °C. Qual é a energia necessária para evaporar 1,00 kg de metanol a 64,6 °C?

Mapa Estratégico 11.5

PROBLEMA
Calcule a **energia** necessária para **evaporar** a amostra de água.

↓

DADOS/INFORMAÇÕES
- Entalpia de vaporização no ponto de ebulição
- Volume de água

ETAPA 1. Use a **densidade** e a **massa molar** para converter *volume* de água em *quantidade de matéria* (mol).

Quantidade da amostra

ETAPA 2. Multiplique a **quantidade** da amostra pela **entalpia molar.**

Energia necessária (kJ) para evaporar a amostra no ponto de ebulição

---

A água líquida é uma substância excepcional. Entre suas propriedades únicas está o fato de que é preciso uma enorme quantidade de energia para converter água líquida em vapor de água, o que é importante para o seu próprio bem-estar físico. Quando você se exercita vigorosamente, seu corpo responde suando. A energia do seu corpo é transferida para o suor no processo de evaporação, que resfria o seu corpo.

As entalpias de vaporização e de condensação da água também desempenham um papel importante no clima (Figura 11.10). Por exemplo, se houver condensação da água do ar suficiente para cobrir uma área de um acre de solo com uma polegada de chuva, a energia liberada será superior a $2{,}0 \times 10^8$ kJ! Isso equivale à energia liberada por uma pequena bomba.

Pressão de Vapor

Se você colocar um pouco de água em um béquer aberto, ela irá evaporar-se completamente. O movimento do ar e a difusão gasosa retiram o vapor de água das adjacências da superfície líquida, de modo que muitas moléculas de água não são capazes de retornar ao líquido.

Porém, se você colocar água em um frasco e depois selá-lo (Figura 11.11), o vapor da água não poderá escapar, e parte desse vapor irá condensar-se novamente para formar água líquida. Na verdade, as massas do líquido e do vapor no frasco permanecerão constantes, outro exemplo de um **equilíbrio dinâmico** (◄ página 126).

$$\text{líquido + energia} \rightleftharpoons \text{vapor}$$

No equilíbrio, as moléculas continuarão passando da fase líquida para a fase de vapor e vice-versa (página 515). É importante observar que a velocidade com que as moléculas passam da fase líquida para a de vapor é a mesma com que elas passam da fase de vapor para a líquida, portanto, não há nenhuma variação líquida das massas nas duas fases.

Quando se estabelece um equilíbrio líquido–vapor é possível medir a pressão de vapor no equilíbrio (muitas vezes chamada apenas de pressão de vapor). A **pressão de vapor no equilíbrio** de uma substância é a pressão exercida pelo vapor em equilíbrio com a fase líquida. O conceito é que a pressão de vapor de um líquido é uma medida da tendência de suas moléculas para escapar da fase líquida e passar para a fase de vapor a uma determinada temperatura. Qualitativamente, chamamos essa

FIGURA 11.10 Tempestades liberam uma enorme quantidade de energia. Quando o vapor de água condensa-se, energia é transferida para a vizinhança. A entalpia de condensação da água é grande, de modo que uma grande quantidade de energia é liberada em uma tempestade.

FIGURA 11.11 Pressão de vapor.

tendência de **volatilidade** do composto. Quanto maior a pressão de vapor no equilíbrio a uma determinada temperatura, mais volátil será a substância.

Conforme descrito previamente (veja a Figura 11.9), a distribuição das energias moleculares na fase líquida é uma função da temperatura. Sob uma temperatura mais alta, mais moléculas têm energia suficiente para escapar da superfície do líquido. Portanto, a pressão de vapor no equilíbrio também aumenta com a temperatura.

Gráficos da pressão de vapor em função da temperatura podem nos fornecer muitas informações (Figura 11.12). *Todos os pontos ao longo das curvas de pressão de vapor em função da temperatura representam condições de pressão e temperatura nas quais líquido e vapor estão em equilíbrio.* Por exemplo, a 60 °C, a pressão de vapor da água é de 149 mm Hg. Se colocarmos água em um frasco previamente evacuado mantido a 60 °C, a água líquida irá evaporar até que a pressão exercida pelo vapor seja de 149 mm Hg (supondo que haja água suficiente no frasco para que ainda reste algum líquido quando o equilíbrio for atingido).

FIGURA 11.12 Curvas de pressão de vapor para éter dietílico [(C$_2$H$_5$)$_2$O], etanol (C$_2$H$_5$OH) e água. Cada curva representa condições de T e P nas quais as duas fases, líquida e de vapor, estão em equilíbrio. Esses compostos existem como líquidos no caso de temperaturas e pressões à esquerda da curva, e como gases sob as condições à direita da curva. (O Apêndice G indica as pressões de vapor para vários líquidos.)

EXEMPLO 11.6

Usando a Pressão de Vapor

Problema Coloque 2,00 L de água em um recipiente aberto em seu dormitório; o quarto tem um volume de $4,25 \times 10^4$ L. Feche todo o quarto e espere a água evaporar. Toda a água evaporará a 25 °C? Embora não seja uma cena realista, para simplificar, suponha que no início a umidade seja zero. (A 25 °C a densidade da água é de 0,997 g/mL e sua pressão de vapor é de 23,8 mm Hg.)

O que você sabe? Você conhece o volume e a densidade da água, o volume do quarto e a pressão de vapor da água a 25 °C.

Estratégia Um modo de resolver esse problema é usar a lei do gás ideal para calcular a quantidade de água líquida que precisa evaporar para que o vapor produzido exerça uma pressão de 23,8 mm Hg em um volume de $4,25 \times 10^4$ L a 25 °C. Em seguida, determine o volume de água líquida a partir dessa quantidade e compare a resposta com os 2,00 L de água disponíveis.

Solução

$$P = 23,8 \text{ mm Hg} \left(\frac{1 \text{ atm}}{760 \text{ mm Hg}} \right) = 0,0313 \text{ atm}$$

$$n = \frac{PV}{RT} = \frac{(0,0313 \text{ atm})(4,25 \times 10^4 \text{ L})}{\left(0,082057 \dfrac{\text{L} \cdot \text{atm}}{\text{K} \cdot \text{mol}}\right)(298 \text{ K})} = 54,4 \text{ mol}$$

$$54,4 \text{ mol H}_2\text{O} \left(\frac{18,02 \text{ g}}{1 \text{ mol H}_2\text{O}} \right) = 980, \text{g H}_2\text{O}$$

$$980, \text{g H}_2\text{O} \left(\frac{1 \text{ mL}}{0,997 \text{ g H}_2\text{O}} \right) = 983 \text{ mL}$$

Apenas cerca da metade da água disponível precisa evaporar para que se atinja uma pressão de vapor de água de 23,8 mm Hg a 25 °C.

Pense bem antes de responder Outra abordagem desse problema é calcular a pressão exercida se toda água tivesse evaporado. A resposta seria 48,4 mm Hg. Isso é aproximadamente o dobro da pressão de vapor no equilíbrio a 25 °C, de modo que apenas cerca da metade da água precisa evaporar, conforme você constatou anteriormente.

Verifique seu entendimento

Examine a curva de pressão de vapor do etanol na Figura 11.12.

(a) Qual é a pressão de vapor aproximada do etanol a 40 °C?

(b) Quando a temperatura é de 60 °C e a pressão é de 600 mm Hg, o líquido e o vapor estão em equilíbrio? Em caso negativo, o líquido evapora para formar mais vapor ou o vapor condensa-se para formar mais líquido?

Mapa Estratégico 11.6

PROBLEMA
Uma amostra de água irá evaporar **completamente** em um determinado volume a uma temperatura T conhecida?

DADOS/INFORMAÇÕES
- Volume de água
- Densidade da água
- Pressão de vapor a uma temperatura T

ETAPA 1. Use a **lei do gás ideal** para calcular a *quantidade de vapor de água* necessária para ter uma pressão P igual à pressão de vapor em *um determinado volume*.

Quantidade de água (mol) na fase de vapor para atingir P igual à pressão de vapor a uma determinada temperatura T.

ETAPA 2. Converta a **quantidade de água** em **volume de água líquida** usando *massa molar* e *densidade*.

Volume de água que evaporou para atingir a *pressão de vapor* a uma temperatura T indicada.

ETAPA 3. Compare o *volume de água evaporada* com o *volume disponível antes da evaporação*.

O volume de água que evaporou é **menor** que o que está disponível. **Parte da água líquida permanece no recipiente.**

Pressão de Vapor, Entalpia de Vaporização e a Equação de Clausius-Clapeyron

Como mostra a Figura 11.12, a construção de um gráfico da pressão de vapor de um líquido como função da temperatura resulta em uma curva. Entretanto, vemos uma relação linear se fizermos um gráfico da recíproca da temperatura em Kelvin ($1/T$) em função do logaritmo da pressão de vapor ($\ln P$) (Figura 11.13), cuja equação para a reta:

$$\ln P = -(\Delta_{vap}H°/RT) + C \qquad (11.1)$$

FIGURA 11.13 Equação de Clausius–Clapeyron. O nome dessa equação é uma homenagem ao físico alemão R. Clausius (1822-1888) e ao francês B. P. E. Clapeyron (1799-1864). O Apêndice G indica os valores de T e P para a água neste gráfico.

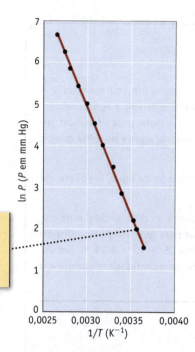

Quando o logaritmo natural da pressão de vapor (ln P) da água a várias temperaturas (T) é representado como função de 1/T, a inclinação da reta será $-\Delta_{vap}H°/R$.

A importância dessa relação – chamada equação de Clausius–Clapeyron – é que podemos calcular a entalpia de vaporização de um líquido, $\Delta_{vap}H°$, a partir de medidas experimentais da pressão de vapor e da temperatura. (Nessa equação, R é a constante do gás ideal (0,008314462 kJ/K · mol) e C é uma constante característica do líquido em questão.)

A pressão de vapor de um líquido no equilíbrio pode ser medida a várias temperaturas, e se o logaritmo dessas pressões for representado em função de 1/T em um gráfico, o resultado será uma reta com uma inclinação de $-\Delta_{vap}H°/R$. Por exemplo, ao fazer um gráfico dos dados para a água (Figura 11.13) verificamos que a inclinação da reta é de $-4,90 \times 10^3$ K, o que resulta em $\Delta_{vap}H° = 40,7$ kJ/mol.

Como alternativa para representar ln P em função de 1/T, podemos usar a equação a seguir (deduzida da Equação 11.1), que nos permite calcular $\Delta_{vap}H°$ se conhecermos a pressão de vapor de um líquido em duas temperaturas diferentes.

$$\ln \frac{P_2}{P_1} = -\frac{\Delta_{vap}H°}{R}\left[\frac{1}{T_2} - \frac{1}{T_1}\right] \quad (11.2)$$

Usemos a Equação 11.2 para calcular a entalpia de vaporização do etilenoglicol, um componente comum dos anticongelantes. Suponha que em nossos experimentos constatemos que o líquido tem uma pressão de vapor de 14,9 mm Hg (P_1) a 373 K (T_1) e uma pressão de vapor de 49,1 mm Hg (P_2) a 398 K (T_2). Isso resulta em $\Delta_{vap}H°$ de 59,0 kJ/mol.

$$\ln\left(\frac{49,1 \text{ mm Hg}}{14,9 \text{ mm Hg}}\right) = -\frac{\Delta_{vap}H°}{0,0083145 \text{ kJ/K} \cdot \text{mol}}\left[\frac{1}{398 \text{ K}} - \frac{1}{373 \text{ K}}\right]$$

$$1,192 = -\frac{\Delta_{vap}H°}{0,0083145 \text{ kJ/K} \cdot \text{mol}}\left(-\frac{0,000168}{K}\right)$$

$$\Delta_{vap}H° = 59,0 \text{ kJ/mol}$$

Ponto de Ebulição

Em um béquer com água aberto, a atmosfera pressiona a superfície para baixo. Se determinada quantidade de energia for adicionada, a temperatura atingirá um ponto em que a pressão de vapor do líquido se igualará à pressão atmosférica. Nessa temperatura, as bolhas de vapor do líquido já não serão esmagadas pela pressão atmosférica. Ao contrário, as bolhas poderão subir até a superfície e então o líquido ebulirá (Figura 11.14).

O ponto de ebulição de um líquido é a temperatura na qual a pressão de vapor é igual à pressão externa. Se a pressão externa é de 760 mm Hg, essa temperatura é denominada **ponto de ebulição normal**. Esse ponto está destacado nas curvas de pressão de vapor para as substâncias na Figura 11.12.

O ponto de ebulição normal da água é de 100 °C e, em muitos lugares dos Estados Unidos, a água entra em ebulição a essa temperatura ou próximo dela. Porém, em um lugar de elevada altitude, como em Salt Lake City, Utah, onde a pressão barométrica é próxima de 650 mm Hg, a água irá ferver a uma temperatura bem mais baixa. A curva na Figura 11.12 indica que uma pressão de 650 mm Hg corresponde a uma temperatura de ebulição de aproximadamente 95 °C. Portanto, é preciso cozinhar a comida por um pouco mais de tempo em Salt Lake City para obter o mesmo resultado que em Nova York, ao nível do mar.

FIGURA 11.14 Pressão de vapor e ebulição. Quando a pressão de vapor do líquido se iguala à pressão atmosférica, bolhas de vapor começam a se formar no corpo do líquido, quando o líquido entra em ebulição.

Temperatura e Pressão Críticas

À primeira vista pode parecer que as curvas de pressão de vapor-temperatura (como aquelas ilustradas na Figura 11.12) deveriam continuar subindo indefinidamente, mas não é exatamente isso que ocorre. Em vez disso, quando se atingem temperaturas e pressões suficientemente altas, a interface entre o líquido e o vapor desaparece no **ponto crítico**. A temperatura na qual isso ocorre é a **temperatura crítica**, T_c, e a pressão correspondente é a **pressão crítica**, P_c (Figura 11.15). A substância que existe nessas condições é chamada de **fluido supercrítico (FSC)**. É como um gás sob pressão tão alta que sua densidade parece a de um líquido, ao passo que sua viscosidade (resistência ao escoamento) permanece próxima à de um gás.

Sob essas condições, consideraremos com o que a substância se parece no nível molecular. As moléculas foram forçadas a se aproximar o máximo possível como se estivessem em seu estado líquido, mas diferentemente desse estado, cada molécula no fluido supercrítico tem energia cinética suficiente para vencer as forças que as mantêm juntas.

Na maioria das substâncias, o ponto crítico ocorre em temperaturas e pressões muito altas (Tabela 11.7). A água, por exemplo, tem uma temperatura crítica de 374 °C e pressão crítica de 217,7 atm.

Os fluidos supercríticos podem ter vários usos, como a habilidade de extrair cafeína de grãos de café. Como descreve a seção "Um Olhar Mais Atento: CO_2 Supercrítico e a Química Verde", essa propriedade também pode ser útil em nosso movimento rumo à "química verde".

FIGURA 11.15 Temperatura e pressão críticas para o CO_2. A curva de pressão em função da temperatura que representa condições de equilíbrio para dióxido de carbono líquido e gasoso termina no ponto crítico; acima dessa temperatura e pressão, o CO_2 torna-se um fluido supercrítico.

Tabela 11.7
Temperaturas e Pressões Críticas para Compostos Comuns*

Composto	T_c (°C)	P_c (atm)
CH_4 (metano)	−82,6	45,4
C_2H_6 (etano)	32,3	49,1
C_3H_8 (propano)	96,7	41,9
C_4H_{10} (butano)	152,0	37,3
CCl_2F_2 (CFC-12)	111,8	40,9
NH_3	132,4	112,0
H_2O	374,0	217,7
CO_2	30,99	72,8
SO_2	157,7	77,8

*Dados obtidos de Lide, D. R. *Basic Laboratory and Industrial Chemicals*. Boca Raton, FL, CRC Press, 1993.

UM OLHAR MAIS ATENTO

CO₂ Supercrítico e a Química Verde

Muito se tem escrito recentemente sobre o CO₂, em especial sobre seu papel como gás do efeito estufa. Entretanto, ele também é um composto útil, sobretudo como solvente na forma de fluido supercrítico (FSC).

O dióxido de carbono está amplamente disponível e, acima de tudo, é atóxico, não inflamável e barato. Um aspecto importante é que o CO₂ atinge facilmente sua temperatura crítica de 30,99 °C e pressão crítica de 72,8 atm. No estado supercrítico, as moléculas estão muito próximas, de modo que a substância comporta-se como um líquido. Contudo, como a energia cinética das moléculas de CO₂ é maior que a energia associada às forças de atração entre as moléculas, o CO₂ supercrítico tem algumas propriedades de um gás. Consequentemente, o fluido supercrítico tem a densidade de um líquido, mas a baixa viscosidade de um gás.

Um dos usos do CO₂ supercrítico é a extração da cafeína do café. Os grãos de café são tratados com vapor para trazer a cafeína à superfície. Em seguida, os grãos são imersos no CO₂ supercrítico, que dissolve seletivamente a cafeína, mas deixa intactos os compostos que conferem o sabor ao café (o café descafeinado contém menos que 3% da cafeína original). A solução de cafeína em CO₂ supercrítico é separada, e o CO₂ é evaporado, coletado e reutilizado.

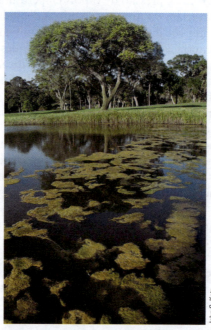

Algas crescendo em uma lagoa de água doce. É possível extrair ácidos graxos de algas usando CO₂ supercrítico e em seguida convertê-los em biodiesel.

Algas consistem em um grande grupo de plantas simples que aparecem em diferentes formas e que proliferam em diversas condições. Na verdade, elas são tão prolíficas que há propostas para cultivar algas em escala ainda maior como forma de eliminar o CO₂ da atmosfera. Outra vantagem é que algas produzem compostos orgânicos como ácidos graxos, que podem ser extraídos e depois convertidos em biodiesel (os capítulos 20 e 23 descrevem essa conversão). Recentemente relatou-se que FSCs como o CO₂ podem ser usados para essa extração com alta eficiência.

Outro uso recém-descoberto do CO₂ supercrítico é o processo de tingimento de tecidos de poliéster. A empresa holandesa que desenvolveu o processo afirmou: "Em média, são necessários cerca de 100-150 L de água para processar 1 kg de material têxtil, sendo que anualmente 28 bilhões de quilogramas de têxteis são tingidos. A água é usada como solvente em muitos processos de pré-tratamento e acabamento... Assim, a eliminação da água e dos produtos químicos empregados nos processos seria uma enorme inovação na indústria de tingimento de tecidos... O fluido supercrítico CO₂... faz com que a fibra do polímero inche, permitindo que a tinta se difunda e penetre nos poros e na estrutura capilar das fibras. A viscosidade da solução de tingimento torna-se menor, facilitando a circulação dos produtos de tingimento e consumindo menos energia".

Veja *Sustainable Development of Algal Biofuels in the United States*, um relatório da The National Academies, 2012.

Tensão Superficial, Ação Capilar e Viscosidade

As moléculas no interior de um líquido interagem com aquelas mais próximas, em torno delas (Figura 11.16). Por outro lado, as moléculas na superfície de um líquido são afetadas apenas por aquelas outras que estão na camada superficial ou abaixo dela. Isso causa uma força resultante de atração nas moléculas da superfície voltada para o interior do líquido, contraindo a superfície e fazendo com que o líquido se comporte como se tivesse uma pele. A resistência dessa pele é medida por sua **tensão superficial** – a energia necessária para vencer a resistência dessa superfície ou desmanchar uma gota de líquido e espalhá-la como um filme. É a tensão superficial que faz com que gotas de água sejam esféricas e não pequenos cubos, por exemplo (Figura 11.16), pois a esfera tem uma área superficial menor do que qualquer outra forma geométrica com o mesmo volume.

A **ação capilar** e a observação de um **menisco** curvo quando um líquido está contido em um recipiente são outras consequências das forças intermoleculares. Quando mergulhamos parcialmente uma folha de papel na água, a água sobe pelo papel porque as moléculas polares da água são atraídas para as ligações C—OH presentes nas moléculas de celulose do papel (Figura 11.17, *à esquerda*).

As moléculas de água **na superfície** *não* estão totalmente cercadas pelas outras moléculas de água.

As moléculas de água **abaixo da superfície** estão *completamente cercadas* por outras moléculas de água.

Gotículas esféricas de água. As forças que agem sobre as moléculas na superfície de um líquido são diferentes daquelas que agem sobre uma molécula no interior de um líquido. Isso faz com que as gotículas de água sejam esferas e não pequenos cubos.

FIGURA 11.16 Forças intermoleculares em um líquido e tensão superficial.

Na Figura 11.17 (*à direita*) observamos os diferentes comportamentos da água e do mercúrio em tubos de vidro. As moléculas polares da água são atraídas pelas ligações Si—OH na superfície do vidro por **forças de adesão**. Essas forças são suficientemente fortes para competir com as **forças de coesão** entre as próprias moléculas de água. Assim, algumas moléculas de água podem aderir-se às paredes, enquanto outras são atraídas para o interior por forças de coesão formando uma "ponte" entre as paredes do tubo. As forças de adesão entre a água e o vidro são suficientemente grandes para que o nível da água suba pelas bordas. Esse aumento continuará até que as forças – de adesão entre a água e o vidro e de coesão entre as moléculas de água – sejam equilibradas pela força da gravidade que as atrai para baixo na direção da coluna de água. São essas forças que levam à formação do **menisco** côncavo ou curvado para baixo, que vemos na água contida em um tubo de vidro (Figura 11.17).

Em alguns líquidos, as forças de coesão são maiores que as forças de adesão ao vidro. O mercúrio é um exemplo. Ele não sobe pelas paredes de um tubo capilar. Na verdade, quando está em um tubo de vidro, o mercúrio forma um menisco convexo, ou curvado para cima (Figura 11.17).

Ação Capilar
Um pedaço de papel é parcialmente imerso na água. As moléculas polares da água são atraídas para os grupos C—OH na celulose do papel, e a água sobe pelo papel.

Menisco
A água em um tubo de vidro (*à direita*) é atraída para os grupos polares —OH na superfície do vidro, e assim a água forma um menisco voltado para baixo, ou côncavo. O mercúrio, porém, não é atraído para a superfície do vidro, e assim forma um menisco convexo (*à esquerda*).

FIGURA 11.17 Forças intermoleculares: ação capilar (à esquerda) e a formação de um menisco (à direita).

Outra propriedade importante dos líquidos, em que forças intermoleculares têm o seu papel, é a **viscosidade**, a resistência dos líquidos ao escoamento (Figura 11.18). Quando você vira um copo com água, ele esvazia rapidamente. Por outro lado, um copo com mel ou azeite leva muito mais tempo para esvaziar. O azeite de oliva consiste em moléculas com longas cadeias de átomos de carbono e é aproximadamente setenta vezes mais viscoso que o etanol, uma molécula pequena com apenas dois átomos de carbono e um de oxigênio. Além disso, cadeias mais longas apresentam forças intermoleculares maiores porque há mais átomos que se atraem uns aos outros, contribuindo assim para uma maior força total. O mel (uma solução aquosa concentrada de açúcar) também é um líquido viscoso, mesmo com o tamanho das moléculas bem menor. Nesse caso, as moléculas de açúcar têm vários grupos —OH. Estes levam a forças de atração maiores em razão das ligações de hidrogênio.

FIGURA 11.18 Viscosidade. Uma maneira de medir a viscosidade é comparar a velocidade na qual um objeto pesado afunda em um líquido. Aqui você pode ver a diferença de viscosidade em vários óleos para motor. Os óleos tornam-se menos viscosos da esquerda para a direita.

EXERCÍCIOS PARA A SEÇÃO 11.6

1. *Pressão de vapor*: suponha que coloquemos 0,50 g de água pura em um frasco de 5,0 L previamente evacuado e que, depois de selado, o conjunto todo seja aquecido a 60 °C. No final, restará alguma água líquida no frasco ou toda a água irá evaporar?

    (a) Restará líquido   (b) Toda água evapora

2. Usando a equação de Clausius–Clapeyron: calcule a entalpia de vaporização do éter dietílico ($C_2H_5)_2O$ (Figura 11.12). Esse composto tem pressões de vapor de 57,0 mm Hg e 534 mm Hg a −22,8 °C e 25,0 °C, respectivamente.

    (a) 29,0 kJ/mol   (b) 112 kJ/mol   (c) 2,44 kJ/mol

3. Para cozinhar um ovo até ficar duro em lugares com pressões atmosféricas mais elevadas, você precisa cozinhá-lo por um tempo _____ porque a água ferve a uma temperatura _____ .

    (a) mais longo, mais baixa

    (b) mais longo, mais alta

    (c) mais curto, mais baixa

    (d) mais curto, mais alta

APLICANDO PRINCÍPIOS QUÍMICOS

Cromatografia

A separação de misturas em componentes puros é importante, tanto para a síntese quanto para a análise de compostos químicos. Vários métodos são usados para separações, como destilação, precipitação e filtração. Entretanto, o modo mais comum de separar misturas é a cromatografia, e a foto aqui mostra um químico forense usando um instrumento chamado cromatógrafo líquido de alto desempenho.

Cromatografia é um termo genérico para um conjunto de métodos de separação relacionados. Neles, usa-se uma fase móvel (em geral um líquido ou um gás) para transportar uma amostra (isto é, os componentes de uma mistura) por uma fase estacionária imiscível (geralmente um líquido ou um sólido). As fases móvel e estacionária são escolhidas de modo que os componentes da mistura distribuam-se de forma diferente entre as duas fases. A velocidade com que os componentes de uma mistura passam pela fase estacionária depende das suas interações intermoleculares com as fases móvel e estacionária. Componentes que interagem fracamente com a fase estacionária passam mais rapidamente por ela do que os que interagem mais fortemente com essa fase.

Em um método comum de cromatografia, chamada cromatografia de partição, tanto a fase móvel quanto a estacionária são líquidas. Por exemplo, uma fase móvel polar (como uma mistura de metanol e água) é passada por uma coluna muito estreita contendo uma fase estacionária não polar. Uma fase estacionária comum é o octadecano não polar ($C_{18}H_{38}$). A cadeia linear de 18 carbonos (chamada C_{18}) em geral está ligada a um suporte sólido, como pequenas partículas de sílica, para imobilizá-la dentro da coluna. À medida que a mistura passa pela coluna de C_{18}, os componentes movimentam-se constantemente entre as duas fases líquidas, sendo que os componentes menos polares passam mais tempo na fase não polar do que os componentes mais polares. Em uma separação ideal, os componentes que emergem da coluna (isto é, os eluentes) estão totalmente separados.

QUESTÕES:

1. Suponha que uma mistura das três moléculas abaixo seja separada em uma coluna de C_{18} usando uma mistura de metanol e água como fase móvel.
    a. Qual das três moléculas será mais atraída para a fase móvel? Quais são as forças que atraem a molécula para a fase água/metanol?
    b. Qual molécula é mais atraída para a fase estacionária? Quais são as forças que atraem a molécula para a fase não polar?
    c. Em que ordem as três moléculas sairão (ou eluirão) da coluna?

$H_3C-CH_2-CH_2-CH_2-CH_2-OH$
1-pentanol

$H_3C-CH_2-O-CH_2-CH_3$
éter etilpropílico

$HO-CH_2-CH_2-CH_2-CH_2-CH_2-OH$
pentano-1,5-diol

Um químico forense usa um cromatógrafo líquido de alto desempenho (High Performance Liquid Chromatograph–HPLC) para uma análise.

2. Na cromatografia gasosa, a fase móvel é um gás inerte, como N_2 ou He. Os componentes da mistura precisam ser voláteis para que possam ser transportados pela fase móvel. Assim como na cromatografia líquida, a separação baseia-se nas forças de atração dos vários componentes da amostra com as fases móvel e estacionária; forças de atração maiores entre um composto e a coluna resultarão em um tempo de eluição mais longo. Suponha que você queira separar um grupo de hidrocarbonetos, como pentano (C_5H_{12}), hexano (C_6H_{14}), heptano (C_7H_{16}) e octano (C_8H_{18}) usando uma coluna com uma fase estacionária não polar. Preveja a ordem de eluição desses componentes da coluna e explique sua resposta.

REVISÃO DOS OBJETIVOS DO CAPÍTULO

Agora que você já estudou este capítulo, deve perguntar a si mesmo se atingiu os objetivos propostos. Especificamente, você deverá ser capaz de:

ENTENDER

- A natureza dos diversos tipos de forças intermoleculares.
    a. Descrever as diferentes forças intermoleculares em líquidos e sólidos (Seções 11.3 e 11.4). **Questões para Estudo:** 1–10, 29–32, 43.

b. Decidir quando duas moléculas podem interagir através de atração dipolo-dipolo e quando pode ocorrer a ligação de hidrogênio. (Seção 11.3). Questões para Estudo: 1-8.

c. Identificar situações em que as moléculas interagem através de dipolos induzidos (forças de dispersão de London) (Seção 11.4). Questões para Estudo: 1-8.

- A origem e a importância da ligação de hidrogênio.

    a. Explicar como as ligações de hidrogênio afetam as propriedades da água (Seção 11.3). Questões para Estudo: 1-8.

- A relação entre as propriedades dos líquidos e as forças intermoleculares.

    a. Definir o conceito de pressão de vapor de um líquido no equilíbrio e explicar a relação entre a pressão de vapor e o ponto de ebulição de um líquido (Seção 11.6). Questões para Estudo: 13, 15, 17, 19, 20, 33.

    b. Descrever como as interações intermoleculares afetam as forças de coesão entre moléculas idênticas de um líquido, a energia necessária para vencer a resistência que oferece a superfície de um líquido (tensão superficial), a ação capilar e a resistência ao escoamento, ou viscosidade, dos líquidos (Seção 11.6). Questões para Estudo: 25–28, 45, 46.

- A natureza da temperatura e da pressão críticas e dos fluidos supercríticos.

    a. Descrever os fenômenos de temperatura crítica, T_c, e pressão crítica, P_c, de uma substância (Seção 11.6). Questões para Estudo: 23, 24, 53.

FAZER

- Identificar as forças intermoleculares entre moléculas simples. Questões para Estudo: 1-8.

- Calcular as variações de entalpia para as mudanças de estado (Seção 11.6). Questões para Estudo: 11, 12.

- Representar graficamente a relação entre a pressão de vapor e a temperatura (Seção 11.6). Questões para Estudo: 13, 19, 33, 39.

- Utilizar a equação de Clausius–Clapeyron para relacionar a pressão de vapor e a entalpia de vaporização (Seção 11.6). Questões para Estudo: 21, 22, 38, 39.

LEMBRAR

- As várias forças intermoleculares e como elas surgem (Seções 11.2-11.5). Questões para Estudo: 1-8.

EQUAÇÕES-CHAVE

Equação 11.1 A equação de Clausius–Clapeyron relaciona a pressão de vapor no equilíbrio, P, de um líquido volátil com a entalpia molar de vaporização ($\Delta_{vap}H°$) a uma determinada temperatura, T. (R é a constante universal, 8,314472 J/K · mol.)

$$\ln P = -(\Delta_{vap}H°/RT) + C$$

Equação 11.2 Uma modificação da equação de Clausius–Clapeyron permite que você calcule $\Delta_{vap}H°$ se conhecer as pressões de vapor em duas temperaturas diferentes.

$$\ln\frac{P_2}{P_1} = -\frac{\Delta_{vap}H°}{R}\left[\frac{1}{T_2} - \frac{1}{T_1}\right]$$

QUESTÕES PARA ESTUDO

▲ denota questões desafiadoras.
Questões numeradas em verde têm respostas no Apêndice N.

Praticando Habilidades

Forças Intermoleculares
(Veja as Seções 11.1–11.5 e os Exemplos 11.1–11.4.)

1. Qual(is) força(s) intermolecular(es) deve(m) ser superada(s) para:
   (a) Fundir gelo
   (b) Sublimar I_2 sólido
   (c) Converter NH_3 líquida em NH_3 na forma de vapor

2. Forças intermoleculares: quais tipos de forças precisam ser superadas entre moléculas de I_2 quando I_2 sólido dissolve-se em metanol, CH_3OH? Quais tipos de forças precisam ser vencidas entre moléculas de CH_3OH para dissolver I_2? Quais tipos de forças existem entre moléculas de I_2 e CH_3OH em solução?

3. Quais tipos de forças intermoleculares precisam ser superadas ao converter cada um dos líquidos seguintes em gás?
   (a) O_2 líquido   (c) CH_3I (iodeto de metila)
   (b) Mercúrio   (d) CH_3CH_2OH (etanol)

4. Quais tipos de forças intermoleculares precisam ser superadas ao converter cada um dos líquidos seguintes em gás?
   (a) CO_2 (c) $CHCl_3$
   (b) NH_3 (d) CCl_4

5. Considerando as forças intermoleculares na substância pura, quais dessas substâncias existem como gás a 25 °C e 1 atm?
   (a) Ne   (c) CO
   (b) CH_4 (d) CCl_4

6. Considerando as forças intermoleculares na substância pura, quais dessas substâncias existem como gás a 25 °C e 1 atm?
   (a) $CH_3CH_2CH_2CH_3$ (butano)
   (b) CH_3OH (metanol)
   (c) Ar

7. Em quais dos seguintes compostos pode haver formação de ligações de hidrogênio intermoleculares no estado líquido?
   (a) CH_3OCH_3 (éter dimetílico)
   (b) CH_4
   (c) HF
   (d) CH_3CO_2H (ácido acético)

   ácido acético

   (e) Br_2
   (f) CH_3OH (metanol)

8. Em quais dos seguintes compostos pode haver formação de ligações de hidrogênio intermoleculares no estado líquido?
   (a) H_2Se
   (b) HCO_2H (ácido fórmico)

   ácido fórmico

   (c) HI
   (d) acetona, $(CH_3)_2CO$

   acetona

9. Para cada par de compostos iônicos, qual provavelmente terá a entalpia de hidratação mais negativa? Explique brevemente seu raciocínio, em cada caso.
   (a) LiCl ou CsCl
   (b) NaNO₃ ou Mg(NO₃)₂
   (c) RbCl ou NiCl₂

10. Quando colocamos sais de Mg^{2+}, Na^+ e Cs^+ na água, os íons são hidratados. Qual desses três cátions será mais fortemente hidratado? Qual deles será menos fortemente hidratado?

Líquidos

(Veja a Seção 11.6 e os Exemplos 11.5 e 11.6.)

11. O etanol, CH_3CH_2OH, tem uma pressão de vapor de 59 mm Hg a 25 °C. Que quantidade de energia na forma de calor é necessária para evaporar 125 mL do álcool a 25 °C? A entalpia de vaporização do álcool a 25 °C é de 42,32 kJ/mol. A densidade do líquido é de 0,7849 g/mL.

12. A entalpia de vaporização do mercúrio líquido é de 59,11 kJ/mol. Qual quantidade de energia na forma de calor é necessária para vaporizar 0,500 mL de mercúrio a 357 °C, seu ponto de ebulição normal? A densidade do mercúrio é de 13,6 g/mL.

13. Responda às seguintes questões usando a Figura 11.12:
    (a) Qual é a pressão de vapor no equilíbrio aproximada da água a 60 °C? Compare sua resposta com os dados no Apêndice G.
    (b) Em que temperatura a água apresenta uma pressão de vapor no equilíbrio de 600 mm Hg?
    (c) Compare as pressões de vapor no equilíbrio da água e do etanol a 70 °C. Qual é maior?

14. Responda às seguintes questões usando a Figura 11.12:
    (a) Qual é a pressão de vapor no equilíbrio do éter dietílico à temperatura ambiente (aproximadamente 20 °C)?
    (b) Coloque os três compostos na Figura 11.12 na ordem de forças intermoleculares crescentes.
    (c) Se a pressão em um frasco é de 400 mm Hg e se a temperatura é de 40 °C, quais dos três compostos (éter dietílico, etanol e água) são líquidos e quais são gases?

15. Suponha que você coloque 1,0 g de éter dietílico (Figura 11.12) em um frasco de 100 mL previamente evacuado e depois selado. Se o frasco for mantido a 30 °C, qual será a pressão aproximada do gás no frasco? Se o frasco for colocado em um banho de gelo, haverá evaporação adicional do éter ou parte do éter irá condensar-se em líquido?

16. Consulte a Figura 11.12 para responder às seguintes perguntas:
    (a) Imagine que você aqueça um pouco de água a 60 °C em uma garrafa plástica leve e sele a boca da garrafa de modo que nenhum gás possa entrar ou sair dela. O que acontece quando a água esfria?
    (b) Se você colocar algumas gotas de éter dietílico líquido em sua mão, ele irá evaporar completamente ou continuará líquido?

17. Qual membro de cada um dos seguintes pares de compostos tem o ponto de ebulição mais alto?
    (a) O_2 ou N_2
    (b) SO_2 ou CO_2
    (c) HF ou HI
    (d) SiH_4 ou GeH_4

18. Classifique os quatro compostos seguintes em ordem de ponto de ebulição crescente:
    (a) C_5H_{12}
    (b) CCl_4
    (c) C_2H_6
    (d) Ne

19. A figura mostra curvas de pressão de vapor para o CS_2 (dissulfeto de carbono) e o CH_3NO_2 (nitrometano).
    (a) Quais são as pressões de vapor aproximadas de CS_2 e CH_3NO_2 a 40 °C?
    (b) Quais tipos de forças intermoleculares existem na fase líquida de cada composto?
    (c) Qual é o ponto de ebulição normal do CS_2? E do CH_3NO_2?
    (d) Em que temperatura CS_2 tem uma pressão de vapor de 600 mm Hg?
    (e) Em que temperatura CH_3NO_2 tem uma pressão de vapor de 600 mm Hg?

20. Suponha que você esteja comparando três substâncias diferentes, A, B e C, todas líquidas e com massas molares semelhantes. A pressão de vapor a 25 °C para a substância A é menor que a pressão de vapor para B a essa temperatura. A substância C tem o ponto de ebulição mais alto das três substâncias. Relacione as três substâncias, A, B ou C, pela ordem de intensidade das forças intermoleculares, da menor para a maior.

21. A tabela indica as pressões de vapor do benzeno, C_6H_6, sob várias temperaturas.

Temperatura (°C)	Pressão de Vapor (mm Hg)
7,6	40,
26,1	100,
60,6	400,
80,1	760,

(a) Qual é o ponto de ebulição normal do benzeno?
(b) Coloque esses dados em um gráfico semelhante ao da Figura 11.12. A que temperatura o líquido tem uma pressão de vapor de 250 mm Hg? A que temperatura a pressão de vapor é de 650 mm Hg?
(c) Calcule a entalpia de vaporização do benzeno usando a equação de Clausius–Clapeyron.

22. Aqui estão os dados para pressão de vapor do octano, C_8H_{18}.

Temperatura (°C)	Pressão de Vapor (mm Hg)
25	13,6
50,	45,3
75	127,2
100,	310,8

Use a equação de Clausius–Clapeyron para calcular a entalpia molar de vaporização do octano e seu ponto de ebulição normal.

23. O monóxido de carbono (T_c = 132,9 K; P_c = 34,5 atm) pode ser liquefeito à temperatura ambiente ou acima dessa temperatura? Explique sucintamente.

24. O metano (CH_4) não pode ser liquefeito à temperatura ambiente, não importa o quanto a pressão seja aumentada. O propano (C_3H_8), outro hidrocarboneto simples, tem uma pressão crítica de 42 atm e temperatura crítica de 96,7 °C. Esse composto pode ser liquefeito à temperatura ambiente?

25. O que é tensão superficial? Dê um exemplo ilustrando o fenômeno da tensão superficial. Explique por que a tensão superficial é consequência das forças intermoleculares.

26. Quais fatores afetam a viscosidade de uma substância? Qual das seguintes substâncias, água (H_2O), etanol (CH_3CH_2OH), etilenoglicol ($HOCH_2CH_2OH$) e glicerol ($HOCH_2CH(OH)CH_2OH$), tem a maior viscosidade? A viscosidade de uma substância é afetada pela temperatura? Explique suas respostas.

27. Se suspendermos um pedaço de papel de filtro (um papel absorvente usado em laboratórios) acima de um béquer com água e ele tocar a superfície, a água subirá lentamente pelo papel. Qual é o nome dado a esse fenômeno e como se explica esse comportamento?

28. Quando colocamos água em uma bureta, ela forma um menisco côncavo na superfície. Por outro lado, o mercúrio (em um manômetro, por exemplo) forma um menisco convexo (Figura 11.17). Explique por que esse fenômeno ocorre e porque os dois líquidos produzem resultados diferentes. Qual será a forma do menisco se enchermos a bureta com etilenoglicol ($HOCH_2CH_2OH$)?

Questões Gerais

Estas perguntas não estão definidas quanto ao tipo ou à localização no capítulo. Elas podem combinar diversos conceitos.

29. Quais tipos de forças intermoleculares são importantes na fase líquida de (a) CCl_4, (b) CH_3Cl e (c) CH_3CO_2H (ácido acético)?

ácido acético

30. Quais tipos de forças intermoleculares são importantes na fase líquida de (a) C_2H_6 e (b) $(CH_3)_2CHOH$?

31. Qual dos seguintes sais, Li_2SO_4 ou Cs_2SO_4, tem a entalpia de hidratação mais exotérmica?

32. Selecione a substância com o maior ponto de ebulição em cada um dos pares seguintes:

   (a) Br_2 ou ICl
   (b) neônio ou criptônio
   (c) CH_3CH_2OH (etanol) ou C_2H_4O (óxido de etileno, estrutura abaixo)

$$H_2C - CH_2$$
$$\setminus O /$$

óxido de etileno

33. Use as curvas de pressão de vapor ilustradas aqui para responder às perguntas seguintes.

   (a) Qual é a pressão de vapor do etanol, C_2H_5OH, a 60 °C?
   (b) Considerando apenas o dissulfeto de carbono (CS_2) e o etanol, qual tem as maiores forças intermoleculares no estado líquido?
   (c) A qual temperatura o heptano (C_7H_{16}) tem uma pressão de vapor de 500 mm Hg?
   (d) Quais são os pontos de ebulição normais aproximados de cada uma das três substâncias?
   (e) Sob pressão de 400 mm Hg e temperatura de 70 °C, cada uma dessas substâncias é um líquido, um gás ou uma mistura de líquido e gás?

34. Qual dos seguintes compostos iônicos terá a entalpia de hidratação mais negativa?

   (a) $Fe(NO_3)_2$ (c) $NaCl$
   (b) $CoCl_2$ (d) $Al(NO_3)_3$

35. Classifique os compostos seguintes por ordem crescente de entalpia molar de vaporização: CH_3OH, C_2H_6, HCl.

36. Classifique as seguintes moléculas por ordem crescente de ponto de ebulição: $CH_3CH_2CH_2CH_2CH_3$, CH_3F, CH_3Cl.

37. O mercúrio e muitos de seus compostos são venenosos caso sejam inalados, engolidos ou mesmo absorvidos pela pele. O metal líquido possui uma pressão de vapor de 0,00169 mm Hg a 24 °C. Se o ar em um ambiente pequeno estiver saturado de vapor de mercúrio, quantos átomos de vapor de mercúrio haverá por metro cúbico?

38. ▲ Os dados a seguir representam a pressão de vapor no equilíbrio do limoneno, $C_{10}H_{16}$, a diversas temperaturas. O limoneno é usado como aromatizante em produtos comerciais.

Temperatura (°C)	Pressão de Vapor (mm Hg)
14,0	1,0
53,8	10,
84,3	40,
108,3	100,
151,4	400,

(a) Represente esses dados em um gráfico como ln P em função 1/T, de modo similar ao gráfico da Figura 11.13.
(b) A que temperatura o líquido tem uma pressão de vapor de 250 mm Hg? A que temperatura ela será de 650 mm Hg?
(c) Qual é o ponto de ebulição normal do limoneno?
(d) Calcule a entalpia molar de vaporização do limoneno usando a equação de Clausius–Clapeyron.

No Laboratório

39. Suponha que você queira preparar um polímero de silicone, e uma das substâncias iniciais é o diclorodimetilsilano, $SiCl_2(CH_3)_2$. Você precisa conhecer seu ponto de ebulição normal e medir as pressões de vapor no equilíbrio a diversas temperaturas.

Temperatura (°C)	Pressão de Vapor (mm Hg)
−0,4	40,
+17,5	100,
51,9	400,
70,3	760,

(a) Qual é o ponto de ebulição normal do diclorodimetilsilano?
(b) Coloque esses dados em um gráfico de ln P em função 1/T, de modo similar ao gráfico da Figura 11.13. A que temperatura o líquido tem uma pressão de vapor de 250 mm Hg? A que temperatura esta pressão é de 650 mm Hg?
(c) Calcule a entalpia molar de vaporização para o diclorodimetilsilano utilizando a equação de Clausius–Clapeyron.

40. Um "*hand boiler*" pode ser comprado em lojas de brinquedos ou de fornecedores de equipamentos científicos. Se você envolver o bulbo inferior com a mão, o líquido volátil no seu interior entrará em ebulição e o líquido passará para o bulbo superior.

(a) Utilizando seus conhecimentos sobre a teoria cinético-molecular e as forças intermoleculares, explique como esse dispositivo funciona.

(b) Qual dos seguintes líquidos seria o mais indicado para o "*hand boiler*"? Explique.

Composto	Ponto de Ebulição Normal
Etanol	78,4 °C
Clorofórmio	61,3 °C
CCl_3F	23,7 °C

41. ▲ As fotos abaixo ilustram uma experiência que você mesmo pode fazer. Coloque 10 mL de água em uma lata de refrigerante vazia e aqueça a água até ferver. Usando uma pinça metálica, vire a lata sobre um béquer contendo água fria, garantindo que a abertura da lata esteja abaixo do nível da água no béquer.

(a) (b)

(a) Descreva o que acontece e explique de acordo com o assunto deste capítulo.
(b) Prepare um esquema da situação que ocorre dentro da lata no nível molecular antes e depois de aquecê-la (mas antes de virar a lata).

42. Se você colocar 1,0 L de etanol (C_2H_5OH) em um pequeno laboratório de 3,0 m de comprimento, 2,5 m de largura e 2,5 m de altura, todo o álcool irá evaporar? Se restar algum líquido, quanto haverá? A pressão de vapor do etanol a 25 °C é de 59 mm Hg, e a densidade do líquido a essa temperatura é de 0,785 g/cm³.

Resumo e Questões Conceituais

As seguintes questões podem usar os conceitos deste capítulo e dos capítulos anteriores.

43. A acetona, CH₃COCH₃, é um solvente comum em laboratório. Entretanto, em geral, ela está contaminada com água. Por que a acetona absorve água tão facilmente? Desenhe estruturas moleculares mostrando como a água e a acetona podem interagir. Qual(is) força(s) intermolecular(es) está(ão) envolvida(s) nessa interação?

44. O óleo de cozinha flutua por cima da água. A partir dessa observação, que conclusão você pode tirar em relação à polaridade ou capacidade de formar ligações de hidrogênio das moléculas encontradas no óleo de cozinha?

45. O etilenoglicol líquido, HOCH₂CH₂OH, é um dos principais ingredientes dos anticongelantes comerciais. Sua viscosidade é maior ou menor que a do etanol, CH₃CH₂OH?

46. Colocamos metanol líquido, CH₃OH, em um tubo de vidro. O menisco do líquido será côncavo ou convexo? Explique sucintamente.

47. Esclareça estes fatos:
(a) Embora o etanol (C₂H₅OH) (PE = 80 °C) tenha uma massa molar maior que a da água (PE = 100 °C), o álcool possui um ponto de ebulição mais baixo.
(b) Ao misturar 50 mL de etanol com 50 mL de água, teremos uma solução com um volume ligeiramente menor que 100 mL.

48. Discorra sobre a observação de que 1-propanol, CH₃CH₂CH₂OH, tem um ponto de ebulição de 97,2 °C, sendo que um composto com a mesma fórmula molecular, etil-metil-éter (CH₃CH₂OCH₃), ferve a 7,4 °C.

49. Cite duas evidências que sustentem a afirmação de que moléculas de água no estado líquido exercem uma força de atração considerável entre si.

50. Durante as tempestades no Meio-Oeste americano, às vezes, caem pedras de granizo muito grandes (algumas do tamanho de uma bola de golfe!). Para preservar algumas dessas pedras, nós as colocamos no *freezer* de uma geladeira *frost-free*. Nosso amigo, que é estudante de Química, recomenda que usemos um modelo mais antigo que não seja *frost-free*. Por quê?

51. Consulte a Figura 11.8 para responder às seguintes perguntas:
(a) Dos três haletos de hidrogênio (HX), qual deles tem a maior força intermolecular total?
(b) Por que as forças de dispersão são maiores para o HI do que para o HCl?
(c) Por que as forças dipolo–dipolo são maiores para o HCl do que para o HI?
(d) Das sete moléculas mostradas na Figura 11.8, qual delas envolve as maiores forças de dispersão? Explique por que isso é razoável.

52. No Centro de Pesquisas de Câncer Fred Hutchinson em Seattle, descobriu-se que é possível colocar camundongos em estado de animação suspensa aplicando uma dose baixa de sulfeto de hidrogênio, H₂S. A taxa de respiração dos camundongos caiu de 120 para 10 respirações por minuto, e sua temperatura, para apenas 2 °C acima da temperatura ambiente. Seis horas mais tarde os camundongos foram reanimados e aparentemente não sofreram efeitos negativos.

(a) O sulfeto de hidrogênio é um gás à temperatura ambiente e pressão atmosférica normal, sendo que a água é um líquido com baixa pressão de vapor nas mesmas condições. Explique essa observação.
(b) O gás H₂S fornecido aos camundongos tinha uma concentração de 80 ppm. Uma concentração de 1 ppm significa 1 parte por milhão, ou uma molécula a cada 1 milhão de moléculas. Se você aplicar 1,0 L de gás (uma mistura de O₂, N₂ e H₂S) a uma pressão total de 725 mm Hg a 22 °C, qual será a pressão parcial do gás H₂S?
(c) O sulfeto de hidrogênio pode ser convertido em ácido sulfúrico. Se permitirmos que 5,2 L de gás H₂S a uma pressão de 130 mm Hg e a 25 °C reajam com gás O₂, quantos litros de gás O₂, também a uma pressão de 130 mm Hg e a 25 °C, são necessários para que a reação seja completa? Suponha que ocorra a seguinte reação.

$$H_2S(g) + 2\,O_2(g) \rightarrow H_2SO_4(\ell)$$

53. Um fluorocarbono, CF₄, tem uma temperatura crítica de –45,7 °C e pressão crítica de 37 atm. Existe alguma condição na qual esse composto possa ser líquido à temperatura ambiente? Explique sucintamente.

54. ▲ A figura abaixo é um gráfico da pressão de vapor em função da temperatura para o diclorodifluorometano, CCl₂F₂. A entalpia de vaporização do líquido é de 165 kJ/g, e a capacidade calorífica específica do líquido é de aproximadamente 1,0 J/g · K.

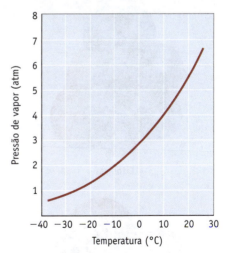

(a) Qual é o ponto de ebulição normal aproximado do CCl₂F₂?
(b) Um cilindro de aço contendo 25 kg de CCl₂F₂ em forma de líquido e vapor é colocado ao ar livre em um dia quente (25 °C). Qual é a pressão aproximada do gás no cilindro?
(c) Ao abrir a válvula do cilindro, o vapor de CCl₂F₂ escapa rapidamente. Entretanto, logo o fluxo torna-se bem menor e o lado externo do cilindro fica coberto de gelo. Ao fechar a válvula e pesar o cilindro novamente, constata-se que ainda há 20 kg de

CCl₂F₂ em seu interior. Por que o fluxo é maior no início? Por que o fluxo fica mais lento muito antes do cilindro esvaziar? Por que o lado externo fica coberto de gelo?

(d) Qual dos procedimentos seguintes seria o mais eficiente para esvaziar o cilindro rapidamente (e com segurança)? (1) Virar o cilindro de cabeça para baixo e abrir a válvula. (2) Resfriar o cilindro até −78 °C em gelo-seco e abrir a válvula. (3) Arrancar o topo do cilindro com válvula e tudo, usando um martelo.

55. O acetaminofeno é usado como analgésico. Aqui ilustramos um modelo da molécula com sua superfície de potencial eletrostático. Quais são os locais mais prováveis para ligações de hidrogênio?

Acetaminofeno

56. Aqui estão ilustrados modelos de duas bases do DNA com suas superfícies de potencial eletrostático: citosina e guanina. Quais locais dessas moléculas estão envolvidos em ligações de hidrogênio entre si? Desenhe estruturas moleculares mostrando como a citosina pode estabelecer ligações de hidrogênio com a guanina.

Citosina

Guanina

57. Relacione quatro propriedades dos líquidos que são diretamente determinadas pelas forças intermoleculares.

58. Classifique os íons abaixo por ordem de energias de hidratação: Na⁺, K⁺, Mg²⁺, Ca²⁺. Explique como você estabeleceu essa ordem.

59. Compare os pontos de ebulição dos vários hidrocarbonetos isômeros indicados na tabela abaixo. Observe a relação entre ponto de ebulição e estrutura; hidrocarbonetos de cadeia ramificada têm pontos de ebulição inferiores aos do isômero não ramificado. Especule sobre possíveis razões para essa tendência. Por que as forças intermoleculares podem ser ligeiramente diferentes nesses compostos?

Composto	Ponto de Ebulição (°C)
Hexano	68,9
3-metilpentano	63,2
2-metilpentano	60,3
2,3-dimetilbutano	58,0
2,2-dimetilbutano	49,7

60. Uma amostra de 8,82 g de Br₂ é colocada em um recipiente previamente evacuado de 1,0 L e aquecida a 58,8 °C, o ponto de ebulição normal do bromo. Descreva o conteúdo do recipiente nessas condições.

61. A polarizabilidade é definida como a extensão na qual a nuvem eletrônica em torno de um átomo ou molécula pode ser distorcida por uma carga externa. Classifique os halogênios (F₂, Cl₂, Br₂, I₂) e os gases nobres (He, Ne, Ar, Kr, Xe) por ordem de polarizabilidade (do menos polarizável para o mais polarizável). Quais características dessas substâncias podemos usar para determinar essa classificação?

62. Em quais das seguintes moléculas orgânicas podem ocorrer ligações de hidrogênio?

(a) acetato de metila, CH₃CO₂CH₃

$$H_3C-\underset{\underset{O}{\|}}{C}-O-CH_3$$

(b) acetaldeído (etanal), CH₃CHO

$$H_3C-\underset{\underset{O}{\|}}{C}-H$$

(c) acetona (2-propanona) (veja a Questão 8)
(d) ácido benzoico (C₆H₅CO₂H)

(e) acetamida (CH₃CONH₂, uma amida formada a partir do ácido acético e da amônia)

$$H_3C-\underset{\underset{O}{\|}}{C}-NH_2$$

(f) N,N-dimetilacetamida [CH₃CON(CH₃)₂, uma amida formada a partir de ácido acético e dimetilamina]

$$H_3C-\underset{\underset{O}{\|}}{C}-N(CH_3)_2$$

63. Uma panela de pressão é um recipiente com uma tampa que se fecha hermeticamente, permitindo que dentro dela a pressão aumente. Colocamos água na panela e a aquecemos até ferver. Com uma pressão mais alta, a água ferve a uma temperatura mais elevada, e isso permite que a comida cozinhe mais rapidamente. A maioria das panelas de pressão vem com uma regulagem de 15 psi, o que significa que a pressão dentro da panela é de 15 psi acima da pressão atmosférica (1 atm = 14,70 psi). Use a equação de Clausius–Clapeyron para calcular a temperatura sob a qual a água ferve na panela de pressão.

64. A tabela abaixo indica as pressões de vapor de $NH_3(\ell)$ a diversas temperaturas. Use essas informações para calcular a entalpia de vaporização da amônia.

Temperatura (°C)	Pressão de Vapor (atm)
−68,4	0,132
−45,4	0,526
−33,6	1,000
−18,7	2,00
4,7	5,00
25,7	10,00
50,1	20,00

65. Às vezes, os químicos fazem reações utilizando amônia líquida como solvente. Com a proteção adequada, essas reações podem ser realizadas sob temperaturas acima do ponto de ebulição da amônia em um tubo de ensaio de paredes grossas selado. Se a reação for realizada a 20 °C, qual será a pressão da amônia dentro do tubo? Use os dados da tabela anterior para responder a esta pergunta.

66. Os dados na tabela abaixo foram usados para construir o gráfico ilustrado a seguir (P = pressão de vapor do etanol, CH_3CH_2OH, expressa em mm Hg, T = temperatura em kelvin).

ln P	1/T (K^{-1})
2,30	0,00369
3,69	0,00342
4,61	0,00325
5,99	0,00297
6,63	0,00285

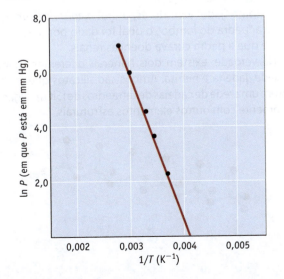

(a) Determine uma equação para a reta neste gráfico.
(b) Descreva como usar o gráfico para determinar a entalpia de vaporização do etanol.
(c) Calcule a pressão de vapor do etanol a 0,00 °C e a 100 °C.

67. Colocamos água (10,0 g) em um tubo de ensaio com paredes grossas, cujo volume interno é de 50,0 cm³. Em seguida, retiramos o ar, selamos o tubo e então aquecemos o tubo e seu conteúdo a 100 °C.

(a) Descreva a aparência do sistema a 100 °C.
(b) Qual é a pressão dentro do tubo?
(c) A essa temperatura, a densidade da água líquida é de 0,958 g/cm³. Calcule o volume da água líquida no tubo.
(d) Parte da água está em estado de vapor. Determine a massa de água em estado gasoso.

68. A acetona é um solvente comum (veja a Questão para Estudo 8 para a estrutura da acetona).

(a) O álcool alílico, $CH_2=CH-CH_2OH$, é um isômero da acetona. A acetona tem uma pressão de vapor de 100 mm Hg a +7,7 °C. Estime se a pressão de vapor do álcool alílico é mais alta ou mais baixa que 100 mm Hg a essa temperatura. Explique.
(b) Use a equação de Clausius–Clapeyron para calcular a entalpia de vaporização da acetona a partir dos dados abaixo.

Temperatura (°C)	Pressão de Vapor (mm Hg)
−9,4	40,
+7,7	100,
39,5	400,
56,5	760,

(c) A fluoração da acetona, C_3H_6O (substituindo H por flúor), produz um composto gasoso com a fórmula $C_3H_{6-x}F_xO$. Para identificar esse composto, sua massa molar foi determinada ao medir a densidade do gás. Obtiveram-se os seguintes dados: massa do gás, 1,53 g; volume do recipiente = 264 mL; pressão exercida pelo gás, 722 mm Hg; temperatura, 22 °C. Calcule a massa molar a partir dessas informações e depois descubra a fórmula molecular.

Jade da Nova Zelândia esculpido para assemelhar-se à abertura de uma folha de samambaia.

12 O estado sólido

Sumário do capítulo

12-1 Retículos Cristalinos e Celas Unitárias

12-2 Estruturas e Fórmulas de Sólidos Iônicos

12-3 Ligação em Compostos Iônicos: Energia Reticular

12-4 Ligações em Metais e Semicondutores

12-5 O Estado Sólido: Outros Tipos de Materiais Sólidos

12-6 Mudanças de Fase Envolvendo Sólidos

12-7 Diagramas de Fase

JADE, UM BELO SÓLIDO A bela pedra verde na capa deste livro é uma peça de jade lapidada na Nova Zelândia. O jade é encontrado em muitas partes do mundo. Devido à sua beleza, ele tem sido usado durante séculos para artigos decorativos e religiosos e, por ser duro e resistente a altas temperaturas, tem sido empregado para ferramentas como lâminas de machado. Na China, no período de 200 a.C. a 200 d.C., membros da realeza foram enterrados com roupas feitas de placas de jade costuradas com fios de ouro. Na Nova Zelândia, a pedra é chamada de "pounamu", o nome dado pelo povo indígena desse país, os Maori. Para os Maori, *pounamu* tem um imenso valor espiritual e material; objetos feitos de jade estão entre os bens mais valiosos.

O nome "jade" vem do espanhol *piedra de ijada*, que significa "pedra do lombo", o qual foi dado porque acreditava-se que a pedra curava doenças renais.

Na verdade, existem dois minerais diferentes chamados jade, jadeíta e nefrita. Ambos são silicatos que consistem em uma rede de cadeias de tetraedros de $[SiO_4]^{4-}$ ligados juntamente com outros elementos estruturais.

PARTE TRÊS ▶ ESTADOS DA MATÉRIA

CAPÍTULO 12

Objetivos do Capítulo

Consulte a Revisão dos Objetivos do Capítulo para ver as Questões para Estudo relacionadas a estes objetivos.

ENTENDER

- O conceito de uma cela unitária para um sólido e as variedades de celas unitárias cúbicas em particular.
- A importância da energia reticular e como ela é calculada.
- O modelo de bandas para ligações em metais e semicondutores e como isso se relaciona com as suas propriedades.
- As características dos diagramas de fase.

FAZER

- Relacionar as celas unitárias dos compostos iônicos com suas fórmulas.
- Relacionar as dimensões das celas unitárias, raios iônicos ou metálicos e a densidade do sólido.
- Utilizar a energia reticular em cálculos.
- Construir um diagrama de fase a partir da informação sobre a substância.
- Relacionar os processos de fusão e sublimação e as variações de entalpia associadas.

LEMBRAR

- Os três tipos de celas unitárias cúbicas.
- As propriedades físicas dos sólidos iônicos, metálicos, moleculares e covalentes, bem como exemplos de cada um.
- As características únicas do diagrama de fases da água e sua relação com as propriedades moleculares.

A jadeíta é muito mais rara e um pouco mais dura que a nefrita. É difícil distinguir ambas visualmente, mas a nefrita oferece uma sensação mais "sedosa" na mão do que a jadeíta, uma característica proveniente das diferenças nas estruturas à base de silicatos.

O jade na capa do livro e a da foto da página anterior é a nefrita, cuja fórmula é $Ca_2(Mg, Fe)_5(Si_4O_{11})_2(OH)_2$. A fórmula é escrita assim para enfatizar que pode haver quantidades variáveis de íons Mg^{2+} e Fe^{2+} no sólido. A cor verde da nefrita, em particular, vem dos íons ferro(II), uma característica que torna a pedra levemente paramagnética. Uma vez que a quantidade de íons ferro(II) pode diferir de pedra para pedra, é possível que sua cor varie de branco (baixo teor de ferro) para verde-escuro (maior teor de ferro).

Uma Questão para Estudo relacionada a esta história é: 12.66.

Existem muitos tipos de sólidos no mundo à nossa volta. Entre eles estão belas pedras preciosas e minerais, tais como o jade na capa deste livro. A pesquisa em química do estado sólido é uma das áreas da ciência em expansão, especialmente porque relaciona-se com o desenvolvimento de novos e interessantes materiais. Como descreveremos vários tipos de sólidos, esperamos fornecer uma visão sobre as razões pelas quais essa área é emocionante.

12-1 Retículos Cristalinos e Celas Unitárias

Tanto nos gases como nos líquidos, as moléculas movem-se continuamente de forma aleatória, enquanto giram e vibram. Devido a esse movimento, um arranjo ordenado de moléculas no estado gasoso ou líquido não é possível. Nos sólidos, no entanto, os átomos, as moléculas ou os íons não podem alterar sua posição relativa (embora ocasionalmente eles vibrem e rotacionem). Assim, um padrão repetitivo e regular de átomos ou moléculas, de grande extensão no interior da estrutura, é uma característica da maior parte dos sólidos. A bela regularidade (macroscópica) externa de

FIGURA 12.1 Sal comum, NaCl.

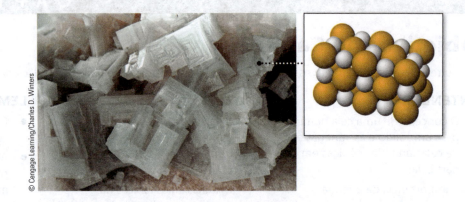

muitos compostos cristalinos (como é o caso do sal, Figura 12.1) é uma consequência dessa ordem interna.

Estruturas de sólidos podem ser descritas como redes tridimensionais de átomos, íons ou moléculas. No caso de um sólido cristalino, podemos identificar a **cela unitária**, a menor unidade repetitiva que apresenta todas as características de simetria do arranjo de átomos, íons ou moléculas no sólido.

Para entender as celas unitárias, considere primeiro um modelo bidimensional de retículo, o padrão repetitivo de círculos na Figura 12.2. O quadrado à esquerda é uma cela unitária, porque o padrão geral pode ser criado a partir de um grupo dessas celas, juntando aresta com aresta. É também um requisito que as celas unitárias reflitam a estequiometria do sólido. Aqui, a cela unitária quadrada à esquerda contém um círculo menor e um quarto de cada um dos quatro círculos maiores, dando um total de um pequeno e um grande círculo por cela unitária bidimensional.

Você pode perceber que é possível desenhar outras celas unitárias para esse retículo bidimensional. Uma opção é o quadrado no meio da Figura 12.2, que abrange totalmente um único círculo grande e partes de pequenos círculos que, quando somados, formam outro pequeno círculo. Ainda outra cela unitária possível é o paralelogramo à direita. Outras celas unitárias podem ser separadas, mas é convencional desenhar celas unitárias nas quais os átomos ou íons são colocados nos **pontos reticulares**, isto é, nos vértices do cubo ou outro objeto geométrico que constitui a cela unitária.

Nesta figura, todas as celas unitárias contêm um círculo grande e um pequeno.

FIGURA 12.2 Celas unitárias em um sólido bidimensional feito de "átomos" circulares. Um retículo pode ser representado como sendo composto de celas unitárias repetitivas. Este retículo bidimensional pode ser construído pela translação das celas unitárias ao longo do plano da figura. Cada cela unitária deve posicionar-se acompanhando o comprimento de um dos lados da cela. Note que várias celas unitárias são possíveis, sendo que duas das mais evidentes são quadradas.

Tipos de celas. Há sete celas unitárias básicas. Todas, exceto a cela unitária hexagonal, são paralelepípedos (um sólido com seis faces, cada uma das quais é um paralelogramo). Em um cubo, todos os ângulos (*a-o-c, a-o-b* e *c-o-b*; em que *o* é a origem) são de 90° e todos os lados são iguais. Em outras celas, os ângulos e os lados podem ser iguais ou diferentes.

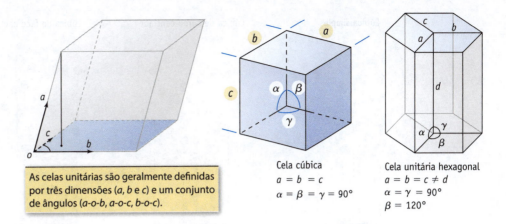

As celas unitárias são geralmente definidas por três dimensões (*a*, *b* e *c*) e um conjunto de ângulos (*a-o-b, a-o-c, b-o-c*).

Cela cúbica
$a = b = c$
$\alpha = \beta = \gamma = 90°$

Cela unitária hexagonal
$a = b = c \neq d$
$\alpha = \gamma = 90°$
$\beta = 120°$

FIGURA 12.3 Celas unitárias.

Os retículos tridimensionais dos sólidos podem ser construídos pela montagem de celas unitárias tridimensionais, muito semelhantes a blocos de construção. A montagem dessas celas unitárias tridimensionais define o **retículo cristalino**.

Cada **face** é parte de dois cubos.

Cada **aresta** é parte de quatro cubos.

Cada **vértice** é parte de oito cubos.

Montando um retículo cristalino a partir de celas unitárias cúbicas

Para construir retículos cristalinos, a natureza pode utilizar qualquer uma das sete celas unitárias tridimensionais (Figura 12.3). Elas diferem umas das outras porque suas arestas têm diferentes comprimentos relativos e formam ângulos diferentes entre si. O mais simples dos sete retículos cristalinos é a **cela unitária cúbica**, cujas arestas de igual comprimento encontram-se em ângulos de 90°. Vamos analisar em detalhes apenas essa estrutura, porque as celas unitárias cúbicas são as mais simples de entender e também porque são comumente encontradas.

Celas Unitárias Cúbicas

Dentro da classe cúbica, três simetrias de cela ocorrem: **primitiva** ou **cúbica simples** (**cs**); **cúbica de corpo centrado** (**ccc**) e **cúbica de face centrada** (**cfc**) (Figura 12.4). Todas as três têm átomos, moléculas ou íons idênticos nos vértices da cela unitária. Os arranjos ccc e cfc, no entanto, diferem do cúbico primitivo porque possuem partículas adicionais em outros locais. A estrutura ccc é chamada de *corpo centrado* porque tem uma partícula adicional, do mesmo tipo que aquelas nos vértices, no centro do cubo. O arranjo cfc é chamado de *face centrada* porque tem uma partícula do mesmo tipo que os átomos dos vértices, no centro de cada uma das seis faces do cubo. Exemplos de cada estrutura são encontrados entre os retículos cristalinos dos metais (Figura 12.5). Os metais alcalinos, por exemplo, são cúbicos de corpo centrado, enquanto o níquel, o cobre e o alumínio são cúbicos de face centrada. Observe que apenas um metal, o polônio, possui uma cela unitária cúbica simples.

FIGURA 12.4 As três celas unitárias cúbicas. Como oito celas unitárias em um retículo cristalino compartilham um átomo no vértice, apenas 1/8 de cada átomo no vértice encontra-se dentro de uma única cela unitária; os restantes 7/8 encontram-se em sete outras celas unitárias. Uma vez que cada face de uma cela unitária cfc é compartilhada com outra cela unitária, a metade de cada átomo na face de um cubo encontra-se em uma única cela unitária, e a outra metade, na cela adjacente. (Veja também a Figura 12.6.)

Quando os cubos arranjam-se em conjunto para formar um cristal tridimensional de um metal, o átomo em cada vértice é compartilhado entre os oito cubos (Figuras 12.4 e 12.6, à *esquerda*). Por causa disso, apenas um oitavo de cada átomo no vértice está, na verdade, dentro de uma única cela unitária. Além disso, uma vez que um cubo tem oito vértices, e porque um oitavo do átomo em cada vértice "pertence" a uma cela unitária particular, a contribuição líquida de um átomo é para uma dada cela unitária.

FIGURA 12.5 Metais usam quatro celas unitárias diferentes. Três são baseadas no cubo e a quarta é a cela unitária hexagonal (veja "Um Olhar Mais Atento: Empacotando Laranjas, Bolinhas de Gude e Átomos"). Muitos metais podem cristalizar em mais de uma estrutura. Mn, por exemplo, pode ser ccc ou cfc.

FIGURA 12.6 Compartilhamentos de átomo nos vértices e faces do cubo.

Em qualquer célula unitária cúbica, cada partícula do vértice é compartilhada igualmente entre oito cubos, então, um oitavo da partícula está dentro de uma cela unitária cúbica particular.

Em uma célula unitária cúbica de face centrada, cada partícula em uma face do cubo é compartilhada igualmente entre duas celas unitárias. Uma metade de cada partícula desse tipo está dentro de uma dada cela unitária.

Assim, *o arranjo cúbico primitivo tem um total de um átomo no interior da cela unitária*.

(8 vértices de um cubo)($1/8$ de cada átomo do vértice dentro de uma cela unitária) =
1 átomo por cela unitária para a cela unitária cúbica simples

Em contraste com o retículo cúbico simples, um cubo de corpo centrado possui um átomo adicional completamente dentro da cela unitária no centro do cubo. A partícula central está presente em adição àquelas nos vértices do cubo, de modo *que o arranjo cúbico de corpo centrado possui um total de dois átomos dentro da cela unitária*.

Em uma disposição cúbica de face centrada, há um átomo em cada uma das seis faces do cubo, além daqueles nos vértices do cubo. Metade de cada átomo de uma face pertence a uma determinada cela unitária (Figura 12.6, *à direita*). Três partículas são, portanto, pertencentes às faces do cubo:

(6 faces de um cubo)($1/2$ de um átomo dentro da cela unitária) =
3 átomos centrados na face dentro de uma cela unitária cúbica de face centrada

Assim, *o arranjo cúbico de face centrada possui um total de quatro átomos dentro da cela unitária*, um dos átomos dos vértices, e outros três, dos átomos centrados nas seis faces.

Uma técnica experimental, a cristalografia de raios X, pode ser usada para determinar a estrutura de uma substância cristalina (Figura 12.7). Uma vez conhecida a estrutura, a informação pode ser combinada com outras informações experimentais para calcular outros parâmetros úteis, como o raio de um átomo (Exemplo 12.1).

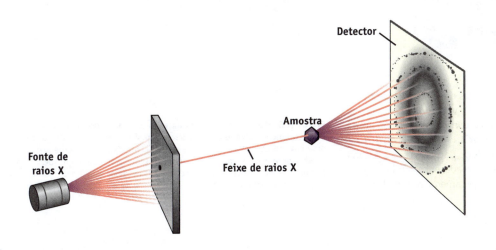

FIGURA 12.7 Cristalografia de raios X. No experimento de difração de raios X, um feixe de raios X é direcionado para um sólido cristalino. Os fótons deste feixe de raios X são espalhados pelos átomos do sólido. O padrão dos raios X dispersos é registrado e relacionado com as localizações dos átomos ou íons no cristal.

UM OLHAR MAIS ATENTO

Alguma vez você já tentou empilhar algumas laranjas em uma pilha que não caia e que ocupe o mínimo de espaço possível? Como você fez isso? Certamente, o arranjo em pirâmide, abaixo e à direita, é eficiente; ao passo que o arranjo cúbico, à esquerda, é muito menos eficiente.

Se você pudesse olhar dentro da pilha de laranjas, descobriria que há menos espaço aberto no empilhamento em pirâmide do que naquele em cubo. Somente 52% do espaço é preenchido no arranjo do empilhamento cúbico. (Se fosse possível empilhar laranjas como em um cfc, essa alternativa seria um pouco melhor – 68% do espaço seria utilizado.) Contudo, o melhor método é o do empilhamento em pirâmide, que é na realidade um arranjo cfc. Átomos, laranjas ou íons organizados dessa maneira ocupam 74% do espaço disponível.

Para preencher o espaço tridimensional, o modo mais eficiente para arranjar objetos esféricos como átomos ou íons é começar com um arranjo hexagonal das esferas, como nesse arranjo de bolas de gude.

Sucessivas camadas de átomos (ou íons) são então empilhadas uma em cima da outra, de duas maneiras diferentes. Dependendo do padrão de empilhamento (Figura A), você pode obter um arranjo do tipo **empacotamento cúbico compacto (ecc[1])** ou **empacotamento hexagonal compacto (chc[2])**.

No arranjo chc, camadas adicionais de partículas são colocadas acima e abaixo de uma determinada camada, encaixando nas mesmas depressões em ambos os lados da camada intermediária. Em um cristal tridimensional, as camadas repetem seu padrão na sequência ABABAB... . Os átomos em cada camada A estão diretamente acima daqueles da outra camada A; o mesmo acontece para as camadas B.

No arranjo ccp, os átomos da camada (A) "superior" acomodam-se nas depressões da camada intermediária (B) e, aqueles na camada (C) "inferior" são orientados nas depressões opostas às da camada superior. Em um cristal, o padrão de repetição é ABCABCABC... . Girando completamente o cristal, você percebe que o arranjo ccp é uma estrutura cúbica de face centrada (Figura B).

FIGURA A Empacotamento eficiente. As formas mais eficientes para empacotar átomos (ou íons) em materiais cristalinos são o empacotamento hexagonal compacto (hcp) e o empacotamento cúbico compacto (ccp).

FIGURA B Modelos de empacotamento compacto. (a) Um modelo de empacotamento hexagonal compacto, no qual as camadas repetem-se na ordem ABABAB... **(b)** A cela unitária de face centrada (empacotamento cúbico compacto), na qual as camadas repetem-se na ordem ABCABC... . (Um conjunto que pode ser construído com esses modelos está disponível no Instituto de Educação Química da Universidade de Wisconsin, em Madison.)

---

[1] ou ccp, do inglês, cubic close packing.
[2] ou hcp, hexagonal close packing.

EXEMPLO 12.1

Determinação do Raio de um Átomo a partir das Dimensões da Cela Unitária

Problema O alumínio tem uma densidade de 2,699 g/cm³ e os átomos são empacotados em um arranjo cristalino cúbico de face centrada. Qual é o raio de um átomo de alumínio (em picômetros)?

O que você sabe? Você sabe que átomos de alumínio são empacotados em uma cela unitária cúbica de face centrada. É importante reconhecer que neste arranjo os átomos das arestas não se tocam, mas o fazem aqueles em uma mesma face (como ilustrado logo a seguir).

Aresta da cela
$\sqrt{2}$ × aresta da cela

Uma face de uma cela unitária cúbica de face centrada.

A figura mostra que os átomos tocam-se ao longo da diagonal da face da cela, de modo que o comprimento da diagonal é quatro vezes o raio dos átomos. Um cálculo geométrico indica que essa distância é igual à raiz quadrada de 2 vezes o comprimento da aresta da cela.

Estratégia Se você sabe o comprimento da aresta da cela, pode calcular a diagonal de uma face, e a ilustração mostra que o raio do átomo é um quarto desta diagonal. Assim, o problema resume-se em encontrar o comprimento da aresta da cela. Essa dimensão é a raiz cúbica do volume da cela e você pode encontrar o volume por meio da densidade e da massa da cela unitária. A densidade é fornecida e a massa da cela é 4 vezes a massa de um átomo. Conforme descrito no Capítulo 2, a massa de um átomo de Al pode ser encontrada a partir de sua massa atômica e do número de Avogadro. Portanto, você deve proceder da seguinte forma:

1. Encontrar a massa de uma cela unitária a partir da informação de que ela é cúbica de face centrada.
2. Determinar o volume da cela unitária utilizando a massa da cela e a densidade do alumínio.
3. Encontrar o comprimento de um lado da cela unitária a partir de seu volume.
4. Calcular o raio de um átomo pelo comprimento da aresta.

Solução

1. Calcule a massa da cela unitária.

$$\text{Massa de 1 átomo de Al} = \left(\frac{26{,}98 \text{ g}}{1 \text{ mol}}\right)\left(\frac{1 \text{ mol}}{6{,}022 \times 10^{23} \text{ átomos}}\right) = 4{,}480 \times 10^{-23} \text{ g/átomo}$$

$$\text{Massa de cela unitária} = \left(\frac{4{,}480 \times 10^{-23} \text{ g}}{1 \text{ átomo de Al}}\right)\left(\frac{4 \text{ átomos de Al}}{1 \text{ cela unitária}}\right) = 1{,}792 \times 10^{-22} \text{ g/cela unitária}$$

2. Calcule o volume da cela unitária a partir de sua massa e da densidade.

$$\text{Volume da cela unitária} = \left(\frac{1{,}792 \times 10^{-22} \text{ g}}{\text{cela unitária}}\right)\left(\frac{1 \text{ cm}^3}{2{,}699 \text{ g}}\right) = 6{,}640 \times 10^{-23} \text{ cm}^3/\text{cela unitária}$$

Mapa Estratégico 12.1

PROBLEMA

Qual é o **raio** do **Al** no Al sólido?

DADOS/INFORMAÇÕES

- A cela unitária do Al é **cfc** com d = 2,699 g/cm³
- Necessário o *peso atômico* do Al
- Necessário o *número de Avogadro*

ETAPA 1. Calcule a **massa** da cela unitária (4 átomos de Al).

Massa do átomo de Al, **massa** da cela unitária

ETAPA 2. Calcule o **volume** da cela unitária a partir da massa e da densidade.

Volume da cela unitária

ETAPA 3. Calcule o **comprimento** da *aresta* da cela unitária a partir do volume da cela.

Comprimento da aresta da cela unitária

ETAPA 4. Relacione o **raio atômico** com o **comprimento da aresta da cela unitária.**

Raio atômico

3. *Calcule o comprimento de uma aresta da cela unitária.* O comprimento da aresta da cela unitária é a raiz cúbica do volume da cela.

$$\text{Comprimento da aresta} = \sqrt[3]{6{,}640 \times 10^{-23} \text{ cm}^3} = 4{,}049 \times 10^{-8} \text{ cm}$$

4. *Calcule o raio do átomo.* Como ilustrado no modelo anterior, a diagonal da face da cela é igual a quatro vezes o raio do átomo de Al.

$$\text{Diagonal da face da cela} = 4 \times (\text{raio do átomo de Al})$$

A diagonal da cela é a hipotenusa de um triângulo isósceles com um ângulo reto, então, usando o teorema de Pitágoras,

$$(\text{diagonal})^2 = 2 \times (\text{aresta})^2$$

Tomando a raiz quadrada de ambos os lados, temos

$$\begin{aligned}\text{Diagonal} &= \sqrt{2} \times (\text{aresta}) \\ &= \sqrt{2} \times (4{,}049 \times 10^{-8} \text{ cm}) = 5{,}727 \times 10^{-8} \text{ cm}\end{aligned}$$

Dividimos a diagonal por 4 para obter o raio do átomo de Al em cm.

$$\text{Raio do átomo} = \frac{5{,}727 \times 10^{-8} \text{ cm}}{4} = 1{,}432 \times 10^{-8} \text{ cm}$$

Dimensões atômicas são muitas vezes expressas em picômetros, por isso, convertemos o raio para essa unidade.

$$1{,}432 \times 10^{-8} \text{ cm} \left(\frac{1 \text{ m}}{100 \text{ cm}}\right)\left(\frac{1 \text{ pm}}{1 \times 10^{-12} \text{ m}}\right) = \boxed{143{,}2 \text{ pm}}$$

Pense bem antes de responder Este cálculo ilustra um método pelo qual os raios atômicos dos metais (fornecidos na Figura 7.8) foram determinados.

Verifique seu entendimento

(a) *Determinando o Raio de um Átomo pelas Dimensões da Cela Unitária*: O ouro tem uma cela unitária de face centrada e sua densidade é 19,32 g/cm³. Calcule o raio de um átomo de ouro.

(b) *A Estrutura do Ferro Sólido:* O ferro tem uma densidade de 7,8740 g/cm³ e o raio de um átomo de ferro é 126 pm. Verifique se o ferro sólido tem uma cela unitária cúbica de corpo centrado. Observe que os átomos em uma cela unitária cúbica de corpo centrado tocam-se ao longo da diagonal através da cela. Eles não se tocam ao longo das arestas da cela. (Sugestão: a diagonal da cela unitária = aresta × $\sqrt{3}$.)

EXERCÍCIOS PARA A SEÇÃO 12.1

1. Uma parte do retículo cristalino do potássio está ilustrada ao lado. Em que tipo de cela unitária estão arranjados os átomos de K?

   (a) cúbica simples (b) cúbica de corpo centrado (c) cúbica de face centrada

2. Se uma aresta da cela unitária do potássio tem 533 pm, qual é a densidade do potássio?

   (a) 0,858 g/cm³ (b) 1,17 g/cm³ (c) 0,428 g/cm³

Uma parte da estrutura do estado sólido do potássio.

12-2 Estruturas e Fórmulas de Sólidos Iônicos

Os retículos de muitos compostos iônicos são construídos pegando-se uma célula unitária cúbica simples ou cúbica de face centrada de um tipo de íon e colocando os íons de carga oposta nos interstícios dentro da cela. Isso produz um retículo

O estado sólido 543

Lítio e os "Carros Verdes"

ESTUDO DE CASO

Você está bem ciente do uso de metais em nossa economia: cobre na fiação elétrica, alumínio em aviões e latas de refrigerantes, chumbo e zinco em baterias, e ferro em carros, ônibus e pontes. Pode estar menos ciente sobre metais como os do grupo da platina (platina, paládio, ródio, irídio e rutênio), presentes no conversor catalítico do seu carro, e os lantanídeos, empregados em ímãs ultrafortes em fones de ouvido. E isso sem contar o lítio, que é usado em baterias no seu laptop.

Muito do lítio do mundo vem do norte do Chile e do extremo sul da Bolívia. Ali, as águas subterrâneas com altas concentrações de sais dos elementos do Grupo 1A são bombeadas para tanques. A solução evapora lentamente sob o Sol intenso do planalto dos Andes e, após um ano aproximadamente, a solução concentrada é finalmente levada para uma fábrica de produtos químicos, onde é evaporada para se obter carbonato de lítio branco na forma de pó. Estima-se que só a Bolívia tenha uma reserva de cerca de 73 milhões de toneladas métricas de Li_2CO_3. Para produzir lítio metálico, o carbonato é convertido em LiCl, o qual é então submetido à eletrólise para produzir o metal.

Felizmente, o lítio é bastante abundante na Terra. Dizemos "felizmente" porque os compostos de lítio têm uma ampla gama de utilizações: em cerâmica e vidro, em reagentes para a produção de produtos farmacêuticos e em graxas lubrificantes. No entanto, há uma crescente utilização de lítio que pode superar todas as outras no futuro: baterias para carros elétricos e híbridos e para aeronaves.

Quando este livro estava em preparação, as baterias de lítio estavam em evidência no noticiário. Um novo avião de passageiros, o Boeing 787, havia sido lançado com sucesso.

O lítio e os sais de lítio. O planalto da Bolívia, onde a água do solo contém altas concentrações de sais dos elementos do Grupo 1A, entre os quais o carbonato de lítio. Essa água é deixada no Sol para depositar os sais por evaporação.

No entanto, depois de alguns meses, problemas com superaquecimento das baterias de lítio levaram a uma desaceleração no uso crescente dos aviões. As baterias de lítio são poderosas e leves, mas há problemas de engenharia a serem resolvidos.

À medida que gradualmente confiamos mais e mais em automóveis movidos por baterias em vez de gasolina, o lítio se tornará cada vez mais importante. E, consequentemente, a disponibilidade de lítio será crítica.

Questões:

1. Qual massa de lítio pode ser obtida a partir de 73 milhões de toneladas métricas de carbonato de lítio? 1 tonelada métrica = 1000 kg.
2. Descreva a cela unitária do lítio (veja a Figura).

Uma visão da estrutura do estado sólido do lítio.

3. A cela unitária do lítio é um cubo com 351 pm de lado. Use essas informações e o conhecimento sobre celas unitárias para calcular a densidade do lítio metálico.
4. No processo de fabricação do lítio metálico, Li_2CO_3 é convertido para LiCl. Sugira uma maneira de fazer isso.

As respostas a essas questões estão disponíveis no Apêndice N.

---

tridimensional de íons regularmente posicionados. A menor unidade de repetição nessas estruturas é, por definição, a cela unitária para o composto iônico.

A escolha do retículo, o número e a localização dos interstícios no retículo que são preenchidos são as chaves para se compreender a relação entre a estrutura do retículo e a fórmula de um sal.

Geralmente, retículos iônicos são montados colocando os íons maiores nos vértices do retículo e os íons menores nos interstícios do retículo. Considere, por exemplo, o composto iônico cloreto de césio, CsCl (Figura 12.8). A estrutura de CsCl tem uma cela unitária cúbica simples de íons cloreto, e um íon césio encaixa-se em um interstício no centro do cubo. Mais importante ainda, esse arranjo conduz a uma proporção de um íon Cl^- para um íon Cs^+. Em um retículo de celas unitárias cúbicas simples de íons Cl^-, um total de um íon Cl^- está "dentro" de uma dada cela unitária (como ilustrado na Figura 12.6). Dado que existe um íon Cs^+ no interstício da cela unitária, isso leva a uma fórmula de CsCl.

Raio do Cl^- = 181 pm

Íons Cl^- em cada vértice do cubo = 1 íon Cl^- na cela unitária.

Retículo do Cl^- e Cs^+ no interstício do retículo

FIGURA 12.8 Cela unitária do cloreto de césio (CsCl). A cela unitária do CsCl é uma cela cúbica simples de íons Cl^- com um íon Cs^+ no centro da cela.

(a) **NaCl cúbico.** O sólido é baseado em uma cela unitária cúbica de face centrada de íons Na⁺ e Cl⁻.

(b) **Vista expandida do retículo de NaCl.** (As linhas não são ligações; elas estão lá para ajudar a visualizar o retículo.) Os íons menores Na⁺ estão empacotados em um retículo cúbico de face centrada de íons Cl⁻ maiores.

(c) **Interstícios octaédricos.** Interstícios octaédricos no retículo.

FIGURA 12.9 Cloreto de sódio.

A seguir, considere a estrutura do NaCl. Uma vista ampliada do retículo e outra de uma cela unitária são ilustradas nas Figuras 12.9a e 12.9b, respectivamente. Os íons Cl⁻ são dispostos em uma cela unitária cúbica de face centrada e os íons Na⁺ são dispostos de uma forma regular entre esses íons. Observe que cada íon Na⁺ é cercado por seis íons Cl⁻ em uma geometria octaédrica. Assim, diz-se que os íons Na⁺ estão nos **interstícios octaédricos** (Figura 12.9c).

A fórmula de um composto iônico deve refletir a composição de sua cela unitária; por conseguinte, a fórmula pode sempre ser derivada da estrutura da cela unitária. A fórmula para NaCl pode ser obtida por meio da contagem do número de cátions e ânions contidos em uma cela unitária. Um retículo cúbico de face centrada de íons Cl⁻ possui um total de quatro íons Cl⁻ nele. Há um íon Na⁺ no centro da cela unitária, totalmente contido nela. Além disso, existem 12 íons Na⁺ ao longo das arestas da cela unitária. Cada um desses íons Na⁺ é compartilhado entre quatro celas unitárias, então, cada um contribui com um quarto de um íon Na⁺ para a cela unitária, dando três íons Na⁺ adicionais dentro da cela unitária.

(1 íon Na⁺ no centro da cela unitária) + (¼ de um íon Na⁺ em cada aresta × 12 arestas)

= total de 4 íons Na⁺ na cela unitária do NaCl

Assim temos todos os íons contidos na cela unitária: quatro íons Cl⁻ e quatro Na⁺. Dessa forma, uma cela unitária NaCl tem uma proporção de 1:1 de íons Na⁺ e Cl⁻, como a fórmula requer.

Outra cela unitária comum apresenta uma disposição diferente de íons. Novamente, existem íons de um tipo em uma cela unitária cúbica de face centrada e íons de outro tipo localizados nos **interstícios tetraédricos**, em que cada íon está rodeado por quatro íons de carga oposta. Tal como ilustrado na Figura 12.10a, há oito interstícios tetraédricos em uma cela unitária cúbica de face centrada. No ZnS (blenda de zinco), os íons sulfeto (S²⁻) formam uma cela unitária cúbica de face centrada. Os íons zinco (Zn²⁺) ocupam uma metade dos interstícios tetraédricos, e cada íon Zn²⁺ está rodeado por

(a) | (b)

FIGURA 12.10 Interstícios tetraédricos e duas vistas da cela unitária de ZnS (blenda de zinco).
(a) Os interstícios tetraédricos em um retículo cúbico de face centrada. **(b)** Esta cela unitária é um exemplo de um retículo cúbico de face centrada de ânions, com os cátions na metade dos interstícios tetraédricos.

quatro íons S^{2-}. A cela unitária tem quatro íons S^{2-} (que compõem o retículo cfc) e quatro íons Zn^{2+} contidos totalmente dentro da cela unitária (nos interstícios tetraédricos). Essa proporção de íons 1:1 corresponde à proporção na fórmula.

Em resumo, os compostos com a fórmula MX comumente formam uma das três estruturas cristalinas possíveis:

1. Íons M^{n+} ocupando o interstício no centro de um cubo em um retículo cúbico simples de íons X^{n-}. Exemplo: CsCl.
2. Íons M^{n+} em todos os interstícios octaédricos em um retículo cúbico de face centrada de íons X^{n-}. Exemplo: NaCl.
3. Íons M^{n+} ocupando metade dos interstícios tetraédricos em um retículo cúbico de face centrada de íons X^{n-}. Exemplo: ZnS.

Os químicos e os geólogos, em particular, têm observado que a estrutura do cloreto de sódio ou "sal-gema" é adotada por muitos compostos iônicos, mais especialmente por todos os haletos de metais alcalinos (exceto CsCl, CsBr e CsI), todos os óxidos e sulfetos de metais alcalinoterrosos e todos os óxidos de fórmula MO dos metais de transição do quarto período.

EXEMPLO 12.2

Estrutura Iônica e Fórmula da Perovskita

Problema Uma cela unitária do mineral comum perovskita é ilustrada ao lado. Esse composto é constituído por cátions de cálcio e titânio e ânions óxido. Com base na cela unitária, qual é a fórmula da perovskita?

O que você sabe? A cela é composta dos íons Ca^{2+}, Ti^{4+} e O^{2-}. O íon Ca^{2+} está inteiramente dentro da cela, os íons Ti^{4+} estão nos vértices da cela e os íons O^{2-} estão nas arestas das celas.

Estratégia Com base nas posições dos íons, decida sobre o número líquido de íons de cada tipo dentro da cela.

A cela unitária do mineral perovskita.

Solução

Número de íons Ti^{4+}:

(8 íons Ti^{4+} nos vértices do cubo) × (⅛ de cada íon dentro da cela unitária) = 1 íon Ti^{4+} total

Número de íons Ca²⁺:

Um íon está no centro do cubo = 1 íon Ca²⁺

Número de íons O²⁻:

(12 íons O²⁻ nas arestas do cubo) × (¼ de cada íon dentro da célula) = 3 íons O²⁻.

Assim, a fórmula da perovskita é CaTiO₃.

Pense bem antes de responder CaTiO₃ é uma fórmula razoável. Um íon Ca²⁺ e três íons O²⁻ exigiriam um íon titânio com uma carga de 4+, um valor coerente, uma vez que o titânio está no Grupo 4B da Tabela Periódica.

Verifique seu entendimento

Se um sólido iônico tem um retículo cfc de ânions (X) e todos os interstícios tetraédricos são ocupados por cátions do metal (M), a fórmula do composto é MX, MX₂ ou M₂X?

EXEMPLO 12.3

A Relação da Densidade de um Composto Iônico e as Dimensões de Sua Cela Unitária

Problema O óxido de magnésio tem uma cela unitária cúbica de face centrada de íons óxido com íons magnésio nos interstícios octaédricos. Se o raio do Mg²⁺ é 79 pm e a densidade do MgO é 3,56 g/cm³, qual é o raio de um íon óxido?

O que você sabe? Isto é semelhante ao Exemplo 12.1, em que você gostaria de saber o tamanho de um átomo ou de um íon na cela. Você sabe a densidade do composto e o fato de que a cela unitária é cúbica de face centrada. Além disso, você conhece o raio de um íon Mg²⁺.

Estratégia Nossa estratégia pode ser resumida como segue:

1. Calcule a massa de uma cela unitária:
   a) Use as massas atômicas de Mg e O e número de Avogadro para calcular a massa de uma fórmula unitária de MgO.
   b) A cela unitária é cúbica de face centrada. Como os vértices do retículo são íons O²⁻, isso significa que existem 4 íons O²⁻ dentro da cela. Há íons Mg²⁺ nos interstícios octaédricos, então, você sabe que há também 4 íons Mg²⁺ dentro da cela. A cela unitária contém, assim, quatro unidades de MgO.

2. Calcule o volume da cela unitária a partir da massa da cela unitária e da densidade do MgO.

3. Calcule o comprimento de uma aresta a partir do volume da cela (comprimento = volume$^{1/3}$).

4. Calcule o raio do íon óxido.

Solução

1. *Calcule a massa da cela unitária.* Um composto iônico de fórmula MX (aqui MgO), baseado em um retículo cúbico de face centrada de íons X⁻ com íons M⁺ nos interstícios octaédricos, possui 4 unidades de MX por cela unitária.

$$\text{Massa da cela unitária} = \left(\frac{40,304 \text{ g}}{1 \text{ mol MgO}}\right)\left(\frac{1 \text{ mol MgO}}{6,022 \times 10^{23} \text{ unidades de MgO}}\right)\left(\frac{4 \text{ unidades de MgO}}{1 \text{ cela unitária}}\right)$$

$$= 2,677 \times 10^{-22} \text{ g/cela unitária}$$

2. Calcule o volume da cela unitária a partir da massa e da densidade da cela unitária.

$$\text{Volume da cela unitária} = \left(\frac{2{,}667 \times 10^{-22}\text{ g}}{\text{cela unitária}}\right)\left(\frac{1\text{ cm}^3}{3{,}56\text{ g}}\right) = 7{,}52 \times 10^{-23}\text{ cm}^3/\text{cela unitária}$$

3. Calcule a dimensão da aresta da cela unitária em pm.

$$\text{Aresta da cela unitária} = (7{,}52 \times 10^{-23}\text{ cm}^3)^{1/3} = 4{,}22 \times 10^{-8}\text{ cm}$$

$$\text{Aresta da cela unitária} = 4{,}22 \times 10^{-8}\text{ cm}\left(\frac{1\text{ m}}{100\text{ cm}}\right)\left(\frac{1 \times 10^{12}\text{ pm}}{1\text{ m}}\right) = 422\text{ pm}$$

4. Calcule o raio do íon óxido.

Uma face da cela unitária do MgO é mostrada ao lado. Os íons O^{2-} definem o retículo, e os íons Mg^{2+} e O^{2-} ao longo da aresta da cela apenas tocam um no outro. Isso significa que uma aresta da cela é igual a um raio do O^{2-} (x) mais duas vezes o raio do Mg^{2+} mais um raio do O^{2-}.

Aresta da cela unitária de MgO = x pm + 2(79 pm) + x pm = 422 pm

x = raio do íon óxido = 132 pm

Pense bem antes de responder Os químicos frequentemente consultam a literatura química para julgar a coerência de uma resposta. O resultado calculado aqui é muito próximo do valor na Figura 7.11 (140 pm).

Verifique seu entendimento

O cloreto de potássio tem a mesma cela unitária que NaCl. Utilizando os raios iônicos da Figura 7.11, calcule a densidade do KCl.

(a)

(b)

Óxido de magnésio (a) Uma cela unitária de MgO mostrando os íons óxido em um retículo cúbico de face centrada com os íons Mg^{2+} nos interstícios octaédricos. (b) Uma face da cela.

EXERCÍCIOS PARA A SEÇÃO 12.2

1. A cela unitária de carbeto de silício, SiC, está ilustrada ao lado. Em que tipo de cela unitária estão os átomos de C (cinza escuro) arranjados?

   (a) cúbica simples (b) cúbica de corpo centrado (c) cúbica de face centrada

2. Se uma aresta da cela unitária de carbeto de silício tem 436,0 pm, qual é a densidade calculada desse composto?

   (a) 0,803 g/cm^3 (b) 0,311 g/cm^3 (c) 3,21 g/cm^3

Célula unitária de carbeto de silício, SiC.

12-3 Ligação em Compostos Iônicos: Energia Reticular

Os compostos iônicos geralmente possuem pontos de fusão elevados, uma indicação da força da ligação no retículo iônico cristalino. Uma medida disso é a energia reticular, o tema principal desta seção.

Compostos iônicos têm íons positivos e negativos dispostos em um retículo tridimensional, no qual existem muitas atrações entre os íons de cargas opostas e repulsões entre íons de cargas similares. Cada uma dessas interações é governada por uma equação relacionada à lei de Coulomb (◄ Equação 2.3). Por exemplo, $U_{\text{par iônico}}$, a energia das interações atrativas entre um par de íons, é dada por

$$U_{\text{par iônico}} = C \times \frac{(n^+e)(n^-e)}{d}$$

O símbolo C representa uma constante, d é a distância entre os centros dos íons e e é a carga de um elétron. Os termos n^+e e n^-e representam a carga do cátion e do ânion no par iônico, respectivamente. Uma coisa importante a ser observada sobre essa equação é que a *energia depende diretamente das cargas dos íons e inversamente da distância entre eles*.

Como n^+e e n^-e têm sinais diferentes, a energia calculada por essa equação terá um valor negativo, ou seja, a energia do sistema diminui devido às forças de atração entre as duas partículas que formaram o par iônico. Uma equação semelhante (usando n^+e e n^+e ou n^-e e n^-e) pode ser usada para calcular a energia associada à repulsão de duas partículas possuindo cargas semelhantes. Nesse caso, a energia líquida é *maior*, devido à repulsão das duas partículas.

Podemos usar as informações sobre as cargas dos íons e sua localização no retículo para calcular a energia do sistema. Tomando NaCl como um exemplo (veja a Figura 12.9), atente-se em um íon Na$^+$ no centro da cela unitária. Vemos que ele é cercado e atraído por seis íons Cl$^-$. No entanto, um pouco mais distante do íon Na$^+$, existem 12 íons Na$^+$ ao longo das arestas dos cubos, e há uma força de repulsão entre o íon Na$^+$ central e esses íons. E se ainda nos concentrarmos no íon Na$^+$ no "centro" da cela unitária, vemos que há mais oito íons Cl$^-$ nos vértices do cubo, e estes são atraídos para o íon Na$^+$ central. Levando-se em consideração *todas* as interações entre os íons em um retículo, podemos calcular a **energia reticular**, $\Delta_{reticular}U$, a energia de formação de um mol de um sólido iônico cristalino quando os íons na fase gasosa combinam-se (Tabela 12.1). Para o cloreto de sódio, essa reação é

$$Na^+(g) + Cl^-(g) \rightarrow NaCl(s)$$

Ao lidar com compostos iônicos, os químicos costumam usar a **entalpia reticular**, $\Delta_{reticular}H$. As mesmas tendências são vistas tanto na energia quanto na entalpia reticular e, como se trata de uma fase condensada, os valores numéricos são quase os mesmos.

Devemos nos concentrar aqui na dependência da entalpia reticular com relação às cargas e os tamanhos dos íons. Como fornecido pela lei de Coulomb, quanto maiores as cargas dos íons, maior a atração entre os íons de cargas opostas, de modo que $\Delta_{reticular}H$ tem um valor negativo maior para os íons com maiores cargas. Isto é ilustrado pelas entalpias reticulares do MgO e NaF. O valor da $\Delta_{reticular}H$ para MgO (−4050 kJ/mol) é aproximadamente quatro vezes mais negativo que o valor para o NaF (−926 kJ/mol), porque as cargas dos íons Mg^{2+} e O^{2-} [(2+) × (2-)] são duas vezes maiores do que aquelas dos íons Na$^+$ e F$^-$.

Uma vez que a atração entre os íons é inversamente proporcional à distância entre eles, o efeito do tamanho dos íons na entalpia reticular também é previsível: um retículo formado por íons menores geralmente conduz a um valor mais negativo

Tabela 12.1 Energias Reticulares de Alguns Compostos Iônicos

Composto	$\Delta_{reticular}U$ (kJ/mol)
LiF	−1037
LiCl	−852
LiBr	−815
LiI	−761
NaF	−926
NaCl	−786
NaBr	−752
NaI	−702
KF	−821
KCl	−717
KBr	−689
KI	−649

Fonte: CUBICCIOTTI, D. Lattice energies of the alkali halides and electron affinities of the halogens. *Journal of Chemical Education*, v. 31, p. 1646, 1959.

FIGURA 12.11 Energias reticulares. $\Delta_{reticular}U$ é ilustrada para a formação de haletos de metais alcalinos, MX(s), a partir dos íons M$^+$(g) + X$^-$(g).

de entalpia reticular (Tabela 12.1 e Figura 12.11). Por exemplo, para haletos de metais alcalinos, a entalpia reticular para os compostos de lítio é geralmente mais negativa que para os compostos de potássio, porque o íon Li⁺ é muito menor que o cátion K⁺. Similarmente, entalpias reticulares dos fluoretos são mais negativas do que aquelas para os iodetos com o mesmo cátion.

Calculando a Entalpia Retícular a partir de Dados Termodinâmicos

As entalpias reticulares podem ser calculadas utilizando uma abordagem termodinâmica conhecida como **ciclo de Born-Haber**, uma aplicação da lei de Hess descrita na Seção 5.7. O diagrama de níveis de energia na Figura 12.12 mostra os termos de entalpia envolvidos nesse cálculo. Recorde que a variação da entalpia envolvida ao longo de um caminho de reagentes para produtos é a mesma que a soma das variações de entalpia ao longo de outro caminho. Vamos usar como exemplo o cálculo da entalpia reticular para NaCl(s). Aqui um caminho é

$$Na(s) + 1/2\ Cl_2(g) \rightarrow NaCl(s) \qquad \Delta_fH°\ [NaCl(s)] = -411,12\ kJ/mol$$

Outra via ilustrada na Figura 12.12 para o cloreto de sódio envolve cinco passos. No Passo 1A, moléculas de Cl_2 são convertidas em átomos de Cl, e no Passo 2A, sódio sólido é vaporizado para átomos de Na no estado gasoso. No Passo 1B, os átomos de Cl formam íons $Cl^-(g)$, e no Passo 2B os átomos de Na formam íons $Na^+(g)$. Uma vez formados os íons, eles se combinam para formar NaCl sólido. A entalpia de cada um desses passos é conhecida, exceto para o Passo 3, $\Delta_{reticular}H$.

Passo 1A	$1/2\ Cl_2(g) \rightarrow Cl(g)$	$\Delta H°_{1A} = +121,3$ kJ/mol (Entalpia de dissociação, Apêndice L)
Passo 2A	$Na(s) \rightarrow Na(g)$	$\Delta H°_{2A} = +107,3$ kJ/mol (Entalpia de formação, Apêndice L)
Passo 1B	$Cl(g) + e^- \rightarrow Cl^-(g)$	$\Delta H°_{1B} = -349$ kJ/mol (Entalpia de adição eletrônica, Apêndice F)
Passo 2B	$Na(g) \rightarrow Na^+(g) + e^-$	$\Delta H°_{2B} = +496$ kJ/mol) (Entalpia de ionização, Apêndice F)
Passo 3	$Na^+(g) + Cl^-(g) \rightarrow NaCl(s)$	$\Delta H_{reticular} = ?$
	$Na(s) + 1/2\ Cl_2(g) \rightarrow NaCl(s)$	$\Delta_fH°[NaCl(s)] = -411,12$ kJ/mol (Entalpia de formação, Apêndice L)

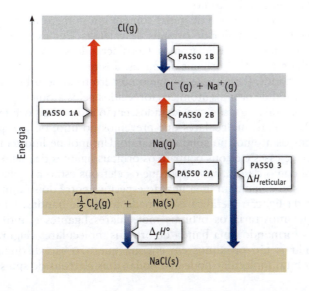

FIGURA 12.12 Ciclo de Born-Haber para a formação de NaCl(s) a partir dos elementos. O cálculo no texto utiliza valores de entalpia, e o valor obtido é a entalpia reticular $\Delta_{reticular}H$. A diferença entre $\Delta_{reticular}U$ e $\Delta_{reticular}H$ é, geralmente, pequena e pode ser corrigida, se desejar. (Note que o diagrama de energia não está em escala.)

O cálculo das energias reticulares por meio deste procedimento (um ciclo de Born-Haber) tem o nome de Max Born (1882-1970) e Fritz Haber (1868-1934), cientistas alemães que desempenharam papéis de destaque na área da pesquisa termodinâmica.

Observe que as equações químicas ao longo de uma via – Passos 1A, 1B, 2A, 2B e 3 – adicionam-se para obter a equação para a formação de NaCl(s) a partir dos elementos, e as variações de entalpia para essas etapas adicionam-se para obter a entalpia de formação de NaCl(s).

$$\Delta_f H° \text{ [NaCl(s)]} = \Delta H_{\text{Passo 1A}} + \Delta H_{\text{Passo 1B}} + \Delta H_{\text{Passo 2A}} + \Delta H_{\text{Passo 2B}} + \Delta H_{\text{Passo 3}}$$

Uma vez que os valores para todas essas quantidades são conhecidos, com exceção para o $\Delta H_{\text{Passo 3}}$ ($\Delta_{\text{reticular}} H$), o valor para esse passo pode ser calculado e o seu resultado é -787 kJ/mol.

EXERCÍCIOS PARA A SEÇÃO 12.3

1. Qual haleto de sódio tem a menor entalpia reticular?

   (a) NaI   (b) NaBr   (c) NaCl   (d) NaF

2. A entalpia reticular para NaCl é definida como a variação de entalpia para qual das seguintes reações?

   (a) Na(s) + Cl$_2$(g) → NaCl(s)
   (b) Na(g) + Cl(g) → NaCl(s)
   (c) Na$^+$(g) + Cl$^-$(g) → NaCl(s)
   (d) NaOH(s) + HCl(g) → NaCl(s) + H$_2$O(ℓ)

3. Dado que a entalpia de formação molar, $\Delta_f H°$, do iodeto de sódio sólido é -287 kJ/mol, calcule a entalpia reticular padrão para NaI(s). Os dados necessários podem ser encontrados nos Apêndices F e L.

   (a) -796 kJ/mol
   (b) -702 kJ/mol
   (c) -287 kJ/mol
   (d) $+222$ kJ/mol

12-4 Ligações em Metais e Semicondutores

O ponto de fusão da maioria dos metais é bastante elevado, por isso, sabemos que deve haver forças de grande intensidade que mantêm os átomos juntos. A descrição clássica dessas estruturas envolve um retículo de átomos de metal em um mar de elétrons "deslocalizados", e pode-se imaginar que as forças de atração coulombianas entre os elétrons e os núcleos forneçam a força que mantém firme o metal. Esse modelo explica prontamente a condutividade elétrica dos metais, baseado no movimento livre dos elétrons como consequência da baixa resistência elétrica através do retículo quando é aplicado um potencial elétrico.

Uma visão alternativa e mais detalhada da ligação metálica é o modelo de bandas. Lembre-se de que a teoria do orbital molecular (Capítulo 9) foi usada para racionalizar a ligação covalente em moléculas. A teoria do OM pode ser aplicada na ligação em metais, imaginando um metal como uma espécie de "supermolécula" com um enorme número de átomos.

Mesmo um pequeno pedaço de metal contém um número muito grande de átomos e um número ainda maior de orbitais de valência. Por exemplo, em 1 mol de átomos de lítio, existem 6×10^{23} átomos. Considerando-se apenas os orbitais $2s$ de valência do lítio, há 6×10^{23} orbitais atômicos, dos quais 6×10^{23} orbitais moleculares podem ser criados. (Lembre-se de que o número total de orbitais moleculares é igual ao número total de orbitais atômicos fornecidos pelos átomos que se combinam; Seção 9.3. Se os orbitais p e d são considerados, então muito mais orbitais moleculares são criados.) Os orbitais moleculares que prevemos no lítio, ou em qualquer metal, abrangerão todos os átomos no sólido cristalino. Um mol de lítio tem 1 mol de elétrons de valência, e esses elétrons ocupam os orbitais ligantes de menor energia. A ligação é descrita como *deslocalizada*, porque os elétrons estão associados com todos os átomos no cristal e não com uma ligação específica entre dois átomos.

Esta teoria da ligação metálica é chamada **teoria de bandas**. Um diagrama de níveis de energia mostraria os orbitais moleculares ligantes e antiligantes misturando-se juntos formando uma banda de orbitais moleculares (Figura 12.13), com os OMs individuais tão próximos em energia que não são distinguíveis uns dos outros. Cada orbital molecular pode acomodar dois elétrons de spins opostos.

FIGURA 12.13 Bandas de orbitais moleculares em um cristal de lítio.
Aqui, os orbitais de valência 2s dos átomos de Li são combinados para formar orbitais moleculares. Conforme são adicionados mais e mais átomos com os mesmos orbitais de valência, o número de orbitais moleculares aumenta até que os orbitais estejam tão próximos em energia que se fundem em uma banda de orbitais moleculares. Se 1 mol de átomos de Li, cada um com seu orbital de valência 2s, é combinado, 6 × 10^{23} orbitais moleculares são formados. No entanto, apenas 1 mol de elétrons, ou 3 × 10^{23} pares de elétrons, está disponível, portanto, apenas metade desses orbitais moleculares é preenchida. (Veja a Seção 9.3 para a discussão da teoria do orbital molecular.)

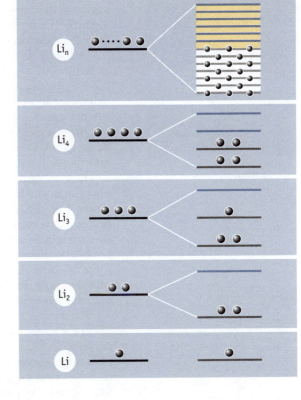

Nos metais, não existem elétrons suficientes para preencher todos os orbitais moleculares. Em 1 mol de átomos de Al, por exemplo, 18 × 10^{23} elétrons s e p, ou 9 × 10^{23} pares de elétrons, são suficientes para encher apenas uma parte dos 24 × 10^{23} orbitais moleculares criados pelos orbitais s e p dos átomos de Al. Muito mais orbitais estão disponíveis do que pares de elétrons para ocupá-los.

A 0 K, os elétrons em qualquer metal estarão todos nos orbitais de menor energia possível, o que corresponde à menor energia possível para o sistema. O nível de maior energia ocupado a essa temperatura é chamado **nível de Fermi** (Figura 12.14).

Nos metais sob temperaturas acima de 0 K, a energia térmica fará com que alguns elétrons ocupem orbitais acima do nível de Fermi. Mesmo uma pequena entrada de energia (por exemplo, aumentando a temperatura alguns graus acima de 0 K) fará com que os elétrons movam-se de orbitais preenchidos para orbitais de maior energia. Para cada elétron promovido, dois níveis parcialmente ocupados resultam: um elétron negativo em um orbital acima do nível de Fermi e um "interstício" positivo – da ausência de um elétron – abaixo do nível de Fermi.

Os interstícios positivos e os elétrons negativos em um pedaço de metal são responsáveis pela sua condutividade elétrica. A condutividade elétrica surge a partir do movimento de elétrons e interstícios em estados parcialmente ocupados na presença de um

Metais O nível de maior energia preenchido a 0 K é referido como o *nível de Fermi*. Como a energia é adicionada, conforme a temperatura aumenta, alguns elétrons agora ocupam níveis acima do nível de Fermi, o que esvazia os níveis abaixo desse nível.

Semicondutores. Em contraste com os metais, a banda de níveis preenchidos (banda de valência) é separada da banda de níveis vazios (banda de condução) por uma lacuna de energia. Nos isolantes, este intervalo de energia é grande.

FIGURA 12.14 Teoria de bandas aplicada aos metais, semicondutores e isolantes. A ligação nos metais e semicondutores pode ser descrita usando-se a teoria do orbital molecular. Os orbitais moleculares são construídos a partir dos orbitais de valência em cada átomo e são deslocalizados em todos os átomos.

campo elétrico aplicado. Quando um campo elétrico é aplicado ao metal, os elétrons negativos movem-se para o lado positivo e os "interstícios" positivos vão para o lado negativo. (Os interstícios positivos se "movem" porque um elétron de um átomo adjacente pode deslocar-se dentro do interstício, criando assim um novo "interstício".)

A banda de níveis de energia em um metal é essencialmente contínua, ou seja, as lacunas de energia entre os níveis são extremamente pequenas. A consequência disso é que um metal pode absorver a energia de quase qualquer comprimento de onda, fazendo com que um elétron se mova para um estado de maior energia. O sistema agora excitado pode emitir imediatamente um fóton da mesma energia, conforme o elétron retorna ao nível de energia original. Essa absorção e reemissão de luz rápidas e eficientes tornam as superfícies dos metais polidos reflexivas e aparentemente lustrosas (brilhantes).

Essa imagem da ligação metálica fornece uma interpretação para outras características físicas dos metais. Por exemplo, a maioria dos metais é maleável e dúctil, significando que eles podem ser enrolados em folhas e transformados em fios. Nesses processos, os átomos de metal devem ser capazes de se mover de modo relativamente livre em relação aos seus vizinhos mais próximos. Isso é possível porque a ligação metálica é deslocalizada, ou seja, não direcional. As camadas de átomos podem deslizar umas sobre as outras de forma relativamente fácil (como se os elétrons deslocalizados fossem rolamentos de esferas que facilitam esse movimento), enquanto, ao mesmo tempo, as camadas são ligadas através das atrações coulombianas entre os núcleos e os elétrons.

Em contraste com os metais, os sólidos reticulares rígidos, tais como o diamante, o silício e a sílica (SiO_2), têm ligações localizadas, que ancoram os átomos componentes em posições fixas. O movimento dos átomos nessas estruturas em relação aos seus vizinhos exige a quebra das ligações covalentes. Como resultado, essas substâncias são tipicamente duras e quebradiças. Elas não deformarão sob tensão como os metais fazem, mas, em vez disso, tendem a se partir ao longo dos planos do cristal.

Semicondutores

Os materiais semicondutores são o coração dos dispositivos eletrônicos de estado sólido, como os circuitos integrados de computador e diodos emissores de luz (LEDs) (Figura 12.15). Os semicondutores não conduzem eletricidade facilmente, mas podem ser forçados a fazê-lo por meio do fornecimento de energia. Essa propriedade permite que os dispositivos construídos com semicondutores tenham essencialmente os estados "ligado" e "desligado", os quais formam a base da lógica binária usada em computadores. Podemos entender como os semicondutores funcionam olhando para a sua estrutura eletrônica, seguindo a abordagem da teoria de bandas utilizada para os metais.

Ligação nos Semicondutores: A Lacuna de Energia Entre as Bandas

Os elementos do Grupo 4A carbono (um isolante, sob a forma de diamante), silício e germânio (semicondutores) têm estruturas semelhantes. Cada átomo está rodeado por outros quatro átomos nos vértices de um tetraedro (Figura 12.16). Normalmente, representaríamos a ligação nesses elementos utilizando um modelo de ligação localizada. No entanto, o modelo de banda para a ligação metálica também pode ser utilizado com a vantagem de explicar a condutividade desses elementos. No modelo de bandas, os orbitais de valência (os orbitais ns e np) de cada átomo são combinados para formar orbitais moleculares que são deslocalizados no sólido. No entanto, ao contrário dos metais, nos quais há uma banda contínua de orbitais moleculares, nos semicondutores existem duas bandas distintas, uma *banda de valência* de menor energia e uma *banda de condução* de maior energia, separadas por uma *lacuna de energia entre as bandas* [Figura 12.14 à direita e Figura 12.17]. Nos elementos do Grupo 4A, os orbitais da banda de valência estão completamente preenchidos e a banda de condução está vazia. A lacuna da banda é uma barreira de energia para a promoção de elétrons da banda de valência para a banda de condução de maior energia.

FIGURA 12.15 Dispositivos eletrônicos, todos feitos de semicondutores. (*acima*) Circuito integrado de computador. (*à esquerda*) luzes de LED. (*à direita*) Transistores.

A lacuna de energia entre as bandas no diamante é de 580 kJ/mol – tão grande que os elétrons estão presos na banda de valência e não podem fazer a transição para a banda de condução, mesmo sob temperaturas elevadas. Assim, não é possível criar interstícios "positivos", e o diamante é um isolante, e não um condutor.

O silício e o germânio têm lacunas de energia muito menores entre as bandas, 106 kJ/mol para o silício e 68 kJ/mol para o germânio. Como resultado, eles são semicondutores. Esses elementos podem conduzir uma pequena corrente, porque a energia térmica é suficiente para promover alguns elétrons da banda de valência através da lacuna de energia para a banda de condução (Figura 12.17). A condução ocorre, então, quando os elétrons da banda de condução migram em uma direção e os interstícios positivos na banda de valência migram na direção oposta.

O silício e o germânio puros são chamados **semicondutores intrínsecos**, cujo nome refere-se ao fato de que esta é uma propriedade intrínseca que ocorre naturalmente no material puro. Nos semicondutores intrínsecos, o número de elétrons na banda de condução é determinado pela temperatura e pela magnitude da lacuna de energia entre as bandas. Quanto menor esta lacuna, menor é a energia necessária para promover um número significativo de elétrons. À medida que a temperatura aumenta, mais elétrons são promovidos para a banda de condução, o que resulta em uma maior condutividade.

Há também **semicondutores extrínsecos**. A condutividade desses materiais depende da adição de um pequeno número de átomos diferentes (tipicamente 1 em 10^6 a 1 em 10^8), chamados *dopantes*. Isto é, as características dos semicondutores podem ser mudadas alterando-se sua composição química.

Suponhamos que alguns dos átomos de silício no retículo de silício sejam substituídos por átomos de alumínio (ou átomos de algum outro elemento do Grupo 3A). O alumínio tem apenas três elétrons de valência, enquanto o silício tem quatro. Quatro ligações Si–Al são criadas pelo átomo de alumínio no retículo, mas essas ligações devem ser deficientes em elétrons. Segundo a teoria de bandas, as ligações Si–Al formam uma banda discreta, vazia em um nível de energia maior que a banda de valência, mas menor que a banda de condução. Esse nível é referido como um *nível aceptor*, pois ele pode aceitar elétrons da banda de valência. Essa lacuna entre a banda de valência e o nível aceptor é geralmente muito pequena, por isso os elétrons podem ser facilmente promovidos para o nível aceptor. Os interstícios positivos criados na banda de valência são capazes de se mover sob a influência de um potencial elétrico, de modo que a corrente resulta da mobilidade do interstício. Devido ao fato de os interstícios *positivos* serem criados em um semicondutor dopado pelo alumínio, este é chamado **semicondutor tipo p** (Figura 12.17b, à *esquerda*).

FIGURA 12.16 A estrutura do diamante, um isolante. As estruturas do silício e do germânio, dois semicondutores, são similares no que se refere a cada átomo estar ligado tetraedricamente a outros quatro.

FIGURA 12.17 Semicondutores intrínsecos (a) e extrínsecos (b).

Arseneto de gálio, GaAs. A cela unitária de GaAs tem átomos de Ga em um retículo cfc com os átomos de As em interstícios tetraédricos. Ele é um importante semicondutor usado em diodos emissores de infravermelho, diodos de laser e células solares.

Suponhamos agora que átomos de fósforo (ou átomos de algum outro elemento do Grupo 5A, como o arsênio) sejam incorporados no retículo de silício, em vez de átomos de alumínio. Esse material é também um semicondutor, mas ele agora tem elétrons extras porque cada átomo de fósforo tem um elétron de valência a mais do que o átomo de silício, o qual ele substituiu no retículo. Semicondutores dopados dessa maneira têm um nível doador discreto, parcialmente preenchido, que se localiza imediatamente abaixo da banda de condução. Os elétrons podem ser promovidos para a banda de condução a partir dessa banda do doador, e os elétrons na banda de condução transportam a carga. Tal material, que consiste em portadores de carga *negativa*, é chamado um **semicondutor tipo *n*** (Figura 12.17b, *à direita*).

Um grupo de materiais que têm propriedades semicondutoras desejáveis são os semicondutores III-V, assim chamados porque são formados pela combinação de elementos do Grupo 3A (tais como Ga ou In) com elementos do Grupo 5A (tais como como As ou Sb).

O arseneto de gálio, GaAs, é um material semicondutor comum cuja condutividade elétrica é às vezes preferível à do silício ou do germânio puros. A estrutura de cristal do GaAs é semelhante à do diamante e do silício; cada átomo de Ga é tetraedricamente coordenado a quatro átomos de As e vice-versa.

É também possível para os elementos dos Grupos 2B e 6A formarem compostos semicondutores tal como o sulfeto de cádmio, CdS. No entanto, quanto mais distantes os elementos encontram-se na Tabela Periódica, mais iônica a ligação se torna. À medida que o caráter iônico da ligação aumenta, a lacuna de energia entre as bandas aumentará e o material se tornará um semicondutor mais fraco. Assim, a lacuna de energia no CdS é de 232 kJ/mol, comparada com uma lacuna de energia no GaAs de 140 kJ/mol.

Estes materiais também podem ser modificados pela substituição de outros átomos na estrutura. Por exemplo, em um semicondutor amplamente utilizado, átomos de alumínio foram substituídos por átomos de gálio em GaAs, obtendo-se materiais com uma gama de composições ($Ga_{1-x}Al_xAs$). A importância dessa modificação é que a lacuna de energia depende das proporções relativas dos elementos, de modo que é possível controlar a extensão da lacuna de energia ajustando-se a estequiometria. Conforme átomos de Al são substituídos por átomos de Ga, por exemplo, a energia da lacuna de energia aumenta. Essa consideração é importante para as utilizações específicas desses materiais em dispositivos tais como LEDs (diodos emissores de luz).

EXERCÍCIO PARA A SEÇÃO 12.4

1. O germânio foi um dos primeiros materiais utilizados como semicondutor. Dado que ele possui uma lacuna de energia de 68 kJ/mol, qual é o comprimento de onda máximo de luz que pode provocar uma transição eletrônica através dessa lacuna no Ge? A que região do espectro eletromagnético isso corresponde?

    (a) 1800 nm, infravermelho   (b) 29 nm, ultravioleta   (c) 15×10^6 nm, micro-onda

12-5 O Estado Sólido: Outros Tipos de Materiais Sólidos

Até aqui descrevemos as estruturas de metais e de sólidos iônicos simples. A seguir, vamos examinar brevemente as outras categorias de sólidos: sólidos moleculares, sólidos covalentes e sólidos amorfos (Tabela 12.2).

Sólidos Moleculares

Condutividade Elétrica de Sólidos Moleculares Devido ao fato dos sólidos moleculares serem constituídos por partículas neutras discretas que ocupam posições fixas no sólido e têm seus elétrons de valência localizados tanto nos pares solitários quanto nas ligações covalentes, a maioria dos sólidos moleculares não conduz eletricidade.

Compostos como CO_2 e H_2O existem como sólidos sob certas condições. Nesses casos, são moléculas, em vez de átomos ou íons, que são agrupadas de forma regular em um retículo tridimensional. Você já viu um exemplo de um sólido molecular: o gelo (◄ Figura 11.5).

O modo como as moléculas se arranjam em um retículo cristalino depende da forma das moléculas e dos tipos das forças intermoleculares. As moléculas tendem a um agrupamento do modo mais eficiente possível e a se alinharem de forma a maximizar

Tabela 12.2 Estruturas e Propriedades de Vários Tipos de Substâncias Sólidas

Tipo	Exemplos	Unidades Estruturais	Forças que Mantém as Unidades Juntas	Propriedades Típicas
Iônico	NaCl, K_2SO_4, $CaCl_2$, $(NH_4)_3PO_4$	Íons positivos e negativos; sem moléculas discretas	Iônica; atrações entre as cargas dos íons positivos e negativos	Duro; quebradiço; alto ponto de fusão; baixa condutividade elétrica como sólido e alta como líquido; frequentemente solúvel em água
Metálico	Ferro, prata, cobre, outros metais e ligas	Átomos do metal (íons metálicos positivos com elétrons deslocalizados)	Metálica; atração eletrostática entre os íons e os elétrons do metal	Maleável; dúctil; boa condutividade elétrica no estado líquido e sólido; boa condutividade térmica; amplo intervalo de durezas e pontos de fusão
Molecular	H_2, O_2, I_2, H_2O, CO_2, CH_4, CH_3OH, CH_3CO_2H	Moléculas	Forças de dispersão, forças dipolo – dipolo, ligações de hidrogênio	Pontos de fusão e de ebulição baixos a moderados; mole; baixa condutividade elétrica nos estados sólido e líquido
Covalente	Grafite, diamante, quartzo, feldspato, mica	Átomos formando um retículo tridimensional infinito	Covalente; ligações direcionais de pares de elétrons	Vasta gama de durezas e pontos de fusão (ligação tridimensional > ligação bidimensional); baixa condutividade elétrica, com algumas exceções
Amorfo	Vidro, polietileno, náilon	Retículos ligados covalentemente com pouca ou nenhuma regularidade	Covalente; ligações direcionais de pares de elétrons	Não cristalino; amplo intervalo de temperatura de fusão; baixa condutividade elétrica, com algumas exceções

as forças intermoleculares de atração. Assim, a estrutura da água foi estabelecida de forma a ganhar a máxima atração intermolecular por meio da ligação de hidrogênio.

A maior parte da informação sobre geometrias moleculares, comprimentos de ligação e ângulos de ligação discutida no Capítulo 8 veio de estudos das estruturas dos sólidos moleculares.

Sólidos Covalentes

Os **sólidos covalentes (ou reticulares)** são compostos de átomos ligados covalentemente em um arranjo tridimensional. Exemplos comuns incluem os alótropos de carbono: grafite, grafeno e diamante. O silício elementar é um sólido covalente com uma estrutura do tipo diamante.

O grafite consiste em átomos de carbono ligados entre si, dispostos em folhas planas, que se atraem umas às outras apenas fracamente (Figura 12.18). Dentro

Grafite, camadas de anéis de seis membros de átomos de carbono.

Dióxido de silício, SiO_2. O quartzo comum é um retículo de tetraedros SiO_4 ligados.

FIGURA 12.18 Sólidos covalentes: grafite e quartzo estão entre muitos exemplos.

ESTUDO DE CASO

Nanotubos e Grafeno – Os Mais Novos Sólidos Covalentes

Um dos desenvolvimentos mais interessantes em Química nos últimos 20 anos tem sido a descoberta de novas formas de carbono. Em primeiro lugar, surgiram os fulerenos e, em seguida, os nanotubos de carbono.

O grafite comum, a partir do qual o seu grafite do lápis é feito, consiste em anéis de seis membros de átomos de carbono ligados formando uma folha, as quais empilham-se uma por cima da outra, como cartas de um baralho (Figura 12.18). Mas se os compostos de carbono forem aquecidos sob certas condições, os átomos de carbono se estruturarão em folhas, que fecham em si mesmas para formar tubos. Estes são chamados **nanotubos**, porque os tubos são de apenas um nanômetro de diâmetro ou menos. Às vezes, trata-se de tubos individuais, e outras, de tubos dentro de tubos. Os nanotubos de carbono são pelo menos 100 vezes mais fortes que o aço, mas têm apenas um sexto da densidade, e conduzem calor e eletricidade muito melhor que o cobre. Assim, suas aplicações comerciais vêm despertando bastante interesse, mas produzi-los com as propriedades desejadas não tem sido tarefa fácil.

Agora há também o **grafeno**, uma única folha de átomos de carbono de seis membros. Na Inglaterra, os pesquisadores Andre Geim e Kostya Novoselov descobriram o grafeno de uma forma simples: coloque um floco de grafite em uma fita adesiva, dobre a fita para cima e, em seguida, puxe-a para separar. As camadas de grafite desmancham e, se você fizer isso várias vezes, apenas uma camada – um átomo de C de espessura – é deixada na fita. Os químicos e físicos logo descobriram que o material é extremamente forte e que

Nanotubo de carbono. Estes tubos são montados a partir de anéis de seis membros de átomos de carbono e possuem geralmente cerca de 1 nm de diâmetro.

é um melhor condutor de elétrons se comparado a qualquer outro material sob temperatura ambiente. Vários milhares de trabalhos de pesquisa foram logo publicados sobre o grafeno, e Geim e Novoselov receberam o Prêmio Nobel de Física de 2010 por sua descoberta.

O método da fita adesiva não é claramente apropriado para a produção de grandes quantidades de grafeno, de modo que agora a produção é feita por meio da deposição de vapor de alta temperatura, na qual os átomos de carbono na fase gasosa são depositados sobre uma superfície, ou pela utilização de métodos químicos para forçar a abertura das camadas de grafite. Um produto comercial, "nanoplaquetas de grafeno", que são pequenas pilhas de folhas de grafeno, já está disponível.

"Papel" de grafeno. As nanoplaquetas de grafeno podem ser usadas para fazer tinta eletricamente condutora. Uma aplicação é usar essas tintas para imprimir embalagens resistentes à violação e roubo. (Materiais Vorbeck.)

Chemical and Engineering News (março de 2009) publicou que, embora ele fosse "considerado uma curiosidade hipotética apenas alguns anos atrás, o grafeno tem invadido o mundo da pesquisa científica". A pesquisa está prosseguindo em todo o mundo, principalmente quanto à sua utilização em eletrônica.

QUESTÕES:

1. Com base em uma distância de 139 pm para C—C, qual é a dimensão lado a lado de um anel plano de C_6?
2. Se uma folha de grafeno tem uma largura de 1,0 micrômetro, quantos anéis de C_6 são unidos através da folha?
3. Estime a espessura de uma folha de grafeno (em pm). Como você determina este valor?

As respostas a essas questões estão disponíveis no Apêndice N.

O grafeno é uma folha simples de anéis de carbono de seis membros. Este material recente no mundo da química do carbono é um melhor condutor de elétrons que qualquer outro material.

dessas camadas, cada átomo de carbono está rodeado por três outros átomos de carbono em um arranjo planar trigonal. As camadas podem deslizar facilmente umas sobre as outras, o que explica por que o grafite é macio, um bom lubrificante e usado em lápis (como um compósito de argila e grafite).

Conforme descrito em mais detalhes no "Estudo de Caso: Nanotubos e Grafeno – Os Mais Novos Sólidos Covalentes", as últimas duas décadas têm assistido à descoberta de materiais como nanotubos de carbono e grafeno. Ambos estão sob intenso desenvolvimento e têm potencial comercial.

O diamante, que tem uma densidade relativamente baixa ($d = 3{,}51$ g/cm^3), é o material mais duro e o melhor condutor de calor conhecido. Ele é transparente à luz visível, bem como à radiação infravermelha e ultravioleta. Além de seu uso em joias, o diamante é utilizado em abrasivos e em ferramentas de corte revestidas de diamante. Na estrutura do diamante (veja a Figura 12.16), cada átomo de carbono está ligado a outros quatro átomos de carbono nos vértices de um tetraedro, e esse padrão estende-se por todo o sólido.

Silicatos, compostos constituídos de silício e oxigênio, também são sólidos covalentes e compõem uma enorme classe de compostos químicos. Você os conhece na forma de areia, quartzo, talco ou mica ou como constituinte majoritário de rochas, como o granito. O jade na capa deste livro e descrito no início deste capítulo é baseado em um retículo de tetraedro de SiO_4. O quartzo é também um sólido covalente (Figura 12.18), que consiste em átomos de silício covalentemente ligados aos átomos de oxigênio em um retículo tridimensional gigante.

A maioria dos sólidos covalentes é dura e rígida e se caracteriza por elevados pontos de fusão e ebulição. Essas características simplesmente refletem o fato de que uma grande quantidade de energia deve ser fornecida para romper as ligações covalentes no retículo. Por exemplo, o dióxido de silício funde-se em temperaturas superiores a 1600 °C.

Sólidos Amorfos

Uma propriedade característica dos sólidos puros cristalinos – sejam metais, sólidos iônicos ou sólidos moleculares – é que eles se fundem a uma temperatura específica. Por exemplo, a água na forma de gelo funde a 0 °C, a aspirina a 135 °C, o chumbo a 327,5 °C e NaCl a 801 °C. Como os sólidos puros têm valores específicos e reprodutíveis, seus pontos de fusão são muitas vezes utilizados para identificar os compostos químicos.

Outra propriedade dos sólidos cristalinos é que eles formam cristais bem definidos, com faces planas e lisas. Quando uma força de grande intensidade é aplicada a um cristal, na maioria das vezes, o mesmo sofre clivagem para resultar em pedaços menores, com faces planas e lisas. As partículas sólidas resultantes são versões de menores dimensões do cristal original (Figura 12.19a).

FIGURA 12.19 Sólidos cristalinos e amorfos.

(a) Um cristal de sal, um sólido cristalino, pode sofrer clivagem de forma limpa em cristais cada vez menores, que são cópias do cristal maior.

(b) O vidro é um sólido amorfo composto por átomos de silício e oxigênio. No entanto, ele não possui na sua estrutura nenhuma ordem de longo alcance, como no quartzo cristalino.

No entanto, muitos sólidos comuns, incluindo aqueles que encontramos todos os dias, não apresentam essas propriedades. Estes são *sólidos amorfos*, os que não têm uma estrutura regular. O vidro é um bom exemplo. Quando o vidro é aquecido, ele amolece em um amplo intervalo de temperatura, uma propriedade útil para artesãos e artífices, que podem criar produtos belos e funcionais para o nosso prazer e uso. O vidro também possui uma propriedade que preferiríamos que ele não tivesse: quando o vidro quebra, ele deixa pedaços de forma irregular (Figura 12.19b). Outros sólidos amorfos que se comportam de forma semelhante incluem os polímeros comuns, como o tereftalato de polietileno (PET), náilon e outros plásticos.

EXERCÍCIOS PARA A SEÇÃO 12.5

1. Qual dos seguintes alótropos do carbono não é um sólido covalente?

   (a) grafite   (b) diamante   (c) fulerenos (C_{60})   (d) grafeno

2. Um sólido macio branco, ceroso, funde-se ao longo de um intervalo de temperatura de 120 °C a 130 °C. Ele não se dissolve em água nem conduz eletricidade. Essas propriedades são consistentes com a sua identidade como

   (a) um sólido covalente   (c) um sólido iônico
   (b) um sólido amorfo   (d) um sólido metálico

12-6 Mudanças de Fase Envolvendo Sólidos

As mudanças de fase dos materiais e as condições em que elas ocorrem são de interesse para os químicos e geólogos, assim como para os físicos e engenheiros que estão desenvolvendo novos dispositivos eletrônicos (veja "Um Olhar Mais Atento: Nova Memória para seu Computador Baseada em Mudanças de Fase").

Fusão: Conversão de Sólido em Líquido

O ponto de fusão de um sólido é a temperatura na qual o retículo desintegra-se e o sólido é convertido em um líquido. Como qualquer mudança de fase, a fusão envolve uma mudança de energia, chamada *entalpia de fusão* (dada em kJ/mol) (◄ Capítulo 5).

Energia absorvida na forma de calor na fusão = entalpia de fusão = $\Delta_{fusão}H$ (kJ/mol)

Energia liberada na forma de calor na solidificação = entalpia de cristalização = $-\Delta_{fusão}H$ (kJ/mol)

As entalpias de fusão têm uma gama muito ampla de valores (Tabela 12.3). Uma baixa temperatura de fusão certamente significará um valor baixo para a entalpia de fusão, enquanto pontos de fusão elevados estão associados a altas entalpias de fusão. A Figura 12.20 mostra a entalpia de fusão dos metais do quarto ao sexto períodos. Aqui vemos que os metais de transição têm altas entalpias de fusão, as quais são extraordinariamente elevadas no caso daqueles que estão no sexto período. O tungstênio, que possui o segundo ponto de fusão mais elevado de todos os elementos conhecidos (o carbono tem o mais alto ponto de fusão) também possui a entalpia de fusão mais elevada entre os metais de transição. Esta é a razão pela qual o tungstênio é utilizado nos filamentos de lâmpadas incandescentes; desde a invenção da lâmpada incandescente em 1908, não se encontrou nenhum outro material que funcionasse melhor.

A Tabela 12.3 fornece alguns dados de vários tipos de substâncias: metais, moléculas polares e não polares e sólidos iônicos. Em geral, os sólidos não polares apresentam baixos pontos de fusão. Porém, os pontos de fusão aumentam dentro de uma série de moléculas relacionadas, à medida que o tamanho e a massa molecular aumentam. Isso ocorre porque as forças de dispersão de London são geralmente maiores quando a massa molar é maior. Assim, quantidades crescentes de energia são necessárias para superar as forças intermoleculares no sólido.

Os compostos iônicos na Tabela 12.3 têm pontos de fusão e entalpias de fusão maiores que as dos sólidos moleculares. Essa propriedade deve-se às forças íon–íon de grande intensidade presentes nos sólidos iônicos, forças que são refletidas em grandes energias reticulares negativas. Uma vez que as forças íon–íon dependem do tamanho do íon (bem como da carga iônica), há uma boa correlação entre a energia reticular e

Compostos iônicos fundidos conduzem eletricidade. Sólidos iônicos geralmente têm energias reticulares elevadas e, portanto, necessitam de maior energia para romper o retículo. No entanto, uma vez fundido, os íons são móveis e o líquido conduzirá eletricidade.

O estado sólido   **559**

Tabela 12.3   Pontos de Fusão e Entalpias de Fusão de Alguns Elementos e Compostos

Elemento ou Composto	Ponto de Fusão (°C)	Entalpia de Fusão (kJ/mol)	Tipo de Forças entre Partículas
Metais			
Hg	−39	2,29	Ligações metálicas.
Na	98	2,60	
Al	660	10,7	
Ti	1668	20,9	
W	3422	35,2	
Sólidos Moleculares: Moléculas Não Polares			
O_2	−219	0,440	Forças de dispersão de London (que aumentam com o tamanho e a massa molar).
F_2	−220	0,510	
Cl_2	−102	6,41	
Br_2	−7,2	10,8	
Sólidos Moleculares: Moléculas Polares			
HCl	−114	1,99	Todas as três moléculas de HX têm forças dipolo–dipolo, bem como forças de dispersão de London (que aumentam com o tamanho e a massa molar).
HBr	−87	2,41	
HI	−51	2,87	
H_2O	0	6,01	
Sólidos Iônicos			
NaF	996	33,4	Todos os sólidos iônicos têm interações íon–íon de grande intensidade. Observe que a tendência geral é a mesma que para as energias reticulares (veja a Seção 12.3 e a Figura 12.11).
NaCl	801	28,2	
NaBr	747	26,1	
NaI	660	23,6	

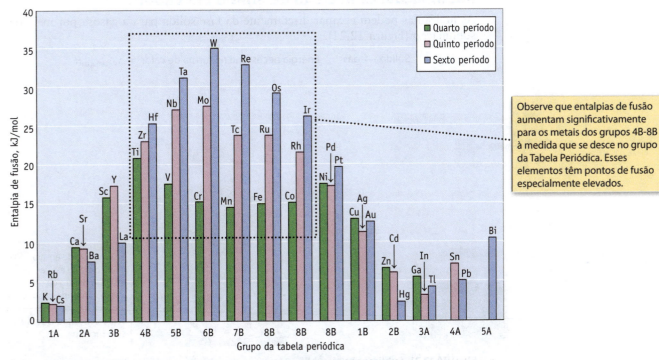

FIGURA 12.20   Entalpias de fusão dos metais do quarto, quinto e sexto períodos. As entalpias de fusão variam de 2-5 kJ/mol para elementos do Grupo 1A até 35,2 kJ/mol para o tungstênio.

UM OLHAR MAIS ATENTO

Nova Memória para Seu Computador Baseada em Mudanças de Fase

Você pode manter o arquivo de seu artigo em um pequeno "pen drive" ou gravar suas fotos no cartão de memória de sua câmera. Estes são os cartões de "memória flash", que utilizam sinais elétricos para mudar a capacidade do material de reter ou liberar carga e assim registrar informações. No entanto, os materiais da memória flash degradam-se com o passar do tempo e com os ciclos de carga e descarga, prejudicando a velocidade de transferência de dados. É por isso que há muito interesse na "memória de acesso aleatório de mudança de fase" ou materiais PRAM.

Como o nome indica, os materiais PRAM trabalham por meio de uma mudança de fase. Como a revista *Computerworld* publicou em 2007, "estes semicondutores prateados, tão maleáveis quanto chumbo, têm a propriedade única de que o seu estado físico pode ser alterado de cristalino para amorfo por meio da aplicação de calor". Para gravar dados, uma corrente elétrica aquece o PRAM até uma determinada temperatura no qual o material torna-se cristalino. O material logo

Cartões de memória flash e um drive USB.

se funde e, os átomos assumem um arranjo aleatório ou amorfo. Quando o aquecimento termina, a temperatura cai rapidamente, e os átomos são retidos no estado amorfo. Para levar o material de volta a um arranjo cristalino, o mesmo é novamente aquecido, mas dessa vez, em vez de fundir, os átomos rearranjam-se na estrutura cristalina original.

A razão pela qual as PRAMs podem armazenar informação é que existe uma diferença na resistência elétrica nos dois estados. No estado amorfo, o material possui uma resistência elevada, ao passo que no estado cristalino, tem uma baixa resistência. Depois que a informação digital está armazenada, para acessá-la basta saber se o estado é "ligado" ou "desligado", por isso, os materiais PRAM são ideais para o armazenamento de dados.

Se você ler mais sobre materiais PRAM, irá deparar-se muitas vezes com a palavra "calcogênio". Isso porque um dos primeiros materiais utilizados era $Ge_2Sb_2Te_5$. O telúrio (Te) está no Grupo 6A, no qual os elementos S, Se e Te são, às vezes, referidos como "calcogênios".

Circuito integrado de memória de mudança de fase da Samsung.

---

a posição do metal ou do halogênio na Tabela Periódica. Por exemplo, os dados da Tabela 12.3 mostram uma diminuição no ponto de fusão e na entalpia de fusão para os sais de sódio à medida que as dimensões dos íons haleto aumentam. Isto segue a diminuição da energia reticular vista com o aumento do tamanho do íon.

Sublimação: Conversão de Sólido em Vapor

As moléculas podem escapar diretamente da fase sólida para a gasosa por meio da sublimação (Figura 12.21).

Sólido → gás   Energia necessária na forma de calor = $\Delta_{sublimação}H$

Iodo sublima quando aquecido →

Se um tubo de ensaio cheio de gelo estiver inserido dentro de um frasco contendo vapor de iodo, cristais de iodo serão depositados sobre a superfície fria.

FIGURA 12.21 Sublimação. A sublimação é a conversão de um sólido diretamente em vapor. Aqui, iodo (I_2) sublima quando aquecido.

A sublimação, como a fusão e a evaporação, é um processo endotérmico. A energia requerida na forma de calor é chamada **entalpia de sublimação**. A água, que apresenta uma entalpia molar de sublimação de 51 kJ/mol, pode ser prontamente convertida de gelo sólido para vapor de água. Um bom exemplo desse fenômeno é a sublimação da geada da grama e das árvores à medida que a noite transforma-se em dia em uma manhã fria de inverno.

EXERCÍCIOS PARA A SEÇÃO 12.6

1. Qual dos seguintes haletos do Grupo 1A deve ter a maior entalpia de fusão?

    (a) NaCl (b) KCl (c) NaBr (d) KBr

2. Suponhamos que você queira resfriar 100 g de água de 20 °C a 0 °C usando gelo-seco, CO_2 (s). A entalpia de sublimação do CO_2(s) é de 25,2 kJ/mol. De que massa de gelo-seco você precisará?

    (a) 0,33 g (b) 15 g (c) 3,5 g (d) 150 g

12-7 Diagramas de Fase

Dependendo das condições de temperatura e pressão, uma substância pode existir como um gás, um líquido ou um sólido. Além disso, sob certas condições, dois (ou mesmo três) estados podem coexistir em equilíbrio. É possível sumarizar essa informação na forma de um gráfico chamado **diagrama de fases**. Diagramas de fases são utilizados para ilustrar a relação entre as fases da matéria, a pressão e a temperatura.

Água

A Figura 12.22 ilustra o diagrama de fases para água. As linhas de um diagrama de fases identificam as temperaturas e pressões sob as quais duas fases existem em equilíbrio. Por outro lado, todos os pontos que não se encontram sobre as curvas da figura representam condições sob as quais existe apenas um estado estável. A curva *A-B* representa as condições para o equilíbrio sólido-vapor, e a curva *A-C*, para o equilíbrio líquido–sólido. A curva do ponto *A* ao ponto *D*, representando as

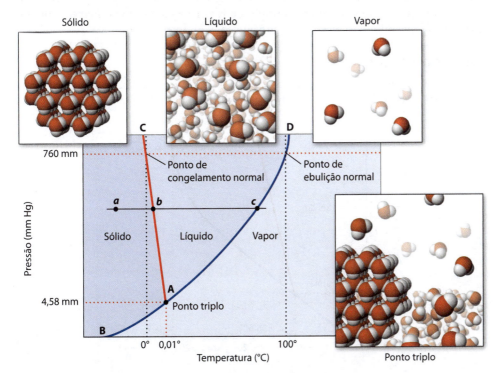

FIGURA 12.22 Diagrama de fases da água. A escala está intencionalmente exagerada para que seja possível mostrar o ponto triplo e o declive negativo da linha que representa o equilíbrio líquido–sólido. (Os pontos *a*, *b* e *c* são discutidos no texto.)

temperaturas e pressões nas quais as fases líquida e de vapor estão em equilíbrio, é a mesma curva traçada para a pressão de vapor da água na Figura 11.12. Lembre-se de que o ponto de ebulição normal, 100 °C no caso da água, é a temperatura na qual a pressão de vapor no equilíbrio é de 760 mm Hg.

O ponto A, chamado apropriadamente de **ponto triplo**, representa as condições sob as quais as três fases são capazes de coexistir em equilíbrio. Para a água, o ponto triplo está em $P = 4,6$ mmHg e $T = 0,01$ °C.

A curva A-C mostra as condições de pressão e temperatura em que existe um equilíbrio sólido–líquido. (Como não há pressão de vapor envolvida aqui, a pressão a que nos referimos é a pressão externa sobre o líquido.) Para a água, essa curva possui uma *inclinação negativa* de aproximadamente −0,01 °C para cada aumento de uma atmosfera na pressão. Assim, quanto maior a pressão externa, menor o ponto de fusão.

Talvez a característica mais interessante do diagrama de fases da água seja a inclinação negativa da curva de equilíbrio sólido–líquido. Poucas substâncias no universo têm essa propriedade! O declive negativo dessa curva de equilíbrio pode ser explicado a partir do nosso conhecimento sobre a estrutura da água e do gelo. Quando aumentamos a pressão sobre um objeto, a intuição diz que o seu volume se tornará menor, conferindo à substância uma maior densidade. Uma vez que o gelo é menos denso que a água líquida (devido à estrutura reticular aberta do gelo, Figura 11.5), gelo e água em equilíbrio respondem ao aumento da pressão (mantendo T constante) derretendo o gelo para formar mais água, porque a mesma massa de água requer menos volume.

Diagramas de Fases e Termodinâmica

Vamos explorar um pouco mais o diagrama de fases da água, correlacionando as mudanças de fase com os dados termodinâmicos. Suponha que comecemos com o gelo a −10 °C e sob uma pressão de 500 mm Hg (ponto *a* na Figura 12.22). À medida que o gelo é aquecido, ele absorve cerca de 2,1 J/g · K no aquecimento de −10 °C (ponto *a*) para uma temperatura entre 0 °C e 0,01 °C (ponto *b*). Nesse ponto, o sólido está em equilíbrio com a água líquida. O equilíbrio sólido–líquido é mantido até que 333 J/g tenham sido transferidos para a amostra e esta tenha se transformado em água líquida sob essa temperatura. Se o líquido, ainda sob uma pressão de 500 mm Hg, absorve 4,184 J/g · K, ele aquece até o ponto *c*. A temperatura no ponto *c* é de cerca de 89 °C, e o equilíbrio é estabelecido entre a água líquida e o vapor de água. A pressão do vapor em equilíbrio com a água líquida é de 500 mm Hg. Se cerca de 2300 J/g são transferidos para a amostra de líquido–vapor, a pressão de vapor de equilíbrio permanece em 500 mm Hg até que o líquido seja completamente convertido em vapor a 89 °C.

Dióxido de Carbono

As características do diagrama de fases para o CO_2 (Figura 12.23) são geralmente as mesmas que as da água, mas com algumas diferenças importantes.

| **Mudança de Fase e Termodinâmica** A conexão entre as mudanças de fase da água e a termodinâmica está também ilustrada na Figura 5.7. |

FIGURA 12.23 O diagrama de fases do CO_2. Observe particularmente a inclinação positiva da linha de equilíbrio sólido–líquido. (Para mais informações sobre o ponto crítico, veja a Seção 11.6.)

Em contraste com a água, a curva de equilíbrio sólido–líquido do CO_2 tem uma inclinação positiva. Mais uma vez, ao aumentar a pressão sobre o sólido em equilíbrio com o líquido, o equilíbrio será deslocado para a fase mais densa, mas para o CO_2 essa fase será a sólida. Como o CO_2 sólido é mais denso que o líquido, o CO_2 sólido recém-formado afunda em um recipiente contendo CO_2 líquido.

Outra característica do diagrama de fases do CO_2 é o ponto triplo que ocorre à pressão de 5,19 atm (3940 mm Hg) e 216,6 K (–56,6 °C). O dióxido de carbono não pode ser um líquido em pressões inferiores a 5,19 atm.

Sob pressões em torno da pressão atmosférica normal, o CO_2 será um sólido ou um gás, dependendo da temperatura. A uma pressão de 1 atm, o CO_2 sólido está em equilíbrio com o gás a uma temperatura de 197,5 K (–78,7 °C). Como resultado, à medida que o CO_2 sólido é aquecido acima dessa temperatura, ele sublima em vez de fundir. O dióxido de carbono é chamado de *gelo-seco* por essa razão; ele se parece com o gelo de água, mas não derrete.

A partir do diagrama de fase do CO_2, também podemos aprender que o gás CO_2 pode ser convertido em um líquido à temperatura ambiente (20-25 °C), exercendo uma pressão moderada no gás. Na verdade, o CO_2 é fornecido regularmente em tanques como um líquido para laboratórios e indústrias.

Por fim, a temperatura e a pressão críticas para o CO_2 são 31 °C e 73 atm, respectivamente. Uma vez que a temperatura e a pressão críticas são condições facilmente obtidas em laboratório, é possível observar a transformação do CO_2 em um fluido supercrítico (veja a Figura 11.15).

EXERCÍCIO PARA A SEÇÃO 12.7

1. Consulte o diagrama de fases do CO_2 na Figura 12.23. Qual das seguintes afirmações *não* é verdadeira?

    (a) O CO_2 líquido e o gasoso existem em equilíbrio a aproximadamente 0 °C e 12 atm.

    (b) O CO_2 líquido só pode existir a uma pressão superior a 5,19 atm.

    (c) O aumento da pressão conduz a um aumento do ponto de fusão do $CO_2(s)$.

    (d) O CO_2 supercrítico pode ser obtido a 25 °C, se uma pressão suficientemente grande for aplicada.

REVISÃO DOS OBJETIVOS DO CAPÍTULO

Agora que você já estudou este capítulo, deve perguntar a si mesmo se atingiu os objetivos propostos. Especificamente, você deverá ser capaz de:

ENTENDER

- O conceito de uma cela unitária para um sólido e as variedades de celas unitárias cúbicas em particular (Seções 12.1 e 12-2).

- A importância da energia reticular e como ela é calculada (Seção 12.3).

- O modelo de bandas para ligações em metais e semicondutores e como isso se relaciona com as suas propriedades.
    a. Compreender a teoria de bandas para as ligações em metais e a condutividade elétrica dos metais (Seção 12.4). Questões para Estudo: 17, 18.
    b. Compreender a natureza dos semicondutores (Seção 12.4). Questões para Estudo: 21-24, 51-55.

- As características dos diagramas de fase (Seção 12.6).
    a. Identificar os diferentes pontos (ponto triplo, ponto crítico, ponto de ebulição normal, ponto de congelamento) e regiões (sólido, líquido, vapor) de um diagrama de fases, e usar o diagrama para avaliar a pressão de vapor de um líquido e as densidades relativas de um líquido e um sólido (Seção 12.7). Questões para Estudo: 33-36.

APLICANDO PRINCÍPIOS QUÍMICOS
Doença do Estanho

As tubulações dos órgãos nas catedrais do norte da Europa foram feitas de estanho por várias centenas de anos. Acredita-se que o metal melhora tanto o tom quanto a aparência dos tubos. Agora os tubos dos órgãos são feitos de uma liga de estanho-chumbo, em parte porque muitos tubos de órgãos antigos já se desintegraram ao longo do tempo devido à "doença do estanho". Manchas cinzentas aparecem sobre o metal (normalmente brilhante) e ao longo do tempo o metal se desintegra, formando um pó cinza. Embora seja possível supor que o estanho reagiu com outros elementos ou compostos para formar essa substância cinzenta, as análises químicas mostraram que a substância é estanho puro.

Qual é a causa da "doença do estanho"? Duas formas alotrópicas de estanho existem sob pressão atmosférica. A forma metálica, conhecida como estanho branco (ou estanho-β), é estável a temperaturas superiores a 13 °C (Figura 1). Essa forma metálica de estanho tem uma estrutura cristalina tetragonal (Figura 2). Abaixo de 13 °C, o metal sofre uma transição de fase para uma estrutura cristalina cúbica que é semelhante ao diamante (Figura 12.16). A transição ocorre lentamente, com uma taxa que depende da pureza do estanho e da temperatura, mas o produto final é o estanho cinza ou estanho-α.

A estrutura tetragonal do estanho branco apresenta átomos em cada vértice, bem como um átomo em quatro das suas seis faces e um átomo no centro do retículo. A estrutura do retículo cristalino cúbico do estanho cinza tem um átomo em cada uma das seis faces e quatro átomos dentro da cela unitária (além dos átomos nos vértices), como na estrutura do diamante.

A transformação em baixa temperatura de estanho branco para estanho cinza foi usada para explicar alguns desastres famosos na história, uns aparentemente verdadeiros, outros falsos.

No início do século XX, houve um grande interesse em alcançar o Polo Sul, e muitos tentaram tal proeza. O explorador britânico Robert Scott montou uma grande expedição e alcançou o Polo em janeiro de 1912 com um grupo de cinco pessoas. Foi uma enorme realização, mas ele descobriu, para sua grande decepção, que o norueguês Roald Amundsen o havia antecipado por cinco semanas. Tendo alcançado seu objetivo, o grupo de Scott começou a viagem de 800 milhas de volta

FIGURA 1 Uma amostra de estanho branco. Este elemento comum tem uma densidade de 7,31 g/cm³ e um ponto de fusão de 232 °C.

FIGURA 2 A cela unitária tetragonal do estanho-β branco. A cela unitária tetragonal tem ângulos de 90° entre as arestas. Duas das três arestas têm o mesmo comprimento (583 pm), enquanto a outra é mais curta (318 pm). (Note que as linhas que ligam os átomos não são ligações. Elas servem apenas para mostrar a configuração espacial dos átomos.)

através do gelo polar para o Mar de Ross. Ao longo da viagem, eles haviam deixado comida e combustível para o regresso. Ambos, combustível e alimentos, foram armazenados em latas de estanho com as juntas soldadas com estanho. Infelizmente, a temperaturas extremamente baixas, o estanho nas juntas transformou-se em estanho cinza, a solda se desintegrou e o combustível vazou. Não havia nada disponível para usar, e todos do grupo de Scott pereceram.

Outra história da doença do estanho é um mito: a lenda dos botões desintegrados dos casacos dos soldados franceses em 1812. No inverno de 1812, o exército de Napoleão lutou e perdeu uma brutal campanha na Rússia. Os botões de estanho brilhantes usados pelos soldados franceses se desintegraram no clima frio russo, assim eles não puderam manter suas roupas bem fechadas nesse inverno. O problema com essa história é que os botões do uniforme, na época, eram feitos de osso.

QUESTÕES:

1. Quantos átomos de estanho estão contidos na cela unitária do retículo cristalino tetragonal do estanho-β? Quantos átomos de estanho estão contidos na cela unitária do retículo cristalino cúbico do estanho-α?
2. Utilizando as dimensões da cela unitária e a massa molar do estanho, calcule a densidade do estanho branco (em g/cm³).
3. A densidade do estanho cinza é de 5,769 g/cm³. Determine as dimensões (em pm) do retículo cristalino cúbico.
4. Determine a porcentagem do espaço ocupado por átomos de estanho em ambos os retículos cristalinos, tetragonal e cúbico. O raio atômico do estanho é de 141 pm.

REFERÊNCIAS:

1. EMSLEY, J. *Nature's Building Blocks, An A-Z Guide to the Elements.* Oxford: Oxford University Press, 2001.
2. LECOUTEUR, P.; BURRESON, J. *Napoleon's Buttons.* Nova York: Penguin Putnam, 2003.

FAZER

- Relacionar as celas unitárias dos compostos iônicos com suas fórmulas.
    a. Entender a relação entre a estrutura da cela unitária e a fórmula dos compostos iônicos (Seção 12.2). Questões para Estudo: 3–6, 8, 40, 42, 59.
- Relacionar as dimensões das celulas unitárias, raios iônicos ou metálicos e a densidade do sólido. Questões para Estudo: 7, 8, 10, 38, 41, 44, 46, 59, 61.
- Utilizar a energia reticular em cálculos.
    a. Calcular a entalpia reticular para um sólido iônico usando um ciclo de Born-Haber (Seção 12.3). Questões para Estudo: 15, 16, 50.
- Construir um diagrama de fase a partir da informação sobre a substância. Questões de Estudo: 33-37.
- Relacionar os processos de fusão e sublimação e as mudanças de entalpia associadas (Seções 12.6 e 12.7). Questões para Estudo: 31, 32.

LEMBRAR

- Os três tipos de celas unitárias cúbicas (Seção 12.1).
- As propriedades físicas dos sólidos iônicos, metálicos, moleculares e covalentes, bem como exemplos de cada um.
    a. Caracterizar diferentes tipos de sólidos: metálico (por exemplo, cobre), iônico (por exemplo, NaCl e CaF$_2$), molecular (por exemplo, água e I$_2$), covalente (por exemplo, diamante) e amorfo (por exemplo, vidro e muitos polímeros sintéticos) (Tabela 12.2). Questões de Estudo: 25–30.
- As características únicas do diagrama de fases da água e sua relação com as propriedades moleculares.

Steven Hyatt

QUESTÕES PARA ESTUDO

▲ denota questões desafiadoras.

Questões numeradas em verde têm respostas no Apêndice N.

Praticando Habilidades

Sólidos Metálicos e Iônicos
(*Veja as Seções 12.1 e 12.2 e os Exemplos 12.1-12.3.*)

1. Esboce uma cela unitária bidimensional para o padrão mostrado aqui. Se os quadrados pretos são rotulados como A e os quadrados brancos como B, qual é a fórmula mais simples para um "composto" com base nesse padrão?

2. Esboce uma cela unitária bidimensional para o padrão mostrado aqui. Se os quadrados pretos são rotulados como A e os quadrados brancos como B, qual é a fórmula mais simples para um "composto" com base neste padrão?

3. Uma maneira de visualizar a cela unitária da perovskita foi ilustrada no Exemplo 12.2. Outra forma é mostrada aqui. Prove que este ponto de vista também conduz a uma fórmula de $CaTiO_3$.

Cela unitária da Perovskita

4. O rutilo, TiO_2, cristaliza-se em uma estrutura característica de muitos outros compostos iônicos. Quantas fórmulas unitárias de TiO_2 pertencem a uma única cela unitária como a aqui ilustrada? (Os íons óxido marcados por um x estão totalmente dentro da cela; os outros estão nas faces das celas.)

Cela unitária do rutilo

5. A cuprita é um semicondutor. Os íons óxido ocupam os vértices e o centro do cubo. Os íons cobre estão totalmente dentro da cela unitária.
   (a) Qual é a fórmula da cuprita?
   (b) Qual é o número de oxidação do cobre?

Cela unitária da cuprita

6. O mineral fluorita, que é composto por íons cálcio e íons fluoreto, tem a cela unitária mostrada aqui.
   (a) Qual tipo de cela unitária é descrita pelos íons Ca^{2+}?
   (b) Onde estão localizados os íons F^-: nos interstícios octaédricos ou tetraédricos?
   (c) Com base na cela unitária, qual é a fórmula da fluorita?

Cela unitária da fluorita

7. Cálcio metálico cristaliza em uma cela unitária cúbica de face centrada. A densidade do sólido é de 1,54 g/cm³. Qual é o raio de um átomo de cálcio?

8. A densidade do cobre metálico é de 8,95 g/cm³. Se o raio de um átomo de cobre é de 127,8 pm, a cela unitária do cobre é cúbica simples, cúbica de corpo centrado ou cúbica de face centrada?

9. O iodeto de potássio tem uma cela unitária cúbica de face centrada de íons iodeto com íons potássio nos interstícios octaédricos. A densidade do KI é de 3,12 g/cm³. Qual é o comprimento de um dos lados da cela unitária? (Dimensões de íons são encontradas na Figura 7.11.)

10. ▲ Uma cela unitária de cloreto de césio é ilustrada na Figura 12.8. A densidade do sólido é de 3,99 g/cm³ e o raio dos íons Cl^- é 181 pm. Calcule o raio do íon Cs^+ no centro da cela. (Assuma que o íon Cs^+ toca todos os íons Cl^- dos vértices.)

Ligação Iônica e Energia Reticular
(Veja a Seção 12.3.)

11. Preveja a tendência em energia reticular, do menos negativo para o mais negativo, para os seguintes compostos com base nas cargas dos íons e nos raios iônicos: LiI, LiF, CaO, RbI.

12. Examine as tendências na energia reticular na Tabela 12.1. O valor da energia reticular torna-se um pouco mais negativo quando vai do NaI para NaBr até NaCl, e todos estão no intervalo de –700 a –800 kJ/mol. Proponha um motivo para a observação de que a energia reticular do NaF ($\Delta_{reticular}U = -926$ kJ/mol) é muito mais negativa do que aquelas dos outros haletos de sódio.

13. Para fundir um sólido iônico, energia deve ser fornecida a fim de romper as forças entre os íons para que a matriz regular de íons desintegre-se. Preveja (e explique) como se espera que o ponto de fusão varie como uma função da distância entre o cátion e o ânion.

14. Qual composto em cada um dos seguintes pares deve ter o ponto de fusão mais elevado? Explique sucintamente.
   (a) NaCl ou RbCl
   (b) BaO ou MgO
   (c) NaCl ou MgS

15. Calcule a entalpia molar de formação, $\Delta_f H°$, do fluoreto de lítio sólido a partir da energia reticular (Tabela 12.1) e de outros dados termoquímicos. A entalpia de formação do Li(g), $\Delta_f H°$ [Li(g)] = 159,37 kJ/mol. Outros dados necessários podem ser encontrados nos Apêndices F e L.

16. Calcule a entalpia reticular para RbCl. Além dos dados dos Apêndices F e L, você precisará da seguinte informação:

$$\Delta_f H° [Rb(g)] = 80,9 \text{ kJ/mol}$$
$$\Delta_f H° [RbCl(s)] = -435,4 \text{ kJ/mol}$$

Metais e Semicondutores
(Veja a Seção 12.4.)

17. Considerando apenas os orbitais moleculares formados por combinações dos orbitais atômicos 2s, quantos orbitais moleculares podem ser formados por 1000 átomos de Li? No estado de menor energia, quantos desses orbitais serão ocupados por pares de elétrons e quantos estarão vazios?

18. Quantos orbitais moleculares serão formados pela combinação de orbitais atômicos 3s e 3p em 1,0 mol de átomos de Mg? À temperatura de 0 K, qual fração desses orbitais será ocupada por pares de elétrons?

19. A condução de uma corrente elétrica é uma propriedade geralmente associada aos metais. Como a teoria de bandas para a ligação metálica explica a condutividade?

20. A maioria dos metais é brilhante, isto é, eles refletem a luz. Como a teoria de bandas para os metais explica essa característica?

21. Silício elementar e carbono elementar (sob a forma alotrópica do diamante) têm a mesma estrutura no estado sólido. No entanto, o diamante é um isolante e o silício é um semicondutor. Explique por que existe essa diferença.

22. Liste os elementos do Grupo 4A segundo a ordem de energia da lacuna entre as bandas.

23. Defina os termos semicondutores intrínsecos e semicondutores extrínsecos. Forneça um exemplo de cada um.

24. O silício dopado com alumínio é um semicondutor do tipo p ou do tipo n? Explique como a condutividade ocorre nesse semicondutor.

Outros Tipos de Sólidos
(Veja a Seção 12.5.)

25. Uma cela unitária do diamante é mostrada aqui.

Cela unitária do diamante

(a) Quantos átomos de carbono há em uma cela unitária?
(b) A cela unitária pode ser considerada como um cubo de átomos de C com outros átomos de C nos interstícios do retículo. Que tipo de cela unitária é esta (cs, ccc ou cfc)? Em quais interstícios estão localizados os outros átomos de C: octaédricos ou tetraédricos?

26. A estrutura do grafite é dada na Figura 12.18.
(a) Que tipo de forças intermoleculares existem entre as camadas de anéis de seis membros de átomos de carbono?
(b) Explique a ação lubrificante do grafite. Isto é, por que o grafite dá a sensação de ser escorregadio? Por que o lápis (que é constituído de grafite e argila) deixa marcas pretas no papel?

27. Identificamos cinco tipos de sólidos (metálico, iônico, molecular, covalente, amorfo). Quais partículas compõem cada um desses sólidos e quais são as forças de atração entre essas partículas?

28. Liste as propriedades gerais de cada tipo de sólido.

29. Classifique cada um dos seguintes materiais como pertencente a uma das categorias listadas na Tabela 12.2. Quais partículas compõem esses sólidos e quais são as forças de atração entre as partículas? Dê uma propriedade física de cada um.
(a) arseneto de gálio
(b) poliestireno
(c) carbeto de silício
(d) perovskita, $CaTiO_3$

30. Classifique cada um dos seguintes materiais como pertencente a uma das categorias listadas na Tabela 12.2. Quais partículas compõem esses sólidos e quais são as forças de atração entre as partículas? Dê uma propriedade física de cada um.
(a) Si dopado com P
(b) grafite
(c) ácido benzoico, $C_6H_5CO_2H$
(d) Na_2SO_4

Mudanças de Fase para Sólidos
(Veja a Seção 12.6.)

31. O benzeno, C_6H_6, é um líquido orgânico que solidifica a 5,5 °C (Figura 11.1), formando belos cristais em forma de penas. Qual é a energia liberada na forma de calor quando 15,5 g de benzeno solidifica a 5,5 °C? (A entalpia de fusão do benzeno é de 9,95 kJ/mol.) Se 15,5 g da amostra for refundida, à temperatura constante, qual quantidade de energia é requerida para convertê-la em um líquido?

32. A capacidade calorífica específica da prata é de 0,235 J/g · K. O seu ponto de fusão é de 962 °C e a sua entalpia de fusão é de 11,3 kJ/mol. Qual quantidade de energia, em J, é necessária para transformar 5,00 g de prata sólida a 25 °C em líquida a 962 °C?

Diagramas de Fases e Mudanças de Fase
(*Veja a Seção 12.7.*)

33. Considere o diagrama de fases do CO_2 na Figura 12.23.
    (a) A densidade do CO_2 líquido é maior ou menor que a do CO_2 sólido?
    (b) Em que fase você encontra o CO_2 a 5 atm e 0 °C?
    (c) O CO_2 pode ser liquefeito a 45 °C?

34. Utilize o diagrama de fases a seguir para responder às seguintes questões:

    (a) Em que fase a substância é encontrada sob temperatura ambiente e 1,0 atm de pressão?
    (b) Se a pressão exercida sobre uma amostra é de 0,75 atm e a temperatura é de –114 °C, em qual fase a substância existe?
    (c) Se você medir a pressão de vapor de uma amostra líquida e descobrir que ela é de 380 mm Hg, qual é a temperatura da fase líquida?
    (d) Qual é a pressão de vapor do sólido a –122 °C?
    (e) Qual é a fase mais densa – sólida ou líquida? Explique sucintamente.

35. A amônia líquida, $NH_3(\ell)$, já foi utilizada em refrigeradores domésticos como fluido de transferência de calor. A capacidade calorífica específica do líquido é de 4,7 J/g · K e a do vapor é de 2,2 J/g · K. A entalpia de vaporização é de 23,33 kJ/mol no ponto de ebulição. Se você aquecer 12 kg de amônia líquida de –50,0 °C até o ponto de ebulição de –33,3 °C, deixá-la evaporar e, em seguida, continuar aquecendo até 0,0 °C, qual quantidade de energia você deve fornecer?

36. Se o seu ar-condicionado tem mais que alguns anos de idade, é provável que utilize CCl_2F_2, diclorodifluorometano, como fluido de transferência de calor. O ponto de ebulição normal do CCl_2F_2 é –29,8 °C e a entalpia de vaporização é de 20,11 kJ/mol. O gás e o líquido têm capacidades caloríficas molares de 117,2 J/mol · K e 72,3 J/mol · K, respectivamente. Qual é a energia liberada na forma de calor quando 20,0 g de CCl_2F_2 são resfriados de 40 °C para –40 °C?

Questões Gerais

Estas questões não estão definidas quanto ao tipo ou à localização no capítulo. Elas podem combinar vários conceitos.

37. Construa um diagrama de fases para o O_2 a partir da seguinte informação: ponto de ebulição normal, 90,18 K; ponto de fusão normal, 54,8 K; e ponto triplo, 54,34 K a uma pressão de 2 mm Hg. Estime a pressão de vapor do O_2 líquido a –196 °C, a temperatura mais baixa facilmente alcançada em um laboratório. A densidade do O_2 líquido é maior ou menor que a do O_2 sólido?

38. ▲ O tungstênio cristaliza na cela unitária mostrada aqui.

Cela unitária do tungstênio

    (a) Que tipo de cela unitária é esta?
    (b) Quantos átomos de tungstênio pertencem a uma única cela unitária?
    (c) Se a aresta da cela unitária tem 316,5 pm, qual é o raio de um átomo de tungstênio? (*Dica*: Os átomos de W tocam-se uns nos outros ao longo da linha diagonal de um vértice da cela unitária ao vértice oposto na própria cela.)

39. A prata cristaliza em uma cela unitária cúbica de face centrada. Cada lado da cela unitária tem um comprimento de 409 pm. Qual é o raio de um átomo de prata?

40. ▲ A cela unitária mostrada aqui pertence ao carbeto de cálcio. Quantos íons de cálcio e quantos átomos de carbono estão em cada cela unitária? Qual é a fórmula do carbeto de cálcio? (Íons cálcio são de cor branca e átomos de carbono são cinza.)

Cela unitária do carbeto de cálcio

41. O irídio, metal muito denso, tem uma cela unitária cúbica de face centrada e uma densidade de 22,56 g/cm³. Utilize essa informação para calcular o raio de um átomo do elemento.

42. O metal vanádio tem uma densidade de 6,11 g/cm³. Assumindo que o raio atômico do vanádio é de 132 pm, a cela unitária do vanádio é cúbica simples, cúbica de corpo centrado ou cúbica de face centrada?

43. ▲ O fluoreto de cálcio é o mineral fluorita, bem conhecido. Cada cela unitária contém quatro íons Ca^{2+} e oito íons F^-. Os íons F^- preenchem todos os interstícios tetraédricos em um retículo cúbico de face centrada de íons Ca^{2+}. A aresta da cela unitária do CaF_2 tem 5,46295 × 10^{-8} cm de comprimento. A densidade do sólido é de 3,1805 g/cm³. Use essa informação para calcular o número de Avogadro.

44. ▲ O ferro tem uma cela unitária cúbica de corpo centrado, com uma aresta de 286,65 pm. A densidade do ferro é de 7,874 g/cm³. Use essa informação para calcular o número de Avogadro.

45. ▲ Você pode obter alguma ideia de quão eficientemente é o empacotamento dos átomos ou íons esféricos em um sólido tridimensional vendo quão bem átomos circulares podem ser acomodados em duas dimensões. Usando os desenhos aqui mostrados, prove que B é uma maneira mais eficiente para empacotar átomos circulares do que A. A cela unitária de A contém porções de quatro círculos e um interstício. Em B, a cobertura de empacotamento pode ser calculada considerando a configuração triangular dos átomos como porções que contém três círculos e um interstício. Mostre que A preenche cerca de 80% do espaço disponível, ao passo que B preenche perto de 90% do espaço disponível.

A   B

46. Considere os três tipos de celas unitárias cúbicas.

(a) ▲ Supondo que os átomos ou íons esféricos em uma cela unitária cúbica simples apenas se toquem ao longo das arestas do cubo, calcule a porcentagem de espaço ocupado dentro da cela unitária. (Lembre-se de que o volume de uma esfera é $(4/3)\pi r^3$, em que r é o raio da esfera.)

(b) Compare a porcentagem de espaço ocupado na cela simples (cs) com as celas unitárias ccc e cfc. Com base nisso, um metal nessas três formas terá as mesmas ou diferentes densidades? Se diferentes, em qual será mais denso? Em qual será menos denso?

47. A estrutura do estado sólido do silício é mostrada abaixo.

Cela unitária do silício

(a) Descreva este cristal como cs, ccc ou cfc.
(b) Que tipo de interstícios são ocupados no retículo?
(c) Quantos átomos de Si pertencem a uma única cela unitária?
(d) Calcule a densidade do silício em g/cm³ (dado que a aresta do cubo tem um comprimento de 543,1 pm).
(e) ▲ Estime o raio de um átomo de silício. (*Observação*: Os átomos de Si sobre as arestas não se tocam.)

48. A estrutura do estado sólido do carbeto de silício é mostrada abaixo.

(a) Quantos átomos de cada tipo estão contidos dentro da cela unitária? Qual é a fórmula do carbeto de silício?

(b) ▲ Sabendo-se que o comprimento da ligação Si–C é de 188,8 pm (e o ângulo da ligação de Si–C–Si é de 109,5°), calcule a densidade do SiC.

Cela unitária do SiC

Amostra de carbeto de silício

49. Espinelas são sólidos com a fórmula geral AB_2O_4 (em que A^{2+} e B^{3+} são os cátions do mesmo metal ou de diferentes metais). O exemplo mais conhecido é a magnetita comum, Fe_3O_4 [a qual você pode formular como $(Fe^{2+})(Fe^{3+})_2O_4$]. Outro exemplo é o mineral muitas vezes referido como *espinela*, $MgAl_2O_4$.

Um cristal de espinela $MgAl_2O_4$

Os íons óxido das espinelas formam um retículo cúbico de face centrada. Em uma *espinela normal*, os cátions ocupam ⅛ dos interstícios tetraédricos e ½ dos octaédricos.

(a) No $MgAl_2O_4$, em que tipos de interstícios são encontrados os íons magnésio e alumínio?

(b) O mineral cromita tem a fórmula $FeCr_2O_4$. Quais íons estão envolvidos e em que tipos de interstícios são encontrados?

50. Usando os dados termoquímicos abaixo e um valor estimado de –2481 kJ/mol para a energia reticular do Na$_2$O, calcule o valor para a *segunda* afinidade eletrônica do oxigênio [O$^-$(g) + e$^-$ → O^{2-}(g)].

Quantidade	Valor Numérico (kJ/mol)
Entalpia de atomização do Na	107,3
Energia de ionização do Na	495,9
Entalpia de formação do Na$_2$O sólido	−418,0
Entalpia de formação do O(g) a partir do O$_2$	249,1
Primeira entalpia de adição eletrônica do O	−141,0

51. A lacuna de energia entre as bandas no arseneto de gálio é de 140 kJ/mol. Qual é o comprimento de onda máximo de luz necessário para excitar um elétron e deslocá-lo da banda de valência para a banda de condução?

52. A condutividade de um semicondutor intrínseco aumenta com o aumento da temperatura. Como isso pode ser racionalizado?

53. Qual mostrará a maior condutividade a 298 K, silício ou germânio?

54. Identifique os seguintes itens como semicondutores tipo *p* ou *n*.
    (a) germânio dopado com arsênio
    (b) silício dopado com fósforo
    (c) germânio dopado com índio
    (d) germânio dopado com antimônio

55. Semicondutores baseados em diamante são atualmente de enorme interesse na comunidade científica. Apesar do próprio diamante ser um isolante, a adição de um dopante diminuirá a lacuna de energia entre as bandas. Um sistema de semicondutores possui diamante com boro como dopante. Este é um semicondutor do tipo *p* ou *n*?

56. Sólidos moleculares, sólidos covalentes e sólidos amorfos contêm átomos que estão unidos por ligações covalentes. No entanto, essas classes de compostos são muito diferentes na estrutura global, o que conduz a propriedades físicas diferentes associadas a cada classe. Descreva como as estruturas dessas classes de sólidos diferem umas das outras.

No Laboratório

57. Como o ZnS, o sulfeto de chumbo(II), PbS (comumente chamado *galena*), tem uma fórmula empírica de 1:1 com um cátion 2+ combinado com o ânion sulfeto.

Cela unitária do PbS

Amostra de galena

O PbS tem a mesma estrutura sólida do ZnS? Se diferente, como eles são diferentes? Como a cela unitária de PbS está relacionada à sua fórmula?

58. CaTiO$_3$, uma perovskita, tem a estrutura a seguir.
    (a) Se a densidade do sólido é de 4,10 g/cm^3, qual é o comprimento de um lado da cela unitária?
    (b) Calcule o raio do íon Ti^{4+} no centro da cela unitária. Quanto o seu cálculo está de acordo com um valor da literatura de 75 pm?

Cela unitária de perovskita, CaTiO$_3$

Uma amostra de perovskita, CaTiO$_3$

59. O brometo de potássio tem a mesma estrutura cristalina do NaCl. Dados os raios iônicos do K$^+$ (133 pm) e Br$^-$ (196 pm), calcule a densidade do KBr.

60. Calcule a energia reticular do CaCl$_2$ usando um ciclo de Born-Haber e os dados dos Apêndices F e L e da Tabela 7.5.

Resumo e Questões Conceituais

As questões seguintes podem usar os conceitos deste capítulo e dos capítulos anteriores.

61. ▲ Fosfeto de boro, BP, é um semicondutor e um material duro, resistente à abrasão. Ele é fabricado a partir da reação de tribrometo de boro com tribrometo de fósforo em uma atmosfera de hidrogênio sob alta temperatura (>750 °C).

(a) Escreva a equação química balanceada para a síntese do BP. (*Dica*: O hidrogênio é um agente redutor.)
(b) O fosfeto de boro cristaliza na estrutura da blenda de zinco (ZnS), formada por átomos de boro em um retículo cúbico de face centrada e por átomos de fósforo nos interstícios tetraédricos. Quantos interstícios tetraédricos são preenchidos com átomos de P em cada cela unitária?
(c) O comprimento da aresta de uma cela unitária do BP é de 478 pm. Qual é a densidade do sólido em g/cm^3?
(d) Calcule a menor distância entre um átomo de B e um de P na cela unitária. (Suponha que os átomos de B não se toquem ao longo da aresta da cela. Os átomos de B nas faces tocam os átomos de B nos vértices da cela unitária.)

62. ▲ Por que não é possível para um sal com a fórmula M$_3$X (Na$_3$PO$_4$, por exemplo) ter um retículo cúbico de face centrada de ânions X com cátions M nos interstícios octaédricos?

63. ▲ Duas piscinas idênticas estão cheias de esferas uniformes de gelo empacotadas o mais próximo possível. As esferas na primeira piscina são do tamanho de grãos de areia; as da segunda piscina são do tamanho de laranjas. O gelo em ambas as piscinas funde. Em qual piscina o nível da água será maior? (Ignore eventuais diferenças ao preencher o espaço nos planos próximos das paredes e do fundo.)

64. As espinelas são descritas na Questão de Estudo 49. Considere duas espinelas normais, CoAl$_2$O$_4$ e SnCo$_2$O$_4$. Quais cátions estão envolvidos em cada uma? Quais são as suas configurações eletrônicas? Os cátions são paramagnéticos? Em caso afirmativo, quantos elétrons desemparelhados estão envolvidos?

65. Descreva um procedimento para calcular a porcentagem do espaço ocupado pelos átomos em uma disposição cfc.

66. A amostra de jade nefrita mostrada logo no início deste capítulo tinha a fórmula Ca$_2$(Mg, Fe)$_5$(Si$_4$O$_{11}$)$_2$(OH)$_2$. (O ferro nesta fórmula está no estado de oxidação +2.)

(a) Qual é a carga do íon (Si$_4$O$_{11}$)^n neste composto?
(b) Qual é o estado de oxidação do Si neste composto?
(c) Qual é a porcentagem de ferro em uma amostra de jade que tem a fórmula Ca$_2$(Mg$_{0,35}$Fe$_{0,65}$)$_5$(Si$_4$O$_{11}$)$_2$(OH)$_2$?
(d) Os íons de ferro na fórmula para a nefrita têm o mesmo grau de paramagnetismo do Fe^{2+}(g). Quantos elétrons desemparelhados por íon de ferro isso representa?

67. Diagramas de fases para os materiais que têm alótropos podem ser mais complicados do que aqueles apresentados neste capítulo. Use o seguinte diagrama de fases do carbono para responder às próximas perguntas.

(a) Quantos pontos triplos estão presentes e quais fases estão em equilíbrio para cada um?
(b) Existe um único ponto em que todas as quatro fases estão em equilíbrio?
(c) O que é mais estável em altas pressões, diamante ou grafite?
(d) Qual é a fase estável do carbono sob temperatura ambiente e 1 atmosfera de pressão?

68. Prepare um gráfico da entalpia reticular para os haletos de lítio, sódio e potássio (Tabela 12.1) em função da soma dos raios iônicos para os íons componentes (Figura 7.11). Avalie os resultados e comente sobre a relação entre essas quantidades.

Mergulho em grandes profundidades: é importante considerar a solubilidade dos gases nos fluidos do seu corpo quando mergulhar.

13 Soluções e seu comportamento

Sumário do capítulo

13-1 Unidades de Concentração

13-2 O Processo de Dissolução

13-3 Fatores Que Afetam a Solubilidade: Pressão e Temperatura

13-4 Propriedades Coligativas

13-5 Coloides

A NARCOSE E O MAL DOS MERGULHADORES Se você já praticou mergulho, deve ter ouvido falar sobre a narcose, também chamada de "narcose de nitrogênio", "efeito martini" ou "êxtase das profundezas". E você provavelmente já discutiu com seu instrutor a respeito do "mal dos mergulhadores". Ambos os efeitos são causados pelos gases do cilindro de mergulho que se dissolvem no seu sangue ao respirar O_2 e N_2 sob pressão.

Quando você mergulha, a pressão do ar que respira deve ser balanceada com a pressão externa da água contra seu corpo. A pressão sobre seu corpo quando se está embaixo d'água é a pressão atmosférica normal mais a pressão da água, ou mais ou menos 1 atm para cada 10 m de profundidade. Para contrabalançar isso, os modernos reguladores de mergulho fornecem automaticamente a mistura de gases para a respiração à medida que se desce em profundidade a pressões cada vez maiores.

Mas aqui há um problema: conforme a pressão dos gases aumenta, a pressão parcial de O_2 e a de N_2 também aumentam, fazendo com que mais gases dissolvam-se em seu sangue. Esses gases também se dissolvem nas células nervosas do cérebro e alteram a transmissão nervosa, provocando efeitos narcóticos. O efeito é comparável a beber um martini de estômago vazio ou inalar gás hilariante (óxido nitroso, N_2O) no dentista; isso pode deixá-lo um pouco tonto. Em casos graves, isso pode alterar seu julgamento a ponto de

PARTE TRÊS ▶ ESTADOS DA MATÉRIA

CAPÍTULO 13

Objetivos do Capítulo

Consulte a Revisão dos Objetivos do Capítulo para ver as Questões para Estudo relacionadas a estes objetivos.

ENTENDER

- A energia do processo de dissolução.
- A base da regra "semelhante dissolve semelhante".
- Como mudanças na pressão e na temperatura afetam a solubilidade.
- Como solutos em solução afetam a pressão do vapor do solvente, o ponto de congelamento, o ponto de ebulição e a pressão osmótica da solução (propriedades coligativas).

FAZER

- Utilizar as unidades de concentração da solução.
- Calcular a entalpia de dissolução a partir dos dados termodinâmicos.
- Usar a lei de Henry.
- Usar o princípio de Le Chatelier para prever qualitativamente o efeito de uma perturbação nos sistemas em equilíbrio.
- Calcular as variações na pressão de vapor nos pontos de congelamento e de ebulição à medida que um soluto é adicionado a um solvente (propriedades coligativas).
- Calcular a pressão osmótica de uma solução.
- Utilizar as propriedades coligativas para determinar a massa molar de um soluto.
- Aplicar o fator de van't Hoff nos cálculos envolvendo solutos iônicos.

LEMBRAR

- A diferença entre molaridade (M) e molalidade (m).
- O princípio de Le Chatelier, que prevê como sistemas em equilíbrio respondem a uma perturbação.
- A lei de Henry, a relação entre a pressão e a solubilidade de um gás.
- O efeito dos solutos nas propriedades de uma solução.
- A importância e as propriedades dos coloides.
- A terminologia das soluções e seus comportamentos.

---

levá-lo a tirar o regulador da sua boca e dá-lo a um peixe! Algumas pessoas podem descer a profundidades de 30-40 m sem nenhum problema, mas outras podem ter narcose em profundidades muito menores.

Outro problema com o ar que se respira em profundidade é a toxicidade do oxigênio. Nossos corpos estão acostumados a uma pressão parcial do O_2 de 0,21 atm. A uma profundidade de 30 m, usando ar comprimido, a pressão parcial do O_2 é de mais ou menos uma atmosfera, o que significa que é comparável a respirar 100% de oxigênio ao nível do mar. Essas pressões parciais mais elevadas podem prejudicar os pulmões e provocar dano ao sistema nervoso central.

Caso você suba muito rapidamente de um mergulho, você pode experimentar o "mal dos mergulhadores", um estado doloroso e potencialmente letal no qual se formam bolhas do gás nitrogênio no sangue à medida que a solubilidade do nitrogênio diminui com a diminuição da pressão. Para reduzir a probabilidade de ocorrência deste mal, mergulhadores podem utilizar uma mistura gasosa chamada "nitrox". Essa mistura tem geralmente 32-36% de O_2, em decorrência de uma menor porcentagem de N_2. Com a pressão de N_2 mais baixa, menos N_2 é dissolvido no sangue. O uso do nitrox permite que o mergulhador suba mais rápido em menos tempo do que o necessário para expelir o N_2 do sangue. E, devido ao teor de O_2 mais elevado nessa mistura gasosa, o nitrox possui uma vantagem adicional ao permitir mergulhos mais prolongados.

Para mergulhos profundos (ao redor de 100 m) são utilizadas diferentes misturas gasosas. Uma mistura comumente usada (Trimix) pode conter 10% de O_2, 70% de He e 20% de N_2; outras misturas contêm apenas oxigênio e hélio (Heliox). A porcentagem menor de O_2 reduz o perigo da toxicidade desse gás. Substitui-se o nitrogênio pelo hélio porque ele é menos solúvel no sangue e tecidos, mas introduz um efeito colateral interessante. Se houver uma conexão de voz com a superfície, a fala do mergulhador passa a se parecer com a do Pato Donald! Essa alteração da fala ocorre devido à velocidade do som no hélio, que é diferente da no ar.

Está claro que um mergulho seguro exige a compreensão da solubilidade dos gases nos líquidos, um dos tópicos deste capítulo.

Questões para Estudo relacionadas a esta história: 13.19, 13.69 e 13.83.

Todos os dias entramos em contato com soluções: soluções aquosas de sais iônicos, gasolina com aditivos para otimizar suas propriedades e os líquidos de limpeza doméstica, como a amônia na água. Adicionamos açúcar, aromatizantes e, algumas vezes, CO_2 à água para intensificar o sabor de um refrigerante. Atletas ingerem bebidas comerciais com sais dissolvidos para repor rapidamente a concentração de sais no organismo. Na medicina, soluções salinas (soluções aquosas contendo NaCl e outros sais solúveis) são introduzidas no corpo para restituir os fluidos perdidos.

Uma **solução** é uma mistura homogênea de duas ou mais substâncias em uma única fase. Por convenção, o componente presente em maior quantidade é considerado o **solvente**, e o(s) outro(s) componente(s) é(são) o(s) **soluto**(s) (Figura 13.1). Embora existam outros tipos de soluções (tais como as ligas, soluções sólidas de metais), o objetivo neste capítulo é desenvolver uma compreensão dos gases, líquidos e sólidos dissolvidos em solventes líquidos.

A experiência diz que adicionar um soluto a um líquido puro mudará as propriedades do líquido. Sem dúvida, esta é a razão pela qual algumas soluções são feitas. Por exemplo, ao adicionar anticongelante à água do radiador de seu carro, é possível prevenir a ebulição do líquido refrigerante no verão e o seu congelamento no inverno. As mudanças que ocorrem nos pontos de congelamento e de ebulição quando uma substância é dissolvida em um líquido puro são duas propriedades que examinaremos detalhadamente. Essas propriedades, assim como a pressão osmótica de uma solução e as mudanças na pressão de vapor, são exemplos de propriedades coligativas. As **propriedades coligativas** são propriedades das soluções que dependem apenas do número de partículas de soluto por molécula de solvente e não da identidade do soluto.

(a) Cloreto de cobre(II), o soluto, é adicionado à água, o solvente.

(b) Interações entre as moléculas de água e os íons Cu^{2+} e Cl^- permitem ao sólido dissolver-se. Os íons estão agora circundados pelas moléculas de água.

FIGURA 13.1 Fazendo uma solução de cloreto de cobre(II) (o soluto) em água (o solvente). Quando compostos iônicos dissolvem-se na água, cada íon é rodeado por moléculas de água. O número de moléculas de água depende do tamanho e da carga do íon.

13-1 Unidades de Concentração

Para analisar as propriedades coligativas das soluções, necessitamos de maneiras para definir as concentrações do soluto que refletem o número de moléculas ou de íons do soluto por molécula de solvente. Quatro unidades de concentração aqui descritas possuem essa característica: a molalidade, a fração molar, a porcentagem em massa e as partes por milhão (ppm).

A **molalidade**, m, de uma solução é definida como a quantidade de matéria de soluto (mol) por quilograma de solvente.

$$\text{Concentração } (c, \text{mol/kg}) = \text{molalidade da solução} = \frac{\text{quantidade de soluto (mol)}}{\text{massa de solvente (kg)}} \quad (13.1)$$

Para preparar uma solução 1,00 molal, por exemplo, adiciona-se 1,00 mol de soluto em 1,00 kg de água.

A molaridade é uma unidade de concentração que foi definida anteriormente e utilizada em cálculos estequiométricos (veja a Seção 4.5). Essa unidade não é útil quando se lida com a maioria das propriedades coligativas porque, ao se preparar uma solução de uma dada molaridade, a quantidade de solvente não é conhecida como seria se estivéssemos preparando uma solução de uma dada molalidade.

A diferença entre *molalidade* (m) e *molaridade* (M) é ilustrada na Figura 13.2. O balão volumétrico à direita contém uma solução aquosa de cromato de potássio 0,100 M. A solução foi feita adicionando-se água suficiente para se obter 0,100 mol de K_2CrO_4 em um volume de 1,000 L de solução. Se 1,00 L (1,00 kg) de água é adicionado a 0,100 mol de K_2CrO_4 para fazer uma solução 0,100 molal, o volume da solução será maior que 1,000 L, como pode ser visto no balão do lado esquerdo da foto.

A **fração molar**, X, de um componente da solução é definida como a quantidade (mols) desse componente (n_A) dividida pela quantidade total (mols) de todos os componentes da mistura ($n_A + n_B + n_C + ...$) Matematicamente, é representada como:

$$\text{Fração molar de A } (X_A) = \frac{n_A}{n_A + n_B + n_C + ...} \quad (13.2)$$

Fração Molar e Gases Introduzimos previamente o uso da fração molar quando discutimos misturas de gases na Seção 10-5.

FIGURA 13.2 Preparando soluções 0,100 molal e 0,100 molar.

Considere uma solução que contenha 1,00 mol (46,1g) de etanol, C_2H_5OH, em 9,00 mols (162 g) de água. Aqui a fração molar do álcool é 0,100 e a da água é 0,900.

$$X_{etanol} = \frac{1,00 \text{ mol de etanol}}{1,00 \text{ mol de etanol} + 9,00 \text{ mols de água}} = 0,100$$

$$X_{água} = \frac{9,00 \text{ mols de água}}{1,00 \text{ mol de etanol} + 9,00 \text{ mols de água}} = 0,900$$

Observe que a soma das frações molares dos componentes na solução é igual a 1,000, uma relação que deve ser verdadeira, baseada na definição da fração molar.

Porcentagem em massa é a massa de um componente dividida pela massa total da solução, multiplicada por 100%:

$$\% \text{ Massa de A} = \frac{\text{massa de A}}{\text{massa de A} + \text{massa de B} + \text{massa de C} + \ldots} \times 100\% \quad (13.3)$$

A mistura álcool–água tem 46,1 g de etanol e 162 g de água, portanto, a massa total da solução é 208,1 g, e a porcentagem em massa de álcool é

$$\% \text{ Massa de etanol} = \frac{46,1 \text{g de etanol}}{46,1 \text{g de etanol} + 162 \text{ g de água}} \times 100\% = 22,2\%$$

A porcentagem em massa é uma unidade comum em produtos de consumo (Figura 13.3). O vinagre, por exemplo, é uma solução aquosa contendo aproximadamente 5% de ácido acético e 95% de água. O rótulo de um alvejante doméstico indica seu ingrediente ativo como 6,00% de hipoclorito de sódio (NaOCl) em 94,00% de ingredientes inertes.

A unidade **ppm (partes por milhão)** também se refere às quantidades relativas em massa de soluto e solvente; 1,00 ppm representa uma solução contendo 1,0 g de soluto em uma solução com massa total de 1,0 milhão de gramas (equivalente a 1 mg por 1000 g). Essa unidade é comumente utilizada para identificar concentrações de solutos em soluções muito diluídas. É útil na Química (em especial em Química Ambiental e em disciplinas como Biologia, Geologia e Oceanografia).

FIGURA 13.3 Porcentagem em massa. A composição de muitos produtos comuns é dada frequentemente em termos de porcentagem em massa.

ppb e ppt As unidades ppb (partes por bilhão) e ppt (partes por trilhão) estão relacionadas com as ppm. Técnicas analíticas sofisticadas estão agora disponíveis e podem detectar traços de impurezas no nível de ppb e de ppt.

EXEMPLO 13.1

Calculando Frações Molares, Molalidade e Porcentagem em Massa

Problema Suponha que sejam adicionados 1,2 kg de etilenoglicol, $HOCH_2CH_2OH$, como anticongelante a 4,0 kg de água no radiador de seu carro. Quais são a fração molar, a molalidade e a porcentagem em massa do etilenoglicol?

O que você sabe? Você sabe a identidade e as massas do soluto e do solvente.

Estratégia A quantidade de soluto e de solvente podem ser calculadas utilizando-se a massa e a massa molar de cada componente. As massas e quantidades de soluto e solvente podem então ser combinadas para calcular a concentração em cada uma das unidades de concentração desejadas utilizando-se as Equações 13.1-13.3.

Solução A quantidade de 1,2 kg de etilenoglicol (massa molar = 62,1 g/mol) equivale a 19 mols e 4,0 kg de água representam 220 mols.

Fração molar:

$$X_{etilenoglicol} = \frac{19 \text{ mols de etilenoglicol}}{19 \text{ mols de etilenoglicol} + 220 \text{ mols de água}} = \boxed{0,080}$$

Molalidade:

$$c_{\text{etilenoglicol}} = \frac{19 \text{ mols de etilenoglicol}}{4,0 \text{ kg de água}} = 4,8 \text{ mols/kg} = \boxed{4,8 \ m}$$

Porcentagem em massa:

$$\% \text{ Massa} = \frac{1,2 \times 10^3 \text{ g de etilenoglicol}}{1,2 \times 10^3 \text{ g de etilenoglicol} + 4,0 \times 10^3 \text{ g de água}} \times 100\% = \boxed{23\%}$$

Pense bem antes de responder Embora os valores numéricos sejam muito diferentes, a informação contida nesses valores é similar; cada uma expressa números relativos ao solvente e às partículas do soluto.

Verifique seu entendimento

(a) Fração molar, molalidade e porcentagem em massa: se você dissolver 10,0 g (aproximadamente uma colher de chá) de açúcar (sacarose, $C_{12}H_{22}O_{11}$) em um copo com água (250, g), quais serão a fração molar, a molalidade e a porcentagem em massa do açúcar?

(b) Partes por milhão: a água do mar tem concentração de íons sódio de $1,08 \times 10^4$ ppm. Se o sódio estiver presente na forma de cloreto de sódio dissolvido, que massa de NaCl há em cada litro de água do mar? A água do mar é mais densa que a água pura por causa dos sais dissolvidos. Sua densidade é de 1,05 g/mL.

Anticongelante comercial. Essa solução contém etilenoglicol, $HOCH_2CH_2OH$, um álcool que se solubiliza rapidamente em água. Normas especificam que anticongelantes à base de etilenoglicol devem ter pelo menos 75% em massa desse composto (o restante da solução pode ser composto de outros glicóis e água).

EXERCÍCIOS PARA A SEÇÃO 13.1

1. Você dissolve 1,0 mol de ureia (H_2NCONH_2) em 270 g de água. A fração molar da ureia é de

   (a) $3,7 \times 10^{-3}$ (b) 0,063   (c) 16   (d) 1,0

   e sua molalidade é de

   (a) 1,0   (b) 3,7   (c) 0,063   (d) 0,27

2. A concentração de ácido acético, CH_3CO_2H, em uma amostra de vinagre é de 5,0 por cento em massa. Qual é a concentração do vinagre expressa em mol/kg de solvente (molalidade)?

   (a) 0,83 mol/kg   (b) 0,88 mol/kg   (c) 5,2 mol/kg   (d) 0,083 mol/kg

13-2 O Processo de Dissolução

Se o $CuCl_2$ sólido for adicionado a um béquer com água, o sal começará a se dissolver (veja a Figura 13.1). A quantidade de sólido diminui e as concentrações de Cu^{2+}(aq) e Cl^-(aq) na solução aumentam. Se continuarmos a adicionar $CuCl_2$, entretanto, chegará um ponto em que o $CuCl_2$ adicional parece não se dissolver mais. As concentrações de Cu^{2+}(aq) e de Cl^-(aq) não aumentarão mais e qualquer sólido $CuCl_2$ adicional simplesmente permanecerá como um sólido no fundo do béquer. Dizemos que a solução está **saturada.**

Embora nenhuma mudança seja observada no nível macroscópico quando uma solução está saturada, trata-se de uma situação diferente no nível particulado. O processo de dissolução continua ocorrendo, com íons Cu^{2+} e Cl^- saindo do estado sólido e entrando na solução. Entretanto, ao mesmo tempo, $CuCl_2$(s) está sendo formado a partir de Cu^{2+}(aq) e Cl^-(aq). As velocidades nas quais o $CuCl_2$ dissolve-se e se reprecipita são iguais em uma solução saturada, de modo que nenhuma mudança líquida na concentração dos íons é observada no nível macroscópico.

Esse processo é outro exemplo de um equilíbrio dinâmico (◄ Seção 3.3) e pode ser representado com uma equação na qual as substâncias estão ligadas por um conjunto de setas duplas ($\rightleftharpoons$):

$$CuCl_2(s) \rightleftharpoons Cu^{2+}(aq) + 2\ Cl^-(aq)$$

Insaturado O termo insaturado é utilizado ao se referir a soluções cuja concentração de soluto é menor do que a da solução saturada.

Soluções Supersaturadas

UM OLHAR MAIS ATENTO

Embora à primeira vista pareça uma contradição, é possível ter uma solução em que há mais soluto dissolvido do que a quantidade em uma solução saturada. Essas soluções são referidas como **supersaturadas**. As soluções supersaturadas são instáveis, e o sólido adicional pode cristalizar-se a partir da solução até que a concentração de equilíbrio do soluto seja alcançada.

A solubilidade das substâncias frequentemente diminui se a temperatura diminui. As soluções supersaturadas são geralmente obtidas preparando-se uma solução saturada a uma temperatura elevada e cuidadosamente resfriada. Se a velocidade da cristalização for lenta, é possível que o sólido não se precipite quando a solubilidade for excedida. O resultado é uma solução que possui mais soluto do que a quantidade definida pelas condições de equilíbrio; ela é supersaturada.

Quando perturbada de alguma forma, uma solução supersaturada desloca-se em direção ao equilíbrio por meio da precipitação de soluto. Essa mudança pode ocorrer

Soluções supersaturadas. Quando uma solução supersaturada é perturbada, o sal dissolvido (neste caso, acetato de sódio, NaCH$_3$CO$_2$) cristaliza-se rapidamente.

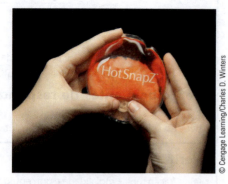

Calor de cristalização. Uma compressa quente baseia-se no calor liberado pela cristalização de acetato de sódio.

rapidamente, muitas vezes com a liberação de calor. De fato, as soluções supersaturadas são usadas nas "compressas quentes" vendidas comercialmente para aplicar calor a músculos contundidos. Quando a cristalização do acetato de sódio (NaCH$_3$CO$_2$) de uma solução supersaturada em uma compressa quente é iniciada, a temperatura da compressa sobe até aproximadamente 50 °C e cristais de acetato de sódio sólido são visíveis no interior da embalagem.

Uma solução saturada fornece uma maneira de definir precisamente a solubilidade de um sólido em um líquido. A **solubilidade** é a concentração de soluto em equilíbrio com o soluto não dissolvido em uma solução saturada. A solubilidade do CuCl$_2$, por exemplo, é de 70,6 g em 100 mL de água a 0 °C. Se adicionarmos 100,0 g de CuCl$_2$ a 100 mL de água a 0 °C, podemos esperar que 70,6 g dissolvam-se e 29,4 g de sólido permaneçam sem dissolver.

Líquidos Dissolvendo-se em Líquidos

Se dois líquidos são misturados em qualquer proporção para formar uma mistura homogênea, dizemos que são **miscíveis**. Por outro lado, os líquidos **imiscíveis** não se misturam completamente em todas as proporções; eles existem em contato um com o outro como camadas separadas (Figura 13.4). O etanol (C$_2$H$_5$OH) e a água, ambos compostos polares, são miscíveis, do mesmo modo como os líquidos não polares octano (C$_8$H$_{18}$) e tetracloreto de carbono (CCl$_4$). Muitas observações similares a estas levam-nos a uma regra familiar: *semelhante dissolve semelhante*. Líquidos não polares são quase sempre miscíveis, do mesmo modo que líquidos polares.

Por outro lado, solventes não polares, como o C$_8$H$_{18}$ e o CCl$_4$, não são miscíveis com a água, que é polar. Como regra geral, solventes polares provavelmente não são miscíveis com solventes não polares.

Sólidos Dissolvendo-se em Líquidos

A regra "semelhante dissolve semelhante" também se aplica a sólidos moleculares dissolvendo-se em líquidos. Sólidos não polares, como o naftaleno, C$_{10}$H$_8$, dissolvem-se facilmente em solventes não polares como o benzeno, C$_6$H$_6$, e o hexano, C$_6$H$_{14}$. O iodo, I$_2$, um sólido inorgânico não polar, dissolve-se em água até certo ponto, mas se dissolve muito mais em líquidos não polares como o CCl$_4$ (Figura 13.5). Sólidos polares são geralmente solúveis em líquidos polares, como a água. A sacarose (açúcar), um sólido molecular polar com vários grupos —OH, dissolve-se rapidamente em água, um fato que conhecemos bem, pois a utilizamos para adoçar bebidas.

Conforme já visto, a maioria dos líquidos não polares provavelmente é insolúvel ou apresenta baixa solubilidade em solventes polares, como a água. O oposto

grupo OH

Semelhante dissolve semelhante. A glicose possui 5 grupos —OH em cada molécula, grupos que permitem que se formem ligações de hidrogênio com as moléculas de água. Como resultado, a glicose dissolve-se rapidamente na água.

Soluções e seu comportamento | **579**

(a) Antes da mistura. A camada inferior incolor mais densa é de tetracloreto de carbono, CCl$_4$, não polar. A camada média é uma solução de CuSO$_4$ em água e a camada incolor superior é o octano, C$_8$H$_{18}$, não polar e menos denso. Essa mistura foi preparada por meio de cuidadosa sobreposição de um líquido sobre outro, sem agitar.

(b) Após a mistura. Após agitar a mistura, os dois líquidos não polares formam uma mistura homogênea. Essa camada de líquidos misturados está sob a camada de solução porque a mistura de CCl$_4$ e C$_8$H$_{18}$ tem maior densidade que a água.

FIGURA 13.4 Miscibilidade.

também é verdadeiro. Solutos polares, o açúcar, por exemplo, tendem a possuir menor solubilidade em solventes não polares, como a gasolina.

Compostos iônicos podem ser considerados exemplos extremos de compostos polares e estes não se dissolvem em solventes não polares. O cloreto de sódio, por exemplo, não se dissolve em líquidos como o hexano ou o CCl$_4$. Entretanto, a solubilidade de compostos iônicos na água, o solvente polar, não é facilmente previsível. Lembre-se da regra da solubilidade (◄ Figura 3.10), a qual prediz que alguns compostos iônicos são solúveis em água enquanto outros não o são.

Sólidos covalentes, incluindo o grafite, o diamante e a areia (SiO$_2$), não se dissolvem em água (onde estariam todas as praias se a areia se dissolvesse na água?). A ligação covalente nos sólidos reticulares é muito forte para ser quebrada e sua estrutura permanece intacta quando entram em contato com a água.

Entalpia de Dissolução

Qual é a base para a regra "semelhante dissolve semelhante"? Primeiro, reconhecemos que há dois fatores que determinam se algum processo irá ocorrer. Um fator é a mudança de entalpia no processo, aqui a *entalpia de dissolução*. O segundo fator é a *entropia*, uma função termodinâmica que é uma medida da maior dispersão de

FIGURA 13.5 Solubilidades do iodo não polar em água polar e em tetracloreto de carbono não polar. Quando uma solução de I$_2$ não polar em água (a camada superior no tubo de ensaio da esquerda) é agitada com o CCl$_4$ não polar (o líquido incolor na parte de baixo do tubo de ensaio da esquerda), o I$_2$ transfere-se preferencialmente para o solvente não polar. Uma prova de que isso ocorreu é a cor púrpura da camada inferior de CCl$_4$ no tubo de ensaio da direita.

FIGURA 13.6 Conduzindo o processo de dissolução-entropia. Quando dois líquidos similares – aqui a água e o metanol – são misturados, as moléculas mesclam-se e a energia do sistema está mais dispersa do que nos dois líquidos puros separados. Uma medida dessa energia de dispersão é a entropia, uma função termodinâmica descrita em mais detalhes no Capítulo 18.

A Entropia e o Processo de Dissolução É geralmente aceito que a entropia é o maior contribuinte do processo de dissolução. (Veja o Capítulo 18 e S, T. P. The real reason why oil and water don't mix. *Journal of Chemical Education*, v. 75, p. 116-118, 1998).

energia das partículas na mistura em relação aos líquidos puros (Figura 13.6). Quanto maior a energia associada à dispersão, maior a entropia, e mais favorável é o processo. Discutiremos a entropia mais profundamente no Capítulo 18; aqui apenas indicaremos que, ao avaliar dissoluções, o efeito da entropia é, frequentemente, dominante. A entalpia de dissolução, que pode ser interpretada de maneira rápida com base nas forças de atração entre as partículas, é um fator importante na determinação da solubilidade, porém menos que o fator da entropia.

É possível avaliar a mudança de entalpia que ocorre quando uma solução é formada avaliando as forças intermoleculares entre as partículas. Na água pura e no metanol puro, a principal força entre as moléculas é a ligação de hidrogênio envolvendo os grupos —OH. Quando os dois líquidos são misturados, as ligações de hidrogênio entre o metanol e as moléculas de água também ocorrem. Como as forças de atração soluto–solvente e soluto–soluto são de magnitudes similares, podemos prever que a variação de entalpia na dissolução será pequena.

De forma similar, pode-se esperar que a variação de entalpia quando se dissolve um soluto não polar em um solvente não polar seja próxima de zero. Moléculas de octano puro ou CCl_4 puro, ambas não polares, são mantidas unidas na fase líquida pelas forças de dispersão (◄ Seção 11.4). Quando esses líquidos não polares são misturados, a energia associada com as forças de atração entre o soluto e o solvente é similar àquela associada com as forças de atração entre as moléculas de octano e de CCl_4 como líquidos puros. Assim como em soluções de solutos polares em solventes polares, pouca ou nenhuma mudança de energia ocorre; espera-se que o processo de dissolução ocorra com uma variação mínima de energia.

Para compostos iônicos dissolvendo-se em água, uma variação de entalpia favorável (um $\Delta_{dissolução}H$ negativo) geralmente leva um composto a ser solúvel. Por exemplo, o hidróxido de sódio é muito solúvel, dissolvendo-se em água com liberação significativa de calor (Figura 13.7a). Uma variação de entalpia desfavorável, no entanto, não garante que um composto iônico não irá se dissolver. O cloreto de sódio é bastante solúvel em água, embora o processo de dissolução seja levemente endotérmico. O nitrato de amônio é bastante solúvel em água em um processo que também é endotérmico, evidenciado pelo fato de que a solução torna-se perceptivelmente mais fria (Figura 13.7b). Nesses casos, devemos concluir que a entropia é a força que conduz ao processo de dissolução.

Para se entender mais a respeito da energia dos processos que envolvem a solubilidade, usaremos o processo de dissolução de KF em água para ilustrar o que ocorre. O diagrama de níveis de energia na Figura 13.8 nos ajudará a acompanhar as mudanças. O fluoreto de potássio possui um retículo cristalino com íons K^+ e F^- alternados, mantidos no lugar por forças de atração provenientes de suas cargas opostas. Na água, esses íons são separados uns dos outros e *hidratados*, ou seja, eles são circundados por moléculas de água (veja a Figura 13.1). As forças de atração íon–dipolo ligam fortemente as moléculas de água a cada íon. A variação de energia

Soluções e seu comportamento   **581**

(a) A dissolução de NaOH em água é um processo altamente exotérmico.

FIGURA 13.7 **Dissolução de sólidos iônicos e a entalpia de dissolução.**

(b) Uma "compressa fria" contém nitrato de amônio sólido, NH_4NO_3, e uma embalagem com água. Quando a água e o NH_4NO_3 são misturados e o sal dissolve-se, a temperatura do sistema cai, devido à entalpia endotérmica da dissolução de nitrato de amônio ($\Delta_{dissolução} H° = +25{,}7$ kJ/mol).

que ocorre no processo a partir do reagente, KF(s), para os produtos, K^+(aq) e F^-(aq), é a soma das energias em duas etapas individuais:

1. É preciso fornecer energia para separar os íons no retículo, em oposição a suas forças de atração. Isso é o contrário do processo que define a entalpia reticular de um composto iônico (◄ Seção 12.3), e seu valor será igual a $-\Delta_{reticular}H$. A separação dos íons uns dos outros é um processo altamente endotérmico, porque as forças de atração entre os íons são intensas.
2. Energia é liberada quando os íons individuais dissolvem-se na água, onde cada íon é circundado por moléculas de água. Mais uma vez, forças de atração intensas (forças íon–dipolo) estão envolvidas. (◄ Seção 11.2). Este processo, chamado **hidratação** quando a água é o solvente, é altamente exotérmico.

FIGURA 13.8 Modelo para as variações de energia na dissolução de KF. Uma estimativa da magnitude das variações de energia ao se dissolver um composto iônico em água pode ser feita se imaginarmos que isso ocorre em duas etapas no nível de partículas. Aqui, o KF é primeiro separado em cátion e ânion na fase gasosa com consumo de 821 kJ por mol de KF. Esses íons são então hidratados com $\Delta_{hidratação}H$, o qual estima-se ser -837 kJ. Portanto, o saldo energético é de -16 kJ, uma entalpia de dissolução levemente exotérmica.

FIGURA 13.9 Dissolução de um sólido iônico em água. Este processo é um balanço de forças. Há forças intermoleculares entre as moléculas de água e forças íon–íon que estão atuantes no retículo iônico cristalino. Para dissolver, as forças íon–dipolo entre a água e os íons ($\Delta_{hidratação}H$) devem superar as forças íon–íon ($\Delta_{reticular}H$) e as forças intermoleculares na água.

Atração dipolo-dipolo e ligação de hidrogênio

Atração íon–dipolo; relacionada com a entalpia de hidratação, $\Delta_{hidratação}H$

Atração íon–íon; definida pela entalpia reticular, $\Delta_{reticular}H$

Podemos, portanto, representar o processo de dissolução do KF em termos de equações químicas:

Etapa 1: KF(s) ⟶ K⁺(g) + F⁻(g) $-\Delta_{reticular}H$
Etapa 2: K⁺(g) + F⁻(g) ⟶ K⁺(aq) + F⁻(aq) $\Delta_{hidratação}H$

A entalpia da reação global, chamada **entalpia de dissolução** ($\Delta_{dissolução}H$), é a soma das duas mudanças de entalpia.

Global: KF(s) ⟶ K⁺(aq) + F⁻(aq) $\Delta_{dissolução}H = -\Delta_{reticular}H + \Delta_{hidratação}H$

Podemos usar essa equação para estimar o valor de $\Delta_{hidratação}H$. Da energia reticular para o KF (-821 kJ/mol, calculado usando um ciclo de Born-Haber; veja a Seção 12.3) e o valor de $\Delta_{dissolução}H$ (−16,4 kJ/mol, determinado por calorimetria) podemos determinar que $\Delta_{hidratação}H$ é −837 kJ/mol.

Como regra geral, por ser solúvel em água, um composto iônico terá uma entalpia de dissolução que será exotérmica ou apenas levemente endotérmica (Figura 13.9). Neste último caso, assume-se que o processo de dissolução deve-se ao fato de que sua característica endotérmica seja balanceada por uma entropia de dissolução favorável. Se o processo de dissolução for muito endotérmico (por causa da baixa energia de hidratação), então, é improvável que o composto seja solúvel. De modo similar, podemos concluir que os solventes apolares não solvatariam os íons com suficiente intensidade e que o processo de dissolução seria, portanto, desfavorável. Dessa forma, prevemos que um composto iônico como o sulfato de cobre(II) não é solúvel em solventes não polares, como o tetracloreto de carbono e o octano (veja a Figura 13.4).

Também é útil reconhecer que a entalpia do processo de dissolução é a diferença entre dois números muito grandes. Pequenas variações nas entalpias reticulares ou nas de hidratação podem determinar se um processo de dissolução é endotérmico ou exotérmico.

Entalpia de Dissolução: Dados Termodinâmicos

Tabelas de valores termodinâmicos frequentemente incluem valores para as entalpias de formação de soluções aquosas de sais. Por exemplo, $\Delta_f H°$ para NaCl(aq) (−407,3 kJ/mol, Tabela 13.1 e Apêndice L) refere-se à formação de uma solução de 1 m de NaCl a partir dos seus elementos. É preciso considerar o envolvimento das variações na entalpia para as duas etapas: (1) a formação de NaCl(s) a partir de seus elementos Na(s) e Cl₂(g) em seus estados padrão ($\Delta_f H°$) e (2) a formação de uma solução de 1 m ao se dissolver NaCl sólido na água ($\Delta_{dissolução}H°$):

Formação de NaCl(s):   Na(s) + ½ Cl₂(g) ⟶ NaCl(s) $\Delta_f H° = -411,1$ kJ/mol
Dissolução de NaCl(s):   NaCl(s) ⟶ NaCl(aq, 1 m) $\Delta_{dissolução}H° = +3,8$ kJ/mol
Processo global: Na(s) + ½ Cl₂(g) ⟶ NaCl(aq, 1 m) $\Delta_f H° = -407,3$ kJ/mol

Tabela 13.1 Dados para Calcular a Entalpia de Dissolução

Composto	$\Delta_f H°$(s) (kJ/mol)	$\Delta_f H°$ (aq, 1 m) (kJ/mol)
LiF	−616,9	−611,1
NaF	−573,6	−572,8
KF	−568,6	−585,0
RbF	−557,7	−583,8
LiCl	−408,7	−445,6
NaCl	−411,1	−407,3
KCl	−436,7	−419,5
RbCl	−435,4	−418,3
NaOH	−425,9	−469,2
NH₄NO₃	−365,6	−339,9

Ao combinar as entalpias de formação de um sólido e de sua solução aquosa, pode-se calcular a entalpia de dissolução, como descrito no Exemplo 13.2.

EXEMPLO 13.2

Calculando uma Entalpia de Dissolução

Problema Determine a entalpia de dissolução do NH_4NO_3, o composto utilizado em compressas frias.

O que você sabe? O processo de dissolução do NH_4NO_3 é representado pela equação:

$$NH_4NO_3(s) \longrightarrow NH_4NO_3(aq)$$

As entalpias de formação do NH_4NO_3 no estado sólido (-365,6 kJ/mol) e em solução (-339,9 kJ/mol) são dadas na Tabela 13.1.

Estratégia: A Equação 5.6 (Seção 5.7) afirma que a variação de entalpia em um processo é a diferença entre a entalpia de formação, $\Delta_f H$, do estado final (aqui, o composto em solução) e a do estado inicial (o estado sólido).

Solução A variação de entalpia para esse processo é calculada utilizando-se a Equação 5.6, como segue:

$$\Delta_{dissolução} H° = \sum [n\Delta_f H°(\text{produto})] - \sum [n\Delta_f H°(\text{reagente})]$$
$$= \Delta_f H° [NH_4NO_3(aq)] - \Delta_f H° [NH_4NO_3(s)] \quad \text{(em que } n = 1 \text{ para ambos)}$$
$$= -339,9 \text{ kJ} - (-365,6 \text{ kJ}) = \boxed{+25,7 \text{ kJ}}$$

Pense bem antes de responder O processo é endotérmico, como indicado pelo fato de que $\Delta_{dissolução} H°$ tem um valor positivo, como verificado pelo experimento da Figura 13.7b.

Verifique seu entendimento
Use os dados da Tabela 13.1 para calcular a entalpia de dissolução do NaOH.

EXERCÍCIOS PARA A SEÇÃO 13.2

1. A partir dos dados de entalpia de formação abaixo, calcule $\Delta_{dissolução} H°$ para LiOH.

   $\Delta_f H°$ [LiOH(s)] = $-484,93$ kJ/mol $\Delta_f H°$ [LiOH(aq)] = $-508,48$ kJ/mol

   (a) +23,55 kJ/mol   (c) −23,55 kJ/mol
   (b) +993,41 kJ/mol   (d) −993,41 kJ/mol

13-3 Fatores Que Afetam a Solubilidade: Pressão e Temperatura

Pressão e temperatura são dois fatores externos que afetam a solubilidade. Ambos afetam a solubilidade de gases em líquidos, enquanto apenas a temperatura afeta a solubilidade de sólidos em líquidos.

Dissolução de Gases em Líquidos: Lei de Henry

A solubilidade de um gás em um líquido é diretamente proporcional à pressão do gás. Isto é o que diz a **lei de Henry**,

$$S_g = k_H P_g \quad (13.4)$$

FIGURA 13.10 Solubilidade de gases e pressão. Bebidas carbonatadas são engarrafadas sob alta pressão de CO_2. Quando a garrafa é aberta, a pressão é aliviada e bolhas de CO_2 formam-se dentro do líquido e sobem à superfície. Depois de algum tempo, alcança-se um equilíbrio entre o CO_2 dissolvido e o CO_2 atmosférico. A bebida perde a efervescência quando a maior parte do CO_2 dissolvido é perdida.

Tabela 13.2 Constantes da Lei de Henry para Gases em Água (25 °C)

Gás	k_H (mol/kg · bar)
He	$3,8 \times 10^{-4}$
H_2	$7,8 \times 10^{-4}$
N_2	$6,0 \times 10^{-4}$
O_2	$1,3 \times 10^{-3}$
CO_2	0,034
CH_4	$1,4 \times 10^{-3}$
C_2H_6	$1,9 \times 10^{-3}$

*Fonte: http://webbook.nist.gov/chemistry/. *Observação:* 1 bar = 0,9869 atm.

Limitações da Lei de Henry A lei de Henry é válida quantitativamente apenas para gases que não interagem quimicamente com o solvente. Ela não prevê precisamente a solubilidade da NH_3 em água, por exemplo, porque esse composto produz pequenas concentrações de NH_4^+ e OH^- em água.

em que S_g é a solubilidade do gás (em mol/kg), P_g é a pressão parcial do gás e k_H é a constante da lei de Henry (Tabela 13.2), uma constante característica do soluto e do solvente.

Refrigerantes carbonatados ilustram como a lei de Henry atua. Essas bebidas são engarrafadas sob pressão em uma câmara preenchida com gás dióxido de carbono, parte do qual dissolve-se na bebida. Quando a garrafa ou a lata é aberta, a pressão parcial do CO_2 sobre a solução diminui, causando a diminuição da solubilidade do CO_2 e a saída de bolhas de gás da solução (Figura 13.10).

A lei de Henry tem consequências importantes no mergulho em grandes profundidades. Como explicado no tópico "A Narcose e o Mal dos Mergulhadores", no início deste capítulo, ao mergulhar, a pressão do ar que se respira deve ser balanceada contra a pressão externa da água. Em mergulhos mais profundos, a pressão dos gases no equipamento deve ser de várias unidades de atmosferas e, como resultado, maior quantidade de gás dissolve-se no sangue. Isso pode causar problemas quando se sobe à superfície muito rapidamente; pode-se experimentar uma sensação dolorosa e potencialmente fatal, na qual se formam "bolhas" de gás nitrogênio no sangue à medida que a solubilidade do nitrogênio diminui com a descompressão. Em uma iniciativa para evitar que isso ocorra, os mergulhadores podem usar uma mistura de hélio–oxigênio (no lugar da mistura nitrogênio–oxigênio), pois o hélio não é tão solúvel em meio aquoso quanto o nitrogênio.

Podemos compreender melhor o efeito da pressão sobre a solubilidade pela análise de um sistema no nível particulado. A solubilidade de um gás é definida como a concentração do gás dissolvido em uma solução em equilíbrio com o gás na fase gasosa. No equilíbrio, a velocidade com que as moléculas do soluto gasoso escapam da solução e entram na fase gasosa é igual à velocidade com que as moléculas de gás entram na solução. Um aumento de pressão resulta em mais moléculas de gás que colidem com a superfície do líquido e entram na solução em um determinado tempo. A solução então alcança um novo equilíbrio quando a concentração de gás dissolvido no solvente é alta o suficiente para que a velocidade de escape das moléculas do gás da solução iguale-se à velocidade de entrada das moléculas do gás para a solução.

EXEMPLO 13.3

Usando a Lei de Henry

Problema Qual é a concentração de O_2 em um córrego de água doce em equilíbrio com o ar a 25 °C a uma pressão de 1 bar? Expresse a resposta em gramas de O_2 por kg de água.

O que você sabe? Você sabe a pressão total do ar e a temperatura, e pode buscar a constante da lei de Henry na temperatura indicada ($1,3 \times 10^{-3}$ mol/kg · bar). (Note que 1 bar é aproximadamente 1 atm; Seção 10.1.)

Estratégia Você primeiro encontra a pressão parcial de O$_2$ a partir de sua fração molar no ar (0,21) e a pressão atmosférica especificada (1,0 bar). Então use a lei de Henry para calcular sua solubilidade molar.

Solução

(a) A fração molar do O$_2$ no ar é de 0,21, e como a pressão total é de 1,0 bar, a pressão parcial do O$_2$ é de 0,21 bar.

(b) Usando essa pressão parcial do O$_2$ para P_g, pela Lei de Henry, temos que:

$$\text{Solubilidade do O}_2 = k_H P_g = \left(\frac{1,3 \times 10^{-3} \text{ mol}}{\text{kg} \cdot \text{bar}}\right)(0,21 \text{ bar}) = 2,7 \times 10^{-4} \text{ mol/kg}$$

(c) Calcule a concentração em g/kg a partir da concentração em mol/kg e a massa molar do O$_2$.

$$\text{Solubilidade de O}_2 = \left(\frac{2,7 \times 10^{-4} \text{ mol}}{\text{kg}}\right)\left(\frac{32,0 \text{ g}}{\text{mol}}\right) = 0,0087 \text{ g/kg}$$

Pense bem antes de responder A concentração de O$_2$ é de 8,7 ppm (8,7 mg/1000 g). Essa concentração é bastante baixa, mas é suficiente para fornecer o oxigênio necessário à vida aquática.

Verifique seu entendimento

Qual é a concentração de CO$_2$ na água a 25 °C quando a pressão parcial é de 0,33 bar? (Embora o CO$_2$ reaja com a água para formar traços de H$_3$O$^+$ e HCO$_3^-$, a reação ocorre em tão pequena escala que a lei de Henry é obedecida sob baixas pressões parciais de CO$_2$.)

Efeitos da Temperatura na Solubilidade: Princípio de Le Chatelier

A solubilidade de todos os gases em água diminui com o aumento da temperatura. Pode-se perceber isso a partir de observações cotidianas, como o aparecimento de bolhas quando a água é aquecida até um pouco abaixo de seu ponto de ebulição.

É possível prever o efeito da temperatura na solubilidade de um gás a partir da entalpia de dissolução. Quando gases dissolvem-se em água, eles geralmente o fazem através de um processo exotérmico.

$$\text{Gás + solvente líquido} \xrightleftharpoons{\Delta_{\text{dissolução}} H < 0} \text{solução saturada + energia}$$

O processo inverso, a perda de moléculas de gás dissolvido por uma solução, requer energia na forma de calor. No equilíbrio, as proporções nas quais os dois processos ocorrem são as mesmas.

Para entender como a temperatura afeta a solubilidade, retomamos o **princípio de Le Chatelier**, o qual afirma que uma mudança em qualquer um dos fatores que determinam um equilíbrio faz com que o sistema se ajuste de modo a reduzir ou neutralizar o efeito da mudança. Se uma solução de um gás em um líquido é aquecida, por exemplo, o equilíbrio se deslocará de modo a absorver uma parte da energia adicionada. Isto é, a reação

$$\text{Gás + solvente líquido} \xrightleftharpoons[\Delta_{\text{dissolução}}H \text{ é negativo.}]{\text{Processo exotérmico}} \text{solução saturada + energia}$$

Adiciona energia. Equilíbrio desloca-se para a esquerda.

desloca-se para a esquerda com o aumento da temperatura, porque energia é absorvida no processo que produz moléculas de gás livres e solvente puro. Esse deslocamento corresponde a uma menor quantidade de gás dissolvido e a uma solubilidade mais baixa a temperaturas mais altas, que é o resultado observado.

A Lei de Henry e os Lagos Explosivos

ESTUDO DE CASO

Em uma quinta-feira, dia 21 de agosto de 1986, pessoas e animais que estavam ao redor do Lago Nyos, na República dos Camarões, um pequeno país localizado na costa oeste da África, de repente caíram e morreram. Mais de 1700 pessoas e centenas de animais morreram sem nenhuma causa aparente – não houve fogo, terremoto, nem tempestade. Qual teria sido a causa dessa catástrofe?

Algumas semanas depois, o mistério foi solucionado. Os lagos Nyos e Monoun, situados próximos um do outro, foram formados em crateras de vulcões que, após terem resfriadas, foram preenchidas com água. O fato mais importante é que o Lago Nyos contém uma enorme quantidade de dióxido de carbono dissolvido, resultante da atividade vulcânica no interior da Terra. Sob as altas pressões que existem no fundo do lago, uma quantidade muito grande de CO_2 dissolveu-se na água.

Mas, naquela noite de 1986, algo perturbou o lago. A água saturada de CO_2, no fundo do lago, veio à superfície, onde, sob menor pressão, o gás tornou-se muito menos solúvel. Cerca de 1 km³ de dióxido de carbono foi liberado na atmosfera. Água e CO_2 foram lançados como um gêiser a uma altura de cerca de 85 metros e, uma vez que esse gás é mais denso que o ar, pairou sobre o solo e começou a se espalhar, acompanhando a direção dos ventos predominantes, a uma velocidade em torno de 67 quilômetros por hora. Ao alcançar aldeias a aproximadamente 20 km de distância, o oxigênio vital foi deslocado. O resultado foi a morte por asfixia de pessoas e animais.

Na maioria dos lagos, essa situação não poderia ocorrer porque a água neles contida é "revolvida", à medida que as estações do ano se sucedem. No outono, a camada da superfície da água dos lagos se resfria, sua densidade aumenta, e essa água afunda. Esse processo continua, com a água mais quente subindo à superfície e a mais fria dirigindo-se para o fundo do lago. O CO_2 dissolvido no fundo de um lago normalmente seria expelido durante esse processo de revolvimento, mas geólogos descobriram que os lagos na República dos Camarões são diferentes. A chamada quimioclina, que é o limite entre as águas profundas, ricas em minerais e gases, e a camada da superfície, repleta de água doce, permanece inalterada.

Lago Nyos na República dos Camarões (África Ocidental), o local do desastre natural. Em 1986, uma gigantesca bolha de CO_2 escapou do lago e asfixiou mais de 1700 pessoas.

À medida que o dióxido de carbono penetra no lago, por meio de fendas ali existentes, a água torna-se supersaturada com esse gás.

Presume-se que um pequeno distúrbio – talvez um pequeno tremor de terra, um vento muito forte ou um deslizamento de terra no leito do lago – tenha provocado o revolvimento das águas e levado à explosiva e letal liberação do CO_2.

A liberação explosiva de CO_2 que ocorreu no lago Nyos é muito similar ao que acontece quando se agita e se abre uma garrafa de bebida carbonatada. Os refrigerantes carbonatados são engarrafados sob alta pressão de CO_2. Parte do gás dissolve-se no refrigerante, mas um pouco dele permanece no pequeno espaço acima do líquido (chamado de *espaço livre*). A pressão do CO_2 no espaço livre é de 2 a 4 atm. Quando a tampa da garrafa é aberta, o CO_2 do espaço livre escapa rapidamente. Um pouco do CO_2 dissolvido também sai da solução, e então é possível observar as bolhas de gás subindo à superfície. Se a garrafa permanece aberta, esse processo continua até que o equilíbrio com a atmosfera seja estabelecido (quando a pressão parcial do CO_2 for de $3{,}75 \times 10^{-4}$ atm)

$$CO_2(\text{solução}) \rightleftharpoons CO_2(g)$$

e o refrigerante perde a efervescência. Entretanto, se a garrafa de refrigerante recentemente aberta permanece sem perturbação, a perda de CO_2 da solução é bastante baixa, com lenta formação de bolhas, de modo que o refrigerante permanece com gás.

Questões:

1. Se o espaço livre de uma garrafa de refrigerante é de 25 mL e a pressão de CO_2 nesse espaço é de 4,0 atm ($\approx$ 4,0 bar) a 25 °C, qual é a quantidade de CO_2 contida nesse espaço livre?
2. Se o CO_2 do espaço livre escapa para a atmosfera, onde a pressão parcial do CO_2 é de $3{,}7 \times 10^{-4}$ atm, que volume o CO_2 deveria ocupar (a 25 °C)? ao ser liberado, o volume do CO_2 aumentou quantas vezes?
3. Qual é a solubilidade do CO_2 na água a 25 °C quando a pressão do gás é de $3{,}7 \times 10^{-4}$ bar?
4. Após abrir uma garrafa de 1,0 L de refrigerante, qual massa de CO_2 dissolvido é liberada para a atmosfera até alcançar o equilíbrio? Suponha que o CO_2 dissolvido no refrigerante na garrafa fechada estivesse em equilíbrio com o CO_2 no espaço livre a uma pressão de 4,0 atm.

As respostas a essas questões estão no Apêndice N.

A solubilidade de sólidos em água também é afetada pela temperatura, mas, diferentemente da situação que envolve soluções de gases, não se observa um padrão geral de comportamento. Na Figura 13.11, as solubilidades de diversos sais estão representadas em um gráfico em função da temperatura. A solubilidade de muitos sais aumenta com a elevação da temperatura, mas há exceções. Previsões baseadas no fato de a entalpia de dissolução ser positiva ou negativa funcionam na maior parte dos casos, mas não em todos.

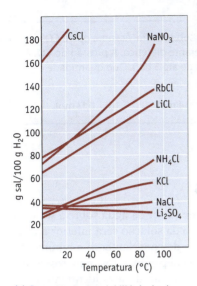
(a) Dependência da solubilidade de alguns compostos iônicos com a temperatura.

(b) NH₄Cl dissolvido em água.

(c) NH₄Cl precipita quando a solução é resfriada em gelo.

FIGURA 13.11 Dependência da solubilidade de alguns compostos iônicos em água com a temperatura. A solubilidade da maioria dos compostos aumenta com a elevação da temperatura. Esse fenômeno é ilustrado utilizando-se NH₄Cl (partes b e c).

Os químicos tiram proveito da variação da solubilidade com a temperatura para purificar compostos. Uma amostra impura de um composto que é mais solúvel a temperaturas mais elevadas é dissolvida aquecendo-se a solução. A solução é então resfriada para diminuir a solubilidade (Figura 13.11c). Quando o limite de solubilidade é atingido sob uma temperatura mais baixa, formam-se cristais do composto puro. Se o processo é feito lenta e cuidadosamente, pode-se às vezes obter cristais bastante grandes.

UM OLHAR MAIS ATENTO | Crescimento de Cristais

O enorme cristal que você vê na foto foi cultivado no laboratório de Lawrence Livermore, na Califórnia. Ele pesa 318 kg e mede 66 × 55 × 58 cm. O cristal cresceu suspendendo um pequeno núcleo cristalino em um tanque com cerca de 1,80 m, com uma solução saturada de KH₂PO₄. A temperatura da solução foi sendo gradualmente reduzida a partir de 65 °C, ao longo de um período de cinquenta dias. Os cristais são fatiados em finas placas, utilizadas para converter a luz de um laser gigante, do infravermelho para o ultravioleta.

Você pode "cultivar" cristais a partir de compostos químicos que podem ser encontrados no supermercado. O alúmen (sulfato de alumínio e potássio) é particularmente uma boa escolha. Aqueça cerca de 100 mL de água e adicione o alúmen até que nada mais se dissolva. Deixe a mistura esfriar de um dia para outro, sem nenhum tipo de perturbação. No outro dia, pequenos cristais "sementes" terão se formado. Remova um pequeno cristal que parece estar bem formado e, então, despeje a solução saturada em uma outra jarra limpa. Com cuidado, amarre em volta do pequeno cristal um barbante ou um pedaço de linha de pesca de náilon e suspenda-o na solução saturada. Não deixe que toque nas laterais ou no fundo. Cubra a jarra levemente e coloque-a em um lugar onde possa ser deixada sem perturbações por alguns dias ou semanas, então crescerá um cristal bem formado.

Cristal gigante de diidrogenofosfato de potássio.

Um cristal de sulfato de cobre cultivado por um aluno.

EXERCÍCIO PARA A SEÇÃO 13.3

1. Refrigerantes são carbonatados pela adição de CO_2 sob pressão. Assuma que o CO_2 é adicionado a uma garrafa contendo 710 g de refrigerante dietético. A pressão do CO_2 é de 4,0 bar (o CO_2 obedece à lei de Henry a pressões de até 5 bar). Que quantidade de CO_2 dissolve-se em 710 g de refrigerante dietético?

   (a) 0,14 mol   (b) 0,097 mol   (c) 0,034 mol   (d) 0,13 mol

13-4 Propriedades Coligativas

Se você dissolve um pouco de sal na água, a pressão de vapor da água sobre a solução diminuirá. Além disso, a temperatura de congelamento da solução será inferior a 0 °C e a de ebulição, superior a 100 °C. A queda do ponto de congelamento e o aumento do ponto de ebulição são **propriedades coligativas** que dependem dos números relativos de partículas de soluto e solvente em uma solução, e não de suas identidades.

Mudanças na Pressão de Vapor: A Lei de Raoult

Quando um soluto não volátil dissolve-se em um líquido, a pressão de vapor do solvente diminui. Experiências mostram que a pressão de vapor de um solvente, $P_{solvente}$, é proporcional à fração molar do solvente. Podemos escrever uma equação, chamada **lei de Raoult**, para a pressão de vapor do solvente sobre uma solução, uma vez alcançado o equilíbrio:

$$P_{solvente} = X_{solvente}\, P°_{solvente} \tag{13.5}$$

Pressão de Vapor no Equilíbrio Lembre-se de que a pressão de vapor de um líquido no equilíbrio é definida como a pressão do vapor quando o líquido e o vapor estão em equilíbrio (Seção 11-6).

A lei de Raoult diz que a pressão de vapor do solvente sobre uma solução ($P_{solvente}$) é uma certa fração da pressão de vapor do solvente puro ($P°_{solvente}$) no equilíbrio. Por exemplo, se 95% das moléculas em uma solução são moléculas de solvente ($X_{solvente}$ = 0,95), então a pressão de vapor do solvente ($P_{solvente}$) é 95% de $P°_{solvente}$.

Uma **solução ideal** é definida como aquela que obedece exatamente à lei de Raoult. Entretanto, como nenhum gás é realmente ideal, nenhuma solução é realmente ideal. No entanto, a lei de Raoult consiste em uma boa aproximação do comportamento da solução na maioria dos casos, em especial em baixas concentrações de soluto.

Para que a lei de Raoult seja válida, as forças de atração entre moléculas de soluto e solvente devem ser as mesmas que aquelas entre as moléculas de solvente no solvente puro. Este é frequentemente o caso quando moléculas com estruturas semelhantes estão envolvidas. Assim, soluções de um hidrocarboneto em outro (hexano, C_6H_{14}, dissolvido em octano, C_8H_{18}, por exemplo) seguem, geralmente, a lei de Raoult quase em sua totalidade. Entretanto, com outras soluções, observam-se desvios na lei de Raoult. Se as interações solvente–soluto forem mais fortes que as interações solvente–solvente, a pressão de vapor medida será menor que a calculada pela lei de Raoult. Se as interações solvente–soluto forem mais fracas que as interações solvente–solvente, a pressão de vapor será mais alta.

A lei de Raoult pode ser modificada para produzir outra equação útil que nos permite calcular *a diminuição* da pressão de vapor do *solvente*, $\Delta P_{solvente}$, como uma função da fração molar do *soluto*.

$$\Delta P_{solvente} = P_{solvente} - P°_{solvente}$$

Substituindo $P_{solvente}$ na lei de Raoult, temos:

$$\Delta P_{solvente} = (X_{solvente}\, P°_{solvente}) - P°_{solvente} = -(1 - X_{solvente})P°_{solvente}$$

Em uma solução que apresenta apenas o solvente volátil e um soluto não volátil, a soma das frações molares de solvente e soluto deve ser 1:

$$X_{solvente} + X_{soluto} = 1$$

Portanto, $1 - X_{solvente} = X_{soluto}$, e na equação $\Delta P_{solvente}$ pode ser escrita como

$$\Delta P_{solvente} = -X_{soluto}\, P°_{solvente} \quad\quad (13.6)$$

Assim, a *diminuição* da pressão de vapor do solvente é proporcional à fração molar (o número relativo de partículas) de soluto.

EXEMPLO 13.4

Usando a Lei de Raoult

Problema Dissolvem-se 651 g de etilenoglicol, $HOCH_2CH_2OH$, em 1,50 kg de água. Qual é a pressão de vapor da água sobre essa solução a 90 °C? Assuma o comportamento ideal da solução.

O que você sabe? Este é um problema que envolve a lei de Raoult, no qual você quer descobrir o $P_{solvente}$. Para calcular o $P_{solvente}$ é preciso saber a fração molar do solvente e a pressão de vapor do solvente puro. Você pode calcular a fração molar do soluto a partir das massas do soluto e do solvente e das massas molares dessas espécies químicas. A pressão de vapor da água pura a 90 °C (= 525,8 mm Hg) pode ser encontrada no Apêndice G.

Estratégia Primeiro, calcule a fração molar do solvente (água) e então combine o resultado com a pressão de vapor do solvente puro na temperatura especificada, utilizando a lei de Raoult (Equação 13.5).

Solução

(a) Calcule a quantidade de água e de etilenoglicol e, a partir disso, calcule a fração molar da água.

$$\text{Quantidade de água} = 1{,}50 \times 10^3 \text{ g}\left(\frac{1 \text{ mol}}{18{,}02 \text{ g}}\right) = 83{,}2 \text{ mols de água}$$

$$\text{Quantidade de etilenoglicol} = 651 \text{ g}\left(\frac{1 \text{ mol}}{62{,}07 \text{ g}}\right) = 10{,}5 \text{ mols de etilenoglicol}$$

$$X_{água} = \frac{83{,}2 \text{ mols de água}}{83{,}2 \text{ mols de água} + 10{,}5 \text{ mols de etilenoglicol}} = 0{,}888$$

(b) Em seguida, aplique a lei de Raoult.

$$P_{água} = X_{água}\, P°_{água} = (0{,}888)(525{,}8 \text{ mm Hg}) = \boxed{467 \text{ mm Hg}}$$

Pense bem antes de responder Embora uma massa substancial de etilenoglicol tenha sido adicionada à água, a diminuição na pressão de vapor do solvente foi de apenas 59 mmHg, ou cerca de 11%:

$$\Delta P_{água} = P_{água} - P°_{água} = 467 \text{ mm Hg} - 525{,}8 \text{ mm Hg} = -59 \text{ mm Hg}$$

O etilenoglicol é ideal para ser utilizado como anticongelante. Ele dissolve-se facilmente na água, não é corrosivo e é relativamente barato. Devido ao seu alto ponto de ebulição, ele não evapora rapidamente. No entanto, é uma substância tóxica para os animais, de modo que está sendo substituído pelo propilenoglicol, que é menos tóxico.

Verifique seu entendimento

Considere que você dissolveu 10,0 g de sacarose ($C_{12}H_{22}O_{11}$) em 225 mL (225 g) de água e aqueceu a mistura até 60 °C. Qual é a pressão de vapor da água sobre essa solução? O Apêndice G relaciona $P°(H_2O)$ a várias temperaturas.

Elevação do Ponto de Ebulição

Suponha que você tenha uma solução de um soluto não volátil em benzeno, um solvente volátil. Se a concentração de soluto for de 0,200 mol em 100, g de benzeno (C_6H_6) (= 2,00 mol/kg), isso significa que $X_{benzeno}$ = 0,865. Usando $X_{benzeno}$ e aplicando a lei de Raoult, podemos calcular que a pressão de vapor do solvente a 60 °C cairá de 400, mm Hg para o solvente puro a 346 mm Hg para a solução.

$$P_{benzeno} = X_{benzeno}\, P°_{benzeno} = (0{,}865)(400,\text{ mm Hg}) = 346 \text{ mm Hg}$$

Esse ponto está assinalado no gráfico de pressão de vapor na Figura 13.12. Agora, qual será a pressão de vapor quando a temperatura for elevada em 10 °C? A pressão de vapor do benzeno puro, $P°_{benzeno}$, torna-se maior com o aumento da temperatura, de modo que $P_{benzeno}$ para a solução deve se tornar maior. Esse novo ponto, junto a outros calculados da mesma maneira para outras temperaturas, define a curva de pressão de vapor para a solução (a curva inferior na Figura 13.12).

Uma observação importante que se pode fazer na Figura 13.12 é que o abaixamento da pressão de vapor causado pelo soluto não volátil leva a um aumento do ponto de ebulição. O ponto de ebulição normal de um líquido é a temperatura em que sua pressão de vapor é igual a 1 atm ou 760 mm Hg (◄ Seção 11.6). Na Figura 13.12, vemos que o ponto de ebulição normal do benzeno puro (a 760 mm Hg) é de aproximadamente 80 °C. Acompanhando a curva de pressão de vapor para a solução, é evidente que a pressão de vapor alcança 760 mm Hg a uma temperatura aproximadamente 5 °C mais elevada do que esse valor.

Uma questão importante é como o ponto de ebulição da solução varia com a concentração de soluto. Na verdade, existe uma relação simples: a elevação do ponto de ebulição, ΔT_{PE}, é diretamente proporcional à molalidade do soluto.

$$\text{Elevação do ponto de ebulição} = \Delta T_{PE} = K_{PE} \cdot m_{soluto} \quad (13.7)$$

Nessa equação, K_{PE} é uma constante de proporcionalidade chamada **constante molal de elevação do ponto de ebulição**. Ela apresenta unidades de graus/molal (°C/m). Os valores de K_{PE} são determinados experimentalmente e solventes distintos apresentam valores diferentes (Tabela 13.3). Formalmente, o valor de K_{PE} corresponde à elevação do ponto de ebulição de uma solução 1 m.

FIGURA 13.12 Diminuição da pressão de vapor do benzeno pela adição de um soluto não volátil. A curva desenhada em vermelho representa a pressão de vapor do benzeno puro e a curva em azul representa a pressão de vapor de uma solução contendo 0,200 mol de um soluto dissolvido em 0,100 kg de solvente (2,00 m). Esse gráfico foi construído efetuando-se uma série de cálculos, conforme mostrado no texto. Alternativamente, o gráfico poderia ser construído medindo-se várias pressões de vapor para a solução em um experimento de laboratório.

Tabela 13.3 Algumas Constantes de Elevação do Ponto de Ebulição e de Diminuição do Ponto de Congelamento

Solvente	Ponto de Ebulição Normal (°C) Solvente Puro	K_{PE} (°C/m)	Ponto de Congelamento Normal (°C) Solvente Puro	K_{PC} (°C/m)
Água	100,00	+0,5121	0,0	−1,86
Benzeno (C_6H_6)	80,10	+2,53	5,50	−5,12
Cânfora ($C_{10}H_{16}O$)	207,4	+5,611	179,75	−39,7
Clorofórmio ($CHCl_3$)	61,70	+3,63	—	—

EXEMPLO 13.5

Elevação do Ponto de Ebulição

Problema O eugenol, um composto encontrado na noz-moscada e no cravo, tem a fórmula $C_{10}H_{12}O_2$. Qual é o ponto de ebulição de uma solução contendo 0,144 g desse composto dissolvido em 10,0 g de benzeno?

O que você sabe? Você sabe a identidade e a massa tanto do soluto como do solvente. Você precisa saber qual é o ponto de ebulição normal do benzeno e o valor de K_{PE}.

Estratégia

- Calcule a concentração da solução (molalidade, m, em mol/kg) a partir da quantidade de eugenol e da massa de solvente (kg).
- Calcule a variação no ponto de ebulição usando a Equação 13.7 (com o valor de K_{PE} obtido da Tabela 13.3).
- Adicione esta variação à temperatura de ebulição do benzeno puro para obter o novo ponto de ebulição.

Solução

(a) Concentração da solução

$$0{,}144 \text{ g de eugenol} \left(\frac{1 \text{ mol de eugenol}}{164{,}2 \text{ g}} \right) = 8{,}77 \times 10^{-4} \text{ mol de eugenol}$$

$$c_{eugenol} = \frac{8{,}77 \times 10^{-4} \text{ mol de eugenol}}{0{,}0100 \text{ kg de benzeno}} = 8{,}77 \times 10^{-2} \, m$$

(b) Elevação do ponto de ebulição

$$\Delta T_{PE} = (2{,}53 \text{ °C}/m)(0{,}0877 \, m) = 0{,}222 \text{ °C}$$

Devido ao aumento do ponto de ebulição em relação ao solvente puro, o ponto de ebulição da solução é de

$$80{,}10 \text{ °C} + 0{,}222 \text{ °C} = \boxed{80{,}32 \text{ °C}}$$

Pense bem antes de responder A elevação do ponto de ebulição é proporcional à concentração do soluto, de modo que grandes elevações no ponto de ebulição são possíveis através de altas concentrações.

Verifique seu entendimento

Que quantidade de etilenoglicol, $HOCH_2CH_2OH$, deve ser adicionada a 125 g de água para elevar o ponto de ebulição em 1,0 °C? Expresse a resposta em gramas.

Eugenol, $C_{10}H_{12}O_2$, um importante componente do óleo de cravo, uma especiaria comumente utilizada.

Mapa Estratégico 13.5

PROBLEMA
Calcule **o ponto de ebulição** da solução.

DADOS/INFORMAÇÕES
- Massa do **composto** e do **solvente**
- K_{PE} e T (PE solvente) a partir da Tabela 13.3

ETAPA 1. Calcule a c_{soluto} = (mol composto/kg solvente).

Concentração de soluto (mol/kg)

ETAPA 2. Use $\Delta T_{PE} = K_{PE}m$.

Mudança no ponto de ebulição (ΔT_{PE})

ETAPA 3. ΔT_{PE} = T(PE solução) − T(PE solvente).

T(PE solução)

Por que o Ponto de Ebulição de uma Solução Aumenta e o Ponto de Congelamento Diminui? A resposta a essa pergunta está relacionada à entropia, uma função termodinâmica discutida no Capítulo 18. Você pode consultar uma página da web que apresenta uma discussão sobre entropia (entropysite.oxy.edu) ou uma página da web específica, na qual as propriedades coligativas são discutidas: http://entropysite.oxy.edu/entropy_is_simple/index.html.

A elevação do ponto de ebulição de um solvente quando se adiciona um soluto apresenta muitas consequências práticas. Uma delas é a proteção que o motor do seu carro recebe do anticongelante para "todas as estações do ano". O ingrediente principal do anticongelante comercial é o etilenoglicol, $HOCH_2CH_2OH$. O radiador e o sistema de arrefecimento do carro são selados para manter o líquido de refrigeração sob pressão, de modo que ele não vaporize sob a temperatura normal de funcionamento do motor. Porém, quando a temperatura do ar é elevada, como no verão, a água do radiador poderia "ferver" se não estivesse protegida pelo "anticongelante". Por meio da adição de um líquido não volátil, a solução no radiador tem ponto de ebulição mais alto que o da água pura.

Diminuição do Ponto de Congelamento

Outra consequência da dissolução de um soluto em um solvente é que o ponto de congelamento da solução é inferior ao do solvente puro (Figura 13.13). Para uma solução ideal, a diminuição do ponto de congelamento é dada por uma equação semelhante à da elevação do ponto de ebulição:

$$\text{Diminuição do ponto de congelamento} = \Delta T_{PC} = K_{PC} m_{\text{soluto}} \quad (13.8)$$

em que K_{PC} é a **constante molal de diminuição do ponto de congelamento** em graus Celsius por molal (°C/*m*). Valores de K_{PC} para alguns solventes comuns são dados na Tabela 13.3. Os valores são quantidades negativas, de modo que o resultado do cálculo é um valor negativo para ΔT_{PC}, o que significa diminuição de temperatura.

Os aspectos práticos das mudanças do ponto de congelamento do solvente puro para uma solução são semelhantes àqueles para a elevação do ponto de ebulição. O próprio nome do líquido que se adiciona ao radiador do carro, anticongelante, indica seu propósito (Figura 13.13a). O rótulo no recipiente do anticongelante diz, por exemplo, adicionar 5,7 L do anticongelante a um sistema de refrigeração de 11,4 L, de forma a baixar o ponto de congelamento a –34 °C e elevar o ponto de ebulição a +109 °C.

FIGURA 13.13 Congelamento de uma solução.

(a) Adicionando anticongelante à água, previne-se o congelamento da água. Aqui, um pote com água pura (*à esquerda*) e um pote com água à qual foi adicionado anticongelante (*à direita*) foram mantidas por toda a noite no congelador de uma geladeira doméstica.

(b) Quando uma solução congela, é o solvente puro que se solidifica. Aqui, a água contendo um corante roxo foi congelada vagarosamente. Formou-se gelo puro nas paredes do tubo e o corante permaneceu em solução. A concentração do corante aumentou à medida que mais e mais solvente congelou e a solução resultante apresentou diminuição do ponto de congelamento. Assim, o sistema continha gelo incolor nas paredes do tubo e uma solução mais concentrada no centro do tubo.

EXEMPLO 13.6

Diminuição do Ponto de Congelamento

Problema Que massa de etilenoglicol, HOCH$_2$CH$_2$OH, deve ser adicionada a 5,50 kg de água para diminuir o ponto de congelamento da água de 0,0 °C para –10,0 °C?

O que você sabe? De certa forma, este problema é o inverso do Exemplo 13.5. Aqui, você sabe a mudança no ponto de congelamento, mas deseja saber a quantidade de soluto necessária para produzir aquele valor de ΔT.

Estratégia A concentração da solução (molalidade, m) pode ser calculada a partir de ΔT_{PC} e K_{PC} (Tabela 13.3) usando a Equação 13.8. Combine a concentração com a massa do solvente para obter a quantidade de soluto e, então, sua massa.

Solução

(a) Calcule a concentração do soluto em uma solução com a diminuição do ponto de congelamento de –10,0 °C.

$$\text{Concentração do soluto } (m) = \frac{\Delta T_{PC}}{K_{PC}} = \frac{-10,0\ °C}{-1,86\ °C/m} = 5,38\ m$$

(b) Calcule a quantidade de soluto a partir da concentração e da massa do solvente.

$$\left(\frac{5,38\ \text{mol etilenoglicol}}{1,00\ \text{kg de água}}\right)(5,50\ \text{kg de água}) = \boxed{29,6\ \text{mol etilenoglicol}}$$

(c) Calcule a massa de soluto, etilenoglicol.

$$29,6\ \text{mols do etilenoglicol}\left(\frac{62,07\ g}{1\ \text{mol}}\right) = \boxed{1840\ g\ \text{etilenoglicol}}$$

Pense bem antes de responder O valor de K_{PC} nos diz que o ponto de congelamento da água é mais baixo em 1,86 °C para uma solução 1 molal. Nesse problema em particular, a diminuição do ponto de congelamento foi de –10,0 °C, de modo que uma molalidade por volta de 5 m é razoável. A densidade do etilenoglicol é de 1,11 kg/l, de modo que o volume do etilenoglicol a ser adicionado é de (1,84 kg) (1 L/1,11 kg) = 1,66 L.

Verifique seu entendimento

No extremo norte dos Estados Unidos, as casas de verão geralmente ficam fechadas durante o inverno. Ao fazer isso, os proprietários preparam o encanamento de suas casas para a estação fria adicionando anticongelante às caixas de água dos vasos sanitários, por exemplo. A adição de 525 g de HOCH$_2$CH$_2$OH a 3,00 kg de água assegurará que a água não irá congelar a –25 °C?

Pressão Osmótica

A **osmose** é o movimento de moléculas de solvente através de uma membrana semipermeável de uma região de concentração de soluto mais baixa para uma região de concentração de soluto mais alta. Esse movimento pode ser demonstrado com um experimento simples. O béquer na Figura 13.14 contém água pura e uma solução concentrada de açúcar está na bolsa e no tubo. Os líquidos são separados por uma membrana semipermeável, uma folha delgada de um material (como um tecido vegetal ou papel celofane) através do qual apenas certos tipos de moléculas podem passar. Aqui, moléculas de água podem atravessar, mas as de açúcar, que são maiores (ou íons hidratados), não podem (Figura 13.15). Quando o experimento é iniciado, os níveis de líquido no béquer e no tubo são os mesmos. Ao longo do tempo, entretanto, o nível da solução de açúcar dentro do tubo eleva-se, o nível de água pura no béquer diminui e a solução de açúcar torna-se gradualmente mais diluída. Depois de algum tempo, não ocorre mais nenhuma mudança nos níveis; o equilíbrio é atingido.

(a) A bolsa anexada ao tubo contém uma solução que é 5% de açúcar e 95% de água. O béquer contém água pura. A bolsa é feita de um material semipermeável, o que significa que ela permite que a água, mas não as moléculas de açúcar, passem através dela.

A altura da coluna da solução é uma medida da pressão osmótica.

(b) Com o passar do tempo, a água flui da região de baixa concentração de soluto (água pura) para a região de maior concentração de soluto (solução de açúcar). O fluxo continua até que a pressão exercida pela coluna da solução no tubo, acima do nível da água no béquer, seja grande o suficiente para que as velocidades de passagem de moléculas de água em ambas as direções sejam iguais. A altura da coluna da solução é uma medida da pressão osmótica.

A água flui da região de baixa concentração de soluto (água pura) para a região de maior concentração de soluto (solução de açúcar).

FIGURA 13.14 O processo de osmose.

Do ponto de vista molecular, a membrana semipermeável não representa uma barreira para o movimento das moléculas de água, portanto, elas se movem através da membrana em ambas as direções. Durante um certo período de tempo, mais moléculas de água passam através da membrana do lado da água pura para o da solução do que na direção oposta. Na verdade, as moléculas de água tendem a se mover das regiões de baixa concentração de soluto para regiões de alta concentração de soluto. O mesmo é verdadeiro para qualquer solvente, contanto que a membrana permita a passagem de moléculas de solvente, mas não de moléculas ou íons de soluto.

Por que o sistema enfim atinge o equilíbrio? Obviamente, a solução no tubo da Figura 13.14 nunca poderá atingir uma concentração zero de açúcar ou sal, o que seria necessário para igualar as concentrações de soluto em ambos os lados da membrana. A resposta reside no fato de que a solução sobe cada vez mais no tubo à medida que a água transfere-se para a solução de açúcar. Em um dado momento, a

FIGURA 13.15 Osmose no nível particulado. O fluxo osmótico através de uma membrana que é seletivamente permeável (semipermeável) à água. Substâncias dissolvidas, como íons hidratados ou grandes moléculas de açúcar, não podem se difundir através da membrana.

pressão exercida por essa coluna de solução contrabalança a pressão exercida pela água que passa através da membrana para a solução e, assim, o movimento líquido da água deixa de ocorrer. Um equilíbrio de forças é atingido. A pressão exercida pela coluna da solução no sistema em equilíbrio é uma medida da **pressão osmótica**, Π. Ou seja, a pressão osmótica é a diferença entre a altura final da solução no tubo e o nível da água pura no béquer.

A partir de medidas experimentais em soluções diluídas, sabe-se que a pressão osmótica e a concentração (c) estão relacionadas através da equação:

$$\Pi = cRT \tag{13.9}$$

Nessa equação, c é a concentração molar (em mols por litro), R é a constante dos gases e T é a temperatura absoluta (em kelvin). Utilizar um valor para a constante da lei do gás ideal de 0,082057 L·atm/K·mol permite o cálculo da pressão osmótica Π em atmosferas. Essa equação é análoga à lei do gás ideal ($PV = nRT$), com Π tomando o lugar de P e c sendo equivalente a n/V.

Mesmo soluções com baixas concentrações de soluto possuem uma significativa pressão osmótica. Por exemplo, a pressão osmótica de uma solução $1,00 \times 10^{-3}$ M a 298 K é de 18,5 mm Hg. Pressões baixas desse tipo são fácil e precisamente mensuráveis, de forma que concentrações de soluções muito diluídas podem ser determinadas por meio dessa técnica. Compare isso ao efeito de um soluto no ponto de congelamento, por exemplo. Espera-se que uma solução aquosa diluída de concentração similar, $1,00 \times 10^{-3}$ mol/kg de solvente, diminua seu ponto de congelamento por volta de 0,002 °C, o que é muito baixo para ser medido com precisão. Por essa razão, determinar a massa molar pela medição da pressão osmótica de uma solução é uma técnica particularmente útil quando lidamos com compostos com massa molar muito alta, como os polímeros e as grandes biomoléculas.

Outros exemplos de osmose são mostrados na Figura 13.16. Nesse caso, a membrana do ovo serve como uma membrana semipermeável. A osmose ocorre em uma direção se a concentração do soluto for maior no interior do ovo do que na solução exterior e ocorre na outra direção se a concentração da solução for menor dentro do ovo que na solução do lado de fora. Em ambos os casos, o solvente flui da região com menor concentração de soluto para a região de maior concentração.

(a) Um ovo fresco é colocado em ácido acético diluído. O ácido reage com o CaCO₃ da casca, mas mantém a membrana intacta.

(b) Se o ovo, com a casca removida, for colocado em água pura, o ovo incha.

(c) Se o ovo, com sua casca removida, for colocado em uma solução concentrada de açúcar, o ovo murcha.

FIGURA 13.16 Um experimento para observar a osmose. Você pode tentar fazer essa experiência em sua cozinha. Na primeira etapa, use vinagre como fonte de ácido acético.

UM OLHAR MAIS ATENTO

Osmose Reversa para se Obter Água Pura

Encontrar fontes de água doce para consumo humano e agrícola tem sido uma batalha constante por séculos e, se continuarmos utilizando a água da Terra sob as atuais taxas, esses problemas podem aumentar. Embora a Terra tenha água em abundância, 97% dela é muito salgada para ser consumida ou utilizada em plantações. Uma grande parte dos 3% restantes está na forma de gelo nas regiões polares e não pode ser obtida facilmente.

Uma das formas mais antigas de se obter água doce a partir da água do mar é por meio da evaporação. Esse processo, no entanto, consome bastante energia, além de produzir sais e outros materiais que não podem ser utilizados e que devem ser descartados.

A *osmose reversa* é outro método de se obter água doce a partir da água do mar ou de águas subterrâneas. Por meio dessa técnica, aplica-se uma pressão maior que a pressão osmótica da água impura para forçar a passagem da água através de uma membrana semipermeável de uma região com alta concentração de soluto para outra com menor concentração, ou seja, na direção inversa à qual a água teria de se mover por osmose.

Embora a osmose reversa seja conhecida há mais de duzentos anos, apenas nas últimas décadas ela tem sido explorada. Nos dias de hoje, algumas cidades obtêm água potável dessa forma, bem como companhias farmacêuticas utilizam-na para adquirir água altamente purificada. Mais de 15 mil usinas de osmose reversa estão em operação ou estão sendo projetadas em todo o mundo.

Osmose reversa. Água potável pode ser obtida a partir da água do mar por osmose reversa. A pressão osmótica da água do mar é de aproximadamente 27 atm. Para se obter água doce a uma taxa razoável, a osmose reversa requer uma pressão de aproximadamente 50 atm. Como comparação, pneus de bicicleta geralmente são inflados a uma pressão entre 2 e 3 atm.

Uma usina de osmose reversa.

EXEMPLO 13.7

Determinação da Pressão Osmótica de uma Solução de um Polímero

Problema O álcool polivinílico é um polímero solúvel em água que possui uma massa molar média de 28000. Dissolve-se 1,844 g desse polímero em água de modo a obter 150, mL de solução. Qual é a pressão osmótica medida a 27 °C?

O que você sabe? A pressão osmótica é calculada pela Equação 13.9, $\Pi = cRT$. São dadas a massa e a massa molar do polímero, a temperatura e será necessário saber a constante da lei do gás ideal.

Estratégia Calcule a concentração do polímero, c, em mol/L. A temperatura deve ser expressa em kelvin. Substitua os valores na Equação 13.9 para encontrar a pressão osmótica.

Solução

$$c = 1{,}844 \text{ g}(1 \text{ mol}/28000 \text{ g})/(0{,}150 \text{ L}) = 4{,}4 \times 10^{-4} \text{ mol/L}$$

$$\Pi = cRT$$

$$\Pi = (4{,}4 \times 10^{-4} \text{ mol/L})(0{,}08206 \text{ L} \cdot \text{atm/mol} \cdot \text{K})(300 \text{ K})$$

$$\Pi = 0{,}011 \text{ atm } (= 8{,}2 \text{ mm Hg})$$

Pense bem antes de responder Se a pressão osmótica for medida em um dispositivo semelhante ao que é mostrado na Figura 13.14, a altura que suporta a coluna da solução aquosa seria de cerca de 110 mm (8,2 mm × 13,5 mm H₂O/mm Hg = 110 mm). Isso seria medido facilmente em laboratório.

Verifique seu entendimento

Bradicinina é um pequeno peptídeo (9 aminoácidos, 1060 g/mol) que abaixa a pressão sanguínea ao provocar a dilatação dos vasos. Qual é a pressão osmótica de uma solução dessa proteína a 20 °C se 0,033 g desse peptídeo for dissolvido em água para produzir 50,0 mL de solução?

Propriedades Coligativas e Determinação da Massa Molar

No início deste livro, você aprendeu como calcular a fórmula molecular a partir de uma fórmula empírica quando é fornecida a massa molar. Mas como você determina a massa molar de um composto desconhecido? Um experimento precisa ser realizado para encontrar essa informação crucial e uma forma de se fazer isso é usar uma propriedade coligativa de uma solução do composto. O mapa estratégico utilizado com o Exemplo 13.8 representa a abordagem básica de cada propriedade coligativa estudada.

EXEMPLO 13.8

Determinação da Massa Molar a partir da Elevação do Ponto de Ebulição

Problema Uma solução preparada a partir de 1,25 g de óleo de *wintergreen* (salicilato de metila) em 99,0 g de benzeno possui um ponto de ebulição de 80,31 °C. Determine a massa molar do salicilato de metila.

O que você sabe? A massa molecular de um composto é o quociente da massa da amostra (g) e da quantidade de matéria (mol) representada por aquela amostra. Aqui você conhece a massa da amostra (1,25 g), de modo que precisa encontrar a quantidade de matéria (mols) que corresponde a essa massa.

Estratégia

- Determine ΔT_{PE} a partir do ponto de ebulição dado da solução (o ponto de ebulição do benzeno puro e a K_{PE} do benzeno são dadas na Tabela 13.3). Utilize a equação $\Delta T_{PE} = K_{PE} \cdot m$ para calcular a concentração da solução em unidades de mol/kg.
- Sabendo a massa do solvente, calcule a quantidade de matéria de soluto (mol).
- Combine a massa e a quantidade de matéria de soluto para obter a massa molar [massa molar = massa (g)/quantidade de matéria (mol)].

Solução

(a) Use a elevação do ponto de ebulição para calcular a concentração da solução:

$$\text{Elevação do ponto de ebulição } (\Delta T_{PE}) = 80{,}31\ °C - 80{,}10\ °C = 0{,}21\ °C$$

$$c_{soluto} = \frac{\Delta T_{PE}}{K_{PE}} = \frac{0{,}21\ °C}{2{,}53\ °C/m} = 0{,}083\ m$$

(b) Calcule a quantidade de matéria de soluto na solução a partir da concentração da solução.

$$\text{Quantidade de matéria de soluto} = \left(\frac{0{,}083\ mol}{1{,}00\ kg}\right)(0{,}099\ kg\ solvente) = 0{,}0082\ mol\ de\ soluto$$

(c) Combine a quantidade de soluto com sua massa para obter a massa molar.

$$\frac{1{,}25\ g}{0{,}0082\ mol} = \boxed{150\ g/mol}$$

Mapa Estratégico 13.8

PROBLEMA
Calcule a **massa molar** de um composto desconhecido

↓

DADOS/INFORMAÇÕES
- **Massas** do composto desconhecido e solvente
- **Ponto de ebulição** da solução (80,31 °C)

↓ ETAPA 1. Use $\Delta T_{PE} = K_{PE}m$.

Concentração de soluto (mol/kg)

↓ ETAPA 2. Mol soluto = (mol/kg)(kg solvente).

Quantidade de matéria de soluto (mol)

↓ ETAPA 3. Massa molar = g soluto/mol soluto.

Massa molar do desconhecido (g/mol)

UM OLHAR MAIS ATENTO

Osmose e Medicina

A osmose possui significado prático para profissionais da área de saúde. Pacientes desidratados devido a alguma doença frequentemente necessitam receber água e nutrientes por via endovenosa. Porém, a água não pode ser simplesmente gotejada na veia de um paciente. Preferencialmente, a solução intravenosa deve conter a mesma concentração geral de soluto que o sangue do paciente: a solução deve ser isosmótica ou **isotônica** (Figura B, ao centro). Se água pura for utilizada, a parte interior da célula do sangue teria uma maior concentração de solutos (concentração de água mais baixa) e a água fluiria para a célula. Essa situação **hipotônica** provocaria a ruptura (lise) dos glóbulos vermelhos do sangue (Figura B, à direita). A situação oposta, de **hipertonicidade**, ocorreria se a solução intravenosa tivesse uma concentração maior que as células do sangue (Figura B, à esquerda). Nesse caso, a célula perderia água e murcharia. Para combater isso, um paciente desidratado é reidratado em um hospital com uma solução salina estéril de NaCl 0,16 M, uma solução que é isotônica com as células do corpo.

FIGURA A Uma solução salina isotônica. Essa solução possui a mesma molalidade que os fluidos do corpo.

FIGURA B **Osmose e células vivas.** Uma célula colocada em uma solução isotônica. O fluxo de água para dentro e para fora da célula é o mesmo, porque a concentração de solutos tanto dentro como fora de célula é a mesma (*centro*). Em uma solução hipertônica, a concentração de solutos fora da célula é maior que a do interior. Há um fluxo resultante de água para fora da célula, causando sua desidratação, encolhimento e, talvez, sua morte (*à esquerda*). Em uma solução hipotônica, a concentração de solutos fora da célula é menor que em seu interior. Há um fluxo resultante para o interior da célula, fazendo com que a célula inche e, talvez, se rompa (lise) (*à direita*).

Pense bem antes de responder O salicilato de metila tem fórmula $C_8H_8O_3$ e massa molar de 152,14 g/mol. Dado que o ΔT possui apenas dois algarismos significativos, o valor calculado é bem próximo ao seu valor real.

Verifique seu entendimento

Um composto contendo alumínio possui fórmula empírica $(C_2H_5)_2AlF$. Encontre a fórmula molecular se 0,448 g do composto dissolvido em 23,46 g de benzeno possui ponto de congelamento de 5,265 °C.

EXEMPLO 13.9

Pressão Osmótica e Massa Molar

Problema O betacaroteno é a mais importante das vitaminas A. Calcule a massa molar do betacaroteno se 10,0 mL de uma solução de 7,68 mg de betacaroteno em clorofórmio possui uma pressão osmótica de 26,57 mmHg a 25,0 °C.

O que você sabe? A massa molar de um composto é o quociente entre a massa de uma amostra e a quantidade de matéria representada pela amostra. Aqui você conhece a massa da amostra (7,68 mg), de modo que precisa encontrar a quantidade de matéria (mols) equivalente a essa massa.

Estratégia

- Use a Equação 13.9 para calcular a concentração da solução a partir da pressão osmótica.
- Use o volume e a concentração da solução para calcular a quantidade de matéria de soluto.
- Encontre a massa molar do soluto a partir da massa e da quantidade de matéria.

Solução

(a) Calcule a concentração do betocaroteno a partir de Π, R e T.

$$\text{Concentração (mol/L)} = \frac{\Pi}{RT} = \frac{(26{,}57 \text{ mm Hg})\left(\dfrac{1 \text{ atm}}{760 \text{ mm Hg}}\right)}{(0{,}082057 \text{ L} \cdot \text{atm/K} \cdot \text{mol})(298{,}2 \text{ K})}$$

$$= 1{,}429 \times 10^{-3} \text{ mol/L}$$

(b) Calcule a quantidade de betacaroteno dissolvido em 10,0 mL de solvente.

$$(1{,}429 \times 10^{-3} \text{ mol/L})(0{,}0100 \text{ L}) = 1{,}43 \times 10^{-5} \text{ mol}$$

(c) Combine a quantidade de matéria de soluto com sua massa para calcular a massa molar:

$$\frac{7{,}68 \times 10^{-3} \text{ g}}{1{,}43 \times 10^{-5} \text{ mol}} = 538 \text{ g/mol}$$

Pense bem antes de responder O betacaroteno é um hidrocarboneto com fórmula $C_{40}H_{56}$ (massa molar = 536,9 g/mol).

Verifique seu entendimento

Uma amostra de 1,40 g de polietileno, um plástico comum, é dissolvida em uma quantidade suficiente de solvente orgânico para produzir 100,0 mL de solução. Qual é a massa molar do polímero se a pressão osmótica da solução é 1,86 mm Hg a 25 °C?

Propriedades Coligativas de Soluções Contendo Íons

No extremo norte dos Estados Unidos, é uma prática comum no inverno espalhar sal nas ruas, calçadas e estradas cobertas de neve ou gelo. Quando o sol bate na neve ou na camada de gelo, uma pequena quantidade derrete, e um pouco do sal dissolve-se na água. Como resultado do soluto dissolvido, o ponto de congelamento da solução passa a ser menor que 0 °C. A solução "consome o gelo e abre caminho" através dele, rompendo-o, e o trecho gelado já não é tão perigoso para motoristas e pedestres.

O sal (NaCl) é a substância mais comum utilizada nas ruas, porque é barato e se dissolve prontamente em água. Sua massa molar relativamente baixa significa que o efeito por grama é grande. Além disso, o sal é eficiente especialmente porque é um eletrólito. Ou seja, ele se dissolve produzindo íons na solução.

$$\text{NaCl(s)} \rightarrow \text{Na}^+(\text{aq}) + \text{Cl}^-(\text{aq})$$

Lembre-se de que as *propriedades coligativas dependem não do que está dissolvido, mas sim do número de partículas de soluto por partícula de solvente*. Quando 1 mol de NaCl é dissolvido, 2 mols de íons são formados, o que significa que o efeito sobre o ponto de congelamento da água deveria ser duas vezes maior do que o esperado para um mol de açúcar. Uma solução de NaCl de 0,100 m realmente contém dois solutos, 0,100 m de Na$^+$ e 0,100 m de Cl$^-$. O que devemos utilizar para estimar a diminuição do ponto de congelamento é a molalidade *total* das partículas de soluto:

$$m_{\text{total}} = m(\text{Na}^+) + m(\text{Cl}^-) = (0{,}100 + 0{,}100) \text{ mol/kg} = 0{,}200 \text{ mol/kg}$$

$$\Delta T_{\text{PC}} = (-1{,}86 \text{ °C}/m)(0{,}200 \text{ } m) = -0{,}372 \text{ °C}$$

Para estimar a diminuição do ponto de congelamento para um composto iônico, primeiro encontre a molalidade do soluto a partir da massa e da massa molar do composto e da massa do solvente. Então, multiplique a molalidade pelo número de

Tabela 13.4 Diminuição do Ponto de Congelamento de Algumas Soluções de Compostos Iônicos

Massa %	m (mol/kg)	ΔT_{PC} (MEDIDO, °C)	ΔT_{PC} (CALCULADO, °C)	$\dfrac{\Delta T_{PC}, \text{medido}}{\Delta T_{PC}, \text{calculado}}$
NaCl				
0,00700	0,0120	−0,0433	−0,0223	1,94
0,500	0,0860	−0,299	−0,160	1,87
1,00	0,173	−0,593	−0,322	1,84
2,00	0,349	−1,186	−0,649	1,83
Na₂SO₄				
0,00700	0,00493	−0,0257	−0,00917	2,80
0,500	0,0354	−0,165	−0,0658	2,51
1,00	0,0711	−0,320	−0,132	2,42
2,00	0,144	−0,606	−0,268	2,26

íons na fórmula: dois para NaCl, três para Na$_2$SO$_4$, quatro para LaCl$_3$, cinco para Al$_2$(SO$_4$)$_3$, e assim por diante.

A Tabela 13.4 mostra que, conforme a concentração de NaCl diminui, ΔT_{PC} aproxima-se, mas não o atinge, um valor que é duas vezes maior que o valor calculado, assumindo que não há nenhuma dissociação. Da mesma forma, ΔT_{PC} para o Na$_2$SO$_4$ aproxima-se, mas não atinge, um valor três vezes maior. O quociente entre o ΔT_{PC} experimental e o seu valor calculado, assumindo que não há nenhuma dissociação, é chamado **fator de van't Hoff**, em homenagem a Jacobus Henrikus van't Hoff (1852-1911), que estudou esse fenômeno. O fator de van't Hoff é representado por *i*.

$$i = \frac{\Delta T_{PC}, \text{medido}}{\Delta T_{PC}, \text{calculado}} = \frac{\Delta T_{PC}, \text{medido}}{K_{PC} \times m}$$

ou

$$\Delta T_{PC} \text{ medido} = K_{PC} \times m \times i \qquad (13.10)$$

Os números na última coluna da Tabela 13.4 são fatores de van't Hoff. Esses valores podem ser usados nos cálculos de qualquer propriedade coligativa. O abaixamento da pressão de vapor, a elevação do ponto de ebulição, a diminuição do ponto de congelamento e a pressão osmótica são todos maiores para eletrólitos do que para não eletrólitos com a mesma molalidade.

O fator de van't Hoff aproxima-se de um número inteiro (2, 3 e assim por diante) somente em soluções muito diluídas. Em soluções mais concentradas, a diminuição do ponto de congelamento experimental revela que há menos íons em solução do que o esperado. Esse comportamento, que é típico de todos os compostos iônicos, é consequência das fortes atrações entre os íons. O resultado sugere que algumas das partículas positivas e negativas estão pareadas, diminuindo a molalidade total de partículas. De fato, em soluções mais concentradas, e especialmente em solventes menos polares do que a água, os íons estão extensamente associados em pares de íons ou agrupamentos ainda maiores.

EXEMPLO 13.10

Ponto de Congelamento e Soluções de Compostos Iônicos

Problema Uma solução aquosa de 0,0200 *m* de um composto iônico, Co(NH$_3$)$_4$Cl$_3$, congela a -0,0640 °C. Quantos mols de íons são produzidos quando 1 mol do sal é dissolvido na água?

O que você sabe? Você sabe a diminuição do ponto de congelamento (−0,0640 °C), a concentração da solução e o K_{PC}.

Estratégia O fator de van't Hoff, i, é a relação entre a ΔT_{PC} medida e a diminuição do ponto de congelamento calculada. Primeiro, calcule o valor de ΔT_{PC} esperado para uma solução na qual nenhum íon é produzido. Compare esse valor com o real ΔT_{PC}. A relação (= i) refletirá o número de íons produzidos.

Solução

(a) Calcule a diminuição do ponto de congelamento esperada para uma solução de 0,0200 m, assumindo que o sal não se dissocia em íons.

$$\Delta T_{PC} \text{ calculado} = K_{PC}m = (-1,86\,°C)(0,0200\,m) = -0,0372\,°C$$

(b) Compare a diminuição do ponto de congelamento calculado com a diminuição medida. Isso dá o fator de van't Hoff.

$$i = \frac{\Delta T_{PC},\text{ medindo}}{\Delta T_{PC},\text{ calculado}} = \frac{-0,0640\,°C}{-0,0372\,°C} = 1,72$$

O valor i é muito maior que 1, aproximando-se de 2. Portanto, assumimos que cada unidade da fórmula $Co(NH_3)_4Cl_3$ produz 2 íons em solução.

Pense bem antes de responder Encontramos que i aproxima-se de 2, significando que o complexo dissocia-se em dois íons: $[Co(NH_3)_4Cl_2]^+$ e Cl^-. Como você verá no Capítulo 22, o cátion é um íon Co^{3+} circundado octaedricamente por 4 moléculas de NH_3 e dois íons Cl^-.

Verifique seu entendimento

Calcule o ponto de congelamento de 525 g de água que contém 25,0 g de NaCl. Considere que i, o fator de van't Hoff, é de 1,85 para NaCl.

EXERCÍCIOS PARA A SEÇÃO 13.4

1. *Pressão de vapor*: Organize as seguintes soluções aquosas em ordem crescente de pressão de vapor a 25 °C: $C_2H_4(OH)_2$ 0,35 m (etilenoglicol, soluto não volátil); açúcar 0,50 m; KBr 0,20 m e Na_2SO_4 0,20 m.

    (a) $C_2H_4(OH)_2 <$ açúcar $<$ KBr $< Na_2SO_4$
    (c) açúcar $< C_2H_4(OH)_2 <$ KBr $< Na_2SO_4$
    (b) $Na_2SO_4 <$ açúcar $<$ KBr $< C_2H_4(OH)_2$
    (d) KBr $<$ açúcar $< Na_2SO_4 < C_2H_4(OH)_2$

2. Um grama (1,00 g) de cada uma das substâncias relacionadas é dissolvido em 50 g de benzeno. Qual das soluções possui o ponto de congelamento mais baixo?

    (a) fulereno, C_{60}
    (c) trinitrotolueno, $C_7H_5(NO_2)_3$
    (b) acetaminofeno, $C_8H_9NO_2$
    (d) naftaleno, $C_{10}H_8$

3. Amostras de cada uma das substâncias relacionadas abaixo são dissolvidas em 125 g de água. Qual das soluções a seguir possui o maior ponto de ebulição?

    (a) 3,0 g de sacarose, $C_{12}H_{22}O_{11}$
    (c) 1,0 g de propilenoglicol, $C_3H_6(OH)_2$
    (b) 1,0 g de glicerol, $C_3H_5(OH)_3$
    (d) 2,0 g de glicose, $C_6H_{12}O_6$

4. *Massa molar*: O eritritol é um composto que ocorre naturalmente em algas e fungos. Ele é duas vezes mais doce que a sacarose. Uma solução de 2,50 g de eritritol em 50,0 g de água congela a −0,762 °C. Qual é a massa molar do composto?

    (a) 26,9 g/mol
    (c) 122 g/mol
    (b) 35,5 g/mol
    (d) 224 g/mol

FIGURA 13.17 Coloide de ouro.
Um sal solúvel em água cujo ânion tem fórmula [AuCl$_4$]$^-$ é reduzido para produzir ouro metálico coloidal. O ouro coloidal produz uma dispersão de cor vermelha quando as partículas possuem uma extensão ou diâmetro inferior a 100 nm. Por essa natureza, o ouro coloidal é usado para dar uma linda cor vermelha ao vidro. Desde os tempos da alquimia, tem-se dito que beber uma solução de ouro coloidal faz bem para a mente.

13-5 Coloides

Anteriormente neste capítulo, definimos de forma geral que uma solução é uma mistura homogênea de duas ou mais substâncias em uma única fase. A essa definição devemos adicionar que, em uma solução verdadeira, nenhuma decantação de soluto deve ser observada e as partículas dos soluto devem estar na forma de íons ou de moléculas relativamente pequenas. Assim, o açúcar e o NaCl formam soluções verdadeiras em água. Você também está familiarizado com suspensões, as quais são obtidas, por exemplo, se um punhado de areia fina for adicionado à água e agitado vigorosamente. As partículas de areia ainda serão visíveis e decantarão gradualmente para o fundo do recipiente. As **dispersões coloidais**, chamadas também de **coloides**, representam o estado intermediário entre uma solução e uma suspensão (Figura 13.17). Os coloides incluem muitos dos alimentos que você consome, bem como os materiais ao seu redor, entre eles a gelatina, o leite, a neblina e a porcelana (Tabela 13.5).

Por volta de 1860, o químico britânico Thomas Graham (1805-1869) descobriu que compostos como o amido, a gelatina, o colágeno e a albumina dos ovos apresentavam uma difusão muito mais lenta quando colocados na água, se comparados ao açúcar ou ao sal. Além disso, os compostos anteriores diferenciavam-se significativamente em suas habilidades de difundir através de uma membrana: moléculas de açúcar podem difundir-se através de muitas membranas, mas moléculas muito grandes, como as que compõem o amido, a gelatina, o colágeno e a albumina, não. Além disso, Graham descobriu que não era capaz de cristalizar essas substâncias, ao contrário do açúcar, do sal e dos outros materiais que formam soluções verdadeiras, os quais conseguia cristalizar. Graham inventou a palavra "coloide" (que em grego significa "cola") para descrever distintamente essa classe de compostos diferentes das soluções verdadeiras e das suspensões.

Sabemos agora que é possível cristalizar algumas substâncias coloidais, embora com dificuldade; portanto, não há realmente nenhuma linha divisória definida entre essas classes com base nessa propriedade. Os coloides, no entanto, possuem diversas características que os distinguem. Primeiro, muitos dos compostos que formam os coloides possuem grande massa molar; isso é verdadeiro para proteínas, como a hemoglobina, que têm massa molar da ordem dos milhares. Segundo, as partículas de um coloide são relativamente grandes (digamos, várias centenas de nanômetros de diâmetro). Como consequência, elas exibem o **efeito Tyndall**, espalhando a luz visível quando dispersas em um solvente, fazendo com que a mistura pareça turva (Figura 13.18). Terceiro, mesmo que as partículas coloidais sejam grandes, elas não são tão grandes a ponto de se depositarem.

Graham também utilizou as palavras **sol** para a dispersão coloidal de um composto sólido em um meio fluido, e **gel** para a dispersão coloidal que apresenta uma estrutura que impede que ela seja móvel. A gelatina é um sol quando o sólido é inicialmente misturado com água fervente, mas torna-se um gel quando refrigerada. Outros exemplos de géis são os precipitados gelatinosos de Al(OH)$_3$, Fe(OH)$_3$ e Cu(OH)$_2$ (Figura 13.19).

Tabela 13.5 Tipos de Coloides

Tipo	Meio Dispersante	Fase Dispersa	Exemplos
Aerossol	Gás	Líquido	Névoa, nuvens, *sprays* aerossóis
Aerossol	Gás	Sólido	Fumaça, vírus em suspensão no ar, descarga do escapamento de veículos
Espuma	Líquido	Gás	Creme de barbear, creme de leite batido
Espuma	Sólido	Gás	Isopor, *marshmallow*
Emulsão	Líquido	Líquido	Maionese, leite, creme facial
Gel	Sólido	Líquido	Geleia, gelatina, queijo, manteiga
Sol	Líquido	Sólido	Ouro em água, leite de magnésia, lama
Sol sólido	Sólido	Sólido	Vidro leitoso

Soluções e seu comportamento **603**

A poeira no ar dispersa a luz que atravessa as copas das árvores em uma floresta na costa do Estado norte-americano de Oregon.

Um estreito feixe de luz de um *laser* passa através de uma solução de NaCl (*à esquerda*) e, depois, de uma mistura coloidal de gelatina e água (*à direita*).

FIGURA 13.19 Precipitados **gelatinosos** Al(OH)$_3$ (à esquerda), Fe(OH)$_3$ (centro) e Cu(OH)$_2$ (à direita).

FIGURA 13.18 O efeito Tyndall. As dispersões coloidais espalham a luz, um fenômeno conhecido como efeito Tyndall.

Devido ao pequeno tamanho das partículas em uma dispersão coloidal, elas possuem uma grande área superficial. Por exemplo, se você tivesse um milionésimo de mol de partículas coloidais, cada uma sendo supostamente uma esfera com um diâmetro de 1000 nm, a área total da superfície das partículas estaria na ordem de 2 milhões de cm^2. Não é surpreendente, portanto, que muitas das propriedades dos coloides dependam das propriedades das superfícies.

Tipos de Coloides

Os coloides são classificados de acordo com o estado da fase dispersa e do meio dispersante. A Tabela 13.5 apresenta diversos tipos de coloides e exemplos de cada um deles.

Os coloides com água como o meio dispersante podem ser classificados como **hidrofóbicos** (do grego, que significa "que tem fobia de água") ou **hidrofílicos** ("que tem afinidade com a água"). Em um *coloide hidrofóbico* existem somente forças atrativas fracas entre a água e a superfície das partículas coloidais. Exemplos incluem dispersões de metais (veja a Figura 13.17) e de sais quase insolúveis em água. Quando compostos como AgCl se precipitam, o resultado é, com frequência, uma dispersão coloidal. A reação de precipitação ocorre rápido demais para que os íons separados por longas distâncias agrupem-se para formar grandes cristais e, então, os íons agregam-se para formar partículas pequenas que permanecem suspensas no líquido.

Por que essas partículas não se juntam (coagulam) para formar partículas maiores? A resposta é que as partículas coloidais carregam cargas elétricas. Para ver como isso acontece, suponha que pares de íons Ag$^+$ e Cl$^-$ se juntem e formem uma pequena partícula. Se íons Ag$^+$ ainda estão presentes em concentração substancial na solução, esses íons positivos poderiam ser atraídos pelos íons negativos Cl$^-$ na superfície da partícula. Então o aglomerado inicial de pares de íons Ag$^+$ e Cl$^-$ torna-se carregado positivamente, permitindo que atraia uma segunda camada de ânions. As partículas, agora rodeadas pelas novas camadas de íons, repelem-se mutuamente, impedindo que se juntem para formar um precipitado (Figura 13.20).

As partículas do solo são frequentemente carregadas pela água nos rios e nos córregos como coloides hidrofóbicos. Quando a água do rio que carrega grandes quantidades de partículas coloidais encontra-se com a água do mar com sua elevada concentração de sais, as partículas coagulam para formar lodo, como observado na embocadura do rio (Figura 13.21). As estações de tratamento de água frequentemente adicionam sais de alumínio, como Al$_2$(SO$_4$)$_3$, para clarear a água. Em solução aquosa, os íons alumínio existem como cátions [Al(H$_2$O)$_6$]$^{3+}$ que neutralizam a carga nas partículas coloidais hidrofóbicas do solo, fazendo com que as partículas do solo agreguem-se e decantem.

Coloides hidrofílicos são fortemente atraídos pelas moléculas de água. Eles frequentemente possuem grupos como —OH e —NH$_2$ nas suas superfícies. Esses grupos formam fortes ligações de hidrogênio com a água, estabilizando assim o coloide. As

FIGURA 13.20 Coloides hidrofóbicos. Um coloide hidrofóbico é estabilizado por íons positivos adsorvidos em cada partícula e por uma camada secundária de íons negativos. Devido ao fato das partículas carregarem cargas de mesmo sinal, elas se repelem mutuamente, evitando a precipitação.

FIGURA 13.21 Formação do aluvião. O aluvião forma-se nos deltas dos rios quando as partículas coloidais do solo entram em contato com a água salgada do mar. Vemos aqui o rio Connecticut desaguando na baía de Long Island. A alta concentração de íons na água salgada faz com que as partículas coloidais do solo coagulem-se.

proteínas e o amido são exemplos importantes e o leite homogeneizado é um exemplo do dia a dia.

Emulsões são dispersões coloidais de um líquido em outro, como o óleo ou a gordura em água. Exemplos do cotidiano incluem temperos de salada, maionese e leite. Se o óleo vegetal e o vinagre forem misturados para preparar um tempero de salada, a mistura separa-se rapidamente em duas camadas, porque as moléculas não polares do óleo não interagem com as moléculas polares de água e ácido acético (CH_3CO_2H). Então, por que o leite e a maionese são misturas aparentemente homogêneas, que não se separam em camadas? A resposta é que eles contêm um **agente emulsificante**, como um tipo de sabão ou uma proteína. A lecitina, um fosfolipídio encontrado na gema de ovo, pode atuar como agente emulsificante, fazendo com que a mistura de gemas de ovo com o óleo e o vinagre estabilizem-se em uma dispersão coloidal conhecida como maionese. Para compreender melhor o efeito dos agentes emulsificantes, vamos observar o funcionamento dos sabões e dos detergentes, substâncias conhecidas como surfactantes.

Surfactantes

Os sabões e os detergentes são agentes emulsificantes. O sabão é feito aquecendo-se uma gordura com hidróxido de potássio ou de sódio, o que produz ânions de ácido carboxílico (íon carboxilato) de cadeia longa, muitas vezes chamados de ácidos graxos. Um exemplo é o estearato de sódio.

$$H_3C(CH_2)_{16}-\underset{\text{cauda de hidrocarboneto solúvel em óleo}}{\underbrace{}}\overset{O}{\underset{\|}{C}}-\underset{\text{cabeça polar solúvel em água}}{\underbrace{O^- Na^+}}$$

estearato de sódio, um sabão

O ânion de ácido graxo possui uma dupla funcionalidade: ele possui uma cauda não polar hidrofóbica, de hidrocarboneto que é compatível com outros hidrocarbonetos similares, e uma cabeça polar hidrofílica, compatível com água.

O óleo não pode ser lavado facilmente dos pratos ou da roupa com água, pois este é não polar e, portanto, insolúvel em água. Assim, adicionamos sabão à água para remover o óleo. As moléculas não polares do óleo interagem com as caudas não polares de hidrocarbonetos do sabão, deixando as cabeças polares do sabão para interagir com as moléculas vizinhas de água. Água e óleo, então, podem se misturar (Figura 13.22) e o óleo pode ser lavado.

Substâncias como os sabões, que afetam as propriedades das superfícies e, portanto, afetam a interação entre duas fases, são chamadas agentes tensoativos ou, para resumir, **surfactantes**. Um surfactante utilizado para limpeza é chamado de

---

Sabões e Surfactantes Os sabões de sódio são sólidos à temperatura ambiente, enquanto os sabões de potássio geralmente são líquidos. São produzidos anualmente no mundo cerca de 30 milhões de toneladas de sabões domésticos, sabonetes, detergentes sintéticos e detergentes baseados em sabões para lavanderia.

FIGURA 13.22 A ação de limpeza do sabão. Moléculas de sabão interagem com a água por meio da extremidade hidrofílica carregada da molécula. A longa cauda de hidrocarboneto da molécula é hidrofóbica e pode ligar-se por meio de forças de dispersão com hidrocarbonetos e outras substâncias não polares.

detergente. Uma das funções de um surfactante é diminuir a tensão superficial da água, o que realça a ação de limpeza do detergente (Figura 13.23).

Muitos detergentes usados em casa e na indústria são sintéticos. Um exemplo é o laurilbenzenossulfonato de sódio, um composto biodegradável.

$$CH_3CH_2CH_2CH_2CH_2CH_2CH_2CH_2CH_2CH_2CH_2CH_2\text{—}\bigcirc\text{—}SO_3^-\ Na^+$$

laurilbenzenossulfonato de sódio

Em geral, os detergentes sintéticos usam o grupo sulfonato, $-SO_3^-$, como a cabeça polar em vez do grupo carboxilato, $-CO_2^-$. Os ânions carboxilato formam um precipitado insolúvel com quaisquer íons Ca^{2+} ou Mg^{2+} presentes na água. Como a água dura contém concentrações elevadas desses íons, o uso de sabões que contêm carboxilatos produz os "círculos da banheira" e faz com que as roupas brancas tornem-se acinzentadas. Os detergentes sintéticos de sulfonato têm a vantagem de não formar tais precipitados porque seus sais de cálcio são mais solúveis em água.

O enxofre (densidade = 2,1 g/cm³) é colocado cuidadosamente na superfície da água (densidade de 1,0 g/cm³). A tensão superficial da água mantém o enxofre mais denso na superfície.

Várias gotas de detergente são colocadas na superfície da água. A tensão superficial da água é reduzida e o enxofre afunda no béquer.

FIGURA 13.23 Efeito de um detergente na tensão superficial da água.

EXERCÍCIO PARA A SEÇÃO 13.5

1. A Figura 13.17 ilustra um coloide de ouro. Assuma que as partículas coloidais sejam aglomerados esféricos de átomos de ouro com 100 nm de diâmetro. Qual é o número aproximado de átomos de ouro que formam essa partícula? (O raio de um átomo de ouro é de 144 pm.)

   (a) 300 átomos (b) 40 milhões de átomos (c) 2 bilhões de átomos

APLICANDO PRINCÍPIOS QUÍMICOS
Destilação

Destilação é um meio de separar os componentes de uma mistura com base nas diferenças de volatilidade. Como o petróleo é constituído de um grande número de compostos com grandes variações de volatilidade, a destilação é um processo-chave para produzir gasolina e outros produtos relacionados (Figura A). Como funciona esse processo?

Se uma mistura é composta por um componente volátil e um ou mais componentes não voláteis, é possível fazer a separação do componente volátil. Mas, quando dois ou mais componentes em uma mistura possuem valores de pressão de vapor diferente de zero no ponto de ebulição da mistura, o resultado da destilação simples é uma separação incompleta.

A destilação fracionada utiliza ciclos de evaporação–condensação repetitivos para otimizar a separação de compostos voláteis. Quando uma mistura entra em ebulição, o vapor acima do líquido possui uma concentração mais alta de componentes voláteis que o líquido. Se esse vapor for condensado e novamente evaporado, o vapor resultante é ainda mais enriquecido nos componentes voláteis.

O diagrama de temperatura e composição para uma mistura de hexano–heptano é mostrada na Figura B. A curva baixo indica os pontos de ebulição da mistura como função da fração molar do componente mais volátil, o hexano. A curva de cima indica a fração molar do hexano na fase de vapor, acima da solução em ebulição. A linha azul representa a mudança na composição da mistura no curso da destilação fracionada de uma mistura com uma fração molar inicial do hexano de 0,20. A solução pode ser aquecida até alcançar seu ponto de ebulição a 90 °C. A essa temperatura, a fração molar do hexano na fase de vapor pode ser determinada desenhando-se uma

FIGURA A Equipamento utilizado para a destilação fracionada do petróleo em uma refinaria.

FIGURA B O diagrama temperatura-composição para a mistura hexano (C_6H_{14}) – heptano (C_7H_{16}).

linha horizontal em 90 °C que intercepta a curva superior. Isso indica que a fase de vapor possui uma fração molar do hexano de 0,38 a essa temperatura.

A eficiência da coluna de destilação fracionada é expressa em termos de *pratos teóricos*. Cada ciclo de evaporação-condensação exige um prato teórico. Quanto maior o número de pratos teóricos, melhor a separação para a maioria das misturas.

QUESTÕES:

1. A linha azul no diagrama ilustra o efeito de utilizar a destilação fracionada para separar uma mistura de hexano (C_6H_{14}) e heptano (C_7H_{16}). Se iniciarmos uma destilação fracionada com uma fração molar do hexano de 0,20, qual é a fração molar aproximada do hexano na fase de vapor após dois ciclos de evaporação–condensação?
2. Quantos pratos teóricos são necessários para produzir uma solução com uma fração molar de hexano superior a 0,90?
3. Qual é a porcentagem em massa do hexano em uma mistura com heptano se a fração molar do hexano é de 0,20?
4. A pressão de vapor do heptano puro é de 361,2 mm Hg a 75,0 °C e seu ponto de ebulição normal é de 98,4 °C. Use a equação de Clausius–Clapeyron (veja a página 519) para determinar a entalpia da vaporização do heptano.

REVISÃO DOS OBJETIVOS DO CAPÍTULO

Agora que você já estudou este capítulo, você deve perguntar a si mesmo se atingir os objetivos propostos. Especificamente, você deverá ser capaz de:

ENTENDER

- A energia do processo de dissolução (Seção 13.2).
- A base da regra "semelhante dissolve semelhante" (Seção 13.2).
- Como mudanças na pressão e na temperatura afetam a solubilidade (Seção 13.3).
- Como solutos em solução afetam a pressão de vapor do solvente, o ponto de congelamento, o ponto de ebulição e a pressão osmótica da solução (propriedades coligativas) (Seção 13.4).

FAZER

- Utilizar as unidades de concentração da solução (Seção 13.1).
   a. Usar as seguintes unidades de concentração: molalidade, fração molar, porcentagem em massa e partes por milhão (Seção 13.1). Questões para Estudo: 1–12.
- Calcular a entalpia de dissolução a partir dos dados termodinâmicos (Seção 13.2). Questões para Estudo: 15, 16, 71.
- Usar a lei de Henry (Seção 13.3).
   a. Usar a lei de Henry para calcular a solubilidade de um gás em um solvente (Seção 13.3). Questões para Estudo: 19–24, 69, 83, 84.
- Usar o princípio de Le Chatelier para prever qualitativamente o efeito de uma perturbação nos sistemas em equilíbrio (Seção 13.3). Questões para Estudo: 17, 18, 20, 23, 24, 84.
- Calcular variações na pressão de vapor nos pontos de congelamento e no ponto de ebulição à medida que um soluto é adicionado a um solvente (propriedades coligativas) (Seção 13.4).
   a. Calcular a fração molar de um solvente ($X_{solvente}$) e o efeito de um soluto na pressão de vapor de um solvente ($P_{solvente}$) usando a lei de Raoult. Questões para Estudo: 25–28, 75, 76, 100, 103.
   b. Calcular a elevação do ponto de ebulição ou a diminuição do ponto de congelamento causada por um soluto em um solvente. Questões para Estudo: 29–36, 47, 55, 62.
   c. Caracterizar o efeito de solutos iônicos nas propriedades coligativas. Questões para Estudo: 49, 50, 54, 55, 62, 63, 95.
- Calcular a pressão osmótica de uma solução (Seção 13.4). Questões para Estudo: 37–40, 80, 90.
- Utilizar as propriedades coligativas para determinar a massa molar de um soluto (Seção 13.4). Questões para Estudo: 41–46, 66, 91, 92.
- Aplicar o fator de van't Hoff nos cálculos envolvendo solutos iônicos (Seção 13.4). Questões para Estudo 38, 47, 48, 64, 65, 77, 79, 81, 82, 104.

LEMBRAR

- A diferença entre molaridade (M) e molalidade (m) (Seção 13.1).
- O princípio de Le Chatelier, que prevê como sistemas em equilíbrio respondem a uma perturbação (Seção 13.3).
- A lei de Henry, a relação entre a pressão e a solubilidade dos gases (Seção 13.3).
- O efeito dos solutos nas propriedades de uma solução (Seção 13.4).

- A importância e as propriedades dos coloides (Seção 13.5).
- A terminologia das soluções e seus comportamentos.
   a. Definir os termos solução, solvente, soluto e propriedades coligativas.
   b. Compreender as diferenças entre soluções saturadas, insaturadas e supersaturadas (Seção 13.2). Questões para Estudo: 17, 18.
   c. Definir e ilustrar os termos *miscível* e *imiscível* (Seção 13.2). Questões para Estudo: 13, 98.

EQUAÇÕES-CHAVE

Equação 13.1 A molalidade é definida como a quantidade de matéria de soluto por quilograma de solvente.

$$\text{Concentração } (c, \text{mol/kg}) = \text{molalidade do soluto} = \frac{\text{quantidade de soluto (mol)}}{\text{massa de solvente (kg)}}$$

Equação 13.2 A fração molar, X, de um componente da solução é definida como o número de mols daquele componente da solução (n_A, mol) dividido pelo número total de mols de todos os componentes da solução.

$$\text{Fração molar de A } (X_A) = \frac{n_A}{n_A + n_B + n_C + \ldots}$$

Equação 13.3 A porcentagem em massa é a massa de um componente dividida pela massa total da solução (multiplicada por 100%).

$$\%\ \text{Massa de A} = \frac{\text{Massa de A}}{\text{Massa de A + Massa de B + Massa de C} + \ldots} \times 100\%$$

Equação 13.4 Lei de Henry: A solubilidade de um gás, S_g, é igual ao produto entre a pressão parcial do gás (P_g) e uma constante (k_H) característica do soluto e do solvente.

$$S_g = k_H P_g$$

Equação 13.5 Lei de Raoult: A pressão de vapor no equilíbrio de um solvente sobre uma solução a uma dada temperatura, P_{solvente}, é o produto entre a fração molar do solvente (X_{solvente}) e a pressão de vapor do solvente puro ($P°_{\text{solvente}}$).

$$P_{\text{solvente}} = X_{\text{solvente}} P°_{\text{solvente}}$$

Equação 13.6 A diminuição da pressão de vapor do solvente sobre uma solução, $\Delta P_{\text{solvente}}$, depende da fração molar do soluto (X_{soluto}) e da pressão de vapor do solvente puro ($P°_{\text{solvente}}$).

$$\Delta P_{\text{solvente}} = -X_{\text{soluto}} P°_{\text{solvente}}$$

Equação 13.7 A elevação do ponto de ebulição de uma solução, ΔT_{PE}, é o produto entre a molalidade do soluto, m_{soluto}, e uma constante característica do solvente, K_{PE}.

$$\text{Elevação do ponto de ebulição} = \Delta T_{PE} = K_{PE} m_{\text{soluto}}$$

Equação 13.8 A diminuição do ponto de congelamento do solvente em uma solução, ΔT_{PC}, é o produto entre a molalidade do soluto, m_{soluto}, e a constante característica do solvente, K_{PC}.

$$\text{Diminuição do ponto de congelamento} = \Delta T_{PC} = K_{PC} m_{\text{soluto}}$$

Equação 13.9 A pressão osmótica, Π, é o produto entre a concentração de soluto, c (em mol/L), a constante universal dos gases R (0,082057 L · atm/K · mol) e a temperatura T (em kelvin).

$$\Pi = cRT$$

Equação 13.10 Essa equação modificada para a diminuição do ponto de congelamento leva em consideração a possível dissociação de um soluto. O fator de van't Hoff, i, o quociente da diminuição do ponto de congelamento medido e a diminuição do ponto de congelamento calculado, assumindo que não há nenhuma dissociação do soluto, é associado ao número relativo de partículas produzidas por um soluto dissolvido.

$$\Delta T_{PC} \text{ medido} = K_{PC} \times m \times i$$

QUESTÕES PARA ESTUDO

▲ denota questões desafiadoras.

Questões numeradas em verde têm respostas no Apêndice N.

Praticando Habilidades

Concentração
(Veja a Seção 13.1 e o Exemplo 13.1).

1. Você dissolve 2,56 g de ácido succínico $C_2H_4(CO_2H)_2$, em 500, mL de água. Assumindo que a densidade da água é de 1,00 g/cm³, calcule a molalidade, a fração molar e a porcentagem em massa do ácido na solução.

2. Você dissolve 45,0 g de cânfora, $C_{10}H_{16}O$, em 425 mL de etanol, C_2H_5OH. Calcule a molalidade, a fração molar e a porcentagem em massa da cânfora na solução (a densidade do etanol é de 0,785 g/mL).

3. Preencha os espaços vazios na tabela. Suponha que sejam soluções aquosas.

Composto	Molalidade	Porcentagem em Massa	Fração Molar
NaI	0,15	____	____
C_2H_5OH	____	5,0	____
$C_{12}H_{22}O_{11}$	0,15	____	____

4. Preencha os espaços vazios na tabela. Suponha que sejam soluções aquosas.

Composto	Molalidade	Porcentagem em Massa	Fração Molar
KNO_3	____	10,0	____
CH_3CO_2H	0,0183	____	____
$HOCH_2CH_2OH$	____	18,0	____

5. Qual massa de Na_2CO_3 você deve adicionar a 125 g de água para preparar 0,200 m de Na_2CO_3? Qual é a fração molar do Na_2CO_3 na solução resultante?

6. Qual massa de $NaNO_3$ deve ser adicionada a 500, g de água para preparar uma solução 0,0512 m? Qual é a fração molar de $NaNO_3$ na solução?

7. Você deseja preparar uma solução aquosa de glicerol, $C_3H_5(OH)_3$, na qual a fração molar do soluto é 0,093. Qual massa de glicerol deve ser adicionada a 425 g de água para fazer essa solução? Qual é a molalidade da solução?

8. Você deseja preparar uma solução aquosa de etilenoglicol, $HOCH_2CH_2OH$, na qual a fração molar do soluto é 0,125. Qual massa de etilenoglicol, em gramas, você deve adicionar a 955 g de água? Qual é a molalidade da solução?

9. O ácido clorídrico é vendido como solução aquosa concentrada. Se a concentração do HCl comercial é de 12,0 M e sua densidade é de 1,18 g/cm³, calcule o seguinte:

   (a) a molalidade da solução
   (b) a porcentagem em massa do HCl na solução.

10. O ácido sulfúrico concentrado possui uma densidade de 1,84 g/cm³ e tem 95,0% em massa de H₂SO₄. Qual é a molalidade desse ácido? Qual é a sua molaridade?

11. A concentração média de íon-lítio na água do mar é de 0,18 ppm. Qual a molalidade do Li⁺ na água do mar?

12. O íon prata tem uma concentração média de 28 ppb (partes por bilhão) na água da rede de abastecimento dos Estados Unidos.
(a) Qual é a molalidade do íon prata?
(b) Se você quisesse obter $1,0 \times 10^2$ g de prata e pudesse recuperar quimicamente essa quantidade a partir da água de abastecimento, que volume de água em litros você deveria tratar. Assuma a densidade da água como 1,0 g/cm³?

O Processo de Dissolução
(Veja a Seção 13.2 e o Exemplo 13-2.)

13. Que pares de líquidos serão miscíveis?
(a) H₂O e CH₃CH₂CH₂CH₃
(b) C₆H₆ (benzeno) e CCl₄
(c) H₂O e CH₃CO₂H

14. Acetona, CH₃COCH₃, é bastante solúvel em água. Explique por que isso acontece.

Acetona

15. Use os dados da Tabela 13.1 para calcular a entalpia de dissolução do LiCl.

16. Utilize os seguintes dados para calcular a entalpia de dissolução do perclorato de sódio, NaClO₄:

$\Delta_f H°(s) = -382,9$ kJ/mol e
$\Delta_f H°(aq, 1\ m) = -369,5$ kJ/mol

17. Você prepara uma solução saturada de NaCl a 25 °C. Não há nenhum sólido presente no béquer onde está a solução. O que pode ser feito para aumentar a quantidade de NaCl dissolvida nessa solução? (Consulte a Tabela 13.11.)
(a) Adicionar mais NaCl sólido.
(b) Aumentar a temperatura da solução.
(c) Aumentar a temperatura da solução e adicionar mais um pouco de NaCl.
(d) Abaixar a temperatura e adicionar um pouco mais de NaCl.

18. Certa quantidade de cloreto de lítio, LiCl, é dissolvida em 100 mL de água em um béquer e uma outra quantidade de Li₂SO₄ é dissolvida em 100 mL de água em outro béquer. As duas estão a 10 °C e ambas são soluções saturadas; um pouco de sólido permanece não dissolvido em cada béquer. Descreva o que você observaria à medida que a temperatura aumentasse. Os seguintes dados podem ser encontrados em um livro-texto de Química:

Composto	Solubilidade (g/100 mL)	
	10 °C	40 °C
Li₂SO₄	35,5	33,7
LiCl	74,5	89,8

Lei de Henry
(Veja a Seção 13.3 e o Exemplo 13.3.)

19. A pressão parcial do O₂ em seus pulmões varia de 25 mm Hg a 40 mm Hg. Qual massa de O₂ pode ser dissolvida em 1,0 L de água a 25 °C se a pressão parcial do O₂ é de 40 mm Hg?

20. A constante da lei de Henry para o O₂ na água a 25 °C é fornecida na Tabela 13.2. Qual das seguintes alternativas é uma constante razoável quando a temperatura é de 50 °C? Explique o motivo da sua escolha.
(a) $6,7 \times 10^{-4}$ mol/kg·bar
(b) $2,6 \times 10^{-3}$ mol/kg·bar
(c) $1,3 \times 10^{-3}$ mol/kg·bar
(d) $6,4 \times 10^{-2}$ mol/kg·bar

21. Uma lata de refrigerante fechada possui uma concentração de CO₂ aquoso de 0,0506 m a 25 °C. Qual é a pressão do gás CO₂ na lata?

22. O gás hidrogênio possui uma constante da lei de Henry de $7,8 \times 10^{-4}$ mol/kg·bar a 25 °C, quando dissolvido na água. Se a pressão do gás (gás H₂ mais o vapor de água) sobre a água é de 1,00 bar, qual é a concentração de H₂ na água em gramas por mililitro? (Veja o Apêndice G para a pressão de vapor da água.)

Princípio de Le Chatelier
(Veja a Seção 13.3.)

23. Um frasco selado contém água e gás oxigênio a 25 °C. O gás O₂ possui uma pressão parcial de 1,5 atm.
(a) Qual é a concentração de O₂ na água?
(b) Se a pressão do O₂ no frasco for aumentada para 1,7 atm, o que acontecerá com a quantidade de O₂ dissolvida? O que acontecerá com a quantidade de O₂ dissolvida quando a pressão do gás O₂ diminuir a 1,0 atm?

24. Sugere-se utilizar o butano, C₄H₁₀, como gás refrigerante para compressores domésticos, tais como os encontrados nos aparelhos de ar condicionado.
(a) Em que extensão o butano é solúvel em água? Calcule a concentração de butano em água se a pressão do gás for de 0,21 atm (k_H = 0,0011 mol/kg·bar a 25 °C).
(b) Se a pressão do butano for aumentada para 1,0 atm, a concentração do butano aumentará ou diminuirá?

Lei de Raoult
(Veja a Seção 13.4 e o Exemplo 13-4.)

25. Uma amostra de 35,0 g de etilenoglicol, HOCH₂CH₂OH, é dissolvida em 500,0 g de água. A pressão de vapor da água a 32 °C é de 35,7 mm Hg. Qual é a pressão de vapor da solução água-etilenoglicol a 32 °C? (O etilenoglicol não é volátil.)

26. A ureia, (NH₂)₂CO, é amplamente utilizada como fertilizante, e em plásticos e é bastante solúvel em água. Se você dissolver 9,00 g de ureia em 10,0 mL de água, o que acontece com a pressão de vapor da solução a 24 °C? Assuma que a densidade da água é 1,00 g/mL.

27. O etilenoglicol puro, HOCH$_2$CH$_2$OH, é adicionado a 2,00 kg de água no sistema de arrefecimento de um carro. A pressão de vapor da água no sistema a 90 °C é de 457 mm Hg. Qual é a massa do etilenoglicol adicionado? (Suponha que a solução seja ideal. Veja o Apêndice G para obter a pressão de vapor da água.)

28. Iodo puro (105 g) é dissolvido em 325 g de CCl$_4$ a 65 °C. Dado que a pressão de vapor do CCl$_4$ a essa temperatura é de 531 mm Hg, qual é a pressão de vapor da solução de CCl$_4$-I$_2$ a 65 °C? (Considere que o I$_2$ não contribui para a pressão de vapor.)

Elevação do Ponto de Ebulição
(Veja a Seção 13.4 e o Exemplo 13.5.)

29. Qual é o ponto de ebulição de uma solução contendo 0,200 mol de um soluto não volátil em 125 g de benzeno (C$_6$H$_6$)?

30. Qual é o ponto de ebulição de uma solução composta por 15,0 g de ureia, (NH$_2$)$_2$CO, em 0,500 kg de água?

31. Qual é o ponto de ebulição de uma solução composta por 15,0 g de CHCl$_3$ e 0,515 g de um soluto não volátil, acenafteno, C$_{12}$H$_{10}$, um componente do alcatrão presente no carvão?

32. Uma solução de glicerol, C$_3$H$_5$(OH)$_3$, em 735 g de água tem um ponto de ebulição de 104,4 °C a uma pressão de 760 mm Hg. Qual é a massa de glicerol na solução? Qual é a fração molar do soluto?

Diminuição do Ponto de Congelamento
(Veja a Seção 13.4 e o Exemplo 13.6.)

33. Uma mistura de etanol, C$_2$H$_5$OH, e água possui ponto de congelamento a -16 °C.
    (a) Qual é a molalidade do álcool?
    (b) Qual é a porcentagem em massa do álcool na solução?

34. Adiciona-se um pouco de etilenoglicol, HOCH$_2$CH$_2$OH, no sistema de arrefecimento de seu carro, junto com 5,0 kg de água. Se o ponto de congelamento da solução água-etilenoglicol é de -15,0 °C, que massa de HOCH$_2$CH$_2$OH foi adicionada?

35. Você dissolve 15,0 g de sacarose, C$_{12}$H$_{22}$O$_{11}$, em uma xícara de água (225 g). Qual é o ponto de congelamento da solução?

36. Uma garrafa de vinho típica consiste de uma solução de 11% (em massa) de etanol (C$_2$H$_5$OH) em água. Se o vinho for resfriado a -20 °C, a solução começará a congelar?

Osmose
(Veja a Seção 13.4 e o Exemplo 13.7.)

37. Uma solução aquosa contém 3,00% de fenilalanina (C$_9$H$_{11}$NO$_2$) em massa. (A fenilalanina não é iônica nem volátil.) Determine:
    (a) o ponto de congelamento da solução
    (b) o ponto de ebulição da solução
    (c) a pressão osmótica da solução a 25 °C

    Na sua opinião, qual desses valores é mais facilmente medido em laboratório?

38. Estime a pressão osmótica do sangue humano a 37 °C. Assuma que o sangue é isotônico com uma solução de NaCl 0,154 M e que o fator de van't Hoff, *i*, é de 1,90 para o NaCl.

39. Uma solução aquosa contendo 1,00 g de insulina bovina (uma proteína não ionizada) por litro possui uma pressão osmótica de 3,1 mmHg a 25 °C. Calcule a massa molar da insulina bovina.

40. Calcule a pressão osmótica de uma solução de NaCl 0,0120 M em água a 0 °C. Assuma que o fator de van't Hoff, *i*, é de 1,94 para essa solução.

Propriedades Coligativas e Determinação da Massa Molar
(Veja a Seção 13.4 e os Exemplos 13.8 e 13.9.)

41. Você adiciona 0,255 g de um composto cristalino de cor laranja, cuja fórmula empírica é C$_{10}$H$_8$Fe, a 11,12 g de benzeno. O ponto de ebulição do benzeno aumenta de 80,10 °C para 80,26 °C. Quais são a massa molar e a fórmula molecular do composto?

42. O butirato de hidroxianisol (BHA) é utilizado em margarinas e outras gorduras e óleos. (É usado como antioxidante, prolongando o prazo de validade dos alimentos.) Qual é a massa molar do BHA, se 0,640 g do composto dissolvido em 25,0 g de clorofórmio produz uma solução cujo ponto de ebulição é de 62,22 °C?

43. O acetato de benzila é um dos componentes ativos do óleo de jasmim. Se 0,125 g desse composto for adicionado a 25,0 g de clorofórmio (CHCl$_3$), o ponto de ebulição da solução será de 61,82 °C. Qual é a massa molar do acetato de benzila?

44. O antraceno, um hidrocarboneto obtido a partir do carvão, possui a seguinte fórmula empírica: C$_7$H$_5$. Para encontrar a fórmula molecular, dissolve-se 0,500 g em 30,0 g de benzeno. O ponto de ebulição do benzeno puro é de 80,10 °C, enquanto a solução possui um ponto de ebulição de 80,34 °C. Qual é a fórmula molecular do antraceno?

45. Uma solução aquosa contém 0,180 g de um soluto não iônico desconhecido em 50,0 g de água. A solução congela a -0,040 °C. Qual é a massa molar do soluto?

46. O aluminon, um composto orgânico, é utilizado como reagente para testar a presença de íons de alumínio em soluções aquosas. Uma solução de 2,50 g de aluminon em 50,0 g de água congela a -0,197 °C. Qual é a massa molar do aluminon?

Propriedades Coligativas dos Compostos Iônicos
(Veja a Seção 13.4 e o Exemplo 13.10.)

47. Se 52,5 g de LiF forem dissolvidos em 306 g de água, qual é o ponto de congelamento esperado da solução? (Considere que o fator de van't Hoff, *i*, para o LiF é 2.)

48. Para fazer um sorvete caseiro, você resfria o leite e o creme de leite, colocando o recipiente em imersão em uma solução concentrada de sal de rocha (NaCl) e gelo. Caso você queira ter uma solução de água e sal que congela a -10 °C, que massa de NaCl terá que adicionar em 3,0 kg de água? (Considere que o fator de van't Hoff, *i*, para o NaCl é 1,85.)

49. Relacione as seguintes soluções aquosas em ordem crescente de ponto de fusão. (Assume-se que as últimas três dissociam-se completamente na água.)
    (a) 0,1 *m* de açúcar
    (b) 0,1 *m* de NaCl
    (c) 0,08 *m* de CaCl$_2$
    (d) 0,04 *m* de Na$_2$SO$_4$

50. Ordene as seguintes soluções aquosas em ordem decrescente de ponto de congelamento. (Assume-se que as últimas três dissociam-se completamente na água.)

(a) 0,20 m de etilenoglicol (não volátil e um não eletrólito)
(b) 0,12 m de K_2SO_4
(c) 0,10 m de $MgCl_2$
(d) 0,12 m de KBr

Coloides
(Veja a Seção 13.5.)

51. Quando soluções de $BaCl_2$ e Na_2SO_4 são misturadas, a mistura torna-se turva. Depois de alguns dias, observa-se um sólido branco no fundo do béquer e um líquido claro acima dele.

(a) Escreva a equação balanceada para a reação que ocorre.
(b) Por que inicialmente a solução fica turva?
(c) O que acontece durante os poucos dias que se passam?

52. A fase dispersa de certa dispersão coloidal consiste em esferas com $1,0 \times 10^2$ nm de diâmetro.

(a) Qual é o volume ($V = \frac{4}{3}\pi r^3$) e a área superficial ($A = 4\pi r^2$) de cada esfera?
(b) Quantas esferas são necessárias para dar um volume total de 1,0 cm³? Qual é a superfície total dessas esferas em metros quadrados?

Questões Gerais

Estas questões não estão definidas quanto ao tipo ou à localização no capítulo. Elas podem combinar vários conceitos.

53. O fenilcarbinol é utilizado em *sprays* como descongestionante nasal. Uma solução de 0,52 g do composto em 25,0 g de água possui um ponto de fusão de -0,36 °C. Qual a massa molecular do fenilcarbinol?

54. (a) Que solução aquosa terá o ponto de ebulição mais alto: Na_2SO_4 0,10 m ou açúcar 0,15 m?
(b) Que solução aquosa terá a pressão de vapor da água mais alta: NH_4NO_3 0,30 m ou Na_2SO_4 0,15 m?

55. Arranje as seguintes soluções aquosas em ordem de (i) aumento da pressão de vapor da água e (ii) aumento do ponto de ebulição.

(a) $HOCH_2CH_2OH$ (um soluto não volátil) 0,35 m
(b) açúcar 0,50 m
(c) KBr (um eletrólito forte) 0,20 m
(d) Na_2SO_4 (um eletrólito forte) 0,20 m

56. Preparar sorvete em casa é um dos maiores prazeres da vida. Bate-se leite fresco, creme de leite, açúcar e aromatizantes em um balde suspenso em uma mistura de água e gelo, sendo o ponto de congelamento da mistura abaixado por meio da adição de sal. Um fabricante de congeladores de sorvete recomenda adicionar 1130 g de sal (NaCl) a 7250 g de gelo em um congelador de 4 litros. Para essa solução formada, quando a mistura derrete, calcule o seguinte:

(a) a porcentagem em massa do NaCl
(b) a fração molar do NaCl
(c) a molalidade da solução

57. A dimetilglioxima [DMG, $(CH_3CNOH)_2$] é utilizada como reagente para precipitar íons níquel. Assuma que 53,0 g de DMG tenham sido dissolvidos em 525 g de etanol (C_2H_5OH).

O composto vermelho, insolúvel, formado entre o íon níquel (II) e a dimetilglioxima (DMG) é precipitado quando à DMG é adicionada a uma solução básica de Ni^{2+}(aq).

(a) Qual é a fração molar do DMG?
(b) Qual é a molalidade da solução?
(c) Qual é a pressão de vapor do etanol sobre a solução no ponto de ebulição normal do etanol de 78,4 °C?
(d) Qual é o ponto de ebulição da solução? (DMG não produz íons em solução.) (K_{PE} para o etanol = + 1,22 °C/m.)

58. Uma solução de NaOH 10,7 m possui uma densidade de 1,33 g/cm³ a 20 °C. Calcule o seguinte:

(a) a fração molar do NaOH
(b) a porcentagem em massa de NaOH
(c) a molaridade da solução

59. Uma solução aquosa concentrada de amônia possui uma molaridade de 14,8 mol/L e uma densidade de 0,90 g/cm³. Qual é a molalidade da solução? Calcule a fração molar e a porcentagem em massa da NH_3.

60. Se 2,00 g de $Ca(NO_3)_2$ são dissolvidos em 750 g de água, qual é a molalidade do $Ca(NO_3)_2$? Qual é a molalidade total de íons em solução? (Assuma que haja total dissociação do sólido iônico.)

61. Se quiser uma solução que tenha 0,100 m em íons, qual massa de Na_2SO_4 deve ser dissolvida em 125 g de água? (Assuma que há total dissociação do sólido iônico.)

62. Considere as seguintes soluções aquosas: (i) $HOCH_2CH_2OH$ (não volátil, não eletrólito) 0,20 m; (ii) $CaCl_2$ 0,10 m; (iii) KBr 0,12 m; e (iv) Na_2SO_4 0,12 m.

(a) Qual solução tem o ponto de ebulição mais alto?
(b) Qual solução tem o ponto de congelamento mais baixo?
(c) Qual solução tem a maior pressão de vapor?

63. (a) Qual solução você esperaria ter um ponto de ebulição maior: KBr 0,20 m ou açúcar 0,30 m?
(b) Que solução aquosa possui o ponto de congelamento menor: NH_4NO_3 0,12 m ou Na_2CO_3 0,10 m?

64. A solubilidade do NaCl em água a 100 °C é de 39,1 g/100, g de água. Calcule o ponto de ebulição dessa solução. Assuma i = 1,85 para o NaCl.

65. Em vez de usar o NaCl para derreter o gelo em calçadas, você decide utilizar CaCl$_2$. Se adicionar 35,0 g de CaCl$_2$ em 150, g de água, qual será o ponto de congelamento da solução? (Assuma i = 2,7 para o CaCl$_2$.)

66. O aroma de framboesas maduras é devido ao 4-(p-hidroxifenil)-2-butanona, cuja fórmula empírica é C$_5$H$_6$O. Para encontrar a fórmula molecular, dissolve-se 0,135 g em 25,0 g de clorofórmio, CHCl$_3$. O ponto de ebulição da solução é 61,82 °C. Qual é a massa molecular do soluto?

67. O hexaclorofeno tem sido usado em sabonetes germicidas. Qual é a sua massa molar se 0,640 g do composto, dissolvido em 25,0 g de clorofórmio, produz uma solução cujo ponto de ebulição é de 61,93 °C?

68. A solubilidade do formiato de amônio, NH$_4$CHO$_2$, em 100, g de água é de 102 g a 0 °C e 546 g a 80 °C. Uma solução é preparada dissolvendo-se NH$_4$CHO$_2$ em 200, g de água até que nada mais se dissolva a 80 °C. A solução então é resfriada a 0 °C. Qual massa de NH$_4$CHO$_2$ precipita? (Considere que a água não evapora e que a solução não está supersaturada.)

69. Quanto N$_2$ pode ser dissolvido em água a 25 °C se a pressão parcial do N$_2$ é de 585 mm Hg?

70. Charutos são mais bem armazenados em um umidificador a 18 °C e a 55% de umidade relativa. Isso significa que a pressão do vapor de água deve ser de 55% da pressão de vapor da água pura à mesma temperatura. A umidade adequada pode ser mantida colocando-se uma solução de glicerol [C$_3$H$_5$(OH)$_3$] e água no umidificador. Calcule a porcentagem em massa do glicerol que baixará a pressão de vapor de água ao valor desejado. (A pressão de vapor do glicerol é insignificante.)

71. Uma solução aquosa contendo 10,0 g de amido por litro possui uma pressão osmótica de 3,8 mm Hg a 25 °C.
(a) Qual é a massa molar média do amido? O resultado é uma média, porque nem todas as moléculas de amido são idênticas.
(b) Qual é o ponto de congelamento da solução? Seria fácil determinar a massa molecular do amido medindo a diminuição do ponto de congelamento? (Considere que a molaridade e a molalidade são as mesmas para essa solução.)

72. O vinagre é uma solução de 5% (em massa) de ácido acético em água. Determine a fração molar e a molalidade do ácido acético. Qual é a concentração do ácido acético em partes por milhão (ppm)? Explique por que não é possível calcular a molaridade dessa solução a partir das informações fornecidas.

73. Calcule as entalpias de dissolução para Li$_2$SO$_4$ e K$_2$SO$_4$. Os processos são exotérmicos ou endotérmicos? Compare-os com o LiCl e o KCl. Que semelhanças ou diferenças você encontra?

Composto	$\Delta_f H°$(s) (kJ/mol)	$\Delta_f H°$(aq, 1 m) (kJ/mol)
Li$_2$SO$_4$	−1436,4	−1464,4
K$_2$SO$_4$	−1437,7	−1413,0

74. ▲ A água a 25 °C tem uma densidade de 0,997 g/cm^3. Calcule a molalidade e a molaridade da água pura nessa temperatura.

75. ▲ Se um soluto volátil for adicionado a um solvente volátil, ambas as substâncias contribuem para a pressão de vapor sobre a solução. Assumindo uma solução ideal, a pressão de vapor de cada um é dada pela lei de Raoult, e a pressão de vapor total é a soma das pressões de vapor dos dois componentes. Uma solução, supostamente ideal, é preparada a partir de 1,0 mol de tolueno (C$_6$H$_5$CH$_3$) e 2,0 mols de benzeno (C$_6$H$_6$). Os valores da pressão de vapor dos solventes puros são 22 mm Hg e 75 mm Hg, respectivamente, a 20 °C. Qual é a pressão de vapor total da mistura? Qual é a fração molar de cada componente no líquido e no vapor?

76. Uma solução é preparada misturando-se 50,0 mL de etanol (C$_2$H$_5$OH, d = 0,789 g/mL) e 50,0 mL de água (d = 0,998 g/mL). Qual é a pressão de vapor total sobre a solução a 20 °C? (Veja a Questão para Estudo 75.) A pressão de vapor do etanol a 20 °C é de 43,6 mmHg.

77. Uma solução aquosa de cloreto de novocaína (C$_{13}$H$_{21}$ClN$_2$O$_2$) 2% (em massa) congela a −0,237 °C. Calcule o fator de van't Hoff, i. Quantos mols de íons estão na solução por mol do composto?

78. Uma solução contém 4,00% (em massa) de maltose e 96,00% de água. Ela congela a −0,229 °C.
(a) Calcule a massa molar da maltose (que não é um composto iônico).
(b) A densidade da solução é de 1,014 g/mL. Calcule a pressão osmótica da solução.

79. ▲ A tabela seguinte relaciona as concentrações dos principais íons na água do mar:

Íon	Concentração (ppm)
Cl$^-$	1,95 × 10^4
Na$^+$	1,08 × 10^4
Mg^{2+}	1,29 × 10^3
SO$_4^{2-}$	9,05 × 10^2
Ca^{2+}	4,12 × 10^2
K$^+$	3,80 × 10^2
Br$^-$	67

(a) Calcule o ponto de congelamento da água do mar.
(b) Calcule a pressão osmótica da água do mar a 25 °C. Qual é a pressão mínima necessária para purificar a água do mar por osmose reversa?

80. ▲ Uma árvore tem 10,0 m de altura.
(a) Qual deve ser a molaridade total dos solutos se a seiva sobe até o topo da árvore por pressão osmótica a 20 °C? Assuma que a água subterrânea, fora da árvore, é uma água pura e que a densidade da seiva é de 1,0 g/mL (1 mm Hg = 13,6 mm de H$_2$O).
(b) Se apenas a sacarose é soluto na seiva, C$_{12}$H$_{22}$O$_{11}$, qual será a porcentagem em massa?

81. Uma solução 2,00% de H_2SO_4 em água congela a –0,796 °C.
    (a) Calcule o fator de van't Hoff, i.
    (b) Quais das seguintes espécies representa melhor o ácido sulfúrico em uma solução aquosa diluída: H_2SO_4, $H_3O^+ + HSO_4^-$ ou $2\,H_3O^+ + SO_4^{2-}$?

82. Um composto é conhecido por ser um haleto de potássio, KX. Se 4,00 g do sal forem dissolvidos em exatamente 100 g de água, a solução congelará a –1,28 °C. Identifique o íon haleto nessa fórmula.

83. O óxido nitroso, N_2O, o gás hilariante, é utilizado como anestésico. Sua constante da lei de Henry é $2{,}4 \times 10^{-2}$ mol/kg·bar. Determine a massa do N_2O que se dissolverá em 500, mL de água, sob uma pressão de N_2O de 1,00 bar. Qual é a concentração do N_2O nessa solução, expressa em ppm (d (H_2O) = 1,0 g/mL)?

84. Se uma bebida carbonatada for engarrafada sob 1,5 bar de pressão de CO_2, qual será a concentração de CO_2 dissolvido nessa bebida? (k_H para CO_2 é 0,034 mol/kg bar.) Após aberta a garrafa, qual fração do gás dissolvido irá escapar antes que o equilíbrio com o CO_2 da atmosfera seja atingido?

85. A você é fornecido um frasco preenchido com um líquido colorido. Sugira vários testes que permitiriam determinar se essa é uma solução ou um coloide.

86. Se alguém for muito cuidadoso, conseguirá fazer uma agulha flutuar na água. Se a agulha for magnetizada, ela apontará para a direção norte-sul, sendo então uma bússola improvisada. O que aconteceria com a agulha se uma gota de sabão líquido fosse adicionada à solução? Explique a observação.

No Laboratório

87. ▲ Uma solução de ácido benzoico em benzeno possui um ponto de congelamento de 3,1 °C e um ponto de ebulição de 82,6 °C (o ponto de congelamento do benzeno puro é de 5,50 °C e seu ponto de ebulição é de 80,1 °C). A estrutura do ácido benzoico é

    Ácido benzoico, $C_6H_5CO_2H$

    O que você pode concluir sobre o estado das moléculas do ácido benzoico às duas diferentes temperaturas? Lembre-se da discussão a respeito das ligações de hidrogênio da Seção 11.3.

88. ▲ Dissolvem-se 5,0 mg de iodo, I_2, em 25 mL de água. Adicionam-se, então, 10,0 mL de CCl_4 e a mistura é agitada. Se o I_2 é 85 vezes mais solúvel no CCl_4 do que em água (para volumes iguais), quais serão as massas do I_2 nas camadas de água e de CCl_4 após a agitação? (Consulte a Figura 13.5.)

89. ▲ Uma solução de 5,00 g de ácido acético em 100, g de benzeno congela a 3,37 °C. Uma solução de 5,00 g de ácido acético em 100, g de água congela a -1,49 °C. Encontre a massa molar do ácido acético a partir de cada um desses experimentos. O que pode ser concluído a respeito do estado das moléculas de ácido acético em cada um desses solventes? Lembre-se da discussão a respeito das ligações de hidrogênio na Seção 11.3, e proponha uma estrutura para as espécies químicas na solução de benzeno.

90. ▲ Em um laboratório de perícia da polícia, você examina um pacote que pode conter heroína. Entretanto, você verifica que o pó branco não é heroína pura, mas uma mistura de heroína ($C_{21}H_{23}O_5N$) e lactose ($C_{12}H_{22}O_{11}$). Para determinar a quantidade de heroína na mistura, você dissolve 1,00 g do pó em 100,0 mL de água em um balão volumétrico de 100,0 mL. Você verifica que a solução possui uma pressão osmótica de 539 mm Hg a 25 °C. Qual é a composição da mistura?

91. Um composto orgânico contém carbono (71,17%), hidrogênio (5,12%) e o restante em nitrogênio. Dissolvendo 0,177 g do composto em 10,0 g de benzeno, é produzida uma solução com uma pressão de vapor de 94,16 mm Hg a 25 °C. A pressão de vapor do benzeno puro a esta temperatura é de 95,26 mm Hg. Qual é a fórmula molecular do composto?

92. Em pesquisas químicas, com frequência enviamos novos compostos sintetizados para laboratórios comerciais para análise. Esses laboratórios determinam a porcentagem em massa de C e H ao queimar o composto e coletar o CO_2 e H_2O liberados. Eles determinam a massa molar medindo a pressão osmótica da solução do composto. Calcule as fórmulas empírica e molecular do composto C_xH_yCr, dadas as seguintes informações.
    (a) O composto contém 73,94% de C e 8,27% de H; o restante é cromo.
    (b) A 25 °C, a pressão osmótica de uma solução contendo 5,00 mg do composto desconhecido dissolvido em exatamente 100 mL de clorofórmio é de 3,17 mmHg.

Resumo e Questões Conceituais

As seguintes questões podem usar os conceitos deste capítulo e dos capítulos anteriores.

93. Quando os sais de Mg^{2+}, Ca^{2+} e Be^{2+} são colocados em água, o íon positivo será hidratado (assim como acontece com o íon negativo). Qual desses três cátions é mais fortemente hidratado? Qual deles é menos fortemente hidratado?

94. Explique por que um pepino encolhe quando é colocado em uma solução concentrada de sal.

95. Se você dissolver quantidades equimolares de NaCl e $CaCl_2$ em água, o $CaCl_2$ diminui o ponto de congelamento da água cerca de 1,5 vezes mais que o NaCl. Por quê?

96. Uma amostra de 100, gramas de cloreto de sódio (NaCl) é adicionada a 100, mL de água a 0 °C. Depois de alcançado o equilíbrio, cerca de 64 g do sólido permanecem não dissolvidos. Descreva o equilíbrio que existe nesse sistema no nível particulado.

97. Qual(is) das seguintes substâncias é(são) provavelmente solúvel(is) em água, e qual(is) é(são) possivelmente solúvel(is) em benzeno (C_6H_6)?
    (a) $NaNO_3$
    (b) Éter etílico, $CH_3CH_2OCH_2CH_3$

(c) NH₄Cl
(d) Naftaleno, C₁₀H₈

Naftaleno, C₁₀H₈

98. Discorra sobre o fato de que álcoois, como o metanol (CH₃OH) e etanol (C₂H₅OH), são miscíveis com a água, enquanto um álcool com uma cadeia longa de carbono, como o octanol (C₈H₁₇OH), é pouco solúvel em água.

99. O amido contém ligações C—C, C—H, C—O e O—H. Hidrocarbonetos têm apenas ligações C—C e C—H. Ambos, amido e hidrocarbonetos, podem formar dispersões coloidais em água. Qual dispersão é classificada como hidrofóbica? Qual é hidrofílica? Explique sucintamente.

100. Qual substância teria a maior influência na pressão de vapor de água quando adicionada a 1000, g de água: 10,0 g de sacarose (C₁₂H₂₂O₁₁) ou 10,0 g de etilenoglicol (HOCH₂CH₂OH)?

101. Você tem duas soluções aquosas separadas por uma membrana semipermeável. Uma contém 5,85 g de NaCl dissolvidos em 100, mL de solução, e a outra contém 8,88 g de KNO₃ dissolvidos em 100, mL de solução. Em que direção o solvente vai fluir: da solução de NaCl para a solução de KNO₃, ou vice-versa? Explique sucintamente.

102. Um protozoário (animal unicelular) que normalmente vive no oceano é colocado em água doce. Será que vai encolher ou estourar? Explique sucintamente.

103. ▲ No processo de destilação, uma mistura de dois (ou mais) líquidos voláteis é primeiro aquecida para converter os líquidos voláteis em vapor. Em seguida, o vapor é condensado, formando de novo o líquido. O resultado líquido dessa conversão de líquido → vapor → líquido é enriquecer a fração do componente mais volátil da mistura no vapor condensado. Podemos descrever como isso ocorre usando a lei de Raoult. Imagine que você tenha uma mistura de 12% (em massa) de etanol e água (tal como formado, por exemplo, por meio da fermentação das uvas).
(a) Quais são as frações molares de etanol e de água nessa mistura?
(b) Essa mistura é aquecida a 78,5 °C (o ponto de ebulição normal de etanol). Quais são as pressões de vapor no equilíbrio do etanol e da água a essa temperatura, assumindo um comportamento ideal (lei de Raoult)? (Você vai precisar estimar a pressão de vapor da água a 78,5 °C a partir dos dados no Apêndice G.)
(c) Quais são as frações molares do etanol e da água no vapor?
(d) Após esse vapor ser condensado em um líquido, até que ponto a fração molar de etanol foi enriquecida? Qual é a porcentagem em massa de etanol no vapor condensado?

104. O cloreto de sódio (NaCl) é normalmente utilizado para derreter o gelo nas estradas durante o inverno. O cloreto de cálcio (CaCl₂), às vezes, também é utilizado para essa finalidade. Vamos comparar a eficácia de massas iguais desses dois compostos ao baixar o ponto de congelamento da água, por meio do cálculo da diminuição do ponto de congelamento de soluções contendo 200, g de cada sal em 1,00 kg de água. Uma vantagem do CaCl₂ é que ele atua mais rapidamente porque é higroscópico, ou seja, ele absorve a umidade do ar para obter uma solução e iniciar o processo. Uma desvantagem é que esse composto tem um custo mais alto.

105. Reveja a tendência dos valores do fator *i* de van't Hoff em função da concentração (Tabela 13.4). Use os seguintes dados para calcular o fator de van't Hoff para uma concentração de NaCl de 5,00% (em massa) (na qual $\Delta T = -3,05$ °C) e uma concentração de Na₂SO₄ de 5,00% (em massa) (na qual $\Delta T = -1,36$ °C). Esses valores estão de acordo com as suas expectativas com base na tendência daqueles indicados na Tabela 13.4? Especule sobre por que essa tendência é encontrada.

106. A tabela abaixo apresenta os valores determinados experimentalmente para pontos de congelamento de soluções a 1,00% (% em massa) de uma série de ácidos.
(a) Calcule a molalidade de cada solução e os pontos de congelamento e, em seguida, calcule os valores do fator *i* de van't Hoff. Preencha esses valores na tabela.

Ácido (1,00% em massa)	Molalidade (mol)	T_medido (°C)	T_calculado (°C)	i Kg H₂O
HNO₃	___	−0,56	___	___
CH₃CO₂H	___	−0,32	___	___
H₂SO₄	___	−0,42	___	___
H₂C₂O₄	___	−0,30	___	___
HCO₂H	___	−0,42	___	___
CCl₃CO₂H	___	−0,21	___	___

(b) Analise os resultados, comparando os valores de *i* para os vários ácidos. Como esses dados estão relacionados com a força do ácido? A discussão de ácidos fortes e fracos na Seção 3.6 irá ajudá-lo a responder a essa pergunta.

107. É interessante como a escala de temperatura Fahrenheit foi estabelecida. Um relatório, dado por Fahrenheit em um trabalho em 1724, indicou que o valor de 0 °F foi estabelecido como a temperatura de congelamento de soluções saturadas de sal marinho. A partir da literatura, descobrimos que o ponto de congelamento de uma solução de 20% em massa de NaCl é −16,46 °C (esta é a menor temperatura de congelamento relatada para soluções de NaCl). Será que esse valor oferece credibilidade a essa história do estabelecimento da escala Fahrenheit?

108. A pressão osmótica exercida pela água do mar a 25 °C é de cerca de 27 atm. Calcule a concentração de íons dissolvidos na água do mar necessária para se obter uma pressão osmótica dessa magnitude. (A dessalinização da água do mar é realizada por osmose inversa. Nesse processo, é aplicada uma força que pressiona a água através de uma membrana contra um gradiente de concentração. A força externa mínima necessária para esse processo é de 27 atm. Na verdade, para realizar o processo em um ritmo razoável, a pressão aplicada deve ser duas vezes superior a esse valor, aproximadamente.)

Apêndices

A Usando Logaritmos e Resolvendo Equações Quadráticas | A-2

B Alguns Importantes Conceitos de Física | A-6

C Abreviaturas e Fatores de Conversão Úteis | A-9

D Constantes Físicas | A-13

E Um Guia Resumido para Nomear Compostos Orgânicos | A-15

F Valores de Energias de Ionização e Entalpias de Adição Eletrônica dos Elementos | A-18

G Pressão de Vapor da Água a Várias Temperaturas | A-19

H Constantes de Ionização de Ácidos Fracos a 25 °C | A-20

I Constantes de Ionização de Bases Fracas a 25 °C | A-22

J Constantes do Produto de Solubilidade de Alguns Compostos Inorgânicos a 25 °C | A-23

K Constantes de Formação de Alguns Íons Complexos em Solução Aquosa a 25 °C | A-25

L Parâmetros Termodinâmicos Selecionados | A-26

M Potenciais Padrão de Redução em Solução Aquosa a 25 °C | A-34

N Respostas das Questões para Estudo, Exercícios para a Seção, Verifique seu Entendimento e Questões de Estudo de Caso | A-38

APÊNDICE A

Usando logaritmos e resolvendo equações quadráticas

Um curso de química geral requer álgebra básica além de conhecimento sobre (1) notação exponencial (ou científica), (2) logaritmos e (3) equações de segundo grau.

A-1 Logaritmos

Dois tipos de logaritmos são utilizados neste texto: (1) logaritmos comuns (abreviados como log), cuja base é 10, e (2) logaritmos naturais (abreviados como ln), cuja base é e (=2,71828):

$$\log x = n, \text{ em que } x = 10^n$$
$$\ln x = m, \text{ em que } x = e^m$$

A maioria das equações em Química e Física foi desenvolvida em logaritmos naturais (ou de base e) e seguimos essa prática neste texto. A relação entre log e ln é

$$\ln x = 2{,}303 \log x$$

Apesar das diferentes bases dos dois logaritmos, eles são utilizados da mesma maneira. O que segue é em grande parte uma descrição da utilização dos logaritmos comuns.

Um logaritmo comum é a potência à qual você deve elevar 10 para obter o número. Por exemplo, o logaritmo de 100 é 2, uma vez que você deve elevar 10 à segunda potência para obter 100. Outros exemplos são

$$\log 1000 = \log(10^3) = 3$$
$$\log 10 = \log(10^1) = 1$$
$$\log 1 = \log(10^0) = 0$$
$$\log 0{,}1 = \log(10^{-1}) = -1$$
$$\log 0{,}0001 = \log(10^{-4}) = -4$$

Para obter o logaritmo comum de um número diferente de uma potência inteira de 10, você deve recorrer a uma tabela de log ou a uma calculadora eletrônica. Por exemplo,

$$\log 2{,}10 = 0{,}322, \text{ signifa que } 10^{0{,}322} = 2{,}10$$
$$\log 5{,}16 = 0{,}713, \text{ significa que } 10^{0{,}713} = 5{,}16$$
$$\log 3{,}125 = 0{,}4949, \text{ significa que } 10^{0{,}4949} = 3{,}125$$

Para verificar isso na calculadora, digite o número e então pressione a tecla "log". Você deve se certificar de que compreendeu como usar sua calculadora.

Para obter o logaritmo natural ln dos números mostrados aqui, use uma calculadora que tenha essa função. Insira cada número e pressione "ln:"

$$\ln 2{,}10 = 0{,}742, \text{ significa que } e^{0{,}742} = 2{,}10$$
$$\ln 5{,}16 = 1{,}641, \text{ significa que } e^{1{,}641} = 5{,}16$$

Para encontrar o logaritmo comum de um número maior que 10 ou menor que 1 com uma tabela de log, primeiro expresse o número em notação científica. Em seguida, localize o log de cada parte do número e some os logs. Por exemplo,

$$\log 241 = \log(2{,}41 \times 10^2) = \log 2{,}41 + \log 10^2$$
$$= 0{,}382 + 2 = 2{,}382$$
$$\log 0{,}00573 = \log(5{,}73 \times 10^{-3}) = \log 5{,}73 + \log 10^{-3}$$
$$= 0{,}758 + (-3) = -2{,}242$$

Algarismos Significativos e Logaritmos

Observe que a mantissa tem tantos algarismos significativos quanto o número cujo logaritmo foi calculado.

Obtendo Antilogaritmos

Se você tem o logaritmo de um número e encontra o número a partir dele, obteve o "antilogaritmo" ou o "antilog" do número. Dois procedimentos comuns utilizados com calculadoras eletrônicas para fazer isso são os seguintes:

Procedimento A	Procedimento B
1. Digite o valor do log ou ln.	1. Digite o valor do log ou ln.
2. Pressione 2ndF.	2. Pressione INV.
3. Pressione 10^x ou e^x.	3. Pressione log ou ln x.

Logaritmos e Nomenclatura O número à esquerda da vírgula é chamado de **característica**, e o número à direita da vírgula é a **mantissa**.

Certifique-se de que você pode executar corretamente essa operação na sua calculadora trabalhando com os seguintes exemplos:

1. Encontre o número cujo log é 5,234:
   Lembre-se de que $\log x = n$, em que $x = 10^n$. Nesse caso, $n = 5{,}234$. Encontre o valor de 10^n, o antilog. Nesse caso,
   $$10^{5{,}234} = 10^{0{,}234} \times 10^5 = 1{,}71 \times 10^5$$

   Note que a característica (5) define a vírgula decimal e corresponde à potência de 10 sob a forma exponencial. A mantissa (0,234) dá o valor do número x, 1,71, neste caso.

2. Encontre o número cujo log é −3,456:
   $$10^{-3{,}456} = 10^{0{,}544} \times 10^{-4} = 3{,}50 \times 10^{-4}$$

   Note que −3,456 é representado como a soma de −4 e +0,544.

Operações Matemáticas Usando Logaritmos

Uma vez que os logaritmos são expoentes, as operações que os envolvem seguem as mesmas regras utilizadas para expoentes. Assim, a multiplicação de dois números (xy) pode ser feita por meio da adição de logaritmos:

$$\log xy = \log x + \log y$$

Por exemplo, multiplicamos 563 por 125, adicionando seus logaritmos e encontrando o antilogaritmo do resultado:

$$\log 563 = 2{,}751$$
$$\log 125 = \underline{2{,}097}$$
$$\log xy = 4{,}848$$
$$xy = 10^{4{,}848} = 10^{0{,}848} \times 10^4 = 7{,}05 \times 10^4$$

Um número (x) pode ser dividido por outro (y) pela subtração dos seus logaritmos:

$$\log \frac{x}{y} = \log x - \log y$$

Por exemplo, para dividir 125 por 742,

$$\log 125 = 2{,}097$$
$$-\log 742 = \underline{2{,}870}$$
$$\log \frac{x}{y} = -0{,}773$$
$$\frac{x}{y} = 10^{-0{,}773} = 10^{0{,}227} \times 10^{-1} = 1{,}68 \times 10^{-1}$$

Do mesmo modo, as potências e as raízes dos números podem ser encontradas usando os logaritmos.

$$\log x^y = y(\log x)$$
$$\log \sqrt[y]{x} = \log x^{1/y} = \frac{1}{y} \log x$$

Como um exemplo, encontre a quarta potência de 5,23. Primeiro, encontramos o log de 5,23 e depois o multiplicamos por 4. O resultado, 2,874, é o log da resposta. Agora, calculamos o antilog de 2,874:

$$(5{,}23)^4 = ?$$
$$\log (5{,}23)^4 = 4 \log 5{,}23 = 4(0{,}719) = 2{,}874$$
$$(5{,}23)^4 = 10^{2{,}874} = 748$$

Como outro exemplo, encontre a raiz quinta de $1{,}89 \times 10^{-9}$:

$$\sqrt[5]{1{,}89 \times 10^{-9}} = (1{,}89 \times 10^{-9})^{1/5} = ?$$
$$\log (1{,}89 \times 10^{-9})^{1/5} = \frac{1}{5} \log(1{,}89 \times 10^{-9}) = \frac{1}{5}(-8{,}724) = -1{,}745$$

A resposta é o antilog de −1,745:

$$(1{,}89 \times 10^{-9})^{1/5} = 10^{-1{,}745} = 1{,}80 \times 10^{-2}$$

A-2 Equações Quadráticas

Equações algébricas do tipo $ax^2 + bx + c = 0$ são chamadas **equações quadráticas**. Os coeficientes a, b e c podem ser ou positivos ou negativos. As duas raízes da equação podem ser encontradas usando a *fórmula quadrática*:

$$x = \frac{-b \pm \sqrt{b^2 - 4ac}}{2a}$$

Como um exemplo, resolva a equação $5x^2 - 3x - 2 = 0$. Aqui $a = 5$, $b = -3$ e $c = -2$. Portanto,

$$x = \frac{3 \pm \sqrt{(-3)^2 - 4(5)(-2)}}{2(5)}$$
$$= \frac{3 \pm \sqrt{9 - (-40)}}{10} = \frac{3 \pm \sqrt{49}}{10} = \frac{3 \pm 7}{10}$$
$$= 1 \text{ e } -0{,}4$$

Como você sabe qual das duas raízes é a resposta correta? Matematicamente, ambas as raízes são possíveis, mas nos problemas de Química, você tem que decidir, em cada caso, qual raiz tem um significado físico. Para nossas aplicações *geralmente* os valores negativos não têm significado.

Ao resolver uma expressão quadrática, é preciso sempre verificar seus valores pela substituição na equação original. No exemplo anterior, encontramos que $5(1)^2 - 3(1) - 2 = 0$ e que $5(-0{,}4)^2 - 3(-0{,}4) - 2 = 0$.

O lugar mais comum que você encontrará equações do segundo grau são nos capítulos sobre equilíbrio químico, particularmente nos Capítulos 15 a 17. Aqui, muitas vezes, você será confrontado com a resolução de uma equação como

$$1{,}8 \times 10^{-4} = \frac{x^2}{0{,}0010 - x}$$

Essa equação pode certamente ser resolvida usando a fórmula quadrática (para se obter $x = 3{,}4 \times 10^{-4}$). Você pode considerar especialmente conveniente o **método das aproximações sucessivas**. Aqui começamos fazendo uma aproximação razoável de x. Esse valor aproximado é substituído na equação original, que é então resolvida para se obter o que se espera ser um valor correto de x. Esse processo é repetido até que a resposta conduza a um determinado valor de x, ou seja, até que o valor de x resultante de duas aproximações sucessivas seja o mesmo.

Passo 1: Em primeiro lugar, assuma que x é tão pequeno que $(0{,}0010 - x) \approx 0{,}0010$. Isso significa que

$$x^2 = 1{,}8 \times 10^{-4} (0{,}0010)$$
$$x = 4{,}2 \times 10^{-4} \text{ (para 2 algarismos significativos)}$$

Passo 2: Substitua o valor de x do Passo 1 no denominador da equação original e novamente resolva para x:

$$x^2 = 1{,}8 \times 10^{-4}(0{,}0010 - 0{,}00042)$$
$$x = 3{,}2 \times 10^{-4}$$

Passo 3: Repita o Passo 2 utilizando o valor de x encontrado naquele passo:

$$x = \sqrt{1{,}8 \times 10^{-4}(0{,}0010 - 0{,}00032)} = 3{,}5 \times 10^{-4}$$

Passo 4: Continue repetindo o cálculo, utilizando o valor de x encontrado na etapa anterior:

$$x = \sqrt{1{,}8 \times 10^{-4}(0{,}0010 - 0{,}00035)} = 3{,}4 \times 10^{-4}$$

Passo 5: $\quad x = \sqrt{1{,}8 \times 10^{-4}(0{,}0010 - 0{,}00034)} = 3{,}4 \times 10^{-4}$

Aqui, descobrimos que as iterações após o quarto passo resultam no mesmo valor para x, indicando que chegamos a uma resposta válida (e a mesma obtida pela fórmula quadrática).

Aqui estão algumas considerações finais sobre a utilização do método de aproximações sucessivas. Em primeiro lugar, em alguns casos, o método não funciona. Passos sucessivos podem resultar em respostas que são aleatórias ou que divergem do valor correto. Nos Capítulos 15 a 17, você encontra equações do segundo grau com o formato $K = x^2/(C - x)$. O método das aproximações sucessivas funciona desde que $K < 4C$ (assumindo que se começa com $x = 0$ como a primeira suposição, isto é, $K \approx x^2/C$). Isso sempre será verdadeiro para ácidos e bases fracos (o tema dos Capítulos 16 e 17), mas pode *não* ser o caso para problemas que envolvem equilíbrio em fase gasosa (Capítulo 15), em que K pode ser muito grande.

Em segundo lugar, os valores de K na equação $K = x^2/(C - x)$ geralmente apresentam apenas dois algarismos significativos. Estamos, portanto, justificados para a realização das etapas sucessivas, até que duas respostas sejam as mesmas para dois algarismos significativos.

Finalmente, recomendamos esse método para resolução de equações do segundo grau, especialmente aquelas nos Capítulos 16 e 17. Se a sua calculadora tem uma função de memória, aproximações sucessivas podem ser realizadas fácil e rapidamente.

APÊNDICE B[1]

Alguns importantes conceitos de física

B-1 Matéria

A tendência em se manter uma velocidade constante é chamada *inércia*. Assim, a menos que sofra a ação de uma força líquida, um corpo em repouso permanece em repouso, e um corpo em movimento permanece em movimento com velocidade uniforme. Matéria é tudo que apresenta inércia; a quantidade de matéria é a sua massa.

B-2 Movimento

Movimento é a mudança de posição ou de localização no espaço. Os objetos podem ter as seguintes classes de movimento:

- Translação ocorre quando o centro de massa de um objeto muda a sua localização. Exemplo: um carro em movimento na estrada.
- Rotação ocorre quando cada ponto de um objeto em movimento move-se em um círculo em torno de um eixo que passa pelo centro de massa. Exemplos: um pião girando, uma molécula rotacionando.
- Vibração é a distorção e recuperação periódica da forma original. Exemplos: um diapasão ao ser golpeado por uma superfície, uma molécula vibrando.

B-3 Força e Peso

Força é aquilo que altera a velocidade de um corpo; ela é definida como

$$\text{Força} = \text{massa} \times \text{aceleração}$$

A unidade SI de força é o **newton**, N, cujas dimensões são quilogramas vezes metro por segundo ao quadrado (kg · m/s^2). Um newton é, por conseguinte, a força necessária para alterar a velocidade de uma massa de 1 quilograma em 1 metro por segundo, no período de tempo de 1 segundo.

Como a gravidade da Terra não é a mesma em todos os lugares, o peso (uma força) correspondente a uma determinada massa não é uma constante. Em qualquer ponto determinado da Terra, porém, a gravidade é constante e, por isso, o peso é proporcional à massa. Quando uma balança nos diz que uma dada amostra (o "desconhecido") tem o mesmo peso que outra amostra (os "pesos", conforme determinados por uma leitura de balança ou por uma soma de contrapesos), também nos informa que as duas massas são iguais. A balança é, portanto, um instrumento válido para medir a massa de um objeto, independentemente de ligeiras variações na força da gravidade.

---

[1] Adaptado de BRESCIA, F. et al. *General Chemistry*. 5. ed. Filadélfia: Harcourt Brace, 1988.

Tabela 1 Conversões de Pressão

De	Para	Multiplique Por
atmosfera	mm Hg	760 mm Hg/atm (exatamente)
atmosfera	lb/in^2	14,6960 lb/(in$^2 \cdot$ atm)
atmosfera	kPa	101,325 kPa/atm
bar	Pa	10^5 Pa/bar (exatamente)
bar	lb/in^2	14,5038 lb/(in$^2 \cdot$ bar)
mm Hg	torr	1 torr/mm Hg (exatamente)

B-4 Pressão[2]

Pressão é a força por unidade de área. A unidade SI, chamada *pascal*, Pa, é

$$1 \text{ pascal} = \frac{1 \text{ newton}}{m^2} = \frac{1 \text{ kg} \cdot m/s^2}{m^2} = \frac{1 \text{ kg}}{m \cdot s^2}$$

O Sistema Internacional de Unidades também reconhece o bar, que equivale a 10^5 Pa e que aproxima-se da pressão atmosférica normal (Tabela 1).

Os químicos também expressam a pressão em termos de alturas que alcançam colunas de líquidos, especialmente água e mercúrio. Esse uso não é completamente satisfatório, porque a pressão exercida por uma dada coluna de um determinado líquido não é uma constante, mas depende da temperatura (que influencia a densidade do líquido) e da localização (que influencia a magnitude da força exercida pela gravidade). Essas unidades não são parte do SI, e seu uso é cada vez menos frequente. No entanto, as unidades mais antigas ainda são adotadas em livros e revistas e os químicos devem estar familiarizados com elas.

A pressão de um líquido ou de um gás depende apenas da profundidade (ou altura) e é exercida igualmente em todas as direções. No nível do mar, a pressão exercida pela atmosfera da Terra suporta uma coluna de mercúrio de aproximadamente 0,76 m (76 cm ou 760 mm) de altura.

Uma **atmosfera normal** (atm) é a pressão exercida por exatamente 76 cm de mercúrio a 0 °C (densidade, 13,5951 g/cm^3) e sob gravidade padrão, 9,80665 m/s^2. O **bar** é equivalente a 0,9869 atm. Um **torr** é a pressão exercida por exatamente 1 mm de mercúrio a 0 °C e gravidade padrão.

B-5 Energia e Potência

A unidade SI de energia é o produto das unidades de força e distância, ou quilogramas vezes metro por segundo ao quadrado (kg $\cdot$ m/s^2) vezes metros ($\times$ m), isto é kg $\cdot$ m^2/s^2; essa unidade é chamada de **joule**, J. O joule é, assim, o trabalho realizado quando uma força de 1 newton atua ao longo de uma distância de 1 metro.

O trabalho também pode ser feito movendo-se uma carga elétrica em um campo elétrico. Quando a carga movida é de 1 coulomb (C) e a diferença de potencial entre as suas posições inicial e final é de 1 volt (V), o trabalho é de 1 joule. Dessa forma,

$$1 \text{ joule} = 1 \text{ coulomb-volt (CV)}$$

Outra unidade de trabalho elétrico que não faz parte do Sistema Internacional de Unidades, mas que ainda está em uso, é o **elétron-volt**, eV, que é o trabalho necessário para mover um elétron contra uma diferença de potencial de 1 volt. (Ele também é a energia

---
[2]Veja Seção 10.1.

cinética adquirida por um elétron quando o mesmo é acelerado por uma diferença de potencial de 1 volt.) Como a carga de um elétron é 1,602 × 10⁻¹⁹ C, temos

$$1 \text{ eV} = 1{,}602 \times 10^{-19} \text{ CV} \times \frac{1 \text{ J}}{1 \text{ CV}} = 1{,}602 \times 10^{-19} \text{ J}$$

Se esse valor for multiplicado pelo número de avogadro, obtemos a energia envolvida na movimentação de 1 mol de cargas de elétrons (1 faraday) em um campo produzido por uma diferença de potencial de 1 volt:

$$1 \frac{\text{eV}}{\text{partícula}} = \frac{1{,}602 \times 10^{-19} \text{ J}}{\text{partícula}} \times \frac{6{,}022 \times 10^{23} \text{ partículas}}{\text{mol}} \cdot \frac{1 \text{ kJ}}{1000 \text{ J}} = 96{,}49 \text{ kJ/mol}$$

Potência é a quantidade de energia fornecida por unidade de tempo. A unidade SI é o watt, W, que corresponde a 1 joule por segundo. Um quilowatt, kW, é 1000 W. Watt-hora e quilowatt-hora são, portanto, unidades de energia (Tabela 2). Por exemplo, 1000 watts-hora ou 1 quilowatt-hora é

$$1{,}0 \times 10^3 \text{ W} \cdot \text{h} \times \frac{1 \text{ J}}{1 \text{ W} \cdot \text{s}} \times \frac{3{,}6 \times 10^3 \text{ s}}{1 \text{ h}} = 3{,}6 \times 10^6 \text{ J}$$

Tabela 2 Conversões de Energia

De	Para	Multiplique Por
caloria (cal)	joule	4,184 J/cal (exatamente)
quilocaloria (kcal)	cal	10³ cal/kcal (exatamente)
quilocaloria	joule	4,184 × 10³ J/kcal (exatamente)
litro atmosfera (L · atm)	joule	101,325 J/L · atm
elétron-volt (eV)	joule	1,60218 × 10⁻¹⁹ J/eV
elétron volt por partícula	quilojoules por mol	96,485 kJ · partícula/eV · mol
coulomb-volt (CV)	joule	1 CV/J (exatamente)
quilowatt-hora (kW-h)	kcal	860,4 kcal/kW-h
quilowatt-hora	joule	3,6 × 10⁶ J/kW-h (exatamente)
Unidade Térmica Britânica (BTU)	caloria	252 cal/BTU

APÊNDICE C

Abreviaturas e fatores de conversão úteis

Tabela 3 Algumas Abreviaturas Comuns e Símbolos Padrão

TERMO	ABREVIATURA	TERMO	ABREVIATURA
Energia de ativação	E_a	Entropia	S
Ampére	A	Entropia padrão	$S°$
Solução aquosa	aq	Variação de entropia de reação	$\Delta_r S°$
Atmosfera, unidade de pressão	atm	Constante de equilíbrio	K
Unidade de massa atômica	u	Baseada em concentração	K_c
Constante de Avogadro	N	Baseada em pressão	K_p
Bar, unidade de pressão	bar	Baseada na ionização de ácido fraco	K_a
Cúbico de corpo centrado	ccc	Baseada na ionização de base fraca	K_b
Raio de Bohr	a_0	Produto de solubilidade	K_{ps}
Ponto de ebulição	PE	Constante de formação	K_f
Temperatura em Celsius	°C	Etilenodiamina	em
Número de cargas de um íon	z	Cúbico de face centrada	cfc
Coulomb, carga elétrica	C	Constante de Faraday	F
Curie, radioatividade	Ci	Constante dos gases	R
Ciclos por segundo, Hertz	Hz	Energia livre de Gibbs	G
Debye, unidade de dipolo elétrico	D	Energia livre padrão	$G°$
Elétron	e^-	Energia livre padrão de formação	$\Delta_f G°$
Elétron-volt	eV	Variação de energia livre padrão de reação	$\Delta_r G°$
Eletronegatividade	χ	Meia-vida	$t_{1/2}$
Energia	E	Calor	q
Entalpia	H	Hertz	Hz
Entalpia padrão	$H°$	Hora	h
Entalpia padrão de formação	$\Delta_f H°$	Joule	J
Entalpia padrão de reação	$\Delta_r H°$	Kelvin	K

(continuação)

Tabela 3	Algumas Abreviaturas Comuns e Símbolos Padrão (continuação)			
Termo	**Abreviatura**	**Termo**	**Abreviatura**
Quilocaloria	kcal	Constante de Planck	h
Líquido	ℓ	Libra	lb
Logaritmo, base 10	log	Cúbica simples (célula unitária)	cs
Logaritmo, base e	ln	Pressão	P
Milímetros de mercúrio, unidade de pressão	mm Hg	Número de prótons	Z
Minuto	min	Constante de velocidade	k
Molar	M	Condições normais de temperatura e pressão	CNTP
Massa molar	M	Temperatura	T
Mol	mol	Volt	V
Pressão Osmótica	Π	Watt	W
Pascal, unidade de pressão	Pa	Comprimento de onda	λ

C-1 Unidades Fundamentais do Sistema SI

O sistema métrico foi iniciado pela Assembleia Nacional Francesa em 1790 e passou por muitas modificações. O Sistema Internacional de Unidades ou *Système International* (SI), que representa uma extensão do sistema métrico, foi adotado pela 11ª Conferência Geral de Pesos e Medidas em 1960. Ele é construído a partir de sete unidades básicas, cada uma das quais representa uma quantidade física particular (Tabela 4).

Tabela 4	Unidades Fundamentais SI	
Grandeza Física	**Nome da Unidade**	**Símbolo**
Comprimento	metro	m
Massa	quilograma	kg
Tempo	segundo	s
Temperatura	kelvin	K
Quantidade de matéria	mol	mol
Corrente elétrica	ampere	A
Intensidade luminosa	candela	cd

As primeiras cinco unidades indicadas na Tabela 4 são particularmente úteis na química geral e são definidas como se segue:

1. O *metro* foi redefinido em 1960 para ser igual a 1650763,73 comprimentos de onda de uma determinada linha do espectro de emissão do criptônio-86.
2. O *quilograma* representa a massa de um bloco de platina-irídio mantida no International Bureau of Weights and Measures (Agência Internacional de Pesos e Medidas) em Sèvres, na França.
3. O *segundo* foi redefinido em 1967 como a duração de 9192631770 períodos de uma determinada linha no espectro de micro-ondas do césio-133.

4. O *kelvin* corresponde a 1/273,16 do intervalo de temperatura entre o zero absoluto e o ponto triplo da água.
5. O *mol* é a quantidade de matéria que contém tantas entidades quanto há átomos em exatamente 0,012 kg de carbono-12 (12 g de átomos de ^{12}C).

C-2 Prefixos Usados com Unidades Métricas Tradicionais e Unidades SI

Frações decimais e múltiplos de unidades métricas e SI são designados usando os prefixos listados na Tabela 5. Os mais comumente usados em química geral aparecem em itálico.

Tabela 5 Prefixos Métricos Tradicionais e SI

Fator	Prefixo	Símbolo	Fator	Prefixo	Símbolo
10^{12}	tera	T	10^{-1}	*deci*	d
10^9	giga	G	10^{-2}	*centi*	c
10^6	mega	M	10^{-3}	*mili*	m
10^3	*quilo*	k	10^{-6}	*micro*	μ
10^2	hecto	h	10^{-9}	*nano*	n
10^1	deca	da	10^{-12}	*pico*	p
			10^{-15}	femto	f
			10^{-18}	atto	a

C-3 Unidades SI Derivadas

No Sistema Internacional de Unidades, todas as quantidades físicas são representadas pelas combinações adequadas das unidades básicas listadas na Tabela 4. Uma lista das unidades derivadas frequentemente utilizadas na química geral é dada na Tabela 6.

Tabela 6 Unidades SI Derivadas

Grandeza Física	Nome da Unidade	Símbolo	Definição
Área	metro quadrado	m^2	
Volume	metro cúbico	m^3	
Densidade	quilograma por metro cúbico	kg/m^3	
Força	newton	N	$kg \cdot m/s^2$
Pressão	pascal	Pa	N/m^2
Energia	joule	J	$kg \cdot m^2/s^2$
Carga elétrica	coulomb	C	$A \cdot s$
Diferença de potencial elétrico	volt	V	$J/(A \cdot s)$

Tabela 7 Unidades Comuns de Massa e Peso

1 LIBRA = 453,39 GRAMAS

1 quilograma = 1000 gramas = 2,205 libras
1 grama = 1000 miligramas
1 grama = 6,022 × 10^{23} unidades de massa atômica
1 unidade de massa atômica = 1,6605 × 10^{-24} grama
1 tonelada curta = 2000 libras = 907,2 quilogramas
1 tonelada longa = 2240 libras
1 tonelada métrica = 1000 quilogramas = 2205 libras

Tabela 8 Unidades Comuns de Comprimento

1 POLEGADA = 2,54 CENTÍMETROS (EXATAMENTE)

1 milha = 5280 pés = 1,609 quilômetros
1 jarda = 36 polegadas = 0,9144 metro
1 metro = 100 centímetros = 39,37 polegadas = 3,281 pés = 1,094 jardas
1 quilômetro = 1000 metros = 1094 jardas = 0,6215 milha
1 angstrom = 1,0 × 10^{-8} centímetro = 0,10 nanômetro = 100 picômetros = 1,0 × 10^{-10} metro = 3,937 × 10^{-9} polegada

Tabela 9 Unidades Comuns de Volume

1 QUARTO DE GALÃO = 0,9463 LITRO
1 LITRO = 1,0567 QUARTOS DE GALÃO

1 litro = 1 decímetro cúbico = 1000 centímetros cúbicos = 0,001 metro cúbico
1 mililitro = 1 centímetro cúbico = 0,001 litro = 1,056 × 10^{-3} quarto de galão
1 pé cúbico = 28,316 litros = 29,924 quartos de galão = 7,481 galões

APÊNDICE D

Constantes físicas

Tabela 10 Constantes Físicas

Grandeza	Símbolo	Unidades Tradicionais	Unidades do SI
Aceleração da gravidade	g	980,6 cm/s^2	9,806 m/s^2
Unidade de massa atômica (1/12 da massa do átomo de ^{12}C)	u	$1,6605 \times 10^{-24}$ g	$1,6605 \times 10^{-27}$ kg
Número de Avogadro	N_A	$6,02214129 \times 10^{23}$ partículas/mol	$6,02214129 \times 10^{23}$ partículas/mol
Raio de Bohr	a_0	0,052918 nm $5,2918 \times 10^{-9}$ cm	$5,2918 \times 10^{-11}$ m
Constante de Boltzmann	k	$1,3807 \times 10^{-16}$ erg/K	$1,3807 \times 10^{-23}$ J/K
Razão carga/massa do elétron	e/m	$1,7588 \times 10^{8}$ C/g	$1,7588 \times 10^{11}$ C/kg
Massa do elétron em repouso	m_e	$9,1094 \times 10^{-28}$ g 0,00054858 u	$9,1094 \times 10^{-31}$ kg
Carga do elétron	e	$1,6022 \times 10^{-19}$ C $4,8033 \times 10^{-10}$ esu	$1,6022 \times 10^{-19}$ C
Constante de Faraday	F	96485 C/mol e$^-$ 23,06 kcal/V · mol e$^-$	96485 C/mol e$^-$ 96485 J/V · mol e$^-$
Constante dos gases	R	$0,082057 \dfrac{L \cdot atm}{mol \cdot K}$ $1,987 \dfrac{cal}{mol \cdot K}$	$8,3145 \dfrac{Pa \cdot dm^3}{mol \cdot K}$ 8,3145 J/mol · K
Volume molar (CNTP)	V_m	22,414 L/mol	$22,414 \times 10^{-3}$ m^3/mol 22,414 dm^3/mol
Massa do nêutron em repouso	m_n	$1,67493 \times 10^{-24}$ g 1,008665 u	$1,67493 \times 10^{-27}$ kg
Constante de Planck	h	$6,6261 \times 10^{-27}$ erg · s	$6,6260693 \times 10^{-34}$ J · s
Massa do próton em repouso	m_p	$1,6726 \times 10^{-24}$ g 1,007276 u	$1,6726 \times 10^{-27}$ kg
Constante de Rydberg	R Rhc	—	$1,0974 \times 10^{7}$ m^{-1} $2,1799 \times 10^{-18}$ J
Velocidade da luz (no vácuo)	c	$2,9979 \times 10^{10}$ cm/s (186282 milhas/s)	$2,9979 \times 10^{8}$ m/s
$\pi = 3,1416$			
$e = 2,7183$			
$\ln X = 2,303 \log X$			

Tabela 11 Calores Específicos e Capacidades Caloríficas de Algumas Substâncias Comuns a 25 °C

Substância	Calor Específico (J/g · K)	Capacidade Calorífica Molar (J/mol · K)
Al(s)	0,897	24,2
Ca(s)	0,646	25,9
Cu(s)	0,385	24,5
Fe(s)	0,449	25,1
Hg(ℓ)	0,140	28,0
H$_2$O(s), gelo	2,06	37,1
H$_2$O(ℓ), água	4,184	75,4
H$_2$O(g), vapor	1,86	33,6
C$_6$H$_6$(ℓ), benzeno	1,74	136
C$_6$H$_6$(g), benzeno	1,06	82,4
C$_2$H$_5$OH(ℓ), etanol	2,44	112,3
C$_2$H$_5$OH(g), etanol	1,41	65,4
(C$_2$H$_5$)$_2$O(ℓ), éter dietílico	2,33	172,6
(C$_2$H$_5$)$_2$O(g), éter dietílico	1,61	119,5

Tabela 12 Calores de Transformação e Temperaturas de Transformação de Várias Substâncias

Substância	PF (°C)	Calor de Fusão J/g	Calor de Fusão kJ/mol	PE (°C)	Calor de Vaporização J/g	Calor de Vaporização kJ/mol
Elementos*						
Al	660	395	10,7	2518	12083	294
Ca	842	212	8,5	1484	3767	155
Cu	1085	209	13,3	2567	4720	300
Fe	1535	267	13,8	2861	6088	340
Hg	−38,8	11	2,29	357	295	59,1
Compostos						
H$_2$O	0,00	333	6,01	100,0	2260	40,7
CH$_4$	−182,5	58,6	0,94	−161,5	511	8,2
C$_2$H$_5$OH	−114	109	5,02	78,3	838	38,6
C$_6$H$_6$	5,48	127,4	9,95	80,0	393	30,7
(C$_2$H$_5$)$_2$O	−116,3	98,1	7,27	34,6	357	26,5

*Os dados para os elementos foram obtidos de DEAN, J. A. *Lange's Handbook of Chemistry*. 15. ed. Nova York: McGraw-Hill Publishers, 1999.

APÊNDICE E

Um guia resumido para nomear compostos orgânicos

Parece uma tarefa difícil criar um procedimento sistemático que forneça para cada composto orgânico um nome único, mas é isso o que tem sido feito. Um conjunto de regras foi desenvolvido pela União Internacional de Química Pura e Aplicada (IUPAC, na sigla em inglês) para nomear compostos orgânicos. A nomenclatura IUPAC permite que os químicos escrevam o nome de qualquer composto com base na sua estrutura ou identifiquem a fórmula e a estrutura de um composto a partir do seu nome. Neste livro, geralmente, utilizamos o esquema de nomenclatura IUPAC ao nomear os compostos.

Além dos nomes sistemáticos, muitos compostos têm nomes comuns. Os nomes comuns passaram a existir antes de as regras de nomenclatura serem criadas e eles continuaram em uso. Para alguns compostos, esses nomes estão tão incorporados que são utilizados na maioria das vezes. Um desses compostos é o ácido acético, que é quase sempre referido por esse nome e não por seu nome sistemático, ácido etanoico.

O procedimento geral para a nomenclatura sistemática de compostos orgânicos começa com a nomenclatura dos hidrocarbonetos. Outros compostos orgânicos são então designados como derivados dos hidrocarbonetos. As regras de nomenclatura dos compostos orgânicos simples são apresentadas na seção seguinte.

E-1 Hidrocarbonetos

Alcanos

Os nomes dos alcanos terminam em "-ano". Ao nomear um alcano específico, a raiz do nome identifica a cadeia de carbono mais longa no composto. Grupos substituintes específicos associados a essa cadeia de carbono são identificados pelo nome e pela posição.

Os alcanos com cadeias de um a dez átomos de carbono estão indicados na Tabela 23.2. Após os primeiros quatro compostos, os nomes derivam de números gregos e latinos – pentano, hexano, heptano, octano, nonano, decano –, e essa nomenclatura regular continua para os alcanos com números maiores de átomos de carbono. Para os alcanos substituídos, os grupos substituintes em uma cadeia de hidrocarbonetos devem ser identificados tanto pelo nome como pela posição do substituinte; essa informação precede a raiz do nome. A posição é indicada por um número de localização que se refere ao átomo de carbono ao qual está ligado o substituinte. (A numeração dos átomos de carbono em uma cadeia deve começar em uma das extremidades da mesma, de modo que o átomo de carbono ao qual está ligado o substituinte tenha o menor número de localização possível.)

Os nomes dos substituintes dos hidrocarbonetos são derivados do nome do hidrocarboneto. O grupo —CH_3, resultante da substituição de um hidrogênio do metano, é chamado *grupo metila*; o grupo —C_2H_5 é o *grupo etila*. O esquema de nomenclatura é facilmente estendido para derivados de hidrocarbonetos com outros grupos substituintes, como —Cl (cloro), —NO_2 (nitro), —CN (ciano), —D (deutério) e assim por diante (Tabela 13). Se ocorrerem dois ou mais dos mesmos grupos substituintes, os prefixos "di-", "tri-" e "tetra-" são adicionados. Quando diferentes grupos substituintes estão presentes, os mesmos são geralmente listados em ordem alfabética.

Tabela 13 Nomes de Grupos Substitutos Comuns

Fórmula	Nomes	Fórmula	Nomes
—CH$_3$	metil	—D	deutério
—C$_2$H$_5$	etil	—Cl	cloro
—CH$_2$CH$_2$CH$_3$	propil (n-propil)	—Br	bromo
—CH(CH$_3$)$_2$	1-metiletil (isopropil)	—F	fluoro
—CH=CH$_2$	etenil (vinil)	—CN	ciano
—C$_6$H$_5$	fenil	—NO$_2$	nitro
—OH	hidroxi		
—NH$_2$	amino		

Exemplo:

$$\text{CH}_3\text{CH}_2\overset{\overset{\text{CH}_3}{|}}{\text{CH}}\text{CH}_2\overset{\overset{\text{C}_2\text{H}_5}{|}}{\text{CH}}\text{CH}_2\text{CH}_3$$

Etapa	Informações a Incluir	Contribuição ao Nome
1	Um alcano	Nome terminará em "-ano"
2	A cadeia mais longa possui 7 carbonos	Nomear como um *heptano*
3	Grupo —CH$_3$ no carbono 3	3-*metil*
4	Grupo —C$_2$H$_5$ no carbono 5	5-*etil*
Nome:		5-etil-3-metil-heptano

Os cicloalcanos são nomeados com base no tamanho do anel e pela adição do prefixo "ciclo"; por exemplo, o cicloalcano com um anel de seis membros de átomos de carbono é chamado de *ciclo-hexano*.

Alcenos

Os nomes dos alcenos terminam em "-eno". O nome de um alceno deve especificar o comprimento da cadeia de carbono e a posição da ligação dupla (e, quando apropriado, a configuração, *cis* ou *trans*). Assim como no caso dos alcanos, é preciso fornecer tanto a identidade quanto a posição dos grupos substituintes. A cadeia de carbono é numerada a partir da extremidade que fornece à ligação dupla o menor número de localização.

Os compostos com duas ligações duplas são chamados *dienos* e são nomeados similarmente – especificando as posições das ligações duplas e o nome e a posição de quaisquer grupos substituintes.

Por exemplo, o composto H$_2$C=C(CH$_3$)CH(CH$_3$)CH$_2$CH$_3$ tem uma cadeia de cinco carbonos com uma dupla ligação entre os átomos de carbono 1 e 2 e grupos metila nos átomos de carbono 2 e 3. Seu nome, segundo a nomenclatura IUPAC, é **2,3-dimetil-1-penteno**. O composto CH$_3$CH=CHCCl$_3$ com uma configuração *cis* em volta da ligação dupla é denominado **1,1,1-tricloro-cis-2-buteno**. O composto H$_2$C=C(Cl)CH=CH$_2$ é o **2-cloro-1,3-butadieno**.

Alcinos

A nomenclatura dos alcinos é semelhante à dos alcenos, exceto pelo fato da isomeria *cis-trans* não existir. A terminação "-ino" em um nome identifica um composto como um alcino.

Derivados do Benzeno

Os átomos de carbono no anel de seis membros são numerados de 1 a 6, e são dados o nome e a posição dos grupos substituintes. Os dois exemplos mostrados aqui são **1-etil-3-metilbenzeno** e **1,4-diaminobenzeno**.

1-etil-3-metilbenzeno   1,4-diaminobenzeno

E-2 Derivados dos Hidrocarbonetos

Os nomes para álcoois, aldeídos, cetonas e ácidos são baseados no nome do hidrocarboneto com um sufixo apropriado para denotar a classe do composto, como segue:

- **Álcoois**: Substitua o "o" final por "ol" no nome do hidrocarboneto e designe a posição do grupo —OH pelo número do átomo de carbono. Por exemplo, $CH_3CH_2CHOHCH_3$ é nomeado como um derivado do hidrocarboneto butano de 4 carbonos. O grupo —OH está ligado ao segundo carbono, então o nome é **2-butanol**.

- **Aldeídos**: Substitua o "-o" final por "al" no nome do hidrocarboneto. O átomo de carbono de um aldeído é, por definição, o carbono-1 na cadeia do hidrocarboneto. Por exemplo, o composto $CH_3CH(CH_3)CH_2CH_2CHO$ contém uma cadeia de 5 carbonos com o grupo funcional aldeído sendo carbono-1 e o grupo —CH_3 na posição 4; assim, o nome é **4-metilpentanal**.

- **Cetonas**: Substitua o final "o" por "ona" no nome do hidrocarboneto. A posição do grupo funcional cetona (o grupo carbonila) é indicada pelo número do átomo de carbono. Por exemplo, o composto $CH_3COCH_2CH(C_2H_5)CH_2CH_3$ tem o grupo carbonila na posição 2 e um grupo etila na posição 4 de uma cadeia de 6 carbonos; o seu nome é **4-etil-2-hexanona**.

- **Ácidos carboxílicos (ácidos orgânicos)**: Substitua o final "o" por "-oico" no nome do hidrocarboneto. Os átomos de carbono na cadeia mais longa são numerados começando com o átomo de carbono carboxílico. Por exemplo, *trans*-$CH_3CH=CHCH_2CO_2H$ é nomeado como um derivado do *trans*-3-penteno – isto é, **ácido *trans*-3-pentenoico**.

Um **éster** é nomeado como um derivado do álcool e do ácido dos quais ele foi formado. O nome de um éster é obtido através da divisão da fórmula RCO_2R' em duas partes, a parte RCO_2— e a parte –R'— . A parte —R' vem do álcool e é identificada pelo nome do grupo hidrocarboneto; derivados de etanol, por exemplo, são chamados ésteres de *etila*. A parte do ácido do composto é nomeada trocando-se o final "-oico" do ácido por "-oato". O composto $CH_3CH_2CO_2CH_3$ é denominado **propanoato de metila**.

Observe que um ânion derivado de um ácido carboxílico pela perda do próton do grupo —CO_2H é nomeado da mesma forma. Assim, $CH_3CH_2CO_2^-$ é o **ânion propanoato**, e o sal de sódio desse ânion, $Na(CH_3CH_2CO_2)$ é o **propanoato de sódio**.

APÊNDICE F

Valores de energias de ionização e entalpias de adição eletrônica dos elementos

Primeiras Energias de Ionização para Alguns Elementos (kJ/mol)

1A (1)	2A (2)	3B (3)	4B (4)	5B (5)	6B (6)	7B (7)	8B (8,9,10)			1B (11)	2B (12)	3A (13)	4A (14)	5A (15)	6A (16)	7A (17)	8 (18)
H 1312																	He 2371
Li 520	Be 899											B 801	C 1086	N 1402	O 1314	F 1681	Ne 2081
Na 496	Mg 738											Al 578	Si 786	P 1012	S 1000	Cl 1251	Ar 1521
K 419	Ca 599	Sc 631	Ti 658	V 650	Cr 652	Mn 717	Fe 759	Co 758	Ni 757	Cu 745	Zn 906	Ga 579	Ge 762	As 947	Se 941	Br 1140	Kr 1351
Rb 403	Sr 550	Y 617	Zr 661	Nb 664	Mo 685	Tc 702	Ru 711	Rh 720	Pd 804	Ag 731	Cd 868	In 558	Sn 709	Sb 834	Te 869	I 1008	Xe 1170
Cs 377	Ba 503	La 538	Hf 681	Ta 761	W 770	Re 760	Os 840	Ir 880	Pt 870	Au 890	Hg 1007	Tl 589	Pb 715	Bi 703	Po 812	At 890	Rn 1037

Tabela 14 Valores de Entalpia de Adição Eletrônica para Alguns Elementos (kJ/mol)*

H −72,77						
Li −59,63	Be 0†	B −26,7	C −121,85	N 0	O −140,98	F −328,0
Na −52,87	Mg 0	Al −42,6	Si −133,6	P −72,07	S −200,41	Cl −349,0
K −48,39	Ca 0	Ga −30	Ge −120	As −78	Se −194,97	Br −324,7
Rb −46,89	Sr 0	In −30	Sn −120	Sb −103	Te −190,16	I −295,16
Cs −45,51	Ba 0	Tl −20	Pb −35,1	Bi −91,3	Po −180	At −270

* Derivado de dados extraídos de H. Hotop; W. C. Lineberger. *Journal of Physical Chemistry, Reference Data,* v. 14, p. 731, 1985. (Esse artigo inclui também dados para metais de transição.) Alguns valores são conhecidos com mais de duas casas decimais. Veja também: http://en.wikipedia.org/wiki/Electron_affinity_(data_page)

† Elementos com uma entalpia de adição eletrônica de zero indicam que um ânion estável A⁻ do elemento não existe na fase gasosa.

APÊNDICE G

Pressão de vapor da água em várias temperaturas

Tabela 15 Pressão de Vapor da Água a Várias Temperaturas

Temperatura (°C)	Pressão de Vapor (torr)	Temperatura (°C)	Pressão de Vapor (torr)	Temperatura (°C)	Pressão de Vapor (torr)	Temperatura (°C)	Pressão de Vapor (torr)
−10	2,1	21	18,7	51	97,2	81	369,7
−9	2,3	22	19,8	52	102,1	82	384,9
−8	2,5	23	21,1	53	107,2	83	400,6
−7	2,7	24	22,4	54	112,5	84	416,8
−6	2,9	25	23,8	55	118,0	85	433,6
−5	3,2	26	25,2	56	123,8	86	450,9
−4	3,4	27	26,7	57	129,8	87	468,7
−3	3,7	28	28,3	58	136,1	88	487,1
−2	4,0	29	30,0	59	142,6	89	506,1
−1	4,3	30	31,8	60	149,4	90	525,8
0	4,6	31	33,7	61	156,4	91	546,1
1	4,9	32	35,7	62	163,8	92	567,0
2	5,3	33	37,7	63	171,4	93	588,6
3	5,7	34	39,9	64	179,3	94	610,9
4	6,1	35	42,2	65	187,5	95	633,9
5	6,5	36	44,6	66	196,1	96	657,6
6	7,0	37	47,1	67	205,0	97	682,1
7	7,5	38	49,7	68	214,2	98	707,3
8	8,0	39	52,4	69	223,7	99	733,2
9	8,6	40	55,3	70	233,7	100	760,0
10	9,2	41	58,3	71	243,9	101	787,6
11	9,8	42	61,5	72	254,6	102	815,9
12	10,5	43	64,8	73	265,7	103	845,1
13	11,2	44	68,3	74	277,2	104	875,1
14	12,0	45	71,9	75	289,1	105	906,1
15	12,8	46	75,7	76	301,4	106	937,9
16	13,6	47	79,6	77	314,1	107	970,6
17	14,5	48	83,7	78	327,3	108	1004,4
18	15,5	49	88,0	79	341,0	109	1038,9
19	16,5	50	92,5	80	355,1	110	1074,6
20	17,5						

APÊNDICE H

Constantes de ionização de ácidos fracos a 25 °C

Tabela 16 Constantes de Ionização de Ácidos Fracos Aquosos a 25 °C

ÁCIDO	FÓRMULA E EQUAÇÃO DE IONIZAÇÃO	K_a
Acético	$CH_3CO_2H \rightleftharpoons H^+ + CH_3CO_2^-$	$1,8 \times 10^{-5}$
Arsênico	$H_3AsO_4 \rightleftharpoons H^+ + H_2AsO_4^-$ $H_2AsO_4^- \rightleftharpoons H^+ + HAsO_4^{2-}$ $HAsO_4^{2-} \rightleftharpoons H^+ + AsO_4^{3-}$	$K_1 = 5,8 \times 10^{-3}$ $K_2 = 1,1 \times 10^{-7}$ $K_3 = 3,2 \times 10^{-12}$
Arsenoso	$H_3AsO_3 \rightleftharpoons H^+ + H_2AsO_3^-$ $H_2AsO_3^- \rightleftharpoons H^+ + HAsO_3^{2-}$	$K_1 = 6,0 \times 10^{-10}$ $K_2 = 3,0 \times 10^{-14}$
Benzoico	$C_6H_5CO_2H \rightleftharpoons H^+ + C_6H_5CO_2^-$	$6,3 \times 10^{-5}$
Bórico	$H_3BO_3 \rightleftharpoons H^+ + H_2BO_3^-$ $H_2BO_3^- \rightleftharpoons H^+ + HBO_3^{2-}$ $HBO_3^{2-} \rightleftharpoons H^+ + BO_3^{3-}$	$K_1 = 7,3 \times 10^{-10}$ $K_2 = 1,8 \times 10^{-13}$ $K_3 = 1,6 \times 10^{-14}$
Carbônico	$H_2CO_3 \rightleftharpoons H^+ + HCO_3^-$ $HCO_3^- \rightleftharpoons H^+ + CO_3^{2-}$	$K_1 = 4,2 \times 10^{-7}$ $K_2 = 4,8 \times 10^{-11}$
Cítrico	$H_3C_6H_5O_7 \rightleftharpoons H^+ + H_2C_6H_5O_7^-$ $H_2C_6H_5O_7^- \rightleftharpoons H^+ + HC_6H_5O_7^{2-}$ $HC_6H_5O_7^{2-} \rightleftharpoons H^+ + C_6H_5O_7^{3-}$	$K_1 = 7,4 \times 10^{-3}$ $K_2 = 1,7 \times 10^{-5}$ $K_3 = 4,0 \times 10^{-7}$
Ciânico	$HOCN \rightleftharpoons H^+ + OCN^-$	$3,5 \times 10^{-4}$
Fórmico	$HCO_2H \rightleftharpoons H^+ + HCO_2^-$	$1,8 \times 10^{-4}$
Hidrazoico	$HN_3 \rightleftharpoons H^+ + N_3^-$	$1,9 \times 10^{-5}$
Cianídrico	$HCN \rightleftharpoons H^+ + CN^-$	$4,0 \times 10^{-10}$
Fluorídrico	$HF \rightleftharpoons H^+ + F^-$	$7,2 \times 10^{-4}$
Peróxido de hidrogênio	$H_2O_2 \rightleftharpoons H^+ + HO_2^-$	$2,4 \times 10^{-12}$
Sulfídrico	$H_2S \rightleftharpoons H^+ + HS^-$ $HS^- \rightleftharpoons H^+ + S^{2-}$	$K_1 = 1 \times 10^{-7}$ $K_2 = 1 \times 10^{-19}$
Hipobromoso	$HOBr \rightleftharpoons H^+ + OBr^-$	$2,5 \times 10^{-9}$
Hipocloroso	$HOCl \rightleftharpoons H^+ + OCl^-$	$3,5 \times 10^{-8}$
Nitroso	$HNO_2 \rightleftharpoons H^+ + NO_2^-$	$4,5 \times 10^{-4}$
Oxálico	$H_2C_2O_4 \rightleftharpoons H^+ + HC_2O_4^-$ $HC_2O_4^- \rightleftharpoons H^+ + C_2O_4^{2-}$	$K_1 = 5,9 \times 10^{-2}$ $K_2 = 6,4 \times 10^{-5}$

(continua)

Tabela 16 Constantes de Ionização de Ácidos Fracos a 25 °C (continuação)

ÁCIDO	FÓRMULA E EQUAÇÃO DE IONIZAÇÃO	K_a
Fenol	$C_6H_5OH \rightleftharpoons H^+ + C_6H_5O^-$	$1,3 \times 10^{-10}$
Fosfórico	$H_3PO_4 \rightleftharpoons H^+ + H_2PO_4^-$ $H_2PO_4^- \rightleftharpoons H^+ + HPO_4^{2-}$ $HPO_4^{2-} \rightleftharpoons H^+ + PO_4^{3-}$	$K_1 = 7,5 \times 10^{-3}$ $K_2 = 6,2 \times 10^{-8}$ $K_3 = 3,6 \times 10^{-13}$
Fosforoso	$H_3PO_3 \rightleftharpoons H^+ + H_2PO_3^-$ $H_2PO_3^- \rightleftharpoons H^+ + HPO_3^{2-}$	$K_1 = 1,6 \times 10^{-2}$ $K_2 = 7,0 \times 10^{-7}$
Selênico	$H_2SeO_4 \rightleftharpoons H^+ + HSeO_4^-$ $HSeO_4^- \rightleftharpoons H^+ + SeO_4^{2-}$	$K_1 =$ muito grande $K_2 = 1,2 \times 10^{-2}$
Selenoso	$H_2SeO_3 \rightleftharpoons H^+ + HSeO_3^-$ $HSeO_3^- \rightleftharpoons H^+ + SeO_3^{2-}$	$K_1 = 2,7 \times 10^{-3}$ $K_2 = 2.5 \times 10^{-7}$
Sulfúrico	$H_2SO_4 \rightleftharpoons H^+ + HSO_4^-$ $HSO_4^- \rightleftharpoons H^+ + SO_4^{2-}$	$K_1 =$ muito grande $K_2 = 1,2 \times 10^{-2}$
Sulfuroso	$H_2SO_3 \rightleftharpoons H^+ + HSO_3^-$ $HSO_3^- \rightleftharpoons H^+ + SO_3^{2-}$	$K_1 = 1,2 \times 10^{-2}$ $K_2 = 6,2 \times 10^{-8}$
Teluroso	$H_2TeO_3 \rightleftharpoons H^+ + HTeO_3^-$ $HTeO_3^- \rightleftharpoons H^+ + TeO_3^{2-}$	$K_1 = 2 \times 10^{-3}$ $K_2 = 1 \times 10^{-8}$

APÊNDICE I

Constantes de ionização de bases fracas a 25 °C

Tabela 17 — Constantes de Ionização de Bases Fracas a 25 °C

Base	Fórmula e Equação de Ionização	K_b
Amônia	$NH_3 + H_2O \rightleftharpoons NH_4^+ + OH^-$	$1,8 \times 10^{-5}$
Anilina	$C_6H_5NH_2 + H_2O \rightleftharpoons C_6H_5NH_3^+ + OH^-$	$4,0 \times 10^{-10}$
Dimetilamina	$(CH_3)_2NH + H_2O \rightleftharpoons (CH_3)_2NH_2^+ + OH^-$	$7,4 \times 10^{-4}$
Etilamina	$C_2H_5NH_2 + H_2O \rightleftharpoons C_2H_5NH_3^+ + OH^-$	$4,3 \times 10^{-4}$
Etilenodiamina	$H_2NCH_2CH_2NH_2 + H_2O \rightleftharpoons H_2NCH_2CH_2NH_3^+ + OH^-$ $H_2NCH_2CH_2NH_3^+ + H_2O \rightleftharpoons H_3NCH_2CH_2NH_3^{2+} + OH^-$	$K_1 = 8,5 \times 10^{-5}$ $K_2 = 2,7 \times 10^{-8}$
Hidrazina	$N_2H_4 + H_2O \rightleftharpoons N_2H_5^+ + OH^-$ $N_2H_5^+ + H_2O \rightleftharpoons N_2H_6^{2+} + OH^-$	$K_1 = 8,5 \times 10^{-7}$ $K_2 = 8,9 \times 10^{-16}$
Hidroxilamina	$NH_2OH + H_2O \rightleftharpoons NH_3OH^+ + OH^-$	$6,6 \times 10^{-9}$
Metilamina	$CH_3NH_2 + H_2O \rightleftharpoons CH_3NH_3^+ + OH^-$	$5,0 \times 10^{-4}$
Piridina	$C_5H_5N + H_2O \rightleftharpoons C_5H_5NH^+ + OH^-$	$1,5 \times 10^{-9}$
Trimetilamina	$(CH_3)_3N + H_2O \rightleftharpoons (CH_3)_3NH^+ + OH^-$	$7,4 \times 10^{-5}$

APÊNDICE J

Constantes do produto de solubilidade de alguns compostos inorgânicos a 25 °C

Tabela 18A Constantes do Produto de Solubilidade a 25 °C

Cátion	Composto	K_{ps}	Cátion	Composto	K_{ps}
Ba^{2+}	*$BaCrO_4$	$1,2 \times 10^{-10}$	Hg_2^{2+}	*Hg_2Br_2	$6,4 \times 10^{-23}$
	$BaCO_3$	$2,6 \times 10^{-9}$		Hg_2Cl_2	$1,4 \times 10^{-18}$
	BaF_2	$1,8 \times 10^{-7}$		*Hg_2I_2	$2,9 \times 10^{-29}$
	*$BaSO_4$	$1,1 \times 10^{-10}$		Hg_2SO_4	$6,5 \times 10^{-7}$
Ca^{2+}	$CaCO_3$ (calcita)	$3,4 \times 10^{-9}$	Ni^{2+}	$NiCO_3$	$1,4 \times 10^{-7}$
	*CaF_2	$5,3 \times 10^{-11}$		$Ni(OH)_2$	$5,5 \times 10^{-16}$
	*$Ca(OH)_2$	$5,5 \times 10^{-5}$	Ag^+	*$AgBr$	$5,4 \times 10^{-13}$
	$CaSO_4$	$4,9 \times 10^{-5}$		*$AgBrO_3$	$5,4 \times 10^{-5}$
Cu^+, Cu^{2+}	$CuBr$	$6,3 \times 10^{-9}$		$AgCH_3CO_2$	$1,9 \times 10^{-3}$
	CuI	$1,3 \times 10^{-12}$		$AgCN$	$6,0 \times 10^{-17}$
	$Cu(OH)_2$	$2,2 \times 10^{-20}$		Ag_2CO_3	$8,5 \times 10^{-12}$
	$CuSCN$	$1,8 \times 10^{-13}$		*$Ag_2C_2O_4$	$5,4 \times 10^{-12}$
Au^+	$AuCl$	$2,0 \times 10^{-13}$		*$AgCl$	$1,8 \times 10^{-10}$
Fe^{2+}	$FeCO_3$	$3,1 \times 10^{-11}$		Ag_2CrO_4	$1,1 \times 10^{-12}$
	$Fe(OH)_2$	$4,9 \times 10^{-17}$		*AgI	$8,5 \times 10^{-17}$
Pb^{2+}	$PbBr_2$	$6,6 \times 10^{-6}$		$AgSCN$	$1,0 \times 10^{-12}$
	$PbCO_3$	$7,4 \times 10^{-14}$		*Ag_2SO_4	$1,2 \times 10^{-5}$
	$PbCl_2$	$1,7 \times 10^{-5}$	Sr^{2+}	$SrCO_3$	$5,6 \times 10^{-10}$
	$PbCrO_4$	$2,8 \times 10^{-13}$		SrF_2	$4,3 \times 10^{-9}$
	PbF_2	$3,3 \times 10^{-8}$		$SrSO_4$	$3,4 \times 10^{-7}$
	PbI_2	$9,8 \times 10^{-9}$	Tl^+	$TlBr$	$3,7 \times 10^{-6}$
	$Pb(OH)_2$	$1,4 \times 10^{-15}$		$TlCl$	$1,9 \times 10^{-4}$
	$PbSO_4$	$2,5 \times 10^{-8}$		TlI	$5,5 \times 10^{-8}$
Mg^{2+}	$MgCO_3$	$6,8 \times 10^{-6}$	Zn^{2+}	$Zn(OH)_2$	3×10^{-17}
	MgF_2	$5,2 \times 10^{-11}$		$Zn(CN)_2$	$8,0 \times 10^{-12}$
	$Mg(OH)_2$	$5,6 \times 10^{-12}$			
Mn^{2+}	$MnCO_3$	$2,3 \times 10^{-11}$			
	*$Mn(OH)_2$	$1,9 \times 10^{-13}$			

Os valores apresentados nesta tabela foram extraídos de DEAN, J. A. *Lange's Handbook of Chemistry*. 15. ed. Nova York: McGraw-Hill Publishers, 1999. Os valores foram arredondados para dois algarismos significativos.

*A solubilidade calculada a partir desses valores de K_{ps} corresponderão à solubilidade experimental para esse composto dentro de um fator de 2. Os valores experimentais para as solubilidades são dados em CLARK, R. W.; BONICAMP, J. M. *Journal of Chemical Education*, v. 75, p. 1182, 1998.

Tabela 18B Valores de K'_{ps} Modificados* para Alguns Sulfetos Metálicos a 25 °C

Substância	K_{ps}
HgS (vermelho)	4×10^{-54}
HgS (preto)	2×10^{-53}
CuS	6×10^{-37}
PbS	3×10^{-28}
CdS	8×10^{-28}
SnS	1×10^{-26}
FeS	6×10^{-19}

*Os valores da constante de equilíbrio para estes sulfetos metálicos referem-se ao equilíbrio de MS(s) + H$_2$O(ℓ) $\rightleftharpoons$ M^{2+}(aq) + OH$^-$(aq) + HS$^-$(aq); veja MYERS, R. J. *Journal of Chemical Education*, v. 63, p. 687, 1986.

APÊNDICE K

Constantes de formação de alguns íons complexos em solução aquosa a 25 °C

Tabela 19 Constantes de Formação de Alguns Íons Complexos em Solução Aquosa a 25 °C*

Equilíbrio de Formação	K
$Ag^+ + 2\,Br^- \rightleftharpoons [AgBr_2]^-$	$2,1 \times 10^7$
$Ag^+ + 2\,Cl^- \rightleftharpoons [AgCl_2]^-$	$1,1 \times 10^5$
$Ag^+ + 2\,CN^- \rightleftharpoons [Ag(CN)_2]^-$	$1,3 \times 10^{21}$
$Ag^+ + 2\,S_2O_3^{2-} \rightleftharpoons [Ag(S_2O_3)_2]^{3-}$	$2,9 \times 10^{13}$
$Ag^+ + 2\,NH_3 \rightleftharpoons [Ag(NH_3)_2]^+$	$1,1 \times 10^7$
$Al^{3+} + 6\,F^- \rightleftharpoons [AlF_6]^{3-}$	$6,9 \times 10^{19}$
$Al^{3+} + 4\,OH^- \rightleftharpoons [Al(OH)_4]^-$	$1,1 \times 10^{33}$
$Au^+ + 2\,CN^- \rightleftharpoons [Au(CN)_2]^-$	$2,0 \times 10^{38}$
$Cd^{2+} + 4\,CN^- \rightleftharpoons [Cd(CN)_4]^{2-}$	$6,0 \times 10^{18}$
$Cd^{2+} + 4\,NH_3 \rightleftharpoons [Cd(NH_3)_4]^{2+}$	$1,3 \times 10^7$
$Co^{2+} + 6\,NH_3 \rightleftharpoons [Co(NH_3)_6]^{2+}$	$1,3 \times 10^5$
$Cu^+ + 2\,CN^- \rightleftharpoons [Cu(CN)_2]^-$	$1,0 \times 10^{24}$
$Cu^+ + 2\,Cl^- \rightleftharpoons [CuCl_2]^-$	$3,2 \times 10^5$
$Cu^{2+} + 4\,NH_3 \rightleftharpoons [Cu(NH_3)_4]^{2+}$	$2,1 \times 10^{13}$
$Fe^{2+} + 6\,CN^- \rightleftharpoons [Fe(CN)_6]^{4-}$	$1,0 \times 10^{35}$
$Hg^{2+} + 4\,Cl^- \rightleftharpoons [HgCl_4]^{2-}$	$1,2 \times 10^{15}$
$Ni^{2+} + 4\,CN^- \rightleftharpoons [Ni(CN)_4]^{2-}$	$2,0 \times 10^{31}$
$Ni^{2+} + 6\,NH_3 \rightleftharpoons [Ni(NH_3)_6]^{2+}$	$5,5 \times 10^8$
$Zn^{2+} + 4\,OH^- \rightleftharpoons [Zn(OH)_4]^{2-}$	$4,6 \times 10^{17}$
$Zn^{2+} + 4\,NH_3 \rightleftharpoons [Zn(NH_3)_4]^{2+}$	$2,9 \times 10^9$

*Os dados apresentados nesta tabela foram extraídos de DEAN, J. A. *Lange's Handbook of Chemistry*. 15. ed. Nova York: McGraw-Hill Publishers, 1999.

APÊNDICE L

Parâmetros termodinâmicos selecionados

Tabela 20 Parâmetros Termodinâmicos Selecionados *

Espécies	$\Delta_f H°$ (298,15 K) (kJ/mol)	$S°$ (298,15 K) (J/K · mol)	$\Delta_f G°$ (298,15 K) (kJ/mol)
Alumínio			
Al(s)	0	28,3	0
AlCl$_3$(s)	−705,63	109,29	−630,0
Al$_2$O$_3$(s)	−1675,7	50,92	−1582,3
Bário			
BaCl$_2$(s)	−858,6	123,68	−810,4
BaCO$_3$(s)	−1213	112,1	−1134,41
BaO(s)	−548,1	72,05	−520,38
BaSO$_4$(s)	−1473,2	132,2	−1362,2
Berílio			
Be(s)	0	9,5	0
Be(OH)$_2$(s)	−902,5	51,9	−815,0
Bromo			
BCl$_3$(g)	−402,96	290,17	−387,95
Boro			
Br(g)	111,884	175,022	82,396
Br$_2$(ℓ)	0	152,2	0
Br$_2$(g)	30,91	245,47	3,12
BrF$_3$(g)	−255,60	292,53	−229,43
HBr(g)	−36,29	198,70	−53,45

*A maioria dos dados termodinâmicos foram extraídos de NIST Chemistry WebBook em http://webbook.nist.gov.

(continua)

Tabela 20 Parâmetros Termodinâmicos Selecionados (continuação)

Espécies	$\Delta_f H°$ (298,15 K) (kJ/mol)	$S°$ (298,15 K) (J/K · mol)	$\Delta_f G°$ (298,15 K) (kJ/mol)
Cálcio			
Ca(s)	0	41,59	0
Ca(g)	178,2	158,884	144,3
Ca^{2+}(g)	1925,90	—	—
CaC$_2$(s)	−59,8	70,	−64,93
CaCO$_3$(s, calcita)	−1207,6	91,7	−1129,16
CaCl$_2$(s)	−795,8	104,6	−748,1
CaF$_2$(s)	−1219,6	68,87	−1167,3
CaH$_2$(s)	−186,2	42	−147,2
CaO(s)	−635,09	38,2	−603,42
CaS(s)	−482,4	56,5	−477,4
Ca(OH)$_2$(s)	−986,09	83,39	−898,43
Ca(OH)$_2$(aq)	−1002,82	—	−868,07
CaSO$_4$(s)	−1434,52	106,5	−1322,02
Carbono			
C(s, grafite)	0	5,6	0
C(s, diamante)	1,8	2,377	2,900
C(g)	716,67	158,1	671,2
CCl$_4$(ℓ)	−128,4	214,39	−57,63
CCl$_4$(g)	−95,98	309,65	−53,61
CHCl$_3$(ℓ)	−134,47	201,7	−73,66
CHCl$_3$(g)	−103,18	295,61	−70,4
CH$_4$(g, metano)	−74,87	186,26	−50,8
C$_2$H$_2$(g, etino)	226,73	200,94	209,20
C$_2$H$_4$(g, eteno)	52,47	219,36	68,35
C$_2$H$_6$(g, etano)	−83,85	229,2	−31,89
C$_3$H$_8$(g, propano)	−104,7	270,3	−24,4
C$_6$H$_6$(ℓ, benzeno)	48,95	173,26	124,21
CH$_3$OH(ℓ, metanol)	−238,4	127,19	−166,14
CH$_3$OH(g, metanol)	−201,0	239,7	−162,5
C$_2$H$_5$OH(ℓ, etanol)	−277,0	160,7	−174,7
C$_2$H$_5$OH(g, etanol)	−235,3	282,70	−168,49

(continua)

Tabela 20   Parâmetros Termodinâmicos Selecionados (continuação)

Espécies	$\Delta_f H°$ (298,15 K) (kJ/mol)	$S°$ (298,15 K) (J/K · mol)	$\Delta_f G°$ (298,15 K) (kJ/mol)
Carbono (continuação)			
CO(g)	−110,525	197,674	−137,168
CO_2(g)	−393,509	213,74	−394,359
CS_2(ℓ)	89,41	151	65,2
CS_2(g)	116,7	237,8	66,61
$COCl_2$(g)	−218,8	283,53	−204,6
Césio			
Cs(s)	0	85,23	0
Cs^+(g)	457,964	—	—
CsCl(s)	−443,04	101,17	−414,53
Cloro			
Cl(g)	121,3	165,19	105,3
Cl^-(g)	−233,13	—	—
Cl_2(g)	0	223,08	0
HCl(g)	−92,31	186,2	−95,09
HCl(aq)	−167,159	56,5	−131,26
Cromo			
Cr(s)	0	23,62	0
Cr_2O_3(s)	−1134,7	80,65	−1052,95
$CrCl_3$(s)	−556,5	123,0	−486,1
Cobre			
Cu(s)	0	33,17	0
CuO(s)	−156,06	42,59	−128,3
$CuCl_2$(s)	−220,1	108,07	−175,7
$CuSO_4$(s)	−769,98	109,05	−660,75
Flúor			
F_2(g)	0	202,8	0
F(g)	78,99	158,754	61,91
F^-(g)	−255,39	—	—
F^-(aq)	−332,63	—	−278,79
HF(g)	−273,3	173,779	−273,2
HF(aq)	−332,63	88,7	−278,79

(continua)

Tabela 20 Parâmetros Termodinâmicos Selecionados (continuação)

ESPÉCIES	$\Delta_f H°$ (298,15 K) (kJ/mol)	$S°$ (298,15 K) (J/K · mol)	$\Delta_f G°$ (298,15 K) (kJ/mol)
Hidrogênio			
$H_2(g)$	0	130,7	0
$H(g)$	217,965	114,713	203,247
$H^+(g)$	1536,202	—	—
$H_2O(\ell)$	−285,83	69,95	−237,15
$H_2O(g)$	−241,83	188,84	−228,59
$H_2O_2(\ell)$	−187,78	109,6	−120,35
Iodo			
$I_2(s)$	0	116,135	0
$I_2(g)$	62,438	260,69	19,327
$I(g)$	106,838	180,791	70,250
$I^-(g)$	−197	—	—
$ICl(g)$	17,51	247,56	−5,73
Ferro			
$Fe(s)$	0	27,78	0
$FeO(s)$	−272	—	—
Fe_2O_3(s, hematita)	−825,5	87,40	−742,2
Fe_3O_4(s, magnetita)	−1118,4	146,4	−1015,4
$FeCl_2(s)$	−341,79	117,95	−302,30
$FeCl_3(s)$	−399,49	142,3	−344,00
FeS_2(s, pirita)	−178,2	52,93	−166,9
$Fe(CO)_5(\ell)$	−774,0	338,1	−705,3
Chumbo			
$Pb(s)$	0	64,81	0
$PbCl_2(s)$	−359,41	136,0	−314,10
PbO(s, amarelo)	−219	66,5	−196
$PbO_2(s)$	−277,4	68,6	−217,39
$PbS(s)$	−100,4	91,2	−98,7
Lítio			
$Li(s)$	0	29,12	0
$Li^+(g)$	685,783	—	—
$LiOH(s)$	−484,93	42,81	−438,96

(continua)

Tabela 20 Parâmetros Termodinâmicos Selecionados (continuação)

Espécies	$\Delta_f H°$ (298,15 K) (kJ/mol)	$S°$ (298,15 K) (J/K · mol)	$\Delta_f G°$ (298,15 K) (kJ/mol)
Lítio (continuação)			
LiOH(aq)	−508,48	2,80	−450,58
LiCl(s)	−408,701	59,33	−384,37
Magnésio			
Mg(s)	0	32,67	0
$MgCl_2$(s)	−641,62	89,62	−592,09
$MgCO_3$(s)	−1111,69	65,84	−1028,2
MgO(s)	−601,24	26,85	−568,93
$Mg(OH)_2$(s)	−924,54	63,18	−833,51
MgS(s)	−346,0	50,33	−341,8
Mercúrio			
Hg(ℓ)	0	76,02	0
$HgCl_2$(s)	−224,3	146,0	−178,6
HgO(s, vermelho)	−90,83	70,29	−58,539
HgS(s, vermelho)	−58,2	82,4	−50,6
Níquel			
Ni(s)	0	29,87	0
NiO(s)	−239,7	37,99	−211,7
$NiCl_2$(s)	−305,332	97,65	−259,032
Nitrogênio			
N_2(g)	0	191,56	0
N(g)	472,704	153,298	455,563
NH_3(g)	−45,90	192,77	−16,37
N_2H_4(ℓ)	50,63	121,52	149,45
NH_4Cl(s)	−314,55	94,85	−203,08
NH_4Cl(aq)	−299,66	169,9	−210,57
NH_4NO_3(s)	−365,56	151,08	−183,84
NH_4NO_3(aq)	−339,87	259,8	−190,57
NO(g)	90,29	210,76	86,58
NO_2(g)	33,1	240,04	51,23
N_2O(g)	82,05	219,85	104,20
N_2O_4(g)	9,08	304,38	97,73

(continua)

Tabela 20 Parâmetros Termodinâmicos Selecionados (continuação)

Espécies	$\Delta_f H°$ (298,15 K) (kJ/mol)	$S°$ (298,15 K) (J/K · mol)	$\Delta_f G°$ (298,15 K) (kJ/mol)
Nitrogênio (continuação)			
NOCl(g)	51,71	261,8	66,08
HNO$_3$(ℓ)	−174,10	155,60	−80,71
HNO$_3$(g)	−135,06	266,38	−74,72
HNO$_3$(aq)	−207,36	146,4	−111,25
Oxigênio			
O$_2$(g)	0	205,07	0
O(g)	249,170	161,055	231,731
O$_3$(g)	142,67	238,92	163,2
Fósforo			
P$_4$(s, branco)	0	41,1	0
P$_4$(s, vermelho)	−17,6	22,80	−12,1
P(g)	314,64	163,193	278,25
PH$_3$(g)	5,47	210,24	6,64
PCl$_3$(g)	−287,0	311,78	−267,8
P$_4$O$_{10}$(s)	−2984,0	228,86	−2697,7
H$_3$PO$_4$(ℓ)	−1279,0	110,5	−1119,1
Potássio			
K(s)	0	64,63	0
KCl(s)	−436,68	82,56	−408,77
KClO$_3$(s)	−397,73	143,1	−296,25
KI(s)	−327,90	106,32	−324,892
KOH(s)	−424,72	78,9	−378,92
KOH(aq)	−482,37	91,6	−440,50
Silício			
Si(s)	0	18,82	0
SiBr$_4$(ℓ)	−457,3	277,8	−443,9
SiC(s)	−65,3	16,61	−62,8
SiCl$_4$(g)	−662,75	330,86	−622,76
SiH$_4$(g)	34,31	204,65	56,84
SiF$_4$(g)	−1614,94	282,49	−1572,65
SiO$_2$(s, quartzo)	−910,86	41,46	−856,97

(continua)

Tabela 20 Parâmetros Termodinâmicos Selecionados (continuação)

Espécies	$\Delta_f H°$ (298,15 K) (kJ/mol)	$S°$ (298,15 K) (J/K · mol)	$\Delta_f G°$ (298,15 K) (kJ/mol)
Prata			
Ag(s)	0	42,55	0
Ag_2O(s)	−31,1	121,3	−11,32
AgCl(s)	−127,01	96,25	−109,76
$AgNO_3$(s)	−124,39	140,92	−33,41
Sódio			
Na(s)	0	51,21	0
Na(g)	107,3	153,765	76,83
Na^+(g)	609,358	—	—
NaBr(s)	−361,02	86,82	−348,983
NaCl(s)	−411,12	72,11	−384,04
NaCl(g)	−181,42	229,79	−201,33
NaCl(aq)	−407,27	115,5	−393,133
NaOH(s)	−425,93	64,46	−379,75
NaOH(aq)	−469,15	48,1	−418,09
Na_2CO_3(s)	−1130,77	134,79	−1048,08
Enxofre			
S(s, rômbico)	0	32,1	0
S(g)	278,98	167,83	236,51
S_2Cl_2(g)	−18,4	331,5	−31,8
SF_6(g)	−1209	291,82	−1105,3
H_2S(g)	−20,63	205,79	−33,56
SO_2(g)	−296,84	248,21	−300,13
SO_3(g)	−395,77	256,77	−371,04
$SOCl_2$(g)	−212,5	309,77	−198,3
$H_2SO_4(\ell)$	−814	156,9	−689,96
H_2SO_4(aq)	−909,27	20,1	−744,53
Estanho			
Sn(s, branco)	0	51,08	0
Sn(s, cinza)	−2,09	44,14	0,13
$SnCl_4(\ell)$	−511,3	258,6	−440,15
$SnCl_4$(g)	−471,5	365,8	−432,31
SnO_2(s)	−577,63	49,04	−515,88

(continua)

Tabela 20 Parâmetros Termodinâmicos Selecionados (continuação)

Espécies	$\Delta_f H°$ (298,15 K) (kJ/mol)	$S°$ (298,15 K) (J/K · mol)	$\Delta_f G°$ (298,15 K) (kJ/mol)
Titânio			
Ti(s)	0	30,72	0
TiCl$_4$(ℓ)	−804,2	252,34	−737,2
TiCl$_4$(g)	−763,16	354,84	−726,7
TiO$_2$(s)	−939,7	49,92	−884,5
Zinco			
Zn(s)	0	41,63	0
ZnCl$_2$(s)	−415,05	111,46	−369,398
ZnO(s)	−348,28	43,64	−318,30
ZnS(s, esfarelita)	−205,98	57,7	−201,29

APÊNDICE M

Potenciais padrão de redução em solução aquosa a 25 °C

Tabela 21 Potenciais Padrão de Redução em Solução Aquosa a 25 °C

SOLUÇÃO ÁCIDA	POTENCIAL PADRÃO DE REDUÇÃO, $E°$ (VOLTS)
$F_2(g) + 2\,e^- \longrightarrow 2\,F^-(aq)$	2,87
$Co^{3+}(aq) + e^- \longrightarrow Co^{2+}(aq)$	1,82
$Pb^{4+}(aq) + 2\,e^- \longrightarrow Pb^{2+}(aq)$	1,8
$H_2O_2(aq) + 2\,H^+(aq) + 2\,e^- \longrightarrow 2\,H_2O$	1,77
$NiO_2(s) + 4\,H^+(aq) + 2\,e^- \longrightarrow Ni^{2+}(aq) + 2\,H_2O$	1,7
$PbO_2(s) + SO_4^{2-}(aq) + 4\,H^+(aq) + 2\,e^- \longrightarrow PbSO_4(s) + 2\,H_2O$	1,685
$Au^+(aq) + e^- \longrightarrow Au(s)$	1,68
$2\,HClO(aq) + 2\,H^+(aq) + 2\,e^- \longrightarrow Cl_2(g) + 2\,H_2O$	1,63
$Ce^{4+}(aq) + e^- \longrightarrow Ce^{3+}(aq)$	1,61
$NaBiO_3(s) + 6\,H^+(aq) + 2\,e^- \longrightarrow Bi^{3+}(aq) + Na^+(aq) + 3\,H_2O$	≈1,6
$MnO_4^-(aq) + 8\,H^+(aq) + 5\,e^- \longrightarrow Mn^{2+}(aq) + 4\,H_2O$	1,51
$Au^{3+}(aq) + 3\,e^- \longrightarrow Au(s)$	1,50
$ClO_3^-(aq) + 6\,H^+(aq) + 5\,e^- \longrightarrow \frac{1}{2}\,Cl_2(g) + 3\,H_2O$	1,47
$BrO_3^-(aq) + 6\,H^+(aq) + 6\,e^- \longrightarrow Br^-(aq) + 3\,H_2O$	1,44
$Cl_2(g) + 2\,e^- \longrightarrow 2\,Cl^-(aq)$	1,36
$Cr_2O_7^{2-}(aq) + 14\,H^+(aq) + 6\,e^- \longrightarrow 2\,Cr^{3+}(aq) + 7\,H_2O$	1,33
$N_2H_5^+(aq) + 3\,H^+(aq) + 2\,e^- \longrightarrow 2\,NH_4^+(aq)$	1,24
$MnO_2(s) + 4\,H^+(aq) + 2\,e^- \longrightarrow Mn^{2+}(aq) + 2\,H_2O$	1,23
$O_2(g) + 4\,H^+(aq) + 4\,e^- \longrightarrow 2\,H_2O$	1,229
$Pt^{2+}(aq) + 2\,e^- \longrightarrow Pt(s)$	1,2
$IO_3^-(aq) + 6\,H^+(aq) + 5\,e^- \longrightarrow \frac{1}{2}\,I_2(aq) + 3\,H_2O$	1,195
$ClO_4^-(aq) + 2\,H^+(aq) + 2\,e^- \longrightarrow ClO_3^-(aq) + H_2O$	1,19
$Br_2(\ell) + 2\,e^- \longrightarrow 2\,Br^-(aq)$	1,08

Tabela 21 Potenciais Padrão de Redução em Solução Aquosa a 25 °C (continuação)

SOLUÇÃO ÁCIDA	POTENCIAL PADRÃO DE REDUÇÃO, $E°$ (VOLTS)
$AuCl_4^-(aq) + 3\,e^- \longrightarrow Au(s) + 4\,Cl^-(aq)$	1,00
$Pd^{2+}(aq) + 2\,e^- \longrightarrow Pd(s)$	0,987
$NO_3^-(aq) + 4\,H^+(aq) + 3\,e^- \longrightarrow NO(g) + 2\,H_2O$	0,96
$NO_3^-(aq) + 3\,H^+(aq) + 2\,e^- \longrightarrow HNO_2(aq) + H_2O$	0,94
$2\,Hg^{2+}(aq) + 2\,e^- \longrightarrow Hg_2^{2+}(aq)$	0,920
$Hg^{2+}(aq) + 2\,e^- \longrightarrow Hg(\ell)$	0,855
$Ag^+(aq) + e^- \longrightarrow Ag(s)$	0,7994
$Hg_2^{2+}(aq) + 2\,e^- \longrightarrow 2\,Hg(\ell)$	0,789
$Fe^{3+}(aq) + e^- \longrightarrow Fe^{2+}(aq)$	0,771
$SbCl_6^-(aq) + 2\,e^- \longrightarrow SbCl_4^-(aq) + 2\,Cl^-(aq)$	0,75
$[PtCl_4]^{2-}(aq) + 2\,e^- \longrightarrow Pt(s) + 4\,Cl^-(aq)$	0,73
$O_2(g) + 2\,H^+(aq) + 2\,e^- \longrightarrow H_2O_2(aq)$	0,682
$[PtCl_6]^{2-}(aq) + 2\,e^- \longrightarrow [PtCl_4]^{2-}(aq) + 2\,Cl^-(aq)$	0,68
$I_2(aq) + 2\,e^- \longrightarrow 2\,I^-(aq)$	0,621
$H_3AsO_4(aq) + 2\,H^+(aq) + 2\,e^- \longrightarrow H_3AsO_3(aq) + H_2O$	0,58
$I_2(s) + 2\,e^- \longrightarrow 2\,I^-(aq)$	0,535
$TeO_2(s) + 4\,H^+(aq) + 4\,e^- \longrightarrow Te(s) + 2\,H_2O$	0,529
$Cu^+(aq) + e^- \longrightarrow Cu(s)$	0,521
$[RhCl_6]^{3-}(aq) + 3\,e^- \longrightarrow Rh(s) + 6\,Cl^-(aq)$	0,44
$Cu^{2+}(aq) + 2\,e^- \longrightarrow Cu(s)$	0,337
$Hg_2Cl_2(s) + 2\,e^- \longrightarrow 2\,Hg(\ell) + 2\,Cl^-(aq)$	0,27
$AgCl(s) + e^- \longrightarrow Ag(s) + Cl^-(aq)$	0,222
$SO_4^{2-}(aq) + 4\,H^+(aq) + 2\,e^- \longrightarrow SO_2(g) + 2\,H_2O$	0,20
$SO_4^{2-}(aq) + 4\,H^+(aq) + 2\,e^- \longrightarrow H_2SO_3(aq) + H_2O$	0,17
$Cu^{2+}(aq) + e^- \longrightarrow Cu^+(aq)$	0,153
$Sn^{4+}(aq) + 2\,e^- \longrightarrow Sn^{2+}(aq)$	0,15
$S(s) + 2\,H^+ + 2\,e^- \longrightarrow H_2S(aq)$	0,14
$AgBr(s) + e^- \longrightarrow Ag(s) + Br^-(aq)$	0,0713
$2\,H^+(aq) + 2\,e^- \longrightarrow H_2(g)$ (eletrodo de referência)	0,0000
$N_2O(g) + 6\,H^+(aq) + H_2O + 4\,e^- \longrightarrow 2\,NH_3OH^+(aq)$	−0,05
$Pb^{2+}(aq) + 2\,e^- \longrightarrow Pb(s)$	−0,126
$Sn^{2+}(aq) + 2\,e^- \longrightarrow Sn(s)$	−0,14

(continua)

Tabela 21 Potenciais Padrão de Redução em Solução Aquosa a 25 °C (continuação)

Solução Ácida	Potencial Padrão de Redução, $E°$ (volts)
$AgI(s) + e^- \longrightarrow Ag(s) + I^-(aq)$	−0,15
$[SnF_6]^{2-}(aq) + 4\,e^- \longrightarrow Sn(s) + 6\,F^-(aq)$	−0,25
$Ni^{2+}(aq) + 2\,e^- \longrightarrow Ni(s)$	−0,25
$Co^{2+}(aq) + 2\,e^- \longrightarrow Co(s)$	−0,28
$Tl^+(aq) + e^- \longrightarrow Tl(s)$	−0,34
$PbSO_4(s) + 2\,e^- \longrightarrow Pb(s) + SO_4^{2-}(aq)$	−0,356
$Se(s) + 2\,H^+(aq) + 2\,e^- \longrightarrow H_2Se(aq)$	−0,40
$Cd^{2+}(aq) + 2\,e^- \longrightarrow Cd(s)$	−0,403
$Cr^{3+}(aq) + e^- \longrightarrow Cr^{2+}(aq)$	−0,41
$Fe^{2+}(aq) + 2\,e^- \longrightarrow Fe(s)$	−0,44
$2\,CO_2(g) + 2\,H^+(aq) + 2\,e^- \longrightarrow H_2C_2O_4(aq)$	−0,49
$Ga^{3+}(aq) + 3\,e^- \longrightarrow Ga(s)$	−0,53
$HgS(s) + 2\,H^+(aq) + 2\,e^- \longrightarrow Hg(\ell) + H_2S(g)$	−0,72
$Cr^{3+}(aq) + 3\,e^- \longrightarrow Cr(s)$	−0,74
$Zn^{2+}(aq) + 2\,e^- \longrightarrow Zn(s)$	−0,763
$Cr^{2+}(aq) + 2\,e^- \longrightarrow Cr(s)$	−0,91
$FeS(s) + 2\,e^- \longrightarrow Fe(s) + S^{2-}(aq)$	−1,01
$Mn^{2+}(aq) + 2\,e^- \longrightarrow Mn(s)$	−1,18
$V^{2+}(aq) + 2\,e^- \longrightarrow V(s)$	−1,18
$CdS(s) + 2\,e^- \longrightarrow Cd(s) + S^{2-}(aq)$	−1,21
$ZnS(s) + 2\,e^- \longrightarrow Zn(s) + S^{2-}(aq)$	−1,44
$Zr^{4+}(aq) + 4\,e^- \longrightarrow Zr(s)$	−1,53
$Al^{3+}(aq) + 3\,e^- \longrightarrow Al(s)$	−1,66
$Mg^{2+}(aq) + 2\,e^- \longrightarrow Mg(s)$	−2,37
$Na^+(aq) + e^- \longrightarrow Na(s)$	−2,714
$Ca^{2+}(aq) + 2\,e^- \longrightarrow Ca(s)$	−2,87
$Sr^{2+}(aq) + 2\,e^- \longrightarrow Sr(s)$	−2,89
$Ba^{2+}(aq) + 2\,e^- \longrightarrow Ba(s)$	−2,90
$Rb^+(aq) + e^- \longrightarrow Rb(s)$	−2,925
$K^+(aq) + e^- \longrightarrow K(s)$	−2,925
$Li^+(aq) + e^- \longrightarrow Li(s)$	−3,045

(continua)

Tabela 21 Potenciais Padrão de Redução em Solução Aquosa a 25 °C (continuação)

SOLUÇÃO BÁSICA	POTENCIAL PADRÃO DE REDUÇÃO, $E°$ (VOLTS)
$ClO^-(aq) + H_2O + 2\,e^- \longrightarrow Cl^-(aq) + 2\,OH^-(aq)$	0,89
$OOH^-(aq) + H_2O + 2\,e^- \longrightarrow 3\,OH^-(aq)$	0,88
$2\,NH_2OH(aq) + 2\,e^- \longrightarrow N_2H_4(aq) + 2\,OH^-(aq)$	0,74
$ClO_3^-(aq) + 3\,H_2O + 6\,e^- \longrightarrow Cl^-(aq) + 6\,OH^-(aq)$	0,62
$MnO_4^-(aq) + 2\,H_2O + 3\,e^- \longrightarrow MnO_2(s) + 4\,OH^-(aq)$	0,588
$MnO_4^-(aq) + e^- \longrightarrow MnO_4^{2-}(aq)$	0,564
$NiO_2(s) + 2\,H_2O + 2\,e^- \longrightarrow Ni(OH)_2(s) + 2\,OH^-(aq)$	0,49
$Ag_2CrO_4(s) + 2\,e^- \longrightarrow 2\,Ag(s) + CrO_4^{2-}(aq)$	0,446
$O_2(g) + 2\,H_2O + 4\,e^- \longrightarrow 4\,OH^-(aq)$	0,40
$ClO_4^-(aq) + H_2O + 2\,e^- \longrightarrow ClO_3^-(aq) + 2\,OH^-(aq)$	0,36
$Ag_2O(s) + H_2O + 2\,e^- \longrightarrow 2\,Ag(s) + 2\,OH^-(aq)$	0,34
$2\,NO_2^-(aq) + 3\,H_2O + 4\,e^- \longrightarrow N_2O(g) + 6\,OH^-(aq)$	0,15
$N_2H_4(aq) + 2\,H_2O + 2\,e^- \longrightarrow 2\,NH_3(aq) + 2\,OH^-(aq)$	0,10
$[Co(NH_3)_6]^{3+}(aq) + e^- \longrightarrow [Co(NH_3)_6]^{2+}(aq)$	0,10
$HgO(s) + H_2O + 2\,e^- \longrightarrow Hg(\ell) + 2\,OH^-(aq)$	0,0984
$O_2(g) + H_2O + 2\,e^- \longrightarrow OOH^-(aq) + OH^-(aq)$	0,076
$NO_3^-(aq) + H_2O + 2\,e^- \longrightarrow NO_2^-(aq) + 2\,OH^-(aq)$	0,01
$MnO_2(s) + 2\,H_2O + 2\,e^- \longrightarrow Mn(OH)_2(s) + 2\,OH^-(aq)$	−0,05
$CrO_4^{2-}(aq) + 4\,H_2O + 3\,e^- \longrightarrow Cr(OH)_3(s) + 5\,OH^-(aq)$	−0,12
$Cu(OH)_2(s) + 2\,e^- \longrightarrow Cu(s) + 2\,OH^-(aq)$	−0,36
$S(s) + 2\,e^- \longrightarrow S^{2-}(aq)$	−0,48
$Fe(OH)_3(s) + e^- \longrightarrow Fe(OH)_2(s) + OH^-(aq)$	−0,56
$2\,H_2O + 2\,e^- \longrightarrow H_2(g) + 2\,OH^-(aq)$	−0,8277
$2\,NO_3^-(aq) + 2\,H_2O + 2\,e^- \longrightarrow N_2O_4(g) + 4\,OH^-(aq)$	−0,85
$Fe(OH)_2(s) + 2\,e^- \longrightarrow Fe(s) + 2\,OH^-(aq)$	−0,877
$SO_4^{2-}(aq) + H_2O + 2\,e^- \longrightarrow SO_3^{2-}(aq) + 2\,OH^-(aq)$	−0,93
$N_2(g) + 4\,H_2O + 4\,e^- \longrightarrow N_2H_4(aq) + 4\,OH^-(aq)$	−1,15
$[Zn(OH)_4]^{2-}(aq) + 2\,e^- \longrightarrow Zn(s) + 4\,OH^-(aq)$	−1,22
$Zn(OH)_2(s) + 2\,e^- \longrightarrow Zn(s) + 2\,OH^-(aq)$	−1,245
$[Zn(CN)_4]^{2-}(aq) + 2\,e^- \longrightarrow Zn(s) + 4\,CN^-(aq)$	−1,26
$Cr(OH)_3(s) + 3\,e^- \longrightarrow Cr(s) + 3\,OH^-(aq)$	−1,30
$SiO_3^{2-}(aq) + 3\,H_2O + 4\,e^- \longrightarrow Si(s) + 6\,OH^-(aq)$	−1,70

APÊNDICE N

Respostas das questões para estudo, exercícios para a seção, verifique seu entendimento e questões de estudo de caso

Capítulo 1 e Revisão

Estudo de Caso

CO_2 nos Oceanos

1. Dióxido de carbono
2. Cálcio: Ca; cobre: Cu; manganês: Mn; ferro: Fe
3. Mais denso: cobre, menos denso: cálcio
4. Elementos: cálcio, carbono, oxigênio
   Nome do composto: carbonato de cálcio

Exercícios para a Seção

Seção 1.3

1. (a) gelo seco (CO_2 sólido)
2. (c) Pode ser separada em duas outras substâncias puras por meios físicos.

Seção 1.4

1. (b) Na
2. (d) silicone

Seção 1.5

1. (d) água
2. (c) potássio

Seção 1.6

1. (c) gasolina queima no ar
2. (b) polipropileno < água < plástico da garrafa de refrigerante
3. (d) volume = 13,6 cm³

Seção 1.7

1. (b) A madeira da fogueira se queima

Seção 1.8

1. (d) 1,0 g de vapor de água a 100 °C
2. (a) Uma mistura de H_2 e O_2 possui menor energia química potencial que o H_2O.

Questões para Estudo

1.1 (a) C, carbono
    (b) K, potássio
    (c) Cl, cloro
    (d) P, fósforo
    (e) Mg, magnésio
    (f) Ni, níquel

1.3 (a) Ba, bário
    (b) Ti, titânio
    (c) Cr, cromo
    (d) Pb, chumbo
    (e) As, arsênio
    (f) Zn, zinco

1.5 (a) Na (elemento) e NaCl (composto)
    (b) Açúcar (composto) e carbono (elemento)
    (c) Ouro (elemento) e cloreto de ouro (composto)

1.7 (a) Propriedade física
    (b) Propriedade química
    (c) Propriedade química
    (d) Propriedade física
    (e) Propriedade física
    (f) Propriedade física

1.9 (a) Física (líquido incolor) e química (queima no ar)
    (b) Física (metal brilhante, vermelho-alaranjado) e química (reage com bromo)

1.11 A energia mecânica é usada para mover a alavanca, que por sua vez move as engrenagens. O dispositivo produz energia elétrica e energia radiante

1.13 (a) Energia cinética
(b) Energia potencial
(c) Energia potencial
(d) Energia potencial

1.15 (a) Qualitativa: cor verde-azulada, estado físico sólido
Quantitativo: densidade = 2,65 g/cm³ e massa = 2,5 g
(b) Densidade, estado físico e cor são propriedades intensivas, enquanto a massa é uma propriedade extensiva.
(c) Volume = 0,94 cm³

1.17 O item c é uma propriedade química.

1.19 Cálcio, Ca; flúor, F
Os cristais são de forma cúbica porque os átomos estão dispostos em estruturas cúbicas.

1.21 A água pode ser removida por meio da fervura da solução até que toda ela se evapore. O sólido que permanece é o sal, NaCl.

1.23 Alterações físicas: a, b, d
Alterações químicas: c

1.25 O ponto de vista macroscópico é a fotografia de NaCl, e a visão particulada é o desenho dos íons em um arranjo cúbico. A estrutura do composto no nível das partículas determina as propriedades que são observadas no nível macroscópico.

1.27 A densidade do plástico é menor que a de CCl₄, de modo que o plástico flutuará em CCl₄ líquido. O alumínio é mais denso que CCl₄, então ele afundará quando colocado em CCl₄.

1.29 (a) Mistura
(b) Misturas
(c) Elemento
(d) Composto

1.31

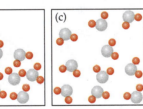

1.33 Os três líquidos formarão três camadas separadas com hexano na parte superior, água no meio, e perfluoroexano na parte inferior. O HDPE flutuará na interface das camadas de hexano e água. O PVC flutuará na interface das camadas de água e perfluoroexano. O Teflon afundará para o fundo do cilindro.

1.35 O HDPE flutuará em etilenoglicol, água, ácido acético e glicerol.

1.37 O leite é principalmente água. Quando a água congela, sua densidade diminui, assim, para uma dada massa de água, o volume aumenta consideravelmente. O aumento de volume significa que a água congelada expande para fora da garrafa.

1.39 Se muito açúcar fosse excretado, a densidade da urina seria maior que a normal. Se muita água fosse excretada, a densidade seria menor que a normal.

1.41 (a) O metal potássio sólido reage com a água líquida para produzir hidrogênio gasoso e uma mistura homogênea (solução) de hidróxido de potássio em água líquida.
(b) A reação é uma alteração química.
(c) Os reagentes são o potássio e a água. Os produtos são gás hidrogênio e uma solução de água (aquosa) de hidróxido de potássio. O calor e a luz também são desenvolvidos.
(d) Entre as observações qualitativas estão (i) a reação é violenta, e (ii) calor e luz (uma chama púrpura) são produzidos.

1.43 Os balões contendo hélio e neônio flutuarão no ar.

1.45 Alteração física

1.47 (a) Ouro = Au, prata = Ag, e cobre = Cu
(b) T (K) = (1 K/1 °C)(1064 °C + 273 °C) = 1337 K
(c) Não, o ouro não é o elemento mais denso. O irídio, Ir, é um pouco mais denso (22,65 g/cm³).
(d) Massa do ouro = 0,75 × 5,58 g = 4,2 g
(e) Perda da massa = (6,15 mg/anel)(1 g/1000 mg) (5,6 × 10⁷ anéis) = 3,4 × 10⁵ g
Valor perdido = (3,4 × 10⁵ g)(1 onças troy/31,1 g) ($ 1620/1 onças troy) = $1,8 × 10⁷ (ou 18 milhões de dólares)

Estudo de Caso

A Gasolina Acabou!

1. Densidade do combustível em kg/L: (1,77 lb/L) (0,4536 kg/lb) = 0,803 kg/L

2. Massa de combustível já no tanque: 7682 L (0,803 kg/L) = 6170 kg
Massa de combustível necessária: 22300 kg − 6170 kg = 16100 kg
Volume de combustível necessário: 16130 kg (1 L/0,803 kg) = 20100 L

Verifique Seu Entendimento

LR-1. 0,154 nm (1 m/10⁹ nm) (10¹² pm/1 m) = 154 pm
0,154 nm (1 m/10⁹ nm) (100 cm/1 m) = 1,54 × 10⁻⁸ cm

LR-2. Aluno A: média = 5,4 °C;
Percentual de erro = [0,1/278,65] × 100% = 0,04%
Aluno B: média = 5,51 °C;
Percentual de erro = [0,01/278,65] × 100% = 0,004%
O aluno B tem o menor erro.

LR-3. x = 3,9 × 10⁵. A diferença entre 110,7 e 64 é 47. Dividir 47 por 0,056 e 0,00216 dá uma resposta com dois algarismos significativos.

LR-4. (19320 kg/m³)(10³ g/1 kg)(1 m³/10⁶ cm³) = 19,32 g/cm³

LR-5. Mude todas as dimensões para centímetros: 7,6 m = 760 cm; 2,74 m = 274 cm; 0,13 mm = 0,013 cm.

Volume da tinta = (760 cm)(274 cm)(0,013 cm) = $2,7 \times 10^3$ cm³

Volume (L) = $(2,7 \times 10^3$ cm³$)(1$ L/10^3 cm³$) = 2,7$ L

Massa = $(2,7 \times 10^3$ cm³$)(0,914$ g/cm³$) = 2,5 \times 10^3$ g

Exercícios

Seção 1

1. (b) -196 °C
2. (c) 0,16 cm³
3. (a) 0,750 L
4. (c) 1,9 L
5. (a) $5,59 \times 10^3$ mg
6. (d) 2×10^{-8} g/L
7. (c) 1050 kJ

Seção 2

1. (c) 0,03 g
2. (b) Aluno B

Seção 3

1. (c) 3
2. (a) 1
3. (b) 10,32 g
4. (c) 0,65 cm²

Seção 4

1. (a) 23,3 km²

Seção 5

1. (a) 2,4
2. (d) 78 g

Seção 6

1. (c) 130 m

Questões para Estudo

1. 298 K
3. (a) 289 K
   (b) 97 °C
   (c) 310 K ($3,1 \times 10^2$ K)
5. 42,195 m; 26,219 milhas
7. 5,3 cm²; $5,3 \times 10^{-4}$ m²
9. 250, cm³; 0,250 L, $2,50 \times 10^{-4}$ m³; 0,250 dm³
11. $2,52 \times 10^3$ g
13. 555 g
15. (c) zinco
17. $5,0 \times 10^6$ J

19. 170 kcal é equivalente a 710 kJ, que é consideravelmente maior que 280 kJ.

21. (a) Método A com todos os dados incluídos: Média = 2,4 g/cm³

    Método B com todos os dados incluídos: Média = 3,480 g/cm³

    Para B, o ponto de dados de 5,811 g/cm³ pode ser excluído porque é mais de duas vezes maior que todos os outros pontos para o Método B. Usando apenas os três primeiros pontos, média = 2,703 g/cm³

    (b) Método A: erro = 0,3 g/cm³ ou cerca de 10%
    Método B: erro = 0,001 g/cm³ ou cerca de 0,04%

    (c) Método A: desvio padrão = 0,2 g/cm³
    Método B (incluindo todos os pontos de dados): desvio padrão = 1,554 g/cm³
    Método B (excluindo todos os pontos de dados de 5,811 g/cm³): Desvio padrão = 0,002 g/cm³

    (d) Valor médio do Método B é tanto mais preciso quanto exato, desde que os pontos de dados de 5,811 g/cm³ sejam excluídos.

23. (a) $5,4 \times 10^{-2}$ g, dois algarismos significativos
    (b) $5,462 \times 10^3$ g, quatro algarismos significativos
    (c) $7,92 \times 10^{-4}$ g, três algarismos significativos
    (d) $1,6 \times 10^3$ mL, dois algarismos significativos

25. (a) $9,44 \times 10^{-3}$
    (b) 5694
    (c) 11,9
    (d) 0,122

27.

Inclinação: 0,1637 g/grãos

A inclinação representa a massa média de um grão de pipoca.

Massa de 20 grãos de pipoca = 3,370 g

Há 127 grãos em uma amostra com uma massa de 20,88 g.

29. (a) $y = -4,00x + 20,00$
    (b) $y = -4,00$

31. C = 0,0823
33. T = 295
35. 0,197 nm; 197 pm

37. (a) $7,5 \times 10^{-6}$ m; (b) $7,5 \times 10^{3}$ nm; (c) $7,5 \times 10^{6}$ pm

39. 50 mg de cloridrato de procaína

41. Volume das bolas de gude = 99 mL − 61 mL = 38 mL. Isto produz uma densidade de 2,5 g/cm³.

43. (a) 0,178 nm³; $1,78 \times 10^{-22}$ cm³
    (b) $3,87 \times 10^{-22}$ g
    (c) $9,68 \times 10^{-23}$ g

45. A sua temperatura corporal normal (cerca de 98,6 °F) é de 37 °C. Como isto é maior que o ponto de fusão do gálio, o metal derreterá na sua mão.

47. (a) 15%
    (b) $3,63 \times 10^{3}$ grãos

49. $8,0 \times 10^{4}$ kg de fluoreto de sódio por ano

51. 245 g de ácido sulfúrico

53. (a) 272 mL de gelo
    (b) O gelo não consegue ser contido na lata.

55. 7,99 g/cm³

57. (a) 8,7 g/cm³
    (b) O metal é, provavelmente, o cádmio, mas a densidade calculada é próxima à do cobalto, níquel e cobre. Outros testes devem ser feitos no metal.

59. 0,0927 cm

61. (a) $1,143 \times 10^{21}$ átomos; 76,4% da estrutura é preenchida com átomos; 23,6% da estrutura é um espaço aberto.

    Os átomos são esferas. Quando as esferas são colocadas juntas, elas se tocam apenas em certos pontos, portanto, deixam espaços na estrutura.

    (b) Quatro átomos

63. Al, alumínio

65.

Quando a absorção = 0,635, concentração = $2,55 \times 10^{-3}$ g/L = $2,55 \times 10^{-3}$ mg/mL

67. Média = 5,24%, desvio padrão = 0,05%
    Sete dos dez valores caem dentro da região $5,19 \leq x \leq 5,29$

Capítulo 2

Estudos de Caso

Usando Isótopos: Ötzi, o Homem do Gelo dos Alpes

1. ^{18}O: 18 − 8 = 10 nêutrons
   ^{204}Pb: 204 − 82 = 122 nêutrons
   ^{206}Pb: 206 − 82 = 124 nêutrons

2. 15,9993 u

O Arsênio, a Medicina e a Fórmula do Composto 606

1. Quantidade de As: 19,024 g de As × (1 mol de As/74,9216 g de As) = 0,25392 mol de As

   Quantidade de Cu: 48,407 g de Cu × (1 mol de Cu/63,546 g de Cu) = 0,76176 mol de Cu

   Quantidade de S: 32,569 g de S × (1 mol S/32,066 g de S) = 1,0157 mol de S

   Razão de mols de Cu/As: 0,76176 mol de Cu/0,25392 mol de As = 3,0000 mols de Cu/1 mol de As

   Razão de mols S/As: 1,0157 mol de S/0,25392 mol de As = 4,0001 mols de S/1 mol de As

   Fórmula Empírica: Cu_3AsS_4

2. Quantidade de C: 39,37 g de C × (1 mol de C/12,011 g de C) = 3,278 mols de C

   Quantidade de H: 3,304 g de H × (1 mol de H/1,0079 g de H) = 3,278 mols de H

   Quantidade de O: 8,741 g de O × (1 mol de O/15,999 g de O) = 0,5463 mol de O

   Quantidade de N: 7,652 g de N × (1 mol de N/14,007 g de N) = 0,5463 mol de N

   Quantidade de As: 40,932 g de As × (1 mol de As/74,9216 g de As) = 0,54633 mol de As

   Razão de mols C/O e H/O: 3,278 mols de C/0,5463 mol de O = 6,000 mols de C/1 mol de O. Um cálculo semelhante produz 6,000 mols de H/1 mol de O.

   Razão de mols N/O e As/O: 0,5463 mol de N/0,5463 mol de O = 1,000 mol de N/1 mol de O. Um cálculo semelhante produz 1,000 mol de As/1 mol de O.

   Fórmula Empírica: C_6H_6AsNO

   Massa molar de C_6H_6AsNO: 183,0 g/mol

   Composto 1: 549/183,0 = 3,00; por conseguinte, a fórmula molecular é $C_{18}H_{18}As_3N_3O_3$.

   Composto 2: 915/183,0 = 5,00; por conseguinte, a fórmula molecular é $C_{30}H_{30}As_5N_5O_5$.

Verifique Seu Entendimento

2.1 (1) Número de massa com 26 prótons e 30 nêutrons é 56
    (2) $(59,930788 \text{ u})(1,661 \times 10^{-24} \text{ g/u}) = 9,955 \times 10^{-23}$ g
    (3) ^{64}Zn tem 30 prótons, 30 elétrons e (64 − 30) = 34 nêutrons.

2.2 Use a Equação 2.2 para o cálculo.

Massa atômica = (34,96885) (75,77/100) + (36,96590) (24,23/100) = 35,45. (A precisão é limitada pelo valor da porcentagem de abundância para quatro algarismos significativos.)

2.3 Use a Equação 2.2 para o cálculo. Faça x = percentual de abundância de ^{20}Ne e y = percentual de abundância de ^{22}Ne.

20,1797 u = (x/100)(19,992435 u) + (0,27/100)(20,993843 u) + (y/100)(21,991383 u)

Como todas as abundâncias percentuais devem somar 100%, y = 100 − x − 0,27 = 99,73 − x.

20,1797 u = (x/100)(19,992435 u) + 0,27/100 (20,993843 u) + [(99,73 − x)/100](21,991383 u)

x = 90,5; portanto, a abundância percentual de ^{20}Ne = 90,5% e a abundância percentual de ^{22}Ne = 9,2%.

2.4 (a) (1) NaF: 1 Na$^+$ e 1 F$^−$ íon. (2) Cu(NO$_3$)$_2$: 1 Cu^{2+} e 2 NO$_3^−$ íons. (3) NaCH$_3$CO$_2$: 1 Na$^+$ e 1 CH$_3$CO$_2^−$ íon.

2.5 (a) Na$_2$S, Na$_3$PO$_4$, BaS, Ba$_3$(PO$_4$)$_2$
(b) FeCl$_2$, FeCl$_3$

2.6 (2,6 × 10^{24} átomos)(1 mol/6,022 × 10^{23} átomos)(197,0 g de Au/1 mol) = 850 g de Au

Volume = (850 g Au)(1,00 cm^3/19,32 g) = 44 cm^3

2.7 Massa molar H$_3$C$_6$H$_5$O$_7$ = 8(1,01) + 6(12,01) + 7(16,00) = 192,14 g/mol

(454 g H$_3$C$_6$H$_5$O$_7$)(1 mol H$_3$C$_6$H$_5$O$_7$/192,14 g H$_3$C$_6$H$_5$O$_7$) = 2,36 mol H$_3$C$_6$H$_5$O$_7$

(2,36 mol H$_3$C$_6$H$_5$O$_7$)(6,022 × 10^{23} moléculas/1 mol) = 1,42 × 10^{24} moléculas H$_3$C$_6$H$_5$O$_7$

(1,42 × 10^{24} moléculas H$_3$C$_6$H$_5$O$_7$)(6 átomos C/1 moléculas H$_3$C$_6$H$_5$O$_7$) = 8,54 × 10^{24} átomos C

2.8 (1) 1,00 mol de (NH$_4$)$_2$CO$_3$ (massa molar de 96,09 g/mol) tem 28,0 g de N (29,1%), 8,06 g de H (8,39%), 12,0 g de C (12,5%) e 48,0 g de O (50,0%)

(2) 454 g de C$_8$H$_{18}$ (1 mol de C$_8$H$_{18}$/114,2 g) (8 mols de C/1 mol de C$_8$H$_{18}$) (12,01 g de C/1 mol de C) = 382 g de C

2.9 (1) C$_5$H$_4$

(2) C$_2$H$_4$O$_2$

(3) (88,17 g C)(1 mol C/12,011 g C) = 7,341 mol C

(11,83 g H)(1 mol H/1,008 g H) = 11,74 mol H

11,74 mol H/7,341 mol C = 1,6 mol H/1 mol C = (8/5); (mol H/1 mol C) = 8 mol H/5 mol C

Fórmula empírica é C$_5$H$_8$. A massa molar, 68,11 g/mol, aproxima-se dessa fórmula, por isso C$_5$H$_8$ também é a fórmula molecular.

(4) (78,90 g C)(1 mol C/12,011 g C) = 6,569 mol C

(10,59 g H)(1 mol H/1,008 g H) = 10,51 mol H

(10,51 g O)(1 mol O/16,00 g O) = 0,6569 mol O

10,51 mol H/0,6569 mol O = 16 mol H/1 mol O

6,569 mol C/0,6569 mol O = 10 mol C/1 mol O

A fórmula empírica é C$_{10}$H$_{16}$O.

2.10 (1,25 g de Ga) (1 mol de Ga/69,72 g de Ga) = 0,0179 mol de Ga

1,68 g do produto − 1,25 g de Ga = 0,43 g de O

(0,43 g de O) (1 mol de O/16,00 g de O) = 0,027 mol de O

Razão molar = 0,027 mol de O/0,0179 mol de Ga = 1,5 mol de O/1,0 mol de Ga = 3,0 mols de O/2,0 mols de Ga

Fórmula empírica = Ga$_2$O$_3$

2.11 A massa de água perdida no aquecimento é 0,235 g − 0,128 g = 0,107 g; 0,128 g de NiCl$_2$ permanece

(0,107 g de H$_2$O) (1 mol de H$_2$O/18,016 g de H$_2$O) = 0,00594 mol de H$_2$O

(0,128 g de NiCl$_2$) (1 mol de NiCl$_2$/129,6 g de NiCl$_2$) = 0,000988 mol de NiCl$_2$

Razão molar = 0,00594 mol H$_2$O/0,000988 mol NiCl$_2$ = 6,01: Portanto x = 6

A fórmula do hidrato é NiCl$_2$ · 6 H$_2$O.

Exercícios

Seção 2.2

1. (b) 30 nêutrons

2. (c) Na

Seção 2.3

1. (d) $^{109}_{47}$Ag, 48,161%

2. (a) 99,60%

Seção 2.4

1. (a) ^{63}Cu

2. (b) 40%

3. (b) Pb

Seção 2.5

1. (a) Ge

2. (a) Si

3. (c) O

4. (c) alótropos

Seção 2.6

1. (b) C$_3$H$_7$NO$_2$S

Seção 2.7

1. (b) 2+

2. (a) perde 3 elétrons

3. (b) sulfeto de amônio

4. (a) Ba(CH$_3$CO$_2$)$_2$

5. (a) óxido de vanádio(III)

6. (a) MgO

Seção 2.8

1. (a) O$_2$F$_2$

2. (b) pentóxido de dinitrogênio, N$_2$O$_5$

3. (c) tetrafluorometano de dinitrogênio

4. (b) decaóxido de tetrafósforo

Seção 2.9

1. (c) 164,09 g/mol
2. (b) 4,0 g H_2
3. (c) 0,40 mol Ca
4. (d) 30 g HF
5. (a) $6,0 \times 10^{23}$ átomos de O

Seção 2.10

1. (d) butano, C_4H_{10}
2. (b) $C_6H_{12}O_6$
3. (b) C_5H_6O, $C_{10}H_{12}O_2$
4. (d) $MgSO_4 \cdot 3\ H_2O$

Aplicando Princípios Químicos: Argônio – Uma Incrível Descoberta

1. 162,18 cm^3
3. % Abundância ^{40}Ar = 99,600%
   Massa Atômica de ^{40}Ar = 39,963 u

Questões para Estudo

2.1 Os átomos contêm as seguintes partículas fundamentais: prótons (carga +1), nêutrons (carga zero) e elétrons (carga –1). Prótons e nêutrons estão no núcleo de um átomo. Os elétrons são os menos massivos das três partículas.

2.3 A nuvem de elétrons estende-se em cerca de 1×10^{-13} cm = 1 fm.

2.5
(a) $^{27}_{12}Mg$
(b) $^{48}_{22}Ti$
(c) $^{62}_{30}Zn$

2.7

Elemento	Elétrons	Prótons	Nêutrons
^{24}Mg	12	12	12
^{119}Sn	50	50	69
^{232}Th	90	90	142
^{13}C	6	6	7
^{63}Cu	29	29	34
^{205}Bi	83	83	122

2.9 massa p/massa e = $1,672622 \times 10^{-24}$ g/$9,109383 \times 10^{-28}$ g = 1836,15. O próton é mais de 1.800 vezes mais pesado que o elétron. A estimativa de Thomson estava errada por um fator de 2.

2.11 Os raios gama (γ) não têm carga e por isso não são afetados pelo campo elétrico. As partículas alfa (α) são carregadas positivamente e atraídas para a placa negativa, e as partículas beta (β) são carregadas negativamente e atraídas para a placa positiva. As partículas beta são mais afetadas pelo campo elétrico, porque elas são mais leves que as partículas alfa. (As partículas alfa são íons He^+, enquanto as partículas beta são elétrons.)

2.13 $^{16}O/^{12}C$ = 1,3329

2.15 $^{57}_{27}Co$, $^{58}_{27}Co$, $^{60}_{27}Co$

2.17 Prótio: um próton, um elétron
Deutério: um próton, um nêutron, um elétron
Trítio: um próton, dois nêutrons, um elétron

2.19 O ^{205}Tl é mais abundante do que ^{203}Tl. A massa atômica do tálio está mais próxima de 205 do que de 203.

2.21 (0,0750)(6,015121) + (0,9250)(7,016003) = 6,94

2.23 ^{69}Ga, 60,12%; ^{71}Ga, 39,88%

2.25

	Símbolo	Núm. Atômico	Massa Atômica	Grupo	Período	
Titânio	Ti	22	47,867	4B(IUPAC 4)	4	Metal
Titânio	Tl	81	204,3833	3A(IUPAC 13)	6	Metal

2.27 Oito elementos: períodos 2 e 3. Dezoito elementos: períodos 4 e 5. E 32 elementos: períodos 6 e 7.

2.29
(a) Não metais: C, Cl
(b) Elementos do grupo principal: C, Ca, Cl, Cs
(c) Lantanídeos: Ce
(d) Elementos de transição: Cr, Co, Cd, Ce, Cm, Cu, Cf
(e) Actinídeos: Cm, Cf
(f) Gases: Cl

2.31 Metais: Na, Ni, Np
Metaloides: Nenhum nesta lista
Não metais: N, Ne

2.33 Fórmula molecular: HNO_3,
Fórmula estrutural:

$$H-O-N\begin{matrix}O\\\\O\end{matrix}$$

A estrutura em torno do átomo de N é planar. Os átomos de O são dispostos em torno dos átomos de N nos cantos de um triângulo. O átomo de hidrogênio está ligado a um dos átomos de oxigênio.

2.35
(a) Mg^{2+}
(b) Zn^{2+}
(c) Ni^{2+}
(d) Ga^{3+}

2.37
(a) Ba^{2+}
(b) Ti^{4+}
(c) PO_4^{3-}
(d) HCO_3^-
(e) S^{2-}
(f) ClO_4^-
(g) Co^{2+}
(h) SO_4^{2-}

2.39 K perde um elétron por átomo para formar um íon K^+. Ele tem o mesmo número de elétrons que um átomo de Ar.

2.41 Íons Ba^{2+} e Br^-. A fórmula do composto é $BaBr_2$.

2.43
(a) Dois íons K^+ e um íon S^{2-}
(b) Um íon Co^{2+} e um íon SO_4^{2-}
(c) Um íon K^+ e um íon MnO_4^-
(d) Três íons NH_4^+ e um íon PO_4^{3-}
(e) Um íon Ca^{2+} e dois íons ClO^-
(f) Um íon Na^+ e um íon $CH_3CO_2^-$

2.45 Co^{2+} dá CoO e Co^{3+} dá Co_2O_3.

2.47 (a) $AlCl_2$ deve ser $AlCl_3$ (com base em um íon Al^{3+} e três íons Cl^-).
(b) KF_2 deve ser KF (com base em um íon K^+ e um íon F^-).
(c) Ga_2O_3 está correto.
(d) MgS está correto.

2.49 (a) Sulfeto de potássio
(b) Sulfato de cobalto(II)
(c) Fosfato de amônio
(d) Hipoclorito de cálcio

2.51 (a) $(NH_4)_2CO_3$
(b) CaI_2
(c) $CuBr_2$
(d) $AlPO_4$
(e) $AgCH_3CO_2$

2.53 Compostos com Na^+: Na_2CO_3 (carbonato de sódio) e NaI (iodeto de sódio). Compostos com Ba^{2+}: $BaCO_3$ (carbonato de bário) e BaI_2 (iodeto de bário).

2.55 A força de atração é mais forte em NaF que em NaI, porque a distância entre os centros dos íons é menor em NaF (235 pm) que em NaI (322 pm).

2.57 (a) Trifluoreto de nitrogênio
(b) Iodeto de hidrogênio
(c) Tri-iodeto de boro
(d) Pentafluoreto de fósforo

2.59 (a) SCl_2
(b) N_2O_5
(c) $SiCl_4$
(d) B_2O_3

2.61 (a) 67 g Al
(b) 0,0698 g de Fe
(c) 0,60 g de Ca
(d) $1,32 \times 10^4$ g de Ne

2.63 (a) 1,9998 mol de Cu
(b) 0,0017 mol de Li
(c) $2,1 \times 10^{-5}$ mol de Am
(d) 0,250 mol de Al

2.65 Desses elementos, He tem a menor massa molar, e Fe tem a maior massa molar. Portanto, 1,0 g de He possui o maior número de átomos nessas amostras, e 1,0 g de Fe tem o menor número de átomos.

2.67 0,020 mol de H < 0,0597 mol de P < 0,0996 mol de Ca < 0,259 mol de O

2.69 (a) 159,7 g/mol
(b) 117,2 g/mol
(c) 176,1 g/mol

2.71 (a) 290,8 g/mol
(b) 249,7 g/mol

2.73 (a) 1,53 g
(b) 4,60 g
(c) 4,60 g
(d) 1,48 g

2.75 Quantidade de SO_3 = 12,5 mols
Número de moléculas = $7,52 \times 10^{24}$ moléculas
Número de átomos de S = $7,52 \times 10^{24}$ átomos
Número de átomos de O = $2,26 \times 10^{25}$ átomos

2.77 4×10^{21} moléculas

2.79 (a) 86,60% de Pb e 13,40% S
(b) 81,71% de C e 18,29% H
(c) 79,96% de C, 9,394% H e 10,65% O

2.81 66,46% de cobre em CuS. 15,0 g de CuS são necessários para se obter 10,0 g de Cu.

2.83 $C_4H_6O_4$

2.85 (a) CH, 26,0 g/mol; C_2H_2
(b) CHO, 116,1 g/mol; $C_4H_4O_4$
(c) CH_2, 112,2 g/mol, C_8H_{16}

2.87 Fórmula empírica, CH; fórmula molecular, C_2H_2

2.89 Fórmula empírica, C_3H_4; fórmula molecular, C_9H_{12}

2.91 Fórmulas empírica e molecular são ambas $C_8H_8O_3$

2.93 XeF_2

2.95 $MgSO_4 \cdot 2\,H_2O$

2.97

Símbolo	^{58}Ni	^{33}S	^{20}Ne	^{55}Mn
Prótons	28	16	10	25
Nêutrons	30	17	10	30
Elétrons	28	16	10	25
Nome	Níquel	Enxofre	Neônio	Manganês

2.99

S	N
B	I

2.101 (a) $1,0552 \times 10^{-22}$ g para 1 átomo de Cu
(b) $6,3 \times 10^{-22}$ dólares para 1 átomo de Cu

2.103 (a) Estrôncio
(b) Zircônio
(c) Carbono
(d) Arsênio
(e) Iodo
(f) Magnésio
(g) Criptônio
(h) Enxofre
(i) Germânio ou arsênio

2.105 (a) 0,25 mol de U
(b) 0,50 mol de Na
(c) 10 átomos de Fe

2.107 40,157 g de H_2 (b) < 103,0 g de C (c) < 182 g de Al (f) < 210 g de Si (d) < 212,0 g de Na (e) < 351 g de Fe (a) < 650 g de Cl_2 (g)

2.109 (a) Massa atômica de O = 15,873 u; número de Avogadro = $5,9802 \times 10^{23}$ partículas por mol
(b) Massa atômica de H = 1,00798 u; Número de Avogadro = $6,0279 \times 10^{23}$ partículas por mol

2.111 $(NH_4)_2CO_3$, $(NH_4)_2SO_4$, $NiCO_3$, $NiSO_4$

2.113 Todos esses compostos possuem um átomo de algum elemento mais três átomos de Cl. O maior percentual da massa do cloro ocorrerá no composto tendo o elemento central mais leve. Aqui, esse elemento é B, assim BCl_3 deve ter o maior percentual de massa de Cl (90,77%).

2.115 A massa molar da adenina $(C_5H_5N_5)$ é 135,13 g/mol. $3,0 \times 10^{23}$ moléculas representam 67 g. Assim, $3,0 \times 10^{23}$ moléculas de adenina têm uma massa maior que 40,0 g do composto.

2.117 $1,7 \times 10^{21}$ moléculas de água

2.119 245,75 g/mol. Percentual de massa: 25,86% de Cu, 22,80% de N, 5,742% de H, 13,05% de S e 32,55% de O. Em 10,5 g do composto há 2,72 g de Cu e 0,770 g de H_2O.

2.121 Fórmula empírica do ácido málico: $C_4H_6O_5$

2.123 $Fe_2(CO)_9$

2.125 (a) $C_7H_5NO_3S$

(b) $6,82 \times 10^{-4}$ mol de sacarina
(c) 21,9 mg S

2.127 (a) NaClO, iônico
(b) BI_3
(c) $Al(ClO_4)_3$, iônico
(d) $Ca(CH_3CO_2)_2$, iônico
(e) $KMnO_4$, iônico
(f) $(NH_4)_2SO_3$, iônico
(g) KH_2PO_4, iônico
(h) S_2Cl_2
(i) ClF_3
(j) PF_3

2.129 (a) Fórmula empírica = fórmula molecular = CF_2O_2
(b) Fórmula empírica = C_5H_4; fórmula molecular = $C_{10}H_8$

2.131 Fórmula empírica e fórmula molecular = $C_5H_{14}N_2$

2.133 $C_9H_7MnO_3$

2.135 68,42% Cr; $1,2 \times 10^3$ kg Cr_2O_3

2.137 Fórmula empírica = ICl_3; fórmula molecular = I_2Cl_6

2.139 7,35 kg de ferro

2.141 (d) Na_2MoO_4

2.143 $5,52 \times 10^{-4}$ mol de $C_{21}H_{15}Bi_3O_{12}$; 0,346 g de Bi

2.145 A massa molar do composto é 154 g/mol. O carbono é o elemento desconhecido.

2.147 $n = 2,19 \times 10^3$

2.149 (a) $2,3 \times 10^{14}$ g/cm³
(b) $3,34 \times 10^{-3}$ g/cm³
(c) O núcleo é muito mais denso que o espaço ocupado pelos elétrons.

2.151 (a) 0,0130 mol de Ni
(b) NiF_2
(c) Fluoreto de níquel(II)

2.153 Volume = 3,0 cm³; comprimento lateral = 1,4 cm

2.155 (a) $m/Z = 50$ é $^{12}C^1H_3^{35}Cl^+$; $m/Z = 52$ é $^{12}C^1H_3^{37}Cl^+$
A altura da linha em $m/Z = 52$ é cerca de 1/3 da altura da linha em $m/Z = 50$ porque a abundância de ^{37}Cl é cerca de 1/3 de ^{35}Cl.
(b) $^{13}C^1H_3^{35}Cl^+$ (uma pequena porção do pico também é devido a $^{12}C^2H^1H_2^{35}Cl^+$).

2.157 A fórmula é $MgSO_4 \cdot 7\ H_2O$

2.159 SnI_4

2.161 (c) A proporção molar calculada é 0,78 mol de H_2O por mol de $CaCl_2$. O estudante deve aquecer o cadinho de novo e, em seguida, pesá-lo novamente. Mais água pode ser expelida.

2.163 Dados necessários: densidade do ferro (d), a massa molar do ferro (b), o número de Avogadro (c)

$$1,00\ cm^3 \left(\frac{7,87\ g}{1\ cm^3}\right)\left(\frac{1\ mol}{55,85\ g}\right)\left(\frac{6,022 \times 10^{23}\ atoms}{1\ mol}\right) = 8,49 \times 10^{22}\ \text{átomos de Fe}$$

2.165 (a) O bário seria mais reativo que o cálcio, por isso, uma evolução mais vigorosa do hidrogênio deve ocorrer.
(b) A reatividade geralmente aumenta de forma descendente na Tabela Periódica, pelo menos nos Grupos 1A e 2A.

Capítulo 3

Estudo de Caso

Matando Bactérias com Prata

1. 100×10^{15} íons Ag^+ (1 mol/$6,022 \times 10^{23}$ íons) = 2×10^{-7} mol Ag^+

2. 2×10^{-7} mol de Ag^+ (107,9 g de Ag^+/1 mol de Ag^+) = 2×10^{-5} g íons Ag^+

Verifique Seu entendimento

3.1 (a) $2\ C_4H_{10}(g) + 13\ O_2(g) \rightarrow 8\ CO_2(g) + 10\ H_2O(g)$
(b) $2\ C_3H_7BO_3(\ell) + 8\ O_2(g) \rightarrow 6\ CO_2(g) + 7\ H_2O(g) + B_2O_3(s)$

3.2 (a) $LiNO_3$ é solúvel e fornece íons $Li^+(aq)$ e $NO_3^-(aq)$.
(b) $CaCl_2$ é solúvel e fornece íons $Ca^{2+}(aq)$ e $Cl^-(aq)$.
(c) O CuO não é solúvel em água.
(d) $NaCH_3CO_2$ é solúvel e fornece íons $Na^+(aq)$ e $CH_3CO_2^-(aq)$.

3.3 (a) $Na_2CO_3(aq) + CuCl_2(aq) \rightarrow$
$ 2\ NaCl(aq) + CuCO_3(s)$
(b) Nenhuma reação; nenhum composto insolúvel é produzido.
(c) $NiCl_2(aq) + 2\ KOH(aq) \rightarrow Ni(OH)_2(s) + 2\ KCl(aq)$

3.4 (a) $3\ CaCl_2(aq) + 2\ Na_3PO_4(aq) \rightarrow$
$ Ca_3(PO_4)_2(s) + 6\ NaCl(aq)$
$3\ Ca^{2+}(aq) + 2\ PO_4^{3-}(aq) \rightarrow Ca_3(PO_4)_2(s)$
(b) $FeCl_3(aq) + 3\ KOH(aq) \rightarrow$
$ Fe(OH)_3(s) + 3\ KCl(aq)$
$Fe^{3+}(aq) + 3\ OH^-(aq) \rightarrow Fe(OH)_3(s)$
(c) $Pb(NO_3)_2(aq) + 2\ KCl(aq) \rightarrow$
$ PbCl_2(s) + 2\ KNO_3(aq)$
$Pb^{2+}(aq) + 2\ Cl^-(aq) \rightarrow PbCl_2(s)$

3.5 (a) $H_3PO_4(aq) + H_2O(\ell) \rightarrow H_3O^+(aq) + H_2PO_4^-(aq)$
(b) Agindo como um ácido:
$H_2PO_4^-(aq) + H_2O(\ell) \rightleftharpoons$
$ HPO_4^{2-}(aq) + H_3O^+(\ell)$
Agindo como uma base:
$H_2PO_4^-(aq) + H_2O(\ell) \rightleftharpoons H_3PO_4(aq) + OH^-(aq)$
Uma vez que o $H_2PO_4^-(aq)$ pode reagir como um ácido de Brønsted e como uma base, dizemos que ele é anfótero.

3.6 $Mg(OH)_2(s) + 2\ HCl(aq) \rightarrow MgCl_2(aq) + 2\ H_2O(\ell)$
Equação iônica líquida:
$Mg(OH)_2(s) + 2\ H_3O^+(aq) \rightarrow Mg^{2+}(aq) + 4\ H_2O(\ell)$

3.7 $BaCO_3(s) + 2\ HNO_3(aq) \rightarrow$
$ Ba(NO_3)_2(aq) + CO_2(g) + H_2O(\ell)$
O carbonato de bário e ácido nítrico produzem nitrato de bário, dióxido de carbono e água.

3.8 (a) Fe em Fe_2O_3, +3; (b) S em H_2SO_4, +6;
(c) C em CO_3^{2-}, +4; (d) N em NO_2^+, +5

3.9 O íon dicromato é o agente oxidante e é reduzido. (Cr com um número de oxidação +6 é reduzido a Cr^{3+} com um número de oxidação +3.) O etanol é o agente redutor e é oxidado. (Os átomos de C no etanol têm um número de oxidação de –2. O número de oxidação é 0 no ácido acético.)

3.10 (a) Gás que forma a reação:
$CuCO_3(s) + H_2SO_4(aq) \rightarrow$
$ CuSO_4(aq) + H_2O(\ell) + CO_2(g)$
Equação iônica líquida:
$CuCO_3(s) + 2\ H_3O^+(aq) \rightarrow$
$ Cu^{2+}(aq) + 3\ H_2O(\ell) + CO_2(g)$
(b) Oxidação-redução:
$4\ Ga(s) + 3\ O_2(g) \rightarrow 2\ Ga_2O_3(s)$
(c) Reação ácido-base:
$Ba(OH)_2(aq) + 2\ HNO_3(aq) \rightarrow$
$ Ba(NO_3)_2(aq) + 2\ H_2O(\ell)$
Equação iônica líquida:
$OH^-(aq) + H_3O^+(aq) \rightarrow 2\ H_2O(\ell)$
(d) Reação de precipitação:
$CuCl_2(aq) + (NH_4)_2S(aq) \rightarrow CuS(s) + 2\ NH_4Cl(aq)$
Equação iônica líquida:
$Cu^{2+}(aq) + S^{2-}(aq) \rightarrow CuS(s)$

Exercícios

Seção 3.1
1. (b) 2, 3, 1
2. (c) 12000

Seção 3.2
1. (b) 9 O_2, 8 H_2O

Seção 3.3
1. (d) Todas as reações químicas são produto-favorecidas em equilíbrio.

Seção 3.4
1. (a) $Ba(NO_3)_2$
2. (b) Ca^{2+} e 2 NO_3^-
3. (b) ácido acético

Seção 3.5
1. (d) 1, 2, 3 e 4
2. (c) $2\ Ag^+(aq) + CO_3^{2-}(aq) \rightarrow Ag_2CO_3(s)$

Seção 3.6
1. (d) H_2SO_4
2. (d) PO_4^{3-}
3. (c) $CH_3CO_2H(aq) + OH^-(aq) \rightarrow$
$ H_2O(\ell) + CH_3CO_2^-(aq)$
4. (b) BaO

Seção 3.7
1. (b) Na_2CO_3

Seção 3.8
1. (c) +6
2. (c) 2 e 4
3. (c) $KMnO_4$

Seção 3.9
1. (c) ácido-base e precipitação

Aplicando Princípios Químicos: Supercondutores

1. Neste caso, como você sabe que Cu tem um subscrito implícito de 1, divida o número de mols de cada elemento determinado pelo número de mols de Cu.
$x = 0{,}15$; Fórmula = $La_{1,85}Ba_{0,15}CuO_4$
3. Uma unidade da fórmula do composto contém dois íons Cu^{2+} e um íon Cu^{3+}.
5. 0,011 g de O_2

Questões para Estudo

3.1 (a) $2\ Al(s) + Fe_2O_3(s) \rightarrow 2\ Fe(\ell) + Al_2O_3(s)$
Tanta energia é liberada na forma de calor nessa reação que o ferro formado está no estado líquido.

(b) C(s) + H₂O(g) → CO(g) + H₂(g)
(c) SiCl₄(ℓ) + 2 Mg(s) → Si(s) + 2 MgCl₂(s)

3.3 (a) 4 Cr(s) + 3 O₂(g) → 2 Cr₂O₃(s)
(b) Cu₂S(s) + O₂(g) → 2 Cu(s) + SO₂(g)
(c) C₆H₅CH₃(ℓ) + 9 O₂(g) → 4 H₂O(ℓ) + 7 CO₂(g)

3.5 (a) Fe₂O₃(s) + 3 Mg(s) → 3 MgO(s) + 2 Fe(s)
Reagentes = óxido de ferro(III), magnésio
Produtos = óxido de magnésio, ferro
(b) AlCl₃(s) + 3 NaOH(aq) →
    Al(OH)₃(s) + 3 NaCl(aq)
Reagentes = cloreto de alumínio, hidróxido de sódio
Produtos = hidróxido de alumínio, cloreto de sódio
(c) 2 NaNO₃(s) + H₂SO₄(aq) →
    Na₂SO₄(s) + 2 HNO₃(aq)
Reagentes = nitrato de sódio, ácido sulfúrico
Produtos = sulfato de sódio, ácido nítrico
(d) NiCO₃(s) + 2 HNO₃(aq) →
    Ni(NO₃)₂(aq) + CO₂(g) + H₂O(ℓ)
Reagentes = carbonato de níquel(II), ácido nítrico
Produtos = nitrato de níquel(II), dióxido de carbono, água

3.7 A reação que envolve HCl é produto-favorecida em equilíbrio.

3.9 Os eletrólitos são compostos cuja solução aquosa conduz eletricidade. Dada uma solução aquosa que contém um eletrólito forte e uma outra solução aquosa que contém um eletrólito fraco com a mesma concentração, a solução que contém o eletrólito forte (tal como NaCl) conduzirá eletricidade muito melhor que a que contém o eletrólito fraco (tal como o ácido acético).

3.11 (a) CuCl₂
(b) AgNO₃
(c) Todos são solúveis em água.

3.13 (a) Íons K⁺ e OH⁻
(b) Íons K⁺ e SO₄²⁻
(c) Íons Li⁺ e NO₃⁻
(d) Íons NH₄⁺ e SO₄²⁻

3.15 (a) Solúvel, íons Na⁺ e CO₃²⁻
(b) Solúvel, íons Cu²⁺ e SO₄²⁻
(c) Insolúvel
(d) Solúvel, íons Ba²⁺ e Br⁻

3.17 CdCl₂(aq) + 2 NaOH(aq) →
    Cd(OH)₂(s) + 2 NaCl(aq)
Cd²⁺(aq) + 2 OH⁻(aq) → Cd(OH)₂(s)

3.19 (a) NiCl₂(aq) + (NH₄)₂S(aq) → NiS(s) + 2 NH₄Cl(aq)
Ni²⁺(aq) + S²⁻(aq) → NiS(s)
(b) 3 Mn(NO₃)₂(aq) + 2 Na₃PO₄(aq) →
    Mn₃(PO₄)₂(s) + 6 NaNO₃(aq)
3 Mn²⁺(aq) + 2 PO₄³⁻(aq) → Mn₃(PO₄)₂(s)

3.21 HNO₃(aq) + H₂O(ℓ) → H₃O⁺(aq) + NO₃⁻(aq)

3.23 H₂C₂O₄(aq) + H₂O(ℓ) → H₃O⁺(aq) + HC₂O₄⁻(aq)
HC₂O₄⁻(aq) + H₂O(ℓ) → H₃O⁺(aq) + C₂O₄²⁻(aq)

3.25 MgO(s) + H₂O(ℓ) → Mg(OH)₂(s)

3.27 (a) O ácido acético reage com o hidróxido de magnésio para dar acetato de magnésio e água.
2 CH₃CO₂H(aq) + Mg(OH)₂(s) →
    Mg(CH₃CO₂)₂(aq) + 2 H₂O(ℓ)
(b) O ácido perclórico reage com a amônia para dar o perclorato de amônio
HClO₄(aq) + NH₃(aq) → NH₄ClO₄(aq)

3.29 Ba(OH)₂(aq) + 2 HNO₃(aq) →
    Ba(NO₃)₂(aq) + 2 H₂O(ℓ)

3.31 HNO₃(aq) + H₂O(ℓ) ⇌ H₃O⁺(aq) + NO₃⁻(aq)
Ácidos de Brønsted: HNO₃(aq) e H₃O⁺(aq)
Bases de Brønsted: H₂O(ℓ) e NO₃⁻(aq)
HNO₃ é um ácido forte; portanto, esta reação é produto-favorecida em equilíbrio.

3.33 H₂O(ℓ) + HBr(aq) ⇌ H₃O⁺(aq) + Br⁻(aq)
A água aceita H⁺ de HBr(aq)
H₂O(ℓ) + NH₃(aq) ⇌ OH⁻(aq) + NH₄⁺(aq)
A água doa H⁺ para NH₃(aq)

3.35 (a) (NH₄)₂CO₃(aq) + Cu(NO₃)₂(aq) →
    CuCO₃(s) + 2 NH₄NO₃(aq)
CO₃²⁻(aq) + Cu²⁺(aq) → CuCO₃(s)
(b) Pb(OH)₂(s) + 2 HCl(aq) → PbCl₂(s) + 2 H₂O(ℓ)
Pb(OH)₂(s) + 2 H₃O⁺(aq) + 2 Cl⁻(aq) →
    PbCl₂(s) + 4 H₂O(ℓ)
(c) BaCO₃(s) + 2 HCl(aq) →
    BaCl₂(aq) + H₂O(ℓ) + CO₂(g)
BaCO₃(s) + 2 H₃O⁺(aq) →
    Ba²⁺(aq) + 3 H₂O(ℓ) + CO₂(g)
(d) 2 CH₃CO₂H(aq) + Ni(OH)₂(s) →
    Ni(CH₃CO₂)₂(aq) + 2 H₂O(ℓ)
2 CH₃CO₂H(aq) + Ni(OH)₂(s) →
    Ni²⁺(aq) + 2 CH₃CO₂⁻(aq) + 2 H₂O(ℓ)

3.37 (a) AgNO₃(aq) + KI(aq) → AgI(s) + KNO₃(aq)
Ag⁺(aq) + I⁻(aq) → AgI(s)
(b) Ba(OH)₂(aq) + 2 HNO₃(aq) →
    Ba(NO₃)₂(aq) + 2 H₂O(ℓ)
OH⁻(aq) + H₃O⁺(aq) → 2 H₂O(ℓ)
(c) 2 Na₃PO₄(aq) + 3 Ni(NO₃)₂(aq) →
    Ni₃(PO₄)₂(s) + 6 NaNO₃(aq)
2 PO₄³⁻(aq) + 3 Ni²⁺(aq) → Ni₃(PO₄)₂(s)

3.39 (a) HNO₂(aq) + OH⁻(aq) → NO₂⁻(aq) + H₂O(ℓ)
(b) Ca(OH)₂(s) + 2 H₃O⁺(aq) →
    Ca²⁺(aq) + 4 H₂O(ℓ)

3.41 FeCO₃(s) + 2 HNO₃(aq) →
    Fe(NO₃)₂(aq) + CO₂(g) + H₂O(ℓ)
O carbonato de ferro(II) reage com o ácido nítrico para dar nitrato de ferro(II), dióxido de carbono e água.

3.43 (NH₄)₂S(aq) + 2 HBr(aq) → 2 NH₄Br(aq) + H₂S(g)
Sulfureto de amônio reage com ácido hidrobromídrico para dar brometo de amônio e sulfureto de hidrogênio.

Química geral e reações químicas

3.45 (a) Br = +5 e O = −2
(b) C = +3 cada e O = −2
(c) F = −1
(d) Ca = +2 e H = −1
(e) H = +1, Si = +4 e O = −2
(f) H = +1, S = +6 e O = −2

3.47 (a) Oxidação-redução
Zn é oxidado de 0 a +2, e N em NO_3^- é reduzida de +5 para +4 em NO_2.
(b) Reação ácido-base
(c) Oxidação-redução
O cálcio é oxidado de 0 a +2 em $Ca(OH)_2$, e H é reduzido de +1 em H_2O para 0 em H_2.

3.49 (a) O O_2 é o agente oxidante (como sempre), então o C_2H_4 é o agente redutor. Neste processo, o C_2H_4 é oxidado, e o O_2 é reduzido.
(b) O Si é oxidado de 0 em Si para +4 em $SiCl_4$. O Cl_2 é reduzido de 0 em Cl_2 para −1 em Cl^-. Si é o agente redutor, e Cl_2 é o agente oxidante.

3.51 (a) Ácido-base
$Ba(OH)_2(aq) + 2 HCl(aq) \rightarrow BaCl_2(aq) + 2 H_2O(\ell)$
(b) Formação do gás
$2 HNO_3(aq) + CoCO_3(s) \rightarrow Co(NO_3)_2(aq) + H_2O(\ell) + CO_2(g)$
(c) Precipitação
$2 Na_3PO_4(aq) + 3 Cu(NO_3)_2(aq) \rightarrow Cu_3(PO_4)_2(s) + 6 NaNO_3(aq)$

3.53 (a) Precipitação
$MnCl_2(aq) + Na_2S(aq) \rightarrow MnS(s) + 2 NaCl(aq)$
$Mn^{2+}(aq) + S^{2-}(aq) \rightarrow MnS(s)$
(b) Precipitação
$K_2CO_3(aq) + ZnCl_2(aq) \rightarrow ZnCO_3(s) + 2 KCl(aq)$
$CO_3^{2-}(aq) + Zn^{2+}(aq) \rightarrow ZnCO_3(s)$

3.55 (a) $CuCl_2(aq) + H_2S(aq) \rightarrow CuS(s) + 2 HCl(aq)$; precipitação
(b) $H_3PO_4(aq) + 3 KOH(aq) \rightarrow 3 H_2O(\ell) + K_3PO_4(aq)$
ácido-base
(c) $Ca(s) + 2 HBr(aq) \rightarrow H_2(g) + CaBr_2(aq)$
oxidação-redução e formação de gás
(d) $MgCl_2(aq) + 2 NaOH(aq) \rightarrow Mg(OH)_2(s) + 2 NaCl(aq)$
precipitação

3.57 (a) $Ca(OH)_2(s) + 2 HBr(aq) \rightarrow 2 H_2O(\ell) + CaBr_2(aq)$
(b) $MgCO_3(s) + 2 HNO_3(aq) \rightarrow Mg(NO_3)_2(aq) + CO_2(g) + H_2O(\ell)$
(c) $BaCl_2(aq) + Na_2SO_4(aq) \rightarrow BaSO_4(s) + 2 NaCl(aq)$
(d) $NH_3(g) + H_2O(\ell) \rightarrow NH_4^+(aq) + OH^-(aq)$

3.59 (a) $CO_2(g) + 2 NH_3(g) \rightarrow NH_2CONH_2(s) + H_2O(\ell)$
(b) $UO_2(s) + 4 HF(aq) \rightarrow UF_4(s) + 2 H_2O(\ell)$
$UF_4(s) + F_2(g) \rightarrow UF_6(s)$
(c) $TiO_2(s) + 2 Cl_2(g) + 2 C(s) \rightarrow TiCl_4(\ell) + 2 CO(g)$
$TiCl_4(\ell) + 2 Mg(s) \rightarrow Ti(s) + 2 MgCl_2(s)$

3.61 (a) NaBr, KBr, ou outros brometos de metais alcalinos; brometos do Grupo 2A; outros brometos de metais, exceto AgBr, Hg_2Br_2 e $PbBr_2$
(b) $Al(OH)_3$ e hidróxidos de metais de transição
(c) Carbonatos alcalinoterrosos ($CaCO_3$) ou carbonatos de metais de transição ($NiCO_3$)
(d) Nitratos de metal são geralmente solúveis em água [por exemplo, $NaNO_3$, $Ni(NO_3)_2$].
(e) CH_3CO_2H, outros ácidos contendo o grupo —CO_2H

3.63 Solúvel em água: $Cu(NO_3)_2$, $CuCl_2$. Insolúvel em água: $CuCO_3$, $Cu_3(PO_4)_2$

3.65 $2 H_3O^+(aq) + Mg(OH)_2(s) \rightarrow 4 H_2O(\ell) + Mg^{2+}(aq)$
Íon espectador, NO_3^-. Reação ácido-base.

3.67 (a) O Cl_2 é reduzido (para Cl^-) e o Br^- é oxidado (para Br_2).
(b) O Cl_2 é o agente oxidante e o Br^- é o agente redutor.

3.69 (a) $MgCO_3(s) + 2 H_3O^+(aq) \rightarrow CO_2(g) + Mg^{2+}(aq) + 3 H_2O(\ell)$
O íon cloreto (Cl^-) é o íon espectador.
(b) Reação formadora de gás

3.71 (a) H_2O, NH_3, NH_4^+ e OH^- (e um traço de H_3O^+)
base de Brønsted fraca
(b) H_2O, CH_3CO_2H, $CH_3CO_2^-$ e H_3O^+ (e um traço de OH^-)
ácido de Brønsted fraco
(c) H_2O, Na^+ e OH^- (e um traço de H_3O^+)
base de Brønsted forte
(d) H_2O, H_3O^+ e Br^- (e um traço de OH^-)
base de Brønsted forte

3.73 (a) $K_2CO_3(aq) + 2 HClO_4(aq) \rightarrow 2 KClO_4(aq) + CO_2(g) + H_2O(\ell)$
Formação de gás
Carbonato de potássio e ácido perclórico reagem para formar perclorato de potássio, dióxido de carbono e água.
$CO_3^{2-}(aq) + 2 H_3O^+(aq) \rightarrow CO_2(g) + 3 H_2O(\ell)$
(b) $FeCl_2(aq) + (NH_4)_2S(aq) \rightarrow FeS(s) + 2 NH_4Cl(aq)$
Precipitação
Cloreto de ferro(II) e sulfeto de amônio reagem para formar sulfeto de ferro(II) e cloreto de amônio.
$Fe^{2+}(aq) + S^{2-}(aq) \rightarrow FeS(s)$
(c) $Fe(NO_3)_2(aq) + Na_2CO_3(aq) \rightarrow FeCO_3(s) + 2 NaNO_3(aq)$
Precipitação
Nitrato de ferro(II) e carbonato de sódio reagem para formar carbonato de ferro(II) e nitrato de sódio
$Fe^{2+}(aq) + CO_3^{2-}(aq) \rightarrow FeCO_3(s)$
(d) $3 NaOH(aq) + FeCl_3(aq) \rightarrow 3 NaCl(aq) + Fe(OH)_3(s)$
Precipitação
Hidróxido de sódio e cloreto de ferro(III) reagem para formar cloreto de sódio e hidróxido de ferro(III).
$3 OH^-(aq) + Fe^{3+}(aq) \rightarrow Fe(OH)_3(s)$

3.75 (a) NaOH
(b) MgCl$_2$
(c) KI
(d) NH$_4$Cl

3.77 (a) NH$_3$
(b) CH$_3$CO$_2$H, HF

3.79 2 H$_3$O$^+$(aq) + S^{2-}(aq) → H$_2$S(g) + 2 H$_2$O(ℓ)

H$_2$S(g) + Pb^{2+}(aq) + 2 H$_2$O(ℓ) →
PbS(s) + 2 H$_3$O$^+$(aq)

3.81 (a) Reagentes: Na(+1), I(−1), H(+1), S(+6), O(−2), Mn(+4)

Produtos: Na(+1), S(+6), O(−2), Mn(+2), I(0), H(+1)

(b) O agente oxidante é o MnO$_2$, e NaI é oxidado. O agente redutor é NaI, e o MnO$_2$ é reduzido.
(c) Com base no quadro, a reação é produto-favorecida.
(d) O iodeto de sódio, ácido sulfúrico e óxido de manganês(IV) reagem para formar o sulfato de sódio, sulfato de manganês(III), iodo e água.

3.83 Entre as reações que poderiam ser utilizadas estão as seguintes:

MgCO$_3$(s) + 2 HCl(aq) →
MgCl$_2$(aq) + CO$_2$(g) + H$_2$O(ℓ)

MgS(s) + 2 HCl(aq) → MgCl$_2$(aq) + H$_2$S(g)

MgSO$_3$(s) + 2 HCl(aq) →
MgCl$_2$(aq) + SO$_2$(g) + H$_2$O(ℓ)

Em cada caso, a solução resultante pode ser evaporada para se obter o cloreto de magnésio pretendido.

3.85 O Ag$^+$ foi reduzido (para metal de prata), e a glicose foi oxidada (para C$_6$H$_{12}$O$_7$). O Ag$^+$ é o agente oxidante, e a glicose é o agente redutor.

3.87 Testes de eletrólito fraco: compare a condutividade de uma solução de ácido láctico e aquela de uma concentração igual de um ácido forte. A condutividade da solução de ácido láctico deve ser significativamente menor.

Reação reversa: o fato de o ácido láctico ser um eletrólito indica que a reação continua. Para testar se a ionização é reversível, pode-se preparar uma solução que contenha a mesma quantidade de ácido que ela manterá e, em seguida, adicionar um ácido forte (para fornecer H$_3$O$^+$). Se a reação prosseguir no sentido inverso, isto fará com que um pouco de ácido láctico se precipite.

3.89 (a) Várias reações de precipitação são possíveis:
  i. BaCl$_2$(aq) + H$_2$SO$_4$(aq) →
      BaSO$_4$(s) + 2 HCl(aq)
  ii. BaCl$_2$(aq) + Na$_2$SO$_4$(aq) →
      BaSO$_4$(s) + 2 NaCl(aq)
  iii. Ba(OH)$_2$(aq) + H$_2$SO$_4$(aq) →
       BaSO$_4$(s) + 2 H$_2$O(ℓ)
(b) Reação de formação de gás:
BaCO$_3$(s) + H$_2$SO$_4$(aq) →
BaSO$_4$(s) + CO$_2$(g) + H$_2$O(ℓ)

3.91 NiC$_8$H$_{14}$N$_4$O$_4$

3.93 (a) Reagentes: As: +3; S: −2; N: +5
Produtos: As: +5; S: 0; N: +2
(b) Ag$_3$AsO$_4$

Capítulo 4

Estudos de Caso

Química Verde e Economia do Átomo

As moléculas reagentes contêm 5 C, 10 H, 3 O. Massa molar combinada = 118,1 g/mol

O produto desejado (metacrilato de metilo) contém 5 C, 8 H, 2 O. Massa molar = 100,1 g/mol

% de economia dos átomos = (100,1/118,1) × 100 = 84,75%

Quanto Sal Existe na Água do Mar?

1. Etapa 1: Calcule a quantidade de Cl$^-$ na solução diluída com base nos dados de titulação.

Mol de Cl$^-$ em 50 mL de solução diluída = mol de Ag$^+$ = (0,100 mol/L) (0,02625 L) = 2,63 × 10^{-3} mol de Cl$^-$

Etapa 2: Calcule a concentração de Cl$^-$ na solução diluída.

Concentração de Cl$^-$ em solução diluída = 2,63 × 10^{-3} 0,0500 mol/L = 5,25 × 10^{-2} M

Etapa 3: Calcule a concentração de Cl$^-$ na água do mar.

A água do mar foi diluída inicialmente a um centésimo da sua concentração original. Assim, a concentração de Cl$^-$ na água do mar (não diluída) = 5,25 M

Química Forense: Titulações e Adulteração de Alimentos

1. Etapa 1: Calcule a quantidade de I$_2$ em solução com base nos dados da titulação.

Quantidade de I$_2$ = (0,0425 mol de S$_2$O$_3^{2-}$/L) (0,0253 L) (1 mol de I$_2$/2 mols de S$_2$O$_3^{2-}$) = 5,38 × 10^{-4} mol de I$_2$

Etapa 2: Calcule a quantidade de NaClO presente com base na quantidade de I$_2$ formado, e a partir daquele valor calcule a massa de NaClO.

Massa de NaClO = 5,38 × 10^{-4} mol de I$_2$ (1 mol de HClO/1 mol de I$_2$) (1 mol de NaClO/1 mol de HClO) (74,44 g NaClO/1 mol de NaClO) = 0,0400 g de NaClO

Verifique Seu Entendimento

4.1 (454 g de C$_3$H$_8$) (1 mol de C$_3$H$_8$/44,10 g de C$_3$H$_8$) = 10,3 mols de C$_3$H$_8$

10,3 mols de C$_3$H$_8$ (5 mols de O$_2$/1 mol de C$_3$H$_8$) (32,00 g de O$_2$/1 mol de O$_2$) = 1650 g de O$_2$

(10,3 mols de C$_3$H$_8$) (3 mols de CO$_2$/1 mol de C$_3$H$_8$) (44,01 g de CO$_2$/1 mol de CO$_2$) = 1360 g de CO$_2$

(10,3 mols de C$_3$H$_8$) (4 mols de H$_2$O/1 mol de C$_3$H$_8$) (18,02 g de H$_2$O/1 mol de H$_2$O) = 742 g de H$_2$O

4.2 (a) Quantidade de Al = (50,0 g de Al) (1 mol de Al/26,98 g de Al) = 1,85 mol de Al

Quantidade de Fe$_2$O$_3$ = (50,0 g de Fe$_2$O$_3$) (1 mol de Fe$_2$O$_3$/ 159,7 g de Fe$_2$O$_3$) = 0,313 mol de Fe$_2$O$_3$

Mol de Al/mol de Fe$_2$O$_3$ = 1,85/0,313 = 5,92

Isso é mais que a proporção 2:1 necessária, então o reagente limitante é Fe^{2}O^3.

(b) Massa de Fe = (0,313 mol de Fe$_2$O$_3$) (2 mols de Fe/ 1 mol de Fe$_2$O$_3$)(55,85 g de Fe/1 mol de Fe) = 35,0 g de Fe

4.3 (0,143 g de O$_2$) (1 mol de O$_2$/32,00 g de O$_2$)(3 mols de TiO$_2$/3 mols de O$_2$)(79,87 g de TiO$_2$/1 mol de TiO$_2$) = 0,357 g de TiO$_2$

Percentual de TiO$_2$ na amostra = (0,357 g/2,367 g) (100%) = 15,1%

4.4 (1,612 g de CO$_2$) (1 mol de CO$_2$/44,010 g de CO$_2$) (1 mol de C/ 1 mol de CO$_2$) = 0, 03663 mol de C

(0,7425 g de H$_2$O) (1 mol de H$_2$O/18,015 g de H$_2$O) (2 mols de H/ 1 mol de H$_2$O) = 0,08243 mol de H

0,08243 mol H/0,03663 mol = 2,250 H/1 C = 9 H/4 C

A fórmula empírica é C$_4$H$_9$, que tem uma massa molar de 57 g/mol. Esta é metade do valor medido da massa molar, então a fórmula molecular é C$_8$H$_{18}$.

4.5 (0,240 g de CO$_2$)(1 mol de CO$_2$/44,01 g de CO$_2$) (1 mol de C/ 1 mol de CO$_2$)(12,01 g de C/1 mol de C) = 0,06549 g de C

(0,0982 g de H$_2$O) (1 mol de H$_2$O/18,02 g de H$_2$O) (2 mols de H/ 1 mol de H$_2$O) (1,008 g de H/1 mol de H) = 0,01099 g de H

Massa de O (pela diferença) = 0,1342 g − 0,06549 g − 0,01099 g = 0,0577 g

Quantidade de C = 0,06549 g (1 mol de C/12,01 g de C) = 0,00545 mol de C

Quantidade de H = 0,01099 g de H (1 mol de H/1,008 g de H) = 0,01090 mol de H

Quantidade de O = 0,0577 g de O (1 mol de O/16,00 g de O) = 0,00361 mol de O

Para encontrar uma relação de número inteiro, divida cada valor por 0,003611; isto dá 1,51 mol C:3,02 mols H:1 mol O. Multiplique cada valor por 2, e arredonde para 3 mol C:6 mol H:2 mol O. A fórmula empírica é C$_3$H$_6$O$_2$; dada a massa molar de 74,1, ela é, também a fórmula molecular.

4.6 (26,3 g) (1 mol de NaHCO$_3$/84,01 g de NaHCO$_3$) = 0,313 mol de NaHCO$_3$

0,313 mol de NaHCO$_3$/0,200 L = 1,57 M

Concentrações de íons [Na$^+$] = [HCO$_3^-$] = 1,57 M

4.7 (2,00 M)(V$_{conc}$) = (1,00 M)(0,250 L); V$_{conc}$ = 0,125 L

Para preparar a solução, medir com precisão 125 mL de 2,00 M de NaOH em um balão volumétrico de 250 mL, e adicionar água até obter um volume total de 250 mL.

4.8 (a) pH = −log (2,6 × 10^{-2}) = 1,59
(b) −log [H$^+$] = 3,80; [H$^+$] = 1,6 × 10^{-4} M

4.9 HCl é o reagente limitante.

(0,350 mol de HCl/1 L)(0, 0750 L)(1 mol de CO$_2$/ 2 mols de HCl)(44,01 g de CO$_2$/1 mol de CO$_2$) = 0,578 g de CO$_2$

4.10 (0,953 mol de NaOH/1 L) (0,02833 L de NaOH) = 0,0270 mol de NaOH

(0,0270 mol de NaOH)(1 mol de CH$_3$CO$_2$H/1 mol de NaOH) = 0,0270 mol de CH$_3$CO$_2$H

(0,0270 mol de CH$_3$CO$_2$H)(60,05 g/mol) = 1,62 g de CH$_3$CO$_2$H

0,0270 mol de CH$_3$CO$_2$H/0,0250 L = 1,08 M

4.11 (0,100 mol de HCl/1 L)(0,02967 L) = 0,00297 mol de HCl

(0,00297 mol de HCl)(1 mol de NaOH/1 mol de Cl) = 0,00297 mol NaOH

0,00297 mol de NaOH/0,02500 L = 0,119 M de NaOH

4.12 Mols de ácido = mols de base = (0,323 mol/L) (0,03008 L) = 9,716 × 10^{-3} mol

Massa molar = 0,856 g de ácido/9,716 × 10^{-3} mol de ácido = 88,1 g/mol

4.13 (0,196 mol de Na$_2$S$_2$O$_3$/1 L)(0,02030 L) = 0,00398 mol de Na$_2$S$_2$O$_3$

(0,00398 mol de Na$_2$S$_2$O$_3$)(1 mol de I$_2$/2 mols de Na$_2$S$_2$O$_3$) = 0,00199 mol de I$_2$

0,00199 mol de I$_2$ está em excesso e não foi utilizado na reação com o ácido ascórbico.

I$_2$ originalmente adicionado = (0,0520 mol de I$_2$/1 L) (0,05000 L) = 0,00260 mol de I$_2$

I$_2$ utilizado na reação com o ácido ascórbico = 0,00260 mol − 0,00199 mol = 6,1 × 10^{-4} mol de I$_2$

(6,1 × 10^{-4} mol de I$_2$)(1 mol de C$_6$H$_8$O$_6$/1 mol de I$_2$) (176,1 g/1 mol) = 0,11 g de C$_6$H$_8$O$_6$

4.14 Uma representação da Lei de Beer sobre a calibração de dados foi construída assinalando a concentração de Cu^{2+} ao longo do eixo x e a absorbância ao longo do eixo y. A equação para a linha de melhor ajuste é $y = 13,0x + 0,011$.

A substituição da absorbância da solução de concentração desconhecida rende

$0,418 = 13,0x + 0,011$

$x = 0,0315$

Assim a concentração de Cu^{2+} na solução da concentração desconhecida é 0,0315 M.

Exercícios

Seção 4.1

1. (b) 0,60 mol de Cl$_2$

2. (a) 0,60 g de Mg

Seção 4.2

1. (b) O$_2$

Seção 4.3

1. (c) 41,8 g

2. (c) 32,5%

Seção 4.4

1. (c) C_4H_4O

Seção 4.5

1. (c) 0,080 M
2. (b) 0,010 M
3. (c) 12,7 mL

Seção 4.6

1. (a) 0,10 M HCl
2. (c) 1,301
3. (a) $2,9 \times 10^{-11}$ M

Seção 4.7

1. (a) ácido
2. (a) 80,0 mL

Seção 4.8

1. (b) A é reduzido para metade do valor original.
2. (a) 0,169 M

Aplicando Princípios Químicos: Antiácidos

1. $NaHCO_3$, $KHCO_3$ e $CaCO_3$
3. (a) $Mg(OH)_2(s) + 2\,HCl(aq) \rightarrow MgCl_2(aq) + 2\,H_2O(\ell)$
   (b) 110, mg de $Mg(OH)_2$
5. O Rolaids neutraliza a maior quantidade de ácido.

Questões para Estudo

4.1 6,0 mols Al e 335 g de Fe

4.3 22,7 g de Br_2; 25,3 g e Al_2Br_6.

4.5 (a) CO_2, dióxido de carbono e H_2O, água
(b) $CH_4(g) + 2\,O_2(g) \rightarrow CO_2(g) + 2\,H_2O(\ell)$
(c) 102 g de O_2
(d) 128 g de produtos

4.7

Equação	$2\,PbS(s)$ +	$3\,O_2(g)$	→	$2\,PbO(s)$ +	$2\,SO_2(g)$
Inicial (mol)	2,50	3,75		0	0
Variação (mol)	−2,50	−³⁄₂(2,50) = −3,75		+²⁄₂(2,50) = +2,50	+²⁄₂(2,50) = +2,50
Final (mol)	0	0		2,50	2,50

A tabela mostra que quantidade de 2,50 mols de PbS requer ³⁄₂(2,50) = 3,75 mols de O_2 e produz 2,50 mols de PbO e 2,50 mols de SO_2.

4.9 (a) Equação balanceada: $4\,Cr(s) + 3\,O_2(g) \rightarrow 2\,Cr_2O_3(s)$
(b) 0,175 g de Cr é equivalente a 0,00337 mol

Equação	$4\,Cr(s)$ +	$3\,O_2(g)$	→	$2\,Cr_2O_3(s)$
Inicial (mol)	0,00337	0,00252 mol		0
Variação (mol)	−0,00337	−³⁄₄(0,00337) = −0,00252		²⁄₄(0,00337) = +0,00168
Final (mol)	0	0		0,00168

O 0,00168 mol de Cr_2O_3 produzido corresponde a 0,256 g de Cr_2O_3.
(c) 0,081 g de O_2

4.11 0,11 mol de Na_2SO_4 e 0,62 mol de C são misturados. O sulfato de sódio é o reagente limitante. Portanto, 0,11 mol de Na_2S é formado, ou 8,2 g.

4.13 (a) F_2 é o reagente limitante.
(b) 12 mol de SF_6

4.15 (a) CH_4 é o reagente limitante.
(b) 375 g de H_2
(c) Excesso de H_2O = 1390 g

4.17 (a) Fe_2O_3 é o reagente limitante.
(b) 6,99 g de Fe produzidos
(c) 16,6 g de alumínio permanecem
(d) Tabelas de quantidades

Equação	$Fe_2O_3(s)$ +	$2\,Al(s)$	→	$2\,Fe(\ell)$ +	$Al_2O_3(g)$
Inicial (mol)	0,0626	0,741		0	0
Variação (mol)	−0,0626	−0,125		+0,125	+0,0626
Final (mol)	0	0,616		0,125	0,0626

4.19 (332 g de CH_3OH/407 g)100% = 81,6%

4.21 (a) 14,3 g de $Cu(NH_3)_4SO_4$
(b) 88,3% de rendimento

4.23 110 g de CH_4 são necessários

4.25 91,9% de $CuSO_4 \cdot 5\,H_2O$

4.27 84,3% de $CaCO_3$

4.29 13,8% de NiS

4.31 Fórmula empírica = CH

4.33 Fórmula empírica = C_5H_4; fórmula molecular = $C_{10}H_8$

4.35 (a) CH_3O (b) $C_2H_6O_2$

4.37 $Ni(CO)_4$

4.39 $[Na_2CO_3]$ = 0,254 M; $[Na^+]$ = 0,508 M; $[CO_3^{2-}]$ = 0,254 M

4.41 0,494 g de $KMnO_4$

4.43 $5,08 \times 10^3$ mL

4.45 (a) 0,50 M de NH_4^+ e 0,25 M de SO_4^{2-}
(b) 0,246 M de Na^+ e 0,123 M de CO_3^{2-}
(c) 0,056 M de H_3O^+ e 0,056 M de NO_3^-

4.47 Uma massa de 1,06 g de Na_2CO_3 é necessária. Após a pesagem dessa quantidade de Na_2CO_3, transfira-a para um balão volumétrico de 500 mL. Lave todo o sólido do gargalo do frasco durante o enchimento do balão com água destilada. Dissolva o soluto na água. Acrescente água até que o fundo do menisco da água esteja no topo da marca prescrita no gargalo do frasco. Misture completamente a solução.

4.49 0,0750 M

4.51 O método (a) está correto. O método (b) dá uma concentração de ácido de 0,15 M.

4.53 0,00340 M

4.55 $[H_3O^+] = 10^{-pH} = 4,0 \times 10^{-4}$ M; a solução é ácida.

4.57 HNO_3 é um ácido forte, por isso, $[H_3O^+] = 0,0013$ M. pH = 2,89.

4.59

	pH	$[H_3O^+]$	Ácida/Básica
(a)	1,00	0,10 M	Ácida
(b)	10,50	$3,2 \times 10^{-11}$ M	Básica
(c)	4,89	$1,3 \times 10^{-5}$ M	Ácida
(d)	7,64	$2,3 \times 10^{-8}$ M	Básica

4.61 268 mL

4.63 210 g de NaOH e 190 g de Cl_2

4.65 174 mL da solução de $Na_2S_2O_3$

4.67 $1,50 \times 10^3$ mL da solução de $Pb(NO_3)_2$

4.69 44,6 mL

4.71 1,052 M de HCl

4.73 104 g/mol

4.75 12,8% Fe

4.77

(a) Inclinação = $1,2 \times 10^5$ M^{-1}; intercepto y = 0,18 M
(b) $3,0 \times 10^{-6}$ M

4.79 (a) Produtos = $CO_2(g)$ e $H_2O(g)$
(b) $2 C_6H_6(\ell) + 15 O_2(g) \rightarrow 12 CO_2(g) + 6 H_2O(g)$
(c) 49,28 g O_2
(d) 65,32 g produtos (= soma da massa de C_6H_6 e O_2)

4.81 0,28 g arginina, 0,21 g ornitina

4.83 (a) Cloreto de titânio(IV), água, óxido de titânio(IV), cloreto de hidrogênio
(b) 4,60 g H_2O
(c) 10,2 de TiO_2, 18,6 g de HCl

4.85 85,33 g de NaN_3

4.87 Percentuais da massa da sacarina = 75,92%

4.89 SiH_4

4.91 C_3H_2O

4.93 1,85 kg de H_2SO_4

4.95 A massa molar calculada do metal é $1,2 \times 10^{-2}$ g/mol. O metal é, provavelmente, estanho (118,67 g/mol).

4.97 479 kg de Cl_2

4.99 66,5 kg de CaO

4.101 1,27 g de C_4H_8 (44,4%) e 1,59 g de C_4H_{10} (55,6%)

4.103 62,2% de Cu_2S e 26,8% de CuS

4.105 15,0 g de $NaHCO_3$ necessitam de 1190 mL de 0,15 M de ácido acético. Portanto, o ácido acético é o reagente limitante. (Por outro lado, 125 mL de 0,15 M de ácido acético requerem apenas 1,58 g de $NaHCO_3$.) 1,54 g de $NaCH_3CO_2$ produzido.

4.107 3,13 g de $Na_2S_2O_3$, 96,8%

4.109 (a) pH = 0,979
(b) $[H_3O^+]$ = 0,0028 M; a solução é ácida.
(c) $[H_3O^+] = 2,1 \times 10^{-10}$ M; a solução é básica.
(d) A concentração da nova solução é 0,102 M de HCl; o pH = 0,990

4.111 A concentração do ácido clorídrico é 2,92 M; o pH é −0,465

4.113 1,56 g de $CaCO_3$ necessário; 1,00 g $CaCO_3$ permanece; 1,73 g de $CaCl_2$ produzido.

4.115 Volume de água na piscina = $7,6 \times 10^4$ L

4.117 (a) Au, ouro, foi oxidado e é o agente redutor.
O_2, oxigênio, foi reduzido e é o agente oxidante.
(b) 26 L de solução de NaCN

4.119 % de economia de átomos = 49,81%

4.121 A concentração de Na_2CO_3 na primeira solução preparada é 0,0275 M, na segunda solução preparada a concentração de Na_2CO_3 é 0,00110 M.

4.123 (a) $Ag^+(aq) + Cl^-(aq) \rightarrow AgCl(s)$
(b) Equação balanceada:
$2 AgNO_3(aq) + K_2CrO_4(aq) \rightarrow 2 KNO_3(aq) + Ag_2CrO_4(s)$
Equação iônica líquida:
$2 Ag^+(aq) + CrO_4^{2-}(aq) \rightarrow Ag_2CrO_4(s)$
(c) $[Cl^-] = 5,30 \times 10^{-4}$ mol/L = 18,8 mg/L

4.125 (a) Primeira reação: agente oxidante = Cu^{2+} e agente redutor = I^-. Segunda reação: agente oxidante = I_3^- e agente redutor = $S_2O_3^{2-}$.
(b) 67,3% de cobre

4.127 x = 6; $Cr(NH_3)_6Cl_3$

4.129 11,48% 2,4-D

4.131 3,3 mols de H_2O/mols de $CaCl_2$

4.133 (a) Inclinação = $2,06 \times 10^5$; interceptação y = 0,024

(b) $1,20 \times 10^{-4}$ g/L

(c) 0,413 mg PO_4^{3-}

4.135 A massa total dos béqueres e dos produtos após a reação é igual à massa total antes da reação (167,170 g) porque nenhum gás foi produzido na reação e não há conservação da massa em reações químicas.

4.137 A equação química equilibrada indica que a razão estequiométrica de HCl para Zn é de 2 mols de HCl/1 mol de Zn. Em cada reação há 0,100 mol de HCl presente. Na reação 1, há 0,107 mol de Zn presente. Isto dá uma proporção de 0,93 mol de HCl/mol de Zn, o que indica que o HCl é o reagente limitante. Na reação 2, há 0,050 mol de Zn, dando uma proporção de 2,0 mols de HCl/mol de Zn. Isto indica que os dois reagentes estão presentes exatamente na proporção estequiométrica correta. Na reação 3, há 0,020 mol de Zn, dando uma proporção de 5,0 mols de HCl/mol de Zn. Isso indica que o HCl está presente em excesso e que o zinco é o reagente limitante.

4.139 Se ambos os alunos basearem seus cálculos na quantidade da solução de HCl pipetada dentro do frasco (20 mL), então, o segundo resultado do aluno será (e), o mesmo que o do primeiro aluno. No entanto, se a concentração de HCl for calculada usando o volume da solução diluída, o aluno 1 usará um volume de 40 mL, e o aluno 2 usará um volume de 80 mL no cálculo. O resultado do segundo aluno será (c), a metade do primeiro aluno.

4.141 (a) % economia de átomos = 44,15%

(b) O rendimento teórico do anidrido maleico = $1,26 \times 10^3$ g; % rendimento = 77,4%

O rendimento teórico do dióxido de carbono de 1,00 kg de benzeno é 1,13 kg.

Capítulo 5

Estudo de Caso

A Controvérsia do Combustível – Álcool e Gasolina

No que se segue, assume-se que o vapor de água, $H_2O(g)$, é formado por oxidação.

1. Queima de etanol: $C_2H_5OH(\ell) + 3\ O_2(g) \rightarrow 2\ CO_2(g) + 3\ H_2O(g)$

   $\Delta_rH° = (2$ mols de CO_2/mol-rea$)[\Delta_fH°(CO_2)] +$
   $(3$ mols de H_2O/mol-rea$)[\Delta_fH°(H_2O)] -$
   $(1$ mol de C_2H_5OH/mol-rea$)[\Delta_fH°(C_2H_5OH)]$

   $\Delta_rH° = (2$ mols de CO_2/mol-rea$)[-393,5$ kJ/mol de $O_2] +$
   $(3$ mols de H_2O/mol-rea$)[-241,8$ kJ/mol de $H_2O] -$
   $(1$ mol de C_2H_5OH/mol-rea$)[-277,0$ kJ/mol de $C_2H_5OH]$
   $= -1235,4$ kJ/mol-rea

   1 mol de etanol por 1 mol; portanto, q por mol é $-1235,4$ kJ/mol

   q por grama:
   $(-1235,4$ kJ/mol$)(1$ mol de C_2H_5OH/46,07 g de $C_2H_5OH) = -26,82$ kJ/g de C_2H_5OH

   Queima de octano: $C_8H_{18}(\ell) + 12,5\ O_2(g) \rightarrow 8\ CO_2(g) + 9\ H_2O(g)$

   $\Delta_rH° = (8$ mols de CO_2/mol-rea$)[\Delta_fH°(CO_2)] +$
   $(9$ mols de H_2O/mol-rea$)[\Delta_fH°(H_2O)] -$
   $(1$ mol de C_8H_{18}/mol-rea$)[\Delta_fH°(C_8H_{18})]$

   $\Delta_rH° = (8$ mols de CO_2/mol-rea$)[-393,5$ kJ/mol de $CO_2] +$
   $(9$ mols de H_2O/mol-rea$)[-241,8$ kJ/mol de $H_2O] -$
   $(1$ mol de C_8H_{18}/mol-rea$)[-250,1$ kJ/mol de $C_8H_{18}]=$
   $-5074,1$ kJ/mol-rea

   1 mol de octano por 1 mol-rea; portanto, q por mol de octano é $-5074,1$ kJ/mol

   q por grama: $-5074,1$ kJ/1 mol de C_8H_{18}
   $(1$ mol de C_8H_{18}/114,2 g de $C_8H_{18}) = -44,43$ kJ/g de C_8H_{18}

   O octano fornece mais energia por grama do que o etanol.

2. Para o etanol, por litro: $q = (-26,82$ kJ/g$)(785$ g/L$) = -2,11 \times 10^4$ kJ/L

   Para o octano, por litro: $q = (-44,43$ kJ/g$)(699$ g/L$) = -3,11 \times 10^4$ kJ/L

   O octano produz quase 50% a mais de energia por litro de combustível.

3. Massa de CO_2 por litro de etanol = 1,000 L (785 g de C_2H_5OH/L)(1 mol de C_2H_5OH/46,07 g C_2H_5OH) (2 mols de CO_2/1 mol de C_2H_5OH)(44,01 g de CO_2/1 mol de CO_2) = $1,50 \times 10^3$ g de CO_2

   Massa de CO_2 por litro de octano = 1,000 L (699 g de C_8H_{18}/L)(1 mol de C_8H_{18}/114,2 g de C_8H_{18}) (8 mols de CO_2/1 mol de C_8H_{18})(44,01 g de CO_2/1 mol de CO_2) = $2,16 \times 10^3$ g de CO_2

4. O volume de etanol necessário para se obter $3,11 \times 10^4$ kJ de energia da oxidação: $(2,11 \times 10^4$ kJ/L de $C_2H_5OH)(x) = 3,11 \times 10^4$ kJ (em que x é o volume de etanol)

   Volume de etanol = $x = 1,47$ L

   Massa de CO_2 produzida pela queima de 1,47 L de etanol = $(1,50 \times 10^3$ g de CO_2/L de $C_2H_5OH)(1,47$ L de $C_2H_5OH) = 2,22 \times 10^3$ g de CO_2

   Para se obter a mesma quantidade de energia, um pouco mais de CO_2 é produzido pela queima de etanol do que pela queima de octano.

5. Seu carro viajará cerca de 50% mais longe com um litro de octano, e produzirá um pouco menos de emissões de CO_2, do que se queimasse 1,0 L de etanol.

Verifique Seu Entendimento

5.1 $C = 59,8$ J/[(25,0 g)(1,00 K)] = 2,39 J/g · K

5.2 $(15,5$ g$)(C_{metal})(18,9$ °C $- 100,0$ °C$) + (55,5$ g$)(4,184$ J/g · K$)(18,9$ °C $- 16,5$ °C$) = 0$

$C_{metal} = 0,44$ J/g · K

5.3 1,00 L (1000 mL/1 L)(0,7849 g/cm³) = 785 g

Aqueça o líquido de 25,0 °C a 78,3 °C.

$\Delta T = 78,3$ °C $- 25,0$ °C $= 53,3$ °C $= 53,3$ K

$q = (2,44$ J/g · K$)(785$ g$)(53,3$ K$) = 1,02 \times 10^5$ J $= 102$ kJ

Ferva o líquido.

$q = 38,56$ kJ/mol (785 g)(1 mol/46,08 g) = 657 kJ

Total = 102 kJ + 657 kJ = 759 kJ

5.4 A energia transferida como calor do chá + energia como calor dispendido para derreter o gelo = 0.

(250 g)(4,2 J/g · K)(273,2 K − 291,4 K) + x g (333 J/g) = 0

$x = 57$ g

57 g de gelo derretem com energia fornecida por arrefecimento de 250 g de chá a partir de 18,2 °C (291,4 K) a 0 °C (273,2 K).

Massa de gelo restante = massa de gelo inicial − massa de gelo derretido

Massa de gelo restante = 75 g − 57 g = 18 g

5.5 A mudança de volume é (−0,65 L)(1 m³/1000 L) = −6,5 × 10⁻⁴ m³. Trabalho, $w_p = -P\Delta V$ = −(1,01 × 10⁵ kg/m · s²)(−6,5 × 10⁻⁴ m³) = 66 J (trabalho feito no sistema pelo ambiente).

O calor (485 J) é transferido do sistema; q_p do sistema = −485 J.

$\Delta U = q_p + w_p = -485$ J + 66 J = −419 J

5.6 (15,0 g de C_2H_6)(1 mol de C_2H_6/30,07 g de C_2H_6) = 0,499 mol de C_2H_6

$\Delta H°$ = 0,499 mol de C_2H_6(1 mol-rea /2 mols de C_2H_6)(−2857,3 kJ/mol-rea) = −713 kJ

5.7 Massa da solução final = 400, g

ΔT = 27,78 °C − 25,10 °C = 2,68 °C = 2,68 K

Quantidade de HCl utilizada = quantidade de NaOH usada = $C \times V$ = (0,400 mol/L) × 0,200 L = 0,0800 mol

Energia transferida como calor por reação ácido-base + energia adquirida na forma de calor para aquecer a solução = 0

q_{rea} + (4,20 J/g · K)(400 g)(2,68 K) = 0

q_{rea} = −4,50 × 10³ J

Isto representa a energia transferida como calor na reação de 0,0800 mol de HCl.

Energia transferida como calor por mol = $\Delta_r H$ = −4,50 kJ/0,0800 mol de HCl = −56,3 kJ/mol de HCl

5.8 (a) A energia evoluiu na forma de calor na reação + energia na forma de calor absorvida por H_2O + energia na forma de calor absorvida pela bomba = 0

q_{rea} + (1,50 × 10³ g)(4,20 J/g · K)(27,32 °C − 25,00 °C) + (837 J/K)(27,32 °C − 25,00 °C) = 0

q_{rea} = −16.600 J (energia como calor desenvolvida na queima de 1,0 g de sacarose)

(b) Energia desenvolvida na forma de calor por mol = (−16,6 kJ/g de sacarose) (342,3 g de sacarose/1 mol de sacarose) = − 5670 kJ/mol de sacarose

5.9 C(s) + O_2(g) → CO_2(g) $\Delta_r H_1°$ = −393,5 kJ

2 [S(s) + O_2(g) → SO_2(g)]
            $\Delta_r H°$ = 2 $\Delta_r H_2°$ = 2(−296,8) = −593,6 kJ

CO_2(g) + 2 SO_2(g) → CS_2(g) + 3 O_2(g)
            $\Delta_r H°$ = −$\Delta_r H_3°$ = +1103,9 kJ

Líquido: C(s) + 2 S(s) → CS_2(g)

$\Delta_r H°_{líquido}$ = −393,5 kJ + (−593,6 kJ) + 1103,9 kJ
         = +116,8 kJ

5.10 $\Delta_r H°$ = (6 mols de CO_2/mol-rea)$\Delta_f H°$[CO_2(g) + (3 mols de H_2O/mol-rea)]$\Delta_f H°$[H_2O(ℓ)] − {(1 mol C_6H_6/1 mol-rea)$\Delta_f H°$[C_6H_6(ℓ)] + (¹⁵⁄₂ mols de O_2/mol-rea)$\Delta_f H°$[O_2(g)]}

= (6 mols/mol-rea)(−393,5 kJ/mol) + (3 mols/mol-rea)(−285,8 J/mol) − (1 mol/mol-rea)(+49,0 kJ/mol) − 0

= −3267,4 kJ/mol-rea

Exercícios

Seção 5.1

1. (a) derretimento do gelo a 0 °C

2. (b) $q < 0$

Seção 5.2

1. (a) aquecer 2,0 g de cobre a 10 °C

2. (c) 20 g de água a 20 °C + 10 g de água em 30 °C

Seção 5.3

1. (a) Elevação da temperatura de 100 g de água a 1,0 °C

2. (b) Todo o gelo derrete; a água líquida está a uma temperatura entre 0 °C e 10 °C.

Seção 5.4

1. (b) 2 e 4

2. (c) 2 C(s) + O_2(g) → 2 CO(g)

Seção 5.5

1. (c) 90,8 kJ

2. (b) −425 kJ

Seção 5.6

1. (b) endotérmica

2. (b) O valor calculado de $\Delta_{dissolução}H°$ será muito pequeno.

Seção 5.7

1. (d) Al(s) + 3/2 Cl_2(g) → $AlCl_3$(s)

2. (c) 1/2 $\Delta_r H_1°$ − $\Delta_r H_2°$ + 1/2 $\Delta_r H_3°$

Aplicando Princípios Químicos: Pólvora

1. (a) $\Delta_r H°$ = −567,9 kJ/mol-rea
   (b) $\Delta H°$ = −2,10 kJ

3. (a) 4 $C_3H_5N_3O_9$(ℓ) → 12 CO_2(g) + 6 N_2(g) + 10 H_2O(g) + O_2(g)
   (b) $\Delta_f H°$ = −3,70 × 10² kJ/mol

Questões para Estudo

5.1 O sistema é a parte do universo em estudo. A vizinhança corresponde a tudo no universo que pode trocar de matéria e/ou energia com o sistema. Diz-se que um sistema e sua vizinhança estão em equilíbrio térmico se podem trocar energia um com o outro, mas estão sob a mesma temperatura; portanto, não há qualquer transferência líquida de energia na forma de calor de um para o outro.

5.3 (a) Exotérmica
(b) Endotérmica
(c) Endotérmica
(d) Endotérmica

5.5 0,140 J/g · K

5.7 2,44 kJ

5.9 32,8 °C

5.11 20,7 °C

5.13 $T_{inicial}$ = 37,4 °C

5.15 0,40 J/g · K

5.17 330 kJ

5.19 49,3 kJ

5.21 273 J

5.23 $9,97 \times 10^5$ J

5.25 $w = P\Delta V = 126$ J

5.27 $\Delta V = 4,42$ L

5.29 $\Delta U = 433$ J

5.31 $V_{final} = 2,6$ L

5.33 A reação é exotérmica porque $\Delta_r H°$ é negativa. O calor desenvolvido é 2,38 kJ.

5.35 $-3,3 \times 10^4$ kJ

5.37 $\Delta H = -56$ kJ/mol CsOH

5.39 0,52 J/g · K

5.41 $\Delta_r H = +23$ kJ/mol-rea

5.43 -297 kJ/mol SO_2

5.45 $-3,09 \times 10^3$ kJ/mol $C_6H_5CO_2H$

5.47 0,236 J/g · K

5.49 (a) $\Delta_r H° = -126$ kJ/mol-rea
(b)

5.51 $\Delta_r H° = +90,3$ kJ/mol-rea

5.53 C(s) + 2 H_2(g) + 1/2 O_2(g) → $CH_3OH(\ell)$
$\Delta_f H° = -238,4$ kJ/mol

5.55 (a) 2 Cr(s) + 3/2 O_2(g) → Cr_2O_3(s)
$\Delta_f H° = -1134,7$ kJ/mol

(b) 2,4 g são equivalentes a 0,046 mol de Cr. Isto produzirá 26 kJ de energia transferida como calor.

5.57 (a) $\Delta H° = -24$ kJ para 1,0 g de fósforo
(b) $\Delta H° = -18$ kJ para 0,20 mol de NO
(c) $\Delta H° = -16,9$ kJ para a formação de 2,40 g de NaCl(s)
(d) $\Delta H° = -1,8 \times 10^3$ kJ para oxidação de 250 g de ferro

5.59 (a) $\Delta_r H° = -906,2$ kJ
(b) O calor desenvolvido é de 133 kJ para a oxidação de 10,0 g de NH_3

5.61 (a) $\Delta_r H° = +161,6$ kJ/mol-rea; a reação é endotérmica.
(b)

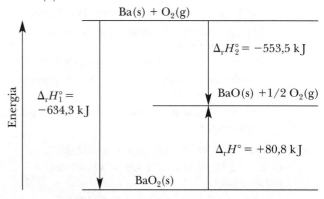

5.63 $\Delta_f H° = +77,7$ kJ/mol para naftaleno.

5.65 (a) Exotérmica: um processo em que a energia é transferida como calor de um sistema para sua vizinhança. (A combustão do metano é um processo exotérmico.)

Endotérmico: um processo em que a energia é transferida como calor da vizinhança para o sistema. (O derretimento do gelo é endotérmico.)

(b) Sistema: o objeto ou a coleção de objetos em estudo. (Uma reação química – o sistema – que ocorre dentro de um calorímetro – a vizinhança.)

Vizinhança: inclui tudo que esteja fora do sistema, que possa trocar energia com ele. (O calorímetro e tudo fora do calorímetro compreendem a vizinhança.)

(c) Capacidade calorífica específica: a quantidade de energia que tem de ser transferida na forma de calor para elevar a temperatura de 1 grama de uma substância a 1 kelvin. (A capacidade calorífica específica da água é 4,184 J/g · K.)

(d) Função do estado: a quantidade que é caracterizada por alterações que não dependem do caminho escolhido para ir do estado inicial ao estado final. (Entalpia e energia interna são funções do estado.)

(e) Estado padrão: a forma mais estável de uma substância no estado físico em que existe uma pressão de 1 bar e a uma temperatura específica. (O estado padrão do carbono a 25 °C é grafite.)

(f) Alteração de entalpia, ΔH: a energia transferida como calor a uma pressão constante. (A alteração de entalpia do derretimento do gelo a 0 °C é 6,00 kJ/mol.)

(g) A entalpia padrão de formação: a variação de entalpia para a formação de um mol de um composto no seu estado padrão diretamente dos elementos componentes nos seus estados normais. ($\Delta_f H°$ da água líquida é –285,83 kJ/mol.)

5.67 (a) Sistema: reação entre o metano e oxigênio

Vizinhança: o forno e o restante do universo. A energia é transferida como calor do sistema para a vizinhança.

(b) Sistema: gotas de água

Vizinhança: pele e o restante do universo

Energia é transferida como calor da vizinhança para o sistema

(c) Sistema: água

Vizinhança: o *freezer* e o restante do universo

Energia é transferida como calor da vizinhança para o sistema

(d) Sistema: reação de alumínio e óxido de ferro(III)

Vizinhança: o frasco, a bancada do laboratório e o restante do universo

Energia é transferida como calor do sistema para a vizinhança.

5.69 O estado padrão do oxigênio é o gás, $O_2(g)$.

$O_2(g) \rightarrow 2\ O(g)$, $\Delta_r H° = +498,34$ kJ/mol-rea, endotérmica

$3/2\ O_2(g) \rightarrow O_3(g)$, $\Delta_r H° = +142,67$ kJ/mol-rea

5.71 (a) A energia é transferida como calor da vizinhança para o sistema e como trabalho feito pelo sistema.

(b) A energia é transferida como calor da vizinhança para o sistema e como trabalho realizado pelo sistema.

5.73 $\Delta H° = -0,627$ kJ

5.75 $C_{Ag} = 0,24$ J/g · K

5.77 Massa do gelo derretido = 75,4 g

5.79 Temperatura final = 278 K (5 °C)

5.81 (a) Quando somadas, as seguintes equações dão a equação balanceada para a formação de $B_2H_6(g)$ a partir dos elementos.

$2\ B(s) + 3/2\ O_2(g) \rightarrow B_2O_3(s)$		$\Delta_r H° = -1271,9$ kJ
$3\ H_2(g) + 3/2\ O_2(g) \rightarrow 3\ H_2O(g)$		$\Delta_r H° = -725,4$ kJ
$B_2O_3(s) + 3\ H_2O(g) \rightarrow B_2H_6(g) + 3\ O_2(g)$		$\Delta_r H° = +2032,9$ kJ
$2\ B(s) + 3\ H_2(g) \rightarrow B_2H_6(g)$		$\Delta_r H° = +35,6$ kJ

(b) A entalpia de formação do $B_2H_6(g)$ é +35,6 kJ/mol. +35,6 kJ/mol.

(c)

(d) A formação de $B_2H_6(g)$ é endotérmica.

5.83 (a) $\Delta_r H° = +131,31$ kJ
(b) Endotérmica
(c) $1,0932 \times 10^7$ kJ

5.85 Supondo que $CO_2(g)$ e $H_2O(\ell)$ são os produtos da combustão:

$\Delta_r H°$ do isoctano é –5461,3 kJ/mol ou –47,81 kJ por grama.

$\Delta_r H°$ do metanol líquido é –726,77 kJ/mol ou –22,682 kJ por grama.

5.87 (a) Adicionar as equações como são dadas na pergunta resulta na equação desejada para a formação de $SrCO_3(s)$. O $\Delta_r H° = -1220$ kJ/mol calculado.

(b)

5.89 $\Delta_r H° = -305,3$ kJ

5.91 Este cálculo supõe que o vapor de água, $H_2O(g)$, é formado por oxidação.

Equação balanceada: $C_2H_5OH(\ell) + 3\ O_2(g) \rightarrow 2\ CO_2(g) + 3\ H_2O(g)$

$\Delta_r H° = (2\ \text{mols de } CO_2/1\ \text{mol-rea})[\Delta_f H°\ CO_2(g)] + (3\ \text{mols de } H_2O/1\ \text{mol-rea})[\Delta_f H°\ H_2O(g)] - \{(1\ \text{mol de } C_2H_5OH/1\ \text{mol-rea})[\Delta_f H°\ C_2H_5OH(\ell)] + (3\ \text{mols de } O_2/1\ \text{mol-rea})[\Delta_f H°\ O_2(g)]\}$

$\Delta_r H° = (2\ \text{mols de } CO_2/1\ \text{mol})[-393,5\ \text{kJ/mol de } CO_2] + (3\ \text{mols de } H_2O/1\ \text{mol-rea})[-241,8\ \text{kJ/mol de } H_2O] - \{(1\ \text{mol de } C_2H_5OH/1\ \text{mol-rea})[-277,0\ \text{kJ/mol } C_2H_5OH] + (3\ \text{mols de } O_2/1\ \text{mol-rea})[0\ \text{kJ/mol } O_2]\} = -1235,4$ kJ/mol

100, g de C_2H_5OH (1 mol de $C_2H_5OH/46,07$ g C_2H_5OH) (1 mol-rea/1 mol de C_2H_5OH)(–1235,4 kJ/mol-rea) = –2680 kJ

5.93 $C_{Pb} = 0{,}121$ J/g · K

5.95 $\Delta_r H = -69$ kJ/mol de AgCl

5.97 36,0 kJ desenvolvido por mol de NH_4NO_3

5.99 A variação de entalpia padrão, $\Delta_r H°$, é −352,88 kJ. A quantidade de magnésio necessária é 0,43 g.

5.101 (a) Exotérmica
(b) Exotérmica

5.103 A variação de entalpia de cada uma das três reações seguintes é conhecida ou pode ser medida por calorimetria. As três equações somam para gerar a entalpia de formação de $CaSO_4(s)$.

Ca(s) + 1/2 O_2(g) → CaO(s)	$\Delta_r H° = \Delta_f H° =$	−635,09 kJ
1/8 S_8(s) + 3/2 O_2(g) → SO_3(g)	$\Delta_r H° = \Delta_f H° =$	−395,77 kJ
CaO(s) + SO_3(g) → $CaSO_4$(s)	$\Delta_r H° = -402{,}7$ kJ	
Ca(s) + 1/8 S_8(s) + 2 O_2(g) → $CaSO_4$(s)	$\Delta_r H° = \Delta_f H° =$	−1432,6 kJ

5.105

Metal	Capacidade Calorífera Molar (J/mol · K)
Al	24,2
Fe	25,1
Cu	24,5
Au	25,4

Todos os metais têm uma capacidade calorífera molar de 24,8 ± 0,5 J/mol · K. Portanto, assumindo que a capacidade calorífera molar de Ag é 24,8 J/mol · K, sua capacidade calorífica específica é 0,230 J/g · K. Este valor está muito próximo do valor experimental de 0,236 J/g · K.

5.107 120 g de CH_4 necessários (supondo-se H_2O(g) como produto)

5.109 $1{,}6 \times 10^{11}$ kJ liberados para a vizinhança. Isto é equivalente a $3{,}8 \times 10^4$ toneladas de dinamite.

5.111 (a)

(b) cis-2-buteno: $\Delta_f H° = -7{,}6$ kJ/mol
trans-2-buteno: $\Delta_f H° = -10{,}8$ kJ/mol
1-buteno: $\Delta_f H° = -0{,}6$ kJ/mol

(c)

(d) −3,4 kJ/mol-rea

5.113 (a) −726 kJ/mol Mg
(b) 25,0 °C

5.115 (a) Metano
(b) Metano
(c) −279 kJ
(d) CH_4(g) + 1/2 O_2(g) → $CH_3OH(\ell)$

5.117 (a) Metal aquecido = 100,0 g de Al; metal resfriado = 50,0 g de Au; temperatura final = 26 °C
(b) Metal aquecido = 50,0 g de Zn; metal resfriado = 50,0 g de Al; temperatura final = 21 °C

5.119 $w = -(1{,}0 \text{ L} \cdot \text{atm})(0{,}36 \text{ L} - 0 \text{ L}) = -0{,}36$ L atm = −36 J

Assim, 36 J de trabalho é realizado pelo sistema na vizinhança.

Capítulo 6

Estudo de Caso

O Que Origina as Cores nos Fogos de Artifício?

1. A luz amarela vem de emissões de 589 e 590 nm.

2. A emissão primária para Sr é vermelha. Esta tem um comprimento de onda mais longo do que a luz amarela.

3. 4 Mg(s) + $KClO_4$(s) → KCl(s) + 4 MgO(s)

Verifique Seu Entendimento

6.1 (a) Maior frequência, violeta; menor frequência, vermelho.
(b) O comprimento de onda da radiação num forno de micro-ondas é mais curto que o comprimento de onda da rádio FM.
(c) O comprimento de onda do raio X é mais curto que o comprimento de onda da luz ultravioleta.
(d) $\lambda = 5{,}10 \times 10^{-7}$ m
$\nu = c/\lambda = (2{,}998 \times 10^8 \text{ m/s}^{-1})/(5{,}10 \times 10^{-7} \text{ m})$
$= 5{,}88 \times 10^{14}$ s^{-1}

6.2 $\nu = c/\lambda = (2{,}998 \times 10^8 \text{ m/s})/(4{,}05 \times 10^{-7} \text{ m}) = 7{,}40 \times 10^{14}$ s^{-1}
$E = N_A h\nu = (6{,}022 \times 10^{23}$ fótons/mol$)$
$(6{,}626 \times 10^{-34}$ J s/fóton$)(7{,}40 \times 10^{14}$ s$^{-1})$
$E = 295000$ J/mol (= 295 kJ/mol)

6.3 (a) E (por átomo) $= -Rhc/n^2$
$= (-2{,}179 \times 10^{-18})/(3^2)$ J/átomo
$= -2{,}421 \times 10^{-19}$ J/átomo

(b) E (por átomo) $= (-2{,}421 \times 10^{-19}$ J/átomo$)$
$(6{,}022 \times 10^{23}$ átomos/mol$)$
$(1$ kJ/10^3 J$)$
$= -145{,}8$ kJ/mol

6.4 A linha de menor energia é da transição eletrônica de $n = 2$ para $n = 1$.

$\Delta E = -Rhc[1/1^2 - 1/2^2]$
$= -(2{,}179 \times 10^{-18}$ J/átomo$)(3/4)$
$= -1{,}634 \times 10^{-18}$ J/átomo

Assim, o fóton emitido tem $E_{\text{fóton}} = 1{,}634 \times 10^{-18}$ J

$\nu = E_{\text{fóton}}/h$
$= (1{,}634 \times 10^{-18}$ J$)/(6{,}626 \times 10^{-34}$ J $\cdot$ s$)$
$= 2{,}466 \times 10^{15}$ s^{-1}

$\lambda = c/\nu = (2{,}998 \times 10^8$ m/s$^{-1})/(2{,}466 \times 10^{15}$ s$^{-1})$
$= 1{,}216 \times 10^{-7}$ m (ou 121,6 nm)

6.5 Primeiro calcule a velocidade do nêutron:
$v = [2E/m]^{1/2} = [2(6{,}21 \times 10^{-21}$ kg $\cdot$ m^2 s$^{-2})/$
$(1{,}675 \times 10^{-27}$ kg$)]^{1/2}$
$= 2720$ m $\cdot$ s^{-1}

Utilize este valor na equação de Broglie:
$\lambda = h/mv = (6{,}626 \times 10^{-34}$ kg $\cdot$ m^2 s^{-2} $\cdot$ s$)/$
$(1{,}675 \times 10^{-27}$ kg$)(2720$ m s$^{-1})$
$= 1{,}45 \times 10^{-10}$ m $= 0{,}145$ nm

Exercícios

Seção 6.1
1. (d) micro-ondas de um forno de micro-ondas

2. (c) 3,27 m

Seção 6.2
1. (a) $3{,}9 \times 10^5$ J/mol

2. (a) UVB

Seção 6.3
1. (d) de $n = 6$ para $n = 2$

2. (b) de $n = 4$ para $n = 2$

Seção 6.4
1. (b) O comprimento de onda será mais curto.

Seção 6.5
1. (b) $4p$

2. (d) 16

3. (c) n e ℓ

Seção 6.6
1. (d) $3f$

2. (b) $n - 4, \ell = 1, m_\ell = 0$

3. (c) 2

Seção 6.7
1. (d) $n = 1, \ell = 0, m_\ell = 0, m_s = -1/2$

Aplicando Princípios Químicos: Química do Sol

1. $\nu = 5{,}102 \times 10^{14}$ s^{-1}

3. Para $\lambda = 589{,}00$ nm, $E = 3{,}3726 \times 10^{-19}$ J
Para $\lambda = 589{,}59$ nm, $E = 3{,}3692 \times 10^{-19}$ J
$\Delta E = 3{,}4 \times 10^{-22}$ J

5. A linha F corresponde a um comprimento de onda de 486 nm. Baseada na Figura 6.10, esta linha surge a partir do elétron no hidrogênio que se desloca de $n = 4$ para $n = 2$.

Questões para Estudo

6.1 (a) Micro-ondas
(b) Luz vermelha
(c) Infravermelha

6.3 (a) A luz verde tem uma frequência maior que a luz âmbar
(b) $5{,}04 \times 10^{14}$ s^{-1}

6.5 Frequência $= 6{,}0 \times 10^{14}$ s^{-1}; energia por fóton $= 4{,}0 \times 10^{-19}$ J; energia por mol de fótons $= 2{,}4 \times 10^5$ J

6.7 Frequência $= 7{,}5676 \times 10^{14}$ s^{-1}; energia por fóton $= 5{,}0144 \times 10^{-19}$ J; 301,97 kJ/mol de fótons

6.9 Em ordem crescente de energia: Estação de FM < micro-ondas < luz amarela < raios X

6.11 Luzes com um comprimento de onda de 600 nm seriam suficientes. Ela está na região visível.

6.13 (a) A luz com comprimento de onda mais curto tem 253,652 nm.
(b) Frequência $= 1{,}18190 \times 10^{15}$ s^{-1}. Energia por fóton $= 7{,}83139 \times 10^{-19}$ J/fóton.
(c) As linhas a 404 nm (violeta) e 436 nm (azul) estão na região visível do espectro.

6.15 A cor é violeta. $n_{\text{inicial}} = 6$ e $n_{\text{final}} = 2$

6.17 (a) 10 linhas possíveis
(b) Frequência mais alta (maior energia), $n = 5$ para $n = 1$
(c) Menor comprimento de onda (menor energia), $n = 5$ para $n = 4$

6.19 (a) $n = 3$ para $n = 2$
(b) $n = 4$ para $n = 1$. Os níveis de energia estão cada vez mais próximos em níveis mais elevados, por isso, a diferença de energia de $n = 4$ para $n = 1$ é maior que de $n = 5$ para $n = 2$.

6.21 Comprimento de onda $= 102{,}6$ nm e frequência $= 2{,}923 \times 10^{15}$ s^{-1}. A luz com essas propriedades está na região ultravioleta.

6.23 Comprimento de onda = 0,29 nm

6.25 O comprimento de onda é $4,8 \times 10^{-25}$ nm. (Calculado de $\lambda = h/m \cdot v$, em que m é a bola da massa em kg e v é a velocidade.) Para ter um comprimento de onda de $5,6 \times 10^{-3}$ nm, a bola teria de viajar a $2,6 \times 10^{-21}$ m/s.

6.27 (a) $n = 4, \ell = 0, 1, 2, 3$
(b) Quando $\ell = 2, m_\ell = -2, -1, 0, 1, 2$
(c) Para um orbital $4s$, $n = 4, \ell = 0$ e $m_\ell = 0$
(d) Para um orbital $4f$, $n = 4, \ell = 3$ e $m_\ell = -3, -2, -1, 0, 1, 2, 3$

6.29 Conjunto 1: $n = 4, \ell = 1$ e $m_\ell = -1$
Conjunto 2: $n = 4, \ell = 1$ e $m_\ell = 0$
Conjunto 3: $n = 4, \ell = 1$ e $m_\ell = +1$

6.31 Quatro subcamadas. (O número de subcamadas em uma camada é sempre igual a n.)

6.33 (a) ℓ deve ter um valor não superior a $n - 1$.
(b) Quando $\ell = 0$, m_ℓ só pode ser igual a 0.
(c) Quando $\ell = 0$, m_ℓ só pode ser igual a 0.

6.35 (a) Nenhum. O conjunto do número quântico não é possível. Quando $\ell = 0$, m_ℓ só pode ser igual a 0.
(b) 3 orbitais
(c) 11 orbitais
(d) 1 orbital

6.37 (a) $m_s = 0$ não é possível. m_s só pode ter valores de $\pm 1/2$.
Um conjunto possível de números quânticos:
$n = 4, \ell = 2, m_\ell = 0, m_s = +1/2$
(b) m_ℓ não pode ser igual a -3, neste caso. Se $\ell = 1$, m_ℓ só pode ser -1, 0 ou 1.
Um conjunto possível de números quânticos:
$n = 3, \ell = 1, m_\ell = -1, m_s = -1/2$
(c) $\ell = 3$ não é possível neste caso. O valor máximo de ℓ é $n - 1$.
Um conjunto possível de números quânticos:
$n = 3, \ell = 2, m_\ell = -1, m_s = +1/2$

6.39 Os orbitais $2d$ e $3f$ não podem existir. A camada $n = 2$ consiste somente em subcamadas s e p. A camada $n = 3$ consiste somente em subcamadas s, p e d.

6.41 (a) Para $2p$: $n = 2, \ell = 1$ e $m_\ell = -1$, 0 ou $+1$
(b) Para $3d$: $n = 3, \ell = 2$ e $m_\ell = -2, -1, 0, +1$ ou $+2$
(c) Para $4f$: $n = 4, \ell = 3$ e $m_\ell = -3, -2, -1, 0, +1, +2$ ou $+3$

6.43 $4d$

6.45 (a) $2s$ tem 0 superfícies nodais que passam através do núcleo ($\ell = 0$).
(b) $5d$ tem 2 superfícies nodais que passam através do núcleo ($\ell = 2$).
(c) $5f$ tem 3 superfícies nodais que passam através do núcleo ($\ell = 3$).

6.47 (a) Correto

(b) Incorreto. A intensidade de um feixe de luz é independente da frequência e está relacionada ao número de fótons da luz com certa energia.
(c) Correto

6.49 Considerando-se apenas os nós angulares (superfícies nodais que passam através do núcleo):

Orbital s 0 superfícies nodais através do núcleo

Orbitais p 1 superfície nodal ou plana que passa através do núcleo

Orbitais d 2 superfícies nodais ou planas que passam através do núcleo

Orbitais f 3 superfícies nodais ou planas que passam através do núcleo

6.51

Valor de ℓ	Tipo de Orbital
3	f
0	s
1	p
2	d

6.53 Considerando-se apenas os nós angulares (superfícies nodais que passam através do núcleo):

Tipo de Orbital	Número do Orbitais em uma Subcamada	Número de Superfícies Nodais
s	1	0
p	3	1
d	5	2
f	7	3

6.55 (a) Luz verde
(b) A luz vermelha tem um comprimento de onda de 680 nm; e a luz verde tem um comprimento de onda de 500 nm.
(c) A luz verde tem uma frequência maior que a luz vermelha.

6.57 (a) Comprimento de onda = 0,35 m
(b) Energia = 0,34 J/mol
(c) A luz violeta (com $\lambda = 420$ nm) tem energia de 280 kJ/mol de fótons.
(d) A luz violeta tem energia (por mol de fótons) que é 840 mil vezes maior que um mol de fótons de um telefone celular.

6.59 A energia de ionização do He$^+$ é 5248 kJ/mol. Isto é quatro vezes a energia de ionização do átomo de H.

6.61 $1s < 2s = 2p < 3s = 3p = 3d < 4s$
No átomo de H os orbitais na mesma camada (por exemplo, $2s$ e $2p$) têm a mesma energia.

6.63 Frequência = $2,836 \times 10^{20}$ s^{-1} e comprimento de onda = $1,057 \times 10^{-12}$ m

6.65 260 s ou 4,3 min

6.67 (a) Tamanho e energia
(b) ℓ
(c) Mais
(d) 7 (quando $\ell = 3$ eles são orbitais f)
(e) Um orbital

(f) (Da esquerda para a direita) d, s e p
(g) $\ell = 0, 1, 2, 3, 4$
(h) 16 orbitais (1 orbital s, 3 orbitais p, 5 orbitais d e 7 orbitais f) (= n^2)

6.69 Energia = $4,576 \times 10^{-19}$ J
Frequência = $6,906 \times 10^{14}$ s^{-1}
Comprimento de onda = 434,1 nm

6.71 Os picles brilham porque foram feitos por meio da imersão de um pepino em salmoura, uma solução concentrada de NaCl. Os átomos de sódio nos picles são excitados pela corrente elétrica e liberam energia como luz amarela quando retornam ao estado fundamental. Átomos de sódio excitados são a fonte da luz amarela que você vê em fogos de artifício e em certos tipos de iluminação pública.

6.73 (a) $\lambda = 0,0005$ cm = 5 μm
(b) O lado esquerdo é o lado com maior energia, e o lado direito é o lado com menor energia.
(c) A interação com O—H requer mais energia.

6.75 (c)

6.77 Um experimento pode ser feito para mostrar que o elétron pode comportar-se como uma partícula, e outro experimento pode ser feito para mostrar que ele possui propriedades de onda. (No entanto, nenhum experimento mostra ambas as propriedades do elétron.) A visão moderna da estrutura atômica é baseada nas propriedades de onda do elétron.

6.79 (a) e (b)

6.81 A radiação com um comprimento de onda de 93,8 nm é suficiente para elevar o elétron para o nível quântico $n = 6$ (ver Figura 6.10). Devem existir 15 linhas de emissão envolvendo transições de $n = 6$ a níveis mais baixos de energia. (Existem cinco linhas de transições de $n = 6$ para níveis menores, quatro linhas de $n = 5$ para níveis menores, três para $n = 4$ para níveis inferiores, duas linhas para $n = 3$ para níveis inferiores, e uma linha de $n = 2$ a $n = 1$.) Os comprimentos de onda para muitas linhas são dados na Figura 6.10. Por exemplo, haverá uma emissão envolvendo um elétron que se move de $n = 6$ para $n = 2$ com um comprimento de onda de 410,2 nm.

6.83 (a) Grupo 7B (IUPAC Grupo 7); Período 5
(b) $n = 5$, $\ell = 0$, $m_\ell = 0$, $m_s = +1/2$
(c) $\lambda = 8,79 \times 10^{-12}$ m; $\nu = 3,41 \times 10^{19}$ s^{-1}
(d) (i) HTcO$_4$(aq) + NaOH(aq) → H$_2$O(ℓ) + NaTcO$_4$(aq)
(ii) $8,5 \times 10^{-3}$ g de NaTcO$_4$ produzido; $1,8 \times 10^{-3}$ g de NaOH necessário
(e) 0,28 mg de NaTcO$_4$; 0,00015 M

Capítulo 7

Estudo de Caso

Metais em Bioquímica e Medicina

1. Fe: [Ar]$3d^64s^2$; Fe^{2+}: [Ar]$3d^6$; Fe^{3+}: [Ar]$3d^5$

2. Ambos os íons ferro são paramagnéticos.

3. O tamanho ligeiramente maior de Cu em relação a Fe está relacionado a maiores repulsões elétron-elétron.

4. Fe^{2+} é maior que Fe^{3+} e se encaixará de forma menos precisa na estrutura. Como resultado, alguma distorção da estrutura do anel de planaridade ocorre.

Verifique Seu Entendimento

7.1 (a) cloro (Cl)
(b) $1s^22s^22p^63s^23p^3$

$$[\text{Ne}]\ \underset{3s}{\boxed{\uparrow\downarrow}}\ \underset{3p}{\boxed{\uparrow\ \uparrow\ \uparrow}}$$

7.2 O cálcio tem dois elétrons de valência na subcamada 4s. Os números quânticos destes dois elétrons são $n = 4$, $\ell = 0$, $m_\ell = 0$ e $m_s = \pm 1/2$

7.3 Obtenha as respostas da Tabela 7.3.

7.4

V^{2+} [Ar] $\underset{3d}{\boxed{\uparrow\ \uparrow\ \uparrow\ \ \ \ }}$ $\underset{4s}{\boxed{\ }}$

V^{3+} [Ar] $\underset{3d}{\boxed{\uparrow\ \uparrow\ \ \ \ \ }}$ $\underset{4s}{\boxed{\ }}$

Co^{3+} [Ar] $\underset{3d}{\boxed{\uparrow\downarrow\ \uparrow\ \uparrow\ \uparrow\ \uparrow}}$ $\underset{4s}{\boxed{\ }}$

Todos os três íons são paramagnéticos com três, dois e quatro elétrons desemparelhados, respectivamente.

7.5 (a) Aumentando o raio atômico: C < B < Al
(b) Aumentando a energia de ionização: Al < B < C
(c) Supõe-se que o carbono tenha a entalpia de ligação de elétrons mais negativa.

Exercícios

Seção 7.1

1. (d) 98

2. (b) $n = 3$, $\ell = 2$, $m_\ell = -1$ e $m_s = -1/2$

Seção 7.2

1. (a) o orbital 4s preenche antes que o orbital 4p

Seção 7.3

1. (c) $3d^{10}4s^24p^4$

2. (c) Ni

Seção 7.4
1. (d) Fe^{2+}
2. (c) Co^{3+}
3. (a) Cr

Seção 7.5
1. (d) $S^{2-} > Cl^- > K^+$
2. (c) N mais alta, Si mais baixa

Seção 7.6
1. (a) MgCl
2. (d) S^{3-}

Aplicando Princípios Químicos: As Terras Não Tão Raras
1. (a) Sm^{3+}: $[Xe]4f^5$
   (b) $4\ Sm(s) + 3\ O_2(g) \rightarrow 2\ Sm_2O_3(s)$
3. (a) [Xe] ↑↑↑↑↑↑↑ ↑ ⎵⎵⎵ ↑↓
                   4f   5d   6s
   (b) O estado de oxidação mais comum é +3, que corresponde a uma perda dos dois elétrons 6s e um 5d. A configuração eletrônica do Gd^{3+} é $[Xe]4f^7$.
5. $\nu = 4{,}90 \times 10^{14}\ s^{-1}$; $E = 3{,}25 \times 10^{-19}$ J/fóton

Questões para Estudo
7.1 (a) Fósforo: $1s^22s^22p^63s^23p^3$

    ↑↓ ↑↓ ↑↓↑↓↑↓ ↑↓ ↑↑↑
    1s 2s   2p   3s   3p

O elemento está no terceiro período e no Grupo 5A. Portanto, ele tem sete elétrons na terceira camada.

(b) Cloro: $1s^22s^22p^63s^23p^5$

    ↑↓ ↑↓ ↑↓↑↓↑↓ ↑↓ ↑↓↑↓↑
    1s 2s   2p   3s   3p

O elemento está no terceiro período e no Grupo 7A. Portanto, ele tem sete elétrons na terceira camada.

7.3 (a) Cromo: $1s^22s^22p^63s^23p^63d^54s^1$
(b) Ferro: $1s^22s^22p^63s^23p^63d^64s^2$

7.5 (a) Arsênio: $1s^22s^22p^63s^23p^63d^{10}4s^24p^3$; $[Ar]3d^{10}4s^24p^3$
(b) Criptônio: $1s^22s^22p^63s^23p^63d^{10}4s^24p^6$; $[Ar]3d^{10}4s^24p^6 = [Kr]$

7.7 (a) Tântalo: Este é o terceiro elemento da série de transição, no sexto período. Portanto, ele tem um núcleo equivalente ao Xe mais dois elétrons 6s, 14 elétrons 4f, e três elétrons em 5d: $[Xe]4f^{14}5d^36s^2$.
(b) Platina: Este é o oitavo elemento da série de transição, no sexto período. Portanto, ele deve ter um núcleo equivalente ao Xe mais dois elétrons 6s, 14 elétrons 4f, e oito elétrons em 5d: $[Xe]4f^{14}5d^86s^2$. Na realidade, sua configuração real (Tabela 7.3) é $[Xe]4f^{14}5d^96s^1$.

7.9 Amerício: $[Rn]5f^77s^2$ (ver Tabela 7.3)

7.11 (a) 2
(b) 1
(c) Nenhum (porque ℓ não pode ser igual a n)

7.13 Magnésio: $1s^22s^22p^63s^2$

[Ne] ↑↓
     3s

Números quânticos dos dois elétrons no orbital 3s:
$n = 3, \ell = 0, m_\ell = 0$ e $m_s = +1/2$
$n = 3, \ell = 0, m_\ell = 0$ e $m_s = -1/2$

7.15 Gálio: $1s^22s^22p^63s^23p^63d^{10}4s^24p^1$

Números quânticos do elétron 4p:
$n = 4, \ell = 1, m_\ell = -1, 0$ ou $+1$, e
$m_s = +\frac{1}{2}$ ou $-\frac{1}{2}$

7.17 (a) íon Mg^{2+}

(b) íon K^+

(c) Íon Cl^- (Note que tanto Cl^- quanto K^+ têm a mesma configuração; ambos são equivalentes a Ar.)

(d) Íon O^{2-}

7.19 (a) V (paramagnético, três elétrons desemparelhados)

[Ar] ↑↑↑⎵⎵ ↑↓
      3d   4s

(b) Íon V^{2+} (paramagnético, três elétrons desemparelhados)

[Ar] ↑↑↑⎵⎵ ⎵
      3d   4s

(c) íon V^{5+}. Este íon tem uma configuração de elétrons equivalente ao argônio, [Ar]. Ele é diamagnético sem elétrons desemparelhados.

7.21 (a) Manganês

(b) Mn^{4+}

Química geral e reações químicas

(c) O íon 4+ é paramagnético até os três elétrons desemparelhados.
(d) 3

7.23 Aumentando o tamanho: C < B < Al < Na < K

7.25
(a) Cl⁻
(b) Al
(c) In

7.27 (c)

7.29
(a) Maior raio, Na
(b) Entalpia de ligação de elétrons mais negativa: O
(c) Energia de ionização: Na < Mg < P < O

7.31
(a) Aumentando a energia de ionização: S < O < F. S é inferior a O, porque a EI decresce no grupo. F é maior que O porque a EI geralmente aumenta de um período a outro.
(b) Maior EI: O. A EI decresce no grupo.
(c) Entalpia de ligação de elétrons mais negativa: Cl. A entalpia de ligação dos elétrons geralmente se torna mais negativa em toda a tabela periódica e subindo no grupo.
(d) Maior tamanho: O²⁻. Os íons negativos são maiores que seus átomos neutros correspondentes. F⁻ é, portanto, maior que F. O²⁻ e F⁻ são isoeletrônicos, mas o íon O²⁻ tem apenas oito prótons em seu núcleo para atrair os 10 elétrons, enquanto o F⁻ tem nove prótons, tornando o íon O²⁻ maior.

7.33 (a) Li   (b) K   (c) Sc

7.35 Identifique os orbitais que contêm elétrons: no H e no He apenas o orbital 1s é ocupado; no Li os elétrons estão presentes nos orbitais 1s e 2s. As intensidades dos picos no Li são 1 (para o elétron 2s) e 2 (dos elétrons 1s).

7.37
(a) Configuração do Cr: [Ar]$3d^54s^1$
Configuração do Cr³⁺: [Ar]$3d^3$
(b) Tanto Cr²⁺ quanto Cr³⁺ são paramagnéticos
(c) Os raios são semelhantes (raio de Al³⁺ = 57 nm), que é a razão de os íons Cr³⁺ serem às vezes encontrados em Al₂O₃ sólido, no lugar de Al³⁺.

7.39 Configuração do urânio: [Rn]$5f^36d^17s^2$

[Rn] ↑↑↑ ☐☐☐☐ ↑ ☐☐☐☐ ↑↓
    5f   6d   7s

Íon urânio(IV), U⁴⁺: [Rn]$5f^2$

[Rn] ↑↑ ☐☐☐☐☐ ☐☐☐☐☐ ☐
    5f   6d   7s

Tanto U⁺ quanto U⁴⁺ são paramagnéticos.

7.41
(a) Número atômico = 20
(b) Número total de elétrons s = 8
(c) Número total de elétrons p = 12
(d) Número total de elétrons d = 0
(e) O elemento é Ca, cálcio, um metal.

7.43
(a) Válido. Os elementos possíveis são Li e Be.
(b) Inválido. O valor máximo de ℓ é $(n - 1)$.

(c) Válido. Os elementos possíveis são de B a Ne.
(d) Válido. Os elementos possíveis são de Y a Cd.

7.45 (a) Neodímio, Nd: [Xe]$4f^46s^2$ (Tabela 7.3)

[Xe] ↑↑↑↑ ☐☐☐ ☐☐☐☐☐ ↑↓
        4f   5d   6s

Ferro, Fe: [Ar]$3d^64s^2$

[Ar] ↑↓ ↑ ↑ ↑ ↑ ↑↓
        3d   4s

Boro, B: [He]$2s^22p^1$

[He] ↑↓ ↑ ☐ ☐
     2s   2p

(b) Todos os três elementos têm elétrons desemparelhados e, portanto, devem ser paramagnéticos.
(c) Íon neodímio(III), Nd³⁺: [Xe]$4f^3$

[Xe] ↑↑↑ ☐☐☐☐ ☐☐☐☐☐ ☐
        4f   5d   6s

Íon ferro(III), Fe³⁺: [Ar]$3d^5$

[Ar] ↑ ↑ ↑ ↑ ↑ ☐
        3d   4s

Tanto o neodímio(III) quanto o ferro(III) têm elétrons desemparelhados e são paramagnéticos.

7.47 K < Ca < Si < P

7.49
(a) Metal
(b) B
(c) A
(d) A
(e) Rb₂Se

7.51 In⁴⁺: índio tem três elétrons na camada exterior e por isso é pouco provável formar um íon 4+.

Fe⁶⁺: embora o ferro tenha oito elétrons em seus orbitais 3d e 4s, os íons com carga 6+ são altamente improváveis. A energia de ionização é muito grande.

Sn⁵⁺: o estanho tem quatro elétrons nas camadas exteriores e por isso é pouco provável formar um íon 5+.

7.53
(a) Se
(b) Br⁻
(c) Na
(d) N
(e) N³⁻

7.55
(a) Na
(b) C
(c) Na < Al < B < C

7.57
(a) Cobalto
(b) Paramagnético
(c) Quatro elétrons desemparelhados

7.59
(a) metal
(b) B
(c) A

(d) B
(e) A
(f) AB$_2$ ou SrI$_2$

7.61 (a) 0,421 g
(b) Paramagnéticos; dois elétrons desemparelhados
(c) 99,8 mg; o pó de níquel é paramagnético e grudará em um ímã.

7.63 O Li tem três elétrons ($1s^22s^1$) e o Li$^+$ tem apenas dois elétrons ($1s^2$). O íon é menor que o átomo porque existem apenas dois elétrons para serem mantidos pelos três prótons no íon. Além disso, um elétron em um orbital maior foi removido. Átomos de flúor têm nove elétrons e nove prótons ($1s^22s^22p^5$). O ânion, F$^-$, tem um elétron adicional, o que significa que dez elétrons devem ser mantidos por apenas nove prótons, e assim o íon é maior do que o átomo.

7.65 (a) Os elétrons removidos do Al estão no orbital $3p$, que tem energia menos negativa do que o orbital $3s$ do qual o elétron é removido em Mg. Veja o gráfico das energias dos orbitais em "Um Olhar mais Atento: Energias dos Orbitais, Z* e Configurações Eletrônicas".
(b) O elétron removido de S é um de um par. A repulsão elétron-elétron reduz a energia necessária para remover o elétron. (Os elétrons $3p$ de P não estão emparelhados.)

7.67 A configuração mais estável é (d) (spins paralelos em orbitais diferentes, de acordo com a regra de Hund.) A configuração (b) é menos estável do que (c) devido à repulsão dos dois elétrons no mesmo orbital. A configuração (a) não é uma possibilidade aceitável; dois elétrons não podem ter o mesmo conjunto de números quânticos.

7.69 K ($1s^22s^22p^63s^23p^64s^1$) → K$^+$($1s^22s^22p^63s^23p^6$)
K$^+$ ($1s^22s^22p^63s^23p^6$) → K^{2+}($1s^22s^22p^63s^23p^5$)
A primeira ionização é para a remoção de um elétron da camada de valência dos elétrons. O segundo elétron, no entanto, é removido da subcamada $3p$. Esta subcamada é significativamente menor em energia do que a subcamada $4s$, e consideravelmente mais energia é necessária para remover esse segundo elétron.

7.71 (a) Ao ir de um elemento para o outro ao longo do período, a carga nuclear efetiva aumenta ligeiramente, e a atração entre o núcleo e os elétrons aumenta.
(b) O tamanho do quarto período de elementos de transição, por exemplo, é um reflexo do tamanho do orbital $4s$. Quando elétrons d são adicionados ao longo da série, os prótons são adicionados ao núcleo. A adição de prótons deve levar à diminuição do tamanho do átomo, mas o efeito dos prótons é equilibrado por repulsões dos elétrons $3d$ e $4s$, e o tamanho do átomo muda ligeiramente.

7.73 Entre os argumentos de um composto de Mg^{2+} e O^{2-} estão os seguintes:
(a) A experiência química sugere que todos os elementos do Grupo 2A formam cátions 2+, e que o oxigênio é tipicamente o íon O^{2-} nos seus compostos.
(b) Outros elementos alcalinoterrosos formam óxidos tais como BeO, CaO e BaO.
Um experimento possível é a medição do ponto de fusão do composto. Um composto iônico tal como NaF (com íons tendo cargas 1$^+$ e 1$^-$) funde-se a 990 °C, enquanto um composto análogo ao MgO, CaO, funde a uma temperatura muito mais alta (2580 °C).

7.75 (a) A carga nuclear efetiva aumenta, fazendo que as energias do orbitais de valência fiquem mais negativas em movimento ao longo do período.
(b) À medida que as energias dos orbitais de valência ficam mais negativas, fica cada vez mais difícil remover um elétron do átomo, e a EI aumenta. Perto do final do período, as energias dos orbitais se tornam tão negativas que a remoção de um elétron requer energia significativa. Em vez disso, a carga nuclear efetiva atinge o ponto em que o átomo forma um íon negativo, em linha com a entalpia de ligação de elétrons mais negativa para os elementos do lado direito da tabela periódica.
(c) As energias dos orbitais de valência estão na ordem:
Li (−520,0 kJ) < Be (−899,3 kJ) >
B (−800,8 kJ) < C (−1029 kJ)
Isso significa que é mais difícil retirar um elétron de Be do que de Li ou B. A energia é mais negativa para C do que para B, então é mais difícil remover um elétron de C do que de B.

7.77 O tamanho diminui ao longo dessa série de elementos, enquanto sua massa aumenta. Desse modo, a massa por volume, a densidade, aumenta.

7.79 (a) O elemento 113: [Rn]$5f^{14}6d^{10}7s^27p^1$
Elemento 115: [Rn]$5f^{14}6d^{10}7s^27p^3$
(b) O elemento 113 está no Grupo 3A (com elementos como o boro e o alumínio), e o elemento 115 está no Grupo 5A (com elementos como o nitrogênio e o fósforo).
(c) c) Amerício (Z = 95) + argônio (Z = 18) = elemento 113

7.81 (a) Configuração eletrônica do enxofre

↑↓	↑↓	↑↓ ↑↓ ↑↓	↑↓	↑↓ ↑ ↑
1s	2s	2p	3s	3p

(b) Um conjunto possível de números quânticos de um elétron $3p$ é:
$n = 3$, $\ell = 1$, $m_\ell = 1$ e $m_s = +1/2$
(c) S tem a menor energia de ionização e O tem o menor raio.
(d) S é menor que o íon S^{2-}
(e) 584 g SCl$_2$
(f) 10,0 g de SCl$_2$ é o reagente limitante, e 11,6 g de SOCl$_2$ pode ser produzido.
(g) $\Delta_f H°[SCl_2(g)] = -17,6$ kJ/mol

7.83 (a) Z* para F é 5,20; Z* para Ne é 5,85. A carga nuclear efetiva aumenta de O para F para Ne. À medida que a carga nuclear efetiva aumenta, o raio atômico diminui, e a primeira energia de ionização aumenta.

(b) Z^* para um elétron $3d$ em Mn é 5,6; para um elétron $4s$ é apenas 3,6. A carga nuclear efetiva experimentada por um elétron $4s$ é muito menor que a experimentada por um elétron $3d$. Um elétron $4s$ em Mn é, assim, mais facilmente removido.

Capítulo 8

Estudos de Caso

Radicais Livres, Química Atmosférica e Tinturas de Cabelo

1. 18 elétrons de valência

   H—Ö—N̈=Ö

   Todos os átomos têm uma carga formal de zero. Não existem estruturas de ressonância equivalentes.

2. 30 elétrons de valência

   [estrutura com Carga formal = −1 em O; Ö=C—Ö—Ö—H] ↔ [Ö—C(=O)—Ö—Ö—H com Carga formal = −1]

   Todos os átomos têm carga formal zero, exceto os indicados.

Ibuprofeno, um Estudo de Caso em Química Verde

1. As estruturas de Lewis para as partes principais das moléculas em que a reação ocorre são as seguintes:

   CH—Ö—H + :C≡O: → CH—C(=O)—Ö—H

   Ligações rompidas: 1 C—O e 1 C≡O

   (1 mol C—O/1 mol-rea)(358 kJ/mol C—O) + (1 mol C≡O/1 mol-rea)(1046 kJ/mol C≡O) = 1404 kJ/mol-rea

   Ligações formadas: 1 C—C, 1 C=O e 1 C—O

   (1 mol C—C/1 mol-rea)(346 kJ/mol C—C) + (1 mol C=O/1 mol-rea)(745 kJ/mol C=O) + (1 mol C—O/1 mol-rea)(358 kJ/mol C—O) = 1449 kJ/mol-rea

   $\Delta_r H° \approx$ 1404 kJ/mol-rea − 1449 kJ/mol-rea = −45 kJ/mol-rea

   A reação é prevista como sendo exotérmica.

2. Todos os átomos do ibuprofeno têm uma carga formal de zero.

3. A ligação mais polar na molécula é O—H.

4. A molécula não é simétrica e, assim, é polar.

5. A ligação mais curta na molécula é O—H.

6. A ligação C=O tem a maior ordem de ligação. As ligações C=C no anel têm uma ordem de 1,5.

7. Sim, existem ângulos de ligação de 120° presentes: os ângulos de ligação ao redor dos átomos de C no anel e aqueles em torno do átomo de C no grupo —CO_2H são todos de 120°. Não há ângulos de 180° nesta molécula.

8. Há um grupo ácido no ibuprofeno (—CO_2H), por conseguinte, 1 mol de ibuprofeno reagirá com 1 mol de NaOH.

   200, mg de ibuprofeno (1 g/1000 mg)(1 mol ibuprofeno/206,3 g ibuprofeno)(1 mol NaOH/1 mol ibuprofeno)(1 L/0,0259 mol NaOH)(1000 mL/1 L) = 37,4 mL.

   Portanto 37,4 mL da solução de NaOH seriam necessários.

Verifique Seu Entendimento

8.1 H—CH$_2$—Cl (H$_3$C—Cl com :Cl:) ; :Ö—H com H (metanol Ö—H) ; :Ö—Ö: com H em cada

H—N̈—H com H abaixo ; H—N̈—Ö—H com H abaixo

8.2 :C≡O:

8.3 [H—N̈—H com H acima e abaixo]$^+$ [:N≡O:]$^+$ [:Ö—S(=Ö)—Ö: com Ö abaixo]$^{2-}$

8.4 H—C(H)(H)—Ö—H   H—N̈—Ö—H com H
       metanol   hidroxilamina

8.5 (a) CN^-: carga formal em C é −1; carga formal em N é 0.

(b) SO_3^{2-}: carga formal em S é +1; carga formal em cada O é −1.

8.6 Estruturas de ressonância do íon HCO_3^-:

[Ö=C—Ö: com Ö—H]$^-$ ↔ [:Ö—C=Ö com Ö—H]$^-$

(a) Não. Três estruturas de ressonância são necessárias na descrição de CO_3^{2-}; apenas duas são necessárias para descrever HCO_3^-.

(b) Em cada estrutura de ressonância: a carga formal de carbono é 0; o oxigênio do grupo —OH e o oxigênio duplamente ligado têm uma carga formal de zero; o oxigênio ligado isoladamente tem carga formal de −1. A carga formal média nos dois últimos átomos de oxigênio é − ½. No íon carbonato, cada um dos três átomos de oxigênio tem uma carga formal média de −⅔.

(c) Espera-se que H⁺ adicione a um dos oxigênios uma carga formal negativa; isto é, um dos átomos de oxigênio com carga formal de −½ nesta estrutura.

8.7 $[:\ddot{F}—\ddot{C}l—\ddot{F}:]^+$ ClF₂⁺, 2 pares de ligação e 2 pares isolados.

$[:\ddot{F}—\ddot{C}l—\ddot{F}:]^-$ ClF₂⁻, 2 pares de ligação e 3 pares isolados.

8.8 Geometria tetraédrica em torno do carbono. O ângulo de ligação Cl—C—Cl estará perto de 109,5°.

8.9 Para cada espécie, a geometria do par de elétrons e a sua estrutura molecular são as mesmas. BF₃: trigonal planar; BF₄⁻: tetraédrica. Adicionando-se F⁻ a BF₃ soma um par de elétrons ao átomo central e a forma se altera.

8.10 A geometria do par de elétrons ao redor de I é bipiramidal trigonal. A geometria molecular do íon é linear.

8.11 (a) Em PO₄³⁻, há geometria tetraédrica entre pares de elétrons. A geometria molecular também é tetraédrica.

(b) Em SO₃²⁻, há geometria tetraédrica de pares de elétrons. A geometria molecular é bipiramidal trigonal.

(c) Em IF₅, há geometria octaédrica de pares de elétrons. A geometria molecular é piramidal quadrada.

8.12 (a) O átomo de H é o polo positivo em cada caso. H—F (Δχ = 1,8) é mais polar que H—I (Δχ = 0,5).
(b) O átomo de B é o polo positivo em cada caso. B—F (Δχ = 2,0) é mais polar que B—C (Δχ = 0,5).
(c) C—Si (Δχ = 0,6) é mais polar que C—S (Δχ = 0,1). Em C—Si, C é o polo negativo, e Si é o polo positivo. Em C—S, S é o polo negativo, e C é o polo positivo.

8.13 16 elétrons de valência

$[:S≡C—\ddot{N}:]^-$ ⟷ $[:\ddot{S}=C=\ddot{N}:]^-$ ⟷ $[:\ddot{S}—C≡N:]^-$
Cargas formais +1 0 2−   0 0 −1   −1 0 0

As considerações da carga formal favorecerem a estrutura do meio porque ela tem menos carga formal do que a estrutura da esquerda e, ao contrário da estrutura da direita, ela tem a carga formal negativa no átomo mais eletronegativo no íon.
Polaridade da ligação: para a ligação C—N, Δχ = 0,5, então esta ligação é polar e deve ter um C parcialmente positivo e um N parcialmente negativo. Para a ligação C—S, Δχ = 0,1, então essa ligação deve ser apenas ligeiramente polar com um C parcialmente positivo e um S parcialmente negativo.
Comparação da carga formal e da polaridade da ligação: a ligação em SCN⁻ será mais próxima da estrutura de ressonância do meio com uma contribuição menor da estrutura de ressonância do lado direito. Disso concluímos que tanto N quanto S terão uma carga formal negativa, com N tendo o valor mais negativo. As polaridades das ligações C—N e C—S correspondem a essa descrição, com N e S sendo a extremidade negativa de cada ligação polar.

8.14 (a) BFCl₂, lado negativo, polar, é o átomo F porque F é o átomo mais eletronegativo na molécula.

(b) NH₂Cl, lado negativo, polar, é o átomo de Cl.

(c) SCl₂, polar, os átomos de Cl estão no lado negativo.

8.15 (a)

Cargas formais: S = +1, O = −1, Cl = 0

(b) Geometria: piramidal-trigonal. A molécula é polar. A carga positiva está no enxofre, a carga negativa, no oxigênio.

8.16 CH₄(g) + 2 O₂(g) → CO₂(g) + 2 H₂O(g)
Quebre 4 ligações C—H e 2 ligações O=O: (4 mols)(413 kJ/mol) + (2 mols)(498 kJ/mol) = 2648 kJ
Faça 2 ligações C=O e 4 ligações H—O: (2 mols)(803 kJ/mol) + (4 mols)(463 kJ/mol) = 3458 kJ
Δ𝑟H° = 2648 kJ − 3458 kJ = −810 kJ/mol-rea (valor calculado usando as entalpias de formação = −802 kJ/mol-rea)

Exercícios

Seção 8.2

1. (a) O enxofre possui três ligações simples com o oxigênio e um par único.

2. (c) O₃

3. (b) OCN⁻

4. (b) A estrutura de Lewis mostrada tem 5 ligações com cada átomo de C.

Seção 8.3

1. (c) +1

Seção 8.4

1. (c) NO₂⁺

2. (b) A carga formal do N é +1; a carga formal de cada oxigênio é 0.

Seção 8.5

1. (b) SF₄, SF₅⁺, SF₆

2. (d) 3

Seção 8.6

1. (a) PCl₃

2. (c) piramidal quadrada

3. (c) 120°

4. (a) linear, ângulo de 180°

Seção 8.7

1. (d) Al—Cl

2. (c) A ligação I—Cl é polar, sendo I a extremidade positiva.

3. (a) :N≡N—Ö:

Seção 8.8

1. (a) HF

2. (a) BCl₃

Seção 8.9

1. (d) H₂NOH

2. (a) CN⁻

3. (b) −206 kJ/mol-rea

Aplicando Princípios Químicos: Linus Pauling e a Eletronegatividade

1. Usando a média da entalpia de dissociação da ligação:
   $\chi_{Cl} - \chi_H = 0,98$
   De acordo com a Figura 8.10, $\chi_{Cl} - \chi_H = 1,0$

3. $\chi_S = 2,55$

Questões para Estudo

8.1. (a) Grupo 6A, 6 elétrons na camada de valência
   (b) Grupo 3A, 3 elétrons na camada de valência
   (c) Grupo 1A, 1 elétron na camada de valência
   (d) Grupo 2A, 2 elétrons na camada de valência
   (e) Grupo 7A, 7 elétrons na camada de valência
   (f) Grupo 6A, 6 elétrons na camada de valência

8.3 Grupo 4A, quatro ligações
   Grupo 5A, três ligações (de um composto neutro)
   Grupo 6A, duas ligações (de um composto neutro)
   Grupo 7A, uma (de um composto neutro)

8.5 (a) NF₃, 26 elétrons de valência

:F—N—F:
   |
   :F:

(b) ClO₃⁻, 26 elétrons de valência

[:O—Cl—O:]⁻
      |
     :O:

(c) HOBr, 14 elétrons de valência

H—Ö—Br:

(d) SO₃²⁻, 26 elétrons de valência

[:O—S—O:]²⁻
      |
     :O:

8.7 (a) CHClF₂, 26 elétrons de valência

     H
     |
:Cl—C—F:
     |
    :F:

(b) CH₃CO₂H, 24 elétrons de valência

 H :O:
 | ||
H—C—C—Ö—H
 |
 H

(c) CH₃CN, 16 elétrons de valência

 H
 |
H—C—C≡N:
 |
 H

(d) H₂CCCH₂, 16 elétrons de valência

 H   H
 | |
H—C=C=C—H

8.9 (a) SO₂, 18 elétrons de valência

:Ö—S=Ö ⟷ Ö=S—Ö:

(b) HNO₂, 18 elétrons de valência

H—Ö—N=Ö

(c) SCN⁻, 16 elétrons de valência

[S̈=C=N̈]⁻ ⟷ [:S≡C—N̈:]⁻ ⟷ [:S̈—C≡N]⁻

8.11 (a) BrF₃, 28 elétrons de valência

(b) I₃⁻, 22 elétrons de valência

(c) XeO₂F₂, 34 elétrons de valência

:F:
|
:Ö—Xe—Ö:
|
:F:

(d) XeF₃⁺, 28 elétrons de valência

:F:
|
:Xe—F:
|
:F:

8.13 (a) N = 0; H = 0
(b) P = +1; O = −1
(c) B = −1; H = 0
(d) Todos são zero.

8.15 (a) N = +1; O = 0
(b) O N central é 0. O átomo de O ligado isoladamente é o −1, e o átomo de oxigênio com dupla ligação é 0.

[:Ö—N=Ö]⁻ ⟷ [Ö=N—Ö:]⁻

(c) N e F ambos são 0.
(d) O átomo central N é +1, um dos átomos de O é −1, e os outros dois átomos de O e o átomo de H são todos 0.

   0 +1 0
H—Ö—N=Ö
       |
       :Ö:
        −1

8.17 (a) A geometria de par eletrônico em torno de N é tetraédrica. A geometria molecular é piramidal trigonal.

:Cl—N—H
    |
    H

(b) A geometria do par eletrônico em torno de O é tetraédrica. A geometria molecular é dobrada.

:Cl—Ö—Cl:

(c) A geometria do par eletrônico em torno de C é linear. A geometria molecular é linear.

[S=C=N]⁻

(d) A geometria do par eletrônico em torno de O é tetraédrica. A geometria molecular é dobrada.

H—Ö—F:

8.19 (a) A geometria do par eletrônico em torno de C é linear. A geometria molecular é linear.

Ö=C=Ö

(b) A geometria do par eletrônico em torno de N é trigonal planar. A geometria molecular é dobrada.

[:Ö—N=Ö]⁻

(c) A geometria do par eletrônico em torno de O é trigonal planar. A geometria molecular é dobrada.

Ö=Ö—Ö:

(d) A geometria do par eletrônico em torno de Cl é tetraédrica. A geometria molecular é dobrada.

[:Ö—Cl—Ö:]⁻

Todos têm dois átomos ligados ao átomo central. Como a ligação e os pares isolados variam, as geometrias dos pares eletrônicos variam de linear para tetraédrica, e as geometrias moleculares variam de linear para dobrada.

8.21 (a) A geometria do par eletrônico em torno de Cl é bipiramidal trigonal. A geometria molecular é linear.

[:F—Cl—F:]⁻

(b) A geometria do par eletrônico em torno de Cl é bipiramidal trigonal. A geometria molecular é em forma de T.

:F—Cl—F:
    |
    :F:

(c) A geometria do par eletrônico em torno de Cl é octaédrica. A geometria molecular é planar quadrada.

[:F—Cl—F:]⁻ com :F: acima e :F: abaixo

(d) A geometria do par eletrônico em torno de Cl é octaédrica. A geometria molecular é piramidal quadrada.

:F :F:
 \\ |
  Cl
 / | \\
:F :F :F

8.23 (a) Ângulo O—S—O ideal = 120°
(b) 120°
(c) 120°
(d) H—C—H = 109° e ângulo C—C—N = 180°

8.25 1 = 120°; 2 = 109°; 3 = 120°; 4 = 109°; 5 = 109°

A cadeia não pode ser linear, porque os primeiros dois átomos de carbono na cadeia têm ângulos de ligação de 109° e o último tem um ângulo de ligação de 120°. Esses ângulos de ligação não levam a uma cadeia linear.

8.27
→   →
C—O   C—N
+δ −δ +δ −δ

CO é mais polar

$$\overset{\longrightarrow}{\underset{+\delta \ -\delta}{P-Cl}} \quad \overset{\longrightarrow}{\underset{+\delta \ -\delta}{P-Br}}$$
PCl é mais polar

$$\overset{\longrightarrow}{\underset{+\delta \ -\delta}{B-O}} \quad \overset{\longrightarrow}{\underset{+\delta \ -\delta}{B-S}}$$
BO é mais polar

$$\overset{\longrightarrow}{\underset{+\delta \ -\delta}{B-F}} \quad \overset{\longrightarrow}{\underset{+\delta \ -\delta}{B-I}}$$
BF é mais polar

8.29 (a) As ligações CH e CO são polares.
(b) A ligação CO é mais polar, e O é o átomo mais negativo.

8.31 (a) OH⁻: A carga formal em O é −1 e em H é 0.
(b) BH₄⁻: mesmo que carga formal em B seja −1 e em H seja 0, H é um pouco mais eletronegativo do que B. Os quatro átomos de H, portanto, são mais propensos a terem a carga −1 do íon. As ligações BH são polares com o átomo de H na extremidade negativa.
(c) As ligações CH e CO são polares (mas a ligação C—C não é). A carga negativa nas ligações CO estão em átomos de O.

8.33 A estrutura C é a mais razoável. As cargas são as menores possíveis, e a carga negativa reside no átomo mais eletronegativo.

$$\underset{A}{\overset{-2 \ +1 \ +1}{:\ddot{N}-N\equiv O:}} \longleftrightarrow \underset{B}{\overset{-1 \ +1 \ 0}{\ddot{N}=N=\ddot{O}}} \longleftrightarrow \underset{C}{\overset{0 \ +1 \ -1}{:N\equiv N-\ddot{O}:}}$$

8.35 Estruturas de Lewis:

$$\left[\begin{array}{c} \ddot{O}=C-\ddot{O}-H \\ | \\ :\ddot{O}: \end{array} \right]^- \longleftrightarrow \left[\begin{array}{c} :\ddot{O}-C-\ddot{O}-H \\ \| \\ :O: \end{array} \right]^-$$

$$\begin{array}{c} \ddot{O}=N-\ddot{O}-H \\ | \\ :\ddot{O}: \end{array} \longleftrightarrow \begin{array}{c} :\ddot{O}-N-\ddot{O}-H \\ \| \\ :O: \end{array}$$

(a) Estas espécies são isoeletrônicas.
(b) Cada uma tem duas grandes estruturas de ressonância.
(c) Em HCO₃⁻, o H, o C e o O ligados ao H têm todos uma carga formal de 0. Cada um dos outros átomos de oxigênio tem uma carga formal de −½.
Em HNO₃, as mesmas cargas formais estão presentes como em HCO₃⁻, exceto que o N central tem uma carga formal de +1.
(d) HNO₃ é muito mais ácido que HCO₃⁻. Isso se deve, em parte, à eletrostática simples. É muito mais fácil remover uma espécie de carga positiva (H⁺) de uma espécie neutra (HNO₃) do que de uma carregada negativamente (HCO₃⁻).

8.37 (a) $\left[\overset{-1 \ 0 \ 0}{:\ddot{O}-N=\ddot{O}} \right]^- \longleftrightarrow \left[\overset{0 \ 0 \ -1}{\ddot{O}=\ddot{N}-\ddot{O}:} \right]^-$

(b) Se um íon H⁺ fosse atacar NO₂⁻, ele se anexaria a um átomo de O, porque os átomos de O suportam a carga negativa neste íon.
(c) $H-\ddot{O}-\ddot{N}=\ddot{O}: \longleftrightarrow :\ddot{O}-\ddot{N}=\ddot{O}-H$
A estrutura do lado esquerdo é fortemente favorecida porque todos os átomos possuem carga formal zero, ao passo que a estrutura da direita tem carga formal −1 em um átomo de oxigênio (*à esquerda*) e carga formal +1 em outro (*à direita*).

8.39 (i) As cargas mais polares estão em H₂O (porque O e H têm a maior diferença de eletronegatividade).
(ii) Não polar: CO₂ e CCl₄
(iii) O átomo de F é mais negativamente carregado.

8.41 (a) BeCl₂, nenhuma molécula polar linear
(b) HBF₂, molécula trigonal planar polar com átomos de F sobre a extremidade negativa do dipolo e o átomo de H na extremidade positiva.
(c) CH₃Cl, molécula tetraédrica polar. O átomo de Cl está ligado à extremidade negativa do dipolo e os três átomos de H estão no lado positivo da molécula.
(d) SO₃, uma molécula trigonal planar apolar.

8.43 (a) Duas ligações C—H, a ordem da ligação é 1; 1 ligação C=O, ordem da ligação é 2.
(b) Três ligações S—O simples, ordem da ligação é 1.
(c) Duas ligações duplas nitrogênio-oxigênio, ordem de ligação é 2.
(d) Uma ligação dupla N=O, ordem de ligação é 2; uma ligação N—Cl, ordem de ligação é 1.

8.45 (a) B—Cl
(b) C—O
(c) P—O
(d) C=O

8.47 Ordens da ligação NO: 2 em NO₂⁺, 1,5 em NO₂⁻; 1,33 em NO₃⁻. A ligação NO é mais longa em NO₃⁻ e mais curta em NO₂⁺.

8.49 A ligação CO no monóxido de carbono é uma ligação tripla, por isso, ela é mais curta e mais forte do que a ligação dupla CO em H₂CO.

8.51 Usando os dados da entalpia de dissociação da ligação, $\Delta_r H° \approx -44$ kJ/mol-rea. Usando dados $\Delta_f H°$, $\Delta_r H° = -45,9$ kJ/mol-rea.

8.53 $\Delta_r H = -126$ kJ

8.55 A energia de dissociação da ligação O—F = 192 kJ/mol

8.57

Elemento	Número de Elétrons de Valência
Li	1
Ti	4
Zn	2
Si	4
Cl	7

8.59 SeF₄, BrF₄⁻, XeF₄

8.61

$$\left[\begin{array}{c} :\overset{..}{O}: \\ \| \\ H-C-\overset{..}{\underset{..}{O}}: \end{array} \right]^{-} \longleftrightarrow \left[\begin{array}{c} :\overset{..}{\underset{..}{O}}: \\ | \\ H-C=\overset{..}{O} \end{array} \right]^{-}$$

Ordem da ligação = 3/2

8.63 Para estimar a variação de entalpia, precisamos das entalpias de dissociação da ligação das seguintes ligações: O=O, H—H e H—O.

ΔH para quebrar as ligações ≈ 498 kJ (para O=O) + 2 × 436 kJ (para H—H) = +1370 kJ

ΔH desenvolvida quando as ligações são feitas ≈ 4 × 463 kJ (para O—H) = −1852 KJ

$\Delta_r H \approx -482$ kJ

8.65 Todas as espécies da série têm 16 elétrons de valência e todas são lineares.

(a) $\overset{..}{\underset{..}{O}}=C=\overset{..}{\underset{..}{O}} \longleftrightarrow :\overset{..}{\underset{..}{O}}-C\equiv O: \longleftrightarrow :O\equiv C-\overset{..}{\underset{..}{O}}:$

(b) $\left[\overset{..}{\underset{..}{N}}=N=\overset{..}{\underset{..}{N}} \right]^{-} \longleftrightarrow \left[:\overset{..}{\underset{..}{N}}-N\equiv N: \right]^{-} \longleftrightarrow \left[:N\equiv N-\overset{..}{\underset{..}{N}}: \right]^{-}$

(c) $\left[\overset{..}{\underset{..}{O}}=C=\overset{..}{\underset{..}{N}} \right]^{-} \longleftrightarrow \left[:\overset{..}{\underset{..}{O}}-C\equiv N: \right]^{-} \longleftrightarrow \left[:O\equiv C-\overset{..}{\underset{..}{N}}: \right]^{-}$

8.67 As ligações N—O em NO₂⁻ têm uma ordem de ligação de 1,5, enquanto que NO₂⁺ a ordem da ligação é 2. As ligações mais curtas (110 pm) são as ligações NO com a ordem de ligação mais alta (NO₂⁺), enquanto as cargas mais longas (124 pm) em NO₂⁻ têm uma ordem de ligação inferior.

8.69 O ângulo de ligação de F—Cl—F em ClF₂⁺, que tem uma geometria tetraédrica de par de elétrons, é de aproximadamente 109°.

$$\left[:\overset{..}{\underset{..}{F}}-\overset{..}{\underset{..}{Cl}}-\overset{..}{\underset{..}{F}}: \right]^{+}$$

O íon ClF₂⁻ tem uma geometria de par de elétron bipiramidal trigonal com átomos de F nas posições axiais e os pares isolados nas posições equatoriais. Portanto, o ângulo de F—C—F é de 180°.

$$\left[:\overset{..}{\underset{..}{F}}-\overset{..}{\underset{..}{Cl}}-\overset{..}{\underset{..}{F}}: \right]^{-}$$

O ânion ClF₂⁻ tem o ângulo de ligação maior.

8.71 Um íon H⁺ se juntará a um átomo de O de SO₃²⁻ e não ao átomo de S. Cada um dos átomos de O tem uma carga formal de −1, enquanto a carga formal do átomo de S é +1.

$$\left[\begin{array}{c} :\overset{..}{\underset{..}{O}}-S-\overset{..}{\underset{..}{O}}: \\ | \\ :\overset{..}{\underset{..}{O}}: \end{array} \right]^{2-}$$

8.73 (a) O cálculo das entalpias de dissociação da ligação: $\Delta_r H° = -1070$ kJ/mol-rea; $\Delta H° = -535$ kJ/mol CH₃OH

(b) Cálculo de dados termoquímicos: $\Delta_r H° = -1352,3$ kJ/mol; $\Delta H° = -676$ kJ/mol CH₃OH

8.75 (a)

$$\left[:C\equiv N-\overset{..}{\underset{..}{O}}: \right]^{-} \longleftrightarrow \left[:\overset{..}{\underset{..}{C}}=N=\overset{..}{\underset{..}{O}} \right]^{-} \longleftrightarrow \left[:\overset{..}{\underset{..}{C}}-N\equiv O: \right]^{-}$$
−1 +1 −1 −2 +1 0 −3 +1 +1

(b) A estrutura da primeira ressonância é a mais razoável porque o oxigênio, o átomo mais eletronegativo, tem carga formal negativa, e a carga negativa desfavorável no átomo menos eletronegativo, o carbono, é menor.

(c) Essa espécie é tão instável porque o carbono, o elemento menos eletronegativo no íon, tem uma carga formal negativa. Além disso, todas as três estruturas de ressonância têm uma distribuição de carga desfavorável.

8.77

$$\begin{array}{c} F \\ | \\ :-Xe \\ | \\ F \end{array} \,)120° \qquad \begin{array}{c} F \\ | \\ F-Cl \\ | \\ F \end{array} \,)120°$$

(a) XeF₂ tem três pares de elétrons em torno do átomo Xe. A geometria do par de elétrons é bipiramidal trigonal. Já que pares isolados exigem mais espaço do que pares de ligações, é melhor colocar os pares isolados no equador da bipirâmide, onde os ângulos entre eles são de 120°.

(b) Como XeF₂, ClF₃ tem uma geometria de par de elétrons bipiramidal trigonal, mas com apenas dois pares de elétrons ao redor do Cl. Estes são de novo colocados no plano equatorial, onde o ângulo entre eles é de 120°.

8.79 (a) Ângulo 1 = 109°; ângulo 2 = 120°; ângulo 3 = 109°; ângulo 4 = 109°; e ângulo 5 = 109°

(b) A ligação O—H é a mais polar.

8.81 $\Delta_r H = +146$ kJ = 2 (ΔH_{C-N}) + $\Delta H_{C=O}$ − [ΔH_{N-N} + $\Delta H_{C\equiv O}$]

8.83 (a) Duas ligações C—H e uma O=O são quebradas e duas ligações O—C e duas H—O são feitas na reação. $\Delta_r H = -318$ kJ. A reação é exotérmica.

(b) Tanto a hidroxiacetona quanto a acetona são polares.

(c) Os átomos de hidrogênio O—H são os mais positivos na di-hidroxiacetona.

8.85 (a) A ligação C=C é mais forte do que a ligação C—C.

(b) A ligação simples C—C é maior que a ligação dupla C=C.

(c) O etileno é não polar, enquanto a acroleína é polar.

(d) A reação é exotérmica ($\Delta_r H = -45$ kJ).

8.87 $\Delta_r H = -211$ kJ

8.89 O metanol é um solvente polar. Ele contém duas ligações de polaridade significativa, a ligação C—O e a ligação O—H. Os átomos de C—O—H estão numa configuração dobrada, o que leva a uma molécula polar. O tolueno contém apenas átomos de carbono e hidrogênio, que têm eletronegatividades semelhantes e que estão dispostos em geometrias planares tetraédricas ou trigonais, que levam a uma molécula que é, em grande parte, não polar.

8.91 (a)

$$H_3C-\ddot{S}-CH_3$$

Os ângulos de ligação são todos de aproximadamente 109°.

(b) O átomo de enxofre deve ter uma carga parcial ligeiramente negativa, e os carbonos devem ter cargas parciais ligeiramente positivas. A molécula tem uma forma curva e é polar.

(c) $1,6 \times 10^{18}$ moléculas

8.93 (a) $P_4 + 6\ Cl_2 \rightarrow 4\ PCl_3$
(b) $\Delta_r H = -1206,9$ kJ/mol-rea
(c) Ligações rompidas: 6 mols P—P, 6 mols Cl—Cl
Ligações formadas: 12 mols P—Cl
$\Delta H_{P-Cl} = 322$ kJ/mol; o valor na Tabela 8.9 é 326 kJ/mol

8.95 (a) Moléculas de elétrons ímpares: BrO (13 elétrons)
(b) $Br_2(g) \rightarrow 2\ Br(g)$ $\Delta_r H = +193$ kJ
$2\ Br(g) + O_2(g) \rightarrow 2\ BrO(g)$ $\Delta_r H = +96$ kJ
$BrO(g) + H_2O(g) \rightarrow HOBr(g) + OH(g)$
   $\Delta_r H = 0$ kJ
(c) $\Delta_f H\ [HOBr(g)] = -101$ kJ/mol
(d) As reações em parte (b) são endotérmicas, e a entalpia de formação na parte (c) é exotérmica.

Capítulo 9

Estudo de Caso

Química Verde, Corantes Seguros e Orbitais Moleculares

1. C_8H_4BrNO

2. A energia por fóton é inversamente proporcional ao tamanho da onda. A luz absorvida pelo amarelo manteiga tem um comprimento de onda menor que o amarelo manteiga nitrado; portanto, o amarelo manteiga absorve mais energia luminosa do que o amarelo manteiga nitrado.

3. Púrpura tíria: 9
Amarelo manteiga nitrado: 8

Verifique Seu Entendimento

9.1 Os átomos de carbono e nitrogênio em CH_3NH_2 são hibridizados sp^3. As ligações C—H surgem através da sobreposição dos orbitais sp^3 do carbono e 1s do hidrogênio. A ligação entre C e N é formada pela sobreposição de orbitais sp^3 a partir desses átomos. A sobreposição dos orbitais sp^3 do nitrogênio e 1s do hidrogênio dá as duas ligações N—H, e há um par isolado no orbital sp^3 do nitrogênio remanescente.

9.2 (a) sp^3
(b) (da esquerda para a direita) sp^2, sp^2, sp^3
(c) sp^2

9.3 Os dois átomos de carbono CH_3 são hibridizados em sp^3, e o átomo de carbono central é hibridizado em sp^2. Para cada um dos átomos de carbono nos grupos metilo, a sobreposição dos orbitais sp^3 com os orbitais 1s do hidrogênio forma as três ligações C—H, e o quarto orbital sp^3 sobrepõe com um orbital sp^2 no átomo do carbono central, formando uma ligação sigma carbono–carbono. A sobreposição de um orbital sp^2 no carbono central e um orbital sp^2 no oxigênio dão a ligação sigma entre esses elementos. A ligação π entre carbono e oxigênio surge pela sobreposição de um orbital p de cada elemento.

9.4 H_2^+: $(\sigma_{1s})^1$ O íon tem uma ordem de ligação de ½ e espera-se que exista. Uma ordem de ligação de ½ é prevista para He_2^+ e H_2^-, sendo que ambos são previstos para ter as seguintes configurações de elétrons $(\sigma_{1s})^2(\sigma^*_{1s})^1$.

9.5 É previsível que Li_2^- tenha a seguinte configuração eletrônica $(\sigma_{1s})^2(\sigma^*_{1s})^2(\sigma_{2s})^2(\sigma^*_{2s})^1$ e uma ordem de ligação de ½; o valor positivo implica que o íon pode existir.

9.6 O_2^+: [elétrons do núcleo] $(\sigma_{2s})^2(\sigma^*_{2s})^2(\sigma_{2p})^2(\pi_{2p})^4(\pi^*_{2p})^1$. A ordem da ligação é 2,5. O íon é paramagnético com um elétron não emparelhado.

Exercícios

Seção 9.2

1. (c) sp^3
2. (c) N é sp^2 em NO_2^-
3. (d) p no átomo de A com p no átomo de B
4. (b) Os átomos de nitrogênio estão vinculados por uma ligação σ e duas π.

Seção 9.3

1. (b) 2,5
2. (b) π^*_{2p}
3. (c) C_2
4. (a) O_2^+

Aplicando Princípios Químicos: Pesquisando Moléculas com Espectroscopia de Fotoelétrons

1. Metal
3. σ_{2p}
5. Os elétrons ejetados 15,6 eV e 16,7 eV vieram dos orbitais de ligação. A remoção de um elétron de um orbital ligante enfraquece a ligação e, portanto, resulta em um comprimento de ligação mais longo. O elétron ejetado 18,6 eV vem de um orbital antiligação.

Questões para Estudo

9.1 O par de elétrons e a geometria molecular de $CHCl_3$ são ambos tetraédricos. Cada ligação C—Cl é formada pela sobreposição de um orbital híbrido sp^3 no átomo de C com um orbital $3p$ em um átomo de Cl para formar uma ligação sigma. Uma ligação sigma C—H é formada pela sobreposição de um orbital híbrido sp^3 no átomo de C com um orbital 1s do átomo H.

Apêndice N   A-71

```
        :Cl:
         |
    H—C—Cl:
         |
        :Cl:
```

9.3
```
    H—N—O—H
        |
        H
```

Tanto N quanto O apresentam hibridização sp^3. Um dos orbitais sp^3 no N sobrepõe-se a um dos orbitais apresentando hibridização sp^3 no O.

9.5
```
       :O:
        ‖
    :F—C—F:
```

As geometrias de par de elétrons e moleculares são ambas trigonais planares. O átomo de carbono apresenta hibridização sp^2. A ligação σ entre C e O é formada pela sobreposição de um orbital híbrido sp^2 em C com um orbital híbrido sp^2 em O. A ligação π é formada pela sobreposição de uma orbital $2p$ em C com um orbital $2p$ em O.

9.7

	Geometria do Par Eletrônico	Geometria Molecular	Conjunto Orbital Híbrido
(a)	Planar trigonal	Planar trigonal	sp^2
(b)	Linear	Linear	sp
(c)	Tetraédrica	Tetraédrica	sp^3
(d)	Planar trigonal	Planar trigonal	sp^2

9.9 (a) C, sp^3; O, sp^3
(b) CH$_3$, sp^3; do meio C, sp^2; CH$_2$, sp^2
(c) CH$_2$, sp^3; CO$_2$H, sp^2; N, sp^3

9.11 Há 32 elétrons de valência, tanto em HPO$_2$F$_2$ quanto em seu ânion. Ambos têm uma geometria tetraédrica molecular, então o átomo P em ambos apresenta hibridização sp^3.

```
     :O:              :O:     ⁻
      ‖                ‖
  H—O—P⋯F:       :O—P⋯F:
      |                |
      F:               F:
```

9.13 O átomo de C apresenta hibridização sp^2. Dois dos orbitais que apresentam hibridização sp^2 são usados para formar ligações σ em C—Cl, e o terceiro é usado para formar a ligação σ em C—O. O orbital p não utilizado nos orbitais híbridos do átomo C é usado para formar a ligação pi em CO.

9.15 A geometria de par de elétrons em torno do S é tetraédrica, e a geometria molecular é trigonal piramidal. Os átomos de S apresentam hibridização sp^3.

9.17
```
   H₃C     CH₃        H      CH₃
     \   /              \   /
      C=C                C=C
     /   \              /   \
    H     H            Cl     H
  isômero cis       isômero trans
```

9.19 íon H$_2$⁺: $(\sigma_{1s})^1$. Ordem de ligação é 0,5. A ligação em H$_2$⁺ é mais fraca que em H$_2$ (ordem de ligação = 1).

9.21 Diagramas MO para o íon C$_2$²⁻

```
  _____         σ*₂ₚ
  _____ _____   π*₂ₚ
   ↑↓           σ₂ₚ
   ↑↓    ↑↓    π₂ₚ
   ↑↓           σ*₂ₛ
   ↑↓           σ₂ₛ
```

O íon tem 10 elétrons de valência (isoeletrônica com N$_2$). Há uma ligação líquida σ e duas ligações líquidas π, de uma ordem de ligação de 3. A ordem de ligação aumenta em 1 indo de C$_2$ para C$_2$²⁻. O íon não é paramagnético.

9.23 O$_2$: (elétrons do núcleo)$(\sigma_{2s})^2(\sigma^*_{2s})^2(\sigma_{2p})^2(\pi_{2p})^4(\pi^*_{2p})^2$
O$_2$²⁻: (elétrons do núcleo)$(\sigma_{2s})^2(\sigma^*_{2s})^2(\sigma_{2p})^2(\pi_{2p})^4(\pi^*_{2p})^4$
(a) O$_2$ é paramagnético; O$_2$²⁻ é diamagnético.
(b) O$_2$ tem uma ligação líquida σ e uma rede de ligações π. O$_2$²⁻ tem uma ligação líquida σ.
(c) ordem de ligação de O$_2$ = 2; ordem de ligação de O$_2$²⁻ = 1
(d) O comprimento de ligação em O$_2$ é menor do que em O$_2$²⁻.

9.25 Menor N$_2$; maior, Li$_2$

9.27 (a) ClO tem 13 elétrons de valência
[núcleo]$(\sigma_s)^2(\sigma^*_s)^2(\pi_p)^4(\sigma_p)^2(\pi^*_p)^3$
(b) π^*_p
(c) Paramagnético
(d) Há ligações líquidas σ 1 e π 0,5; a ordem de ligação é 1,5.

9.29
```
        :F:        ⁻
         |
    :F—Al—F:
         |
        :F:
```

O par de elétrons e a geometria molecular são ambas tetraédricas. O átomo de Al apresenta hibridização sp^3, assim as ligações Al—F são formadas pela sobreposição de um orbital sp^3 com um orbital p em cada átomo de F. A carga formal em cada um dos átomos de flúor é 0, e em Al é −1. Esta não é uma distribuição de carga razoável, pois o átomo menos eletronegativo, alumínio, tem carga negativa.

9.31 $[:\ddot{O}—\ddot{N}=\ddot{O}]^- \longleftrightarrow [\ddot{O}=\ddot{N}—\ddot{O}:]^-$

A geometria do par de elétrons é planar trigonal. A geometria molecular é dobrada (ou angular). O ângulo O—N—O será de cerca de 120°, a ordem média da ligação N—O é 3/2, e o átomo de N apresenta hibridização sp^2.

9.33 As estruturas de ressonância de N$_2$O, com cargas formais, são mostradas aqui.

```
  −2 +1 +1        −1 +1  0        0  +1 −1
  :N—N≡O:   ⟷   :N=N=O:   ⟷   :N≡N—O:
     A              B              C
```

O átomo central N apresenta hibridização *sp* em todas as estruturas. Os dois orbitais *sp* híbridos no átomo central N são usados para formar ligações σ N—N e N—O. Os dois orbitais *p* não utilizados na hibridação do átomo de N são usados para formar a ligação π necessária.

9.35 (a) Todas as três têm a fórmula C_2H_4O. (Elas são isômeras porque têm a mesma fórmula. Contudo, têm estruturas diferentes.)
(b) *Óxido de etileno*: Todos os átomos de C possuem hibridização sp^3.
Acetaldeído: O átomo de carbono CH_3 apresenta hibridização sp^3, e o outro átomo de C, hibridização sp^2.
Álcool vinil: Ambos os átomos de C possuem hibridização sp^2.
(c) *Óxido de etileno*: 109°
Acetaldeído: 109°
Álcool vinil: 120°
(d) Todos são polares.
(e) O acetaldeído tem a ligação CO mais forte, e o álcool vinílico tem a ligação C—C mais forte.

9.37 (a) átomo de carbono de CH_3: sp^3
átomo de carbono de C≡N: sp^2
átomo de N: sp^2
(b) ângulo da ligação C—N—O = 120°

9.39 (a) C(1) = sp^2; O(2) = sp^3; N(3) = sp^3; C(4) = sp^3; P(5) = sp^3
(b) Ângulo A = 120°; ângulo B = 109°; ângulo C = 109°; ângulo D = 109°
(c) As ligações P—O e O—H são mais polares ($\Delta\chi = 1,3$).

9.41 (a) A ligação C=O é mais polar.
(b) 18 ligações σ e cinco ligações π
(c)

isômero *trans*   *cis* isômero

(d) Todos os átomos de C possuem hibridização sp^2.
(e) Todos os ângulos de ligação são de 120°.

9.43 (a) O íon peróxido tem uma ordem de ligação de 1.

$[:\overset{..}{O}-\overset{..}{O}:]^{2-}$

(b) [Núcleo de elétrons] $(\sigma_{2s})^2(\sigma^*_{2s})^2(\sigma_{2p})^2(\pi_{2p})^4(\pi^*_{2p})^4$
Essa configuração também leva a uma ordem de ligação de 1.
(c) Ambas as teorias levam a um íon diamagnético com uma ordem de ligação de 1.

9.45 Moléculas diatômicas paramagnéticas: B_2 e O_2
Ordem de ligação de 1: Li_2, B_2, F_2; ordem de ligação de 2: C_2 e O_2; ordem de ligação mais alta: N_2

9.47 CN tem nove elétrons de valência.

[elétrons no núcleo]$(\sigma_{2s})^2(\sigma^*_{2s})^2(\pi_{2p})^4(\sigma_{2p})^1$

(a) HOMO, σ_{2p}

(b, c) Ordem de ligação = 2,5 (0,5 ligação σ e 2 ligações π)
(d) Paramagnética

9.49 (a) Todos os átomos apresentam hibridização sp^3.
(b) Aproximadamente 109°
(c) Polar
(d) O anel de seis membros não pode ser plano, devido aos átomos tetraédricos C do anel. Todos os ângulos da ligação são 109°.

9.51 (a) A geometria sobre o átomo de boro é planar trigonal em BF_3 mas tetraédrica em H_3N—BF_3.
(b) O boro tem hibridização sp^2 em BF_3 mas hibridização sp^3 em H_3N—BF_3.
(c) A molécula de amônia é polar com o átomo de N parcialmente negativo. Embora a molécula de BF_3 em geral seja apolar, cada uma das ligações B—F é polarizada de modo que B tenha uma carga positiva parcial. O N parcialmente negativo em NH_3 é atraído para o B parcialmente positivo em BF_3.
(d) Um dos pares isolados no oxigênio de H_2O pode formar uma ligação covalente coordenada com o B em BF_3. O composto resultante seria (os pares isolados em F não mostrados):

$$H-\overset{..}{\underset{..}{O}}-\underset{F}{\overset{H\quad F}{B}}-F$$

9.53 (a) NH_2^-: geometria de par de elétrons = tetraédrica, geometria molecular = dobrada, hibridização de N = sp^3
SO_3: geometria de par de elétrons = geometria molecular = planar trigonal, hibridização de S = sp^2

(b)

$$\left[H\underset{H}{\overset{..}{N}}-\underset{\overset{..}{\underset{..}{O}:}}{\overset{:\overset{..}{O}:}{S}}-\overset{..}{\underset{..}{O}}: \right]^-$$

Os ângulos de ligação ao redor de N e S são todos cerca de 109°.
(c) O N não sofre qualquer alteração em sua hibridação; as mudanças S de sp^2 para sp^3.
(d) O SO_3 é o que aceita um par de elétrons na presente reação. O mapa do potencial eletrostático confirma que seja razoável porque o enxofre tem uma carga positiva parcial.

9.55

$$\left[H-\underset{H}{\overset{H}{C}}-\overset{:O:}{\underset{..}{C}}-\overset{..}{\underset{..}{O}}: \right]^- \longleftrightarrow \left[H-\underset{H}{\overset{H}{C}}-\overset{:O:}{C}=\overset{..}{\underset{..}{O}} \right]^-$$

Hibridização de C em —CO_2^- é sp^2

Ligação C—C: sobreposição do orbital híbrido sp^2 no carbono de —CO_2^- com orbital híbrido sp^3 no outro C.

Ligação σ de C—O da ligação dupla C=O: sobreposição do orbital híbrido sp^2 no C com orbital híbrido sp^2 no O

Ligação π de C—O da ligação dupla C=O: sobreposição do orbital p no C com orbital em O

Ligação simples C—O: a estrutura de Lewis, por si só, faria parecer que esta ligação é formada pela sobreposição de um orbital híbrido sp^2 em C com um orbital híbrido sp^3 em O. No híbrido de ressonância, no entanto, este oxigênio também teria hibridação sp^2.

9.57 $\ddot{\text{O}}=\text{S}-\ddot{\text{O}}: \longleftrightarrow :\ddot{\text{O}}-\text{S}=\ddot{\text{O}}$

A teoria MO mostra uma ligação σ para cada ligação S—O, mais uma contribuição da ligação π. A ligação π nesta molécula será semelhante àquela em O_3 discutida no texto. Haverá dois elétrons em uma ligação π de MO e dois elétrons em uma não ligação π de MO. Isto dá uma ordem de ligação global de 1 para a ligação π, em toda a molécula e, por conseguinte, uma ordem de ligação líquida π de 0,5 para cada ligação S—O. A ordem total da ligação de cada ligação S—O é, portanto, 1,5 (1 da ligação σ, 0,5 da ligação π).

9.59 Um átomo de C pode formar, no máximo, quatro orbitais híbridos (sp^3). O número mínimo é dois, por exemplo, os orbitais híbridos sp utilizados por carbono em CO. O carbono tem apenas quatro orbitais de valência, de modo que não pode formar mais de quatro orbitais híbridos.

9.61 (a) C, sp^2; N (previsto com base na estrutura de Lewis), sp^3

(b) A amida ou ligação peptídica tem duas estruturas de ressonância (mostradas aqui com cargas formais sobre os átomos O e N). A estrutura B é menos favorável, devido à separação de carga.

(c) O fato de a ligação amida ser plana indica que a estrutura B tem alguma importância e que o N da ligação peptídica apresenta hibridização sp^2.

Os principais locais de carga positiva são o nitrogênio na ligação amida e o hidrogênio do grupo —O—H. As principais regiões de carga negativa são átomos de oxigênio e o nitrogênio do grupo livre —NH_2.

9.63 A teoria MO é melhor para usar quando se explica ou compreende o efeito da adição de energia a moléculas. Uma molécula pode absorver energia e um elétron pode, assim, ser promovido a um nível mais elevado. Usando a teoria MO, é possível ver como isso ocorre. Além disso, a teoria MO é um modelo melhor de se usar para prever se uma molécula é paramagnética.

9.65 Menor energia = orbital C < orbital B < orbital A = maior energia

9.67 B rodeado por três pares de elétrons: geometria de par de elétrons = geometria molecular = planar trigonal; hibridização = sp^2; carga formal = 0

B rodeado por quatro pares de elétrons; geometria do par de elétrons = geometria molecular = tetraédrica; hibridização = sp^3; carga formal = –1

9.69 HF tem uma ordem de ligação igual a 1. HF_2^- tem uma ordem de ligação de 1 para toda a ligação de três centros de quatro elétrons e, portanto, uma ordem de ligação de 0,5 para cada ligação H—F. Por conseguinte, deve ser mais fácil romper a ligação em HF_2^-, levando à menor entalpia de ligação para HF_2^- do que para HF.

9.71 (a) fórmula empírica = Br_2O

$:\ddot{\text{B}}\text{r}-\ddot{\text{O}}-\ddot{\text{B}}\text{r}:$

O O deve ter orbitais híbridos sp^3.

(b) 13 elétrons de valência; $(\sigma_s)^2(\sigma^*_s)^2(\pi_p)^4(\sigma_p)^2(\pi^*_p)^3$
HOMO = π^*_p

9.73 (a) As ligações rompidas: duas ligações N—H, uma ligação N—H em cada N da ureia; duas ligações C—O no ácido malônico (em cada extremidade da molécula). Ligações feitas: duas ligações N—C no ácido barbitúrico; duas ligações O—H, uma em cada molécula de H_2O (outro produto desta reação). A variação de entalpia estimada calculada a partir das energias de ligação média: 38 kJ evoluído, exotérmica.

(b) $H_2NCONH_2 + HO_2CCH_2CO_2H \rightarrow$
$C_4H_4N_2O_3 + 2\ H_2O$

(c) Ângulos de 109,5° na ligação de C no grupo CH_2; todos os outros ângulos estarão próximos a 120°.

(d) Os átomos de C e N no anel têm hibridização sp^2, exceto para o átomo de C do grupo CH_2, em que o átomo de C tem hibridização sp^3.

(e) O grupo C=O, já que a diferença de eletronegatividade é maior entre C e O.

(f) Sim, ele é polar.

Capítulo 10

Estudo de Caso

O Mistério do Metano

1. Razão $[CO_2]/[CH_4]$ = 390 ppm/0,1774 ppm = $2,2 \times 10^3$

2. Tanto C quanto P têm geometria tetraédrica e hibridização sp^3.

3. O número de oxidação de P é +5

4. (a) fração molar de CH_4 no ar = $1,774 \times 10^{-7}$ mol (Há $1,774 \times 10^{-7}$ mol de CH_4 em 1 mol de ar.)

Volume do ar =
$(1,00\ km^3)(10^9\ m^3/km^3)(10^6\ cm^3/m^3)(1\ L/10^3\ cm) =$
$1,00 \times 10^{12}$ L

Mols de gases em 1 km^3 de ar: $n = PV/RT =$
$(1,00\ atm)(1,00 \times 10^{12}\ L)/[(0,08205\ L\ atm/mol\ K)$
$(298\ K)] = 4,09 \times 10^{10}$ mol de gases

Amt CH_4 = $(1,774 \times 10^{-7}$ mol CH_4/mol$)$
$(4,09 \times 10^{10}$ mol$) = 7,26 \times 10^3$ mol CH_4/km^3

Moléculas de CH_4 em 1 km^3 de ar =
$(7,26 \times 10^3$ mol $CH_4)(6,022 \times 10^{23}$ moléculas/mol$)$
$= 4,37 \times 10^{27}$ moléculas CH_4

(b) $(7{,}26 \times 10^3 \text{ mols CH}_3\text{PO}_3\text{H}^-)(95{,}0 \text{ g/mol}) = 6{,}90 \times 10^5 \text{ g}$

Verifique Seu Entendimento

10.1 0,29 atm(760 mm Hg/1 atm) = 220 mm Hg
0,29 atm(1,01325 bar/1 atm) = 0,29 bar
0,29 bar(10^5 Pa/1 bar)(1 kPa/10^3 Pa) = 29 kPa

10.2 $V_2 = P_1V_1/P_2 = (745 \text{ mm Hg})(65{,}0 \text{ L})/[0{,}70(745 \text{ mm Hg})] = 93$ L

10.3 $V_1 = 45$ L e $T_1 = 298$ K; $V_2 = ?$ e $T_2 = 263$ K
$V_2 = V_1(T_2/T_1) = (45 \text{ L})(263 \text{ K}/298 \text{ K}) = 40$, L

10.4 $V_2 = V_1(P_1/P_2)(T_2/T_1) =$
(22 L)(150 atm/0,993 atm)(295 K/304 K) = 3200 L
Com 5,0 L por balão, há He suficiente para encher 640 balões.

10.5 44,8 L de $O_2(g)$ são necessários; 44,8 L de $H_2O(g)$ e 22,4 L de $CO_2(g)$ são produzidos.

10.6 $PV = nRT$
(750/760 atm)(V) = (1300 mols)(0,08206 L · atm/mol · K)(296 K)
$V = 3{,}2 \times 10^4$ L

10.7 De acordo com a Equação 10.5, a densidade é inversamente proporcional a T (K).
d (a 55 °C) = (1,18 g/L)(298 K/328 K) = 1,07 g/L

10.8 $PV = (m/M)RT$; $M = mRT/PV$
M = (0,105 g)(0,08206 L · atm/mol · K)(296,2 K)/[(561/760) atm (0,125 L)] = 27,8 g/mol

10.9 2 Na(s) + 2 $H_2O(\ell) \rightarrow$ 2 NaOH(aq) + $H_2(g)$
Quantidade de H_2 = (15,0 g Na)(1 mol Na/22,99 g Na)(1 mol H_2/2 mols Na) = 0,326 mol
Volume de $H_2 = V = nRT/P = (0{,}326$ mol)(0,08206 L atm/mol K)(298,2 K)/1,10 atm = 7,25 L

10.10 P_{halotano} (5,00 L) = (0,0760 mol)(0,08206 L · atm/mol · K) (298,2 K)
P_{halotano} = 0,372 atm (ou 283 mm Hg)
$P_{\text{oxigênio}}$ (5,00 L) = (0,734 mol)(0,08206 L · atm/mol · K)(298,2 K)
$P_{\text{oxigênio}}$ = 3,59 atm (ou 2730 mm Hg)
$P_{\text{total}} = P_{\text{halotano}} + P_{\text{oxigênio}}$ = 283 mm Hg + 2730 mm Hg = 3010 mm Hg

10.11 Para o He: use a Equação 10.9, com M = 4,00 × 10^{-3} kg/mol, T = 298 K, e R = 8,314 J/mol · K para calcular a velocidade rms de 1360 m/s. Um cálculo semelhante para N_2, com M = 28,01 × 10^{-3} kg/mol, dá uma velocidade rmq de 515 m/s.

10.12 A massa molar de CH_4 é 16,0 g/mol.

$$\frac{\text{Razão de CH}_4}{\text{Razão de moléculas desconhecidas}} = \frac{n \text{ moléculas 1,50 min}}{n \text{ moléculas/4,73 min}} = \sqrt{\frac{M_{\text{desconhecido}}}{16{,}0}}$$

$M_{\text{desconhecido}}$ = 159 g/mol

Exercícios

Seção 10.1
1. (b) 16 kPa
2. (b) 7,8 m

Seção 10.2
1. (b) 463 mL
2. (d) 120, °C
3. (d) nenhuma das anteriores (pressão = 0,458 atm)

Seção 10.3
1. (e) Xe
2. (b) B
3. (b) D

Seção 10.4
1. (d) 0,88 g
2. (a) 0,18 mol

Seção 10.5
1. (c) 40 mm Hg de C_2H_2 e 100 mm Hg de O_2

Seção 10.6
1. (d) 329 m/s
2. (a) A = Xe, B = O_2, C = Ne, D = He

Seção 10.7
1. (c) rmq para HCl/rmq para NH_3 = 0,68

Seção 10.8
1. (a) 18,0 atm

Aplicando Princípios Químicos: O Dirigível da Goodyear

1. 0,164 g/L
3. Massa dos passageiros + lastro = 5,75 × 10^5 g = 575 kg

Questões para Estudo

10.1 (a) 0,58 atm
(b) 0,59 bar
(c) 59 kPa

10.3 (a) 0,754 bar
(b) 650 kPa
(c) 934 kPa

10.5 2,70 × 10^2 mm Hg

10.7 3,7 L

10.9 250 mm Hg

10.11 3,2 × 10^2 mm Hg

10.13 9,72 atm

10.15 (a) 75 mL O_2
(b) 150 mL NO_2

10.17 0,919 atm

10.19 V = 2,9 L

10.21 $1,9 \times 10^6$ g He

10.23 $3,7 \times 10^{-4}$ g/L

10.25 34,0 g/mol

10.27 57,5 g/mol

10.29 Massa molar = 74,9 g/mol; B_6H_{10}

10.31 0,039 mol H_2; 0,096 atm; 73 mm Hg

10.33 170 g de NaN_3

10.35 1,7 atm de O_2

10.37 4,1 atm de H_2; 1,6 atm de Ar; pressão total = 5,7 atm

10.39 (a) 0,30 mol de halotano/1 mol de O_2
(b) $3,0 \times 10^2$ g de halotano

10.41 (a) CO_2 tem a maior energia cinética.
(b) A velocidade quadrada das moléculas de H_2 é maior que a velocidade das moléculas de CO_2.
(c) O número de moléculas de CO_2 é maior que o número de moléculas de H_2 [$n(CO_2) = 1,8n(H_2)$].
(d) A massa de CO_2 é maior que a massa de H_2.

10.43 A velocidade média das moléculas de CO_2 = $3,65 \times 10^4$ cm/s

10.45 A velocidade média aumenta (e a massa molar diminui) na ordem $CH_2F_2 <$ Ar $< N_2 < CH_4$.

10.47 (a) F_2 (38 g/mol) se difunde mais rápido que CO_2 (44 g/mol).
(b) N_2 (28 g/mol) se difunde mais rápido que O_2 (32 g/mol).
(c) C_2H_4 (28,1 g/mol) se difunde mais rápido que C_2H_6 (30,1 g/mol).
(d) $CFCl_3$ (137 g/mol) se difunde mais rápido que $C_2Cl_2F_4$ (171 g/mol).

10.49 36 g/mol

10.51 (c) Alta pressão e baixa temperatura (T perto do ponto de condensação)

10.53 P da equação de van der Waals = 26,0 atm
P da lei do gás ideal = 30,6 atm

10.55 (a) Como um gás ideal, P = 162 atm. Usando a equação de van der Waals, P = 111,10 atm.
(b) $a(n/V^2)$

10.57 (a) Atmosfera padrão: 1 atm; 760 mm Hg; 101,325 kPa; 1,013 bar
(b) Pressão parcial de N_2: 0,780 atm; 593 mm Hg; 79,1 kPa; 0,791 bar
(c) Pressão de H_2: 131 atm; $9,98 \times 10^4$ mm Hg; $1,33 \times 10^4$ kPa; 133 bar
(d) Ar: 0,333 atm; 253 mm Hg; 33,7 kPa; 0,337 bar

10.59 T = 290 K ou 17 °C

10.61 $2 C_4H_9SH(g) + 15 O_2(g) \rightarrow 8 CO_2(g) + 10 H_2O(g) + 2 SO_2(g)$
Pressão total = 37,3 mm Hg. Pressões parciais: CO_2 = 14,9 mm Hg, H_2O = 18,6 mm Hg e SO_2 = 3,73 mm Hg.

10.63 4 mols

10.65 V = 44,8 L de O_2

10.67 Ni é o reagente limitante; 1,31 g de $Ni(CO)_4$

10.69 (a, b) amostra 4 (He) tem o maior número de moléculas e a amostra 3 (H_2 a 27 °C e 760 mm Hg) tem o menor número de moléculas.
(c) Amostra 2 (Ar)

10.71 8,54 g de $Fe(CO)_5$

10.73 S_2F_{10}

10.75 (a) 28,7 g/mol ≃ 29 g/mol
(b) X de O_2 = 0,17 e X de N_2 = 0,83

10.77 Massa molar = 86,4 g/mol. O gás é provavelmente ClO_2F.

10.79 Calcule a massa molar (44 g/mol). O gás é provavelmente CO_2.

10.81 (d) não está correto. A velocidade de efusão de um gás é inversamente proporcional à raiz quadrada de sua massa molar.

10.83 $1,3 \times 10^2$ g/mol

10.85 n(He) = 0,0128 mol

10.87 Peso percentual de $KClO_3$ = 69,1%

10.89 (a) $NO_2 < O_2 < NO$
(b) $P(O_2)$ = 75 mm Hg
(c) $P(NO_2)$ = 150 mm Hg

10.91 $P(NH_3)$ = 69 mm Hg e $P(F_2)$ = 51 mm Hg
Pressão após a reação = 17 mm Hg

10.93 A 20 °C, há $7,8 \times 10^{-3}$ g H_2O/L. A 0 °C, há $4,6 \times 10^{-3}$ g H_2O/L.

10.95 A mistura contém 0,22 g de CO_2 e 0,77 g de CO.
$P(CO_2)$ = 0,22 atm; $P(O_2)$ = 0,12 atm; $P(CO)$ = 1,22 atm

10.97 A fórmula do composto do ferro é $Fe(CO)_5$.

10.99 (a) $P(B_2H_6)$ = 0,0160 atm
(b) $P(H_2)$ = 0,0320 atm, então P_{total} = 0,0480 atm

10.101 Quantidade de Na_2CO_3 = 0,00424 mol
Quantidade de $NaHCO_3$ = 0,00951 mol
Quantidade de CO_2 produzida = 0,0138 mol
Volume de CO_2 produzido = 0,343 L

10.103 A decomposição de 1 mol de $Cu(NO_3)_2$ deve dar 2 mols de NO_2 e ½ mol de O_2. Quantidade total real = $4,72 \times 10^{-3}$ mol de gás.
(a) Massa molar média = 41,3 g/mol.
(b) Frações molares: $X(NO_2)$ = 0,666 e $X(O_2)$ = 0,334
(c) Quantidade de cada gás: $3,13 \times 10^{-3}$ mol de NO_2 e $1,57 \times 10^{-3}$ mol de O_2. A razão dessas quantidades é 1,99 mol de NO_2/mol de O_2. Ela é diferente da razão 4 mols de NO_2/mol de O_2 esperada da reação.

(d) Se algumas moléculas de NO_2 se combinassem para formar N_2O_4, a fração molar aparente de NO_2 seria menor que a esperada (= 0,8). Uma vez que este é o caso, é evidente que algum N_2O_4 tenha sido formado (como é observado na experiência).

10.105 (a) M = 138 g/mol; o composto desconhecido é P_2F_4.
(b) $M = 1,4 \times 10^2$ g/mol; isso é consistente com o resultado obtido no item (a).

10.107 (a) 10,0 g de O_2 representam mais moléculas do que 10,0 g de CO_2. Portanto, O_2 tem a maior pressão parcial.
(b) A velocidade média das moléculas de O_2 é maior que a velocidade das moléculas de CO_2.
(c) Os gases estão na mesma temperatura e assim têm a mesma energia cinética média.

10.109 (a) $P(C_2H_2) > P(CO)$
(b) Há mais moléculas no recipiente de C_2H_2 do que no recipiente de CO.

10.111 (a) Não é um gás. Um gás se expandiria a um volume infinito.
(b) Não é um gás. Uma densidade de 8,2 g/mL é típica de um sólido.
(c) Informação insuficiente
(d) Gás

10.113 (a) Há mais moléculas de H_2 presentes do que átomos de He.
(b) A massa de He é maior que a massa de H_2.

10.115 A velocidade das moléculas de gás está relacionada à raiz quadrada da temperatura absoluta, de modo que uma duplicação da temperatura levará a um aumento de aproximadamente $(2)^{1/2}$ ou 1,4.

Capítulo 11

Estudo de Caso

Uma Catástrofe na Ração Animal

1. % N na melamina = 84/126 × 100 = 67%
% N em ácido cianúrico = 42/129 × 100 = 33%
Ambos os compostos possuem um percentual maior de nitrogênio do que a proteína média.

2. 454 g da amostra (0,14 g de melamina/1000000 g de amostra) = $6,4 \times 10^{-5}$ g de melamina = 0,064 mg de melamina = 64 μg de melamina

Verifique Seu Entendimento

11.1 Como o F^- é o menor íon, as moléculas de água podem se aproximar mais e interagir mais fortemente. Assim, o F^- deve ter a entalpia de hidratação mais negativa.

11.2 $H_3C-O\overset{H}{}$
    $H-O$
        CH_3

A ligação de hidrogênio em metanol envolve a atração do átomo de hidrogênio que tem uma carga positiva parcial (δ^+) sobre uma molécula do átomo de oxigênio que tem uma carga negativa parcial (δ^-) numa segunda molécula. A forte força atrativa da ligação de hidrogênio fará com que o ponto de ebulição e a entalpia de vaporização do metanol sejam altos.

11.3 A água é um solvente polar, enquanto o hexano e o CCl_4 não são polares. Forças de dispersão de London são as forças primárias de atração entre todos os pares de solventes diferentes. Para misturas de água com os outros solventes, as forças dipolo induzido–dipolo também serão importantes.

11.4 (a) O_2: apenas forças dipolo induzido–dipolo induzido.
(b) CH_3OH: forte ligação de hidrogênio (forças dipolo–dipolo), bem como as forças dipolo induzido–dipolo induzido.
(c) As forças entre as moléculas de água: forte ligação de hidrogênio e forças dipolo induzido–dipolo induzido. Entre N_2 e H_2O: as forças dipolo induzido–dipolo e forças dipolo induzido–dipolo induzido.

11.5 $(1,00 \times 10^3 \text{ g})(1 \text{ mol}/32,04 \text{ g})(35,2 \text{ kJ/mol}) = 1,10 \times 10^3$ kJ

11.6 (a) A 40 °C a pressão de vapor do etanol é cerca de 120 mm Hg.
(b) A pressão de vapor em equilíbrio do etanol a 60 °C é cerca de 320 mm Hg. A 60 °C e 600 mm Hg, o etanol é um líquido. Se o vapor estiver presente, ele condensa-se num líquido.

Exercícios

Seção 11.2

1. (b) $AlCl_3$

Seção 11.3

1. (b) CH_3OH

2. (a) H_2O

Seção 11.4

1. (d) I_2

2. (d) octano, C_8H_{18}

Seção 11.5

1. (a) dispersão

Seção 11.6

1. (b) Toda a água evapora.

2. (a) 29,0 kJ/mol

3. (d) menor, maior

Aplicando Princípios Químicos: Cromatografia

1. (a) O 1,5-pentanodiol é mais atraído à fase móvel. A força de atração principal é a ligação de hidrogênio. Forças dipolo–dipolo e forças de dispersão também estão presentes.
    (b) O etil propil éter é mais atraído à fase estacionária por força de dispersão, mas também existem algumas interações dipolo induzido–dipolo.
    (c) As moléculas serão separadas na seguinte ordem (do primeiro ao último): 1,5-pentanodiol, 1-pentanol e etil propil éter.

Questões para Estudo

11.1 (a) Interações dipolo–dipolo (e ligações hidrogênio)
(b) Forças dipolo induzido–dipolo induzida
(c) Interações dipolo–dipolo (e ligações de hidrogênio)

11.3 (a) Forças dipolo induzido–dipolo induzido
(b) Forças dipolo induzido–dipolo induzido
(c) Forças dipolo–dipolo
(d) Forças dipolo–dipolo (e ligação de hidrogênio)

11.5 (a), (b) e (c). Os pontos de ebulição destes líquidos são: Ne (–246 °C), CO (–192 °C), CH$_4$ (–162 °C) e CCl$_4$ (77 °C).

11.7 (c) HF; (d) ácido acético; (f) CH$_3$OH

11.9 (a) LiCl. O íon Li$^+$ é menor que o Cs$^+$ (Figura 7.12), o que faz com que as forças de atração íon–íon sejam mais fortes em LiCl.
(b) Mg(NO$_3$)$_2$. O íon Mg^{2+} é menor que o íon Na$^+$ (Figura 7.11), e o íon magnésio tem uma carga 2+ (em oposição a 1+ do sódio). Ambos os efeitos levam a forças mais fortes da atração íon–íon no nitrato de magnésio.
(c) NiCl$_2$. O íon níquel(II) tem uma carga maior que o Rb$^+$ e é consideravelmente menor. Ambos os efeitos significam que existem forças de atração íon–íon mais fortes em cloreto de níquel(II).

11.11 $q = +90{,}1$ kJ

11.13 (a) A pressão do vapor de água é cerca de 150 mm Hg a 60 °C. (O Apêndice G dá um valor de 149,4 milímetros Hg a 60 °C.)
(b) 600 mm Hg a cerca de 93 °C
(c) A 70 °C, o etanol tem uma pressão de vapor de cerca de 520 mm Hg, enquanto a da água é de cerca de 225 mm Hg.

11.15 A 30 °C, a pressão de vapor do éter é cerca de 590 mm Hg. (Esta pressão requer 0,23 g de éter na fase de vapor nas condições dadas, então há éter suficiente no frasco.) A 0 °C, a pressão de vapor é cerca de 160 mm Hg, então algum éter condensa quando a temperatura diminui.

11.17 (a) O$_2$ (–183 °C) (pe de N$_2$ = –196 °C)
(b) SO$_2$ (–10 °C) (CO$_2$ sublima a –78 °C)
(c) HF (+19,7 °C) (HI, –35,6 °C)
(d) GeH$_4$ (–90,0 °C) (SiH$_4$, –111,8 °C)

11.19 (a) CS$_2$, cerca de 620 mm Hg; CH$_3$NO$_2$, cerca de 80 mm Hg
(b) CS$_2$, forças dipolo induzido–dipolo induzido; CH$_3$NO$_2$, forças dipolo–dipolo
(c) CS$_2$, cerca de 46 °C; CH$_3$NO$_2$, cerca de 100 °C
(d) Cerca de 39 °C
(e) Cerca de 95 °C

11.21 (a) 80,1 °C
(b) A cerca de 48 °C, o líquido tem uma pressão de vapor a 250 mm Hg. A pressão de vapor é de 650 mm Hg a 75 °C.
(c) 3,5 kJ/mol (da inclinação do gráfico)

11.23 Não, o CO não pode ser liquefeito sob temperatura ambiente, porque a temperatura crítica é inferior a ela.

11.25 A camada de moléculas na superfície de um líquido é mais difícil de romper do que o volume líquido. A energia necessária para romper essa película é a tensão superficial. Uma aplicação da tensão superficial é que é possível um clipe de papel flutuar na superfície da água, mas se o clipe romper a superfície, ele irá afundar. A tensão superficial resulta de forças intermoleculares porque as moléculas no interior de um líquido interagem por meio dessas forças com moléculas em torno delas, mas as moléculas na superfície têm forças intermoleculares apenas com moléculas na camada de superfície ou abaixo dela e, assim, sentem uma força interior líquida de atração.

11.27 Esse fenômeno é resultado da ação capilar. A água é atraída para os grupos —OH no papel. Como resultado dessas forças de adesão, algumas moléculas de água começam a se mover para cima do papel. Outras moléculas de água ficam em contato com essas moléculas de água por meio de forças coesas. Um fluxo de moléculas de água, assim, move o papel.

11.29 (a) dipolo induzido–dipolo induzido
(b) dipolo induzido–dipolo induzido, dipolo–dipolo
(c) dipolo induzido–dipolo induzido, dipolo–dipolo, ligação de hidrogênio.

11.31 Os íons Li$^+$ são menores que os íons Cs$^+$ (78 pm e 165 pm, respectivamente; ver Figura 7.11). Assim, haverá uma força atrativa maior entre os íons Li$^+$ e as moléculas de água do que entre os íons Cs$^+$ e as moléculas de água.

11.33 (a) 350 mm Hg
(b) Etanol (pressão de vapor mais baixa em cada temperatura)
(c) 84 °C
(d) CS$_2$, 46 °C; C$_2$H$_5$OH, 78 °C; C$_7$H$_{16}$, 99 °C
(e) CS$_2$, gás; C$_2$H$_5$OH, gás; C$_7$H$_{16}$, líquido

11.35 A entalpia molar de vaporização eleva-se com o aumento das forças intermoleculares: C$_2$H$_6$ (14,69 kJ/mol; dipoloinduzido) < HCl (16,15 kJ/mol; dipolo) < CH$_3$OH (35,21 kJ/mol, ligações de hidrogênio). (As entalpias molares de vaporização aqui estão dadas no ponto de evaporação do líquido.)

11.37 $5{,}49 \times 10^{19}$ átomo/m^3

11.39 (a) 70,3 °C

(b)

Usando a equação da linha reta no gráfico
ln $P = -3885 (1/T) + 17,949$
calculamos que $T = 311,6$ K (39,5 °C) quando $P = 250$ mm Hg. Quando $P = 650$ mm Hg, $T = 338,7$ K (ou 65,5 °C)

(c) Calculado $\Delta_{vap}H = 32,3$ kJ/mol

11.41 (a) Quando a lata é invertida em água fria, a pressão do vapor de água dentro da lata, que foi de aproximadamente 760 mm Hg, cai rapidamente, digamos, a 9 mm Hg a 10 °C. Isso cria um vácuo parcial na lata e a mesma é esmagada por causa da diferença de pressão no seu interior e da pressão atmosférica que pressiona para baixo no exterior da lata.

(b)

Antes do aquecimento   Após o aquecimento

11.43 A acetona e a água podem interagir através de ligações de hidrogênio.

11.45 A viscosidade do etilenoglicol será maior que a do etanol, graças à maior capacidade de ligação do hidrogênio do glicol.

11.47 (a) A água tem duas ligações OH e dois pares de elétrons, enquanto o átomo de O do etanol tem apenas uma ligação OH (e dois pares de elétrons). Ligações de hidrogênio mais extensas são mais prováveis para a água.

(b) A água e o etanol interagem extensivamente através da ligação de hidrogênio, então espera-se que o volume seja ligeiramente menor que a soma dos dois volumes.

11.49 Duas evidências de que o H$_2$O(ℓ) tem forças atrativas intermoleculares consideráveis:

(a) Com base nos pontos de ebulição dos hidretos do Grupo 6A (Figura 11.4), o ponto de ebulição da água deve ser de aproximadamente –80 °C. O ponto de ebulição efetivo de 100 °C reflete a significativa ligação de hidrogênio que ocorre.

(b) A água líquida tem uma capacidade calorífica específica que é maior que de quase qualquer outro líquido. Isto reflete o fato de que uma quantidade relativamente maior de energia é necessária para superar as forças intermoleculares e aumentar a temperatura do líquido.

11.51 (a) HI, iodeto de hidrogênio

(b) O grande átomo de iodo em HI leva a uma polaridade significativa da molécula e, portanto, a uma grande força de dispersão.

(c) O momento dipolar de HCl (1,07 D, Tabela 8.6) é maior que de HI (0,38 D).

(d) HI. Ver parte (b).

11.53 Um gás pode ser liquefeito sob ou abaixo da sua temperatura crítica. A temperatura crítica do CF$_4$ (–45,7 °C) é inferior à temperatura ambiente (25 °C), de modo que não pode ser liquefeito à temperatura ambiente.

11.55 A ligação do hidrogênio é a mais provável no grupo O—H na extremidade "direita" da molécula, e nos grupos C=O e N—H no grupo amida (—NH—CO—).

11.57 Pontos de ebulição, entalpia de vaporização, volatilidade, tensão superficial

11.59 Quanto mais ramificações nos hidrocarbonetos, menor é o ponto de ebulição. Isso implica forças dipolo induzido–dipolo induzido mais fracas. Maior ramificação resulta em um formato mais compacto, com menos área de superfície disponível para contato e, portanto, menores forças dipolo induzido–dipolo induzido.

11.61 F$_2$ < Cl$_2$ < Br$_2$ < I$_2$
He < Ne < Ar < Kr < Xe

A massa molar e o ponto de ebulição se correlacionam com essas ordens.

11.63 O ponto de ebulição da água na panela de pressão é 121 °C.

11.65 Usando a equação da linha da Questão 11.64, $P = 9,8$ atm.

11.67 (a) Haverá água no tubo em equilíbrio com o seu vapor, mas quase toda a água estará presente como água líquida.

(b) 760, mm Hg
(c) 10,4 cm^3
(d) 0,0233 g H$_2$O

Capítulo 12

Estudos de caso

Lítio e os "Carros Verdes"

1. 73.000.000 toneladas métricas de Li$_2$CO$_3$ (13,88 toneladas métricas de Li/ 73,89 toneladas métricas de Li$_2$CO$_3$) = 1,4 × 10^7 toneladas métricas de Li (= 14 milhões de toneladas métricas de Li)

2. A célula unitária do metal de lítio é cúbica de corpo centrado. (Existem átomos em cada um dos cantos do cubo e um átomo incorporado no meio do cubo.)

3. 351 pm (1 m/10^{12} pm) (100 cm/1 m) = 3,51 × 10^{-8} cm

   V de célula unitária = (3,51 × 10^{-8} cm)^3 = 4,32 × 10^{-23} cm^3

   Massa de célula unitária = 6,941 g Li/mol (1 mol/ 6,022 × 10^{23} átomos) (2 átomos/célula unitária) =

   2,305 × 10^{-23} g/célula unitária

   Densidade = massa/volume = 2,305 × 10^{-23} g/4,32 × 10^{-23} cm^3 = 0,533 g/cm^3

4. Um método consiste em realizar a seguinte reação da formação de gás:

   Li$_2$CO$_3$(aq) + 2 HCl(aq) →
   $\qquad\qquad$ 2 LiCl(aq) + H$_2$O(ℓ) + CO$_2$(g)

Nanotubos e Grafenos – Os Mais Novos Sólidos Covalentes

1. Queremos saber a distância x no diagrama do hexágono. Você sabe que os ângulos internos de um hexágono são todos 120°. Para encontrar x, podemos achar a distância y na figura e, em seguida, dobrá-la ($x = 2y$). O ângulo limitado pelo lado do hexágono e y é de 30°, e, a partir da geometria, cos 30° = y/(lado do hexágono), então y = (cos 30°) (139 pm) = (0,866) (139 pm) = 120 pm. Finalmente, x = 241 pm.

2. 1,0 μm (1 m/10^6 μm)(10^{12} pm/1 m)(1 anel C$_6$/241 pm) = 4,1 × 10^3 anéis C$_6$

3. A espessura seria de aproximadamente 150 pm. Isto corresponde ao diâmetro de um átomo de carbono, obtido multiplicando-se o raio de um átomo de carbono (apresentado na Figura 7.7) por 2 e o arredondamento com dois algarismos significativos.

Verifique Seu Entendimento

12.1 (a) A estratégia para resolver este problema é dada no Exemplo 12.1.

Passo 1. Massa da célula unitária
= (197,0 g/mol)(1 mol/6,022 × 10^{23} átomos)
$\qquad\qquad$ (4 átomos/célula unitária)
= 1,309 × 10^{-21} g/célula unitária

Passo 2. Volume da célula unitária =
(1,309 × 10^{-21} g/célula unitária) (1 cm^3/19,32 g)
= 6,773 × 10^{-23} cm^3/célula unitária

Passo 3. Comprimento do lado da célula unitária
= [6,773 × 10^{-23} cm^3/célula unitária]$^{1/3}$
= 4,076 × 10^{-8} cm

Passo 4. Calcular o raio a partir da dimensão da extremidade.

Distância diagonal = 4,076 × 10^{-8} cm (2$^{1/2}$) = 4 (r$_{Au}$)

r$_{Au}$ = 1,441 × 10^{-8} cm (= 144,1 pm)

(b) Para verificar uma estrutura cúbica de corpo centrado, calcule a massa contida na célula unitária. Se a estrutura é ccc, então, a massa será a massa de dois átomos de Fe. (Outras possibilidades: cfc – massa de 4 Fe; cúbica primitiva – massa de um átomo de Fe.) Este cálculo utiliza os quatro passos do exercício anterior em ordem inversa.

Passo 1. Use o raio de Fe para calcular as dimensões da célula. Em um cubo de corpo centrado, os átomos se tocam através da diagonal do cubo.

Distância diagonal = dimensão lateral ($\sqrt{3}$) = 4 r$_{Fe}$

Dimensão lateral do cubo =
4 (1,26 × 10^{-8} cm)/($\sqrt{3}$) = 2,910 × 10^{-8} cm

Passo 2. Calcule o volume da célula unitária

Volume da célula unitária = (2,910 × 10^{-8} cm)^3 = 2,464 × 10^{-23} cm^3

Passo 3. Combine o volume da célula unitária e a densidade para encontrar a massa da célula unitária.

Massa da célula unitária = 2,464 × 10^{-23} cm^3 (7,8740 g/cm^3) = 1,940 × 10^{-22} g

Passo 4. Calcule a massa de 2 átomos de Fe, e compare-a com a resposta do passo 3.

Massa de 2 átomos de Fe =
55,85 g/mol (1 mol/6,022 × 10^{23} átomos)(2 átomos) = 1,85 × 10^{-22} g.

Este é um jogo muito bom e, claramente, muito melhor que as duas outras possibilidades, primitiva e cfc.

12.2 M$_2$X. Em uma célula unitária cúbica de face centrada, há quatro ânions e oito furos tetraédricos para se colocar os íons metálicos. Todos os furos dos tetraedros estão dentro da célula unitária, então a proporção de átomos na célula unitária é 2:1.

12.3 Precisamos calcular a massa e o volume da célula unitária a partir da informação dada. A densidade de KCl será então massa/volume. Selecione as unidades para que a densidade seja calculada como g/cm^3.

Passo 1. Massa: A célula unitária contém 4 íons K$^+$ e 4 íons Cl$^-$.

Massa da célula unitária = (39,10 g/mol)(1 mol/6,022 × 10^{23} íons K$^+$)(4 íons K$^+$) + (35,45 g/mol) (1 mol/6,022 × 10^{23} íons Cl$^-$)(4 íons Cl$^-$) = 2,597 × 10^{-22} g + 2,355 × 10^{-22} g = 4,952 × 10^{-22} g

Passo 2. Volume: Supondo que os íons K$^+$ e Cl$^-$ se tocam ao longo de um lado do cubo, a dimensão lateral = 2 r$_{K^+}$ + 2 r$_{Cl^-}$. O volume do cubo é o cubo deste valor. (Converta o raio iônico de pm para cm.)

V = [2(1,33 × 10^{-8} cm) + 2(1,81 × 10^{-8} cm)]^3 = 2,477 × 10^{-22} cm^3

Passo 3. Densidade = massa/volume =
4,952 × 10^{-22} g/2,477 × 10^{-22} cm^3) = 2,00 g/cm^3

Exercícios

Seção 12.1
1. (b) Cúbica de corpo centrado
2. (a) 0,858 g/cm³

Seção 12.2
1. (c) cúbica de face centrada
2. (c) 3,21 g/cm³

Seção 12.3
1. (d) NaF
2. (c) $Na^+(g) + Cl^-(g) \rightarrow NaCl(s)$
3. (c) −702 kJ/mol

Seção 12.4
1. (a) 1800 nm, infravermelho

Seção 12.5
1. (c) *buckyballs* (C_{60})
2. (b) um sólido amorfo

Seção 12.6
1. (a) NaCl
2. (b) 15 g

Seção 12.7
1. (d) O CO_2 supercrítico pode ser obtido a 25 °C, se uma pressão suficientemente alta for aplicada.

Aplicando Princípios Químicos: Doença do Estanho

1. Estanho-β tem quatro átomos na célula unitária. O estanho-α tem oito átomos na célula unitária.
3. O comprimento de cada lado é de 649,0 pm.

Questões para Estudo

12.1 Duas células unitárias possíveis são ilustradas aqui. A fórmula mais simples é AB_8.

12.3 Os íons Ca^{2+} em oito cantos = 1 íon líquido Ca^{2+}
Íons O^{2-} em seis faces = 3 íons líquidos O^{2-}
Íon Ti^{4+} no centro da célula unitária = 1 íon líquido Ti^{4+}
Fórmula = $CaTiO_3$

12.5 (a) Há oito íons O^{2-} nos cantos e um no centro de uma rede de dois íons O^{2-} por célula unitária. Há quatro íons Cu no interior em buracos tetraédricos. A proporção de íons é Cu_2O.
(b) O número de oxidação do cobre deve ser +1.

12.7 Raio do átomo de Ca = 197 pm

12.9 Há três maneiras de calcular as dimensões da extremidade:
(a) Calcular a massa da célula unitária (= 1,103 × 10^{-21} g/cu).
Calcular o volume da célula unitária a partir da massa (= 3,53 × 10^{-22} cm³/cu)
Calcular o comprimento da aresta a partir do volume (= 707 pm)
(b) Supor que os íons I^- se toquem ao longo da diagonal da célula (◄ Verifique seu entendimento 12.1) e use o raio de I^- para encontrar o comprimento da extremidade. Raio de I^- = 220 pm
Extremidade = 4(220 pm) /$2^{1/2}$ = 622 pm
(c) Supor que os íons I^- e K^+ se toquem ao longo da extremidade da célula
Extremidade = 2 × raio de I^- + 2 × raio de K^+ = 706 pm

Os métodos (a) e (c) concordam. É evidente que os tamanhos dos íons são tais que os íons I^- não podem se tocar ao longo da diagonal da célula.

12.11 Aumentando a energia reticular: RbI < LiI < LiF < CaO

12.13 Como a distância íon–íon diminui, a força de atração entre os íons aumenta. Isso deve tornar a estrutura mais estável, e mais energia deve ser exigida para derreter o composto.

12.15 $\Delta_f H°$ = −607 kJ/mol

12.17 Os 1000 orbitais 2s se combinarão para formar 1000 orbitais moleculares. No estado mais baixo de energia, 500 desses orbitais serão preenchidos por pares de elétrons e 500 ficarão vazios.

12.19 Nos metais, a energia térmica faz com que alguns elétrons ocupem orbitais de maior energia na banda de orbitais moleculares. Para cada elétron promovido, dois níveis isoladamente ocupados resultam: um elétron negativo acima do nível de Fermi e um "furo" positivo abaixo do nível de Fermi. A condutividade elétrica resulta porque, devido à presença de um campo elétrico, esses elétrons negativos se moverão para o lado positivo do campo e os buracos positivos se moverão para o lado negativo.

12.21 No carbono, o intervalo da banda é muito grande para que os elétrons se movam para cima em energia, da banda de valência para a banda de condução, enquanto no silício o intervalo é pequeno o suficiente para permitir isso.

12.23 Um semicondutor intrínseco (como Si ou Ge) é aquele que naturalmente pode fazer com que os elétrons se movam através do intervalo da banda, enquanto um semicondutor extrínseco (como Ge com As adicionado) requer a adição de dopantes para que ele conduza.

12.25 (a) Oito átomos de C por célula unitária. Há oito cantos (= 1 átomo líquido C), seis faces (= 3

átomos líquidos C) e quatro átomos líquidos C internos.
(b) Cúbica de face centrada (cfc) com átomos C nos furos tetraédricos

12.27 Tipos de sólido: partículas, forças de atração
(a) Metálico: átomos metálicos, ligação metálica
(b) Iônica: íons, interações íon–íon
(c) Molecular: moléculas, ligações covalentes dentro das moléculas e forças intermoleculares entre as moléculas
(d) Rede: rede estendida de átomos de ligação covalente, ligações covalentes
(e) Amórficas: redes de ligação covalente sem regularidade de longo alcance, ligações covalentes

12.29 Substâncias: tipo de sólido, partículas, forças, propriedade
(a) Arsenieto de gálio: rede, átomos de ligação covalente, ligações covalentes, semicondutores
(b) Poliestireno: amorfos, ligações covalentes dentro das moléculas de polímero e forças de dispersão entre as moléculas de polímero, isolante térmico
(c) Carboneto de silício: rede, os átomos de ligação covalente, ligações covalentes, material muito duro
(d) Perovskita: iônico, íons de Ca^{2+} e TiO_3^{2-}, interações íon–íon, alto ponto de fusão

12.31 q (para fusão) = –1,97 kJ; q (para derretimento) = +1,97 Kj

12.33 (a) A densidade de CO_2 líquido é menor que a do CO_2 sólido.
(b) CO_2 é um gás a 5 atm e 0 °C.
(c) Temperatura crítica = 31 °C, então CO_2 não pode ser liquefeito a 45 °C.

12.35 q (para aquecer o líquido) = 9,4 × 10^2 KJ
q (para vaporizar NH_3) = 1,6 × 10^4 kJ
q (para aquecer o vapor) = 8,8 × 10^2 kJ
q_{total} = 1,8 × 10^4 kJ

12.37 Diagramas de fase do O_2. (i) Observe particularmente a inclinação positiva da linha de equilíbrio sólido–líquido. Isto indica que a densidade do sólido O_2 é maior que a do líquido O_2. (ii) Utilizando o diagrama aqui, a pressão de vapor de O_2 a 77 K está entre 150 e 200 mm Hg.

12.39 Raio da prata = 145 pm

12.41 1,356 × 10^{-8} cm (valor da literatura é 1,357 × 10^{-8} cm)

12.43 Massa de 1 unidade de CaF_2 calculada a partir dos dados do cristal = 1,2963 × 10^{-22} g. Divida a massa molar de CaF_2 (78,077 g/mol) pela massa de 1 CaF_2 para obter o número de Avogadro. Valor calculado = 6,0230 × 10^{23} CaF_2/mol.

12.45 O diagrama A leva uma cobertura de superfície de 78,5%. O diagrama B leva a cobertura de 90,7%.

12.47 (a) A estrutura pode ser descrita como uma estrutura cfc de átomos de Si.
(b) Os átomos de Si estão localizados na metade dos furos tetraédricos.
(c) Há oito átomos de Si na célula unitária.
(d) Massa da célula unitária = 3,731 × 10^{-22} g
Volume da célula unitária = 1,602 × 10^{-22} cm^3
Densidade = 2,329 g/cm^3 (o mesmo do valor da literatura)
(e) Na célula unitária de Si não podemos presumir que os átomos se toquem ao longo da borda ou ao longo da face diagonal. Ao invés disso, sabemos que os átomos de Si nos furos tetraédricos estão ligados aos átomos de Si na extremidade.

Distância de um lado ao outro da face diagonal da célula = 768 pm

Sin (109,5°/2) = 0,817 = (384 pm/2)/(Distância Si-Si)

Distância de Si no furo tetraédrico para a face ou canto de Si= 235 pm

Raio de Si = 118 pm

Figura 7,5 dá o raio de Si como 117 pm

12.49 (a) Os íons Mg^{2+} estão em $1/8$ dos possíveis furos tetraédricos, e os íons Al^{3+} estão em $1/2$ dos quatro furos octaédricos disponíveis.
(b) Os íons Fe^{2+} estão em $1/8$ dos possíveis furos tetraédricos, e os íons Cr^{3+} estão em $1/2$ dos quatro furos octaédricos disponíveis.

12.51 $8,5 \times 10^2$ nm

12.53 O germânio tem um intervalo menor, por isso tem uma condutividade superior.

12.55 Como o boro é deficiente em elétrons em comparação com o carbono, ele é um semicondutor do tipo p.

12.57 O sulfeto de chumbo tem a mesma estrutura do cloreto de sódio, não a mesma estrutura de ZnS. Há quatro íons Pb^{2+} e quatro íons S^{2-} por célula unitária, uma proporção de 1:1 que corresponde ao composto da fórmula.

12.59 4 unidades da fórmula/célula unitária; massa da célula unitária = $7,904 \times 10^{-22}$ g

Dimensão de um dos lados da célula unitária = $2r(K^+) + 2r(Br^-) = 6,58 \times 10^{-8}$ cm; então, o volume da unidade celular = lateral^3 = $2,85 \times 10^{-22}$ cm^3

Densidade = $7,902 \times 10^{-22}$ g/$2,85 \times 10^{-22}$ cm^3 = $2,77$ g/cm^3

12.61 (a) $BBr_3(g) + PBr_3(g) + 3 H_2(g) \rightarrow BP(s) + 6 HBr(g)$
(b) Se átomos de B encontram-se numa estrutura cfc, então os átomos de P devem estar em $1/2$ dos furos tetraédricos. (Desta forma se assemelha a Si na questão 12.47.)
(c) Volume da célula unitária = $1,092 \times 10^{-22}$ cm^3
Massa da célula unitária = $2,775 \times 10^{-22}$ g
Densidade = $2,54$ g/cm^3
(d) A solução para este problema é idêntica à da questão 12.47. Na estrutura BP, a diagonal da face da célula é 676 pm. Portanto, a distância BP calculada é 207 pm.

12.63 Assumindo que as esferas são embaladas de modo idêntico, os níveis de água são os mesmos. Uma estrutura cfc, por exemplo, usa 74% do espaço disponível, independentemente do tamanho da esfera.

12.65 Passo 1. Existem quatro átomos dentro de uma célula unitária ccp. Calcule o volume destes quatro átomos (V de uma esfera = $(4/3)\pi r^3$).

Passo 2. Calcule o volume total da unidade celular ($V_{célula}$ = lateral^3).

Passo 3. Ocupação percentual = ($V_{átomos}/V_{célula}$)100%

12.67 (a) Dois pontos triplos. Um com diamante, grafite e C líquido; o segundo com C líquido, grafite e vapor de carbono.
(b) não
(c) diamante
(d) Grafite é a forma estável do carbono a temperatura ambiente e 1 atmosfera de pressão.

Capítulo 13

Estudo de Caso

A Lei de Henry e os Lagos Explosivos

1. $PV = nRT$

   $4,0$ atm$(0,025$ L$) = n(0,08206$ L $\cdot$ atm/mol $\cdot$ K$)(298$ K$)$;
   $n = 4,1 \times 10^{-3}$ mol

2. $P_1V_1 = P_2V_2$

   $4,0$ atm$(0,025$ L$) = 3,7 \times 10^{-4}$ atm (V_2); $V_2 = 270$ L

   O gás expandido por um fator de 11000 (= 270 L/0,025 L).

3. Solubilidade de $CO_2 = k_H P_g = 0,034$ mol/kg $\cdot$ bar $(3,7 \times 10^{-4}$ bar$) = 1,3 \times 10^{-5}$ mol/kg

4. Antes de abrir: Solubilidade de CO_2 antes da abertura = $k_H P_g = 0,034$ mol/kg $\cdot$ bar $(4,0$ bar$) = 0,14$ mol/kg

   Assuma que a densidade da solução é de 1,0 g/cm^3, por conseguinte, 1,0 L corresponde a 1,0 kg. A quantidade de CO_2 dissolvido é de 0,14 mol.

   Após a abertura: Solubilidade de $CO_2 = 1,3 \times 10^{-5}$ mol/kg conforme calculado na parte 3 acima. A quantidade de CO_2 em 1,0 kg é $1,3 \times 10^{-5}$ mol.

   Massa de CO_2 liberado = $(0,14$ mol $CO_2 - 1,3 \times 10^{-5}$ mol $CO_2)(44,01$ g $CO_2/1$ mol $CO_2) = 6,0$ g CO_2

Verifique Seu Entendimento

13.1 (a) 10,0 g sacarose = 0,0292 mol; 250 g H_2O = 13,9 mol

$X_{sacarose} = (0,0292$ mol$)/(0,0292$ mol $+ 13,9$ mol$) = 0,00210$

$c_{sacarose} = (0,0292$ mol sacarose$)/(0,250$ kg solvente$) = 0,117$ m

% do peso da sacarose = $(10,0$ g sacarose/260 g solvente$)(100\%) = 3,85\%$

(b) $1,08 \times 10^4$ ppm = $1,08 \times 10^4$ mg Na^+ por 1000 g solvente = $(1,08 \times 10^4$ mg Na^+/1000 g solvente$)(1050$ g solvente/1 L$) = 1,13 \times 10^4$ mg Na^+/L = 11,3 g Na^+/L

$(11,3$ g Na^+/L$)(58,44$ g NaCl/23,0 g $Na^+) = 28,8$ g NaCl/L

13.2 $\Delta_{solvente}H° = \Delta_f H°[NaOH(aq)] - \Delta_f H°[NaOH(s)]$
$= -469,2$ kJ/mol $- (-425,9$ kJ/mol$)$
$= -43,3$ kJ/mol

13.3 Solubilidade de $CO_2 = k_H P_g = 0,034$ mol/kg $\cdot$ bar $\times 0,33$ bar $= 1,1 \times 10^{-2}$ mol/kg

13.4 A solução contém sacarose $[(10,0$ g$)(1$ mol/342,3 g$) = 0,0292$ mol$]$ em água $[(225$ g$)(1$ mol/18,02 g$) = 12,5$ mols$]$.

$X_{água} = (12,5$ mols $H_2O)/(12,5$ mols $+ 0,0292$ mol$) = 0,998$

$P_{água} = X_{água} P°_{água} = 0,998(149,4$ mm Hg$) = 149$ mm Hg

13.5 $c_{glicol} = \Delta T_{bp}/K_{bp} = 1,0 \,°C/(0,512 \,°C/m) = 2,0 \,m$ = 2,0 mol/kg

massa$_{glicol}$ = (2,0 mol/kg)(0,125 kg)(62,07 g/mol) = 15 g

13.6 c_{glicol} = (525 g)(1 mol/62,07 g)/(3,00 kg) = 2,82 m

$\Delta T_{fp} = K_{fp} \times m = (-1,86 \,°C/m)(2,82 \,m) = -5,24 \,°C$

Você estará protegido apenas a cerca de −5 °C e não a −25 °C.

13.7 c (mol/L) = (0,033 g bradicinina) (1 mol bradicinina/1060 g bradicinina) /0,0500 L = 6,2 × 10^{-4} M

$\Pi = cRT$ = (6,2 × 10^{-4} mol/L) (0,082057 L · atm/mol · K)(293 K) = 0,015 atm

13.8 ΔT_{fp} = 5,265 °C − 5,50 °C = −0,24 °C

$\Delta T_{fp} = K_{fp} \times m_{soluto}$

m_{soluto} = −0,24 °C/−5,12 °C/m = 0,046 mol/kg

m_{soluto} = (0,046 mol soluto/kg benzeno)(0,02346 kg benzeno) = 0,0011 mol soluto

M = 0,448 g/0,0011 mol = 4,2 × 10^2 g/mol

M(composto)/M(fórmula empírica) = 4,2 × 10^2 g/mol/104,1 g/mol = 4,0

Fórmula molecular = (C$_2$H$_5$)$_8$Al$_4$F$_4$

13.9 c (mol/L) = Π/RT = [(1,86 mm Hg)(1 atm/ 760 mm Hg)]/[(0,08206 L · atm/mol · K)(298 K)] = 1,00 × 10^{-4} M

(1,00 × 10^{-4} mol/L)(0,100 L) = 1,00 × 10^{-5} mol

Massa molar = 1,40 g/1,00 × 10^{-5} mol = 1,4 × 10^5 g/mol

(Assumindo que o polímero é composto por unidades de CH$_2$, o polímero é de cerca de 10000 unidades de comprimento.)

13.10 c_{NaCl} = (25,0 g NaCl) (1 mol/58,44 g) /(0,525 kg) = 0,815 m

$\Delta T_{fp} = K_{fp} \times m \times i$ = (−1,86 °C/m) (0,815 m) (1,85) = −2,80 °C

Exercícios

Seção 13.1

1. (b) 0,063
 (b) 3,7

2. (b) 0,88 mol/kg

Seção 13.2

1. (c) −23,55 kJ/mol

Seção 13.3

1. (b) 0,097 mol

Seção 13.4

1. (b) Na$_2$SO$_4$ < açúcar < KBr < C$_2$H$_4$(OH)$_2$

2. (d) naftaleno, C$_{10}$H$_8$

3. (c) 1,0 g de propilenoglicol, C$_3$H$_6$(OH)$_2$

4. (c) 122 g/mol

Seção 13.5

1. (b) 40 milhões de átomos

Aplicando Princípios Químicos: Destilação

1. X(hexano) = 0,59

3. Percentual da massa (hexano) = 18%

Questões para Estudo

13.1 (a) Concentração (m) = 0,0434 m
(b) Fração molar do ácido = 0,000781
(c) Peso percentual do ácido = 0,509%

13.3 NaI: 0,15 m; 2,2%; X = 2,7 × 10^{-3}
CH$_3$CH$_2$OH: 1,1 m; 5,0%; X = 0,020
C$_{12}$H$_{22}$O$_{11}$: 0,15 m; 4,9%; X = 2,7 × 10^{-3}

13.5 2,65 g Na$_2$CO$_3$; X(Na$_2$CO$_3$) = 3,59 × 10^{-3}

13.7 220 g glicerol; 5,7 m

13.9 16,2 m; 37,1%

13.11 Molalidade = 2,6 × 10^{-5} m (supondo que 1 kg de água do mar é equivalente a 1 kg de solvente)

13.13 (b) e (c)

13.15 $\Delta_{solvente}H°$ de LiCl = −36,9 kJ/mol. Esta é uma entalpia exotérmica de solução, em comparação com o mesmo valor muito ligeiramente endotérmico de NaCl.

13.17 Acima de cerca de 40 °C, a solubilidade aumenta com a temperatura; portanto, adicione mais NaCl e aumente a temperatura.

13.19 2 × 10^{-3} g O$_2$

13.21 1100 mm Hg ou 1,5 bar

13.23 (a) S = 2,0 × 10^{-3} mol/kg
(b) O aumento da pressão de 1,7 atm resultará num aumento da concentração de O$_2$ dissolvido; a redução da pressão para 1,0 atm conduzirá a uma menor concentração de O$_2$ dissolvido.

13.25 35,0 mm Hg

13.27 X(H$_2$O) = 0,869; 16,7 mol de glicol; 1040 g de glicol

13.29 Ponto de ebulição calculado = 84,2 °C

13.31 ΔT_{pe} = 0,808 °C; Ponto de ebulição da solução = 62,51 °C

13.33 Molalidade = 8,60 m; 28,4%

13.35 Molalidade = 0,195 m; ΔT_{pf} = pf = −0,362 °C

13.37 (a) ΔT_{pf} = −0,348 °C; pf = −0,348 °C
(b) ΔT_{pe} = +0,0959 °C; pe = 100,0959 °C
(c) Π = 4,58 atm

A pressão osmótica é grande e pode ser medida com um pequeno erro experimental.

13.39 Massa molar = $6{,}0 \times 10^3$ g/mol

13.41 Massa molar = 360 g/mol; $C_{20}H_{16}Fe_2$

13.43 Massa molar = 150 g/mol

13.45 Massa molar = 170 g/mol

13.47 Ponto de congelamento = $-24{,}6$ °C

13.49 0,08 m $CaCl_2$ < 0,1 m NaCl < 0,04 m Na_2SO_4 < 0,1 açúcar

13.51 (a) $BaCl_2(aq) + Na_2SO_4(aq) \rightarrow$
$BaSO_4(s) + 2\ NaCl(aq)$
(b) Inicialmente, as partículas de $BaSO_4$ formam uma suspensão coloidal.
(c) Com o tempo, as partículas de $BaSO_4(s)$ crescem e se precipitam.

13.53 Massa molar = 110 g/mol

13.55 (a) Aumento na pressão de vapor de água
0,20 m Na_2SO_4 < 0,50 m açúcar < 0,20 m KBr < 0,35 m etilenoglicol
(b) Aumento do ponto de ebulição de
0,35 m de etilenoglicol < 0,20 m KBr < 0,50 m açúcar < 0,20 m Na_2SO_4

13.57 (a) 0,456 mol DMG and 11,4 mols etanol; X(DMG) = 0,0385
(b) 0,869 m
(c) Etanol VP sobre a solução a 78,4 °C = 730,7 milímetros de Hg
(d) pe = 79,5 °C

13.59 Da amônia: 23 m; $X(NH_3)$ = 0,29; 28%

13.61 0,592 g Na_2SO_4

13.63 (a) 0,20 m KBr; (b) 0,10 m Na_2CO_3

13.65 Pontos de congelamento = -11 °C

13.67 $4{,}0 \times 10^2$ g/mol

13.69 $4{,}7 \times 10^{-4}$ mol/kg

13.71 (a) Massa molar = $4{,}9 \times 10^4$ g/mol
(b) $\Delta T_{pf} = -3{,}8 \times 10^{-4}$ °C

13.73 $\Delta_{solvente}H°$ [Li_2SO_4] = $-28{,}0$ kJ/mol
$\Delta_{solvente}H°$ [LiCl] = $-36{,}9$ kJ/mol
$\Delta_{solvente}H°$ [K_2SO_4] = $+23{,}7$ kJ/mol
$\Delta_{solvente}H°$ [KCl] = $+17{,}2$ kJ/mol
Ambos os compostos de lítio têm entalpias exotérmicas de solução, enquanto ambos os compostos de potássio têm valores endotérmicos. Consistente com isto está o fato de que os sais de lítio (LiCl) são muitas vezes mais solúveis em água do que os sais de potássio (KCl) (ver Figura 13.11).

13.75 X (benzeno na solução) = 0,67 e
X (tolueno na solução) = 0,33
$P_{total} = P_{tolueno} + P_{benzeno}$ = 7,3 mm Hg + 50 mm Hg
= 57 mm Hg

X(toluente no vapor) = $\dfrac{7{,}3\ \text{mm Hg}}{57\ \text{mm Hg}}$ = 0,13

X(benzeno no vapor) = $\dfrac{50\ \text{mm Hg}}{57\ \text{mm Hg}}$ = 0,87

13.77 i = 1,7. Ou seja, há 1,7 mol de íons em solução por mol de composto.

13.79 (a) Calcule o número de mols de íons em 10^6 g H_2O: 550 mols Cl^-; 470 mols Na^+; 53,1 mols Mg^{2+}; 9,42 mols $SO_4^{\ 2-}$; 10,3 mols Ca^{2+}; 9,72 mols K^+; 0,84 mol Br^-. Total de mols dos íons =1,103 × 10^3 por 10^6 g água. Isso dá ΔT_{pf} de $-2{,}05$ °C.
(b) Π = 27,0 atm. Isto significa que uma pressão mínima de 27 atm teria de ser utilizada num dispositivo de osmose reversa.

13.81 (a) i = 2,06
(b) Há aproximadamente duas partículas na solução, então $H^+ + HSO_4^-$ representa melhor o H_2SO_4 em solução aquosa.

13.83 Massa de N_2O = 0,53 g; concentração = $1{,}1 \times 10^3$ ppm

13.85 O melhor método seria o de acender um laser através do líquido e observar o efeito de Tyndall. Algumas outras propriedades dos coloides que podem ser utilizados são os de que o material disperso em um coloide ou não se cristalizará ou se cristalizará apenas com dificuldade e não se difundirá através de uma membrana ou se difundirá muito mais lentamente do que um verdadeiro soluto.

13.87 A molalidade calculada no ponto de congelamento do benzeno é de 0,47 m, enquanto o ponto de ebulição é de 0,99 m. Uma molalidade mais alta a uma temperatura mais elevada indica que mais moléculas estão dissolvidas. Portanto, assumindo que o ácido benzoico forma dímeros como o ácido acético (página 505), a formação do dímero é mais predominante sob temperatura mais baixa. Neste processo duas moléculas tornam-se uma entidade, diminuindo o número de espécies distintas em solução e reduzindo a molalidade.

13.89 Massa molar no benzeno = $1{,}20 \times 10^2$ g/mol; massa molar em água = 62,4 g/mol. A massa molar do ácido acético é 60,1 g/mol. No benzeno, as moléculas de ácido acético formam "dímeros". Ou seja, duas moléculas formam uma única unidade através de ligações de hidrogênio (ver página 505).

13.91 A fórmula empírica, calculada a partir dos dados percentuais da composição, é $C_7H_6N_2$. A massa molar calculada do composto é de 118 g/mol, o que concorda com a massa molar calculada a partir dos dados de pressão de vapor.

13.93 A força das interações está relacionada com o tamanho do íon. Assim, o Be^{2+} é mais fortemente hidratado, e o Ca^{2+} é menos fortemente hidratado.

13.95 As propriedades coligativas dependem do número de íons ou moléculas em solução. Cada mol de $CaCl_2$ fornece 1,5 vezes mais íons que cada mol de NaCl.

13.97 O benzeno é um solvente apolar. Assim, substâncias iônicas tais como $NaNO_3$ e NH_4Cl certamente não se dissolverão. No entanto, o naftaleno também é apolar e assemelha-se ao benzeno na sua estrutura; ele deve dissolver muito bem. (Um manual de química dá uma solubilidade de 33 g de naftaleno por 100 g de benzeno.) Éter dietílico é fracamente polar mas é miscível em certa medida com benzeno.

A água é um solvente polar. Os compostos iônicos, $NaNO_3$ e NH_4Cl, são ambos solúveis em água (solubilidade de $NaNO_3$ (a 25 °C) = 91 g por 100 g de água; solubilidade de NH_4Cl (a 25 °C) = 40 g por 100 g de água. O composto ligeiramente polar do éter dietílico é solúvel em uma pequena medida de água (cerca de 6 g por 100 g de água a 25 °C). O naftaleno não polar não é solúvel em água (solubilidade a 25 °C = 0,003 g por 100 g de água).

13.99 As ligações C—C e C—H nos hidrocarbonetos são apolares ou fracamente polares e tendem a fazer tais dispersões hidrofóbicas (que não absorvem água). As ligações C—O e O—H em amido apresentam oportunidades para ligação de hidrogênio com água. Assim, espera-se que o amido seja mais hidrofílico.

13.101 [NaCl] = 1,0 M e [KNO_3] = 0,88 M. A solução KNO_3 tem uma concentração mais elevada de solvente, então ele fluirá a partir da solução de KNO_3 para a de NaCl.

13.103 (a) $X(C_2H_5OH) = 0,051$; $X(H_2O) = 0,949$
(b) $P(C_2H_5OH)$ sobre a mistura = 38 mm Hg; $P°(H_2O)$ calculado através da interpolação linear utilizando as pressões de vapor a 78 °C e 79 °C = 334,2 milímetros Hg; $P(H_2O)$ sobre a mistura = 317 mm Hg

(c) $X(C_2H_5OH) = 0,11$; $X(H_2O) = 0,89$
(d) A fração molar do etanol aumentou de 0,051 a 0,11, 2,2 vezes o tamanho original.

Porcentagem em massa de C_2H_5OH = 24%

13.105 A molalidade da solução de NaCl a 5,00% é de 0,901 m. Presumindo que haja dissociação, isto leva a ΔT_{fp}(calculada) = –1,68 °C e i = 1,82. A molalidade da solução de 5,00% Na_2SO_4 é 0,371 m, ΔT_{fp}(calculada) = –0,689 °C, e i = 1,97. Estes valores são consistentes com as tendências observadas na Tabela 13.4. Como a concentração dos solutos iônicos aumenta, o valor de i continua a diminuir para ambos os solutos, e a taxa de redução está caindo para ambos os solutos. No caso do NaCl, este valor está se uniformizando um pouco. No caso de Na_2SO_4, ele continua a diminuir em quantidades significativas. O valor de i para Na_2SO_4 agora caiu abaixo de 2 e está próximo ao do NaCl.

13.107 Isso não dá crédito a história. A temperatura mais baixa da solução de NaCl corresponde a uma temperatura de 2,372 °F. A temperatura de 0 °F ainda está abaixo dela.

Índice remissivo / Glossário

Os números de página em itálico contêm ilustrações e aqueles seguidos pela letra "t" indicam tabelas. Os termos do glossário, impressos em negrito, são definidos aqui, bem como no texto.

absorção O logaritmo negativo da transmitância, 204
absortividade molar, 205
abundância fracional de isótopos, 61
abundância percentual A porcentagem de átomos de uma amostra natural de elemento puro representado por um isótopo particular, 59
abundância(s),
    de elementos na crosta da Terra, 69t
    de isótopos, 59, 61t
ação capilar, 522
acetato de sódio,
    calculando pH de solução aquosa
    em compressa quente, 578
acetileno,
    hibridização orbital em, 425
acetona
    estrutura de, 425
    hidrogenação de, 396
ácido(s) Uma substância que, quando dissolvida em água pura, aumenta a concentração de íons hidrogênio, 136-144.
    comum, 137t
    Definição de Arrhenius, 138
    Definição de Brönsted-Lowry, 138-141
    pH de, 191-194
    reação com bases, 141-143
ácido acético
    análise quantitativa de, 181
    como ácido fraco, 127
    como eletrólito fraco, 129
    estrutura de, 137
    hibridização orbital em, 425
    ligação de hidrogênio em, 505
    reação com água, 139
    reação com hidróxido de sódio, 142
ácido acetilsalicílico. *Ver* aspirina.
ácido ascórbico,
    titulação de, 201

ácido carbônico, 143
ácido cianúrico,
    ligação de hidrogênio com melamina, 514
ácido cítrico
    reação com carbonato de hidrogênio de sódio, 152
Ácido clorídrico. *Ver também* cloreto de hidrogênio.
    reação com carbonato de cálcio, 145
ácido desoxirribonucleico
    geometria molecular de, 398
    ligação de hidrogênio em, 506
    ligação em, 348
ácido diprótico, 139
ácido fórmico
    estrutura de Lewis, 361t
ácido hipúrico,
    fórmula de, 97
ácido nítrico, poluição do ar por
    como agente oxidante, 152t
    estrutura de Lewis de, 359
    fabricação de, 174
    pH de, 193
    reação com hidróxido de sódio, 142
ácido oxálico
    estrutura de, 137
    massa molar de, 93, 94
    titulação de, 196
ácido ribonucleico
    ligação de hidrogênio em, 506
ácido salicílico, 179
ácido bórico, 369
ácido(s) de Brönsted-Lowry Um doador de próton, 139
ácido(s) forte(s) Um ácido que ioniza completamente em solução aquosa, 138
ácido(s) fraco(s) Um ácido que é apenas parcialmente ionizado em solução aquosa, 138, 609
ácido sulfúrico,
    como ácido poliprótico

I-1

propriedades e usos de, 144
reação com água, 139
reação com carbonato de níquel(II), 146
ácido tartárico
reação com carbonato de hidrogênio de sódio, 146
actinídeo(s) A série de elementos entre actíneo e ruterfórdio na Tabela Periódica, 72
configuração eletrônica de, 320
açúcar,
calorias de dieta em, 244
adenina, 398
ligação de hidrogênio com timina, 506
adesivos,
no pé da lagartixa, 496
adsorção,
de moléculas de gás em superfície sólida, 480
aerossol, 602t
afinidade elétrônica O negativo da mudança de energia interna que ocorre quando um átomo do elemento na fase de gás ganha um elétron, 332
agente emulsificante, 604
agente(s) oxidante(s) A substância que aceita elétrons e é reduzida em uma reação de oxidorredução, 147-148
agente(s) redutor(es) Uma substância que doa elétrons e é oxidada em uma reação de oxidorredução, 147-148
água do mar,
concentração de sal em, 202
densidade de, 42
dessalinização, por osmose reversa, 596
ouro em, 1
pH de, 193
água,
ângulo de ligação em, 376
calor de fusão, 234
calor de vaporização, 234
capacidade calorífica específico de, 229t, 507
como base de Brönsted, 139
concentração de oxigênio no equilíbrio, 584
constantes de elevação do ponto de ebulição e de depressão do ponto de congelamento, 591t
densidade de, temperatura e, 14t, 507
dessalinização por osmose reversa, 596
diagrama de fase de, 561
distâncias interatômicas em, 30
eletrólise de, 10
em compostos hidratados, 85
entalpia de decomposição, 242
entalpia molar padrão de vaporização de, 516t
entalpia de formação, 242, 250
formação por reações de ácido-base, 141
hibridização orbital em, 419
mapa de potencial eletrostático de, 390
natureza anfiprótica de, 140
pesada, 58
pH de, 192
polaridade molecular de, 386
ponto triplo de, 562
pressão de vapor, curvas de, 518
purificação de, 9
reação com lítio, 468
reação com metais alcalinos, 68

reação com potássio, 68
reação com sódio, 4
solubilidade de compostos iônicos em, 130, 579
solubilidade de gases em, 509t
solubilidade do iodo em, 511
solvente em solução aquosa, 127
sublimação de, 561
temperatura crítica, 521
água régia, 1
air bags, 454, 461
albite, dissolvida por água da chuva, 202
alcano(s)
entalpias padrão de vaporização de, 516t
álcool(is)
conteúdo de energia de, 32
álcool metílico. *Ver* metanol.
algarismo(s) significativo(s) Os dígitos em uma quantidade medida que são mostrados exatamente, mais um dígito que é inexato à extensão de ±1, 37-41
em massas molares, 89
algas,
produção de biomassa por ácidos graxos extraídos de, 522
algodão descaroçado, 258
alimento animal,
adulteração de, 514
alimento,
titulação para detectar, adulteração 203
conteúdo energético de, 32, 224
proteínas em, 514
Alka-Seltzer®, 152
alótropo(s) Formas diferentes do mesmo elemento que existem no mesmo estado físico sob as mesmas condições de temperatura e pressão, 69
carbono, 69, 70
enxofre, 71
estanho, 564
fósforo, 70
oxigênio, 71. *Ver também* ozônio.
alteração(ões) química(s) Uma mudança que envolve a transformação de uma ou mais substâncias em uma ou mais substâncias diferentes, 15-16. *Ver também* reação(ões).
alúmem,
cristalização de, 587
alumínio, a
bundância de, 69
configuração eletrônica de, 320
oxidação de, 173
alvejante,
detecção de adulteração de alimentos, 203
hipocloreto de sódio em, 576
ambientes Tudo o que está fora de um sistema do processo termodinâmico, 226
amônia,
aquosa, expressão constante de equilíbrio para ângulos de ligação em, 375, 376
combustão de, equação balanceada para, 123
composição percentual de, 94
hibridização orbital em, 419
oxidação de, 174, 178
pH de, 192

polaridade molecular de, 388
produção de, como processo de equilíbrio, 125
  estequiometria de, 468
reação com água, 138
reação com cloreto de hidrogênio, 142, 473
amplitude A altura máxima de uma onda, conforme medida do eixo da propagação, 274, 290
análise de combustão,
  determinando fórmula empírica por, 182-186
análise de regressão linear, 45
análise dimensional Uma abordagem geral para a resolução de problemas que utiliza as dimensões ou unidades de cada valor para orientá-lo nos cálculos, 30, 42
análise dos quadrados mínimos, 45
análise quantitativa, 180
análise química A determinação das quantidades ou identidades dos componentes de uma mistura, 94, 180-186
ângulo de ligação O ângulo entre dois átomos ligados a um átomo central, 373
  efeitos dos pares isolados nos, 375
anidrido acético, 179
ânion(s) Um íon com uma carga elétrica negativa, 77
  configuração de elétron de gás nobre em, 323, 338
  nomenclatura, 81
  tamanhos de, 335
antiácido(s), 207
anticongelante, 592
  etilenoglicol em, 576
antimônio,
  abundância isotópica de, 61
ar, argônio em, 102
  componentes de, 470t
  densidade de, 466
área de superfície,
  de coloide, 603
argiria, 153
argônio,
  descoberta de, 102
  taxas de isótopo, 63
arredondando, 40
arsênio,
  envenenamento por, 100
arseneto de gálio, 554
aspirina,
  estrutura de, 27
  massa molar de, 92
  ponto de fusão de, 15
  síntese de, 179
atmosfera. *Ver também* ar.
  composição de, 470t
  padrão, 454. *Ver também* atmosfera padrão (atm).
  perfil de pressão-temperatura de, 474
atmosfera padrão (atm) Uma unidade de pressão; 1 atm = 760 mm Hg, 454
átomo(s) A menor partícula de um elemento que contém as propriedades químicas características daquele elemento, 8, 10
  composição de, 57

configurações eletrônicas de, 314-263 *Ver também* configurações elétron.
massa de, 56
modelo de Bohr de, 281-286
quantização de energia em, 281, 289
tamanho de, 57, 327.
atração dipolo-dipolo A força eletrostática entre duas moléculas neutras que possuem momentos dipolares permanentes, 501
atração dipolo induzida por dipolo A força eletrostática entre duas moléculas neutras, uma tendo um dipolo permanente e a outra tendo um dipolo induzido, 508
atração íon-dipolo A força eletrostática entre íon e uma molécula neutra que possui momento dipolo permanente, 499
  solubilidade em água e, 580
Autumn, Kellar, 496
Avogadro, Amedeo, 88, 462
azida de sódio, em air bags, 454, 461
azurita, 26

bactericida,
  prata como, 153
balança,
  de laboratório, *4*
  laboratório, precisão de, 37
balanço de massa, 169
balão,
  ar quente, 465
  metereológico, 460
  modelos de geometrias dos pares de elétrons, 373
balão volumétrico, *187, 189*
Balmer, Johann, 281
banda de valência, 552
bar Uma unidade de pressão; 1 bar = 100 kPa, 454
bário,
  sais de, em fogos de artifício, 287
barômetro Um dispositivo para medir a pressão atmosférica, 454
  mercúrio, 454
base(s) de Brönsted-Lowry Um receptor de próton, 139
base(s) forte(s) Uma base que ioniza completamente em solução aquosa, 138
base(s) fraca(s) Uma base que é apenas parcialmente ionizada em solução aquosa, 138
bases(s) Uma substância que, quando dissolvida em água pura, aumenta a concentração de íons hidróxido, 136-144. *Ver também* **base(s) de Brönsted**.
bateria de íon-lítio, 543
becquerel A unidade SI de radioatividade, 1 desintegração por segundo
Becquerel, Henri, 64
Benorz, Georg, 157
benzeno,
  configuração orbital molecular, 439
  entalpia padrão de formação de, 255
  estruturas de ressonância de, 365
  ligações pi em, 427
  ponto de ebulição e ponto de congelamento, 591t

pressão de vapor de, 590
volumes líquido e sólido, 498
berílio,
configuração de elétrons de, 317
bicarbonato de sódio, 146
blenda de zinco,
estrutura cristalina de, 544
Bohr, Niels, 281
Boltzmann, Ludwig, 473
bórax, 69, 369
Born, Max, 289, 549
boro,
ligação covalente coordenada a, 369
peso atômico de, 60
Boyle, Robert, 456, 463
Brönsted, Johannes N., 138
bromo,
estados físicos de, 7
óxidos de, 98
peso atômico de, 60
bromobenzeno,
espectro de massa de, 101
bronze, 26
buckminsterfulereno ("buckyball"), 70
bureta, 197

café, descafeinação com dióxido de carbono supercrítico, 522
cafeína
extração com dióxido de carbono supercrítico, 522
cal
reação com água, 144
calcário
dissolução em vinagre, 145
em estalactites e estalagmites, 124
calcita,
íons em, 76
calculadora,
pH e, 192
notação científica em, 38
cálculos,
algarismos significativos em, 40
cal hidratada, 144
calor, como forma de energia, 226
convenção de sinais para, 229, 238t
mudança de temperatura e, 229
transferência,
cálculos, 230
durante mudança de fase, 233
calor de fusão A quantidade de calor necessária para converter 1 g de sólido em líquido em temperatura constante, 233. *Ver também* **entalpia de fusão.**
calor de solução. *Ver* **entalpia de solução.**
calor de vaporização A quantidade de calor necessária para converter 1 g de líquido em gás a temperatura constante, 233. *Ver também* **entalpia de vaporização.**
caloria (cal) A quantidade de energia necessária para aumentar a temperatura de 1,00 g de água pura de 14,5°C a 15,5°C, 31

caloria dietética, 31
calorimetria A determinação experimental das variações de entalpia das reações, 245-249
calorímetro de bomba, 247
calorímetro de combustão, 247
calorímetro de copo de café, 245
camada,
elétron, 291
câmara de vácuo, 480
campo elétrico,
moléculas polares alinhadas em, 386
cânfora,
constantes de elevação do ponto de ebulição e de depressão do ponto de congelamento, 591t
capacidade calorífica, 229
capacidade calorífica molar A quantidade de calor necessária para elevar a temperatura de 1,00 mol de uma substância em 1,00 kelvin, 229
capacidade calorífica específico (C) A quantidade de energia necessária para elevar a temperatura de um grama de uma substância por um grau Celsius, 228-233
ligação de hidrogênio e, 507
carbeto de alumínio,
reação com água, 179
carboidrato(s)
conteúdo de energia de, 32
pressão e, 584, 586
carbonato de cálcio
decomposição de, 253, 255, 257
em calcário, 124
reação com ácido clorídrico, 145, 194
carbonato de níquel(II)
reação com ácido sulfúrico, 146
carbonato de sódio, 188
carbeto de boro, 317
carbeto de hidrogênio de sódio,
reação com ácido cítrico, 152
reação com ácido tartárico, 146
carbeto de silício,
estrutura cristal de, 547
carbono
alótropos de, 69, 70, 555
como agente redutor, 152t
configuração de elétron de, 317
estruturas de Lewis envolvendo, 360
nanotubos, 556
unidade de massa atômica relativa a, 56
carga,
balanceamento em equação química, 135
balanceamento em compostos iônicos, 78
na lei de Coulomb, 83
carga formal A carga em um átomo, em uma molécula ou íon calculada presumindo compartilhamento igual dos elétrons de ligação, 362
polaridade de ligação e, 383
carga nuclear efetiva (Z*) A carga nuclear experimentada por um elétron em um átomo multielétron, conforme modificada por outros elétrons, 312, 313t, 322

raio atômico e, 329
carga(s) parcial(is) A carga em um átomo em uma molécula ou íon calculado presumindo compartilhamento proporcional dos elétrons para eletronegatividade do átomo, 381
β-caroteno, 598
carvão, em pólvora, 258
catástrofe ultravioleta, 276
cátion(s) Um íon com uma carga elétrica positiva, 76
 configuração de elétron de gás nobre em, 324, 338
 nomenclatura, 81
 tamanhos de, 334
cátion diberílio, 432
célula unitária cúbica primitiva (cp), 537
célula unitária cúbica simples (cs), 537
célula unitária de empacotamento compacto hexagonal (ech), 540
célula unitária de empacotamento cúbico compacto (ecc), 540
célula(s) unitária(s) A menor unidade repetida em um retículo de cristal que possui a característica simétrica do sólido, 536
 contagem de átomos em, 539
 formatos de, 537
célula unitária cúbica Uma célula unitária com oito pontos idênticos nos cantos de um célula unitária cúbica de corpo centrado (ccc), 537
célula unitária cúbica de face centrada (cfc), 537, 540
centímetro cúbico (cm^3), 31
cerdas,
 em pés de lagartixas, 496
césio
 ponto de fusão de, 69
Chadwick, James, 65
Charles, Jacques Alexandre César, 458, 463
chumbo
 densidade de, 13
 taxas de isótopo, 63
chuva ácida, 145
ciclo de Born-Haber, 549, 582
ciência de superfície, 480
ciência
 objetivos de, 5
 métodos de, 3-5
cinábrio, 3
círculo,
 área de, 46
cistalografia de raio X, 399, 539
cisteína,
 geometria molecular de, 379
 estrutura de, 75
citosina, 398
 estrutura de, 348
 ligação de hidrogênio para guanina, 506
Clapeyron, Émile, 520
Clausius, Rudolf, 520
clivagem,
 de sólidos cristalinos, 557
cloramina
 estrutura de ponto de elétrons de Lewis, 354

cloreto de bário,
 como eletrólito forte, 128
 reação com sulfato de sódio, 135
cloreto de bário(II) di-idratado, 503
cloreto de césio,
 estrutura de cristal de, 543
cloreto de cobalto(II) hexa-hidratado, 85, 503
cloreto de cobre(I),
 em fogos de artifício, 287
cloreto de cobre(II),
 dissociação de, 188
cloreto de hidrogênio,
 como eletrólito forte, 129
 emitido por vulcões, 202
 reação com amônia, 142, 473
 reação com hidróxido de sódio, 141
 reação com magnésio, 246
cloreto de sódio,
 como eletrólito forte, 128
 cálculo de entalpia de retículo para, 549
 composição de, 3, 11
 derretimento do gelo e, 599
 eletrólise de, 468
 entalpia de solução, 580
 entalpia molar padrão de formação de, 253
 estrutura de, 536
 retículo cristalina de, 83, 544
cloro
 desvio da lei do gás ideal, 483
 ligações covalentes coordenadas para, 369
 reação com fósforo, 119, 120, 169
 reação com sódio, 3, 350
clorofórmio, constantes de elevação de ponto de ebulição e depressão de ponto de congelamento de, 591t
 estrutura de Lewis de, 353
coagulação,
 de coloides, 603
cobre, 26
 bioquímica de, 338
 reação com íons de prata, 148
coeficientes estequiométricos Os números multiplicadores atribuídos às espécies em uma equação química de modo a balancear a equação, 120
 fracionário, 243
 no cálculo de entalpia de formação, 253
coloide(s) Um estado de matéria intermediário entre uma solução e uma suspensão, na qual partículas de soluto são grandes para espalhar a luz, mas muito pequenas para decantar, 602-605
 tipos de, 603
coloides hidrofílicos, 603
coloides hidrofóbicos, 603
combustível,
 densidade de, 44
 etanol como, 256
 metanol como, 175
composição constante,
 lei de, 12
composição percentual A porcentagem da massa de um composto representado por seus elementos constituintes, 94

composto(s) Matéria que é composta de dois ou mais tipos de átomos quimicamente combinados em proporções definidas, 11
  binário, nomenclatura, 86
  capacidade calorífica específica de, 229t
  covalente, 351
  determinando fórmulas de, 94-102
  número ímpar de elétrons, 371
  entalpia molar padrão de formação de, 252
  hidratado, 85, 503
  iônico, 75-85
    nomenclatura, 82
  massa molar de, 90
  molecular, 86
composto anidro A substância que permanece após a água ser removida (geralmente por aquecimento) de um composto hidratado, 85
composto hidratado Um composto no qual as moléculas de água são associadas a íons, 85
  fórmula unitária de, 99
composto higroscópico Um composto que absorve água do ar, 287
composto hipervalente Um composto no qual o átomo central é circundado por mais de quatro pares de elétron de valência, 369, 370t
composto molecular Um composto formado pela combinação de átomos sem um caráter iônico significante, 75, 86. *Ver também* compostos covalentes.
  como não eletrólitos, 129
composto(s) aromático(s) Qualquer um da classe de hidrocarbonetos caracterizada pela presença de um anel de benzeno ou estrutura relacionada, 427
  Arrhenius, Svante, 138
compostos binários Um composto formado de dois elementos, 86
composto(s) covalente(s) Um composto formado por átomos que são covalentemente ligados uns aos outros, 351
compostos com número ímpar de elétron, 371
composto(s) iônico(s) Um composto formado pela combinação de íons positivos e negativos, 75-85
  balanceamento de cargas em, 78-81
  clivagem de cristal, 84
  como eletrólitos, 128
  energia reticular de, 548t
  fórmulas de, 78-81
  massa da fórmula de, 91
  nomenclatura, 82
  ponto de fusão de, 558, 559t
  propriedades coligativas de soluções de, 599-601
  propriedades de, 83
  solubilidade em água, 130, 579, 580
    temperatura e, 587
compostos orgânicos,
  estruturas de Lewis, 361
compressa,
  solução supersaturada em, 578
compressibilidade A mudança no volume com mudança na pressão, 456
comprimento de ligação A distância entre os núcleos de dois átomos ligados, 392, 393t
  em benzeno, 427
  estruturas de ressonância e, 364
  ordem de ligação e, 392
  raio atômico e, 392
comprimento de onda (λ) A distância entre picos (ou depressões) sucessivos em uma onda, 274
  de massa em movimento, 288
  escolha para análise espectrofotométrica, 205
comprimento do caminho,
  absorção de luz e, 205
comprimento,
  unidades comuns de
  medidas de, 29
concentração A quantidade de soluto dissolvido em uma determinada quantidade de solução, 186
  conhecidas, preparação de, 189
  de íons em solução, 188
  determinação por análise espectrofotométrica, 206
  medida por pressão osmótica, 595
  relação de absorbância, 205
  unidades de, 575
condensação A mudança de estado do gás para líquido, 513
  forças intermoleculares e, 501
condição(ões), padrão. *Ver* **estado padrão.**
condutividade,
  elétrica de sólidos moleculares, 554
  elétrica de soluções, 128
condutor(es),
  teoria de bandas de, 550
configuração(ões) eletrônicas
  de elementos, 315t
  de elementos de transição, 320, 323
  de íons, 323-326
  de íons de elementos de transição, 324
  de moléculas diatômicas heteronucleares, 436
  de moléculas diatômicas homonucleares, 434
  grupo principal, 316-318
  notação de caixa orbital para, 310
  notação de gás nobre para, 316
  notação de Lewis para, 351
  notação spdf para, 316
constante da elevação do ponto de ebulição (K_{pe}), 590
constante de depressão do ponto de congelamento (K_{fp}), 592
constante de gás (*R*) A constante de proporcionalidade na lei do gás ideal, 082057 L · atm/mol · K ou 8,314510 J/mol · K, 464
  em energia cinética-relação de temperatura, 475
  em equação de pressão osmótica, 595
constante de Planck (*h*) A constante de proporcionalidade que relaciona frequência de radiação sua energia, 276, 282
constante de proporcionalidade, 456, 475
constante de Rydberg, 281
constante molal de elevação do ponto de ebulição (K_{pe}), 590
constante(s),
  algarismos significativos em, 39
  depressão do ponto de congelamento, 592
  elevação do ponto de ebulição, 590
  gás, 464, 595
  lei de Henry, 584t
  Planck's, 276

Rydberg, 281
van der Waals, 482t
convenções de sinais,
   para afinidade eletrônica, 333
   para cálculos de energia, 238t
Copérnico, Nicolau, 12
coral,
   carbonato de cálcio em, 137
corante amarelo manteiga, 440
corante roxo de Tyrian, 440
cor(es),
   de fogos de artifício, 287
   de pedras preciosas, 308
   ligação pi e, 440
   luz visível, 275
Crick, Francis, 399, 506
criolita
   em fogos de artifício, 287
cristalização,
   calor de, 578
   colóides e, 602
   mudança de temperatura e, 587
cromato de chumbo(II)
   formação por precipitação, 133
cromato de prata,
   formação de precipitação, 133
   solubilidade de, 202
cromatografia, 524
cromatografia gasosa, 524
cromatografia líquida de alta performance (HPLC), 525
cromatografia de partição, 525
Crookes, William, 64
cuprita, 26
Curie, Marie e Pierre, 64, 71
cúrio, 64
curva de calibração,
   para análise espectrofotométrica, 205
curvas de distribuição de Maxwell-Boltzmann, 473
Cusumano, James, 5

dados,
   gráfico de, 43-45
Dalton, John, 56, 64, 469
Davisson, C. J., 288
de Broglie, Louis Victor, 288
Debye, Peter, 386
decilitro (dL), 31
decímetro cúbico (dm³), 31
de cloreto de crômio(III) hexahidratado, 503
decomposição,
   determinando fórmula molecular por, 98
defeito de massa, 59
delta (δ),
   símbolo para carga parcial, 381
delta (Δ),
   símbolo para mudança, 229
densidade A relação entre a massa de um objeto e seu volume, 13
   balões e, 465
   de ar, 466
   de gás, cálculo da lei de gás ideal, 465
   dimensões célula unitária e, 546
   unidades de, 13
densidade de carga, 505
densidade eletrônica,
   em moléculas, 388
densidade de probabilidade A probabilidade de achar um elétron atômico dentro de uma determinada região do espaço, relacionado ao quadrado da função de onda do elétron, 290, 293
2-desoxirribose,
   estrutura de, 348, 398
depressão do ponto de congelamento, 592
   para soluções iônicas, 600t
deslocalização,
   orbital molecular, 550
dessalinização,
   por osmose reversa, 596
destilação
   lei de Raoult e, 606
destilação fracionada, 606
desvio padrão Uma medida de precisão, calculada como a raiz quadrada da soma dos quadrados dos desvios de cada medição em relação à média, dividida pelo número de medições menos um, 35
detergentes, 604
deutério, 58
diagrama de fase Um gráfico mostrando quais fases de uma substância existem em várias temperaturas e pressões, 561-563
diagrama de nível de energia, 250
   ciclo de Born-Haber, 549
   dissolução de sólido iônico, 581
diagrama de orbitais em caixa Uma notação para a configuração eletrônica de um átomo, na qual cada orbital é mostrado como uma caixa, e o número e direção de spin dos elétrons são mostrados por setas, 310
diagrama de van Arkel-Ketelaar, 350
diamagnetismo A propriedade física de ser repelida por um campo magnético, 324
diamante,
   como isolante, 553
   distâncias interatômicas em, 30
   estrutura de, 69, 70
   síntese de, 557
diborano
   hibridização em, 438
dicloreto de belírio,
   hibridização orbital em, 421
1,2-dicloroetileno,
   isômeros de, 426
   polaridade molecular de, 390
dicromato de potássio, 189
difluoreto de xenônio, 412
difração,
   de elétrons, 288

de raios X por cristais, 539
difusão A mistura gradual das moléculas de duas ou mais substâncias por movimento molecular aleatório, 478
dilítio, orbital molecular de, 432
diluição,
  preparação de soluções por, 189
  serial, 192
diluição serial, 192
dinitrogênio,
  ligação em, 352
  espectro de fotoelétron de, 441
diodo emissor de luz (LED), 554
dióxido de carbono,
  acidificação da água do mar por
  densidade de, 466
  desvio da lei do gás ideal, 482
  diagrama de fase de, 562
  dissolvido no Lago Nyos, 586
  em oceanos, 19
  entalpia de formação, 249
  estrutura de elétron de Lewis, 356
  estruturas de ressonância, 383
  geometria molecular de, 379
  ligação em, 352
  ordem de ligação em, 392
  polaridade molecular de, 386
  reação com água, 143
  sublimação de, 237
  supercrítico, 521-522, 563
dióxido de enxofre,
  reação com água, 144
dióxido de nitrogênio
  dimerização de, 372
  radical livre, 371
  reação com água, 144
dioxigênio. *Ver* oxigênio.
dipolo induzido Separação da carga em uma molécula não polar causada pela aproximação de uma molécula polar, 508
dirigível da Goodyear, 483
dissociação,
  de eletrólitos em solução, 128
distribuição
  de carga, em compostos covalentes, 362
  em moléculas, 383
DNA. *Ver* ácido desoxirribonucleico.
doença do estanho, 564
dopante,
  em semicondutor, 553
dualidade de onda-partícula A ideia de que o elétron apresenta propriedades tanto de uma onda como de uma partícula, 280
dureza da água
  detergentes e, 605
ductilidade,
  metálica, 552
eca-silício, 67
economia atômica, 397
  química verde e, 180

efeito fotoelétrico A ejeção de elétrons de um metal bombardeado com luz em uma frequência mínima, 272, 277
efeito Tyndall, 602
efusão O movimento de moléculas de gás por uma membrana ou outras barreiras porosas por movimento molecular aleatório, 479
Ehrlich, Paul, 100
Eiffel Torre, 36
Einstein, Albert, 277
elemento(s) Matéria composta de somente um tipo de átomo, 10
  abundâncias de
    na crosta da Terra, 69t
  bloco p, 317
    orbitais moleculares envolvendo, 433
  bloco s, 317
  capacidade calorífica específica de, 229t
  configurações eletrônicas de, 315t
  entalpia padrão de formação de, 253
  entalpia padrão de vaporização de, 516t
  espectro de emissão de linha de, 281
  grupo principal, 63, 66
  íons monatômicos de, cargas em, 76-78
  íons monatômicos de, tamanhos de, 334
  isótopos de, 58-60
  massa molar do, 88, 89
  moléculas diatômicas de, 70
  nomes de, 10, 12
  número atômico de, 56
  número de oxidação zero, 150
  peso atômico de, 60
  símbolo de, 57
  tabela periódica de, 62-73
  transição, 63, 66, 72. *Ver também* elementos de transição.
elementos do bloco *s*, 317
elementos de transição Alguns elementos localizados nos períodos 4 a 7 da tabela periódica, abrangendo do escândio ao zinco, 63, 66, 72
elementos de transição interna. *Ver* **actinídeo(s)** e **lantanídeo(s)**.
elementos de transição,
  cátions formados por, 77
  configurações eletrônicas de, 320, 323
  configurações eletrônicas de íons, 324
  nomenclatura em compostos iônicos, 81
  paramagnetismo de íons, 324
  raios atômicos, 329
elementos do bloco *p*, 317
  orbitais moleculares envolvendo, 433
elementos do Grupo 1A, 68. *Ver também* **metais alcalinos**.
elementos do Grupo 2A, 68. *Ver também* **metal alcalino-ferroso**.
elementos do Grupo 3A, 69
elementos do Grupo 4A, 69
elementos do Grupo 5A, 70
elementos do Grupo 6A, 70
elementos do Grupo 7A, 71.
elementos do Grupo 8A, 71.
elemento(s) do grupo principal, 63, 66
  configurações eletrônicas, 316-318
  energias de ionização, 331

raios atômicos, 328
elementos. *Ver* **lantanídeo(s)**.
eletrodo Um dispositivo como uma placa metálica ou fio para conduzir elétrons para dentro e fora de soluções em células eletroquímicas, 128
  pH, 192, 193
eletrólise
  de cloreto de sódio, 468
eletrólito forte Uma substância que dissolve em água para formar um bom condutor de eletricidade, 128
eletrólito fraco Uma substância que dissolve em água para formar um fraco condutor de eletricidade, 129
eletrólito(s) Uma substância que ioniza em água ou em fusão para formar uma solução eletricamente condutora, 128-129
elétron(s) (e⁻) Uma partícula subatômica carregada negativamente encontrada no espaço ao redor do núcleo, 55
  atribuição a orbitais atômicos, 311-314
  camadas e subcamadas, 291, 311t
  carga de, medida de, 65
  carga nuclear sofrida por, 312
  como raios cátodos, 64
  comprimento de onda de, 288
  configuração. *Ver* configuração eletrônica.
  deslocalização de, 550. *Ver também* teoria orbital molecular.
  difração de, 288
  em efeito fotoelétrico, 277
  núcleo, 316, 351
  núcleo, orbitais moleculares contendo, 432
  octeto de, 352
  par de ligação, 352
  par isolado, 352. *Ver também* pares isolados.
  propriedades de onda de, 288
  quantização de energia potencial, 281, 290
  spin. *Ver* spin eletrônico.
eletronegatividade A medida da capacidade de um átomo em uma molécula de atrair elétrons compartilhados para si, 381, 400
  átomo central em estrutura de ponto de elétron de Lewis e, 353
  equação de Pauling para, 400
  ligação de hidrogênio e, 504
eletroneutralidade,
  princípio de, 383
elétron(s) de valência Os elétrons mais externos e mais reativos de um átomo, 316, 322, 351
  símbolos de Lewis e, 351
elétrons do núcleo Os elétrons em um conjunto completo de camadas de átomo, 316, 322, 351
  orbitais moleculares que contêm, 432
elétrons sem ligação. *Ver* **pares isolados**.
eluente, 525
emulsão Uma dispersão coloidal de um líquido em outro, 602t, 604
energia A capacidade de exercer trabalho e transferir calor, 226-228
  ativação. *Ver* energia de ativação.
  cinética,
    distribuição em gás, 473
    distribuição em líquido, 514

conversão de formas de, 18
cor de fótons e, 278
direção de transferência, 226
efeito no equilíbrio, 585
em alimentos, 32, 224
fontes para atividade humana, 225
interna, 238
lei de conservação de, 18, 226
mudanças de estado e, 233-236
níveis em átomo de hidrogênio, 282, 285
quantização de, 281, 290
química, 226
relação para frequência de radiação, 276
reticular, 547-550
térmica, 226
unidades de, 31-32
energia cinética A energia de um objeto em movimento, dependente de sua massa e velocidade, 7, 17
  distribuição em líquido, 514
  temperatura e, 473-475
  total, 473
energia de dissociação da ligação. *Ver* energia de ligação.
energia de ionização A troca de energia necessária para remover um elétron de um átomo ou íon na fase gasosa, 329, 330t.
  em espectroscopia de fotoelétron, 332
  periodicidade de, 330
energia de rede ($\Delta_{rede}U$) A energia de formação de um mol de um sólido cristalino composto de íons em fase gasosa, 547-550
  raio iônico e, 558
  relação com a solubilidade, 581
energia elétrica A energia devido ao movimento de elétrons em um condutor, 17
energia eletroestática A energia devida à separação de cargas elétricas, 18
energia gravitacional A energia devida à atração entre massas, 17
energia interna A soma das energias cinéticas e potenciais das partículas no sistema, 238
energia mecânica A energia em função do movimento de objetos macroscópicos, 17
energia potencial A energia que resulta da posição de um objeto, 17
  de elétron em átomo de hidrogênio, 282
  formação de ligação e, 415
energia química A energia armazenada em compostos químicos, 17, 226
energia térmica A energia em função do movimento de átomos, moléculas ou íons, 17, 226
entalpia (H) A soma da energia interna do sistema e o produto de sua pressão e volume, 239-241
  dissociação de ligação, 394
entalpia de dissociação da ligação A variação de entalpia para quebrar uma ligação em uma molécula, com os reagentes e produtos no estado gasoso em condições padrão, 394, 395t
entalpia de dissolução, 500
entalpia de formação,
  molar padrão, 252
entalpia de fusão ($\Delta_{fus}H$) A energia necessária para converter um mol de uma substância de um sólido para um líquido

em temperatura constante, 558, 559t
entalpia de hidratação, 500
entalpia de ligação de elétron ($D_{EA}H$) A mudança de entalpia que ocorre quando um átomo do elemento na fase de gás ganha um elétron, 331
entalpia de reação padrão ($\Delta_r H°$) A mudança de entalpia de uma reação que ocorre com todos os reagentes e produtos em seus estados padrãoões, 242
    reações que favorecem o produto *vs.* reações que favorecem o por reagente, 257
entalpia de rede ($\Delta_{rede}H$) A entalpia de formação de um mol de um composto iônico sólido cristalino de íons na fase gasosa, 548
entalpia de solução ($\Delta_{sol}H$) A quantidade de calor envolvida no processo de formação de solução, 579-583
    cálculo de, 582
entalpia de sublimação ($\Delta_{sublimação}H$) A energia necessária para converter um mol de uma substância de um sólido para um gás, 561
entalpia de vaporização ($\Delta_{vap}H$) A quantidade de calor necessária para converter 1 mol de um líquido em um gás em temperatura constante, 515, 516t
    de substância não polar, 509t, 516t
    forças intermoleculares e, 501, 502t
    relação para pressão de vapor, 519
entalpia molar de vaporização ($\Delta_{vap}H°$), relação com a entalpia molar de condensação, 515
entalpia molar padrão de formação ($\Delta_f H°$) A mudança de entalpia de uma reação para formação de um mol de um composto diretamente de seus elementos, todos em seus estados padrão, 252
    entalpia e solução calculada de, 582
entalpia molar padrão de fusão ($\Delta_{fus}H°$) A quantidade de calor necessária para converter 1 mol de um sólido para um líquido a 1 bar e temperatura constante, 244
entalpia molar padrão de vaporização ($\Delta_{vap}H°$) A quantidade de calor necessária para converter 1 mol de um sólido para um líquido em 1 bar e temperatura constante, 244, 509t, 515
envenenamento, arsênio, 100
enxofre, abundância de
    alótropos de, 71
    configuração eletrônico, 319
    em pirita de ferro, 11
    em pólvora, 258
    minerais de, 144
    reação com oxigênio, 73, 122
equação,
    abundância percentual de isótopo, 59
    Balmer, 281
    Bohr, 282
    calor e mudança de temperatura, 229
    carga formal, 362
    Clausius-Clapeyron, 519
    conversão de escala Celsus-Kelvin, 29
    de Broglie, 288
    densidade, 465
    depressão do ponto de congelamento, 592
    diluição, 189
    eletronegatividade, 400
    elevação do ponto de ebulição, 590

    energia cinética, 473-475
    energia de atração de par de íon, 547
    entalpia de formação, 253
    fração molar, 471, 575
    iônica líquida, 134
        de ácido forte-reação de base forte, 141
    lei de Beer-Lambert, 205
    lei de Boyle, 457
    lei de Charles, 459
    lei de Coulomb, 83
    lei de Dalton, 469
    lei de Graham, 479
    lei de Henry, 583
    lei de Hess, 253
    lei de Planck, 277
    lei de Raoult, 588
    lei do gás ideal, 464
    lei geral do gás, 460
    linha reta, 43
    molalidade, 186, 575
    ordem de ligação, 392, 431
    pH, 191
    pressão osmótica, 595
    primeira lei da termodinâmica, 238
    químico, 16, 119-121
    Schrödinger, 290
    trabalho de pressão-volume, 239
    van der Waals, 482
    velocidade da onda, 274
    velocidades rms, 475
equação de Balmer, 281
equação de Clausius-Clapeyron, 519
equação de Planck, 277
equação de van der Waals Uma expressão matemática que descreve o comportamento de gases não ideais, 482
equação(ões) iônica(s) líquida(s) Uma equação química que envolve somente aquelas substâncias que passam por mudanças no curso da reação, 134
    de reações ácido forte-base forte, 141
equação(ões) química(s) Uma representação escrita de uma reação química, mostrando os reagentes e produtos, seus estados físicos e a direção em que a reação ocorre, 16, 119-121
    balanceamento, 121-124
equação química balanceada Uma equação mostrando as quantidades relativas de reagentes e produtos, 119-124
    entalpia E, 243
equilíbrio dinâmico em processo de solução, 577
    descrição molecular de, 126
    pressão de vapor e, 517
equilíbrio térmico Uma condição em que o sistema e sua vizinhança estão na mesma temperatura e a transferência de calor para, 226
erro A diferença entre a quantidade medida e o valor aceito, 33
erro percentual A diferença entre a quantidade medida e o valor aceito, expresso como uma porcentagem do valor aceito, 33-34
escala Celsius de temperatura Uma escala definida pelos pontos de congelamento e ebulição da água pura, definidos como 0 °C e 100 °C, 28
escala de temperatura absoluta. *Ver* Escala Kelvin de

temperatura.

escala de temperatura Fahrenheit Uma escala definida pelos pontos de congelamento e ebulição da água pura, definidos como 32 °F e 212 °F, 28

escala Kelvin de temperatura Uma escala em que as unidades tem o mesmo tamanho que em graus Celsius, mas o ponto zero é a temperatura mais baixa possível, 29. *Ver também* **zero absoluto.**

espécies isoeletrônicas Moléculas ou íons que possuem o mesmo número de elétrons de valência e estruturas de Lewis similares, 360

espectro,
    absorção, 203
    eletromagnético, 275
        contínuo, 275, 277, 281
        de corpo aquecido, 276
        de linha, 280
    solar, 298

espectro contínuo O espectro da luz branca emitido por um objeto aquecido, que consiste em luz de todos os comprimentos de onda, 275, 277, 281

espectro de absorção Um gráfico de intensidade de luz absorvida por uma amostra como uma função do comprimento de onda da luz, 204
    estados excitados e, 284

espectro de emissão,
    de elementos, 281
    estados excitados e, *284*

espectro de linhas de emissão O espectro de luz emitido por átomos excitados na fase gasosa. Consiste em comprimentos de onda discretos, 280

espectrofotometria Um método analítico baseado na absorção e transmissão em comprimentos de ondas de luz, 202-207

espectrofotômetro, 205

espectrômetro de massa, 59
    determinar fórmula com, 101

espectroscopia fotoelétrica,
    energia de ionização determinada por, 332
    energia orbital molecular determinada por, 441

espectroscópio,
    fotoelétron, 332

esponja,
    estrutura esqueletal de, 29, 30

espuma, 602*t*

estado excitado O estado de um átomo em que pelo menos um elétron não está no mais baixo nível de energia possível, 282

estado fundamental O estado de um átomo em que todos os elétrons estão nos níveis de energia possíveis, 282, 314

estado padrão A forma mais estável de um elemento ou composto no estado físico em que ele existe a 1 bar e a temperatura especificada, 242

estalactites e estalagmites, 124

estanho, 26
    alótropos de, 564

estearato de sódio,
    como sabão, 604

estequiometria O estudo das relações quantitativas entre quantidades de reagentes e produtos, 120
    célula unitária e, 536
    de reações em solução aquosa, 194-202
    lei do gás ideal e, 468
    relações de massa em, 168-173

estratégia,
    resolução de problemas, 45-47

estratosfera, 474

estrelas, 55

estrôncio,
    sais de, em fogos de artifício, 287
    taxa de isótopo de, 63

estrutura cristalina de sal de rocha, 545

estrutura, molecular, 349

estrutura molecular, propriedades ácido-base e
    ligação e, 348-401
    modelo VSEPR de, 373-380

estrutura(s) de ressonância(s) As estruturas possíveis de uma molécula para a qual mais de uma estrutura de Lewis pode ser escrita, diferenciando pelo número de pares ligados entre um determinado par de átomos, 364-368
    benzeno, 365, 427
    íon carbonato, 365
    íon nitrato, 365
    ozônio, 364

etano,
    constante da lei de Henry, 584*t*

etanol
    como combustível, 256
    como não eletrólito, 129
    curvas de pressão de vapor para, 518
    entalpia molar padrão de formação de, 253
    espectro de massa de, 101
    estrutura de, 74
    ligação de hidrogênio em, 505
    miscibilidade com água, 578
    reação com íon dicromato, 152
    solubilidade do iodo em, 509

eteno. *Ver* etileno.

éter dietílico
    curvas de pressão de vapor para, 518

éter dimetílico, 74, 505

etileno
    hibridização orbital em, 423

etilenoglicol
    capacidade calorífica específica de, 229*t*
    como anticongelante, 576, 592
    como não eletrólito, 129

etino. *Ver* acetileno.

eugenol, 591

európio, 72
    em fósforo, 339

evaporação. *Ver também* **vaporização.**
    forças intermoleculares e, 501

expoente, 36

extintor de incêndio,
    dióxido de carbono, 466

fábrica de índigo, 440

faixa de condução, 552

família, em Tabela Periódica. *Ver* **grupo(s).**

fase,
    de orbitais atômicos, 433
    de matéria, 6, 498
fase estacionária, em cromatografia, 524
fase móvel, em cromatografia, 524
fator de proteção solar (FPS), 279
fator de van't Hoff A razão entre a depressão do ponto de congelamento de uma solução determinada experimentalmente e o valor calculado a partir da molalidade aparente, 600
fator(es) de conversão Um multiplicador que relaciona a unidade desejada à unidade inicial, 30, 42
    em problemas de massa/mol, 89
    em problemas de pressão, 455
    unidades SI, 28
fator(es) estequiométrico(s) O fator de conversão com relação a mols de uma espécie em uma reação aos mols de outra espécie na mesma reação, 170, 468
    em estequiometria de solução, 195
ferro,
    bioquímica de, 338
    combustão de, 257
    em meteorito, 328
    reação com oxigênio, 122
ferromagnetismo A propriedade física de certos sólidos em que os spins de elétrons não pareados em um agrupamento de átomos são alinhados na mesma direção, 326
    de lantanídeos, 339
figuras de nuvem de elétron, 293
filtragem, 9
fluido, 6
    supercrítico, 521, 563
fluído supercrítico Uma substância nas temperatura e pressão críticas ou acima delas, 521, 563
flúor,
    compostos de, ligação de hidrogênio em, 504
    configuração eletrônica de, 318
    ligação em, 352
    ligação sigma em, 415
fluoreto de hidrogênio,
    mapa de potencial eletrostático de, 390
    ligação sigma em, 415
fluoreto de potássio,
    dissolução de, 580
fluorita, 318
    íons em, 76
flutuabilidade neutra, 483
fogos de artifício,
    cores de, 287
foguete,
    fogos de artifício, 287
Food and Drug Administration (FDA) dos EUA, 203
força adesiva Uma força de atração entre moléculas de duas substâncias diferentes, 523
força coesiva Uma força de atração entre moléculas de uma única substância, 523
força eletrostática Forças de atração ou repulsão causada pelas cargas elétricas, 83
forças de dispersão Atrações intermoleculares envolvendo di-
polos induzidos, 509
forças de dispersão de London, 510
forças de van der Waals, 499, 512
forças intermoleculares Interações entre moléculas, entre íons ou entre moléculas e íons, 481, 496-527
formaldeído
    estrutura de ponto de elétron de Lewis de, 355
    hibridização orbital em, 424
fórmula condensada Uma variação de uma fórmula molecular que mostra grupos de átomos, 74
fórmula empírica Uma formula molecular mostrando a taxa mais simples dos átomos em uma molécula, 95-98
    determinação por análise de combustão, 182-186
    relação para fórmula molecular, 97
fórmula estrutural Uma variação de uma fórmula molecular que expressa como os átomos em um composto são conectados, 74
fórmula infantil, adulteração de, 514
fórmula molecular Uma fórmula escrita que expressa o número de átomos de cada tipo em uma molécula de um composto, 73
    determinação de, 94-102
    relação com fórmula empírica, 97
fórmula(s), química, 12
    de compostos iônicos, 78-81
        estruturas e, 542-547
    empíricas, 95-98, 182
fórmula unitária A taxa mais simples de íons em um composto iônico, similar à fórmula molecular de um composto molecular, 91
fosfina, 87
fósforo, abundância de
    alótropos de, 70
    ligações covalentes coordenadas para, 370
    reação com cloro, 119, 120, 169
    reação com oxigênio, 122
fosgênio,
    polaridade molecular de, 388
fotocélula, 278
fotografia,
    digital, 272
fóton(s) Uma "partícula" de radiação eletromagnética com massa zero e energia determinada pela lei de Planck, 278
fração molar (X) A razão entre o número de mols de uma substância e o número total de mols em uma mistura de substâncias, 470, 575
Franklin, Rosalind, 399, 506
Fraunhofer, Joseph von, 298
frequência (n) O número completo de ondas que passam em um ponto em um determinado período de tempo, 274
    relação de energia de radiação, 276
Fuller, R. Buckminster, 69
fumarolas negras,
    sulfetos metálicos a partir de, 118
função de estado Uma quantidade cujo valor é determinado somente pelo estado do sistema, 241
função de onda (ψ) Um conjunto de equações que caracterizam um elétron como uma onda de matéria, 290
    componentes radial e angular de, 296

fases de, 434
fusão A mudança de estado de sólido para líquido, 233
   calor de, 233
   entalpia de, 558, 559t

gálio
   ponto de fusão de, 69
gás(es) A fase de matéria na qual uma substância não possui formato definido e um volume definido somente pelo tamanho de seu recipiente, 6
   compressibilidade de, 456
   densidade, cálculo da lei de gás ideal, 465
   difusão de, 478
   dissolução em líquidos, 583
   estufa, 476
   ideal, 464
   leis governamentais, 456-463, 477
   misturas de, pressões parciais em, 469-472
   não ideal, 481
   pressão de, 454
   propriedades de, 452-485
   solubilidade em água, 509t
   teoria cinética-molecular de, 472-478, 498
   velocidades das moléculas em, 473
   volume molar padrão, 464
gases do efeito estufa, 476
gás(es) inerte(s). *Ver* **gás nobre**.
gás(es) nobre(s) Os elementos no Grupo 8A da Tabela Periódica, 71
   compostos de, 370, 412
   configurações eletrônicas e, 78, 318, 338, 351
      energias de ionização e, 337-338
   descoberta de, 102
gás ideal Uma simplificação de gases reais na qual é assumido que não há forças entre as moléculas e que as moléculas não ocupam nenhum volume, 464
gás não ideal, 481
Gay-Lussac, Joseph, 462
Geiger, Hans, 65
Geim, Andre, 556
gel Uma dispersão coloidal com uma estrutura que a impede de flutuar, 602
gelo,
   densidade de, 13
   estrutura de, 74, 507
   fusão de, 234
   ligação de hidrogênio em, 506
gelo seco, 237, 563
geometria do par de elétron A geometria determinada por todos os pares de ligação e pares isolados na camada de valência do átomo central, 375
   hibridização orbital e, 416
geometria de par de elétron tetraédrico,
   hibridização orbital e, *417*, 418
geometria do par de elétrons planar trigonal,
   em benzeno, 428
   hibridização orbital e, *417*, 421
geometria linear do par de elétrons,
   hibridização orbital e, *417*, 421
geometria linear do par de elétrons octaédrico,
   hibridização do orbital e, 422
geometria molecular O arranjo espacial do átomo central e dos átomos diretamente ligados a ele, 375
   ligações múltiplas e, 379
   orbitais híbridos e, 417
   polaridade molecular e, 386-391, 402t
geometria molecular em forma de T, 377, *378*
geometria molecular em gangorra, 377, *378*
geometria molecular linear, 373-379
geometria molecular octaédrica, 373, 374
geometria molecular piramidal quadrada, 377, *378*
geometria molecular planar quadrada, 377, *378*
geometria molecular planar trigonal, 373, 374
   em estrutura de DNA, 399
geometria molecular tetraédrica, 373, 374
   em esqueleto de DNA, 398
geometria molecular trigonal piramidal, 373, 374
   posições axial e equatorial em, 377
Gerlach, Walther, 297
germânio, 67
   como semicondutores, 553
Germer, L. H., 288
gesso de Paris, 85
Gimli Glider, 44
gipsita
   íons em, 76
glicina,
   adesivo com base em
   estrutura de Lewis, 361t
glicinato de sódio, 372
gordura(s),
   conteúdo de energia de, 32
grafeno, 556
   ligações de pi em, 439
gráfico(s),
   análise de, 43
grafite,
   estrutura de, 69, 70, 555
Graham, Thomas, 479, 602
grama (g), 31
grupo(s) As colunas verticais na Tabela Periódica dos elementos, 63
   carga de íon relacionada a, 76-78
   grupo de sulfonato, em detergentes, 605
   gualtéria, óleo de, 597
guanina, 398
   ligação de hidrogênio para citosina, 506
Gummi Bear, 244

Haber, Fritz, 549
haletos,
   como eletrólitos fortes, 128
haletos de hidrogênio,
   entalpias padrão de formação de, 253t
   entalpias padrão de vaporização de, 516t
halogênicos Os metais no Grupo 7A da tabela periódica, 71
   como agentes oxidantes, 152t
   configuração eletrônica de, 318

entalpias de ligação de elétrons de, 333
número de oxidação de, 150
halotano, 471
Heisenberg, Werner, 289
hélio, abundância de
configuração de elétron de, 316
constante da lei de Henry, 584t
descoberta de, 71, 298
diagrama de caixa orbital, 310
em dirigíveis, 483
desvio da lei de gás ideal, 482
Heliox, 573
hematita
íons em, 76
hemoglobina, 338
heptano,
separação de hexano, 606
hertz A unidade de frequência, ou ciclos por segundo; 1 Hz = 1 s⁻¹, 274
Hertz, Heinrich, 274
hexacloroetano,
em fogos de artifício, 287
hexafluoreto de enxofre, 369
orbitais moleculares em, 438
hexano,
separação do heptano, 606
HFC. *Ver* hidrofluorocarbonetos.
hibridização orbital A combinação de orbitais atômicos para formar um conjunto de orbitais híbridos equivalentes que minimizam repulsões de pares de elétron, 416-422
híbrido, de ressonância, 364
hidratação, entalpia de, 500
de íons, 580
hidrazina, 87
fórmula de, 95
hidrocarboneto
análise de combustão de, 182-186
estruturas de Lewis de, 360
imiscibilidade em água, 578
nomenclatura de, 87
hidrogenação Uma reação de adição em que o reagente é o hidrogênio molecular, 394
hidrogênio,
como agente redutor, 152t
compostos binários de, 86
compostos de, 504
estruturas de Lewis de, 358
configuração eletrônica de, 316
constante da lei de Henry, 584t
diagrama de caixa orbital, 310
diagrama de nível de energia dos orbitais moleculares, 430
em oxiânions, 82
energia potencial durante formação de ligação, 415
espectro de emissão em linha, 281
explicação de, 284-286
íons formados por, 78
ligação em, 352
número de oxidação de, 150
ponte, 438
reação com nitrogênio, 468

reação com oxigênio, 16
hidróxido de ferro(III), formação por precipitação, 133
hidróxido de sódio,
entalpia de solução, 580
reação com ácido acético, 142
reação com ácido nítrico, 142
reação com cloreto de hidrogênio, 141
hipocloreto de sódio, 203
em alvejante, 576
hipótese Uma explicação de tentativa ou previsão com base em observações experimentais, 4
Hipótese de Avogadro Volumes iguais de gases sob as mesmas condições de temperatura e pressão possuem números iguais de partículas, 461
hipóxia, 452
homem de gelo, 1, 63

ibuprofeno,
síntese de, 180, 397
indicador(es) Uma substância usada para sinalizar o ponto de equivalência de uma titulação por uma alteração em alguma propriedade física como cor, 196
informações qualitativas Observações experimentais não numéricas, como dados descritivos ou comparativos, 4, 27
informações quantitativas Dados experimentais numéricos, como medições de mudanças em massa e volume, 4, 27
integridade,
em ciência, 5
interceptar,
de gráfico de linha reta, 43
intermediário
energia de, 499, 510
solubilidade e, 502, 580
tipos determinantes de, 510
Ver **intermediário de reação**.
iodo,
reação com tiosulfato de sódio, 203
solubilidade em líquidos, 511
solubilidade em solventes polar e não polar, 578
íon carbonato, 78
estruturas de ressonâncias de, 365
geometria molecular, 379
ordem de ligação em, 393
íon amônio, 78, 81
íon cianato,
estruturas de ressonância, 384
íon cianeto,
reação com água, 140
íon clorato, 82
cargas formais em, 363
estrutura de ponto de elétron de Lewis, 357
íon cromo(III),
em rubi, 308
íon dicromato,
como agente oxidante, 152t
reação com etanol, 152
íon ferro(II),
em jade, 535

em safira, 309
  reação com íon de permanganato, 152
  titulação de oxirredução de, 200
íon ferro(III),
  paramagnetismo de, 324
íon fosfato,
  estruturas de ressonância de, 366
íon hidrônio, H_3O^+(aq), 139-140
  concentração expressa em pH, 192
  geometria molecular de, 376
íon hidróxido, OH^-(aq), 138
  cargas formais em, 363
íon hipoclorito, 82
  cargas formais em, 362
íon níquel(II),
  absorção de luz do, 203
íon nitrato, concentração em aquário
  estruturas de ressonância de, 367
íon permanganato,
  como agente oxidante, 152t
  reação com íon de ferro(II), 152, 200
íon sulfato,
  estruturas de ressonância de, 366
íon titânio(IV),
  em safira, 309
íon espectador Um íon que está presente em uma solução em que ocorre uma reação, mas que não é envolvidoo no processo em si, 134
íon(s) bicarbonato,
  como ácido, 143
íon(s) de haleto Íons dos elementos de Grupo 7A, 81
íon(s) isoeletrônicos Íons que têm o mesmo número de elétrons, mas um número diferente de prótons, 336
íon(s) monoatômico(s) Um íon que consiste um átomo com uma carga elétrica, 76-78
  nomenclatura, 81
  números de oxidação em, 150
  tamanhos de, 334
íon(s) poliatômico(s) Um íon que consiste em mais de um átomo, 78
  nomes e fórmulas de, 79t
  números de oxidação em, 150
íon(s) Um átomo ou grupo de átomos que possui um ou mais elétrons ganhos ou perdidos, de forma que não é mais eletricamente neutro, 12, 76. *Ver também* **ânion(s); cátion(s)**.
  concentrações de, 188
  configuração eletrônica de gás nobre em, 337-338
  configurações de elétron de, 323-326
  em solução aquosa, 127
  espectador, 134
  formação por metais e não metais, 76-78
  hidração de, 500, 580
  monatômica, 76-78
  poliatômico, 78
  tamanhos de, 334
íon superóxido,
  configuração orbital molecular de, 436
isômero(s) dois ou mais compostos com a mesma fórmula molecular, mas com diferentes arranjos de átomos, 426
  cis-trans. Ver isômeros *cis-trans*.
  estrutural.
    Ver isômeros estruturais.
  isômeros cis-trans, 426
isótopo(s) Átomos com o mesmo número atômico, mas com números de massa diferentes, devido a diferenças no número de nêutrons, 58-60
  abundância percentual de, 59, 61t
  em espectro de massa, 101
ítrio,
  em supercondutores, 157, 339

jade, 534
jadeíta, 534
JELL-O®,
  como coloide, 602
Joliot, Frédèric, 64
joule (J) A unidade SI de energia, 31
Joule, James P., 31, 227

Kekulé, August, 427
kelvin (K), 29, 458
  em cálculos de calor, 231
Kelvin, Lord (William Thomson), 29, 458

lacuna de energia, 552
lacuna(s),
  em retículo cristalino, 543
  em condução metálica, 551
  em semicondutores, 553
lacunas octaédricas, 544
lacunas tetraédricas, 544
lagartixas,
  habilidade de subir paredes, 496
lago Nyos, 586
lagos,
  congelamento de, 507
lantanídeo(s) A série de elementos entre lantânio e háfnio na Tabela Periódica, 72
  configurações eletrônicas de, 320
  propriedades de, 339
lantânio,
  em supercondutores, 157
laser,
  rubi sintético em, 309
laurilbenzenssulfonato de sódio,
  estrutura do, 605
Lavoisier, Antoine Laurent, 56, 120-121
lecitina, 604
lei Uma afirmação verbal ou matemática concisa de uma relação que é sempre a mesma sob as mesmas condições, 4
  Beer-Lambert, 205
  conservação,
    de energia, 18, 226
    de massa, 4
    de matéria, 120
  da termodinâmica, primeira, 237-242
  de composição constante, 12
  de periodicidade química, 67

de proporções definidas, 12
gás geral, 460
gás ideal, 463-467
    taxa. Ver equações de velocidade.
lei da conservação, carga
    energia, 18, 226
    massa, 4
    matéria, 120
lei de Beer-Lambert A absorção de uma amostra é proporcional ao comprimento do caminho e da concentração, 205
lei de Boyle, 456
    teoria cinética-molecular e, 477
lei de Charles, 458
    teoria cinética-molecular e, 477
lei de Coulomb A força de atração entre os íons de carga oposta em um composto iônico é diretamente proporcional às suas cargas e inversamente proporcional ao quadrado da distância entre eles, 83
    atrações de íon-dípolo e, 499
    energia de atração do par de íons e, 547
    Equação de Bohr e, 282
lei de Dalton das pressões parciais A pressão total de uma mistura de gases é igual à soma das pressões dos componentes da mistura, 469
lei de Graham, 479
lei de Henry A concentração de um gás dissolvido em um líquido a uma determinada temperatura é diretamente proporcional à pressão parcial do gás sobre o líquido, 583
lei de Hess Se uma reação é a soma de duas ou mais outras reações, a variação de entalpia para o processo global é a soma das variações de entalpia das reações constituintes, 249-255
lei de Raoult A pressão de vapor do solvente é proporcional à fração molar do solvente em uma solução, 588
    lei de taxa. Ver **equações de taxa.**
lei do gás geral Uma equação que permite cálculo de pressão, temperatura e volume, quando uma determinada quantidade de gás passa por uma mudança de condições, 460
lei do gás ideal Uma lei que relaciona pressão, volume, número de mols e temperatura para um gás ideal, 463-467
    equação de pressão osmótica e, 595
    estequiometria e, 468
    desvios de, 481
leite,
    adulteração de, 514
Lewis, Gilbert Newton, 351
liberação, 480
libras por polegada quadrada (psi), como unidade de pressão, 455
ligação covalente não polar Uma ligação covalente na qual há compartilhamento igual de pares de elétron ligados, 380
ligação covalente polar Uma ligação covalente na qual há compartilhamento diferente de pares de elétron ligados, 380
ligação de hidrogênio Atração entre um átomo de hidrogênio ligado a um átomo muito eletronegativo e outro átomo para produzir uma atração dipolo-dipolo de força incomum, 503 508
    em DNA, 398
ligação de três centros, 438
ligação dipolar. Ver **ligação covalente polar.**

ligações Uma interação entre dois ou mais átomos unidos por meio da redução do potencial de energia de seus elétrons, 349.
    coordenadas covalentes, 369
    covalente, 349
    exibição de fórmulas estruturais, 74
    formação da, 349
    iônico, 350
        estrutura molecular e, 348-401
        metálicas, teoria das faixas, 550
        múltiplos, 355, 423-427
        teoria da ligação de valência, 414-428
        teoria do orbital molecular, 414, 428-365.
        tipos de, 349-350
    múltipla, 355
        geometria molecular e, 379
    polar, 380-385
    propriedades de, 392-397
    sigma, 415
ligação(es) sigma (σ) Uma ligação formada pela sobrecamada de cabeça com cabeça dos orbitais, e com ligação de elétron em densidade concentrada, junto ao eixo da ligação, 415
    em teoria orbital molecular, 429
ligação(ões) covalentes coordenadas Atração interatômica resultando do compartilhamento de um único par de elétrons de um átomo com outro átomo, 369
ligação(ões) covalente(s) Uma atração interatômica resultante do compartilhamento de elétrons entre os átomos, 349
    polar e não polar, 380-385
    teoria de ligação de valência de, 414-428
ligação(ões) iônica A atração entre um íon positivo e um íon negativo resultante da transferência completa (ou quase completa) de um ou mais elétrons de um átomo para outro, 350
ligação(ões) pi (π) A segunda ligação (e terceira, se presente) em uma ligação múltipla; resultados de camadas laterais de orbitais atômicos p, 423
    em benzeno, 439
    em ozônio, 437
    visualização de orbital molecular de, 433
ligação tripla,
    teoria de ligação de valência de, 425
ligação única Uma ligação formada por compartilhamento de um par de elétrons; uma ligação sigma, 415
ligações duplas Uma ligação formada por compartilhamento de dois pares de elétrons, um par em uma ligação sigma e o outro em uma ligação de pi, 355
    teoria de ligação de valência de, 423
ligações metálicas, 350
ligações múltiplas,
    comprimento de ligação de, 393t
    em estruturas ressonantes, 364
    estrutura de ponto de elétron de Lewis, 355
    geometria molecular e, 379
    teoria da ligação de valência de, 423-427
liga(s),
    substituição do átomo em, 327
linha de tendência, 45
líquido(s) A fase da matéria em que a substância não tem uma forma definida, mas possui um volume definido, 6
    miscíveis e imiscíveis, 578

propriedades de, 513-524
líquidos imiscíveis, 578
líquidos miscíveis, 578
lítio,
   bandas de orbitais moleculares em, 551
   carga nuclear efetiva em, 313
   configuração eletrônica de, 316
   reação com água, 468
   usos de, 543
litro (L) Uma unidade de volume conveniente para uso em laboratório; 1 L = 1000 cm³, 31
Lockyer, Sir Joseph Norman, 298
lodo,
   formação de, *604*
logaritmos, 192
Lowry, Thomas M., 138
luz. *Ver também* **radiação eletromagnética.**
   absorção e reemissão por metais, 552
   absorção por ligações pi, 440
   dispersão por coloide, 602
   velocidade de, 274
   visível, 274
magnésio,
   combustão de, 147, 150
   reação com cloreto de hidrogênio, 246
   sais de, em fogos de artifício, 287
malaquita, 26
mal da montanha, 452
maleabilidade,
   metálica, 552
manômetro,
   tubo em U, 455
Marsden, Ernest, 65
massa Uma medida de quantidade da matéria em um corpo, 31
   em estequiometria, 168-173
   lei da conservação de, 4
massa atômica A massa determinada experimentalmente de um átomo de um isótopo, 57-60
massa atômica relativa A proporção da massa média de cada átomo de um elemento por 1/12 da massa de um átomo de 12C, 60.
massa da fórmula, 91
massa molar (M) A massa em gramas de um mol de partículas de qualquer substância, 88
   cálculo da lei de gás ideal, 466
   cálculo de propriedades coligativas, 597
   determinação por titulação, 199
   entalpia de vaporização e, 515
   polarizabilidade e, 508
   ponto de derretimento e, 558
   taxa de efusão e, 479
   velocidade molecular e, 475
massa molecular,
   média, 91
matéria Qualquer coisa que possua massa e ocupe um espaço, 6
   classificação de, 6-10
   estados de, 6, 498
   lei de conservação de, 120

Maxwell, James Clerk, 274, 473
medida(s),
   unidades de, 27-32, 454
medidor de pH, 192, *193*
medidor de pressão de pneu, 455
melamina,
   alimento animal adulterado com, 514
membrana,
   célula biológica semipermeável, 593
membrana semipermeável Uma fina folha de material por meio do qual certos tipos de moléculas podem passar, 593
memória flash, 560
Mendeleev, Dmitri Ivanovitch, 67
menisco, 522
menor orbital molecular desocupado (LUMO), 435*t*
mercúrio
   de cinábrio, 3
   em medida de pressão, 454
   espectro de linha de emissão, 281
mergulho com SCUBA,
   lei de Henry e, 584
mergulho,
   pressão e solubilidade em, 572
metais alcalinos Os metais no Grupo 1A da Tabela Periódica, 68
   configuração eletrônica de, 316
   íons, entalpia de hidratação, 500
   reação com água, 68
metais de cunhagem, 26
metal Um elemento caracterizado pela tendência de dar elétrons e pela boa condutividade térmica e elétrica, 63, 66, 68
   bioquímica de, 338
   como agentes redutores, 152t
   cunhagem, 26
   eletronegatividade de, 381
   entalpia de fusão de, 559
   formação de cátions por, 76
   ligação, teoria de bandas de, 550
   ponto de derretimento de, 559t
   sulfetos, em fumarolas negras, 118
   tipos de célula unitária de, 537, 538
   transição.
metais alcalino-ferrosos Os elementos no Grupo 2A da tabela periódica, 69
   configuração de elétron de, 316
metaloide(s) Um elemento com propriedades de ambos metais e não metais, 63, 66, 68
   eletronegatividade de, 381
metano,
   análise por combustão de, 183
   ângulos de ligação em, 376
   atmosférico, fontes, 476
   constante da lei de Henry, 584t
   entalpia de formação, 251
   estrutura de, 75
   massa molar de, 91
   orbitais híbridos em, 416-419
   ordem de ligação em, 392
metanol
   como combustível, 175

estrutura de Lewis de, 361t
hibridização de orbital em, 419
ligação de hidrogênio em, 512
síntese de, 175
meteorito,
  ferro, 328
metilamina, 420
  estrutura de Lewis de, 361t
  mapa de potencial eletrostático de, 390
método de Mohr, 202
metro (m) A unidade SI de comprimento, 29
metro cúbico (m³), 31
microscopia de tunelamento de varredura (STM), 54
microscopia eletrônica de varredura (SEM), 29
milho,
  produção de etanol de, 256
miligrama (mg), 31
mililitro (mL) Uma unidade de volume equivalente a um milésimo de litro; 1 mL = 1 cm³, 31
milímetro de mercúrio (mm Hg) Uma unidade comum de pressão, definida como a pressão que pode suportar uma coluna de mercúrio de 1 milímetro; 760 mm Hg = 1 atm, 454
Millikan, Robert, 65
minerais,
  análise dos, 182
mistura(s) Uma combinação de duas ou mais substâncias que podem ser separadas por técnicas físicas, 8-10
  análise de, 180-186
  gasosa, pressões parciais em, 469-472
  separação por cromatografia, 524
mistura heterogênea Uma mistura em que as propriedades em uma região ou amostra são diferentes daquelas em outra região ou amostra, 9
mistura homogênea Uma mistura na qual as propriedades se mantêm, independentemente da resolução óptica usada ao examiná-la, 9
modelo de esferas e palitos, 75
modelo de repulsão dos pares de elétrons da camada de valência (VSEPR) Um modelo para a previsão das formas das moléculas em que pares de elétrons estruturais são arranjados ao redor de cada átomo de forma a maximizar os ângulos entre eles, 373
modelos de preenchimento de espaço, 75
modelos moleculares, 12, 74
mol A unidade SI de quantificação de substância, 88
  conversão para unidades de massa, 89
  de reação, 178, 242
molaridade (M) É o número de mols de soluto por volume de solução em litros, 186, 575
molécula deficiente de elétron, 438
molécula(s) A menor partícula de um composto que retém a composição e as propriedades químicas características daquele composto, 12, 73
  calculando massa de, 94
  formas de, 373-380
  não polar, interações de, 508-511
  polaridade de, 386
  polar, interações de, 501
  velocidades nos gases, 473
  volume de, 481
molécula diatômica homonuclear Uma molécula composta por dois átomos idênticos, 432
  configurações eletrônicas de, 434
moléculas diatômicas heteronucleares Uma molécula composta de dois átomos de elementos diferentes, 436
moléculas diatômicas,
  raios atômicos em, 328
  de elementos, 70
moléculas não polares, 388
  interações de, 508-511
moléculas triatômicas,
  de elementos, 70
molho de salada,
  como emulsão, 604
momento dipolo (μ) O produto da magnitude das cargas espaciais em uma molécula e a distância pela qual estão separadas, 386, 387t
monocamada,
  formação de superfícies sólidas, 480
monóxido de carbono,
  calculando a entalpia de formação, 249
  configuração orbital molecular de, 436
  ordem da ligação em, 393
  oxidação de, 173
  reação com óxido de ferro(III), 147
monóxido de nitrogênio
  radical livre, 371
Moseley, Henry G. J., 67
mudança climática,
  gases do efeito estufa e, 476
mudança física Uma mudança que envolve somente propriedades físicas, 15-16
Müller, Karl, 157
Mulliken, Robert S., 400, 414
múmia, 1

naftalina,
  ponto de fusão da, 15
nanômetro, 30
nanotecnologia, 28
nanotubos,
  de carbono, 556
não eletrólito Uma substância que dissolve em água para formar solução eletricamente não condutora, 129
não metal(is) Um elemento caracterizado por falta de propriedades metálicas, 63, 66, 68
  ânions formados por, 77
  compostos binários de, 87
  eletronegatividade de, 381
narcose de nitrogênio, 572
National Institute of Standards and Technology (NIST - Instituto Nacional de Padrões e Tecnologia - EUA), 33, 253
nefrita, 534
neodímio, em magnetos permanentes, 339
  magnetismo de, 72
neônio,
  configuração eletrônica, 318

espectro de emissão em linha de, 281
espectro em massa de, 59
nêutron(s) Uma partícula subatômica demonstração de, 65
eletricamente neutra encontrada nos núcleos, 55
newton (N) A unidade SI de força; 1 N = 1 kg · m/s², 454
nitrato de amônia,
  entalpia da solução, 580
nitrato de bário,
  como eletrólito forte, 129
nitrato de ferro(III),
  diluição de, 191
nitrato de potássio
  na pólvora, 258
nitrato de prata,
  reação com cloreto de potássio, 132, 134
nitrocelulose, 258
nitrogênio,
  compostos de, ligação de hidrogênio em, 504
  configuração eletrônica de, 317
  configuração do orbital molecular de, 434
  constante da lei de Henry, 584t
  em teste de alimentos para conteúdo de proteína, 514
  estruturas de Lewis envolvendo, 358
  fixação de, 70
  líquidos, 458
  ordem da ligação em, 392
  reação com hidrogênio, 468
  solubilidade em sangue, 572
  volumes de líquido e gás, 498
nitroglicerina
  decomposição de, 254
  em pólvora sem fumaça, 258
nitrox, 573
nível de Fermi O mais alto nível de energia de elétron preenchido em um metal a temperatura zero absoluta, 551
nível macroscópico Processos e propriedades em uma escala grande o suficiente para serem observados a olho nu, 7
nomenclatura,
  de ânions e cátions, 81
  de compostos binários não metais, 87
  de compostos iônicos, 82
nomes comuns,
  de compostos binários, 87
nós(s) Um ponto de amplitude zero de uma onda, 274
  nó planar. *Ver* **orbital atômico** e plano nodal.
notação científica
  operações em, 37
notação corrigida, 36
notação do gás nobre Uma forma abreviada de notação *spdf* que substitui as camadas de elétron completas com o símbolo de gás nobre correspondente entre parênteses, 316
notação exponencial, 36
notação *spdf* Uma notação para a configuração de elétron de um átomo em que o número de elétrons atribuídos a uma subcamada é mostrado como um sobrescrito após o símbolo da subcamada, 291, 316
Novoselov, Kostya, 556
núcleo O centro de um átomo, composto de prótons e nêutrons, 56
  tamanho de, 65

numerais romanos,
  em nomes de cátions, 81
número atômico (Z) O número de prótons no núcleo de um átomo de um elemento, 56
  periodicidade química e, 67
Número de Avogadro O número de partículas em um mol de qualquer substância (6,0221415 × 10²³), 88
número de massa (A) A soma do número de prótons e nêutrons no núcleo atômico de um átomo, 57
número exato,
  figuras significativas em, 39
número quântico de momento angular, 291
  número de superfícies nodais e, 295
número quântico de spin de elétron, 297
número quântico magnético, 291
número quântico principal, 282, 291
número(s) de oxidação Um número atribuído a cada elemento em um composto para manter controle dos elétrons durante uma reação, 150-151
  cargas formais e, 363
número(s) quântico(s) Um conjunto de números inteiros que definem as propriedades de um orbital atômico, 291
  magnético, 291
  momento angular, 291
  principal, 282, 291
  princípio de exclusão de Pauli e, 310
  spin, 297
  valores permitidos de, 291, 292t

octadecano, 525
octano,
  combustão de, 122
  calor de combustão, 248
octeto,
  de elétrons, 352
óculos de visão noturna, 276
óculos infravermelhos, 276
óleo mineral,
  densidade do, 46
óleos,
  sopas e, 604
onda de matéria, 288
onda estacionária Uma onda de única frequência que possui pontos fixos de amplitude zero, 289
onda,
  matéria como, 288
orbital(is) A onda de matéria para um estado de energia permitido de elétrons em um átomo ou molécula, 291
  atômico.
orbitais moleculares, ligantes e antiligantes, 429
  de orbitais *p* atômicos, 433, 435
  espectroscopia de fotoelétron e, 441
  maior ocupado (HOMO), 435t
  menor desocupado (LUMO), 435t
orbital(is) atômico(s) A onda de matéria para um estado de energia permitido de elétrons em um átomo, 291
  atribuição de elétrons para, 311-314
  energias de, e atribuições de elétrons, 311-314
  formatos de, 293-297
  número de elétrons em, 311t

Química geral e reações químicas

números quânticos de, 291
ordem de energias em, 311, 322
orientações de, 295
penetração de, 313
sobreposição de, na teoria de ligação de valência, 414
orbital(is) d. *Ver também* **orbital(is) atômico(s)**.
em ligação de elementos do terceiro período, 371
orbitais híbridos e, 438
orbital(is) híbrido(s) Um orbital formado pela combinação de dois ou mais orbitais atômicos, 416-422
em benzeno, 428
geometrias de, 417
orbital molecular antiligante Uma orbital molecular em que a energia dos elétrons é maior que a dos elétrons orbitais pais, 429
orbital molecular ligante Um orbital molecular em que a energia dos elétrons é mais baixa que a dos elétrons dos átomos originais, 429
ordem de ligação O número de pares de elétrons de ligação compartilhados por dois átomos em uma molécula, 392
comprimento de ligação e, 392
fracionária, 392, 431
orbitais moleculares e, 431
ordem de preenchimento,
de subcamadas de elétron em átomos, 311
de orbitais em teoria orbital molecular, 430
orientações,
atribuindo números de oxidação, 150
solubilidade dos compostos iônicos em água, 130
osmose O movimento das moléculas de solvente através de uma membrana semipermeável de uma região de concentração de soluto mais baixa para uma região de concentração de soluto mais alta, 593
reverso, 596
osmose reversa A aplicação de maior pressão do que a pressão osmótica de solvente impuro para forçar o solvente por uma membrana semi-impermeável na região de menor concentração de soluto, 596
Ostwald, Friedrich Wilhelm, 88
Ötzi, o homem do gelo, 1-2, 63
ouriço-do-mar, 19
ouro,
densidade de, 14
uso de, 1
ouro de tolo. *Ver* pirita de ferro.
oxidação A perda de elétrons por um átomo, íon ou molécula, 148
óxido de alumínio
em pedras preciosas, 308
óxido de cálcio, 144
óxido de ferro(III)
reação com monóxido de carbono, 147
óxido de magnésio,
estrutura de cristal de, 547
óxido de mercúrio(II),
decomposição de, 121
óxido de titânio(IV)
análise quantitativa de, 182
em rubis, 308
óxido nítrico. *Ver* monóxido de nitrogênio.

óxido nitroso. *Ver* óxido dinitrogênio.
óxido(s) acídico(s) Um óxido de um não metal que atua como um ácido, 144
óxido(s) básico(s) Um óxido de um metal que atua como uma base, 144
óxidos,
como ácidos e bases, 143
oxigênio,
alótropos de, 71
como agente oxidante, 147, 152t
compostos de, ligação de hidrogênio em, 504
configuração eletrônica de, 318
configuração orbital molecular de, 434
constante da lei de Henry, 584t
descoberta de, 121
dissolvendo em água, 508
estruturas de Lewis envolvendo, 358
número de oxidação de, 150
paramagnetismo de, 429, 434
pressão parcial e altitude, 474
privação e doença, 452
reação com enxofre, 73
reação com hidrogênio, 16
taxas de isótopo, 63
toxicidade de, 573
oxiácido(s),
forças ácidas de estrutura de Lewis de, 359
oxiânion(s) Ânions poliatômicos contendo oxigênio, 81
estruturas de Lewis de, 359
ozônio, 71
configuração orbital molecular de, 437
estruturas ressonantes de, 364
ordem de ligação fracionária de, 392

padrão primário Um ácido ou base sólido, puro, que pode ser pesado com precisão para a preparação de um reagente titulante, 198
padronização A determinação exata da concentração de um ácido, base ou outro reagente para usar em uma titulação, 198
papel, 192, *193*
paramagnetismo A propriedade física de ser atraída por um campo magnético, 324, 325, 434
par(es) de ligação Dois elétrons, compartilhados por dois átomos, que contribuem para a atração de ligação entre os átomos, 352
ângulos entre, 373
equação de carga formal, 362
polaridade molecular e, 386-391, 402t
par(es) isolado(s) Pares de elétrons de valência que não contribuem para uma ligação em uma molécula covalente, 352
efeito na geometria do par de elétron, 375
em equações de carga formal, 362
teoria de ligação de valência e, 416
partes por milhão (ppm), 576
partículas subatômicas Um termo coletivo para prótons, nêutrons e elétrons, 55
propriedades de, 57t
pascal (Pa) A unidade SI de pressão; 1 Pa = 1 N/m^2, 454
Pauling,

Linus e eletronegatividade, 381, 400
   e teoria de ligação de valência, 414
   e teoria de ressonância, 364
Pauli, Wolfgang, 310
pechblenda, 64
pedras preciosas,
   cores de, 308
peixe palhaço, 19
pentóxido de dibromo, 99
perclorato de magnésio,
   absorção de água por, 183
período(s) As linhas horizontais na Tabela Periódica dos elementos, 63
periodicidade,
   de afinidade eletrônica, 333
   de eletronegatividade, 381, 382
   de energias orbitais atômicas, 322
   de energias de ionização, 330
   de entalpia de fusão, 559
   de entalpia de ligação de elétron, 333
   de propriedades químicas, 67, 336-340
   de raio atômico, 327
   de raio iônico, 334
Perkin, William, 440
permanganato de potássio, 187
   em titulação redox, 200
   espectro e absorção de, 205
perovskita,
   estrutura cristalina de, 545
peróxido de hidrogênio,
   decomposição catalisada de
   em tintura de cabelo, 372
peróxidos
   número de oxidação de oxigênio em, 150
peso atômico A massa média de um átomo em uma amostra natural do elemento, 60
peso da água, 58
peso molecular. *Ver* **Massa molar.**
4-(*p*-hidroxifenil)-2-butanona
pH O negativo do logaritmo de base 10 da concentração de íon de hidrogênio; uma medida de acidez, 191-194
picômetro, 30
pigmentos,
   química verde de, 440
pilha,
   íon lítio, 543
pipoca,
   rendimento percentual de, 177
pirita, ferro, 11
placa de gesso,
   gipsita em, 85
Planck, Max, 276
polaridade de ligação,
   carga formal e, 383
   eletronegatividade e, 380-385
polaridade, ligação, 380-385
   molecular, 386-391, 402t
      forças intermoleculares e, 499-508
      miscibilidade e, 578

polaridade molecular, 386-391, 402t
   de surfactantes, 604
   forças intermoleculares e, 499-508
   miscibilidade e, 578
polarizabilidade A extensão com que a nuvem eletrônica de um átomo ou molécula pode ser distorcida por uma carga elétrica externa, 508
poliéster(es)
   corantes, 522
polímero(s)
   pressão osmótica de, 595, 596
polônio, 64, 71
pólvora
   combustão de, 258
pólvora negra, 258
ponto crítico A extremidade superior da curva de pressão de vapor versus temperatura, 521
ponto decimal,
   em conversão entre notação fixa e exponencial, 36
ponto de densidade de superfície,
   orbital atômico, 293, 294
ponto de distribuição radial,
   orbital atômico, 293, 294
ponto de ebulição A temperatura na qual a pressão do vapor de um líquido é igual à pressão externa sobre o líquido, 520
   de compostos comuns, 516t
   forças intermoleculares e, 501
   ligação de hidrogênio e, 504
ponto de equivalência O ponto em uma titulação em que um reagente foi consumido exatamente pela adição de outro reagente, 197
ponto de ebulição normal O ponto de ebulição quando a pressão externa é 1 atm, 520
   para compostos comuns, 516t
ponto de fusão A temperatura na qual o retículo cristalino de um sólido sofre um colapso e o sólido é convertido em líquido, 558, 559t
   de sólidos iônicos, 83
   identificando compostos por, 14
ponto final. *Ver* **ponto de equivalência.**
ponto triplo A temperatura e pressão em que as fases sólida, líquida e gasosa de uma substância estão em equilíbrio, 562
porcentagem em massa A massa de um componente de uma solução ou mistura dividida pela massa total, multiplicada por 100%, 576
posição axial,
   em geometria molecular bipiramidal trigonal, 377
posição equatorial,
   em geometria molecular bipiramidal trigonal, 377
potássio,
   reação com água, 68
   sais de, em fogos de artifício, 287
potências,
   na calculadora, 38
prata,
   como bactericida, 153
precipitado Um produto sólido insolúvel em água de uma reação, geralmente de reagentes solúveis em água, 132
   gelatinoso, 602

precisão O acordo entre a quantidade medida e o valor aceito, 33

prefixos,
para unidades SI, 27, 28t

pressão A força exercida sobre um objeto dividida pela área sobre a qual a força é exercida, 454
atmosférica, altitude e, 452
constante, calorimetria em, 245
crítica, 521
efeito sobre solubilidade, 583
gás, volume e, 456
padrão, 464

pressão crítica A pressão no ponto crítico, 521

pressão de vapor A pressão do vapor de uma substância em contato com sua fase líquida ou sólida em um contêiner selado, 517-520
lei de Raoult e, 588
relação para entalpia de vaporização, 519

pressão de vapor em equilíbrio A pressão do vapor de uma substância em equilíbrio em contato com sua fase líquida ou sólida em um contêiner selado, 517
em diagrama de fase, 561

pressão(ões) parcial(is) A pressão exercida por um gás em uma mistura de gases, 469

pressão osmótica (P) A pressão exercida por osmose em um sistema de solução em equilíbrio, 595

Priestley, Joseph, 121

primeira lei da termodinâmica A energia total do universo é constante; a troca de energia interna de um sistema é igual à soma de energia transferida como calor e a energia transferida como trabalho entre o sistema e os arredores, 237-242

Princípio de *Aufbau*, 311

princípio da incerteza de Heisenberg É impossível determinar simultaneamente e com grande certeza a posição e o momento de um elétron em um átomo, 290

princípio da exclusão de Pauli Nenhum dos dois elétrons em um átomo podem ter o mesmo conjunto de quatro números quânticos, 310
orbitais moleculares e, 429

princípio de Le Chatelier Uma mudança em qualquer um dos fatores que afetam um equilíbrio que causará um reajuste do sistema para minimizar o efeito da mudança, 585

probabilidade,
em mecanismos quânticos, 290

produto(s) Uma substância formada em uma reação química, 16, 120

propano,
combustão de, equação balanceada para, 123
composição percentual de, 95
entalpia de combustão, 244

2-propanol,
estrutura de, 396

propeno
hidrogenação de, 394

proporções definidas,
lei de, 12

propriedade química, 16

propriedades coligativas As propriedades coligativas são aquelas que idealmente dependem apenas do número de partículas de soluto por molécula de solvente, e não da identidade do soluto ou solvente, 574, 588-601
de soluções de compostos iônicos, 599-601

propriedades extensivas Propriedades físicas que dependem da quantia de matéria presente, 14

propriedades físicas Propriedades de uma substância que podem ser observadas e medidas sem alterar a composição da substância, 13-15
dependência de temperatura de, 14

propriedades intensivas Propriedades físicas que não dependem da quantidade de matéria presente, 14

proteína(s)
conteúdo de energia de, 32
testando alimentos de, 514

protetores solares, 279

prótio, 58

próton(s) Uma partícula subatômica carregada positivamente encontrada nos núcleos, 55
doado por ácido Brönsted, 139

quantidade definida, algarismos significativos em, 39

quantidade medida,
algarismos significativos em, 39

quantidade real A quantidade medida de produto obtido a partir de uma reação química, 177

quantidade teórico A quantidade máxima do produto que pode ser obtida de uma determinada quantidade de reagentes em uma reação química, 177

quantização,
de spin de elétron, 297
de energia potencial de elétron, 282, 290
suposição de Planck de, 276

quartz
estrutura de, 555

quilate, 1

quilocaloria (kcal), 31

quilograma (kg) A unidade SI de massa, 31

quilojoule (kJ), 31

quilopascal (kPa), 454

química verde
de tinturas e pigmentos, 440
dióxido de carbono supercrítico e, 522
economia de átomo e, 180
princípios de, 5-6

radiação,
eletromagnético, 274

radiação de corpo negro, 276

radiação de micro-ondas, 274

radiação eletromagnética Radiação que consiste em campos como onda elétrica ou magnética, incluindo luz, micro-ondas, sinais de rádio e raios X, 274

radiação infravermelha (IR), 274

radiação ultravioleta (UV), 274
danos à pele e, 279
em espectroscopia de fotoelétron, 332, 441

radical livre Um átomo neutro ou molécula que contém um elétron não pareado, 371

rádio, 64

radioatividade,
    descoberta de, 64
raio,
    atômico, 327
    covalente, 328
    iônico, 334, 558
raio covalente, 328
raio de Bohr, 296
raio iônico, energia reticular e, 558
    periodicidade de, 334
    raios beta. *Ver* **partícula(s) beta**.
raios catódicos, 64
raios X, 274
    em fotoelétron, espectroscopia, 332
raízes,
    na calculadora, 38
Ramsay, Sir William, 102
Rayleigh, Lord (John William Strutt), 102
reação(ões) Um processo em que substâncias são alteradas em outras substâncias por rearranjo, combinação ou separação de átomos, 16.
    Ver também sob elemento, composto ou grupo químico de interesse.
    ácido-base, 141-143. *Ver também* reação(ões) ácido-base.
    decomposição, 155
    em soluções aquosas, 128
        estequiometria de, 194-202
        tipos de, 152-156
    entalpia padrão de, 242
    favorecido por produto *vs.* favorecido pelo reagente, 125, 257
    gás em formação, 145, 155
    hidrogenação, 394
    leis do gás e, 468
    mols de, 178, 242
    neutralização, 142
    precipitação, 132-136, 154
    reversibilidade de, 124
    síntese, 155
    troca, 132, 154
    variação de entalpia para, 242-245, 253
reação de combustão A reação de um composto com oxigênio molecular para formar produtos em que todos os elementos são combinados com oxigênio, 122
reação de formação de gás, 145, 155
reação(ões) ácido-base Uma reação de troca entre um ácido e uma base produzindo sal e água, 141-143, 154
    ponto de equivalência, 197
    titulação usando, tipos de, 196-200
reação(ões) de decomposição(ões) Uma reação em que um composto é desmontado em constituintes menores, 155
reação(ões) de oxidorredução Uma reação envolvendo a transferência de um ou mais elétrons de uma espécie para outra, 147-153
    reconhecendo, 151-153
    titulação usando, 200
reação(ões) de precipitação Uma reação de troca que produz um sal insolúvel, ou precipitado, a partir de reagentes, 132-136, 154
reação(ões) de síntese(s) Uma reação em que um composto é preparado a partir de elementos ou outros compostos, 155
reação(ões) de troca(s) Uma reação química que continua pela troca de parceiros cátion-ânion reagentes, 132
reação(ões) produto favorecida(s) Uma reação na qual os reagentes são completa e amplamente convertidos em produtos em equilíbrio, 125, 257
reação(ões) reagente favorecida(s) Uma reação na qual uma pequena quantidade de reagentes é convertida em produtos em equilíbrio, 127, 257
reação termite, 168
reações de neutralização Uma reação ácido-base que produz uma solução neutra de sal e água, 142
reações de transferência de elétron. *Ver* **reações de oxidorredução**.
reações redox. *Ver* **reação de oxidorredução**.
reagente limitante O reagente presente em quantidade limitada que determina a quantidade de produto formada, 173
reagente(s) Uma substância iniciante em uma reação química, 16, 120
redução O ganho de elétrons por um átomo, íon ou molécula, 148
regra de Hund O arranjo mais estável dos elétrons em uma subcamada é aquele com o número máximo de elétrons não emparelhados, todos com a mesma direção de spin, 317
    orbitais híbridos e, 418
    orbitais moleculares e, 429
    regra de número atômico efetivo (EAN). *Ver* regra de elétron, 18.
regra do octeto Ao formar ligações, os átomos dos elementos representativos ganham, perdem ou compartilham elétrons para atingir uma configuração estável com oito elétrons de valência, 352
    exceções para, 353, 368-372
rendimento percentual O rendimento real de um produto químico como uma porcentagem de seu rendimento teórico, 177
ressonância magnética (MRI),
    hélio e, 72
ressonância,
    teoria molecular orbital e, 436-439
resultado,
    de produto em uma reação química, 177
retículo cristalino Uma matriz regular, sólida de íons positivos e negativos, 83, 535-542
reversibilidade,
    de reações químicas, 124
Roberts, Nicolas-Louis, 463
rosa,
    reação com ácido e base, 137
rotação,
    em torno de ligações sigma e pi, 426
rubi, 308
    cargas de íon e, 79
Rutherford, Ernest, 55, 65
rutilo,
    em rubis, 308
Rydberg, Johannes, 281

sabão Um sal produzido pela hidrólise de uma gordura ou óleo por uma base forte, 604

sacarose,
　como não eletrólito, 129
　entalpia de combustão, 244

safira, 309

sais(s) Um composto iônico cujo cátion vem de uma base e cujo ânion vem de um ácido, 141
　concentração em água do mar, 202
　hidrato, ligação em, 503
　em pólvora, 258

salvarsan,
　no tratamento de sífilis, 100
　samário em magnetos permanentes, 339

sangue, tampões em
　oxigênio saturação de, 453
　pH do, 192

Scheele, Carl Wilhelm, 121

Schrödinger, Erwin, 289

Scott, Robert, 564

semicondutor do tipo p, 553

semicondutores Substâncias que podem conduzir pequenas quantidades de corrente elétrica, 552-554
　teoria de banda de, 552

semicondutor extrínseco, 553

semicondutor intrínseco, 553

semimetais. *Ver* **metaloide(s)**.

série de Ritz-Paschen, 285

Séries de Balmer, 281, 285
　nos espectros de estrela, 298

séries de Lyman, 285

SI Abreviação para Système International d'Unités, um sistema uniforme de unidade de medida em que uma única unidade base é usada para cada quantidade física medida, 27

silicatos,
　estrutura de, 557

silício,
　como semicondutor, 553
　composto de, 70
　configuração eletrônica de, 318

símbolo/estrutura(s) de ponto de elétron de Lewis Uma notação para a configuração eletrônica de um átomo ou molécula, 351-361
　prevendo, 358-361
　procedimento para construção, 353

símbolo(s),
　em química, 8, 10, 12

simetria,
　polaridade molecular e, 388

semicondutor tipo n, 554

sistema A substância a ser avaliada no conteúdo de energia em um processo termodinâmico, 226
　isolado, troca de energia em, 231

sistema métrico Um sistema decimal de tomada e divulgação de medidas, em que todas as unidades são expressas como potências de 10 vezes alguma unidade básica, 27

sobreposição orbital Ocupação parcial da mesma região de espaço por orbitais de dois átomos, 414

sobrescrito,
　em fórmula química, 12

sódio,
　reação com água, 4
　reação com cloro, 3, 350
　sais de, em fogos de artifício, 287

sol Uma dispersão coloidal de uma substância sólida em mídia de fluido, 602

sólido A fase da matéria em que a substância tem uma forma definida e um volume definido, 6
　amorfo, 557
　dissolução em líquidos, 578
　iônico, 542-547
　molecular, 554
　química de, 534-565
　rede, 555
　tipos de, 555t

sólido(s) amorfo(s) Um sólido que não possui estrutura regular de longa distância e apresenta um intervalo de fusão, em vez de um ponto de fusão específico, 557

sólido(s) de rede Um sólido formado de uma rede de átomos por ligação covalente, 555
　ligação em, 552
　solubilidade de, 579

sólido(s) iônico(s) Um composto formado pela condensação de íons e cátions, 542-547

sólido(s) molecular(es) Um sólido formado pela condensação de moléculas por ligação covalente, 554
　ponto de fusão de, 559t
　solubilidade de, 578

solubilidade A concentração do soluto em equilíbrio com o soluto não dissolvido em uma solução saturada, 578
　de compostos iônicos em água, 130
　de gases em água, 509t
　fatores que afetam, 583-587
　forças intermoleculares e, 502, 580
　temperatura e, 585-587

solução aquosa Uma solução em que o solvente é água, 127-131

solução hipertônica, 598

solução hipotônica, 598

solução ideal Uma solução que segue a lei de Raoult, 588

solução não ideal, 588

solução neutra Uma solução em que as concentrações de íon hidrônio e íon hidróxido são iguais
　pH de, 192

solução(ões) saturada(s) Uma solução estável na qual a quantidade máxima de soluto foi dissolvida, 577

solução(ões) supersaturada(s) Uma solução que contém temporariamente maior quantidade de saturação de soluto, 578

solução(ões) Uma mistura homogênea em uma única fase, 8-10, 127, 572-609
　pH e pOH de, 191-194
　reações em, 127
　concentrações em, 186-191
　entalpia de, 579-583
　ideal, 588
　lei de Raoult, 588
　osmose em, 593
　processo de formação, 577-583
　processo de ebulição em, 590

saturada, 577
supersaturado, 578
tampão. Ver solução de tampão.
soluções isotônicas, 598
soluto A substância dissolvida em um solvente para formar uma solução, 127, 574
solvatação,
entalpia de, 500
solvente O meio em que um soluto é dissolvido para formar uma solução, 127, 574
spin eletrônica,
quantização de, 297
Stern, Otto, 297
Strutt, John William (Lord Rayleigh), 102
subcamadas,
de elétron, 291
etiquetas para, 291
número de elétrons em, 311t
ordem de energias de, 311
sublimação A conversão direta de um sólido para um gás, 237, 560
substância anfótera Uma substância que pode se comportar tanto como ácido de Brönsted como uma base de Brönsted, 140
substância(s) pura(s) Uma forma da matéria que não pode ser separada em duas espécies diferentes através de qualquer técnica física, e que possui um conjunto único de propriedades, 8
suco de limão, pH do, 193
sulfato de alumínio,
coagulação de partículas coloidais por, 603
sulfato de bário,
precipitação de, 135
sulfato de cálcio,
em gesso, 85
sulfato de cobre(II) pentahidrato, 100
sulfato de sódio,
análise quantitativa do, 181-182
reação com cloreto de bário, 135
sulfato de zinco,
estrutura cristalina de, 544
sulfeto de chumbo(II),
formação por precipitação, 133
sulfeto(s),
em fumarolas negras, 118
suor,
resfriamento por, 517
supercondutor(es) Um material que não apresenta resistência ao fluxo de corrente elétrica, 157
superfície limite,
orbital atômico, 294
superfície nodal Uma superfície na qual há probabilidade zero de encontrar um elétron, 295-297
superfície de potencial eletrostático, 388
superóxido de potássio
configuração orbital molecular de, 435
superóxidos
número de oxidação de oxigênio em, 150

surfactante(s) Uma substância que muda as propriedades de uma superfície, normalmente em uma dispersão coloidal, 604
suspensão Uma distribuição de partículas sólidas com um solvente, que separa gradualmente e estabelece uma base do recipiente, 602
sustentabilidade, 5-6
Système International d'Unités, 27

tabela de quantidades,
na resolução de problemas estequiométricos, 170. Ver *também* tabela ICE.
Tabela Periódica dos elementos, 10, 62-73
cargas de íon e, 76-78
configurações eletrônicas e, 314
desenvolvimento histórico de, 67
taxa de isótopo,
datando meteoritos por variações geográficas de, 63
expressão para. Ver equações de taxa.
temperatura crítica A temperatura no ponto crítico; acima dessa temperatura o vapor não pode ser liquefeito em nenhuma pressão, 521
temperatura e pressão padrão Uma temperatura de 0 °C e uma pressão de exatamente 1 atm, 464
temperatura Uma propriedade física que determina a direção do fluxo de calor de um objeto em contato com outro objeto, 226
constante durante a mudança de fase, 233
crítica, 521
efeito de solubilidade, 585-587
emissão da radiação eletromagnética e, 276
energia e, 229
escalas para medição, 28-29
gás, volume e, 458
mudança em, calor e, 229
padrão, 464
pressão de vapor de equilíbrio e, 518
propriedades físicas e, 14
supercondutividade e, 157
velocidade molecular e, 475
tempo,
calor de vaporização de água e, 517
tensão superficial A energia necessária para desfazer uma superfície de um líquido, 522
detergentes e, 605
teoria Um princípio unificante que explica um conjunto de fatos e as leis baseadas nela, 4
teoria atômica da matéria Uma teoria que descreve a estrutura e o comportamento de substâncias em termos das últimas partículas químicas chamadas átomos e moléculas, 55
teoria cinético-molecular Uma teoria do comportamento da matéria em nível molecular, 7
de gases, 472-478
estados físicos e, 498
leis dos gases e, 477
desvios de suposições de, 481
teoria de banda,
de ligação metálica, 550
de semicondutores, 552
teoria de ligação de valência Um modelo de ligação em que

uma ligação resulta da sobreposição de orbitais atômicos de dois átomos para formar um orbital ligante com elétrons localizados entre os átomos, 414-428

teoria do orbital molecular Um modelo de ligação em que orbitais puramente atômicos se combinam para produzir orbitais moleculares que se deslocam por dois ou mais átomos, 414, 428-439
    para metais e semicondutores, 550-554
    ressonância e, 436-439

teoria VSEPR. *Ver* **modelo de repulsão dos pares de elétrons em camada de valência (VSEPR)**.

térbio,
    em fósforo, 339

termodinâmica A ciência de fluxo de calor ou de energia em reações químicas, 225
    primeira lei de, 237-242

teste de chama, 287

tetracloreto de carbono,
    estrutura de Lewis, 359

tetracloreto de silício
    geometria molecular de, 374

tetrafluoreto de enxofre,
    polaridade molecular de, 389

tetrafluoreto de iodo,
    geometria molecular de, 378

tetrafluoreto de xenônio, 377

tetrafluoretoetileno,
    efusão de, 480

Thenard, Louis, *182*

Thompson, Benjamin (Count Rumford), 227

Thomson, John Joseph, *55*, 64

timina, 398
    estrutura de, 348
    ligação de hidrogênio para adenina, 506

tintura(s),
    indicador de pH, 192
    química verde de, 440

tiossulfato de sódio,
    reação com iodo, 203

titulação Um procedimento para a análise quantitativa de uma substância através de uma reação essencialmente completa em solução com uma quantidade medida de um reagente de concentração conhecida, 196-200
    ácido-base, 196
    oxidorredução, 200

torr Uma unidade de pressão equivalente a um milímetro de mercúrio, 454

trabalho de pressão-volume, 238

Torricelli, Evangelista, *454*

trabalho Transferência de energia que ocorre quando uma massa é movida por uma distância contra uma força oposta, 237
    convenções de sinal para, 238t
    energia transferida por, 227
    pressão-volume, 238

transição,
    entre estados de energia de elétron, 284

transmissão (T) A taxa de quantidade de luz transmitida por amostra a quantidade de luz incidente, 204

trifluoreto de boro,
    estrutura de, 384
    hibridização orbital em, 420
    polaridade molecular de, 387
    reação com amônia, 369

trifluoreto de nitrogênio,
    estrutura de Lewis, 359
    polaridade molecular de, 389

trimix, 573

trítio, 58

troca de energia interna,
    de estado, 241
    medição de, 247
    relação para troca de entalpia, 240

troca de fase,
    doença do estanho, 564
    transferência de calor em, 233

troposfera, 474

tungstênio,
    ponto de fusão de, 559t

turquesa, 26

unidade debye, 386

unidade de massa atômica (uma) A unidade de escala de massas atômicas relativas dos elementos; 1 uma = 1/12 da massa de um átomo de carbono com seis prótons e seis nêutrons, 57
    equivalente em gramas, 57

unidade Ångstrom (Å), *30*

unidade(s),
    cancelamento em cálculo de conversão, 42
    de medição, 27-32, 454
    SI, 27

unidades de base,
    SI, 27t

universo,
    mudança de entropia para energia total de, 18

van der Waals, Johannes, 482

van't Hoff, Jacobus Henrikus, 600

vaporização A mudança de estado de líquido para gás, 233, 513
    calor de, 233
    entalpia de, 516t
    entalpia de, forças intermoleculares e, 501

variação de entalpia (ΔH) Energia de aquecimento transferida em pressão constante, 240
    cálculos com, 249-255
    como função de estado, 241
    convenções de sinal para, 240
    medida de, 245
    para reações químicas, 242-245

velocidade,
    de onda, 274

velocidade(s),
    das moléculas de gás, 473
    de onda, 274

Verneuil, Auguste, 309

vidraria, laboratório, 14, 31, *187*

laboratório, algarismos significativas e, 39
vidro,
    estrutura de, 558
vinagre
    pH de, 192
viscosidade A resistência de um líquido para fluxo, 524
vitamina C. *Ver* ácido ascórbico.
volatilidade A tendência das moléculas de uma substância de escapar da fase líquida para a fase gasosa, 518
volume,
    constante, calorimetria em, 247
    constante, transferência de calor em, 240
    gás, pressão e, 456
        temperatura e, 458
    medição de, 31
    molar padrão, 464
    mudanças de estado físico e, 498
    por moléculas, 481

volume molar padrão O volume ocupado por 1 mol de gás em temperatura padrão e pressão; 22,414 L, 464
vulcão,
    íons de cloreto emitidos por, 202
Watson, James D., 399, 506
Wilkins, Maurice, 399, 506
xenônio,
    composto de, 370, 412

zero absoluto A menor temperatura possível, equivalente a −273,15°C, usado como ponto zero na escala de Kelvin, 29, 458
zero, como algarismo significativo, 39
zinco, em anódio sacrificial
    reação com ácido clorídrico, 137, 195

CONSTANTES FÍSICAS E QUÍMICAS

Número de Avogadro $N_A = 6{,}02214129 \times 10^{23}/\text{mol}$
Carga do elétron $e = 1{,}60217657 \times 10^{-19}$ C
Constante de Faraday $F = 9{,}6485337 \times 10^4$ C/mol de elétrons
Constante do gás ideal $R = 8{,}314462$ J/K · mol
$= 0{,}082057$ L · atm/K · mol

π $\pi = 3{,}1415926536$
Constante de Planck $h = 6{,}6260696 \times 10^{-34}$ J · s
Velocidade da luz $c = 2{,}99792458 \times 10^8$ m/s
(no vácuo)

RELAÇÕES E FATORES DE CONVERSÃO ÚTEIS

Comprimento
Unidade SI: Metro (m)
1 quilômetro = 1000 metros
   = 0,62137 milha
1 metro = 100 centímetros
1 centímetro = 10 milímetros
1 nanômetro = $1{,}00 \times 10^{-9}$ metro
1 picômetro = $1{,}00 \times 10^{-12}$ metro
1 polegada = 2,54 centímetros (exatamente)
1 Ångstrom = $1{,}00 \times 10^{-10}$ metro

Massa
Unidade SI: Quilograma (kg)
1 quilograma = 1000 gramas
1 grama = 1000 miligramas
1 libra = 453,59237 gramas = 16 onças
1 tonelada = 2000 libras

Volume
Unidade SI: Metro Cúbico (m³)
1 litro (L) = $1{,}00 \times 10^{-3}$ m³
   = 1000 cm³
   = 1,056710 quartos
1 galão = 4,00 quartos

Energia
Unidade SI: Joule (J)
1 joule = 1 kg · m²/s²
   = 0,23901 caloria
   = 1 C × 1 V
1 caloria = 4,184 joules

Pressão
Unidade SI: Pascal (Pa)
1 pascal = 1 N/m²
   = 1 kg/m · s²
1 atmosfera = 101,325 quilopascals
   = 760 mm Hg = 760 torr
   = 14,70 lb/in²
   = 1,01325 bar
1 bar = 10^5 Pa (exatamente)

Temperatura
Unidade SI: kelvin (K)
0 K = −273,15 °C
K = °C + 273,15°C
? °C = (5 °C/9 °F)(°F − 32 °F)
? °F = (9 °F/5 °C)(°C) + 32 °F

LOCALIZAÇÃO DE TABELAS E FIGURAS ÚTEIS

Propriedades Atômicas e Moleculares

Configurações eletrônicas atômicas	Tabela 7.3
Raios atômicos	Figuras 7.5, 7.8
Entalpias de dissociação de ligações	Tabela 8.8
Comprimentos da ligação	Tabela 8.7
Entalpias de adição eletrônica	Figura 7.10, Apêndice F
Eletronegatividade	Figura 8.10
Elementos e suas células unitárias	Figura 12.5
Orbitais híbridos	Figura 9.3
Raios iônicos	Figura 7.11
Energias de ionização	Figura 7.9, Tabela 7.5, Apêndice F

Propriedades Termodinâmicas

Entalpia, entropia, energia livre	Apêndice L
Energias reticulares	Tabela 12.1
Capacidades caloríficas específicas	Figura 5.4, Apêndice D

Ácidos, Bases e Sais

Propriedades ácidas e básicas de alguns íons em solução aquosa	Tabela 16.3
Ácidos e bases comuns	Tabela 3.1
Constantes de formação de íons complexos	Apêndice K
Constantes de ionização para ácidos e bases fracos	Tabela 16.2, Apêndice H, I
Nomes e composição de íons poliatômicos	Tabela 2.4
Diretrizes de solubilidade	Figura 3.10
Constantes do produto de solubilidade	Apêndice J

Diversos

Cargas de alguns cátions e ânions monoatômicos comuns	Figura 2.18
Pontos de fusão e entalpias de fusão de alguns elementos e compostos	Tabela 12.3
Agentes oxidantes e redutores	Tabela 3.3
Polímeros	Tabela 23.12
Alcanos selecionados	Tabela 23.2
Potenciais padrão de redução	Tabela 19.1, Apêndice M
Estruturas e propriedades de vários tipos de substâncias sólidas	Tabela 12.2

PESOS ATÔMICOS PADRÃO DOS ELEMENTOS 2009 Com base na massa atômica relativa de $^{12}C = 12$, em que ^{12}C é um átomo neutro em seu estado fundamental e eletrônico e nuclear.[†]

Nome	Símbolo	Número Atômico	Peso Atômico	Nome	Símbolo	Número Atômico	Peso Atômico
Actínio*	Ac	89	(227)	Mendelévio*	Md	101	(258)
Alumínio	Al	13	26,9815386(8)	Mercúrio	Hg	80	200,59(2)
Amerício*	Am	95	(243)	Molibdênio	Mo	42	95,96(2)
Antimônio	Sb	51	121,760(1)	Neodímio	Nd	60	144,242(3)
Argônio	Ar	18	39,948(1)	Neônio	Ne	10	20,1797(6)
Arsênio	As	33	74,92160(2)	Neptúnio*	Np	93	(237)
Astato*	At	85	(210)	Níquel	Ni	28	58,6934(4)
Bário	Ba	56	137,327(7)	Nióbio	Nb	41	92,90638(2)
Berquélio*	Bk	97	(247)	Nitrogênio	N	7	14,0067(2)
Berílio	Be	4	9,012182(3)	Nobélio*	No	102	(259)
Bismuto	Bi	83	208,98040(1)	Ósmio	Os	76	190,23(3)
Bóhrio	Bh	107	(270)	Oxigênio	O	8	15,9994(3)
Boro	B	5	10,811(7)	Paládio	Pd	46	106,42(1)
Bromo	Br	35	79,904(1)	Fósforo	P	15	30,973762(2)
Cádmio	Cd	48	112,411(8)	Platina	Pt	78	195,084(9)
Césio	Cs	55	132,9054519(2)	Plutônio*	Pu	94	(244)
Cálcio	Ca	20	40,078(4)	Polônio*	Po	84	(209)
Califórnio*	Cf	98	(251)	Potássio	K	19	39,0983(1)
Carbono	C	6	12,0107(8)	Praseodímio	Pr	59	140,90765(2)
Cério	Ce	58	140,116(1)	Promécio*	Pm	61	(145)
Cloro	Cl	17	35,453(2)	Protactínio*	Pa	91	231,03588(2)
Cromo	Cr	24	51,9961(6)	Rádio*	Ra	88	(226)
Cobalto	Co	27	58,933195(5)	Radônio*	Rn	86	(222)
Copernício	Cn	112	(285)	Rênio	Re	75	186,207(1)
Cobre	Cu	29	63,546(3)	Ródio	Rh	45	102,90550(2)
Cúrio*	Cm	96	(247)	Roentgênio	Rg	111	(280)
Darmstádio	Ds	110	(281)	Rubídio	Rb	37	85,4678(3)
Dúbnio	Db	105	(268)	Rutênio	Ru	44	101,07(2)
Disprósio	Dy	66	162,500(1)	Rutherfórdio	Rf	104	(265)
Einstênio*	Es	99	(252)	Samário	Sm	62	150,36(2)
Érbio	Er	68	167,259(3)	Escândio	Sc	21	44,955912(6)
Európio	Eu	63	151,964(1)	Seabórgio	Sg	106	(271)
Férmio*	Fm	100	(257)	Selênio	Se	34	78,96(3)
Fleróvio	Fl	114	(289)	Silício	Si	14	28,0855(3)
Flúor	F	9	18,9984032(5)	Prata	Ag	47	107,8682(2)
Frâncio*	Fr	87	(223)	Sódio	Na	11	22,98976928(2)
Gadolínio	Gd	64	157,25(3)	Estrôncio	Sr	38	87,62(1)
Gálio	Ga	31	69,723(1)	Enxofre	S	16	32,065(5)
Germânio	Ge	32	72,63(1)	Tântalo	Ta	73	180,94788(2)
Ouro	Au	79	196,966569(4)	Tecnécio*	Tc	43	(98)
Háfnio	Hf	72	178,49(2)	Telúrio	Te	52	127,60(3)
Hássio	Hs	108	(277)	Térbio	Tb	65	158,92535(2)
Hélio	He	2	4,002602(2)	Tálio	Tl	81	204,3833(2)
Hólmio	Ho	67	164,93032(2)	Tório*	Th	90	232,03806(2)
Hidrogênio	H	1	1,00794(7)	Túlio	Tm	69	168,93421(2)
Índio	In	49	114,818(3)	Estanho	Sn	50	118,710(7)
Iodo	I	53	126,90447(3)	Titânio	Ti	22	47,867(1)
Irídio	Ir	77	192,217(3)	Tungstênio	W	74	183,84(1)
Ferro	Fe	26	55,845(2)	Ununoctium	Uuo	118	(294)
Criptônio	Kr	36	83,798(2)	Ununpentium	Uup	115	(288)
Lantânio	La	57	138,90547(7)	Ununseptium	Uus	117	(294)
Laurêncio*	Lr	103	(262)	Ununtrium	Uut	113	(284)
Chumbo	Pb	82	207,2(1)	Urânio*	U	92	238,02891(3)
Lítio	Li	3	6,941(2)	Vanádio	V	23	50,9415(1)
Livermório	Lv	116	(292)	Xenônio	Xe	54	131,293(6)
Lutécio	Lu	71	174,9668(1)	Itérbio	Yb	70	173,054(5)
Magnésio	Mg	12	24,3050(6)	Ítrio	Y	39	88,90585(2)
Manganês	Mn	25	54,938045(5)	Zinco	Zn	30	65,38(2)
Meitenério	Mt	109	(276)	Zircônio	Zr	40	91,224(2)

[†] Os pesos atômicos de muitos elementos podem variar, dependendo da origem e do tratamento da amostra. Isto é especialmente verdadeiro para o Li; materiais comerciais que contêm lítio apresentam pesos atômicos para o Li que variam entre 6,96 e 6,99. As incertezas nos valores de peso atômico aparecem entre parênteses após o último algarismo significativo a que são atribuídas.

*Elementos que não apresentam nuclídeo estável; o valor apresentado entre parênteses representa o peso atômico de isótopo de meia-vida mais longa. Entretanto, três desses elementos (Th, Pa e U) têm composição isotópica característica, e o peso atômico está tabulado para esses elementos (http://www.chem.qmv.ac.uk.iupac/AtWt/).

Este livro foi impresso na
LIS GRÁFICA E EDITORA LTDA.
Rua Felício Antônio Alves, 370 – Bonsucesso
CEP 07175-450 – Guarulhos – SP
Fone: (11) 3382-0777 – Fax: (11) 3382-0778
lisgrafica@lisgrafica.com.br – www.lisgrafica.com.br